D1751648

CHAMPION CLASSIQUES
Série « Essais »

L'ORIGINE
DES ESPÈCES

Dans la collection *Champion Classiques*

Série « Essais »

1. LINDA TIMMERMANS, *L'Accès des femmes à la culture sous l'ancien Régime*.
2. PHILIPPE SELLIER, *Essais sur l'imaginaire classique. Pascal - Racine - Précieuses et moralistes - Fénelon*.
3. ANTONY McKENNA, *Molière dramaturge libertin*.
4. SOPHIE GUERMÈS, *La Religion de Zola. Naturalisme et déchristianisation*.
5. *Franc-maçonnerie et religions dans l'Europe des Lumières*. Textes réunis par Charles Porset et Cécile Révauger.
6. HÉLÈNE MICHON, *L'Ordre du cœur. Philosophie, théologie et mystique dans les* Pensées *de Pascal*.
7. STEVE MURPHY, *Logiques du dernier Baudelaire. Lectures du* Spleen de Paris.
8. CLAUDE LECOUTEUX, *Mondes parallèles. L'Univers des croyances du Moyen Âge*.
9. LAURENT THIROUIN, *L'aveuglement salutaire. Le réquisitoire contre le théâtre dans la France classique*.
10. YOUSSEF CASSIS, *Les Capitales du Capital. Histoire des places financières internationales, 1780-2005*.
11. MYRIAM DUFOUR-MAÎTRE, *Les Précieuses. Naissance des femmes de lettres en France au* XVIIe *siècle*.
12. CHARLES DARWIN, *L'Origine des espèces par le moyen de la sélection naturelle, ou la préservation des races favorisées dans la lutte pour la vie*. Édition du Bicentenaire sous la direction de Patrick Tort. Traduction par Aurélien Berra. Coordination par Michel Prum. Précédé de Patrick Tort, *Naître à vingt ans, Genèse et jeunesse de* L'Origine.
13. STEVE MURPHY, *Stratégies de Rimbaud*.

Dans la même collection

Série « Moyen Âge »
Série « Références et Dictionnaires »
Série « Littératures »

Voir en fin de volume

CHARLES DARWIN

L'ORIGINE DES ESPÈCES

PAR LE MOYEN DE LA SÉLECTION NATURELLE, OU LA PRÉSERVATION DES RACES FAVORISÉES DANS LA LUTTE POUR LA VIE

Édition du Bicentenaire
Sous la direction de Patrick TORT
Traduction par Aurélien BERRA
Coordination par Michel PRUM

Précédé de
PATRICK TORT
Naître à vingt ans
Genèse et jeunesse de L'Origine

CHAMPION CLASSIQUES
HONORÉ CHAMPION
PARIS – 2009

© 2009. Honoré Champion Éditeur, Paris.
www.honorechampion.com
Reproduction et traduction, même partielles, interdites.
Tous droits réservés pour tous les pays.
ISBN 978-2-7453-1862-6   ISSN 1773-696X

SOMMAIRE

SOMMAIRE

PRÉFACE DE PATRICK TORT 17
ADDITIONS ET CORRECTIONS À LA SIXIÈME ÉDITION 259
ESQUISSE HISTORIQUE 263
INTRODUCTION 275

CHAPITRE I
Variation à l'état domestique

Causes de la variabilité – Effets de l'habitude et de l'usage ou du défaut d'usage des parties – Variation corrélative – Hérédité – Caractère des variétés domestiques – Difficulté de distinguer entre variétés et espèces – Origine des variétés domestiques à partir d'une ou de plus d'une espèce – Pigeons domestiques, leurs différences et leur origine – Principes de sélection suivis autrefois, leurs effets – Sélection méthodique et sélection inconsciente – Origine inconnue de nos productions domestiques – Circonstances favorables au pouvoir sélectif de l'homme 281

CHAPITRE II
Variation à l'état naturel

Variabilité – Différences individuelles – Espèces douteuses – Les espèces qui occupent un vaste territoire, très répandues, et communes, sont celles qui varient le plus – Dans chaque pays, les espèces des plus grands genres varient plus fréquemment que les espèces des genres plus petits – Beaucoup d'espèces des plus grands genres ressemblent à des variétés en ce qu'elles sont très étroitement, mais inégalement, apparentées les unes aux autres, et occupent des territoires restreints 319

CHAPITRE III
Lutte pour l'existence

Son importance pour la sélection naturelle – Le terme utilisé en un sens large – Raison géométrique de l'accroissement – Accroissement rapide des animaux et des plantes acclimatés – Nature des obstacles à l'accroissement – Concurrence universelle – Effets du climat – Protection due au nombre des individus – Relations complexes de tous les animaux et plantes dans l'ensemble de la nature – Lutte pour la vie : la plus rigoureuse, entre individus et variétés de la même espèce ; souvent rigoureuse, entre espèces du même genre – La relation d'organisme à organisme, la plus importante de toutes les relations 341

CHAPITRE IV
Sélection naturelle, ou survie des plus aptes

Sélection naturelle – son pouvoir comparé à la sélection par l'homme – son pouvoir sur les caractères de peu d'importance – son pouvoir à tous les âges et sur les deux sexes – Sélection Sexuelle – Sur la généralité des entrecroisements entre individus de la même espèce – Circonstances favorables et défavorables aux résultats de la sélection naturelle, savoir : entrecroisement, isolement, nombre des individus – Action lente – Extinction causée par la sélection naturelle – Divergence de caractère, liée à la diversité des habitants de toute région de faible étendue, ainsi qu'à l'acclimatation – Action de la sélection naturelle, par divergence de caractère et extinction, sur les descendants d'un parent commun – Explique le groupement de tous les êtres organiques – Avancement dans l'organisation – Formes inférieures conservées – Convergence de caractère – Multiplication indéfinie des espèces – Résumé 361

CHAPITRE V
Lois de la variation

Effets du changement des conditions – Usage et défaut d'usage, combinés avec la sélection naturelle ; organes du vol et de la vision – Acclimatation – Variation corrélative – Compensation et économie de croissance – Fausses corrélations – Variabilité des structures multiples, rudimentaires et faiblement organisées – Les parties développées d'une manière inhabituelle sont hautement variables ; caractères spécifiques, plus variables que les génériques ; caractères sexuels secondaires, variables – Les espèces du même genre varient d'une manière analogue – Retours à des caractères perdus depuis longtemps – Résumé 423

CHAPITRE VI
Difficultés de la théorie

Difficultés de la théorie de la descendance avec modification – Absence ou rareté des variétés de transition – Transition dans les habitudes de vie – Habitudes diversifiées à l'intérieur de la même espèce – Espèces aux habitudes largement différentes de celles de leurs apparentées – Organes d'une perfection extrême – Modes de transition – Cas difficiles – *Natura non facit saltum* – Organes d'une faible importance – Organes n'étant pas dans tous les cas absolument parfaits – La théorie de la sélection naturelle embrasse les lois de l'unité de type et des conditions d'existence 461

CHAPITRE VII
Objections variées à la théorie de la sélection naturelle

Longévité – Modifications non nécessairement simultanées – Modifications apparemment dépourvues d'utilité directe – Développement progressif – Caractères d'une faible importance fonctionnelle, les plus constants – Incompétence prétendue de la sélection naturelle pour expliquer les stades initiaux des structures utiles – Causes qui font obstacle à l'acquisition des structures utiles par sélection naturelle – Gradations de structure avec changement de fonctions – Organes largement différents chez des représentants de la même classe, développés à partir d'une seule et même source – Raisons de ne pas croire à de grandes modifications brusques 509

CHAPITRE VIII
L'instinct

Instincts comparables aux habitudes, mais différents dans leur origine – Gradation entre les instincts – Pucerons et fourmis – Instincts variables – Instincts domestiques, leur origine – Instincts naturels du coucou, du *Molothrus*, de l'autruche et des abeilles parasites – Fourmis esclavagistes – Abeille domestique, instinct qui la pousse à construire des alvéoles – Changements de l'instinct et de la structure, non nécessairement simultanés – Difficultés de la théorie de la sélection naturelle des instincts – Insectes neutres ou stériles – Résumé 559

CHAPITRE IX
L'hybridisme

Distinction entre la stérilité des premiers croisements et celle des hybrides – Stérilité présentant divers degrés, non universelle, affectée par une reproduction entre proches apparentés, supprimée par la domestication – Lois gouvernant la stérilité des hybrides – Stérilité : non pas propriété spéciale, mais attenante à d'autres différences, et non accumulée par la sélection naturelle – Causes de la stérilité des premiers croisements et des hybrides – Parallélisme entre les effets du changement des conditions de vie et ceux du croisement – Dimorphisme et trimorphisme – Fécondité des variétés croisées et de leurs descendants métis, non universelle – Comparaison des hybrides et des métis indépendamment de leur fécondité – Résumé 601

CHAPITRE X
Sur l'imperfection de l'archive géologique

Sur l'absence de variétés intermédiaires aujourd'hui – Sur la nature des variétés intermédiaires éteintes ; sur leur nombre – Sur le temps écoulé, inféré des vitesses de dénudation et de dépôt – Sur ce laps de temps estimé en années – Sur la pauvreté de nos collections paléontologiques – Sur l'intermittence des formations géologiques – Sur la dénudation des surfaces granitiques – Sur l'absence de variétés intermédiaires dans toute formation – Sur l'apparition soudaine de groupes d'espèces – Sur leur apparition soudaine dans les plus profondes des couches fossilifères connues – Ancienneté de la terre habitable 643

CHAPITRE XI
Sur la succession géologique des êtres organiques

Sur l'apparition lente et successive des nouvelles espèces – Sur leurs vitesses de changement différentes – Les espèces, une fois disparues, ne réapparaissent pas – Les groupes d'espèces suivent les mêmes règles générales d'apparition et de disparition que les espèces considérées séparément – Sur l'extinction – Sur les changements simultanés des formes de vie dans l'ensemble du monde – Sur les affinités des espèces éteintes entre elles et avec les espèces vivantes – Sur l'état de développement des formes anciennes – Sur la succession des mêmes types à l'intérieur des mêmes aires – Résumé de ce chapitre et du précédent 679

CHAPITRE XII
Répartition géographique

La répartition actuelle ne peut être expliquée par les différences dans les conditions physiques – Importance des barrières – Affinité des productions d'un même continent – Centres de création – Moyens de dispersion : par les changements du climat et du niveau des terres, et par des moyens occasionnels – Dispersion durant la période glaciaire – Alternance des périodes glaciaires dans le nord et dans le sud 715

CHAPITRE XIII
Répartition géographique – suite

Répartition des productions d'eau douce – Sur les habitants des îles océaniques – Absence de Batraciens et de Mammifères terrestres – Sur la relation entre les habitants des îles et ceux du continent le plus proche – Sur la colonisation à partir de la source la plus proche avec modification ultérieure – Résumé de ce chapitre et de celui qui précède 753

CHAPITRE XIV
Affinités mutuelles des êtres organiques : morphologie, embryologie, organes rudimentaires

Classification : groupes subordonnés à d'autres groupes – Système naturel – Règles et difficultés de la classification, expliquées d'après la théorie de la descendance avec modification – Classification des variétés – La filiation toujours utilisée dans la classification – Caractères analogiques ou adaptatifs – Affinités : générales, complexes et par radiation – L'extinction sépare et définit les groupes – Morphologie : entre représentants de la même classe, entre parties du même individu – Embryologie, ses lois, expliquées par des variations qui ne surviennent pas à un âge précoce et sont héritées à un âge correspondant – Organes rudimentaires : explication de leur origine – Résumé 781

CHAPITRE XV
Récapitulation et conclusion

Récapitulation des objections à la théorie de la sélection naturelle – Récapitulation des circonstances générales et spéciales en sa faveur – Causes de la croyance générale en l'immutabilité des espèces – Jusqu'où il est possible d'étendre la théorie de la sélection naturelle – Effets de son adoption sur l'étude de l'histoire naturelle – Remarques pour conclure 839

GLOSSAIRE DES TERMES SCIENTIFIQUES 877

INDEX 899

PATRICK TORT

NAÎTRE À VINGT ANS
Genèse et jeunesse de *L'Origine*

PATRICK TORT

NAÎTRE À VINGT ANS
Genèse et jeunesse de *L'Origine*

Vingt ans – 1839-1859 –, c'est, entre la première trace rédigée et la publication, ce qu'il fallut à Darwin pour mûrir et écrire *L'Origine des espèces*[1]. La date de 1859, qui marque la fin d'une longue genèse, marque aussi le début d'une croissance qui durera, pour l'ouvrage, jusqu'en 1872 – date de sa sixième édition, dite « standard »[2] –, voire, si l'on tient compte des ultimes relectures de Darwin, jusqu'en 1876 – date de son dernier tirage revu par l'auteur.[3]

Cette histoire a été racontée souvent. Et presque toujours abrégée, résumée et simplifiée jusqu'à l'erreur. Ce qui vient d'être lu, plaçant 1839 en position de repère initial, peut également prêter à discussion. Car est-il légitime de prétendre, cédant aux facilités

---

[1] *On the Origin of Species by Means of Natural Selection, or the Preservation of Favoured Races in the Struggle for Life*, London, John Murray. Daté du 1er octobre 1859. Le *Journal* de Darwin indique brièvement que cette première édition parut le 24 novembre et que tous les exemplaires (1 250) furent vendus le jour même.

[2] 6e édition, février 1872 (datée de janvier). 3 000 exemplaires, selon les comptes de Murray. Elle est considérée comme l'édition définitive. Le « *On* » y disparaît de l'initiale du titre.

[3] *The Origin of Species by Means of Natural Selection, or the Preservation of Favoured Races in the Struggle for Life*, London, John Murray, 6e éd., 18e mille, 1876. C'est ce dernier tirage revu par Darwin – traduit ici même – qui constitue notre texte de référence.

d'une récurrence instruite, que ce qui se déchiffre dans le « Plan et brouillon de 1839 »[4] est *déjà* ou « prépare » *L'Origine des espèces* ? Il est en tout cas hors de doute que Darwin lui-même indiqua un jour[5], alors qu'il avait encore le souci de confirmer son antériorité, la date de 1839 comme celle de la première formulation expresse de sa théorie, et cette déclaration montre qu'il a privilégié la date d'un écrit – l'*Outline and Draft of 1839*[6] – antérieur à l'*Essai de 1844* dont sont extraits en réalité les textes qu'il évoque, considérant sans doute que la théorie s'y trouvait déjà en germe, et cherchant par ce moyen à rendre son avance temporelle plus incontestable encore. Quant à l'intuition de la théorie, on sait depuis longtemps qu'elle remonte, intellectuellement, à l'automne 1838, et plus précisément à ces premiers jours du mois d'octobre au cours desquels Darwin achève la lecture de l'*Essay on the Principle of Population* de Thomas Robert Malthus[7]. On pourrait également décider, faisant le choix de privilégier des traces rédactionnelles plus développées, de faire coïncider la première élaboration du grand livre de Darwin avec sa première « ébauche » quelque peu structurée : l'*Esquisse au crayon de ma théorie des espèces*, ainsi désignée par son auteur et intitulée par nous-même dans l'édition

---

[4] « Outline and Draft of 1839 », étudié par Peter J. Vorzimmer, *Journal of the History of Biology*, 8, 1975, p. 191-217, et traduit par nos soins en 2007. Voir notes 6 et 8.

[5] Lettre à Wallace du 25 janvier 1859. Darwin, évoquant ses « notes » contribuant au mémoire bicéphale élaboré en l'absence de son correspondant pour la présentation du 1er juillet 1858 devant la *Linnean Society of London*, les présente comme ayant été « écrites en 1839, il y a maintenant juste vingt ans ». C'est également ce qu'il rappellera en 1876 en rédigeant son *Autobiography* : « I gained much by my delay in publishing from about 1839, when the theory was clearly conceived, to 1859 » (édition de Nora Barlow, *The Autobiography of Charles Darwin, 1809-1882*, London, Collins, 1958, p. 124).

[6] Manuscrit de 14 pages rédigé vers le mois de juillet 1839, traitant principalement de la variation à l'état domestique et de la sélection artificielle comme témoignages probables de l'existence de faits analogues au sein de la nature. Sa traduction française constitue l'Annexe 3 de notre édition de l'*Esquisse* de 1842. Voir ci-dessous, note 8.

[7] Cette date, attestée par le « Journal » de Darwin pour 1838 et par son *Notebook D*, est confirmée par son *Autobiography* en 1876. L'*Essay* de Malthus – publié pour la première fois en 1798 – a été lu par Darwin dans sa 6e édition de 1826.

que nous en avons produite en 2007[8], et qui fut retrouvée à la faveur d'un inventaire, à la mort d'Emma Darwin en 1896, sous un escalier de *Down House*. Dès lors, il s'imposerait de reconnaître dans la seconde Esquisse – l'*Essai* beaucoup plus long, plus soigneusement rédigé et construit, et divisé en de plus nombreux chapitres, de 1844[9] – la deuxième étape vers la réalisation de l'exposé argumenté de la théorie. Nul n'ignore cependant aujourd'hui que c'est bien plus tard, en 1856, pressé par Lyell – qui, ayant lu un premier mémoire de Wallace[10], craint que cet autre naturaliste ne ravisse à son ami sa légitime priorité –, que Darwin s'attaque sans inquiétude excessive à la rédaction d'un « grand livre sur les espèces »[11], qui intègre le travail de l'*Essai de 1844*, mais dont le plan laisse entrevoir une somme cyclopéenne assurément impropre à permettre à son auteur, freiné en outre par les soucis familiaux et la maladie, d'arriver le premier dans l'exposé public de la théorie sélective. Ce *Big Book* est indiscutablement une matrice dans l'élaboration de *L'Origine*, puisqu'il est *intentionnellement* consacré à l'exposé argumenté et illustré de la théorie de la descendance modifiée par le moyen de la sélection naturelle. Mais que serait-il devenu si la menace wallacienne ne s'était rendue beaucoup plus évidente aux yeux de Darwin en juin 1858,

---

[8] *Esquisse au crayon de ma théorie des espèces* (Essai de 1842), traduction par Jean-Michel Benayoun, Michel Prum et Patrick Tort, préface et annexes de Patrick Tort, Travaux de l'Institut Charles Darwin International, Genève, Éditions Slatkine, 2007. Cet ouvrage est la traduction de la première partie (*Essay of 1842*) de *The Foundations of The Origin of Species. Two Essays Written in 1842 and 1844 by Charles Darwin*, ed. by his son Francis Darwin, Cambridge, at the University Press, 1909.

[9] Francis Darwin, ed., *The Foundations of The Origin of Species. Two Essays Written in 1842 and 1844*. Cambridge, at the University Press, 1909, 2ᵉ partie, « The Essay of 1844 », p. 55 et suiv.

[10] « On the Law Which Has Regulated the Introduction of New Species », *Annals and Magazine of Natural History*, vol. 16, 2ᵉ série, septembre 1855, p. 184-196.

[11] Il s'agit du fameux grand ouvrage sur les espèces auquel Darwin travailla de 1856 à 1858, et dont *La Variation* devait constituer la première partie, la seconde étant consacrée à la sélection naturelle. C'est cette dernière qui a été éditée par R.C. Stauffer sous le titre *Charles Darwin's Natural Selection*, Cambridge, Cambridge University Press, 1975.

lorsque la réception d'un second mémoire du jeune zoologiste portant sur le mécanisme sélectif (« On the Tendency of Varieties to Depart Indefinitely from the Original Type ») le poussa à produire les pièces justifiant son antériorité ? Le « résumé » qui sera produit après la présentation des thèses de Darwin-Wallace le 1er juillet 1858 devant la *Linnean Society of London*[12], et qui aboutira à la première édition de *L'Origine*, est celui d'un livre dont n'existent encore, dûment rédigés entre 1856 et 1858, que les dix premiers chapitres. Darwin doit donc, à partir de juillet, résumer ce qui existe de ce livre et ce qu'il n'y a pas encore écrit. Où commence, alors, *L'Origine* ?

Fixons d'emblée quelques points de méthode. L'historien part du fait que *De l'Origine des espèces* a été publié à Londres le 24 novembre 1859, et d'un texte qui est *tel* qu'il est à ce moment-là, et qu'il lui est loisible, d'abord, d'examiner dans sa forme expositionnelle et

---

[12] Cette présentation elle-même a fait l'objet d'une publication intitulée « On the Tendency of Species to Form Varieties, and on the Perpetuation of Varieties and Species by Natural Means of Selection » (avec A.R. Wallace), *Journal of the Proceedings of the Linnean Society of London (Zoology)*, vol. III, n° 9, 1858, p. 45-62.

[Il s'agit du premier exposé « académique » de la théorie sélective. Sur l'histoire de cette publication conjointe, dont le texte fut communiqué par Ch. Lyell et J.D. Hooker, voir notamment *Life and Letters of Charles Darwin*, ainsi que le vol. 7 de la *Correspondence of Charles Darwin* (édition de Cambridge). La contribution de Darwin se compose des morceaux suivants : « I. Extract from an Unpublished Work on Species, by C. Darwin, Esq., Consisting of a Portion of a Chapter Entitled, "On the Variation of Organic Beings in a State of Nature ; on the Natural Means of Selection ; on the Comparison of Domestic Races and True Species" », p. 46-50 ; « II. Abstract of a Letter from C. Darwin, Esq., to Prof. Asa Gray, Boston, U.S., dated Down, September 5th, 1857 », p. 50-53. L'ensemble porte la date du 30 août 1858. La communication elle-même a été faite le 1er juillet 1858. Elle sera republiée dans sa totalité (textes de Darwin et de Wallace) par le *Zoologist*, vol. 16 (1858), p. 6263-6308, sous le titre « Three Papers on the Tendency of Species to Form Varieties ; and on the Perpetuation of Varieties by Natural Means of Selection ».

La contribution de Wallace se compose tout entière de l'article envoyé à Darwin à la mi-juin depuis l'île de Ternate, aux Moluques, dans une lettre qui n'a pas été retrouvée : « On the Tendency of Varieties to Depart Indefinitely from the Original Type », p. 53-62. Sur l'ensemble de cette histoire et sa chronologie détaillée, voir plus loin, p. 158 et suiv.]

dans ses contenus. S'il est en mesure de l'étudier et de le comprendre, il saura dès l'achèvement de son parcours que deux éléments fondamentaux sont nécessaires à l'émergence de ce qui constitue alors sa nouveauté : le *transformisme* – c'est-à-dire la théorie de la non-fixité des espèces – et le principe de *sélection naturelle* comme interprétation causale de leur transformation. Le transformisme en tant que conviction naturaliste ou hypothèse sur l'histoire du vivant n'est pas en lui-même une nouveauté, puisque différentes versions en ont été ébauchées antérieurement par Pierre-Louis Moreau de Maupertuis (1698-1759), Georges Louis Leclerc de Buffon (1707-1788), Michel Adanson (1727-1806), Erasmus Darwin (1731-1802), Jean-Baptiste Lamarck (1744-1829), Wolfgang Goethe (1749-1832), Étienne Geoffroy Saint-Hilaire (1772-1844), mais aussi Benoît de Maillet (1656-1738), Jean-Baptiste Robinet (1735-1820), Robert Chambers (1802-1871), et que sa *possibilité* habite plus qu'on ne le croit ordinairement la conscience théorique. Pour la plupart des penseurs de l'histoire naturelle qui composent cette liste toujours fluctuante et éminemment sujette à discussion, il s'agissait principalement de répondre par une fiction naturaliste acceptable au sentiment qu'ils avaient à la fois de la parenté et de la plasticité des espèces, et d'une faillite du dogme génésiaque à rendre compte avec vraisemblance d'engendrements pressentis requérant de plus en plus clairement de très longues durées. D'où l'importance initiale de la géologie et de la paléontologie. Or on sait que, pour ce qui concerne la première, la référence principale de Darwin dès les premiers moments de son voyage sur le *Beagle* sera les *Principles of Geology* de Charles Lyell[13], dont le premier volume paru, embarqué avec lui, le convainc de la nécessité des temps longs, et de la supériorité de l'uniformitarisme sur le catastrophisme perpétué dans la discipline par la tradition des géologues et paléontologues cuviéristes. Lyell était en effet, contre cette tradition d'obédience biblique, l'introducteur en Angleterre de la nouvelle géologie uniformitariste,

---

[13] Charles Lyell, *Principles of Geology, Being an Attempt to Explain the Former Changes of the Earth's Surface, by Reference to Causes Now in Operation*, London, John Murray, 1830-1833, 3 vol.

fille de la *Théorie de la Terre* de Hutton[14] et version britannique de l'actualisme des géologues continentaux tels que Constant Prévost[15] et Karl von Hoff[16], qui avaient, à partir de 1820, affranchi la représentation de l'histoire de la Terre des légendes diluvianistes et cataclysmiques en leur substituant l'opération lente et cumulative de processus actuellement et perpétuellement agissants et observables – d'où leur nom de « causes actuelles » : volcanisme, érosion, dénudation subaérienne, action constante des vagues et des marées, transport, sédimentation, etc. Darwin a exprimé tout au long de sa vie sa haute appréciation du travail réformateur de Lyell en géologie. Et si l'on se souvient que sa dernière action scientifique marquante avant son embarquement a été une excursion géologique dans le nord du pays de Galles en compagnie du géologue bibliste Adam Sedgwick[17], on peut prendre la mesure de la rapidité avec laquelle

---

[14] James Hutton (1726-1797), *Theory of the Earth with Proofs and Illustrations*, Edinburgh, William Creech, 1795, 2 vol. On signalera, sept ans plus tôt, son mémoire intitulé « Theory of the Earth; or an Investigation of the Laws observable on the Composition, Dissolution, and Restauration of Land upon the Globe », *Transactions of the Royal Society of Edinburgh*, 1788, 1, p. 209-304.

[15] Constant Prévost (1787-1856), géologue anti-catastrophiste français, et l'un des premiers défenseurs, dès 1820 (dans un article du *Journal de Physique* sur la structure du Bassin de Vienne), de la « théorie des causes actuelles », paraît avoir exercé en 1823, lors d'une excursion commune dans la forêt de Fontainebleau, puis en 1824 en Cornouaille, une action déterminante sur les choix doctrinaux de Lyell.

[16] Karl [Ernst Adolf] von Hoff (1771-1837), géologue allemand, passe pour avoir été le principal introducteur de l'actualisme géologique, aux alentours de 1822, date à laquelle il a commencé à publier son *Histoire des transformations naturelles de la surface de la Terre rapportées par la tradition* (*Geschichte der durch Überlieferung nachgewiesenen natürlichen Veränderungen der Erdoberfläche*, Gotha, bei Justus Perthes, 1822-1841). Il est intéressant de noter que von Hoff et Prévost sont fréquemment évoqués par les commentateurs comme favorables à la transformation successive des êtres organisés, et semblent confirmer ainsi l'implication affirmée par Francis Darwin (dans son « Introduction » aux *Foundations* de 1909) entre uniformitarisme et transformisme.

[17] Adam Sedgwick (1785-1873), géologue anglais et ministre du culte anglican, *Woodwardian Professor* à partir de 1818 à l'Université de Cambridge, où séjourna Darwin de 1828 à 1831, date à laquelle le professeur et le jeune diplômé, recommandé par Henslow, partirent en effet en excursion dans le nord du pays de Galles. Ce pionnier de la paléontologie stratigraphique fut un soutien pour Darwin, qu'il tenait en haute estime, jusqu'à ce que l'envoi, à la fin de 1859, de la première

s'effectue, à bord du navire, la « conversion » du jeune naturaliste à une géologie qui donne congé au dogme chrétien de la création du monde en six jours, assurant ainsi à l'histoire de la vie de pouvoir se déployer dans une durée infiniment plus longue, c'est-à-dire de pouvoir être, proprement, une *histoire*.

Le passage au transformisme

Tout commence au printemps de 1837. Darwin est revenu de son long périple maritime le 2 octobre de l'année précédente. John Stevens Henslow[18] et Adam Sedgwick, avec lesquels il est demeuré

édition de *L'Origine* le transformât instantanément en adversaire déterminé, défenseur à vie des « additions créatrices ».

[18] John Stevens Henslow (1796-1861), botaniste, géologue et homme d'Église, enseigne à ce moment la botanique à l'Université de Cambridge, où il est lié notamment avec Adam Sedgwick, dont il a été occasionnellement le compagnon d'excursion, en même temps qu'il devient un véritable protecteur pour Darwin au cours de ses années d'études. Son rôle d'éveilleur des intérêts scientifiques de Darwin – qui grâce à lui se réconcilie avec la géologie, mise à mal dans son estime par l'enseignement de Robert Jameson durant sa seconde année à Édimbourg – est indiscutable, et son encyclopédisme – il possédait les mathématiques, avait enseigné la minéralogie, etc. – a sans doute permis à son jeune élève d'exercer cette « attention large » aux phénomènes dont il fit preuve durant son voyage, entrepris d'ailleurs grâce à lui, et sous les auspices de Humboldt, autre grand initiateur du regard total sur la nature, dont Henslow lui-même lui offrit le récit de voyage au moment du départ. Sans la recommandation d'Henslow – qui avait d'abord pensé à Jenyns, son parent par alliance –, il n'y aurait pas eu pour Darwin de voyage autour du monde, et l'on peut douter qu'il y eût jamais eu d'élaboration théorique aussi précoce du transformisme dans la conscience d'un naturaliste. Évoquant dans son *Autobiographie* les trois années passées à Cambridge (1828-1831), Darwin raconte qu'il suivit les cours de botanique d'Henslow, agréables par leur clarté et le choix remarquable des exemples, ainsi que par les excursions dont ils étaient parfois accompagnés. Il avoue cependant qu'il goûtait alors ces agréments sans se soucier vraiment d'apprendre la botanique. Un peu plus loin, il parle d'une amitié commençante, de promenades et de soirées où il eut l'occasion de rencontrer une bonne part de l'élite scientifique et intellectuelle anglaise. D'une manière générale, la vaste culture scientifique d'Henslow et ses fortes qualités humaines (en particulier sa droiture, son exigence de justice et sa générosité) l'emportaient chez lui sur l'originalité de pensée, manifestement interdite par une orthodoxie religieuse extrême, qui le porta notamment à déconseiller à Darwin, auquel pourtant il fit remettre pour lecture le premier volume des *Principles of Geology* de Lyell avant son départ à bord du *Beagle*, de croire en sa doctrine. Henslow fut le correspondant principal de Darwin pendant les presque cinq années de son voyage, et le principal

en relation, et qui furent l'un et l'autre informés de ses découvertes en Amérique du Sud, ont dès avant son retour assuré sa renommée. Comme il est usuel en pareil cas, Darwin confie, pour description, identification et classement, ses spécimens d'animaux à différents spécialistes : Richard Owen (1804-1892) pour les Mammifères fossiles, George Robert Waterhouse (1810-1888) pour les Mammifères actuels, John Gould (1804-1881) pour les Oiseaux, Leonard Jenyns (1800-1893) pour les Poissons, Thomas Bell (1792-1880) pour les Reptiles. Tous, à l'exception de Waterhouse, quoique jeunes, sont des aînés de Darwin. Tous, sans aucune exception, ont une position reconnue dans la science. Owen dirige le Département d'Histoire naturelle du *British Museum* ; Waterhouse dirige le Musée de la *Zoological Society of London*, à laquelle appartient également, recruté à titre de technicien, Gould, d'abord simple préparateur et taxidermiste, qui fait paraître à la même époque le cinquième et dernier volume de ses *Birds of Europe*[19], et que son précoce talent scientifique et artistique désignent déjà comme l'un des plus grands ornithologues anglais ; Jenyns, frère cadet du beau-père d'Henslow et grâce à cela ami et compagnon d'excursion de Darwin depuis ses années à Cambridge, est pasteur et vient de publier son *Manual of British Vertebrate Animals*[20] ; Thomas Bell enfin enseigne la zoologie au *King's College* et prépare l'édition de son *History of British Reptiles*[21]. De tous ces savants éminents, Owen, que Darwin rencontre au cours d'un dîner le 29 octobre 1836 chez les Lyell, et qui se déclare vivement intéressé par la dissection de certains spécimens, sera dans la suite le seul adversaire

---

relais de ses informations auprès de la communauté scientifique, au sein de laquelle il contribua activement à lui assurer une place et une réputation.

[19] John Gould, *The Birds of Europe*, London, printed by R. and J.E. Taylor, published by the author, 1837, 5 vol.

[20] Leonard Jenyns, *A Manual of British Vertebrate Animals: or Descriptions of all the Animals Belonging to the Classes, Mammalia, Aves, Reptilia, Amphibia, and Pisces, Which Have Been Hitherto Observed in the British Islands: Including the Domesticated, Naturalized, and Extirpated Species: the Whole Systematically Arranged.* Cambridge, printed at the Pitt Press, by John Smith, printer to the University. Sold by J. & J. Deighton; and T. Stevenson, Cambridge; and Longman & Co., London, 1835.

[21] Thomas Bell, *A History of British Reptiles*, London, John Van Voorst, 1839.

personnel de Darwin et de ses alliés, cette hostilité étant toutefois concentrée principalement sur le plus dangereux de ses rivaux, Thomas Henry Huxley, dont le ralliement à Darwin sera à l'origine des plus spectaculaires polémiques avec l'ancienne école zoologique et paléontologique. Pour lors, Owen n'est aux yeux de Darwin qu'une compétence de premier plan en matière de fossiles, et le meilleur spécialiste auquel on puisse s'en remettre pour l'attribution éclairée des vestiges de Mammifères du Quaternaire exhumés en Argentine, ainsi que pour l'identification des espèces éventuellement inconnues auxquelles certains d'entre eux étaient susceptibles d'appartenir.

Darwin était revenu de son long voyage riche de trois expériences majeures : la première est assurément, comme on vient de le noter, la vérification du bien-fondé des représentations de l'histoire de la Terre propres à la nouvelle géologie uniformitariste ; la deuxième est la mise en évidence de ressemblances frappantes entre certains animaux éteints et certains animaux vivants à l'intérieur d'une même zone géographique – entre le *Macrauchenia patachonica* et le Guanaco actuel (Lama sauvage), entre le *Toxodon platensis* et l'actuel Capybara, entre les grands Mammifères Édentés (aujourd'hui Xénarthres) fossiles (*Megatherium, Megalonyx, Scelidotherium, Mylodon*) et les Paresseux, entre le *Glyptodon* et les Tatous vivants (aujourd'hui Xénarthres Dasypodidés) qui peuplent, pour l'essentiel, les parties tropicale et subtropicale du continent américain[22] ; la troisième enfin est le constat des ressemblances tout aussi remarquables entre espèces appartenant à un même genre et à des régions géographiques voisines : l'un des cas les plus classiques à cet égard est celui des deux espèces de Nandous (*Rhea americana* et *Rhea Darwinii*, plus petit et qui sera spécifiquement distingué sous ce nom par John Gould) observées respectivement dans les parties septentrionale et méridionale de

---

[22] Le petit « *armadillo* » (identifié comme *Dasypus minutus*) rencontré par Darwin en Argentine ne pouvait être, semble-t-il, que le « Pichi », tatou velu de Patagonie, *Zaedius pichiy* (*sic*, Desmarest, 1804).

la Patagonie[23]. L'autre cas célèbre est celui des « Pinsons » des îles Galápagos, également étudiés par Gould, qui révélera là encore leur distinction spécifique, entraînant invinciblement Darwin à basculer du côté de la « transmutation ». Un corollaire de certaines de ces observations zoogéographiques sera naturellement, lorsque la réflexion de Darwin se sera un peu plus développée, l'intuition de la probable action différenciatrice des barrières d'isolement. Mais d'une manière générale, le fait que les animaux se ressemblent dans le temps (comme les animaux éteints et les animaux vivants d'un même groupe) et dans l'espace (comme les espèces d'un même genre géographiquement voisines et morphologiquement très proches – phénomène culminant par exemple entre les Iguanes marins et les Iguanes terrestres des Galápagos) est l'un des grands faits globaux et non encore clairement interprétables que rapporte Darwin de son voyage autour du monde.

C'est une question indéfiniment réitérée chez les spécialistes anciens et récents de Darwin que de savoir si son passage au transformisme eut lieu à bord du *Beagle* au cours de telle ou telle partie du voyage, ou bien dans les mois qui suivirent son retour en Angleterre. Huxley, en théoricien rigoureux, défendait l'idée que Darwin ne pouvait conclure à la transformation des espèces avant d'avoir eu confirmation de la nature exacte des relations taxonomiques entre espèces éteintes et actuelles, et entre espèces géographiquement voisines – ce qui n'eut lieu en effet qu'après son retour grâce au travail des experts. Francis Darwin quant à lui estimait que les idées de son père avaient dû « prendre la direction » du transformisme à une époque relativement tardive – vers 1835 – de son voyage, tandis que John Wesley Judd[24] faisait coïncider sa

---

[23] L'aire de répartition du « Nandou d'Amérique » (*Rhea americana*) s'étend en fait du Nord-Est brésilien jusqu'au centre de l'Argentine, aux alentours du río Negro.
[24] John Wesley Judd (1840-1916), géologue et volcanologue anglais, dirigea le *Geological Survey* d'Irlande entre 1850 et 1869. Il fut l'un des premiers scientifiques ralliés aux thèses de *L'Origine des espèces* à l'époque de sa parution. Son étude « On the Ancient Volcanoes of the Highlands and the Relations of their Products to the Mesozoic Strata », publiée en 1874 dans le *Quarterly Journal of the Geological Society of London* (vol. 30, p. 220-302), suscita une vive approbation de la part de Darwin, qui en fit part à Lyell dans deux lettres (3 et 23 septembre de

conversion avec les découvertes paléontologiques de 1832 en Argentine. On peut douter aujourd'hui non seulement que la question puisse être tranchée de cette manière, mais aussi qu'il y ait un intérêt épistémologique majeur à disposer d'une date précise sous laquelle s'inscrirait ce que l'on tient trop obstinément à présenter comme une « conversion », voire une « révélation » – les commentaires où ces termes siègent en majesté ouvrant sur un univers de représentations absolument étranger à celui de la genèse réelle et complexe de la conviction transformiste chez Darwin. C'est l'histoire et l'analyse des textes fondateurs qui permettent, une fois ceux-ci écrits et publiés, de juger d'une manière sûre – à l'aide de ce que nous nommions plus haut une « récurrence instruite » – de la valeur précursive ou non d'une observation ou d'une intuition. C'est ainsi, et seulement ainsi, en étudiant les composantes réelles et l'architecture logique de la théorie advenue – c'est-à-dire en lisant *L'Origine des espèces* – que nous pouvons déterminer si telle ou telle notation antérieure a été suffisante pour produire chez son auteur un choix théorique décisif. Du point de vue de *l'endossement du transformisme* fondé sur une argumentation assumable et assumée, Huxley a donc indiscutablement raison. Du point de vue des mécanismes intimes du doute et des processus de suspicion conduisant à l'ébranlement des convictions antérieures, J.W. Judd et Francis Darwin ont, eux aussi, presque nécessairement raison. Ce qui est intéressant, c'est que leur désaccord avec Huxley – comme leur désaccord secondaire entre eux –, sur ce point qui peut apparaître comme mineur, signe le fait qu'ils écrivent des

---

cette même année). La référence admirative de Judd à l'ouvrage de Darwin sur les îles volcaniques fut reçue avec une grande satisfaction rétroactive par ce dernier, qui l'avoue de bonne grâce dans une lettre à Victor Carus du 21 mars 1876. Judd a communiqué à Francis Darwin, à l'époque où celui-ci préparait l'édition de *Life and Letters of Charles Darwin*, un récit de sa dernière entrevue avec le vieux savant de Down, qui le consulta sur le meilleur emploi qu'il pouvait faire d'une somme qu'il souhaitait consacrer au progrès de la géologie et de la biologie. Judd contribua par un article intitulé « Darwin and Geology » (p. 337-384) au recueil constitué par Albert Charles Seward, *Darwin and Modern Science. Essays in Commemoration of the Centenary of the Birth of Charles Darwin and of the Fiftieth Anniversary of the Publication of The Origin of Species*, Cambridge, at the University Press, 1909.

histoires différentes tout en cherchant apparemment à écrire une histoire unique, celle du processus d'émergence du transformisme dans la conscience – elle aussi unique – de Darwin. Francis, habité par une connaissance plus intime de la démarche de pensée de son père, serait ainsi tenté par une psychogenèse subjective, tandis que Huxley s'en remettrait à une étiologie plus objective soumise au seul examen des réquisits logiques et des contraintes de construction de la théorie : données existantes ou non existantes, interprétables ou non interprétables, validables ou non validables, suffisantes ou insuffisantes, présence ou absence d'un instrument conceptuel nécessaire, etc. Aucune synthèse des deux approches n'ayant été tentée, il est par conséquent naturel que leur opposition se perpétue. Nous tenterons ici d'effectuer ce geste intégrateur.

Pour ce, une dimension doit être ajoutée : celle du fond psychologique, social et idéologique sur lequel se joue cette émergence conflictuelle. On sait aujourd'hui que Darwin, avant d'abandonner toute croyance religieuse, manifestait en matière de foi une orthodoxie anglicane tempérée par la dissidence unitarienne de sa famille et par le quasi-athéisme de son ascendance en ligne paternelle. S'il reconnaît sincèrement n'avoir remis en cause aucun dogme lors de son voyage à bord du *Beagle*, il n'est en revanche nullement hermétique à l'idée que tout dogme n'a que l'autorité que lui donne l'interprétation d'une Église, puisque sa propre famille, en cultivant le rejet de la Trinité, démontre qu'une vie répondant aux valeurs chrétiennes est parfaitement compatible avec le refus du *premier* des articles de foi de la confession officielle. Cette mentalité particulière aux unitariens est selon toute vraisemblance un facteur d'ouverture à toute forme d'anticonformisme exégétique et rationnel, permettant face à toute nouveauté une *latitude critique* qui plonge ses racines dans sa propre opposition à un courant dominant dont elle a su tenir en respect la propension autoritaire. Ainsi, l'éventualité de contredire le dogme inscrit dans l'énoncé littéral du premier livre de l'Ancien Testament ne sera peut-être pas, à terme, plus scandaleux pour Darwin que le fait revendiqué par sa famille de contredire celui qui est inscrit dans le premier des trente-neuf articles qui constituent la confession de foi de l'Église anglicane. Cette hypothèse se vérifie d'emblée par la rapidité avec laquelle Darwin a accueilli – dès janvier 1832, au tout début du voyage – l'uniformitarisme géologique antidogmatique de Lyell – autre unitarien –, et par le soulignement très juste, par son fils Francis, de l'efficacité d'un tel « ferment ». Ainsi que nous l'avons rappelé ailleurs, « lorsque Darwin, après son retour en Angleterre, observera les transformations actuelles des organismes domestiques pour en induire l'idée d'un processus analogue se déployant depuis l'apparition des premières formes vivantes au sein de la nature, il suivra, lui aussi, une démarche actualiste. Lorsqu'il fondera toute la dynamique évolutive sur le constat de l'universalité et de la permanence des phénomènes de variation et sur l'idée que l'accumulation longue de certaines variations dans des circonstances favorables produit des formes vivantes sélectionnées qui concourent à de nouveaux équilibres, son regard sur le déterminisme des évolutions naturelles aura été préalablement modelé par la conception uniformitariste selon laquelle les causes actuellement observables ont toujours produit les mêmes effets et continuent de les produire. L'uniformitarisme de Lyell – théorie de la production de grands effets, à l'échelle des temps géologiques, par de petites causes visibles à l'échelle d'une vie humaine et dont les conséquences sont lentement accumulées – établissait ainsi d'emblée, à son insu, et à côté de sa contestation de la légende biblique, les conditions d'une représentation évolutive des phénomènes naturels préadaptée en quelque sorte à ce qu'allait être le gradualisme darwinien »[25]. En cela au moins, Huxley et Francis Darwin sont parfaitement d'accord.[26]

C'est en 1832 également, comme nous l'avons indiqué, que Darwin commence à disposer d'observations fondamentales sur la paléontologie de l'Amérique du Sud et sur la répartition géographique des animaux. La leçon qu'il en tire, on l'a vu, est celle d'une

---

[25] P. Tort, avec la collaboration de Solange Willefert, *Darwin et la Religion. La conversion matérialiste*, Paris, Ellipses, 2009, p. 116.

[26] *Cf.* Francis Darwin, « Introduction » aux *Foundations of the Origin of Species*, Cambridge, at the University Press, 1909 : « [...] il est certain (comme Huxley l'a fait remarquer avec force) que la doctrine de l'uniformitarisme, si on l'applique à la Biologie, conduit de toute nécessité à l'Évolution ». Huxley simplifiait cette relation en invoquant le principe suivant lequel, dans toute investigation historique, le présent donne la clé du passé, et le fait qu'aucune autre méthode n'a pu être proposée dans une démarche scientifique visant à la reconstitution de ce dernier.

ressemblance remarquable dans les deux dimensions de l'espace qu'il explore : la dimension verticale (paléontologique), inscription spatiale d'une succession temporelle, et la dimension horizontale (zoogéographique), qui est en quelque sorte l'ordre des coexistences dans l'univers vivant contemporain[27]. La ressemblance est commune aux deux axes. Elle surgit par exemple (sur l'axe vertical) de la comparaison du Glyptodonte et du Tatou, et (sur l'axe horizontal) de celle du Nandou *Rhea americana* et du Nandou *Rhea Darwinii*. Toute ressemblance étant spontanément interprétée comme *indice de parenté* (sur le modèle immédiatement et universellement disponible de la ressemblance parents-enfants), la conclusion qu'en tirera Darwin dans son *Carnet de notes* de 1837 a dû former la substance d'une conjecture immédiate, laissée ouverte (comme Buffon avait laissé ouverte son hypothèse « transformiste ») : il y a [peut-être] une *génération* d'espèces comme il y a une *génération* d'individus[28]. Eu égard au dogme chrétien, une telle affirmation, dès qu'elle sera pleinement assumée, marquera la fin de l'orthodoxie de Darwin, et il peut paraître à nouveau assez peu important que cette rupture ait eu lieu, dans l'élément du soupçon, du doute ou d'une conviction tenue secrète, quelques mois avant l'expertise décisive de Gould. Ce qui ne saurait faire de doute, c'est que les animaux d'une région se ressemblent dans le temps et dans l'espace, et que Dieu, s'il a créé séparément chaque espèce pour elle-même, l'a fait apparemment d'une manière bien peu digne de sa toute-puissance, comme s'il ne disposait que d'une très faible liberté d'invention, et en parsemant sa création d'indices paradoxaux de parenté entre ses créatures, tendant ainsi à accréditer la conviction même qui ruine la croyance que l'on doit accorder au récit consacré de son opération créatrice. Que ce raisonnement ait été ou non conduit à son terme et développé dans toutes ses conséquences, on ne peut imaginer que le jeune naturaliste n'ait pas éprouvé en 1832 une première vague de doutes. C'est en effet,

---

[27] *Notebook B*, § 334 : « If my theory true, we get a *horizontal* history of earth "within recent times" ».

[28] *Notebook B*, § 63 : « [...] it is a *generation* of *species* like generation of *individuals*. – ». Également § 72 : « If *species* generate "other *species*", their race is not utterly cut off ».

comme nous l'expliquons ailleurs, la perception d'une trop grande proximité des formes organiques qui s'objecte d'elle-même à l'idée que l'on doit avoir de l'infinie liberté du Créateur. « Une *trop grande ressemblance* existe en effet entre organismes vivants d'un même genre appartenant à deux régions géographiques en contact (comme entre les deux Nandous du continent sud-américain) ; une *trop grande ressemblance* existe entre organismes éteints et organismes vivants (comme entre le Glyptodon et le Tatou actuel) à l'intérieur d'une même zone géographique ; une *trop grande ressemblance* existe enfin, très généralement, entre certaines formes fossiles successives, pour que l'interprétation phylogénétique de cette proximité ne s'impose pas comme plus simple, plus économe et plus convaincante que la supposition suivant laquelle un être supérieur tout-puissant aurait néanmoins choisi, dans sa libre création des formes vivantes, de faire *comme si* sa liberté avait résolu de *se nier elle-même en apparence* en s'obligeant à présenter les signes ordinaires et partout exhibés d'un *apparentement*. Dieu étant infiniment libre dans chaque création singulière, on ne peut imaginer qu'il ait été contraint par autre chose que sa liberté. C'est-à-dire que s'il fabrique entre les représentants de sa création *des indices qui suggèrent une parenté*, c'est nécessairement parce que cette parenté est réelle, sous peine pour lui d'apparaître comme un Dieu trompeur »[29] – ce que la foi ni la théologie ne sauraient admettre, et ce qui depuis Descartes paraît métaphysiquement exclu. Il faudra donc, à terme, ôter à Dieu la responsabilité de toute création *directe* pour le tenir à l'abri de telles imperfections, imputables non à sa Providence, mais à l'action seulement matérielle et mécanique des « lois de la nature » – ainsi habilement séparées de leur maître – que le Créateur aura simplement impulsées dans le monde pour régler ses grands équilibres. Cette objection métaphysique, qui sera un jour expressément formulée par Darwin, a trouvé de quoi s'alimenter, plus que nulle part ailleurs, sur le terrain de la géographie zoologique, et sur le territoire sud-américain. Une fois accomplie cette transaction avec

---

[29] P. Tort, avec la collaboration de S. Willefert, *Darwin et la Religion*, ouv. cit., Paris, Ellipses, 2009, p. 224.

la métaphysique, et signé avec la croyance cet étrange contrat qui oblige cette dernière à accepter d'être reléguée *en son propre nom et pour son bien* – car lorsque l'on veut se débarrasser de Dieu, le plus adroit est toujours de le faire *pour sa plus grande gloire* –, la voie semble théoriquement dégagée pour le transformisme. Depuis le XVIIIe siècle, chaque grand mouvement d'affranchissement de la science par rapport à un devoir-dire théologique antérieur a été contraint de procéder ainsi – ou s'est donné ainsi le moyen de contourner l'interdiction d'ouvrir un champ d'investigation, de pensée et d'énonciation autonome.

L'année 1837

On sait par une lettre d'Emily Catherine Darwin (1810-1866), la jeune sœur du naturaliste, que Darwin déposa officiellement le 4 janvier à la *Zoological Society* de Londres 80 spécimens de Mammifères et 450 dépouilles d'Oiseaux. Cette nouvelle, découpée dans *The Morning Herald* du 12 janvier, fut transmise à Emily pour être lue à son père, que réjouissait toute information concernant les succès de Charles à Londres. Le journal précise à propos des « Pinsons » que « M. Gould a décrit les 11 [en réalité 13] espèces des Galápagos, toutes nouvelles »[30]. La description de Gould avait en effet été communiquée le 10 janvier, moins d'une semaine après le dépôt officiel des spécimens.[31]

Darwin voyageur était loin d'être un ornithologue expert, et c'est avec une modestie réellement justifiée que, dans une lettre accompagnant un envoi d'échantillons à Henslow, il s'épargna toute identification précise à propos d'un oiseau argentin en invoquant ses « *unornithological eyes* »[32]. Il entretenait toutefois des relations d'amitié avec son condisciple de Cambridge Thomas Campbell Eyton (1809-1880), jeune zoologiste qui, dans sa propriété familiale du Shropshire, cédant à son goût dominant, réunit

---

[30] *Correspondence*, vol. 2, 1837-1843, p. 2-3.

[31] John Gould, « Remarks on a Group of Ground Finches From Mr. Darwin's Collection, with Characters of the New Species », *Proceedings of the Zoological Society of London*, 5, p. 4-7.

[32] Lettre à Henslow du [26 octobre –] 24 novembre 1832, *Correspondence*, vol. 1, p. 280.

au cours de sa carrière une collection foisonnante de peaux et de squelettes d'oiseaux. Eyton participera d'ailleurs à la réalisation de la *Zoology* du *Beagle* en se chargeant de l'appendice anatomique à la 3ᵉ partie, dédiée aux Oiseaux. Si l'on se fonde sur ce qui nous est parvenu de la correspondance de Darwin au cours de son voyage, Eyton paraît être celui qui le premier a signalé à son correspondant la valeur exceptionnelle du modeste John Gould alors que ce dernier, ayant achevé son « excellente monographie sur les Toucans »[33], travaillait à ses *Birds of Europe*.[34]

C'est John Gould qui, le 24 mars 1837, présenta devant l'assemblée de la *Zoological* la nouvelle espèce de *Rhea* de Patagonie rapportée par Darwin, et qui se distingue de la *Rhea americana* [*Struthio rhea*] par une taille plus petite d'environ un cinquième, un bec plus court que le crâne, des tarses réticulés, des pattes emplumées sur une hauteur de plusieurs pouces sous le genou, un plumage alaire plus dense, et des plumes alaires plus larges terminées par une bande de blanc. C'est lui également qui, selon l'usage, proposa de nommer ce nouvel oiseau du nom de son découvreur : *Rhea Darwinii*[35]. Dans son intervention, Darwin décrit successivement les habitudes des deux oiseaux. *Rhea americana* dispose d'effectifs nombreux dans les plaines du nord de la Patagonie et les Provinces Unies de La Plata (Argentine), où l'oiseau est souvent la proie des chasseurs. Darwin décrit sa course, ailes écartées, contre le vent, et signale que l'on ignore généralement ses aptitudes de nageur, observées par lui, mais néanmoins évoquées dès 1831 par Lesson dans son *Traité d'ornithologie*[36], où l'on trouve également signalée son habitude de garnir de ses œufs un trou creusé dans le sol. Darwin insiste sur le grand nombre de

---

[33] John Gould, *A Monograph of the Ramphastidae, or Family of Toucans*, London, published by the author, 1834.
[34] Lettre d'Eyton à Darwin du 12 novembre 1833, *Correspondence*, vol. 1, p. 350.
[35] Ce choix fut décidé et mis en œuvre par Gould avant son officialisation académique, puisque Darwin l'annonce à Fox – qui en avait fait, du reste, la suggestion à Darwin – dans une lettre du 12 mars (*Correspondence*, vol. 2, p. 11).
[36] René Primevère Lesson, *Traité d'ornithologie, ou Tableau méthodique des ordres, sous-ordres, familles, tribus, genres, sous-genres et races d'oiseaux*, Paris, F.G. Levrault, 1831, p. 6.

ces œufs, et sur le fait qu'ils sont couvés par les mâles, lesquels accompagnent les jeunes après l'éclosion. Un fait remarquable est celui des modalités de la ponte : « On a assuré à M. Darwin que plusieurs femelles pondent dans un même nid, et bien que ce fait paraisse tout d'abord étrange, il considère que sa cause est assez évidente : car étant donné que le nombre d'œufs varie entre 20 et 50, voire, selon Azara, 70 ou 80, si chaque femelle était obligée de couver ses œufs avant que le dernier ne fût pondu, les premiers seraient probablement perdus ; mais si chacune pond quelques œufs à des époques successives dans différents nids, et que plusieurs femelles, comme il est établi que c'est le cas, s'unissent, alors les œufs d'un même ensemble auront à peu près le même âge. M. Burchell signale qu'en Afrique on croit que deux autruches pondent dans un même nid ».[37]

On notera qu'en plus de ce cas d'adaptation complexe à une survie optimale de la descendance, et donc à une optimisation quantitative des effectifs spécifiques, Darwin souligne adroitement la ressemblance des habitudes comportementales entre les Nandous qu'il étudie en Amérique du Sud et les Autruches d'Afrique : c'est tout le sens tactique de sa référence à William John Burchell (1782-1863), dont les *Travels in the Interior of Southern Africa* (Londres, 1822-1824, 2 vol.) demeureront durablement pour lui une source d'information zoologique et anthropologique. Dans la perspective d'une création séparée, cette ressemblance supplémentaire éveille irrésistiblement l'idée d'un sérieux essoufflement de la puissance créatrice.

Quant à la nouvelle espèce, oiseau très rare aux dires des gauchos qui le nomment *Avestruz petiso* (terme hispano-américain signifiant petite Autruche, donc Nandou nain, dénomination attribuée par Alcide d'Orbigny en 1834, aujourd'hui *Pterocnemia pennata*), ses œufs sont moins gros, plus allongés, et comportent une nuance de bleu pâle. On la trouve surtout à une latitude d'environ un degré et demi au sud du río Negro (c'est-à-dire autour

---

[37] « Notes upon the *Rhea Americana* », *Proceedings of the Zoological Society of London*, 5, 1837, p. 35-36, lu le 14 mars 1837, repris dans P. Barrett, ed., *The Collected Papers of Charles Darwin*, Chicago, University Press, 2 vol., 1977, vol. 1, p. 38-40.

de 40 degrés), mais elle s'avance assez bas vers la pointe méridionale du continent – le spécimen présenté ayant été tué par le topographe et peintre Conrad Martens à Port-Désiré, sur la côte orientale de la Patagonie, à une latitude de 48 degrés. À la différence de son cousin plus puissant, l'oiseau n'a pas coutume d'étendre ses ailes pour courir à grande vitesse, et sa femelle ne pond qu'une quinzaine d'œufs, mais elle partage également son lieu de ponte avec une ou plusieurs congénères. *Rhea americana* s'étendant pour sa part jusqu'à une limite située un peu au sud du río Negro (41 degrés de latitude selon Gould et Darwin), la nouvelle espèce, qui la jouxte sur sa frontière, occupe donc presque tout le reste de la Patagonie situé au sud de cette limite. Deux espèces que rapproche une quantité considérable de ressemblances s'avoisinent totalement sur le plan géographique, et même se chevauchent, comme l'indique au même moment le *Red Notebook (RN)*, couvert entre la fin mai ou le mois de juin 1836 et achevé vers le mois de mai (ou le début de juin) 1837. Ce carnet traite de la Géologie et, à partir du milieu du mois de mars 1837, consécutivement à l'aboutissement du travail sur les Nandous d'Amérique du Sud et sur les « Pinsons » des Galápagos – les expertises de John Gould ayant débouché sur les deux communications à la *Zoological Society of London* que nous sommes en train d'évoquer –, hasarde quelques premières hypothèses « transmutationnistes », qui seront systématiquement développées à partir du Carnet B (« On Transmutation of Species »), commencé pendant l'été (en juillet, selon Darwin, ou en août 1837) et poursuivi jusqu'au début du mois de mars 1838.

Nous tenterons ici de traduire un passage très elliptique de ce *Red Notebook* dont le sens, si l'on parvient à l'expliciter, indique toutefois assez nettement l'intrication inévitablement conflictuelle entre une réflexion naturaliste nouvelle, favorable à la « transmutation », et une résistance théologico-métaphysique consubstantielle à la science établie :

Red Notebook 127-128 [p. 61 de l'édition de Cambridge] :

Speculate on neutral ground of 2. ostriches; bigger one encroaches on smaller.— change not progressif<e>: produced at one blow. if one species altered: <altered> Mem: my idea of Volc: islands. elevated. then peculiar plants created. if for such mere points; then any mountain. one is falsely less surprised at new creation for large.— Australia's = if for volc. isl^d. then for any spot of land. = Yet new creation affected by Halo of neighbouring continent: ≠ as if any creation «taking place» over certain area must have peculiar character:

Traduction :

Méditer sur terrain neutre de 2 autruches ; la plus grande empiète sur la plus petite. – changement non progressif : produit d'un seul coup. si une espèce modifiée : <modifiée> N.B. : mon idée des Îles volc : soulevées. alors plantes particulières créées. si [vrai] pour ces simples points ; alors [vrai pour] n'importe quelle montagne. on a tort d'être moins surpris d'une nouvelle création pour des aires étendues. – celle de l'Australie = si [vrai] pour île volc. alors [vrai] pour n'importe quelle zone de terre. = Pourtant nouvelle création affectée par Halo du continent voisin : ≠ comme si toute création « prenant place » sur une certaine aire devait avoir un caractère particulier : [...]

Les deux « ostriches » sont bien entendu les deux espèces de Nandous déterminées par Gould et dont les allures, habitudes et comportements reproducteurs viennent d'être commentés par Darwin. La plus grande (*Rhea americana*) dispose d'une répartition géographique qui la porte, comme on vient de le voir en rendant compte de la présentation du 24 mars 1837, au contact de la plus petite (*Rhea Darwinii* ou *Avestruz petiso*), avec, semble-t-il, une zone d'intersection médiane, mais sans la moindre forme de transition entre les deux espèces. L'association mentale de Darwin avec les îles volcaniques fait passer du continent sud-américain aux Galápagos (ou de 1832 à 1835), et à l'idée qu'une île volcanique étant une montagne qui surgit du fond de l'océan, une montagne surgissant du fond de la terre crée des conditions analogues[38] : implique-t-elle une nouvelle création ou bien est-elle progressivement peuplée par des représentants d'espèces environnantes qui s'y acclimatent et se modifient pour survivre aux conditions locales ? En d'autres termes, ce qui vaut pour une île volcanique (pour laquelle il faudrait mettre en œuvre l'hypothèse fort peu parcimonieuse d'une nouvelle création pour toutes les espèces animales et végétales qui la peuplent) risque donc d'être vrai pour des territoires beaucoup plus vastes ayant connu des révolutions géologiques ou des bouleversements climatiques, voire d'être vrai pour la terre entière. Et comme ce qui s'observe toujours sur les îles volcaniques est, à l'évidence, que les espèces singulières qui les peuplent présentent de fortes ressemblances avec les espèces qui peuplent les zones continentales les plus proches (évocation du « halo »), il est légitime d'en induire que migration et transport ont probablement joué un rôle qui, combiné avec l'isolement et l'adaptation aux conditions ambiantes, suffit à expliquer ressemblances et différences par un processus de modification progressive des espèces migrantes à partir de populations colonisatrices. Ce passage prouve tout simplement que Darwin se trouve désormais en mesure d'expliciter le lien entre la coexistence sur terre de deux espèces de Nandous différentes mais proches, et la coexistence, au milieu de l'océan, sur l'archipel volcanique des Galápagos, de 13 espèces de « Pinsons » d'origine continentale qu'il avait d'abord prises pour de simples variétés[39]. On voit donc à quel point il est accessoire de se demander *à quel moment précis* Darwin a compris le phénomène. Même s'il a pu le pressentir en 1835, comme il a pu pressentir en 1832-1833 qu'un rapport troublant unissait les Mammifères éteints et les Mammifères vivants de certaines régions

---

[38] L'analogie entre île et montagne est fondamentale dans l'*Esquisse au crayon* de Darwin : « Lorsque des montagnes isolées formées dans un pays de plaine (si une telle chose arrive), c'est une île » (éd. cit., p. 69).

[39] Le peu d'attention témoigné tout d'abord aux « pinsons » des Galápagos par Darwin est attesté notamment par le fait que le *Diary* – journal événementiel et descriptif de Darwin à bord du *Beagle* – ne mentionne ces oiseaux qu'une seule fois, associés aux tourterelles qui venaient s'abreuver dans les rares et minuscules flaques d'eau de pluie souillée formées par les petites cavités creusées dans le grès de l'île Albemarle.

d'Amérique du Sud, il reste que la discipline scientifique lui imposait de ne conclure qu'après et d'après l'établissement rigoureux des identifications et des classifications zoologiques.

La seconde séance de la *Zoological Society* consacrée aux « Pinsons » des Galápagos, le 10 mai 1837, n'a donné lieu qu'à un très bref compte rendu de quelques lignes sous le titre « Remarks upon the Habits of the Genera *Geospiza*, *Camarhynchus*, *Cactornis*, and *Certhidea* of Gould »[40]. Ce récit expéditif et apparemment anodin confirme que Darwin seul n'était pas alors assez ornithologue pour se passer d'une expertise à partir de laquelle, en revanche, il devenait capable de formuler de puissantes inductions théoriques. D'après ce rapport, Darwin, présent à la séance, s'était contenté de faire remarquer le caractère exclusivement endémique des oiseaux exposés, associé à une grande ressemblance de caractère et à leurs vols communs en vastes bandes, qui « rendaient presque impossible l'étude des habitudes des espèces particulières ». C'est le travail de Gould, matérialisé par la belle ordonnance du volume sur les Oiseaux de la *Zoology* du *Beagle*, qui permit à Darwin d'ajouter à ses intuitions premières (endémisme, faciès américain) l'assurance qu'il s'agissait bien d'oiseaux d'espèces distinctes, éthologiquement aussi bien qu'anatomiquement différenciés. De toute évidence, les Nandous présentaient l'avantage de n'être que deux, et il semble qu'ils aient été toujours d'un commerce plus facile pour Darwin, encore qu'à leur propos se posât d'une manière plus délicate la question des modalités du processus de leur distinction biogéographique sur un territoire continental vaste et continu.

Quant aux restes des Mammifères fossiles du Quaternaire argentin, ils furent présentés le 3 mai 1837, après qu'une présentation eut été faite par Owen des vestiges du *Toxodon* le 19 avril précédent. Le détail des phases de l'identification des fossiles et des épisodes relationnels entre Darwin, Owen et Lyell a été reconstitué avec tant de précision par Sandra Herbert[41] qu'il n'est pas nécessaire ici d'y revenir pour faire autre chose qu'en tirer la

---

[40] *Proceedings of the Zoological Society of London*, 5, 1837, p. 49, repris dans *Collected Papers*, ouv. cit., p. 40.

[41] Sandra Herbert, ed., « The Red Notebook of Charles Darwin ». *Bulletin of the British Museum (Natural History), Historical Series*, 7, 24 April 1980, p. 1-164.

conclusion principale qu'en tirait déjà le Rapporteur de la *Geological Society* restituant les paroles mêmes de Darwin :

« L'auteur remarque enfin que, bien que les différents animaux terrestres gigantesques qui ont essaimé jadis en Amérique du Sud aient péri, ils sont toutefois représentés aujourd'hui par des animaux, dont la répartition est limitée à cette région, et qui, bien qu'étant de taille réduite, possèdent la structure anatomique particulière de leurs grands prototypes éteints. »[42]

Ici, la « représentation » s'ordonne sur l'axe du temps. Mais le concept d'*espèce représentative* est déjà l'un des concepts majeurs de la biogéographie darwinienne, car il apparaît dès 1837 dans un passage difficile du *Notebook B*, que nous allons là encore tenter de traduire :

Notebook B 103, p. 195 :

It may be argued representative species chiefly found where barriers «& what are barriers but» interruption of communication. or when country changes. Will it said that Volcanic soil of Galapagos under equator that external conditions would produce species so close as Patagonian <Chat> & Galapagos orpheus.= Put this strong so many thousand miles distant.—

Traduction :

On peut avancer que les espèces représentatives se rencontrent principalement là où barrières « & que sont ces barrières sinon » interruption de communication. ou quand pays change. Dira-t-on que Sol volcanique des Galápagos sous l'équateur [ou] que conditions extérieures produiraient espèces aussi proches que <Chat> orpheus de Patagonie & orpheus des Galápagos. = Bien souligner : à tant de milliers de milles de distance. –

---

[42] « A Sketch of the Deposits Containing Extinct Mammalia in the Neighbourhood of the Plata », *Proceedings of The Geological Society of London*, 2, 1838, p. 542-544, repris dans *Collected Papers*, ouv. cit., p. 44-45. La citation constitue la dernière phrase du rapport.

Les informations livrées par ce passage sont multiples. La première est que Darwin est devenu au cours de son voyage profondément conscient du rôle majeur des barrières géographiques (chaînes de montagne, étendues marines, etc.) dans la répartition géographique des espèces. Nous sommes ici sur le plan que nous avons nommé « horizontal », illustré par les observations zoologiques d'Amérique du Sud (où les barrières sont essentiellement montagneuses), et celles qui ont été effectuées aux îles Galápagos (où la barrière est évidemment maritime). La deuxième est que l'effet des barrières est d'interrompre une communication territoriale, ce qui renvoie l'étude historique du peuplement vivant de la Terre à l'histoire géologique du globe. La troisième est que des espèces remarquablement proches dans leur structure et dans leur aspect sont produites sous des conditions géo-climatiques très différentes, voire absolument opposées, ce qui deviendra un argument développé dans *L'Origine des espèces*. La quatrième (qui est une conséquence du « principalement » de la première phrase) est que des espèces représentatives peuvent parfois se rencontrer sur des territoires continus qui ne sont pas vraiment divisés par une barrière géographique, ou qui le sont par une barrière *néanmoins franchissable* : c'est le cas des deux espèces de Nandous dont nous avons étudié la répartition géographique globalement distincte, mais qui vivent en sympatrie dans une portion nord de la Patagonie, sous la barrière du río Negro, franchissable par des Rhéidés bons nageurs. Darwin précède ainsi d'une trentaine d'années les propositions de Moritz Wagner, qu'évidemment il inspirera, sur l'isolement et la vicariance géographiques. Le concept moderne d'« espèce vicariante », explicité par Wagner au cours des années 1860[43] et repris sous des dénominations variées et à l'aide d'illustrations infinies

---

[43] Moritz Wagner (1813-1887), naturaliste, voyageur et géographe allemand, visita notamment le Panama, la Colombie et l'Équateur, où il fit des observations géologiques et biogéographiques décisives autour des années 1858-1859. Son ouvrage théorique majeur reste *Die Darwin'sche Theorie und das Migrationsgesetz der Organismen*, Leipzig, Duncker & Humblot, 1868. La synthèse de ses idées parut après sa mort : *Die Entstehung der Arten durch räumliche Sonderung*, Bâle, Benno Schwalbe, 1889. Voir l'article qui lui est consacré par Ernst Mayr dans P. Tort (dir.), *Dictionnaire du darwinisme et de l'évolution*, Paris, PUF, 1996, vol. 3, p. 4557-4558.

par un grand nombre de théoriciens, n'a pas d'autre contenu central que la notion darwinienne d'espèce représentative. Elle implique un processus de constitution tributaire de l'apparition d'une barrière géographique interrompant un continuum populationnel : c'est ainsi que l'apparition au Pliocène de l'isthme de Panama installa une digue infranchissable entre les représentants de centaines de populations spécifiques de Poissons, de Crustacés, de Mollusques, d'Échinodermes, qui se différencièrent de part et d'autre jusqu'à constituer des ensembles souvent considérés comme spécifiquement distincts. Les espèces vicariantes se caractérisent de ce fait par leurs ressemblances morphologiques et éthologiques, traces d'une continuité de milieu et d'une communauté d'origine antérieures à la séparation de la population spécifique. Il est donc juste dans cette mesure de considérer les deux espèces de Nandous qui peuplent les plaines d'Argentine et de Patagonie comme des espèces vicariantes. Wagner considérait également les *Geospizinae* des Galápagos – les « Pinsons » de Darwin – comme des produits de ce mécanisme. Mais l'isolement géographique d'une fraction de population avec effet de fondation (impliquant migration et franchissement d'une barrière) était pour Wagner la condition indispensable et suffisante au succès évolutif d'une variété, c'est-à-dire à une spéciation géographique qui se serait ainsi effectuée sans l'aide de la sélection naturelle. Dans une correspondance du 13 octobre 1876, Darwin, réagissant à la lecture d'un essai de Wagner – « Der Naturprocess der Artbildung », publié par *Das Ausland* le 31 mai 1875 (n° 22) –, devra répondre poliment mais fermement à une telle prétention, incapable de rendre compte des adaptations structurelles des organismes à leurs conditions de vie. Ce dialogue avec Wagner, qui se poursuivra par une reprise temporaire du thème de l'isolement avec plusieurs autres correspondants, tels Carl Semper et August Weismann, demeure précieux car il permet de confirmer le caractère crucial de la réflexion darwinienne sur la biogéographie de l'Amérique du Sud et des îles Galápagos, en même temps qu'il réserve un rôle à ce que l'on a nommé depuis la spéciation sympatrique, ainsi bien sûr qu'à la sélection naturelle et à l'influence du milieu – ce qu'il faut se garder d'interpréter trop systématiquement comme une concession tardive au lamarckisme :

« Je crois que tous les individus d'une espèce peuvent se modifier lentement à l'intérieur d'une même zone, presque de la même manière que ce qui a lieu sous l'action de l'homme par ce que j'ai nommé le processus de sélection inconsciente... Je ne crois pas qu'une seule espèce donnera naissance à deux ou plusieurs espèces nouvelles, aussi longtemps qu'elles seront mélangées à l'intérieur de la même zone. Néanmoins je ne puis douter que nombre d'espèces nouvelles ne se soient développées simultanément à l'intérieur du même vaste territoire continental ; et dans mon *Origine des espèces* j'ai tenté d'expliquer comment deux espèces nouvelles pouvaient se développer, bien qu'elles se rencontrent et s'entremêlent sur les *frontières* de leur extension. Ç'eût été un fait étrange que je n'aie pas aperçu l'importance de l'isolement, vu que ce sont des cas tels que ceux de l'Archipel des Galápagos qui, principalement, m'ont conduit à étudier l'origine des espèces. À mon avis, la plus grande erreur que j'aie commise a été de ne pas accorder de poids suffisant à l'action directe de l'environnement, *i. e.* nourriture, climat, &c., indépendamment de la sélection naturelle. Les modifications ainsi causées, qui ne sont ni avantageuses ni désavantageuses pour l'organisme modifié, seront spécialement favorisées, comme je puis à présent le voir grâce principalement à vos observations, par l'isolement sur un petit territoire, où quelques individus seulement vivraient dans des conditions à peu près uniformes. »

Ces dernières lignes signifient seulement qu'une petite population migrante s'installant sur un petit territoire isolé subira la pression homogène des conditions environnementales plus fortement qu'une population nombreuse se distribuant sur un vaste territoire aux conditions – et donc aux ouvertures adaptatives – plus variées. De fait, rien ici n'indique que Darwin ait profondément modifié l'axe de sa pensée biogéographique depuis 1837.

La propagation d'une espèce dans la dimension horizontale (géographique) de l'espace est donc ce qui a créé, qu'il y ait eu ou non une barrière physique manifeste, des espèces « représentatives » ou vicariantes (terme encore inexistant). L'intérêt de la réflexion de

Darwin en 1837, aidée par la publication presque simultanée de ses premières notes biogéographiques et paléontologiques, est que ce modèle de la vicariance se trouve également applicable s'il est projeté sur l'axe vertical (géologique) d'une durée matérialisée par la superposition des dépôts et des vestiges fossiles qu'ils renferment : sur le plan temporel, et pour reprendre notre énumération précédente, le Guanaco actuel est le vicariant du *Macrauchenia patachonica* ; le Capybara actuel est le vicariant du *Toxodon platensis* ; les Paresseux actuels sont les vicariants des grands Édentés fossiles (*Megatherium, Megalonyx, Scelidotherium, Mylodon*) ; et les Tatous actuels sont les vicariants du *Glyptodon*.

C'est donc la *ressemblance* qui a servi de guide principal à Darwin dans l'élaboration mentale des fondements de son transformisme. La ressemblance implique la proximité dans l'espace et dans le temps, et suggère un engendrement suivi d'un élargissement, d'une dispersion. Comme dans une famille animale ou humaine. « Une « génération d'espèces », écrit Darwin, « comme une génération d'individus ». Ces idées apparemment simples ont mis cependant des siècles à briser le rempart théologique du fixisme.

À quoi donc pensait Charles Darwin lorsque, en octobre 1835, sur l'une des îles de l'archipel des Galápagos, il jouait à lancer aussi loin que possible un iguane marin – celui que Thomas Bell avait nommé en 1825 *Amblyrhynchus cristatus* (ce qui signifie « nez usé à crête »), ce sombre « diablotin des ténèbres » dont il avait pu constater l'extrême ressemblance avec son « cousin » l'iguane terrestre –, dans un étang profond d'eau salée intertidale, pour le voir infailliblement revenir au rivage et se réfugier sur la terre ferme ? L'animal, bon nageur, supportant des apnées prolongées, se rencontre le plus souvent couché sur les rochers ensoleillés de la côte. Sa queue est aplatie sur ses deux versants. Ses extrémités sont pourvues de griffes parfaitement adaptées à la locomotion sur la surface des roches volcaniques rugueuses et crevassées. Il se nourrit d'une algue verte translucide (*Ulva*, communément appelée « laitue de mer ») poussant généralement en eau peu profonde. Si sous tous ces rapports l'adaptation de ce lézard à la vie aquatique lui paraît être une évidence, Darwin est cependant frappé par une curieuse anomalie : l'animal effrayé, poursuivi jusqu'à un lieu surplombant la mer, se laisse constamment capturer plutôt que de se jeter à l'eau. D'où l'idée qu'a Darwin de répéter plusieurs fois l'expérience de sa mise à l'eau forcée : l'observation régulière de son preste retour, en ligne droite, nageant sur le fond en s'aidant quelquefois de ses pattes, vers le bord d'où on l'a si violemment chassé, étonne et intéresse au plus haut point le naturaliste, qui conclut à l'existence d'un instinct fixe et héréditaire associant eau profonde et danger, terre émergée et refuge : expliquant par ailleurs ses énormes effectifs sur les îles de l'archipel, l'absence de prédateur terrestre – pour cet animal constamment susceptible, en milieu aquatique, d'être la proie des requins –, pourrait avoir favorisé ce tropisme vers la côte. Mais en est-ce bien la seule explication ?

Le *Journal of Researches* de Darwin – dont la première édition, résultat élaboré des notes prises au cours du voyage et des compléments d'information obtenus pendant sa rédaction, notamment auprès des zoologistes chargés de l'étude de ses spécimens, verra le jour en 1839 –, donne ainsi de cet unique lézard marin, à travers ce récit, une description tout à fait remarquable[44], qui précède immédiatement, pour des raisons qui paraissent évidentes, celle de l'Iguane terrestre, dénommé *Amblyrhynchus demarlii*. La ressemblance physique et comportementale des deux animaux est extraordinaire, ce qui rend bien sûr particulièrement instructif l'examen de leurs différences. L'Amblyrhynque terrestre a la queue ronde – sans l'aplatissement bilatéral noté chez son sosie marin –, et ne possède aucune palmure interdigitale. Sa répartition est limitée aux îles formant le cœur de l'archipel. On dirait, note Darwin, qu'il a été créé là et que, de là, il ne s'est propagé que jusqu'à une certaine distance. Il habite des terriers creusés dans de la

---

[44] La description « naïve » de Darwin contient déjà un grand nombre de faits qui seront confirmés ou expliqués par des études zoologiques largement ultérieures : le mode de locomotion subaquatique de l'iguane marin, comportant de nombreuses séquences d'utilisation des pattes griffues sur tous les supports rocheux sous-marins ; sa fréquentation du milieu marin aux fins exclusives de l'alimentation ; sa spécialisation trophique ; sa survie d'une heure en immersion ; sa recherche constante du soleil et sa couleur noire, liées à sa pœcilothermie ; son évacuation du sel excédentaire par vidage narinaire d'une glande nasale spéciale, particulièrement dans les postures défensives, etc.

lave friable ou du tuf tendre, de préférence dans les régions basses et stériles, où sa population est extrêmement nombreuse et paraît, manquant presque constamment d'eau, se nourrir principalement de cactus, et, en altitude, des baies acides de guayavita (qu'il dévore de concert avec les tortues) et de feuilles d'acacia. Aussi « laid » et en moyenne légèrement plus petit, selon Darwin, que son cousin de l'espèce marine, il n'est pas comme lui monochrome, ayant un ventre orangé et des nuances d'un rouge brunâtre sur la région dorsale. La femelle pond dans son terrier, et cette indication aisément obtenue – puisque les habitants recherchent ses œufs pour s'en nourrir – contraste avec l'absence d'information sur la reproduction et les lieux de ponte de l'iguane marin, dont Darwin ignore encore que sa femelle pond également dans un terrier qu'elle creuse spécialement dans le sable à cet effet. Ainsi, un genre est représenté sur ces îles par deux espèces exclusivement endémiques, presque jumelles dans leur morphologie et leurs habitudes, l'une vivant sur la terre et l'autre manifestant toujours la volonté anxieuse d'y revenir. Darwin, qui a eu l'occasion d'examiner un grand iguane vert en Uruguay ainsi que l'*Amblyrhynchus* terrestre de l'archipel, et qui a en outre observé la bonne adaptation à la nage de l'*Amblyrhynchus cristatus* et ses plongées limitées à la recherche de nourriture, ne joue sans doute pas innocemment à lancer l'iguane sur l'étang. Il veut éprouver l'infaillibilité instinctuelle du tropisme vers le rivage, qu'il interprétera silencieusement, sur le mode d'un soupçon qui vaut d'être testé, comme la trace d'une possible ou probable origine commune avec tous les autres iguanes, résolument terrestres, qui couvrent les zones émergées sur des espaces infiniment plus étendus.

Comment un Dieu bon, omniscient et infiniment sage aurait-il pu commettre l'acte absurde et cruel de créer un animal visiblement adapté à la vie aquatique pour le doter sournoisement de la peur de l'eau ?

Telle est, semble-t-il, la nature de ces « vagues doutes » dont Darwin reconnaîtra beaucoup plus tard, en écrivant ses souvenirs[45],

---

[45] Charles Darwin, Lettre à Otto Zacharias, 1877, *in* Francis Darwin & Albert Charles Seward (eds.), *More Letters of Charles Darwin. A record of his Work in a*

qu'ils « voltigeaient parfois » dans son esprit lorsqu'il réfléchissait sur le navire en ressentant, lui aussi, le mal de mer.

Il reste qu'au printemps de 1837, Darwin a très rigoureusement choisi, à la suite de ce que vient d'établir l'expertise de Gould, la transformation des espèces contre leur fixité. Et qu'à l'été il commence à couvrir un premier carnet de ses notes sur la « transmutation ».

Les Carnets

Peu de temps avant son retour en Angleterre le 2 octobre 1836, Darwin, au cours du printemps de cette même année, commence à prendre des notes sur un grand carnet qui, le voyage achevé, s'accompagnera au fil des années d'une longue série de semblables recueils. En fait, il a déjà une assez longue expérience de cette pratique – indispensable au naturaliste voyageur –, puisque pendant toute la durée de sa navigation, outre un journal de bord événementiel (*The Beagle Diary*) commencé le 24 octobre 1831, soit plus de deux mois avant l'appareillage du navire, il a couvert sans doute une bonne vingtaine de carnets de « terrain », les *Field Notebooks*, aujourd'hui au nombre de dix-huit et comprenant le fameux *Red Notebook* (voir la liste qui suit), carnets dont aucun n'évoque la Nouvelle-Zélande – visitée du 21 au 30 décembre 1835 –, ni l'Australie – visitée du 16 au 27 janvier 1836 –, ce qui laisse supposer la perte de certains d'entre eux.

C'est sur des supports analogues que Darwin a rédigé ses observations zoologiques (*Diary of Observations on Zoology of the places Visited During the Voyage*, relevé chronologique formant quatre volumes à Cambridge), ses observations géologiques (*Diary of Observations on the Geology of the Places Visited During the Voyage*, trois recueils assortis d'une énorme masse de notes réparties sur dix volumes) et diverses listes d'espèces animales et végétales (*Catalogue for Specimens in Spirits of Wine*, en six parties, et trois autres parties – sous l'indication *Printed Numbers* – pour les

---

Series of Hitherto Unpublished Letters, London, John Murray, vol. 1, 1903, letter 278, p. 367.

spécimens secs étiquetés) dont les représentants ont été rencontrés au cours de son périple, et conservés ou dessinés à bord du navire.[46]

L'ensemble de ce matériel naturaliste constitue ce qui a été transmis, pour inventaire, identification et interprétation, aux différents spécialistes, choisis par Darwin, qui contribuèrent à l'élaboration du bilan scientifique du voyage. C'est également ce à partir de quoi Darwin lui-même réalisa une partie substantielle de ses propres ouvrages.

Ce qui est rassemblé aujourd'hui sous le titre de *Notebooks* par les spécialistes des manuscrits de Darwin conservés en Angleterre a donné lieu, après les travaux pionniers, sur divers inédits, de Nora Barlow[47], petite-fille de Darwin, et de Gavin De Beer[48], à la publication d'un fort volume de 747 pages[49] qui est aujourd'hui une référence majeure des études sur la formation de sa pensée, et d'après lequel nous avons reconstitué le dénombrement qui suit. Ces *Notebooks* rassemblés dans l'édition de 1987 comprennent de fait les quinze carnets rédigés (ou, pour certains d'entre eux, achevés) après le retour de Darwin en Angleterre. Leur regroupement donne donc ici, pour des raisons de statut thématique, de rédaction

---

[46] Des détails techniques concernant ce corpus de manuscrits sont donnés par les éditeurs de la correspondance de Darwin : *The Correspondence of Charles Darwin*, Cambridge University Press, 1985, vol. 1 (1821-1836), Appendix II, p. 545-548.

[47] Nora Barlow (éd.), *Charles Darwin's Diary of the Voyage of HMS Beagle*, Cambridge University Press, 1933 ; *Charles Darwin and the Voyage of the Beagle*, London, Pilot Press, 1945 ; *The Autobiography of Charles Darwin, 1809-1882*, London, Collins, 1958 ; *Darwin's Ornithological Notes*, dans le *Bulletin of the British Museum (Natural History)*, *Historical Series*, vol. 2, n° 7, London, 1963, p. 201-278 ; *Darwin and Henslow. The Growth of an Idea. Letters 1831-1860*, London, John Murray, 1967.

[48] Gavin Rylands De Beer (éd.), « Darwin's Journal », dans le *Bulletin of the British Museum (Natural History), Historical Series*, London, 1959, 2, p. 1-21 ; *id.* (avec M.J. Rowlands et B.M. Skramovsky), « Darwin's Notebooks on Transmutation of Species », dans le *Bulletin of the British Museum (Natural History), Historical Series*, London, 1960, 2, p. 23-73, 75-118, 119-150, 151-183 ; 1961, 2, p. 185-200 ; 1967, 3, p. 129-176.

[49] *Charles Darwin's Notebooks, 1836-1844. Geology, Transmutation of Species, Metaphysical Enquiries*, transcribed and edited by Paul H. Barrett, Peter J. Gautrey, Sandra Herbert, David Kohn, Sydney Smith. British Museum (Natural History), Ithaca (New York), Cornell University Press, 1987.

parallèle ou de reprise tardive, l'image non d'une stricte succession, mais d'un chevauchement temporel :

1. *Red Notebook (RN)* : (fin mai ? –) juin 1836 à mai (– début juin ?) 1837. Géologie et, à partir du milieu du mois de mars 1837, consécutivement à l'aboutissement du travail sur les Nandous d'Amérique du Sud et sur les « Pinsons » des Galápagos (les expertises de John Gould ayant débouché sur les deux communications précédemment évoquées à la *Zoological Society of London*), premières hypothèses « transmutationnistes », qui seront systématiquement développées à partir du Carnet B (*cf.* ci-dessous, n° 4).

2. *Notebook A* : (juin-juillet ? –) août 1837 à septembre (– octobre-novembre-décembre ?) 1839. [Géologie.]

3. *Glen Roy Notebook* : 28 juin au 5 juillet 1838. [Géologie.]

4. *Notebook B* : (juillet ? –) août 1837 à début mars 1838. [« On Transmutation of Species ». 1er Carnet expressément dédié au sujet. Darwin y emploie pour la première fois, à cinq reprises, l'expression « my theory ».]

5. *Notebook C* : février 1838 à juin (– juillet ?) 1838. [Transmutation, 2e Carnet.]

6. *Notebook D* : mi-juillet 1838 au 2 octobre 1838. [Transmutation, 3e Carnet. Contient déjà une référence développée à l'*Essai sur le principe de population* du Révérend Thomas Robert Malthus, dont la lecture, commencée fin septembre (28 ?) et achevée le 3 octobre de cette même année, sera signalée en 1876, dans l'*Autobiographie*, comme ayant été décisive par rapport à la conception de la théorie de la sélection naturelle.]

7. *Notebook E* : octobre 1838 au 10 juillet 1839. [Transmutation. 4e Carnet.]

8. *Torn Apart Notebook* : mi-juillet 1839 à 1841. [Transmutation.]

9. *Summer 1842*. [12 paragraphes courts. Abeilles, fleurs, géologie, élevage.]

10. *Zoology Notes, Edinburgh Notebook*. Commencé en mars 1827. Puis 1837-1842. [Notes de zoologie marine et d'entomologie.]

11. *Questions and Experiments* : 1839-1844. [Zootechnie. Horticulture.]

12. *Notebook M* : 15 juillet 1838 au 2 octobre 1838. [Métaphysique. Morale. Expression.]

13. *Notebook N* : 2 octobre 1838 à 1840. [Métaphysique. Expression.]

14. *Old and Useless Notes* : 1838-1840. [Sens moral. Métaphysique.]

15. *Abstract of John Macculloch 1837* [*Essay on Theology and Natural Selection*]: fin 1838. [Théologie naturelle.]

Cet aperçu permet de saisir à la fois un mouvement d'ensemble des thèmes dominants structuré par la séquence Géologie / Biologie / Métaphysique, et une intrication de ces thèmes en synchronie, manifestée notamment par la parfaite simultanéité des carnets D [Transmutation] et M [Métaphysique, Morale, Expression], mais surtout par le fait que tous les Carnets contenant des notations d'ordre biologique – c'est-à-dire l'ensemble des *Notebooks* à l'exception relative du *Notebook A*, exclusivement rempli de fragments géologiques et de brèves remarques ou interrogations paléontologiques –, contiennent également des digressions, des allusions ou des implications théologico-métaphysiques. En d'autres termes, l'étude chronologique et thématique des *Notebooks* démontre que la question de l'Homme est, dans la pensée de Darwin, entièrement contemporaine de son élaboration personnelle du transformisme. Les *Notebooks*, qu'il ne peut s'agir ici d'analyser dans leur détail, sont la matrice thématique et problématisante à partir de laquelle l'ensemble de l'œuvre ultérieure va se construire, et le lieu d'une récurrence insistante de questions et d'amorces d'arguments qui marquera à partir de 1837 la mise en crise du fixisme officiel sur la plan naturaliste et le *harcèlement critique* de ses fondements théologico-métaphysiques. On soulignera le fait que Darwin, dès le *Notebook C* (1838), rejette le dualisme matière / pensée, considère déjà la croyance en un Dieu auteur de chaque être singulier comme une superstition primitive, et défend en toutes lettres le matérialisme.

Malthus

L'*Autobiographie* de 1876 contient un passage, souvent cité, dans lequel Darwin évoque sa lecture de l'*Essai sur le principe de population* [1798] du Révérend Thomas Robert Malthus (1766-1834). On sait aujourd'hui, grâce aux notes personnelles du naturaliste, que cette lecture généralement présentée comme cruciale eut lieu entre le 28 septembre et le 3 octobre 1838[50], et que Darwin avait alors entre les mains le texte de la sixième édition de l'*Essay*, en deux volumes, de 1826. La façon légère et plutôt détachée dont il met en scène l'irruption d'un texte qui jouera de son propre aveu un rôle décisif dans la formulation de sa théorie fait presque sourire :

« En octobre, soit quinze mois après que j'eus commencé mon enquête systématique, je vins à lire pour m'amuser Malthus *Sur la population*, et, étant bien préparé par une longue observation des habitudes des animaux et des plantes à apprécier la lutte pour l'existence qui se livre partout, l'idée tout à coup me frappa que dans ces circonstances les variations favorables tendraient à être préservées, et les défavorables à être détruites. Le résultat en serait la formation de nouvelles espèces. J'avais donc enfin là une théorie qui me permît de travailler. Mais j'étais si soucieux d'éviter les préjugés que je résolus pour un certain temps de ne pas en écrire la plus brève esquisse. »

Il est peu probable que l'amusement, la distraction et la fantaisie aient été pour Darwin les seuls facteurs de la décision d'inscrire l'*Essay on the Principle of Population* au programme de ses lectures de l'automne 1838. Nul en effet ne saurait prétendre après réflexion qu'un théoricien transformiste passe d'une manière inopinée et sans logique d'une révision critique de l'économie naturelle au questionnement subséquent de l'économie politique. L'apparente désinvolture narrative de Darwin peut s'expliquer en 1876 par sa volonté d'indiquer à ses proches que lire Malthus correspondait plus chez lui à une curiosité qu'à une adhésion au contenu idéologique et politique du malthusianisme, qu'il a globalement rejeté,

---

[50] Cette précision est autorisée par le *Notebook D*, 135 e, qui démontre que Darwin a lu et assimilé à cette date les premières pages de l'*Essai*, et par l'existence et la publication des *Carnets de lecture de Darwin*, les *Darwin's Reading Notebooks*, qui forment l'Appendice IV du volume 4 de la *Correspondence*, p. 433-573.

au nom de la poursuite de l'amélioration humaine, en 1871, en concluant *La Filiation de l'Homme*[51]. Que cette lecture ait été entreprise par hasard ou sous l'impulsion d'une intuition vague ou d'un ouï-dire incitatif, ou encore, comme nous le croyons, sous l'effet d'une volonté de compléter le champ d'application du transformisme en l'étendant aux sociétés humaines, ne constitue pas du reste une question de première importance. On notera simplement, en le soulignant toutefois, qu'il n'est en revanche absolument pas fortuit que le second découvreur de la théorie sélective, Alfred Russel Wallace, ait éprouvé lui aussi, plus tard, le besoin – évoqué à la fin de sa vie – de passer par cet ouvrage pour distinguer dans la thèse qu'il développait « le fil lumineux menant à l'agent réellement efficient au sein de l'évolution des espèces organiques »[52]. Ce « fil » théorique n'est rien d'autre que l'idée centrale de l'*Essay* : celle du taux de reproduction élevé des êtres vivants – en l'occurrence des humains, auxquels ses développements sont expressément consacrés –, et de leur propension rapide à excéder les limites numériques compatibles avec leur bien-être, en raison d'une croissance *géométrique* de leur population confrontée à une croissance seulement *arithmétique* de leurs ressources vitales. Cette propension objective de la population à augmenter plus vite que les ressources aggraverait nécessairement, selon Malthus, les antagonismes, les luttes, les guerres, les famines, les épidémies, les fléaux et les souffrances de toutes sortes dont Dieu, à la manière d'un stratège, se serait servi dans sa Providence pour stimuler et entretenir l'activité des Hommes, et dont le dénouement peut être ordonné soit par les conséquences naturellement destructives du vice et de la misère, soit par la contrainte morale préventive ou une régulation politique soucieuse de contenir dans des limites éclairées l'équilibre numérique des membres de la communauté. On comprend au passage comment Malthus a pu être sans difficulté le penseur clé d'un libéralisme toujours à la fois

---

[51] C. Darwin, *La Filiation de l'Homme*, chap. XXI, *in fine* : « (...) notre taux naturel de croissance, même s'il conduit à de nombreux et évidents malheurs, ne doit d'aucune manière être grandement diminué ».

[52] A.R. Wallace, *My Life, A Record of Events and Opinions*, London, 1905, vol. 1, p. 232.

naturaliste et théocratique : naturaliste parce qu'il fonde la totalité de son raisonnement sur ce qui chez l'homme ressortit aux deux actes naturels nécessaires à sa survie biologique : l'alimentation et la reproduction ; théocratique parce que la tension entre propension à la démesure reproductive et insuffisance croissante des ressources sert à garantir la poursuite accrue de l'effort des hommes et à les tenir éloignés de l'indolence, sauvant ainsi leur *mérite* au regard de Dieu.

Où se trouve alors le génie propre de Darwin, s'il est consigné par sa propre plume que la notion de la lutte éliminatoire pour l'existence lui a été révélée par Malthus ? Certains commentateurs n'ont cessé pour cela de tenter de débarrasser Darwin de Malthus, et, là encore, ils l'ont fait en suivant une tradition qui s'enracine dans les réflexions psycho-biographiques et les contributions commémoratives de Francis Darwin[53], lequel, en fils soucieux de l'admiration due à son père, a initié cette longue argumentation hasardeuse dont l'objectif inavoué, ou l'engagement naïf, était à la fois de sauver son originalité et de purifier la doctrine évolutive de toute scorie quelque peu idéologique qui serait attachée à sa naissance. Les mêmes commentateurs, poussés par cette sourde volonté d'épargner Malthus à Darwin, eurent donc à substituer au pasteur démographe des équivalents précoces dans le rôle de déclencheurs, et nous devons à ce souci un certain nombre de remarques pertinentes sur ce qui sans nul doute a constitué chez Darwin le fonds de convictions latentes et d'intuitions préparatoires d'origine

---

[53] Francis Darwin déclare en effet, en 1909, dans l'« Introduction » des *Foundations of the Origin of Species* : « Il est surprenant qu'il fût besoin de Malthus pour lui fournir la clé, alors que dans le *Carnet de notes* de 1837 était apparue – quelque obscure qu'en fût l'expression – l'annonce anticipée de l'importance de la survie des plus aptes. "Pour ce qui est de l'extinction, nous pouvons facilement voir qu'une variété de l'autruche (Petise) peut n'être pas bien adaptée, et, ainsi, s'éteindre ; ou à l'inverse, comme Orpheus, la situation étant favorable, beaucoup pourraient être produits. Cela requiert le principe que les variations permanentes produites par l'isolement reproductif et le changement des circonstances sont poursuivies et produit<es> en liaison avec l'adaptation de ces mêmes circonstances, et donc que la mort des espèces est une conséquence (à l'inverse de ce qui a dû avoir lieu en Amérique) de la non-adaptation des circonstances."

J'ai du mal à penser qu'avec sa connaissance de l'interdépendance des organismes et de la tyrannie des conditions, son expérience ne se fût pas cristallisée en une "théorie qui lui permît de travailler", même sans l'aide de Malthus. »

géologique et naturaliste qui facilita sa « conversion », et lui a probablement permis de s'assigner à lui-même un large spectre de « précurseurs » lorsqu'il fut avéré en 1861[54] que sa théorie était vouée à rencontrer de toute part, dans l'histoire naturelle et au-delà, plus de résistance que n'en aurait suscité une simple réforme. On insista donc sur le fait que le vaste thème de la lutte pour l'existence, que Darwin s'est dit lui-même avoir été « bien préparé » à accueillir, figurait déjà, à l'enseigne de la « guerre » de la nature, chez Augustin-Pyramus de Candolle (1778-1841), et avait été rencontré par lui en 1832, dans les pages du deuxième volume des *Principles of Geology* de Lyell[55]. On évoqua également Charles Bonnet (1720-1793), auteur plus lointain d'une idée analogue, mais dont la lecture tardive par Darwin vers 1865 coïncide en fait avec la préparation de *La Variation des animaux et des plantes à l'état domestique* (1868). L'autorité de Bonnet demeure du reste uniquement liée chez Darwin aux thèmes de la reproduction animale, de la régénération des parties amputées et de la génération des organismes, et cet auteur n'est jamais évoqué comme un précurseur éventuel de la théorie, ce que du reste auraient rendu difficile son préformationnisme foncier et l'inscription manifeste de son discours dans le cadre de la vieille théologie naturelle providentialiste[56]. A.-P. de Candolle constitue au contraire une référence

---

[54] La troisième édition de *L'Origine des espèces*, postérieure à l'affrontement d'Oxford avec les partisans de l'orthodoxie biblique et les anti-transformistes, sera précédée d'une *Historical Sketch* dans laquelle Darwin signale, avec un souci d'exhaustivité qui confine parfois à l'ironie (notamment par rapport à Richard Owen), les personnalités, illustres ou obscures, qui l'ont devancé ou accompagné non pas sur la voie de sa théorie, mais sur celle du transformisme en général, ou même d'une remise en cause partielle du fixisme régnant.

[55] Charles Lyell, *Principles of Geology, Being an Attempt to Explain the Former Changes of the Earth's Surface, by Reference to Causes Now in Operation*, London, John Murray, 1830-1833, 3 vol., vol. 2, p. 136 : « "All the plants of a given country", says De Candolle, in his usual spirited style, "are at war one with another" ».

[56] *Cf.* Charles Bonnet, *Contemplation de la nature* (1764), dans *Œuvres*, Neuchâtel, t. 4, 1781, chap. 16, p. 188 : « Il est entre les animaux des guerres éternelles, mais les choses ont été combinées si sagement, que la destruction des uns fait la conservation des autres, et que la fécondité des especes [*sic*] est toujours proportionnelle aux dangers qui menacent les individus ».

infiniment plus sérieuse, et sa lecture précoce par Darwin dès l'époque de la rédaction du *Notebook B* (1737-1738) autorise au moins, pour ce qui est du conflit des formes vivantes, l'hypothèse d'une imprégnation thématique. Dans son article « Géographie botanique » du *Dictionnaire des sciences naturelles* dirigé par Frédéric Cuvier[57], le botaniste suisse évoque en effet cet état de guerre permanente entre les végétaux, en même temps qu'il définit le champ d'étude de la géographie botanique, fixe la définition sommaire de ses grands concepts (station, habitation, endémisme) et sympathise avec Geoffroy Saint-Hilaire et Goethe dans la perspective de l'unité de plan de composition organique : autant d'éléments qui peuvent apparaître comme des ouvertures thématiques au transformisme, ce qui n'est pas absolument surprenant de la part de cet éminent continuateur de Lamarck. Dans ce contexte cependant, la mention de la guerre des plantes demeure plutôt une métaphore littéraire isolée qu'un concept organisateur. Mais De Candolle est une référence respectée dans le milieu des naturalistes, comme Lyell l'est chez les géologues, et c'est à ce titre que son nom se tiendra, tutélaire, sur le seuil de la première contribution de Darwin à l'exposé, en 1858, de ses positions communes avec Wallace, comme on le verra plus loin. Cependant, il ne saurait échapper aujourd'hui à l'attention des historiens qu'Augustin-Pyramus de Candolle et Thomas Robert Malthus sont évoqués conjointement dans le *Notebook D*, 134 e, et dans l'*Abstract of John Macculloch*, 57[v], vers la fin de l'année 1838. Cette association précoce, renforcée par le début même de la présentation officielle de 1858 où elle se renouvelle avec force, devrait rendre définitivement accessoires les distinctions effectuées, à l'avantage du seul De Candolle, par divers historiens entre ces deux références parallèles de Darwin. S'il est évident que Darwin eut connaissance de l'article « Géographie botanique » de De Candolle

---

[57] Augustin-Pyramus de Candolle, « Géographie botanique », dans Frédéric Cuvier (dir.), *Dictionnaire des sciences naturelles, dans lequel on traite méthodiquement des différens êtres de la nature, considérés soit en eux-mêmes, d'après l'état actuel de nos connoissances, soit relativement à l'utilité qu'en peuvent retirer la médecine, l'agriculture, le commerce et les arts*, Strasbourg, F.G. Levrault, Paris, Le Normant, 1816-1845, 61 vol. + 12 vol. de planches, vol. 18, 1820, p. 359-422.

antérieurement à sa lecture de l'*Essay* de Malthus, on ne saurait nier toutefois que la densité théorique et la puissance modélisatrice, en ce qui concerne l'appréciation des phénomènes populationnels produisant lutte et compétition, ne soient tout entières du côté de Malthus. En plus de la fréquence insistante des renvois à Malthus comme fournisseur d'un modèle décisif, un dernier argument vient à l'appui de la parfaite sincérité de Darwin dans cette référence qui a manifestement gêné nombre de commentateurs : on ne voit pas quelle force ou quel motif incompréhensible aurait conduit Darwin à insister comme il l'a fait sur sa dette envers Malthus et à amoindrir ainsi sa propre originalité en faisant jouer un rôle de catalyseur théorique à un modèle tiré d'un économiste religieux dont il devra plus tard combattre les recommandations sur le terrain même où elles étaient censées démontrer leur sagesse.

En effet – et il n'est nullement superflu ici de le souligner –, il est pour le moins impropre de parler d'un « malthusianisme de Darwin », ce dernier s'étant tout simplement opposé, au nom même de sa théorie, à ses applications politico-sociales. Comme nous l'indiquons ailleurs, Malthus, dans l'*Essay*, appliquait son schéma aux populations humaines. Darwin l'appliqua quant à lui aux populations végétales et animales dans ses grands ouvrages naturalistes[58], mais ne souscrivit jamais aux recommandations malthusiennes de limitation volontaire des naissances dans les sociétés humaines, ni au providentialisme théologique de leur auteur – la misère instituée par Dieu pour provoquer l'effort et faire désirer et mériter l'au-delà –, ni au figement de la société dans un état d'équilibre restrictif excluant toute perspective de progrès, et bien moins encore au refus d'assistance envers les pauvres, qui heurtait son anthropologie, son éthique et ses habitudes. On a vu plus haut qu'il s'exprime ouvertement à ce sujet

---

[58] Voir notamment *L'Origine des espèces*, chap. III, et *La Variation*, « Introduction ». Il en étendit logiquement l'application aux populations humaines dans *La Filiation de l'Homme* (chap. XXI, « Conclusion principale ») : « L'homme tend à augmenter en nombre plus rapidement que ne s'accroissent ses moyens de subsistance ; il est par conséquent exposé quelquefois à une lutte rigoureuse pour l'existence ; en conséquence la sélection naturelle a dû agir sur tout ce qui est de son domaine ».

dans le même chapitre de *La Filiation de l'Homme* (chap. XXI, *in fine*), où il déclare qu'il ne faut employer aucun moyen pour diminuer de beaucoup la proportion dans laquelle s'accroît naturellement l'espèce humaine, bien que cette augmentation puisse entraîner de nombreuses souffrances. Darwin s'oppose ainsi à toute mesure limitative – imposée ou volontaire –, au nom d'un progrès qu'il pense lié à la libre compétition des individus au sein de la société, quelle que soit leur origine sociale ou leur position à l'intérieur de la famille, si une chance leur est laissée de prouver leur valeur. Pour que la sélection poursuivie à l'intérieur d'une nation civilisée puisse continuer à être un facteur de progrès, on ne doit éliminer ni disqualifier *a priori* aucun compétiteur. « Il devrait y avoir concurrence ouverte pour tous les hommes », poursuit Darwin, « et l'on devrait faire disparaître toutes les lois et toutes les coutumes qui empêchent les plus capables de réussir et d'élever le plus grand nombre d'enfants ». L'allusion de Darwin vise clairement, dans la législation anglaise, le droit d'héritage dans son ensemble, et en particulier le « droit de primogéniture avec majorats », survivance féodale maintenue dans l'époque moderne afin de conserver l'unité des grandes exploitations agricoles, et qu'il critique directement au chapitre V de *La Filiation* comme pénalisant indûment les cadets de famille – dont il est utile de rappeler qu'il pouvait saluer la valeur chez des ascendants tels qu'Erasmus, Josiah ou Robert, chacun d'entre eux ayant été, comme lui-même, le *dernier fils* au sein de leur propre famille. Seule une égalité initiale des chances pourrait garantir une compétition produisant le plus grand nombre d'hommes « bien doués », ce qui signifie, dans l'état de civilisation, d'individus dévoués au bien commun et détenteurs au plus haut degré des capacités rationnelles, des instincts sociaux et des sentiments altruistes qui sont le fondement d'une vie communautaire intelligente et harmonieuse œuvrant à son propre progrès. Si Darwin adopte le « malthusianisme », c'est donc en tant qu'*explicatif* dans un champ qui n'était pas initialement le sien (celui, principalement, des plantes et des animaux), et nullement en tant qu'applicable ou normatif dans celui qui lui était propre (celui de la société des hommes). Darwin et sa théorie anthropologique sont anti-malthusiens. Marx, et Engels influencé par

Marx, commettront de ce fait une erreur aux vastes conséquences en assimilant à partir de 1862 Darwin, dont ils admiraient le matérialisme naturaliste, à Malthus, dont ils combattaient globalement la théorie, et, au-delà, à la vision hobbesienne de l'état de nature comme état de guerre généralisé. Cela se passait, il est vrai, neuf ans avant qu'ils pussent lire *The Descent of Man*, ce qu'ils firent apparemment plus tard, mais sans corriger cette regrettable méprise.[59]

Il est précieux à cet égard de savoir que Malthus a été précédé dans des parties essentielles de ses conclusions par un médecin, géologue, économiste et pasteur méthodiste fortement opposé à la charité envers les pauvres, Joseph Townsend (1739-1816), auteur en 1786 d'un pamphlet intitulé *A Dissertation on the Poor Laws*, qui fait état d'un récit dû, selon lui, au voyageur et explorateur William Dampier (1652-1715) – l'une des futures références de Darwin. L'existence de Townsend n'a pas échappé à la vigilance de Nora Barlow, fille d'Horace Darwin, petite-fille de Charles et éditrice notamment de la première version intégrale de son *Autobiographie*, dans l'Appendice de laquelle elle présente sans beaucoup

---

[59] Voir P. Tort, *Marx et le Problème de l'idéologie*, Paris, L'Harmattan, 2e éd., 2006 (entretien final). Pour résumer cette question importante et complexe : Marx, après un premier moment de reconnaissance enthousiaste du matérialisme de Darwin – il a lu en 1860 *L'Origine des espèces*, sur l'incitation d'Engels –, se ravise dès 1862 en déchiffrant la théorie darwinienne comme une projection sur la nature d'une vision malthusienne (économiste, libérale et bourgeoise) de la société, autorisant ensuite le mouvement en retour de légitimation de l'économie bourgeoise libérale par une référence naturalisante – qui est alors celle des premiers « darwinistes sociaux » – à la théorie darwinienne de la concurrence éliminatoire. Sans pouvoir alors le pressentir (car *La Filiation de l'Homme* ne paraîtra qu'en 1871), il commet deux erreurs : la première est de penser que l'emprunt de Darwin à Malthus a le sens d'une adhésion globale à la philosophie sociale du pasteur anglican, ce qui sera démenti par Darwin lui-même dans le passage que nous avons cité plus haut, et qu'apparemment ni Engels ni lui-même ne remarqueront ; la seconde est d'ignorer que Malthus en personne a pris son modèle initial dans la nature (domaine où il ne le développe pas) pour le projeter sur la société (domaine où il le développe), ce que Darwin ne fera quant à lui que sous la modalité de ce que nous avons nommé l'*effet réversif de l'évolution* : la sélection naturelle, en sélectionnant les instincts sociaux et les qualités, sentiments et comportements qu'ils induisent (moralité, sympathie, altruisme, dévouement solidaire, protection des faibles et aide aux déficients) sélectionne la *civilisation*, qui *s'oppose* à la sélection naturelle éliminatoire.

de sympathie l'« obscur pamphlet » du Révérend, qui ne l'intéresse en fait qu'à cause du récit concernant les chèvres de l'île chilienne de Juan-Fernández, préfiguration remarquable du thème de la lutte pour l'existence et des équilibres populationnels dans un contexte de prédation.

Dans la Section VIII de la *Dissertation* de Townsend, on trouve en effet ce récit, environné de son commentaire :

« Nos lois sur les pauvres sont non seulement injustes, oppressives et peu politiques, et – il ne s'agit pas là d'un simple accident – inadéquates au but en vue duquel elles ont été conçues ; mais elles procèdent de principes qui confinent à l'absurdité, en tant qu'elles font profession d'accomplir ce qui, dans la nature et la constitution véritables du monde, est impraticable. Elles prétendent qu'en Angleterre nul homme, même s'il s'est réduit lui-même à la pauvreté par son insouciance, son imprévoyance, sa prodigalité et ses vices, ne doit jamais souffrir du besoin. Dans le progrès de la société, on trouve que certains doivent être dans ce besoin ; et dès lors la seule question est celle-ci : qui mérite le plus de souffrir du froid et de la faim, le prodigue ou le prévoyant, le paresseux ou le zélé, le vertueux ou le dépravé ? Dans les mers du Sud se trouve une île que l'on nomme, d'après le nom de son premier découvreur, Juan-Fernández. Sur cet espace isolé, Jean Fernando installa une colonie de chèvres, consistant en un mâle accompagné de sa femelle. L'heureux couple, trouvant pâture en abondance, put sans peine obéir au premier commandement de croître et multiplier, jusqu'à ce qu'ils eussent au fil du temps rempli leur petite île. Avant cette période ils ignoraient la misère et la faim, et semblaient se trouver bien de leur nombre : mais à partir de ce triste moment ils commencèrent à souffrir de la faim ; en continuant toutefois pendant un certain temps à accroître leur population, ils auraient dû, s'ils avaient été doués de raison, redouter la plus extrême famine. Dans cette situation les plus faibles sont emportés les premiers, et la prospérité revient de nouveau. C'est ainsi qu'ils oscillaient entre bonheur et misère, et tantôt connaissaient le besoin, tantôt jouissaient de nouveau de l'abondance, suivant que leur nombre se trouvait diminué ou accru ; jamais en repos, et cependant équilibrant toujours leur quantité de nourriture. Cette relative pondération était de temps en temps détruite, soit par des maladies épidémiques, soit par l'arrivée de quelque vaisseau en détresse. Dans de telles occasions leur nombre était considérablement réduit ; mais en compensation de ces alarmes, et pour les réconforter de la perte de leurs compagnons, les survivants ne manquaient jamais de retrouver immédiatement une nouvelle abondance. Ils ne demeuraient pas plus longtemps dans la crainte ou dans la famine : ils cessaient de se regarder l'un l'autre d'un œil mauvais ; tous avaient l'abondance, tous étaient satisfaits, tous étaient heureux. Ainsi, ce que l'on aurait pu considérer comme autant de malheurs s'avérait une source de réconfort ; et à la fin, pour eux, un mal partiel était un bien universel.

« Lorsque les Espagnols découvrirent que les corsaires anglais utilisaient cette île pour s'approvisionner, ils se résolurent à extirper complètement les chèvres, et dans ce dessein déposèrent sur le rivage un couple de lévriers. Ceux-ci à leur tour crûrent et multiplièrent, en proportion de la quantité de nourriture qu'ils rencontraient ; mais en conséquence, ainsi que les Espagnols l'avaient prévu, la colonie des chèvres diminua. Si elles avaient été détruites, les chiens auraient péri de même. Mais comme un grand nombre de chèvres se réfugièrent dans les rochers escarpés, où les chiens ne purent jamais les suivre, ne descendant pour se nourrir qu'en de brèves incursions craintives et circonspectes, peu d'entre elles, en dehors des insouciantes et des imprudentes, devinrent des proies ; et seuls les chiens les plus vigilants, les plus forts et les plus actifs purent obtenir leur nourriture en suffisance. Un nouvel équilibre s'installa. Les plus faibles des deux espèces furent parmi les premiers à payer le tribut de la nature ; les plus actifs et les plus vigoureux préservèrent leur vie. C'est la quantité de nourriture qui règle le nombre des représentants de l'espèce humaine. Dans les bois, et à l'état sauvage, ne peuvent vivre qu'un petit nombre d'habitants ; mais ils seront seulement, à proportion, un faible nombre à souffrir du manque. Aussi longtemps que la nourriture est à foison, ils continueront de croître et multiplier ; et tout homme aura la capacité d'entretenir sa famille, ou de venir en aide à ses amis, à proportion de son activité et de sa force. Les faibles devront dépendre de la générosité précaire des forts ; et, tôt ou tard, les paresseux seront voués à supporter les conséquences naturelles de leur indolence. Qu'ils introduisent une communauté de biens, et qu'en même temps chaque homme ait la liberté de se marier, ils accroîtront d'abord leur nombre, mais non la somme totale de leur bonheur, jusqu'à ce que, par degrés, tous étant également réduits au besoin et à la misère, les plus faibles soient les premiers à périr. Pour fournir une provision de nourriture plus large, plus assurée et plus régulière, ils devront couper leurs bois et faire reproduire leur bétail, et cette abondance sera de longue durée ; mais au fil du temps elle trouvera sa limite. Les plus actifs acquerront des propriétés, auront des troupeaux nombreux et de nombreuses familles ; tandis que les indolents mourront de faim ou deviendront serviteurs chez les riches, et la communauté continuera de s'agrandir jusqu'à ce qu'elle ait trouvé ses limites naturelles, et équilibré la quantité de nourriture. » [Nous traduisons.]

Notons ici une légère confusion qui mérite d'être éclaircie : si le navigateur William Dampier est bien celui qui a mis l'accent, l'un des premiers, sur l'accroissement prodigieux des chèvres sur l'île de Juan-Fernández – consacrant même à ce sujet un court paragraphe de son grand récit[60] –, il ne dit pas un mot des « lévriers » qui y auraient été introduits pour en réduire le nombre. C'est à un autre voyageur, plus tardif, George Anson (1697-1762),

---

[60] William Dampier, *A New Voyage round the World...* Vol. 1: *A New Voyage round the World. Describing particularly, the Isthmus of America, several Coasts and Islands in the West Indies, the Isles of Cape Verd, the Passage by Terra del Fuego, the South Sea Coasts of Chili, Peru, and Mexico; the Isle of Guam one of the Ladrones, Mindanao, and other Philippine and East-India Islands near Cambodia, China, Formosa, Luconia, Celebes, &c. New Holland, Sumatra, Nicobar Isles; the Cape of Good Hope and Santa Helena. Their Soil, Rivers, Labours, Plants, Fruits, Animals, and Inhabitants. Their Customs, Religion, Government, Trade, &c.* [1699]. Vol. 2: *Voyages and Descriptions. In three Parts, viz. 1. A Supplement of the Voyage round the World, Describing the Countreys of Tonquin, Achin, Malacca, &c. their Product, Inhabitants, Manners, Trade, Policy, &c. 2. Two Voyages to Campeachy; with a Description of the Coasts, Product, Inhabitants, Logwood-Cutting, Trade, &c. of Jucatan, Campeachy, New-Spain, &c. 3. A Discourse of Trade-Winds, Breezes, Storms, Seasons of the Year, Tides and Currents of the Torrid Zone throughout the World: With an Account of Natal in Africk, its Product, Negro's &c.* [1699]. Vol. 3: *A Voyage to New Holland, &c. In the Year, 1699. Wherein are Described, The Canary-Islands, the Isles of Mayo and St. Jago. The Bay of All Saints, with the Forts and Town of Bahia in Brasil. Cape Salvadore. The Winds on the Brasilian Coast. Abrohlo-Shoals. A Table of all the Variations observ'd in this Voyage. Occurrences near the Cape of Good Hope. The Course to New Holland. Shark's Bay. The Isles and Coast, &c. of New Holland. Their Inhabitants, Manners, Customs, Trade, &c., Their Harbours, Soil, Beasts, Birds, Fish, &c. Trees, Plants, Fruits, &c.* [1703]. 4th ed., London, James Knapton, 1699-1703, 3 vol. (Première édition en 1697). Le paragraphe intitulé « Goats at Juan Fernandez » se trouve dans le premier volume : « Les premières chèvres furent déposées sur l'île par Juan Fernández, qui fut son premier découvreur lors de son voyage de Lima à Valdivia (et il découvrit aussi une autre île d'une grandeur à peu près égale, vingt lieues à l'ouest). Ces chèvres se propagèrent, et l'île prit le nom de son premier découvreur qui, de retour à Lima, sollicita pour elle une patente, ayant le dessein de s'y établir ; et ce fut lors de son second voyage en ce lieu qu'il débarqua sur le rivage trois ou quatre chèvres qui ont depuis, en se multipliant, si bien peuplé l'ensemble de l'île ».

qui effectua entre 1740 et 1744 un long périple semé de combats dans les mers du Sud, et qui, devenu premier *Lord* de l'Amirauté, finira sa carrière en 1761 comme Amiral de la Flotte, que l'on doit la narration la plus propre à confirmer la validité de l'information de Townsend. Nous la donnerons ici dans son intégralité afin de réfuter définitivement l'idée que l'épisode des chèvres de l'île de Juan-Fernández – l'île de Robinson – ait été purement et simplement inventé[61] :

> Par rapport aux Animaux, qu'on trouve ici, la plupart des Auteurs qui ont fait mention de l'Île de *Juan Fernandez*, en parlent comme étant peuplée d'une grande quantité de Boucs & de Chèvres ; et l'on ne sauroit guère révoquer leur témoignage en doute à cet égard, ce lieu ayant été extrêmement fréquenté par les Boucaniers & les Flibustiers, dans le tems qu'ils couroient ces Mers. Il y a même deux exemples, l'un d'un *Moskite Indien*, & l'autre d'un *Ecossais*, nommé *Alexandre Selkirk*, qui furent abandonnés sur cette Île, & qui, par cela même qu'ils y passèrent quelques années, devoient être au fait de ses productions. *Selkirk*, le dernier des deux, après un séjour d'entre quatre et cinq ans, en partit avec le *Duc* et la *Duchesse*, Armateurs de *Bristol*, comme on peut le voir plus au long dans le Journal de leur voyage. Sa manière de vivre, durant sa solitude, étoit remarquable à plusieurs égards. J'en rapporterai une particularité, que nous avons eu occasion de vérifier. Il assure, entre autres choses, que prenant à la course plus de Chèvres qu'il ne lui en falloit pour sa nourriture, il en marquoit quelques-unes à l'oreille, et les lâchoit ensuite. Son séjour dans l'Île de *Juan Fernandez* avoit précédé notre arrivée d'environ trente-deux ans, et il arriva cependant que la première Chèvre, que nos gens tuèrent, avoit les oreilles déchirées, d'où nous conclumes qu'elle avoit passé par les mains de *Selkirk*. Cet Animal avoit un air majestueux, une barbe vénérable, & divers autres symptômes de vieillesse. Nous trouvames plusieurs des mêmes Animaux, tous marqués à l'oreille, les mâles étant reconnoissables par la longueur prodigieuse de leur barbe, & par d'autres caractères distinctifs de vieillesse.

---

[61] Telle est, parmi d'innombrables erreurs et approximations, la thèse soutenue par un regrettable ouvrage intitulé *Aux origines des théories raciales : de la Bible à Darwin*, Paris, Flammarion, 2008, p. 178, où la « petite histoire racontée par Townsend » est présentée comme dénuée de « fondements historiques » et traitée de « fiction ». Ce qui permet à l'auteur de suggérer que la théorie de Darwin, indéniablement confirmée par cette anecdote antérieure à elle, n'a pas plus de fondements qu'une robinsonnade.

Mais ce grand nombre de Chèvres, que plusieurs Voyageurs assurent avoir trouvé dans cette Île, est à présent extrêmement diminué : car les *Espagnols*, instruits de l'usage que les Boucaniers & les Flibustiers faisoient de la chair des Chèvres, ont entrepris de détruire la race de ces Animaux dans l'Île, afin d'ôter cette ressource à leurs ennemis. Pour cet effet ils ont lâché à terre nombre de grands Chiens, qui s'y sont multipliés, & ont enfin détruit toutes les Chèvres qui se trouvoient dans la partie accessible de l'Île ; si bien qu'il n'en reste à présent qu'un petit nombre parmi les rochers & les précipices, où il n'est pas possible aux Chiens de les suivre. Ces Animaux sont partagés en différens Troupeaux de vingt ou trente chacun, qui habitent des demeures distinctes & ne se mêlent jamais ensemble. C'est ce qui augmentoit la difficulté que nous trouvions à en tuer, & cependant leur chair, qui avoit un goût de venaison, nous paroissoit un mets si friand qu'à force d'épier les lieux, où ils faisoient leur séjour, nous connumes tous leurs Troupeaux ; & j'ai lieu de croire que les Boucs & les Chèvres qu'il y a dans toute l'Île, n'excèdent pas le nombre de deux cens. Je me souviens qu'un jour nous eumes occasion de voir les préparatifs d'un combat entre un Troupeau de ces Animaux, & un certain nombre de Chiens. Car allant en Chaloupe dans la Baye Orientale, nous apperçumes quelques Chiens qui quêtoient ; & curieux de savoir de quel gibier ils suivoient la piste, nous nous arrêtames quelque tems pour voir à quoi aboutiroit cette course ; à la fin nous les vimes gagner une hauteur, dont le sommet étoit occupé par un Troupeau de Chèvres, qui paroissoient disposées à les recevoir. Il y avoit en cet endroit un sentier fort étroit bordé de précipices des deux côtés ; ce fut le poste que le Chef du Troupeau choisit pour y faire tête à l'Ennemi, le reste du Troupeau se tenant derrière lui, dans un espace moins resserré. Comme cet espace étoit inaccessible par tout autre endroit, que celui où le Chef s'étoit placé, les Chiens, quoiqu'ils eussent monté la hauteur avec beaucoup d'ardeur, ne se trouvèrent pas plutôt à la distance d'environ vingt-cinq pas de lui, que la crainte d'être jettés de haut en bas par leur Ennemi, les arrêta tout court, & les obligea à se coucher par terre, haletans et hors d'haleine.

Les Chiens, qui, comme je l'ai dit, ont détruit ou chassé les Chèvres de toutes les parties accessibles de l'Île, sont de différentes espèces, & ont prodigieusement multiplié. Ils venoient quelquefois nous rendre visite pendant la nuit, & nous déroboient nos provisions ; & il arriva même une ou deux fois, que trouvant quelqu'un des nôtres à l'écart, ils l'attaquèrent ; mais comme il vint du secours à tems, on les mit en fuite avant qu'ils eussent eu le tems de faire aucun mal. Depuis que les Chèvres ne leur servent plus de nourriture, il y a lieu de supposer qu'ils vivent principalement de jeunes Veaux marins. Ce qu'il y a de sur, c'est que plusieurs de nos gens ayant tué des Chiens, & les ayant mangés, leur trouvèrent un goût de Poisson.

Les Chèvres étant si rares, que nous avions bien de la peine à en tuer une par jour, & notre monde commençant à se dégouter du Poisson, (dont, comme je l'ai remarqué ci-dessus, on prend ici tant qu'on veut) il fallut enfin en venir à manger du Veau marin.[62]

Nora Barlow a clairement perçu qu'à travers l'exemple des chèvres et des chiens partageant le territoire limité de l'île, Townsend avait parfaitement anticipé l'énoncé du principe de Malthus, et par là même un pan majeur des conclusions naturalistes de Darwin : la nature opère une sélection qui aboutit toujours à l'amélioration des organismes survivants – qui sont par nécessité les plus vigoureux, les plus actifs, les plus vigilants – à travers l'élimination de la portion de la population la moins apte à faire face avec succès aux perturbations accidentelles du milieu. Assurément involontaire, l'épisode qui se joue sur l'île de Juan-Fernández est l'analogue de ce qui se rejouera beaucoup plus tard dans les démomètres de laboratoire : une « expérience de sélection naturelle ». Une expérience dont Darwin pour sa part entendra toujours réserver l'application aux populations végétales et animales, tout en reconnaissant avec regret qu'elle est susceptible d'être encore la règle de certaines sociétés « sauvages » ou « barbares » pratiquant l'infanticide, le cannibalisme ou les sacrifices humains.

Ce qu'il y a lieu de souligner ici, c'est que dans cette Angleterre de la Révolution industrielle, le « malthusianisme » en tant que modèle de déchiffrement de la réalité sociale et ensemble de recommandations visant à sa régulation a précédé la publication même de l'*Essai* de Malthus. Et que l'un de ses prédécesseurs,

---

[62] *Voyage autour du monde, fait dans les années* MDCCXL, *I, II, III, IV. Par George Anson, présentement Lord Anson, Commandant en chef d'une escadre envoyée par Sa Majesté britannique dans la Mer du Sud. Tiré des Journaux & autres Papiers de ce Seigneur, et publié par Richard Walter, Maître ès arts & Chapelain du Centurion dans cette Expédition.* Orné de Cartes et de Figures et Taille douce. Traduit de anglois [*sic*]. À Amsterdam et à Leipzig, Chez Arkstee & Merkus, MDCCXLIX. Nous avons respecté dans le texte l'orthographe et la typographie de l'original.

Joseph Townsend, qui sera également l'une de ses références, combattant déjà l'aide publique aux pauvres, est lui aussi allé puiser *dans la nature* – en étudiant, avec un sens indiscutable de l'interprétation des résultats, une histoire de chèvres et de lévriers retournés à l'état sauvage – une analogie permettant de montrer que l'élimination – ainsi *naturalisée* – des moins adaptés au sein de la société s'inscrit dans un équilibre fluctuant lié à l'essence même des réalités populationnelles au titre d'une loi générale assurément voulue par Dieu. C'est ce qui permet d'affirmer que le thème naturaliste de l'élimination nécessaire à l'amélioration comme à l'équilibration des sociétés humaines est constitutif des premières justifications argumentatives du libéralisme conquérant, et précède aussi bien Darwin, qui s'y opposera avec force au nom de sa théorie comme au nom de son éthique, que Malthus – dont Darwin n'empruntera qu'un modèle dynamique pour le soustraire à son champ d'application humain et le réimporter immédiatement dans ce qui est, comme on vient de le vérifier, son véritable champ d'origine : la sphère des animaux et des plantes non soumis à la domestication. La descendance théorique de Townsend et de Malthus sera non pas la théorie darwinienne, mais celle des « darwinistes sociaux », dont la figure centrale est évidemment celle du philosophe Herbert Spencer, dont le libéralisme extrémiste connaîtra rapidement une diffusion mondiale. Lorsque Darwin prépare *L'Origine des espèces*, dans laquelle il affiche avec simplicité son emprunt de modèle à Malthus et son propre usage central du concept d'élimination naturelle, il ne saurait tenir compte du fait qu'au même moment Spencer se dispose à annoncer sous forme de prospectus les éléments de son grand projet de « système synthétique de philosophie » ordonné autour de la « loi d'évolution », et qui tirera du principe sélectif une sociologie radicalement inégalitaire. Dès que rendu véritablement public, le discours de Darwin – et tel sera en partie son malheureux destin – est déjà préinterprété à travers des notions et dans des termes qui portent l'empreinte de l'économie politique et de la philosophie sociale d'un libéralisme « intégriste » dont il ne cessera pourtant de condamner l'anti-interventionnisme doctrinal et l'égoïsme de classe, que cette même doctrine cherche inlassablement et depuis ses premières racines à faire dépendre de l'ordre de la nature.

Quoi qu'il en soit, c'est bien face à la *nature* que le principe de Malthus prend le sens d'un puissant élément de modélisation, et il n'y a rien de spécialement étonnant à ce que la lecture, fortuite ou non, de l'*Essay* ait joué le rôle d'organisateur soudain des observations, données, réflexions et intuitions éparses dont Darwin cherchait alors à découvrir et à formuler la cohérence. Mentalement, c'est en octobre 1838 que le transformisme de Darwin, fort des inductions tirées de la géologie uniformitariste, de la paléontologie, de la biogéographie et de l'étude des milieux, considérablement approfondies au cours du voyage, produit à proprement parler, grâce à la modélisation permise par la logique populationnelle de Malthus, la théorie de la descendance modifiée par le moyen de la sélection naturelle. C'est à cette époque également que Darwin se tourne vers l'interrogation insistante de la variation des êtres vivants à l'état domestique et de la sélection artificielle pratiquée par les horticulteurs et les éleveurs.

Les « Questions aux éleveurs » (1838-1839)

L'acceptation du transformisme posait évidemment la question de la conservation des variations. La sélection artificielle pratiquée par les éleveurs reposait d'une manière non moins évidente sur les techniques reproductives : isolement des variants « intéressants », exclusion des croisements avec les individus non variants, reproduction attentive entre les meilleurs individus, ou au contraire recherche d'amélioration par des croisements étrangers. La science de l'hérédité, non encore advenue – et que Darwin, marquant ainsi une lacune à combler dans la science des organismes, invoquera toujours comme un savoir futur destiné à éclairer des pans majeurs de sa propre théorie – fait plus que jamais ressentir son manque. Seuls les éleveurs et les horticulteurs, pour des raisons qui tiennent à une culture empirique ancestrale, sont pour Darwin en mesure de livrer, sinon d'interpréter, du plus simple au plus complexe, les phénomènes observés relevant de la transmission héréditaire. C'est pourquoi Darwin leur adresse, entre 1838 et 1839, deux questionnaires, qui ont pu être conservés, quoique dans deux états d'élaboration quelque peu différents.

Le premier d'entre eux, *Questions for Mr. Wynne*, est écrit à la main. Il a été retrouvé dans le fonds darwinien de Cambridge et transcrit en 1974 par Paul H. Barrett[63]. D'après les éditeurs de la *Correspondence* de Darwin, qui ont retranscrit à leur tour ce questionnaire[64], il aurait été rédigé à une date non exactement déterminable, mais située nécessairement, d'après un recoupement thématique et des formulations superposables découvertes dans le *Notebook C*, entre le début du mois de février et le mois de juillet 1838, c'est-à-dire, en tout état de cause, avant la lecture de Malthus. C'est une liste de 24 questions n'excédant pas aujourd'hui les limites d'une page imprimée, et dont la lecture et l'interprétation souffrent parfois d'une insuffisante structuration grammaticale, ainsi que d'un caractère fortement allusif et elliptique, signature d'un mémento ou d'un brouillon préparatoire plutôt que d'un produit définitivement élaboré en vue de sa transmission – la version effectivement transmise ayant été par ailleurs perdue. Il s'adresse à un personnage peu connu, l'insaisissable M. Wynne, dont le nom figure à neuf reprises dans l'édition globale des *Notebooks* ainsi qu'à deux reprises dans la Correspondance antérieure au voyage de Charles[65]. On sait qu'il était un éleveur de chevaux du Shropshire, résidant probablement aux alentours de Shrewsbury, qu'il était connu du père de Darwin, et que c'est en s'appuyant sur son autorité que ce dernier affirmait que la descendance d'une chienne est affectée par des unions antérieures avec des mâles non purs[66].

---

[63] Cette transcription figure dans la première édition de l'ouvrage d'Howard Ernest Gruber, *Darwin on Man. A Psychological Study of Scientific Creativity; Together with Darwin's Early and Unpublished Notebooks* [contient la transcription par Paul H. Barrett des *Notebooks M & N*, des *Old and Useless Notes*, de l'*Essay on Theology and Natural Selection*, des *Questions for Mr. Wynne*, d'extraits du *Diary* du *Beagle*, des *Notebooks* B, C, D et E sur la transmutation, et de « A Biographical Sketch of an Infant »], London, Wildwood House, 1974. Les *Questions* se trouvent p. 423-425.

[64] *Correspondence*, vol. 2, p. 70-71.

[65] *Correspondence*, vol. 1, lettres de Fanny Owen (8 septembre 1830), et de Caroline Darwin (30 décembre 1833 – 3 janvier 1834). Cette dernière lettre fait état d'un « splendide cheval de chasse gris » offert par Robert Waring Darwin à son fils Erasmus Alvey, le frère aîné de Charles – cheval « élevé par M. Wynne » (p. 359).

[66] *Notebook M*, 25. Cette théorie de l'imprégnation par un mâle antérieur, ou « télégonie », née de traditions anciennes et de l'imaginaire des éleveurs, sera

Il a été également un éleveur de volailles de souche malaise. Darwin rapporte ses croisements entre Canard commun et Canard siffleur[67] et ses déclarations sur le croisement des Porcs anglais et chinois[68]. Wynne aurait prêté à Darwin un livre sur les croisements[69]. Il est cité encore à propos des Bouledogues croisés avec des Lévriers.[70]

Le second questionnaire, intitulé *Questions about the Breeding of Animals*, est imprimé sur huit pages formées d'une feuille pliée en quatre et comportant une liste de 21 questions avec une colonne de droite réservée aux réponses. L'adresse du *12, Upper Gower Street* à Londres – Darwin s'y est installé le 31 décembre 1838 – figure sur l'envoi. Sa datation approximative peut dès lors s'effectuer en tenant compte de cette date et de celle de la première réponse qui a été conservée. En effet, Darwin a reçu dans les dix premiers jours du mois de mai 1839 deux lettres en retour, l'une et l'autre venant du Staffordshire, une région qui lui est chère pour des raisons de famille et de loisirs : elle abrite en effet la résidence des Wedgwood, dont le patriarche est alors « l'oncle Jos », Josiah Wedgwood, deuxième du nom, fils du célèbre fondateur des faïenceries et beau-père de Darwin, lequel vient, le 29 janvier, d'épouser sa fille Emma[71], qui est en même temps sa cousine germaine.

---

illustrée par Darwin lui-même dans *La Variation*, chap. XI, à propos notamment de la jument de *Lord* Morton.

[67] *Notebook B*, 141.
[68] *Notebook B*, 139.
[69] *Notebook C*, 106 e.
[70] *Notebook C*, 120. *Questions and Experiments*, 18 (7). Ce sujet sera développé dans *La Variation*, chap. I : « *Lord* Orford, c'est bien connu, a croisé ses célèbres lévriers, qui manquaient de courage, avec un bouledogue – race choisie parce qu'on pensait, à tort, qu'elle ne possédait pas un odorat puissant ; « après la sixième ou septième génération », nous dit Youatt, « il ne restait pas la moindre trace de la forme du bouledogue, mais son courage et son indomptable persévérance étaient toujours là ».
[71] Emma était la fille cadette de Josiah (II) Wedgwood (1769-1843), qui avait hérité de la direction des faïenceries de son père, et d'Elizabeth Allen (1764-1846), couramment nommée *Bessy*. La mère de Charles Darwin, morte à 52 ans, étant Susannah Wedgwood (1765-1817), la sœur aînée du père d'Emma, les deux jeunes gens étaient donc cousins germains. Le mariage de Charles et d'Emma eut lieu le 29 janvier 1839. Il fut célébré à *St Peter's Church*, à Maer, résidence de la famille

Darwin dans sa toute première jeunesse avait coutume de rendre visite à ses parents maternels lors de l'ouverture de la chasse, et de retrouver en cette occasion les habitants de la grande maison de *Maer Hall*. La première lettre, datée du 6 mai 1839, est de la main de Richard Sutton Ford, un éleveur de bovins et de moutons du Staffordshire, voisin des Wedgwood. Il ne répond, sur papier libre, qu'à cinq questions. La seconde réponse est signée de George Tollet, de Betley Hall. Il s'agit lui aussi d'un ami des Wedgwood, éleveur et améliorateur émérite de bovins en vue de la production laitière et fromagère[72], et par une curieuse coïncidence éleveur, comme Wynne, de volailles malaises dont il révélera plus tard à Darwin le caractère persistant dans les croisements[73]. Ses réponses sont plus brèves et plus nombreuses – 19 sur 21, mais 8 sont de simples aveux d'ignorance. Il est donc absolument possible, comme le pense Richard B. Freeman, que le questionnaire ait été remis à ces deux destinataires familiers par Darwin lui-même entre le 26 avril et le 13 mai 1839, lorsqu'il se rendit à Maer, accompagné d'Emma, quelques mois après leur mariage[74]. Quant aux dates de sa circulation élargie, Freeman et Peter J. Gautrey, auteurs en 1969 d'un article consacré à l'histoire de ce questionnaire[75], ne prennent guère de risque en proposant les limites du 1er janvier 1839, date de la première lettre envoyée par Darwin depuis son

---

Wedgwood, par un cousin du couple, le Révérend John Allen Wedgwood (1796-1882). Ce mariage fut tissé de sentiments paisibles et profonds, de respect et d'attentions mutuelles, de dévouement, mais aussi de douleur partagée : trois enfants moururent, et ces épreuves réitérées furent vécues différemment par Charles, qui, à n'en pas douter, fît à ce sujet l'hypothèse étiologique d'une fragilisation due à la consanguinité (sa mère Susannah étant elle-même issue de consanguins, et lui-même s'étant allié avec une proche parente), et par Emma, qui s'en remit exclusivement à sa foi religieuse tandis que son mari achevait de perdre la sienne.

[72] *La Variation*, chap. XX.

[73] *La Variation*, chap. XIII.

[74] Richard Broke Freeman, *The Works of Charles Darwin. An Annotated Bibliographical Handlist*, 2e éd. revue et augmentée, Folkestone (Kent, G.-B.), Hamden (Connecticut, USA), Dawson, Archon Books, 1977 [1re éd. en 1965]. Voir les pages 54-56.

[75] Richard Broke Freeman and Peter J. Gautrey, « Darwin's *Questions about the Breeding of Animals*, with a Note on *Queries about Expression* », *Journal of the Society for the Bibliography of Natural History*, 5, 1969, p. 220-225.

nouveau domicile londonien (12, Upper Gower Street), et du 6 mai 1839, date de la première des réponses connues. *Sir* Gavin De Beer a donné un fac-similé de ce texte dans l'édition qu'il a publiée en 1968, en assignant au document la date de 1840.[76]

Il est absolument clair que l'intérêt majeur de ces dispositifs de questions – dont on retrouve la trace intime et l'unité thématique dans l'ensemble des *Questions and Experiments*, exclusivement programmatiques, de 1839 – est d'indiquer ce qui paraît être alors la préoccupation dominante de Darwin : la question des manifestations de la transmission héréditaire.

Or si l'on examine la masse d'interrogations formée par les questionnaires personnels et publiés de Darwin, on observe qu'elle se divise à peu près entièrement en quatre lignes principales de questionnement :

Qu'est-ce qui agit ou influe sur la capacité reproductive ? Qu'est-ce qui est héritable ? Comment se transmet ce qui est hérité ? Qu'est-ce qui l'emporte dans le croisement simple, dans le métissage ou dans l'hybridation ?

Essayons, en nous bornant aux deux questionnaires publiés, un premier regroupement :

Qu'est-ce qui agit ou influe sur les produits de la reproduction et la capacité reproductive ? Les croisements en général (sur le caractère physique et mental) ? Le nombre de générations ? L'âge des variétés ? La beauté des individus ? Le degré de sélection ? La durée de sélection ? Le métissage ou l'hybridation (sur les caractères physiques et mentaux, la fécondité, la prolificité ultérieure de la descendance) ? La distance ou la proximité morphologique entre les races croisées ? La reproduction consanguine ? La gémellité ?

---

[76] Gavin Rylands De Beer, *Charles Darwin: Questions about the Breeding of Animals [1840]* (sic), Sherborn Fund Facsimile Number 3, London, Society for the Bibliography of Natural History, 1968. On trouvera également une transcription de ce questionnaire dans le volume II de la *Correspondence*, Appendice V, p. 446-449. On retrouve enfin la trace des mêmes préoccupations dans le *Notebook* intitulé *Questions and Experiments*, dont les premiers éléments rédigés (été 1839) contiennent des fragments qu'a réutilisés la première *Esquisse* de 1842.

L'accouplement réitéré avec un mâle d'une autre race ? Le choix des produits les plus différents d'une stricte reproduction entre apparentés ?

Qu'est-ce qui est héritable ? Les habitudes ? Les effets de l'habitude ? Les effets de l'exercice corporel coutumier ? Les instincts, et en particulier ceux, susceptibles d'une observation différentielle, des animaux de souche étrangère ? Le tempérament ? Le caractère ombrageux acquis ? Le caractère dompté ? Les monstruosités ? Les mutilations accidentelles ? La disposition à certaines maladies ?

Comment se transmet ce qui est hérité ? Descendance intermédiaire ? Descendance hétérogène ? Degré de constance ? Tendance à l'instabilité et au retour de la progéniture vers l'une des formes parentes croisées ? Résurgence atavique ? Apparition d'un caractère absolument nouveau dans le produit d'un mélange ?

Qu'est-ce qui l'emporte dans le croisement simple, dans le métissage ou dans l'hybridation ? Tel ou tel des deux progéniteurs (du point de vue de la ressemblance) ? La particularité la plus ancienne ? La variété la plus ancienne ? La forme la plus naturelle ? L'animal sauvage ou l'animal domestique ? Les individus doués de force et de santé ?

De toute évidence, à une époque où la théorie mendélienne de la transmission des caractères dans la descendance des hybrides est loin d'être produite, et plus loin encore d'être connue, et où Darwin n'est pas près non plus de pouvoir s'appuyer sur des travaux expérimentaux tels que ceux de Charles Naudin, la représentation des modalités de la transmission héréditaire laisse le champ libre à toutes les conjectures et justifie le recours systématique au questionnement des praticiens empiriques que sont les techniciens de la culture et de l'élevage. Dans la perspective du transformisme, pour laquelle la question de l'héritabilité et de la fixation des variations est centrale, il est donc profondément naturel que la stratégie d'interrogation de Darwin s'oriente vers la production et la stabilisation reproductive des différences véhiculées par les croisements. L'écart variationnel peut être le résultat spontané, au déterminisme pour l'instant inconnu, de la réaction d'un petit nombre d'organismes à un changement de milieu (d'où sa fréquence accrue dans les conditions domestiques), et en même temps d'un certain nombre de lois – également inconnues, mais statistiquement identifiables – régissant les combinaisons de caractères hérités des lignées parentes croisées. D'où la recherche des mécanismes potentiellement différenciateurs : c'est d'une théorie de la *prédominance* ou *prépondérance de transmission* – ce que la biologie contemporaine, faisant droit au terme anglais, nommera simplement « prépotence » – que Darwin est en quête, et le déploiement de ce thème dans l'œuvre ultérieure le confirmera. Parallèlement, il importe d'identifier ce qui est effectivement différenciateur dans la vie même de l'organisme, et potentiellement héritable. C'est là précisément que s'ouvre le champ délicat des hypothèses lamarckiennes.

La rumination de Lamarck

Que savons-nous *réellement* de l'« influence » de Lamarck sur Darwin ? Chaque lecteur de l'*Autobiographie* du naturaliste anglais sait que sa première information sur le transformisme de Lamarck lui vint, entre 1825 et 1827, au cours de ses peu glorieuses études médicales à Édimbourg, du jeune médecin et zoologiste Robert Edmond Grant (1793-1874). Grant avait obtenu son doctorat en médecine en 1814, et s'était rendu ensuite à Paris, où il avait côtoyé Lamarck et Étienne Geoffroy Saint-Hilaire, puis dans d'autres villes européennes, aux fins de parfaire ses connaissances en histoire naturelle. Son retour à Édimbourg en 1820 lui avait permis de se spécialiser dans l'étude de la biologie marine sur les côtes de l'Écosse, mais aussi de l'Irlande et des îles avoisinantes, et sa rencontre avec le jeune Darwin, liée à cette étude, eut lieu au cours de la période qui précéda immédiatement sa nomination en 1827 comme professeur d'anatomie comparée et de zoologie à l'*University College* de Londres. Au cours de cette période de réelle productivité scientifique, Grant accumule les publications sur les Invertébrés marins et effectue de longues excursions sur la côte, souvent en compagnie de ce jeune homme – de seize ans son cadet – qu'il estimait assez pour le penser digne de partager ses goûts et ses engagements scientifiques. Darwin, dans son *Autobiographie*, fait un éloge sincère des qualités de Grant comme zoologiste, mais ne peut s'expliquer qu'elles aient produit si peu après sa nomination à Londres. Le formalisme de ses manières cachait une grande capacité d'enthousiasme, et c'est avec un étonnement silencieux que Darwin l'entendit au cours d'une sortie déclarer sa haute admiration pour Lamarck et ses idées sur l'évolution, ce qui, de son propre aveu, ne produisit « pas le moindre effet sur son esprit », non plus d'ailleurs que n'en avait produit la *Zoonomie* de son grand-père Erasmus, lue antérieurement, et dans laquelle se trouvaient exposées des idées voisines. Ce passage mérite d'être traduit, car il fournit l'une des clés de l'assimilation permanente et *ambivalente*, dans l'esprit de Darwin, entre Lamarck et son propre aïeul : « J'avais lu auparavant la *Zoönomia* de mon grand-père, dans laquelle se trouvaient soutenues des idées semblables, mais sans que cela produisît sur moi le moindre effet. Néanmoins, il est probable que le fait d'avoir, assez tôt dans ma vie, entendu soutenir et apprécier de telles idées ait favorisé l'appui que je leur ai apporté sous différentes formes dans mon *Origine des espèces*. En ce temps-là j'admirais grandement la *Zoönomia* ; mais la lisant pour la seconde fois après un intervalle de dix ou quinze ans, je fus très déçu, la spéculation y étant hors de proportion avec les faits avancés »[77]. Cet extrait doit être examiné dans le détail : il déclare en même temps que Darwin a *lu* l'ouvrage de son grand-père *avant* d'entendre le plaidoyer de Grant en faveur des idées transformistes de Lamarck, et que ces dernières n'eurent pas plus d'effet sur son esprit que n'en avaient eu celles, semblables, d'Erasmus – et ce en un moment où, toutefois, il admirait la *Zoonomia*, nécessairement, semble-t-il, pour d'autres raisons que l'approbation de son transformisme. La première lecture d'Erasmus eut donc lieu *au plus tard* en 1827. Et la seconde « dix ou quinze ans » après, ce qui la situe en 1837 ou 1842, deux dates importantes qui sont respectivement celle de la conversion de Darwin au transformisme et celle de la rédaction de la *Première Esquisse* de sa théorie. Mais « dix ou quinze ans » est une estimation très large et volontairement englobante que les *Carnets de lecture* de Darwin permettent de

---

[77] Nous traduisons.

corriger avec précision. Ces derniers indiquent en effet la fin du mois de mars 1839 comme la période durant laquelle Darwin effectue sa relecture du premier volume de la *Zoonomia* de son grand-père Erasmus, laquelle sera suivie dans la seconde moitié du mois de mai par celle du second volume de la *Philosophie zoologique* de Lamarck. Il lira également la *Phytologia* l'année suivante (le 20 avril 1840), puis le *Botanic Garden* et le *Temple of Nature* en février 1842, avant de rédiger la première « Esquisse au crayon » de sa théorie des espèces (juin 1842), puis de se plonger de nouveau (août 1842) dans le premier volume des *Animaux sans vertèbres* de Lamarck[78]. En bref, il est parfaitement clair que, dût-elle se solder à la fin par une « déception », la relecture d'Erasmus, de pair avec celle de Lamarck, est convoquée par Darwin après son adoption du transformisme et tout au long de la période de la première élaboration de sa théorie – celle qui précède et inclut le *Brouillon de 1839* et l'*Esquisse au crayon*, l'essai plus développé de 1842.

Grant est donc bien pour son protégé la première source d'information instruite sur Lamarck, et, après l'aïeul Erasmus, comme Darwin le note avec lucidité, un facteur précoce de l'acclimatation, en lui, du thème transformiste et de l'attention qu'il convient de prêter à cette alternative *respectable* au fixisme. C'est avec Grant que Darwin a recherché et étudié les organismes marins. Muni d'un très médiocre microscope, et s'étant initié tant bien que mal aux dissections, il devint ainsi l'auteur d'une première trouvaille présentée devant la *Plinian Society* de l'Université au début de l'année 1826[79]. Il montra en effet que des êtres que l'on regardait comme étant les « œufs » de *Flustra* – un Invertébré marin colonial du groupe des Bryozoaires, « dentelle de mer » ou « tapis de mer » (*sea-mat*) en anglais – se mouvaient grâce à des cils et étaient en réalité des larves. En même temps, il fit voir que les petits corps globulaires dans lesquels on pensait reconnaître le

---

[78] Ces indications chronologiques résultent de l'examen des *Reading Notebooks* de Darwin, que l'on trouve retranscrits dans l'*Appendix IV* du volume 4 de la *Correspondence*, éd. cit., p. 434-573, spécialement p. 456, 457, 459, 464 et 465.

[79] D'après l'*Autobiographie*. Freeman donne quant à lui la date du 27 mars 1827. Il n'en reste pas de trace écrite, hormis la mention qu'en fait Grant en 1827.

stade juvénile du *Fucus loreus* – une algue marine en forme de haut faisceau pédonculé de filaments – étaient en fait les oothèques de la *Pontobdella muricata*, une sorte de ver – en réalité une sangsue marine –, nommée précisément par Lamarck[80]. Grant intégra les observations de son ami à deux de ses publications, lui rendant expressément hommage dans celle qu'il consacra à ce dernier organisme, intitulée « Notice regarding the Ova of the *Pontobdella muricata*, Lam. » : « Le mérite d'avoir établi pour la première fois que [ces œufs] appartiennent à cet animal revient à mon jeune et zélé ami M. Charles Darwin, de Shrewsbury, qui m'en a aimablement fait le don, accompagné de spécimens des œufs montrant l'animal à différents stades de maturité »[81]. Darwin faisait de la sorte une discrète entrée dans le monde des publications savantes, introduit par un zoologiste lamarckien qu'il présentera en 1861, dans l'*Historical Sketch* ajouté alors en tête de la troisième édition de *L'Origine*, comme ayant été, dès 1826, l'un de ses devanciers : « En 1826, le Professeur Grant, dans le paragraphe qui conclut son célèbre article sur la Spongille (*Edinburgh Philosophical Journal*, vol. XIV, p. 283), déclare clairement sa conviction que les espèces descendent d'autres espèces, et qu'elles s'améliorent dans le cours de leur modification. Il formule la même opinion dans sa 55ᵉ Conférence, publiée dans le *Lancet* en 1834 ».

L'entrée de Darwin dans le travail zoologique – distinct de l'activité de collectionneur à laquelle il s'était livré durant son enfance, et qui se poursuivra principalement dans le domaine entomologique – s'est donc effectuée par la voie des Invertébrés, sous le magistère d'un zoologiste lamarckien, et en référence à un *opus magnum* de Lamarck qui figure parmi les grands ouvrages de consultation embarqués à bord du *Beagle* : la grande *Histoire naturelle des animaux sans vertèbres*, en sept volumes, publiée à Paris entre 1815 et 1822. Pendant près de cinq années de voyage, Darwin a donc pu consulter à son gré cet immense ouvrage de Lamarck, dont l'Introduction, il faut le rappeler, contient le résumé de ses idées transformistes. On sait par ailleurs que ce traité avait

---

[80] *Histoire des animaux sans vertèbres*, t. V, p. 293, n° 1.
[81] *Edinburgh Journal of Science*, 7, n° 1, juillet 1827, art. XXIV, p. 160-161.

continué d'être une référence pour Darwin après son séjour à Édimbourg, notamment en ce qui concerne l'entomologie.[82]

On sait par ailleurs que Darwin reçut en novembre 1832 à Montevideo, étape de son voyage, le deuxième volume des *Principles of Geology* de Lyell, dont le premier, transmis par FitzRoy avant le départ, l'avait accompagné et guidé dans sa découverte de la géologie des îles et des côtes maritimes. Ce deuxième volume consacre l'ensemble de son premier chapitre à un exposé commenté des thèses transformistes exposées par Lamarck dans sa *Philosophie zoologique* de 1809. Ce qui ne pouvait échapper à Darwin, c'est que Lyell – pour qui il éprouvait une profonde admiration et qui traitait dans cet ouvrage des grandes questions naturalistes qu'il allait lui-même illustrer – témoignait de l'attention aux propositions de Lamarck, assez en tout cas pour leur consacrer le premier chapitre de son volume, et en faire un exposé limpide et impartial avant de s'en démarquer longuement dans la suite. La seule critique adressée à l'auteur français était de « mettre des noms à la place des choses », c'est-à-dire d'être trop spéculatif, ce qui est, on en conviendra, un reproche académique en l'occurrence assez banal. Il reste qu'en quelques pages, Darwin disposait d'un honnête résumé des conceptions de Lamarck, celles-là mêmes qu'il allait inlassablement repasser dans son esprit pour en éprouver la teneur, et dont les thèmes devaient longtemps s'imposer à lui comme les articulations nodales du transformisme : plasticité des organismes, effets de l'usage et du défaut d'usage sur les organes, action essentielle du temps, influence de l'exposition à des conditions de vie différentes, caractère indistinct des frontières de l'espèce et de la définition même de cette catégorie, difficulté par conséquent d'effectuer un partage strict entre espèce et variété, passage insensible d'une forme vivante à une autre proche, effet rapide du changement des circonstances et de la domestication, hérédité des habitudes, fécondité occasionnelle des hybrides, complexité croissante des formes vivantes.

---

[82] Voir par exemple sa lettre du 30 juin 1828 à son cousin William Darwin Fox, *Correspondence*, vol. 1, p. 58 et 59.

D'une manière générale, la critique fondamentale de Lyell à l'égard de Lamarck – le manque de faits attestés pour étayer la théorie – sera reprise à son compte par Darwin. Aussi se préoccupera-t-il longuement de découvrir ces faits, et d'en amasser une provision considérable. Mais une autre critique lyellienne fera également son chemin dans l'esprit de Darwin : celle qui consiste à rattacher Lamarck à une tradition, philosophique plutôt que scientifique, et française plutôt qu'anglaise – celle des fictions d'origine de type condillacien, lesquelles étaient en effet extrêmement spéculatives, et pouvaient être infiniment plus familières à la génération de penseurs poètes incarnée par Erasmus Darwin qu'à celle des contemporains du positivisme. Là encore, Darwin suivra Lyell – qui n'hésite pas à inscrire Lamarck dans la lignée de De Maillet – en assimilant toujours pour sa part, d'une manière plus ou moins consciente, Erasmus et Lamarck, non pas tant parce que son grand-père a précédé de quelques années – en fait, de six ans, puisque le 1er volume de la *Zoonomia* date de 1794[83] – le naturaliste français dans l'énoncé des idées transformistes, mais parce que les deux savants sont l'un et l'autre des hommes du XVIIIe siècle, donnant plus à l'imagination qu'à la preuve, et plus à la cohérence fictionnelle d'un *système* qu'à sa stricte capacité d'expliquer en les reliant des groupes de faits définis. Mais l'un et l'autre, qu'il confond parfois dans une même réaction de critique irritée, l'ont irrémédiablement précédé : se saisir de leurs connaissances, lire ou relire leurs ouvrages dans la période délicate de son changement profond de perspective sur l'histoire du vivant, faire dans leur propre univers le tri des positivités exploitables, ne rien omettre des thèmes qu'ils explorent et bien connaître leurs limites – telle sera la meilleure façon de savoir où, réellement, commencer à ébaucher une théorie qui soit réellement explicative, et qui, combinant la cohérence théorique et la puissance de l'illustration factuelle, échappe au danger de n'apparaître que comme un édifice philosophique bâti sur des fondements imaginaires.

---

[83] Erasmus Darwin, *Zoonomia; or, the Laws of Organic Life*, London, J. Johnson, 1794-1796, 2 vol.

Darwin relit donc, comme on l'a rappelé plus haut, *l'un et l'autre* entre les mois de mars et mai 1839, juste avant de rédiger le premier texte dans lequel seront consignés les premiers éléments de sa propre élaboration théorique : le « brouillon », tardivement retrouvé, de 1839.

Le Brouillon de 1839

Le *Journal* de voyage de Darwin, associé aux récits de FitzRoy et de King[84], paraît vers la fin du mois de mai 1839, et sa richesse, sa nouveauté ainsi sans doute que sa vivacité d'écriture lui valent un rapide succès, qui se traduit environ deux mois et demi plus tard par une édition séparée[85]. C'est peu de temps après, vers le mois de

---

[84] *Narrative of the Surveying Voyages of Her Majesty's Ships Adventure and Beagle Between the Years 1826 and 1836, Describing Their Examination of the Southern Shores of South America, and the Beagle's Circumnavigation of the Globe* (R. FitzRoy ed.), London, Henry Colburn, 1839, 3 vol. (le second contenant un Appendice). L'ensemble des trois volumes contient de consistantes annexes (44 planches, 12 cartes marines et géographiques, 6 gravures dans le texte).

Le premier volume contient le récit et les résultats du premier voyage. Nous emprunterons sa description à R.B. Freeman : « *Proceedings of the first expedition, 1826-1830, under the command of Captain P. Parker King, RN, FRS*, XXVIII + [4] + 597 p., 44 errata on p. [3], 17 plates, charts in pocket, *South America* published by John Arrowsmith 18th May 1839, *The straith of Magalhaens commonly called Magellan* published by Henry Colburn 1839. Magnetic observations by Edward Sabine, p. 497-528. Descriptions of Cirrhipedia, Conchifera, and Mollusca by Phillip P. King assisted by W. Broderip (from the *Zoological Journal*), p. 545-556. Some observations relating to the southern extremity of South America, Tierra del Fuego, and the Strait of Magalhaens. Reprinted from the *Journal of Geographical Society*, by Phillip Parker King ».

Le deuxième volume est constitué du récit et des observations concernant la seconde expédition, celle à laquelle participa Darwin : « *Proceedings of the second expedition, 1831-1836, under the command of Captain Robert Fitz-Roy, RN*, XIV + [2] + 694 + [2] p., 25 plates, charts in pocket: *Part of Tierra del Fuego, Chiloe and parts of the adjacent coast*, both published by Henry Colburn 1839. Vol. II Appendix. VIII + 352 p., 6 plates, charts in pocket: *General charts showing the principal tracks*, published by Henry Colburn 1839, *Dangerous Archipelago of the Paamuto or Low Islands*, published by Henry Colburn 1838 ».

Le troisième volume est l'ouvrage de Darwin : « *Journal and remarks, 1832-1836*, XIV + 615 + p. 609-629 addenda, charts in pocket : *Southern portion of South America, Keeling Islands*, both published by Henry Colburn 1839 ».

[85] *Journal of Researches into the Geology and Natural History of the Various Countries Visited by H.M.S. Beagle...*, Londres, H. Colburn, 1839. Il s'agit de

juillet, que Darwin rédige un manuscrit comprenant 14 pages écrites, à l'encre principalement, dont 13 pages de texte couvertes (si l'on excepte trois insertions au verso) sur un seul côté, et une quatorzième feuille où figurent d'un côté un bref sommaire – l'« Outline » – en trois rubriques ainsi qu'une liste d'omissions, et de l'autre un paragraphe rédigé trois ans plus tard à Maer, et désigné par Darwin lui-même comme un projet d'introduction. L'ensemble concerne la variation organique à l'état domestique et la sélection artificielle comme indices probables de capacités analogues au sein de la nature.[86]

Ce texte parfois difficilement déchiffrable et encore plus difficilement traduisible, comportant alternance de l'encre et du crayon, insertions à partir du verso, ratures, adjonctions, suppressions, répétitions, tournures elliptiques et licences grammaticales, rassemble toutefois, autour de la variation des organismes à l'état domestique, bon nombre d'éléments thématiques et théoriques qui structureront le développement de l'argumentation ultérieure de *L'Origine des espèces* et de *La Variation des animaux et des plantes à l'état domestique*.

Le *Brouillon de 1839* [« Outline and Draft of 1839 » dans sa dénomination conventionnelle] dessine ainsi, d'une façon évidemment incomplète et grossière, à la fois un programme de recherche et d'exposition [l'*Outline* proprement dit] et une ébauche rédactionnelle consacrée à la *variation* des organismes, thème qui demeurera en tête de toutes les versions « préparatoires » de *L'Origine des espèces* – *Esquisse de 1842*, *Esquisse de 1844*, *Big Book* (1856-1858) – ainsi que de l'ensemble de ses six éditions, et fera l'objet d'un traité complet et indépendant – *La Variation des animaux et des plantes à l'état domestique* – en 1868. Cette dernière

---

l'édition séparée, parue selon Darwin lui-même (*Journal*, 1837-1843) le 15 août, de son travail personnel. Le texte est celui du troisième volume de l'ouvrage précédent, avec de très légères variantes liminaires. Un autre tirage avec d'infimes variantes chez le même éditeur en 1840. Seconde édition en 1845 chez John Murray. R.B. Freeman a recensé 167 éditions ou tirages en langue anglaise (Grande-Bretagne et États-Unis) jusqu'en 1972.

[86] Peter J. Vorzimmer, « An Early Darwin Manuscript: The "Outline and Draft of 1839" », *Journal of the History of Biology*, 8, 1975, p. 191-217.

observation légitime définitivement le choix de considérer d'une façon récurrente ce texte comme la toute première trace de l'élaboration de l'ouvrage classique de 1859, même si, comme on le verra plus loin, la forme initialement imaginée par Darwin pour l'exposé de sa théorie requérait un ouvrage considérablement plus étendu que le « résumé », imposé par la pression des circonstances, que sera vingt ans plus tard L'*Origine*. Les éléments thématiques et logiques que Darwin articule au cœur de cette première tentative de construction expositionnelle se trouveront inévitablement réinvestis dans la plupart des grands traités généralistes ultérieurs :

1. Un organisme soumis à des conditions différentes de celles auxquelles la nature l'a adapté varie parfois.
2. Cette variation est le plus souvent d'importance minime.
3. Cette variation affecte également, dans le cas des animaux, les qualités mentales et comportementales.[87]
4. Le défaut d'usage de certains organes et les nouvelles habitudes contractées paraissent être un important facteur de variation des animaux à l'état domestique.
5. Sans cesser d'être minime, la variation à l'état domestique est plus grande qu'à l'état naturel.
6. On constate à l'état domestique, en particulier chez les plantes cultivées, des variations brusques propageables.
7. La variation propagée à l'état domestique – qu'elle résulte ou non de l'hybridation – est « presque infinie dans ses formes ».
8. Chez les animaux, le caractère, l'intelligence et les instincts varient également.
9. La domestication est un changement de conditions (par rapport aux conditions naturelles, c'est-à-dire, en vertu du point n° 1, à une adaptation antérieure), et son influence est celle d'un changement de conditions.
10. La variation domestique est accélérée par la courte durée des périodes de consolidation, due aux fluctuations des préoccupations humaines, par la surabondance de nourriture et par le croisement.

---

[87] Il convient d'emblée de souligner ce point (reformulé en 8), qui sera la clé de la phylogénie des instincts, et donc de l'éthologie et de l'anthropologie – car incluant l'instinct social humain et ses corrélations affectives, rationnelles et morales – chez Darwin.

11. La domestication supprime la lutte individuelle des organismes pour la survie et la reproduction.
12. Les soins attentifs apportés, dans la domestication d'un organisme, au maintien des nouvelles conditions et à l'évitement du croisement produisent des effets cumulatifs et durables.
13. La variation à l'état domestique, augmentée par le croisement, n'est cependant pas due à cet unique facteur. Il existe un effet direct des conditions extérieures auxquelles l'organisme s'adapte pourvu que ces nouvelles conditions soient stables durant plusieurs générations. La variation produite dans les capacités mentales peut également se transmettre.
14. L'action des conditions extérieures a un effet plus net sur le système reproducteur que sur toute autre partie du corps.
15. Chez les races croisées, la variation se trouve réduite par la tendance au retour.
16. Les mauvais effets généralement reconnus aux unions consanguines prolongées rend probable le fait que les espèces et les races se soient périodiquement croisées.
17. La production d'une nouvelle race domestique repose sur le choix de légères variations dues aux accidents du système reproducteur, sur l'entrecroisement des organismes variants et sur la prévention de tout autre croisement par l'isolement reproductif.
18. L'Homme ne « fabrique » pas des races nouvelles suivant sa fantaisie, mais se trouve contraint par la capacité (inconnue) de variation naturelle de chaque organisme, ainsi que par la probabilité de variations corrélatives et de variations invisibles. Il doit ainsi travailler sur une capacité de la nature dont l'étendue, les limites et les lois échappent à son pouvoir – thème que développera, presque trente ans plus tard, l'Introduction de *La Variation*.

Sur la quatorzième page figure le plan – une sorte d'ébauche de sommaire en trois rubriques – qui résume très simplement l'intention générale de ce qui n'est là qu'esquissé :

Chapitre – Numéroter chaque paragraphe

I. Les Principes de la Var. chez les organismes domestiques.
II. La possible & probable application de ces mêmes principes aux animaux sauvages, & par conséquent la possible & probable fondation des races sauvages. Analogues aux races domestiques de plantes & d'animaux.

III. Les (preuves) raisons pour & contre la croyance que ces races ont effectivement été produites – formant ce que l'on nomme espèces.

Cet « *outline* » est très clair : il s'agit d'expliquer que les organismes naturels ont comme caractéristique universelle la variabilité, et que leur variation accentuée à l'état domestique prouve qu'ils réagissent aux changements des conditions de vie en manifestant une portion de leur capacité variationnelle. La domestication permet donc de vérifier que la variabilité est une propriété ou une capacité universelle des êtres vivants, et de l'observer d'une façon proche et directe. La variation étant à l'état domestique le matériau de base de la sélection en vue de la formation des races, il est « possible et probable » qu'il en soit de même à l'état naturel (point n° II). La capacité de variation des organismes dans la durée n'ayant pas de limite connue, la transformation des races sous l'action de ce mécanisme est susceptible de produire « ce que l'on nomme espèces ».

Dès lors se trouve mise en place l'une des voies d'accès à la théorie – l'autre étant celle qui passe par le principe malthusien, non évoqué ici car il ne peut concerner, en vertu du point n° 11 de la liste antérieure, que les organismes vivant à l'état naturel (la domestication éliminant la lutte). La biogéographie quant à elle, avec le renfort de la paléontologie, a déjà établi la conviction de l'effectivité de la transformation des espèces, et introduit l'inévitable contestation du dogme des créations singulières. L'ajout de 1842, contemporain de l'*Esquisse*, rappelle ce point fondamental :

> La géologie nous montre qu'une vaste succession d'organismes a habité la Terre. Ils paraissent être venus & avoir disparu soudainement en groupes. Mais dans les périodes plus récentes, nous avons des raisons de croire qu'ils sont venus sur la scène & en ont disparu un par un, & il nous faut croire que certains ont disparu dans des périodes récentes. Nous sommes ainsi conduits à nous demander si leur apparition n'est pas due à quelque cause régulière ou à quelque loi de nature plutôt qu'à un nombre infini de miracles séparés. En regardant plus avant, nous voyons que les fossiles de n'importe quelle région sont plus particulièrement reliés aux organismes vivants de cette région

qu'à ceux d'aucune autre ; nous nous demandons alors s'ils peuvent être les descendants de ces fossiles. Nous voyons une île proche du continent & différentes parties de ce continent, qu'elles soient séparées par l'espace, le changement de temp. [température. *Ndt.*], de grandes rivières ou de hautes montagnes, habitées par différentes espèces qui possèdent d'évidentes relations de parenté.

Affinité – unité de type – stade fœtal – organes avortés – hybrides comme métis – difficulté de distinguer les espèces des variétés – si les espèces cèdent, les genres doivent céder aussi – nous savons que l'extinction est possible à l'intérieur de certaines limites, nous demandons quelles sont les limites de cette variation : qui peut répondre ?

(Cette page était conçue comme une introduction)

Conceptuellement et logiquement, la théorie est constituée, et son développement ultérieur à travers les deux esquisses de 1842 et de 1844, puis à travers *L'Origine* elle-même, ne sera plus qu'un long et délicat essai d'exposition ordonnée, d'argumentation et d'illustration didactique de chaque point majeur (variation, transformation des espèces, influence du milieu et des conditions, reproduction, croisements, sélection artificielle, sélection naturelle, caractère approximatif ou défectueux des adaptations, indices de parenté phylogénétique, relativisation des catégories de la classification, etc.). Le monde stable et sagement ordonné par Dieu dans sa toute-puissante perfection devient un ensemble mouvant où la variation produit l'imprescriptible, et où l'*imperfection* est la force dynamique, conduisant à l'amélioration incessante des adaptations et à la réfection permanente des équilibres. On est bien éloigné de la théologie naturelle qui avait séduit Darwin à Cambridge, en le faisant réfléchir sur la « beauté » admirable, initiale et prescrite des harmonies de la nature. Jamais auparavant un discours naturaliste, rompant avec le finalisme providentialiste chrétien, n'avait remis aussi puissamment cette « nature » entre ses propres mains.

Il est désormais possible de produire le schéma de la construction logique de la théorie de la descendance modifiée par le moyen de la sélection naturelle[88], en rappelant qu'au moment où il se met

---

[88] On retrouvera ce schéma, avec d'infimes variantes, dans plusieurs de nos ouvrages (par exemple *Darwin et la Science de l'évolution* (Paris, Gallimard, « Découvertes », 2000), *Darwin et le Darwinisme* (Paris, PUF, « Que sais-je ? », 2005),

en place, le transformisme est pour Darwin, dont vient de paraître avec un notable succès le *Journal* de voyage, un acquis désormais avéré résultant de l'observation biogéographique – celle notamment, rétrospective il est vrai, des « Pinsons » des Galápagos, dont l'importance a parfois été injustement minimisée après avoir été largement admise –, et, secondairement, de l'étude des fossiles ainsi que des transformations des organismes à l'état domestique.

On notera toutefois que la structuration de la théorie comme explication cohérente des transformations des organismes ne survient véritablement que lorsque le modèle emprunté à Malthus – celui de la compétition éliminatoire issu de l'opposition entre la propension illimitée à l'accroissement populationnel et les limites objectives des conditions territoriales et alimentaires – vient rejoindre le seul fait primordial susceptible d'engendrer la transformation des êtres vivants : la *variation* comme phénomène foncier, universel et permanent de toute réalité vivante.

L'Effet Darwin (Paris, Seuil, 2008), *Darwin et la Religion* (Paris, Ellipses, 2010). Cette représentation didactique paraît être en effet depuis longtemps – parmi toutes celles que nous avons eu l'occasion d'expérimenter – la seule apte à rendre compte à la fois du fonctionnement logique de la théorie et du mécanisme intime de sa constitution.

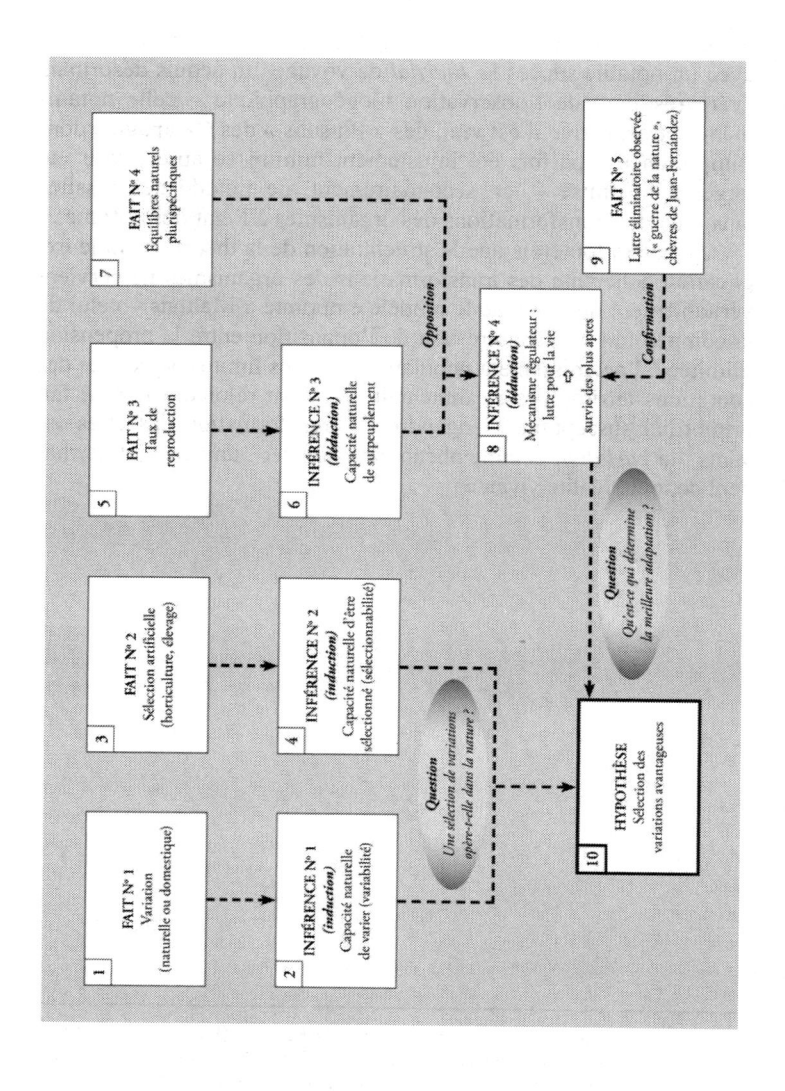

FAIT N° 1 Variation (naturelle ou domestique)	**FAIT N° 2** Sélection artificielle (horticulture, élevage)	**FAIT N° 3** Taux de reproduction	**FAIT N° 4** Équilibres naturels plurispécifiques	**FAIT N° 5** Lutte éliminatoire observée (« guerre de la nature », chèvres de Juan-Fernández)
INFÉRENCE N° 1 *(induction)* Capacité naturelle de varier (variabilité)	**INFÉRENCE N° 2** *(induction)* Capacité naturelle d'être sélectionné (sélectionnabilité)	**INFÉRENCE N° 3** *(déduction)* Capacité naturelle de surpeuplement	**INFÉRENCE N° 4** *(déduction)* Mécanisme régulateur : lutte pour la vie ⇨ survie des plus aptes	

Opposition (entre Fait N° 4 et Inférence N° 3)

Confirmation (entre Fait N° 5 et Inférence N° 4)

Question
Une sélection de variations
opère-t-elle dans la nature ?

Question
Qu'est-ce qui détermine
la meilleure adaptation ?

HYPOTHÈSE
Sélection des
variations avantageuses

Ce schéma de la constitution logique de la théorie sélective, qui a été depuis sa première parution le support de nombreuses démarches explicatives, fait apparaître deux blocs de raisonnement, deux voies de questionnement, et leur convergence finale.

Le premier bloc (partie gauche du tableau, n°s 1-2, 3-4, et question) est issu de la réflexion sur l'univers de la *domestication* : variation et sélection à l'état domestique.

Le second bloc (partie droite du tableau, n°s 5-6, 7-8, 9, et question) est issu de la réflexion sur l'univers de la *nature* tel que la théorie populationnelle de Malthus permet de le percevoir : concurrence vitale et survie des plus adaptés.

En 1838, Charles Darwin, en lisant Malthus, puis, l'année suivante, en rédigeant son premier brouillon, a achevé de comprendre le mécanisme de la transformation des espèces. Depuis cet observatoire de la variation qu'est le monde des plantes cultivées et des animaux domestiques, il sait comme n'importe quel observateur profane que plantes et animaux varient [1][89] sous l'action d'un changement des conditions, et peuvent être transformés par l'action sélective des horticulteurs et des éleveurs [3]. Il a profondément conscience de ce que les deux faits d'observation (variation et sélection artificielle) sur lesquels repose le début de son élaboration théorique possèdent une constellation de conditions et de conséquences souvent implicites et néanmoins nécessaires – des idées satellites, pour ainsi dire, qu'il n'explicite qu'occasionnellement. L'une des premières est que la domestication est *par excellence* un *changement de conditions*, et que c'est à ce titre qu'elle peut être le miroir grossissant de la variation naturelle. Une autre idée fondamentale est qu'un organisme soumis à la domestication (c'est-à-dire à un changement des conditions qui en tant que tel a ses analogues au sein de la nature) *reste un organisme naturel*. La variation d'un organisme domestique traduit donc la variabilité *naturelle* de cet organisme [2]. Et pareillement la sélection pratiquée par le jardinier ou l'éleveur ne fait rien d'autre à cet égard que permettre de se manifester à une capacité *naturelle* – ce que nous nommons sur le tableau la « sélectionnabilité » des organismes [4].

---

[89] Les chiffres entre crochets renvoient à la numérotation des cadres du tableau.

De même donc que la variation observée prouve la variabilité naturelle des êtres vivants, la sélection pratiquée prouve leur caractère sélectionnable. Porté par la plus simple intuition analogique, Darwin se demande alors si une sélection de variations n'agirait pas, semblablement, dans la nature [première question].

Darwin sait également – et il a pu en quelque sorte le « modéliser » grâce à Malthus – que les organismes naturels tendent à se reproduire à un taux prodigieusement élevé [5], généralisant une concurrence impitoyable et une nécessaire élimination. Or la quantité de vie sur terre est globalement stable. Cette idée traversera inchangée tous les raisonnements et tous les écrits de Darwin jusqu'à l'édition définitive de *L'Origine des espèces*, dont le chapitre III répète qu'« Il n'y a aucune exception à la règle suivant laquelle tout être organique s'accroît à une vitesse si grande que, s'il n'y avait destruction, la terre serait bientôt couverte par la progéniture d'un unique couple ». Or nulle part sur la Terre on n'observe le phénomène aberrant d'une espèce peuplant de ses seuls effectifs la totalité d'un territoire. Le peuplement vivant de chaque région géographique est toujours plurispécifique [7]. La prise de conscience de la nécessité d'un mécanisme régulateur de type éliminatoire [8] est strictement contemporaine de la compréhension de l'opposition [6/7] qui existe de fait entre la capacité naturelle de surpeuplement que possède chaque espèce [6] et l'évidence non moins naturelle du partage de chaque espace de vie entre une pluralité de populations hétérospécifiques cohabitantes [7]. Or c'est précisément parce que toutes les espèces vivantes sont animées de la même tendance proliférante qu'une *lutte* plus ou moins intense existe sur chaque point de la Terre [8], et que les équilibres populationnels et interspécifiques sont toujours susceptibles de varier – la « quantité de vie », par ailleurs, restant stable dans son ensemble, comme l'a parfaitement montré [9, fait n° 5] l'équilibre fluctuant des populations de chèvres et de chiens sur l'île de Robinson. Or dans la *lutte pour la vie* résultant de la pression de population, les plus adaptés aux conditions de la lutte l'emporteront [8], et le moindre avantage individuel sera déterminant pour l'organisme qui en bénéficie. Celui-ci vivra et transmettra ses avantages à une nombreuse descendance. Beaucoup encore seront éliminés, les plus aptes seuls survivront [8]. Mais qu'est-ce qui crée la meilleure adaptation ?

Darwin revient alors au modèle de la sélection artificielle. De même qu'un zootechnicien utilise *intelligemment* la plasticité organique en accumulant des variations qui lui sont avantageuses par une reproduction choisie des variants, de même la nature, à travers les pressions du milieu, sélectionne *mécaniquement* les variations avantageuses aux organismes eux-mêmes [10]. Tant que le milieu ne change pas sensiblement, toute « amélioration » ainsi obtenue ne peut que s'étendre en contribuant, par une lente accumulation des variations adaptatives sélectionnées, à la transformation de l'espèce. La production de l'hypothèse qui s'affiche sur le tableau dans la case n° 10 est donc le fruit de la convergence de deux voies de raisonnement issues respectivement de la domestication et de la nature. Mais si notre tableau lui conserve la dénomination d'Hypothèse, c'est beaucoup plus en tenant compte d'une psychogenèse encore interrogative ou simplement didactique – Darwin accompagnant dans son exposition le questionnement spontané qu'il prête à son lecteur – qu'en considération du processus formel que l'explication met en œuvre, et qui exigerait que soit employé plutôt le terme de Conclusion. On pourrait tenter d'objecter que ce schéma peut expliquer la production de variétés plus ou moins stables dans la nature comme à l'état domestique, mais qu'il n'implique pas *nécessairement* la production d'espèces nouvelles par transformation d'une espèce souche. Mais on oublierait alors que Darwin, s'appuyant sur l'exemple biogéographique des « Pinsons » et des oiseaux moqueurs des Galápagos, tient pour acquise l'effectivité d'une spéciation aidée par l'isolement – et l'isolement reproductif pratiqué par les sélectionneurs est un facteur supplémentaire d'assimilation entre l'univers domestique et l'univers naturel, dont Darwin n'a jamais ignoré toutefois les différences à d'autres égards. C'est pourquoi objecter à Darwin que son dispositif logique peut expliquer une « raciation » et non une « spéciation » serait effacer délibérément la « preuve » que constitue à ses yeux, dès le début du printemps de 1837, la spéciation insulaire effective qui a eu lieu à partir d'espèces migrantes d'oiseaux sur l'archipel volcanique des Galápagos. Cette dernière peut encore, cependant, être niée par un théologien défenseur des créations successives, Dieu conservant le pouvoir de déposer de nouvelles formes de vie sur chaque terre nouvelle à toute époque de l'histoire. D'où l'importance très grande de ce que nous avons nommé plus haut, à propos de Darwin, sa « transaction avec la métaphysique », et de son rejet du « dieu trompeur » qui aurait limité sur les îles son pouvoir de création à des copies imparfaites d'organismes continentaux dont l'étroite ressemblance avec leurs représentants insulaires évoque inévitablement, contre l'autorité même de son Église, une communauté d'ascendance.

La révolution darwinienne, alors même qu'elle est encore contenue dans l'intimité de la conscience de son auteur, s'accompagne donc d'un scandale : la légende d'espèces immuables créées séparément par un Dieu omnipotent et omniscient s'effondre devant l'évolution des formes vivantes comme mouvement permanent, migration, dispersion géographique, variation imprévisible, lutte, élimination, croisement, adaptation, destruction et réparation incessante d'équilibres provisoires entre populations d'organismes à jamais imparfaits. En 1838 lorsque la théorie se constitue, en 1839 dans l'*Outline and Draft*, et de plus en plus à mesure que Darwin s'avance dans l'élaboration documentée de ce qui deviendra *L'Origine des espèces*, la sélection naturelle a remplacé la Providence.

L'Esquisse de 1842

Depuis 1839, Darwin a achevé son *establishment*. Il est marié (29 janvier 1839), père de famille (27 décembre 1839), secrétaire de la *Geological Society* (16 février 1838), membre de la *Royal Society* (24 janvier 1839) et de la *Zoological Society of London* (mars 1839). Ses préoccupations courantes – poursuite de la publication par fascicules de la *Zoology* du *Beagle*, concentration momentanée sur le travail géologique et préparation de son ouvrage sur les récifs coralliens[90], mais également périodes d'inactivité

---

[90] C. Darwin, *The Structure and Distribution of Coral Reefs. Being the First Part of the Geology of the Voyage of the Beagle, under the Command of Capt. Fitzroy, RN, During the Years 1832 to 1836*, London, Smith Elder & Co, 1842. 2ᵉ éd. en 1874. 3ᵉ en 1889. L'achèvement de l'ouvrage couvre toute la seconde

forcée et soucis chroniques dus à son mauvais état de santé – ne l'ont pas écarté de son travail fondamental sur les espèces. Comme l'attestent ses *Notebooks*, il a opté pour le matérialisme et le confronte sans cesse avec la théologie naturelle et la vision classique, linnéenne, de l'économie de la nature. En février 1842, il achève sa relecture d'Erasmus (*The Botanic Garden* et *The Temple of Nature*), et, au début de l'été, un texte de 35 pages écrites au crayon, qu'il désignera lui-même comme la « première esquisse au crayon » de sa « théorie des espèces »[91]. Francis Darwin a raconté l'histoire de ce texte dans l'Introduction de son édition des deux *Esquisses* en 1909[92] :

> Mon père, dans son Autobiographie[93], écrit : « En juin 1842 je m'accordai pour la première fois la satisfaction d'écrire au crayon un très bref résumé de ma théorie en 35 pages ; et celui-ci fut augmenté pendant l'été de 1844 jusqu'à faire 230 pages[94], que je mis au propre et que je possède encore ». Ces deux Essais, de 1842 et de 1844, sont ici publiés sous le titre *Les Fondements de l'Origine des Espèces*. /
> On notera que dans le passage ci-dessus il ne mentionne pas le MS. de 1842 comme existant encore, et à l'époque où je travaillais à *Life and Letters* je ne l'avais pas vu. Il ne vint au jour qu'après la mort de ma mère en 1896, lorsque la maison de Down fut débarrassée. Le MS. était caché dans un placard sous les escaliers, lequel était utilisé non pour les papiers de quelque valeur, mais plutôt comme un trop-plein pour des choses qu'il ne souhaitait pas détruire.
> L'affirmation, dans l'Autobiographie, que le MS. avait été écrit en 1842 est en accord avec une note du Journal de mon père :
> « 1842. 18 mai allé à Maer. 15 juin à Shrewsbury et le 18 à Capel Curig... Durant mon séjour à Maer et Shrewsbury (cinq ans après

---

moitié de l'année 1841, le texte ayant été envoyé à l'éditeur le 3 janvier 1842, et corrigé sur épreuves à partir du 6 mai.

[91] L'édition savante de ce texte constitue, sous ce titre, le volume X de la présente collection.

[92] *The Foundations of The Origin of Species. Two Essays Written in 1842 and 1844 by Charles Darwin*, ed. by his son Francis Darwin, Cambridge, at the University Press, 1909.

[93] *Life and Letters*, I, p. 84.

[94] Il contient en fait 231 pp. C'est un folio solidement relié, interfolié de pages blanches, comme en prévision de notes et d'additions. Son propre MS., à partir duquel il fut copié, contient 189 pp. [note de Francis Darwin].

commencement) rédigé esquisse au crayon de ma théorie des espèces. » De nouveau, dans une lettre à Lyell (18 juin 1858), il parle de son « esquisse MS. écrite en 1842 »[95]. Dans l'*Origine des Espèces*, Ire Éd., p. 1, il dit avoir commencé ses spéculations en 1837 et s'être autorisé à rédiger quelques « courtes notes » après « cinq années de travail », *i. e.* en 1842. Il ne semble donc pas douteux jusqu'ici que 1842 soit la date de la première esquisse ; mais il y a des témoignages en faveur d'une date plus ancienne[96]. Ainsi, en travers de la Table des Matières de la copie reliée du MS. de 1844, on voit, écrit de la main de mon père : « Ceci fut esquissé en 1839 ». De nouveau, dans une lettre à M. Wallace[97] (25 janvier 1859), il parle de ses propres contributions au mémoire de la *Linnean*[98] du 1er juillet 1858 comme « écrites en 1839, il y a maintenant juste vingt ans ». Telle quelle, cette affirmation est sans aucun doute incorrecte, puisque les extraits proviennent du MS. de 1844, sur la date duquel nul doute ne subsiste ; mais même si l'on pouvait supposer qu'elle se réfère à l'Essai de 1842, elle devrait, je pense, être rejetée. Je ne puis expliquer sa méprise qu'en supposant que mon père avait à / l'esprit la date (1839) à laquelle le cadre de sa théorie fut posé. Il vaut la peine de noter que dans son Autobiographie (p. 88) il parle du moment « vers 1839, où la théorie fut clairement conçue ». Quoi qu'il en soit, il ne peut y avoir de doute sur le fait que 1842 est la date correcte. Depuis la publication de *Life and Letters*, j'ai trouvé un nouveau témoignage sur ce sujet. Un petit paquet contenant 13 pp. de MS. est venu au jour en 1896. Sur l'extérieur est écrit « Première esquisse au crayon de la théorie des espèces. Écrit à Maer et Shrewsbury en mai et juin 1842 ». Le texte n'est cependant pas écrit au crayon, et consiste en un seul chapitre sur *Les Principes de la variation chez les organismes domestiques*. Une seule page non numérotée est écrite au crayon, avec l'en-tête « Maer, mai 1842, inutile » ; elle porte aussi les mots : « Cette page a été conçue comme introduction ». Elle consiste en l'esquisse extrêmement brève des témoignages géologiques en faveur de l'évolution, avec en même temps des mots destinés à servir de têtes de rubrique pour la discussion – tels que « Affinité – unité de type – état fœtal – organes avortés ».

---

[95] *Life and Letters*, II, p. 116.
[96] *Life and Letters*, II, p. 10.
[97] *Life and Letters*, II, p. 146.
[98] *J. Linn. Soc. Zool.*, III, p. 45.

Le verso de cette page « inutile » est de quelque intérêt, bien qu'il ne porte pas sur la question de date – sujet qui nous intéresse immédiatement ici.

Cela semble être un sommaire de l'Essai ou esquisse de 1842, consistant dans les titres des trois chapitres dont il devait être constitué :

« I. Les Principes de la Var. chez les organismes domestiques.

« II. L'application possible et probable de ces mêmes principes aux animaux sauvages et par conséquent la production possible et probable de races sauvages, analogues aux races domestiques de plantes et d'animaux.

« III. Les raisons de croire ou non que de telles races ont réellement été produites, formant ce que l'on nomme des espèces. »[99]

Ce « petit paquet » de 13 (à 14) pages est évidemment le « brouillon » de 1839 étudié plus haut. Et c'est non moins évidemment à lui que pensera Darwin écrivant à Wallace, en 1859, que *L'Origine* a, en vérité, vingt ans. Il y a donc là un enchaînement rigoureux, qui place le commentateur devant l'obligation de préciser en quoi consiste l'avancée de l'*Esquisse* par rapport au *Brouillon*.

L'*Esquisse* de 1842 se compose de deux parties, la première consacrée exclusivement à la variation et à la sélection, la seconde à la géologie, à la répartition géographique, à la classification, à l'unité de type et à l'embryologie. Le progrès le plus net par rapport au *Brouillon*, qui traite essentiellement de la variation, est d'abord dans cette structuration même, dont l'ébauche toutefois se discerne déjà dans la feuille « introductive » qui accompagnait le texte de 1839, et qui concernait la géologie. Il est tout à fait frappant que dès son premier essai rédactionnel, et conformément au schéma que nous en avons donné plus haut, Darwin ait fait un choix expositionnel et didactique dont il ne s'écartera plus : celui de commencer par la variation. Puis, traitant de la variation, celui de commencer par la variation à l'état domestique. La domestication étant non seulement l'observatoire de la variation, mais aussi le laboratoire de sa sélection et de son extension reproductive,

---

[99] Voir plus haut, et notre édition de la *Première Esquisse au crayon*, ouv. cit., « Introduction », p. 31-32 (Francis Darwin), et p. 137-147 (*Plan et Brouillon de 1839*).

Darwin traitera naturellement ensuite de la variation et de la sélection dans la nature, et des thèmes liés à la transmission héréditaire, dont l'observatoire principal demeure également l'univers des animaux domestiques et des plantes cultivées. La domestication est en effet la sphère où l'on observe les *processus* : la transformation des organismes y est une réalité visible, et les recettes pour la produire et la fixer y sont attentivement suivies en même temps que soumises à un mouvement indéfini d'amélioration empirique. Lorsque, en revanche, l'on envisage la nature telle qu'elle se révèle et se dissimule à la fois, dans sa réalité immédiate, au regard du naturaliste, on entre dans un monde de simultanéités, dans un tableau synchronique où les espèces ne donnent d'abord à voir que leur multiplicité présente et la coexistence de toutes leurs actuelles variétés. La nature, c'est d'abord un cadre physique, fourni par la géologie ; puis un cadre géographique ; puis un cadre biogéographique, où la coprésence des espèces existantes ouvre sur leur classification. La nature, non interprétée mais seulement *décrite*, est l'univers du *système* – un système de l'existant, et de ses relations instituées : une économie, et non immédiatement une *écologie*, cette dernière s'étant constituée chez Darwin à l'interface des *processus* et des *systèmes* dès que l'uniformitarisme eut chassé le catastrophisme, c'est-à-dire dès que le changement put être pensé comme permanent et remaniant, et non plus comme irruptif et destructeur. C'est-à-dire très tôt, puisque la perspective de Lyell fut acceptée dès que connue, en 1831, au départ du *Beagle*, alors que le jeune Darwin s'exerçait par ailleurs à observer et décrire la nature avec le regard panoptique de Humboldt. Dès la première *Esquisse*, c'est le changement perpétuel, lent et cyclique, des conditions liées au cadre géologique et climatique qui active le processus variationnel comme rattrapage adaptatif, par l'organisme, de son adéquation relative à des « conditions nouvelles » susceptibles d'une plus ou moins longue durée. Le brouillon de 1839 avait déjà précisément noté le rapport entre la stabilisation d'une variété – ou la « consolidation » d'une variation – et la stabilité des conditions nouvelles pendant un certain nombre de générations. L'adaptation optimale est donc une affaire de temps. Dans le tableau synchronique de la nature, le naturaliste influencé par le motif physico-théologique du dessein ne perçoit que des harmonies. L'apparente « perfection des adaptations » occulte le processus de réfection permanente des équilibres mobiles. Le catastrophisme des géologues chrétiens avait comme caractéristique majeure de remettre chaque fois le monde en situation de création : d'anciennes harmonies étaient simplement remplacées par de nouvelles. L'actualisme au contraire – ou sa progéniture anglaise, l'uniformitarisme lyellien – comme théorie des changements lents, cumulatifs et permanents oblige à penser l'adaptation comme processus, et l'harmonie comme réparation d'un équilibre indéfiniment rectifiable entre les vivants et leurs conditions d'existence. La sortie objective hors de la théologie s'est opérée subrepticement dans cette admission nécessaire d'un monde où l'adaptation n'est ni donnée, ni première, ni parfaite, mais élaborée, seconde et inachevée, ce qui est lié à sa nature même de processus. Un monde de déséquilibres et de tensions en marche vers leur atténuation remplace un monde réglé où s'exprime, avec la perfection de son Auteur, la plénitude satisfaite de l'être. C'est pourquoi tout transformisme adaptationniste repose sur une *ontologie de l'imparfait*, condition d'une amélioration incessante de l'ajustement entre les organismes et leur environnement. Cette perfectibilité indéfinie du vivant est l'indice permanent et le corrélat obligé de sa non-perfection originelle.

À cette non-perfection radicale de l'être correspond l'imperfection non moins nécessaire de sa connaissance. Si la théorie prédit qu'il dut exister une gradation régulière entre les organismes des différents groupes et, au-delà, entre les groupes eux-mêmes, les mécanismes de l'extinction, aggravés par les caprices destructeurs de la géologie et l'immensité des étendues non explorées sur terre et dans les océans, expliquent ce que *L'Origine des espèces* exposera sous la notion de lacune dans la documentation fossile et d'imperfection de l'archive géologique, anticipant en quelque sorte la réponse à l'une des principales objections qui seront adressées au gradualisme darwinien.

Le fait que l'*Esquisse* de 1842 s'achève sur des conclusions résolument anti-créationnistes et comporte des énoncés clairement destinés à convaincre de la nécessité de trouver un compromis avec les croyances en vigueur – énoncés qui demeureront inscrits en substance dans la conclusion de toutes les éditions successives de *L'Origine* – montre par ailleurs combien la négociation avec la théologie s'impose alors à Darwin comme une condition d'accès à l'écoute de ses pairs et de la société. Pourquoi un Créateur intelligent et tout-puissant aurait-il créé trois animaux aussi proches que le Rhinocéros de Java, celui de Sumatra et celui de l'Inde avec, entre eux, une évidente apparence de parenté qui ne pourrait être destinée qu'à tromper tout observateur attentif de son œuvre ? L'hypothèse cartésienne du dieu trompeur, rejetée par Descartes dès qu'il admit la nécessaire perfection d'un Dieu auteur de l'idée même de la perfection dans l'esprit de l'homme – qu'il savait cependant imparfait –, sert à Darwin à exclure toute création directe comme indigne de la sagesse infinie d'un créateur omniscient et irréprochable. S'en remettre à des « lois secondaires » permet alors d'apaiser le scandale des croyants et de libérer le champ de l'investigation scientifique :

« Il y a beaucoup de grandeur à regarder les animaux actuels comme les descendants en ligne directe de formes ensevelies sous des milliers de pieds de matière, ou comme les cohéritiers de quelque ancêtre encore plus ancien. Cela s'accorde avec ce que nous savons de la loi que le Créateur a imprimée à la matière, selon laquelle la création et l'extinction des formes, comme la naissance et la mort des individus, devraient être l'effet de moyens [lois] secondaires. Il ne sied pas que le Créateur d'indénombrables systèmes de mondes ait créé chacune des myriades de parasites rampants et de vers [visqueux] qui ont pullulé chaque jour sur la terre et sur l'eau <à la surface> de [cet] unique globe. Nous cessons d'être étonnés, quelque regret que nous en éprouvions, de ce qu'un groupe d'animaux ait été directement créé pour pondre ses œufs dans les entrailles et la chair d'un autre – de ce que certains organismes se délectent dans la cruauté – de ce que certains animaux soient entraînés par de faux instincts – de ce que chaque année, il y ait un / incalculable gâchis d'œufs et de pollen. De la mort, de la famine, de la rapine et de la guerre cachée de la nature, nous voyons qu'est directement venu le plus grand bien que nous puissions concevoir : la création des animaux supérieurs. Sans doute cela excède-t-il au premier abord nos humbles capacités, que de concevoir des lois capables de créer des organismes particuliers, chacun caractérisé par l'exécution la plus délicate et les adaptations les plus étendues. Il convient mieux à [notre modestie] la faiblesse de nos facultés de supposer que chacun ait besoin du *fiat* d'un créateur, mais dans la même proportion l'existence de telles lois devrait exalter notre notion de la puissance du Créateur omniscient. Il y a une grandeur simple à considérer que la vie, avec ses capacités de croissance, d'assimilation et de reproduction, a été insufflée à l'origine dans la matière sous une seule forme ou quelques-unes, et que, pendant ce temps, notre planète a continué de tourner selon des lois fixes, et que la terre et l'eau, dans un cycle de changement, ont continué à se remplacer l'une l'autre, et qu'à partir d'une origine si simple, à travers le processus de sélection graduelle de changements infinitésimaux, les formes les plus belles et les plus admirables, indéfiniment, ont évolué. »[100]

La seconde Esquisse *(1844)*

L'année 1842, à côté de la réflexion théorique qui avait abouti à la rédaction secrète de la première *Esquisse*, avait été dominée par le travail géologique. Juste avant les séjours à Maer et Shrewsbury, au cours desquels furent consignées ces premières notes, Darwin avait en effet, le 6 mai, corrigé les épreuves des *Coral Reefs*, aboutissement d'un travail commencé plus de trois ans et demi auparavant, et qui parut peu de temps après[101]. À l'exception de deux fascicules de la *Zoology*[102], toutes ses publications de l'année concernaient la science de la Terre[103], et il s'était attaqué le

---

[100] *Esquisse au crayon de ma théorie des espèces*, éd. cit., p. 83-84.

[101] *The Structure and Distribution of Coral Reefs. Being the First Part of the Geology of the Voyage of the Beagle, Under the Command of Capt. Fitzroy, RN, During the Years 1832 to 1836*, London, Smith Elder and Co, 1842.

[102] [Suite de la parution par fascicules de] *The Zoology of the Voyage of H.M.S. Beagle, Under the Command of Captain Fitzroy, During the Years 1832 to 1836. Published with the Approval of the Lords Commissioners of Her Majesty's Treasury* (Charles Darwin ed.), Part. IV, Fish, n° 4, 1842, par Leonard Jenyns (avril) ; Part V, Reptiles, n° 1, 1842, par Thomas Bell (août).

[103] « On the Distribution of the Erratic Boulders and on the Contemporaneous Unstratified Deposits of South America », *Transactions of the Geological Society*, 6,

14 octobre – un mois environ après son installation à Down et deux jours avant le décès de sa petite fille Mary Eleanor, qui ne vécut que trois semaines – à la rédaction de la seconde partie de la *Geology* du *Beagle*, consacrée à l'étude des îles volcaniques. Le géologue écossais Charles Maclaren (1782-1866) ayant publié un compte rendu critique des *Coral Reefs* dans l'*Edinburgh New Philosophical Journal*, Darwin était entré dans l'année 1843 en publiant une lettre commentant sa recension[104]. Cette année, en partie à cause de sa mauvaise santé, fut pauvre en publications, ne comptant, en plus de cette réponse, qu'une note sur l'origine des fleurs doubles dans le *Gardener's Chronicle*, parue en septembre[105] quinze jours avant la naissance d'Henrietta Emma (le 25), et, le mois suivant, le dix-neuvième et dernier fascicule de la *Zoology* contenant la fin des *Reptiles*[106]. La page sur les fleurs

---

1842, p. 415-431. Lu le 14 avril. « Notes on the Effects Produced by the Ancient Glaciers of Caernarvonshire, and on the Boulders Transported by Floating Ice », *Philosophical Magazine*, vol. 21, 1842 (septembre), p. 180-188. Lu le 15 décembre 1841.

[104] « Remarks on the Preceding Paper in a Letter from Charles Darwin, Esq., to Mr. Maclaren », *Edinburgh New Philosophical Journal*, vol. 34, janvier 1843, p. 47-50. [Le texte de Maclaren auquel renvoient ces remarques s'intitule « On Coral Islands and Reefs as Described by Mr. Darwin », *ibid.*, p. 33-47. La lettre de Darwin est également reproduite dans les *Collected Papers of Charles Darwin* (P.H. Barrett, ed.), p. 171-174, ainsi que dans la *Correspondence*, vol. 2, p. 341-344.] En fait, l'histoire de cet échange est plus complexe. Darwin s'intéressait depuis 1839 aux travaux de Maclaren, et leurs relations devinrent plus directes en 1842, lorsque le géologue publia, le 29 octobre et le 9 novembre, une critique des *Coral Reefs* dans un périodique, *The Scotsman*, qu'il avait fondé en 1817. Darwin lui adressa une très longue lettre à ce sujet vers la fin de l'année. Maclaren publia alors une version abrégée de sa critique dans l'*Edinburgh New Philosophical Journal*, à laquelle Darwin répondit (voir ci-dessus). Les deux hommes entretinrent ensuite une relation intercritique de qualité autour de diverses questions géologiques liées au volcanisme ou au transport glaciaire.

[105] « Double Flowers — Their Origin », *Gardeners' Chronicle and Agricultural Gazette*, n° 36, 9 septembre 1843, p. 628. Darwin s'y interroge sur l'action éventuelle d'un changement de conditions sur la formation de fleurs doubles et de variations sensibles des organes floraux chez *Gentiana amarella*.

[106] [Suite et fin de la parution par fascicules de] *The Zoology of the Voyage of H.M.S. Beagle, Under the Command of Captain Fitzroy, During the Years 1832 to 1836. Published with the Approval of the Lords Commissioners of Her Majesty's*

doubles relevait une analogie entre végétaux et animaux – la stérilité liée au changement de conditions de vie –, signe que la réflexion de Darwin sur l'unité du vivant poursuivait sa progression sur une voie qui s'éloignait sensiblement de celle dans laquelle aurait pu l'engager la *Théologie naturelle* de Paley, relue en mai. La nature était un théâtre de variations souverainement imparfaites, puisqu'elle était à chaque instant susceptible de donner vie à des productions hautement défectueuses, mais susceptibles toutefois d'être choisies et entretenues par l'homme pour son propre agrément.

Le travail silencieux de Darwin sur les espèces avançait donc en alternance avec l'achèvement des séries relatives aux apports du voyage. Le volume traitant des îles volcaniques parut en mars 1844[107], et il est certain aujourd'hui que la compréhension de la réalité géologique de ces émersions récentes était un prélude nécessaire et un cadre indispensable aux inductions biogéographiques les plus décisives de Darwin en ce qui concerne la formation de nouvelles espèces, ainsi qu'en témoignent l'épisode des Galápagos et ses conséquences déjà évoquées. La plupart des articles publiés en 1844 attestent encore une sorte de dominance géologique, lors même qu'ils traitent de zoologie[108]. À aucun moment

---

Treasury (Charles Darwin ed.), Part. V, Reptiles [and Amphibia], n° 2 (octobre 1843).

[107] *Geological Observations on the Volcanic Islands Visited During the Voyage of H.M.S. Beagle, Together with Some Brief Notices of the Geology of Australia and the Cape of Good Hope. Being the Second Part of the Geology of the Voyage of the Beagle, Under the Command of Capt. Fitzroy, RN, During the Years 1832 to 1836*, London, Smith Elder and Co, 1844. Le volume comprend un appendice de George Brettingham Sowerby (1788-1854) et une description de Coraux fossiles provenant de la Terre de Van Diemen, par William Lonsdale (1794-1871).

[108] « Observations on the Structure and Propagation of the Genus *Sagitta* », *Annals and Magazine of Natural History*, vol. 13 (janvier), 1844, p. 1-6. [Une traduction française intégrale avec planche figure dans les *Annales des sciences naturelles* (zoologie), vol. I, p. 360-365.]

« On the Origin of Mould » (rectificatif concernant un premier article de 1838), *Gardeners' Chronicle*, n° 14 (6 avril), 1844, p. 218.

« Manures and Steeping Seeds », *Gardeners' Chronicle*, n° 23 (8 juin), 1844, p. 380.

« Variegated Leaves », *Gardeners' Chronicle*, n° 37 (14 septembre), 1844, p. 621.

Darwin n'abandonna l'idée – résultant de sa plus stricte expérience personnelle – que la théorie de la transmutation des espèces ne pouvait être correctement interprétée et transmise sans la maîtrise des habitudes de pensée formées au contact de la géologie.

Dès le mois de février (le 13), il achève son *Essay* de 1844, développement de la première *Esquisse*, mais rédigé cette fois à la manière d'un livre et pourvu d'une division en chapitres qui préfigure nettement celle de *L'Origine*. Un mois auparavant, le 11 janvier, il a éprouvé le besoin d'informer de l'existence de ce travail son ami Hooker dans la dernière partie d'une lettre dont les deux premiers tiers sont consacrés à des considérations naturalistes liées à leurs voyages respectifs :

« En plus de mon intérêt général pour les régions du sud, j'ai été constamment engagé depuis mon retour dans un travail très présomptueux et dont je ne connais personne qui ne le qualifierait de déraisonnable. – J'ai été si frappé de la répartition géographique des organismes des Galápagos, &c., &c., que j'ai résolu de rassembler aveuglément toute sorte de fait pouvant avoir trait de quelque manière à ce que sont les espèces. – J'ai lu des piles de livres d'agriculture et d'horticulture, & je n'ai jamais cessé de rassembler des faits – À la fin des rayons de lumière sont apparus, & je suis presque convaincu (tout à l'opposé de l'opinion qui était la mienne au départ) que les espèces (c'est comme confesser un meurtre) ne sont pas immuables. Le ciel me garde des absurdités lamarckiennes de la "tendance à la progression", des "adaptations dues à la volonté prolongée des animaux", &c. – mais les conclusions auxquelles je suis conduit ne sont pas sensiblement différentes des siennes, bien que les voies du changement le soient du tout au tout – Je pense que j'ai trouvé (voilà ma présomption !) la manière simple dont les espèces deviennent si finement adaptées à

« What is the Action of Common Salt on Carbonate of Lime? », *Gardeners' Chronicle*, n° 37 (14 septembre), 1844, p. 628-629.

« Brief Descriptions of Several Terrestrial *Planariae*, and of Some Remarkable Marine Species, with an Account of Their Habits », *Annals and Magazine of Natural History*, vol. 14 (octobre), 1844, p. 241-251.

des fins diverses. – Vous allez pousser des gémissements, & penser par devers vous "qu'ai-je gaspillé mon temps à écrire à un tel homme". – J'aurais pensé la même chose il y a cinq ans. – Je crains que vous ne gémissiez également de la longueur de cette lettre – excusez-moi : je ne l'ai pas préméditée en commençant. »[109]

Le 5 juillet 1844, Darwin envoie « une esquisse rédigée de la théorie des espèces » à M. Fletcher, maître d'école à Downe, pour qu'il en réalise une copie, et, le même jour, peu confiant dans sa santé précaire, il laisse « des instructions à Emma concernant l'édition et la publication de la théorie des espèces en cas de décès ».[110]

Ma chère Emma,
Je viens d'achever mon esquisse de ma [sic] théorie des espèces. Si, comme je le crois, ma théorie est vraie et si elle est acceptée ne serait-ce que par un seul juge compétent, elle sera un pas considérable en science.

J'écris donc ceci, au cas où je viendrais à mourir subitement, comme ma plus solennelle et ultime requête, que tu considéreras, j'en suis sûr, de même que s'il s'agissait de l'expression légale de ma volonté : c'est de consacrer 400 £ à sa publication et de prendre soin ensuite, personnellement ou par l'entremise de Hensleigh[111], de sa promotion. – Je désire que mon esquisse soit confiée à une personne compétente, que cette somme incitera à prendre soin de son perfectionnement et de son développement. – Je lui fais don de tous mes livres sur l'histoire naturelle qui sont marqués de traits de soulignement, ou comportent des références à la fin des pages, en le priant d'examiner en détail ces passages et de les

---

[109] Lettre à Joseph Dalton Hooker du 11 janvier 1844, écrite de Down. *Correspondence*, vol. 3, p. 2 (nous traduisons). Cet extrait, à l'exception de la dernière phrase, a été auparavant reproduit par Francis Darwin dans *Life and Letters of Charles Darwin*, London, John Murray, 1887, vol. II, p. 23, puis dans *More Letters of Charles Darwin* (avec A.C. Seward), London, John Murray, 1903, vol. I, p. 40.

[110] *Journal* de Darwin, dans *Correspondence*, vol. 3, p. 396.

[111] Hensleigh Wedgwood (1803-1891), cousin de Darwin, devenu son beau-frère lorsque ce dernier eut épousé sa jeune sœur Emma. Hensleigh et Emma étaient les enfants de l'oncle maternel de Darwin, Josiah II Wedgwood, établi à Maer Hall, qui fut l'avocat du départ de Charles sur le *Beagle* auprès de son père, qui s'y était initialement opposé. Hensleigh Wedgwood, juriste et philologue, se fit connaître par quelques ouvrages sur la géométrie euclidienne et surtout par ses travaux sur l'étymologie de la langue anglaise (*A Dictionnary of English Etymology*, London, Trübner and Co., 1859-1865, 3 vol.) et l'origine du langage (*On the Origin of Language*, même éd., 1866).

considérer comme ayant sur ce sujet une portée réelle ou potentielle. – Je désire que tu fasses une liste de ces livres, de manière à tenter un éditeur. Je demande également que tu lui remettes tous ces fragments qui sont grossièrement répartis dans huit ou dix portefeuilles de papier brun : – Les fragments avec des citations recopiées de divers ouvrages sont ceux qui peuvent aider mon éditeur. – Je demande également qu'une aide soit apportée par toi-même (ou quelque secrétaire) au déchiffrage de tous les fragments dont l'éditeur pense qu'ils peuvent être utiles. – Je laisse au jugement de l'éditeur le soin de décider s'il faut insérer ces faits dans le texte, ou sous forme de notes, ou dans des appendices. Comme l'examen attentif des références et des fragments sera un long travail, et comme la *correction*, le développement et les modifications de mon esquisse prendront également un temps considérable, je laisse cette somme de 400 £ à titre de rémunération, et tous les profits qui pourront être tirés de l'ouvrage. – Je considère qu'en échange de cela l'éditeur est engagé à publier l'esquisse, soit dans une maison d'édition, soit à ses propres risques. Beaucoup de ces fragments qui se trouvent dans les portefeuilles ne contiennent que des suggestions brutes et d'anciennes opinions aujourd'hui inutiles, et de nombreux faits seront probablement évacués comme étrangers à ma théorie.

En ce qui concerne les éditeurs. – M. Lyell serait le meilleur s'il voulait l'entreprendre : je crois qu'il trouverait le travail plaisant et qu'il en apprendrait quelques faits nouveaux pour lui. Car l'éditeur doit être géologue aussi bien que naturaliste. Le meilleur éditeur suivant serait le Professeur Forbes de Londres. Le meilleur suivant (et le meilleur absolument à bien des égards) serait le Professeur *Henslow* ??. Le Dr Hooker corrigerait peut-être la partie botanique =il le ferait probablement s'il était l'éditeur=. Le Dr Hooker serait *très* bon. Le suivant, M. Strickland. – Si aucun d'entre eux ne voulait l'entreprendre, je vous demanderais de prendre conseil de M. Lyell, ou de quelque autre homme capable, au sujet d'un éditeur géologue et naturaliste.

Si une centaine de livres supplémentaires faisait la différence pour trouver un bon éditeur, je demande sérieusement que tu enchérisses jusqu'à 500 £.

Le reste de ma collection d'histoire naturelle pourra être confié à toute personne ou à tout musée qui l'acceptera : –

Ma chère femme
   Ton affectionné
   C.R. Darwin

S'il doit y avoir quelque difficulté à obtenir un éditeur qui entre complètement dans le sujet et qui tienne compte de la portée des passages marqués dans les ouvrages et recopiés sur des fragments de papier, alors laisse publier mon esquisse telle qu'elle est, dans l'état où elle a été faite il y a plusieurs années et de mémoire, sans consulter aucun ouvrage et sans l'intention de la publier sous sa forme actuelle –

PS
Lyell, surtout avec l'aide de Hooker (et de quelque bonne assistance zoologique) serait le meilleur de tous.

Il serait inutile de payer une telle somme sans qu'un éditeur s'engageât personnellement à y consacrer tout le temps requis. –[112]

On voit qu'à deux reprises Darwin insiste, dans cette lettre quasi testamentaire de 1844, sur l'obligation pour son futur *editor* (que nous traduisons ici par « éditeur » pour éviter la lourdeur liée à l'expression correcte, qui eût été « responsable de la publication ») de maîtriser en même temps l'histoire naturelle *et la géologie*[113]. Si la première exigence va de soi, la seconde mérite quelques

---

[112] Nous traduisons ici cette lettre qui ne figure dans aucun des deux recueils de correspondance publiés sous l'autorité de Francis Darwin (*The Life and Letters of Charles Darwin*, 1887, et *More Letters of Charles Darwin*, avec A.C. Seward, 1903), et dont on peut lire en revanche le texte anglais dans l'édition moderne de *The Correspondence of Charles Darwin* (Cambridge University Press, vol. 3, 1987, p. 43-44). Francis Darwin en signale cependant l'importance psychologique et morale dans un passage du chapitre III du premier ouvrage : « Il existe une lettre des plus intéressantes, adressée à ma mère, où il lui lègue, en cas de mort, le soin de publier le manuscrit de son premier essai sur l'évolution. La lettre me semble emplie du désir intense de voir réussir sa théorie, mais comme une contribution à la science et non pour atteindre une renommée personnelle » (trad. H.C. de Varigny, 1888). Cette lettre, Francis la publiera en 1909 dans l'Introduction de ses *Foundations of the Origin of Species*.

[113] C'est au sens propre un *alter ego* que cherche Darwin, et la preuve en sera donnée quelques années plus tard dans une lettre de septembre 1849 ou 1850 (*Life and Letters*, II, p. 38-39) adressée à Hooker, celui-là même qu'il finira (en août 1854, dans une note manuscrite ajoutée au verso de la lettre à Emma) par désigner comme le meilleur candidat à sa succession :

« Mon seul réconfort (car j'ai l'intention de m'attaquer au sujet) est que j'ai touché à plusieurs branches de l'Histoire Naturelle, que j'ai vu de bons systématiciens

éclaircissements. Darwin en appelle ici à un géologue de l'école de Lyell – ou à Lyell lui-même – c'est-à-dire à un géologue uniformitariste convaincu de l'existence effective des longues durées dans l'histoire de la Terre, et par conséquent du vivant. Plus profondément, ce que requiert ici Darwin, c'est la *mentalité* propre à la nouvelle géologie – sa *façon de penser* ou sa tournure d'esprit : celle qui s'est affranchie sur un point fondamental du joug paralysant de la théologie dogmatique ; celle qui, par l'observation patiente et rigoureuse des faits, a produit une théorie à la fois parcimonieuse et dotée d'une capacité prédictive, et qui s'est rendue capable d'envisager les équilibres terrestres actuels comme résultant, sur des temps longs, de l'accumulation lente d'actions parfois minimes, mais permanentes, et qui n'ont pas été, dans le passé le plus lointain, différentes de ce qu'elles sont *actuellement*. À la lente accumulation, dans l'actualisme géologique, des petites causes toujours observables correspond en effet dans la théorie darwinienne la lente accumulation sélective de petites variations toujours actuelles dans le réajustement permanent des adaptations face aux déséquilibres et aux écarts fortuits du milieu. La théorie darwinienne en tant que gradualisme part de ce socle continuiste apaisé qui souligne l'évidence d'une activité perpétuelle de la nature, réduite à certains mécanismes identifiables et récurrents qui rendent inutile, à condition d'envisager dans toute son étendue la durée de leur action, le recours à d'hypothétiques cataclysmes dont le caractère « universel » est toujours, pour le moins, indémontrable. La requête de Darwin – alors pleinement conscient des exigences de sa propre théorie – tient en fait à la solidarité qu'il ne peut plus manquer de percevoir entre l'uniformitarisme – ou l'actualisme en général – et le transformisme, ce que rappellera en 1909, dès le deuxième paragraphe de son « Introduction » aux *Foundations*, son fils Francis affirmant que « la doctrine de l'uniformitarisme, si on l'applique à la Biologie, conduit de toute

---

démêler mes espèces, et que j'ai des connaissances en géologie (indispensable conjonction) » (p. 39).

nécessité à l'Évolution »[114]. De fait, une corroboration négative de cette implication avait été depuis longtemps fournie à Darwin par la mise en garde d'Henslow lui remettant à la fin de 1831 le premier volume édité des *Principles of Geology*, et par les remarques adressées juste auparavant à Lyell par Adam Sedgwick – visant à travers lui l'« hypothèse huttonienne » –, dans une longue allocution en forme de bilan de mandat prononcée le 18 février 1831, à l'époque de son retrait de la fonction de président de la *Geological Society*, qu'il occupait depuis 1829[115]. Or c'est en août de cette même année 1831 que le jeune Darwin accompagna Sedgwick dans son exploration géologique du nord du pays de Galles, et c'est six mois plus tard, au début de 1832, à bord du *Beagle* et observant le Cap-Vert, qu'ayant lu Lyell il prit sans hésiter le parti de l'uniformitarisme.

---

[114] Francis Darwin (ed.), *The Foundations of The Origin of Species. Two Essays Written in 1842 and 1844*, Cambridge, Cambridge University Press, 1909, p. XI. On pourra lire la traduction française de ce texte dans notre édition de Charles Darwin, *Première Esquisse au crayon de ma théorie des espèces*, Genève, Slatkine, 2007, p. 27 et suiv. Rappelons que Huxley, dans sa contribution aux *Life and Letters of Charles Darwin* évoquant l'accueil réservé à *L'Origine des espèces*, a expressément déclaré que « l'uniformitarisme suppose l'évolution autant dans le monde organique que dans le monde inorganique ».

[115] « Address to the Geological Society, Delivered on the Evening of the 18th of February 1831, by the Rev. Professor Sedgwick, M.A. F.R.S. &c. On Retiring from the President's Chair », *Proceedings of the Geological Society of London*, t. 1, 1834, p. 281-316. Sedgwick alarmé y souligne les conséquences du continuisme huttonien, et à travers lui de l'uniformitarisme qui s'en inspire : « Je ne veux point, même en imagination, survoler avec vous les formations successives de la terre, ni montrer du doigt leurs distinctions minéralogiques ; mais je vous rappellerai qu'au tout premier pas de notre progrès nous sommes entourés par des formes animales et végétales dont il n'y a aujourd'hui plus de types vivants. Et je demande si dans ces choses nous n'avons pas quelque indication d'un changement et d'un pouvoir d'arrangement qui diffèrent tout à fait de ce que nous entendons ordinairement par les lois de la nature ? Devons-nous dire avec les naturalistes du siècle passé que ce ne sont là que des caprices de la nature ? Ou bien devons-nous adopter les doctrines de la génération spontanée et de la transmutation des espèces, avec toute la série de leurs monstrueuses conséquences ? Ces sujets, en vérité, ne sont toutefois pas abordés par M. Lyell ; et j'émets ces remarques dans la seule intention de montrer à quelles difficultés s'affronte l'hypothèse huttonienne – difficultés qui ne furent de surcroît jamais présentes à l'esprit de son inventeur » (p. 305. Nous traduisons).

L'*Esquisse* ou *Essai de 1844* – que Darwin, doutant de sa longévité mais non de la loyauté d'une épouse demeurée toutefois profondément chrétienne, recommande avec une précision à la fois simple et solennelle aux soins pieux d'Emma – a d'abord formé un manuscrit de 189 pages, qui en donnèrent 231 dans la version copiée par Fletcher. Elle est présentée par Darwin lui-même (*Autobiographie*) comme une version augmentée de l'*Esquisse* de 1842, et elle est datée, pour ce qui est du moment de sa rédaction, de « l'été 1844 ».

Francis Darwin, qui fut longtemps le meilleur connaisseur des manuscrits de son père, n'aura aucune peine à juxtaposer en 1909 les tables des matières des deux « esquisses », à en noter l'absolu parallélisme et à en faire la comparaison avec l'organisation des chapitres de la première édition de *L'Origine des espèces* :

« En augmentant l'Essai de 1842 pour en faire celui de 1844, l'auteur a retenu les sections de l'esquisse pour former les chapitres de la présentation plus complète. Il s'ensuit que ce qui a été dit de la relation entre le premier Essai et l'*Origine* est généralement vrai pour l'*Essai de 1844*. Dans ce dernier, cependant, la discussion géologique est, clairement cette fois et non plus obscurément, divisée en deux chapitres, qui correspondent en gros aux chapitres IX et X de l'*Origine*. Mais une partie du contenu du chapitre X (*Origine*) apparaît dans le chapitre VI (1844) sur la Répartition géographique. Le traitement de la répartition est particulièrement complet et intéressant dans l'*Essai de 1844*, mais l'arrangement du matériel, spécialement l'introduction de la section III, p. 183, entraîne une certaine répétition qui est évitée dans l'*Origine*. On doit noter que l'Hybridisme, qui a un chapitre séparé (VIII) dans l'*Origine*, est traité dans le chapitre II de l'Essai. Enfin que le chapitre XIII (*Origine*) correspond aux chapitres VII, VIII, et IX de l'ouvrage de 1844. »

Le second *Essai* est donc tout à fait normalement l'intermédiaire rédactionnel – encore émaillé de notes simplement juxtaposées à des fins de développement ultérieur – entre la première *Esquisse* et *L'Origine des espèces*. C'est à ce texte de 1844, comme on le verra plus loin, que Darwin empruntera le cœur de ce qu'il considère comme sa théorie lorsqu'il sera question pour lui, en 1858, de prouver son antériorité sur Wallace. Se fiant à une remarque rétrospective de l'*Autobiographie* dans laquelle le naturaliste s'accuse d'avoir négligé en 1844 la tendance des organismes à la divergence de caractère lors des modifications évolutives, quelques commentateurs ont répété inlassablement cette antienne sans lire plus avant le passage de Francis Darwin dans lequel ce dernier, avec un bon sens dont il faut lui savoir gré, relativise grandement ce manque souligné par son père en se référant non à l'*Esquisse* de 1844, mais à celle de 1842 :

« Mais à la page 37, l'auteur n'est pas éloigné de ce point de vue. Voici le passage auquel nous faisons référence : "Si une espèce quelconque *A*, en changeant, acquiert un avantage et que cet avantage ... est héréditaire, *A* engendrera plusieurs genres ou même plusieurs familles dans le dur combat de la nature. *A* continuera d'évincer d'autres formes, il pourrait advenir que *A* peuple <la> terre – il se peut qu'à présent nous n'ayons pas sur notre globe un seul descendant de la création ou des diverses créations originelles". Mais si les descendants de *A* ont peuplé la terre en évinçant d'autres formes, ils ont dû diverger en empruntant les innombrables modes de vie divers dont ils ont expulsé leurs prédécesseurs. Ce que j'ai écrit[116] sur ce sujet en 1887 est vrai, je pense : "La filiation avec modification implique la divergence, et nous sommes si habitués à croire à la filiation, et donc à la divergence, que nous ne remarquons pas qu'il n'y a pas de preuve que la divergence soit en elle-même un avantage". »[117]

---

[116] *Life and Letters*, II, p. 15.
[117] Francis Darwin, « Introduction » aux *Foundations*. Voir notre édition de l'*Esquisse au crayon de ma théorie des espèces*, p. 36. Au chapitre IV de *L'Origine*, Darwin aura recours une fois de plus, pour illustrer le phénomène de divergence, au modèle analogique de la sélection artificielle : « Or, nous pouvons supposer qu'à une époque ancienne les hommes d'une nation ou d'une région avaient besoin de chevaux plus véloces, tandis que ceux d'une autre avaient besoin de chevaux plus robustes et plus trapus. Les différences étaient au début sans doute très légères ; mais, au fil du temps, du fait de la sélection continue de chevaux plus véloces dans un cas, et de chevaux plus robustes dans l'autre, les différences ont dû devenir plus grandes, et être répertoriées comme formant deux sous-races. Enfin, après que des siècles se seront écoulés, ces sous-races se seront converties en deux races bien établies et distinctes ».

Que la divergence évolutive soit la stricte conséquence de la descendance modifiée par le moyen de la sélection naturelle est un fait aussi évident que tout ce qui découle du mécanisme de la variation avantageuse, sélectionnée et transmise produisant, à terme et dans certaines conditions, une espèce nouvelle. Ce que Darwin se reproche en 1876 n'est pas de n'y avoir pas songé, ce qui serait absurde, mais de n'avoir pas suffisamment étudié le *problème* posé par la tendance à la divergence de caractère comme résultat de la sélection, c'est-à-dire comme avantage sélectionné, donc triomphant, et par conséquent soumis à une règle d'amplification que corrobore l'actuelle ramification des groupes naturels. Le fait que la divergence soit « en elle-même un avantage » est prouvé par l'existence même de ces groupes et de leurs divisions. De même la variabilité, liée notamment à l'existence des « grands genres » (comprenant de nombreuses espèces), ou des grandes populations (comprenant de nombreux individus), est en elle-même un avantage, puisque multipliant les chances de variation avantageuse. Le chapitre IV de *L'Origine* consacrera à ce phénomène majeur un développement spécial, qui s'ordonne autour d'un diagramme désormais célèbre que nous nous permettrons d'expliciter :

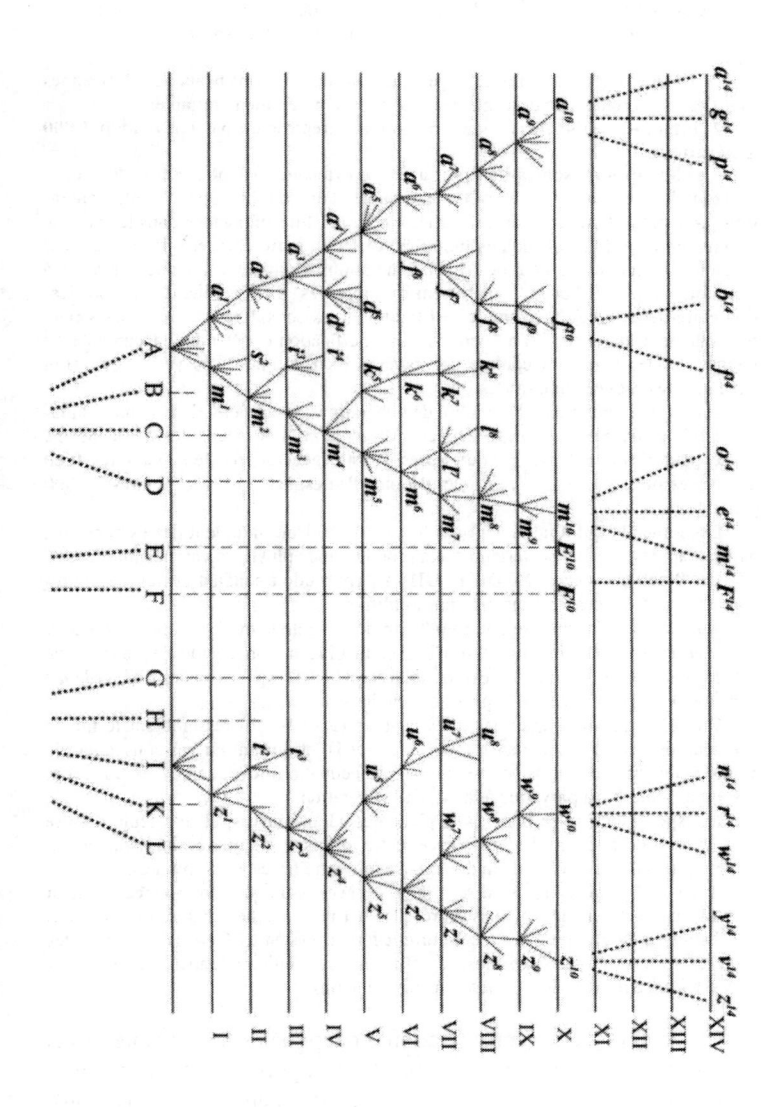

Naître à vingt ans : genèse et jeunesse de L'Origine 107

ABCD EF GHIKL sont les espèces d'un grand Genre dans un pays. Elles sont inégalement semblables entre elles (ce que traduit l'espacement inégal des lettres).
A est une espèce commune, largement répandue, variant beaucoup. Les lignes ramifiées représentent sa descendance, elle aussi éminemment variable.
L'intervalle entre deux lignes horizontales représente par convention **1 000 générations**.
Les lettres minuscules italiques avec un exposant, à l'intersection des lignes horizontales, indiquent des **variétés marquées**. Par exemple, après 1 000 générations, A a produit deux variétés marquées, a^1 et m^1. Plus on avance dans le schéma, et plus les variétés (descendants modifiés) diffèrent entre elles et diffèrent de leur ascendant commun. Au bout de 10 000 générations, l'espèce A a donné naissance à trois formes, a^{10}, f^{10} et m^{10}, hautement différenciées. Si l'étendue de la modification entre deux lignes horizontales est faible, on les considérera comme des **variétés** nettement marquées. Si au contraire la modification est étendue, accumulée ou intense, on les regardera comme des **espèces** bien définies. Les variétés ne sont ainsi que des **espèces naissantes**.
En augmentant encore le nombre de générations, on obtient, dans le haut du tableau (simplifié par Darwin), **8 espèces** (de a^{14} à m^{14}) descendantes de A. Même chose pour l'espèce I, qui produit après 10 000 générations **deux variétés bien marquées ou espèces** (w^{10} et z^{10}), et **6 nouvelles espèces** (n^{14} à z^{14}) après 14 000 générations.
Les rameaux qui n'atteignent pas le haut du tableau indiquent des **extinctions**, parfois rapides, parfois postérieures à la production de plusieurs variétés marquées.
Les 9 autres espèces (**BCD EF GHIKL**) ont produit pendant des durées extrêmement variables des descendants **non modifiés**.
Au total, si l'on suppose une étendue importante de la modification, l'espèce A a été, après 14 000 générations (ou beaucoup plus si l'on décide de donner une valeur plus grande aux intervalles), remplacée par les **8 espèces** issues d'elle (de a^{14} à m^{14}), et l'espèce I par les **6 espèces** qui en dérivent (n^{14} à z^{14}).
On note également que, des deux espèces (**E** et **F**) qui ressemblent le moins aux deux espèces à descendance ramifiée (**A** et **I**), et qui ont eu par conséquent le moins à souffrir de leur concurrence dans l'occupation des localités, et qui n'ont pas varié, seule **F** est parvenue à la 14 000e génération.
15 espèces nouvelles ont pris la place des 11 primitives, et une seule d'entre elles sans modification. La différence entre a^{14} et z^{14} apparaît immédiatement comme plus grande, du fait de la divergence, qu'entre les espèces initiales.
Ainsi les **8 espèces** issus de A et les **6 espèces** issues de I, regroupées en haut du tableau, relativement voisines entre elles à l'intérieur de chaque groupe, mais très distinctes de groupe à groupe, pourront former des **Sous-Genres** ou même des **Genres**, voire des **Sous-Familles**, les espèces intermédiaires entre A et I s'étant toutes, à l'exception de F, éteintes au cours du temps.

La leçon de cette représentation didactique est la suivante : plus une espèce est nombreuse (= plus elle comporte de représentants), et plus elle est variable (= plus elle offre de chances à la variation).

Plus elle est variable, plus elle offre de prise à la sélection naturelle (= plus elle comporte de chances de variations avantageuses), donc à la divergence des caractères. Et plus la divergence est grande, plus s'accroissent les possibilités d'occupation des localités, donc les chances d'extension géographique. La divergence est donc bien *en elle-même* un *avantage*.

Lorsqu'il termine, le 13 février 1844, la rédaction des neuf chapitres de son *Essay*, Darwin n'a pas le sentiment d'avoir achevé un livre suffisant à convaincre. Le texte contient encore des approximations, des manques documentaires, des allusions et appels à des illustrations et à des arguments non encore développés. Mais la théorie y est exposée, et c'est conscient de cela qu'il s'en ouvrira brièvement à un autre témoin potentiel, Leonard Jenyns, le 12 octobre 1844, au fil d'une lettre dans laquelle il se déclare absorbé par sa géologie, habité par la certitude malthusienne de l'élimination périodiquement nécessaire d'un grand nombre d'individus au sein d'une espèce, et par celle du transformisme : « J'ai continué régulièrement à lire & à rassembler des faits sur la variation des plantes et des animaux domestiques, & sur la question de ce que sont les espèces ; j'ai un vaste ensemble de faits & je pense pouvoir en tirer quelques saines conclusions. La conclusion générale à laquelle j'ai été lentement conduit, partant d'une conviction directement opposée, est que les espèces sont mutables & que les espèces proches sont les codescendantes de souches communes. Je sais ce que peut me valoir de reproches une telle conclusion, mais du moins y suis-je parvenu honnêtement & avec réflexion. Je ne publierai pas sur ce sujet avant plusieurs années ».[118]

Ces « années » seront au nombre de quinze si l'on prend comme repère terminal la fin de 1859, moment de la publication de *L'Origine des espèces*.

Elles seront au nombre de douze si l'on considère l'année 1856 comme celle au cours de laquelle Darwin, conscient de la

---

[118] *Correspondence*, vol. 3, p. 67-68. Francis Darwin (*Life and Letters of Charles Darwin*, vol. 2, p. 31) avait assigné cette lettre à l'année 1845, ce qui est probablement une erreur au regard des éléments contextuels évoqués dans son contenu.

concurrence de Wallace, se mettra vraiment à écrire en vue de la publication.

Robert Chambers : *Vestiges et conséquences*

L'année 1844 a vu paraître à Londres, chez John Churchill, un éditeur de Soho d'abord spécialisé dans la médecine, un livre anonyme intitulé *Vestiges of the Natural History of Creation*. L'ouvrage expose, sans préliminaires, une description du développement cosmique global – incluant donc astronomie, cosmogonie, géologie, histoire naturelle et histoire de l'Homme – débarrassée de l'*a priori* théologique des créations spéciales, et assignant les processus de ce développement à des causes secondaires – ces « lois de la matière » ou « lois naturelles » qui, dépendantes certes d'une Cause première, la repoussent toutefois assez efficacement dans l'inconnaissable pour que le champ de la science se trouve *de facto* débarrassé de son intervention[119]. Pour l'auteur, « la première étape dans la création de la vie sur cette planète fut *une opération chimico-électrique, par laquelle furent produites de simples vésicules germinales*[120]. Son « transformisme » (dénommé « *hypothesis of a progression of species* »[121]) est un progressionnisme qui peut évoquer celui que Geoffroy Saint-Hilaire avait opposé à Cuvier une douzaine d'années plus tôt, et qu'il nous a paru naguère pertinent de décrire comme « une embryogenèse étendue à l'échelle du Règne »[122]. Il a lu Buffon sur la variation des espèces

---

[119] *Vestiges*, p. 26 : « Here science leaves us, but only to conclude, from other grounds, that there is a First Cause to which all others are secondary and ministrative, a primitive almighty will, of which these laws are merely the mandates. That great Being, who shall say where is his dwelling-place, or what his history! Man pauses breathless at the contemplation of a subject so much above his finite faculties, and only can wonder and adore! »

[120] *Vestiges*, p. 204-205.

[121] *Vestiges*, p. 221.

[122] P. Tort, *La Querelle des analogues* (Geoffroy Saint-Hilaire / Cuvier), Plan de la Tour, Éditions d'aujourd'hui, 1983, p. 21. « Le "transformisme" de Geoffroy implique, certes, plus qu'il ne la formule, une théorie de la descendance liée à un fort déterminisme du milieu : mais elle est plus une projection des enchaînements embryogénétiques sur l'ensemble du monde organique, assortie d'une théorie des arrêts de développement, qu'une théorie systématisée des dérivations interspécifiques.

domestiques et sur les races humaines, et cite Lamarck avec un mélange d'estime et de déconsidération qui évoque sensiblement la tonalité des critiques déjà secrètement formulées, après Lyell, par Darwin[123]. Outre une forte capacité de synthèse conjecturale, l'ouvrage révèle chez son auteur une connaissance inégale des différents domaines abordés – sa compétence paraissant moins allusive dans le domaine géologique que dans le champ naturaliste, où il s'exposera à de nombreuses et sévères remontrances –, et une information détaillée sur l'état le plus contemporain de la science.

Un "transformationnisme" plutôt qu'un transformisme. » On peut appliquer exactement cette formule à la vision développée par l'auteur des *Vestiges*.

[123] *Vestiges*, p. 230-232 : « Early in this century, M. Lamarck, a naturalist of the highest character, suggested an hypothesis of organic progress which deservedly incurred much ridicule, although it contained a glimmer of the truth. He surmised, and endeavoured, with a great deal of ingenuity, to prove, that one being advanced in the course of generations to another, in consequence merely of its experience of wants calling for the exercise of its faculties in a particular direction, by which exercise new developments of organs took place, ending in variations sufficient to constitute a new species. Thus he thought that a bird would be driven by necessity to seek its food in the water, and that, in its efforts to swim, the outstretching of its claws would lead to the expansion of the intermediate membranes, and it would thus become web-footed. Now it is possible that wants and the exercise of faculties have entered in some manner into the production of the phenomena which we have been considering; but certainly not in the way suggested by Lamarck, whose whole notion is obviously so inadequate to account for the rise of the organic kingdoms, that we only can place it with pity among the follies of the wise. Had the laws of organic development been known in his time, his theory might have been of a more imposing kind. It is upon these that the present hypothesis is mainly founded. I take existing natural means, and shew them to have been capable of producing all the existing organisms, with the simple and easily conceivable aid of a higher generative law, which we perhaps still see operating upon a limited scale. I also go beyond the French philosopher to a very important point, the original Divine conception of all the forms of being which these natural laws were only instruments in working out and realizing. The actuality of such a conception I hold to be strikingly demonstrated by the discoveries of Macleay, Vigors, and Swainson, with respect to the affinities and analogies of animal (and by implication vegetable) organisms. Such a regularity in the *structure*, as we may call it, of the *classification of animals*, as is shewn in their systems, is totally irreconcilable with the idea of form going on to form merely as needs and wishes in the animals themselves dictated. Had such been the case, all would have been irregular, as things arbitrary necessarily are. But, lo, the whole plan of being is as symmetrical as the plan of a house, or the laying out of an old-fashioned garden! This must needs have been devised and arranged for beforehand. »

Il cite, entre autres, William et John Herschel, Charles Babbage, Lyell ; mais aussi Darwin lui-même, sur l'iguane marin des Galápagos[124] – ce qui indique qu'il a lu la première édition de son *Journal* de voyage (1839) ou la partie de la *Zoology* du *Beagle* consacrée aux Reptiles, publiée en octobre 1843 – ainsi que sur la matière corallienne recyclée à travers l'estomac des vers et des poissons[125] – ce qui atteste une connaissance détaillée de l'ouvrage de 1842 sur les récifs[126], mais tout aussi bien certains articles précoces annonçant, entre 1840 et 1844, les thèses de *La Formation de la terre végétale*. Les correspondances thématiques et les références communes entre Chambers et Darwin sont parfois assez troublantes dans leur précision pour que l'on se satisfasse de les attribuer à l'air du temps. Son intérêt pour le transport des blocs erratiques par les glaciers ou les icebergs ne saurait être dissocié des études que Darwin leur a consacrées en 1841[127] et 1842[128]. Son évocation de la sélection artificielle, à partir d'une variation favorable à l'élevage, de moutons à pattes torses empêchant ces animaux de franchir les clôtures[129], immédiatement suivie de la description d'un cas singulier d'excroissances cutanées héréditaires au sein de la famille Lambert[130], ne peut être par ailleurs sans rapport avec ce que Darwin développera sur ces cas précis dans *La Variation*, et démontre que s'il y eut bien, dans cet « étrange ouvrage », emprunt à Darwin de contenus géologiques et naturalistes, il y eut réciproquement emprunt par Darwin de thèmes et d'illustrations

---

[124] *Vestiges*, p. 98.

[125] *Ibid.*, p. 118.

[126] C. Darwin, 1842, p. 14.

[127] C. Darwin, « On the Distribution of the Erratic Boulders and on the Contemporaneous Unstratified Deposits of South America », *Proceedings of the Geological Society*, vol. 3, 1841, p. 425-430. Lu le 4 mai. [Comprend 4 parties : 1. Boulder Formation in the Valley of the Santa Cruz ; 2. Tierra del Fuego and the Strait of Magellan ; 3. Island of Chiloe ; 4. Remarks on the Glaciers of Tierra del Fuego, and on the Transportal of Boulders.]

[128] C. Darwin, « On the Distribution of the Erratic Boulders and on the Contemporaneous Unstratified Deposits of South America », *Transactions of the Geological Society*, vol. 6, 1842, p. 415-431. Lu le 14 avril.

[129] *Vestiges*, p. 282.

[130] C. Darwin, *La Variation des animaux et des plantes à l'état domestique*, chap. XII et XIV.

multiples à l'auteur des *Vestiges*. Ce dernier adhère par ailleurs au système classificatoire quinaire de Macleay[131] – auquel Darwin témoigna un certain intérêt avant de le rejeter comme théologique, arbitraire et contraire à sa propre théorie –, ce qui entre en assonance avec des convictions physico-théologiques providentialistes que l'ouvrage anonyme affiche avec une insistance destinée sans doute à compenser une grande mesure d'hétérodoxie[132]. La conception générale de l'auteur est celle d'un progrès général de la « création organique » par complexification graduelle, accordée à celui des conditions physiques, et conduisant de ses vestiges fossiles les plus simples jusqu'à ses manifestations actuelles les plus élevées, ces dernières culminant avec l'homme, et plus spécialement, à travers certaines gradations, au type caucasien[133]. Le modèle du développement qui produit cette échelle de complexité est clairement embryologique, et présente la physionomie de ce qui sera systématisé plus tard chez Haeckel sous l'expression de « loi biogénétique fondamentale ».[134]

De toute évidence, l'ouvrage anonyme, qui connut un succès proportionné à sa capacité de scandale, s'inscrit dans une lignée

---

[131] Sur le « quinarisme » de Macleay et Swainson, voir plus loin, p. 138, note 190.

[132] *Vestiges*, p. 324 : « It has been one of the most agreeable tasks of modern science to trace the wonderfully exact adaptations of the organization of animals to the physical circumstances amidst which they are destined to live. From the mandibles of insects to the hand of man, all is seen to be in the most harmonious relation to the things of the outward world, thus clearly proving that *design* presided in the creation of the whole-design again implying a designer, another word for a CREATOR.

It would be tiresome to present in this place even a selection of the proofs which have been adduced on this point. The Natural Theology of Paley, and the Bridgewater Treatises, place the subject in so clear a light, that the general postulate may be taken for granted. The physical constitution of animals is, then, to be regarded as in the nicest congruity and adaptation to the external world ».

[133] *Vestiges*, p. 199 : « ... the adult Caucasian, the highest point yet attained in the animal scale ».

[134] *Vestiges*, p. 306 : « We have already seen that various leading animal forms represent stages in the embryotic progress of the highest -the human being. Our brain goes through the various stages of a fish's, a reptile's, and a mammifer's brain, and finally becomes human. There is more than this, for, after completing the animal transformations, it passes through the characters in which it appears, in the Negro, Malay, American, and Mongolian nations, and finally is Caucasian ».

d'ouvrages spéculatifs marqués par une volonté de systématisation héritée des Lumières, et à ce titre s'apparente à ce que purent produire en leur temps Benoît de Maillet (1656-1738), Erasmus Darwin (1731-1802) – dont on a souvent souligné la précursion par rapport à Lamarck[135] – et Jean-Baptiste Robinet (1735-1820), lesquels toutefois n'y sont cités nulle part. En même temps, l'auteur souscrit aux propositions d'une théologie naturelle qui a abandonné le dogme des créations spéciales pour celui du dessein intelligent s'exprimant à travers les lois naturelles. Face à ce tableau complexe, la réaction de Darwin sera comme d'habitude ambivalente. D'une part il choisira le camp de la rigueur naturaliste, méfiante par tradition envers toute hypertrophie de l'esprit de système lorsqu'elle s'accompagne d'un déficit relatif des « preuves » factuelles et d'une collection d'erreurs. D'autre part il ne pourra manquer d'être attentif à un effort théorique non orthodoxe qui est aussi le sien, et empruntera à l'auteur une liste de thèmes ainsi que les illustrations qui lui paraîtront les plus ajustées, et dont il recherchera les sources afin de les réinterpréter pour son propre compte[136]. Une chose est certaine : malgré le dédain qu'inspiraient à Darwin les erreurs et les approximations zoologiques de l'ouvrage incriminé, il y eut un échange, fait d'emprunts réciproques, entre Darwin et le mystérieux auteur des *Vestiges*, et les quelques indices précédemment relevés de cette relation précoce – ils sont en réalité beaucoup plus nombreux – expliquent largement le fait que l'on ait pu pendant un certain temps attribuer les *Vestiges* à Darwin lui-même.

---

[135] C'est, en particulier, Huxley qui énoncera le jugement global qui sera le plus souvent repris dans la suite au sujet d'Erasmus Darwin et de Lamarck envisagés comme « précurseurs » de la théorie darwinienne : « Erasmus Darwin, le premier, promulgua les conceptions fondamentales de Lamarck, et, avec une plus grande consistance logique, il les appliqua aux plantes. Mais les avocats de ses mérites échouèrent à montrer qu'il ait anticipé en quoi que ce fût l'idée centrale de *L'Origine des espèces* » (« On the Reception of the 'Origin of Species', by Professor Huxley, *in* Francis Darwin, ed., *The Life and Letters of Charles Darwin, Including an Autobiographical Chapter*. London, John Murray, vol. 2, 1887, chap. V, p. 189, note).

[136] Une confirmation en est donnée par Francis Darwin dans une note de *Life and Letters of Charles Darwin* (vol. I, p. 333), laquelle décrit l'exemplaire de son père comme portant les marques indéniables d'une lecture soigneuse, matérialisée, à la fin du volume, par la liste épinglée des passages qu'il y avait relevés.

L'historiographie darwinienne, reconstituée principalement à partir de la correspondance, nous renseigne indirectement sur le rôle qu'a pu jouer, à partir de la fin de l'année 1844, l'analyse des *Vestiges* et de leur retentissement dans l'opinion savante chez l'auteur de *L'Origine des espèces*.

À Hooker qui, dans une lettre du 30 décembre 1844, lui déclarait avoir pris plaisir à la lecture des *Vestiges* sans partager la moindre de leurs conclusions[137], Darwin répond le 7 janvier 1845 qu'il a également lu ce livre sans trouver toutefois à s'y amuser autant, sa géologie étant mauvaise, et sa zoologie pire encore[138]. À Fox, il apprend le 24 avril que « l'étrange livre, peu philosophique, mais excellemment écrit, les *Vestiges*, qui a fait parler plus que tout autre ouvrage récent », lui a été attribué par certains, ce dont il se dit « très flatté et très peu flatté »[139]. Le 28 avril, il apprend de Hooker qu'un pasteur de Liverpool, après avoir lu les *Vestiges*, a lancé auprès de tous les géologues un appel à contributions destiné à en réfuter les thèses, et a publié l'ensemble des réponses[140]. Adam Sedgwick s'étant chargé d'une critique passablement éreintante de l'ouvrage dans l'*Edinburgh Review*[141], Darwin confie à Lyell, dans une lettre du 8 octobre, que certains de ses passages « sentent le dogmatisme de la chaire ecclésiastique plutôt que la philosophie de la chaire professorale ». « Néanmoins », ajoute-t-il, « c'est une grande pièce d'argumentation contre la mutabilité des espèces ; & je l'ai lue avec crainte et tremblement, mais j'ai eu plaisir à constater que je n'avais négligé aucun des arguments, bien qu'ils m'aient paru aussi fades qu'un lait coupé d'eau »[142]. Le 28 du même mois, il évoque au détour d'une lettre à

---

[137] *Correspondence*, vol. 3, p. 103.
[138] *Ibid.*, p. 108.
[139] *Ibid.*, p. 181.
[140] *Ibid.*, p. 184. En fait ce « pasteur » était un avocat protestant nommé Samuel Richard Bosanquet (1800-1882). Il publia effectivement *"Vestiges of the Natural History of Creation": its Argument Examined and Exposed*, London, J. Hatchard & son, 1845.
[141] A. Sedgwick, « Vestiges of the Natural History of Creation », *Edinburgh Review*, 82, juillet 1845, p. 1-85.
[142] *Correspondence*, vol. 3, p. 258.

Hooker le « pauvre M. Vestiges »[143], ce qui peut passer pour un compromis entre une condescendance mandarinale convenue et la compassion envers un penseur progressiste maltraité pour de mauvaises raisons. On comprend dès lors l'ambivalence des propos de Darwin : s'adressant à ses pairs, il ne saurait se montrer indifférent à la qualité scientifique approximative de l'ouvrage, plus digne d'un publiciste que d'un savant. En outre, Darwin, en possession de sa théorie déjà plus que sommairement exposée dans sa seconde *Esquisse*, tend naturellement à se montrer particulièrement sévère envers tout essai d'argumentation du transformisme qui, critiquant Lamarck – ce qu'avait fait éminemment Lyell en 1832, et ce qu'il fit lui-même à sa suite –, ne le dépasse nullement sur le plan de l'explication des mécanismes gouvernant la transformation des organismes. Ce qui, comme une faute contre la méthode, gêne profondément Darwin dans les *Vestiges*, c'est le mélange impur entre une exploration résolue de la causalité immanente et l'invocation, à la fois initiale et ultime, de la Cause première souverainement intelligente dans laquelle on ne peut manquer de voir également celle qui intervient au cœur des processus pour fournir les « impulsions » mystérieuses qui déterminent le passage d'un état de l'être à un autre – de l'inerte au vivant ou du matériel au spirituel. Mais il reste que l'ouvrage soutient un point de vue transformiste, et cela fait que Darwin doit malgré tout, dans son souci permanent de justice, signifier qu'il n'accorde, face au droit que revendique ce point de vue de s'exposer comme alternative naturaliste, aucun crédit au dogmatisme non plus qu'à l'invective des prédicateurs.

Dans le courant du mois de décembre 1845[144], le mystérieux auteur des *Vestiges* publie, chez le même éditeur, un livre de près de deux cents pages destiné à prolonger sa réflexion à travers des compléments explicatifs suscités par les critiques parfois virulentes – en particulier celles de Sedgwick – auxquelles le premier ouvrage

---

[143] *Ibid.*, p. 261.
[144] *Cf.* James A. Secord, *Victorian Sensation. The Extraordinary Publication, Reception, and Secret Authorship of* 'Vestiges of the Natural History of Creation', University of Chicago Press, 2000, p. 131.

a donné lieu. Ces *Explanations*[145] n'échapperont pas à la vigilance de Darwin – d'autant qu'il s'y trouve élogieusement cité –, non plus qu'à celle de Hooker. Les deux amis paraissent avoir en effet deviné dès ce moment l'identité de celui qui s'est dissimulé sous l'anonymat jusqu'au milieu des années 1880[146]. À la fin d'une longue lettre adressée à Darwin le 1er février 1846, Hooker, souhaitant apparemment clore un message nourri d'information scientifique par une note d'humour, raconte que sa description du Chou de Kerguelen – en fait un extrait de sa *Flora antarctica*, alors en cours de parution – a été publiée – et annotée d'une manière particulièrement grotesque – dans le *Journal* de Chambers[147]. « Ils concluent », raconte Hooker, « avec un tantinet d'apitoiement à mon ignorance en supposant qu'il ne peut y avoir raisonnablement aucun mystère autour de son origine ou de celle de toute autre plante, étant hors de doute qu'il ne s'agit là que d'un état de l'une des algues de la côte ! – Voilà, furieusement, du Développement progressif, ou plutôt du Développement *per Saltum* »[148]. L'allusion à la thèse centrale des *Vestiges* paraît claire. Quelques jours plus tard, le 6 février, Darwin lit les *Explanations* de l'auteur des *Vestiges*, puis, le 10, il écrit à Hooker, à la fin d'une lettre où domine la géographie botanique : « J'ai été amusé par Chambers V. Hooker sur le Chou de K. Je vois dans les *Explanations* (dont l'esprit, mais non les faits, devrait scandaliser Sedgwick) que Vestiges considère que tous les animaux & plantes terrestres proviennent de formes marines ; ce avec quoi Chambers est parfaitement d'accord. Avez-vous entendu Forbes, lorsqu'il était ici, montrer d'une manière assez

---

[145] *Explanations: A Sequel to "Vestiges of the Natural History of Creation". By the Author of that Work*, London, John Churchill, 1845.
[146] En fait, jusqu'en 1884, date de la douzième édition du célèbre ouvrage, qui comporte une introduction d'Alexander Ireland révélant l'identité de l'auteur, mort en 1871.
[147] L'éditeur écossais William Chambers avait en effet fondé en 1832 un magazine hebdomadaire, le *Chambers' Edinburgh Journal*, auquel son frère Robert participa, d'abord comme auteur, puis comme éditeur associé – d'où une modification du titre de la publication en *Chambers's Edinburgh Journal*. Historien de l'Écosse, Robert Chambers était également géologue et membre de la *Geological Society*.
[148] *Correspondence*, vol. 3, p. 283-284.

curieuse (à partir d'une similarité dans l'erreur) que Chambers devait être l'auteur des *Vestiges* : votre cas me frappe comme une sorte de confirmation – ».[149]

Darwin rencontrera pour la première fois Robert Chambers au début du mois de mars 1847, et leur entretien portera sur des questions géologiques[150]. Le 18 avril, il écrit à Hooker qu'il a fait la connaissance de Chambers, qu'il vient de recevoir la 6e édition des *Vestiges*, et qu'il est désormais convaincu qu'il en est l'auteur[151]. Il éprouvera toujours pour lui un mélange d'estime, de sympathie et de sévérité, sans qu'il lui soit toujours possible d'expliciter les raisons de cette ambivalence, dont on reconnaîtra cependant qu'elle ressemble à celle de ses sentiments pour son aïeul Erasmus et pour Lamarck.

Le « secret » de l'identité de l'auteur des *Vestiges* n'aura donc pas résisté longtemps à la perspicacité du milieu des naturalistes et des géologues. On comprend beaucoup mieux à présent la prudence de Darwin, qui, pour avoir lui-même contribué très tôt à percer ce genre de « mystère », saura mieux que tout autre que l'anonymat ne dure jamais très longtemps – à supposer qu'il ait jamais envisagé cette solution, qui lui déplaisait, pour se protéger des mauvaises conséquences qu'il imaginait, par une inévitable analogie, devoir être celles de la publication de ses propres thèses.

Une hardiesse théorique confinant à la provocation ne saurait être autre chose qu'un fléau pour son auteur si elle ne s'assortit pas d'un choix considérable d'attestations factuelles et expérimentales. Telle est la leçon tirée par Darwin du curieux précédent de Chambers, dont le nom, accompagné toutefois de quelques réserves, sera

---

[149] *Ibid.*, p. 289.

[150] *Cf.* la lettre à Chambers du 28 février 1847, fixant ce rendez-vous (*Correspondence*, vol. 4, p. 19), et la lettre à Lyell du 7 mars suivant, dans laquelle Darwin, après la rencontre, se plaint du manque d'attention de Chambers dans la lecture de son travail sur les « Routes parallèles de Glen Roy » (1839), dont il continue quant à lui de défendre la thèse centrale (celle de leur origine marine) tout en commençant à être ébranlé par les arguments adverses (en faveur de leur origine glaciaire). Une correspondance suivra en septembre 1847, et un emprunt de Chambers à Darwin en 1848, malheureusement non assorti des remerciements d'usage, manquera, l'année suivante, de compromettre les relations des deux hommes.

[151] Lettre à Hooker du 18 avril 1847, *Correspondence*, vol. 4, p. 36.

ajouté par lui, en 1861, à la liste de ses prédécesseurs[152]. C'est en partie pourquoi les années qui s'écoulent entre 1844 – date de la seconde *Esquisse* de Darwin et de la parution des *Vestiges* de Chambers –, et la fin de 1859 – date de la parution de *L'Origine* –, seront essentiellement consacrées à la consolidation *naturaliste* de la théorie.

Quinze années de consolidation

N'était la déception et le regret liés à son erreur au sujet de l'origine des terrasses de Glen Roy, Darwin poursuit sans encombres majeurs son œuvre géologique : commencées en 1842 avec la monographie sur les récifs coralliens, les grandes synthèses

---

[152] *Cf.* C. Darwin, *On the Origin of Species*, 3ᵉ éd., 1861, « Historical Sketch » : « Les *Vestiges de la Création* [*Vestiges of Creation*] parurent en 1844. Dans la dixième édition (1853), fort améliorée, l'auteur anonyme dit (p. 155) : "La proposition pour laquelle on s'est déterminé, après l'avoir longuement considérée, est que les diverses séries d'êtres animés, depuis le plus simple et plus ancien jusqu'au plus élevé et plus récent, sont, sous la providence de Dieu, les résultats, *premièrement*, d'une impulsion qui a été transmise aux formes de vie, et les fait avancer par génération, en des temps définis, à travers des degrés d'organisation qui s'achèvent dans les dicotylédones et les vertébrés les plus élevés – degrés peu nombreux, et généralement marqués par des intervalles de caractère organique, ce qui donne lieu à une difficulté pratique dans l'établissement des affinités ; *deuxièmement*, d'une autre impulsion liée aux forces vitales, qui tend, au fil des générations, à modifier les structures organiques en les accordant aux circonstances extérieures, telles que la nourriture, la nature de l'habitat et les influences atmosphériques, cela constituant les 'adaptations' du théologien naturel". L'auteur croit apparemment que l'organisation progresse par sauts brusques, mais que les effets produits par les conditions de vie sont graduels. Il soutient avec beaucoup de force, en se fondant sur des raisons générales, que les espèces ne sont pas des productions immuables. Mais je ne vois pas comment les deux "impulsions" supposées rendent compte en un sens scientifique des co-adaptations nombreuses et belles que nous voyons dans toute la nature ; je ne vois pas que de la sorte nous gagnions quoi que ce soit dans la compréhension de la façon dont, par exemple, le pic s'est adapté à ses habitudes de vie particulières. L'ouvrage, en raison de la puissance et du brillant de son style, et bien qu'il ait manifesté dans les premières éditions fort peu de connaissances précises ainsi qu'un grand manque de prudence scientifique, connut immédiatement une très large circulation. À mon avis, il a rendu un excellent service en attirant dans ce pays l'attention sur le sujet, en écartant les préjugés, et en préparant ainsi le terrain à la réception de vues analogues ».

adossées au Voyage verront le jour en 1844[153], 1846[154] et 1851[155], date à laquelle, consécutivement à un travail dont les premières traces publiées remontent à 1849[156], commence la publication de la quadruple monographie des Cirripèdes.[157]

Il est hors de doute qu'après avoir attaché son nom à une réalité géologique importante dont il a produit une théorie largement et durablement acceptée – celle de la formation des récifs coralliens –, et ayant ainsi obtenu son brevet de géologue, Darwin dut souhaiter remporter un succès comparable dans le domaine zoologique. Asseoir définitivement son autorité en ce domaine était probablement dans son esprit une chance supplémentaire qu'il donnait à la réception de sa théorie dans le milieu des naturalistes. Le succès du *Journal* de voyage l'avait conduit à l'édition populaire de 1845,

---

[153] C. Darwin, *Geological Observations on the Volcanic Islands Visited During the Voyage of H.M. S. Beagle, Together with Some Brief Notices of the Geology of Australia and the Cape of Good Hope. Being the Second Part of the Geology of the Voyage of the Beagle, Under the Command of Capt. Fitzroy, RN, During the Years 1832 to 1836*, London, Smith Elder and Co, 1844.

[154] C. Darwin, *Geological Observations on South America. Being the Third Part of the Geology of the Voyage of the Beagle, Under the Command of Capt. Fitzroy, RN, During the Years 1832 to 1836*, London, Smith Elder and Co, 1844. Avec un Appendice comprenant la description de coquilles fossiles tertiaires d'Amérique du Sud, par George Brettingham Sowerby, et celle de fossiles secondaires du même sous-continent, par Edward Forbes.

[155] C. Darwin, *Geological Observations on Coral Reefs, Volcanic Islands, and on South America...*, London, Smith, Elder and Co., 1851. Cette édition rassemble les ouvrages de 1842, 1844 et 1846, et constitue l'ensemble de la *Geology* du *Beagle*.

[156] [Remarques de Darwin sur les Cirripèdes, à propos d'un rapport d'Albany Hancock, « On the Occurrence on the British Coast of a Burrowing Barnacle, Being a Type of a New Order of the Class Cirripedia », présenté au cours de la même année lors de la 19ᵉ réunion de la *British Association for the Advancement of Science* dans la Section d'Histoire naturelle], *Athenæum*, n° 1143, p. 966. [Interventions de Darwin, Milne-Edwards, Allman, Jeffreys et MacDonald.]

[157] C. Darwin, *A Monograph on the Sub-Class Cirripedia, with Figures or all the Species*. Vol. I, *The Lepadidæ: or, pedunculated Cirripedes of Great Britain*, London, The Ray Society, 1851.

ID., *A Monograph on the Fossil Lepadidæ, or Pedunculated Cirripedes of Great Britain*, London, Palæontographical Society, 1851.

ID., *A Monograph on the Sub-Class Cirripedia [...]*. Vol. II, *The Balanidæ (or Sessile Cirripedes); The Verrucidæ, etc.*, London, The Ray Society, 1854.

ID., *A Monograph on the Fossil Balanidæ and Verrucidæ of Great Britain*, London, Palæontographical Society, 1854 (l'index final sera daté de 1858).

qui par rapport à celle de 1839 intégrait les acquis des expertises zoologiques et réinterprétait, sans théorisation expresse, certains éléments à la lumière de la doctrine élaborée et ordonnée entre 1838 et 1844 au cours du processus qui le conduisit au manuscrit rédigé du second *Essay*. Même si elle fut, à l'origine, sinon un ouvrage de commande, tout au moins une synthèse issue d'une suggestion institutionnelle[158], l'immense et méticuleuse monographie sur les Cirripèdes, manifestant la constante compulsion d'exhaustivité de son auteur et, plus secrètement, le désir d'argumenter sa théorie dans le plus fin détail, bénéficiera des mêmes apports et les intégrera subrepticement à sa substance, incluant ainsi les ferments d'une révolution doctrinale dans la matière savante et sous la forme respectée d'une somme académique.

Le travail sur les Cirripèdes commença, suivant l'indication qu'en donne Darwin lui-même dans son *Autobiographie*, en octobre 1846. Mais c'est bien plus tôt, en janvier 1835 que se produisit l'événement qui le conduisit à entreprendre cette longue recherche : alors que, sur le chemin du retour, le *Beagle* explorait les côtes du Chili, Darwin découvrit, dans l'archipel des Chonos, un spécimen surprenant appartenant à ce groupe. Darwin l'évoque pour la première fois dans une lettre à Henslow comme « un genre dans la famille des Balanidés, qui n'a pas de véritable coque, mais vit dans de minuscules cavités sur les coquilles du concholepas »[159].

---

[158] La suggestion en fut faite à Darwin, ainsi qu'il le rappelle en tête de la préface du 1er volume, par John Edward Gray (1800-1875), qui était alors (depuis 1840) conservateur des collections zoologiques au *British Museum*, et qui mit ses ressources à sa disposition, comme le firent également de nombreux collectionneurs. Manifestant une réaction qu'engendra souvent la nouveauté de la théorie de Darwin, J.E. Gray, d'abord amical et adjuvant à son égard, devint pour lui un adversaire à partir de décembre 1859, une fois parcouru *De l'Origine des espèces* (voir la lettre de Darwin à Hooker du 14 décembre 1859), lui reprochant le simple plagiat de la doctrine de Lamarck, auparavant combattue par tous ses partisans du moment, et en particulier par Lyell.

[159] « Extracts from Letters addressed to Professor Henslow », Cambridge (University Press), for the Cambridge Philosophical Society, 1835, 31 p., p. 22. [Le recueil porte en tête la mention « For Private Distribution », accompagnée de l'indication suivante : « The following pages contain Extracts from Letters addressed to Professor Henslow by C. Darwin, Esq. They are printed for distribution among the Members of the Cambridge Philosophical Society, in consequence of the

D'abord nommé *Arthrobalanus*, ce curieux organisme deviendra ensuite le *Cryptophialus minutus* longuement décrit en 1854[160]. Il est probable que le goût déjà ancien de Darwin pour la zoologie marine – développé grâce à Grant pendant son séjour à Édimbourg – l'ait porté à souhaiter se réserver le secteur des Invertébrés marins. Devant cet organisme minuscule dont la femelle mène manifestement une vie commensale en s'incrustant profondément, par excavation, dans l'épaisseur calcaire de la coquille de ces palourdes géantes que sont les *Concholepas*, Darwin éprouve d'abord l'attrait que ressent tout naturaliste pour une forme inconnue qu'il est le premier à observer et à décrire. Cette nouveauté, qui écarte sensiblement cet organisme des caractéristiques de la plupart des représentants de son groupe, va jusqu'à requérir un classement spécial – « I had to form a new sub-order for its sole reception », écrit Darwin. Il commence par l'examiner et le décrire minutieusement dans ses notes zoologiques, ébauchant un travail de dissection et de représentation graphique pour l'approfondissement duquel il aura recours, à partir de 1846, à l'aide instruite de Hooker, habitué aux micro-dissections et descriptions végétales, et faisant appel aux soins ultimes d'un artiste. On en mesurera la difficulté en rappelant que l'animal n'a, dans

---

interest which has been excited by some of the Geological notices which they contain, and which were read at a Meeting of the Society on the 16th of November 1835 ».] Les quelques lignes d'avant-propos, comprenant l'indication qui vient d'être donnée, sont datées du 1er décembre 1835, ce qui autorise à penser que le texte fit l'objet de cette publication restreinte dans le courant du même mois. La lecture fut faite en l'absence de Darwin, et commentée par John Stevens Henslow et Adam Sedgwick. Ces extraits ont été reproduits en fac-similé à Cambridge (University Press) en 1960. Les lettres de Darwin à Henslow ont été publiées *in extenso* dans l'ouvrage de Nora Barlow *Darwin and Henslow. The Growth of an Idea. Letters 1831-1860*, London, Bentham-Moxon Trust, John Murray, 1967. Le recueil de 1835 comprend des extraits de dix lettres, toutes écrites en Amérique du Sud entre le 18 mai 1832 (Rio de Janeiro) et le 18 avril 1835 (Valparaiso). Leur contenu est entièrement zoologique et géologique.

L'animal hôte nommé par Darwin est le *Concholepas concholepas*, mollusque gastéropode marin de la famille des Muricidés, abondant sur les côtes du Chili et du sud du Pérou (*Concholepas peruviana* de Lamarck).

[160] C. Darwin, *A Monograph on the Sub-Class Cirripedia, with Figures of all the Species. The Balanidæ, (or Sessile Cirripedes); The Verrucidæ, etc.*, London, The Ray Society, vol. 2, 1854, p. 566-586.

ses plus grandes dimensions mesurées, qu'un peu moins de deux millimètres et demi de diamètre, requérant évidemment pour son examen l'usage continu de la loupe et du microscope. Ce Balanidé, « le plus petit cirripède connu », précisera d'emblée Darwin dans sa monographie de 1854[161], et dont le mode de vie parasitaire se rapproche de celui de l'Alcippe (classé par Darwin dans la famille des Lépadidés ou Cirripèdes pédonculés), qui vit sur la coquille du *Buccinum*, formera l'unique genre et l'unique espèce d'un nouvel ordre, les *Abdominalia*[162]. Comme il va de soi, la découverte d'un spécimen « aberrant », assorti de surcroît d'un microscopique mâle « complémentaire » logé sur son manteau, conduit à sa comparaison minutieuse avec les spécimens plus proches de ce que l'on croit être la norme du groupe. Darwin suivra scrupuleusement cette démarche, comme il le confirme dans son *Autobiographie*, reconnaissant avec son habituelle autodérision la force qui le pousse irrémédiablement vers les synthèses exhaustives : « Afin de comprendre la structure de mon nouveau Cirripède, j'ai dû examiner et disséquer un grand nombre de formes communes : et cela me conduisit peu à peu à embrasser l'ensemble du groupe. Je travaillai régulièrement sur le sujet pendant les huit années qui suivirent, et je publiai à la fin deux épais volumes décrivant toutes les espèces vivantes connues, et deux légers *in-quarto* sur les espèces éteintes. Je ne doute pas que *Sir* E. Lytton Bulwer ne m'ait eu en tête en introduisant dans l'un de ses romans un certain Professeur Long, qui avait écrit deux énormes volumes sur les Arapèdes ».[163]

Le jugement prononcé par Darwin sur ce travail qui, une fois soustrait le temps occupé par la maladie, représente selon lui six années pleines, s'achève dans l'*Autobiographie* par une question à laquelle on peut espérer aujourd'hui répondre :

---

[161] *Ibid.*, p. 566.
[162] On parle aujourd'hui de Cirripèdes acrothoraciques (*Acrothoracica*).
[163] *Autobiography*, éd. Barlow, p. 117. Le roman en question s'intitule *What will he do with it?*, et a été publié par Edward George Earle Bulwer Lytton en 4 volumes à Édimbourg, chez William Blackwood, sous le pseudonyme de Pisistratus Caxton, en 1859. Les pages concernant le professeur Long (Darwin) sont dans le volume 1, p. 284-296.

« Mon travail sur les Cirripèdes possède, je pense, une considérable valeur, car en plus de décrire plusieurs formes nouvelles et remarquables, j'ai relevé les homologies des différentes parties – j'ai découvert l'appareil de cémentation, bien que je me sois affreusement trompé au sujet des glandes cémentaires – et enfin j'ai prouvé l'existence dans certains genres de mâles complémentaires des hermaphrodites et vivant sur eux en parasites. Cette dernière découverte à été à la fin pleinement confirmée, bien qu'à un moment un auteur allemand se soit plu à attribuer la description tout entière à mon imagination fertile. Les Cirripèdes forment un groupe d'espèces hautement variable et difficile à classer ; et mon travail me fut d'une utilité considérable lorsque j'eus à discuter dans l'*Origine des espèces* les principes d'une classification naturelle. Néanmoins, je me demande si ce travail méritait d'y consacrer un tel temps. »[164]

L'interrogation de Darwin paraît ici contredire l'importance qu'il vient lui-même de reconnaître aux apports fournis par cette longue étude monographique à la validation de sa propre théorie. Les liens homologiques entre organes de représentants des différents groupes sont un argument en faveur de leur parenté. Dans le cas originel du *Cryptophialus*, l'étagement des formules adaptatives – les mâles nains régressés sont les parasites de femelles qui sont elles-mêmes commensales des Mollusques Gastéropodes sur lesquels elles se fixent – donne un aperçu de la complexité des relations interorganiques et des modifications nécessaires à la propagation de l'espèce. Le haut degré de variabilité et l'extrême difficulté de classement sont à l'évidence autant d'arguments contre l'arbitraire des classifications fixistes. Le « complément » proposé par la présence et l'action de mâles nains à l'autofécondation de certains Cirripèdes corrobore la règle que Darwin tentera d'énoncer dans *L'Origine* en ce qui concerne la nécessité, étendue aux hermaphrodites, de croisements occasionnels : aucun organisme ne peut perpétuellement procréer par la seule voie de l'autofécondation. Le croisement est avantageux à tous les êtres organisés, et il est en outre l'un des facteurs possibles de la transformation des espèces.

---

[164] *Ibid.*, p. 118.

Par ailleurs l'extrême modification anatomique des Cirripèdes parasites (par régression d'organes devenus inutiles) confirme l'action hautement transformatrice de la sélection naturelle. Le fait que les Cirripèdes soient des animaux à métamorphoses (stades larvaires *Nauplius* et *Cypris*, « pupe » consécutive à la fixation) et présentent un dimorphisme sexuel vertigineux renforce encore les raisons que put avoir Darwin de s'attacher particulièrement à l'étude de ce groupe si sensiblement sujet au changement. Enfin l'apparente homologie que Darwin décèle entre les freins ovigères (servant à la rétention visqueuse des œufs jusqu'à leur éclosion) chez les Cirripèdes pédonculés et les « branchies » des Cirripèdes sessiles illustre un changement de fonction organique qui ne peut se concevoir que dans une perspective évolutive. Toutes ces raisons concourent, s'il en est besoin, à justifier le choix par Darwin d'un groupe qui, à travers tous ces caractères singuliers, illustre mieux que la plupart des autres une mouvance biologique propre à plaider en faveur de la transformation permanente des êtres vivants plutôt qu'en faveur de leur fixité.

Ayant mené à bien la publication de cette imposante monographie, laquelle, après les travaux d'Hercule Straus-Durckheim[165], de John Vaughan Thompson[166] et de Hermann Burmeister[167], accréditait définitivement, contre l'héritage systématique de Cuvier, la

---

[165] Hercule Eugène Grégoire Straus-Durckheim (1796-1865), « Mémoire sur les Daphnia, de la classe des crustacés », *Mémoires du Muséum d'Histoire naturelle*, 1819, vol. 5, p. 380-425. *Id.*, « Mémoire sur les Cypris, de la classe des crustacés », *Mémoires du Muséum d'Histoire naturelle*, 1821, vol. 7, p. 33-61.

[166] John Vaughan Thompson (1779-1847), chirurgien de la marine britannique et spécialiste de zoologie marine, travailla sur les *Flustra* (dont on se souvient que leurs larves firent l'objet de la première recherche zoologique de Darwin), étudia les métamorphoses larvaires de plusieurs Invertébrés marins, identifia la larve des comatules, et surtout reconnut en 1830 que l'examen des stades larvaires des Cirripèdes contredisait leur classement cuviérien parmi les Mollusques (Memoir IV. « On the Cirripedes or Barnacles; Demonstrating their Deceptive Character; the Extraordinary Metamorphosis they Undergo, and the Class of Animals to which they Indisputably Belong », in *Zoological Researches, and Illustrations; or, Natural History of Nondescript or Imperfectly Known Animals*, Cork, King and Ridings, 6 vol, 1828-1834, vol. 1 (1830).

[167] Hermann Burmeister (1807-1892), *Beiträge zur Naturgeschichte der Rankenfüsser (Cirripedia)*, Berlin, G. Reimer, 1834.

nature crustacéenne des Cirripèdes par l'examen de leurs phases ontogénétiques tout en accomplissant un pas considérable sur le chemin de la classification naturelle, Darwin reprit son travail sur la répartition géographique des organismes et sa recherche sur les espèces.

Wallace 1855

Le 13 avril 1856, Charles Lyell et son épouse Mary Elizabeth arrivent à *Down House* pour une visite de trois jours chez les Darwin. Ce séjour est le prélude à une semaine de réceptions à *Down House* dont l'intérêt assez exceptionnel est d'avoir réuni certains des amis les plus proches de Darwin en un moment où ce dernier paraît avoir été particulièrement désireux de consulter et de confronter leurs avis : du 22 au 28 avril en effet, la maison des Darwin accueille les Hooker (du 22 au 28), Thomas Vernon Wollaston (du 25 au 28), les Huxley (du 26 au 28) et John Lubbock, invité le 24 pour le 26 et venu en voisin. Il est donc permis de penser que cette dernière date du 26 avril fut celle où se retrouvèrent toutes ensemble ces relations distinguées qu'unissait à des degrés divers une connivence préalable d'intérêts ou de convictions scientifiques. L'emploi du temps de Huxley ne lui permettant pas d'arriver plus tôt, Darwin s'était d'ailleurs soucié qu'il fût au moins présent le 26 afin de pouvoir rencontrer Hooker[168]. On sait en outre que Hewett Cottrell Watson (1804-1881) avait été pressenti pour se joindre au groupe. Watson ne put probablement pas se rendre à la réunion, mais la raison du souhait de sa présence paraît claire : ce botaniste spécialiste de la répartition géographique des plantes et de ses relations avec l'altitude et le climat, artisan d'une botanique topographique qui participera à la constitution de l'écologie, a été l'un des premiers à poser sur les plantes anglaises un regard attentif aux variations et aux « transitions de caractère », et à appliquer la théorie du « développement progressif » à la naissance et à la transmutation des espèces[169]. Il y avait longtemps déjà que Darwin s'était

---

[168] Lettre de Darwin à Huxley du 2 avril 1856, *Correspondence*, vol. 6, p. 66-67.
[169] « On the Theory of the "Progressive Development", applied in Explanation of the Origin and Transmutation of Species », *Phytologist*, II, 1845, p. 108-113, 140-147, 161-168, 225-228.

ouvert à Hooker de tout le bien qu'il pensait de la réflexion de Watson et lui avait enjoint de « l'encourager à écrire sur la variation »[170]. Quant à Thomas V. Wollaston (1822-1878), entomologiste et conchyliologiste, qui vint effectivement à *Down House*, son travail sur les Insectes de Madère[171] avait été lu au début de l'année précédente par Darwin, qui devait en faire grand usage dans les années suivantes. Wollaston était de surcroît, en ce printemps de 1856, sur le point de publier un ouvrage sur la variation des espèces[172], ce qui resserre encore autour d'une possible convergence doctrinale le réseau des motifs de son invitation. Huxley le confirmera plus tard en évoquant le souvenir de cette rencontre, et citant une lettre de Lyell à *Sir* Charles Bunbury datée du 30 avril 1856 : « Lorsque Huxley, Hooker et Wollaston furent chez Darwin la semaine dernière (tous les quatre), ils entreprirent une joute contre les espèces – et ils allèrent plus loin, je crois, qu'ils n'étaient préparés à aller ».

S'il est certain qu'aucune relation n'existe entre l'invitation indépendante des Lyell et celle des autres personnalités qui se retrouvèrent à Down au cours de la dernière semaine d'avril, il reste que la réunion de la fin du mois dut être infléchie par ce que Darwin avait retiré de ses conversations antérieures avec son « cher vieux maître ». C'est entre le 13 et le 16 avril en effet que Darwin s'ouvrit à Lyell de ses conceptions sur le rôle de la sélection naturelle, et que Lyell lui signala en retour l'existence d'un mémoire de Wallace[173] sur ce qui avait toujours été pour lui une préoccupation

---

[170] Lettre à Hooker du dimanche 18 avril 1847.

[171] *Insecta Maderensia; being an Enumeration of the Insects of the Islands of the Madeiran Group*, London, J. Van Voorst, 1854.

[172] *On the Variation of Species, with Especial Reference to the Insects, Followed by an Inquiry into the Nature of Genera*, London, J. Van Voorst, 1856. C'est à Wollaston que Darwin devra, dans *L'Origine*, les données sur l'aptérisme adaptatif des Coléoptères de Madère, et, dans *La Variation*, les deux spécimens de Lapins de Porto-Santo. D'une manière plus générale, il fut pour Darwin une excellente source de documentation sur la question centrale de la zoogéographie des îles et sur les conditions des spéciations insulaires.

[173] A.R. Wallace, « On the Law which Has Regulated the Introduction of New Species », *Annals and Magazine of Natural History*, vol. 16, 2ᵉ série, septembre 1855, p. 184-196.

majeure : la répartition géographique des organismes – mémoire dont il lui recommanda vivement la lecture, tout en le pressant de mettre par écrit au plus vite une esquisse significative résumant l'ensemble de ses conceptions afin de protéger sa priorité.

L'année 1855 avait été particulièrement consacrée par Darwin à l'examen des questions relatives à la dispersion : le 25 avril, s'autorisant d'une rencontre antérieure au jardin botanique de Kew dirigé par *Sir* William Hooker, le père de Joseph Dalton – qui en devint au cours de cette même année le directeur adjoint –, il avait envoyé une première lettre au botaniste américain Asa Gray, lui demandant des renseignements sur les plantes des montagnes d'Amérique, puis lui avait suggéré dans une autre lettre une amélioration des ouvrages botaniques par des mentions plus précises concernant l'origine et l'extension géographique des espèces. En même temps, il avait publié plusieurs comptes rendus de travaux expérimentaux sur la survie des semences végétales dans l'eau de mer, sur la vitalité et la longévité des graines, sur l'effet de l'eau salée sur leur germination, et sur des Mollusques transportés par le vent[174], tous éléments susceptibles de corroborer ses hypothèses au sujet des véhicules marin et aérien comme moyens de la diffusion géographique. Il ne pouvait donc manquer de suivre le conseil de Lyell, et de lire l'article de Wallace, sur lequel Edward Blyth[175]

---

[174] « Does Sea-Water Kill Seeds? », *Gardeners' Chronicle*, n° 15, 14 avril 1855 [note du 11 avril], p. 242 ; « Does Sea-Water Kill Seeds? », *Gardeners' Chronicle*, n° 21, 26 mai 1855 [note du 21 mai], p. 356-357 ; « Nectar-Secreting Organs of Plants », *Gardeners' Chronicle*, n° 29, 21 juillet 1855, p. 487 ; « Shell Rain in the Isle of Wight », *Gardeners' Chronicle*, n° 44, 3 novembre 1855, p. 726-727 ; « Vitality of Seeds », *Gardeners' Chronicle*, n° 46, 17 novembre 1855, p. 758 ; « Effect of Salt-Water on the Germination of Seeds », *Gardeners' Chronicle*, n° 47, 24 novembre 1855 [note du 21 novembre], p. 773 ; « Effect of Salt-Water on the Germination of Seeds », *Gardeners' Chronicle*, n° 48, 1ᵉʳ décembre 1855, p. 789 ; « Longevity of Seeds », *Gardeners' Chronicle*, n° 52, 29 décembre 1855, p. 854, colonne 2 ; « On the Action of Sea-Water on the Germination of Seeds », *Journal of the Proceedings of the Linnean Society (Botany)*, 1, 1857 (lu le 6 mai 1856), p. 130-140.

[175] Edward Blyth (1810-1873), zoologiste anglais spécialiste des Mammifères et des Oiseaux, fut à partir de 1841 conservateur du Muséum de la Société royale asiatique du Bengale, et apporta à Darwin une quantité exceptionnelle de renseignements sur la variation animale, qui constituent la matière de plus d'une centaine

avait déjà, à la fin de 1855, attiré son attention. Darwin lut donc – bien qu'il ne soit guère possible de déterminer le moment exact de cette lecture – le texte de Wallace, à propos duquel il nota rapidement, sur le recueil même des *Annals* :

« 185 article de Wallace : Lois de Distrib. Geograph. Rien de très nouveau – 186 son résumé d'ensemble "Toute espèce est venue à l'existence en coïncidant, dans l'espace et dans le temps, avec une espèce préexistante". – Utilise ma comparaison de l'arbre – Il semble que chez lui tout est création – Fait allusion aux Galápagos 189 sur le fait que les espèces limitrophes sont les plus étroitement apparentées – tout est création, mais pourquoi sa loi est juste ; il présente les faits sous un angle frappant – 194 Argumente contre notre connaissance géologique supposément parfaite – Explique les Organes rudimentaires d'après la même idée (si je décide de mettre génération à la place de création, je suis complètement d'accord) »[176]

Darwin est attentif, vigilant même. S'il est frappé des coïncidences thématiques et de la ressemblance de la démarche et des conclusions entre son propre travail et l'exposé de Wallace, s'il ne peut refuser de déclarer son accord avec l'ensemble cohérent de ce qui s'y trouve si clairement expliqué, il marque toutefois une réserve qui tient au vocabulaire : si la théorie de Wallace est vraie, ce qu'il décrit est très exactement la dérivation ou la transmutation des espèces, ou encore leur « génération », pour employer le terme qui s'était imposé à Darwin dès la fin des années 1830. Pourquoi alors s'attacher à employer partout le terme de création ? Cette question, Darwin y répondra concrètement en ne la posant plus lorsqu'il sera lui-même conduit à accepter ce genre de compromis. Mais cela demeure secondaire auprès du parfait parallélisme des intuitions et de l'argumentation qui lie les deux démarches. En particulier, Wallace développe avec une netteté remarquable le très beau motif de l'analogie entre répartition dans l'espace et répartition dans le temps, entre géographie et géologie ; l'explication des

---

de références. C'est dans une lettre du 8 décembre 1855 écrite de Calcutta qu'il demande à Darwin son avis sur l'article de Wallace, qu'il juge excellent (*Correspondence*, vol. 5, p. 519).

[176] *Correspondence*, vol. 5, p. 521-522, note 1.

groupes vicariants de part et d'autre d'une barrière géographique ; l'argument important, quoique nécessairement négatif, de l'incomplétude et de l'imperfection des connaissances géologiques ; l'interprétation des organes rudimentaires ou avortés, généralement inutiles, comme imperfection explicable par la théorie des changements graduels de la structure animale. Darwin retrouve ses propres thèmes, traités en une synthèse de quelques pages, ce qu'il n'est jamais parvenu à réaliser quant à lui d'une manière qui fût à ses yeux satisfaisante. Contrairement aux habitudes les plus répandues, nous insérerons ici ce texte, traduit par nos soins, et ferons apparaître dans des notes les points par lesquels il se relie le plus manifestement aux thématiques développées par Darwin dans son *Essay* de 1844 – lesquelles étaient déjà pour la plupart annoncées dans la première *Esquisse* de 1842.

ALFRED RUSSEL WALLACE

Sur la loi qui a régi l'introduction de nouvelles espèces
[écrit à Sarawak (Bornéo) en février 1855]
Annals and Magazine of Natural History, vol. 16, 2ᵉ série,
septembre 1855, p. 184-196.

Tout naturaliste ayant orienté son attention vers le sujet de la répartition géographique des animaux et des plantes a dû prendre intérêt aux faits singuliers qu'il présente. Nombre de ces faits sont absolument différents de ce à quoi l'on se serait attendu, et on les a jusqu'à présent regardés comme étant dignes de la plus haute curiosité, mais tout à fait inexplicables. Aucune des explications tentées depuis l'époque de Linné n'est aujourd'hui considérée comme étant le moins du monde satisfaisante ; aucune d'elles n'a produit une cause qui suffît à rendre compte des faits connus à l'époque, ni assez compréhensive pour inclure tous les faits nouveaux qui se sont ajoutés depuis et s'ajoutent chaque jour. Dans les dernières années, cependant, les investigations géologiques ont considérablement éclairé le sujet, en montrant que l'état actuel de la terre, et des organismes qui l'habitent aujourd'hui[177], n'est que le dernier stade d'une série de changements longue et ininterrompue subie par elle, et par voie de conséquence qu'entreprendre de comprendre et d'expliquer sa condition actuelle sans la moindre référence à ces changements (comme cela s'est fait fréquemment) doit conduire à des conclusions très imparfaites, voire erronées.

Les faits prouvés par la géologie[178], si on les résume brièvement, sont les suivants : – Qu'au cours d'une période immense, mais de durée inconnue, la surface de la terre a subi des changements successifs ; des terres ont été immergées sous l'océan, tandis que de nouvelles en ont émergé ; des chaînes de montagnes se sont élevées ; des îles se sont transformées en continents, et des continents submergés jusqu'alors sont

---

[177] Wallace tient donc pour acquis que l'uniformitarisme géologique, auquel il fait ici référence, implique le transformisme.
[178] Wallace commence par la géologie, à la différence de Darwin, qui n'abordait le sujet que dans sa IIᵉ partie en 1842 (§§ IV et V), de même qu'en 1844 (chap. IV et V).

devenus des îles[179] ; et ces changements ont eu lieu non pas seulement une fois, mais peut-être des centaines, peut-être des milliers de fois ; – Que toutes ces opérations ont été plus ou moins continues, mais inégales dans leur avancée, et pendant que se déroulait toute leur séquence la vie organique de la terre a subi une modification correspondante.[180] Cette modification a été ainsi graduelle, mais complète ; après un certain intervalle, il n'existait plus une seule espèce qui eût vécu au commencement de la période[181]. Ce renouvellement complet des formes de la vie paraît aussi s'être produit plusieurs fois ; – Que depuis les dernières époques géologiques jusqu'à l'époque actuelle ou historique, le changement de la vie organique a été graduel : la première apparition d'animaux aujourd'hui existants peut dans de nombreux cas être déterminée, leur nombre augmentant graduellement dans les formations les plus récentes, tandis que d'autres espèces continuellement s'éteignent et disparaissent, en sorte que la condition actuelle du monde organique dérive clairement, par un processus naturel d'extinction et de création graduelles d'espèces, de celle des dernières périodes géologiques. Nous pouvons par conséquent en inférer sûrement une gradation et une succession naturelles semblables d'une époque géologique à une autre.[182]

À présent, considérant que ce qui précède rend un compte acceptable des résultats de l'enquête géologique, nous voyons que la répartition géographique actuelle de la vie sur la terre doit être le résultat de tous les changements qui ont précédemment affecté la surface de la

---

[179] Voir Darwin, 1842, éd. cit., p. 69-70, la longue note 99 (issue d'une insertion au verso du manuscrit) qui développe les conséquences de cette double transformation.

[180] *Cf.* Darwin, 1842, éd. cit., p. 69 : « [...] toute la répartition découle <d'> une manière simple de la théorie de l'occurrence des espèces par <illisible>, et adaptation par sélection à <illisible>, conjointement avec leur capacité de dispersion et les changements géographiques-géologiques réguliers qui sont actuellement à l'œuvre et qui, sans nul doute, ont eu lieu ».

[181] *Cf.* Darwin, 1842, éd. cit., p. 72 : « [...] il se peut qu'à présent nous n'ayons pas sur notre globe un seul descendant de la ou des créations originelles ».

[182] *Cf.* Darwin, 1842, éd. cit., p. 61 : « Notre théorie requiert une introduction très graduelle des formes nouvelles, et l'extermination des anciennes (sur quoi nous devrons revenir). L'extermination des anciennes peut parfois être rapide, mais l'introduction ne le peut jamais. Dans les groupes qui descendent d'un parent commun, notre théorie requiert une gradation parfaite, sans plus de différences entre les formes qu'il n'y en a entre race<s> de bétail, ou de pommes de terre, ou de choux ». [...] « Pour ce qui <est> des découvertes géologiques, elles tendent vers une telle gradation » (p. 62).

terre elle-même et ses habitants. Sans nul doute, des causes nombreuses ont agi, que nous ignorerons toujours, et nous devons par conséquent nous attendre à rencontrer une foule de détails dont il sera très difficile de donner l'explication ; c'est pourquoi dans cette tentative il nous faudra nous-même faire appel à des changements géologiques dont l'occurrence est hautement probable, mais dont l'opération particulière n'est fondée sur aucune preuve directe.

Le grand accroissement de nos connaissances au cours des vingt dernières années, en ce qui concerne l'histoire passée et présente du monde organique, a accumulé un ensemble de faits qui devrait fournir des fondations suffisantes pour une loi compréhensive qui les embrasserait et les expliquerait tous, tout en indiquant la direction de nouvelles recherches. Il y a environ dix ans que l'idée d'une telle loi s'est imposée d'elle-même à l'auteur de cet article[183], et il a saisi depuis lors toutes les occasions de la mettre à l'épreuve de tous les faits nouvellement établis dont il a eu connaissance, ou qu'il a eu la possibilité d'observer en personne. Tous ont servi à le convaincre que son hypothèse était correcte. Entrer complètement dans un tel sujet occuperait trop d'espace, et c'est seulement à cause de quelques opinions récemment publiées – et allant selon lui dans la mauvaise direction[184] – qu'il s'aventure aujourd'hui à présenter ses idées au public, accompagnées des seules illustrations manifestes qui ont pu s'offrir à lui, pour étayer ses arguments et ses résultats, dans un lieu bien éloigné de tous les moyens de documentation et d'information exacte.

Les propositions suivantes, en Géographie organique et en Géologie, livrent les principaux faits sur lesquels se fonde cette hypothèse.

Géographie.

1. Les grands groupes, tels que classes et ordres, sont généralement répandus sur toute la terre, tandis que les plus petits, tels que familles et genres, n'en occupent fréquemment qu'une portion, souvent une région très limitée.

---

[183] Cela conduirait aux années 1844-1845, et l'on comprend mieux en relevant ce détail pourquoi Darwin tint quant à lui à déclarer incidemment à Wallace, en 1859, qu'il avait eu l'idée de sa théorie (complète) vingt ans plus tôt, soit en 1839 – ce qui est fluctuant dans ses déclarations, mais exact.
[184] Il s'agit principalement de la théorie de la « polarité », développée en 1854 par Edward Forbes (voir plus loin, p. 145, note 202).

2. Dans les familles à vaste répartition, les genres sont souvent d'extension limitée ; dans les genres à vaste répartition, les groupes d'espèces bien caractérisés sont particuliers à chaque région géographique.
3. Lorsqu'un groupe est limité à une région, et qu'il est riche en espèces, il arrive presque invariablement que les espèces les plus étroitement apparentées se trouvent dans la même localité ou dans des localités limitrophes, et que par conséquent la série naturelle des espèces donnée par l'affinité est également géographique.
4. Dans des pays au climat semblable, mais séparés par une vaste mer ou de hautes montagnes, les familles, les genres et les espèces de l'un sont souvent représentés par des familles, des genres et des espèces étroitement apparentés particuliers à l'autre.[185]

Géologie.

5. La répartition du monde organique dans le temps est très semblable à sa répartition actuelle dans l'espace.[186]

---

[185] *Cf.* Darwin, *Brouillon de 1839*, dans *Esquisse au crayon*, éd. cit., p. 146 : « Nous voyons une île proche du continent & différentes parties de ce continent, qu'elles soient séparées par l'espace, le changement de temp. [température. *Ndt.*], de grandes rivières ou de hautes montagnes, habitées par différentes espèces qui possèdent d'évidentes relations de parenté ».

[186] *Cf.* Darwin, *Notebook B*, § 334 : « If my theory true, we get a *horizontal* history of earth "within recent times" ». Voir plus haut, p. 30. Continuité géographique et continuité historique se conditionnent réciproquement depuis l'origine : c'est pourquoi biogéographie et paléontologie produisent des preuves convergentes, reconstituant des continuités spatiales et temporelles en dépit des ruptures dues aux accidents géologiques : « géologie détruit géographie », écrivait déjà Darwin en 1842. On retrouvera cette idée, rattachée à Edward Forbes, dans *L'Origine des espèces*, à la fin du XIIIe chapitre de l'édition définitive : « Comme feu Edward Forbes l'a souvent souligné, il existe un parallélisme frappant des lois de la vie à travers le temps et l'espace : les lois qui gouvernent la succession des formes du passé sont à peu près les mêmes que celles qui gouvernent à présent les différences dans les différentes zones. De nombreux faits nous rendent la chose manifeste. La durée de chaque espèce et de chaque groupe d'espèces est continue dans le temps ; en effet, les exceptions apparentes à la règle sont si peu nombreuses qu'il est juste de les attribuer au fait que nous n'avons pas encore découvert dans un dépôt intermédiaire certains formes qui en sont absentes mais se rencontrent tant au-dessus qu'au-dessous ; de même, dans l'espace, la règle générale est certainement que la

6. La plupart des grands groupes et quelques petits s'étendent sur plusieurs périodes géologiques.
7. Dans chaque période, cependant, il y a des groupes particuliers, que l'on ne trouve nulle part ailleurs, et qui s'étendent sur une ou plusieurs formations.
8. Les espèces d'un genre, ou les genres d'une famille apparaissant dans la même période géologique sont plus étroitement apparentés que ceux qui sont séparés dans le temps.
9. De même qu'en géographie, généralement, aucune espèce ou aucun genre n'apparaît dans deux localités très éloignées l'une de l'autre sans se trouver également dans les lieux intermédiaires, de même en géologie la vie d'une espèce ou d'un genre n'a pas été interrompue. En d'autres termes, aucun groupe ou espèce n'a pris naissance deux fois.
10. De ces faits peut être déduite la loi suivante : – *Toute espèce a pris naissance d'une manière coïncidente, dans l'espace et dans le temps, avec une espèce préexistante étroitement apparentée.*

---

zone habitée par une seule espèce, ou par un seul groupe d'espèces, est continue, et les exceptions, qui ne sont pas rares, peuvent s'expliquer, comme j'ai tenté de le montrer, par des migrations antérieures, qui ont eu lieu dans des circonstances différentes ou grâce à des moyens de transport occasionnels, ou bien par le fait que les espèces se sont éteintes dans les territoires intermédiaires. Dans le temps comme dans l'espace, les espèces et les groupes d'espèces ont leur point de développement maximum. Les groupes d'espèces qui vivent durant le même laps de temps ou vivent dans la même zone sont souvent caractérisés par des traits d'importance minime qu'ils ont en commun, comme le modelé de leur surface ou leur couleur. Si nous portons notre regard vers la longue succession des époques passées, ou si nous le portons vers des provinces éloignées dans le monde entier, nous constatons que dans certaines classes les espèces diffèrent peu les unes des autres, tandis que celles d'une autre classe, ou seulement d'une section différente du même ordre, diffèrent grandement les unes des autres. Dans le temps aussi bien que dans l'espace, les membres faiblement organisés de chaque classe changent généralement moins que ceux qui ont une haute organisation ; mais il existe dans les deux cas des exceptions notables à la règle. Selon notre théorie, ces divers rapports qui traversent le temps et l'espace sont intelligibles ; en effet, que nous regardions les formes de vie apparentées qui ont changé durant les époques successives, ou bien celles qui ont changé après avoir migré dans des régions lointaines, elles sont liées, dans l'un et l'autre cas, par le même lien de la génération ordinaire ; dans l'un et l'autre cas, les lois de la variation ont été les mêmes, et les variations ont été accumulées par le même moyen, celui de la sélection naturelle ». Ce parallélisme entre succession dans le temps et succession dans l'espace découvre le continuum évolutif, structuré par la ressemblance, mais toujours incomplet.

En les expliquant et en les illustrant, cette loi s'accorde avec tous les faits liés aux branches suivantes du sujet : – 1. Le système des affinités naturelles. 2. La répartition des animaux et des plantes dans l'espace. 3. Cette même répartition dans le temps, incluant tous les phénomènes des groupes représentatifs, et ceux dont le Professeur Forbes a supposé qu'ils manifestent de la polarité. 4. Les phénomènes des organes rudimentaires. Nous allons tenter brièvement de montrer la portée de cette loi sur chacun de ces points.

Si la loi énoncée plus haut est vraie, il s'ensuit que la série naturelle des affinités[187] représentera aussi l'ordre dans lequel les différentes espèces ont pris naissance, chacune d'elle ayant eu pour prototype immédiat une espèce étroitement apparentée existant au moment de son origine. Il est évidemment possible que deux ou trois espèces distinctes aient eu un type primitif commun, et que chacune d'elles soit à son tour devenue le prototype à partir duquel d'autres espèces étroitement apparentées ont été créées. L'effet devrait en être qu'aussi longtemps que chaque espèce n'a eu qu'une seule nouvelle espèce formée sur son modèle, la ligne des affinités sera simple, et pourra être représentée en plaçant les différentes espèces en ordre de succession directe sur une ligne droite. Mais si deux espèces ou plus ont été formées d'une manière indépendante sur le plan d'un type primitif commun, alors la série des affinités sera complexe, et ne pourra être représentée que par une ligne en fourche ou à branches multiples. Or, tous les essais en vue d'une Classification ou d'un arrangement naturel des êtres organiques montrent que ces deux plans ont été réalisés dans la création. Il arrive parfois que la série des affinités puisse être bien représentée, sur un espace, par une progression directe d'espèce à espèce ou de groupe à groupe, mais on trouve généralement qu'il est impossible que cela continue ainsi. Il est constant que surviennent deux ou plusieurs modifications d'un organe ou des modifications de deux organes distincts, qui nous conduisent à deux séries distinctes d'espèces, qui en viennent avec le temps à différer si fort l'une de l'autre qu'elles forment des genres ou des familles distincts[188]. Ce sont

---

[187] Ce qui est fascinant ici est l'exactitude avec laquelle Wallace, en 1855, reproduit les divisions instaurées par Darwin dans la seconde partie du texte de 1842, alors qu'il n'est même pas imaginable que le jeune naturaliste – non plus d'ailleurs que quiconque – ait pu lire l'*Esquisse* manuscrite secrète de son aîné : « Témoignage de la géologie », « Distribution géographique », « Affinités et classification ».

[188] Cet énoncé limpide du principe de divergence et cette évocation d'un graphe arborescent pour l'histoire des espèces (déjà représenté par Darwin dans ses *Carnets*) arrivent chez Wallace, là aussi, parallèlement à leur survenue chez Darwin dans

les séries parallèles ou groupes représentatifs des naturalistes, et ils apparaissent souvent dans des pays différents, ou sont découverts à l'état fossile dans des formations différentes. On dit qu'ils sont en relation d'analogie lorsqu'ils se sont éloignés de leur prototype commun jusqu'à différer sur de nombreux points importants de structure, tout en conservant encore un air de famille. Nous voyons ainsi combien il est difficile de déterminer dans tous les cas si une relation donnée est une analogie ou une affinité[189], car il est évident que lorsque nous remontons le long des séries parallèles ou divergentes en direction du prototype commun, l'analogie qui existait entre les deux groupes devient une affinité. Nous devenons également conscients de la difficulté qu'il y a de parvenir à une classification vraie, même dans un groupe restreint et parfait ; – dans l'état actuel de la nature, la chose est presque impossible, les espèces étant si nombreuses et les modifications de forme et de structure si variées, cela naissant probablement du nombre immense d'espèces qui ont servi de prototypes pour les espèces actuelles, et ont produit ainsi une ramification compliquée des lignes d'affinité, aussi enchevêtrées que les rameaux d'un chêne noueux ou que le système vasculaire du corps humain. En outre, si nous considérons que nous ne possédons que des fragments de ce vaste système, le tronc et les branches principales étant représentés

---

l'*Esquisse* de 1842, qu'il convient de citer une nouvelle fois sur ce point : « Suivant le simple hasard, toute espèce existante peut en engendrer une autre, mais si une espèce quelconque A, en changeant, acquiert un avantage et que cet avantage (quel qu'il soit : intellect, &c., &c., ou quelque structure ou constitution particulière) est héréditaire, A engendrera plusieurs genres ou même plusieurs familles dans le dur combat de la nature ». L'avance remarquable de Darwin n'est pas seulement temporelle : il possède déjà, en 1842, dans la théorie sélective forgée en 1838-1839 par l'analogie de la sélection artificielle combinée avec le modèle de Malthus (voir notre schéma, p. 84), l'explication du déterminisme des transformations, que Wallace n'apercevra qu'en 1858, à la faveur également de sa lecture de Malthus.

[189] C'est la distinction opérée par Darwin au chapitre XIV de *L'Origine* entre caractères *analogiques* (ou caractères d'adaptation), développés par l'adaptation d'un groupe d'organisme à un environnement qu'il partage avec d'autres groupes d'organismes qui en sont les hôtes ordinaires (par exemple les Cétacés présentent des analogies morpho-fonctionnelles avec les Poissons), et les caractères réellement indicatifs d'une parenté généalogique. Il s'agit d'un phénomène d'évolution convergente, aperçu et décrit par Lamarck puis par Macleay, et sans pouvoir d'instruction du côté de la taxonomie – Linné lui-même s'y étant parfois trompé. Là encore, Darwin avait thématisé le phénomène dès 1842 : « Dans de tels cas, ressemblance externe, habitude de vie, et *le résultat final de toute l'organisation* très forts, et pourtant aucune relation » (*Esquisse au crayon*, éd. cit., p. 71).

par des espèces éteintes qui nous sont inconnues, tandis que nous avons à ordonner une grande masse de branches, de rameaux, de minuscules branchilles et de feuilles dispersées, et à déterminer la vraie position que chaque élément a occupée originellement par rapport aux autres, alors nous apparaît toute la difficulté du Système Naturel de classification.

Nous nous trouverons ainsi dans l'obligation de rejeter tous les systèmes de classification qui arrangent dans des cercles les espèces ou les groupes, aussi bien que ceux qui fixent un nombre défini pour les divisions de chaque groupe. Ces derniers ont été très généralement rejetés par les naturalistes, comme contraires à la nature, en dépit de l'habileté qu'on a mise à les défendre ; mais le système circulaire des affinités semble plus profondément ancré, bon nombre de naturalistes éminents l'ayant adopté jusqu'à un certain point[190]. Nous n'avons cependant jamais été en mesure de trouver un cas dans lequel le cercle fût refermé par une affinité directe et étroite. Dans la plupart des cas, on y a substitué une analogie palpable, et dans les autres l'affinité est extrêmement obscure ou bien tout à fait douteuse. La ramification compliquée des lignes d'affinités dans les groupes étendus doit également procurer de grandes facilités pour donner un semblant de probabilité à tous les arrangements de ce genre, purement artificiels. Le coup de grâce leur a été porté par l'admirable article du regretté M. Strickland, publié dans les *Annales d'Histoire naturelle*, où il a montré si clairement la véritable méthode synthétique pour découvrir le Système Naturel.

Si nous considérons à présent la répartition géographique des animaux et des plantes sur la terre, nous verrons que notre présente hypothèse se trouve dans un très bel accord avec tous les faits, dont elle fournit en même temps une explication aisée. Un pays qui possède des espèces, des genres et des familles entières qui lui sont particuliers est le résultat nécessaire d'un isolement de longue durée, suffisant pour que de nombreuses séries d'espèces aient été créées sur le type d'espèces préexistantes, lesquelles, à l'instar de nombreuses espèces

---

[190] Il s'agit ici du système quinaire proposé vers 1820 par William Sharp Macleay (1792-1865) dans ses *Horae entomologicae* (1819-1821), puis par William Swainson (1789-1855), et largement fondé sur la conception d'un Dieu géomètre soucieux d'équilibre et d'harmonie, auteur d'une répartition des animaux en cinq cercles représentant les grands types, inscrits à l'intérieur d'un pentagone, et laissant place entre eux à des formes intermédiaires. Le système quinaire avait suscité à ce titre l'intérêt de Darwin, qui toutefois l'a rejeté dès 1844 (seconde Esquisse) comme totalement arbitraire.

de formation plus ancienne, se sont éteintes, créant ainsi l'apparence de groupes isolés. Si dans un cas le prototype a connu une vaste répartition, deux ou plusieurs groupes d'espèces ont dû être formés, chacun variant à partir de lui d'une manière différente, et produisant ainsi plusieurs groupes représentatifs ou analogues. Les *Sylviadæ* d'Europe et les *Sylvicolidæ* d'Amérique du Nord, les *Heliconidæ* d'Amérique du Sud et les *Euploeæ* d'Orient, le groupe des *Trogons* qui habite l'Asie et celui qui est propre à l'Amérique du Sud sont des exemples que l'on peut expliquer de cette manière.

Des phénomènes tels que ceux dévoilés par les Îles Galápagos, qui renferment de petits groupes de plantes et d'animaux qui leur sont propres, mais extrêmement proches de ceux de l'Amérique du Sud, n'ont reçu jusqu'ici aucune explication, même conjecturale[191]. Les Galápagos sont un groupe volcanique très ancien, et n'ont probablement jamais été plus étroitement reliées au continent qu'elles ne le sont à présent. Elles ont dû être peuplées au début, comme les autres îles nouvellement formées, par l'action des vents et des courants, et ce à une époque suffisamment reculée pour que les espèces originelles aient disparu, laissant subsister seulement les prototypes modifiés. Nous pouvons expliquer de la même manière le fait que ces îles séparées aient chacune leurs espèces particulières, en supposant soit que la même émigration originelle ait peuplé l'ensemble des îles avec les mêmes espèces à partir desquelles furent créés différents prototypes modifiés, soit que les îles aient été successivement peuplées l'une à partir de l'autre, mais que les nouvelles espèces aient été créées[192] dans chacune d'elles sur le plan des espèces préexistantes. Ste-Hélène offre le cas semblable d'une île très ancienne ayant produit une flore entièrement particulière, quoique limitée[193]. À l'inverse, on ne connaît

---

[191] Il va de soi cependant que Wallace dispose alors, sur la faune de l'archipel des Galápagos, des longues descriptions contenues dans le récit de voyage publié par Darwin (1839, puis 1845), et de la *Zoology* du *Beagle*, dont la publication s'est achevée en octobre 1843. Il n'a évidemment pu lire le chapitre VI de l'*Esquisse de 1844* – entièrement dédié à « la répartition géographique des êtres organiques dans les temps passés et présents » –, et en particulier le paragraphe consacré aux faunes insulaires, qui sera développé dans le chapitre XIII de *L'Origine*. Bien qu'explicité longuement par la suite, le processus du peuplement animal des Galápagos avait été presque intégralement compris par Darwin dès 1837, grâce aux Oiseaux.

[192] On comprend ici pourquoi Darwin a pu souhaiter voir ce terme remplacé par « engendrées ».

[193] *Cf.* Darwin, *The Essay of 1844*, dans Francis Darwin, ed., *Foundations...*, ouv. cit., p. 261 : « Islands standing quite isolated within the intra-tropical oceans

pas d'exemple d'une île dont on puisse géologiquement prouver qu'elle est très récente (Tertiaire tardif par exemple), et qui possède néanmoins des groupes de rang générique ou familial, ou même beaucoup d'espèces, qui lui appartiennent d'une manière exclusive.

Lorsqu'une chaîne de montagnes a atteint une grande hauteur, et l'a conservée pendant une longue période géologique, les espèces que l'on trouve au pied et à proximité des deux versants seront souvent très différentes : espèces représentatives de quelques genres, et même genres entiers propres à un seul côté, comme on le voit d'une façon remarquable dans le cas des Andes et des Montagnes Rocheuses. On assiste à un phénomène semblable lorsqu'une île a été séparée d'un continent à une époque très ancienne[194]. La mer peu profonde qui s'étend entre la Péninsule de Malacca, Java, Sumatra et Bornéo était probablement, à une époque ancienne, un continent ou une grande île dont la submersion dut avoir lieu lorsque les chaînes volcaniques de Java et Sumatra se sont soulevées. Nous en voyons les résultats organiques dans le nombre très considérable d'espèces animales communes à certaines de ces régions ou à toutes, en même temps qu'il existe un certain nombre d'espèces représentatives étroitement apparentées qui sont particulières à chacune, montrant qu'une période d'une durée considérable s'est écoulée depuis leur séparation. Les faits de la répartition géographique et de la géologie peuvent ainsi s'expliquer mutuellement dans les cas douteux, si les principes que nous invoquons ici sont clairement établis.

Dans tous les cas où une île a été séparée d'un continent, ou a surgi de la mer par l'action des volcans ou des coraux, où dans lesquels une chaîne de montagnes s'est soulevée, à une époque géologique récente, le phénomène des groupes particuliers, ou même des espèces représentatives singulières, n'existe pas. Notre propre île en est un exemple, sa séparation d'avec le continent étant géologiquement très récente, et nous n'avons par conséquent guère d'espèce qui lui soit propre ; tandis que la chaîne des Alpes, l'un des plus récents soulèvements montagneux, sépare des faunes et des flores qui offrent à peine

---

have generally very peculiar floras, related, though feebly (as in the case of St Helena where almost every species is distinct), with the nearest continent... ».

[194] Voir Darwin, *Esquisse au crayon*, éd. cit., p. 66 : « Mais outre cela, des barrières de toute sorte semblent séparer les régions à un plus haut degré que ce qui est proportionné à la différence des climats régnant de part et d'autre. Ainsi font les grandes chaînes de montagnes, les étendues de mer entre les îles et les continents, même les grands fleuves et les déserts ».

plus de différences que celles que suffisent à occasionner le climat et la latitude.

La série de faits évoqués dans la Proposition 3 – les espèces étroitement proches appartenant à des groupes riches se trouvent proches l'une de l'autre géographiquement – est extrêmement frappante et importante. M. Lovell Reeve[195] l'a bien illustrée dans son article instruit et intéressant sur la Répartition des *Bulimi* [196]. On observe également chez les Colibris et les Toucans des petits groupes d'espèces étroitement proches que l'on trouve dans les mêmes zones ou dans des zones limitrophes, comme nous avons eu nous-même la chance de le vérifier personnellement. Les poissons offrent des témoignages du même genre : chaque grand cours d'eau a ses genres particuliers, et, dans les genres les plus étendus, ses groupes d'espèces étroitement proches. Mais il en va de même dans toute la Nature ; toute classe, tout ordre d'animaux fournit des faits semblables. Aucune tentative n'a été faite jusqu'ici pour expliquer ces phénomènes singuliers, ou pour montrer comment ils ont pris naissance. Pourquoi les genres de Palmiers et d'Orchidées sont-ils presque toujours prisonniers d'un hémisphère ? Pourquoi les espèces étroitement proches de Trogons à dos brun se trouvent-elles toutes en Orient, et celles à dos vert en Occident ? Pourquoi les Aras et les Cacatoès sont-ils limités aux mêmes aires de répartition ? Les insectes fournissent d'innombrables exemples analogues ; – les *Goliathi* d'Afrique, les *Ornithopterœ* des îles indiennes, les *Heliconidœ* d'Amérique du Sud, les *Danaidœ* de l'Orient : dans tous les cas les espèces les plus étroitement proches se trouvent en situation de proximité géographique. La question s'impose d'elle-même à tout esprit pensant : pourquoi ces choses sont-elles ainsi ? Elles ne pourraient pas être comme elles sont, si aucune loi n'avait réglé leur

---

[195] Lovell Augustus Reeve (1814-1865), éditeur, conchyliologiste et collectionneur expert de mollusques testacés marins et terrestres, obtint le 14 mars 1849 le soutien de Darwin en vue d'une élection à la *Royal Society*, mais non le succès qu'il en espérait. Il publia en 1860, dans sa propre maison d'édition, ses *Elements of Conchology: An Introduction to the Natural History of Shells and of the Animals which Form Them*, 2 vol. Le genre *Bulimus* y fait l'objet de longs développements descriptifs, biogéographiques et taxonomiques (vol. I, p. 216-234). Ces Gastéropodes pulmonés terrestres sont des Escargots géants à coquille oblongue et volumineuse.

[196] *Cf.* Lovell Reeve, « On the Geographical Distribution of the Bulimi, a Group of Terrestrial Mollusca; and on the Modification of their Calcifying Functions According to the Local Physical Conditions in Which the Species Occur », *Abstracts of the Papers Communicated to the Royal Society of London*, vol. 5 (1843-1850), p. 947-949.

création et leur dispersion. La loi que nous avons énoncée ici non seulement explique, mais requiert les faits dont nous avons constaté l'existence, tandis que les vastes et longs changements géologiques de la terre rendent compte aisément des exceptions et des anomalies apparentes qui surviennent çà et là[197]. Le but de l'auteur de ces lignes, en avançant ses idées sous cette forme imparfaite, est de les soumettre à l'examen d'autres esprits, et de prendre connaissance de tous les faits supposés incompatibles. Étant donné que cette hypothèse ne veut être acceptée que parce qu'elle explique et relie entre eux des faits qui existent dans la nature, elle n'entend être réfutée que par des faits ; et non par des arguments *à-priori* [sic] contre sa probabilité.

Les phénomènes de répartition géologique sont exactement analogues à ceux de la géographie[198]. On rencontre les espèces étroitement proches associées dans les mêmes couches, et le passage d'une espèce à une autre paraît avoir été aussi graduel dans le temps que dans l'espace. La géologie, toutefois, nous fournit des preuves positives de l'extinction et de la production d'espèces, bien qu'elle ne nous donne pas d'information sur la manière dont l'une ou l'autre a eu lieu. L'extinction d'espèces, toutefois, n'offre que peu de difficultés, et son *modus operandi* a été bien illustré par *Sir* Charles Lyell dans ses admirables *Principles*. Les changements géologiques, quoique graduels, ont dû de temps à autre modifier les conditions extérieures suffisamment pour rendre impossible l'existence de certaines espèces. L'extinction a dû dans la plupart des cas s'effectuer par dépérissement graduel, mais dans certains cas il peut y avoir eu extinction soudaine d'une espèce d'extension limitée[199]. Découvrir comment les espèces

---

[197] *Cf.* les notes de Darwin en 1842, dans *Esquisse au crayon*, éd. cit., p. 67 : « [Géologie tend à affecter géographie, nous devrions donc nous attendre à trouver cela.] (…) « Parce que géologie détruit géographie nous ne pouvons pas être surpris, en allant loin en arrière, de trouver des Marsupiaux et des Édentés en Europe : mais géologie détruit géographie ».

[198] *Cf.* Darwin, 1842, éd. cit., p. 69 : « [...] les formes existantes sont liées aux éteintes de la même manière que le sont les existantes dans telle partie d'un continent existant ».

[199] *Cf.* Darwin, *Essai de 1844*, chap. V : « Dans le système Tertiaire, les mêmes faits qui nous font admettre comme probable que les nouvelles espèces sont apparues lentement nous conduisent à admettre que les anciennes ont disparu lentement, non pas plusieurs ensemble, mais l'une après l'autre ; et l'analogie nous conduit à étendre cette conviction aux époques Secondaire et Paléozoïque. Dans certains cas, comme la subsidence d'une région de plaine ou la rupture ou l'apparition d'un isthme, et l'incursion soudaine de nouvelles espèces destructrices, l'extinction pourrait être localement soudaine ». (*Foundations*, 1909, p. 145. Nous traduisons.)

éteintes ont été de temps à autre remplacées par de nouvelles jusque dans la période géologique la plus récente : tel est le plus difficile, et en même temps le plus intéressant des problèmes que pose l'histoire naturelle de la terre. La présente recherche, qui s'efforce d'extraire des faits connus une loi qui ait déterminé jusqu'à un certain point quelle espèce pouvait apparaître et est apparue à une époque donnée, pourra, je l'espère, être considérée comme un pas bien orienté vers sa complète solution.

On a beaucoup discuté au cours de ces dernières années pour savoir si la succession de la vie sur le globe s'est déroulée d'un degré inférieur à un degré supérieur d'organisation. Les faits admis semblent montrer qu'il y a une progression dans l'ensemble, mais non dans le détail. Les Mollusques et les Rayonnés existaient avant les Vertébrés, et la progression des Poissons jusqu'aux Reptiles et Mammifères, ainsi que des mammifères inférieurs aux mammifères supérieurs, est indiscutable. Au contraire, on dit que les Mollusques et les Rayonnés des périodes les plus archaïques avaient un plus haut degré d'organisation que la grande masse de ceux qui existent aujourd'hui, et que les tout premiers poissons qui aient été découverts ne sont en aucune manière, dans leur classe, les moins organisés. Or nous croyons que la présente hypothèse harmonisera tous ces faits, et contribuera dans une grande mesure à les expliquer ; car bien qu'elle puisse apparaître aux yeux de certains lecteurs comme étant essentiellement une théorie de la progression, elle est seulement en réalité une théorie du changement graduel[200]. Il n'est, cependant, nullement difficile de montrer qu'une progression réelle dans l'échelle de l'organisation est parfaitement compatible avec toutes les apparences, et même avec une rétrogression apparente, le cas échéant.

Revenant à l'analogie d'une arborescence comme au meilleur mode de représentation de l'arrangement naturel des espèces et de leur création successive, nous supposerons qu'à une époque géologique ancienne, un groupe quelconque (disons une classe de Mollusques) ait atteint une grande richesse en espèces et un haut degré d'organisation. Supposons encore que cette grande branche d'espèces alliées soit complètement ou partiellement détruite par des mutations géologiques. Dans la suite, une nouvelle branche sort du même tronc, c'est-à-dire que de

---

[200] *Cf.* Darwin, *Brouillon de 1839*, dans *Esquisse au crayon*, éd. cit., p. 145 : « Aucune progression des âges anciens jusqu'au présent, mais prendre la scène existante comme un indice imparfait de ce qui a probablement existé. Il y a une tendance à la complication ; effet naturel de ma théorie ».

nouvelles espèces sont successivement créées, ayant pour prototypes les mêmes espèces moins organisées qui ont servi de prototypes au groupe précédent, mais qui ont survécu aux conditions modifiées qui l'ont détruit[201]. Ce nouveau groupe étant soumis à ces conditions transformées, il subit des modifications de structure et d'organisation, et devient le groupe représentatif de l'ancien dans une autre formation géologique. Il peut arriver cependant que quoique plus récente, la nouvelle série d'espèces n'atteigne jamais un degré d'organisation aussi élevé que la précédente, mais qu'elle s'éteigne à son tour, laissant place encore, à partir de la même racine, à une autre modification, qui peut être supérieure ou inférieure en organisation, plus ou moins abondante en espèces, et plus ou moins variée en forme et en structure que l'une ou l'autre de celles qui l'ont précédée. En outre, chacun de ces groupes peut n'avoir pas subi une extinction totale, mais avoir laissé quelques espèces, dont les prototypes modifiés ont existé dans chaque époque suivante, pâle monument de leur grandeur et de leur luxuriance d'antan. Ainsi, chaque cas de rétrogression apparente peut être en réalité un progrès, mais un progrès interrompu : lorsqu'un monarque de la forêt perd une grosse branche, celle-ci peut être remplacée par un substitut faible et maladif. Les remarques qui précèdent paraissent s'appliquer à la classe des Mollusques, qui, à une époque très ancienne, a atteint un haut degré d'organisation et un grand développement de formes et d'espèces chez les Céphalopodes Testacés. À chaque époque suivante, les espèces et les genres modifiés ont remplacé ceux qui étaient les premiers à s'éteindre, et en approchant de l'ère actuelle seuls quelques représentants rares et petits du groupe demeurent, tandis que les Gastéropodes et les Bivalves ont acquis une énorme prépondérance. Dans la longue série des changements que la terre a subis, le processus de son peuplement par les êtres organiques s'est sans cesse poursuivi, et chaque fois que l'un quelconque des groupes supérieurs s'est éteint en tout ou en partie, les formes inférieures qui ont mieux résisté aux conditions physiques modifiées ont servi de prototypes sur lesquels fonder les nouvelles races. C'est de cette manière seulement, croyons-nous, que peuvent s'expliquer dans

---

[201] Il n'est pas illégitime de voir dans ces remarquables aperçus de Wallace une anticipation de la loi de Cope ou « loi de non-spécialisation » (Cope, 1896), qui fut très discutée, et qui énonce comme une règle générale – mais nuancée dans ses applications – que « les types hautement développés, ou spécialisés, d'une période géologique n'ont pu être les ancêtres des types des périodes suivantes, mais que la descendance est engendrée par les moins spécialisés des âges précédents ».

tous les cas les groupes représentatifs dans les périodes successives, ainsi que les degrés gravis et descendus sur l'échelle de l'organisation. L'hypothèse de la polarité, récemment avancée par le Professeur Edward Forbes[202] pour expliquer l'abondance des formes génériques dans les périodes très anciennes et dans la période actuelle – tandis qu'il y a diminution graduelle et appauvrissement aux époques intermédiaires, jusqu'au minimum advenu à la limite des époques Paléozoïque et Secondaire –, nous paraît tout à fait inutile, car ces faits peuvent trouver une explication simple sur la base des principes qui viennent d'être exposés. Entre les périodes Paléozoïque et Néozoïque du Professeur Forbes, il y a à peine une espèce en commun, et la plupart des genres et des familles ont aussi disparu pour être remplacés par de nouveaux. Il est presque universellement admis qu'un tel changement

---

[202] Depuis la rédaction de ce qui précède, l'auteur a appris avec un sincère regret la mort de cet éminent naturaliste, dont on attendait une œuvre si importante. Ses remarques sur le présent article – un sujet à propos duquel nul n'était plus compétent pour trancher – ont été sollicitées avec le plus grand intérêt. Qui le remplacera ? [Note de Wallace.]

Edward Forbes (1815-1854), qui travailla à Édimbourg puis à Londres, spécialiste de zoologie marine (principalement des Mollusques) mais également botaniste, s'intéressait en particulier à la répartition des organismes envisagée dans son rapport avec la géologie. C'est au cours de la dernière décennie de son existence qu'il produisit ses travaux les plus originaux, interrogeant les relations croisées des trois règnes de la nature. C'est l'année même de sa mort, en 1854, qu'il publia dans les *Notices of the Proceedings of the Meetings of the Members of the Royal Institution*, I, p. 428-433, un mémoire intitulé « On the Manifestation of Polarity in the Distribution of Organized Beings in Time ». La « théorie de la polarité », qu'il y expose avec clarté, est une interprétation de l'histoire du vivant en fonction de deux grandes ères géologiques, le Paléozoïque et le Néozoïque, et de deux règnes, Végétal et Animal, représentés comme deux sphères dont les pôles extérieurs sont extrêmement différenciés et les pôles en contact extrêmement indistincts, voire confondus, correspondant à leurs régions respectives de moindre développement – le progrès des deux sphères consistant, à l'intérieur de chacune, en une différenciation de plus en plus marquée (donc s'accentuant vers les pôles extérieurs). Ainsi, le maximum de développement des types particuliers se trouve au début du Paléozoïque (Silurien, Dévonien) et à l'extrémité du Néozoïque (Crétacé, Tertiaire et Actuel), avec entre les deux des époques de chevauchement intermédiaire (Permien, Trias) caractérisées par une grande pauvreté dans la production de types génériques. Cette conception extrêmement spéculative, rattachée par Forbes à une loi de régulation inhérente au plan de la création divine, ne pouvait manquer de susciter l'ironie de Darwin et de Wallace, même si le premier, en 1844, avait cité son nom, en raison de sa connaissance de la géologie, parmi les éditeurs possibles de son *Essai sur les espèces*.

dans le monde organique a dû occuper une vaste période de temps. Nous ne possédons aucune trace de cet intervalle ; probablement parce que toute l'étendue des formations primitives aujourd'hui offertes à nos recherches s'est soulevée à la fin de la période Paléozoïque, et est demeurée ainsi durant tout l'intervalle requis par les changements organiques qui ont abouti à la faune et à la flore de la période Secondaire. Les archives de cet intervalle sont enfouies sous l'océan qui couvre les trois quarts du globe. Or il paraît hautement probable qu'une longue période de repos ou de stabilité dans les conditions physiques d'une région doit être extrêmement favorable à l'existence de la vie organique dans sa plus grande abondance, aussi bien en ce qui concerne les individus qu'en ce qui concerne la variété des espèces et des groupes génériques, exactement comme nous trouvons aujourd'hui que les lieux les mieux adaptés à la croissance et à la multiplication rapides des individus renferment aussi la plus grande profusion d'espèces et la plus grande variété de formes – les tropiques comparés aux régions tempérées et arctiques. Par ailleurs, il semble non moins probable qu'un changement dans les conditions physiques d'une région, même petit, s'il est rapide, ou graduel, s'il est de grande amplitude, serait hautement défavorable à l'existence des individus, pourrait causer l'extinction de plusieurs espèces, et serait probablement identiquement défavorable à la création de nouvelles. En cela aussi nous pouvons trouver une analogie avec l'état actuel de notre terre, car on a montré que ce sont les changements violents, rapides et extrêmes, des conditions physiques, plutôt que l'état moyen qui règne dans les zones tempérées et froides, qui rendent celles-ci moins prolifiques que les régions tropicales, comme on en trouve l'exemple dans la grande distance au-delà des tropiques jusqu'à laquelle pénètrent les formes tropicales quand le climat est égal, et aussi dans la richesse en espèces et en formes des régions montagneuses tropicales, qui diffèrent principalement de la zone tempérée par l'uniformité de leur climat. Quoi qu'il en soit, il semble convenable d'admettre que les nouvelles espèces que nous savons avoir été créées ont dû apparaître durant une période de repos géologique, que les créations ont dû dépasser en nombre les extinctions, et donc que le nombre des espèces a dû augmenter. Dans une période d'activité géologique, au contraire, il semble probable que les extinctions l'aient emporté sur les créations, et que le nombre d'espèces en conséquence ait diminué. Que ces effets aient eu lieu en relation avec les causes auxquelles nous les imputons, c'est ce que montre le cas de la formation du Charbon, dont les failles et les torsions indiquent une période de grande activité et de violentes convulsions, et c'est dans la formation qui la suit immédiatement que la pauvreté des formes de vie est la plus apparente. Il nous suffit donc de supposer une longue période occupée par une action à peu près semblable durant le grand intervalle inconnu situé à la fin de la période Paléozoïque, et ensuite une violence et une rapidité décroissantes à travers la période Secondaire, pour permettre à la terre de se repeupler graduellement de formes variées, et l'ensemble des faits se trouve expliqué. Nous tenons ainsi un fil conducteur vers l'augmentation des formes vivantes durant certaines périodes, et leur diminution durant d'autres périodes, sans recourir à d'autres causes que celles dont nous savons qu'elles ont existé, et à leurs effets légitimement déductibles. La manière précise dont se sont effectués les changements géologiques des formations anciennes est d'une obscurité si extrême que lorsque nous pouvons expliquer des faits importants tantôt par un retard, tantôt par une accélération d'un processus que nous savons irrégulier à la fois dans sa nature et dans son observation – une cause aussi simple doit sûrement être préférée à une cause aussi obscure et hypothétique que la polarité.

Je me risquerai encore à suggérer quelques arguments contre la nature même de la théorie du Professeur Forbes. Notre connaissance du monde organique au cours de quelque époque géologique que ce soit est nécessairement très imparfaite. On peut en douter si l'on considère le grand nombre des espèces et des groupes que les géologues ont découverts ; mais nous devrions comparer leur nombre non seulement avec ceux qui existent actuellement sur la terre, mais avec une quantité beaucoup plus grande[203]. Nous n'avons aucune raison de croire que le nombre d'espèces ayant vécu sur terre à une époque plus ancienne soit beaucoup moindre qu'à présent ; dans tous les cas, la portion aquatique, la plus familière aux géologues, fut probablement souvent égale ou supérieure. Or nous savons qu'il y a eu un grand nombre de changements complets dans les espèces ; de nouveaux groupes d'organismes ont été à plusieurs reprises introduits à la place d'anciens qui se sont éteints, de sorte que la quantité totale ayant existé sur la terre depuis la plus ancienne période géologique a dû atteindre environ la même proportion, comparée à

---

[203] Voir sur ce sujet un article du Professeur Agassiz dans les *Annals* pour le mois de novembre 1854. Éd. [Note du rédacteur de la revue.] L'article, alors récent, de Louis Agassiz s'intitule : « On the Primitive Diversity and Number of Animals in Geological Times ». Ce même numéro des *Annals* contient d'ailleurs une note de Wallace « On some Fishes allied to Gymnotus ».

celle qui est actuellement vivante, que celle de toute la race humaine ayant vécu sur la terre comparée à son actuelle population. En outre, à chaque époque, la terre entière a été sans nul doute, comme aujourd'hui, plus ou moins le théâtre de la vie, et à mesure que mouraient les populations successives de chaque espèce, leurs dépouilles et leurs parties conservables ont dû se déposer dans chaque portion des mers et des océans alors existants, dont nous avons des raisons de supposer qu'ils étaient plutôt plus étendus qu'à présent. Afin donc de mesurer ce que nous pouvons connaître du monde premier et de ses habitants, il nous faut comparer non pas l'étendue du champ entier de nos recherches géologiques avec la surface de la terre, mais l'étendue de la portion examinée de chaque formation prise séparément avec la terre tout entière. Par exemple, au cours de la période Silurienne, la terre tout entière était Silurienne : les animaux vivaient et mouraient, déposant plus ou moins leurs restes sur toute l'étendue du globe, et ils étaient probablement (au moins pour ce qui est des espèces) à peu près aussi variés qu'à présent suivant les différentes latitudes et longitudes. Quelle proportion atteignent les zones Siluriennes par rapport à la surface entière du globe, terres et mers (car il est probable qu'il existe au-dessous de l'océan des zones Siluriennes beaucoup plus étendues qu'au-dessus), et quelle proportion des zones Siluriennes connues a-t-elle été réellement étudiée dans ses fossiles ? Cette étendue de roche réellement accessible à l'observation formerait-elle la millième ou la dix millième partie de la surface de la terre ? Posez la même question pour ce qui concerne l'Oolithe ou le Calcaire, ou même certaines couches particulières de ces derniers lorsqu'elles diffèrent considérablement par leurs fossiles, et vous pourrez alors avoir quelque idée de la petitesse de la portion de ce tout qui nous est connue.

Mais encore plus important est le fait qu'il est probable, voire presque certain, que des formations entières contenant les archives de longues périodes géologiques sont ensevelies en totalité sous l'océan, et pour toujours hors de notre portée. La plupart des lacunes de la série géologique pourraient être comblées, et il se peut qu'un grand nombre d'animaux inconnus et inimaginables, qui pourraient aider à éclairer les affinités de nombreux groupes isolés qui sont un perpétuel casse-tête pour le zoologiste, soient ensevelis là, attendant que des révolutions futures les fassent émerger à leur tour pour fournir des matériaux d'étude à telle ou telle race d'êtres intelligents qui nous aura alors succédé.

Ces considérations nous conduisent à conclure que notre connaissance de la série complète des anciens habitants de la terre est nécessairement des plus imparfaites[204] et des plus fragmentaires – autant que le serait notre connaissance du monde organique actuel si nous étions forcés de faire exclusivement nos observations et nos collectes dans des lieux aussi limités en étendue et en nombre que ceux ouverts aujourd'hui à la collecte des fossiles. Or, l'hypothèse du Professeur Forbes est essentiellement de celles qui supposent sur une grande échelle la *complétude* de notre connaissance de la *série entière* des êtres organiques qui ont existé sur la terre. Cela paraît lui être une objection fatale, indépendamment de toute autre considération. On dira que les mêmes objections existent à l'endroit de toute théorie portant sur un tel sujet, mais ce n'est pas nécessairement le cas. L'hypothèse avancée dans le présent article ne dépend à aucun degré

---

[204] Le thème de l'imperfection du registre géologique, déjà développé par Lyell – les archives de la Terre étant un espace à la fois lacunaire du point de vue de la documentation fossile en raison des destructions, et un espace par ailleurs quasiment inexploré – est une constante chez Darwin depuis la première *Esquisse* : « L'argument précédent montrera, d'abord, que les formations sont distinctes simplement par manque de fossiles <de gisements intermédiaires>, et, deuxièmement, le fait que chaque formation soit pleine de lacunes a été avancé pour expliquer le *petit nombre* d'organismes *préservés* si on le compare à ce qui a vécu dans le monde. Le même argument exactement explique pourquoi, dans les formations plus anciennes, les organismes paraissent survenir et disparaître d'une façon soudaine – mais au tertiaire [tardif] non totalement soudaine[204], et au tertiaire tardif d'une façon graduelle – se raréfiant et disparaissant – certains ont disparu à l'époque de l'homme. Il est évident que notre théorie requiert une introduction graduelle et presque uniforme, peut-être une extermination plus soudaine – subsidence du continent de l'Australie, &c., &c. ». (éd. cit., p. 63). L'*Essay* de 1844 consacrera à ce phénomène les deux premiers chapitres (IV et V) de sa deuxième partie. *Cf.* la fin du chap. X de l'édition définitive de *L'Origine* : « Pour ma part, poursuivant jusqu'au bout la métaphore de Lyell, je regarde le registre géologique naturel comme une histoire du monde imparfaitement conservée, et écrite dans un dialecte qui change ; de cette histoire, nous possédons uniquement le dernier volume, qui concerne seulement deux ou trois pays. De ce volume, un court chapitre seulement a été préservé ici et là ; et de chaque page, seulement ici et là quelques lignes. Chaque mot de cette langue aux lents changements, dans laquelle on suppose que l'histoire est écrite, étant plus ou moins différent dans la suite interrompue des chapitres, peut représenter les formes de vie, apparemment soumises à des changements brusques, qui sont ensevelies dans nos formations successives, mais largement séparées. » Sur l'origine de cette comparaison dans les *Principles of Geology* de Lyell, on se reportera à la longue note de Francis Darwin, p. 64 de notre édition de l'*Esquisse au crayon*.

de la complétude de notre connaissance de la condition ancienne du monde organique, mais traite les faits dont nous disposons comme les fragments d'un vaste ensemble, et en déduit quelque chose au sujet de la nature et des proportions de cet ensemble que nous ne pourrons jamais connaître en détail. Elle se fonde sur des groupes de faits isolés, reconnaît leur isolement, et entreprend de déduire à partir d'eux la nature des portions intermédiaires.

Il existe une autre importante série de faits parfaitement en accord avec la loi que nous développons ici, et qui en sont même des déductions nécessaires : celle relative aux *organes rudimentaires*. Que ces derniers existent réellement, et la plupart du temps sans avoir de fonction spéciale dans l'économie animale, est un fait admis par les premières autorités en anatomie comparée. Les membres minuscules dissimulés sous la peau de nombreux lézards serpentiformes, les crochets anaux du boa constrictor, la série complète de phalanges articulées dans la nageoire du Lamantin et de la baleine, en sont quelques exemples parmi les plus familiers. Il y a longtemps que la botanique a reconnu une classe de faits semblable. On rencontre très souvent des étamines avortées, des enveloppes florales rudimentaires et des carpelles non développés. Pourquoi ces organes existent-ils ? Telle est la question qui doit naître chez tout naturaliste réfléchi. Qu'ont-ils à faire avec les grandes lois de la création ? Ne nous enseignent-ils pas quelque chose du système de la Nature ? Si chaque espèce a été créée indépendamment, et sans aucun lien nécessaire avec des espèces préexistantes, que signifient ces rudiments, ces imperfections manifestes ? Elles doivent avoir une cause ; elles doivent être les résultats nécessaires de quelque grande loi naturelle. Or, si, comme on a entrepris de le faire voir, la grande loi qui a régi le peuplement de la terre par la vie animale et végétale est que tout changement est graduel ; qu'aucune nouvelle créature n'est formée très différente de tout ce qui existait avant elle ; qu'en cela comme dans toute autre chose de la Nature il y a gradation et harmonie – alors ces organes rudimentaires sont nécessaires, et sont une partie essentielle du système de la Nature. Avant que fussent formés les Vertébrés supérieurs, par exemple, un grand nombre d'étapes furent nécessaires, et un grand nombre d'organes durent subir des modifications à partir de la condition grossière qui avait été jusque-là leur seul mode d'existence. Nous voyons encore subsister l'ébauche prototypique d'une aile adaptée au vol dans l'aileron écailleux du manchot, et des membres d'abord dissimulés sous la peau, puis se projetant faiblement à l'extérieur, furent les gradations nécessaires avant que d'autres, pleinement adaptés à la locomotion, ne fussent formés. Nous apercevrions un bien plus grand nombre de ces modifications, et verrions d'elles des séries plus complètes, si nous avions une vision de toutes les formes qui ont cessé de vivre. Les grandes lacunes qui existent entre les poissons, les reptiles, les oiseaux et les mammifères seraient alors sans nul doute comblées par des groupes intermédiaires, et l'ensemble du monde organique apparaîtrait comme un système ininterrompu et harmonieux.

Nous avons à présent montré, quoique très brièvement et d'une manière très imparfaite, comment la loi qui énonce que « *Toute espèce a pris naissance d'une manière coïncidente, dans l'espace et dans le temps, avec une espèce préexistante étroitement apparentée* » relie ensemble et rend intelligible un grand nombre de faits indépendants et jusqu'ici non expliqués. Le système naturel de classification des êtres organiques, leur répartition géographique, leur succession géologique, les phénomènes des groupes représentatifs et substitués dans toutes leurs modifications, ainsi que les particularités les plus singulières de la structure anatomique, tout cela reçoit d'elle explication et illustration, dans un parfait accord avec l'ample masse des faits rassemblés par les naturalistes modernes, et nous croyons qu'elle n'est opposée essentiellement à aucun d'entre eux. Elle revendique en outre une supériorité sur toutes les hypothèses qui l'ont précédée, en ce que non seulement elle explique, mais rend nécessaire ce qui existe. Si l'on admet cette loi, on admet en même temps que les faits les plus importants dans la Nature n'auraient pu être autrement, mais en sont presque des déductions aussi nécessaires que le sont les orbites elliptiques des planètes par rapport à la loi de la gravitation.[205]

(*Fin du mémoire de Wallace*)

---

[205] L'exemple de la loi de la gravitation servait déjà chez Darwin, en 1842, à rendre sensible la supériorité du recours aux « lois secondaires » (ou « lois de la nature ») sur le postulat d'une volition indéfiniment singulière de Dieu dans l'explication des phénomènes et mécanismes naturels : « que dirait l'Astronome de la doctrine suivant laquelle les planètes seraient mues <non pas> en vertu de la loi de la gravitation, mais parce que le Créateur a voulu que chaque planète séparée se mût sur son orbite particulière ? » (*Esquisse au crayon*, éd. cit., p. 60).

La rédaction inachevée du « Big Book »

La rencontre de Down au mois d'avril 1856, close le 28 avec le départ des derniers invités, avait donc le sens d'une confrontation préliminaire entre complices effectifs ou possibles dans la bataille de la « transmutation ». Il est probablement d'autant plus juste de la considérer comme un pas supplémentaire fait par Darwin en direction de sa résolution d'écrire la synthèse de ses conceptions, qu'il ne tardera pas – dès le 14 mai – à s'atteler à cette tâche, partant de l'*Essay* de 1844 avec l'ambition de l'enrichir considérablement. De ce livre qui ne sera jamais ni terminé ni publié, Darwin dira plus tard, dans son *Autobiographie*, qu'il devait être trois ou quatre fois plus ample que n'allait l'être *L'Origine des espèces*. Darwin y travailla presque deux années – de mai 1856[206] jusqu'à ce 18 juin 1858 où il reçut d'Indonésie le second manuscrit de Wallace. Avant de se mettre au travail, le 3 mai 1856, il écrivit à Lyell une lettre perplexe et préoccupée concernant la suggestion d'esquisser un résumé de sa théorie, conscient du fait que l'axe en devait être la sélection, et manifestement partagé entre la nécessité de devoir l'argumenter par une énorme masse de faits, et l'opportunité d'une intervention condensée et rapide, seule capable d'établir à temps sa priorité. Une phrase résume assez parfaitement l'état de sa psychologie devant cette situation : « Je déteste l'idée d'écrire en vue de la priorité, et cependant je serais certainement vexé si quelqu'un venait à publier mes doctrines avant moi ». L'idée d'écrire une « courte esquisse » – aussi impossible que la chose ait pu se révéler ensuite – n'est pas, pour lors, proscrite par Darwin, qui termine sa lettre en sollicitant même un conseil au sujet de son meilleur lieu d'édition. Cet embarras durera plusieurs jours, mais aussi bien, comme on le verra, jusqu'en juin 1858, date à laquelle il lui faudra se résoudre, sous la pression de la concurrence intensifiée de Wallace, à une inévitable brièveté. À Hooker, auquel il rend compte le 9 mai des vives injonctions de Lyell, Darwin confie son

---

[206] Le 6, Darwin lit devant la *Linnean Society* son mémoire concernant « The Action of Sea-water on the Germination of Seeds » (*Collected Papers*, I, p. 264-273), dans lequel il poursuit expérimentalement sa recherche sur les moyens de transport des graines, condition de la validation de ses hypothèses sur la répartition géographique des végétaux.

refus de publier dans un périodique et sa réticence à compromettre un éditeur en lui faisant courir un pareil risque, disant sa préférence pour un *petit ouvrage* esquissant ses idées et ses difficultés. Mais comment, si succinctement que ce soit, résumer un livre non encore rédigé ? Et comment par ailleurs alléger l'embarras éthique dans lequel le plongeait l'impression qu'il allait donner de n'écrire que pour arriver le premier ? Lyell avait anticipé la solution : Darwin devait présenter son ébauche comme publiée sur le conseil d'amis soucieux de rendre justice à un travail de dix-huit années – ce qui nous reporte à 1838, date de constitution de la théorie –, et comme ne comportant pas encore les références qui en feraient autre chose et plus que la promesse d'un ouvrage à venir. Lyell avait trouvé la formule psychologique et diplomatique qui, deux années plus tard, allait être utilisée par les trois amis pour sortir de la *même* situation, devenue seulement plus critique pour Darwin. Hooker approuva l'idée de Lyell, ce qui mit fin sans doute aux hésitations profondes de Darwin concernant la rédaction d'un « essai préliminaire », mais non à ses scrupules envers son éventuel éditeur, ni surtout à sa puissante résistance à l'idée d'une publication qui ne fût pas solidement étayée par une vaste quantité de faits précis et d'exactes références. Et, tout naturellement, ayant obtenu de Lyell l'autorisation d'exciper de sa recommandation, Darwin ne tardera pas à s'engager dans une accumulation irrépressible de matériaux relatifs à la sélection, lesquels, s'ajoutant à la masse des notes prises depuis dix-neuf ans[207], lui feront souhaiter avoir devant lui trois ou quatre années avant de publier le moindre texte. Les pentes irrésistibles de son tempérament de collecteur de faits triompheront rapidement de ses premières résolutions, comme le montre une lettre à Fox du 3 octobre 1856, dans laquelle il déclare définitivement congédié le projet d'une simple esquisse, allégée de ses références : « Je me rappelle que vous avez protesté contre le conseil de Lyell qui m'engageait à écrire une *esquisse* de ma doctrine sur les espèces. Eh bien, dès que j'eus commencé ce travail, j'en fus si peu satisfait que j'y ai renoncé, et je suis maintenant en train de rédiger mon travail aussi bien que les matériaux

---

[207] Lettre à William Darwin Fox du 14 juin 1856.

réunis depuis dix-neuf ans me le permettent, mais je n'ai pas l'intention de compléter une seule recherche en dehors du travail courant. Voilà dans quelle mesure – je n'irai pas plus loin – je suis le conseil urgent de Lyell. Vos remarques ont eu beaucoup de poids auprès de moi. À mon grand chagrin, mon livre sera fort volumineux ». Il s'en expliquera par lettre auprès de Lyell le 10 novembre, et ne changera plus sa disposition d'esprit. La gravité et le sérieux du sujet requièrent un appareil documentaire lourd, et Darwin ne se satisfait pas d'une esquisse, qu'il ne sut jamais du reste rendre aussi brillante qu'il l'aurait fallu pour concurrencer son jeune émule Wallace, qui, lui, possédait ce talent de synthèse rapide à un degré que permettent d'apprécier les deux mémoires qui inquiétèrent à juste tire celui qui aurait pu être son mentor. Le perfectionnisme documentaire compulsif de Darwin – réaffirmé d'une manière massive dans une autre lettre à Fox du 16 avril 1858 établissant une équation entre la richesse d'une recherche et les faits sur lesquels elle s'appuie – lui fera alors prévoir que l'impression de l'ouvrage achevé ne saurait avoir lieu avant deux ans – ce qui fournit une image plus réaliste de sa volonté que de ses forces.

Pendant l'élaboration de ce qui sera rédigé du *Big Book*, le principal interlocuteur de Darwin sera Hooker, auquel il communiquera des fragments et des chapitres, consultant ses avis sur la variation, le poids des conditions extérieures, la répartition géographique, la classification. Il est parfaitement clair que dans le conflit de priorité qui risque de l'opposer à Wallace, le témoignage de Hooker sera prépondérant, pouvant attester la réalité d'une confidence et d'une correspondance vieilles de plus de dix ans.[208]

La question de la gloire attachée à l'antériorité ne cessera de provoquer Darwin à un examen de conscience à travers lequel il se montrera, à l'occasion, d'une déconcertante sincérité, se reprochant parfois de n'être pas complètement indifférent à l'honneur d'attacher son nom à la nouveauté de sa découverte. Le 22 février 1857, il confie à Fox, à ce propos, le résultat de son introspection : « J'en suis arrivé à être profondément intéressé par mon sujet ; mais j'aimerais à ajouter moins d'importance à la vaine renommée,

---

[208] Lettre à Hooker du 11 janvier 1844, citée plus haut.

présente ou posthume, et qui n'a pas de valeur : j'espère pourtant que je n'y songe pas avec excès ; toutefois, si je me connais, je travaillerais autant, mais avec moins de goût, si je savais que mon livre serait à jamais publié sous le couvert de l'anonyme » – cette dernière phrase constituant une allusion probable à l'auteur inconnu et passablement maltraité des *Vestiges*.

La chronologie de la rédaction du *Big Book* est donnée par le Journal de poche de Darwin pour les années 1856-1857 et 1858 :

1856
13 oct. Fini 2e Chap. (& avant partie de Distr. Geograph.)
16 déc. " 3e Chap.

1857
26 janv. Fini Chap. 4. Var. Naturelle
3 mars. Fin. Chap. 5 Lutte pour l'Existence
31 mars fini Chap. 6 Sélection Nat.
29 sept. Fini Chap. 7 & 8 ; mais un mois perdu à Moor Park.
30 sept. – jusqu'à 29 décembre sur l'Hybridisme. –[209]

En 7 mois et demi, sans négliger ses activités académiques et en dépit d'une interruption due à son état de santé, Darwin a ainsi rédigé la presque totalité – 9 chapitres sur 10 – de ce qui subsiste aujourd'hui de son grand livre. Le chapitre sur l'instinct (chap. 10) sera rédigé au début de l'année 1858, comme l'indique le Journal de poche pour cette même année :

1858
9 mars Fini Chapitre Instinct
14 avril. Discussion sur les grands genres & les petits & sur Divergence & correction Chap. 6. (Moor Park)
14 juin Pigeons : (interrompu)

L'interruption indiquée ici est due d'abord à l'inquiétude née de la maladie de deux enfants : le petit Charles Waring, qui n'a que 18 mois, et sa sœur aînée Etty (Henrietta Emma, alors âgée de

---

[209] Les fluctuations typographiques, ici et plus bas, reproduisent exactement les irrégularités de l'original.

15 ans). Une terrible épidémie de scarlatine a frappé Downe, et aura dans la région des conséquences tragiques. C'est rempli de ce souci que Darwin devra affronter le risque accru d'être devancé par Wallace.

Il semble qu'il n'y ait guère eu de relation directe quelque peu significative entre Darwin et Wallace avant 1857. Tout au plus sait-on qu'en 1855 Darwin s'était adressé à une trentaine de correspondants séjournant dans des pays lointains pour se procurer des peaux de pigeons et de poulets, et qu'au milieu de leur liste figure « R. Wallace », ce qui indique que Darwin était parfaitement informé de sa présence, et peut-être de ses activités, dans l'archipel Malais[210]. On sait que Wallace écrivit à Darwin en octobre 1856, et que sa lettre, qui malheureusement ne fut pas conservée, évoquait certaines des questions théoriques qui les rapprochaient. Darwin lui répondit quelques jours après sa réception, le 1er mai 1857 :

Mon cher Monsieur,
    Je vous suis très obligé de votre lettre du 10 oct. expédiée des Célèbes, et reçue il y a quelques jours : dans une entreprise laborieuse, la sympathie est un encouragement réel et précieux. Par votre lettre, et même plus encore par votre mémoire dans les *Annals* il y a un an ou plus, je puis constater que nous avons pensé des choses très semblables et que jusqu'à un certain point nous sommes parvenus à des conclusions similaires. En ce qui concerne l'Article dans les *Annals*, je souscris à la vérité de presque chaque mot de votre article ; & sans doute tomberez-vous d'accord avec moi sur le fait qu'il est très rare de trouver quelqu'un qui soit aussi étroitement en accord avec un article théorique ; car il est déplorable de voir combien chaque homme tire, d'un fait qui est exactement le même, des conclusions personnelles différentes. –
    Cela fera cet été vingt ans (!) que j'ai ouvert mon premier carnet de notes sur la question de savoir comment et par quelle voie espèces & variétés diffèrent les unes des autres. – Je prépare actuellement mon ouvrage pour la publication, mais je trouve le sujet si démesurément

---

[210] Mémorandum de Darwin rédigé dans le courant du mois de décembre 1855, et retranscrit dans la *Correspondence*, vol. 5, p. 510-511.

vaste, que bien qu'ayant écrit nombre de chapitres, je n'imagine pas devoir l'envoyer à l'impression avant deux ans. –

Je n'ai jamais eu aucun écho du temps que vous comptez passer dans l'Archipel Malais ; je souhaite pouvoir profiter ici de la publication de vos voyages avant que ne paraisse mon ouvrage, car il ne fait aucun doute que vous ne récoltiez une ample moisson de faits. – J'avais déjà suivi votre recommandation de tenir à part les variétés domestiques & celles qui apparaissent à l'état de nature ; mais j'ai parfois douté d'avoir agi sagement, et suis donc heureux d'être soutenu par votre opinion. – Je confesse toutefois que je doute un peu de la vérité de la doctrine, aujourd'hui prédominante, suivant laquelle tous nos animaux domestiques seraient issus de plusieurs souches sauvages, bien qu'il en soit sans doute ainsi dans certains cas. – Je pense qu'il y a de bien meilleurs témoignages sur la stérilité des Animaux hybrides que vous ne semblez l'admettre : & pour ce qui concerne les Plantes la collection de faits soigneusement enregistrés par Kölreuter & Gærtner (& Herbert) est *énorme*.

Je suis entièrement d'accord avec vous sur le peu d'effets des « conditions de climat », que l'on voit invoquées *ad nauseam* dans tous les Livres ; je suppose que l'on peut attribuer un très petit effet à ces influences, mais je suis persuadé qu'elles n'agissent que très légèrement. – Il est réellement *impossible* dans le cadre d'une lettre d'expliquer mes vues sur les causes & les moyens de la variation à l'état de nature ; mais je suis parvenu lentement à adopter une idée distincte et tangible. – Vraie ou fausse, d'autres en jugeront ; car la plus ferme conviction en faveur de la vérité d'une doctrine, lorsqu'elle est le fait de son auteur, ne semble pas être, hélas, la plus légère garantie de vérité. –

La seconde partie de la lettre est consacrée à l'évocation de questions zoologiques, Darwin se référant à son ancienne demande concernant poulets et pigeons, signalant l'envoi de dépouilles de ces oiseaux – et de chats – par le rajah James Brooke (1803-1868), et n'hésitant pas à adresser à son correspondant de nouvelles demandes d'information formulées à partir de la lecture du premier récit de voyage de Wallace[211]. Hormis l'aveu de sa préoccupation

---

[211] A.R. Wallace, *A Narrative of Travels on the Amazon and Rio Negro, with an Account of the Native Tribes, and Observations on the Climate, Geology, and Natural History of the Amazon Valley*, London, Reeve & Co., 1853.

au sujet des moyens de diffusion des formes vivantes sur les îles océaniques et de sa « grande perplexité » devant les Mollusques terrestres, Darwin ne dévoile rien d'essentiel dans cette lettre, écrite alors qu'il se trouve en cure, et dont il relève lui-même, comme à son habitude, le manque d'éclat. L'impossibilité qu'il invoque – et qu'il relie aux limites ordinaires d'une lettre – au sujet de l'explication développée de sa théorie de la variation (façon déguisée de désigner sa théorie de la formation des espèces à partir des variétés), n'existera plus quelques mois plus tard, le 5 septembre, lorsqu'il s'adressera à Asa Gray pour lui exposer les grandes lignes de sa théorie[212], tant il est vrai qu'il est moins risqué de se confier à un éventuel contradicteur qu'à un concurrent dans la découverte et la formulation d'une idée partagée.

Darwin poursuivra parallèlement sa correspondance avec Wallace, qu'il apprendra à connaître mieux à travers elle, et pour lequel il ressentira une estime inévitablement sincère. Tout en se gardant toujours de dévoiler les articulations majeures de la théorie sélective, Darwin, dans une lettre du 22 décembre 1857, rassurera son cadet sur l'attention suscitée par son mémoire de 1855, évoquant avec une parfaite exactitude les remarques incitatives qui lui furent adressées à son propos par Lyell et par Blyth. Cette lettre contient trois éléments qui méritent d'être signalés. Le premier, au début du message, est un éloge de la méthode suivie par Wallace et souligne une communauté générale de perspective : « Je suis extrêmement heureux d'apprendre que vous étudiez la répartition en suivant des idées théoriques. Je suis fermement persuadé que sans spéculation il n'y a d'observation ni bonne, ni originale ». Le deuxième

---

[212] Cet extrait, que nous traduisons plus loin, constituera le second fragment de Darwin présenté devant la *Linnean Society of London* le 1er juillet 1858 lors de la communication des textes de Darwin et de Wallace au sujet de leur découverte commune, et vaudra comme preuve supplémentaire de la priorité de Darwin. Ce texte constituant une annexe indépendante de la lettre de septembre adressée à Gray, il est permis de penser que Darwin ait pu avoir en l'écrivant, en lui donnant ce statut détachable et en la faisant en outre copier avec soin – et bien que ce fût une habitude couramment liée à la nécessaire remise en « mémoire » de toute correspondance scientifique quelque peu abondante –, l'intention de s'en servir plus tard comme d'un document susceptible d'attester l'antériorité de ses conceptions sur celles de tout autre naturaliste éventuellement concurrent.

marque un accord fondamental avec le mémoire de 1855, mais sur la base d'un dépassement de ses conclusions : « Bien qu'étant d'accord avec vous sur les conclusions que vous donnez dans cet article, je crois que je vais beaucoup plus loin que vous ; mais entrer dans mes notions spéculatives serait entrer dans un trop long sujet – ». L'attitude de Darwin dans ce rapport unique à Wallace est ici rendue infiniment claire par sa réitération même : constante dans l'éloge et l'encouragement, elle est en même temps absolument rétentive par rapport à toute explication développée, et laconiquement indicative d'une avance (présentée à la fois comme antériorité temporelle – « plus ou moins vingt ans », écrit-il alors – et comme surplus de hardiesse théorique) dans l'interprétation. Le troisième élément est une réponse apportée à une question contenue dans la lettre (27 septembre) de son correspondant : « Vous me demandez si je discuterai de "l'homme" ; – je pense que j'éviterai l'ensemble du sujet, qui est environné de tant de préjugés, bien que j'admette pleinement qu'il est le problème le plus élevé et le plus intéressant pour le naturaliste ». Cette résolution – qui indique que le mobile de la « prudence », qui sera fortement thématisé plus tard au cœur d'une correspondance avec Lyell sur le même sujet, est une réalité permanente chez Darwin – tiendra jusqu'en 1871, date à laquelle paraîtra enfin *La Filiation de l'Homme*.

Wallace 1858 et la présentation académique de juillet

Le 18 juin 1858, à Down, Darwin reçoit de Wallace, qui poursuit son exploration des îles d'Océanie, une lettre accompagnant un essai de quelques pages dont le contenu cette fois n'autorise plus aucun doute sur le fait qu'un autre naturaliste, son cadet de quatorze ans, est bel et bien parvenu, indépendamment de lui et en suivant la logique de ses propres recherches, à une conclusion similaire au sujet du mécanisme qui gouverne la transformation des espèces. Wallace a rédigé ce mémoire sur l'île de Ternate, dans l'archipel indonésien des Moluques, l'une des étapes du second et long voyage scientifique qu'il a entrepris en 1854, deux années seulement après son retour difficile d'Amazonie, marqué par un naufrage et la perte quasi totale de ses notes et de ses collections.

La lettre introductive de Wallace n'a pas été retrouvée, mais on en connaît la substance par son auteur lui-même :

« Je lui [ce « lui » désigne Darwin] écrivis une lettre dans laquelle je disais mon espoir que cette idée serait pour lui aussi neuve qu'elle l'était pour moi, et qu'elle fournirait le facteur manquant pour expliquer l'origine des espèces. Je lui demandais s'il la jugerait assez importante pour être montrée à *Sir* Charles Lyell, qui avait eu si haute idée de mon précédent article ».[213]

Le jour même, Darwin, se conformant avec diligence à ce qui lui était demandé, fait parvenir l'essai à Lyell. La lettre qu'il joint à cet envoi, et qui rend un hommage chagriné à la justesse de l'avertissement formulé auparavant par ce dernier au sujet de la menace pesant sur sa priorité, contient une reconnaissance non équivoque de la coïncidence exceptionnelle des idées de Wallace avec les siennes, et un témoignage de la probité foncière dont il a résolu de faire preuve, nonobstant une indiscutable antériorité, envers un jeune naturaliste qui l'honore depuis plusieurs années de son admiration et de sa confiance :

Mon cher Lyell,

Il y a un an à peu près, vous m'avez recommandé de lire un article publié par Wallace dans les Annales[214], qui vous avait intéressé, ce dont je lui fis part dans un courrier, sachant quel grand plaisir cela serait pour lui. Il m'envoie aujourd'hui le document ci-joint et me prie de vous le faire suivre. Il me semble bien mériter d'être lu. Vous m'aviez prédit que je serais devancé et cela s'est diablement vérifié. C'était lorsque, ici même, je vous ai exposé très brièvement mes vues sur la « sélection naturelle » dépendant de la Lutte pour l'existence. – Je n'ai jamais vu coïncidence plus frappante. Si Wallace avait eu mon esquisse manuscrite de 1842, il n'aurait pu en faire un meilleur résumé.

---

[213] Alfred Russel Wallace, *My Life: A Record of Events and Opinions*, London, Chapman & Hall, 2 vol., 1905. Vol. I, p. 363. L'article dont il est question est celui qu'ont publié, sous le titre de « On the Law which has Regulated the Introduction of New Species », les *Annnals and Magazine of Natural History*, 2ᵉ série, 16, 1855, p. 184-196, dont nous avons donné plus haut la traduction.

[214] *Annals and Magazine of Natural History*, 1855, ouv. cit.

Même les termes qu'il emploie constituent aujourd'hui les Titres de mes Chapitres.

Retournez-moi, s'il vous plaît, le manuscrit, dont il ne dit pas s'il souhaite que je le publie ; mais je vais bien entendu lui écrire immédiatement et lui offrir de l'envoyer à un Journal. Ainsi toute mon originalité, quel qu'en puisse être le montant, sera réduite en miettes. Mon Livre toutefois n'en perdra pas sa valeur, s'il en a quelqu'une ; car tout le travail consiste dans l'application de la théorie.

J'espère que vous approuverez l'esquisse de Wallace, et que je pourrai lui faire part de ce que vous en direz.

        Mon cher Lyell,
        Votre très dévoué,

        C. Darwin

Cette lettre, jointe à un envoi transmis aussitôt que reçu, peut témoigner à elle seule de la rigueur intellectuelle et éthique de Darwin, pour qui une communication à Lyell, autorité morale aussi bien que scientifique et institutionnelle, équivaut potentiellement à une mise en circulation des idées de Wallace dans le monde savant en lieu et place des siennes, en faveur desquelles il avait choisi l'étayage assurément plus long d'un livre puissamment documenté. En même temps toutefois, et tout en répondant avec un parfait scrupule à la demande de Wallace, Darwin s'adresse sur un plan personnel à une autorité dont il n'a plus depuis longtemps à requérir la bienveillance ni l'intérêt. Lyell est certes un aîné – d'une douzaine d'années, ce qui le place par rapport à Darwin dans une posture à peu près comparable à celle qu'occupe ce dernier par rapport à Wallace –, mais c'est aussi et surtout un confident, un maître bienveillant et un ami, et se montrer capable à ses yeux de renoncer à l'honneur d'une priorité qu'un tel allié l'avait adjuré de rendre au plus vite officielle ne pouvait avoir d'autre effet que d'engager celui-ci à en être le témoin devant la communauté des savants et devant l'histoire. Si l'attitude de Darwin envers son jeune concurrent est absolument irréprochable, sa propre abnégation sur la question de la priorité est de l'ordre du scrupule moral, du sacrifice et de la générosité, *et non de la justice*, ce qui appelle implicitement le rétablissement de celle-ci – et nul n'était mieux disposé à la rétablir en faveur de Darwin que celui-là même auquel Wallace avait dessein de s'adresser par son intermédiaire. C'est très précisément ce à quoi s'attachera Lyell qui, tout en annotant le texte de Wallace et en le retournant à Darwin – accompagné d'une lettre à l'auteur – pour retransmission à ce dernier, ne perdra pas de vue la reconnaissance due à son ami au regard d'une équité fondée sur la simple chronologie de la découverte.

Pendant toute la semaine qui suivra le courrier du 18 juin, rien d'explicite ne trahira, dans ce qui nous est parvenu du courrier de Darwin à l'adresse d'autres destinataires, le moindre souci ni la moindre contrariété. L'affaire demeure étroitement confidentielle, ce qui témoigne silencieusement de son importance. Si l'on se borne aux lettres conservées de cette courte période, l'événement ne peut être reconstitué qu'à partir de ce qu'évoquent les échanges intensifiés avec Lyell. Et c'est très naturellement à ce dernier que Darwin confiera, le 25 juin, l'objet de sa préoccupation :

> Mon cher Lyell,
>
> J'ai infiniment de peine à vous déranger, occupé comme vous l'êtes, pour une affaire qui ne concerne que moi. Mais si vous voulez bien me donner votre opinion réfléchie, vous me rendrez le plus grand service qu'un homme puisse me rendre, car j'ai une confiance entière en votre jugement et en votre sens de l'honneur. –
>
> Je n'aurais pas dû envoyer votre lettre [il s'agit de la lettre de Lyell répondant à la demande d'avis de Wallace. *P. Tort*] sans réfléchir davantage, car je suis à présent complètement bouleversé, et vous écris en ce moment pour chasser durablement ce sujet de ma tête. Mais je confesse qu'il ne m'est jamais venu à l'esprit, comme cela aurait dû, que Wallace pourrait faire quelque usage de votre lettre.
>
> Il n'y a rien dans l'esquisse de Wallace qui n'ait été développé beaucoup plus au long dans mon esquisse copiée en 1844, & lue par Hooker il y a environ douze ans. Il y a à peu près un an, j'ai envoyé à Asa Gray une brève esquisse de mes vues, dont j'ai une copie (du fait de notre correspondance sur différents points), de telle sorte que je pourrais dire et prouver avec la plus grande vérité que je n'emprunte rien de Wallace. Je serais *extrêmement* heureux de publier *maintenant* une esquisse de mes vues générales en une douzaine de pages environ. Mais je ne parviens pas à me persuader que je puisse le faire

honorablement. Wallace ne dit rien au sujet d'une publication, & je vous joins sa lettre. – Mais comme je n'avais pas l'intention de publier la moindre esquisse, puis-je le faire honorablement dès lors que Wallace m'a envoyé une ébauche de sa doctrine ? – Je brûlerais mon livre tout entier bien plutôt que de laisser penser, à lui ou à qui que ce soit, que j'ai agi dans un esprit mesquin. Ne pensez-vous pas que l'envoi qu'il m'a fait de cette esquisse me lie les mains ? Je ne crois pas le moins du monde qu'il ait tiré ses vues de quelque chose que je lui aurais écrit.

Si je pouvais publier honorablement, je déclarerais que j'ai été amené aujourd'hui à publier une esquisse (& je serais très heureux qu'il me fût permis de dire que je suis en cela l'avis que vous m'avez donné il y a longtemps) par le fait que Wallace m'a envoyé une ébauche de mes conclusions générales. – Nous différons seulement en ce que j'ai été conduit à mes vues par ce que la sélection artificielle a fait pour les animaux domestiques. J'enverrais à Wallace une copie de ma lettre à Asa Gray pour lui montrer que je n'ai pas volé sa doctrine. Mais je ne puis dire si publier maintenant ne serait pas vil et mesquin : cela fut ma première impression, & j'aurais certainement agi selon, s'il n'y avait eu votre lettre. –

J'ai scrupule à vous déranger avec ces futilités ; mais vous ne sauriez dire combien je vous serais obligé de recevoir votre avis. –

À ce propos, verriez-vous une objection à me le faire parvenir, avec votre réponse à Hooker, car alors j'aurais l'opinion de mes deux meilleurs et plus chers amis. – Cette lettre est misérablement écrite et, si je l'écris maintenant, c'est que j'entends bannir un temps tout ce sujet de mon esprit. Et je suis las d'y songer.

Je crains que nous n'ayons un cas de fièvre scarlatine à la maison avec Bébé. – Etty est faible, mais se remet. –

Mon cher et bon ami, pardonnez-moi. – Ceci est une lettre futile dictée par des sentiments futiles.

Votre très dévoué
C. Darwin

Je ne vous importunerai plus, ni vous ni Hooker, avec ce sujet. –

Cette lettre, que Francis Darwin, dans son recueil, amputera avec pudeur de la mention des maladies familiales – Darwin ignore encore que son dernier-né, le petit Charles Waring, âgé d'un an et demi, ne survivra que trois jours –, est pleine d'indications factuelles et psychologiques qui éliminent tout soupçon de stratagème indigne de la part de son rédacteur. Darwin est certes soucieux de perdre le bénéfice de son indiscutable antériorité, mais l'est plus encore de paraître y tenir au point d'éclipser le travail d'un confrère qui lui a témoigné sa confiance, ou encore de paraître changer de résolution en succombant à une précipitation née de la simple rivalité[215]. On apprend successivement l'existence des deux lettres de Lyell (à Wallace et à Darwin) réagissant à la transmission du mémoire de Wallace ; l'envoi à Lyell, dans un second temps, de la lettre d'accompagnement de Wallace (qui servira en fait d'autorisation de publication pour le texte de ce dernier) ; l'existence de la lettre à Asa Gray ; la lecture qu'avait faite Hooker, au début de 1847[216], de l'*Esquisse* de 1844 – et l'on apprend aussi que le plus proche ami de Darwin, ce même Hooker, a été informé de la situation et a écrit à Lyell, qui lui a répondu. En l'espace d'une semaine, les trois éminents amis ont eu de toute évidence des échanges de courrier rapides et soutenus autour d'une question qui semble les requérir plus que ne le pourrait faire une question « mesquine » de vanité d'auteur. Au cours de ces échanges, une décision tactique a dû être prise, des contacts institutionnels noués, une opportunité trouvée, une forme de présentation choisie, une date retenue et fixée.

Le tourment causé à Darwin par la réaction possible de Wallace le porte toutefois dès le lendemain (26 juin 1858) à adresser un complément de réflexion à Lyell :

Mon cher Lyell,

Pardonnez-moi d'ajouter un P.S. pour argumenter dans cette affaire aussi fortement que possible contre mes intérêts.

---

[215] Le souci de l'opinion d'autrui occupera une position centrale dans la théorie darwinienne de l'émergence de la morale dans l'état de civilisation, telle que l'exposeront plusieurs chapitres de *La Filiation de l'Homme* en 1871. Darwin en donne ici, dès 1858, un aperçu convaincant.

[216] Cette date approximative est livrée par une lettre de Darwin à Hooker du 8 février 1847, qui déclare incidemment : « Je ne sais guère quand je viendrai passer une matinée à Kew pour écouter ce que vous avez à dire à propos de mon esquisse sur les espèces » (*Correspondence*, vol. 4, p. 11). La présentation devant la *Linnean Society* préférera déclarer que Hooker avait lu la copie du manuscrit dès 1844, ce qui était évidemment invérifiable pour l'assistance.

Wallace pourrait dire : « Vous n'aviez pas l'intention de publier un résumé de vos vues jusqu'à ce que vous receviez ma communication ; est-il honnête de tirer un avantage du fait que, sans toutefois qu'il y ait eu demande de votre part, je vous aie librement communiqué mes idées, et de m'empêcher ainsi de vous devancer ? » L'avantage que j'en tirerais serait d'avoir été conduit à publier par ma connaissance privée du fait que Wallace est sur les rangs. Il me semble dur de devoir être ainsi poussé à perdre ma priorité, qui a de nombreuses années, mais je ne puis aucunement me sentir assuré de ce que cela change quelque chose à la justice du cas. Les premières impressions sont justes en général, & d'emblée j'ai pensé qu'il ne serait pas honorable pour moi de publier maintenant. –

Votre très dévoué
C. Darwin

Un post-scriptum, de nouveau supprimé par Francis Darwin, évoque plus longuement l'état de santé des deux enfants – Etty est atteinte de diphtérie –, et l'espoir conservé qu'il ne s'agisse pas, dans le cas du plus jeune, de la scarlatine, qui a déjà tué trois enfants du village et en a conduit d'autres, dans de terribles souffrances, « aux portes de la mort »[217]. Cet espoir durera jusqu'au 27, et ne sera véritablement balayé par l'évidence qu'en cette veille du décès de l'enfant, qui surviendra dans la soirée du 28.

Le lendemain, mardi 29 juin, Darwin annonce aux Hooker la perte du petit Charles Waring, évoquant « son pauvre petit visage innocent » et « sa douce expression dans le sommeil de la mort ». L'enfant, âgé d'à peine plus de dix-huit mois, semble avoir été victime d'un retard marqué du développement cérébral, langagier et moteur, et sa description *post mortem* par son père[218], concordant avec d'autres témoignages familiaux, évoque à plusieurs égards le portrait d'un enfant trisomique – diagnostic qui paraît aujourd'hui confirmé. Il était profondément aimé de ses parents, et sa perte dut inévitablement réveiller chez Darwin l'irréparable chagrin causé en lui par la mort d'Annie en 1851. Le billet annonçant

---

[217] Six enfants seront morts de la scarlatine à Down lorsque Darwin écrira à Hooker, depuis l'île de Wight, le 30 juillet 1858.
[218] *Charles Darwin's Memorial of Charles Waring Darwin*, 2 juillet 1858. Texte publié dans *Correspondence*, vol. 7, Appendix V, p. 521.

ce décès comporte également quelques lignes accusant réception des « lettres » rédigées par Hooker et Lyell – consignant leur témoignage en faveur de sa priorité – et les remerciant tous deux pour leur bonté à son égard. Il déclare qu'il lui est facile de se procurer une copie de sa Lettre à Asa Gray, qu'il juge cependant trop courte.

Dans la soirée, Darwin, malgré sa « prostration », doit de nouveau reprendre la plume pour répondre à la demande urgente, que lui adresse Hooker, des documents propres à instruire le dossier que ses deux amis ont décidé de soumettre au plus vite à la *Linnean Society* :

> Mon cher Hooker,
>
> Je viens à l'instant de lire votre lettre, & je vois que vous avez besoin des documents tout de suite. Je suis complètement prostré & ne puis rien faire, mais j'envoie Wallace & l'extrait de ma lettre à Asa Gray, qui donne fort imparfaitement et *seulement* les moyens du changement des espèces & ne touche pas aux raisons qu'il y a de croire qu'elles changent. Je crois bien que tout cela vient trop tard. Je ne m'en soucie guère. –
>
> Mais vous êtes trop généreux de sacrifier tout ce temps et toute cette bonté. – C'est extrêmement généreux, extrêmement bon. J'envoie l'esquisse de 1844 *seulement* pour que vous puissiez vérifier, en reconnaissant votre propre écriture, que vous l'avez bien lue. –
>
> Je ne puis réellement y jeter les yeux. – N'y gaspillez pas trop de temps. Il est misérable que je me soucie le moins du monde de priorité. –
>
> La table des matières vous montrera ce que c'est. Je devrais faire une esquisse semblable, mais plus courte et plus précise, pour le *Linnean Journal*. – Je ferai ce qu'on me demandera.

La présentation, devant la *Linnean Society of London*, des communications conjointes de Darwin et de Wallace aura lieu, en l'absence des deux auteurs – Wallace se trouve alors à Bornéo –, au soir du surlendemain, le 1er juillet 1858, ce qui donne une idée de l'étonnante rapidité et du poids institutionnel de Lyell et de Hooker, signataires ensemble de la lettre-préface, datée du 30 juin, qui sert d'introduction aux documents produits. Nous traduirons ici cet ensemble, tel qu'il figure dans le *Journal of the Proceedings of the Linnean Society of London, Zoology*, p. 46-50, sans le fragmenter. L'ensemble de cette communication a été lu par le secrétaire de la Société, John Joseph Bennett (1801-1876), botaniste et secrétaire du célèbre Robert Brown (1773-1858), décédé trois semaines auparavant, et dont Darwin avait été un familier.

Sur la tendance des espèces à former des variétés ; et sur la perpétuation des variétés et des espèces par le moyen naturel de la sélection. Par Monsieur CHARLES DARWIN, F.R.S., F.L.S., & F.G.S., et Monsieur ALFRED WALLACE. Communiqué par *Sir* CHARLES LYELL, F.R.S., F.L.S., et Monsieur J.D. HOOKER, V.P.R.S., F.L.S., &c.
[Lu le 1er juillet 1858]

Londres, 30 juin 1858

« MON CHER MONSIEUR, –

Les documents ci-joints, que nous avons l'honneur de communiquer à la *Linnean Society*, et qui tous ont trait au même sujet, savoir : les Lois qui affectent la Production des Variétés, des Races et des Espèces, contiennent les résultats des recherches de deux infatigables naturalistes, M. Charles Darwin et M. Alfred Wallace.

Ces messieurs ayant, indépendamment et à l'insu l'un de l'autre, conçu la même théorie, fort ingénieuse, pour expliquer l'apparition et la perpétuation des variétés et des formes spécifiques sur notre planète, peuvent tous deux revendiquer à juste titre le mérite d'être des penseurs originaux dans cette importante voie de recherche ; mais aucun des deux n'ayant rendu ses vues publiques, bien que M. Darwin ait été il y a des années, à plusieurs reprises, pressé par nous de le faire, et les deux auteurs ayant aujourd'hui remis leurs documents sans restriction aucune entre nos mains, nous estimons que ce serait servir au mieux les intérêts de la science que d'en présenter des extraits choisis devant la Société linnéenne.

Pris dans l'ordre de leurs dates, ils se composent comme suit :

I.   Extraits d'un ouvrage manuscrit sur les Espèces, par M. Darwin, ébauché en 1839 et copié en 1844, date à laquelle la copie a été lue par le Dr Hooker, et son contenu transmis après cela à *Sir* Charles Lyell. La première Partie est consacrée à « La Variation des êtres organiques à l'état domestique et à l'état naturel » ; et le deuxième chapitre de cette Partie, dont nous proposons de lire à la Société les extraits rapportés ici, est intitulé : « Sur la variation des êtres organiques à l'état de nature ; sur les moyens naturels de la sélection ; sur la comparaison des races domestiques et des espèces proprement dites ».

II. Un extrait d'une lettre privée adressée au Professeur Asa Gray, de Boston, U.S., en octobre [*sic*. En fait, septembre. Voir plus bas. *P. Tort*] 1857, par M. Darwin, dans laquelle il réitère ses vues, et qui montre que ces dernières sont demeurées inchangées de 1839 à 1857.

III. Un Essai de M. Wallace intitulé « Sur la tendance des variétés à s'écarter indéfiniment du type originel ». Il a été écrit à Ternate en février 1858, pour être soumis à l'examen de son ami et correspondant M. Darwin, à qui il a été envoyé avec le souhait exprès qu'il fût transmis à *Sir* Charles Lyell, si M. Darwin l'estimait suffisamment nouveau et intéressant. M. Darwin apprécia à un tel degré les vues qui y étaient avancées qu'il proposa, dans une lettre à *Sir* Charles Lyell, d'obtenir le consentement de M. Wallace à ce que cet Essai fût publié dès que possible. Nous approuvâmes hautement cette démarche, à condition que M. Darwin ne dissimulât pas au public, comme il inclinait fortement à le faire (au bénéfice de M. Wallace), le mémoire qu'il avait écrit pour sa part sur le même sujet, mémoire que l'un de nous, comme on l'a déjà déclaré, avait déjà examiné en 1844, et des contenus duquel nous étions instruits l'un et l'autre depuis des années. Nous fîmes ces représentations à M. Darwin, et il nous donna autorisation pour faire de son mémoire l'usage que nous estimerions approprié, &c. ; et en adoptant notre présente conduite, qui est de le présenter à la Société linnéenne, nous lui avons expliqué que nous devions prendre en considération non seulement la place relative de lui-même et de son ami sur le plan des droits de priorité, mais les intérêts de la science en général ; car nous sentons qu'il est souhaitable que des vues fondées sur une vaste déduction à partir des faits, et mûries par des années de réflexion, constituent sans plus attendre un aboutissement dont d'autres puissent partir, et que, tandis que le monde scientifique attend la parution de l'ouvrage complet de M. Darwin, certains des résultats principaux de ses travaux, aussi bien que de ceux de son talentueux correspondant, soient présentés ensemble devant le public.

Nous avons l'honneur d'être vos très dévoués,
CHARLES LYELL
JOS. D. HOOKER
J.J. Bennett, Esq., Secrétaire de la Société linnéenne.

I. *Extrait d'un ouvrage non publié sur les espèces*, par C. DARWIN, Esq., *consistant en une portion d'un chapitre intitulé « Sur la variation des êtres organiques à l'état de nature ; sur les moyens naturels de la sélection ; sur la comparaison entre races domestiques et espèces proprement dites ».*

De Candolle, dans un passage éloquent, a déclaré que toute la nature est en guerre, un organisme avec un autre, ou avec la nature extérieure. Si l'on contemple la face riante de la nature, on pourra bien, tout d'abord, en douter ; mais la réflexion nous prouvera inévitablement que c'est vrai. La guerre, cependant, n'est pas constante, mais revient à un faible degré à de courts intervalles, et plus rigoureusement parfois à des intervalles plus longs ; et dès lors ses effets passent aisément inaperçus. C'est la doctrine de Malthus appliquée dans la plupart des cas avec une forcé décuplée. Comme sous tout climat il y a, pour chacun de ses habitants, des saisons de plus ou moins grande abondance, tous se reproduisent annuellement ; et la contrainte morale qui, à quelque faible degré, freine l'accroissement de l'humanité, manque entièrement. Même l'espèce humaine, qui se reproduit lentement, a doublé en vingt-cinq ans ; et si elle pouvait accroître sa nourriture avec plus de facilité, elle doublerait en moins de temps encore. Mais pour les animaux, qui sont dépourvus de moyens artificiels, la quantité de nourriture pour chaque espèce devrait, *en moyenne*, rester constante, tandis que l'accroissement de tous les organismes tend à être géométrique, et, dans une vaste majorité de cas, à atteindre un taux énorme. Supposons que dans un certain lieu il y ait huit couples d'oiseaux, et que *seulement* quatre d'entre eux élèvent chaque année (en incluant dans ce compte les couvées doubles) seulement quatre petits, et que ces derniers élèvent à leur tour des petits suivant le même taux, alors, au bout de sept ans (ce qui est, mis à part les cas de mort violente, une vie brève pour un oiseau), il y aura 2048 oiseaux pour les seize qu'il y avait à l'origine. Comme cet accroissement est tout à fait impossible, nous devons en conclure soit que les oiseaux n'élèvent pas près de la moitié de leurs petits, soit que la durée de vie moyenne d'un oiseau, pour des causes accidentelles, n'atteint pas les sept ans. Les deux freins sont probablement convergents. Le même genre de calcul appliqué à toutes les plantes et à tous les animaux fournit des résultats plus ou moins frappants, mais dans très peu de cas plus frappants que chez l'homme.

De nombreuses illustrations pratiques de cette tendance à l'accroissement rapide ont été enregistrées, parmi lesquelles figure, au cours de saisons particulières, la multiplication extraordinaire de certains animaux ; par exemple, au cours des années 1826 à 1828, à La Plata, lorsque quelques millions de bovins périrent de la sécheresse, le pays tout entier *grouillait* littéralement de souris. Or je pense qu'il est hors de doute que durant la saison de reproduction toutes les souris (à l'exception de quelques mâles ou femelles en excédent) s'accouplent ordinairement, et donc que cet accroissement ahurissant durant trois années doit être attribué à la survie d'un nombre plus élevé que de coutume la première année, puis à leur reproduction, et ainsi de suite jusqu'à la troisième année, qui vit leur population se réduire et retrouver leurs limites habituelles lors du retour du temps pluvieux. Là où l'homme a introduit des plantes et des animaux sur un territoire nouveau et favorable, il y a foule de récits racontant la façon surprenante dont en peu d'années le pays en a été rempli. Cet accroissement a dû être nécessairement stoppé dès que le pays fut entièrement rempli ; et pourtant nous avons toute raison de croire, d'après ce que nous savons des animaux sauvages, que *tous* ont dû s'accoupler au printemps. Dans la majorité des cas il est extrêmement difficile d'imaginer sur quoi s'exerce l'action du frein – c'est toutefois en général, sans aucun doute, sur les graines, les œufs et les petits ; mais si nous nous rappelons combien il est impossible, même dans l'espèce humaine (que nous connaissons beaucoup mieux que n'importe quel autre animal), de dire à partir d'observations contingentes répétées quelle est la durée moyenne de la vie, ou de découvrir les différents pourcentages de décès par rapport aux naissances dans différents pays, nous ne devrions pas être surpris de notre incapacité de découvrir ce sur quoi s'exerce le frein à la reproduction chez un animal ou une plante quelconque. Il faudrait toujours se rappeler que dans la plupart des cas l'action des freins revient chaque année à un degré réduit, régulier, et à un degré extrême durant les années exceptionnellement froides, chaudes, sèches ou pluvieuses, selon la constitution de l'être en question. Réduisons du plus infime degré l'action d'un frein quelconque, et les capacités d'accroissement géométrique propres à tout organisme accroîtront presque instantanément le nombre moyen des représentants de l'espèce favorisée. La nature peut être comparée à une surface sur laquelle reposent dix mille coins bien affilés se touchant les uns les autres et enfoncés à l'intérieur par des coups incessants. Comprendre pleinement ces vues requiert une abondante réflexion. Il faudrait étudier le propos de Malthus sur l'homme ; et l'on devrait considérer avec soin tous les cas semblables à ceux des souris de La Plata, des bœufs et des chevaux lorsqu'ils furent pour la première fois implantés en Amérique du Sud, des oiseaux d'après notre calcul, &c. Réfléchir sur l'énorme capacité de multiplication *inhérente et annuellement agissante* chez tous les animaux ; réfléchir sur les innombrables graines dispersées par une centaine de procédés ingénieux, année après année, sur toute la surface des terres ; et pourtant nous avons toute raison de supposer que le pourcentage moyen de chacun des habitants d'un pays demeure ordinairement constant. N'oublions pas enfin que ce nombre moyen d'individus (les conditions extérieures restant les mêmes) dans chaque pays est maintenu par les luttes récurrentes contre d'autres espèces ou contre la nature extérieure (comme sur les limites des régions arctiques, où le froid est un obstacle à la vie), et qu'ordinairement chaque individu, dans toute espèce, tient sa place, que ce soit par sa propre lutte et sa propre capacité d'acquérir sa nourriture à une certaine époque de sa vie, depuis le stade de l'œuf ; ou que ce soit par la lutte de ses parents (chez les organismes à vie courte, si l'obstacle principal survient à de plus longs intervalles) avec d'autres individus de la *même* espèce ou d'espèces *différentes*.

Mais supposons que les conditions extérieures d'un pays se modifient. Si cette modification est mineure, les proportions relatives des habitants seront dans la plupart des cas simplement légèrement changées ; mais supposons que le nombre d'habitants soit réduit, comme sur une île, que le libre accès à partir d'autres régions y soit limité, et que le changement des conditions continue à progresser (formant de nouvelles stations), dans un tel cas les habitants originels devraient cesser d'être aussi parfaitement adaptés aux conditions changées qu'ils l'étaient à l'origine. On a montré dans une partie antérieure de cet ouvrage que de tels changements des conditions extérieures, en agissant sur le système reproducteur, conduiraient probablement l'organisation des êtres les plus affectés à devenir, comme sous l'action de la domestication, plastique. Or peut-on douter, considérant la lutte que chaque individu doit mener pour obtenir sa subsistance, que chaque minuscule variation dans la structure, les habitudes ou les instincts améliorant l'adaptation de cet individu aux nouvelles conditions, ait une influence sur sa vigueur et sa santé ? Dans cette lutte, il aurait une meilleure *chance* de survivre ; et ceux de ses descendants qui auront hérité de cette variation auront également une meilleure *chance*. Il en est produit chaque année plus qu'il n'en peut survivre ; le plus petit grain dans la balance, sur le long cours, dira qui doit succomber à la mort et qui doit survivre. Mettons ce travail de sélection dans une main, et la mort dans l'autre, suivons cela sur un millier de générations, qui aura la prétention d'affirmer que cela ne produira aucun effet, si nous nous rappelons ce qu'en quelques années Bakewell a réalisé chez les bovins, et Western chez les moutons, au moyen de ce même principe de sélection ?

Donnons un exemple imaginaire à partir de changements qui sont en cours sur une île : – supposons que l'organisation d'un animal de type canin dont les proies sont principalement les lapins, mais quelquefois les lièvres, devienne légèrement plastique ; supposons que ces mêmes changements causent une très légère diminution du nombre des lapins, et une augmentation du nombre des lièvres ; l'effet en serait que le renard ou le chien serait conduit à tenter de chasser plus de lièvres : son organisation, cependant, étant légèrement plastique, les individus doués des formes les plus légères, des membres les plus longs et des yeux les plus perçants – la différence restant toujours aussi petite – seraient légèrement favorisés, et auraient tendance à vivre plus longtemps, et à survivre durant la période de l'année où la nourriture est la plus rare ; ils élèveraient également plus de petits, qui auraient tendance à hériter de ces particularités légères. Les moins lestes seraient impitoyablement détruits. Je ne puis voir plus de raisons de douter que ces causes, sur un millier de générations, produisent un effet marqué, et adaptent cette forme de renard ou de chien à chasser des lièvres au lieu de lapins, que de douter que des lévriers puissent être améliorés par la sélection et par une reproduction attentive. Il en irait de même pour les plantes dans des circonstances semblables. Si le nombre des individus d'une espèce à graines plumeuses peut être augmenté du fait de plus grandes capacités de dissémination à l'intérieur de son aire (c'est-à-dire si le frein à l'augmentation porte principalement sur les graines), les graines qui, si peu que ce soit, sont pourvues d'un peu plus de duvet[219] seront à la longue mieux disséminées ; et de là un plus grand nombre de graines ainsi formées germeront, et auront tendance à produire des plantes héritant de ce duvet légèrement mieux adapté.

À côté de ce moyen naturel de sélection, par lequel sont préservés les individus qui, dans l'œuf, dans leur larve ou à l'âge de leur maturité, sont les mieux adaptés à la place qu'ils occupent au sein de la nature, il existe un second agent à l'œuvre chez la plupart des animaux à sexes séparés, et qui tend à produire le même effet, savoir : la lutte des mâles pour les femelles. Ces luttes sont généralement tranchées par la loi du combat, mais, dans le cas des oiseaux, apparemment, par les charmes de leur chant, par leur beauté ou le pouvoir de leur cour nuptiale, comme dans la

---

[219] [ou d'une aigrette placée de telle sorte qu'elle donne légèrement plus de prise aux vents, (*or with a plume placed so as to be slightly more acted on by the winds,*)] : passage omis ou supprimé (pour excès de *légèreté* ?) par rapport au texte de l'*Essai de 1844*. Note de P. Tort.

danse du merle de roche de Guyane[220]. Les mâles les plus vigoureux et les plus sains, ce qui implique une parfaite adaptation, doivent en général sortir victorieux de leurs conflits. Ce type de sélection, toutefois, est moins rigoureux que l'autre ; il n'exige pas la mort du moins heureux, mais lui accorde moins de descendants. La lutte survient, en outre, à l'époque de l'année où la nourriture est généralement abondante, et peut-être le principal effet produit sera-t-il la modification des caractères sexuels secondaires, qui ne sont pas liés à la capacité d'obtenir de la nourriture, ou à la défense contre les ennemis, mais au combat ou à la rivalité avec d'autres mâles. Le résultat de cette lutte entre mâles peut être comparé à certains égards à celui que produisent les agriculteurs qui témoignent peu d'attention à la sélection soigneuse de tous leurs jeunes animaux, et davantage à l'emploi occasionnel d'un mâle de premier choix.

II. *Extrait d'une lettre de* C. DARWIN, Esq., *au Prof.* ASA GRAY, *Boston, U.S., datée de Down, 5 septembre 1857.*

1. C'est extraordinaire ce qu'entre les mains de l'homme peut faire le principe de la sélection, consistant à choisir des individus ayant une qualité désirée, à reproduire à partir d'eux, et à choisir de nouveau. Les éleveurs eux-mêmes ont été étonnés de leurs propres résultats. Ils ont la faculté d'agir sur des différences qui échappent à un œil non instruit. La sélection a été appliquée *méthodiquement* en *Europe* seulement pendant le dernier demi-siècle ; mais elle a été appliquée occasionnellement, et même dans une certaine mesure méthodiquement, dans les temps les plus anciens. Il dut y avoir également une sorte de sélection inconsciente opérant depuis une époque lointaine, notamment dans la préservation des animaux particuliers (sans aucun souci de leur descendance) les plus utiles à chaque race d'homme dans les circonstances qui lui étaient propres. L'« épuration » [*roguing.* Ndt.] – c'est ainsi que les pépiniéristes désignent

---

[220] [Même chez les animaux monogames, il semble qu'il y ait un excédent de mâles qui doit contribuer à causer une lutte ; c'est chez les animaux polygames, cependant, comme les cerfs, les taureaux, les coqs, que nous pourrions attendre la lutte la plus rigoureuse : n'est-ce pas chez les animaux polygames que les mâles sont les mieux conformés pour se livrer bataille ? (*Even in the animals which pair there seems to be an excess of males which would aid in causing a struggle: in the polygamous animals, however, as in deer, oxen, poultry, we might expect there would be severest struggle: is it not in the polygamous animals that the males are best formed for mutual war?*)] : passage supprimé par rapport à l'*Essai de 1844.* Note de P. Tort.

la destruction des variétés qui s'écartent de leur type – est une sorte de sélection. Je suis convaincu qu'une sélection intentionnelle et occasionnelle a été l'agent principal dans la production de nos races domestiques ; mais quoi qu'il en soit, son grand pouvoir de modification n'a été démontré d'une façon indiscutable que dans une période plus récente. La sélection agit seulement par l'accumulation de variations légères ou plus prononcées, causées par les conditions extérieures, ou par le simple fait que dans la génération l'enfant n'est pas absolument semblable à ses parents. L'homme, par ce pouvoir qu'il a d'accumuler les variations, adapte les êtres vivants à ses besoins – on peut dire qu'il rend la laine d'un mouton bonne pour les tapis, celle d'un autre bonne pour les vêtements, &c.

2. Supposons à présent qu'il y ait un être qui ne juge pas d'après les simples apparences extérieures, mais qui aurait le pouvoir d'étudier toute l'organisation interne, qui ne serait jamais capricieux, et qui continuerait à sélectionner en vue d'un seul objectif durant des millions de générations ; qui dira ce qu'il ne pourrait accomplir ? Dans la nature, nous avons quelques variations *légères* qui apparaissent de temps à autre dans toutes les parties ; et je pense que l'on peut montrer que le changement des conditions d'existence est la cause principale du fait que l'enfant ne ressemble pas exactement à ses parents ; et dans la nature la géologie nous montre quels changements se sont produits et se produisent encore. Nous avons un temps presque illimité ; il n'y a qu'un géologue praticien qui puisse apprécier pleinement cela. Pensez à la période glaciaire, durant la totalité de laquelle les mêmes espèces de coquillages, au moins, ont existé ; il a dû y avoir durant cette période des millions et des millions de générations.

3. Je pense que l'on peut montrer qu'il y a un pouvoir infaillible de ce genre à l'œuvre dans la *sélection naturelle* (titre de mon livre), qui sélectionne exclusivement pour le bien de chaque être organique. De Candolle l'aîné, W. Herbert et Lyell ont excellemment écrit sur la lutte pour la vie ; mais ils n'ont pas écrit toutefois avec suffisamment de force. Réfléchissez au fait que tout être (même l'éléphant) se reproduit à un taux tel qu'en quelques années, ou en quelques siècles tout au plus, la surface de la terre ne pourrait contenir la progéniture issue d'un seul couple. J'ai trouvé dur d'avoir constamment à l'esprit que l'augmentation de chaque espèce particulière est entravée durant quelque partie de sa vie, ou durant quelque génération rapidement remplacée. Quelques-uns seulement de ceux qui naissent chaque année peuvent vivre pour propager leur espèce. Quelle infime différence doit souvent décider de qui doit survivre, et de qui doit périr !

4. Prenons à présent le cas d'un pays subissant quelque changement. Cela tendra à déterminer une légère variation chez certains de ses habitants – Au reste, la plupart des êtres, comme je ne puis manquer de le croire, varient à toute époque suffisamment pour que la sélection agisse sur eux. Certains de ses habitants seront exterminés ; et les survivants seront exposés à l'interaction d'un groupe différent d'habitants, ce qui, à ce que je crois, aura pour la vie de chaque être plus d'importance que le simple climat. Si je considère les méthodes infiniment variées que suivent les êtres vivants pour se procurer leur nourriture en luttant avec d'autres organismes, pour échapper au danger en divers moments de leur vie, pour assurer la dissémination de leurs œufs ou de leurs graines, &c., je ne puis douter que durant des millions de générations des individus d'une espèce ne soient nés de temps à autre porteurs de quelque légère variation profitable à quelque partie de leur économie. De tels individus auront une meilleure chance de survivre et de propager leur nouvelle conformation légèrement différente ; et la modification pourra être lentement augmentée par l'action cumulative de la sélection naturelle dans toute la mesure où elle est profitable. La variété ainsi formée soit coexistera avec sa forme mère, soit, plus communément, l'exterminera. Un être organique, comme le pic ou le gui, doit ainsi parvenir à être adapté à une foule de contingences – la sélection naturelle accumulant dans toutes les parties de sa conformation ces légères variations qui lui sont utiles en quelque façon au cours d'une partie quelconque de sa vie.

5. Chacun rencontrera des difficultés multiformes au sujet de cette théorie. On peut, je pense, répondre d'une manière satisfaisante à nombre d'entre elles. « *Natura non facit saltum* » répond à quelques-unes des plus manifestes. La lenteur du changement, et le fait qu'un très petit nombre seulement d'individus le subissent au même moment, répondent à d'autres. L'imperfection extrême de nos archives géologiques répond à d'autres encore.

6. Un autre principe, que l'on peut nommer le principe de divergence, joue, je crois, un rôle important dans l'origine des espèces. Le même lieu entretiendra plus de vie s'il est occupé par des formes très diverses. Nous le voyons aux nombreuses formes génériques qui occupent un yard carré de gazon[221], et aux plantes et insectes qui peuplent le moindre petit îlot uniforme, et qui appartiennent presque invariablement à autant de genres et de familles que d'espèces. Nous pouvons comprendre la signification de ce fait lorsque nous l'observons chez les animaux supérieurs, dont nous comprenons

---

[221] [(j'ai compté 20 espèces appartenant à 18 genres)]. Parenthèse de 9 mots supprimée ici.

les habitudes. Nous le savons, il a été démontré expérimentalement qu'un morceau de terre fournira plus si l'on y sème plusieurs espèces et genres d'herbes fourragères que si l'on y sème seulement deux ou trois espèces. Or, on peut dire que chaque être organique, en se propageant aussi rapidement, lutte de toutes ses forces pour accroître le nombre de ses représentants. Il en sera de même pour la descendance d'une espèce quelconque après qu'elle se sera diversifiée en variétés, ou sous-espèces, ou espèces véritables. Et il suit, je pense, des faits qui précèdent que les descendants variants de chaque espèce tenteront (peu d'entre eux seulement le feront avec succès) de s'emparer d'autant de places, et de places aussi diverses que possible, dans l'économie de la nature. Chaque nouvelle variété ou espèce, une fois formée, prendra généralement la place de sa forme mère moins bien adaptée et, ainsi, l'exterminera. Telle est à ce que je crois l'origine de la classification et des affinités des êtres organiques à toutes les époques ; car les êtres organiques *semblent* toujours se ramifier comme les branches d'un arbre à partir d'un tronc commun, les rameaux florissants et divergents détruisant les moins vigoureux – les branches mortes et tombées représentant grossièrement les genres et les familles frappés d'extinction.

Cette esquisse est *extrêmement* imparfaite ; mais dans un si court espace je ne puis l'améliorer. Votre imagination devra remplir de très vastes lacunes.[222]

C. Darwin.

---

[222] Pour des raisons faciles à comprendre, le texte communiqué de la lettre à Asa Gray a été amputé d'une phrase finale et d'un post-scriptum, dûment rétablis par Francis Darwin et par l'édition moderne de la *Correspondence*. La lettre en effet se termine ainsi : « – Sans quelque réflexion, cela vous paraîtra un amas de bêtises ; peut-être en sera-t-il ainsi après réflexion. – ». Ce *joke* final, dont la tonalité, fréquente chez Darwin, sert classiquement à désamorcer l'éventuelle sévérité du destinataire, n'appartenait évidemment pas au registre académique. Quant au passage ajouté après la signature, il contient plus sérieusement la mention autocritique du caractère limité des considérations adressées à son correspondant, et l'annonce de son engagement à traiter ultérieurement de la question délicate de la variation commençante : « Ce petit abrégé concerne seulement la puissance cumulative de la sélection naturelle, que je considère comme étant de loin l'élément le plus important dans la production des formes nouvelles. Pour ce qui est des lois qui gouvernent la variation commençante ou primordiale (peu importantes, hormis le fait qu'elles fournissent son matériau de base à l'action de la sélection, et, à cet égard, tout à fait importantes), j'en discuterai sous différentes rubriques, mais je ne puis parvenir, comme vous pouvez bien le croire, qu'à des conclusions très partielles & très imparfaites. – » (*Correspondence*, vol. 6, p. 449. Nous traduisons.)

III. *Sur la tendance des variétés à s'écarter indéfiniment du type originel.* Par ALFRED RUSSEL WALLACE.

L'un des arguments les plus forts que l'on ait avancés pour prouver l'originelle et permanente distinction des espèces est que les *variétés* produites à l'état domestique sont plus ou moins instables, et ont souvent tendance, si elles sont abandonnées à elles-mêmes, à faire retour à la forme normale de l'espèce mère ; et cette instabilité est considérée comme une particularité distinctive de toutes les variétés, même de celles qui surviennent parmi les animaux sauvages vivant à l'état naturel, et comme constituant une précaution destinée à maintenir inchangées les espèces distinctes originellement créées.

Étant donné l'absence ou la rareté de faits et d'observations relatifs aux *variétés* survenant parmi les animaux sauvages, cet argument a eu un grand poids chez les naturalistes, et a conduit à la croyance très générale et quelque peu préconçue en la stabilité des espèces. Tout aussi générale, cependant, est la croyance en ce que l'on nomme les « variétés permanentes ou véritables » – races d'animaux qui propagent continuellement leur ressemblance, mais qui diffèrent d'une façon si légère (bien que constante) de quelque autre race que l'une est considérée comme une *variété* de l'autre. Laquelle est la *variété* et laquelle est l'*espèce* originelle, il n'y a généralement aucun moyen de le déterminer, excepté dans les rares cas où l'une des races est connue pour avoir produit un descendant dissemblable d'elle-même et ressemblant à l'autre. Cela toutefois devrait sembler totalement incompatible avec l'« invariabilité permanente de l'espèce », mais on surmonte cette difficulté en admettant que de telles variétés ont de strictes limites, et ne peuvent jamais continuer de varier au-delà du type originel, bien qu'elles puissent y faire retour, ce qui, d'après l'analogie des animaux domestiques, est considéré comme hautement probable, sinon prouvé avec certitude.

On observera que cet argument repose entièrement sur la supposition que les *variétés* survenant à l'état naturel sont à tous égards analogues, voire identiques à celles des animaux domestiques, et sont gouvernées par les mêmes lois pour ce qui est de leur permanence ou de la poursuite de leur variation. Mais c'est l'objet du présent article que de montrer que cette supposition est entièrement fausse, qu'il y a un principe général dans la nature qui est cause que de nombreuses *variétés* survivent à l'espèce mère, et donnent naissance à des variations s'écartant de plus en plus du type originel, et qui produit également, chez les animaux domestiques, la tendance des variétés à retourner à la forme mère.

La vie des animaux sauvages est une lutte pour l'existence. Le plein exercice de toutes leurs facultés et de toutes leurs énergies est nécessaire pour préserver leur propre existence et pourvoir à celle de leurs descendants immatures. La possibilité de se procurer de la nourriture durant les saisons les moins favorables et celle d'échapper aux attaques de leurs plus dangereux ennemis sont les conditions premières qui déterminent l'existence des individus comme celle de l'espèce entière. Ces conditions déterminent aussi la population d'une espèce ; et grâce à une considération attentive de toutes ces circonstances nous pouvons être à même de comprendre, et jusqu'à un certain point d'expliquer, ce qui paraît à première vue si inexplicable – l'abondance excessive de certaines espèces, tandis que d'autres extrêmement semblables sont très rares.

On voit aisément la proportion générale que l'on devrait obtenir entre certains groupes d'animaux. Les grands animaux ne peuvent être aussi abondants que les petits ; les carnivores devraient être moins nombreux que les herbivores ; les aigles et les lions ne peuvent jamais être aussi abondants que les pigeons et les antilopes ; les ânes sauvages des déserts de Tartarie ne peuvent égaler en nombre les chevaux des prairies et des pampas les plus luxuriantes de l'Amérique. On considère souvent que la plus ou moins grande fécondité d'un animal est l'une des principales causes de son abondance ou de sa rareté ; mais la considération des faits nous montrera qu'elle n'a réellement que peu, ou n'a pas, d'incidence sur le sujet. Même le moins prolifique des animaux accroîtrait rapidement le nombre de ses représentants si aucun frein ne s'y opposait, alors qu'il est évident que la population animale du globe doit être stationnaire, ou peut-être, sous l'influence de l'homme, décroissante. Il peut y avoir des fluctuations ; mais une augmentation permanente, sauf dans des localités restreintes, est à peu près impossible. Par exemple, notre propre observation devrait nous convaincre que les oiseaux ne peuvent s'accroître chaque année suivant une raison géométrique, comme ils le feraient s'il n'y avait quelque puissant frein à leur accroissement naturel. Très peu d'oiseaux produisent moins de deux oisillons chaque année, tandis qu'ils sont nombreux à en produire six, huit ou dix ; quatre sera certainement sous la moyenne ; et si nous supposons que chaque couple produit des petits seulement quatre fois dans sa vie, nous serons encore sous la moyenne, en supposant qu'ils ne meurent pas de mort violente ou par manque de nourriture. Pourtant, à ce taux, combien effrayant serait leur accroissement en quelques années à partir d'un seul couple ! Un simple calcul nous montrera qu'en quinze ans chaque couple d'oiseaux se sera multiplié jusqu'à près de dix millions ! Alors que nous n'avons aucune raison de croire que le nombre des oiseaux d'une région quelconque se soit le moins du monde accru en quinze ou en cent-cinquante ans. Avec de telles capacités d'accroissement la population a dû atteindre ses limites, et devenir stationnaire, très peu d'années après l'origine de chaque espèce. Il est donc évident que chaque année il doit périr un nombre immense d'oiseaux – autant en fait qu'il en est né ; et comme d'après le calcul le plus bas la progéniture est chaque année deux fois plus nombreuse que les parents, il s'ensuit que, quel que soit le nombre moyen d'individus existant dans une région donnée, *le double de ce nombre doit périr annuellement* –, résultat frappant, mais qui semble pour le moins hautement probable, et qui est peut-être en deçà plutôt qu'au-delà de la vérité. Il devrait donc apparaître que, pour ce qui est de la continuation de l'espèce et de l'entretien du nombre moyen d'individus, de vastes familles sont superflues. En moyenne, tous au-delà de *un* sont la proie des faucons et des milans, des chats sauvages et des belettes, ou meurent de froid et de faim lorsque vient l'hiver. Cela est prouvé d'une façon frappante par le cas d'espèces particulières ; car nous constatons que leur abondance en individus n'entretient aucune sorte de rapport avec leur fécondité dans la production de la descendance. Peut-être le plus remarquable exemple d'une immense population d'oiseaux est-il celui du pigeon voyageur des États-Unis, qui pond seulement un œuf, ou deux tout au plus, et que l'on dit n'élever en général qu'un seul petit. Pourquoi cet oiseau est-il si extraordinairement abondant, tandis que d'autres qui produisent deux ou trois fois plus de jeunes ont des populations beaucoup moins pléthoriques ? L'explication n'est pas difficile. La nourriture la plus appropriée à cette espèce, et grâce à laquelle elle prospère le mieux, est répartie en abondance sur une région très étendue, offrant de telles différences de sol et de climat que, d'un côté ou de l'autre de sa surface, la ressource ne manque jamais. L'oiseau est capable d'un vol très rapide sur de longs parcours, de sorte qu'il peut survoler sans fatigue l'ensemble de la région qu'il habite, et sitôt que la ressource en nourriture commence à manquer dans un lieu, il est capable d'en découvrir une nouvelle réserve. Cet exemple nous montre d'une manière frappante que le fait de se procurer une provision constante de nourriture saine est presque la seule condition requise pour assurer l'accroissement rapide d'une espèce donnée, attendu que ni la fécondité limitée, ni les attaques sans frein des oiseaux de proie et de l'homme ne sont ici suffisants pour lui faire obstacle. Ces circonstances particulières ne se combinent pas d'une manière aussi frappante chez d'autres oiseaux. Ou bien leur nourriture est plus susceptible de manquer, ou bien ils n'ont pas une capacité de vol suffisante pour partir à sa recherche sur un territoire étendu, ou bien elle devient très rare au cours d'une certaine saison de l'année, et des substituts moins sains doivent être trouvés ; et ainsi, bien que plus féconds en descendance, ils ne peuvent jamais se multiplier au-delà de ce que leur permet l'approvisionnement en nourriture au cours des saisons les moins favorables. Beaucoup d'oiseaux ne peuvent exister qu'en migrant, lorsque la nourriture devient rare, vers des régions jouissant d'un climat plus doux, ou au moins différent, bien que, ces oiseaux migrateurs étant rarement abondants à l'excès, il soit évident que les pays qu'ils visitent sont tout de même pauvres en provisions constantes et abondantes de nourriture saine. Ceux que leur organisation empêche de migrer lors des disettes périodiques ne peuvent jamais atteindre une vaste population. C'est probablement la raison pour laquelle les pics sont rares chez nous, alors qu'aux tropiques ils comptent parmi les plus abondants des oiseaux solitaires. Ainsi, le moineau est plus abondant que le rouge-gorge, car sa nourriture est plus constante et plus copieuse – les graines d'herbes étant préservées durant l'hiver, et nos cours de fermes et nos éteules fournissant une provision presque inépuisable. Pourquoi, en règle générale, les oiseaux aquatiques, et spécialement les oiseaux marins, sont-ils très riches en individus ? Ce n'est pas parce qu'ils sont plus prolifiques que d'autres, car c'est généralement le contraire ; mais c'est parce que leur nourriture ne fait jamais défaut, les plages marines et les berges de rivières fourmillant quotidiennement d'une nouvelle provision de petits mollusques et crustacés. Les mêmes lois exactement s'appliqueront aux mammifères. Les chats sauvages sont prolifiques et ont peu d'ennemis ; pourquoi alors ne sont-ils jamais aussi abondants que les lapins ? La seule réponse intelligible est que leur provision de nourriture est plus précaire. Il paraît donc évident que, aussi longtemps qu'une région demeure physiquement inchangée, la quantité numérique de sa population animale ne peut matériellement s'accroître. Si une espèce le faisait, d'autres espèces ayant besoin de la même sorte de nourriture diminueraient en proportion. Le nombre d'individus qui meurent annuellement doit être immense ; et comme l'existence individuelle de chaque animal dépend de lui-même, ceux qui meurent doivent être les plus faibles – les très jeunes, les âgés et les malades –, tandis que ceux qui poursuivent leur existence ne peuvent être que ceux qui sont les plus parfaits sous le rapport de la santé et de la vigueur – ceux qui sont les plus capables de se procurer régulièrement de la nourriture, et d'éviter leurs nombreux ennemis. C'est là, comme nous avons commencé à le souligner, « une lutte pour l'existence », dans laquelle les plus faibles et les moins parfaitement organisés doivent toujours succomber.

Il est clair à présent que ce qui a lieu parmi les individus d'une espèce doit également se produire parmi les différentes espèces voisines d'un groupe – à savoir que celles qui sont mieux adaptées pour obtenir une provision régulière de nourriture, et pour se défendre elles-mêmes contre les attaques de leurs ennemis et les vicissitudes des saisons, doivent nécessairement conquérir et garder une supériorité en nombre ; tandis que les espèces qui, à cause de quelque défaut de faculté ou d'organisation sont les moins capables de combattre les vicissitudes de la nourriture, de l'approvisionnement, &c., devront diminuer en nombre, et, dans les cas extrêmes, s'éteindre tout à fait. Entre ces extrêmes, les espèces présenteront divers degrés dans la capacité d'assurer les moyens de préserver leur vie ; et c'est ainsi que nous expliquons l'abondance ou la rareté des espèces. Notre ignorance nous empêchera généralement de relier avec précision les effets à leurs causes ; mais si nous pouvions nous familiariser parfaitement avec l'organisation et les habitudes des diverses espèces d'animaux, et si nous pouvions mesurer la capacité de chacun dans l'accomplissement des différents actes nécessaires à sa sûreté et à son existence dans toutes les circonstances variables dont il est entouré, nous serions alors capables d'aller jusqu'à calculer l'abondance proportionnelle d'individus qui en résulte nécessairement.

Si à présent nous avons réussi à établir ces deux points – 1., *que la population animale d'une région est généralement stationnaire, étant réduite par un manque périodique de nourriture et par d'autres freins* ; et 2., *que l'abondance ou la rareté relative des individus des différentes espèces est entièrement due à leur organisation et aux habitudes qui en résultent, lesquelles, rendant leur approvisionnement régulier en nourriture et leur sauvegarde personnelle plus difficiles dans certains cas que dans d'autres, peuvent seulement être compensées par une différence dans la population qui doit vivre sur un territoire donné* –, nous devons être en mesure de passer à la considération des *variétés*, pour laquelle les remarques qui précèdent sont d'une application directe et très importante.

Les variations par rapport à la forme typique d'une espèce, en majeure partie ou peut-être en totalité, doivent avoir quelque effet défini, aussi léger qu'il soit, sur les habitudes ou les capacités des individus. Même un changement de couleur pourrait, en les rendant plus ou moins faciles à distinguer, affecter leur sauvegarde ; un plus ou moins grand développement de la fourrure pourrait modifier leurs habitudes. Des changements plus importants, tels qu'une augmentation de la puissance ou des dimensions des membres ou de l'un quelconque des organes externes, affecteraient plus ou moins leur façon de se procurer de la nourriture ou l'étendue du territoire qu'ils habitent. Il est évident aussi que la plupart des changements affecteraient, d'une manière favorable ou contraire, la capacité de prolonger l'existence. Une antilope ayant des pattes plus courtes ou plus faibles devrait nécessairement pâtir davantage des attaques des carnassiers félins ; le pigeon voyageur ayant des ailes moins puissantes serait affecté tôt ou tard dans sa capacité de se procurer une provision régulière de nourriture ; et dans les deux cas le résultat serait nécessairement une diminution de la population de l'espèce modifiée. Si, au contraire, une espèce quelconque produisait une variété ayant légèrement accru sa capacité de préserver son existence, cette variété devrait inévitablement, avec le temps, acquérir une supériorité en nombre. Ces résultats s'ensuivraient aussi sûrement que le vieillissement, l'intempérance ou la rareté de la nourriture produisent une augmentation de la mortalité. Dans les deux cas il peut y avoir de nombreuses exceptions individuelles ; mais en moyenne la règle sera invariablement confirmée. Toutes les variétés se répartiront donc en deux classes – celles qui dans les mêmes conditions n'atteindront jamais la population de l'espèce mère, et celles qui avec le temps conquerront et conserveront une supériorité numérique. Or, supposons qu'une modification quelconque des conditions physiques survienne dans la région – une longue période de sécheresse, une destruction de la végétation par les criquets, l'irruption de quelque nouvel animal carnassier en quête de « nouveaux horizons » –, n'importe quel changement tendant, en fait, à rendre l'existence plus difficile à l'espèce en question, et lui imposant d'employer ses ultimes ressources pour éviter une complète extermination ; il est évident que, de tous les individus qui composent l'espèce, ce sont ceux qui forment la variété la moins nombreuse et la plus faiblement organisée qui pâtiront d'abord, et qui, là où la pression sera rigoureuse, s'éteindront bientôt. Les mêmes causes continuant à agir, l'espèce mère sera la prochaine à pâtir, diminuera graduellement en nombre, et, avec le retour des mêmes conditions défavorables, pourra également finir par s'éteindre. La variété supérieure restera seule alors, et, quand reviendront des circonstances favorables, augmentera rapidement en nombre et occupera la place de l'espèce et de la variété éteintes.

La *variété* aurait alors remplacé l'*espèce*, dont elle serait une forme plus parfaitement développée et plus hautement organisée. Elle serait en tous points mieux adaptée à assurer sa sauvegarde, et à prolonger son existence individuelle et celle de la race. Une telle variété *ne pourrait* faire retour à la forme originelle ; car cette forme est une forme inférieure, et ne pourrait jamais entrer avec elle dans une compétition pour l'existence. Ainsi donc, même s'il est admis qu'il existe une « tendance » à reproduire le type original de l'espèce, la variété néanmoins resterait toujours prépondérante en nombre, et, dans des conditions physiques adverses, elle serait également *la seule à survivre*.

Mais cette race nouvelle, améliorée et nombreuse pourra elle-même, dans le cours du temps, donner naissance à de nouvelles variétés présentant différentes modifications divergentes dans la forme, dont certaines, tendant à multiplier les occasions opportunes de préserver l'existence, devraient, en vertu de la même loi générale, devenir à leur tour prédominantes. Nous avons donc là une *progression et une divergence poursuivie* déduites des lois générales qui régissent l'existence des animaux à l'état de nature, et du fait incontesté que des variations surviennent fréquemment. Nous ne prétendons pas toutefois que ce résultat soit invariable ; un changement des conditions physiques dans la région pourrait de temps en temps le modifier considérablement, rendant la race qui a été la plus capable de supporter l'existence dans les conditions précédentes la moins apte à présent à le faire, causant même l'extinction de la race plus récente et un moment supérieure, tandis que l'ancienne espèce, ou espèce mère, et ses variétés d'abord inférieures continueraient d'être florissantes. Des variations dans des parties sans importance pourraient aussi advenir, sans effet perceptible sur les facultés de préservation de la vie ; et les variétés ainsi produites pourraient avoir un cours parallèle à celui de l'espèce mère, soit en donnant naissance à des variations ultérieures, soit en faisant retour au type ancien. Tout ce que nous tentons de montrer est que certaines variétés manifestent une tendance à maintenir leur existence plus longtemps que l'espèce originelle, et que cette tendance elle-même doit produire des effets ; car bien que nul ne puisse se fier à la doctrine des probabilités ou des moyennes sur une échelle limitée, toutefois, si elle est appliquée à des grands nombres, les résultats deviennent plus proches de ce que la théorie demande, et, à l'approche d'une infinité d'exemples, atteignent une stricte exactitude. Or l'échelle à laquelle agit la nature est si vaste – les nombres d'individus et les périodes de temps auxquels elle a affaire approchent de si près l'infini –, que n'importe quelle cause, même légère, même susceptible d'être voilée et combattue par des circonstances accidentelles, devrait produire à la fin ses résultats pleinement légitimes.

Tournons-nous à présent vers les animaux domestiques, et cherchons comment les variétés produites parmi eux sont affectées par les principes que nous énonçons ici. La différence essentielle entre les conditions des animaux sauvages et domestiques est que chez les premiers, le bien-être et l'existence elle-même dépendent du plein exercice et de la parfaite condition de santé de tous leurs sens et de leurs capacités physiques, alors que, chez les seconds, ces facultés ne sont que partiellement exercées, et dans certains cas sont absolument sans emploi. Un animal sauvage doit entreprendre une recherche, et souvent prendre de la peine, pour chaque bouchée de nourriture – exercer sa vue, son ouïe et son flair lorsqu'il se met en quête, lorsqu'il évite les dangers, lorsqu'il veut s'abriter de l'inclémence des saisons et lorsqu'il pourvoit à la subsistance et à la sauvegarde de sa descendance. Il n'est pas un muscle de son corps qui ne soit appelé à une activité de chaque jour et de chaque heure ; il n'est pas un sens ou une faculté que ne renforce un continuel exercice. L'animal domestique, au contraire, a une nourriture que l'on met à sa disposition, il est abrité, et souvent enfermé, pour être protégé des vicissitudes des saisons, il est soigneusement garanti des attaques de ses ennemis naturels, et il élève même rarement ses petits sans l'assistance de l'homme. La moitié de ses sens et de ses facultés ne lui sert strictement à rien ; et c'est à peine si ceux qui composent l'autre moitié sont appelés quelquefois à un faible exercice, car même son système musculaire n'est qu'irrégulièrement appelé à entrer en action.

Or, lorsque, chez un pareil animal, il se produit une variété, et que la puissance ou la capacité d'un organe ou d'un sens quelconque s'en trouve augmentée, une telle augmentation est totalement inutile, n'est jamais appelée à entrer en action, et peut même exister sans que l'animal en prenne jamais conscience. Chez l'animal sauvage, au contraire, toutes ses facultés et toutes ses capacités étant pleinement activées en vue des nécessités de l'existence, toute augmentation devient immédiatement utilisable, est renforcée par l'exercice, et pourrait même modifier légèrement l'alimentation, les habitudes et l'économie tout entière de la race. Elle crée pour ainsi dire un nouvel animal, aux capacités supérieures, et qui nécessairement augmentera en nombre et survivra à ceux qui lui sont inférieurs.

Chez les animaux domestiques, en outre, toutes les variations ont une chance égale de se perpétuer ; et celles qui rendraient un animal sauvage décidément incapable d'entrer en compétition avec ses semblables ne constitueraient aucunement un désavantage dans l'état domestique. Nos porcs promptement engraissés, nos moutons à pattes courtes[223], nos pigeons grosses-gorges et nos caniches n'auraient jamais pu voir le jour dans l'état de nature, car le tout premier pas vers des formes aussi inférieures aurait entraîné l'extinction rapide de la race ; encore moins pourraient-elles aujourd'hui exister en compétition avec leurs parentes sauvages. La grande vitesse du cheval de course, peu endurant, et la force pesante du cheval d'attelage du laboureur seraient l'une et l'autre inutiles à l'état de nature. S'ils retournaient à la vie sauvage sur les pampas, de tels animaux ne tarderaient probablement pas à s'éteindre, ou bien, dans des circonstances favorables, chacun perdrait ces qualités extrêmes qui ne seraient jamais appelées à entrer en action, et en quelques générations ferait retour au type commun, qui doit être celui dans lequel les diverses capacités et facultés sont proportionnées les unes aux autres de façon à

---

[223] Cet exemple est donné par Darwin dans le *Brouillon de 1839*. Voir l'*Esquisse au crayon* de 1842, p. 143 de notre édition.

être les mieux adaptées à procurer de la nourriture et assurer la sauvegarde – et le seul dans lequel l'animal, grâce au plein exercice de toutes les parties de son organisation, peut continuer à vivre. Les variétés domestiques, lorsqu'elles retournent à l'état sauvage, *doivent* retourner à quelque chose qui s'approche du type de la souche sauvage originelle, *ou bien s'éteindre tout à fait.*

Nous voyons donc que nulle inférence concernant les variétés à l'état de nature ne peut être déduite de l'observation de celles qui surviennent parmi les animaux domestiques. Les deux catégories sont si opposées l'une à l'autre dans chaque circonstance de leur existence que ce qui s'applique à l'une est presque assuré de ne pas s'appliquer à l'autre. Les animaux domestiques sont anormaux, irréguliers, artificiels ; ils sont sujets à des variétés [*varieties*] qui n'adviennent jamais et ne pourraient jamais advenir à l'état de nature : leur véritable existence dépend entièrement du soin de l'homme, tant, pour beaucoup d'entre eux, ils se sont éloignés de cette juste proportion des facultés, de cet équilibre vrai de l'organisation, par le seul moyen desquels un animal abandonné à ses propres ressources peut préserver son existence et perpétuer sa race.

L'hypothèse de Lamarck – suivant laquelle des changements progressifs dans les espèces ont été produits par les efforts que les animaux ont faits pour augmenter le développement de leurs propres organes, et modifier ainsi leur conformation et leurs habitudes – a été à plusieurs reprises aisément réfutée par tous les auteurs qui ont écrit sur le sujet des variétés et des espèces, et il semble que l'on ait considéré qu'une fois la chose faite la question tout entière était définitivement réglée ; mais la conception développée ici rend une telle hypothèse complètement superflue, en montrant que des résultats semblables doivent être produits par l'action de principes constamment à l'œuvre dans la nature. Les puissants ongles rétractiles des animaux de la famille du faucon et de celle du chat n'ont pas été produits ou développés par la volonté de ces animaux ; mais parmi les différentes variétés qui survinrent dans les formes plus anciennes et moins hautement organisées de ces groupes, *ceux qui survivaient le plus longtemps étaient toujours ceux qui avaient les facilités les plus grandes pour saisir leur proie.* La girafe elle non plus n'acquiert pas son long cou en désirant atteindre le feuillage des arbustes les plus élevés, et en étirant constamment son cou à cette fin, mais en vertu du fait que toutes les variétés qui survenaient parmi leurs conspécifiques avec un cou plus long qu'à l'ordinaire *en même temps s'assuraient un nouvel espace pâturable sur le même sol que leurs compagnes au cou plus bref, et se trouvaient par là même, dès la première disette, capables de leur survivre.* Il n'est pas jusqu'aux couleurs particulières de nombreux animaux, spécialement d'insectes, ressemblant étroitement au sol, aux feuilles ou aux troncs sur lesquels ils résident habituellement, qui ne s'expliquent d'après le même principe ; car bien que dans le cours des âges des variétés de maintes colorations aient vu le jour, *toutefois les races ayant les couleurs les mieux adaptées à les masquer aux yeux de leurs ennemis durent inévitablement survivre le plus longtemps.* Nous avons là également une cause active pour expliquer l'équilibre si souvent observé dans la nature – une déficience dans un groupe d'organes étant toujours compensée par un développement accru de certains autres – ailes puissantes accompagnant des pieds faibles, ou grande vélocité suppléant à l'absence d'armes défensives ; on a montré en effet que toutes les variétés chez lesquelles survenait une déficience non compensée ne pouvaient pas poursuivre longtemps leur existence. L'action de ce principe est exactement semblable à celle du régulateur centrifuge de la machine à vapeur, qui réfrène et corrige toutes les irrégularités presque avant qu'elles ne deviennent manifestes ; et de la même manière, dans le règne animal, il n'est aucune déficience non compensée qui puisse atteindre une ampleur considérable, parce qu'elle se fera sentir à ses tout premiers stades en rendant l'existence difficile, et une extinction presque assurée s'ensuivra bientôt. Une origine telle que celle qui est évoquée ici s'accordera aussi avec le caractère particulier des modifications de forme et de structure qui atteignent les êtres organisés – les nombreuses lignes de divergence à partir d'un type central, l'efficacité et la puissance croissantes d'un organe particulier à travers une succession d'espèces apparentées, et la persistance remarquable d'éléments de peu d'importance comme la couleur, la texture du plumage et du pelage, la forme des cornes ou des crêtes, à travers une série d'espèces qui diffèrent considérablement dans des caractères plus essentiels. Elle nous fournit également une explication pour cette « structure plus spécialisée » dont le Professeur Owen déclare qu'elle est une caractéristique des formes récentes comparées aux formes éteintes, et qui doit être évidemment le résultat d'une modification progressive de tout organe ayant une application spéciale dans l'économie animale.

Nous croyons avoir à présent montré qu'il y a dans la nature une tendance à la progression poursuivie de certaines classes de *variétés* qui les éloigne de plus en plus du type originel – progression à laquelle il n'y a apparemment aucune raison d'assigner des limites définies – et que le même principe qui produit ce résultat à l'état de nature explique également pourquoi les variétés domestiques ont tendance à revenir au type originel. Cette progression, à tout petits pas, dans diverses directions, mais toujours freinée et équilibrée par les conditions nécessaires auxquelles toute existence est assujettie pour sa préservation, peut, à ce que nous croyons, expliquer d'une manière cohérente tous les phénomènes présentés par les êtres organisés, leur extinction et leur succession dans le passé, et toutes les modifications extraordinaires qu'ils font voir dans la forme, l'instinct et les habitudes.

Ternate, février 1858.

―――――

On comprend à lire ce dernier texte que Darwin, qui avait pu se rassurer à propos de celui de 1855, ait pu être bouleversé par le fait de devoir y reconnaître ses propres idées, formulées quelquefois dans des termes très proches de ceux qu'il avait employés dans ses deux Esquisses. Rien n'est plus propre que cette lecture à confirmer la parfaite sincérité de la réaction de Darwin écrivant à Lyell, dès sa réception, qu'il n'a « jamais vu coïncidence plus frappante ». Le mémoire de Wallace pourrait être, à quelques nuances près, un compte rendu ou un « résumé » de l'Esquisse manuscrite de 1842. Et le parallélisme est tel qu'une extrême ressemblance du vocabulaire – « Même les termes qu'il emploie constituent aujourd'hui les Titres de mes Chapitres », écrit Darwin, on s'en souvient, dans sa lettre – contribue de surcroît à montrer que Wallace a rejoint son prédécesseur dans ses élaborations les plus récentes. Le principal point de divergence théorique concerne, au niveau d'une affirmation globale, le statut de la référence au modèle de la domestication. « Nulle inférence concernant les variétés à l'état de nature », écrit Wallace, « ne peut être déduite de l'observation de celles qui surviennent parmi les animaux domestiques ». Or l'un des éléments clés de l'élaboration théorique de Darwin est, précisément, cette inférence, que renforce la réduction généralisante de la domestication à un « changement de conditions » analogue à ceux qui sont mis en œuvre accidentellement par la nature. Soyons plus précis. Darwin, là encore, a anticipé toutes les analyses de Wallace sur les *différences* entre produits de la domestication et organismes vivant à l'état de nature. Mais sa ligne de raisonnement consiste à dépasser le système des différences par une remontée vers une ressemblance plus intéressante, car primordiale, celle qui concerne les potentialités générales des organismes.

Au milieu des tracas procurés par le deuil, par la situation sanitaire de Downe, par l'évacuation temporaire de ses enfants, par la maladie de ses deux bonnes, par le rétablissement incertain d'Etty et par la proximité d'un départ en voyage avec son épouse, Darwin trouve encore le temps de poursuivre ses échanges scientifiques (notamment avec Gray et Tegetmeier), et de correspondre avec ses deux amis. Hooker, en tout premier lieu, qu'il remercie le 5 juillet de l'envoi d'une lettre lui rendant un compte optimiste de la séance du 1er à la *Linnean*. Darwin redit alors sa reconnaissance envers ses deux témoins et porte-parole, évoquant une fois de plus sa confusion d'avoir suscité un tel dévouement en faveur « d'un simple point de priorité ». Bien que curieux de voir les épreuves de l'ensemble, Darwin ignore encore si sa lettre à Asa Gray en fera partie, déclarant la chose indifférente et s'en remettant à la décision de ses deux alliés. Répondant sans doute à l'invitation de Hooker, il envisage de travailler dès son retour à un « résumé » de son travail susceptible d'être publié par le *Journal* de la *Linnean Society*, mais il en aperçoit tout de suite la difficulté : un abrégé s'en tient ordinairement à de grandes lignes théoriques, alors que le bulletin d'une société savante exige des faits – double contrainte qui ne cesse de tenir Darwin, homme des grands ouvrages minutieusement détaillés, à l'écart des *compendia* lumineux en matière strictement théorique, à moins qu'ils n'avoisinent, comme le fera la première édition de *L'Origine des espèces*, le demi-millier de pages. Lisant la communication de juillet, un lecteur impartial n'aura guère de mal à estimer l'exposé de Wallace plus construit, mieux rédigé et plus clair que ses propres contributions. Darwin en était du reste très probablement conscient, et le maintien de la dernière phrase de l'extrait communiqué de sa lettre de 1857 à Asa Gray vaut également comme marque soulignée de cette conscience, et comme excuse. Il reste que Darwin n'est pas encore vraiment débarrassé de sa gêne par rapport à Wallace. Hooker lui ayant fait part de son intention d'écrire personnellement à ce dernier, il accueillit avec soulagement cette initiative qui le « disculpait ». Hooker tint parole, et envoya par retour, pour acheminement, un message à Wallace dont Darwin se dit enchanté, et qu'il réexpédia le jour même accompagné d'une lettre de sa main. Ces lettres n'ont pas été conservées, mais le bonheur qu'elles procurèrent à Wallace est exprimé par ce dernier dans une lettre à sa mère du 6 octobre. Dans sa réponse du 13 juillet à Hooker, Darwin formule un aveu qui confirme tout ce que l'on sait de sa bonne foi dans cette affaire :

> J'ai toujours pensé très possible d'être devancé, mais j'imaginais avoir l'âme assez grande pour ne pas m'en soucier ; mais je me retrouve dans l'erreur, & puni ; je m'étais malgré tout complètement résigné, & j'avais écrit la moitié d'une lettre à Wallace pour lui céder toute priorité, & je n'aurais certainement pas changé de résolution si je n'y avais été porté par votre bonté tout à fait extraordinaire, à Lyell et à vous-même. Je vous assure que c'est ce que je ressens, & que je ne saurais l'oublier.
> Je suis *beaucoup plus* que satisfait de ce qui a eu lieu à la Soc. Linn. − J'avais pensé que votre lettre & celle que j'ai adressée à Asa Gray ne devaient être qu'un appendice à l'article de Wallace. −[224]

Si la question de la priorité semble jugée – et si celle du scrupule moral et psychologique doit être bientôt résorbée grâce à l'attitude reconnaissante de Wallace heureux de gagner ainsi le soutien inespéré de trois savants éminents qu'il admire –, reste la question de la réception de la nouveauté des thèses exposées devant la *Linnean Society*. Au rapport de Hooker, la lecture du 1er juillet provoqua une surprise et un vif intérêt, mais ne fut suivie d'aucun commentaire qui engageât immédiatement un avis, l'émotion des participants étant maîtrisée par l'attentisme prudent de « la vieille école », peu habituée à « entrer en lice avant d'avoir revêtu son armure », ainsi qu'il le raconta beaucoup plus tard à Francis Darwin[225]. Il est entendu que le respect dû à Lyell et

---

[224] *Correspondence*, vol. 7, p. 129.
[225] Cette évocation d'un récit tardif de Hooker dans une lettre envoyée à Francis Darwin se trouve dans *Life and Letters*, après la transcription intégrale de l'importante lettre à Asa Gray du 5 septembre 1857. Il semble en effet que la communication du 1er juillet 1858 n'ait pas produit immédiatement de réaction considérable, et l'on peut se fier sur ce point au témoignage de Hooker, que son intense dévouement à la personne de Darwin aurait dû porter au contraire à en exagérer les

l'estime témoignée à Hooker en tant que botaniste jouèrent très certainement, par rapport aux réactions institutionnelles, un rôle temporairement inhibiteur, et ce d'autant que rien n'indiquait qu'ils eussent là d'autre propos que celui de transmettre le contenu d'une thèse que le nom de Darwin devait rendre au moins digne d'attention. Lyell était encore loin d'avouer le moindre transformisme, et Hooker, qui sera certes plus tôt converti, ne pouvait faire plus alors que se dire ébranlé. Vers le 15 juillet, ce dernier envoie à Darwin les épreuves du compte rendu de la séance pour qu'il y introduise toute modification qu'il juge utile, et lui propose un espace de cent à cent cinquante pages du *Journal* pour son résumé. Le 18, renouvelant ses remerciements à Lyell, Darwin se déclare rassuré à propos de Wallace et indique sa résolution de concevoir un extrait plus long, mais demeure gêné par le sentiment qu'il a de la nécessité d'étayer par des faits « chaque conclusion », obligation argumentative et scientifique peu compatible avec la formule, même étendue, d'un « résumé ». La suite confirmera que cette gêne plusieurs fois évoquée était appelée à être abolie par le choix d'une formule plus adaptée à la forme d'esprit de Darwin, qui ne s'est jamais autorisé de condensé qu'après seulement qu'un véritable développement eut été patiemment et méthodiquement produit. Le 20 juillet, Darwin, à Sandown (île de Wight), corrige les épreuves de

---

effets. *Cf.* F. Darwin, ed., *The Life and Letters of Charles Darwin, Including an Autobiographical Chapter*, London, John Murray, 1887, vol. 2, p. 126 : « L'intérêt suscité fut intense, mais le sujet était trop nouveau et laissait présager trop de risques pour que la vieille école entrât en lice avant d'avoir revêtu son armure. Après la réunion, on en parla en retenant son souffle : l'approbation de Lyell, et peut-être un petit peu la mienne en tant que son lieutenant dans cette affaire, impressionnèrent les Membres, qui autrement se seraient répandus contre la doctrine. Nous avions, en outre, l'avantage foncier d'être familiers avec les auteurs et leur sujet. » (Nous traduisons.) Il est devenu toutefois presque banal, pour illustrer la faible incidence de la communication de juillet, de rappeler que Thomas Bell, qui avait été l'expert auquel Darwin avait confié en 1836 l'examen des spécimens de reptiles rapportés sur le *Beagle*, et qui était à ce moment président de la *Linnean Society*, évoquant l'année 1858 dans son rapport présidentiel de mai 1859, la déclara vierge de toute découverte frappante susceptible de « révolutionner » profondément son propre secteur scientifique. Parmi les naturalistes, le ralliement, dès 1858, d'Alfred Newton et d'Henry Baker Tristram (qui le désavoua dès 1860) demeure un cas intéressant, mais isolé.

la communication du 1er juillet, et les renvoie le 21 à Hooker en déplorant son « mauvais style » et en demandant une épreuve corrigée pour la transmettre à Wallace. En même temps, il commence à élaborer le résumé de sa théorie, résumé insolite puisqu'il est celui d'un ouvrage non encore publié, ni même achevé – le « *Big Book* » sur les espèces commencé en 1856. Entreprise laborieuse pour Darwin, qui de lettre en lettre ne cessera d'argumenter en faveur d'un volume textuel plus ample, ne sachant absolument abréger[226]. C'est ce travail, entrepris à Sandown – du 20 juillet au 12 août – avec l'intention sérieuse d'en faire un mémoire ou une série de mémoires pour le *Journal of the Linnean Society of London*, qui, une fois admis vers le mois d'octobre qu'il ne saurait être autre chose qu'un livre, deviendra *L'Origine des espèces*.

La publication

Le naturaliste quitte l'île de Wight et revient à Down le 13 août 1858, après un mois d'éloignement au cours duquel il a correspondu régulièrement avec Hooker, et une seule fois avec Lyell, William Hooker père, Lubbock, Eyton, Henslow et Asa Gray, auquel il expose, dans une longue lettre du 11 août, sa théorie des migrations géographiques survenues durant et depuis l'époque glaciaire, et favorisées par les liaisons intercontinentales et les fluctuations successives du climat et de la température. Depuis l'ébruitement de sa découverte, cette correspondance apparaît de plus en plus comme une longue démarche d'apprivoisement de ses correspondants par la réitération courtoise, et souvent sincèrement amicale, de la mention d'une dette de reconnaissance de son auteur envers des personnalités qui, habitées par des convictions traditionnelles et conformes au mode de pensée dominant, ont eu toutefois la grâce exceptionnelle et le courage d'envisager qu'une théorie aussi décidément hétérodoxe que la sienne pût se voir accorder la chance de faire valoir ses raisons. Sachant honorer ses contradicteurs et faire

---

[226] La succession des lettres à Hooker atteste cette progression : en octobre et novembre 1858, Darwin parle d'un « petit volume ». Le 24 décembre, il est question d'un livre de 400 pages in-12. À Lyell, il écrit le 28 mars 1859 que son résumé « aura environ 500 pages ». La première édition de *L'Origine* en totalisera en effet 502, en incluant l'Index.

passer la conviction qu'il a d'avoir raison pour l'aimable entêtement d'un original toujours prêt cependant à reconnaître ses torts s'ils lui sont démontrés, Darwin est un prosélyte efficace qui sait comptabiliser les « conversions » à sa théorie – celle de Hooker, notamment, en 1858 – et les proposer comme autant de témoignages en sa faveur. Le reste de scrupule éprouvé à l'égard de Wallace s'est résorbé dans l'explication qui a précédé, accompagné et suivi la présentation de juillet, dans l'incitation de ses deux plus proches amis à faire valoir ses droits, dans l'officialisation académique de son statut de premier auteur de sa théorie, et dans l'attitude reconnaissante, enfin, de Wallace lui-même qui n'eut jamais la tentation de disputer à son aîné une priorité qu'il savait devoir en effet lui reconnaître. Il demeure que la gêne principale de Darwin par rapport à son cadet comme par rapport à ses pairs est d'avoir pu un moment donner l'impression d'un attachement excessif à l'honneur d'avoir été le premier : une pusillanimité que l'estime qu'il se doit rejette comme indigne alors même qu'il reconnaît n'en avoir pas été totalement exempt. L'aveu qu'il en fait dans quelques lettres postérieures à la séance de la *Linnean Society* montre jusqu'à quel point il poussa, à cet égard, le souci de sincérité. N'ayant demandé et obtenu que la *justice*, il se reprochait encore d'avoir temporairement déchu de la *grandeur*, regardant comme une faiblesse humiliante d'avoir été, en cette occasion certes peu commune, sensible à la gloire d'une reconnaissance pourtant méritée. Ceux qui, ignorant tout de l'histoire véritable des relations complexes – faites de haute estime naturaliste et de discussions néanmoins vives, quelques années plus tard, sur la question de la cohérence globale de la théorie – qui se tissèrent à ce moment entre Darwin et son jeune émule, s'indignent encore d'une possible rouerie de Darwin dans ce qui ne fut d'ailleurs jamais une « querelle » de priorité, feraient bien de s'exercer à considérer comme un idéal d'équité la constance avec laquelle Darwin tint, à partir de cet instant et durant toute sa vie ultérieure, à faire valoir en toute occasion les immenses mérites naturalistes de Wallace.

Après le mémoire commun avec Wallace, publié le 30 août, Darwin, occupé par son « résumé », ne publiera plus, en 1858, vers la fin de l'année, qu'un très court article sur la fécondation des Papilionacées par les abeilles et le croisement des haricots[227], et un mémoire collectif adressé au Chancelier de l'Échiquier sur les collections d'histoire naturelle[228]. Le 25 novembre, il adresse à Herbert Spencer un billet de remerciement pour l'envoi du premier volume de ses *Essays*, contenant un éloge aimable, mais froid, vague et distant des généralisations de l'auteur à propos de la « théorie du développement », signalant son propre travail en cours sur « les changements des espèces » tout en soulignant son caractère exclusivement naturaliste, et rappelant son propre intérêt, convergent, pour les questions de l'origine de la musique et de la signification biologique des phénomènes expressifs[229]. Plus intime

---

[227] « On the Agency of Bees in the Fertilisation of Papilionaceous Flowers, and on the Crossing of Kidney Beans », *Gardeners' Chronicle*, n° 46, 13 novembre 1858, p. 828-829, et *Ann. Mag. Nat. Hist.*, 2, p. 459-465.

[228] *Public Natural History Collections. Copy of a Memorial Addressed to the Right Honourable the Chancellor of the Exchequer*, 18 novembre 1858, 4 p. Les signatures sont celles de Darwin, G. Bentham, W.H. Harvey, A. Henfrey, J.S. Henslow, J. Lindley, G. Busk, W.B. Carpenter, Th. Huxley. Repris *in extenso* dans le *Gardeners' Chronicle*, n° 48, 27 novembre 1858, p. 861.

[229] On sait aujourd'hui quel fut le rôle désastreux de Spencer et de son « système synthétique de philosophie » – qui constitue l'évolutionnisme au sens propre, lequel est une *philosophie* – dans la mésinterprétation durable de la théorie darwinienne. Darwin crut devoir ménager Spencer, allié dans la défense d'une certaine modernité transformiste (il fut toujours lamarckien et ne s'intéressa à la sélection naturelle que pour en faire l'application directe à la société en vue de naturaliser un libéralisme intégriste, ce qui était à l'opposé des positions personnelles et anthropologiques de Darwin). Mais il ne l'aima jamais – sa première impression lors de leur rencontre fut celle d'un égoïsme rebutant, que l'ingénieur-philosophe revendiquera d'ailleurs plus tard comme le fondement de toute morale socialement efficace – et confia à son *Autobiographie* (dans l'un des passages diplomatiquement supprimés pour faire droit à l'exigence d'Emma) le soin de transmettre un jugement longtemps retenu sur l'inutilité scientifique de son œuvre, du moins en ce qui le concernait personnellement. On comprendra mieux le recouvrement des concepts darwiniens par la thématique philosophique de Spencer en se souvenant que ce dernier a achevé, dès le 6 janvier 1858 le « Plan général » de sa « Philosophie synthétique », unification des connaissances construite autour d'une « loi d'évolution » qui ne doit rien à Darwin, mais beaucoup à Von Baer et à Lamarck, et dont l'horizon réel est la justification argumentée de l'héritage idéologique malthusien dans la société industrielle victorienne, comme le montreront à partir de 1876 les volumes successifs de ses *Principles of Sociology*, et comme l'annonçaient déjà ses premières publications économiques, sociologiques et politiques. Or Spencer, au mois d'octobre 1858, a

et plus chaleureuse est la longue lettre qu'il écrit à son ami J.D. Hooker à la veille de Noël, et dans laquelle il évoque un aspect important de sa théorie biogéographique : les espèces à vaste répartition territoriale, à forts effectifs et soumises à une lutte intense avec un grand nombre d'autres espèces, ont atteint grâce à cette sélection un plus haut degré de perfection que les espèces vivant sur des aires plus restreintes. Le « résumé » comporte à présent 330 pages, et ne comprend pas encore la partie relative à la répartition géographique (chapitres XI et XII de la première édition, et XI, XII et XIII de l'édition définitive). Darwin estime devoir en écrire encore 150 à 200, ce qui paraît *a posteriori* assez correctement évalué, et ajoute que le sujet lui semble à présent trop étendu pour pouvoir être discuté devant une quelconque société où, pense-t-il, des gens de sa connaissance auraient le souci d'y « mêler la religion ». Il est vrai que la portée antidogmatique de l'ouvrage ne peut manquer d'apparaître, malgré la précaution que prendra Darwin de mentionner – une fois, puis deux[230] – l'action du Créateur, en le remplaçant, dès ce geste formellement accompli, par les « lois

---

pris connaissance du mémoire commun de Darwin et Wallace – et donc du principe de la sélection naturelle, qu'il reformulera en « survie des plus aptes », au bénéfice final d'une sociologie fondée sur le dogme de l'élimination naturelle et nécessaire des « moins aptes », contredisant ainsi la théorie de la civilisation – le secours aux faibles comme exprimant « la plus noble partie de notre nature » – que Darwin défendra dans *La Filiation de l'Homme*, et l'occultant sous son contraire pour de nombreuses décennies. *Cf.* P. Tort, *Spencer et l'Évolutionnisme philosophique*, Paris, PUF, 1996.

[230] « Une idée largement répandue veut que Darwin ait ajouté à la deuxième édition de son ouvrage – laquelle a suivi immédiatement la première, puisque sa sortie date du 7 janvier 1860 – la mention du Créateur dans les dernières lignes de sa Conclusion. De fait, cette insertion a bien eu lieu, mais on oublie généralement de signaler qu'une *première* mention du Créateur avait déjà été faite *au sein même du paragraphe précédent*, et qu'elle n'a jamais subi la moindre altération au fil des six éditions de *L'Origine*. Dans la 2e édition, Darwin n'ajoute donc pas une mention *jusqu'alors inexistante*, mais introduit très consciemment, avec la volonté évidente de rassurer *in fine* les esprits pointilleux, un *supplément de Dieu* dont il espère qu'il atténuera le choc inévitablement lié au bouleversement sans précédent qu'il fait subir aux fondements dogmatiques de la croyance en la Création, et qu'il protégera sa théorie d'une réaction trop agressive de la part des milieux chrétiens. » P. Tort, *Darwin et la Religion. La conversion matérialiste*, Paris, Ellipses, 2010.

générales » de la nature. En effet, l'idée la plus fondamentale – comme aussi la plus choquante pour l'orthodoxie – qui s'y trouve de part en part argumentée et illustrée est bien celle de l'*imperfection* dynamique du monde vivant, seule à pouvoir s'accorder avec l'action constamment amélioratrice de la sélection naturelle, et porte en elle la réfutation permanente d'un fixisme dogmatique ajusté, lui, à l'idée de la perfection initiale, harmonieuse et définitive des êtres et des équilibres issus du geste créateur. Le 25 janvier, il écrit une lettre à Wallace qui ne laisse plus de doute sur la complicité des deux hommes dans la construction du succès de leur théorie – Darwin évoquant le ralliement récent de Hooker (de loin selon lui le meilleur juge en Europe) à une hétérodoxie qu'il ne désespère pas de faire partager prochainement à Lyell.

Le 2 mars, Darwin déclare à ce même Hooker, auquel il soumet pour appréciation et critique les portions rédigées de son travail à mesure qu'elles sortent de ses mains, qu'il a terminé le chapitre sur la répartition géographique et qu'il le fait copier à son intention. Hooker, qui bénéficie en retour d'un regard symétrique de son ami sur ses propres ouvrages, fera cette lecture avec sa diligence habituelle, et son jugement global réjouira Darwin. Malgré un réel affaiblissement physique, Darwin achève le 16 son « dernier chapitre (à l'exception de la récapitulation finale) sur les Affinités, les Homologies, l'Embryologie, etc. », et se prépare à revoir l'ensemble pour l'envoyer à l'impression. Le 24, il confie à Fox son espoir de parvenir au stade des premières épreuves « dans un mois ou six semaines ». L'éditeur pressenti est John Murray, sollicité par Lyell – auprès duquel Darwin prend conseil au sujet de la négociation des conditions, de la formulation du titre et de la présentation de l'ouvrage, mais également de l'opportunité de rassurer le futur vendeur de son livre sur l'acceptabilité idéologique de ses thèses apparemment « non orthodoxes » en soulignant qu'il « ne discute pas l'origine de l'homme » et « ne soulève aucune discussion sur la Genèse, etc. », pas plus en tout cas que ne le fait « n'importe quel traité de géologie qui la contredit nettement », ce qui est une allusion directe à l'hétérodoxie des *Principles* de son correspondant par rapport à la chronologie biblique. Une fois de plus, l'autorité de Lyell le servira magistralement, cette fois auprès de l'éditeur, auquel Darwin se propose d'écrire sur-le-champ pour lui annoncer l'arrivée d'une portion du manuscrit – les trois premiers chapitres, qui se trouvent pour une semaine encore « entre les mains du copiste ». Le premier titre imaginé par Darwin, communiqué le 30 mars à Lyell et proposé à Murray était « An Abstract of an Essay / on the / ORIGIN / of / SPECIES AND VARIETIES / Through Natural Selection / by / Charles Darwin M. A. / Fellow of the Royal, Geological and Linnean Societies / London / etc., etc., etc., 1859 ». Son expérience professionnelle conduira immédiatement Murray à éliminer du titre toute mention indiquant que l'ouvrage ait le moindre caractère de « résumé » (*abstract*), et à s'inquiéter de la probable obscurité pour le public de l'expression « sélection naturelle », que Darwin sauvera en l'explicitant. Le 4 avril, une lettre à Asa Gray révèle que, ne pouvant travailler plus de trois heures par jour, Darwin a terminé « onze longs chapitres », et qu'il doit encore, en plus des corrections et additions nécessaires à ces derniers, mener à bien la rédaction de trois derniers chapitres difficiles « sur la paléontologie, les classifications, l'embryologie ». Le 28 mars, il avait communiqué à Murray un sommaire de l'ouvrage et lui avait annoncé l'arrivée du manuscrit pour avril. L'éditeur avait engagé dès ce moment une proposition de conditions auprès de Darwin – qui les jugea excellentes – avant même d'avoir reçu le manuscrit. Le premier envoi de textes (3 premiers chapitres, titre et remarques séparées à propos de celui-ci) aura lieu en effet le 5 avril, assorti d'une lettre proposant à la lecture de Murray le chapitre IV, « clé de voûte » de l'ouvrage, et les chapitres X et XI, respectivement consacrés à la paléontologie (« succession géologique des êtres organisés ») et à la répartition géographique. Au fil des envois et des réexpéditions, les chapitres – en dépit d'une perte partielle heureusement compensée par l'existence du premier manuscrit – passent par la critique scientifique de Hooker et par celle, stylistique, de son épouse. Sur ce point, Darwin, sincèrement accablé par ses insuffisances et ce qu'elles engagent en matière de frais supplémentaires de correction, proposera à Murray, avec un scrupule moral sans doute excessif, d'assumer personnellement le surplus des dépenses. Le 21 juin, il n'a encore corrigé que 130 pages – soit environ le quart de l'ensemble. Progressivement, Darwin s'est par ailleurs habitué à considérer Wallace comme un interlocuteur privilégié dans le domaine des faits de répartition géographique, s'écartant cependant de lui sur la question du peuplement des îles océaniques lointaines. Sur le fond de la doctrine, il s'attend à une âpre opposition de la part d'Owen. Le 1er septembre, il ne lui reste plus à corriger que les deux derniers chapitres, et il s'accorde encore trois semaines pour finir, révision comprise, son ultime travail d'auteur. Sa santé est au plus mal, et l'empêche de travailler au-delà des trois heures quotidiennes, le condamnant, le reste du temps, au projet plusieurs fois évoqué d'une cure hydrothérapique, et à l'ennui de ne pouvoir progresser. Auprès de Lyell, il blâme d'une manière sans doute exagérée la mauvaise qualité de son style et son manque de clarté, tout en recommandant à son correspondant une lecture intégrale de son travail, la seule qui pût être à ses yeux absolument démonstrative, sauf à revenir au dogme de la création isolée de chaque espèce. Aller jusqu'au bout de l'ouvrage, ne pas s'arrêter en chemin, et bien lire les derniers chapitres : telles sont les recommandations réitérées par Darwin à l'adresse d'un lecteur dont il connaît l'influence pour l'avoir jusque-là mesurée lorsqu'elle s'est dépensée à son avantage. Des éléments non équivoques montrent que si Darwin insiste aussi ouvertement, c'est qu'il pressent déjà que Lyell, qu'il aime et admire avec sincérité, est par ailleurs capable d'hésiter longtemps, et de s'arrêter au milieu du gué – ce qu'il fera d'ailleurs plus tard, préférant le compromis wallacien sur l'histoire de l'Homme à la rigueur toute darwinienne de l'extension du monisme naturaliste à l'anthropologie. Mais pour lors Lyell, qui sans nul doute ne peut s'empêcher de percevoir une analogie entre la situation novatrice de Darwin et celle qui avait été la sienne lorsqu'il introduisit en Angleterre un uniformitarisme géologique très éloigné de l'orthodoxie du milieu académique, persiste dans son soutien actif à la publication de la théorie sélective, sans jamais personnellement ni publiquement trancher en sa faveur, mais sans non plus se départir de la conviction – héritage psychologique de sa première formation juridique ? – qui l'animait lorsque, en 1856, puis en 1858, il poussa son ami à faire valoir ses droits en établissant sa priorité. Quoi qu'il en soit, il est clair par ailleurs que la convergence entre Darwin et Wallace, parvenus indépendamment l'un de l'autre aux mêmes conclusions d'ensemble à travers des trajets de recherche et des mécanismes logiques étonnamment voisins (parmi lesquels il faut inscrire en particulier le rôle modélisateur joué chez l'un et l'autre par le principe de Malthus), dut inciter l'homme de science qu'était Lyell à prêter une attention spéciale au raisonnement naturaliste de Darwin, qu'il ne fera longtemps que proposer au libre examen de la communauté des savants, rendant ainsi un hommage indirect à sa propre et antérieure dissidence. Il est intéressant en effet d'observer la manière très « actualiste » dont Lyell défend, au congrès de la *British Association* qui se tient au même moment à Aberdeen – où il préside la section de géologie –, le livre, à paraître, de Darwin – qui y verra un nouveau signe de soutien, et l'en remerciera. Jusqu'à son ralliement exprès – et tardif – en 1869 (ralliement qui préservera toutefois l'exception humaine), l'attitude publique de Lyell consistera à user de son influence pour que l'on fasse droit à la nouveauté argumentée des conceptions de Darwin, tout en demeurant sur une prudente réserve qui lui assure en cas de succès le prestige accru d'avoir joué dans leur reconnaissance un rôle adjuvant et facilitateur, et en cas d'échec le prestige maintenu de celui qui, attaché à la seule justice, a su garder sereinement sa liberté de jugement et son impartialité scientifique.

Le 11 septembre, Darwin entame la révision des secondes épreuves, manifestant dans ses lettres une préoccupation anxieuse au sujet des réactions de Lyell, qu'il tente, sur certains points, de solliciter après chaque envoi. À qui serait tenté d'accorder un trop grand crédit à cette accentuation rhétorique de ses propres doutes, il convient d'opposer le témoignage global que livre l'*Autobiographie* en faveur de la force de conviction que Darwin sut mettre d'une façon permanente au service de sa propre théorie. S'il n'a jamais douté de la véridicité de celle-ci, il ne se sentit jamais assuré en revanche de son aptitude personnelle à trouver les moyens de la faire reconnaître. C'est pourquoi il rechercha et ménagea toujours des porte-parole qu'il jugeait plus aptes que lui-même à faire valoir ses conceptions, et c'est pourquoi aussi il dépensa tant d'énergie à les « convertir », sachant qu'il n'y parviendrait qu'en feignant dans une large mesure d'épouser et d'accompagner leurs hésitations principales, voire de partager des résistances qu'il avait pour sa part depuis longtemps dépassées. Le 30, après l'expédition des dernières feuilles corrigées à celui qu'il considère comme son « Garde des Sceaux [« *my High Lord Chancellor*] dans l'histoire naturelle », il l'informe de son intention de partir enfin pour Ilkley – ce qu'il fera le 2 octobre –, commentant la lenteur de sa propre pensée, insistant sur le temps qu'il lui fallut pour comprendre et résoudre les problèmes liés à l'existence des insectes neutres, à la divergence, à l'extinction des variétés intermédiaires sur un territoire continu aux conditions graduées, ainsi que « le double problème des premiers croisements stériles et des hybrides stériles » – et réclamant une dernière fois impressions et critiques. Dans la même lettre, il apprend à Lyell que Murray a imprimé 1 250 exemplaires de l'ouvrage, tirage qui lui semble trop optimiste. La longue réponse de Lyell, postée d'Écosse le 3 octobre, dut amplement le rassurer, car le félicitant avec chaleur pour son « grand work », fruit d'un « close reasoning & long sustained argument ». Mais une seconde lettre du même, datée du lendemain, et dont le contenu, malheureusement perdu, est cependant clairement exposé dans la réponse qu'elle suscite, montre que la discussion de Darwin avec Lyell au sujet du « supplément d'âme » accordé à l'homme par ce dernier a déjà commencé, et que Darwin s'oppose avec une grande fermeté à toute « addition de nouvelles forces créatrices » ou de « capacités miraculeuses » pour penser la supériorité native de l'Homme sur l'ensemble des Vertébrés. Le 15 octobre, depuis Ilkley, Darwin confie à Hooker son espoir de voir bientôt Lyell « converti » ou, comme il le dit lui-même, « perverti » par ses explications. Et de fait, la lettre de Lyell, franchement approbatrice, pouvait fonder largement cet espoir, son auteur allant jusqu'à avouer que s'il avait si longtemps hésité à se prononcer favorablement au sujet de certains éléments de la théorie développée par Darwin, c'est parce que la moindre concession à la reconnaissance de la sélection comme *vera causa* de l'évolution des plantes et des animaux en lieu et place du « facteur purement inconnu et imaginaire » évoqué sous le terme de *création*, entraînait comme sa conséquence nécessaire une reconnaissance identique pour l'Homme et pour ses races. C'est, en dépit de ses résistances maintenues, la force logique de l'argumentation darwinienne qui est en passe d'emporter l'adhésion de Lyell, plus que ne sauraient le faire toutes les « pièces justificatives »[231] qui avaient aux yeux de Darwin tant de prix. Le soutien tactique de Lyell s'exprime jusque dans les conseils de présentation qu'il adresse à son ami : éviter un affichage trop visible et trop immédiat du problème de la formation de l'œil, source d'une controverse qui deviendra classique, et auquel Darwin devra dans la suite consacrer de plus longs développements ; éviter la question des fourmis ouvrières ; d'une manière générale, réduire dans un premier temps les occasions offertes aux adversaires de multiplier le nombre des objections. Pour l'extérieur, Lyell n'est pas officiellement converti. Dans l'intimité de la relation frayée depuis des années avec Darwin, il est complice[232]. Cette complicité est d'abord globalement méthodologique. Un détail de la lettre de Lyell – son évocation du perfectionnement de l'œil « par des variations du type de celles dont nous sommes les témoins » – révèle une nouvelle fois qu'il considère invinciblement Darwin comme l'applicateur de l'uniformitarisme en biologie. Cependant ses réserves demeurent, et Darwin devra réexpliquer à son maître que nombre de plantes étrangères acclimatées dans un pays y supplantent fréquemment les plantes aborigènes – argument qui possède une portée critique considérable contre le thème physico-théologique de la perfection initiale des adaptations ; que la théorie de la sélection naturelle, suffisante pour éclairer l'ensemble du devenir du vivant, verrait son efficacité explicative détruite s'il fallait admettre l'intervention sporadique et miraculeuse de « nouvelles créations », ou la coexistence d'une « création continuée de monades » ; que l'amélioration et la complexification (non universelles toutefois) des organismes ne requiert aucune autre explication

---

[231] Cette expression juridique ou administrative est employée en français par Lyell dans sa lettre du 3 octobre (*Life and Letters of Charles Darwin*, vol. 2, p. 206).
[232] Cela n'échappera pas à l'humour de Darwin, qui observe en lui répondant : « Vous êtes un joli *Lord Chancellor*, de dire à l'avocat de l'une des parties comment il peut le mieux gagner sa cause ! » (Lettre du 11 octobre 1859, *Life and Letters*, vol. 2, p. 208.)

que celle qui dérive du principe sélectif ; que l'efficacité scientifique de ce principe est précisément de rendre superflue – donc scientifiquement insignifiante – toute addition de forces ou de pouvoirs créateurs admis par ailleurs sans fondements objectifs ; que la gradation sensible dans les facultés intellectuelles des Vertébrés dépend également de son action, appréciable éminemment dans le cas de l'évolution de l'homme ; que la souplesse adaptative de la plupart des organismes face aux conditions climatiques – dont on surévalue constamment l'influence – désigne comme agent sélectif principal la compétition entre organismes (l'Homme est en voie de supplanter l'Orang non parce qu'il est mieux adapté au climat, mais parce qu'il a hérité d'une intelligence supérieure qui lui a permis l'invention et l'usage des armes à feu). Dans son ensemble, cette très longue lettre à Lyell du 11 octobre 1859 constitue la première des réponses que Darwin devra élaborer face à une suite d'objections qui seront adressées à sa théorie entre le moment de la première publication de *L'Origine* et la fin des années 1870.

Adhésions, objections et réponses

Un mois exactement plus tard, le 11 novembre 1859, poursuivant à Ilkley sa cure hydrothérapique, Darwin adresse ou fait adresser par Murray, avant sa parution officielle, un exemplaire de son livre à quelques amis et relations dont la conversion, pour certains d'entre eux, est loin d'être acquise : Louis Agassiz, Alphonse de Candolle, Hugh Falconer, Asa Gray, John Stevens Henslow, John Lubbock, Leonard Jenyns, et, bien entendu, Wallace. À chacun Darwin rappelle systématiquement que *De l'Origine des espèces* n'est qu'un résumé, insistant implicitement sur le supplément appréciable de preuves qu'eût apporté l'ouvrage *in extenso*, auquel il dit avoir l'intention de se consacrer de nouveau. À Fox, le 16, il déclare que son « livre ennuyeux sur les espèces » renferme cependant la vérité, et proclame la conversion de Hooker, et les prémices de celle de Lyell. Mais le 19, il confie à Carpenter que le seul vrai converti est Hooker, auquel il apprend en retour que Carpenter est « sur le point de se convertir ». Très évidemment, Darwin cherche des soutiens parmi les naturalistes influents et les grands acteurs de la science académique, et se montre tout à fait soucieux de tester à travers ces premiers lecteurs le pouvoir de persuasion de son livre.

Le 21, Darwin reçoit une lettre d'Hewett Cottrell Watson (1804-1881), botaniste spécialiste de la répartition géographique des plantes, dont on a rappelé plus haut qu'il s'est prononcé vingt-cinq ans auparavant en faveur de la transmutation des espèces, et qui a abordé avant lui des questions aussi pertinentes que la frontière indécise entre espèce et variété, l'acclimatation des plantes, la rareté des formes intermédiaires, le retour, etc.[233] Watson écrit : « Votre idée conductrice – celle de la "Sélection naturelle" – sera à coup sûr reconnue comme une vérité établie en science. Elle a les caractéristiques de toutes les grandes vérités naturelles, rendant clair ce qui était obscur, simplifiant ce qui était compliqué, et ajoutant considérablement à la connaissance antérieure. Vous êtes dans l'histoire naturelle le plus grand révolutionnaire de ce siècle, si ce n'est de tous les siècles ». Le même jour, Darwin reçoit un billet de chaleureuses félicitations de Hooker, et se réjouit, en y répondant, de la constance de Lyell à le soutenir. Le 23, il écrit à ce dernier, qui envisage d'inclure la question centrale de *L'Origine des espèces* dans son *Antiquity of Man*. Un post-scriptum à cette lettre apprend que John Herschel a reçu un exemplaire du livre, et que Darwin, qui ne peut s'attendre qu'à un silence de sa part, est toutefois curieux de sa réaction. Quant à Huxley, son approbation de l'ouvrage – objet d'une lettre datée également du 23 novembre –, se lit dans une comparaison entre l'impression de lecture qu'il en tira et celle que lui avaient procurée neuf ans plus tôt les *Essais* de celui dont il avait fait son maître, le fondateur de l'embryologie moderne, Karl Ernst von Baer. Dans cette lettre, le futur « bouledogue de Darwin » décrit involontairement la nature de ses rapports ultérieurs – à la fois partisans et critiques – avec Darwin et sa théorie. Approbation globale de l'argumentation biogéographique et paléontologique de *L'Origine*, assortie de réserves provisoires sur l'embryologie, éloge sans restriction de tout ce qui concerne la variation et les croisements, mais aveu d'une compréhension encore partielle de la portée des

---

[233] Malgré ce fait, le nom de Watson n'apparaîtra pas dans la liste de prédécesseurs (*Historical Sketch*) qui précédera la troisième édition de 1861.

chapitres III, IV et V – ce dernier étant consacré à la lutte pour l'existence –, qu'il admire cependant. Ses objections spontanées portent sur deux points : l'adoption trop massive par Darwin du principe de continuité qui s'exprime dans sa réappropriation de la formule classique « *Natura non facit saltum* », et la minimisation de l'importance de la continuité ou non des conditions physiques dans la genèse de la variation. Huxley ne nomme nulle part la sélection naturelle, bien qu'il reconnaisse que Darwin a démontré « la vraie cause de la production des espèces » en rejetant sur ses adversaires la charge de prouver que les espèces ne naissent pas comme il l'indique. La lettre s'achève par une proposition où l'on peut percevoir la tonalité de ce qui sera une relation tout à fait singulière entre les deux hommes : à la fois acte d'allégeance et proposition d'aide, de la part du plus jeune, dans la lutte armée contre la pensée rétrograde, le tout accompagné du maintien d'une vigilance critique n'excluant aucun désaccord : une vassalité choisie, éminemment consciente de sa force. La mauvaise santé de Darwin fut sans nul doute l'une des raisons pour lesquelles il laissa souvent ses amis s'exposer à sa place. Mais comme il remplissait avec une conscience et une régularité méticuleuses tous ses devoirs académiques sur des sujets divers n'ayant pas de rapport direct ou déclaré avec sa théorie, il est permis de penser qu'il fuyait assez systématiquement les situations d'affrontement oral où celle-ci était en cause. Il craignait en particulier d'y être contraint d'aborder des sujets métaphysiques ou théologiques, et de ruiner ainsi les chances d'une réception élargie des ses idées. C'est pourquoi il acceptera volontiers la proposition de Huxley, tout entière contenue dans cette lettre :

> Je compte sur vous pour ne vous laisser aucunement dégoûter ou importuner par les copieuses injures et dénaturations que l'on vous réserve, à moins que je ne me trompe grandement. C'est grâce à cela que vous avez gagné la reconnaissance durable de tous les gens qui pensent. Et pour ce qui est des roquets qui ne manqueront pas d'aboyer et de glapir, vous devez vous souvenir que certains de vos amis, en tout cas, sont animés d'une réserve de combativité qui (bien que vous l'ayez souvent blâmée à juste titre) peut vous être fort utile.
> J'aiguise bec et ongles et me tiens prêt.

Le lendemain, 24 novembre, premier jour de la vente effective de son livre, Darwin, à Ilkley, apprend de Murray que l'ensemble des 1 250 exemplaires imprimés – dont il faut évidemment soustraire le dépôt légal (5), les spécimens adressés à la presse scientifique (41) et les exemplaires offerts à l'auteur (12) ou achetés par lui pour des envois personnels (une vingtaine), ce qui porte le chiffre des ventes réelles, selon Freeman, à 1170 environ – a été absorbé par les commandes des libraires, et que la demande de ces derniers au 22 novembre excédait assez largement (de 250 unités) le nombre d'exemplaires disponibles. Murray demande à Darwin de préparer immédiatement une deuxième édition revue. Darwin informe de ce succès, le jour même, Huxley et Lyell, auxquels il fait part de son étonnement. Parmi les nombreux messages qu'il reçoit ce jour-là figure une longue lettre du Révérend Adam Sedgwick, expédiée de Cambridge, qui lui apprend que son ancien mentor en géologie a lu son ouvrage « avec plus de peine que de plaisir », l'accusant d'avoir trahi « la vraie méthode de l'induction » en refusant de voir dans la volonté de Dieu agissant pour le bien de ses créatures la cause véritable et ultime de l'ordre naturel. Cette vigoureuse critique, émanant d'un ami – un « true-hearted old friend » – de trente ans, donne le ton de celles qui vont suivre, et dont la règle peut s'énoncer comme suit : à l'exception des observations scientifiques issues du cercle proche des amis ou partisans ralliés au transformisme – la plupart d'entre eux étant cependant plus attachés à ce que permet sa théorie qu'à sa théorie elle-même –, toutes les critiques naturalistes négatives adressées à Darwin après la publication de *L'Origine* seront inspirées par des motivations essentiellement et inévitablement théologiques. C'était déjà le cas du compte rendu assez résolument hostile publié dès le 19 novembre par l'*Athenæum* sous la plume d'un chroniqueur anonyme, dont on pense aujourd'hui qu'il s'agissait de John R. Leifchild, un collaborateur régulier de la revue, fils de pasteur et spécialiste des mines, dont Darwin ne parvint pas à deviner l'identité, et qui terminait sa recension en abandonnant l'auteur, avec une fausse bonhommie, à la clémence de la Faculté de théologie, de l'Université, de la Censure et du Muséum[234]. De fait, les réactions sont multiples et les comportements réactionnels présentent des caractères extrêmement nuancés. Contrairement à Sedgwick qui donne libre cours à sa fureur orthodoxe et attaque un livre qu'il juge « malfaisant », le pasteur naturaliste Charles Kingsley (1819-1875) revendique d'emblée une compatibilité entre les idées de Darwin, auxquelles il adhère avec force sur le fondement de sa propre expérience des croisements, et le maintien d'une représentation élevée de la Divinité[235]. Le vieux chirurgien ethnologue et orientaliste John Crawfurd (1783-1868), déclare qu'il écrira contre, mais en proscrivant toute attitude calomnieuse[236]. Certains choisiront le silence. L'emprise des fondements providentialistes assignés par la théologie naturelle demeure puissante, le dogme accepté du caractère impénétrable de l'origine de toutes choses continue d'être un lieu commun introductif ou conclusif des recensions, et la plupart des critiques de *L'Origine*, qu'ils s'étendent ou non sur le problème classique de la définition précise des catégories de la classification, se cantonnent dans les limites d'une acceptation éventuelle de la variation restreinte des organismes, à l'exclusion de toute reconnaissance ouverte d'un franchissement des frontières de l'espèce. Wollaston fut, de cette ultime mais ferme réserve, le plus typique représentant[237], et Darwin confiera à Lyell, le 15 février

---

[234] « On the Origin of Species », *Athenæum*, n° 1673, p. 659-660. Voir la lettre de Darwin à Hooker, envoyée de Ilkley quelques jours plus tard, au sujet de l'auteur anonyme : « S'il entend être avocat, il peut se croire fondé à n'argumenter que d'un seul côté. Mais la manière dont il insiste sur l'immortalité, dont il lance les prêtres après moi et m'abandonne à leur miséricorde est indigne. Il ne me brûlerait en aucun cas, mais il préparera les bûches et dira aux bêtes noires comment m'attraper » (*Life and Letters*, vol. 2, p. 228-229).

[235] Lettre de Darwin à Lyell du 2 décembre 1859.

[236] *Ibidem*. L'article de Crawfurd paraîtra dans l'*Examiner* du 3 décembre 1859, p. 772-773. Respectueux envers Darwin, Crawfurd caricature toutefois sensiblement ses thèses.

[237] [Thomas Vernon Wollaston], « On the Origin of Species by means of Natural Selection; or, the Preservation of Favoured Races in the Struggle for Life.— By Charles Darwin, M.A., F.R.S., F.G.S., &c. London, 1859 » (recension non signée), *Annals and Magazine of Natural History*, 3e sér., 5, 1860, p. 132-143. Après une longue discussion où figurent des jugements favorables, l'auteur de l'article conclut son analyse en citant comme un simple morceau de belle rhétorique la phrase qui

1860, après avoir identifié à son style l'auteur de l'article paru dans les *Annals*, qu'à l'instar de tous ses adversaires il omet de parler des arguments tirés de la classification, de la morphologie, de l'embryologie et des organes rudimentaires. Or c'est précisément à l'argument embryologique développé dans le chapitre XIII (intitulé « Affinités mutuelles des êtres organisés ; morphologie ; embryologie ; organes rudimentaires », et qui deviendra plus tard le chapitre XIV et avant-dernier de *L'Origine*) que Darwin, reprochant à ses propres amis de n'en avoir pas dit un mot, attache le plus de prix[238]. Il aura lieu toutefois de se réjouir en lisant le remarquable commentaire qu'un auteur anonyme dans lequel il reconnaît immédiatement Huxley[239] consacre à *L'Origine* dans le *Times* du 26 décembre[240]. Rien n'échappe à Huxley de ce qui constitue l'extraordinaire portée du livre contre le figement de l'histoire naturelle dans la répétition des lieux communs asservis à la défense des positions dogmatiques : caractère limité *a priori* de la connaissance scientifique, providentialisme des causes finales, préadaptationnisme universel, fixisme de l'espèce lié à une acceptation sans nuance du critère d'interstérilité dans les croisements, catastrophisme géologique, fétichisme des divisions systématiques, subordination de la science à la vérité révélée de la Création

---

conclut *L'Origine des espèces*, qu'il introduit en doutant que Darwin ait été, lorsqu'il l'écrivit, en pleine possession de son sérieux scientifique. La citation est elle-même suivie d'une remarque ironiquement interrogative de Wollaston sur ce « pas de plus » qui conduirait à « se jeter la tête la première dans l'hypothèse de la nébuleuse, et dans la théorie de la Génération Spontanée ».

[238] Voir à ce sujet sa lettre à Hooker du 14 décembre 1859, et son insistance sur ce même point dans l'*Autobiographie*.

[239] Lettre à Hooker du 28 décembre 1859.

[240] [Thomas Henry Huxley], « Darwin and the Origin of Species », *The Times*, 26 décembre 1859, p. 8-9. L'exemplaire de *L'Origine* adressé à la rédaction du *Times* était parvenu entre les mains d'un journaliste nommé Lucas, totalement ignorant en matière de science, et dont l'embarras le poussa à demander conseil. On indiqua Huxley comme l'auteur susceptible d'écrire sur un pareil sujet. Huxley rédigea son commentaire avec une rapidité sans égale, l'envoya au journaliste qui ne fit qu'ajouter le « chapeau » introductif, et l'article parut sans signature. Dans sa lettre du 28 décembre à Huxley, Darwin feint avec malice de s'interroger encore sur l'identité de son auteur, tout en lui indiquant qu'un seul homme en Angleterre était à ses yeux capable d'un tel exploit.

séparée des espèces, réduction de la nouveauté darwinienne aux conjectures volontiers caricaturées de Lamarck. Le talent virtuose de Huxley tient à la fois dans une compréhension fine des articulations de la théorie, dont il est sans doute le premier à avoir perçu qu'elle tient sa nécessité autant de sa logique interne que des faits qu'elle interprète, et dans son aptitude à en présenter une synthèse didactique accessible à ceux que n'effraie pas le courage d'un pari autonome sur les pouvoirs et l'indépendance de la raison. En l'espace de quelques paragraphes lumineux de clarté, Huxley explique la nécessité *logique* du principe de sélection naturelle, tout en insistant sur le puissant et large spectre de *faits* dont Darwin eut le souci permanent de l'étayer, et en laissant aux naturalistes de l'avenir le soin de décider s'il a ou non surévalué l'action d'une sélection naturelle dont il a en tout état de cause démontré qu'elle existe dans la nature. En outre, il ne craint pas de s'exposer en identifiant comme relevant du préjugé religieux la principale opposition dont l'ouvrage de Darwin est la cible. À cet égard il ne fait que rendre publique une opinion qui a toujours été, plus discrètement, celle de Darwin lui-même, et selon laquelle l'autorité dogmatique de l'Église, non plus que celle, culturelle et morale, des Écritures, n'a aucune portée explicative en science, et doit donc être méthodiquement tenue à l'écart de toute entreprise de connaissance objective. C'est en décembre également que Huxley publie dans le *Macmillan's Magazine* un article destiné à susciter une curiosité positive à l'égard de *L'Origine des espèces*[241]. L'article, assez court (un peu plus de six pages), comprend une introduction géologique et paléontologique qui en constitue à elle seule les deux tiers, et qui est simplement destinée à illustrer la nécessité du transformisme, tout en ménageant les habituelles réserves critiques, passablement méprisantes, envers Lamarck et Chambers. Son adhésion à l'actualisme se soutient d'une brillante comparaison de ses adversaires à des enfants que la lecture des épopées classiques aurait persuadés que la nature d'autrefois était incommensurablement plus vigoureuse que la nature actuelle. Le nom de Darwin n'apparaît qu'au bout de quatre

---

[241] « Time and Life : Mr. Darwin's "Origin of Species" », *Macmillan's Magazine*, vol. I (novembre 1859-avril 1860), n° 2 (décembre 1859), p. 142-148.

pages résumant « la substance d'une conférence prononcée il y a des mois devant la *Royal Institution of Great Britain* ». Avec son habituelle ingéniosité rhétorique, Huxley déclare que nul ne serait plus satisfait que lui de voir réfuter l'ouvrage de Darwin, s'il se trouvait un homme assez compétent pour se montrer capable d'un tel tour de force. Argumentant à la manière de Darwin à partir des produits remarquables de la sélection animale, il s'interroge sur l'instance qui, dans la nature, jouera un rôle analogue à celui de l'éleveur : problème éludé, voire ignoré par Lamarck, mais auquel Darwin apporte une réponse : la mort, qui, dans l'affrontement généralisé des êtres vivants avec leurs compétiteurs et avec les circonstances, pénalise les plus faibles et les « traînards ». S'il s'avère que Darwin se trompe, sa théorie périra, abandonnant sa place à une théorie mieux adaptée, illustrant ainsi cependant, jusque dans sa propre extinction, la vérité nécessaire du principe sélectif. Il serait sans doute injuste de ne saluer chez Huxley que ce degré d'adresse rhétorique mis au service d'un engagement transformiste global plutôt qu'à celui de l'intégrité de la théorie darwinienne. Il est exact que Huxley tendait à contester le rôle dominant de la sélection naturelle, et l'on a depuis longtemps expliqué que son soutien à Darwin, souvent assorti de réserves expresses portant précisément sur ce point, était en grande partie motivé par son désir de renverser l'autoritarisme théologique qui s'exerçait encore sur la recherche et sur l'enseignement des sciences. Mais il accomplit cependant un geste liminaire d'une grande portée en reconnaissant qu'aucune hypothèse meilleure et plus cohérente avec son objet n'a été produite dans l'univers des sciences naturelles pour identifier la *vera causa* d'une transformation des espèces dont il ne songe même plus, quant à lui, à douter. Son long article d'avril 1860 dans la *Westminster*[242] le situera d'une façon plus précise par rapport aux contenus de *L'Origine*, ainsi que par rapport aux modalités du soutien qu'il apporte à une hypothèse qui n'est pas encore, selon lui, une théorie :

---

[242] « Darwin on the Origin of Species », *Westminster Review*, n.s., 17 (1860), p. 541-570.

L'hypothèse darwinienne a le mérite d'être éminemment simple et compréhensible dans le principe, et ses positions essentielles peuvent être exposées en très peu de mots : toutes les espèces ont été produites par le développement de variétés à partir de souches communes ; par la conversion de celles-ci, d'abord en races permanentes et ensuite en nouvelles espèces, par le processus de *sélection naturelle*, lequel processus est par essence identique à celui de la sélection artificielle par lequel l'homme a donné naissance aux races d'animaux domestiques, la *lutte pour l'existence* prenant la place de l'homme, et exerçant, dans le cas de la sélection naturelle, cette action sélective que ce dernier accomplit dans la sélection artificielle.

Les arguments mis en avant par M. Darwin à l'appui de son hypothèse sont de trois sortes. Premièrement, il entreprend de prouver que les espèces peuvent être engendrées par sélection ; deuxièmement, il tente de montrer que des causes naturelles sont capables d'exercer la sélection ; et troisièmement, il s'efforce de prouver que les phénomènes les plus remarquables et les plus apparemment anormaux mis en évidence par la répartition, le développement et les relations mutuelles des espèces peuvent se montrer déductibles de la doctrine générale qu'il propose de leur origine, combinée avec les faits connus du changement géologique ; et que, même si tous ces phénomènes ne sont pas présentement explicables par elle, aucun n'est nécessairement incompatible avec elle.

Aucun doute n'est permis sur le fait que la méthode d'enquête qu'a adoptée M. Darwin est non seulement en accord rigoureux avec les canons de la logique scientifique, mais est la seule méthode adéquate. Des critiques formés exclusivement dans les humanités ou les mathématiques, et qui dans leur vie n'ont jamais déterminé un fait scientifique par induction à partir de l'expérience ou de l'observation, se répandent en doctes niaiseries sur la méthode de M. Darwin, qui n'est pas suffisamment inductive, pas suffisamment baconienne, en vérité, pour eux. Mais même s'ils sont privés de la fréquentation pratique du processus de la recherche scientifique, ils peuvent, en parcourant l'admirable chapitre de M. Mill « Sur la méthode déductive », qu'il y a des foules d'enquêtes scientifiques dans lesquelles la méthode de pure induction ne vient en aide au chercheur que d'une façon très minime.

« Le mode de recherche », dit M. Mill, « qui, étant prouvée la non-applicabilité des méthodes directes d'observation et d'expérience, demeure pour nous la principale source de connaissance que nous possédions, ou puissions acquérir, en ce qui concerne les conditions et les lois de récurrence des phénomènes plus complexes, se nomme, dans son expression la plus générale, la méthode déductive, et consiste en trois opérations : la première est celle de l'induction directe ; la deuxième celle du raisonnement ; et la troisième celle de la vérification ».

Or, les conditions qui ont déterminé l'existence des espèces sont non seulement excessivement complexes, mais, pour ce qui est de leur grande majorité, dépassent nécessairement notre connaissance. Mais ce que M. Darwin a tenté de faire est en accord exact avec la règle énoncée par M. Mill ; il a entrepris de déterminer certains grands faits inductivement, par observation et expérience ; il a ensuite raisonné à partir des données ainsi obtenues ; et enfin il a testé la validité de son raisonnement en comparant ses déductions avec les faits observés de la Nature. Inductivement, M. Darwin entreprend de prouver que les espèces naissent d'une manière donnée. Déductivement, il désire montrer que, si elles naissent de cette manière, les faits de répartition, de développement, de classification, &c., peuvent être expliqués, *i. e.* peuvent être déduits de leur mode d'origine, combiné avec les changements admis dans la géographie physique et le climat, au cours d'une période indéfinie. Et cette explication, ou cette coïncidence des faits observés avec les faits déduits, est, aussi loin qu'elle s'étende, une vérification de la vision darwinienne.

Il n'y a, donc, pas de faute à trouver dans la méthode de M. Darwin ; mais c'est une autre question de savoir s'il a rempli toutes les conditions imposées par cette méthode. Est-il prouvé d'une manière satisfaisante, en fait, que les espèces peuvent être engendrées par sélection ? Qu'il existe une chose telle que la sélection naturelle ? Qu'aucun des phénomènes manifestés par les espèces n'est incompatible avec l'origine des espèces s'opérant de cette manière ? Si à ces questions il peut être répondu par l'affirmative, la conception de M. Darwin sortira de la classe des hypothèses pour entrer dans celle des théories prouvées ; mais, aussi longtemps que les preuves avancées jusqu'à présent seront insuffisantes à renforcer cette affirmation, aussi longtemps la nouvelle doctrine devra se contenter, pour nos esprits, de demeurer, parmi les premières, une doctrine extrêmement précieuse, et probable au plus haut degré, voire la seule hypothèse existante qui vaille quelque chose d'un point de vue scientifique ; mais ce sera encore une hypothèse, et non la théorie des espèces.

Après y avoir beaucoup songé, et sans le moindre parti pris assurément contre M. Darwin, c'est notre claire conviction que, dans l'état actuel de l'argumentation, il n'est pas absolument prouvé qu'un groupe d'animaux, ayant tous les caractères présentés par l'espèce dans la Nature, ait jamais été produit par la sélection, que celle-ci soit artificielle ou naturelle. Des groupes ayant le caractère morphologique d'espèces distinctes et des races permanentes ont bien été produits ainsi à maintes reprises ; mais rien ne témoigne catégoriquement, aujourd'hui, qu'un groupe d'animaux ait, par variation et reproduction sélective, donné naissance à un autre groupe qui fût, même au plus minime degré, infécond avec le premier. M. Darwin est parfaitement conscient de ce point faible, et fournit une foule d'arguments ingénieux et importants pour diminuer la force de l'objection. Nous admettons la valeur de ces arguments dans toute leur étendue ; nous allons même jusqu'à exprimer notre conviction que des expériences, conduites par un habile physiologiste, obtiendraient très probablement la production désirée de races plus ou moins infécondes entre elles à partir d'une souche commune, en un nombre d'années relativement faible ; mais jusqu'ici, dans l'état actuel de la question, cette « petite fissure dans le luth » ne doit pas être dissimulée ni passée sous silence.[243]

Au bénéfice de Huxley, il faut résolument inscrire la distance qu'il prend par rapport au verbiage habituellement déployé lors de chaque invocation de la « méthode inductive », dont on se rend compte qu'à défaut d'ouvrir la voie à une méthodologie affranchie des révérences théologiennes, elle a le plus souvent servi au contraire à restaurer, comme chez Sedgwick, la place et l'action de Dieu comme ultime induction.

Cet extrait permet, plus profondément, d'apercevoir combien est complexe en son fond le soutien apporté par Huxley à Darwin. Huxley a parfaitement compris la manière dont l'argumentation darwinienne utilise le *fait* de la sélection artificielle. C'est en tant que ce fait révèle par induction nécessaire une *capacité de la nature*, ou si l'on préfère cette propriété virtuelle des organismes naturels que nous avons nommée plus haut la *sélectionnabilité*, que l'existence d'une sélection *naturelle* est démontrée *possible*. Dès lors, il va falloir démontrer non plus seulement sa *possibilité*, mais son effectivité dans les conditions naturelles, ce qui continue

---

[243] Huxley, art. cit., p. 566-568. L'allusion finale au poème « Merlin and Vivien » des *Idylls of the King* de Tennyson (« C'est la petite fissure dans le luth, / Qui, peu à peu, atténuera la musique, / Et s'agrandissant toujours plus, / Lentement produira le silence ») résonne d'une étrange manière lorsque l'on prend soin de transcrire le passage dont elle est extraite.

de requérir des illustrations factuelles. Or si l'on peut tenir pour démontré que des espèces se sont en effet transformées – c'est le cas du constat de la plurispécificité résultante des « Pinsons » des Galápagos à partir d'une forme continentale migrante –, on ne peut affirmer en revanche que la sélection naturelle, inobservable dans son action infiniment lente, a bien été le mécanisme par lequel leur transformation s'est effectuée. Darwin sera si conscient des frontières de l'assertion légitime par rapport à la question ici ouverte qu'il intégrera à son vocabulaire et utilisera souvent cette distinction prudente entre le possible, le probable et le certain. La sélection naturelle est donc nécessairement proposée d'abord comme l'hypothèse qu'engendre spontanément l'analogie tirée de la sélection artificielle : si cette analogie est juste, il *doit y avoir* dans la nature un *analogôn* fonctionnel de l'éleveur ou de l'horticulteur qui effectue le tri et la promotion reproductive des organismes porteurs d'une variation avantageuse – et c'est pour répondre à cette hypothèse analogique qu'est convoqué le modèle malthusien, qui pour sa part y a déjà répondu : le tri des mieux armés dans la lutte pour l'existence à l'intérieur d'un cadre limité du point de vue des ressources est une conséquence nécessaire de la loi de progression géométrique qui règle l'accroissement du nombre des individus. Or ce caractère « mieux armé » – c'est-à-dire mieux adapté aux conditions de la lutte dans un milieu donné – ne peut être fourni que par une différence individuelle à valeur positive, c'est-à-dire par une variation avantageuse. C'est donc le modèle malthusien qui valide l'hypothèse analogique spontanée entre sélection artificielle et sélection naturelle. Autrement dit la validité des conclusions de Darwin sur le plan de la nécessité de l'action de la sélection naturelle dans la création des *races* ne dépend pas d'une illustration naturaliste : elle est en effet une simple implication logique. Là où se pose la question du *fait* corroborant, c'est sur la question du franchissement de la frontière de l'espèce, définie selon un consensus dominant par le critère de non-interfécondité. Et c'est le lieu de la « fissure » huxleyenne. Et c'est de nouveau à l'univers de la sélection artificielle qu'il sera fait appel pour prouver la *possibilité* de ce franchissement, l'administration de cette preuve ne tenant pour Huxley qu'à l'application suffisante des compétences d'un bon physiologiste. Mais là encore, même si l'on admet qu'il serait relativement aisé et rapide d'effectuer expérimentalement la génération d'une espèce nouvelle et distincte par sélection artificielle, la preuve administrée ne vaudrait que pour l'univers de la domestication, rien ne démontrant d'une façon décisive que la nature l'effectue de même, ce qui néanmoins devient de plus en plus *probable* en raison de l'analogie et des temps longs dont elle dispose. Or c'est en ce point que le silence de Huxley et de la plupart des commentateurs sur les « Pinsons » des îles Galápagos devient troublant et incompréhensible. Darwin sait quant à lui depuis le printemps de 1837 qu'un tel franchissement a eu lieu, et n'est plus simplement *possible*.

Les comptes rendus se succéderont à un rythme soutenu à partir de la fin de l'année 1859. Le 24 décembre, la *Saturday Review* publie une recension anonyme[244] plutôt hostile, fondant sa critique principale sur une argumentation géologique dont Darwin reconnaîtra sur certains points la pertinence, mais qu'il déclarera sans effet sur la thèse centrale du livre[245]. Le 31, c'est Hooker qui, sous le couvert de l'anonymat, publie dans le *Gardener's Chronicle*, utilisant les colonnes habituellement réservées à l'instance éditoriale, un article[246] que Darwin attribue d'abord en toute bonne foi à John Lindley (1799-1865), le rédacteur du secteur botanique de la revue, se réjouissant de sa quasi-« conversion »[247]. Le jeu de Hooker, plein de délicatesse et d'amitié, était en fait grandement facilité par le fait que Lindley, ancien protégé de son père (*Sir* William Hooker) qui l'introduisit auprès de Joseph Banks alors qu'il était

---

[244] « Darwin's Origin of Species », *Saturday Review*, London, 24 déc. 1859, p. 775-776.
[245] Lettre à Hooker du 3 janvier 1860, *Post-scriptum*.
[246] [Joseph Dalton Hooker, sans nom d'auteur et sans titre], *The Gardener's Chronicle and Agricultural Gazette*, décembre 1860, p. 1051-1052.
[247] Lettre à Hooker du 3 janvier 1860. Hooker achevait sa brève évocation de *L'Origine*, dont il annonçait de futurs développements, en signalant que Darwin avait réussi là où Lamarck et après lui l'auteur des *Vestiges* avaient échoué : suggérer la méthode plausible par laquelle la Nature a pu procéder pour produire des variétés adaptées en se débarrassant des formes intermédiaires et en donnant une stabilité temporaire à celles qui sont aujourd'hui reconnues comme des espèces.

âgé de vingt ans et se trouvait sans ressources, était lié à sa famille par cette ancienne dette de reconnaissance autant que par le partage de la passion botanique. L'illusion passagère de Darwin – qui découvrira la vérité grâce à Lyell une semaine plus tard – se comprendra mieux encore presque trois années plus tard, lorsque Hooker racontera à Darwin comment il a rendu compte de son ouvrage sur la fécondation des Orchidées, dans la même revue, en imitant le style de Lindley.[248]

Darwin en revanche n'accordera aucun commentaire à l'article de Robert Chambers publié vers la fin de l'année dans le *Chambers's Journal*[249], ce silence pouvant aisément s'expliquer par le fait qu'une approbation du diable n'était guère de nature à lui porter secours au cœur de la prudente démarche de « conversion » qu'il avait entreprise face à ses interlocuteurs croyants. Une note au crayon portée directement sur l'exemplaire qu'il reçut de l'article indique sans la moindre équivoque qu'il en avait identifié l'auteur, lequel faisait un éloge appuyé de l'ouvrage en mettant l'accent sur son opposition à toute perspective créationniste. Citant habilement Owen, mais paraphrasant en réalité un argument développé par Darwin dans son chapitre VI, Chambers réfutait les harmonies providentielles de la théologie naturelle en indiquant par exemple que si l'on pouvait reconnaître sous la division du crâne des Mammifères en plusieurs pièces osseuses suturées le dessein d'une plasticité remarquablement adaptée aux pressions de l'accouchement,

---

[248] Lettre de Hooker à Darwin du 7 novembre 1862, *More Letters*, n° 618. La confusion produite chez Darwin en 1860 s'explique d'autant mieux que tout avait été fait pour suggérer, à travers le léger subterfuge de l'emplacement du commentaire, une approbation globale de la revue. La « conversion » de Lindley, qui connaissait Darwin – lequel le tenait en haute estime scientifique, le considérant comme une autorité sur l'horticulture et sur les orchidées – était quant à elle d'autant plus vraisemblable que le botaniste londonien s'était toujours soucié, au dire de Julius von Sachs, de substituer au système linnéen une classification naturelle qui ne confondît pas l'importance physiologique d'un organe avec sa valeur classificatoire – distinction qui fut toujours un *leitmotiv* chez Darwin. *Cf.* P. Tort, « Lindley, John », *Dictionnaire du darwinisme et de l'évolution*, ouv. cit., vol. 2, p. 2644.

[249] [Robert Chambers – et non Richard, comme l'indiquent par erreur les éditeurs de la *Correspondence*, vol. 8, p. 599 –], « Charles Darwin on the Origin of Species », *Chambers's Journal*, 12, juillet-décembre 1859, p. 388-91.

cette structure perdait toute signification de ce type chez les Oiseaux, qui la présentent également sans que l'on puisse lui assigner une cause comparable. Comment expliquer de même que des pièces florales adaptées à des fonctions différentes (sépales et pétales par exemple) présentent toutefois un modèle de construction identique ? Cette connivence profonde et insistante d'un auteur quelque peu discrédité avec tout ce qui dans *L'Origine* était susceptible d'apparaître comme une réfutation du providentialisme orthodoxe ne pouvait manquer d'inquiéter Darwin, qui entendait se tenir à l'abri d'un soutien aussi compromettant, et qui ne reconnaîtra discrètement les mérites précurseurs de Chambers que lorsque le premier danger sera passé.

En 1860, aux alentours de la fin du printemps, le naturaliste Andrew Murray publie dans les *Proceedings of the Royal Society of Edinburgh* un article écrit dans le plus pur esprit du Dessein transcendant, où il oppose à la capacité transformatrice de la sélection naturelle la tendance au retour (*reversion* vers le type) comme « effort de la nature pour préserver le type moyen de la race ». Andrew Murray – « excellent entomologiste » selon ce qu'en dit Huxley lui-même dans sa contribution à *Life and Letters of Charles Darwin* sur la réception de *L'Origine des espèces* – fut au nombre des premiers naturalistes à risquer une critique des idées de Darwin. Il rédigea d'abord un commentaire sur l'article du *Linnean Journal* (1858) résultant de la présentation conjointe des travaux de Darwin et de Wallace. Ce commentaire était intégré dans l'adresse présidentielle qu'il prononça devant la Société botanique d'Édimbourg le 10 novembre 1859 (« Opening Address » publiée dans les *Transactions and Proceedings of the Botanical Society of Edinburgh*, p. 307-317), et n'y figurait qu'à l'occasion du compte rendu critique d'un mémoire d'Asa Gray sur la flore du Japon. Ayant clairement décelé chez Gray l'influence des idées de Darwin, Murray consacrait deux pages à réfuter la théorie darwino-wallacienne de la descendance modifiée, sommairement exposée en 1858, en évoquant le cas d'insectes cavernicoles aveugles appartenant au même genre et presque semblables trouvés dans des grottes souterraines situées en différents points très éloignés du monde, et strictement adaptés à chaque environnement, ce qui selon lui excluait absolument tout processus d'engendrement entre les espèces.

Murray rédigea également, comme on vient de le signaler, un commentaire critique de *L'Origine des espèces* pour les *Proceedings of the Royal Society of Edinburgh*, sous le titre « On Mr. Darwin's Theory of the Origin of Species » (lu le 20 février 1860, vol. IV, 1859-1860, n° 51), critique communiquée à Darwin sur épreuves avant sa parution, et que ce dernier promit d'envoyer à Lyell dès que parue (lettre présumée du 4 janvier à Lyell dans *Life and Letters*, rédigée en réalité le 4 mai). Darwin mentionne et résume à Lyell l'*Address* de novembre 1859 dans une lettre datée du 10 janvier. Il y rappelle la principale difficulté opposée à sa théorie par l'entomologiste : « Andrew Murray (l'Entomologiste qui barbote dans la Botanique) a critiqué dans une Adresse à la Soc. Botanique d'Édimbourg la notice du *Linn. Journal*, & "a disposé" de la théorie tout entière au moyen d'une ingénieuse difficulté, à laquelle j'ai été très stupide de ne pas songer ; car je me suis expressément étonné de ce que plus de cas analogues ne fussent pas connus. Cette difficulté est que parmi les insectes aveugles qui habitent les cavités souterraines dans des parties du monde éloignées les unes des autres, il en est certains qui appartiennent au même genre, mais que l'on ne trouve pas ce genre en dehors de ces cavités, vivant à l'air libre », ce qui aux yeux de l'auteur paraît impliquer une création spéciale. Darwin poursuit en déclarant « avoir peu de doutes sur le fait que, comme le poisson *Amblyopsis* & comme le Protée d'Europe, ces insectes sont des "épaves de la vie archaïque", ou des "fossiles vivants", préservés de la compétition & de l'extermination. Mais que des insectes voyants du même genre survolaient autrefois toute la zone qui renferme ces cavités ». Dans une note rattachée à la lettre à Lyell du 4 mai (qu'il pense être du 4 janvier) dans laquelle Darwin promet à son correspondant l'envoi de l'article de Murray, Francis Darwin déclare que Murray écrivit *deux* articles sur *L'Origine* dans les *Proceedings of the Royal Society of Edinburgh*. Selon lui, celui dont il s'agit dans la lettre du 4 mai est daté du 16 janvier, date inscrite du reste sur un tirage à part possédé par son père, et dont il extrait un passage dans lequel Murray s'oppose à la théorie de la divergence en invoquant l'effort de la nature pour préserver la stabilité de la race et la pérennité du type moyen. Darwin, dans sa lettre, précisait à Lyell que l'article en question, lu par lui avant sa parution, contenait des affirmations téméraires dépourvues de fondements factuels, et qui seraient sans doute tombées sous la critique de leur propre auteur si lui-même, Darwin, il s'en était rendu coupable. Mais une lettre de Darwin à Huxley datée du 11 janvier, et reproduite dans *More Letters*, cite vers sa fin la critique de Murray en reprenant les termes mêmes de la lettre à Lyell du 10 janvier, expédiée la veille, et qui concernait le contenu de l'*Address* de Murray à la *Botanical Society* : « Andrew Murray "dispose of" the whole theory by an ingenious difficulty from the distribution of blind cave insects; but it can, I think, be fairly answered ». Les éditeurs de *More Letters* confirment alors, en renvoyant à *Life and Letters*, qu'il s'agit bien du même texte (celui de l'*Address*), et corrigent par ailleurs l'erreur qui consistait à croire que Murray avait écrit deux textes différents pour les *Proceedings* d'Édimbourg. Il n'y eut jamais en réalité, dans cette publication, qu'un seul article concernant *L'Origine*, publié en 1860 : « See *Life and Letters*, vol. II, p. 265. The reference here is to Murray's address before the Botanical Society, Edinburgh. Mr. Darwin seems to have read Murray's views only in a separate copy reprinted from the *Proc. R. Soc. Edin.* There is some confusion about the date of the paper; the separate copy is dated Jan. 16th, while in the volume of the *Proc. R. Soc.* it is Feb. 20th. In the *Life and Letters*, II, p. 261 it is erroneously stated that these are two different papers » (*More Letters*, p. 138, note 2). Dans le volume II, au chapitre VIII du même ouvrage, on trouve un court extrait d'une lettre à Lyell du 27 avril 1860 (*ML*, n° 403) dans laquelle Darwin déclare qu'il a reçu les épreuves (accompagnées d'une lettre extraordinairement gentille) d'une recension très hostile d'Andrew Murray, lue devant la Société royale d'Édimbourg. Une référence est donnée en note par les éditeurs : « "On Mr. Darwin's Theory of the Origin of Species", by Andrew Murray, *Proc. Roy. Soc. Edinb.*, vol. IV, p. 274-291, 1862 » (il faut lire : 1860. Plutôt qu'une nouvelle erreur de datation de la part des éditeurs de *More Letters*, ou qu'une faute typographique, la date de 1862 est en réalité celle de l'édition du volume des *Proceedings*, qui regroupe les mémoires accueillis entre 1857 et 1862). Suit la citation de la phrase conclusive de l'article de Murray : « I have come to be of opinion that Mr. Darwin's theory is unsound, and that I am to be spared any collision between my inclination and my convictions » (*ML*, p. 30, note 1). Il y eut donc, en résumé, deux textes successifs de Murray : le premier sur la communication de juillet 1858 devant la *Linnean Society* (inséré dans l'« Opening Address before the Botanical Society of Edinburgh » publiée dans les *Transactions and Proceedings of the Botanical Society of Edinburgh* à la date du 10 novembre 1859, le recueil étant daté de 1862) ; le second sur la première édition de *L'Origine*, rédigé au début de l'année 1860, communiqué à Darwin sous forme de feuillets séparés portant la date du 16 janvier, lu le 20 février devant la Société royale d'Édimbourg et publié un peu plus tard dans les *Proceedings* périodiques de la Société royale d'Édimbourg pour les années 1857-1862.

Darwin maintiendra, malgré le peu de considération qu'il éprouve pour la force de l'argument et pour le niveau des objections de Murray, des relations infiniment courtoises avec cet interlocuteur qui n'était à ses yeux qu'un porte-parole académique parmi d'autres de préjugés largement répandus. Il accordera plus d'attention et d'authentique sympathie à la recension signée par Carpenter dans la *National Review*[250], dont il apprécie à la fois la compétence et l'habileté face aux objections des théologiens, tout

---

[250] William Benjamin Carpenter, « Darwin on the Origin of Species », *National Review*, 10, 1860, p. 188-214. L'article rassemble trois études, la première sur *L'Origine des espèces*, la deuxième sur la contribution de Wallace à la présentation commune du 1er juillet 1858, la troisième sur les *Essays on the Spirit of the Inductive Philosophy, the Unity of Worlds, and the Philosophy of Creation*, du révérend Baden Powell. Carpenter publiera également, au printemps, une vaste recension de plusieurs ouvrages (incluant de nouveau, outre celui de Darwin, la contribution de Wallace et les *Essays* de Baden Powell sur l'esprit de la philosophie inductive, ainsi que les ouvrages de Hooker sur les flores de la Nouvelle-Zélande et de l'Australie) réunis sous le thème général de la théorie du développement dans la nature (*British and Foreign Medico-Chirurgical Review*, 25, avril 1860, p. 367-404). Le travail de Darwin est analysé pour l'essentiel entre les pages 380 et 382. Juste avant, p. 379, Carpenter, usant pour l'occasion d'une analogie développementale, note qu'il n'est pas plus irréligieux d'accepter l'idée d'une métamorphose du monde vivant que de constater que les papillons proviennent de chenilles.

en regrettant l'absence de remarques sur l'embryologie chez un physiologiste aussi talentueux qui deviendra très vite l'un des principaux porte-drapeaux des principes évolutionnistes. Avec une hardiesse proprement moderne, Carpenter, qui introduisait à la problématique darwinienne par le biais de la systématique, traçait une démarcation qu'il donnait comme étant de bon sens entre la recherche naturaliste et la croyance religieuse, prévenant toute incrimination dogmatique contre Darwin en s'abritant astucieusement derrière une sorte de jurisprudence négative : la noncondamnation pour impiété du botaniste George Bentham (1804-1893), à l'époque fixiste orthodoxe, qui avait auparavant affirmé dans son *Handbook of the British Flora*, dont la publication est exactement contemporaine de celle des thèses de Darwin-Wallace, que « trois ou quatre centaines d'espèces connues de plantes britanniques sont en réalité les descendantes d'autres espèces dont elles ont graduellement divergé ». Darwin s'inquiétera d'ailleurs à plusieurs reprises des réactions de Bentham — qu'il cite dans *L'Origine* sur l'arbitraire des classifications, et qui gardera le silence durant quelques années avant de se rallier ouvertement en 1868.[251]

---

[251] *Cf.* P. Tort, « Bentham, George », *Dictionnaire du darwinisme et de l'évolution*, vol. I, p. 261-262. Le nom de Bentham apparaît dans la correspondance de Darwin avec J.D. Hooker le 12 décembre 1843, pour reparaître plus souvent en 1845-1846, puis en 1851 et suiv. Le 3 mars 1860, avant la publication de la 3e édition de *L'Origine* (avril), Darwin avoue à Hooker être ennuyé du silence de Bentham, dont il avait espéré, en raison de sa puissance d'observation, qu'il lui indiquerait les parties les plus faibles de l'ouvrage. La raison de ce silence sera donnée par Bentham à Francis Darwin après la mort de son père. Bentham se convertit au transformisme après la lecture de *L'Origine*, mais la chose fut de son propre aveu lente et douloureuse, ce qui ne peut manquer de rappeler le chagrin éprouvé par Darwin lui-même lorsque sa propre rationalité transformiste le contraignit à abandonner des croyances auxquelles il était attaché : « Si vivement flatté que je pusse être de la bienveillante et amicale attention dont m'honorait de temps à autre M. Darwin, je ne faisais pas partie de son intimité : il ne m'a donc jamais fait de communications relatives à ses vues ou à ses travaux [une exception notable fut tout de même l'année 1868, au cours de laquelle Darwin parla directement à Bentham du problème de la fécondation croisée et de son transformisme. *P. Tort*]. J'ai été l'un de ses plus sincères admirateurs, et j'ai complètement adopté ses théories et ses conclusions malgré la douleur, le désappointement dont elles me furent au début l'occasion. Le jour même de la lecture de son célèbre mémoire à la *Linnean Society*, le 1er juillet 1858, j'avais fait inscrire, pour qu'il fût lu en séance, un long travail

Darwin paraît également soucieux de recueillir une information sur l'état d'esprit de William Whewell, auquel il a emprunté la

---

où, en faisant des commentaires sur la flore de la Grande-Bretagne, j'avais réuni un grand nombre d'observations et de faits prouvant ce que croyais être la fixité des espèces, bien qu'il pût être difficile d'en assigner les limites, et où je démontrais la tendance qu'ont les formes anormales, produites par la culture ou par une autre cause, à rentrer dans les limites premières dès qu'elles sont livrées à elles-mêmes. Fort heureusement, mon mémoire dut céder le pas à celui de M. Darwin, et lorsque j'eus entendu ce dernier, je remis la lecture du mien, afin d'avoir le temps de le mûrir davantage, car je commençais à avoir des doutes, et au moment de la parution de *L'Origine*, je dus, quoique à regret, abandonner les convictions qui depuis si longtemps m'étaient chères, et qui représentaient le résultat d'un long labeur et d'une étude prolongée. J'annulai toute la partie de mon mémoire qui traitait de la fixité originelle, et je ne publiai que les autres portions, sous une forme différente, dans la *Natural History Review*. J'ai fait part depuis, en différentes occasions, de mon adoption complète des vues de M. Darwin, principalement dans mon discours présidentiel de 1868, et dans mon treizième et dernier discours émané sous la forme d'un rapport à l'Association britannique, lors de sa réunion à Belfast, en 1874 » (lettre de G. Bentham à Francis Darwin du 30 mai 1882, en réponse à l'appel lancé dans la presse par ce dernier pour retrouver des éléments de la correspondance de son père, citée dans *Life and Letters*, vol. 1). En réalité, les relations entre les deux hommes furent stimulées par Darwin, qui se trouvait dans la position du prosélyte devinant chez un ancien adversaire de poids une tentation encore combattue de basculer dans son camp : en témoigne la lettre à Hooker d'avril 1861 (*Life and Letters*) dans laquelle Darwin déclare avoir pris un grand intérêt à la lecture de l'article « On the Species and Genera of Plants » publié par Bentham dans la *Natural History Review* (1861, p. 133). Il mentionne en particulier l'importance de ses remarques sur la variation dans les espèces proches, et sur la classification – remarques confirmant ce qu'il en dit lui-même dans *L'Origine*. Il ajoute : « J'ai vu Bentham à la *Linnean Society*, et j'ai causé avec lui, avec Lubbock, Edgeworth, Wallich et plusieurs autres. J'ai prié Bentham de nous faire part de ses idées sur les espèces ; qu'il soit en partie de notre côté ou tout à fait contre nous, il écrira toujours d'*excellentes choses*. Il ne m'a donné aucune réponse, mais j'ai eu l'impression qu'il écrirait si on l'y poussait. Attaquez-le donc ». Bien qu'en juin 1862 Darwin ait appris par Hooker que Bentham et Oliver approuvaient son livre sur les Orchidées (lettre du 30 juin 1862 dans *Life and Letters*), deux lettres de Darwin à Bentham publiées dans le même recueil prouvent qu'en 1863 (22 mai et 19 juin) Darwin, tout en remerciant Bentham, dans la seconde lettre, du beau discours « impartial » tenu à son sujet, s'emploie encore activement à convaincre son interlocuteur de la mutabilité des espèces et de la véridicité probable de la théorie de la sélection naturelle. Cinq ans plus tard, le discours présidentiel de Bentham à la *Linnean Society*, consacré à *La Variation*, fera l'objet de la part de Darwin d'une autre lettre de remerciement (23 juin 1868), Bentham étant alors franchement « converti ».

première épigraphe de son livre, qui décharge Dieu de la responsabilité des événements particuliers du monde matériel pour les imputer à l'établissement de lois générales. L'importance institutionnelle et idéologique de Whewell – représentant éminent d'une théologie naturelle méthodologiquement instruite dont la théorie darwinienne précipitera la crise en rendant tout providentialisme à son caractère de conjecture onéreuse et toute finalité à son caractère d'illusion – est plus déterminante pour Darwin que l'attachement qu'il pouvait éprouver pour ses idées ou sa personne, par rapport auxquelles il se montra très tôt discrètement ironique[252]. On sait que Darwin reçut le 2 janvier 1860, et transmit à Lyell le 4, un billet de Whewell dans lequel ce dernier déclarait sa conversion pour l'instant impossible, tout en montrant la volonté d'assimiler la grande quantité de pensées et de faits contenus dans l'ouvrage avant de choisir le terrain sur lequel il pourra être contredit et la manière de signifier son désaccord. Cet aveu d'embarras était à l'évidence préférable à une « détestation » brutale telle que celle de Sedgwick, qui devait être anonymement réitérée contre le matérialisme et l'anti-finalisme de la théorie de la transmutation dans le *Spectator* du 24 mars[253], et Darwin en fut plutôt soulagé. Toutefois, ainsi que le note Francis Darwin avec son habituelle sobriété, « le Dr Whewell protesta pratiquement, en refusant pendant quelques années l'autorisation de placer un exemplaire de *L'Origine* dans la bibliothèque du Collège de la

---

[252] Voir *Notebook D*, 49 : « Mayo (*Philosop. of Living*) cite Whewell comme profond parce qu'il dit que la longueur des jours est adaptée à la durée de sommeil de l'homme. !!! tout l'univers ainsi adapté !!! & non l'homme aux Planètes. – exemple d'arrogance. » L'ouvrage de l'anatomiste et physiologiste Herbert Mayo (1796-1852), *The Philosophy of Living*, sorte de manuel d'hygiène physique et mentale, avait connu à ce moment deux éditions, la première en 1837, la seconde en 1838 (London, Parker). Le chapitre III (« Of Sleep ») consacre une petite section (p. 446-448) à ce thème sous le titre « Mr. Whewell's deduction from the length of the natural period of one alternation of Sleep and Waking ».

[253] [Adam Sedgwick], « Objections to Mr. Darwin's Theory of the Origin of Species », *Spectator*, 24 mars 1860, p. 285-286. Une nouvelle version de ce texte paraîtra le mois suivant (7 avril 1860, p. 334-335). Depuis sa première réaction indignée, Sedgwick ne cesse de reprocher à Darwin d'avoir trahi la véritable méthode inductive ou « baconienne ». Cela explique en partie l'insistance de Darwin à se réclamer des « véritables principes baconiens » dans son *Autobiographie* de 1876.

Trinité »[254]. Darwin attachait naturellement un prix plus élevé à la conversion avouée d'un ministre du culte qu'à celle d'un naturaliste laïque qui n'aurait eu, en acceptant ses conceptions, qu'à combattre un simple préjugé issu de sa formation. À cet égard, la lettre qu'avait reçue Darwin le 18 novembre 1859, près d'une semaine avant la mise en vente de son ouvrage, du pasteur Charles Kingsley, de Winchfield, est exemplaire. Historien à Cambridge, naturaliste spécialiste de la mer et chapelain de la Reine, cet ecclésiastique fut de ceux qui reçurent l'envoi de la première édition de *L'Origine*, et qui y répondirent. Sa lettre est assurément beaucoup plus qu'un acte de courtoisie. Il y déclare à Darwin son admiration, son désir très vif de le connaître et de recevoir de lui une instruction. Il ajoute qu'une longue étude des croisements pratiqués chez les animaux et les plantes cultivées lui a fait rejeter depuis longtemps le dogme de la permanence des espèces, et que la conception d'un Dieu créateur des formes primordiales, capables de se développer en lieu et en heure pour donner naissance à tous les êtres nécessaires, est une vision aussi noble, ou même plus noble, que celle de son intervention particulière dans la création de chaque nouvel être vivant, visant à remplir les lacunes qu'il aurait ainsi reconnues dans son œuvre. Cette déclaration de Kingsley sera d'un grand secours pour Darwin, qui s'en servira, avec l'autorisation de son auteur, dès la 2e édition de son ouvrage – ce qui sera l'occasion d'une courte polémique avec le médecin fixiste Charles Robert Bree (1811-1886)[255]. Armé d'une parfaite sincérité, le révérend Kingsley offrait ainsi à Darwin la structure rhétorique d'une transaction avec la théologie qui, bien qu'étant déjà classique, allait lui permettre de tenir Dieu à l'écart de la « Création », tout

---

[254] *Life and Letters*, note ajoutée à une lettre de Darwin à Lyell du 4 janvier 1860.
[255] Voir la lettre à Henslow du 26 octobre 1860, *Correspondence*, vol. 8, p. 444. Bree, que jusqu'alors Darwin ne connaissait pas, était l'auteur d'une brochure intitulée *Species not Transmutable, nor the Result of Secondary Causes: Being a Critical Examination of Mr. Charles Darwin's Work, entitled 'Origin and Variation of Species'* [sic], London, Groombridge & Sons, 1860. L'*Athenœum* en rendit compte le 3 novembre 1860 en indiquant que pour tout auteur de nouvelles théories (en l'occurrence Darwin, abrité cependant par sa réputation de naturaliste), l'excommunication vaut mieux que la non-communication.

en se donnant l'apparence d'opérer cette exclusion pour préserver l'image de sa perfection.

Il n'est donc pas inutile de souligner le fait que si, d'une manière indiscutablement dominante, les Églises représentèrent toujours pour Darwin la plus puissante source d'opposition, il possédait parmi les révérends de Cambridge et d'ailleurs, sinon des partisans déclarés, tout au moins, avec Henslow et Jenyns[256] par exemple, de véritables amis qu'une estime scientifique et personnelle portait à un effort mesuré d'attention sympathique envers la nouveauté hétérodoxe de sa théorie. Inlassablement, il poursuivra avec eux un travail d'explication par lettres destiné à les convaincre de ne pas « s'arrêter à mi-chemin » – exhortation réitérée sous sa plume[257] – et de continuer à réfléchir au sujet de la transformation des espèces, qui ne saurait selon lui faire l'objet d'une acceptation seulement partielle, ce qui démontre que dans son esprit sa nécessité *logique* exclut tout compromis du genre de celui qui est aujourd'hui encore pratiqué par le Vatican. La question de l'origine et de l'évolution de l'homme est déjà expressément engagée par les thèses de 1859, et cette implication, même recouverte d'un silence tactique, apparaît constamment dans la correspondance que Darwin échange avec ses amis les plus proches, notamment Lyell qui, après avoir prêté publiquement un soutien objectif au droit et au devoir qu'avait son protégé d'exposer ses convictions, annonce sa propre intention de publier une dissertation sur

---

[256] Leonard Jenyns, beau-frère de Henslow et partenaire complice de plusieurs excursions entomologiques de Darwin, avait examiné les spécimens de Poissons rapportés par ce dernier en 1836, et fut ensuite l'un des rares confidents de son évolution théorique. C'est en effet dans deux lettres de 1844 (d'après l'édition moderne de la *Correspondence*) adressées à Jenyns que Darwin évoqua l'importance qu'avait pour lui la question des limites à l'accroissement de l'effectif des populations spécifiques et des destructions nécessaires à l'équilibre qui se constate dans l'économie de la nature. À la fin de la lettre du 12 octobre, Darwin livre à Jenyns sa conclusion principale au sujet de la mobilité des espèces et de la communauté d'ascendance, tout en déclarant qu'il ne publiera rien sur ce point avant quelques années. Dans sa seconde lettre (24 novembre), il souligne le prix qu'il attache aux enseignements de son expérience zoogéographique et paléontologique sud-américaine et insulaire, l'informant de l'existence de l'*Essai de 1844* renfermant l'énoncé de son hypothèse et ses principaux éléments d'argumentation.

[257] Voir par exemple sa lettre à Jenyns du 7 janvier 1860.

l'homme[258]. La question trop longtemps discutée des motifs du long silence anthropologique de Darwin trouve une réponse non équivoque au sein de cet échange : il s'agit bien pour lui de ne pas se livrer par rapport aux préjugés dominants à une provocation supplémentaire en faisant suivre prématurément le choc produit par la publication de *L'Origine* d'un choc second plus terrible que le premier, car violentant le préjugé sur la question évidemment la plus sensible : celle de l'origine – donc de la nature – animale de l'être auquel Dieu était censé avoir transmis, dans le registre spirituel, une portion intime de sa transcendance[259]. Il reste malgré tout que la réaction ecclésiastique n'est pas homogène, et qu'un fossé considérable, dont la relation à Darwin est le test, existe entre l'ouverture singulière d'un Kingsley et la crispation sur le dogme providentialiste d'un Sedgwick ou d'un Bree.

Le cas de William Henry Harvey (1811-1866), professeur de botanique à l'Université de Dublin, voyageur expérimenté, chrétien pratiquant et naturaliste exceptionnel selon Darwin lui-même, est un peu différent. Ses convictions le portèrent d'abord à combattre *L'Origine des espèces* dès sa parution. Le 18 février 1860, il publia dans le *Gardener's Chronicle* un article dans lequel il décrivait un cas de monstruosité chez un spécimen de *Begonia frigida* qui présentait une variation considérable par rapport à la forme ordinaire de cette plante, et il s'appuyait sur ce cas pour contester la théorie sélective, qui se fondait de préférence sur l'accumulation de petites variations et tendait à exclure de tels sauts. Hooker fit, dans le numéro suivant du même périodique, une réponse en défense de la théorie sélective – réponse que Darwin jugea « admirable ». Cette discussion eut cependant pour effet de faire avouer à

---

[258] Ce sera *The Geological Evidences of the Antiquity of Man; with Remarks on Theories of the Origin of Species by Variation*, London, John Murray, 1863.

[259] Ce thème de l'obligation de *prudence* (« l'une des premières et des plus utiles qualités ») est largement développé dans les lettres à Lyell des 10 et 14 janvier 1860. L'approche de la question de l'homme rendait cette obligation si contraignante que Heinrich Georg Bronn, le paléontologue traducteur de *L'Origine* en Allemagne supprima à l'insu de Darwin la phrase annonciatrice du nouvel éclairage apporté par la théorie sur l'origine de l'homme et sur son histoire.

Darwin que, dans son « résumé », il s'était montré trop prudent en n'admettant pas les grandes variations soudaines.

Le long apprivoisement sans heurt des consciences religieuses fut sans nul doute le souci dominant de Darwin pendant toute la période – qui dura quarante ans – où il défendit et, inlassablement, illustra la véridicité de la théorie sélective dans l'explication d'une transformation des espèces qui était elle-même encore loin d'être admise. L'étude des critiques publiées de *L'Origine des espèces* au cours de l'année qui suivit sa parution fait apparaître, chez une majorité d'opposants, un recours fréquent, contre le transformisme, à l'évocation tactiquement contaminante des noms de ceux qui avant Darwin l'avaient illustré d'une manière qui passait pour abusivement imaginative et arbitraire : Lamarck, l'auteur anonyme des *Vestiges* (Robert Chambers), voire De Maillet. Ce fut notamment l'un des artifices utilisés par Richard Owen – dont Darwin avait pressenti l'hostilité – pour combattre et, en même temps, réduire la nouveauté des thèses darwiniennes[260]. La jalousie d'Owen à l'égard de Darwin, sa volonté de domination, sa puissance institutionnelle, ainsi que ses rapports privilégiés avec les représentants du conservatisme religieux rappellent à de nombreux égards ce que fut trente ans auparavant, au Muséum de Paris, la position de Cuvier face à Geoffroy Saint-Hilaire. Ce qui diffère foncièrement toutefois est que ces trente années de progrès de la science des organismes et de la géologie – Owen évitera dans sa critique de s'en prendre directement à Lyell – ont rendu l'hypothèse transformiste plus plausible qu'elle ne pouvait l'être lorsqu'elle n'était soutenue que par les intuitions et l'imagination théoriques relativement isolées de Lamarck. Il était donc tentant pour lui, tout en déniant la capacité démonstrative des tenants du transmutationnisme, de prendre date dans une histoire scientifique qui pouvait tourner à leur avantage, ce qui explique l'ambivalence

---

[260] Owen, sous le couvert d'un anonymat qui lui permet de se citer lui-même comme une autorité dominante de la science des organismes, publia en effet une longue recension sans titre visant essentiellement *L'Origine*, mais évoquant aussi Wallace, Hooker, Buffon, Baden Powell, F.-A. Pouchet, Agassiz et lui-même (pour trois ouvrages) dans le numéro 111 de l'*Edinburgh Review, or Critical Journal*, 1860, p. 487-532.

de son attitude et sa revendication paradoxale d'antériorité dans la remise en cause de la représentation classique de la fixité des espèces. Son incohérence à cet égard sera impitoyablement soulignée par Darwin dans l'*Historical Sketch* qu'il se sentit l'obligation d'ajouter en tête de sa troisième édition de *L'Origine*, en 1861, et où une dérision délibérément méprisante face aux manœuvres d'Owen fait voisiner ce dernier avec les deux auteurs les plus obscurs qui revendiquèrent leur place dans la liste des « précurseurs » de la théorie[261]. Darwin saura toutefois constamment distinguer la valeur du travail scientifique d'Owen de la vaporeuse inconsistance de ses positions doctrinales, liées à une volonté peu réaliste de passer par la *Naturphilosophie* allemande pour sauver la possibilité d'une conciliation entre un point de vue novateur en sciences naturelles et le maintien d'une croyance abritée sous le manteau métaphysico-idéaliste de la théorie de l'Archétype.

Mais c'est à un autre type de conciliation qu'en appelle Darwin lorsqu'il s'emploie à vaincre les réticences et les objections spontanément manifestées par les naturalistes chrétiens. Ce long apprivoisement, facilité sur le plan de l'empathie par sa propre expérience passée des mécanismes intimes de la croyance, fut mis en œuvre d'une façon exemplaire à l'égard d'Asa Gray. Le naturaliste américain, pour des raisons anecdotiques évoquées plus haut, avait été, en 1857, l'un des rares confidents des conclusions mûres de Darwin relativement à la théorie des espèces, et s'était trouvé lié de ce fait, par la lecture publique puis l'impression d'une lettre de Darwin qui lui était adressée, à l'exposé de 1858 devant la *Linnean Society*. Darwin éprouvait par ailleurs à son égard une authentique estime scientifique ainsi qu'une véritable amitié. Dès le 5 janvier 1860, Gray avait fait parvenir à Hooker, en réponse à une lettre de ce dernier qui contenait un éloge soutenu du livre de Darwin, un message dans lequel il faisait part de son admiration envers l'ouvrage, dont il annonçait une recension de sa main dans le numéro de mars du *Silliman's Journal*, tout en rapportant les réactions et

---

[261] Voir plus loin l'« Esquisse historique », p. 270 (référence, *in fine*, à Wells et Matthew), et P. Tort, « "Précurseurs" de Darwin », dans le *Dictionnaire du darwinisme et de l'évolution*, ouv. cit., vol. III, p. 3529-3546, et spécialement, à propos d'Owen, p. 3545.

intentions ouvertement hostiles d'Agassiz. Il s'en ouvrit directement à Darwin le 10 janvier et, simultanément, prépara l'édition américaine de *L'Origine* sur la base de sa deuxième édition, parue le 7, à laquelle Darwin songeait déjà à ajouter sa notice historique. L'effervescence provoquée par la rumeur de cette édition américaine dans le milieu des naturalistes du Nouveau Monde se mesure au degré de précipitation des éditeurs à entrer en compétition pour publier le livre[262], et à l'importation immédiate des débats d'Angleterre sous la forme de l'affrontement entre Gray et Agassiz. L'article du *Silliman's Journal* parut effectivement en mars[263], Gray s'étant substitué à Dana, malade, lequel pour des raisons doctrinales n'eût certes pas été porté à soutenir aussi sincèrement l'ouvrage. Il installe d'emblée les deux visions de la nature défendues par Agassiz et Darwin dans un rapport d'opposition diamétrale : au providentialisme intégral d'Agassiz, qui soutient le principe d'une création et d'une localisation primordiales des espèces, il oppose le naturalisme de Darwin, pour lequel la forme et la répartition géographique actuelles des espèces sont issues de processus au cours desquels elles ont eu toutes occasions d'être fortement altérées. Chose significative, Gray, avec une logique presque téméraire, indique que la posture d'Agassiz ouvre sur une déclaration d'inconnaissable – la volonté de Dieu appliquée à chaque phénomène de la nature étant par essence *inexplicable* et rendant tout phénomène *inexplicable* par le fait même d'être présentée comme l'explication ultime –, tandis que la position de Darwin incarne seule à ses yeux l'attitude proprement et strictement *scientifique*. Pressentant la polémique, Gray, usant d'une stratégie de communication étonnamment moderne, a donc choisi d'en assumer l'initiative, et Darwin lui reconnaîtra à la fois ce courage, cette intelligence tactique

---

[262] La première édition américaine de *L'Origine* fut apparemment une prime aux éditeurs les plus audacieux, les Appleton de New York, qui imprimèrent dès janvier 1860, forçant ainsi les éditeurs de Boston pressentis par Gray à renoncer à leur projet.
[263] Asa Gray, « Review of Darwin's Theory on the Origin of Species by means of Natural Selection », *The American Journal of Science and Arts*, second series, vol. XXIX, n° 86, mars 1860, p. 153-184.

et ce talent. Face à Gray, Darwin, que n'embarrasse plus aucune conviction religieuse, n'aura qu'à consentir à reconnaître qu'aucune antinomie n'interdit ni ne gêne la conciliation entre la perspective de la transformation des espèces et la volonté providentielle de la divine transcendance. Il admettra donc de faire droit au désir concordiste de son porte-parole américain, en conservant par-devers lui toutes les réserves qui le rendent intimement critique face à une adhésion qui, pour être sur ce point incomplète, risque à ses yeux de n'être réellement qu'approximative. Mais l'essentiel – et c'est en cela que la psychologie de Darwin demeure une force maîtresse –, est bien d'avoir tracé une ligne de fracture au sein du front jusqu'alors quasiment homogène de l'opposition cléricale au transformisme. Ayant pris soin de répéter depuis ses premiers écrits que son propos exclut toute assertion sur les commencements absolus (origine de la vie, de la pensée, etc.), il continue de regarder les questions de foi comme une affaire privée, ce qui demeurera sa règle extérieure jusqu'à la fin de sa vie. Son amitié pour Gray le portera toutefois à laisser affleurer dans sa correspondance les marques d'un loyal désaccord sur la question majeure de la représentation, finalisée ou non, du devenir. Mais il atténuera ce désaccord par la mention de ses propres doutes, la confusion – éventuellement calculée – de sa lettre du 22 mai étant en quelque sorte la preuve par redondance sémiotique de la sincérité perturbante de ceux-ci :

C. Darwin à Asa Gray

Down, 22 mai [1860]
[...]
En ce qui concerne l'aspect théologique de la question. La chose est toujours pénible pour moi. Je suis perplexe. Je n'avais pas l'intention d'écrire d'une façon athéistique. Mais j'avoue que je ne puis voir aussi clairement que d'autres, et comme je le souhaiterais, la preuve du dessein et de la bienfaisance dans tout ce qui nous entoure. Il me semble qu'il y a trop de souffrance dans le monde. Je ne puis me persuader qu'un Dieu bienveillant et omnipotent aurait eu le dessein de créer les Ichneumonidés avec l'intention spéciale qu'ils se nourrissent à l'intérieur du corps vivant des Chenilles, ou de créer le chat de telle sorte qu'il joue avec les souris. Ne croyant pas cela, je ne vois pas la

nécessité de croire que l'œil ait fait l'objet d'un dessein spécial. D'un autre côté, je ne puis aucunement me satisfaire, en voyant cet univers merveilleux, et en particulier la nature de l'homme, de conclure que tout cela est le résultat de la force brute. J'incline à regarder tout cela comme résultant de lois établies à dessein, les détails, bons ou mauvais, étant laissés pour leur réalisation à l'action de ce que nous pouvons appeler le hasard. Ce n'est pas que cette notion me satisfasse *le moins du monde*. Je sens à l'extrême que l'ensemble de ce sujet est trop profond pour l'intelligence humaine. Autant demander à un chien de spéculer sur la pensée de Newton. Laissons chaque homme espérer et croire ce qu'il peut. Assurément je conviens avec vous que mes conceptions ne sont pas du tout nécessairement athéistiques. La foudre tue un homme, qu'il soit bon ou mauvais, en vertu de l'action extrêmement complexe de lois naturelles. Un enfant (qui peut devenir un idiot)[264] vient au monde par l'action de lois plus complexes encore, et je ne vois aucune raison pour qu'un homme, ou un autre animal, n'ait pu être produit à l'origine par d'autres lois, et pour que toutes ces lois aient été expressément prescrites par un Créateur omniscient, qui aurait prévu tous les événements futurs et leurs conséquences. Mais plus j'y pense et plus je deviens perplexe ; comme cette lettre probablement le fait voir.

Je suis profondément touché par votre bonté et votre intérêt généreux.

Sincèrement et cordialement à vous,

Charles Darwin.[265]

Face à d'autres correspondants, Darwin n'aura pas les mêmes hésitations. Le problème de l'œil, dont il avouait volontiers, à ses interlocuteurs croyants, et en particulier à Gray, qu'il lui « donnait des frissons »[266], ne le fait plus frissonner lorsqu'il s'adresse par

---

[264] Cette réflexion douloureuse ne peut manquer d'apparaître comme une allusion au petit Charles Waring, mort en 1858, et dont Darwin était enclin à penser que son absence de développement cérébral était plus probablement dû à la consanguinité qu'au caprice d'un Dieu cruel auquel, du reste, il refusait de croire, comme l'indique l'*Autobiographie*.
[265] *Life and Letters*. Nous traduisons.
[266] *Ibid.*, II, p. 273, lettre à Asa Gray, présumée du 8 ou 9 février 1860 par les éditeurs de la *Correspondence* : « The eye to this day gives me a cold shudder, but when I think of the fine known gradations, my reason tells me I ought to conquer the cold shudder » (« L'œil jusqu'ici me donne un frisson, mais lorsque je pense aux belles gradations connues, ma raison me dit que je dois vaincre ce frisson »).

exemple à Lyell, au cours du même mois, employant la même expression pour décrire avec une amicale ironie les réticences d'Henslow[267]. Dès le 3 avril, il écrira même à Gray : « C'est curieux : je me rappelle bien le temps où la pensée de l'œil me glaçait tout entier, mais j'ai dépassé ce stade de la maladie »[268]. L'existence toutefois de particularités insignifiantes de certains organismes ou organes continue à le gêner, faute de pouvoir imaginer les raisons de leur préservation du côté d'une utilité suffisamment perceptible. En réalité, si Darwin fut toujours embarrassé par l'*explication* du *détail* du processus constitutif de tout organe complexe, il n'a jamais mis en doute la nécessité *naturelle* d'un tel processus, et il conclura en 1868 son plus long traité « généraliste », *La Variation*, par la mention définitive de son désaccord, à cet égard, avec les objections providentialistes de Gray :

> Un Créateur omniscient doit avoir prévu toutes les conséquences des lois qu'Il impose. Mais peut-on raisonnablement soutenir que le Créateur a délibérément ordonné, si l'on utilise les mots dans leur sens ordinaire, que certains fragments de roche prennent telle ou telle forme afin que le bâtisseur puisse ériger son édifice ? Si les diverses lois qui ont déterminé la forme de chaque fragment n'ont pas été prédéterminées pour le bâtisseur, peut-on soutenir avec plus de probabilité qu'Il a spécialement ordonné pour l'éleveur chacune des innombrables variations de nos animaux et plantes domestiques, variations dont bon nombre sont inutiles à l'homme, et ne sont nullement bénéfiques, voire peuvent être nuisibles, aux créatures elles-mêmes ? A-t-Il ordonné que le jabot et les rectrices du pigeon varient pour que l'éleveur puisse créer ses races grotesques du grosse-gorge et du pigeon paon ? A-t-Il fait varier la conformation et les qualités mentales du chien pour que se forme une race d'une férocité indomptable, dont les mâchoires sont capables de terrasser un taureau pour le divertissement brutal de l'homme ? Mais si nous abandonnons le principe dans un seul cas – si nous n'admettons pas que les variations du chien primitif fussent guidées par une intention, pour que se formât le lévrier, par exemple, parfaite image de la symétrie et de la vigueur –, on ne pourra attribuer

---

[267] *Ibid.*, 15 février 1860 : « He, also, shudders at the Eye! » (« L'œil le fait frissonner lui aussi ! »).
[268] Lettre du 3 avril 1860 à Asa Gray, *Correspondence*, vol. 8, p. 140.

aucune ombre de raison à l'idée qu'une intention particulière ait guidé des variations de semblable nature et résultant des mêmes lois générales qui ont servi de base, grâce à la sélection naturelle, à la formation des animaux les plus parfaitement adaptés qui soient au monde, l'homme y compris. Aussi fort que nous le souhaitions, nous ne pouvons guère suivre le Professeur Asa Gray lorsqu'il croit « que la variation a suivi certaines lignes bénéfiques », comme un cours d'eau « suit des lignes d'irrigation définies et utiles ». Si nous supposons que chaque variation particulière était prédéterminée depuis l'origine des temps, alors cette plasticité d'organisation, qui entraîne tant de nuisibles déviations de structure, et la capacité excessive de reproduction, qui entraîne inévitablement la lutte pour l'existence et, par voie de conséquence, la sélection naturelle ou survie des plus aptes, doivent nous apparaître comme autant de lois superflues de la nature. Par ailleurs, un Créateur omnipotent et omniscient ordonne tout et prévoit tout. Nous nous trouvons donc face à une difficulté aussi insoluble que celle du libre arbitre et de la prédestination.[269]

Gray interviendra cependant pour défendre la théorie de Darwin contre les objections de Francis Bowen (1811-1890), philosophe et théologien américain lié à Agassiz, et qui publia successivement, au cours de l'année 1860, deux critiques parfaitement hostiles de *L'Origine*, l'une dans les *Proceedings* de l'Académie américaine des Arts et des Sciences[270], l'autre dans la *North American Review*, dont il était le directeur éditorial. L'article anonyme publié dans cette dernière revue[271] fut envoyé à Darwin par Gray. Darwin l'évoque avec ironie dans sa lettre à Hooker du 18 avril

---

[269] C. Darwin, *La Variation des animaux et des plantes à l'état domestique*, éd. Tort, Genève, Slatkine, 2008, p. 870-871.

[270] Francis Bowen, « Remarks on the Latest Form of the Development Theory », *Memoirs of the American Academy of Arts and Sciences*, n.s., VIII, 1860, p. 98-107. Communicated March 27, April 10 and May 1, 1860.

[271] « On the Origin of Species by Means of Natural Selection, or the Preservation of Favored Races in the Struggle for Life. By CHARLES DARWIN, M. A., Fellow of the Royal, Geological, Linnæan, etc. Societies; Author of "Journal of Researches during H.M.S. Beagle's Voyage round the World", New York, D. Appleton & Co, 1860, 12mo, pp. 432 », *North American Review*, 90, 1860, p. 474-506. Darwin ne lira cette critique, grâce à Gray, qu'à la fin du mois de novembre. Il déclarera alors « simplement absurde » la dénégation par l'auteur de toute intelligence chez les animaux.

1860 : « L'auteur de la recension dit que si la doctrine était vraie, les strates géologiques devraient être remplies de monstres, "coups d'essai" qui auraient échoué. – L'auteur a décidément une compréhension très clairvoyante de la Lutte pour l'existence ! »[272]. Une semaine plus tard, le 25 avril, dans une nouvelle lettre de remerciements à Gray, Darwin note que l'auteur n'a certainement pas beaucoup étudié, si ce n'est par des lectures, la question de l'instinct et de l'intelligence des animaux.[273]

Darwin distingue ainsi les bigots des croyants, sachant que l'aveuglement dogmatique des premiers ne se combat guère. Mais il respecte et entend séduire les croyants qui sont dans la recherche sincère d'une conciliation entre le transformisme, dont les faits leur imposent de plus en plus la reconnaissance, et une foi en un Dieu providentiel qu'ils espèrent cependant sauver. C'est la situation même d'Asa Gray, qui n'épargnera pas ses forces pour imposer le raisonnement de Darwin partout où il sait qu'il sera combattu. En juillet 1860, par exemple, il publie dans l'*Atlantic Monthly* un article rassurant et didactique[274] destiné à faire partager la simple nécessité des conclusions de Darwin à partir des faits peu contestables décrits par les premiers chapitres de *L'Origine* : variation à l'état domestique, variation à l'état naturel, guerre de la nature (où l'on retrouve De Candolle relayé par Lyell) et son explication par le principe de Malthus, lutte pour l'existence et triomphe des mieux adaptés, tout cela conduit très naturellement – « aussi naturellement », écrit Asa Gray, « qu'un mouton en suit un autre » –, à l'énoncé de la loi de sélection naturelle, « *cheval de bataille* de Darwin », ajoute l'auteur, qui corrobore l'adage napoléonien suivant lequel la Providence favorise les plus forts bataillons. Le moindre avantage variationnel dans la lutte assure sa transmission et sa généralisation dans la descendance, point de départ de la divergence des caractères et de la transformation spécifique. Gray ne reculera pas devant l'implication logique du principe de divergence évolutive, qui tend à inscrire la question sensible de

---

[272] *Correspondence*, vol. 8, p. 162. Nous traduisons.

[273] *Ibid.*, p. 166.

[274] « Darwin on the Origin of Species », *Atlantic Monthly*, juillet 1860, p. 109-116, 229-239.

l'apparition de l'homme et de la naissance des races humaines dans le schéma global d'une formation lente par sélection de variations et différenciation progressive – mais dira s'en tenir prudemment, dans l'attente de confirmations, aux enseignements de l'Église. Toutefois, dans la seconde partie de son article, Gray rappellera que la doctrine de la création spéciale de chaque espèce laisse inexpliqués tous les grands faits mis en lumière par l'étude des rapports entre les répartitions passée et actuelle des formes animales, tandis que la théorie de Darwin les explique. Il avait pris soin malgré tout de souligner, dans le cours de sa première contribution, que Darwin admet une création originelle de la vie, prenant au pied de la lettre, ainsi que l'ont toujours fait la plupart des commentateurs anglo-saxons, ce qui apparaît de plus en plus comme un « sauf-conduit » rhétorique, un acte de soumission verbale à ce qu'exige l'idéologie dominante pour que la nouveauté « inconfortable » de son discours puisse être simplement *audible*, bref une concession opportuniste de Darwin au discours de l'*establishment*, sans laquelle toute prise en considération *sérieuse* de ses idées eût été simplement interdite, comme l'avait démontré l'échec précédent de celles de l'auteur des *Vestiges*. Du reste, à la fin de la seconde partie de sa contribution, Gray ne dissimule pas qu'il existe sans doute une façon d'intégrer les conclusions de la théorie de la transmutation des espèces qui permette d'échapper à un matérialisme pour lequel il déclare n'éprouver aucune sympathie – matérialisme revendiqué toutefois par Darwin depuis ses *Carnets*. Il réitère encore l'objection de l'œil en reprenant par jeu les termes mêmes que Darwin avait employés dans sa correspondance privée, parlant du « frisson » que cette évocation de l'un des organes les plus complexes du corps avait longtemps provoqué chez « l'un de nos amis », adepte de la théorie, et qui estimait possible de rendre compte de sa genèse au moyen de la seule théorie de la variation et de la sélection naturelle.

On comprend à lire ce qui précède que la conscience d'Asa Gray, soumise elle aussi à l'obligation d'argumenter et, simultanément, de rassurer et de séduire, était le théâtre de luttes vives et incessantes entre ce qu'au temps de Diderot on eût appelé « le cœur et la raison ». Darwin sait depuis longtemps que le souci de son ami américain est, fondamentalement, d'intégrer sans antinomie la nouvelle vérité de la descendance modifiée à une perspective physico-théologique rénovée par cette vérité elle-même, repoussant avec un singulier courage les limites admises pour un accord entre sciences et religion. Darwin applaudira à l'héroïsme de la démarche, la sachant à la fois inévitable et dépassée. Et lorsqu'il évoquera, dans ses lettres à Asa Gray, ses propres hésitations et sa propre souffrance en se peignant lui-même tiraillé entre deux exigences contradictoires, il le fera par une sorte d'*empathie efficace* identique à celle au moyen de laquelle il a toujours apprivoisé ses interlocuteurs – épousant par exemple leur peine à admettre sa théorie en exagérant le temps qu'il lui fallut à lui-même pour donner son aval à ses propres convictions. Cette pragmatique épistolaire faisait de Darwin, pour ses correspondants – qu'ils fussent ses partisans ou ses adversaires –, un homme modeste et conciliant.

Darwin jouera longtemps, dans cette démarche d'apprivoisement, de ces apories qui abritent, derrière sa bonne foi rationnelle et l'aveu de ses limites, sa reconnaissance intime de l'impossibilité de croire. Il s'accommode donc du concordisme comme d'une étape transitionnelle nécessaire, caractéristique de l'évolution de la conscience des croyants – une évolution qu'il souhaite pour sa part activer sans paraître ouvertement combattre le fonds de représentations finalistico-théistes qu'elle continue de traîner derrière elle. Parmi les chrétiens « évolués » qui firent bon accueil à *L'Origine*, il y avait aussi le révérend Harry Baden Powell (1796-1860), mathématicien, physicien et théologien anglican critique, retiré à Londres après une longue carrière de professeur de géométrie à Oxford, et connu pour son travail étonnamment progressiste dans le domaine de la philosophie des sciences et de la religion. Powell s'était rallié sans réserve à l'uniformitarisme de Lyell, s'opposant donc à toute conception catastrophiste et miraculeuse de l'histoire de la Terre. Il acceptait comme possible une vie extra-terrestre dans l'Univers, souscrivait à l'idée de la régularité des lois de la nature, s'était montré favorable aux thèses de Chambers et profondément critique à l'égard des mythes de l'Ancien Testament. Cette modernisation de la théologie naturelle passait aux yeux de Darwin pour une ouverture à l'acceptation progressive de ses propres thèses dans un univers de discours qu'il avait lui-même appris, par une longue fréquentation de ses thèses, à connaître puis à déstabiliser. Baden Powell avait accepté les vues darwiniennes dès la parution de *L'Origine des espèces*, qui précéda de sept mois sa mort, le 11 juin 1860. La correspondance qu'il échangea avec Darwin au début de l'année 1860 est la preuve que les thèses défendues par l'ouvrage pouvaient, sous certaines conditions, rencontrer de la part d'une théologie rénovée autre chose que l'ironie, l'hostilité ou la méfiance[275]. Darwin avait d'autant plus de raisons de s'en réjouir que l'approbation de Baden Powell, « maître dans la logique philosophique », résonnait comme un puissant démenti à l'accusation, proférée par Sedgwick, d'avoir « violé dans son ensemble l'esprit de la philosophie inductive »[276]. La lettre de Darwin à Lyell du 15 février rapporte que Baden Powell dit qu'il n'a jamais rien lu d'aussi concluant que l'exposé sur l'œil. Francis Darwin et Albert Charles Seward, dans leur édition de *More Letters of Charles Darwin*, citent également un extrait significatif d'un chapitre des *Essays and Reviews* de Baden Powell[277], intitulé « Étude des preuves du christianisme » : « Il est à présent reconnu, sous l'autorité éminente du nom d'Owen, que "création" est seulement un autre nom pour notre ignorance du mode de production... tandis que vient de paraître un ouvrage, dû à un naturaliste à l'autorité reconnue entre toutes – le magistral volume de M. Darwin sur l'*Origine des espèces* par la loi de "sélection naturelle" –, qui aujourd'hui établit sur des fondements indéniables le principe même qui fut si longtemps condamné par les premiers naturalistes – la production de nouvelles espèces par des causes naturelles : un ouvrage qui devrait provoquer une complète révolution de l'opinion en faveur du grand principe des capacités auto-évolutives de la nature ». Une note de la même teneur à propos de *L'Origine*, ajoutée à la dernière minute à la première

---

[275] Voir les deux lettres de Darwin à Baden Powell datées du 18 janvier 1860, *Correspondence*, vol. 8, p. 39-41.
[276] Adam Sedgwick, lettre à Darwin du 24 novembre 1859. Voir plus haut, p. 203.
[277] 7e édition, 1861, p. 138-139.

édition des *Essays and Reviews*[278] fut ce qui fournit l'occasion d'un échange amical entre Baden Powell et Darwin, échange qui avait été sans doute préparé de plus loin par les réflexions du premier sur la philosophie inductive et la nature de la « création »[279]. Dans la notice historique rédigée pour l'édition américaine et la 3ᵉ édition anglaise de *L'Origine*, Darwin place Baden Powell au nombre de ceux qui l'ont précédé dans l'énoncé d'une conception non fixiste de la naissance des espèces, lui consacrant un paragraphe dont il lui communiqua la substance par lettre le 18 janvier 1860, cette adjonction historique ayant été du reste suggérée par Baden Powell lui-même.

Darwin devra encore affronter les critiques méthodologiques négatives de William Hopkins[280], lesquelles exigent d'aligner le statut de la preuve dans les sciences du vivant sur le degré de nécessité qu'elle revêt dans les sciences physiques, ce qui aux yeux du naturaliste équivaut à éluder la prise en compte de la différence spécifique de leurs objets respectifs, et à paralyser le progrès des sciences naturelles. Une théorie du vivant ne saurait se réduire à

---

[278] Ce volume, édité à Londres vers le mois de février 1860, est l'œuvre de sept auteurs, membres érudits et progressistes du clergé anglican, dont certains seront inquiétés, voire écartés de leur lieu d'exercice. Ils furent nommés « The Seven against Christ » : Frederick Temple (1821-1902. Engagé dans l'éducation populaire et dans l'étude des relations entre religion et sciences, il deviendra finalement, malgré une forte opposition, archevêque de Cantorbéry en 1896) ; Rowland Williams (1817-1870. *Tutor* à Cambridge, puis professeur et vice-principal du *St David's University College* de Lampeter, attaqué pour hérésie à cause de sa contribution à cet ouvrage, il finira sa vie dans une sorte d'exil) ; Harry Baden-Powell (dont le chapitre « On the Study of the evidences of Christianity » lui valut des désagréments qui ne sont peut-être pas étrangers à sa mort) ; Henry Bristow Wilson (1803-1888. Membre du *St John's College* d'Oxford, poursuivi pour hérésie à cause de sa contribution sur l'Église nationale) ; Charles Wycliffe Goodwin (1817-1878. Égyptologue et juriste, il fut attaqué lui aussi pour son hétérodoxie) ; Mark Pattison (1813-1884. *Tutor*, puis recteur du *Lincoln College* d'Oxford) ; Benjamin Jowett (1817-1893. Helléniste, traducteur de Platon, lecteur passionné de Hegel, *Regius Professor* de grec à l'Université d'Oxford). L'ouvrage connut un immense succès de librairie.
[279] Baden Powell, *Essays on the Spirit of the Inductive Philosophy, the Unity of Worlds, and the Philosophy of Creation*, London, Longman, etc., 1855.
[280] William Hopkins, « Physical Theories of the Phenomena of Life », *Fraser's Magazine*, 61, juin 1860, p. 739-752 ; 62, juillet, p. 74-90.

une théorie physique, car relevant d'un niveau de phénomènes et d'un entrelacs de déterminismes d'une plus grande complexité. C'est dans une lettre du 1er juin à Lyell qu'à ce propos Darwin déclare que « sans théorie, il n'y aurait pas d'observation », ce qui n'implique nullement la subordination de la seconde à la première, mais seulement qu'une ébauche d'hypothèse interprétative suscitée par les premiers regroupements de faits d'observation oriente en retour le recherche de faits cohérents avec elle, recherche qui peut s'avérer corroborante ou au contraire invalidante. Cette heuristique qui peut paraître hésitante est cependant *réelle*, et sa description aussi sincère que possible. Il est absolument remarquable qu'un théoricien extérieur aux sciences naturelles, le jeune économiste libéral, proche de Stuart Mill, Henry Fawcett (1833-1884), ait volé au secours de Darwin à la fin de l'année 1860[281] en empruntant à l'article de Huxley publié dans la *Westminster* l'intégralité de ses développements méthodologiques, eux-mêmes déjà empruntés à Mill, lequel relativisait fortement le sérieux de l'objection fondée sur la référence « baconienne ».

S'il se dit parfois lassé des critiques négatives, Darwin n'en apprécie pas moins certaines d'entre elles lorsqu'il y décèle la trace sincère d'un ébranlement, voire d'une résistance ou d'un doute qui se fonde sur la simple insuffisance des faits. Il est intéressant à cet égard d'étudier les objections de François-Jules Pictet, cet entomologiste et paléontologue de Genève (1809-1872) qui est son exact contemporain, et qui oscille entre acceptation partielle et rejet final de sa théorie[282]. Darwin connaît Pictet pour avoir fait usage, dans *L'Origine*, de ses observations paléontologiques, et les avoir habilement fait servir à l'illustration de la probabilité de la transmutation. L'article que Pictet consacre au compte rendu critique du livre de Darwin, bien que concluant contre la possibilité d'une transmutation généralisée à l'origine des types profondément distincts, reconnaît à la variation un rôle plus étendu, approuve les conclusions de Darwin sur un grand nombre

---

[281] Henry Fawcett, « A Popular Exposition of Mr. Darwin on the Origin of Species », *Macmillan's Magazine*, 3, 1860-1861, p. 81-92.

[282] François-Jules Pictet, « Sur l'origine de l'espèce par Charles Darwin », *Archives des Sciences, Bibliothèque Universelle* (Sér. 2), 7 (Mars), p. 233-255.

de points, admet la production des variétés et même des « espèces très voisines » par le mécanisme sélectif, fait l'éloge d'un ouvrage dont il salue le réel pouvoir de séduction, et avoue que son propre recours à la notion de créations successives (qu'il critique simultanément comme induisant des représentations malencontreuses) n'a pas d'autre statut que celui d'une hypothèse provisoire qui a les plus grandes chances de n'être jamais vérifiée. L'impartialité de Pictet, saluée par Darwin dans sa correspondance du moment, va même jusqu'à déclarer que la théorie de la transmutation opérée par « choix naturel » s'accorde bien avec les grands faits de l'anatomie comparée et de la zoologie, et en particulier avec l'explication de l'unité de plan de composition organique (que le Suisse avait lui-même approchée en côtoyant Étienne Geoffroy Saint-Hilaire en 1830), des organes rudimentaires, du caractère sériel des ensembles formés par les espèces et les genres, des ressemblances morphologiques existant entre les faunes consécutives, du parallélisme observé parfois entre la série du développement paléontologique et celle des états embryonnaires – thème développé par Agassiz, et qui devait être exploité, contre son propre fixisme, par nombre de naturalistes transformistes. En dépit de cette estime marquée qu'il témoigne à l'ouvrage ainsi qu'à son auteur, Pictet formule cinq objections dans la dernière partie de son article, qui s'achève par l'invitation à ne pas souscrire à « la doctrine dangereuse que des modifications sans limites puissent être l'œuvre de l'accumulation des siècles ».[283]

L'un des intérêts principaux des objections de Pictet est en fait de rappeler qu'elles ne naissent pas de la publication de *L'Origine* – bien qu'elles soient de toute évidence remobilisées par celle-ci –, qu'elles ont déjà été formulées contre l'idée d'une transmutation générale des espèces antérieurement à son établissement darwinien, et que Darwin, pour l'essentiel, en 1859, y a déjà de lui-même répondu. Pictet avance que la faune du Silurien inférieur – la plus ancienne connue – est d'une grande richesse et d'une grande diversité, ce qui paraît contredire la thèse darwinienne du petit nombre des types originels. À cette objection se rattache

---

[283] Ouv. cit., p. 255.

l'observation selon laquelle les nouveaux genres apparus sont d'emblée représentés par une très grande variété de formes spécifiques. Considérant par ailleurs que la théorie des modifications graduelles implique un nombre nécessairement considérable de formes intermédiaires, il demande pourquoi l'on ne trouve pas ces gradations à l'état fossile, et pourquoi l'on ne rencontre que si peu de formes différant des espèces déjà répertoriées. Enfin, comment expliquer par la sélection naturelle le parallélisme accentué de la série paléontologique dans toutes les régions du monde ? À chacune de ces objections, Darwin a déjà opposé la clé universelle des temps longs, de l'imperfection de l'archive géologique et de la méconnaissance presque totale de l'état de la Terre aux différentes époques de son immense histoire. Mais en position centrale se trouve une difficulté que Darwin devra affronter d'une manière moins vague, car elle tient au mécanisme intime du fonctionnement sélectif : comment rendre compte, avec les seules armes de la théorie qu'il expose, de l'histoire des types bien définis (Reptiles volants, Ichtyosaures, Bélemnites, Ammonites, etc.) présents sur des temps relativement courts, et qui semblent apparaître et disparaître brusquement ? Darwin, certes, postulera des formes intermédiaires disparues ou échappant à l'investigation actuelle. Mais comment expliquer que la sélection naturelle ait pu retenir en elles des modifications simplement ébauchées, et de ce fait non encore fonctionnellement utiles, dans leurs premiers stades, au sein de la lutte pour l'existence ?

« Je prends pour exemple l'oiseau », déclare Pictet, « et j'admets pour un instant qu'il soit provenu d'un générateur commun avec les mammifères et les reptiles. L'aile aura dû se former par une altération successive du membre antérieur du prototype. Or je ne comprends pas comment aura agi le choix naturel pour la conservation du futur oiseau, car ce membre modifié, ou ce projet d'aile, ne peut valoir physiologiquement ni un vrai bras ni une vraie aile, et les formes transitoires qui en auront été douées pendant des milliers de générations ne me paraissent pas *a priori* avoir eu bonne chance dans la lutte pour l'existence ».

Cette objection sera la matrice de celle qui sera développée en 1871 par le zoologiste néo-catholique Saint George Jackson Mivart

(1827-1900)[284], ancien disciple d'Owen et d'Huxley, et elle ressemble en partie au premier paradoxe de Zénon : un homme courant vers un but situé à quelque distance ne pourra jamais l'atteindre car cette distance est divisible à l'infini. Si la sélection naturelle est bien le moteur du développement d'une nouvelle formation (par exemple un membre), il lui faudra créer d'abord une infinité d'étapes intermédiaires qu'elle sera par définition inapte à favoriser – ces dernières ne représentant *a priori* aucun avantage adaptatif –, et cela l'empêchera d'atteindre son but – ce qui ne peut, si l'on admet tout de même la possibilité d'une formation progressive, que renvoyer à une représentation téléologique de la prédélinéation ou du « guidage » transcendant d'un tel développement organique finalement advenu. Telle sera d'ailleurs exactement la position de Mivart, transformiste providentialiste adversaire du mécanisme « aveugle » de la sélection naturelle. Le transformisme concordiste de Mivart, mêlant argumentation zoologique et théologie, et tentant de restaurer contre Darwin l'intervention divine à l'étage de la conscience humaine et de ses productions déclarées uniques (conscience réflexive, rationalité, moralité, langage) sans toutefois nier le caractère évolutif de son substrat somatique, préfigure ainsi, avec un peu plus d'un siècle d'avance, les positions qu'adoptera vers la fin du XXe siècle le Vatican de Jean-Paul II. C'est ainsi que la religion elle aussi s'adapte pour survivre.

On sait que Darwin, qui était manifestement moins embarrassé par l'opposition dogmatique de l'orthodoxie religieuse que par les combinaisons subtilement sophistiques d'un transformisme providentialiste, alloua un chapitre additionnel (l'actuel chapitre VII), dans la sixième et dernière édition de *L'Origine* (1872), à la réponse aux objections accumulées, pour l'essentiel, par Mivart, et il veilla comme de coutume à ce que ses réponses demeurassent exclusivement naturalistes. L'étude de ce chapitre fait apparaître l'extrême virtuosité avec laquelle Darwin exploite les données naturalistes pour illustrer l'effectivité, dans la nature, des acquisitions progressives conduisant à des adaptations perfectionnées et multiples, et

---

[284] St. George Jackson Mivart, *On the Genesis of Species*, London, Macmillan & Co., 1871.

l'idée selon laquelle l'acquisition commençante d'un appareil doué d'une fonction identifiée et utile produit des ébauches de structures qui sont elles-mêmes déjà pourvues d'une utilité susceptible d'être retenue sélectivement – de la simple tache pigmentaire photosensible à l'œil complexe des Insectes, des Céphalopodes ou des Mammifères ; des filtres buccaux sommaires de certains canards aux soies élaborées du souchet et aux fanons inégalement développés des baleines, etc. De fait, et sans que rien d'explicite n'en ait jamais « filtré », il y a dans ces scénarios de « perfectionnement » progressif le pouvoir profondément antithéologique d'un discours sur la nature qui, parce que transformiste, s'est une fois pour toutes donné pour mission de se consacrer à la seule exploration des processus qui conduisent, non à la « perfection des adaptations » chère à la théologie naturelle, et qui n'est en réalité jamais atteinte, mais à l'illusion qu'en procurent ses manifestations les plus spectaculaires. Le spectacle contraire d'un Pleuronecte (poisson plat), de son ontogénie perturbée, de sa migration oculaire maladroite et de son adaptation retardée et irrégulière aux modalités de sa vie adulte, constitue à lui seul la réfutation de l'image d'un Dieu qui aurait produit dans l'élément de sa consubstantielle perfection des créatures immédiatement et idéalement adaptées aux conditions de leur existence. L'imperfection flagrante des structures vestigiales et des organes rudimentaires, inutiles, voire nuisibles à l'organisme qui les conserve est le démenti permanent du catéchisme, et l'appel à une étude non dogmatique des processus immanents du changement évolutif.

À chaque ligne de L'Origine des espèces, le discours de Darwin oppose l'histoire naturelle à la théologie de la nature. Et cela sans que jamais une seule de ses phrases n'ait expressément ni directement remis en cause la moindre croyance acceptée – cette réserve ayant pu, sinon éviter, du moins retarder ou adoucir des conflits parasitaires qu'il savait pourtant inévitables, et qui éclatèrent en effet au cours de la célèbre réunion d'Oxford de juin 1860, si souvent et si diversement commentée.

En affirmant son refus méthodologique de prétendre tenir un discours instruit sur l'origine de toutes choses, Darwin non seulement ré-exprime son attachement aux seules positivités observationnelles et expérimentales qui sont le fondement légitime de la démarche inductive, mais indique sans pouvoir l'annoncer qu'en matière d'évolution il n'y a peut-être pas de place appropriée pour l'idée même d'un commencement absolu. En soulignant que la reconnaissance de l'opérativité de la sélection naturelle comme *effet* ou *résultante* nécessaire d'une *totalité d'actions* ne saurait s'inféoder à l'obligation de définir sa *nature*, et en appuyant cette déclaration, d'une manière quelque peu maupertuisienne, sur l'affirmation analogue de la scientificité du concept de gravitation *malgré* l'ignorance de ce qu'est son *essence*, Darwin se tourne vers une pensée positive – et jusqu'à lui non encore appliquée au vivant si ce n'est, au siècle précédent, d'une manière très conjecturale –, des équilibres mobiles et des systèmes d'interactions. En constatant des phénomènes tels que l'inaccomplissement de l'adaptation des structures ou la faillibilité croissante de l'instinct au fil des progrès de la raison, il déclare simultanément l'inachèvement nécessaire du monde et de sa connaissance objective, les limites, perpétuellement repoussées mais perpétuellement existantes, du pouvoir d'assertion actuelle en science, et le risque d'*erreur* comme conséquence naturelle de la sélection croissante des capacités de l'intelligence aux dépens de la relative « sécurité » de l'instinct. En décrivant la constante réfection des équilibres intra- et interspécifiques au sein de conditions tour à tour stables et fluctuantes, il remplace le miracle transcendant d'une création immédiatement et définitivement réglée et harmonieuse par les tâtonnements réitérés de l'immanence. En négociant avec la théologie au nom de l'indignité de la nature, et en n'acceptant de n'envisager celle-ci que comme la conséquence de lois secondaires exclusives de tout miracle et de toute perfection, il écarte Dieu de la science et permet la laïcisation de celle-ci en la tenant à l'abri des contraintes dogmatiques. En précisant que le « hasard » n'est qu'une façon de notifier l'ignorance des articulations causales complexes, il installe la connaissance dans la reconstitution toujours inachevée d'un déterminisme indéfiniment explorable. En illustrant enfin le fait de l'amoralité des relations interspécifiques, il affranchit la nature de toute projection anthropomorphique et religieuse en la faisant apparaître comme le théâtre d'un déterminisme *indifférent*.

Ce faisant, il crée pour la première fois les conditions d'exercice d'une science délivrée de tout devoir-dire métaphysique, d'une science nécessairement moniste, matérialiste et athée, qui ne peut s'élaborer que dans la *neutralisation* de la philosophie comme quête et allocation de *sens*. Et dont l'ontologie implicite, efficace et silencieuse, est une ontologie de l'*imparfait*. Tel est le tableau complet de la « blessure narcissique » infligée par Darwin, et que l'on se plaît depuis si longtemps à attacher au nom de celui qui n'a fait, dans *L'Origine*, qu'affirmer en science la puissance « démoralisante » et véridique du principe de *réalité*.

Annexes

Annexe 1
Tableau comparatif
des principaux stades d'élaboration de *L'Origine*

Brouillon de 1839	*Esquisse* de 1842	*Esquisse* de 1844	*Big Book* 1856-1858	*Origine*, 1ʳᵉ éd. 1859	*Origine*, 6ᵉ éd. 1872-1876
	Première partie	Première partie			
Chapitre I Des principes de la variation chez les organismes animaux et végétaux soumis aux effets de la domestication	**Section I** De la variation à l'état domestique, et des principes de sélection	**Chapitre I** La variation des êtres organiques à l'état domestique, et les principes de sélection	**Chapitre I** Variation à l'état domestique	**Chapitre I** Variation à l'état domestique	**Chapitre I** Variation à l'état domestique
	Section II De la variation à l'état de nature et des moyens naturels de sélection	**Chapitre II** De la variation des êtres organiques à l'état sauvage, ou des moyens naturels de sélection, et de la comparaison des espèces domestiques avec les espèces véritables	**Chapitre II** Variation à l'état domestique (*suite*)	**Chapitre II** Variation à l'état naturel	**Chapitre II** Variation à l'état naturel
	Section III De la variation dans les instincts et les autres attributs mentaux	**Chapitre III** Des variations des instincts et autres attributs mentaux à l'état de domestication et à l'état de nature ; des difficultés du sujet, et des difficultés analogues concernant les structures corporelles	**Chapitre III** Sur la possibilité qu'ont de se croiser tous les organismes : la reproduction sujette au changement	**Chapitre III** Lutte pour l'existence	**Chapitre III** Lutte pour l'existence
	Résumé de cette division				

Brouillon de 1839	Esquisse de 1842	Esquisse de 1844	Big Book 1856-1858	Origine, 1re éd. 1859	Origine, 6e éd. 1872-1876
	Deuxième partie	Chapitre IV Du nombre de formes intermédiaires requises par la théorie d'une ascendance commune, et de leur absence à l'état fossile	Chapitre IV Variation à l'état naturel	Chapitre IV Sélection naturelle	Chapitre IV Sélection naturelle, ou survie des plus aptes
	Sections IV et V Du témoignage tiré de la géologie	Chapitre V Apparition et disparition graduelle des espèces	Chapitre V Lutte pour l'existence	Chapitre V Lois de la variation	Chapitre V Lois de la variation
	Section VI Répartition géographique	Chapitre VI De la répartition géographique des êtres organiques dans les temps passés et présents	Chapitre VI Sélection naturelle	Chapitre VI Difficultés de la théorie	Chapitre VI Difficultés de la théorie
	Section VII Affinités et classification	Chapitre VII De la nature des affinités et de la classification des êtres organiques	Chapitre VII Lois de la variation : comparaison des variétés et des espèces	Chapitre VII L'instinct	Chapitre VII Objections variées à la théorie de la sélection naturelle
	Section VIII Unité [ou similarité] de type dans les grandes classes	Chapitre VIII Unité de type dans les grandes classes et structures morphologiques	Chapitre VIII Difficultés sur les transitions	Chapitre VIII L'hybridisme	Chapitre VIII L'nstinct
	Section IX Organes avortés	Chapitre IX Organes rudimentaires ou avortés	Chapitre IX Hybridisme et métissage	Chapitre IX Imperfection des archives géologiques	Chapitre IX L'hybridisme

Brouillon de 1839	Esquisse de 1842	Esquisse de 1844	Big Book 1856-1858	Origine, 1re éd. 1859	Origine, 6e éd. 1872-1876
	Section X Récapitulation et conclusion	**Chapitre X** Récapitulation et conclusion	**Chapitre X** L'instinct	**Chapitre X** De la succession géologique des êtres organiques	**Chapitre X** Sur l'imperfection de l'archive géologique
	Conclusion		**Chapitre XI** Répartition géographique	**Chapitre XI** Répartition géographique	**Chapitre XI** Sur la succession géologique des êtres organiques
				Chapitre XII Répartition géographique – suite	**Chapitre XII** Répartition géographique
				Chapitre XIII Affinités mutuelles des êtres organiques : morphologie, embryologie, organes rudimentaires	**Chapitre XIII** Répartition géographique – suite
				Chapitre XIV Récapitulation et conclusion	**Chapitre XIV** Affinités mutuelles des êtres organiques : morphologie, embryologie, organes rudimentaires
					Chapitre XV Récapitulation et conclusion

Annexe 2
Les éditions de *L'Origine des espèces*

1859. 1re édition : *On the Origin of Species by Means of Natural Selection, or the Preservation of Favoured Races in the Struggle for Life*, London, John Murray. Daté du 1er octobre 1859. Le *Journal* personnel de Darwin indique que cette première édition parut le 24 novembre et que tous les exemplaires imprimés (1 250) furent vendus le jour même[285]. Deux citations figurent en épigraphe (« W. Whewell : *Bridgewater Treatise* », et « Bacon : *Advancement of Learning* »). 502 p. incluant l'Index.

1860. 2e édition : 7 janvier 1860. 502 p. incluant l'Index. Légères corrections et modifications n'altérant pas la longueur du texte. Trois citations en épigraphe, qui demeureront inchangées dans les éditions ultérieures. La citation ajoutée est insérée entre les deux citations initiales, et elle est empruntée à Joseph Butler (« Butler : *Analogy of Revealed Religion* »). 3 000 exemplaires. 5e mille.

1861. 3e édition : avril 1861 (datée de mars). Avec additions et corrections. L'ouvrage comprend en effet l'ajout d'une liste d'additions et de corrections par rapport à l'édition précédente (liste dont l'introduction sera réactualisée dans chacune des éditions suivantes), d'un post-scriptum placé à sa suite et signalant la parution d'un article d'Asa Gray évoquant la conciliation possible entre le darwinisme et la théologie naturelle[286] (lequel disparaîtra

---

[285] Voir le *Journal* de Darwin pour 1858-1859, dans la *Correspondence*, vol. 7, p. 504 :
« 1er Oct. Fini épreuves – 13 mois & 10 jours. du résumé sur Origine des espèces. – 1 250 exemplaires imprimés.
Pendant fin de novembre et début de décembre, occupé à la correction pour 2e Édition de 3 000 exemplaires.
Multitude de lettres.
La 1re Édit. a été publiée le 24 nov.^{bre} & tous les exemplaires, *i. e.* 1 250 ont été vendus le premier jour. – »

[286] « POSTSCRIPT. An admirable, and, to a certain extent, favourable Review of this work, including an able discussion on the Theological bearing of the belief in the descent of species, has now been separately published by Professor Asa Gray

des éditions ultérieures), et enfin d'une notice historique concernant les prédécesseurs de la théorie (« An Historical Sketch of the Recent Progress of Opinion on the Origin of Species »). 538 p. incluant l'Index. 2 000 exemplaires. 7e mille.

1866. 4e édition (datée de juin). Avec additions et corrections. 593 p. incluant l'Index. 1 500 exemplaires. 8e mille.

1869. 5e édition : 1869. Avec additions et corrections. Première apparition de l'expression « survival of the fittest », emprunt consenti à Spencer (dans le titre du chap. IV : « Natural Selection, or the Survival of the Fittest »), 596 p. incluant l'Index. 2 000 exemplaires. 10e mille.

1872. 6e édition : février 1872 (datée de janvier). Avec additions et corrections (« Sixth edition, with additions and corrections »). Elle est considérée comme l'édition définitive. Le titre perd sa préposition initiale et devient *The Origin of Species by Means of Natural Selection, or the Preservation of Favoured Races in the Struggle for Life*. Le titre de la notice historique s'allonge (« An Historical Sketch of the Recent Progress of Opinion on the Origin of Species Previously to the Publication of the First Edition of this Work »). Un glossaire, dû au naturaliste William Sweetland Dallas (1824-1890), également auteur de l'Index, est ajouté à la fin du volume. Mais l'ouvrage est surtout augmenté d'un chapitre, qui s'insère après le VIe (sur les « difficultés de la théorie ») et devient le VIIe (« Miscellaneous Objections to the Theory of Natural Selection »), destiné à répondre à ses critiques (en particulier Saint-George Jackson Mivart), décalant ainsi d'un rang les chapitres suivants.

---

as a pamphlet, about 60 pages in length. It is entitled, 'Natural Selection not inconsistent with Natural Theology. A Free Examination of Darwin's Treatise on the Origin of Species, and of its American Reviewers. By ASA GRAY, M.D., Fisher Professor of Natural History in Harvard University. Reprinted from the *Atlantic Monthly* for July, August, and October, 1860. London: Trübner and Co., 60, Paternoster-row. Boston: Ticknor and Fields. 1861' (Price 1*s*. 6*d*.). »

L'ouvrage définitif comprend donc 15 chapitres. La composition typographique a subi une réduction de corps. 458 p. incluant l'Index. 3 000 exemplaires. 11ᵉ [et 12ᵉ] mille.

1876. 6ᵉ édition, dernier tirage revu par Darwin. « Sixth edition, with additions and corrections to 1872 ». L'ouvrage comprend en effet, après le sommaire, comme à l'accoutumée, une liste introduite par une demi-page de Darwin – cette liste et cette introduction ont été remaniées à des fins d'actualisation dans chaque édition, de la 3ᵉ à la 6ᵉ incluse – et intitulée « Additions and Corrections to the sixth edition », mais qui est strictement identique à la liste des « principales additions et corrections » de l'édition de 1872. L'introduction de cette liste, elle aussi, est rigoureusement semblable. Voir ici même, p. 259. D'après Freeman, les deux changements les plus visibles sont « Cape de Verde Islands » qui devient « Cape Verde Islands » (notamment chap. XIII, p. 354) et « climax » (chap. VIII, p. 230) qui devient « acme ». La même remarque peut être faite pour « Cape de Verde Archipelago » (notamment p. 353). L'Index toutefois mentionne toujours « Cape de Verde ».

Deux ouvrages essentiels permettront d'approfondir l'un la connaissance bibliographique globale de l'œuvre de Darwin, l'autre la connaissance fine de l'évolution textuelle de *L'Origine des espèces* entre ses six éditions revues par l'auteur :

Richard Broke Freeman, *The Works of Charles Darwin. An Annotated Bibliographical Handlist*, 2ⁿᵈ edition revised and enlarged, Folkestone, Dawson, 1977, 235 p. (Index p. 209-235).

Morse Peckham, *The Origin of Species By Charles Darwin. A Variorum Text*, Philadelphia, University of Pennsylvania Press, 1959, 816 p.

L'ORIGINE DES ESPÈCES

« Mais pour ce qui regarde le monde matériel, voici jusqu'où, au moins, nous pouvons aller : nous pouvons apercevoir que les événements sont le fruit non d'interventions isolées de la puissance Divine, s'exerçant dans chaque cas particulier, mais de l'établissement de lois générales. »

WHEWELL, *Bridgewater Treatise*

« Le seul sens distinct du mot « naturel » est *établi, fixé*, ou *ordonné* ; car ce qui est naturel requiert et présuppose un agent intelligent qui le rende tel, *i. e.*, qui le cause continûment ou à intervalles établis, tout comme il faut à ce qui est surnaturel ou miraculeux un agent intelligent qui le cause une seule fois. »

BUTLER, *Analogy of Revealed Religion*

« Nous conclurons donc : que personne, par suite d'une vaine prétention à la mesure ou par suite d'une modération pratiquée mal à propos, ne pense ou ne soutienne qu'un homme puisse chercher trop avant ou être trop versé dans l'étude du livre de la parole de Dieu, ou dans celle du livre des œuvres de Dieu – dans la théologie ou la philosophie – ; bien plutôt, que les hommes s'appliquent à progresser et se parfaire indéfiniment dans l'une et l'autre de ces voies. »

BACON, *Advancement of Learning*

Down, Beckenham, Kent,
  Première édition, 24 novembre 1859.
  Sixième édition, janvier 1872.

L'ORIGINE DES ESPÈCES

PAR LE MOYEN DE LA SÉLECTION NATURELLE,

OU

LA PRÉSERVATION DES RACES FAVORISÉES
DANS LA LUTTE POUR LA VIE.

PAR CHARLES DARWIN, M. A., F. R. S., &c.

SIXIÈME ÉDITION, AVEC DES AJOUTS ET DES CORRECTIONS À CELLE DE 1872.

(DIX-HUITIÈME MILLE)

ADDITIONS ET CORRECTIONS
À LA SIXIÈME ÉDITION

De nombreuses petites corrections ont été faites dans la dernière édition et dans la présente, sur divers sujets, selon que les pièces de l'argumentation se sont quelque peu renforcées ou affaiblies. Les corrections les plus importantes et certaines additions du présent volume figurent sur la liste de la page suivante, pour la commodité des lecteurs intéressés par le sujet et qui possèdent la cinquième édition. La deuxième édition n'était guère plus qu'une réimpression de la première. La troisième édition était largement pourvue de corrections et d'additions, et les quatrième et cinquième plus largement encore. Comme des exemplaires du présent ouvrage seront envoyés à l'étranger, il est peut-être utile que je précise l'état des éditions étrangères. La troisième édition française et la seconde édition allemande étaient issues de la troisième édition anglaise, avec quelques-unes des additions données dans la quatrième. Une nouvelle édition française, la quatrième, a été traduite par le Colonel Moulinié ; sa première moitié est issue de la cinquième édition anglaise, et la seconde, de la présente édition. Une troisième édition allemande, confiée à la responsabilité du Professeur Victor Carus, était tirée de la quatrième édition anglaise ; le même auteur prépare actuellement une cinquième édition d'après le présent volume. La deuxième édition américaine était issue de la deuxième édition anglaise, avec quelques-unes des additions données dans la troisième ; et une troisième édition américaine a été imprimée d'après la cinquième édition anglaise. L'édition italienne est issue de la troisième, l'édition néerlandaise et trois éditions russes sont issues de la deuxième édition anglaise, et l'édition suédoise, de la cinquième édition anglaise.

5ᵉ édition	6ᵉ édition	**Principales additions et corrections**
Page	Page	
100	281	Influence des destructions fortuites sur la sélection naturelle.
158	315	Sur la convergence de formes spécifiques.
220	358	Modification du passage traitant du pic terrestre de La Plata.
225	362	Sur la modification de l'œil.
230	365	Transitions par le biais de l'accélération ou du retardement de la période de reproduction.
231	366	Additions au passage sur l'organe électrique des poissons.
233	368	Ressemblance analogique entre les yeux des Céphalopodes et des Vertébrés.
234	369	Claparède sur la ressemblance analogique des chélicères qui permettent aux Acaridés de s'accrocher aux poils.
248	379	L'utilité probable de la sonnette pour le serpent à sonnette.
248	379	Helmholtz sur l'imperfection de l'œil humain.
255	385	La première partie de ce nouveau chapitre consiste en des portions, fort modifiées, tirées du chapitre IV des éditions précédentes. La seconde partie, plus ample, est nouvelle, et se rapporte principalement à l'incompétence prétendue de la sélection naturelle pour rendre compte des stades initiaux des structures utiles. S'y trouve aussi une discussion sur les causes qui empêchent dans de nombreux cas l'acquisition par sélection naturelle des structures utiles. En dernier lieu, on donne des raisons de ne pas croire à de grandes modifications brusques. Les gradations de caractère, souvent accompagnées de changements de fonction, sont également considérées ici d'une manière incidente.
268	432	Confirmation du fait que les jeunes coucous expulsent leurs frères adoptifs.
270	433	Sur les habitudes du *molothrus*, semblables à celles du coucou.
307	458	Sur des hybrides féconds des papillons de nuit.
319	466	La discussion sur le fait que la fécondité des hybrides n'a pas été acquise par sélection naturelle, condensée et modifiée.
326	470	Additions et corrections au sujet des causes de la stérilité des hybrides.
377	504	*Pyrgoma* trouvé dans la craie.

402	522	Formes éteintes servant à relier des groupes actuels.
440	549	Sur la terre qui adhère aux pieds des oiseaux migrateurs.
463	566	Sur la vaste extension géographique d'une espèce de Galaxias, poisson d'eau douce.
505	595	Discussion sur les ressemblances analogiques, augmentée et modifiée.
516	604	Structure homologue des pieds de certains animaux marsupiaux.
518	607	Corrections au sujet des homologies sérielles.
520	608	M. E. Ray Lankester sur la morphologie.
521	609	Sur la reproduction asexuelle du *Chironomus*.
541	624	Corrections au sujet de l'origine des parties rudimentaires.
547	628	Corrections à la récapitulation sur la stérilité des hybrides.
552	632	Corrections à la récapitulation sur l'absence de fossiles au-dessous du système Cambrien.
568	644	Idée que la sélection naturelle n'est pas l'agent exclusif de la modification des espèces, toujours affirmée dans cet ouvrage.
572	646	La croyance en la création séparée des espèces généralement soutenue par les naturalistes, jusqu'à une période récente.

ESQUISSE HISTORIQUE

DU PROGRÈS DE L'OPINION SUR L'ORIGINE DES ESPÈCES

Antérieurement à la publication de la première édition de cet ouvrage

Je donnerai ici une brève esquisse du progrès de l'opinion sur l'Origine des Espèces. Jusqu'à une date récente, la grande majorité des naturalistes croyaient que les espèces étaient des productions immuables, et avaient été créées séparément. C'est une vue que bien des auteurs ont soutenue avec habileté. Un petit nombre de naturalistes, au contraire, ont estimé que les espèces subissent une modification, et que les formes de vie actuelles sont, par une véritable génération, les descendantes de formes préexistantes. Si on laisse de côté les allusions que l'on trouve à ce sujet chez les écrivains classiques[*], le premier auteur de l'époque moderne à l'avoir

---

[*] Aristote, dans ses *Physicae Auscultationes* (liv. 2, chap. 8, p. 2), après avoir remarqué que la pluie ne tombe pas pour faire pousser le blé, non plus qu'elle ne tombe pour gâter le blé du fermier au moment du battage en plein air, applique le même argument à l'organisation ; et il ajoute (dans la traduction de M. Clair Grece, qui m'a le premier indiqué ce passage) : « Ainsi, qu'est-ce qui s'oppose à ce que les différentes parties [du corps] aient ce rapport purement accidentel dans la nature ? Les dents, par exemple, poussent, par nécessité, tranchantes et adaptées à la division des aliments s'il s'agit de celles du devant, plates et utiles à leur mastication s'il s'agit des molaires –, pourtant elles n'ont pas été faites en considération de cela, mais comme le résultat d'un accident. Et il en va de même des autres parties dans lesquelles paraît exister une adaptation à une fin. Partout, donc, où toutes les choses ensemble (c'est-à-dire toutes les parties d'un tout) se sont produites comme si elles étaient faites en considération de quelque chose, elles ont été conservées, pour s'être constituées d'une façon appropriée par une spontanéité interne ; et partout où les choses n'ont pas été constituées de la sorte, elles ont péri, et continuent de périr ». Nous voyons là s'ébaucher le principe de la sélection naturelle, mais ses remarques sur la formation des dents montrent combien Aristote était éloigné de comprendre pleinement ce principe.

traité dans un esprit scientifique fut Buffon. Mais comme ses opinions ont grandement fluctué à différentes époques, et comme il n'aborde pas les causes ni les moyens de la transformation des espèces, il n'est pas besoin que j'entre ici dans le détail.

Lamarck fut le premier dont les conclusions sur le sujet suscitèrent une large attention. Ce naturaliste justement célèbre publia ses vues pour la première fois en 1801 ; il leur donna beaucoup plus d'ampleur en 1809 dans sa *Philosophie Zoologique*, et par la suite, en 1815, dans l'Introduction de son *Hist. Nat. des Animaux sans Vertèbres*. Dans ces ouvrages, la doctrine pour laquelle il tient est que toutes les espèces, l'homme compris, descendent d'autres espèces. Il rendit le premier cet éminent service d'attirer l'attention sur la probabilité de ce que tout changement dans le monde organique, comme dans l'inorganique, soit le résultat d'une loi, et non d'une intervention miraculeuse. Lamarck semble avoir été conduit principalement à sa conclusion sur le changement graduel des espèces par la difficulté de distinguer espèces et variétés, par la gradation presque parfaite des formes dans certains groupes, et par l'analogie des productions domestiques. À l'égard des moyens de modification, il attribuait quelque effet à l'action directe des conditions de vie physiques, quelque effet au croisement des formes déjà existantes, et beaucoup à l'usage et au défaut d'usage, c'est-à-dire aux effets de l'habitude. À cette dernière action, il semble attribuer toutes les belles adaptations de la nature, telles que le long cou de la girafe, dont elle se sert pour brouter les branches des arbres. Mais il croyait également en une loi de développement progressif ; et comme toutes les formes de vie tendent ainsi à progresser, il soutient, afin d'expliquer l'existence, à l'heure actuelle, de productions simples, que de telles formes sont à présent engendrées d'une façon spontanée.[*]

---

[*] J'ai pris la date de la première publication de Lamarck dans l'excellente histoire que donne Isid. Geoffroy Saint Hilaire (*Hist. Nat. Générale*, t. II, p. 405, 1859) des opinions sur ce sujet. On trouve dans cet ouvrage un exposé complet des conclusions de Buffon sur le même sujet. Il est curieux de constater que, dans une large mesure, mon grand-père, le Dr Erasmus Darwin, a anticipé les vues et les

Geoffroy Saint Hilaire, comme il en est fait état dans sa *Vie*, écrite par son fils, soupçonna dès 1795 que ce que nous appelons espèces sont des dégénérations diverses d'un même type. Ce n'est qu'en 1828 qu'il rendit publique sa conviction que les mêmes formes ne sont pas perpétuées depuis l'origine de toutes choses. Geoffroy semble s'en être rapporté principalement aux conditions de vie, ou « monde ambiant » [en français. *Ndt.*], comme à la cause du changement. Il était prudent dans les conclusions qu'il tirait, et ne croyait pas que les espèces actuelles subissent à présent une modification ; et, comme l'ajoute son fils, « C'est donc un problème à réserver entièrement à l'avenir, supposé même que l'avenir doive avoir prise sur lui » [en français. *Ndt.*].

En 1813, le Dr W.C. Wells lut devant la *Royal Society* la « Description d'une femme blanche, dont une partie de la peau ressemble à celle d'un nègre » ; mais son article ne fut pas publié avant la parution de ses fameux « Deux essais, sur la rosée et sur la vision simple », en 1818. Dans cet article, il reconnaît distinctement le principe de sélection naturelle, et c'est la première reconnaissance dont on ait l'indication ; mais il ne l'applique qu'aux races de l'homme, et à certains caractères seulement. Après avoir remarqué que les nègres et les mulâtres jouissent de l'immunité contre certaines maladies tropicales, il observe, en premier lieu, que tous les animaux tendent à varier à quelque degré, et, en second lieu, que les agriculteurs améliorent leurs animaux domestiques par sélection ; puis il ajoute : mais ce que l'on fait dans ce dernier

---

fondements erronés des opinions de Lamarck dans sa *Zoonomia* (t. I, p. 500-10), publié en 1794. Selon Isid. Geoffroy, il ne fait aucun doute que Goethe était extrêmement partisan de vues semblables, comme le montre l'Introduction d'un ouvrage écrit en 1794 et 1795, mais qui ne fut publié que longtemps après : il a remarqué avec acuité (*Goethe als Naturforscher*, von Dr [*sic.* Ndt.] Karl Meding, p. 34) que la question qui se poserait dans le futur aux naturalistes serait de savoir comment, par exemple, le bétail en est arrivé à avoir des cornes, et non à quoi il les utilise. C'est un assez singulier exemple de la manière dont des vues semblables apparaissent à peu près en même temps, que Goethe en Allemagne, le Dr Darwin en Angleterre et Geoffroy Saint Hilaire (comme nous allons le voir immédiatement) en France soient parvenus à la même conclusion sur l'origine des espèces, dans les années 1794-5.

cas « par l'art, semble être fait avec une égale efficacité, quoique plus lentement, par la nature, dans la formation des variétés de l'humanité, adaptées au pays qu'elles habitent. Entre les variétés accidentelles de l'homme qui se rencontraient parmi les premiers habitants, épars et peu nombreux, des régions moyennes de l'Afrique, il en est une qui devait être plus apte que les autres à supporter les maladies de ce pays. Par conséquent, cette race a dû se multiplier, tandis que les autres décroissaient – non seulement en raison de leur impuissance à soutenir les attaques de la maladie, mais en raison de leur incapacité de rivaliser avec leurs voisins plus vigoureux. La couleur de cette race vigoureuse, je m'en tiens pour assuré d'après ce que l'on a déjà dit, devait être foncée. Mais, du fait de la persistance de cette même disposition à former des variétés, une race de plus en plus foncée a dû survenir au fil du temps : et comme la plus foncée était la mieux adaptée au climat, c'est pour finir celle-ci qui a dû devenir la race prépondérante, sinon la seule, dans le pays particulier où elle a pris naissance ». Il étend ensuite ces mêmes vues aux habitants blancs des climats froids. Je suis redevable à M. Rowley, des États-Unis, qui a attiré mon attention, par l'intermédiaire de M. Brace, sur ce passage de l'ouvrage du Dr Wells.

L'honorable Député et Rév. W. Herbert, par la suite Doyen de Manchester, dans le quatrième volume des *Horticultural Transactions* de 1822, et dans son ouvrage sur les *Amaryllidaceæ* (1837, p. 19, 339), déclare que « des expériences horticoles ont établi, hors de toute possibilité de réfutation, que les espèces botaniques ne sont qu'une classe supérieure et plus permanente de variétés ». Il étend cette même vue aux animaux. Le Doyen croit que les espèces de chaque genre ont été créées une à une, originellement dotées d'une condition hautement plastique, et que ce sont elles qui ont produit, principalement par croisement, mais également par variation, toutes nos espèces actuelles.

En 1826, le Professeur Grant, dans le paragraphe de conclusion de son célèbre article (*Edinburgh Philosophical Journal*, vol. XIV, p. 283) sur le *Spongilla*, déclare clairement sa croyance dans le fait que les espèces descendent d'autres espèces, et qu'elles s'améliorent au cours de la modification. Cette même vue était exposée dans sa 55ᵉ Conférence, publiée dans le *Lancet* en 1834.

En 1831, M. Patrick Matthew publia son ouvrage *Bois de construction navale et arboriculture* [*Naval Timber and Arboriculture*. Ndt.], dans lequel il expose précisément la même vue sur l'origine des espèces que celle – à laquelle nous ferons allusion tout à l'heure – proposée par M. Wallace et moi-même dans le *Linnean Journal*, et que celle qui est développée dans le présent volume. Malheureusement, cette vue n'a été exposée par M. Matthew que très brièvement dans des passages épars d'un Appendice à un ouvrage portant sur un autre sujet, si bien qu'elle demeura inaperçue jusqu'à ce que M. Matthew lui-même attirât l'attention sur elle dans le *Gardeners' Chronicle* du 7 avril 1860. Les différences qui séparent la vue de M. Matthew de la mienne n'ont que peu d'importance : il semble considérer que le monde fut à peu près dépeuplé à diverses époques successives, pour être ensuite repeuplé ; l'autre solution qu'il propose est que de nouvelles formes puissent être engendrées « sans la présence d'aucun moule ou germe d'agrégats antérieurs ». Je ne suis pas sûr de comprendre certains passages, mais il semble qu'il attribue beaucoup d'influence à l'action directe des conditions de vie. Il a clairement vu, cependant, toute la force du principe de sélection naturelle.

Le célèbre géologue et naturaliste Von Buch, dans son excellente *Description Physique des Isles Canaries* [en français. *Ndt.*] (1836, p. 147), exprime clairement son sentiment que les variétés se changent lentement en espèces permanentes, qui ne sont plus capables de croisement.

Rafinesque, dans sa *Nouvelle flore d'Amérique du Nord* [*New Flora of North America*. Ndt.], publiée en 1836, écrivait (p. 6) ce qui suit : « Toutes les espèces ont pu être autrefois des variétés, et de nombreuses variétés deviennent graduellement des espèces en revêtant des caractères particuliers constants » ; mais plus loin (p. 18), il ajoute « excepté les types originels ou ancêtres du genre ».

En 1843-4, le Professeur Haldeman (*Boston Journal of Nat. Hist. U. States*, vol. IV, p. 468) a exposé avec habileté les arguments pour et contre l'hypothèse du développement et de la modification des espèces : il semble pencher du côté du changement.

Les *Vestiges de la Création* [*Vestiges of Creation*. Ndt.] parurent en 1844. Dans la dixième édition (1853), fort améliorée, l'auteur anonyme dit (p. 155) : « La proposition pour laquelle on s'est déterminé, après l'avoir longuement considérée, est que les diverses séries d'êtres animés, depuis le plus simple et plus ancien jusqu'au plus élevé et plus récent, sont, sous la providence de Dieu, les résultats, *premièrement*, d'une impulsion qui a été transmise aux formes de vie, et les fait avancer par génération, en des temps définis, à travers des degrés d'organisation qui s'achèvent dans les dicotylédones et les vertébrés les plus élevés – degrés peu nombreux, et généralement marqués par des intervalles de caractère organique, ce qui donne lieu à une difficulté pratique dans l'établissement des affinités ; *deuxièmement*, d'une autre impulsion liée aux forces vitales, qui tend, au fil des générations, à modifier les structures organiques en les accordant aux circonstances extérieures, telles que la nourriture, la nature de l'habitat et les influences atmosphériques, ce qui constitue les "adaptations" du théologien naturel ». L'auteur croit apparemment que l'organisation progresse par sauts brusques, mais que les effets produits par les conditions de vie sont graduels. Il soutient avec beaucoup de force, en se fondant sur des raisons générales, que les espèces ne sont pas des productions immuables. Mais je ne vois pas comment les deux « impulsions » supposées rendent compte en un sens scientifique des coadaptations nombreuses et superbes que nous voyons dans toute la nature ; je ne vois pas que de la sorte nous gagnions quoi que ce soit dans la compréhension de la façon dont, par exemple, le pic s'est adapté à ses habitudes de vie particulières. L'ouvrage, en raison de la puissance et du brillant de son style, et bien qu'il ait manifesté dans les premières éditions fort peu de connaissances précises ainsi qu'un grand manque de prudence scientifique, connut immédiatement une très large diffusion. À mon avis, il a rendu dans notre pays un excellent service en attirant l'attention sur le sujet, en écartant les préjugés, et en préparant ainsi le terrain à la réception de vues analogues.

En 1846, M. J. d'Omalius d'Halloy, géologue émérite, a publié dans un article excellent quoique bref (*Bulletins de l'Acad. Roy. Bruxelles*, t. XIII, p. 581), son opinion qu'il est plus probable que les espèces nouvelles aient été produites par descendance avec modification que créées séparément ; l'auteur rendit publique cette opinion pour la première fois en 1831.

Le Professeur Owen, en 1849 (*Nature des membres* [*Nature of Limbs*. Ndt.], p. 86), écrivait ce qui suit : « L'idée archétypale s'est manifestée dans la chair, sur cette planète, sous ces formes diversement modifiées, bien antérieurement à l'existence des espèces animales qui en sont les expressions actuelles. À quelles lois naturelles ou causes secondaires la succession et la progression ordonnées de tels phénomènes organiques ont pu se trouver confiées, nous l'ignorons pour l'heure ». Dans son *Adresse à l'Association britannique* [*Address to the British Association*. Ndt.], en 1858, il parle (p. LI) de « l'axiome de l'opération continue du pouvoir créateur, ou du graduel ordonnancement des choses vivantes ». Plus loin (p. XC), après avoir fait référence à la répartition géographique, il ajoute : « Ces phénomènes ébranlent notre confiance en la conclusion que l'aptéryx de Nouvelle-Zélande et le lagopède rouge d'Angleterre ont été des créations distinctes conçues respectivement dans ces îles et pour elles. Il faut toujours également se rappeler que par le mot "création" le zoologiste veut dire "un processus dont il ignore la nature" ». Il développe cette idée en ajoutant que lorsque des cas tels que celui du lagopède rouge sont « énumérés par le zoologiste comme témoignant d'une création distincte de l'oiseau dans ces îles et pour elles, il exprime principalement qu'il ignore de quelle façon le lagopède rouge est apparu là, et là exclusivement ; il signifie également, en exprimant ainsi cette ignorance, qu'il croit que tant l'oiseau que les îles devaient leur origine à une grande cause créatrice primordiale ». Si nous interprétons l'une par l'autre ces phrases contenues dans le même discours, il apparaît que cet éminent philosophe sentit ébranlée en 1858 la confiance qu'il avait en l'apparition originelle de l'aptéryx et du lagopède rouge dans leurs habitats respectifs,

« d'une manière qu'il ignorait », ou par quelque processus « dont il ignorait la nature ».

Ce discours fut prononcé après que les communications sur l'Origine des Espèces dues à M. Wallace et à moi-même, et auxquelles on fera référence tout à l'heure, eurent été lues devant la *Linnean Society*. Lorsque fut publiée la première édition de cet ouvrage, je fus si entièrement abusé, comme bien d'autres, par des expressions telles que « l'opération continue d'un pouvoir créateur » que je mis le Professeur Owen au nombre des paléontologistes fermement convaincus de l'immutabilité des espèces ; mais il paraît (*Anat. of Vertebrates*, vol. III, p. 796) que c'était là de ma part une erreur saugrenue. Dans la dernière édition de cet ouvrage, j'ai inféré d'un passage qui débute par les mots « sans nul doute la forme-type », &c. (*Ibid.*, vol. I, p. XXXV) – et l'inférence me semble encore parfaitement juste – que le Professeur Owen admettait que la sélection naturelle avait pu être pour quelque chose dans la formation d'espèces nouvelles ; mais il paraît (*ibid.*, vol. III, p. 798) que cela était inexact et infondé. J'ai également fourni quelques extraits d'une correspondance entre le Professeur Owen et le directeur de la rédaction de la *London Review*, dont il ressortait avec évidence, aux yeux du directeur comme aux miens, que le Professeur Owen affirmait avoir rendu publique la théorie de la sélection naturelle avant moi ; j'exprimais ma surprise et ma satisfaction à la lecture de cette déclaration ; mais autant que l'on puisse comprendre certains passages récemment publiés (*ibid.*, vol. III, p. 798), je suis de nouveau tombé dans l'erreur, en partie ou complètement. Je trouve quelque consolation dans le fait que d'autres personnes trouvent difficile de comprendre et de faire s'accorder entre eux les écrits de controverse du Professeur Owen, tout comme moi. En ce qui concerne la simple énonciation du principe de sélection naturelle, il n'importe guère de savoir si le Professeur Owen m'a ou non précédé, puisque nous fûmes tous deux, comme le montre cette esquisse historique, précédés de beaucoup par le Dr Wells et M. Matthews [*sic*, pour Matthew. *Ndt*.].

M. Isidore Geoffroy Saint Hilaire, dans les Conférences qu'il prononça en 1850 (et dont un Résumé [en français dans le texte, *Ndt.*] parut dans la *Revue et Mag. de Zoolog.*, janv. 1851), donne brièvement les raisons qu'il a de croire que des caractères spécifiques « sont fixés, pour chaque espèce, tant qu'elle se perpétue au milieu des mêmes circonstances : ils se modifient, si les circonstances ambiantes viennent à changer ». « En résumé, *l'observation* des animaux sauvages démontre déjà la variabilité *limitée* des espèces. Les *expériences* sur les animaux sauvages devenus domestiques, et sur les animaux domestiques redevenus sauvages, la démontrent plus clairement encore. Ces mêmes expériences prouvent, de plus, que les différences produites peuvent être de *valeur générique*. » [Citations en français, *Ndt.*] Dans son *Hist. Nat. Générale* (t. II, p. 430, 1859), il développe des conclusions analogues.

Une circulaire récente fait apparaître que le Dr Freke, en 1851 (*Dublin Medical Press*, p. 322), a proposé la doctrine selon laquelle tous les êtres organiques descendent d'une forme primordiale unique. Les fondements de sa croyance et sa façon de traiter le sujet sont totalement différents des miens ; mais comme le Dr Freke a maintenant (1861) publié son Essai sur « l'origine des espèces par le moyen de l'affinité organique », il serait superflu que j'entreprenne la tâche difficile de donner quelque idée de ses vues.

M. Herbert Spencer, dans un Essai (publié à l'origine dans le *Leader*, mars 1852, et republié dans ses *Essais* en 1858), a fait l'exposé comparatif des théories de la Création et du Développement des êtres organiques avec un talent et une force remarquables. Il tire ses arguments de l'analogie des productions domestiques, des changements que subissent les embryons de nombreuses espèces, de la difficulté de distinguer espèces et variétés, et enfin du principe de la gradation générale, pour conclure que les espèces ont été modifiées ; et il attribue la modification au changement des circonstances. L'auteur a également traité (1855) de la Psychologie d'après le principe de la nécessaire acquisition graduelle de chaque faculté et de chaque capacité mentale.

En 1852, M. Naudin, botaniste distingué, a affirmé expressément, dans une admirable communication sur l'origine des espèces

(*Revue Horticole*, p. 102 ; partiellement republiée depuis dans les *Nouvelles Archives du Muséum*, t. I, p. 171), sa croyance en ce que les espèces sont formées d'une manière analogue aux variétés de culture ; il attribue ce dernier processus au pouvoir de sélection exercé par l'homme. Mais il ne montre pas de quelle façon la sélection agit dans l'état de nature. Il croit, comme le Doyen Herbert, que les espèces, à leur naissance, étaient plus plastiques qu'à présent. Il insiste fort sur ce qu'il appelle le principe de finalité, « puissance mystérieuse, indéterminée ; fatalité pour les uns ; pour les autres, volonté providentielle, dont l'action incessante sur les êtres vivants détermine, à toutes les époques de l'existence du monde, la forme, le volume, et la durée de chacun d'eux, en raison de sa destinée dans l'ordre de choses dont il fait partie. C'est cette puissance qui harmonise chaque membre à l'ensemble en l'appropriant à la fonction qu'il doit remplir dans l'organisme général de la nature, fonction qui est pour lui sa raison d'être »[*]. [Citation en français. *Ndt.*]

En 1853, un géologue célèbre, le Comte Keyserling (*Bulletin de la Soc. Géolog.*, 2e Sér., t. X, p. 357), suggéra que, tout comme de nouvelles maladies, que l'on suppose avoir été causées par quelque miasme, sont apparues et se sont diffusées dans le monde, de même à certaines époques les germes des espèces existantes ont

---

[*] Certaines références contenues dans les *Untersuchungen über die Entwickelungs-Gesetze* [*Recherches sur les lois du développement. Ndt.*] de Bronn font apparaître que le célèbre botaniste et paléontologue Unger a publié, en 1852, son sentiment que les espèces connaissent le développement et la modification. D'Alton, dans l'ouvrage de Pander et Dalton sur les paresseux fossiles, a lui aussi exprimé en 1821 une conviction similaire. Des vues similaires, comme on le sait, ont été soutenues par Oken dans sa *Natur-Philosophie* [*sic. Ndt.*] mystique. D'après d'autres références contenues dans l'ouvrage de Godron *Sur l'Espèce*, il semble que Bory St Vincent, Burdach, Poiret et Fries aient tous admis que de nouvelles espèces étaient continuellement produites.

J'ajouterai que, des trente-quatre auteurs nommés dans cette Esquisse Historique, qui croient à la modification des espèces, ou du moins ne croient nullement à des actes de création séparés, vingt-sept ont écrit sur des branches spéciales de l'Histoire Naturelle ou de la géologie.

pu être affectés chimiquement par des molécules ambiantes d'une nature particulière, faisant ainsi apparaître de nouvelles formes.

Cette même année 1853, le Dr Schaaffhausen publia une excellente brochure (*Verhand. des Naturhist. Vereins der Preuss. Rheinlands*, &c.), dans laquelle il soutient le développement progressif des formes organiques sur la terre. Il conclut que de nombreuses espèces sont demeurées constantes pendant de longues périodes, tandis que quelques-unes se sont trouvées modifiées. Pour lui, la distinction des espèces s'explique par la destruction d'une série graduée de formes intermédiaires. « Ainsi, les plantes et les animaux vivants ne sont pas séparés de ceux qui sont éteints par de nouvelles créations, mais doivent être regardés comme leurs descendants par l'effet d'une reproduction continue. »

Un botaniste français de grand renom, M. Lecoq, écrit en 1854 (*Etudes sur Géograph. Bot.* [*sic*], t. I, p. 250) : « On voit que nos recherches sur la fixité ou la variation de l'espèce nous conduisent directement aux idées émises par deux hommes justement célèbres, Geoffroy Saint-Hilaire et Goethe » [en français. *Ndt*.]. Quelques autres passages éparpillés çà et là dans le gros ouvrage de M. Lecoq rendent un peu douteuse la portée qu'il donne à ses vues sur la modification des espèces.

La *Philosophie de la Création* a été traitée d'une manière magistrale par le Rév. Baden Powell, dans ses *Essays on the Unity of Worlds* (1855). Rien ne peut frapper davantage que la manière dont il montre que l'introduction de nouvelles espèces est « un phénomène régulier et non fortuit », ou encore, selon l'expression de *Sir* John Herschel, « un processus naturel, par contraste avec ce que serait un processus miraculeux ».

Le troisième volume du *Journal of the Linnean Society* contient des communications, lues le 1er juillet 1858, et dues à M. Wallace et moi-même, dans lesquelles, comme le rappellent les remarques introductives de ce volume, la théorie de la sélection naturelle est annoncée par M. Wallace avec une force et une clarté admirables.

Von Baer, envers qui tous les zoologistes éprouvent un si profond respect, exprima vers 1859 (voir le Prof. Rudolph Wagner,

Zoologisch-Anthropologische Untersuchungen [*Recherches de zoologie et d'anthropologie*], 1861, p. 51) sa conviction, principalement fondée sur les lois de la répartition géographique, que des formes aujourd'hui parfaitement distinctes sont issues d'une unique forme parente.

En juin 1859, le Professeur Huxley donna une conférence devant la *Royal Institution* sur les « Types persistants de vie animale ». Relativement à de tels cas, il remarque : « Il est difficile de saisir le sens de faits de ce genre, si nous supposons que chaque espèce d'animal et de plante ou chaque grand type d'organisation a été formé et placé sur la surface du globe à de longs intervalles par l'acte distinct d'un pouvoir créateur ; et il est bon de se souvenir que ce postulat trouve aussi peu d'appui dans la tradition ou la révélation qu'il est opposé à l'analogie générale de la nature. Si en revanche nous envisageons les « types persistants » dans le cadre de l'hypothèse qui suppose que les espèces vivant à une certaine époque sont le résultat de la modification graduelle d'espèces préexistantes – hypothèse qui, bien qu'elle ne soit pas prouvée et que certains de ses tenants lui fassent un tort regrettable, est la seule à ce jour à laquelle la physiologie accorde quelque crédit –, alors leur existence montre peut-être que la somme des modifications subies par les êtres vivants au cours des temps géologiques n'est que très petite par rapport à la série tout entière des changements auxquels ils ont été soumis. »

En décembre 1859, le Dr Hooker publia son *Introduction à la flore australienne* [*Introduction to the Australian Flora*. Ndt.]. Dans la première partie de ce grand ouvrage, il admet la vérité de la filiation et de la modification des espèces, et appuie cette doctrine par bien des observations originales.

La première édition du présent ouvrage a été publiée le 24 novembre 1859, et sa seconde édition le 7 janvier 1860.

L'ORIGINE DES ESPÈCES

INTRODUCTION

Lorsque j'étais à bord du Vaisseau de Sa Majesté le *Beagle* en qualité de naturaliste, je fus très frappé de certains faits liés à la répartition des êtres organiques qui habitent l'Amérique du Sud, et aux rapports géologiques qu'entretiennent les habitants actuels de ce continent avec ses habitants passés. Ces faits, comme on le verra dans les derniers chapitres de ce volume, semblaient jeter quelque lumière sur l'origine des espèces – ce mystère des mystères, ainsi que l'a nommé l'un de nos plus grands philosophes. À mon retour, l'idée me vint, en 1837, que l'on pourrait peut-être, sur cette question, parvenir à quelque chose en accumulant avec patience, pour y réfléchir, toutes sortes de faits susceptibles de s'y relier. Après cinq années de travail, je me suis permis de spéculer sur le sujet et j'ai rédigé de courtes notes ; je les ai développées en 1844 pour en faire une esquisse des conclusions qui me semblaient alors probables : depuis cette époque et jusqu'à ce jour, j'ai constamment poursuivi le même objet. J'espère que l'on me pardonnera d'entrer dans ces détails personnels, car je ne les donne que pour montrer que je ne me suis pas décidé à la hâte.

Mon travail est à présent (1859) presque fini ; mais comme il me faudra encore de nombreuses années pour l'accomplir, et que ma santé est loin d'être robuste, on m'a pressé de publier ce Résumé. J'y ai été plus particulièrement conduit par le fait que M. Wallace, qui étudie présentement l'histoire naturelle de l'Archipel Malais, est parvenu presque exactement aux mêmes conclusions générales que moi sur l'origine des espèces. En 1858, il m'a envoyé un mémoire sur ce sujet, avec la prière de le transmettre à *Sir*

Charles Lyell, qui l'envoya à la *Linnean Society* ; on le trouve dans le troisième volume du *Journal* de cette Société. *Sir* C. Lyell et le Dr Hooker, qui connaissaient tous deux l'existence de mon travail – ce dernier ayant lu mon esquisse de 1844 – me firent l'honneur de penser qu'il convenait de publier, à côté de l'excellent mémoire de M. Wallace, quelques courts extraits de mes manuscrits.

Ce Résumé, que je publie à présent, est nécessairement imparfait. Je ne puis citer ici de références et d'autorités pour mes diverses affirmations, et dois m'en remettre à la confiance qu'aura le lecteur en mon exactitude. Des erreurs se seront sans nul doute glissées dans cet ouvrage, malgré la prudence dont j'espère avoir fait preuve en ne me fiant qu'à de bonnes autorités. Je ne puis donner ici que les conclusions générales auxquelles je suis parvenu, illustrées de quelques faits, qui, je l'espère, suffiront cependant dans la plupart des cas. Personne ne saurait ressentir avec plus d'acuité que moi la nécessité de publier par la suite le détail de tous les faits, accompagnés de références, sur lesquels se sont fondées mes conclusions ; et cela sera, j'espère, l'objet d'un prochain ouvrage. Je sais bien, en effet, qu'il n'est pas un point discuté dans ce volume, ou peu s'en faut, sur lequel on ne puisse fournir des faits qui, souvent, conduisent en apparence à des conclusions diamétralement opposées à celles auxquelles je suis parvenu. Le seul moyen d'obtenir un résultat juste est de rapporter et de mettre en balance pour chaque question tous les faits et tous les arguments d'un côté et de l'autre ; or c'est ici impossible.

Je regrette fort que le manque d'espace me prive de la satisfaction que j'aurais à reconnaître ma dette envers les très nombreux naturalistes qui m'ont prêté leur généreuse assistance, et que pour certains je ne connais pas personnellement. Je ne saurais cependant laisser échapper cette occasion d'exprimer à quel point je suis obligé envers le Dr Hooker, qui tout au long des quinze dernières années m'a aidé de toutes les manières possibles en me faisant bénéficier de la vaste étendue de ses connaissances et de l'excellence de son jugement.

À considérer l'Origine des Espèces, il est tout à fait concevable qu'un naturaliste, réfléchissant aux affinités mutuelles des êtres organiques, à leurs relations embryologiques, à leur répartition géographique, à leur succession géologique et à d'autres faits semblables, en vienne à la conclusion que les espèces n'ont pas été créées indépendamment, mais sont issues, comme les variétés, d'autres espèces. Néanmoins, une telle conclusion, même bien fondée, ne serait pas satisfaisante avant que l'on puisse montrer de quelle façon les innombrables espèces qui habitent le monde ont été modifiées pour acquérir la perfection de structure et de coadaptation qui suscite à juste titre notre admiration. Les naturalistes renvoient continuellement aux conditions extérieures, telles que le climat, la nourriture, &c., comme à l'unique cause possible de variation. En un sens limité, comme nous le verrons ci-après, ce peut être vrai ; mais il est extravagant d'attribuer aux seules conditions extérieures la structure du pic, par exemple, dont les pattes, la queue, le bec et la langue sont si admirablement adaptés pour attraper les insectes sous l'écorce des arbres. Dans le cas du gui, qui tire son aliment de certains arbres, dont les graines doivent être transportées par certains oiseaux et dont les fleurs ont des sexes séparés qui requièrent absolument l'action de certains insectes pour porter le pollen d'une fleur à l'autre, il est tout aussi extravagant de rendre compte de la structure de ce parasite, et de ses relations avec plusieurs êtres organiques distincts, par les effets des conditions extérieures, de l'habitude ou d'un acte de volonté de la plante elle-même.

Il est par conséquent de la plus haute importance de s'assurer une claire compréhension des moyens de modification et de coadaptation. Au commencement de mes observations, il me semblait probable qu'une étude soigneuse des animaux domestiques et des plantes cultivées offrirait les meilleures chances de débrouiller cet obscur problème. Je n'ai nullement été déçu ; dans ce cas comme dans tous ceux qui engendrent la perplexité, j'ai invariablement constaté que notre connaissance, si imparfaite soit-elle, de la variation à l'état domestique nous fournissait l'indice le meilleur et le plus sûr. J'oserai me déclarer convaincu de la haute valeur de telles études, bien qu'elles aient été très couramment négligées par les naturalistes.

Par suite de ces considérations, je consacrerai le premier chapitre de ce Résumé à la Variation à l'État Domestique. Nous verrons ainsi qu'une considérable somme de modifications héréditaires est au moins possible ; et nous verrons, ce qui a autant ou plus d'importance, quelle est l'ampleur du pouvoir de l'homme lorsqu'il accumule, à travers sa sélection, de légères variations successives. Je passerai ensuite à la variabilité des espèces dans l'état de nature ; mais je serai malheureusement contraint de traiter ce sujet bien trop brièvement, car la seule façon de le traiter comme il se doit serait de donner de longs catalogues de faits. Nous aurons cependant la possibilité de discuter des circonstances qui sont les plus favorables à la variation. On considérera dans le chapitre suivant la Lutte pour l'Existence que connaissent tous les êtres organiques dans le monde, qui est la suite inévitable de la forte raison géométrique de leur accroissement. C'est la doctrine de Malthus, appliquée à l'ensemble des règnes animal et végétal. Puisqu'il naît beaucoup plus d'individus de chaque espèce qu'il n'en peut survivre, et puisque, par conséquent, une Lutte pour l'Existence réapparaît fréquemment, il s'ensuit que tout être, s'il varie, même légèrement, d'une manière dont il puisse tirer profit, sous l'action de conditions de vie complexes et parfois variables, aura de meilleures chances de survie, et sera ainsi *sélectionné naturellement*. En vertu du puissant principe de l'hérédité, toute variété sélectionnée tendra à propager sa nouvelle forme modifiée.

Ce sujet fondamental de la sélection naturelle sera traité assez longuement dans le quatrième chapitre : nous verrons alors de quelle façon la sélection naturelle cause presque inévitablement une forte extinction des formes de vie moins améliorées, et conduit à ce que j'ai appelé la Divergence de Caractère. Dans le chapitre suivant, je discuterai les lois complexes et peu connues de la variation. Cinq chapitres exposeront ensuite les difficultés les plus apparentes et les plus graves qui s'opposent à l'acceptation de la théorie : à savoir, premièrement, les difficultés liées aux transitions, ou de quelle façon un être simple ou un organe simple peut se trouver changé et perfectionné en un être hautement développé ou en un organe minutieusement construit ; deuxièmement, le sujet de l'Instinct, ou les

Introduction 279

capacités mentales des animaux ; troisièmement, l'Hybridisme, ou l'infécondité des espèces et la fécondité des variétés lorsque des croisements ont lieu ; et quatrièmement, l'imperfection des Archives Géologiques. Dans le chapitre suivant, je considérerai la succession géologique des êtres organiques à travers le temps ; dans les douzième et treizième chapitres, leur répartition géographique à travers l'espace ; dans le quatorzième chapitre, leur classification ou leurs affinités mutuelles, tant au stade adulte qu'à l'état embryonnaire. Dans le dernier chapitre, je donnerai une brève récapitulation de l'ensemble de l'ouvrage et conclurai par quelques remarques.

Nul, s'il tient compte comme il se doit de notre profonde ignorance concernant les relations mutuelles des nombreux êtres qui vivent autour de nous, ne devrait être surpris de ce que bien des faits demeurent encore inexpliqués en ce qui concerne l'origine des espèces et des variétés. Qui peut expliquer pourquoi telle espèce est largement répandue et très nombreuse, et pourquoi telle autre qui lui est apparentée est peu répandue et rare ? Pourtant, ces relations sont de la plus haute importance, car elles déterminent la prospérité actuelle et, à ce que je crois, le succès et les modifications dans le futur de chacun des habitants de ce monde. Et nous en savons moins encore sur les relations mutuelles des innombrables habitants du monde durant les nombreuses époques géologiques passées de son histoire. Même si bien des points demeurent obscurs, qui le demeureront longtemps, je ne nourris aucun doute, après l'étude la plus pondérée et le jugement le moins passionné dont je sois capable, sur le fait que l'opinion qui était jusqu'à une date récente celle de la plupart des naturalistes, et qui était naguère la mienne – à savoir que chaque espèce a été créée indépendamment – est erronée. Je suis pleinement convaincu que les espèces ne sont pas immuables, mais que celles qui appartiennent à ce que l'on appelle un même genre sont les descendantes en droite ligne d'une autre espèce, généralement éteinte, de la même manière que les variétés reconnues d'une espèce quelconque sont ses descendantes. En outre, je suis convaincu que la sélection naturelle a été le moyen le plus important, mais non le moyen exclusif, de la modification.

CHAPITRE I

VARIATION À L'ÉTAT DOMESTIQUE

Causes de la variabilité – Effets de l'habitude et de l'usage ou du défaut d'usage des parties – Variation corrélative – Hérédité – Caractère des variétés domestiques – Difficulté de distinguer entre variétés et espèces – Origine des variétés domestiques à partir d'une ou de plus d'une espèce – Pigeons domestiques, leurs différences et leur origine – Principes de sélection suivis autrefois, leurs effets – Sélection méthodique et sélection inconsciente – Origine inconnue de nos productions domestiques – Circonstances favorables au pouvoir sélectif de l'homme.

Causes de la variabilité

Lorsque nous comparons les individus d'une même variété ou sous-variété de nos plantes et animaux qui ont été le plus anciennement soumis à l'action de la culture, l'un des premiers points qui nous frappent est qu'ils diffèrent généralement l'un de l'autre plus que ne le font les individus d'une espèce ou variété quelconque dans l'état de nature. Et si nous réfléchissons à la vaste diversité des plantes et des animaux qui ont subi l'action de la culture, et qui ont varié au cours des âges, soumis aux climats et aux traitements les plus différents, nous sommes conduits à la conclusion que cette grande variabilité est due à ce que nos productions domestiques ont été élevées dans des conditions de vie moins uniformes que celles, assez différentes, auxquelles les espèces parentes avaient été exposées à l'état de nature. Il y a, également, quelque probabilité dans l'opinion proposée par Andrew Knight, que cette variabilité puisse être liée pour une part à l'excès de nourriture. Il semble clair que les êtres organiques doivent être exposés durant plusieurs générations à de nouvelles conditions pour que soit causée une grande étendue de variation ; et que, lorsque l'organisation a commencé à varier, elle continue généralement à varier sur de nombreuses générations. On n'a enregistré aucun cas d'organisme variable cessant de varier à l'état de culture. Nos plantes cultivées les plus anciennes, telles que le blé, donnent encore de nouvelles variétés ; nos animaux domestiques les plus anciens sont encore capables d'améliorations ou de modifications rapides.

Pour autant que j'en puisse juger, après avoir longuement prêté attention à ce sujet, les conditions de vie paraissent agir de deux façons : directement sur l'ensemble de l'organisation ou sur certaines parties seulement, et indirectement en affectant le système reproducteur. En ce qui concerne l'action directe, nous devons conserver à l'esprit que dans tous les cas, comme le Professeur Weismann l'a récemment souligné, et comme je l'ai montré incidemment dans mon ouvrage sur *La Variation à l'état domestique*, deux facteurs interviennent, à savoir la nature de l'organisme et celle des conditions. Le premier facteur semble être de beaucoup le plus important, car des variations à peu près semblables naissent parfois dans des conditions qui sont, pour autant que nous en puissions juger, dissemblables, alors que des variations dissemblables naissent dans des conditions qui paraissent à peu près uniformes. Les effets sur la descendance sont soit définis soit indéfinis. On peut les considérer comme définis quand tous ou presque tous les descendants d'individus exposés à certaines conditions durant plusieurs générations sont modifiés de la même manière. Il est extrêmement difficile d'arriver à quelque conclusion que ce soit en ce qui concerne l'ampleur des changements qui ont ainsi été produits d'une façon définie. Il ne peut guère, cependant, y avoir de doute au sujet de nombreux légers changements – la taille en raison de la quantité de nourriture, la couleur en raison de la nature de la nourriture, l'épaisseur de la peau et du poil en raison du climat, &c. Chacune des infinies variations que nous voyons dans le plumage de nos volailles a dû avoir quelque cause efficiente ; et si la même cause devait agir uniformément durant une longue suite de générations sur de nombreux individus, ils seraient probablement tous modifiés de la même manière. Des faits tels que les excroissances complexes et extraordinaires qui suivent invariablement l'introduction d'une minuscule goutte de poison par un insecte galligène nous montrent quelles singulières modifications peuvent résulter, dans le cas des plantes, d'un changement chimique affectant la nature de la sève.

La variabilité indéfinie est un résultat beaucoup plus courant du changement de conditions que la variabilité définie, et elle a probablement joué un rôle plus important dans la formation de nos races domestiques. La variabilité indéfinie s'offre à nos yeux dans ces innombrables particularités ténues qui distinguent les individus de la même espèce et qui ne peuvent s'expliquer par l'hérédité de l'un des deux parents ou de quelque ancêtre plus éloigné. Des différences fortement marquées apparaissent même de temps à autre chez les jeunes d'une même portée, comme chez les jeunes plants issus des graines d'une même capsule. À de longs intervalles de temps, parmi les millions d'individus élevés dans le même pays et nourris à peu près de la même nourriture, apparaissent des déviations de structure si fortement prononcées qu'elles méritent d'être nommées monstruosités ; mais aucune ligne distincte ne peut séparer les monstruosités de variations plus légères. Tous ces changements de structure, qu'ils soient extrêmement légers ou fortement marqués, qui apparaissent chez des individus nombreux vivant ensemble, peuvent être considérés comme les effets indéfinis des conditions de vie sur chaque organisme individuel, de la même manière à peu près qu'un refroidissement affecte différents hommes d'une manière indéfinie, selon l'état de leur corps ou leur constitution, et cause toux ou rhume, rhumatisme, ou inflammation de divers organes.

Quant à ce que j'ai appelé l'action indirecte du changement de conditions, à savoir celle qui passe par l'affection du système reproducteur, nous pouvons inférer qu'elle est inductrice de variabilité, grâce en partie à l'extrême sensibilité de ce système au moindre changement de conditions, et en partie à la similitude, remarquée par Kölreuter et par d'autres, entre la variabilité qui suit le croisement d'espèces distinctes et celle que l'on observe chez des plantes et des animaux élevés dans des conditions nouvelles ou non naturelles. De nombreux faits montrent clairement que le système reproducteur est éminemment sensible à de très légers changements des conditions environnantes. Rien n'est plus facile que d'apprivoiser un animal, et peu de choses sont aussi difficiles que de le faire se reproduire librement en captivité, même lorsque le mâle et la femelle s'accouplent. Combien d'animaux ne se reproduisent jamais, bien qu'on les garde dans un état proche de la liberté dans leur pays natal ! On attribue cela généralement, mais d'une façon erronée, à des instincts viciés. Nombreuses sont les plantes cultivées qui font preuve de la plus grande vigueur, et pourtant ne produisent que rarement de la graine, voire n'en produisent jamais ! Dans quelques rares cas, on a découvert qu'un changement minime, tel qu'un peu plus ou un peu moins d'eau à un certain moment de la croissance, peut être déterminant pour qu'une plante produise ou non des graines. Je ne puis donner ici les détails que j'ai rassemblés et publiés ailleurs sur ce curieux sujet ; mais pour montrer combien les lois qui déterminent la reproduction des animaux en captivité sont singulières, je mentionnerai le fait que les animaux carnivores, même venus des tropiques, se reproduisent assez librement en captivité, à l'exception des plantigrades, ou famille des ours, qui produisent rarement des petits ; tandis que les oiseaux carnivores, à de très rares exceptions près, ne pondent presque jamais d'œufs féconds. De nombreuses plantes exotiques ont un pollen dépourvu de la moindre valeur, identique par son état à celui des hybrides les plus stériles. Lorsque d'un côté nous voyons des animaux et des plantes domestiques qui, même s'ils sont souvent faibles et maladifs, se reproduisent librement en captivité ; et lorsque, de l'autre, nous voyons des individus qui, bien qu'on les ait ôtés jeunes de l'état de nature, sont parfaitement apprivoisés, vivent longtemps et ont une bonne santé (ce dont je pourrais donner de nombreux exemples), mais dont le système reproducteur est néanmoins si gravement affecté, par des causes inaperçues, qu'il n'a plus la capacité d'agir, nous ne devons pas nous étonner que ce système, quand il agit en captivité, ait une action irrégulière et produise des descendants quelque peu différents de leurs parents. J'ajouterai que, tout comme certains organismes se reproduisent librement dans les conditions les moins naturelles (par exemple, les lapins et les furets élevés dans des clapiers), montrant par là que leurs organes reproducteurs ne sont pas aisément affectés, certains animaux et certaines plantes supportent la domestication ou la culture, et ne varient que très légèrement – peut-être à peine plus qu'à l'état de nature.

Certains naturalistes ont soutenu que toutes les variations sont liées à l'acte de la reproduction sexuelle, mais c'est certainement là une erreur, car j'ai donné dans un autre ouvrage une longue liste de « plantes capricieuses [*sporting plants*. Ndt.] », comme les appellent les jardiniers, c'est-à-dire de plantes qui ont soudainement produit un unique bourgeon présentant un caractère nouveau et parfois largement différent du caractère de leurs autres bourgeons. Ces variations par bourgeon, comme on peut les nommer, peuvent se propager par greffes, rejets, &c., et parfois par graines. Elles se rencontrent rarement à l'état naturel, mais sont loin d'être rares à l'état cultivé. Comme on a constaté qu'un seul bourgeon, sur les milliers et les milliers qui sont produits année après année sur un même arbre dans des conditions uniformes, a pris soudainement un nouveau caractère, et comme les bourgeons d'arbres distincts, dont la croissance se fait dans des conditions différentes, ont parfois donné à peu près la même variété – par exemple, des bourgeons poussant sur des pêchers et produisant des brugnons, et des bourgeons poussant sur des rosiers communs et produisant des roses moussues –, nous voyons clairement que la nature des conditions est d'une importance subordonnée par rapport à la nature de l'organisme pour ce qui est de déterminer chaque forme particulière de variation ; peut-être n'a-t-elle pas plus d'importance que n'en a la nature de l'étincelle qui enflamme une masse de matière combustible, pour ce qui est de déterminer la nature des flammes.

Effets de l'habitude et de l'usage ou du défaut d'usage des parties ; variation corrélative ; hérédité

Le changement des habitudes produit un effet héréditaire, comme pour la période de floraison des plantes lorsqu'on les transporte d'un climat à un autre. Sur les animaux, l'usage accru ou le défaut d'usage des parties a eu une influence plus marquée ; ainsi, je constate que chez le canard domestique les os de l'aile pèsent moins et ceux de la patte plus, proportionnellement à l'ensemble du squelette, que les mêmes os chez le canard sauvage ; et ce changement peut être attribué avec sûreté au fait que le canard domestique vole beaucoup moins et marche beaucoup plus que ses parents sauvages. Le grand développement héréditaire des pis chez les vaches et les chèvres dans les pays où l'on a l'habitude de les traire, en comparaison avec ces mêmes organes dans d'autres pays, est probablement un autre exemple des effets de l'usage. On ne saurait nommer un seul de nos animaux domestiques qui n'ait dans quelque pays des oreilles pendantes ; et l'hypothèse qui a été suggérée, selon laquelle le fait qu'elles pendent est dû au défaut d'usage des muscles de l'oreille, les animaux étant rarement très alarmés, semble probable.

De nombreuses lois régulent la variation ; on peut en apercevoir vaguement un petit nombre, que l'on discutera brièvement dans la suite. Je ne ferai allusion ici qu'à ce que l'on peut désigner sous le nom de variation corrélative. Des changements importants chez l'embryon ou la larve entraîneront probablement des changements chez l'animal parvenu à maturité. Dans les monstruosités, les corrélations entre des parties tout à fait distinctes sont très curieuses ; de nombreux exemples en sont donnés dans le grand ouvrage d'Isidore Geoffroy St Hilaire sur ce sujet. Les éleveurs croient que de longs membres s'accompagnent presque toujours d'une tête allongée. Certains exemples de corrélation sont tout à fait bizarres : ainsi, les chats qui sont entièrement blancs et ont les yeux bleus sont généralement sourds ; mais M. Tait a récemment constaté que cela se limite aux mâles. La couleur et les particularités de constitution vont de pair, ce dont on pourrait citer bien des cas remarquables parmi les animaux et les plantes. Des faits rassemblés par Heusinger font apparaître que les moutons et les porcs blancs sont affectés par certaines plantes, tandis que les individus de couleur sombre échappent à leurs effets. Le Professeur Wyman m'a récemment communiqué une bonne illustration de ce fait : il avait demandé à des fermiers de Virginie comment il se faisait que tous leurs porcs fussent noirs ; ils l'informèrent que les porcs mangeaient la racine rouge (*Lachnanthes*), qui donnait à leur os une couleur rose et qui causait la chute des sabots de toutes les variétés, sauf des variétés noires ; et l'un des « *crackers* » (*i. e.* squatters de Virginie) ajouta : « nous sélectionnons pour l'élevage les individus noirs d'une portée, car ce sont les seuls qui aient de bonnes chances de vivre ». Les chiens sans poils ont des dents imparfaites : les animaux à poil long ou à pelage grossier ont tendance, affirme-t-on, à porter des cornes longues ou nombreuses ; les pigeons aux pattes emplumées ont de la peau entre les doigts extérieurs ; les pigeons qui ont le bec court ont de petits pieds, et ceux qui ont un bec long, de grands pieds. De sorte que si l'homme continue de sélectionner une particularité et, partant, de l'augmenter, il modifiera presque certainement, sans que cela ait été son intention, d'autres parties de la structure, en raison des lois mystérieuses de la corrélation.

Les résultats des lois diverses, inconnues ou vaguement comprises de la variation sont infiniment complexes et diversifiées. Il vaut vraiment la peine d'étudier soigneusement les traités qui existent sur certaines de nos plantes cultivées anciennes, comme la jacinthe, la pomme de terre, voire le dahlia, &c. ; et il est réellement surprenant de noter les innombrables points de structure et de constitution par lesquels les variétés et les sous-variétés diffèrent légèrement les unes des autres. L'ensemble de l'organisation semble être devenu plastique et s'éloigne d'un léger degré de celle du type parental.

Toute variation qui n'est pas héréditaire est pour nous sans importance. Mais le nombre et la diversité des déviations de structure héritables, qu'elles soient d'une importance physiologique légère ou considérable, sont infinis. Le traité du Dr Prosper Lucas, en deux gros volumes, est le plus complet et le meilleur sur le sujet. Aucun éleveur ne doute de la force que possède la tendance à l'hérédité ; sa conviction fondamentale est que le même produit le même ; seuls des auteurs de théorie ont jeté le doute sur ce principe. Quand une déviation de structure quelconque apparaît souvent, comme nous le voyons chez le père et son enfant, nous ne pouvons exclure que ce soit dû à l'action d'une même cause sur les deux à la fois ; mais lorsque parmi des individus apparemment exposés aux mêmes conditions, une déviation très rare, due à quelque extraordinaire combinaison de circonstances, apparaît chez le parent – disons une fois sur plusieurs millions d'individus – et qu'elle réapparaît chez l'enfant, la simple doctrine des probabilités nous contraint presque à attribuer cette réapparition à l'hérédité. Tout le monde, sans doute, a entendu parler de cas d'albinisme, de peau épineuse, de corps velus, &c., qui apparaissent chez plusieurs membres de la même famille. Si des déviations de structure étranges et rares sont réellement héréditaires, on peut admettre aisément que des déviations moins étranges et plus communes soient héritables. Peut-être la façon correcte d'envisager l'ensemble du sujet serait-elle de regarder l'hérédité de tout caractère quel qu'il soit comme la règle, et la non-hérédité comme l'anomalie.

Les lois qui gouvernent l'hérédité sont pour leur plus grande part inconnues. Personne ne peut dire pourquoi la même particularité est parfois héritée et parfois ne l'est pas chez des individus différents de la même espèce, ou dans des espèces différentes ; pourquoi l'enfant, souvent, fait retour, dans certains caractères, à son grand-père, sa grand-mère ou un ancêtre plus lointain ; pourquoi une particularité est souvent transmise par l'un des sexes aux deux sexes ou à un seul sexe, plus communément mais non exclusivement au même sexe. Un fait qui a pour nous une certaine importance est que les particularités apparaissant chez les mâles de nos races domestiques sont souvent transmises, exclusivement ou à un degré fort supérieur, aux seuls mâles. Une règle beaucoup plus importante, à laquelle nous pouvons à mon avis nous fier, est que, à quelque époque de la vie qu'apparaisse pour la première fois une particularité, elle tend à réapparaître chez la descendance à un âge correspondant, quoique parfois un peu plus tôt. Dans de nombreux cas, il ne pourrait en être autrement : ainsi, les particularités héritées des cornes du bétail ne sauraient apparaître que lorsque la descendance est presque adulte ; on sait que les particularités du ver à soie apparaissent au stade correspondant de la chenille ou du cocon. Mais les maladies héréditaires et plusieurs autres faits me font croire que la règle possède une extension plus grande, et que, quand il n'y a pas de raison apparente qu'une particularité apparaisse à un certain âge, elle tend cependant à apparaître chez la descendance à la même époque où elle était apparue la première fois chez le parent. Je crois que cette règle est de la plus haute importance pour expliquer les lois de l'embryologie. Ces remarques se limitent bien sûr à la première *apparition* de la particularité, et ne s'appliquent pas à la cause première qui a pu agir sur les ovules ou l'élément mâle ; à peu près de la même manière que l'accroissement de la longueur des cornes chez les descendants d'une vache à cornes courtes fécondée par un taureau à cornes longues, bien qu'il apparaisse tard dans leur vie, est clairement dû à l'élément mâle.

Cette allusion au sujet du retour me porte à évoquer ici une affirmation fréquente chez les naturalistes, à savoir que nos variétés domestiques, lorsqu'elles redeviennent sauvages, retournent graduellement mais invariablement au caractère de leur souche originelle. On en a pris argument pour dire que l'on ne peut tirer des races domestiques aucune déduction applicable aux espèces à l'état naturel. J'ai tâché en vain de découvrir quels faits décisifs appuyaient l'affirmation qui précède, si souvent et si hardiment répétée. Il serait de la plus grande difficulté de prouver sa vérité : nous pouvons conclure avec sûreté qu'un nombre extrêmement élevé de nos variétés domestiques les plus fortement marquées ne pourrait d'aucune façon vivre à l'état sauvage. Dans de nombreux cas, nous ignorons ce qu'était la souche sauvage, et nous ne pourrions donc pas dire s'il s'est produit ou non un retour presque parfait. Il serait nécessaire, afin de prévenir les effets de l'entrecroisement, qu'une seule variété soit relâchée dans son nouvel habitat. Néanmoins, comme il est certain que nos variétés font quelquefois retour pour certains de leurs caractères à leurs formes ancestrales, il ne me semble pas improbable que, si nous réussissions à naturaliser, ou si nous cultivions, pendant de nombreuses générations, les diverses races du chou, par exemple, dans un sol très pauvre – ce cas obligeant toutefois à attribuer un certain effet à l'action *définie* de ce sol pauvre –, alors ils feraient retour largement ou même complètement à leur souche sauvage originelle. Que l'expérience réussisse ou non, cela n'a pas une grande importance pour notre argumentation, car les conditions de vie sont changées par l'expérience elle-même. Si l'on pouvait montrer que nos variétés domestiques manifestent une forte tendance au retour – c'est-à-dire à perdre leurs caractères acquis alors qu'on les élève dans les même conditions et en un nombre considérable, de façon que le libre entrecroisement fasse obstacle, en les fondant ensemble, aux légères déviations de leur structure – en ce cas, j'accorde que nous ne pourrions rien déduire des variétés domestiques en ce qui concerne les espèces. Mais il n'existe pas l'ombre d'un témoignage en faveur de cette vue : affirmer que nous ne pouvons pas élever nos chevaux de trait et de course, notre bétail à longues cornes et à courtes cornes, nos volailles de diverses races et nos légumes de table sur un nombre illimité de générations serait contraire à toute notre expérience.

Caractère des variétés domestiques : difficulté de distinguer entre variétés et espèces ; origine des variétés domestiques à partir d'une ou de plus d'une espèce

Quand nous portons notre regard sur les variétés héréditaires ou les races de nos animaux et plantes domestiques, et que nous les comparons avec des espèces étroitement apparentées, nous apercevons généralement dans chaque race domestique, comme on l'a déjà fait remarquer, moins d'uniformité de caractère que dans les espèces véritables. Les races domestiques ont souvent un caractère quelque peu monstrueux ; j'entends par là que, bien qu'elles diffèrent les unes des autres, et diffèrent aussi d'autres espèces du même genre, sous plusieurs rapports d'une importance minime, elles diffèrent souvent à un degré extrême dans quelqu'une de leurs parties, à la fois lorsqu'on les compare les unes avec les autres et, plus particulièrement, lorsqu'on les compare avec les espèces vivant à l'état naturel auxquelles elles sont le plus étroitement apparentées. À ces exceptions près (en y ajoutant celle de la parfaite fécondité des variétés lorsqu'on les croise – sujet que nous discuterons par la suite), les races domestiques de la même espèce diffèrent l'une de l'autre de la même manière que les espèces étroitement apparentées d'un même genre vivant à l'état naturel, mais les différences sont moindres dans la plupart des cas. Il faut admettre que cela est vrai, car les races domestiques de nombreux animaux et de nombreuses plantes ont été traitées par certains juges compétents comme les descendantes d'espèces originellement distinctes, et par d'autres juges compétents comme de simples variétés. Si une quelconque distinction bien marquée existait entre une race domestique et une espèce, cette source de doute ne reviendrait pas perpétuellement de la sorte. On a souvent affirmé que les races domestiques ne diffèrent pas les unes des autres par des caractères d'une valeur générique. On peut montrer que cette affirmation n'est pas juste ; mais les naturalistes divergent beaucoup lorsqu'il s'agit de déterminer quels caractères ont une valeur générique, toutes les évaluations de ce type étant à l'heure actuelle empiriques. Lorsque l'on aura expliqué comment les genres naissent à l'état naturel, on verra que nous ne sommes pas en droit de nous attendre à trouver souvent une somme de différences de niveau générique chez nos races domestiques.

Quand nous tentons une estimation de la somme de différence structurelle entre races domestiques apparentées, nous sommes vite gagnés par le doute, parce que nous ignorons si elles sont issues d'une seule espèce parente ou de plusieurs. Ce point, s'il était possible de l'éclaircir, serait intéressant ; si, par exemple, on pouvait montrer que le lévrier, le limier, le terrier, l'épagneul et le bouledogue, dont nous savons tous qu'ils propagent leur type avec fidélité, sont les descendants d'une seule espèce, alors de tels faits auraient un grand poids pour nous faire douter de l'immutabilité des nombreuses espèces naturelles étroitement apparentées – par exemple, des nombreux renards – qui habitent différents coins du monde. Je ne crois pas, comme nous allons le voir tout à l'heure, que toute la somme de différence entre les races de chiens actuelles ait été produite à l'état domestique ; je crois qu'une petite partie de cette différence est due à ce qu'elles sont issues d'espèces distinctes. Dans le cas des races fortement marquées de certaines autres espèces domestiques, il existe des témoignages qui font présumer, ou même confirment avec force, qu'elles sont toutes issues d'une souche sauvage unique.

On a souvent supposé que l'homme a choisi pour la domestication des animaux et des plantes possédant une extraordinaire tendance inhérente à varier et, également, à supporter des climats divers. Je ne conteste pas que ces capacités aient largement ajouté à la valeur de la plupart de nos productions domestiques ; mais comment un sauvage était-il en mesure de savoir, la première fois qu'il apprivoisa un animal, si celui-ci allait varier dans les générations suivantes, et s'il endurerait d'autres climats ? La variabilité minime de l'âne ou de l'oie, la faible résistance à la chaleur, pour le renne, ou au froid, pour le chameau commun, ont-elles empêché leur domestication ? Je suis persuadé que, si d'autres animaux et d'autres plantes, en un nombre égal à celui de nos productions domestiques, et appartenant à des classes et à des pays aussi divers, étaient retirés de l'état de nature, et que l'on puisse les faire reproduire à l'état domestique pendant un même nombre de générations, ils varieraient en moyenne aussi considérablement qu'ont varié les espèces parentes de nos productions domestiques actuelles.

Dans le cas de la plupart de nos animaux et plantes de domestication ancienne, il n'est possible de parvenir à aucune conclusion précise quand il s'agit de savoir s'ils sont issus d'une seule espèce sauvage ou de plusieurs. L'argument sur lequel s'appuient principalement ceux qui croient à l'origine multiple de nos animaux domestiques est que nous constatons dans les temps les plus anciens, sur les monuments d'Égypte et dans les habitations lacustres de Suisse, une grande diversité dans les races, et que certaines de ces races anciennes ressemblent étroitement à celles qui existent encore ou leur sont même identiques. Mais cela ne fait que rejeter dans un passé lointain l'histoire de la civilisation, et montrer que les animaux étaient domestiqués à une époque bien plus précoce qu'on ne l'a supposé jusqu'ici. Les habitants des villages lacustres de Suisse cultivaient plusieurs sortes de blé et d'orge, le pois, le pavot pour en tirer de l'huile, et le lin ; ils possédaient plusieurs animaux domestiques. Ils pratiquaient également le commerce avec d'autres nations. Tout cela montre clairement, comme l'a remarqué Heer, qu'ils avaient accompli à cette époque lointaine des progrès de civilisation considérables, fait qui implique à son tour l'existence d'une civilisation moins avancée s'étendant sur une longue période antérieure, pendant laquelle les animaux domestiques, gardés par différentes tribus dans des régions différentes, ont pu varier et donner naissance à de nouvelles races. Depuis la découverte d'outils en silex dans les formations superficielles de nombreuses parties du monde, tous les géologues croient que l'homme barbare existait dès une époque formidablement reculée ; et nous savons qu'aujourd'hui il n'y a guère de tribu si barbare qu'elle n'ait domestiqué au moins le chien.

L'origine de la plupart de nos animaux domestiques demeurera probablement toujours vague. Mais je puis affirmer ici qu'en observant les chiens domestiques du monde entier je suis parvenu, après une laborieuse collecte de tous les faits connus, à la conclusion que plusieurs espèces sauvages de Canidés ont été apprivoisées et que leur sang, parfois mêlé, coule dans les veines de nos races domestiques. En ce qui concerne les moutons et les chèvres, je ne puis formuler d'avis déterminé. D'après certains faits que m'a communiqués M. Blyth, sur les habitudes, la voix, la constitution et la structure des bovins à bosse indiens, il est presque certain qu'ils sont issus d'une souche originelle différente de celle de notre bétail européen ; des juges compétents croient que ce dernier a d'ailleurs deux ou trois ancêtres sauvages – que ces derniers méritent ou non d'être appelés espèces. On peut en effet considérer cette conclusion, de même que la distinction spécifique entre le bétail commun et le bétail à bosse, comme établie par les recherches admirables du Professeur Rütimeyer. Quant aux chevaux, pour des raisons que je ne puis donner ici et malgré quelques doutes, je suis enclin à croire, contrairement à plusieurs auteurs, que toutes les races appartiennent à la même espèce. Pour avoir eu en ma possession presque toutes les races anglaises vivantes de poulets, pour les avoir élevées et fait se croiser, pour avoir examiné leur squelette, il me paraît à peu près certain qu'elles sont toutes les descendants du poulet sauvage d'Inde, *Gallus bankiva* ; c'est la conclusion de M. Blyth et d'autres qui ont étudié ce volatile en Inde. En ce qui concerne les canards et les lapins, dont certaines races diffèrent beaucoup entre elles, la documentation montre clairement qu'ils sont tous issus du canard commun sauvage et du lapin commun sauvage.

La doctrine suivant laquelle nos diverses races domestiques tirent leur origine de plusieurs souches originelles a été poussée à d'absurdes extrémités par certains auteurs. Ils croient que toute race qui se reproduit fidèlement, si ténus que soient ses caractères distinctifs, a eu son prototype sauvage. À ce compte, il faut qu'il y ait eu au moins une vingtaine d'espèces de bovins sauvages, autant de moutons et plusieurs de chèvres dans la seule Europe, et même plusieurs à l'intérieur de la Grande-Bretagne. Un auteur croit qu'il existait auparavant onze espèces sauvages de moutons propres à la Grande-Bretagne ! Si nous conservons à l'esprit que la Grande-Bretagne ne possède pas aujourd'hui un seul mammifère qui lui soit propre, que la France n'en a qu'une poignée qui se distingue de ceux de l'Allemagne, et de même pour la Hongrie, l'Espagne, &c., mais que chacune de ces puissances possède plusieurs races de bovins, moutons, &c., qui lui sont propres, nous devons admettre que de nombreuses races domestiques ont sans doute leur origine en Europe ; car autrement d'où seraient-elles issues ? Il en est ainsi en Inde. Même dans le cas des races du chien domestique à travers le monde, dont j'admets qu'elles sont issues de plusieurs espèces sauvages, on ne saurait douter qu'il n'y ait eu une immense quantité de variations héréditaires ; car qui croira que des animaux ressemblant étroitement au lévrier italien, au limier, au bouledogue, au bichon ou à l'épagneul de Blenheim, &c. – si différents de tous les Canidés sauvages – aient jamais existé à l'état naturel ? On a souvent dit, à la légère, que toutes nos races de chiens ont été produites par le croisement de quelques espèces originelles ; mais en les croisant nous ne pouvons obtenir que des formes intermédiaires à quelque degré entre leurs parents ; et si nous rendons compte de nos diverses races domestiques par ce processus, il nous faut admettre l'existence antérieure des formes les plus extrêmes, comme le lévrier italien, le limier, le bouledogue, &c., à l'état sauvage. En outre, la possibilité de faire des races distinctes par le croisement a été considérablement exagérée.

Variation à l'état domestique [chap. I]

Nombre de cas ont été enregistrés, qui montrent qu'une race peut être modifiée par des croisements occasionnels, à condition qu'ils soient soutenus par la sélection soigneuse des individus présentant le caractère désiré ; mais obtenir une race qui soit intermédiaire entre deux races tout à fait distinctes, cela serait très difficile. Sir J. Sebright a mené des expériences avec ce but déclaré, et a échoué. La descendance du premier croisement entre deux races pures présente une uniformité de caractère passable et parfois (comme je l'ai constaté chez les pigeons) parfaite, et tout semble assez simple ; mais lorsque ces métis sont croisés les uns avec les autres pendant plusieurs générations, il est rare d'en trouver deux qui se ressemblent, et la difficulté de la tâche devient alors manifeste.

Races des pigeons domestiques, leurs différences et leur origine

Parce que je crois qu'il est toujours préférable d'étudier quelque groupe particulier, j'ai choisi, après réflexion, les pigeons domestiques. J'ai élevé toutes les races que je pouvais acheter ou obtenir, et l'on m'a fait la très aimable faveur de m'envoyer des peaux de diverses parties du monde, en particulier l'honorable Député W. Elliot d'Inde et l'honorable Député C. Murray de Perse. On a publié sur les pigeons de nombreux traités en différentes langues, dont certains sont très importants, car fort anciens. Je me suis associé à plusieurs éleveurs éminents, et j'ai été admis dans deux des *Pigeon Clubs* de Londres. La diversité des espèces est une chose étonnante. Comparez le messager anglais avec le culbutant courteface, et voyez l'extraordinaire différence de leur bec, qui entraîne des différences correspondantes dans leur crâne. Le messager, en particulier l'oiseau mâle, est également remarquable du fait de l'extraordinaire développement de la peau caronculeuse de la tête, qui s'accompagne de paupières extrêmement allongées, de narines pourvues d'orifices externes très larges et d'une bouche capable d'une grande ouverture. Le culbutant courte-face a un bec qui pour son contour ressemble presque à celui d'un pinson ; le culbutant commun a la singulière habitude héréditaire de voler à une haute altitude en troupe serrée, et de faire des culbutes dans les airs. Le *runt* est un oiseau de grande taille, avec un bec long et massif et de grands pieds ; certaines des sous-espèces de *runts* ont le cou très long, d'autres les ailes et la queue très longues, d'autres une queue singulièrement courte. Le barbe est apparenté au messager, mais, au lieu d'un bec long, il a un bec très court et large. Le grosse-gorge a le corps, les ailes et la queue très allongés ; et son jabot excessivement développé, qu'il enfle avec complaisance, suscite à bon droit l'étonnement et même le rire. Le cravaté a le bec court et conique, ainsi qu'une ligne de plumes renversées qui descend sur sa poitrine ; il a l'habitude de dilater légèrement, mais continuellement, la partie supérieure de son œsophage. Le Jacobin a les plumes tellement renversées à l'arrière du cou qu'elles forment un capuchon ; il a, proportionnellement à sa taille, les plumes des ailes et de la queue allongées. Le tambour et le rieur, comme l'expriment leurs noms, ont un roucoulement très différent de celui des autres races. Le pigeon paon a trente, voire quarante plumes sur la queue, au lieu de douze ou quatorze – le nombre normal chez tous les membres de la nombreuse famille des pigeons ; il tient ces plumes étendues et les porte si droites que les bons oiseaux ont la tête et la queue qui se touchent ; la glande graisseuse est complètement avortée. Nous pourrions mentionner encore plusieurs autres races moins distinctes.

Sur les squelettes des différentes races, le développement des os de la face diffère énormément pour ce qui est de la longueur, de la largeur et de la courbure. La forme de la branche de la mâchoire inférieure varie d'une manière hautement remarquable, tout comme sa largeur et sa longueur. Les vertèbres caudales et sacrées varient en nombre ; tout comme le nombre des côtes, ainsi que leur largeur relative et la présence d'apophyses. La taille et la forme des ouvertures du sternum sont extrêmement variables ; de même le degré de divergence et la taille relative des deux branches de la fourchette. L'ouverture proportionnelle de la bouche, la longueur proportionnelle des paupières, des orifices des narines, de la langue (qui n'est pas toujours en corrélation stricte avec la longueur du bec), la taille du jabot et de la partie supérieure de l'œsophage ; le développement et l'avortement de la glande graisseuse ; le nombre des rémiges et des rectrices primaires ; la longueur relative de l'aile et de la queue, mesurées l'une par rapport à l'autre et par rapport au corps ; la longueur relative de la patte et du pied ; le nombre de scutelles sur les doigts, le développement de la peau entre les doigts sont autant de points de structure variables. La période à laquelle s'acquiert le plumage parfait varie, comme l'état du duvet dont sont recouverts les oisillons après l'éclosion. La forme et la taille des œufs varient. La manière de voler et, dans quelques races, la voix et le tempérament diffèrent remarquablement. Enfin, dans certaines races les mâles et les femelles en sont venus à différer légèrement les uns des autres.

Au total, il serait possible de choisir au moins une vingtaine de pigeons qui, si on les montrait à un ornithologiste et si on lui disait que ce sont des oiseaux sauvages, se verraient certainement attribuer par lui le rang d'espèces bien définies. En outre, je crois que dans ce cas aucun ornithologiste ne placerait le messager anglais, le culbutant courte-face, le *runt*, le barbe, le grosse-gorge et le pigeon paon dans le même genre ; et ce d'autant moins que, dans chacune de ces races, on pourrait lui montrer plusieurs sous-races à caractères constants, qu'il appellerait des espèces.

Si grandes que soient les différences entre les races du pigeon, je suis pleinement convaincu que l'opinion commune des naturalistes est juste, à savoir que toutes sont issues du pigeon de roche (*Columba livia*), si l'on comprend sous cette dénomination plusieurs races ou sous-espèces géographiques, qui diffèrent les unes des autres sous des rapports d'une importance extrêmement minime. Comme plusieurs des raisons qui m'ont conduit à cette conviction sont à quelque degré applicables à d'autres cas, je les exposerai brièvement ici. Si les diverses races ne sont pas des variétés, et ne viennent pas du pigeon de roche, elles doivent être issues d'au moins sept ou huit souches originelles ; car il est impossible de former les races domestiques actuelles par le croisement d'un plus petit nombre de races ; comment, par exemple, pourrait-on produire un grosse-gorge en croisant deux races, à moins que l'une des deux souches parentes ne possède cet énorme jabot caractéristique ? Les souches originelles supposées ont dû être toutes des pigeons de roche, ce qui veut dire qu'elles ne se reproduisaient ni ne perchaient volontiers sur les arbres. Mais outre *C. livia* et ses sous-espèces géographiques, nous ne connaissons que deux ou trois autres espèces de pigeons de roche ; et elles n'ont pas un seul des caractères des races domestiques. Il en découle soit que les souches originelles supposées doivent encore exister dans les pays où elles furent originellement domestiquées, mais qu'elles sont cependant inconnues des ornithologistes, ce qui, étant donné leur taille, leurs habitudes et leurs caractères remarquables, semble improbable ; soit qu'elles ont dû s'éteindre à l'état sauvage. Mais des oiseaux qui se reproduisent au flanc des précipices, et sont bons voiliers, ne seront pas aisément exterminés ; le pigeon de roche commun, qui partage les habitudes des races domestiques, n'a pas été exterminé même sur plusieurs des plus petits îlots britanniques, ni sur les rives de la Méditerranée. De là vient que l'extermination supposée de tant d'espèces ayant des habitudes semblables à celles du pigeon de roche semble une hypothèse fort téméraire. En outre, les diverses races domestiques nommées ci-dessus ont été transportées dans toutes les parties du monde et, par conséquent, certaines d'entre elles ont dû être réintroduites dans leur pays de naissance ; mais aucune n'est devenue ni redevenue sauvage, bien que le pigeon de colombier, qui n'est qu'un état très légèrement modifié du pigeon de roche, soit redevenu sauvage en plusieurs endroits. D'ailleurs, toute l'expérience récente montre qu'il est difficile de faire reproduire librement des animaux sauvages à l'état domestique ; pourtant, si l'on fait l'hypothèse d'une origine multiple de nos pigeons, il faut supposer qu'au moins sept ou huit espèces étaient si parfaitement domestiquées par l'homme à demi civilisé des temps anciens qu'elles étaient tout à fait prolifiques en captivité.

Un argument de grand poids, et qui peut s'appliquer à plusieurs autres cas, est que les races énumérées plus haut, si elles concordent, d'une façon générale, avec le pigeon de roche sauvage en ce qui concerne la constitution, les habitudes, la voix, la couleur et presque toutes les parties de leur structure, sont pourtant, à n'en pas douter, fort anormales en d'autres parties ; c'est en vain que nous passerions en revue les nombreux membres de la famille des

Variation à l'état domestique [chap. I]

Columbidés à la recherche d'un bec comparable à celui du messager anglais, du culbutant courte-face ou du barbe, que nous chercherions des plumes renversées comparables à celles du Jacobin, un jabot comparable à celui du grosse-gorge, des rectrices comparables à celles du pigeon paon. Aussi devons-nous supposer non seulement que l'homme à demi civilisé parvint à domestiquer parfaitement diverses espèces, mais encore qu'il choisit, intentionnellement ou par hasard, des espèces extraordinairement anormales ; et que, de surcroît, toutes les espèces en question se sont depuis lors éteintes ou sont restées inconnues. Tant d'éventualités étranges sont improbables au plus haut degré.

Certains faits relatifs à la couleur des pigeons méritent assurément d'être considérés. Le pigeon de roche est d'un bleu ardoisé et a les reins blancs ; mais la sous-espèce indienne, *C. intermedia* de Strickland, a cette partie bleuâtre. La queue a une barre terminale foncée, et les plumes externes ont l'extérieur de leur base bordé de blanc. Les ailes ont deux barres noires. Certaines races à demi domestiques et certaines espèces véritablement sauvages ont, outre les deux barres noires, les ailes diaprées de noir. Dans toute la famille, ces diverses marques n'apparaissent ensemble chez aucune autre espèce. Or, dans chacune des races domestiques, si l'on prend les oiseaux totalement réussis, toutes les marques évoquées, même le bord blanc des rectrices externes, apparaissent parfois ensemble et parfaitement développées. En outre, lorsque l'on croise des oiseaux appartenant à deux ou plusieurs races distinctes, et dont aucune n'est bleue ou ne possède l'une des marques décrites ci-dessus, les descendants métis ont une forte tendance à acquérir soudainement ces caractères. Pour donner un exemple tiré des cas multiples que j'ai observés, j'ai croisé des pigeons paons blancs, qui se reproduisent très fidèlement, avec des barbes noirs – et le fait est que les variétés bleues du barbe sont si rares que je n'ai jamais entendu parler d'un cas en Angleterre –, et les métis étaient noirs, bruns et tachetés. J'ai également croisé un barbe avec un heurté, qui est un oiseau blanc avec une queue rouge et une tache rouge sur le front, et qui est connu pour se reproduire très fidèlement : les métis étaient foncés et tachetés. J'ai croisé ensuite l'un des métis barbe-paon avec un métis barbe-heurté, et ils ont produit un oiseau de la même belle couleur bleue – avec les reins blancs, une double barre alaire noire et des rectrices barrées à bord blanc – que n'importe quel pigeon de roche sauvage ! Nous pouvons comprendre ces faits, d'après le principe bien connu du retour à des caractères ancestraux, si toutes les races domestiques sont issues du Pigeon de roche. Mais si nous nions qu'il en soit ainsi, il nous faut faire l'une ou l'autre des deux suppositions hautement improbables qui suivent. Soit, premièrement, que les différentes souches originelles que l'on imagine avaient toutes la couleur et les marques du pigeon de roche, bien que ce ne soit le cas d'aucune autre espèce actuellement existante, de telle sorte qu'il puisse y avoir dans chaque race prise séparément une tendance à faire retour aux mêmes couleurs et aux mêmes marques exactement. Soit, deuxièmement, que chaque race, même la plus pure, a été croisée avec le pigeon de roche en l'espace d'une douzaine ou d'une vingtaine, au plus, de générations ; je dis en l'espace de douze ou vingt générations, car on ne connaît aucun exemple de descendants d'un croisement qui reviendraient aux caractères d'un ancêtre de sang étranger éloigné d'un plus grand nombre de générations. Chez une race qui n'a été croisée qu'une seule fois, la tendance au retour à un caractère quelconque issu d'un tel croisement s'amoindrira naturellement, puisqu'il y aura moins de sang étranger à chaque génération successive ; mais lorsqu'il n'y a pas eu de croisement, et qu'il existe une tendance chez la race à revenir à un caractère qui a été perdu au cours d'une génération antérieure, cette tendance, malgré tout ce que nous pouvons percevoir du contraire, peut se transmettre sans s'affaiblir sur un nombre indéfini de générations. Ces deux cas distincts de retour sont souvent confondus l'un avec l'autre par ceux qui ont écrit sur le sujet de l'hérédité.

Enfin, les hybrides ou métis issus de toutes les races du pigeon sont parfaitement féconds, comme me permettent de l'affirmer mes propres observations, faites à cette fin, sur les races les plus distinctes. Or, on ne connaît guère de cas établis avec certitude d'hybrides de deux espèces animales tout à fait distinctes qui soient parfaitement féconds. Certains auteurs croient qu'une domestication de longue durée élimine chez les espèces cette forte tendance à la stérilité. D'après l'histoire du chien et celle de quelques autres animaux domestiques, cette conclusion est probablement tout à fait juste, si on l'applique à des espèces étroitement apparentées les unes aux autres. Mais l'étendre jusqu'à supposer que des espèces originellement aussi distinctes que le sont à présent les messagers, les culbutants, les grosses-gorges et les pigeons paons puissent donner une descendance parfaitement féconde *inter se*, cela serait extrêmement téméraire.

Pour ces différentes raisons, à savoir qu'il est improbable que l'homme, par le passé, ait fait se reproduire librement à l'état domestique sept ou huit espèces supposées de pigeons ; que ces espèces supposées sont tout à fait inconnues à l'état sauvage et ne sont nulle part retournées à cet état ; que ces espèces présentent certains caractères fort anormaux, si on les compare avec les autres Columbidés, tout en étant si semblables au pigeon de roche sous la plupart des rapports ; que la réapparition occasionnelle de la couleur bleue et de diverses marques noires a lieu chez toutes les races, qu'on les tienne pures ou qu'on les croise ; enfin, que la descendance métisse est parfaitement féconde – pour ces différentes raisons, prises ensemble, nous pouvons conclure avec sûreté que toutes nos races domestiques sont issues du pigeon de roche ou *Columba livia* et de ses sous-espèces géographiques.

À l'appui de ce point de vue, j'ajouterai, premièrement, que le *C. livia* sauvage s'est montré apte à la domestication en Europe et en Inde, et qu'il s'accorde, pour ce qui est de ses habitudes et de nombreux points de structure, avec l'ensemble des races domestiques. Deuxièmement, que, bien qu'un messager anglais ou un culbutant courte-face diffère énormément du pigeon de roche par certains caractères, cependant, en comparant les différentes sous-divisions de ces deux races, plus particulièrement celles qui proviennent de pays éloignés, nous pouvons obtenir entre elles et le pigeon de roche une série presque parfaite ; nous le pouvons également dans un certain nombre d'autres cas, mais non avec toutes les races. Troisièmement, que les caractères qui distinguent principalement chaque race sont aussi, en chacune d'entre elles, éminemment variables, par exemple la caroncule et la longueur du bec chez le messager, le bec court chez le culbutant et le nombre de rectrices chez le pigeon paon ; l'explication de ce fait sera évidente lorsque nous traiterons de la sélection. Quatrièmement, que les pigeons ont été observés et soignés avec une attention extrême, et que bien des gens les ont aimés. On les a domestiqués depuis des milliers d'années dans divers coins du monde : le plus ancien registre de pigeons connu remonte à la cinquième dynastie d'Égypte, vers 3 000 av. J.-C., comme me l'a signalé le Professeur Lepsius ; mais M. Birch m'informe que des pigeons figurent dans un menu de la dynastie précédente. À l'époque des Romains, comme nous l'apprenons de Pline, on dépensait pour des pigeons des sommes immenses : « de fait, ils en sont venus au point de pouvoir faire entrer en compte leur ascendance et leur race ». Les pigeons étaient tenus en haute estime par Akber Khan en Inde, vers l'an 1600 : la cour n'était jamais accompagnée de moins de 20 000 pigeons. « Les monarques d'Iran et de Turan lui envoyaient des oiseaux fort rares », et, poursuit l'historien de la cour, « Sa Majesté, en croisant les races, méthode qui n'a jamais été pratiquée auparavant, les a améliorées d'une façon étonnante ». À la même époque environ, les Hollandais étaient aussi férus de pigeons que les anciens Romains. L'importance capitale de ces considérations pour expliquer l'immense somme de variations qu'ont subie les pigeons sera elle aussi évidente lorsque nous traiterons de la Sélection. Nous verrons alors également pour quelle raison les différentes races ont si souvent un caractère quelque peu monstrueux. C'est également une circonstance on ne peut plus favorable à la production de races distinctes, que les pigeons mâles et femelles puissent être aisément appariés pour leur vie entière ; ainsi, des races différentes peuvent être tenues dans la même volière.

J'ai discuté l'origine probable des pigeons domestiques assez longuement, quoique d'une façon tout à fait insuffisante ; car, lorsque j'ai commencé à élever des pigeons et à observer leurs différents types, sachant bien avec quelle fidélité ils se reproduisent, j'ai éprouvé tout autant de difficulté à croire que depuis leur domestication ils étaient tous issus d'un parent commun, qu'en aurait n'importe quel naturaliste à parvenir à une conclusion similaire relativement aux nombreuses espèces de pinsons, ou d'autres groupes d'oiseaux, vivant dans la nature. Une circonstance m'a beaucoup frappé : presque tous les éleveurs des diverses espèces domestiques et presque tous les cultivateurs de plantes avec lesquels je me suis entretenu ou dont j'ai lu les traités sont fermement convaincus que les différentes races dont ils se sont occupés sont issues d'autant d'espèces originelles distinctes. Demandez, comme je l'ai fait, à un célèbre éleveur de bovins de Hereford s'il n'est pas possible que son bétail soit issu des Longuescornes, ou que les deux races soit issues d'une souche parente commune, il n'aura pour vous qu'un rire dédaigneux. Je n'ai jamais rencontré un éleveur de pigeons, de poulets, de canards ou de lapins qui n'ait été pleinement convaincu que chaque race principale était issue d'une espèce distincte. Van Mons, dans son traité sur les poires et les pommes, montre qu'il ne croit en aucune façon que leurs différentes sortes, par exemple la pomme Ribstonpippin ou la pomme Codlin, aient jamais pu provenir des graines d'un même arbre. On pourrait encore donner d'innombrables exemples. L'explication, je crois, est simple : du fait d'une longue étude, ils sont fortement impressionnés par les différences qui existent entre les diverses races ; et bien qu'ils soient parfaitement instruits de ce que chaque espèce varie légèrement, puisqu'ils gagnent leurs prix en sélectionnant ces légères différences, ils se désintéressent cependant de tous les raisonnements généraux et refusent de faire mentalement la somme des légères différences accumulées durant un grand nombre de générations successives. Ne pourraient-ils pas, ces naturalistes qui, connaissant beaucoup moins que l'éleveur les lois de l'hérédité, et ne connaissant pas plus que lui les chaînons intermédiaires des longues lignes de la descendance, admettent cependant qu'un grand nombre de nos races domestiques sont issues des mêmes parents – ne pourraient-ils pas trouver là une leçon de prudence, lorsqu'ils tournent en dérision l'idée que les espèces vivant à l'état de nature soient les descendantes directes d'autres espèces ?

Principes de sélection suivis autrefois, et leurs effets

Considérons à présent, brièvement, les étapes qui ont abouti à la production des races domestiques, qu'elles procèdent d'une seule espèce ou de plusieurs espèces apparentées. On peut attribuer un certain effet à l'action directe et définie des conditions de vie extérieures, et un certain effet à l'habitude ; mais il faudrait être bien hardi pour vouloir rendre compte par de telles actions des différences entre un cheval de trait et un cheval de course, entre un lévrier et un limier, entre un pigeon messager et un culbutant. L'un des traits les plus remarquables de nos races domestiques est que nous observons chez elles une adaptation, non pas, certes, au bien particulier de l'animal ou de la plante, mais à l'usage ou à la fantaisie de l'homme. Certaines variations qui sont utiles à ce dernier sont probablement apparues soudainement, ou en une seule étape ; de nombreux botanistes, par exemple, croient que le chardon à foulon, muni de ses crochets, qu'aucune invention mécanique ne saurait concurrencer, n'est qu'une variété du *Dipsacus* sauvage ; et cette amplitude de changement a pu apparaître soudainement chez un jeune plant. Il en a probablement été de même du chien tournebroche, et l'on sait que cela a été le cas pour le mouton *ancon*. Mais lorsque nous comparons le cheval de trait et le cheval de course, le dromadaire et le chameau, les diverses races de moutons adaptées aux terrains cultivés ou aux pâturages de montagne, la laine d'une race étant bonne pour un certain usage, et celle d'une autre race pour un autre usage ; lorsque nous comparons les nombreuses races de chiens, chacune bonne pour l'homme sous des rapports différents ; lorsque nous comparons le coq de combat, si obstiné à l'attaque, avec d'autres races si peu querelleuses, avec les « pondeuses perpétuelles » qui n'ont jamais le moindre désir de couver, et avec le bantam si menu et si élégant ; lorsque nous comparons la légion des races de plantes agricoles, culinaires, de verger ou d'ornement, tellement utiles à l'homme en différentes saisons et à différentes fins, ou si belles à ses yeux, il nous faut, je pense, regarder au-delà de la simple variabilité. Nous ne pouvons pas supposer que toutes les races aient été produites soudainement, aussi parfaites et aussi utiles que nous les voyons à présent ; de fait, dans bien des cas, nous savons que telle n'a pas été leur histoire. La clef est le pouvoir qu'a l'homme d'accumuler la sélection : la nature donne des variations successives, l'homme les additionne dans certaines directions qui lui sont utiles. En ce sens, on peut dire qu'il a fait pour lui-même des races utiles.

La grande puissance de ce principe de sélection n'est pas hypothétique. Il est certain que plusieurs de nos éleveurs éminents ont, même en l'espace d'une seule vie, modifié dans une large mesure les races de bovins et de moutons qu'ils ont élevées. Afin de comprendre pleinement ce qu'ils ont fait, il est presque indispensable de lire plusieurs des nombreux traités consacrés à ce sujet, et d'examiner les animaux. Les éleveurs parlent habituellement de l'organisation d'un animal comme d'une chose plastique, qu'ils peuvent modeler presque à leur gré. Si j'en avais la place, je pourrais citer de nombreux passages en ce sens, émanant d'autorités hautement compétentes. Youatt, qui connaissait probablement mieux que quiconque les travaux des agriculteurs, et était lui-même un très bon juge en fait d'animaux, parle du principe de sélection comme de « ce qui donne à l'agriculteur la capacité non seulement de modifier le caractère de son cheptel, mais de le changer du tout au tout. C'est la baguette magique au moyen de laquelle il peut à son gré appeler à la vie toute sorte de forme et de modèle ». *Lord* Somerville dit, à propos de ce que les éleveurs ont fait pour les moutons : « C'est comme s'ils avaient tracé, d'un trait de craie sur un mur, une forme parfaite en elle-même, puis lui avaient donné l'existence ». Dans la Saxe, on reconnaît si pleinement l'importance du principe de sélection en ce qui concerne le mouton mérinos que des hommes en font un métier : les moutons sont placés sur une table et étudiés comme une peinture l'est par un connaisseur ; on procède ainsi trois fois à quelques mois d'intervalle, et chaque fois les moutons sont marqués et classés, de façon à sélectionner à la fin les meilleurs de tous pour la reproduction.

Les effets qu'ont obtenus les éleveurs anglais sont prouvés par les prix énormes auxquels se paient les animaux pourvus d'un bon pedigree ; ces animaux s'exportent dans presque tous les coins du monde. L'amélioration n'est nullement due, en général, au croisement de différentes races ; les meilleurs éleveurs sont tous farouchement opposés à cette pratique, sauf parfois entre des sous-races étroitement apparentées. Et lorsqu'un croisement a été fait, la sélection la plus minutieuse est plus indispensable encore que dans les cas ordinaires. Si la sélection consistait uniquement à mettre à part une variété très distincte et à l'utiliser pour la reproduction, le principe serait si évident qu'il ne vaudrait presque pas la peine d'y insister ; mais son importance réside dans le grand effet que produit l'accumulation dans une certaine direction, au cours de générations successives, de différences dont l'appréciation échappe absolument à un œil non exercé – différences que, pour ma part, j'ai vainement cherché à apprécier. Il n'est pas un homme sur mille qui possède un œil et un jugement suffisamment sûrs pour devenir un éleveur éminent. S'il est doué de ces qualités, étudie le sujet pendant des années et y consacre toute sa vie avec une persévérance indomptable, il réussira et apportera peut-être de grandes améliorations ; s'il lui manque la moindre de ces qualités, il échouera assurément. Peu de gens accepteront sans peine de croire aux capacités naturelles et au nombre d'années de pratique qui sont requises pour devenir ne serait-ce qu'un habile amateur de pigeons.

Les mêmes principes sont suivis par les horticulteurs ; mais là, les variations sont souvent plus abruptes. Nul ne suppose que nos productions du meilleur choix aient été produites par une unique variation à partir de la souche originelle. Nous avons des preuves qu'il n'en a pas été ainsi dans plusieurs cas pour lesquels des registres exacts ont été tenus ; ainsi, pour donner un exemple d'une importance bien minime, on peut citer l'accroissement de taille constant de la groseille à maquereau commune. Nous voyons une amélioration stupéfiante chez bien des fleurs de fleuristes, lorsque nous comparons les fleurs d'aujourd'hui à des dessins réalisés il y a seulement vingt ou trente ans. Quand une race de plantes est suffisamment bien établie, les producteurs de semence ne choisissent plus les meilleures plantes, mais se contentent de parcourir leurs plates-bandes et d'arracher les « voyous », car c'est ainsi qu'ils nomment les plantes qui dévient du type approprié. Cette sorte de sélection est en fait celle que l'on applique pareillement aux animaux ; car presque personne n'est assez négligent pour faire reproduire ses plus mauvais animaux.

En ce qui concerne les plantes, il y a un autre moyen d'observer les effets accumulés de la sélection : c'est de comparer, dans le jardin d'agrément, la diversité des fleurs appartenant aux différentes variétés de la même espèce ; dans le potager, la diversité des feuilles, des cosses, des tubercules ou de toute autre partie à laquelle on attache du prix, avec les fleurs des mêmes variétés ; dans un verger, enfin, la diversité des fruits d'une même espèce, avec les feuilles et les fleurs du même ensemble de variétés. Voyez comme les feuilles du chou sont différentes et comme les fleurs sont semblables à l'extrême ; comme les fleurs de la pensée sont dissemblables et comme les feuilles sont semblables ; à quel point les fruits des différentes sortes de groseilles diffèrent par la taille, la couleur, la forme et la pilosité, tandis que les fleurs ne présentent que de très légères différences. Ce n'est pas que les variétés qui diffèrent largement sur un certain point ne diffèrent aucunement sur d'autres ; ce n'est presque jamais – je le dis après une observation attentive – et peut-être jamais le cas. La loi de la variation corrélative, dont il ne faut jamais négliger l'importance, rend assurée l'existence de quelques différences ; mais, en règle générale, on ne peut douter que la sélection continue de légères variations, qu'elles concernent les feuilles, les fleurs ou les fruits, produira des races différant les unes des autres dans ces caractères principalement.

On pourrait objecter que la mise en pratique méthodique du principe de sélection n'a guère plus de trois quarts de siècle ; il est certain qu'on lui a prêté plus d'attention ces dernières années, et de nombreux traités ont été publiés sur le sujet ; et le résultat en fut, dans une mesure correspondante, rapide et important. Mais loin s'en faut que ce principe soit une découverte moderne. Je pourrais faire référence à plusieurs ouvrages d'une haute antiquité dans lesquels toute l'importance de ce principe est reconnue. À des époques rudes et barbares de l'histoire anglaise, on importait souvent des animaux de choix et l'on adoptait des lois pour empêcher leur exportation : la destruction des chevaux n'atteignant pas une certaine taille fut ordonnée, ce que l'on peut comparer à l'élimination des « voyous » à laquelle procèdent dans leurs semis les pépiniéristes. Je trouve le principe de sélection distinctement énoncé dans une ancienne encyclopédie chinoise. Des règles explicites sont posées par certains écrivains classiques romains. Des passages de la Genèse font apparaître clairement que dès ces premiers âges on prêtait attention à la couleur des animaux domestiques. De nos jours, les sauvages croisent parfois leurs chiens avec des canidés sauvages pour améliorer la race, tout comme ils le faisaient jadis, ainsi que l'attestent des passages de Pline. Les sauvages d'Afrique du Sud assemblent les bœufs de leurs attelages suivant la couleur, comme font les Esquimaux pour leurs équipages de chiens. Livingstone fait état de ce que les nègres de l'intérieur de l'Afrique, qui ne sont pas entrés dans la société des Européens, attachent un prix élevé aux bonnes races domestiques. Certains de ces faits ne sont pas à proprement parler des exemples de sélection, mais ils montrent que, dans les temps anciens, l'on accordait à la reproduction des animaux domestiques une attention minutieuse, la même qu'aujourd'hui lui accordent les sauvages les plus humbles. Il aurait été étrange, en vérité, que l'on n'eût pas été attentif à la reproduction, tant l'hérédité des bonnes et mauvaises qualités est une évidence.

Sélection inconsciente

Aujourd'hui, d'éminents éleveurs, ayant en vue un objectif distinct, cherchent à former par sélection méthodique une nouvelle lignée ou sous-race, supérieure à tout ce qui existe du même genre dans le pays. Mais une forme de Sélection, que l'on peut appeler Inconsciente, et qui résulte de ce que chacun essaie de posséder et de faire reproduire les meilleurs animaux, importe davantage à notre propos. Ainsi, celui qui veut entretenir des chiens d'arrêt essaie naturellement de se procurer des chiens aussi bons que possible, et fait ensuite reproduire les meilleurs de ses chiens, mais il n'a ni le souhait ni l'intention de changer la race d'une façon

Variation à l'état domestique [chap. I]

permanente. Nous pouvons néanmoins en inférer que ce processus, poursuivi pendant des siècles, améliorerait et modifierait n'importe quelle race, de la même manière que Bakewell, Collins, &c., en procédant à l'identique, et simplement avec plus de méthode, ont grandement modifié, même en l'espace d'une vie, les formes et les qualités de leur bétail. Des changements lents et insensibles de ce genre sont impossibles à reconnaître si l'on n'a pas depuis longtemps pris les mesures exactes et fait des dessins précis des races en question, de sorte qu'ils puissent servir de point de comparaison. Dans certains cas, cependant, il existe des individus de la même race qui n'ont subi aucun changement ou n'en ont subi qu'à peine, dans des régions moins civilisées, où la race a été moins améliorée. Il y a des raisons de croire que l'épagneul King Charles a été modifié inconsciemment dans une large mesure depuis l'époque de ce monarque. Des autorités hautement compétentes sont convaincues que le *setter* est directement issu de l'épagneul, et qu'il s'en est probablement écarté par une lente modification. On sait que le chien d'arrêt anglais a connu de grands changements au cours du siècle dernier : dans ce cas, le changement est, croit-on, principalement l'effet de croisements avec le *fox-hound* ; mais ce qui nous intéresse ici, c'est que le changement s'est opéré inconsciemment et graduellement, et pourtant si efficacement que, bien que l'ancien chien d'arrêt espagnol vienne certainement d'Espagne, M. Borrow n'a vu en Espagne, comme il m'en informe, aucun chien originaire de ce pays qui ressemble à notre chien d'arrêt.

Par un processus de sélection similaire, et par un entraînement minutieux, les chevaux de course anglais en sont venus à surpasser en vélocité et en taille leurs parents arabes, de sorte que ces derniers, en vertu des règlements appliqués aux Courses de Goodwood, ont une charge qui les favorise. *Lord* Spencer et d'autres ont montré de quelle façon le bétail bovin d'Angleterre a gagné en poids et en précocité, comparé à la souche que l'on élevait habituellement dans ce pays. En comparant les descriptions que donnent divers anciens traités des états passé et actuel du pigeon messager et du pigeon culbutant en Grande-Bretagne, en Inde et en

Perse, nous pouvons retracer les phases qu'ils ont traversées insensiblement pour finalement différer à ce point du pigeon de roche.

Youatt donne une excellente illustration des effets d'une sélection suivie que l'on peut considérer comme inconsciente, dans la mesure où les éleveurs n'auraient absolument pas pu prévoir ni même souhaiter de produire le résultat qui en fut la suite – à savoir la production de deux lignées distinctes. Les deux troupeaux de moutons de Leicester élevés par M. Buckley et M. Burgess, comme le remarque M. Youatt, « ont été élevés sans mélange à partir de la souche originelle de M. Bakewell, depuis plus de cinquante ans. Il ne vient à l'esprit de quiconque ayant la moindre familiarité avec le sujet de soupçonner que le propriétaire de l'un ou l'autre troupeau se soit écarté, ne serait-ce qu'en une occasion, du sang pur du troupeau de M. Bakewell, et pourtant la différence entre les moutons que possèdent ces deux messieurs est si grande qu'ils paraissent être des variétés tout à fait différentes ».

S'il existait des sauvages assez barbares pour ne jamais songer aux caractères héréditaires de la descendance de leurs animaux domestiques, pourtant tout animal qui leur est particulièrement utile en vue d'une fin spéciale serait soigneusement préservé pendant les famines et autres accidents auxquels les sauvages sont si naturellement exposés, et ces animaux de choix laisseraient ainsi généralement une descendance plus nombreuse que ceux de moindre qualité ; si bien que dans ce cas une sorte de sélection inconsciente serait à l'œuvre. Nous voyons jusque chez les barbares de la Terre de Feu la valeur accordée aux animaux, dans le fait qu'ils tuent et dévorent leurs femmes âgées dans les périodes de disette, estimant qu'elles ont moins de valeur que leurs chiens.

Chez les plantes, le même processus graduel d'amélioration – par le moyen de la préservation occasionnelle des meilleurs individus, qu'ils soient ou non suffisamment distincts pour être classés à leur apparition comme des variétés distinctes, et que l'on ait ou non mêlé deux ou plusieurs espèces ou races par croisement – se reconnaît nettement à la taille et à la beauté accrues que nous voyons maintenant chez les variétés de la pensée, de la rose, du pélargonium, du dahlia et d'autres plantes, lorsque nous les comparons

Variation à l'état domestique [chap. I]

aux variétés plus anciennes ou à leurs souches parentes. Nul n'imaginerait pouvoir obtenir une pensée ou un dahlia de première qualité à partir de la semence d'une plante sauvage. Nul n'imaginerait faire pousser une poire fondante de première qualité à partir de la semence de la poire sauvage, bien que l'on puisse y réussir à partir d'un piètre sauvageon, pourvu qu'à l'origine il provienne d'un jardin. La poire, bien que cultivée à l'époque classique, paraît, d'après la description de Pline, avoir été un fruit d'une qualité très inférieure. J'ai vu la grande surprise exprimée par les ouvrages d'horticulture devant la merveilleuse habileté des jardiniers, qui ont produit des résultats si splendides à partir de si pauvres matériaux ; mais cet art a été simple, et, pour ce qui concerne le résultat final, pratiqué presque inconsciemment. Il a consisté à cultiver toujours la meilleure variété connue, en semant ses graines, et, lorsque surgissait par hasard une variété légèrement meilleure, à la sélectionner, et ainsi de suite. Mais les jardiniers de la période classique, qui cultivaient les meilleures poires qu'ils pouvaient se procurer, n'ont jamais songé aux fruits splendides que nous mangerions ; et ce même si nous devons nos excellents fruits, dans une petite mesure, au fait qu'ils ont naturellement choisi et préservé les meilleures variétés qu'ils pouvaient trouver.

Une grande quantité de changements, accumulés ainsi lentement et inconsciemment, explique, à mon avis, le fait bien connu que dans nombre de cas nous ne pouvons reconnaître, et donc nous ne connaissons pas, les souches parentes sauvages des plantes qui ont été cultivées le plus longtemps dans nos jardins d'agrément et nos potagers. S'il a fallu des siècles ou des millénaires pour qu'en améliorant ou en modifiant la plupart de nos plantes nous leur donnions le niveau d'utilité pour l'homme qu'elles ont à présent, nous pouvons comprendre comment il se fait que ni l'Australie, ni le Cap de Bonne-Espérance, ni aucune autre région habitée par l'homme étranger à toute civilisation, ne nous aient procuré la moindre plante qui mérite d'être cultivée. Ce n'est nullement que ces pays, si riches en espèces, se soient trouvés, par un hasard étrange, dépourvus des souches originelles de plantes utiles, mais c'est que les plantes indigènes n'ont pas été améliorées par une sélection continue jusqu'à atteindre un niveau de perfection comparable à celui qu'ont acquis les plantes dans les pays de civilisation ancienne.

Pour ce qui regarde les animaux domestiques élevés par l'homme non civilisé, il ne faut pas oublier qu'ils doivent presque toujours lutter pour obtenir leur nourriture, du moins pendant certaines saisons. Et dans deux pays où les circonstances sont très différentes, des individus de la même espèce, ayant des constitutions ou une structure légèrement différentes, réussiraient souvent mieux dans l'un des pays que dans l'autre ; et ainsi, par un processus de « sélection naturelle », comme on l'expliquera plus complètement dans la suite, deux sous-races pourraient être formées. Cela explique peut-être en partie pourquoi les variétés élevées par des sauvages ont plus, comme l'ont remarqué certains auteurs, le caractère d'une espèce véritable que les variétés élevées dans des pays civilisés.

Si l'on se fonde sur l'idée, exposée ici, du rôle important qu'a joué la sélection par l'homme, on comprend aussitôt avec évidence comment il se fait que nos races domestiques montrent une adaptation de structure ou d'habitudes aux besoins ou aux caprices de l'homme. En outre, nous pouvons comprendre, je crois, le caractère fréquemment anormal de nos races domestiques, ainsi que l'existence chez elles de différences si grandes des caractères externes et de différences si légères, en proportion, des parties et organes internes. L'homme ne peut guère sélectionner, ou bien ne peut sélectionner que fort difficilement, une quelconque déviation de structure, si ce n'est celle que l'on peut voir à l'extérieur ; et de fait il se soucie rarement de ce qui est interne. Il ne peut jamais agir par la sélection, si ce n'est sur des variations qui lui sont d'abord données à quelque degré, même minime, par la nature. Il est impossible qu'un homme ait jamais tenté de faire un pigeon paon avant de voir un pigeon pourvu d'une queue offrant quelque degré inhabituel de développement, ou bien un grosse-gorge avant de voir un pigeon pourvu d'un jabot d'une taille quelque peu inhabituelle ; et plus un caractère était anormal ou inhabituel à sa première apparition, plus il avait de chances de retenir son attention. Mais utiliser une expression telle que *tenter de faire* un pigeon paon est dans la plupart des cas, je n'en doute pas, totalement incorrect. L'homme qui a le premier sélectionné un pigeon pourvu d'une queue légèrement plus grande n'a jamais songé à ce que deviendraient les descendants de ce pigeon à travers le long cours d'une sélection en partie inconsciente et en partie méthodique. Peut-être le père de tous les pigeons paons n'avait-il que quatorze rectrices quelque peu déployées, comme l'actuel pigeon paon de Java, ou comme certains individus d'autres espèces distinctes, chez lesquels on a dénombré jusqu'à dix-sept rectrices. Peut-être le premier pigeon grosse-gorge ne gonflait-il guère plus son jabot que le cravaté ne gonfle à présent la partie supérieure de son œsophage – habitude que négligent tous les éleveurs, car elle n'est pas au nombre des points qui définissent la race.

Que l'on ne pense pas pour autant qu'il faille nécessairement une forte déviation de structure pour retenir l'œil de l'amateur : il perçoit des différences extrêmement petites, et il est dans la nature humaine d'attribuer de la valeur à toute nouveauté, même minime, que l'on a en sa possession. Il ne faut pas non plus juger de la valeur que l'on attachait à de légères différences, chez des individus de la même espèce, par la valeur qu'on y attache maintenant que plusieurs races ont été convenablement établies. On sait que dans le cas des pigeons de nombreuses variations légères apparaissent quelquefois de nos jours, mais qu'elles sont rejetées comme autant de défauts ou de déviations par rapport au modèle de perfection de chaque race. L'oie commune n'a donné lieu à aucune variété marquée ; de là vient que la race de Toulouse et la race commune, qui ne diffèrent que par la couleur, le plus fugace de tous les caractères, aient dernièrement été présentées comme des races distinctes dans nos expositions de volailles.

Ces aperçus paraissent expliquer ce que l'on a parfois fait remarquer : que nous ne savons à peu près rien de l'origine ou de l'histoire d'aucune de nos races domestiques. Mais, en réalité, on ne peut guère dire d'une race, pas plus que d'un dialecte d'une certaine langue, qu'elle ait une origine distincte. Un homme préserve un individu qui présente quelque légère déviation de structure et le fait reproduire, ou bien il est plus vigilant qu'à l'accoutumée en procédant à l'accouplement de ses meilleurs animaux, et de la sorte les améliore, et les animaux améliorés se répandent lentement dans le voisinage immédiat. Mais ils n'auront pas encore vraiment un nom distinct, et, parce qu'on ne leur attribue qu'une valeur fort mince, leur histoire aura été négligée. Améliorés davantage par le même processus lent et graduel, ils se répandront plus largement et seront reconnus comme un objet distinct et doté de valeur ; alors, probablement, ils recevront pour la première fois un nom local. Dans des pays à demi civilisés, où il y a peu de libre communication, la diffusion d'une nouvelle sous-espèce doit être un processus lent. Dès que l'on a reconnu les points qui ont une valeur, le principe auquel j'ai donné le nom de sélection inconsciente tendra toujours – peut-être à une certaine époque plus qu'à une autre, suivant que la race sera ou non à la mode – peut-être dans une certaine région plus que dans une autre, suivant l'état de civilisation des habitants – à accroître lentement les traits caractéristiques de la race, quels qu'ils soient. Mais les chances sont infimes que l'on ait conservé la trace de changements si lents, variés et insensibles.

Circonstances favorables au pouvoir sélectif de l'homme

Je dirai maintenant quelques mots des circonstances qui favorisent ou contrarient le pouvoir sélectif de l'homme. Un haut degré de variabilité est évidemment favorable, car il fournit avec libéralité les matériaux sur lesquels la sélection opère. Ce n'est pas que les seules différences individuelles ne soient amplement suffisantes, si l'on prend un soin extrême, pour donner lieu à l'accumulation d'une grande somme de modifications dans presque toutes les directions désirées. Mais, comme des variations manifestement utiles ou agréables à l'homme n'apparaissent qu'occasionnellement, les chances de leur apparition augmenteront de beaucoup si l'on élève un grand nombre d'individus. De là découle que le nombre a la plus haute importance pour la réussite. Suivant ce principe, Marshall a fait autrefois cette remarque au sujet des moutons de certaines parties du Yorkshire : « comme ils appartiennent en général à des gens pauvres, et sont pour l'essentiel divisés *en petits troupeaux*, il n'est jamais possible de les améliorer ». D'autre part, les pépiniéristes, parce qu'ils détiennent une même plante en vastes quantités, réussissent en général bien mieux que les amateurs à obtenir des variétés nouvelles et dotées de valeur. On ne peut élever un grand nombre d'individus d'un animal ou d'une plante donnés que là où les conditions sont favorables à sa propagation. Lorsque les animaux sont peu nombreux, on les laissera tous se reproduire, quelle que soit leur qualité, et cela aura pour effet d'empêcher la sélection. Mais l'élément le plus important est probablement que l'animal ou la plante ait pour l'homme une si haute valeur qu'il accorde l'attention la plus stricte aux déviations, même les plus légères, de qualité ou de structure. À moins qu'on ne leur accorde une telle attention, on n'obtiendra aucun résultat. J'ai vu des gens remarquer avec sérieux qu'il était fort heureux que les fraises aient commencé à varier au moment précis où les jardiniers ont commencé à s'occuper attentivement de cette plante. Il est hors de doute que la fraise n'avait cessé de varier depuis qu'on la cultivait, mais les variétés peu marquées avaient été négligées. Cependant, dès que les jardiniers se mirent à trier les plantes individuelles ayant un fruit légèrement plus gros, plus précoce ou meilleur, et à cultiver leurs rejetons, pour trier de nouveau les meilleurs rejetons et les faire reproduire, alors (avec l'aide également du croisement d'espèces distinctes) on put cultiver toutes ces variétés admirables de la fraise qui sont apparues au cours du dernier demi-siècle.

Chez les animaux, la possibilité d'empêcher les croisements est un élément important de la formation de nouvelles races – du moins dans un pays déjà peuplé d'autres races. À cet égard, la clôture des terres joue un rôle. Les sauvages itinérants ou les habitants des plaines ouvertes possèdent rarement plus d'une race de la même espèce. Les pigeons peuvent être appariés pour leur vie entière, et c'est là une grande commodité pour l'éleveur, car on peut ainsi améliorer de nombreuses races et les garder constantes, bien qu'elles soient mêlées dans une même volière ; cette circonstance a dû favoriser considérablement la formation de nouvelles races. J'ajouterai que les pigeons se prêtent à une reproduction en grand nombre et à un taux très élevé, et que l'on peut d'autant plus librement rejeter les oiseaux de qualité inférieure qu'ils servent pour la table lorsqu'on les tue. Au contraire, les chats, en raison des vagabondages nocturnes qui leur sont habituels, sont difficiles à apparier, et, bien qu'ils soient si prisés par les femmes et les enfants, il est rare que l'on voie une race distincte être conservée longtemps ; nous voyons certes parfois de telles races, mais elles sont presque toujours importées d'un autre pays. Même si je ne doute pas que certains animaux domestiques varient moins que d'autres, la rareté ou l'absence de races distinctes du chat, de l'âne, du paon, de l'oie, &c., peuvent cependant être attribuées en majeure partie à ce que la sélection n'a pas été mise en œuvre : chez les chats, pour la raison qu'il est difficile de les apparier ; chez les ânes, pour la raison qu'ils sont élevés en petit nombre et par des gens pauvres, et que l'on a prêté peu d'attention à leur reproduction – récemment, en effet, dans certaines régions d'Espagne et des États-Unis, cet animal a été modifié et amélioré d'une façon surprenante par le moyen d'une sélection minutieuse ; chez les paons, pour la raison qu'il n'est pas très facile de les élever et qu'on ne les garde pas en grand nombre ; chez les oies, pour la raison qu'elles n'ont de valeur que pour deux choses, la nourriture et les plumes, et plus spécialement parce que l'on n'a pas éprouvé de plaisir au spectacle de races distinctes ; mais l'oie, dans les conditions auxquelles elle est exposée à l'état domestique, semble avoir une organisation singulièrement inflexible, bien qu'elle ait varié dans une faible mesure, comme je l'ai décrit ailleurs.

Certains auteurs ont soutenu que l'étendue de variation possible chez nos productions domestiques est vite atteinte, et ne saurait ensuite être dépassée. Il serait quelque peu téméraire d'affirmer que la limite a été atteinte dans le moindre cas ; car presque tout ce que nous avons d'animaux et de plantes a été grandement amélioré, de bien des manières, dans une période récente, ce qui implique une variation. Il serait tout aussi téméraire d'affirmer que les caractères portés à présent à leur limite extrême ne pourront pas, après être restés fixes durant plusieurs siècles, varier derechef dans de nouvelles conditions de vie. Sans aucun doute, comme M. Wallace l'a remarqué à fort juste titre, une limite finira par être atteinte. Par exemple, il doit exister une limite à la rapidité d'un animal terrestre, puisqu'elle est déterminée par la friction qu'il doit vaincre, par le poids du corps qu'il doit porter et par la capacité de contraction des fibres musculaires. Mais ce qui nous intéresse est que les variétés domestiques d'une même espèce diffèrent les unes des autres, pour presque tous les caractères dont l'homme s'est occupé et qu'il a choisis, plus que ne diffèrent entre elles les espèces distinctes d'un même genre. Isidore Geoffroy St Hilaire l'a prouvé relativement à la taille, et il en va de même pour la couleur et probablement pour la longueur du pelage. À l'égard de la rapidité, qui dépend de nombreux caractères corporels, Éclipse était de beaucoup plus rapide et un cheval de trait est incomparablement plus robuste que deux espèces naturelles quelconques appartenant au même genre. De même pour les plantes : les graines de différentes variétés du haricot ou du maïs diffèrent probablement en taille plus que ne le font les graines des espèces distinctes d'un genre quelconque dans ces deux mêmes familles. La même remarque vaut pour le fruit des diverses variétés de la prune, et à plus forte raison pour ce qui concerne le melon, ainsi que pour de nombreux cas analogues.

Résumons ici ce qui regarde l'origine de nos races domestiques d'animaux et de plantes. Le changement des conditions de vie est de la plus haute importance parmi les causes de variabilité, à la fois par son action directe sur l'organisation et par son action indirecte, qui affecte le système reproducteur. Il n'est pas probable que la variabilité en soit en toutes circonstances une conséquence inhérente et nécessaire. La force plus ou moins grande de l'hérédité et du retour détermine la persistance des variations. La variabilité est gouvernée par de nombreuses lois inconnues, dont la croissance corrélative est probablement la plus importante. On peut attribuer une certaine influence, mais dont nous ignorons la portée, à l'action définie des conditions de vie. On peut attribuer un certain effet, peut-être fort grand, à l'usage accru ou au défaut d'usage des parties. Le résultat final en devient infiniment complexe. Dans certains cas, l'entrecroisement d'espèces originellement distinctes paraît avoir joué un rôle important dans l'origine de nos races. Une fois plusieurs races formées dans un pays quelconque, leur entrecroisement occasionnel, secondé par la sélection, a sans aucun doute grandement aidé à la formation de nouvelles sous-races ; mais l'importance du croisement a été fort exagérée, tant en ce qui regarde les animaux qu'en ce qui concerne les plantes qui se propagent par graine. Pour les plantes qui sont temporairement propagées par boutures, bourgeons, &c., l'importance du croisement est immense, car le cultivateur peut ici négliger l'extrême variabilité des hybrides comme des métis, ainsi que la stérilité des hybrides ; mais les plantes qui ne se propagent pas par graine n'ont que peu d'importance pour nous, car leur persistance n'est que temporaire. Plus que toutes ces causes de Changement, l'action accumulatrice de la Sélection, qu'elle ait été appliquée ou bien méthodiquement et brièvement, ou bien inconsciemment et lentement mais plus efficacement, semble avoir été la Puissance prédominante.

CHAPITRE II

VARIATION À L'ÉTAT NATUREL

Variabilité – Différences individuelles – Espèces douteuses – Les espèces qui occupent un vaste territoire, très répandues, et communes, sont celles qui varient le plus – Dans chaque pays, les espèces des plus grands genres varient plus fréquemment que les espèces des genres plus petits – Beaucoup d'espèces des plus grands genres ressemblent à des variétés en ce qu'elles sont très étroitement, mais inégalement, apparentées les unes aux autres, et occupent des territoires restreints.

Avant d'appliquer les principes auxquels nous sommes arrivés dans le chapitre précédent aux êtres organiques à l'état de nature, il nous faut discuter brièvement la question de savoir si ces derniers sont sujets à une quelconque variation. Afin de traiter ce sujet convenablement, il faudrait donner un long catalogue de simples faits ; mais je les réserve pour un ouvrage futur. Je ne discuterai pas non plus ici les diverses définitions qui ont été données du terme d'espèce. Aucune définition n'a satisfait l'ensemble des naturalistes ; pourtant, chaque naturaliste sait vaguement ce qu'il veut dire lorsqu'il parle d'une espèce. En général, le terme comprend l'élément inconnu d'un acte distinct de création. Le terme « variété » est presque aussi difficile à définir ; mais là, c'est la communauté de filiation qui se trouve presque universellement impliquée, bien que l'on puisse rarement en apporter la preuve. Il y a aussi ce que l'on nomme les monstruosités ; mais elles se fondent par degrés dans les variétés. Par monstruosité, je présume que l'on entend une déviation de structure considérable, généralement nuisible ou inutile à l'espèce. Certains auteurs utilisent le terme « variation » en un sens technique, comme impliquant une modification directement due aux conditions physiques de la vie : en ce sens, les « variations » sont censées ne pas être héréditaires ; mais qui peut dire que l'état des coquillages nains qui se trouvent dans les eaux saumâtres de la Baltique, ou celui des plantes naines des sommets alpins, ou encore la fourrure épaissie d'un animal vivant dans le Grand Nord, ne sont pas dans certains cas transmis par hérédité depuis au moins quelques générations ? – et dans ce cas je présume que l'on nommerait cette forme une variété.

Il est permis de douter que des déviations de structure soudaines et considérables telles que nous en voyons de temps à autre dans nos productions domestiques, et plus particulièrement chez les plantes, se soient jamais propagées d'une façon permanente à l'état de nature. Chaque partie ou presque de chaque être organique possède un lien si admirable avec ses conditions de vie complexes que l'idée qu'une partie quelconque ait soudainement été produite dans sa perfection semble aussi improbable que l'idée que l'homme ait pu inventer une machine complexe dans son état de perfection. À l'état domestique apparaissent quelquefois des monstruosités qui ressemblent aux structures normales d'animaux fort différents. On a vu ainsi des porcs naître avec une sorte de trompe, et si n'importe quelle espèce sauvage du même genre avait été naturellement pourvue d'une trompe, on aurait pu soutenir qu'elle était apparue comme une monstruosité ; mais je n'ai encore jamais réussi à trouver, au terme d'une recherche assidue, de cas de monstruosités ressemblant aux structures normales de formes étroitement apparentées, et ce sont là les seuls dont il faille tenir compte sur la question. Si des formes monstrueuses de ce genre apparaissaient un jour à l'état de nature et étaient capables de se reproduire (ce qui n'est pas toujours le cas), étant donné que leurs apparitions sont rares et isolées, leur préservation dépendrait de circonstances inhabituellement favorables. En outre, pendant la première génération et les suivantes, elles se croiseraient avec la forme ordinaire, et leur caractère anormal serait de la sorte presque inévitablement perdu. Mais j'aurai à revenir dans un prochain chapitre sur la préservation et la perpétuation de variations uniques ou occasionnelles.

Différences individuelles

Les nombreuses différences légères qui apparaissent chez les descendants des mêmes parents, ou dont on peut présumer qu'elles sont survenues de la sorte, parce qu'on les observe chez les individus d'une même espèce habitant une même localité restreinte, peuvent être appelées différences individuelles. Nul ne suppose que tous les individus d'une même espèce soient coulés véritablement dans le même moule. Ces différences individuelles sont pour nous de la plus haute importance, car elles sont souvent héréditaires, comme cela doit être familier à tout un chacun ; ainsi, elles fournissent à la sélection naturelle les matériaux sur lesquels elle exerce son action et qu'elle accumule, de la même manière que l'homme accumule, dans telle ou telle direction donnée, des différences individuelles chez ses productions domestiques. Ces différences individuelles affectent en général les parties que les naturalistes considèrent comme dépourvues d'importance ; mais je pourrais montrer, au moyen d'un long catalogue de faits, que les parties qui doivent être appelées importantes, qu'elles soient considérées d'un point de vue physiologique ou d'un point de vue classificatoire, varient parfois chez les individus d'une même espèce. Je suis convaincu que le naturaliste le plus expérimenté serait surpris du nombre des cas de variabilité, touchant même des parties importantes de la structure, qu'il lui serait possible de rassembler sur la foi d'excellentes autorités, comme j'en ai rassemblé moi-même durant des années. Il faut garder à l'esprit que les systématiciens sont loin de se réjouir lorsqu'ils trouvent de la variabilité dans des caractères importants, et qu'il n'y a que peu d'hommes prêts à examiner laborieusement des organes internes et importants, et à les comparer chez de nombreux spécimens d'une même espèce. Jamais on ne se serait attendu à ce que l'embranchement des nerfs principaux voisins du grand ganglion central d'un insecte fût variable dans la même espèce ; on aurait pu penser que les changements de cette nature ne pouvaient s'effectuer que lentement et par degrés ; pourtant, *Sir* J. Lubbock a montré qu'il existe un certain degré de variabilité dans ces nerfs principaux chez *Coccus* : on peut presque les comparer à l'embranchement irrégulier d'un tronc d'arbre. J'ajouterai que ce naturaliste philosophe a également montré que les muscles des larves de certains insectes sont loin d'être uniformes. Les auteurs versent parfois dans une argumentation circulaire lorsqu'ils affirment que les organes importants ne varient jamais ; car en pratique ces mêmes auteurs reconnaissent comme parties importantes (comme l'ont honnêtement avoué quelques rares naturalistes) celles qui ne varient pas : en se plaçant à ce point de vue, on ne trouvera jamais d'exemple d'une partie importante qui varie ; mais, en se plaçant à tout autre point de vue, on peut assurément en donner de nombreux exemples.

Il est un point, en rapport avec les différences individuelles, qui est extrêmement embarrassant : je veux parler des genres que l'on a nommés « protéens » ou « polymorphes », dans lesquels les espèces présentent une amplitude de variation hors de mesure. En ce qui concerne un grand nombre de ces formes, c'est à peine si deux naturalistes s'accordent pour les classer comme espèces ou bien comme variétés. Nous pouvons citer comme exemples *Rubus*, *Rosa* et *Hieracium* parmi les plantes, plusieurs genres d'insectes et de coquillages Brachiopodes. Dans la plupart des genres polymorphes, certaines espèces ont des caractères fixes et définis. Les genres polymorphes dans un pays semblent, à quelques exceptions près, être polymorphes dans d'autres pays, et il en était de même, à en juger d'après les coquillages Brachiopodes, aux époques anciennes. Ces faits sont très embarrassants, car ils semblent montrer que cette sorte de variabilité est indépendante des conditions de vie. Je suis enclin à soupçonner que nous observons, du moins dans certains de ces genres polymorphes, des variations qui ne servent ni ne desservent l'espèce, et dont la sélection naturelle, par conséquent, ne s'est pas saisie pour rendre leur caractère défini, comme on l'expliquera par la suite.

Les individus de la même espèce présentent souvent, comme chacun sait, de grandes différences de structure, indépendamment de la variation, comme c'est le cas des deux sexes chez divers animaux, des deux ou trois castes de femelles stériles ou ouvrières parmi les insectes, et des états immatures ou larvaires de nombreux

Variation à l'état naturel [chap. II]

animaux inférieurs. Il y a également des cas de dimorphisme et de trimorphisme, tant chez les animaux que chez les plantes. Ainsi, M. Wallace, qui a récemment attiré l'attention sur ce sujet, a montré que les femelles de certaines espèces de papillons, dans l'Archipel Malais, apparaissent régulièrement sous deux, voire trois formes remarquablement distinctes, non reliées par des variétés intermédiaires. Fritz Müller a décrit des cas analogues, mais plus extraordinaires, chez les mâles de certains Crustacés brésiliens ; ainsi, le mâle d'un *Tanais* se présente régulièrement sous deux formes distinctes : l'une d'entre elles a les pinces fortes et différemment conformées, et l'autre a les antennes plus abondamment pourvues de soies olfactives. Bien que, dans la plupart de ces cas, les deux ou trois formes, tant chez les animaux que chez les plantes, ne soient plus reliées par des gradations intermédiaires, il est probable qu'elles ont été reliées de la sorte auparavant. Par exemple, M. Wallace décrit un certain papillon qui présente sur une même île une vaste gamme de variétés reliées par des chaînons intermédiaires : les formes situées aux extrémités de la chaîne ressemblent étroitement aux deux formes d'une espèce dimorphe apparentée qui habite une autre partie de l'Archipel Malais. De même chez les fourmis, les différentes castes d'ouvrières sont en général tout à fait distinctes ; mais dans certains cas, comme nous le verrons plus loin, les castes sont reliées les unes aux autres par des variétés finement graduées. Il en va de même, comme je l'ai moi-même observé, pour certaines plantes dimorphes. Assurément, cela semble d'abord un fait hautement remarquable, que le même papillon femelle ait la capacité de produire à la fois trois formes femelles distinctes et une forme mâle ; qu'une plante hermaphrodite produise à partir de la même capsule de graines trois formes hermaphrodites distinctes, qui renferment trois sortes différentes de femelles et trois, voire six sortes différentes de mâles. Néanmoins, ces cas ne sont que les exagérations d'un fait commun, qui est que la femelle produit des descendants des deux sexes qui diffèrent parfois l'un de l'autre d'une façon extraordinaire.

Espèces douteuses

Les formes qui possèdent à quelque considérable degré le caractère d'espèce, mais qui sont si étroitement semblables à d'autres formes, ou leur sont si étroitement reliées par des gradations intermédiaires, que les naturalistes répugnent à leur attribuer le rang d'espèces distinctes, sont à plusieurs égards les plus importantes pour nous. Nous avons tout lieu de croire qu'un grand nombre de ces formes douteuses et étroitement apparentées conservent leurs caractères d'une façon permanente depuis longtemps ; aussi longtemps, pour autant que nous le sachions, que les espèces bonnes et véritables. Dans la pratique, lorsqu'un naturaliste peut réunir par le moyen de chaînons intermédiaires deux formes quelconques, il traite l'une d'elles comme une variété de l'autre ; et ce, en attribuant à la plus commune, mais parfois à la première décrite, le rang d'espèce, et à l'autre celui de variété. Mais des cas d'une grande difficulté, que je n'énumérerai pas ici, se présentent parfois lorsque l'on doit décider si l'on attribue à une forme le rang de variété d'une autre, même quand elles sont étroitement liées par des chaînons intermédiaires ; et la nature hybride communément prêtée aux formes intermédiaires ne lève pas toujours la difficulté. Dans de très nombreux cas, cependant, l'une des formes est traitée comme une variété de l'autre, non parce que l'on a effectivement trouvé les chaînons intermédiaires, mais parce que l'analogie conduit l'observateur à supposer soit qu'ils existent bien quelque part à l'heure actuelle, soit qu'ils ont pu exister par le passé ; et voilà qui ouvre grand la porte au doute et à la conjecture.

C'est pourquoi, afin de déterminer si une forme doit être classée comme une espèce ou comme une variété, l'opinion des naturalistes possédant un jugement sain et une vaste expérience semble être le seul guide qu'il convienne de suivre. Nous devons, cependant, dans de nombreux cas, décider sur la foi d'une majorité de naturalistes, car on pourrait citer peu de variétés bien marquées et bien connues qui n'aient pas été classées comme espèces par au moins quelques juges compétents.

Que ces variétés d'une nature douteuse soient loin d'être rares, c'est un fait indiscutable. Comparez les flores diverses de la Grande-Bretagne, de la France ou des États-Unis, relevées par différents botanistes, et voyez le nombre étonnant de formes qui ont été classées par l'un d'eux comme de bonnes espèces, et par un autre comme de simples variétés. M. H.C. Watson, envers lequel j'ai contracté une profonde obligation pour son aide en toute sorte de matières, m'a indiqué 182 plantes britanniques généralement considérées comme des variétés, mais qui ont toutes été classées par certains botanistes comme des espèces ; et, en établissant cette liste, il a omis de nombreuses variétés d'une importance minime, mais qui ont néanmoins été classées par quelques botanistes comme des espèces, et il a entièrement omis plusieurs genres hautement polymorphes. Sous les genres comprenant les formes les plus polymorphes, M. Babington range 251 espèces, tandis que M. Bentham n'en cite que 112 – soit une différence de 139 formes douteuses ! Parmi les animaux qui s'accouplent pour chaque portée, et qui possèdent de grandes facultés locomotrices, on trouve rarement à l'intérieur d'un même pays ces formes douteuses auxquelles un zoologiste assigne le rang d'espèce et un autre le rang de variété, alors qu'elles sont communes sur des territoires séparés. Combien d'oiseaux et d'insectes, parmi ceux de l'Amérique du Nord et de l'Europe, qui diffèrent très légèrement les uns des autres, ont été classés par un éminent spécialiste comme des espèces indubitables, et par un autre comme des variétés, ou, comme on les nomme souvent, des races géographiques ! M. Wallace, dans plusieurs articles précieux sur les divers animaux, spécialement sur les Lépidoptères, qui habitent les îles du grand Archipel Malais, montre qu'il est possible de les classer sous quatre rubriques, à savoir comme formes variables, comme formes locales, comme races géographiques ou sous-espèces, et comme véritables espèces représentatives. Les premières formes, c'est-à-dire les formes variables, varient beaucoup à l'intérieur des limites d'une même île. Les formes locales sont assez constantes et assez distinctes sur chaque île particulière ; mais lorsque l'on compare l'ensemble de ces formes issues des diverses îles, on voit que les différences sont si ténues et si graduées qu'il est impossible de les définir ou de les décrire, alors même que les formes extrêmes sont assez distinctes. Les races géographiques, ou sous-espèces, sont des formes locales complètement fixées et isolées ; mais comme elles ne diffèrent pas les unes des autres par des caractères fortement marqués et importants, « il n'est d'autre critère possible que l'opinion de chacun pour déterminer quelles formes on devra considérer comme des espèces, et quelles autres comme des variétés ». Enfin, les espèces représentatives occupent la même place dans l'économie naturelle de chaque île que les formes locales et les sous-espèces ; mais comme elles se distinguent entre elles par une somme de différence supérieure à celle qui sépare les formes locales et les sous-espèces, elles sont presque universellement classées par les naturalistes comme des espèces véritables. Néanmoins, on ne saurait avancer aucun critère certain qui permette de reconnaître les formes variables, les formes locales, les sous-espèces et les espèces représentatives.

Il y a de nombreuses années, alors que, tout en le voyant faire par d'autres, je comparais entre eux les oiseaux provenant des îles très rapprochées qui forment l'Archipel des Galápagos, en les comparant également avec ceux du continent américain, je fus très frappé de constater à quel point la distinction entre espèces et variétés est entièrement vague et arbitraire. Sur les îlots du petit groupe de Madère, il y a de nombreux insectes qui sont caractérisés comme des variétés dans l'admirable ouvrage de M. Wollaston, mais qui seraient certainement classés comme des espèces distinctes par de nombreux entomologistes. L'Irlande même possède quelques animaux généralement regardés de nos jours comme des variétés, mais qui ont été classés comme des espèces par quelques zoologistes. Plusieurs ornithologistes expérimentés considèrent que notre lagopède rouge britannique n'est qu'une race fortement marquée d'une espèce norvégienne, tandis que la majorité les classe comme une espèce indubitable particulière à la Grande-Bretagne. Une vaste distance entre les lieux de résidence de deux formes douteuses conduit de nombreux naturalistes à les classer comme des espèces distinctes ; mais quelle sera, a-t-on demandé à juste titre, la distance suffisante ? Si celle qui sépare l'Amérique de l'Europe l'est amplement, la distance qui sépare l'Europe des Açores, ou de Madère, ou des Canaries, ou bien celle qui sépare les différents îlots de ces petits archipels, sera-t-elle suffisante ?

M. B.D. Walsh, entomologiste distingué des États-Unis, a décrit ce qu'il nomme des variétés phytophages et des espèces phytophages. La plupart des insectes qui se nourrissent de végétaux tirent leur subsistance d'une seule forme de plante ou d'un seul groupe de plantes ; certains se nourrissent indistinctement de plusieurs formes, mais cela n'entraîne pour eux aucune variation. Dans plusieurs cas, cependant, M. Walsh a observé que des insectes se nourrissant de différentes plantes présentaient à l'état larvaire ou à l'état adulte, ou aux deux états, des différences légères, quoique constantes, dans la couleur, la taille, ou la nature de leurs sécrétions. Il a ainsi observé que dans certains cas les seuls mâles, dans d'autres les mâles et les femelles, différaient à un léger degré. Lorsque les différences sont un peu plus fortement marquées, et lorsque les deux sexes et tous les âges sont affectés, les formes sont classées par tous les entomologistes comme de bonnes espèces. Mais aucun observateur ne saurait déterminer pour un autre, même s'il peut le faire pour lui-même, lesquelles de ces formes phytophages il convient d'appeler espèces et lesquelles il convient d'appeler variétés. M. Walsh classe comme des variétés les formes dont on peut supposer qu'elles se croiseraient librement entre elles ; et comme des espèces celles qui paraissent avoir perdu cette capacité. Comme les différences sont dues à ce que les insectes se sont longtemps nourris de plantes distinctes, on ne peut s'attendre à trouver à l'heure actuelle de chaînons intermédiaires qui relient les diverses formes. Le naturaliste perd de la sorte son meilleur guide pour déterminer s'il doit classer les formes douteuses comme variétés ou comme espèces. Cela se produit aussi, nécessairement, dans le cas d'organismes étroitement apparentés qui habitent des continents distincts ou des îles distinctes. Lorsque, au contraire, un animal ou une plante se répartit sur un même continent, ou habite de nombreuses îles dans un même archipel, et présente différentes formes sur les différentes aires, il y a toujours une bonne chance de découvrir des formes intermédiaires qui relieront entre eux les états extrêmes ; et ces derniers seront alors rétrogradés au rang de variétés.

Un petit nombre de naturalistes soutiennent que les animaux ne présentent jamais de variétés ; mais ces mêmes naturalistes attribuent dès lors une valeur spécifique à la différence la plus légère ; et lorsqu'ils rencontrent la même forme, à l'identique, dans deux pays éloignés, ou dans deux formations géologiques, ils croient que deux espèces distinctes se dissimulent sous les mêmes habits. Le terme *espèce* devient ainsi une simple abstraction inutile, qui implique et suppose un acte de création séparé. Il est certain que de nombreuses formes que des juges hautement compétents considèrent comme des variétés ressemblent si complètement à des espèces par leur caractère, que d'autres juges hautement compétents leur ont attribué ce rang. Mais examiner s'il convient de les appeler espèces ou variétés, avant qu'une définition de ces termes ait été généralement acceptée, c'est en vain battre l'air.

Nombreux sont les cas de variétés fortement marquées ou d'espèces douteuses qui méritent assurément d'être pris en considération ; car plusieurs séries d'arguments, tirées de la répartition géographique, de la variation analogue, de l'hybridisme, &c., ont été mises en œuvre pour tenter de déterminer leur rang ; mais l'espace dont je dispose ici ne m'autorise pas à en discuter. Un examen serré, dans bien des cas, fera sans aucun doute s'accorder les naturalistes sur la façon de classer des formes douteuses. Il faut pourtant avouer que c'est dans les pays les mieux connus que nous en trouvons le plus grand nombre. J'ai été frappé du fait que, pour peu qu'un animal ou une plante à l'état naturel soit hautement utile à l'homme, ou, pour quelque raison, attire spécialement son attention, des variétés en seront presque universellement attestées. Ces variétés, en outre, seront souvent classées comme espèces par certains auteurs. Voyez le chêne commun, et l'étude attentive dont il a fait l'objet ; pourtant un auteur allemand tire plus d'une douzaine d'espèces de formes qui sont presque universellement considérées par les autres botanistes comme des variétés ; et, dans notre pays, on peut citer les plus hautes autorités botaniques et les meilleurs hommes de terrain, pour montrer tantôt que les chênes sessiles et les chênes pédonculés sont des espèces bonnes et distinctes, tantôt qu'ils sont de simples variétés.

Il convient ici de faire allusion à un remarquable mémoire récemment publié par A. de Candolle, sur les chênes du monde entier. Nul n'a jamais eu de matériaux plus amples en vue de la discrimination de ces espèces, ni n'aurait pu les traiter avec plus de zèle et de sagacité. Il commence par donner en détail tous les nombreux points de structure qui varient dans les différentes espèces, et par proposer une estimation numérique de la fréquence relative des variations. Il mentionne plus d'une douzaine de caractères que l'on peut voir varier jusque sur une même branche, parfois suivant l'âge ou le développement, parfois sans aucune raison assignable. Ces caractères n'ont évidemment pas une valeur spécifique, mais ils sont de ceux qui, comme Asa Gray l'a remarqué dans son commentaire de ce mémoire, entrent en général dans les définitions spécifiques. De Candolle dit ensuite qu'il attribue le rang d'espèces aux formes qui diffèrent par des caractères qui ne varient jamais sur le même arbre, et dont on ne constate jamais qu'ils sont reliés par des états intermédiaires. Après cette discussion, résultat de tant de laborieuses études, il affirme catégoriquement : « Ils font erreur, ceux qui répètent que la plus grande partie de nos espèces sont clairement délimitées, et que les espèces douteuses sont une faible minorité. Cela semblait vrai aussi longtemps qu'un genre était imparfaitement connu, et que ses espèces n'étaient fondées que sur quelques spécimens, c'est-à-dire étaient provisoires. Dès que nous parvenons à les connaître mieux, les formes intermédiaires foisonnent, et les doutes touchant les limites spécifiques augmentent ». Il ajoute également que ce sont les espèces les mieux connues qui présentent le plus grand nombre de variétés et de sous-variétés spontanées. Ainsi, *Quercus robur* a vingt-huit variétés, toutes regroupées, à l'exception de six d'entre elles, autour de trois sous-espèces, à savoir *Q. pedunculata, sessiliflora* et *pubescens*. Les formes qui relient ces trois sous-espèces sont relativement rares ; et, comme le remarque de nouveau Asa Gray, si ces formes de liaison, qui sont à présent rares, venaient à s'éteindre complètement, les trois sous-espèces seraient entre elles exactement dans le même rapport que les quatre ou cinq espèces provisoirement admises qui entourent étroitement le *Quercus robur* typique. De Candolle admet enfin que sur les 300 espèces qui seront énumérées dans son *Prodromus* comme appartenant à la famille du chêne, les deux tiers au moins sont des espèces provisoires, c'est-à-dire qu'elles ne remplissent pas strictement, à notre connaissance, la définition donnée plus haut d'une espèce véritable. Il faut ajouter que De Candolle ne croit plus que les espèces soient des créations immuables, mais conclut que la théorie de la dérivation est la plus naturelle, « et la mieux accordée à ce que nous connaissons, en paléontologie, en botanique et en zoologie géographiques, en fait de structure et de classification anatomiques ».

Lorsqu'un jeune naturaliste aborde l'étude d'un groupe d'organismes qui lui est tout à fait inconnu, il est d'abord très embarrassé pour déterminer quelles différences il considérera comme spécifiques et lesquelles il considérera comme variétales ; car il ignore tout de l'amplitude et du type des variations auxquelles le groupe est sujet ; et cela montre, du moins, que la variation est un fait très général. Mais s'il borne son attention à une seule classe à l'intérieur d'un seul pays, il ne tardera pas à décider d'un rang pour la plupart des formes douteuses. Sa tendance générale sera de faire de nombreuses espèces, car il sera impressionné, exactement comme l'éleveur de pigeons ou de poulets auquel nous avons fait allusion plus haut, par la quantité de différences observables dans les formes qu'il étudie continuellement ; et il ne possède guère les connaissances générales sur la variation analogue dans d'autres groupes et dans d'autres pays qui lui serviraient à corriger ses premières impressions. À mesure qu'il étendra la gamme de ses observations, il rencontrera plus de cas difficiles ; car il rencontrera un plus grand nombre de formes étroitement apparentées. Mais si ses observations atteignent une vaste extension, il finira généralement par pouvoir prendre lui-même ces décisions ; mais il n'y réussira qu'au prix de reconnaître une forte variation – et la vérité de cette reconnaissance sera souvent contestée par d'autres naturalistes. Lorsqu'il en viendra à étudier des formes parentes rapportées de pays qui ne forment plus un territoire continu, cas dans lequel il ne peut espérer trouver de chaînons intermédiaires, il sera contraint de s'en remettre presque entièrement à l'analogie, et ses difficultés seront à leur comble.

Assurément, aucune ligne de démarcation claire n'a encore été tracée entre espèces et sous-espèces – c'est-à-dire les formes qui, de l'avis de certains naturalistes, se rapprochent beaucoup du rang d'espèce, sans y parvenir tout à fait ; ou encore entre sous-espèces et variétés bien marquées, ou entre variétés de moindre importance et différences individuelles. Ces différences se fondent les unes dans les autres par une série insensible ; or une série imprime à l'esprit l'idée qu'il y a bel et bien eu passage.

Je regarde donc les différences individuelles, bien qu'elles soient d'un faible intérêt pour le systématicien, comme étant de la plus haute importance pour nous, en ce qu'elles sont les premiers pas en direction de ces légères variétés qui, croit-on, ne méritent guère d'être répertoriées dans les ouvrages d'histoire naturelle. Et je regarde les variétés qui sont, à un degré quelconque, plus distinctes et plus permanentes comme autant de pas en direction de variétés plus fortement marquées et plus permanentes encore ; enfin, je regarde ces dernières comme conduisant à des sous-espèces, puis à des espèces. Le passage d'un stade de différence à un autre est peut-être, dans bien des cas, le simple résultat de la nature de l'organisme et des différentes conditions physiques auxquelles il a longtemps été exposé ; mais en ce qui concerne les caractères plus importants et les caractères d'adaptation, le passage d'un stade de différence à un autre peut être attribué avec sûreté à l'action accumulatrice de la sélection naturelle, que l'on expliquera plus loin, et aux effets de l'usage accru ou du défaut d'usage des parties. Une variété bien marquée peut donc recevoir le nom d'espèce naissante ; quant à savoir si cette conviction est justifiée, il faut en juger d'après le poids des divers faits et considérations que l'on exposera tout au long de cet ouvrage.

Il n'est pas besoin de supposer que toutes les variétés, ou espèces naissantes, atteignent le rang d'espèces. Elles peuvent s'éteindre, ou bien elles peuvent persister comme variétés pendant de très longues périodes, comme l'ont établi M. Wollaston chez les variétés de certains coquillages terrestres fossiles trouvés à Madère, et Gaston de Saporta chez les plantes. Si une variété devait être florissante au point de surpasser en nombre l'espèce parente, elle prendrait alors le rang de l'espèce, et l'espèce celui de la variété ; ou bien elle en viendrait peut-être à supplanter et à exterminer l'espèce parente ; ou encore les deux pourraient coexister, et avoir toutes deux le rang d'espèce indépendante. Mais nous reviendrons dans la suite sur ce sujet.

Ces remarques auront fait voir que je regarde le terme *espèce* comme un terme que l'on emploie arbitrairement, par souci de commodité, pour désigner un ensemble d'individus se ressemblant étroitement entre eux, et qu'il ne diffère pas essentiellement du terme *variété*, par lequel on désigne des formes moins distinctes et plus fluctuantes. Le terme *variété*, à son tour, par comparaison avec les simples différences individuelles, est également appliqué d'une manière arbitraire, par commodité.

Les espèces occupant un vaste territoire, très répandues, et communes, sont celles qui varient le plus

Guidé par des considérations théoriques, je pensais que je pourrais obtenir certains résultats intéressants, relativement à la nature et aux relations des espèces qui varient le plus, en dressant un tableau de toutes les variétés de plusieurs flores bien faites. Au premier abord, cela semblait une tâche simple ; mais M. H.C. Watson, auquel je suis redevable d'avis et d'apports précieux sur ce sujet, m'a vite convaincu qu'il y avait de nombreuses difficultés, tout comme le fit ensuite le Dr Hooker, et même dans des termes plus forts. Je réserverai pour un prochain ouvrage la discussion de ces difficultés, ainsi que les tableaux où figurent les nombres proportionnels des espèces variantes. Le Dr Hooker me permet d'ajouter qu'après avoir attentivement lu mon manuscrit et examiné les tableaux, il pense que les assertions qui suivent sont convenablement établies. L'ensemble du sujet, cependant, traité comme il l'est nécessairement ici avec une grande brièveté, est assez embarrassant, et il n'est pas possible d'éviter certaines allusions à la « Lutte pour l'Existence », à la « divergence des caractères » et à d'autres questions que l'on discutera plus loin.

Alphonse de Candolle et d'autres ont montré que les plantes qui occupent un très vaste territoire présentent généralement des variétés ; et l'on aurait pu s'y attendre, puisqu'elles sont exposées à des conditions physiques diverses, et entrent en concurrence (ce qui, comme nous le verrons plus loin, est une circonstance aussi importante, voire plus importante) avec différents ensembles d'êtres organiques. Mais les tableaux que j'ai dressés montrent en outre que, dans tout pays limité, les espèces qui sont les plus communes, c'est-à-dire qui renferment la plus grande quantité d'individus, et les espèces qui sont le plus largement répandues à l'intérieur de leur propre pays (et il s'agit là d'une considération à distinguer de l'occupation d'un vaste territoire, et dans une certaine mesure du fait qu'une espèce soit commune) sont celles qui donnent le plus souvent naissance à des variétés suffisamment marquées pour qu'on les ait répertoriées dans les ouvrages botaniques. Ce sont donc les espèces les plus florissantes, ou, comme on peut les nommer, les espèces dominantes, – celles qui occupent un vaste territoire, qui sont les plus répandues dans leur propre pays et qui possèdent le plus grand nombre d'individus – qui produisent le plus souvent des variétés bien marquées, ou, d'après ma conception, des espèces naissantes. Et la chose aurait pu probablement être prédite ; en effet, comme les variétés, afin de devenir permanentes à un quelconque degré, doivent nécessairement lutter avec les autres habitants du pays, les espèces qui sont déjà dominantes seront les plus susceptibles d'engendrer une descendance, laquelle, bien que modifiée à un léger degré, hérite encore des avantages qui ont permis à ses parents d'imposer leur domination à leurs compatriotes. Dans ces remarques sur la prédominance, il importe de comprendre que l'on fait référence aux seules formes qui entrent en concurrence, et plus spécialement aux représentants du même genre ou de la même classe qui ont des habitudes de vie à peu près semblables. En ce qui concerne le nombre des individus ou le fait que les espèces soient communes, la comparaison, bien sûr, ne se rapporte qu'aux représentants du même groupe. D'une plante supérieure, on peut dire qu'elle est dominante si elle possède un plus grand nombre d'individus et si elle est plus largement répandue que les autres plantes du même pays vivant à peu près dans les même conditions. Une telle plante n'est pas moins dominante si une conferve, habitante des eaux, ou un champignon parasite possèdent infiniment plus d'individus qu'elle et sont plus largement répandus. Mais si la conferve ou le champignon parasite surpassent, sous ces rapports, les formes qui leur sont apparentées, ils seront alors dominants au sein de leur propre classe.

Dans chaque pays, les espèces des plus grands genres varient plus fréquemment que les espèces des genres plus petits

Si l'on divise en deux groupes égaux les plantes qui habitent un pays, telles qu'elles sont décrites dans n'importe quelle Flore, en plaçant d'un côté toutes celles qui appartiennent aux plus grands genres (*i. e.* ceux qui comprennent de nombreuses espèces) et de l'autre toutes celles qui appartiennent aux genres plus petits, on constatera que le premier groupe comprend un nombre quelque peu supérieur de ces espèces très communes et fort répandues, ou espèces dominantes. On aurait pu le prédire ; car le simple fait que de nombreuses espèces du même genre habitent un pays montre qu'il y a quelque chose dans les conditions organiques et inorganiques de ce pays qui est favorable au genre ; et, par conséquent, nous aurions pu nous attendre à trouver dans les genres plus grands, c'est-à-dire ceux qui comprennent de nombreuses espèces, une proportion plus grande d'espèces dominantes. Mais tant de causes tendent à obscurcir ce résultat que je suis surpris que mes tableaux indiquent même une faible majorité du côté des grands genres. Je n'évoquerai ici que deux causes d'obscurité. Les plantes d'eau douce et celles qui se plaisent dans les milieux salins occupent généralement un vaste territoire et sont fort répandues, mais cela semble lié à la nature des stations qu'elles habitent, et n'a que peu de rapport ou n'en a aucun avec la dimension des genres auxquels appartiennent les espèces. En outre, les plantes qui sont au bas de l'échelle de l'organisation sont généralement beaucoup plus répandues que les plantes qui sont plus haut sur l'échelle ; et, là encore, il n'y a aucun rapport direct avec la dimension des genres. La cause de l'occupation d'un vaste territoire par les plantes de faible niveau d'organisation sera discutée dans notre chapitre sur la Répartition géographique.

Parce que je regardais les espèces comme n'étant que des variétés fortement marquées et bien définies, je fus conduit à prédire que, dans chaque pays, les espèces des genres plus grands présenteraient plus souvent des variétés que les espèces des genres plus petits ; car partout où de nombreuses espèces étroitement apparentées (*i. e.* des espèces du même genre) se sont formées, de nombreuses variétés, ou espèces naissantes, devraient en règle générale être en cours de formation. Là où il pousse beaucoup de grands arbres, nous nous attendons à trouver de jeunes plants. Là où beaucoup d'espèces d'un genre se sont formées par variation, c'est que les circonstances ont été favorables à la variation ; et donc nous pourrions nous attendre au fait que les circonstances soient généralement encore favorables à la variation. Au contraire, si nous regardons chaque espèce comme un acte spécial de création, il n'y a aucune raison apparente pour que l'on rencontre dans un groupe possédant de nombreuses espèces plus de variétés que dans un groupe qui n'en possède qu'un petit nombre.

Afin de mettre à l'épreuve la justesse de cette prédiction, j'ai rangé les plantes de douze pays et les insectes coléoptères de deux régions en deux groupes à peu près égaux, en mettant d'un côté les espèces des plus grands genres et de l'autre celles des genres plus petits, et il s'est invariablement avéré que les espèces placées du côté des grands genres présentaient des variétés en plus grande proportion que celles placées du côté des petits genres. En outre, les espèces des grands genres qui présentent des variétés présentent invariablement un nombre moyen de variétés plus élevé que ne le font les espèces des petits genres. On obtient ces deux mêmes résultats quand on procède à une autre division, et que tous les genres de moindre ampleur, constitués d'une à quatre espèces seulement, sont entièrement exclus des tableaux. Ces faits ont un sens clair si l'on suppose que les espèces ne sont que des variétés fortement marquées et permanentes ; car partout où de nombreuses espèces du même genre se sont formées, c'est-à-dire là où, s'il nous est permis d'employer cette expression, la fabrique des espèces a été active, nous devrions généralement constater que cette fabrique est encore en activité, et ce d'autant plus que nous avons toutes les raisons de croire que la fabrication de nouvelles espèces est un processus lent. Et tel est assurément le cas, si l'on regarde les variétés comme des espèces naissantes ; car mes tableaux montrent clairement en règle générale que, partout où de nombreuses espèces d'un genre se sont formées, les espèces de ce genre présentent un nombre de variétés, c'est-à-dire d'espèces naissantes, supérieur à la moyenne. Ce n'est pas que tous les grands genres varient actuellement beaucoup, et s'accroissent ainsi par le nombre de leurs espèces, ou qu'aucun petit genre actuellement ne varie ni ne s'accroisse ; car s'il en avait été ainsi, cela aurait porté un coup fatal à ma théorie, dans la mesure où la géologie nous dit clairement que les petits genres ont souvent vu au cours du temps leur dimension s'accroître d'une manière considérable ; et que les grands genres ont souvent atteint leur maximum, décliné, puis disparu. Tout ce que nous voulons montrer, c'est que, là où de nombreuses espèces d'un même genre se sont formées, elles sont nombreuses en moyenne à se former encore ; et c'est là certainement une conclusion valide.

Nombre des espèces contenues dans les plus grands genres ressemblent à des variétés en ce qu'elles sont très étroitement, mais inégalement, apparentées les unes aux autres, et ont des répartitions restreintes

Il y a entre les espèces des grands genres et leurs variétés répertoriées d'autres relations qu'il est utile de signaler. Nous avons vu qu'il n'existe pas de critère infaillible au moyen duquel on puisse distinguer les espèces et les variétés bien marquées ; et lorsque l'on n'a pas trouvé de chaînons intermédiaires entre des formes douteuses, les naturalistes sont contraints de déterminer leur statut en se fondant sur l'amplitude de la différence qui les sépare, et de juger suivant l'analogie si cette amplitude est ou non suffisante pour élever l'une des formes ou les deux au rang d'espèce. Il suit de là que l'amplitude de la différence est un critère très important pour établir si deux formes doivent être classées comme espèces ou comme variétés. Or, Fries a remarqué pour ce qui concerne les plantes, et Westwood pour ce qui concerne les insectes, que dans les grands genres l'amplitude de la différence entre les espèces est souvent excessivement faible. Je me suis efforcé de vérifier ce fait numériquement en ayant recours aux moyennes, et mes résultats, dans les limites de leur imperfection, confirment cette opinion. J'ai également consulté des observateurs sagaces et expérimentés, et, après en avoir délibéré, ils se rallient à cette opinion. Sous ce rapport, donc, les espèces des plus grands genres ressemblent à des variétés plus que ne le font les espèces des genres plus petits. On peut encore présenter le fait d'une autre façon, et dire que dans les plus grands genres, dans lesquels un nombre de variétés ou d'espèces naissantes supérieur à la moyenne est actuellement en cours de fabrication, beaucoup des espèces déjà fabriquées ressemblent encore dans une certaine mesure à des variétés, car elles diffèrent les unes des autres par une amplitude de différence moindre qu'elle ne l'est ordinairement.

En outre, les espèces des plus grands genres ont entre elles la même sorte de rapports qu'ont entre elles les variétés d'une espèce quelconque. Aucun naturaliste ne prétend que toutes les espèces d'un genre sont également distinctes les unes des autres ; on peut en général les diviser en sous-genres, ou en sections, ou en groupes de rang inférieur. Comme Fries l'a bien remarqué, de petits groupes d'espèces se rassemblent généralement autour d'autres espèces à la manière de satellites. Et que sont les variétés, sinon des groupes de formes inégalement reliées les unes aux autres et qui se rassemblent autour de certaines formes – à savoir leurs espèces parentes ? Il y a, indubitablement, un point de différence extrêmement important entre les variétés et les espèces : c'est que l'amplitude de la différence entre les variétés, comparées entres elles ou avec leurs espèces parentes, est beaucoup moindre que celle qui existe entre les espèces du même genre. Mais lorsque nous arriverons à la discussion de ce que j'ai nommé le principe de divergence de caractère, nous verrons comment il est possible d'expliquer ce fait, et comment les différences plus petites qui existent entre les variétés tendent à s'accroître jusqu'à rejoindre les différences plus grandes qui existent entre les espèces.

Il est un autre point qui vaut la peine qu'on le signale. Les variétés ont en général des répartitions très restreintes : cette affirmation n'est, en fait, guère plus qu'un truisme, car, si l'on constatait qu'une variété a une répartition plus vaste que celle de son espèce parente supposée, leurs dénominations seraient inversées. Mais il y a quelque raison de croire que les espèces qui sont très étroitement apparentées à d'autres espèces, et dans cette mesure ressemblent à des variétés, occupent souvent des territoires très restreints. Par exemple, M. H.C. Watson m'a indiqué dans le très minutieux *London Catalogue of Plants* (4e édition) 63 plantes qui y sont classées comme espèces, mais qu'il considère comme si étroitement apparentées à d'autres espèces que leur valeur en devient douteuse : ces 63 espèces occupent en moyenne 6,9 des provinces entre lesquelles M. Watson a divisé la Grande-Bretagne. Or, dans ce même catalogue, 53 variétés reconnues sont répertoriées, et elles occupent 7,7 provinces, tandis que les espèces auxquelles appartiennent ces variétés occupent 14,3 provinces. De sorte que les variétés reconnues occupent à peu près le même territoire restreint que les formes étroitement apparentées qui m'ont été indiquées par M. Watson comme des espèces douteuses, mais sont presque universellement classées par les botanistes britanniques comme de bonnes et véritables espèces.

Résumé

En définitive, les variétés ne peuvent être distinguées des espèces – si ce n'est, premièrement, par la découverte de formes intermédiaires qui les relient ; et, deuxièmement, par une certaine amplitude indéfinie de différence existant entre elles ; car deux formes qui diffèrent très peu sont en général classées comme variétés, nonobstant le fait qu'on ne puisse les rattacher étroitement entre elles ; mais l'amplitude de différence estimée nécessaire pour attribuer à deux formes quelconques le rang d'espèces ne peut être définie. Au sein des genres possédant, à l'intérieur d'un pays, un nombre d'espèces supérieur à la moyenne, les espèces de ces genres ont un nombre de variétés supérieur à la moyenne. Dans les grands genres, les espèces ont tendance à être étroitement, mais inégalement, apparentées entre elles, et forment de petits rassemblements entourant d'autres espèces. Les espèces très étroitement apparentées à d'autres espèces ont apparemment des répartitions restreintes. Sous tous ces rapports, les espèces des grands genres présentent une forte analogie avec les variétés. Et nous pouvons clairement comprendre ces analogies si les espèces ont existé autrefois comme des variétés, et en ont tiré leur origine ; tandis que ces analogies sont entièrement inexplicables si les espèces sont des créations indépendantes.

Nous avons vu, également, que ce sont les espèces les plus florissantes, ou espèces dominantes, dans les grands genres de chaque classe, qui produisent en moyenne le plus grand nombre de variétés ; et les variétés, comme nous le verrons plus loin, tendent à se convertir en espèces nouvelles et distinctes. Ainsi, les grands genres tendent à s'agrandir encore ; et, dans la nature tout entière, les formes de vie qui dominent aujourd'hui tendent à devenir plus dominantes encore en laissant de nombreux descendants modifiés et dominants. Mais, par des étapes que l'on expliquera plus loin, les grands genres tendent également à se fractionner en genres plus petits. Et ainsi, les formes de vie, dans l'univers tout entier, se divisent en groupes subordonnés à d'autres groupes.

CHAPITRE III

LUTTE POUR L'EXISTENCE

Son importance pour la sélection naturelle – Le terme utilisé en un sens large – Raison géométrique de l'accroissement – Accroissement rapide des animaux et des plantes acclimatés – Nature des obstacles à l'accroissement – Concurrence universelle – Effets du climat – Protection due au nombre des individus – Relations complexes de tous les animaux et plantes dans l'ensemble de la nature – Lutte pour la vie très rigoureuse entre individus et variétés de la même espèce ; souvent rigoureuse entre espèces du même genre – La relation d'organisme à organisme, la plus importante de toutes les relations.

Avant d'en venir au sujet de ce chapitre, je dois faire quelques remarques préliminaires, pour montrer en quoi la Lutte pour l'Existence a une importance pour la sélection naturelle. On a vu dans le dernier chapitre que parmi les êtres organiques à l'état de nature il existe une certaine variabilité individuelle ; de fait, je ne sache pas que la chose ait jamais été contestée. Peu importe pour nous que l'on donne à une multitude de formes douteuses le nom d'espèces, de sous-espèces ou de variétés ; quel rang, par exemple, les deux ou trois cents formes douteuses de plantes britanniques peuvent légitimement occuper, si l'on admet l'existence de variétés bien marquées. Mais la seule existence de la variabilité individuelle et de quelques variétés bien marquées, quoique nécessaire en ce qu'elle est le fondement de cette étude, nous aide bien peu à comprendre de quelle façon les espèces apparaissent dans la nature. Toutes ces adaptations délicates d'une partie de l'organisation à une autre partie, ainsi qu'aux conditions de vie, et d'un être organique à un autre être, comment ont-elles été perfectionnées ? Nous voyons ces admirables co-adaptations le plus clairement chez le pic et dans le gui ; et à peine moins clairement chez le plus humble des parasites qui s'accroche au pelage d'un quadrupède ou aux plumes d'un oiseau ; dans la structure du coléoptère qui plonge sous la surface de l'eau ; dans la graine plumeuse que porte la brise légère ; bref, nous voyons d'admirables adaptations partout et dans toutes les parties du monde organique.

Mais, demandera-t-on peut-être, comment se fait-il que les variétés, que j'ai appelées des espèces naissantes, finissent par se convertir en espèces bonnes et distinctes, qui dans la plupart des cas diffèrent évidemment l'une de l'autre plus que ne le font les variétés de la même espèce ? Comment ces groupes d'espèces, qui constituent ce que l'on appelle des genres distincts, et qui diffèrent l'un de l'autre plus que ne le font les espèces du même genre, apparaissent-ils ? Ce sont là les résultats, comme nous le verrons plus complètement dans le chapitre suivant, de la lutte pour la vie. En raison de cette lutte, des variations, même légères, et quelle que soit leur cause, si elles sont à quelque degré profitables aux individus d'une espèce, dans les relations infiniment complexes qu'ils entretiennent avec d'autres êtres organiques et avec les conditions physiques de leur vie, tendront à préserver ces individus, et seront généralement héritées par les descendants. Les descendants eux aussi auront, de la sorte, de meilleures chances de survie, car, parmi les nombreux individus d'une espèce quelconque qui naissent périodiquement, seul un nombre réduit peut survivre. J'ai désigné ce principe, suivant lequel toute variation légère, si elle est utile, est préservée, par le terme *sélection naturelle*, afin de rendre sensible sa relation avec le pouvoir sélectif de l'homme. Mais l'expression souvent utilisée par M. Herbert Spencer de Survie des Plus Aptes possède une précision supérieure, et convient parfois tout aussi bien. Nous avons vu que, par la sélection, l'homme peut assurément produire de grands résultats, et peut adapter les êtres organiques à des usages qui lui sont propres, grâce à l'accumulation de variations légères mais utiles, qu'il reçoit de la main de la Nature. Mais la Sélection Naturelle, comme nous le verrons plus loin, est une puissance constamment prête pour l'action, et elle est aussi incommensurablement supérieure aux faibles efforts de l'homme que les ouvrages de la Nature le sont à ceux de l'Art.

Nous allons discuter à présent un peu plus en détail de la lutte pour l'existence. Dans mon ouvrage futur, ce sujet sera traité plus longuement, comme il le mérite assurément. De Candolle l'aîné et Lyell ont montré amplement et d'une manière philosophique que tous les êtres organiques sont exposés à une compétition rigoureuse. En ce qui concerne les plantes, nul n'a traité ce sujet avec plus d'esprit et d'habileté que W. Herbert, Doyen de Manchester, conséquence évidente de ses grandes connaissances horticoles. Rien n'est plus facile que d'admettre en paroles la vérité de cette universelle lutte pour la vie, et rien plus difficile – du moins est-ce mon sentiment – que de conserver à l'esprit constamment cette conclusion. Cependant, à moins d'en avoir l'esprit profondément pénétré, l'économie tout entière de la nature, avec chacun des faits liés à la répartition, à la rareté, à l'abondance, à l'extinction et à la variation, ne se prêtera qu'à une perception vague ou à une totale confusion. À nos regards, le visage de la nature s'offre empreint d'une joie radieuse, nous voyons souvent une surabondance de nourriture ; nous ne voyons pas, ou nous oublions, que les oiseaux qui chantent nonchalamment autour de nous se nourrissent surtout d'insectes ou de graines, et détruisent donc constamment de la vie ; ou bien nous oublions dans quelles proportions considérables ces chanteurs, ou leurs œufs, ou leurs oisillons, sont détruits par les oiseaux de proie et autres bêtes prédatrices ; nous ne conservons pas toujours à l'esprit que, même s'il se peut que la nourriture soit à présent surabondante, il n'en est pas ainsi à toutes les saisons de chaque nouvelle année.

Le terme Lutte pour l'Existence utilisé en un sens large

Je ferai observer au préalable que j'utilise ce terme en un sens large et métaphorique comprenant la dépendance d'un individu à l'égard d'un autre, et comprenant (ce qui est plus important) non seulement la vie de l'individu, mais le succès avec lequel il laisse une progéniture. On peut dire avec justesse que deux canidés, dans une période de disette, luttent l'un contre l'autre pour déterminer lequel trouvera de la nourriture et vivra. Mais on dit qu'une plante au bord d'un désert lutte pour vivre contre la sécheresse, alors qu'il faudrait dire en des termes plus propres qu'elle dépend de l'humidité. On peut dire avec plus de justesse d'une plante qui produit annuellement un millier de graines, et dont une seule en moyenne vient à maturité, qu'elle lutte avec les plantes du même type et de types différents qui tapissent déjà le sol. Le gui dépend du pommier et de quelques autres arbres, mais on ne peut dire sans exagération qu'il lutte avec ces arbres, car, si ces parasites sont trop nombreux à pousser sur le même arbre, il dépérit et meurt. Mais on peut dire avec plus de justesse de jeunes plants de gui qui poussent très rapprochés sur la même branche qu'ils luttent l'un avec l'autre. Comme le gui est disséminé par les oiseaux, son existence dépend d'eux ; et l'on peut dire métaphoriquement qu'il lutte avec d'autres plantes à fruits, en suscitant chez les oiseaux la tentation de dévorer et ainsi de disséminer leurs graines. En ces différents sens, qui se fondent l'un dans l'autre, j'utilise par commodité le terme général de Lutte pour l'Existence.

Raison géométrique de l'accroissement

Une Lutte pour l'Existence est la suite inévitable de la grande rapidité avec laquelle tous les êtres organiques tendent à s'accroître. Chaque être, produisant dans la durée naturelle de sa vie plusieurs œufs ou graines, doit subir une destruction durant une certaine époque de sa vie, une certaine saison ou éventuellement une année, sans quoi, d'après le principe de l'accroissement géométrique, sa démesure numérique deviendrait rapidement telle qu'aucun pays n'en pourrait soutenir la production. Donc, étant donné que plus d'individus sont produits qu'il n'en saurait survivre, il doit y avoir, dans tous les cas, une Lutte pour l'Existence, soit d'un individu avec un autre de la même espèce, soit avec les individus d'espèces distinctes, soit avec les conditions physiques de la vie. C'est la doctrine de Malthus appliquée avec une force multipliée à l'ensemble des règnes animal et végétal ; car dans ce cas il ne peut y avoir d'accroissement artificiel de la nourriture, ni restriction prudente imposée au mariage. Bien que certaines espèces puissent actuellement accroître, plus ou moins rapidement, le nombre de leurs représentants, toutes ne sont pas en mesure de le faire, car le monde ne saurait les contenir.

Il n'y a aucune exception à la règle suivant laquelle tout être organique s'accroît naturellement à une vitesse si grande que, s'il n'était l'objet d'aucune destruction, la terre serait bientôt couverte par la progéniture d'un unique couple. Même l'homme, qui est lent à se reproduire, a doublé en vingt-cinq ans, et, à cette vitesse, dans moins d'un millénaire sa progéniture ne pourrait littéralement plus s'y tenir debout. Linné a calculé que si une plante annuelle produisait deux graines seulement – et il n'existe aucune plante qui produise si peu – et si les plants issus de celles-ci en produisaient deux l'année suivante, et ainsi de suite, il y aurait alors en vingt ans un million de plantes. L'éléphant est considéré comme le plus lent à se reproduire de tous les animaux connus, et je me suis efforcé d'estimer la vitesse minimale probable de son accroissement naturel ; le plus sûr sera de supposer qu'il commence à se reproduire à l'âge de trente ans, et continue de se reproduire jusqu'à l'âge de quatre-vingt-dix ans, mettant au jour six petits dans cet intervalle, et survivant jusqu'à l'âge de cent ans ; s'il en est ainsi, après une période comprise entre 740 et 750 ans, il y aurait à peu près dix-neuf millions d'éléphants vivants issus du premier couple.

Mais nous avons de meilleurs témoignages sur ce sujet que de simples calculs théoriques, à savoir les nombreux cas répertoriés qui illustrent l'accroissement étonnamment rapide de divers animaux à l'état de nature, lorsque les circonstances leur ont été favorables durant deux ou trois saisons consécutives. Plus frappants encore sont les arguments que fournissent ceux de nos animaux domestiques de diverses sortes qui sont redevenus sauvages dans différentes parties du monde ; si les rapports sur la vitesse d'accroissement d'animaux lents à se reproduire comme les bovins et les chevaux en Amérique du Sud, et dernièrement en Australie, n'avaient pas comporté de bonnes garanties d'authenticité, ils auraient été incroyables. Il en est de même pour les plantes ; on pourrait citer des cas de plantes qui, introduites, sont devenues communes sur des îles tout entières en une période de moins de dix ans. Plusieurs de ces plantes, telles que le cardon et un grand chardon, qui sont à présent les plus communes dans les vastes plaines de La Plata, tapissant des lieues carrées de territoire presque à l'exclusion de toute autre plante, ont été introduites d'Europe ; et il y a des plantes qui se répandent à présent en Inde, comme m'en informe le Dr Falconer, du Cap Comorin à l'Himalaya, et qui ont été importées de l'Amérique depuis sa découverte. Dans de tels cas, et une infinité d'autres pourraient être cités, nul ne suppose que la fécondité des animaux ou des plantes ait été soudainement et temporairement accrue à quelque degré sensible. L'explication, évidente, est que les conditions de vie ont été hautement favorables, et qu'il y a eu par conséquent une moindre destruction des jeunes et des vieux, et que presque tous les jeunes ont eu la capacité de se reproduire. La raison géométrique de leur accroissement, dont le résultat ne manque jamais de surprendre, explique avec simplicité leur accroissement extraordinairement rapide et leur large diffusion dans leurs nouveaux habitats.

À l'état de nature, presque toutes les plantes adultes produisent chaque année des graines, et, parmi les animaux, il en est très peu qui ne s'accouplent pas chaque année. Nous pouvons donc affirmer avec confiance que toutes les plantes et tous les animaux tendent à s'accroître suivant une raison géométrique – que tous peupleraient rapidement toute station dans laquelle ils pourraient de quelque manière exister – et qu'à cette tendance géométrique à l'accroissement doit faire obstacle une destruction à une certaine époque de la vie. Notre familiarité avec les grands animaux domestiques tend, je pense, à nous induire en erreur : nous ne voyons pas de grande destruction les frapper, mais nous oublions que des milliers d'entre eux sont chaque année abattus à des fins alimentaires, et qu'à l'état de nature il faudrait d'une manière ou d'une autre en faire disparaître un nombre égal.

La seule différence entre les organismes qui produisent chaque année des œufs ou des graines par milliers et ceux qui produisent extrêmement peu est que les organismes lents à se reproduire auraient besoin de quelques années de plus pour peupler, dans des circonstances favorables, l'ensemble d'une région, si vaste soit-elle. Le condor pond deux œufs et l'autruche une vingtaine, et pourtant, dans le même pays, le condor peut être le plus nombreux des deux ; le pétrel Fulmar ne pond qu'un seul œuf, pourtant on croit qu'il est l'oiseau le plus nombreux au monde. Une mouche dépose des centaines d'œufs, et une autre, comme l'hippobosque, un seul ; mais cette différence ne détermine pas le nombre d'individus des deux espèces que peut contenir une région. Avoir un grand nombre d'œufs a quelque importance pour les espèces qui dépendent d'une quantité fluctuante de nourriture, car cela leur permet d'accroître rapidement le nombre de leurs représentants. Mais l'importance réelle d'un grand nombre d'œufs ou de graines est de compenser une forte destruction à une certaine époque de la vie ; et cette époque est, dans la grande majorité des cas, précoce. Si un animal peut d'une façon quelconque protéger ses œufs ou ses petits, il est possible qu'il en produise un petit nombre tout en conservant la même population moyenne, sans diminution ; mais si de nombreux œufs ou de nombreux petits sont détruits, il faut en produire beaucoup, ou l'espèce s'éteindra. Il suffirait, pour conserver la population complète d'un arbre qui vivrait en moyenne un millier d'années, qu'une unique graine fût produite tous les mille ans, à supposer que cette graine ne fût jamais détruite, et pût être assurée de germer dans un endroit adapté. De sorte que, dans tous les cas, le nombre moyen des représentants de n'importe quel animal ou de n'importe quelle plante ne dépend qu'indirectement du nombre de ses œufs ou de ses graines.

Lorsque l'on regarde la nature, il est absolument nécessaire de toujours conserver à l'esprit les considérations qui précèdent – de ne jamais oublier qu'on peut dire de tout être organique qu'il s'efforce au plus haut point d'accroître le nombre de ses représentants ; que chaque être vit grâce à une lutte qu'il mène à une certaine époque de sa vie ; qu'une lourde destruction frappe inévitablement les jeunes ou les vieux, durant chaque génération ou à des intervalles récurrents. Que l'on atténue un obstacle quelconque, que l'on adoucisse la destruction un tant soit peu, et les populations spécifiques s'accroîtront presque instantanément jusqu'à un nombre indéfini.

Nature des obstacles à l'accroissement

Les causes qui font obstacle à la tendance naturelle qu'a chaque espèce à s'accroître sont on ne peut plus obscures. Regardez la plus vigoureuse des espèces ; plus elle pullule à l'heure actuelle, plus elle tendra à accroître encore le nombre de ses représentants. Nous ne savons pas exactement, ne serait-ce que dans un seul cas, ce que sont ces obstacles. Et cela ne surprendra personne qui veuille bien réfléchir à l'ampleur de notre ignorance sur ce chapitre, même à l'égard de l'espèce humaine, pourtant incomparablement mieux connue que tout autre animal. Ce sujet des obstacles à l'accroissement a été traité avec habileté par plusieurs auteurs, et j'espère le discuter assez longuement dans un ouvrage futur, plus spécialement en ce qui concerne les animaux d'Amérique du Sud redevenus sauvages. Je ne ferai ici que quelques remarques, pour rappeler simplement à l'esprit du lecteur certains des points principaux. Les œufs ou les animaux très jeunes semblent en général pâtir le plus, mais ce n'est pas invariablement le cas. Chez les plantes, il y a une vaste destruction des graines, mais certaines observations que j'ai faites font apparaître que ce dont les jeunes plants pâtissent le plus est de germer dans un sol déjà occupé par une épaisse population d'autres plantes. Les jeunes plantes, en outre, sont détruits en grand nombre par divers ennemis ; par exemple, sur une portion de sol de trois pieds de longueur et de deux de largeur [91,44 cm × 60,96 cm. *Ndt.*], retournée et nettoyée, et où il était impossible qu'ils fussent étouffés par d'autres plantes, j'ai marqué tous les jeunes plants de nos mauvaises herbes indigènes à mesure qu'ils poussaient, et sur 357 il n'y en eut pas moins de 295 qui furent détruits, principalement par les limaces et les insectes. Si on laisse pousser un gazon qui a longtemps été tondu, et le cas serait identique avec du gazon que des quadrupèdes ont brouté ras, les plantes les plus vigoureuses tuent graduellement les moins vigoureuses, même s'il s'agit de plantes adultes ; ainsi, sur vingt espèces poussant sur une parcelle de gazon tondu (trois pieds par quatre) [91,44 × 121,92 cm. *Ndt.*], neuf espèces périrent, du fait que l'on avait laissé les autres espèces pousser librement.

La quantité de nourriture dont chaque espèce dispose fixe bien sûr la limite extrême de l'accroissement de chacune ; mais très fréquemment ce n'est pas le fait qu'elle puisse se procurer de la nourriture, mais le fait qu'elle serve de proie à d'autres animaux, qui détermine le nombre moyen des représentants d'une espèce. Ainsi, il ne fait guère de doute que le nombre de perdrix, de coqs de bruyère et de lièvres qui peuplent un vaste domaine dépend principalement de la destruction des bêtes nuisibles. Si l'on n'abattait pas la moindre tête de gibier en Angleterre dans les vingt prochaines années et que, dans le même temps, on ne détruise pas du tout les bêtes nuisibles, il y aurait, en toute probabilité, moins de gibier qu'à présent, bien que des centaines de milliers de pièces de gibier soient actuellement abattues chaque année. Dans certains cas, au contraire, comme dans celui de l'éléphant, aucun animal n'est détruit par des bêtes de proie ; car même le tigre en Inde n'ose que fort rarement attaquer un jeune éléphant protégé par sa mère.

Le climat joue un rôle important dans la détermination du nombre moyen des représentants d'une espèce, et l'arrivée périodique de saisons de froid ou de sécheresse extrême semble être le plus efficace de tous les obstacles. J'ai estimé (en me fondant principalement sur le nombre de nids, fortement réduit au printemps) que l'hiver de 1854-5 a détruit les quatre cinquièmes des oiseaux sur mes propres terres ; et c'est une destruction effroyable, lorsque l'on se souvient que, chez l'homme, une proportion de dix pour cent constitue une mortalité extraordinairement rigoureuse résultant d'épidémies. L'action du climat semble à première vue tout à fait indépendante de la lutte pour l'existence ; mais, dans la mesure où le climat agit principalement par la réduction de la nourriture, il suscite la plus rigoureuse des luttes entre les individus, soit de la même espèce soit d'espèces distinctes, qui tirent leur subsistance du même type de nourriture. Même lorsque le climat, par exemple un froid extrême, agit directement, ce seront les individus les moins vigoureux, ou ceux qui se seront procuré le moins de nourriture à mesure que l'hiver se prolonge, qui souffriront le plus. Lorsque nous voyageons du sud au nord, ou d'une région humide à une région sèche, nous voyons invariablement certaines espèces devenir par degrés de plus en plus rares, et finalement disparaître ; et, le changement de climat étant manifeste à nos yeux, nous sommes tentés d'attribuer cet effet tout entier à son action directe. Mais c'est une idée fausse ; nous oublions que chaque espèce, même là où elle le plus abondante, subit constamment une énorme destruction à une certaine époque de sa vie, de la part d'ennemis ou de concurrents qui recherchent le même lieu ou la même nourriture ; et si ces ennemis ou ces concurrents sont au moindre degré favorisés par quelque léger changement de climat, ils augmenteront en nombre ; et comme chaque région est déjà entièrement peuplée d'habitants, les autres espèces doivent décroître. Lorsque nous voyageons vers le sud et voyons le nombre des représentants d'une espèce décroître, nous pouvons à coup sûr en attribuer la cause tout autant aux avantages qui favorisent d'autres espèces qu'aux dommages qu'elle subit. Il en est de même lorsque nous voyageons vers le nord, mais à un degré un peu moindre, car le nombre d'espèces de toutes sortes, et donc de concurrents, décroît quand on va vers le nord ; c'est pourquoi en allant vers le nord, ou en gravissant une montagne, nous rencontrons bien plus souvent des formes rabougries, en raison de l'action *directement* nuisible du climat, que nous n'en rencontrons en nous dirigeant vers le sud ou en descendant une montagne. Lorsque nous atteignons les régions arctiques, ou les sommets enneigés, ou les déserts absolus, la lutte pour la vie est presque exclusivement une lutte avec les éléments.

Que le climat agit en majeure partie indirectement, en favorisant d'autres espèces, nous le voyons clairement au nombre prodigieux de plantes qui, dans nos jardins, peuvent parfaitement endurer notre climat, mais qui ne s'acclimatent jamais, car elles ne peuvent pas rivaliser avec nos plantes indigènes ni résister à la destruction causée par nos animaux indigènes.

Lorsqu'une espèce, du fait de circonstances hautement favorables, accroît démesurément le nombre de ses représentants sur une petite étendue, des épidémies – c'est du moins ce qui semble se produire généralement chez notre gibier – en sont souvent la suite ; et nous avons là un facteur de limitation indépendant de la lutte pour la vie. Mais certaines de ces prétendues épidémies elles-mêmes paraissent être dues à des vers parasites, qui ont été, pour quelque raison, peut-être en partie grâce à une diffusion facile parmi la foule serrée des animaux, favorisés hors de toute proportion : et c'est ici qu'intervient une sorte de lutte entre le parasite et sa proie.

D'autre part, dans de nombreux cas, une large provision d'individus de la même espèce, relativement au nombre de ses ennemis, est absolument nécessaire à sa préservation. Ainsi, il nous est aisé d'élever en abondance le froment et le colza, &c., dans nos champs, parce que les graines sont largement en excès, comparées au nombre des oiseaux qui s'en nourrissent ; et les oiseaux ne peuvent pas non plus, bien qu'ils aient une surabondance de nourriture en cette saison précise, croître en nombre proportionnellement à la réserve de graines, parce que la durée de l'hiver leur impose un frein ; mais toute personne qui en a tenté l'expérience sait les problèmes que l'on rencontre, dans un jardin, pour obtenir des graines à partir de quelques pousses de blé ou d'autres plantes semblables : j'ai dans ce cas perdu jusqu'à la dernière graine. Cette idée qu'une vaste population d'une même espèce est nécessaire à sa préservation explique, je crois, certains faits singuliers observables dans la nature, tel le fait que des plantes très rares soient parfois extrêmement abondantes, dans les quelques sites où elles existent ; et le fait que des plantes sociales soient sociales, c'est-à-dire possèdent des individus en abondance, même à la limite extrême de leur territoire. Car dans de tels cas, nous pouvons croire qu'une plante ne pourra exister que là où les conditions de vie seront tellement favorables que beaucoup pourront exister ensemble, et sauver ainsi l'espèce de la destruction totale. Je dois ajouter que les effets bénéfiques du croisement et les effets néfastes de la reproduction entre apparentés entrent sans nul doute en jeu dans nombre de ces cas ; mais je ne m'étendrai pas ici sur ce sujet.

*Relations mutuelles complexes de tous les animaux
et de toutes les plantes dans la lutte pour l'existence*

Bien des cas ont été enregistrés qui montrent combien sont complexes et inattendus les obstacles et les relations existant entre les êtres organiques qui ont à lutter ensemble dans le même pays. Je ne donnerai qu'un seul exemple, qui, bien que simple, m'a intéressé. Dans le Staffordshire, sur les terres d'un parent, où je disposais d'amples moyens d'investigation, il y avait une vaste lande extrêmement stérile, qui n'avait jamais été touchée par la main de l'homme ; mais plusieurs centaines d'acres de la même nature exactement avaient été encloses vingt-cinq ans auparavant et plantées de pins d'Écosse. Le changement de la végétation indigène de la partie plantée de la lande fut très remarquable, plus que celui que l'on observe généralement en passant d'un sol à un autre tout à fait différent ; non seulement les nombres proportionnels des plantes de lande avaient complètement changé, mais douze espèces de plantes (sans compter les herbes et les carex) prospéraient dans les plantations, que l'on ne pouvait trouver sur la lande. L'effet sur les insectes a dû être plus grand encore, car six oiseaux insectivores étaient très communs dans les plantations, que l'on ne voyait pas sur la lande ; et la lande était fréquentée par deux ou trois oiseaux insectivores distincts. Nous voyons ici combien a été puissant l'effet de l'introduction d'un unique arbre, sans que l'on ait fait quoi que ce soit d'autre, sinon enclore le terrain, de sorte que les bovins ne pussent y pénétrer. Mais à quel point la clôture est un élément important, je l'ai vu clairement près de Farnham, dans le Surrey. On y trouve des landes très étendues, avec quelques massifs de vieux pins d'Écosse au sommet de collines espacées : au cours des dix dernières années, de vastes terrains ont été enclos, et des multitudes de pins qui se sont semés entièrement seuls surgissent à présent, si serrés que tous ne peuvent vivre. Lorsque je me suis assuré que ces jeunes arbres n'avaient pas été semés ni plantés, j'ai été si surpris de leur nombre que je me suis rendu à plusieurs points de vue, d'où je pouvais examiner des centaines d'acres de cette lande non enclose, et je ne voyais littéralement pas un seul pin d'Écosse, si ce n'est les anciens massifs plantés. Mais lorsque j'ai regardé de près entre les tiges de la bruyère, j'ai trouvé une multitude de jeunes plants et de petits arbres qui avaient été perpétuellement broutés ras par le bétail. Sur un yard carré, à un emplacement éloigné de plusieurs centaines de yards de l'un des anciens massifs, j'ai compté trente-deux petits arbres ; et l'un d'eux, qui comportait vingt-six anneaux de croissance, avait durant de nombreuses années essayé d'élever sa cime au-dessus des tiges de la bruyère, et n'y était pas parvenu. Rien d'étonnant à ce que, dès que le terrain fut enclos, il ait été couvert d'un épais tapis de jeunes pins qui poussaient vigoureusement. Cependant, la lande était si complètement stérile et si étendue que nul n'aurait jamais imaginé que le bétail y ait recherché de la nourriture d'une façon si minutieuse et si efficace.

Nous voyons là que le bétail détermine absolument l'existence du pin d'Écosse; mais dans plusieurs parties du monde les insectes déterminent l'existence du bétail. Peut-être le Paraguay offre-t-il l'exemple le plus curieux de ce fait ; car dans ce pays ni le bétail, ni les chevaux, ni les chiens ne sont jamais devenus sauvages, bien que pullulent au sud et au nord ceux qui sont retournés à cet état ; or, Azara et Rengger ont montré que la cause en était la présence en plus grand nombre au Paraguay d'une certaine mouche, qui pond ses œufs dans le nombril de ces animaux juste après leur naissance. L'accroissement de ces mouches, si nombreuses, doit être habituellement freiné par quelque moyen, probablement par d'autres insectes parasites. C'est pourquoi, si certains oiseaux insectivores devaient décroître au Paraguay, les insectes parasites s'accroîtraient probablement ; et cela réduirait le nombre des mouches habitant les nombrils – alors les bœufs et les chevaux redeviendraient sauvages, et cela modifierait sans nul doute grandement (comme de fait je l'ai observé dans certaines parties de l'Amérique du Sud) la végétation : cela affecterait de nouveau largement les insectes ; ce qui affecterait, comme nous l'avons vu dans le Staffordshire, les oiseaux insectivores, et ainsi de suite, suivant des cercles de complexité toujours croissants. Ce n'est pas qu'à l'état naturel les rapports doivent jamais être aussi simples que cela. Des batailles au sein d'autres batailles doivent se produire continûment avec un succès variable ; et cependant sur le long terme les forces sont si finement équilibrées que le visage de la nature demeure uniforme durant de longues périodes de temps, alors qu'un rien donnerait assurément la victoire à un être organique sur l'autre. Néanmoins, notre ignorance est si profonde, et notre présomption si grande, que nous nous étonnons à la nouvelle de l'extinction d'un être organique ; et comme nous n'en voyons pas la cause, nous invoquons des cataclysmes propres à désoler le monde, ou bien nous inventons des lois sur la durée des formes de vie !

Je suis tenté de donner encore un exemple qui montre de quelle façon les plantes et les animaux, éloignés sur l'échelle de la nature, sont liés entre eux par un réseau de rapports complexes. J'aurai plus loin l'occasion de montrer que la *Lobelia fulgens*, fleur exotique, n'est jamais visitée dans mon jardin par des insectes, et par conséquent, en raison de sa structure particulière, ne produit jamais de graines. Presque toutes nos plantes orchidacées ont absolument besoin d'être visitées par les insectes afin qu'ils transportent leurs masses de pollen et, ainsi, les fécondent. Des expériences me font constater que les bourdons sont à peu près indispensables à la fécondation de la pensée (*Viola tricolor*), car les autres abeilles ne fréquentent pas cette fleur. J'ai également constaté que la visite des abeilles est nécessaire à la fécondation de certaines sortes de trèfle : par exemple, 20 pieds de trèfle de Hollande (*Trifolium repens*) ont produit 2 290 graines, mais 20 autres pieds protégés des abeilles n'en ont produit aucune. Derechef, 100 pieds de trèfle rouge (*T. pratense*) produisirent 2 700 graines, mais le même nombre de pieds, protégés, n'en ont pas produit une seule. Il n'y a que les bourdons qui visitent le trèfle rouge, étant donné que les autres abeilles ne peuvent atteindre le nectar. On a suggéré que ce pouvaient être les papillons de nuit qui fécondaient les trèfles ; mais je doute qu'ils en soient capables dans le cas du trèfle rouge, pour la raison que leur poids ne suffirait pas à déprimer les pétales alaires. Nous pouvons en inférer comme hautement probable que, si le genre des bourdons tout entier s'éteignait ou devenait très rare en Angleterre, la pensée et le trèfle rouge deviendraient très rares, ou disparaîtraient entièrement. Le nombre de bourdons dans une région dépend dans une large mesure du nombre des mulots, qui détruisent leurs rayons et leurs nids ; et le Colonel Newman, qui a longtemps étudié les habitudes des bourdons, croit que « plus des deux tiers d'entre eux sont ainsi détruits dans toute l'Angleterre ». Or, le nombre de mulots dépend largement, comme chacun le sait, du nombre de chats ; et le Colonel Newman écrit : « À proximité des villages et des petites villes, j'ai constaté que les nids de bourdons étaient plus nombreux qu'ailleurs, ce que j'attribue au nombre de chats qui détruisent les mulots ». On peut donc considérer comme tout à fait digne de foi l'hypothèse selon laquelle la présence dans une région d'un animal félin en grand nombre peut déterminer, par l'entremise tout d'abord des mulots, puis des abeilles, la fréquence de certaines fleurs dans cette région !

Dans le cas de chaque espèce, des obstacles divers et nombreux, qui agissent à diverses époques de la vie, et durant diverses saisons ou années, entrent probablement en jeu, l'un des obstacles, ou un petit nombre d'entre eux, ayant généralement le plus de puissance ; mais tous concourront à déterminer le nombre moyen des représentants, voire l'existence de l'espèce. Dans certains cas, on peut montrer que des obstacles fort différents agissent sur les mêmes espèces dans différentes régions. Lorsque nous regardons les plantes et les fourrés qui tapissent un talus enchevêtré, nous sommes tentés d'attribuer la proportion des nombres d'individus et des types à ce que nous nommons le hasard. Mais comme cette vue est fausse ! Tout le monde a entendu dire que lorsqu'une forêt américaine est abattue, une végétation très différente surgit ; mais on a observé que les anciennes ruines indiennes dans le sud des États-Unis, qui jadis ont dû être dépourvues d'arbres, présentent maintenant la même superbe diversité et la même proportion des types que la forêt vierge environnante. Quelle lutte a dû avoir lieu durant de longs siècles entre les différentes sortes d'arbres, chacun disséminant chaque année ses graines par milliers ; quelle guerre entre un insecte et un autre – entre les insectes, les escargots ou d'autres animaux et les oiseaux ou les bêtes de proie –, tous s'efforçant de s'accroître, chacun se nourrissant de l'autre, ou bien des arbres, de leurs graines et de leurs jeunes plants, ou encore des autres plantes qui tapissaient d'abord le sol et faisaient ainsi obstacle à la pousse des arbres ! Jetez en l'air une poignée de plumes, et toutes tombent au sol suivant des lois définies ; mais combien le problème de savoir où chacune tombera est simple, quand on le compare à celui de l'action et de la réaction des plantes et des animaux innombrables qui ont déterminé, au cours des siècles, les nombres proportionnels et les types d'arbres qui poussent maintenant sur les vieilles ruines indiennes !

La dépendance d'un être organique à l'égard d'un autre, comme d'un parasite à l'égard de sa proie, s'établit généralement entre des êtres éloignés sur l'échelle de la nature. C'est également le cas parfois de ceux dont on peut dire au sens strict qu'ils luttent l'un contre l'autre pour l'existence, comme dans le cas de la sauterelle et des quadrupèdes herbivores. Mais la lutte sera presque invariablement la plus rigoureuse entre les individus de la même espèce, car ils fréquentent les mêmes régions, ont besoin de la même nourriture, et sont exposés aux mêmes dangers. Dans le cas de variétés de la même espèce, la lutte sera généralement presque aussi rigoureuse, et nous voyons parfois la compétition se décider vite : par exemple, si l'on sème ensemble plusieurs variétés de blé, et que l'on sème de nouveau la semence mêlée, certaines des variétés qui conviennent le mieux au sol ou au climat, ou sont naturellement les plus fertiles, vaincront les autres et produiront ainsi plus de graines, et par conséquent supplanteront en quelques années les autres variétés. Si l'on veut élever longtemps une population mêlée, ne serait-elle composée que de variétés aussi extrêmement proches que les pois de senteur de différentes couleurs, il faut que l'on procède à des récoltes annuelles séparées, et que les semences soient alors mêlées dans la proportion requise, sans quoi les types les plus faibles décroîtront constamment en nombre et disparaîtront. De même en ce qui concerne les variétés de moutons : on a affirmé que certaines variétés de montagne poussent à la famine d'autres variétés de montagne, de sorte qu'il est impossible de les élever ensemble. Le résultat a été le même lorsque l'on a élevé ensemble des variétés différentes de la sangsue médicinale. Il est même permis de douter que les variétés de n'importe laquelle de nos plantes et animaux domestiques aient une force, des habitudes et une constitution si exactement identiques, que les proportions originelles d'une population mêlée (les croisements étant empêchés) puissent être conservées durant une demi-douzaine de générations, si on les laissait lutter les unes contre les autres, de la même manière que les êtres qui vivent à l'état de nature, et si les graines ou les petits n'étaient pas chaque année préservés dans la proportion requise.

Lutte pour la vie, très rigoureuse entre individus et variétés de la même espèce

Comme les espèces du même genre présentent ordinairement, mais non pas du tout invariablement, une grande similarité d'habitudes et de constitution, et toujours de structure, la lutte sera généralement plus rigoureuse entre elles, si elles entrent en concurrence l'une avec l'autre, qu'entre les espèces de genres distincts. Nous le voyons dans la récente extension à certaines parties des États-Unis d'une espèce d'hirondelle qui a causé la diminution d'une autre espèce. L'accroissement récent de la draine dans certaines parties de l'Écosse a causé la diminution de la grive musicienne. Comme il est fréquent que nous entendions parler d'une espèce de rat qui prend la place d'une autre espèce sous les climats les plus divers ! En Russie, la petite blatte d'Asie a partout chassé devant elle sa grande congénère. En Australie, l'abeille domestique, importée, est en train d'exterminer rapidement la petite abeille sans dard, indigène. On a appris qu'une espèce de moutarde des champs supplante une autre espèce ; et il en va de même dans d'autres cas. Nous voyons vaguement pourquoi la concurrence doit être très rigoureuse entre des formes apparentées, qui occupent à peu près la même place dans l'économie de la nature ; mais il n'est probablement pas un seul cas où nous pourrions dire précisément pourquoi une espèce a remporté la victoire sur une autre dans la grande bataille de la vie.

Des remarques qui précèdent peut être déduit un corollaire de la plus haute importance, à savoir que la structure de chaque être organique est liée, d'une manière on ne peut plus essentielle quoique souvent cachée, à celle de tous les autres êtres organiques, avec lesquels il entre en concurrence pour la nourriture ou l'habitat, ou auxquels il doit échapper, ou qui sont ses proies. C'est évident dans la structure des dents et des griffes du tigre ; et dans celle des pattes et des pinces du parasite qui s'accroche au pelage recouvrant le corps du tigre. Mais dans la graine magnifiquement plumeuse du pissenlit, et dans les pattes aplaties et frangées du scarabée d'eau, la relation semble tout d'abord limitée aux éléments de l'air et de l'eau. Cependant, l'avantage des graines plumeuses réside sans aucun doute dans la relation plus étroite qu'elles permettent avec un terrain déjà densément tapissé par d'autres plantes ; de cette façon, les graines peuvent être réparties sur un vaste espace et tomber sur des sols inoccupés. Dans le cas du scarabée d'eau, la structure de ses pattes, si bien adaptées à la plongée, lui permet d'être en concurrence avec d'autres insectes aquatiques, de chasser sa propre proie, et d'éviter de servir de proie à d'autres animaux.

La réserve de substance nutritive déposée à l'intérieur des graines de nombreuses plantes semble à première vue n'avoir aucune espèce de relation avec d'autres plantes. Mais à en juger par la forte croissance des jeunes plantes produites à partir de ces graines, comme les pois et les haricots, quand on les sème au beau milieu d'une herbe haute, on peut soupçonner que l'usage principal de la substance nutritive contenue dans la graine est de favoriser la croissance des plants, tandis qu'ils luttent avec d'autres plantes qui poussent vigoureusement tout autour.

Regardez une plante au milieu de son territoire : pourquoi ne double-t-elle pas, pourquoi ne quadruple-t-elle pas sa population ? Nous savons qu'elle peut parfaitement bien supporter un peu plus de chaleur ou de froid, d'humidité ou de sécheresse, car elle s'étend ailleurs sur des territoires légèrement plus chauds ou plus froids, plus humides ou plus secs. Dans ce cas, nous voyons clairement que si nous voulions donner en imagination à la plante le pouvoir d'accroître sa population, il faudrait que nous lui donnions quelque avantage sur ses concurrents, ou sur les animaux qui sont ses prédateurs. Aux limites de son territoire, un changement de constitution en rapport avec le climat serait clairement un avantage pour notre plante ; mais nous avons des raisons de croire que seules quelques plantes ou animaux ont des territoires si étendus, qu'ils sont détruits exclusivement par la rigueur du climat. Ce n'est que lorsque l'on atteint les limites extrêmes de la vie, dans les régions arctiques ou aux confins d'un désert absolu, que la concurrence cesse. Le terrain peut être extrêmement froid ou extrêmement sec, il y aura pourtant une concurrence entre un petit nombre d'espèces, ou entre les individus de la même espèce, pour l'occupation des zones les plus chaudes ou les plus humides.

Aussi peut-on voir que lorsqu'une plante ou un animal est placé dans un nouveau pays parmi de nouveaux concurrents, les conditions de sa vie seront généralement changées d'une manière essentielle, quand bien même le climat serait exactement identique à celui de son premier habitat. Si l'on veut que le nombre moyen de ses représentants s'accroisse dans son nouvel habitat, il faudra que nous modifiions cet être autrement qu'il n'aurait fallu le faire dans son pays d'origine ; car il faudra lui donner quelque avantage sur un groupe différent de concurrents et d'ennemis.

Il est bon d'essayer ainsi, en imagination, de donner à une espèce quelconque un avantage sur une autre. Dans aucun cas, probablement, nous ne saurions ce qu'il nous faudrait faire. Voilà qui devrait nous convaincre de notre ignorance au sujet des relations mutuelles qu'entretiennent tous les êtres organiques – conviction aussi nécessaire que difficile à acquérir. Tout ce que nous pouvons faire est de conserver constamment à l'esprit que chaque être organique s'efforce de s'accroître suivant une raison géométrique ; que chaque être, à une certaine époque de sa vie, durant une certaine saison de l'année, à chaque génération ou par intervalles, doit lutter pour vivre et doit subir une grande destruction. Lorsque nous réfléchissons à cette lutte, nous pouvons trouver une consolation dans l'assurance que la guerre de la nature n'est pas incessante, que la peur n'y est jamais ressentie, que la mort est généralement prompte, et que ceux qui sont vigoureux, prospères et heureux survivent et se multiplient.

CHAPITRE IV

SÉLECTION NATURELLE, OU SURVIE DES PLUS APTES

Sélection naturelle – son pouvoir comparé à la sélection par l'homme – son pouvoir sur les caractères de peu d'importance – son pouvoir à tous les âges et sur les deux sexes – Sélection sexuelle – Sur la généralité des entrecroisements entre individus de la même espèce – Circonstances favorables et défavorables aux résultats de la sélection naturelle, savoir : entrecroisement, isolement, nombre des individus – Action lente – Extinction causée par la sélection naturelle – Divergence de caractère, liée à la diversité des habitants de toute région de faible étendue, ainsi qu'à l'acclimatation – Action de la sélection naturelle, par divergence de caractère et extinction, sur les descendants d'un parent commun – Explique le groupement de tous les êtres organiques – Avancement dans l'organisation – Formes inférieures conservées – Convergence de caractère – Multiplication indéfinie des espèces – Résumé.

Comment la lutte pour l'existence, brièvement traitée dans le chapitre précédent, agira-t-elle en ce qui concerne la variation ? Le principe de sélection, dont nous avons vu qu'il est si puissant entre les mains de l'homme, peut-il s'appliquer à l'état de nature ? Je pense que nous verrons qu'il peut agir avec la plus grande efficacité. Que l'on conserve à l'esprit le nombre infini de variations légères et de différences individuelles qui surviennent chez nos productions domestiques et, à un moindre degré, chez celles qui vivent à l'état de nature ; que l'on songe aussi à la force de la tendance héréditaire. Dans l'état de domestication, on peut dire avec raison que l'ensemble de l'organisation devient à un certain degré plastique. Mais la variabilité, que nous rencontrons presque universellement chez nos productions domestiques, n'est pas directement produite par l'homme, comme Hooker et Asa Gray l'ont bien remarqué ; celui-ci ne peut ni être à l'origine de variétés nouvelles, ni empêcher qu'elles apparaissent ; il ne peut que préserver et accumuler celles qui, de fait, apparaissent. Sans que ce soit intentionnel, il expose des êtres organiques à des conditions de vie nouvelles et changeantes, et la variabilité en est la suite ; mais des changements de conditions semblables pourraient se produire, et se produisent de fait, à l'état de nature. Que l'on n'oublie pas non plus l'infinie complexité et l'intrication des rapports mutuels qu'entretiennent tous les êtres organiques les uns avec les autres et avec les conditions physiques de leur vie ; et, par conséquent, comme sont infiniment variées les disparités de structure susceptibles d'être utiles à chaque être dans des conditions de vie changeantes. Peut-on alors considérer comme improbable, étant donné que des variations utiles à l'homme se sont indubitablement produites, que d'autres variations utiles de quelque façon à chaque être dans la grande et complexe bataille de la vie se produisent au fil de nombreuses générations successives ? Si de telles variations se produisent, pouvons-nous douter (en nous souvenant qu'il naît bien plus d'individus qu'il n'en peut survivre) que les individus qui possèdent sur d'autres un avantage, si léger soit-il, aient les meilleures chances de survivre et de propager leur type en procréant ? Au contraire, nous pouvons penser avec assurance que toute variation nuisible au moindre degré serait implacablement détruite. C'est cette préservation des différences et variations individuelles favorables, et la destruction de celles qui sont nuisibles, que j'ai nommées sélection naturelle, ou Survie des Plus Aptes. Les variations qui ne seraient ni utiles ni nuisibles ne se trouveraient pas affectées par la sélection naturelle, et soit elles demeureraient un élément fluctuant, comme nous le voyons peut-être chez certaines espèces polymorphes, soit elles finiraient par devenir fixes, cela dépendant de la nature de l'organisme et de la nature des conditions.

Plusieurs auteurs se sont mépris sur le terme *Sélection Naturelle* ou l'ont critiqué. Certains se sont même figuré que la sélection naturelle entraînait la variabilité, alors qu'elle implique seulement la préservation des variations qui voient le jour et sont bénéfiques pour l'être dans les conditions de vie auxquelles il est soumis. Personne ne trouve à redire lorsque les agriculteurs parlent des puissants effets de la sélection pratiquée par l'homme ; et dans

Sélection naturelle, ou survie des plus aptes [chap. IV]

ce cas les différences individuelles données par la nature, que l'homme sélectionne en vue d'un certain objectif, doivent de toute nécessité apparaître d'abord. D'autres ont objecté que le terme *sélection* implique un choix conscient chez les animaux qui sont modifiés ; et l'on a même argué que, les plantes n'étant pas capables d'un acte de volonté, la sélection naturelle ne saurait s'appliquer à elles ! Au sens littéral du mot, il ne fait pas de doute que la sélection naturelle est un terme faux ; mais qui a jamais trouvé à redire lorsque les chimistes parlent des affinités électives des divers éléments ? – et pourtant on ne peut dire au sens strict qu'un acide élise la base avec laquelle il se combine de préférence. On a dit que je parle de la sélection naturelle comme d'une puissance active ou d'une Divinité ; mais qui trouve à redire lorsqu'un auteur parle de l'attraction de la gravité comme de ce qui gouverne le mouvement des planètes ? Tout le monde sait ce que veulent dire et ce qu'impliquent ces expressions métaphoriques ; et elles sont presque nécessaires à des fins de brièveté. Il est donc difficile d'éviter de personnifier le mot *nature* ; mais je n'entends par *nature* que l'action et le produit cumulés de nombreuses lois naturelles, et par *lois* que la séquence des événements telle que nous l'établissons. Un peu plus de familiarité fera oublier ces objections superficielles.

Nous comprendrons au mieux le cours probable de la sélection naturelle en prenant le cas d'un pays qui subit quelque léger changement physique, de climat par exemple. Les nombres proportionnels de ses habitants subiront presque immédiatement un changement, et certaines espèces s'éteindront probablement. Nous pouvons conclure, d'après ce que nous avons vu de la manière intime et complexe dont les habitants de chaque pays sont liés les uns aux autres, que tout changement dans les nombres proportionnels de certains des habitants, indépendamment du changement de climat lui-même, affecterait gravement les autres. Si le pays avait des frontières ouvertes, de nouvelles formes immigreraient certainement, et cela dérangerait également d'une façon grave les rapports de certains des premiers habitants. Que l'on se souvienne de l'influence puissante qu'a l'introduction d'un seul arbre ou d'un seul mammifère, comme on l'a montré. Mais dans le cas d'une île, ou d'un pays en partie enclos par des barrières, dans lesquels des formes nouvelles et mieux adaptées ne pourraient entrer librement, nous aurions alors des places dans l'économie de la nature qui seraient assurément mieux occupées, si certains des habitants originels étaient modifiés de quelque manière ; car, si le territoire avait été ouvert à l'immigration, des intrus se seraient emparés de ces mêmes places. Dans de tels cas, de légères modifications, qui favoriseraient de quelque façon les individus d'une espèce, en les adaptant mieux à la transformation de leurs conditions, tendraient à être préservées ; et la sélection naturelle aurait ainsi le champ libre pour accomplir son ouvrage d'amélioration.

Nous avons de bonnes raisons de penser, comme on l'a montré dans le premier chapitre, que le changement des conditions de vie produit une tendance à une variabilité accrue ; or, dans les cas précédents, les conditions ont changé, et cela était manifestement favorable à la sélection naturelle, dans la mesure où cela donnait de meilleures chances que se produisent des variations profitables. S'il ne s'en produit pas, la sélection naturelle ne peut rien faire. Sous le terme de « variations », il ne faut jamais oublier que l'on inclut de simples différences individuelles. Si l'homme peut produire de grands résultats avec ses animaux et ses plantes domestiques, en additionnant dans telle ou telle direction donnée des différences individuelles, la sélection naturelle pourrait faire de même, mais bien plus aisément, parce qu'elle dispose d'un temps d'action incomparablement plus long. Et je ne crois pas qu'un grand changement physique, comme un changement de climat, ou un degré inhabituel d'isolement, capable de faire obstacle à l'immigration, soient nécessaires pour que de nouvelles places inoccupées soient disponibles et que la sélection naturelle les remplisse en améliorant certains des habitants qui subissent une variation. Car, étant donné que tous les habitants de chaque pays luttent les uns contre les autres dans un bel équilibre de forces, des modifications extrêmement légères de la structure ou des habitudes d'une espèce lui donneraient souvent un avantage sur d'autres ; et des modifications ultérieures du même type accroîtraient encore souvent cet avantage,

Sélection naturelle, ou survie des plus aptes [chap. IV]

aussi longtemps que l'espèce continuerait à vivre dans les mêmes conditions et jouirait des mêmes moyens de subsistance et de défense. Il n'est pas une seule contrée que l'on puisse nommer où tous les habitants indigènes soient maintenant si parfaitement adaptés les uns aux autres et aux conditions physiques dans lesquelles ils vivent, qu'aucun d'entre eux ne puisse être encore mieux adapté ou amélioré ; car, dans toutes les contrées, les habitants indigènes ont à tel point cédé devant l'avancée conquérante des productions qui y ont été acclimatées, qu'ils ont permis à des étrangers de prendre fermement possession du territoire. Et comme les étrangers ont de la sorte, dans chaque contrée, vaincu certains des indigènes, nous pouvons conclure sans risque que les indigènes ont sans doute été modifiés avec avantage, de façon à mieux résister à l'intrusion des envahisseurs.

Puisque l'homme peut produire, et a certainement produit, de grands résultats par ses moyens de sélection méthodiques ou inconscients, de quels effets la sélection naturelle ne sera-t-elle pas capable ? L'homme ne peut agir que sur des caractères externes et visibles : la Nature, si l'on me permet de personnifier la préservation naturelle ou survie des plus aptes, ne se soucie aucunement des apparences, si ce n'est dans la mesure où elles sont utiles à tel ou tel être. Elle peut agir sur tout organe interne, sur toutes les nuances que prennent les différences de constitution, sur toute la machinerie de la vie. L'homme sélectionne seulement pour son propre bien : la nature seulement pour celui de l'être dont elle s'occupe. Tout caractère sélectionné est pleinement exercé par ses soins, comme l'implique le fait qu'il soit sélectionné. L'homme élève les productions indigènes de nombreux climats dans la même contrée ; il exerce rarement chacun des caractères sélectionnés d'une manière particulière et adaptée ; il nourrit un pigeon à bec long et un pigeon à bec court de la même nourriture ; il n'exerce pas un quadrupède à dos long ou à pattes longues d'une manière particulière ; il expose les moutons à laine longue et les moutons à laine courte au même climat. Il ne permet pas aux mâles les plus vigoureux de lutter pour avoir les femelles. Il ne détruit pas implacablement tous les animaux de qualité inférieure, mais protège au fil des saisons, autant qu'il en a le pouvoir, toutes ses productions. Il commence souvent sa sélection par quelque forme à demi monstrueuse, ou du moins par quelque modification suffisamment saillante pour attirer le regard ou lui être nettement utile. À l'état de nature, les plus légères différences de structure ou de constitution sont tout à fait susceptibles de renverser le bel équilibre de la lutte pour la vie, et donc d'être conservées. Comme les souhaits et les efforts de l'homme sont fugaces ! Comme son temps est court ! Et comme par conséquent ses résultats seront médiocres, comparés à ceux que la nature accumule durant des époques géologiques entières ! Pouvons-nous alors nous étonner que les productions de la nature soient d'un caractère bien plus « authentique » que les productions de l'homme, qu'elles soient infiniment mieux adaptées aux conditions de vie les plus complexes, et qu'elles portent clairement la marque d'une facture plus éminente ?

On peut dire métaphoriquement que la sélection naturelle scrute chaque jour et à chaque heure, dans le monde entier, les plus légères variations ; rejette celles qui sont mauvaises, préserve et additionne toutes celles qui sont bonnes ; travaille silencieusement et insensiblement, *à tout moment et en tout lieu où l'occasion lui en est donnée*, à l'amélioration de chaque être organique dans ses rapports avec les conditions organiques et inorganiques de sa vie. Nous ne voyons rien de ces changements lents qui sont en cours, tant que la main du temps n'a pas marqué le passage des époques, et, alors même, la vue que nous prenons des âges géologiques anciens est si imparfaite que nous voyons seulement que les formes de vie sont maintenant différentes de ce qu'elles étaient autrefois.

Pour qu'une grande quantité de modifications soit effectuée dans une espèce, une variété, une fois qu'elle a été formée, doit encore, peut-être après un long intervalle de temps, varier ou présenter des différences individuelles de la même nature favorable que précédemment ; et celles-ci doivent à leur tour être préservées, et ainsi de suite, pas à pas. Étant donné que des différences individuelles du même genre surviennent perpétuellement, on ne saurait considérer que cette opinion soit dépourvue de garanties. Mais, de sa vérité, nous ne pouvons juger qu'en observant jusqu'où cette hypothèse s'accorde avec les phénomènes généraux de la nature et les explique. D'autre part, la croyance ordinaire, selon laquelle la somme de variation possible est une quantité strictement limitée, est elle aussi une simple supposition.

Bien que la sélection naturelle ne puisse agir qu'au travers et pour le bien de chaque être, cependant des caractères et des structures que nous avons tendance à considérer comme d'une importance minime peuvent être soumis ainsi à son action. Lorsque nous voyons que les insectes mangeurs de feuilles sont verts, et que ceux qui se nourrissent d'écorce sont d'un gris tacheté ; que le lagopède alpin est blanc en hiver, et que le lagopède rouge a la couleur de la bruyère, il nous faut penser que ces teintes rendent à ces oiseaux et à ces insectes le service de les préserver du danger. Les coqs de bruyère, s'ils n'étaient pas détruits à une certaine époque de leur vie, s'accroîtraient jusqu'à devenir indénombrables ; on sait qu'ils souffrent largement de l'action des oiseaux de proie ; et les faucons sont guidés par la vue vers leur proie – à tel point que, dans certaines parties du Continent, on déconseille aux gens d'élever des pigeons blancs, parce qu'ils sont les plus susceptibles d'être détruits. La sélection naturelle pourrait donc avoir pour action de donner à chaque sorte de coq de bruyère la couleur qui convient, et de rendre cette couleur, une fois qu'elle a été acquise, fidèle et constante. Nous ne devrions d'ailleurs pas croire que la destruction occasionnelle d'un animal de telle ou telle couleur ne produirait que peu d'effet : nous devrions nous rappeler combien il est essentiel, dans un troupeau de moutons blancs, de détruire un agneau qui a la moindre trace de noir. Nous avons vu de quelle façon la couleur des cochons qui se nourrissent de la « racine rouge » en Virginie détermine s'ils vont vivre ou mourir. Chez les plantes, le duvet des fruits et la couleur de la chair sont considérés par les botanistes comme des caractères de la plus minime importance ; cependant, nous apprenons d'un excellent horticulteur, Downing, qu'aux États-Unis les fruits dont la peau est lisse souffrent bien plus de l'action d'un coléoptère, un *Curculio*, que ceux qui ont un duvet ; que les prunes rouges souffrent bien plus d'une certaine maladie que les prunes jaunes ; tandis qu'une autre maladie attaque les pêches à chair jaune bien plus que celles qui ont une chair d'une autre couleur. Si, avec tous les secours de l'art, ces légères différences font une grande différence dans la culture des diverses variétés, assurément, à l'état de nature, dans lequel les arbres auraient à lutter avec d'autres arbres et avec une foule d'ennemis, de telles différences décideraient en pratique quelle variété réussirait, de celle à fruit lisse ou duveteux, et de celle à chair jaune ou à chair rouge.

Lorsque nous regardons nombre de petits points de différence entre espèces qui, pour autant que notre ignorance nous permette d'en juger, semblent de très peu d'importance, nous ne devons pas oublier que le climat, la nourriture, &c., ont sans aucun doute produit quelque effet direct. Il est également nécessaire de conserver à l'esprit que, d'après la loi de la corrélation, lorsqu'une partie varie, et que les variations sont accumulées grâce à la sélection naturelle, d'autres modifications, souvent d'une nature extrêmement inattendue, en sont la suite.

Tout comme nous voyons que les variations qui apparaissent, à l'état domestique, à telle ou telle époque de la vie tendent à réapparaître chez la descendance à la même époque – par exemple, dans la forme, la taille et le goût des graines des nombreuses variétés de nos plantes culinaires et de nos plantes agricoles ; aux stades de la chenille et du cocon chez les variétés du ver à soie ; dans les œufs des volailles, et dans la couleur du duvet de leurs poussins ; dans les cornes de nos moutons et de nos bœufs approchant de l'état adulte –, de même, à l'état de nature, la sélection naturelle aura la capacité d'agir sur les êtres organiques et de les modifier à n'importe quel âge, par l'accumulation de variations profitables à cet âge, et par leur transmission héréditaire à un âge correspondant. S'il est profitable à une plante que ses graines soient disséminées par le vent de plus en plus loin, je ne vois pas plus de difficulté à ce que cela soit accompli grâce à la sélection naturelle, que je n'en vois à ce que le planteur de coton accroisse et améliore par la sélection le duvet contenu dans les gousses de ses cotonniers. La sélection naturelle peut modifier et adapter la larve d'un insecte à une multitude de contingences entièrement différentes de celles qui concernent l'insecte à l'âge adulte ; et ces modifications peuvent affecter, par corrélation, la structure de l'adulte. De même, réciproquement, des modifications chez l'adulte peuvent affecter la structure de la larve ; mais, dans tous les cas, la sélection naturelle fera en sorte qu'elles ne soient pas nuisibles : car, si elles l'étaient, l'espèce s'éteindrait.

La sélection naturelle a coutume de modifier la structure des petits relativement au parent, et celle du parent relativement aux petits. Chez les animaux sociaux, elle adapte la structure de chaque individu au bénéfice de la communauté tout entière – si la communauté tire profit du changement qui a été sélectionné. Ce que la sélection naturelle ne peut faire, c'est modifier la structure d'une espèce, sans lui donner le moindre avantage, pour le bien d'une autre espèce ; et, bien que l'on puisse trouver des affirmations en ce sens dans des ouvrages d'histoire naturelle, je ne puis trouver un seul cas qui résiste à l'examen. Une structure qui n'est utilisée qu'une seule fois dans la vie d'un animal, si elle est pour lui d'une haute importance, est susceptible d'être modifiée presque indéfiniment par la sélection naturelle ; par exemple, les grandes mâchoires que possèdent certains insectes, et qu'ils utilisent exclusivement pour ouvrir le cocon – ou la pointe dure du bec des oiseaux avant l'éclosion, qu'ils utilisent pour briser l'œuf. On a affirmé que les meilleurs pigeons culbutants à bec court sont plus nombreux à périr dans l'œuf qu'à pouvoir en sortir ; aussi les éleveurs les aident-ils au cours de l'éclosion. Or si la nature devait rendre le bec du pigeon adulte très court pour le bien de l'oiseau lui-même, le processus de modification serait très lent, et simultanément aurait lieu la sélection la plus rigoureuse de tous les jeunes oiseaux, encore dans l'œuf, qui auraient les becs les plus puissants et les plus durs, car tous ceux qui auraient des becs faibles périraient inévitablement ; ou bien des coquilles plus délicates et plus faciles à briser pourraient être sélectionnées, puisque l'on sait que l'épaisseur de la coquille varie comme toute autre structure.

Il sera bon de remarquer ici qu'il doit y avoir chez tous les êtres une forte destruction opérant au hasard, et susceptible de n'avoir que peu d'influence, ou de n'en avoir aucune, sur le cours de la sélection naturelle. Par exemple, un nombre énorme d'œufs et de graines sont dévorés chaque année, et ils ne pourraient être modifiés par la sélection naturelle que s'ils présentaient une variation quelconque qui les protégeât de leurs ennemis. Cependant, s'ils n'avaient été détruits, un grand nombre de ces œufs et de ces graines auraient peut-être produit des individus mieux adaptés à leurs conditions de vie que tous ceux qui se trouvent avoir survécu. Ainsi donc, un nombre énorme d'animaux et de plantes adultes, qu'ils soient ou non les mieux adaptés à leurs conditions, doivent être détruits chaque année par des causes accidentelles, que n'adouciront pas au moindre degré certains changements de structure ou de constitution qui seraient, dans d'autres situations, bénéfiques à l'espèce. Mais, quand bien même la destruction des adultes serait très lourde, si la population qui peut exister dans une région n'est pas entièrement bridée par de telles causes – et quand bien même encore la destruction des œufs ou des graines serait si grande que seul un centième ou un millième se développe –, pourtant, parmi ceux qui parviennent à survivre, les individus les mieux adaptés, à supposer qu'il y ait une certaine variabilité dans une direction favorable, tendraient à propager leur type en plus grand nombre que les individus moins bien adaptés. S'il arrive que la population soit entièrement bridée par les causes que nous venons d'indiquer, comme cela a souvent été le cas, la sélection naturelle sera impuissante à emprunter certaines directions bénéfiques ; mais ce n'est pas là une objection valable à son efficacité à d'autres moments et dans d'autres situations ; car nous sommes loin d'avoir la moindre raison de supposer que de nombreuses espèces subissent jamais la modification et l'amélioration au même moment et sur le même territoire.

Sélection sexuelle

Dans la mesure où des particularités apparaissent souvent à l'état domestique chez l'un des sexes et sont ensuite héréditairement attachées à ce sexe, il en sera sans aucun doute de même à l'état de nature. Ainsi, il devient possible aux deux sexes d'être modifiés grâce à la sélection naturelle relativement à des habitudes de vie différentes, comme c'est souvent le cas ; ou à l'un des sexes d'être modifié relativement à l'autre sexe, comme cela se produit communément. Cela me conduit à dire quelques mots de ce que j'ai nommé *Sélection Sexuelle*. Cette forme de sélection dépend, non d'une lutte pour l'existence relativement à d'autres êtres organiques ou aux conditions extérieures, mais d'une lutte entre les individus d'un seul sexe, généralement les mâles, en vue de la possession de l'autre sexe. Le résultat n'est pas la mort pour le concurrent malheureux, mais une descendance peu nombreuse ou nulle. La sélection sexuelle est, par conséquent, moins rigoureuse que la sélection naturelle. En général, les mâles les plus vigoureux, ceux qui sont le mieux adaptés à leur place dans la nature, laissent la progéniture la plus abondante. Mais, dans de nombreux cas, la victoire ne dépend pas tant de la vigueur générale que de la détention d'armes spéciales, réservées au sexe mâle. Un cerf sans cornes ou un coq sans éperons n'ont que de faibles chances de laisser une descendance nombreuse. La sélection sexuelle, en permettant toujours au vainqueur de se reproduire, pourrait sans doute donner un courage indomptable, plus de longueur à l'éperon, et plus de force à l'aile pour frapper la patte armée de son rival, à peu près de la même manière que le fait le brutal éleveur de coqs de combat par la sélection minutieuse de ses meilleurs coqs. Jusqu'où l'on trouve, en descendant l'échelle de la nature, cette loi du combat, je l'ignore ; on a décrit des combats entre des alligators mâles qui poussaient des cris et tourbillonnaient, comme des Indiens dans une danse de guerre, en vue de la possession des femelles ; on a observé des saumons mâles qui combattaient tout le jour ; les cerfs-volants mâles portent parfois des blessures que leur ont infligées les énormes mandibules d'autres mâles ; les mâles de certains insectes hyménoptères ont été vus fréquemment, par cet inimitable observateur qu'est M. Fabre, en train de se battre pour une femelle en particulier, qui se tient non loin, spectatrice apparemment indifférente de la lutte, et part ensuite aux côtés du vainqueur. C'est peut-être entre les mâles des animaux polygames que la guerre est la plus rigoureuse, et ce sont eux qui semblent le plus souvent pourvus d'armes spéciales. Les mâles des animaux carnivores sont déjà bien armés ; même si, à eux comme à d'autres, des moyens de défense spéciaux peuvent être donnés par le moyen de la sélection sexuelle, comme la crinière pour le lion, et la mâchoire en crochet pour le saumon mâle ; car le bouclier peut être aussi important pour la victoire que l'épée ou la lance.

Parmi les oiseaux, la compétition revêt souvent un caractère plus paisible. Tous ceux qui ont étudié ce sujet estiment qu'il existe une rivalité on ne peut plus rigoureuse entre les mâles de nombreuses espèces pour attirer, par leur chant, les femelles. Les merles de roche de Guyane, les oiseaux de paradis et quelques autres espèces se rassemblent, et les mâles présentent tour à tour, avec le soin le plus raffiné, leur magnifique plumage, l'exhibant de la manière la plus avantageuse ; ils accomplissent également d'étranges simagrées devant les femelles, qui sont là comme des spectatrices, et finissent par choisir le partenaire le plus attirant. Ceux qui ont étudié de près des oiseaux en captivité savent bien qu'ils acquièrent parfois des préférences et des dégoûts individuels : c'est ainsi que *Sir* R. Heron a décrit de quelle façon un paon panaché était éminemment attirant aux yeux de toutes ses compagnes. Je ne peux pas entrer ici dans le détail, comme il le faudrait ; mais si un homme peut donner en peu de temps à ses bantams de la beauté et un port élégant, d'après ses critères de beauté, je ne vois aucune raison valable de douter que les oiseaux femelles, en sélectionnant, durant des milliers de générations, les mâles les plus mélodieux ou les plus beaux, d'après leurs critères de beauté, puissent produire un effet notable. Certaines lois bien connues relatives au plumage des oiseaux mâles et femelles, comparé au plumage des petits, peuvent en partie s'expliquer par l'action de la sélection sexuelle sur les variations qui se produisent à différents âges, et sont transmises aux seuls mâles ou aux deux sexes à des âges correspondants ; mais je ne dispose pas ici d'un espace suffisant pour aborder ce sujet.

Voilà, je crois, comment il se fait que, lorsque les mâles et les femelles de n'importe quel animal ont les mêmes habitudes de vie générales, mais diffèrent par la structure, la couleur ou les ornements, ces différences ont été causées principalement par la sélection sexuelle : c'est-à-dire par le fait que des individus mâles aient eu, à des générations successives, quelque léger avantage sur les autres mâles, lié à leurs armes, à leurs moyens de défense ou à leurs charmes, qu'ils ont transmis à leur descendance mâle seulement. Cependant, je me garderai d'attribuer toutes les différences sexuelles à cette action : car nous voyons chez nos animaux domestiques des particularités qui surgissent et sont ensuite liées au sexe mâle, et qui n'ont apparemment pas été augmentées par la sélection due à l'homme. La touffe de soies sur le poitrail du dindon sauvage ne saurait être d'aucune utilité, et il est douteux qu'elle puisse avoir une valeur ornementale aux yeux de l'oiseau femelle – et de fait, si cette touffe était apparue à l'état domestique, on l'aurait nommée monstruosité.

Exemples illustrant l'action de la sélection naturelle, ou survie des plus aptes

Afin de rendre claire la façon dont, à mon avis, agit la sélection naturelle, je dois requérir la permission de donner à titre d'illustration un ou deux exemples imaginaires. Prenons le cas du loup, qui est le prédateur de divers animaux, dont il s'empare pour certains par la ruse, pour d'autres par la force, et pour d'autres encore par la vélocité ; et supposons que la proie la plus véloce, par exemple le cerf, ait augmenté en nombre à la suite de quelque changement survenu dans le pays, ou que d'autres proies aient vu leur nombre décroître, durant la saison de l'année où le loup était le plus durement pressé par la nécessité de se nourrir. Dans ces circonstances, les loups les plus prestes et les plus sveltes auraient le plus de chances de survivre, et d'être ainsi préservés ou sélectionnés – pourvu en tout cas qu'ils conservent la force de maîtriser leur proie en cette période de l'année ou en une autre, lorsqu'ils seront contraints de trouver d'autres proies. Je ne vois pas plus de raison de douter que le résultat doive être celui-là, que de douter que l'homme soit capable d'améliorer la vélocité de ses lévriers par une sélection minutieuse et méthodique, ou par cette sorte de sélection inconsciente qui vient de ce que chaque homme essaie d'élever les chiens les meilleurs sans penser aucunement à modifier la race. J'ajouterai que, selon M. Pierce, il y a deux variétés du loup qui habitent les Monts Catskill aux États-Unis : l'une d'allure plus légère, semblable à celle du lévrier, et qui chasse le cerf, et l'autre plus trapue, avec les jambes plus courtes, qui attaque plus fréquemment les troupeaux des bergers.

Il convient de remarquer que, dans l'exemple que j'ai pris pour illustration, je parle des individus les plus sveltes parmi les loups, et non d'une variation particulière fortement marquée qui aurait été préservée. Dans les éditions précédentes de cet ouvrage, je me suis parfois exprimé comme si cette seconde possibilité s'était trouvée fréquemment réalisée. Je voyais l'immense importance des différences individuelles et cela m'a conduit à discuter d'une façon complète les résultats de la sélection inconsciente pratiquée par l'homme, qui dépend de la préservation de tous les individus possédant une valeur plus ou moins grande, et de la destruction des moins bons. Je voyais également que la préservation à l'état de nature d'une quelconque déviation de structure occasionnelle, telle qu'une monstruosité, devait être un événement rare ; et que, si elle était préservée dans un premier temps, elle serait généralement perdue en raison des croisements ultérieurs avec des individus ordinaires. Néanmoins, avant de lire un article compétent et de qualité dans la *North British Review* (1867), je ne mesurais pas à quel point il est rare que des variations isolées, tant légères que fortement marquées, puissent se perpétuer. L'auteur prend l'exemple d'un couple d'animaux qui produisent durant leur vie deux cents descendants, dont, suite à diverses causes de destruction, seulement deux survivent en moyenne pour perpétuer leur engeance. C'est une estimation plutôt extrême pour la plupart des animaux supérieurs, mais elle ne l'est nullement pour de nombreux animaux inférieurs. Il montre ensuite que s'il naissait un seul individu variant d'une

Sélection naturelle, ou survie des plus aptes [chap. IV]

manière qui lui donnât deux fois plus de chances de vivre que les autres individus, les probabilités seraient pourtant fortement défavorables à sa survie. À supposer qu'il survive et se reproduise, et que la moitié de ses petits héritent de la variation favorable – alors même, montre ensuite le Critique, les petits n'auraient qu'une chance légèrement meilleure de survivre et de se reproduire ; et ces chances décroîtraient au fil des générations. La justesse de ces remarques ne saurait, je crois, être mise en doute. Si, par exemple, un oiseau d'un certain type pouvait se procurer sa nourriture plus facilement avec un bec recourbé, et s'il en naissait un dont le bec fût fortement recourbé, et qui fût donc florissant, il n'y aurait néanmoins que peu de chances que cet individu-là perpétuât son type à l'exclusion de la forme commune ; mais il ne fait guère de doute, à en juger par ce que nous voyons se produire à l'état domestique, que ce résultat serait la suite de la préservation, pendant de nombreuses générations, d'un grand nombre d'individus dotés de becs plus ou moins fortement recourbés, et de la destruction d'un nombre plus grand encore d'individus dotés des becs les plus droits.

Il ne faut cependant pas oublier que certaines variations assez fortement marquées, que nul ne classerait comme de simples différences individuelles, surviennent fréquemment pour la raison qu'une organisation semblable est soumise à une action semblable – fait dont on pourrait donner de nombreux exemples parmi nos productions domestiques. Dans de tels cas, si l'individu qui varie ne transmettait pas effectivement à sa descendance son caractère nouvellement acquis, il lui transmettrait indubitablement, tant que les conditions existantes resteraient les mêmes, une tendance plus forte encore à varier de la même manière. Il ne fait guère de doute non plus que la tendance à varier de la même manière a souvent été si forte que tous les individus de la même espèce ont été semblablement modifiés sans le concours d'une quelconque forme de sélection. Ou bien ce ne sont qu'un tiers, un cinquième, ou un dixième des individus qui ont pu être affectés de la sorte, fait dont on pourrait donner de nombreux exemples. Ainsi, Graba estime qu'un cinquième environ des guillemots des Îles Féroé consiste en une variété si bien marquée, qu'elle était autrefois classée comme une espèce distincte sous le nom d'*Uria lacrymans*. Dans des cas de ce genre, si la variation était d'une nature bénéfique, la forme modifiée supplanterait vite la forme originelle, par le jeu de la survie des plus aptes.

J'aurai à revenir sur les effets de l'entrecroisement dans l'élimination des variations de toutes sortes ; mais on peut remarquer ici que la plupart des animaux et des plantes se cantonnent dans leur propre habitat, et ne vagabondent pas sans nécessité ; nous voyons cela même chez les oiseaux migrateurs, qui reviennent presque toujours au même emplacement. En conséquence, toute variété nouvellement formée doit généralement être tout d'abord locale, comme cela semble être la règle commune pour les variétés à l'état de nature ; de telle sorte que des individus semblablement modifiés formeront vite un petit groupe, et se reproduiront souvent les uns avec les autres. Si la nouvelle variété connaît le succès dans sa bataille pour la vie, elle se répandra lentement à partir d'un territoire central, en entrant en concurrence avec les individus qui n'ont pas changé, et en les vainquant, sur le pourtour d'un cercle sans cesse plus grand.

Peut-être vaut-il la peine de donner une autre illustration, plus complexe, de l'action de la sélection naturelle. Certaines plantes sécrètent une liqueur sucrée, apparemment afin d'éliminer quelque chose de nuisible que contient la sève : c'est ce que réalisent, par exemple, les glandes situées à la base des stipules chez certaines Légumineuses, et au dos des feuilles du laurier commun. Cette liqueur, en quantité restreinte, est pourtant recherchée avec avidité par les insectes ; mais leurs visites ne sont d'aucune façon bénéfiques à la plante. À présent, supposons que la liqueur, ou nectar, soit sécrétée de l'intérieur des fleurs d'un certain nombre de plantes d'une espèce quelconque. Les insectes en recherchant le nectar seraient saupoudrés de pollen, et le transporteraient souvent d'une fleur à une autre. Les fleurs de deux individus distincts appartenant à la même espèce seraient ainsi croisées ; et l'acte du croisement, comme on peut entièrement le prouver, donne naissance à de jeunes plants vigoureux, qui auraient par conséquent les meilleures

Sélection naturelle, ou survie des plus aptes [chap. IV]

chances de fleurir et de survivre. Les plantes qui produiraient les fleurs dotées des glandes ou nectaires les plus amples, sécrétant le plus de nectar, seraient le plus souvent visitées par les insectes, et seraient le plus souvent croisées ; et ainsi, à la longue, elles prendraient le dessus et formeraient une variété locale. En outre, les fleurs qui auraient les étamines et les pistils placés, par rapport à la taille et aux habitudes de l'insecte précis qui les visite, de façon à favoriser à un degré quelconque le transport du pollen, seraient également favorisées. Nous aurions pu prendre le cas des insectes qui visitent les fleurs afin de recueillir du pollen et non du nectar ; et comme le pollen est formé à la seule fin de permettre la fécondation, sa destruction paraît une simple perte pour la plante ; cependant, si un peu de pollen était transporté de fleur en fleur, d'abord occasionnellement puis habituellement, par les insectes dévoreurs de pollen, et si un croisement était ainsi réalisé, même si les neuf dixièmes du pollen étaient détruits, ce pourrait être encore pour la plante un gain considérable que d'être pillée ainsi ; et les individus qui produiraient de plus en plus de pollen, et auraient des anthères plus amples, seraient sélectionnés.

Quand par le processus que l'on vient de décrire, longtemps poursuivi, notre plante aurait été rendue hautement attrayante pour les insectes, ils porteraient régulièrement le pollen de fleur à fleur, sans que cela soit intentionnel de leur part ; et qu'ils le font efficacement, je pourrais le montrer aisément par de nombreux faits frappants. J'en donnerai un seul, à titre d'illustration, également, d'une étape de la séparation des sexes chez les plantes. Certains houx ne portent que des fleurs mâles, dotées de quatre étamines qui produisent une quantité assez restreinte de pollen, et d'un pistil rudimentaire ; d'autres houx ne portent que des fleurs femelles ; ces derniers ont un pistil de taille normale, et quatre étamines dans les anthères rabougries où l'on ne détecte pas un seul grain de pollen. Après avoir trouvé un arbre femelle situé à soixante yards exactement d'un arbre mâle, je mis les stigmates de vingt fleurs, prises sur des branches différentes, sous le microscope : sur tous, sans exception, il y avait quelques grains de pollen, et sur certains il y en avait une profusion. Comme le vent s'était mis à souffler, plusieurs jours durant, de l'arbre femelle vers l'arbre mâle, le pollen n'avait pas pu être transporté de cette façon. Le temps avait été froid et agité, et n'avait donc pas été favorable aux abeilles ; néanmoins, chacune des fleurs femelles que j'examinai avait bien été fécondée par les abeilles, qui étaient passées d'arbre en arbre à la recherche de nectar. Mais retournons à notre exemple imaginaire : dès que la plante serait devenue attrayante pour les insectes à un point tel que le pollen serait régulièrement transporté de fleur à fleur, un autre processus pourrait commencer. Aucun naturaliste ne doute des avantages de ce que l'on a nommé la « division physiologique du travail » ; nous pouvons donc penser qu'il serait avantageux pour une plante de produire seulement des étamines dans une fleur ou sur une plante entière, et seulement des pistils dans une autre fleur ou sur une autre plante. Chez les plantes mises en culture et placées dans des conditions de vie nouvelles, les organes mâles et les organes femelles deviennent tour à tour plus ou moins impuissants ; or, si nous supposons que cela se produit, même à un degré minime, à l'état de nature, alors, comme le pollen est déjà transporté régulièrement de fleur en fleur, et comme une séparation plus complète des sexes de notre plante serait avantageuse en vertu du principe de la division du travail, les individus chez lesquels cette tendance se trouverait augmentée sans cesse seraient continûment favorisés ou sélectionnés, jusqu'à ce qu'une séparation complète des sexes puisse enfin se réaliser. Il faudrait trop d'espace pour montrer les diverses étapes, en passant par le dimorphisme et d'autres moyens par lesquels, apparemment, la séparation des sexes chez les plantes de diverses espèces est en cours actuellement ; mais j'ajouterai que certaines des espèces de houx d'Amérique du Nord sont, d'après Asa Gray, dans un état exactement intermédiaire, ou, suivant son expression, sont plus ou moins polygames par dioécie.

Tournons-nous à présent vers les insectes qui se nourrissent de nectar ; nous pouvons supposer que la plante, dont nous avons lentement fait s'accroître le nectar par une sélection continue, est une plante commune ; et que certains insectes dépendent de son nectar pour une part essentielle de leur nourriture. Je pourrais fournir de nombreux faits qui montrent combien les abeilles ont à cœur de gagner du temps : par exemple, leur habitude de découper des ouvertures et de sucer le nectar à la base de certaines fleurs, dans lesquelles elles pourraient, en se donnant un peu plus de peine, pénétrer par le haut. Si l'on conserve ces faits à l'esprit, on peut penser que, dans certaines conditions, des différences individuelles liées à la courbure ou à la longueur de la trompe, &c., trop ténues pour que nous les appréciions, pourraient être profitables à une abeille ou à un autre insecte, de telle sorte que certains individus seraient capables d'obtenir leur nourriture plus rapidement que d'autres ; et, ainsi, les communautés auxquelles ils appartiennent seraient florissantes et propageraient de nombreux essaims héritiers des mêmes particularités. Les tubes de la corolle du trèfle rouge commun et du trèfle incarnat (*Trifolium pratense* et *incarnatum*) ne semblent pas, à y jeter un simple coup d'œil, différer en longueur ; cependant, l'abeille domestique peut aisément, par succion, extraire le nectar du trèfle incarnat, mais non du trèfle rouge commun, qui est visité par les seuls bourdons ; de sorte que des champs entiers de trèfle rouge offrent en vain une abondante réserve de précieux nectar à l'abeille. Que ce nectar soit très apprécié de l'abeille, la chose est certaine ; car j'ai vu à plusieurs reprises, mais seulement à l'automne, de nombreuses abeilles en train de sucer les fleurs par des ouvertures que des bourdons avaient percées à la base du tube. La différence de la longueur de la corolle chez les deux sortes de trèfle, qui conditionne les visites de l'abeille, doit être extrêmement minime ; car on m'a assuré que, lorsque le trèfle rouge a été tondu, les fleurs de la seconde levée sont un peu plus petites, et qu'alors elles sont visitées par de nombreuses abeilles. J'ignore si cette affirmation est exacte ; je ne sais pas non plus si l'on peut se fier à une autre affirmation qui a été publiée, selon laquelle l'abeille de Ligurie, que l'on considère généralement comme une simple variété de l'abeille commune, et qui se croise librement avec elle, est capable d'atteindre et de sucer le nectar du trèfle rouge. Ainsi, dans une contrée où cette sorte de trèfle abonderait, ce pourrait être un grand avantage pour l'abeille d'avoir une trompe légèrement plus longue ou différemment construite. D'autre part, comme la fécondité de ce trèfle dépend absolument du fait que les abeilles visitent les fleurs, si les bourdons devaient se raréfier dans une contrée, ce pourrait être un grand avantage pour la plante d'avoir une corolle plus courte ou divisée plus profondément, ce qui permettrait aux abeilles de sucer ses fleurs. Ainsi, je suis à même de comprendre comment une fleur et une abeille peuvent, que ce soit simultanément ou l'une à la suite de l'autre, se modifier et s'adapter lentement l'une à l'autre de la manière la plus parfaite, par la préservation continuée, de part et d'autre, de tous les individus qui se trouvent présenter de légères déviations de structure qui leur sont mutuellement favorables.

Je sais bien que cette doctrine de la sélection naturelle, dont les cas imaginaires qui précèdent ont donné des exemples, prête aux mêmes objections que l'on opposa d'abord aux nobles conceptions de *Sir* Charles Lyell sur « les changements modernes de la terre, en tant qu'ils sont les illustrations de la géologie » ; mais à présent nous entendons rarement dire, des actions que nous voyons encore à l'œuvre, qu'elles sont négligeables ou insignifiantes, alors que l'on se réfère à elles pour expliquer le creusement des vallées les plus profondes ou la formation de longues lignes de falaises à l'intérieur des terres. La sélection naturelle n'agit que par la préservation et l'accumulation de petites modifications héritées, chacune profitable à l'être préservé ; et tout comme la géologie moderne a presque banni des conceptions telles que le creusement d'une grande vallée par une unique vague diluvienne, de même la sélection naturelle bannira la croyance en la création continue de nouveaux êtres organiques, aussi bien que la croyance en une quelconque modification considérable et soudaine de leur structure.

Sur l'entrecroisement des individus

Je dois introduire ici une brève digression. Dans le cas des animaux et des plantes ayant des sexes séparés, il est bien sûr évident que deux individus doivent toujours (à l'exception des cas curieux et mal compris de parthénogenèse) s'unir pour chaque naissance ; mais dans le cas des hermaphrodites, cela est loin d'être évident. Il y a néanmoins des raisons de penser que chez tous les hermaphrodites deux individus, occasionnellement ou habituellement, concourent à la reproduction de leur type. Cette idée a été proposée il y a longtemps, avec hésitation, par Sprengel, Knight et Kölreuter. Nous verrons tout à l'heure son importance ; mais je dois traiter ici de ce sujet avec une extrême brièveté, bien que je dispose des matériaux utiles à une ample discussion. Tous les animaux vertébrés, tous les insectes, et certains autres vastes groupes d'animaux, s'accouplent pour chaque naissance. La recherche moderne a beaucoup diminué le nombre d'hermaphrodites supposés, et parmi les hermaphrodites véritables un grand nombre s'accouplent ; c'est-à-dire que deux individus s'unissent régulièrement en vue de la reproduction, ce qui est la seule chose qui nous concerne. Mais il reste encore de nombreux animaux hermaphrodites dont on est sûr qu'ils ne s'accouplent pas habituellement, et dans leur immense majorité les plantes sont hermaphrodites. Quelle raison y a-t-il, pourra-t-on demander, de supposer dans de tels cas le concours de deux individus dans la reproduction ? Comme il est impossible ici d'entrer dans les détails, je dois m'en remettre seulement à quelques considérations générales.

Tout d'abord, j'ai collecté un ensemble de faits si vaste, et j'ai fait tant d'expériences – qui montrent, conformément à l'opinion presque universelle des éleveurs, que chez les animaux et chez les plantes un croisement entre des variétés différentes, ou entre des individus de la même variété mais d'une autre lignée, donne vigueur et fécondité à la descendance, et par ailleurs que la reproduction entre *proches* apparentés diminue la vigueur et la fécondité –que ces faits suffisent à me porter à penser qu'une loi générale de la nature veut qu'aucun être organique ne se féconde lui-même pendant une suite illimitée de générations ; mais qu'un croisement avec un autre individu est occasionnellement – peut-être à de longs intervalles de temps – indispensable.

En acceptant l'idée qu'il s'agit là d'une loi de la nature, nous pouvons comprendre, je pense, plusieurs grandes classes de faits, tels que les suivants, qui sont inexplicables si l'on se fonde sur quelque autre conception que ce soit. Tout hybrideur sait combien l'exposition à l'humidité est défavorable à la fécondation d'une fleur, et cependant quelle multitude de fleurs ont les anthères et les stigmates entièrement exposés aux intempéries ! Si un croisement occasionnel est indispensable, nonobstant le fait que les anthères et le pistil de la plante elle-même sont si proches que l'autofécondation est presque assurée, l'entière liberté avec laquelle peut entrer le pollen venu d'un autre individu expliquera que les organes se trouvent dans l'état d'exposition que l'on vient d'évoquer. Chez de nombreuses fleurs, par ailleurs, les organes de la fructification sont soigneusement clos, comme dans la grande famille des papilionacées, ou famille des pois ; mais elles présentent presque invariablement d'élégantes et curieuses adaptations liées à la visite des insectes. Les visites des abeilles sont si nécessaires à de nombreuses fleurs papilionacées que leur fécondité est considérablement diminuée si l'on empêche ces visites. Or, il n'est guère possible aux insectes de voler de fleur en fleur sans transporter de pollen de l'une à l'autre, pour le plus grand bien de la plante. Les insectes agissent comme un pinceau en poils de chameau, et il suffit, pour assurer la fécondation, de toucher simplement avec ce pinceau les anthères d'une fleur et ensuite le stigmate d'une autre ; mais il ne faut pas supposer que les abeilles produiraient ainsi une multitude d'hybrides entre espèces distinctes ; car, si le pollen propre à une plante et celui que produit une autre espèce sont placés sur le même stigmate, le premier est si prédominant qu'il détruit invariablement et complètement, comme l'a montré Gärtner, l'influence du pollen étranger.

Lorsque les étamines d'une fleur s'élancent soudainement vers le pistil, ou s'en approchent lentement l'une après l'autre, le procédé semble apte seulement à assurer l'autofécondation ; et sans aucun doute il est utile à cette fin ; mais l'action des insectes est souvent requise pour faire s'élancer les étamines, comme Kölreuter a montré que c'était le cas pour l'épine-vinette ; et dans ce genre lui-même, qui semble disposer d'un procédé spécial pour l'autofécondation, il est bien connu que, si l'on plante des formes ou des variétés étroitement apparentées les unes près des autres, il est presque impossible d'élever de jeunes plants qui restent purs,

Sélection naturelle, ou survie des plus aptes [chap. IV]

tant ils se croisent naturellement. Dans de nombreux autres cas, loin de favoriser l'autofécondation, des procédés spéciaux empêchent efficacement que le stigmate ne reçoive du pollen de sa propre fleur, comme je pourrais le montrer en m'appuyant sur les travaux de Sprengel et d'autres, aussi bien que sur mes propres observations : par exemple, chez *Lobelia fulgens*, il existe un procédé véritablement élégant et raffiné par lequel tous les granules de pollen, en nombre infini, sont balayés des anthères conjointes de chaque fleur avant que le stigmate de la fleur en question ne soit prêt à les recevoir ; et comme cette fleur n'est jamais visitée, du moins dans mon jardin, par les insectes, elle ne produit jamais de graines, bien que j'aie pu, en plaçant le pollen d'une fleur sur le stigmate d'une autre fleur, faire pousser quantité de jeunes plants. Une autre espèce de *Lobelia*, qui est visitée par les abeilles, donne librement des graines dans mon jardin. Dans un très grand nombre d'autres cas, bien qu'il n'existe pas de procédé mécanique spécial pour empêcher que le stigmate ne reçoive du pollen de la même fleur, cependant, comme Sprengel et, plus récemment, Hildebrand et d'autres encore l'ont montré, et comme je peux le confirmer, soit les anthères éclatent avant que le stigmate ne soit prêt à la fécondation, soit le stigmate est prêt avant que le pollen de la fleur ne soit prêt, de telle sorte que ces plantes que l'on nomme dichogames ont en fait des sexes séparés, et doivent habituellement se croiser. Il en est de même pour les plantes réciproquement dimorphes et trimorphes auxquelles il a été fait allusion précédemment. Comme ces faits sont étranges ! Comme il est étrange que le pollen et la surface stigmatique de la même fleur, quoique si rapprochés, comme en vue précisément d'une autofécondation, soient dans tant de cas mutuellement inutiles l'un à l'autre ? [Redondance et ponctuation interrogative présentes dans l'original. *Ndt.*]. Comme ces faits s'expliquent simplement si l'on suppose que le croisement occasionnel avec un individu distinct est avantageux ou indispensable !

Si on laisse plusieurs variétés du chou, du radis, de l'oignon et de quelques autres plantes produire des graines les unes près des autres, une large majorité des jeunes plants ainsi obtenus s'avèrent être, comme je l'ai constaté, des métis : par exemple, j'ai élevé 233 plants de chou à partir de quelques plantes de différentes variétés qui poussaient à proximité les unes des autres, et parmi ces plants seuls 78 étaient fidèles à leur type, et même parmi eux certains ne l'étaient pas parfaitement. Pourtant, le pistil de chaque fleur de chou est entouré non seulement de ses six étamines propres, mais encore de celles des nombreuses autres fleurs qui se trouvent sur le même plant ; et le pollen de chaque fleur se dépose aisément sur son propre stigmate sans aucune action des insectes ; car j'ai constaté que les plantes soigneusement protégées des insectes produisent leur nombre complet de siliques. Comment se fait-il, alors, qu'un si grand nombre de ces plants soient métissés ? Cela doit venir du fait que le pollen d'une *variété* distincte a un effet prédominant sur le pollen propre à la fleur ; et participer de la loi générale selon laquelle l'entrecroisement d'individus distincts de la même espèce est bénéfique. Lorsque des *espèces* distinctes sont croisées, on a le cas inverse, car le pollen propre à une plante est presque toujours prédominant sur le pollen étranger ; mais nous reviendrons sur ce sujet dans un prochain chapitre.

Dans le cas d'un grand arbre couvert de fleurs innombrables, on objectera peut-être que le pollen pourrait rarement être transporté d'arbre en arbre, ne pouvant tout au plus qu'être porté de fleur en fleur sur le même arbre ; et les fleurs d'un même arbre ne peuvent être considérées comme des individus distincts que dans un sens limité. Je crois que cette objection est valable, mais que la nature a amplement fourni le moyen de se prémunir contre cet inconvénient, en donnant aux arbres une forte tendance à porter des fleurs ayant des sexes séparés. Lorsque les sexes sont séparés, bien que les fleurs mâles et femelles puissent être produites sur le même arbre, le pollen doit être transporté régulièrement de fleur en fleur ; et cela donne de plus grandes chances que le pollen soit transporté occasionnellement d'arbre en arbre. Que les arbres de tous les ordres ont des sexes séparés plus souvent que les autres plantes, je le constate dans notre pays ; et, à ma demande, le Dr Hooker a dressé la liste des arbres de la Nouvelle-Zélande, et le Dr Asa Gray celle des arbres des États-Unis, et le résultat a été

Sélection naturelle, ou survie des plus aptes [chap. IV]

celui que j'avais prévu. En revanche, le Dr Hooker m'informe que la règle n'est pas vérifiée en Australie ; mais, si la plupart des arbres australiens sont dichogames, il s'ensuivra le même résultat que s'ils portaient des fleurs ayant des sexes séparés. J'ai fait ces quelques remarques sur les arbres dans le simple but d'attirer l'attention sur ce sujet.

Pour nous tourner un bref instant vers les animaux, plusieurs espèces terrestres sont hermaphrodites, tels les mollusques terrestres et les vers de terre ; mais tous ces animaux s'accouplent. Jusqu'ici, je n'ai pas trouvé un seul animal terrestre qui puisse se féconder lui-même. Ce fait remarquable, qui présente un contraste si fort avec les plantes terrestres, est intelligible si l'on suppose indispensable un croisement occasionnel ; car, en raison de la nature de l'élément fécondant, il n'y a pas de moyen, analogue à l'action des insectes et du vent chez les plantes, grâce auquel un croisement occasionnel pourrait être réalisé chez les animaux terrestres sans que deux individus y concourent. Parmi les animaux aquatiques, il y a un grand nombre d'hermaphrodites qui s'autofécondent ; mais, en l'occurrence, les courants d'eau fournissent le moyen évident d'un croisement occasionnel. Comme dans le cas des fleurs, je ne suis pas encore parvenu, après avoir consulté l'une des autorités les plus éminentes, à savoir le Professeur Huxley, à découvrir un seul animal hermaphrodite doté d'organes reproducteurs si parfaitement clos que l'on puisse montrer qu'un accès de l'extérieur et l'influence occasionnelle d'un individu distinct sont physiquement impossibles. Les Cirripèdes m'ont longtemps paru représenter, de ce point de vue, un cas d'une grande difficulté ; mais j'ai été en mesure, par chance, de prouver que deux individus, quoique tous deux hermaphrodites et se fécondant eux-mêmes, se croisent bien parfois.

La plupart des naturalistes ont dû être frappés comme d'une étrange anomalie par le fait que, tant chez les animaux que chez les plantes, certaines espèces de la même famille, voire du même genre, alors qu'elles s'accordent parfaitement par toute leur organisation, sont hermaphrodites, et certaines unisexuelles. Mais si, de fait, tous les hermaphrodites s'entrecroisent bien de temps en temps, la différence entre eux et les espèces unisexuelles est, en ce qui concerne la fonction, très ténue.

Ces diverses considérations et les nombreux faits spéciaux que j'ai collectés, mais que je ne suis pas en mesure de fournir ici, font apparaître que chez les animaux et les plantes l'entrecroisement occasionnel entre individus distincts est une loi très générale, sinon universelle, de la nature.

Circonstances favorables à la production de nouvelles formes par l'action de la sélection naturelle

Il s'agit là d'un sujet extrêmement compliqué. Une vaste amplitude de variabilité, terme qui comprend toujours les différences individuelles, sera évidemment favorable. Un grand nombre d'individus, en donnant de meilleures chances, à telle ou telle période donnée, à l'apparition de variations profitables, compensera une moindre amplitude de variabilité chez chaque individu, et constitue, je crois, un élément de réussite d'une haute importance. Bien que la nature accorde de longs délais à la sélection naturelle pour qu'elle fasse son œuvre, elle ne lui accorde pas un délai indéfini ; car, comme tous les êtres organiques s'efforcent de s'emparer de chaque place existante dans l'économie de la nature, si une espèce quelconque ne se modifie ni ne s'améliore à un degré correspondant en même temps que ses concurrentes, elle sera exterminée. Si des variations favorables ne sont pas héritées par certains au moins des descendants, la sélection naturelle ne peut avoir aucun résultat. Il est possible que la tendance au retour freine ou empêche souvent son travail ; mais, puisque cette tendance n'a pas empêché l'homme de former de nombreuses races domestiques par la sélection, pourquoi prévaudrait-elle contre la sélection naturelle ?

Dans le cas de la sélection méthodique, un éleveur sélectionne en vue d'un objectif déterminé, et si l'on permet aux individus de se croiser librement, son travail échouera complètement. Mais lorsque de nombreux hommes, sans avoir l'intention de changer la race, se réfèrent à un modèle de perfection qui leur est à peu près commun, et essaient tous de se procurer et de faire reproduire les meilleurs animaux, une amélioration est la suite sûre, mais lente, de ce processus inconscient de sélection, nonobstant le fait que les individus sélectionnés ne sont pas séparés. Il en sera ainsi à l'état de nature ; car, à l'intérieur d'une zone fermée, comportant quelque place dans la régie naturelle qui ne soit pas parfaitement occupée, tous les individus qui varient dans la bonne direction, quoique à des degrés différents, tendront à être préservés. Mais si cette zone est vaste, ses diverses régions présenteront presque certainement des conditions de vie différentes ; et donc, si la même espèce subit des modifications dans différentes régions, les variétés nouvellement formées s'entrecroiseront à chaque frontière. Mais nous verrons dans le sixième chapitre que les variétés intermédiaires, qui habitent des régions intermédiaires, seront en général supplantées, à la longue, par l'une des variétés voisines. L'entrecroisement affectera principalement ceux des animaux qui s'unissent pour chaque naissance et se déplacent beaucoup, et qui ne se reproduisent pas à une vitesse très élevée. Aussi, chez les animaux de cette nature, par exemple chez les oiseaux, les variétés seront-elles généralement limitées à des pays séparés ; et c'est ce que je constate. Chez les organismes hermaphrodites qui ne se croisent qu'occasionnellement, et de même chez les animaux qui s'unissent pour chaque naissance, mais qui se déplacent peu et sont capables de s'accroître à une vitesse considérable, une nouvelle variété améliorée pourrait se former rapidement en n'importe quel lieu, et pourrait s'y maintenir en groupe et se diffuser ensuite, de telle sorte que les individus de la nouvelle variété se croiseraient principalement entre eux. En vertu de ce principe, les pépiniéristes préfèrent toujours mettre de côté les graines d'un vaste groupe de plantes, car le risque d'entrecroisement est ainsi amoindri.

Même chez les animaux qui s'unissent pour chaque naissance, et qui ne se propagent pas rapidement, nous ne devons pas supposer qu'un entrecroisement libre éliminerait toujours les effets de la sélection naturelle ; car je peux faire état d'un ensemble de faits considérable montrant que, à l'intérieur d'une même zone, deux variétés du même animal peuvent longtemps rester distinctes, soit qu'elles fréquentent des stations différentes, soit qu'elles se reproduisent à des saisons légèrement différentes, soit enfin que les individus de chaque variété préfèrent s'accoupler entre eux.

L'entrecroisement joue un rôle très important dans la nature en faisant en sorte que les individus de la même espèce, ou de la même variété, conservent un caractère fidèle et uniforme. Il agira donc évidemment bien plus efficacement chez les animaux qui s'unissent pour chaque naissance ; mais, comme je l'ai déjà mentionné, nous avons des raisons de croire que des entrecroisements occasionnels ont lieu chez tous les animaux et toutes les plantes. Même s'ils n'ont lieu qu'à de longs intervalles de temps, les petits ainsi produits gagneront tant de vigueur et de fécondité, par rapport aux descendants issus d'une longue autofécondation, qu'ils auront de meilleures chances de survivre et de propager leur type ; et ainsi, à long terme, l'influence des croisements, même à de rares intervalles, sera immense. En ce qui concerne les êtres organiques situés extrêmement bas sur l'échelle, qui ne se propagent pas sexuellement, ni ne s'accouplent, et qui sont dans l'incapacité de s'entrecroiser, ils ne peuvent conserver l'uniformité de leur caractère, dans les mêmes conditions de vie, que par le principe de l'hérédité, et par la sélection naturelle, qui détruira tous les individus s'écartant du type adéquat. Si les conditions de vie changent et que la forme subit des modifications, la descendance modifiée ne peut recevoir l'uniformité de caractère que de la préservation, par la sélection naturelle, des variations favorables qui vont dans le même sens.

L'isolement est également un élément important de la modification des espèces par voie de sélection naturelle. Dans une zone fermée ou isolée, si elle n'est pas très vaste, les conditions organiques et inorganiques de la vie seront généralement presque uniformes ; de sorte que la sélection naturelle tendra à modifier de la même manière tous les individus de la même espèce qui varient. En outre, le croisement avec les habitants des régions environnantes sera ainsi empêché. Moritz Wagner a publié dernièrement un intéressant essai sur ce sujet, et a montré que le service que rend l'isolement en empêchant les croisements entre variétés nouvellement formées est probablement plus grand encore que je ne le supposais. Mais pour les raisons déjà indiquées, je ne puis en aucune façon tomber d'accord avec ce naturaliste sur l'idée que la migration et l'isolement sont des éléments nécessaires à la formation d'espèces nouvelles. L'importance de l'isolement est grande également en ce qu'il empêche, après tout changement physique dans les conditions, tels un changement de climat, une élévation du sol, &c., l'immigration d'organismes mieux adaptés ; et ainsi resteront disponibles de nouvelles places dans l'économie de la région, qui seront remplies par la modification des anciens habitants. Enfin, l'isolement donnera à une nouvelle variété le temps de s'améliorer lentement ; et ce peut être parfois d'une grande importance. Si, cependant, une zone isolée est très petite, qu'elle soit entourée de barrières, ou bien qu'elle ait des conditions physiques très particulières, le nombre total de ses habitants sera faible ; et cela retardera la production de nouvelles espèces par voie de sélection naturelle, en diminuant les chances que des variations favorables voient le jour.

Le simple écoulement du temps ne fait rien par lui-même, ni pour, ni contre la sélection naturelle. Je le signale parce que l'on a affirmé, d'une façon erronée, que mon hypothèse faisait jouer à l'élément du temps un rôle de la première importance dans la modification des espèces ; comme si toutes les formes de vie subissaient nécessairement un changement en vertu de quelque loi innée. L'écoulement du temps n'est important – mais son importance à cet égard est immense – que dans la mesure où il donne de meilleures chances que des variations favorables voient le jour, et qu'elles soient sélectionnées, accumulées et fixées. Il tend également à accroître l'action directe des conditions physiques de la vie, en relation avec la constitution de chaque organisme.

Si nous nous tournons vers la nature pour mettre à l'épreuve la vérité de ces remarques, et portons nos regards sur une petite zone isolée quelconque, telle qu'une île océanique, bien que le nombre des espèces qui l'habitent soit faible, comme nous le verrons dans notre chapitre sur la Répartition géographique – ces espèces cependant sont dans une très grande proportion endémiques, c'est-à-dire qu'elles ont été produites à cet endroit, et nulle part ailleurs dans le monde. C'est pourquoi une île océanique semble à première vue avoir été hautement favorable à la production de nouvelles espèces. Mais nous risquons par là de nous leurrer, car afin de déterminer si c'est une petite zone isolée, ou une grande zone ouverte comme un continent, qui est le plus favorable à la production de nouvelles formes organiques, il nous faudrait faire la comparaison à durées égales ; et c'est ce que nous n'avons pas la capacité de faire.

Bien que l'isolement soit d'une grande importance dans la production de nouvelles espèces, je suis, dans l'ensemble, enclin à croire que la dimension de la zone est encore plus importante, en particulier pour la production d'espèces qui se montreront capables de persévérer durant une longue période, et d'acquérir une vaste extension. Sur toute l'étendue d'une grande zone ouverte, non seulement il y aura de meilleures chances d'obtenir des variations favorables, en raison du grand nombre d'individus de la même espèce dont elle entretient l'existence, mais les conditions de vie sont beaucoup plus complexes à cause du grand nombre d'espèces qui y existent déjà ; et si certaines de ces nombreuses espèces se modifient et s'améliorent, d'autres devront s'améliorer à un degré correspondant, ou bien elles seront exterminées. Chaque nouvelle forme, en outre, dès qu'elle aura été considérablement modifiée, pourra se répandre sur cette zone ouverte et continue, et entrera ainsi en concurrence avec de nombreuses autres formes. Qui plus est, de vastes zones, bien qu'elles forment actuellement des territoires continus, ont souvent existé, du fait d'anciennes oscillations de niveau, dans un état fractionné ; de sorte que les effets bénéfiques de l'isolement auront généralement concouru, dans une certaine mesure, au résultat. Finalement, je conclus que, même si de petites zones isolées ont été à certains égards hautement favorables à la production de nouvelles espèces, cependant, le cours de la modification aura été, en général, plus rapide sur les grandes zones ; et, ce qui est plus important, que les nouvelles formes produites sur de grandes zones qui ont déjà vaincu de nombreux concurrents seront celles qui se répandront le plus largement, et donneront naissance au plus grand nombre de nouvelles variétés et de nouvelles espèces. Elles joueront ainsi un rôle plus important dans l'histoire changeante du monde organique.

En suivant cette conception, nous pouvons peut-être comprendre certains faits auxquels nous ferons de nouveau allusion dans notre chapitre sur la Répartition géographique ; par exemple, le fait que les productions du continent plus petit qu'est l'Australie cèdent maintenant le pas à celles du territoire plus large qu'est la zone européo-asiatique. Voilà comment il se fait, en outre, que les productions continentales se sont partout si largement acclimatées sur les îles. Sur une petite île, la course pour la vie aura été moins rigoureuse, et il y aura eu moins de modification et moins d'extermination. Aussi pouvons-nous comprendre comment il se fait que la flore de Madère, selon Oswald Heer, ressemble dans une certaine mesure à la flore éteinte de l'époque tertiaire en Europe. Tous les bassins d'eau douce, pris ensemble, forment une surface petite, si on la compare à celle de la mer ou de la terre. Par conséquent, la concurrence entre les productions d'eau douce aura été moins rigoureuse qu'ailleurs ; de nouvelles formes auront donc été produites plus lentement, et les formes anciennes, exterminées plus lentement. Et c'est dans les bassins d'eau douce que nous trouvons sept genres de poissons Ganoïdes, vestiges d'un ordre jadis prépondérant ; et c'est dans l'eau douce que nous trouvons quelques-unes des formes les plus anormales actuellement connues dans le monde, tels l'Ornithorynque et le Lépidosirène, qui, comme des fossiles, relient dans une certaine mesure des ordres à présent largement disjoints sur l'échelle naturelle. On peut nommer ces formes anormales des fossiles vivants ; elles ont persisté jusqu'à ce jour, pour la raison qu'elles ont habité une zone confinée, et qu'elles ont été exposées à une concurrence moins variée, et, partant, moins rigoureuse.

Résumons, autant que l'extrême complication du sujet le permet, les circonstances qui sont favorables ou défavorables à la production d'espèces nouvelles par le jeu de la sélection naturelle. Je conclus que, pour les productions terrestres, une vaste zone continentale, qui a subi de nombreuses oscillations de niveau, aura été la plus favorable à la production de nombreuses formes de vie nouvelles, aptes à persévérer longtemps et à se répandre largement. Aussi longtemps que la zone eut la forme d'un continent, les habitants ont dû compter un grand nombre d'individus et d'espèces, et être assujettis à une concurrence rigoureuse. Une fois accomplie par subsidence sa transformation en de vastes îles séparées, de nombreux individus de la même espèce auront encore existé sur chaque île ; l'entrecroisement aux limites du territoire occupé par chaque nouvelle espèce aura été stoppé ; après des changements physiques de toute sorte, l'immigration aura été empêchée, de telle sorte que de nouvelles places dans la régie naturelle de chaque île auront dû être occupées par la modification des anciens habitants ; et le temps aura été laissé aux variétés situées sur chacune d'entre elles de se modifier et de se perfectionner convenablement. Lorsque, par suite d'un nouveau soulèvement, les îles ont été de nouveau transformées en une zone continentale, il dut y avoir derechef une concurrence très rigoureuse : les variétés les plus favorisées ou les plus améliorées auront eu la capacité de se répandre ; il y aura eu une forte extinction des formes les moins améliorées, et la proportion relative des divers habitants du continent réuni aura de nouveau été modifiée ; et, de nouveau, la sélection naturelle aura eu toute latitude pour améliorer davantage les habitants, et produire ainsi de nouvelles espèces.

Que la sélection naturelle agisse en général avec une extrême lenteur, je l'admets entièrement. Elle ne peut agir que là où se trouvent, dans la régie naturelle d'une contrée, des places qui peuvent être mieux occupées par la modification de certains de ses habitants actuels. L'existence de telles places dépendra souvent de changements physiques, qui se produisent en général très lentement, et des obstacles mis à l'immigration de formes mieux adaptées. Comme un petit nombre des anciens habitants se modifie, les relations mutuelles des autres seront souvent perturbées ; et cela créera de nouvelles places, prêtes à être occupées par des formes mieux adaptées ; mais tout cela se déroulera très lentement. Bien que tous les individus de la même espèce diffèrent les uns des autres à quelque léger degré, il faudrait souvent attendre longtemps avant que des différences d'une nature adéquate n'apparaissent dans diverses parties de l'organisation. Le résultat serait souvent grandement retardé par le libre entrecroisement. Bien des gens s'écrieront que ces diverses causes sont amplement suffisantes pour neutraliser le pouvoir de la sélection naturelle. Je ne le crois pas. Mais je crois en revanche que, d'une façon générale, la sélection naturelle agit très lentement, seulement à de longs intervalles de temps, et seulement sur un petit nombre des habitants de la même région. Je crois en outre que ces résultats lents et intermittents s'accordent bien avec ce que la géologie nous dit de la vitesse et des modalités du changement qu'ont connu les habitants du monde.

Si lent que soit le processus de sélection, si l'homme est capable malgré sa faiblesse d'obtenir de grands résultats par la sélection artificielle, je ne vois aucune limite à l'ampleur du changement, ainsi qu'à la beauté et à la complexité des coadaptations entre tous les êtres organiques, les uns avec les autres et avec les conditions physiques de leur vie, qui ont pu être obtenus dans la longue suite des temps grâce au pouvoir de sélection que possède la nature, c'est-à-dire par la survie des plus aptes.

Extinction causée par la sélection naturelle

Ce sujet sera discuté plus amplement dans notre chapitre sur la Géologie ; mais il faut ici y faire une allusion, pour la raison qu'il est intimement lié à la sélection naturelle. La sélection naturelle agit uniquement par le biais de la préservation de variations avantageuses en quelque manière, lesquelles par conséquent tendent à persister. Du fait de la forte raison géométrique de l'accroissement de tous les êtres organiques, chaque zone est déjà entièrement peuplée d'habitants ; et il suit de là que, tout comme les formes favorisées accroissent le nombre de leurs représentants, de même, en général, les moins favorisées décroissent et se raréfient. La rareté, comme nous le dit la géologie, est le précurseur de l'extinction. Nous pouvons voir que toute forme représentée par un petit nombre d'individus court un considérable risque d'extinction complète, au cours de grandes fluctuations dans la nature des saisons, ou par suite d'un accroissement temporaire du nombre de ses ennemis. Mais nous pouvons aller plus loin ; car, comme de nouvelles formes sont produites, sauf à admettre que des formes spécifiques puissent poursuivre indéfiniment la multiplication de leurs représentants, nombre de formes anciennes doivent s'éteindre. Que le nombre de formes spécifiques ne s'est pas accru indéfiniment, la géologie nous le dit clairement ; et nous essaierons tout à l'heure de montrer pourquoi le nombre des espèces dans l'ensemble du monde n'a pas augmenté à l'infini.

Nous avons vu que les espèces qui possèdent le plus grand nombre d'individus ont les meilleures chances de produire des variations favorables durant un laps de temps donné. C'est ce dont témoignent les faits mentionnés au deuxième chapitre, qui montrent que les espèces communes et répandues, ou espèces dominantes, sont celles qui présentent le plus grand nombre de variétés répertoriées. De là vient que les espèces rares se modifient ou s'améliorent moins vite durant un laps de temps donné ; elles seront par conséquent vaincues dans la course pour la vie par les descendants modifiés et améliorés des espèces plus communes.

De ces diverses considérations, il suit inévitablement à mon avis que, à mesure que de nouvelles espèces se forment au fil du temps grâce à la sélection naturelle, d'autres se raréfient de plus en plus, et finissent par s'éteindre. Les formes qui se trouvent dans la concurrence la plus étroite avec celles qui subissent des modifications et des améliorations souffriront naturellement le plus. Et nous avons vu dans le chapitre sur la Lutte pour l'Existence que ce sont les formes les plus étroitement apparentées – variétés de la même espèce, et espèces du même genre ou de genres parents – qui, parce qu'elles ont à peu près la même structure, la même constitution et les mêmes habitudes, entrent généralement dans la concurrence la plus rigoureuse les unes avec les autres ; en conséquence, chaque nouvelle variété ou nouvelle espèce, durant son processus de formation, exercera généralement la pression la plus forte sur ses parents les plus proches, et tendra à les exterminer. Nous observons le même processus d'extermination parmi nos productions domestiques, grâce à la sélection par l'homme des formes améliorées. On pourrait donner de nombreux exemples curieux qui montrent avec quelle rapidité les nouvelles races de bovins, de moutons et d'autres animaux, ainsi que les nouvelles variétés de fleurs, prennent la place de formes inférieures plus anciennes. Dans le Yorkshire, c'est un fait historique que les anciens bovins noirs ont été supplantés par les longues-cornes, et que ceux-ci « ont été balayés par les courtes-cornes » (je cite l'expression d'un auteur spécialiste d'agriculture) « comme par quelque meurtrière pestilence ».

Divergence de caractère

Le principe que j'ai désigné par ce terme est d'une haute importance, et explique, à mon avis, plusieurs faits importants. En premier lieu, les variétés, même celles qui sont fortement marquées, bien qu'elles aient un peu le caractère des espèces – comme le montrent les hésitations insolubles que suscite dans bien des cas leur classement –, diffèrent cependant beaucoup moins les unes des autres que ne le font les espèces bonnes et distinctes. Néanmoins, selon mon hypothèse, les variétés sont des espèces en cours de formation, c'est-à-dire, comme je les ai nommées, des espèces naissantes. Comment, en ce cas, la différence plus petite qui existe entre les variétés tend-elle à s'accroître jusqu'à rejoindre la différence plus grande qui existe entre les espèces ? Que cela se produise en effet d'une façon habituelle, nous devons l'inférer de ce que la plupart des innombrables espèces répandues à travers la nature présentent des différences bien marquées ; tandis que les variétés, prototypes et parents supposés de futures espèces bien marquées, présentent des différences légères et mal définies. Le seul hasard – comme on peut dire – pourrait faire qu'une variété diffère de ses parents par quelque caractère, et que la descendance de cette variété, à son tour, diffère de son parent par le même caractère exactement et à un plus grand degré ; mais cela seul ne rendrait jamais compte d'un degré de différence aussi habituel et aussi étendu que celui qui existe entre les espèces du même genre.

Comme je l'ai toujours fait, j'ai cherché à éclaircir cette question en partant de nos productions domestiques. Nous allons y trouver quelque chose d'analogue. On admettra que la production de races aussi différentes que les bovins à cornes courtes et ceux de Hereford, les chevaux de course et ceux de trait, les diverses races de pigeons, &c., n'aurait jamais pu être l'effet de la simple accumulation, au hasard, de variations semblables durant de nombreuses générations successives. En pratique, un éleveur est frappé, par exemple, de voir un pigeon qui possède un bec légèrement plus court ; un autre éleveur est frappé de voir un pigeon qui possède un bec un peu plus long ; et, suivant le principe reconnu qui veut que « les éleveurs n'admirent pas, et n'admireront jamais, un type moyen, mais apprécient les extrêmes », ils continuent tous deux (comme cela a d'ailleurs été le cas pour les sous-races du pigeon culbutant) de choisir et de faire reproduire des oiseaux qui possèdent un bec de plus en plus long, ou bien un bec de plus en plus court. Or, nous pouvons supposer qu'à une époque ancienne les hommes d'une nation ou d'une région avaient besoin de chevaux plus véloces, tandis que ceux d'une autre avaient besoin de chevaux plus robustes et plus trapus. Les différences étaient au début sans doute très légères ; mais, au fil du temps, du fait de la sélection continue de chevaux plus véloces dans un cas, et de chevaux plus robustes dans l'autre, les différences ont dû devenir plus grandes, et être répertoriées comme formant deux sous-races. Enfin, après que des siècles se seront écoulés, ces sous-races se seront converties en deux races bien établies et distinctes. À mesure que les différences devenaient plus grandes, les animaux inférieurs qui possédaient des caractères intermédiaires, n'étant ni très véloces ni très robustes, n'auront plus été utilisés pour la reproduction, et auront tendu, ainsi, à disparaître. Ici, donc, nous voyons dans les productions de l'homme l'action de ce que l'on peut nommer le principe de divergence, qui a pour effet que les différences, d'abord presque imperceptibles, s'accroissent constamment, et que les races

Sélection naturelle, ou survie des plus aptes [chap. IV]

divergent par leur caractère, en s'éloignant aussi bien l'une de l'autre que de leur parent commun.

Mais comment, demandera-t-on, un principe analogue peut-il s'appliquer dans la nature ? Je crois qu'il peut s'y appliquer, et s'y applique, on ne peut plus efficacement (bien qu'il m'ait fallu longtemps avant d'apercevoir de quelle façon), en raison de cette simple circonstance que, plus les habitants d'une espèce quelconque se diversifient sous le rapport de la structure, de la constitution et des habitudes, plus ils seront capables de s'emparer de places nombreuses et largement diversifiées dans la régie de la nature, et ainsi d'accroître leur population.

C'est ce qu'il nous est possible de discerner clairement dans le cas des animaux dotés d'habitudes simples. Prenez le cas d'un quadrupède carnivore dont la population susceptible de subsister dans un pays est depuis longtemps parvenue à sa moyenne supérieure. Si on laisse sa faculté naturelle d'accroissement exercer son action, il ne peut réussir à s'accroître (à supposer que le pays ne subisse aucun changement dans ses conditions) que pour autant que ses descendants qui varient s'emparent de places à présent occupées par d'autres animaux : certains d'entre eux, par exemple, acquérant la capacité de se nourrir de nouveaux types de proies, mortes ou vives ; certains habitant de nouvelles stations, grimpant dans les arbres, fréquentant l'eau, et certains peut-être devenant moins carnivores. Plus les descendants de nos animaux carnivores se diversifient sous le rapport des habitudes et de la structure, plus ils seront capables d'occuper de places. Ce qui s'applique à un animal s'appliquera, en tout point du temps, à tous les animaux – du moins, s'ils varient –, car autrement la sélection naturelle ne peut avoir aucun résultat. Il en ira de même pour les plantes. Il a été prouvé expérimentalement que, si l'on sème une seule espèce d'herbe sur une parcelle, et que l'on sème plusieurs genres d'herbe distincts sur une autre parcelle semblable, on peut obtenir un plus grand nombre de plantes et un plus grand poids d'herbes sèches dans le second que dans le premier cas. La même constatation s'est avérée valable lorsque l'on a semé une seule variété de froment et plusieurs variétés mêlées sur des terrains d'égale surface. Il en découle que, si une espèce quelconque d'herbe devait continuer à varier, et si l'on sélectionnait continûment les variétés qui différeraient les unes des autres, quoique à un degré très léger, de la même manière que les espèces distinctes et les genres distincts d'herbes, un plus grand nombre de plantes individuelles de cette espèce, dont ses descendants modifiés, réussiraient à vivre sur le même terrain. Et nous savons que chacune des espèces et chacune des variétés d'herbe sèment chaque année des graines presque innombrables ; et elles essaient ainsi, peut-on dire, d'accroître au plus haut point le nombre de leurs représentants. Par conséquent, au fil de milliers de générations, les variétés les plus distinctes d'une espèce quelconque d'herbe auraient les meilleures chances de réussir et de se multiplier, et ainsi de supplanter les variétés moins distinctes ; et les variétés, une fois rendues très distinctes les unes des autres, prennent le rang d'espèces.

La vérité du principe selon lequel une grande diversification de structure permet de faire subsister la plus grande quantité de vie est visible dans de nombreuses circonstances naturelles. Dans une zone extrêmement petite, particulièrement si elle est librement ouverte à l'immigration, et où la compétition d'individu à individu doit être très rigoureuse, nous trouvons toujours une grande diversité chez les habitants. Par exemple, j'ai constaté qu'un lopin de gazon, d'une taille de trois pieds sur quatre [91,44 cm × 121,92. *Ndt.*], qui avait été exposé pendant de nombreuses années aux mêmes conditions exactement, portait vingt espèces de plantes, et ces dernières appartenaient à dix-huit genres et à huit ordres, ce qui montre à quel point elles différaient entre elles. Il en est de même pour les plantes et les insectes qui vivent sur des îlots petits et uniformes, ainsi que dans les petits étangs d'eau douce. Les fermiers constatent qu'ils peuvent obtenir la plus grande quantité de nourriture au moyen d'une rotation entre des plantes qui appartiennent aux ordres les plus différents : la nature pratique ce que l'on peut appeler une rotation simultanée. La plupart des animaux et des plantes qui vivent tout proches d'un petit terrain, quel qu'il soit, pourraient y vivre (à supposer que sa nature ne soit en rien particulière), et l'on peut dire qu'ils s'efforcent au plus haut point d'y vivre ; mais on observe que là où ils entrent dans la concurrence la plus étroite, les avantages de la diversification de structure, avec les différences d'habitudes et de constitution qui l'accompagnent, ont pour conséquence que les habitants, qui entrent ainsi en lice les uns contre les autres de la façon la plus serrée, appartiennent, en règle générale, à ce que nous appelons des genres et des ordres différents.

Le même principe s'observe dans l'acclimatation des plantes grâce à l'action de l'homme dans des pays étrangers. On aurait pu imaginer que les plantes qui réussissent à s'acclimater dans un pays quelconque aient été en général étroitement apparentées aux plantes indigènes ; car on regarde communément ces dernières comme créées spécialement et adaptées au pays qui est le leur. Peut-être aurait-on pu imaginer, en outre, que les plantes acclimatées aient appartenu à quelques groupes plus spécialement adaptés à certaines stations de leur nouvel habitat. Mais le cas est très différent ; et Alph. de Candolle a fort bien remarqué, dans son grand et admirable ouvrage, que les flores gagnent par l'acclimatation, proportionnellement au nombre de genres et d'espèces indigènes, nettement plus de nouveaux genres que de nouvelles espèces. Pour donner un unique exemple : dans la dernière édition du *Manual of the Flora of the Northern United States* du Dr Asa Gray, 260 plantes acclimatées sont répertoriées, qui appartiennent à 162 genres. Nous voyons ainsi que ces plantes acclimatées sont d'une nature extrêmement diversifiée. Elles diffèrent en outre, dans une large mesure, des plantes indigènes, car, sur les 162 genres acclimatés, il n'y en a pas moins de 100 qui ne sont pas indigènes, et c'est ainsi, en proportion, un considérable ajout qui est fait aux genres vivant actuellement aux États-Unis.

En considérant la nature des plantes ou des animaux qui ont lutté avec succès, dans quelque pays que ce soit, avec les indigènes, et s'y sont acclimatés, nous pouvons grossièrement nous faire une idée de la manière dont certains des habitants d'origine devraient se modifier pour gagner un avantage sur leurs compatriotes ; et nous pouvons au moins en inférer que la diversification de structure, équivalant à de nouvelles différences génériques, leur serait profitable.

L'avantage d'une diversification de structure chez les habitants de la même région est, de fait, le même que celui de la division physiologique du travail réalisée dans les organes corporels d'un même individu – sujet si bien élucidé par Milne Edwards. Aucun physiologiste ne doute qu'un estomac apte à digérer la matière végétale uniquement, ou la chair uniquement, ne retire de ces substances la plus grande quantité de nutriment. De même, dans l'économie générale d'un pays quel qu'il soit, plus les animaux et les plantes seront largement et parfaitement diversifiés en accord avec des habitudes de vie différentes, plus grand sera le nombre d'individus capables d'y subsister. Un groupe d'animaux dont l'organisation n'est que peu diversifiée ne pourrait guère concurrencer un autre groupe qui aurait une structure plus parfaitement diversifiée. On pourra douter, par exemple, que les marsupiaux australiens, qui sont divisés en groupes peu différents les uns des autres et représentant faiblement, comme M. Waterhouse et d'autres l'ont remarqué, nos mammifères carnivores, ruminants et rongeurs, puissent concurrencer avec succès ces ordres bien développés. Chez les mammifères australiens, nous observons le processus de diversification à une étape peu avancée et incomplète de son développement.

Les effets probables de l'action de la sélection naturelle, par divergence de caractère et extinction, sur les descendants d'un ancêtre commun

Après la discussion qui précède, qui a été fort resserrée, nous supposerons que les descendants modifiés d'une espèce quelconque réussiront d'autant mieux qu'ils se diversifieront du point de vue de la structure, et seront ainsi capables d'empiéter sur des places occupées par d'autres êtres. Mais voyons à présent de quelle façon ce principe, selon lequel la divergence de caractère est bénéfique, tend à agir lorsqu'il est combiné avec les principes de la sélection naturelle et de l'extinction.

Le diagramme ci-joint nous aidera à comprendre ce sujet assez embarrassant. Posons que les lettres de A à L représentent les espèces d'un grand genre, largement répandu dans son propre pays ; on suppose que ces espèces se ressemblent entre elles à des degrés inégaux, comme c'est le cas d'une façon si générale dans la nature, et comme le représente sur le diagramme le fait que les lettres soient séparées par des distances inégales. J'ai dit un grand genre, parce que, comme nous l'avons vu dans le deuxième chapitre, il y a plus d'espèces, en moyenne, qui varient dans les grands genres que dans les petits ; et les espèces des grands genres qui varient présentent un plus grand nombre de variétés. Nous avons vu, en outre, que les espèces qui sont les plus communes et les plus largement répandues varient plus que ne le font les espèces rares et restreintes. Soit A une espèce commune, largement répandue et qui varie, appartenant à un genre qui est un grand genre dans son propre pays. Les lignes en pointillé de longueur inégale qui partent de A représenteront, avec leurs embranchements et leurs divergences, ses descendants qui varient. On suppose que les variations sont extrêmement légères, mais de la nature la plus diversifiée ; on ne suppose pas qu'elles apparaissent toutes simultanément, mais souvent après de longs intervalles de temps ; on ne suppose pas non plus qu'elles persévèrent toutes pendant des durées égales. Seules les variations qui sont de quelque façon profitables seront préservées, ou sélectionnées naturellement. C'est ici qu'intervient l'importance du principe de l'avantage issu de la divergence de caractère ; car il conduira généralement à ce que les variations les plus différentes ou les plus divergentes (représentées par les lignes pointillées extérieures) soient préservées et accumulées par la sélection naturelle. Lorsqu'une ligne pointillée atteint l'une des lignes horizontales, et y est signalée par une petite lettre numérotée, on suppose qu'a été accumulée une somme de variations suffisante pour la transformer en une variété assez bien marquée pour être jugée digne d'être répertoriée dans un ouvrage systématique.

Les intervalles entre les lignes horizontales du diagramme pourront représenter chacun mille générations, ou plus. Après mille générations, on suppose que l'espèce A a produit deux variétés assez bien marquées, à savoir a^1 et m^1. Ces deux variétés seront généralement encore exposées aux mêmes conditions qui ont rendu variables leurs parents, et la tendance à la variabilité est elle-même héréditaire ; par conséquent, elles tendront également à varier, et communément de la même manière à peu près que leurs parents avant elles. En outre, ces deux variétés, qui ne sont que des formes légèrement modifiées, tendront à hériter des avantages qui ont fait que leur parent A est devenu plus nombreux que la plupart des autres habitants du même pays ; elles auront également part aux avantages plus généraux qui ont fait du genre auquel appartenait l'espèce parente un grand genre dans son propre pays. Et toutes ces circonstances sont favorables à la production de nouvelles variétés.

Or, si ces deux variétés sont variables, les plus divergentes de leurs variations seront généralement préservées durant les mille générations suivantes. Et après cet intervalle de temps, on suppose dans le diagramme que la variété a^1 a produit la variété a^2, qui, en vertu du principe de divergence, différera plus de A que n'en différait la variété a^1. On suppose que la variété m^1 a produit deux variétés, à savoir m^2 et s^2, qui diffèrent l'une de l'autre, et plus considérablement encore de leur parent commun A. Nous pouvons poursuivre ce processus par de semblables étapes pendant une durée indéfinie ; certaines des variétés, après chaque millier de générations, ne produiraient qu'une unique variété, mais dont l'état serait de plus en plus modifié, d'autres produiraient deux ou trois variétés, et d'autres encore n'en produiraient aucune. Ainsi, les variétés, ou descendants modifiés du parent commun A, continueront en général à accroître le nombre de leurs représentants et à diverger dans leur caractère. Dans le diagramme, le processus est représenté jusqu'à la dix millième génération, et sous une forme condensée et simplifiée jusqu'à la quatorze millième.

Mais je dois faire remarquer ici que je ne suppose nullement que le processus doive jamais se dérouler aussi régulièrement que cela est représenté sur le diagramme, bien qu'on y ait introduit quelque irrégularité, ni qu'il se déroule d'une façon continue ; il est bien plus probable que chaque forme demeure pendant de longs intervalles de temps inchangée, et subit alors de nouveau une modification. Je ne suppose pas non plus que les variétés les plus divergentes soient invariablement préservées : une forme moyenne pourra souvent persévérer longtemps, et produira ou non plus d'un descendant modifié ; car la sélection naturelle agira toujours suivant la nature des places qui sont soit inoccupées soit imparfaitement occupées par d'autres êtres ; et cela dépend de rapports infiniment complexes. Mais, en règle générale, plus les descendants d'une espèce quelconque pourront être diversifiés du point de vue de la structure, plus nombreuses seront les places dont ils seront capables de s'emparer, et plus leur progéniture modifiée s'accroîtra. Dans notre diagramme, la ligne de succession est brisée à intervalles réguliers par de petites lettres numérotées qui signalent les formes successives devenues suffisamment distinctes pour être répertoriées comme des variétés. Mais ces ruptures sont imaginaires, et l'on aurait pu les insérer n'importe où, après des intervalles assez longs pour permettre l'accumulation d'une quantité considérable de variations divergentes.

Comme tous les descendants modifiés d'une espèce commune et largement répandue, appartenant à un grand genre, tendront à avoir part aux mêmes avantages qui ont permis à leurs parents de réussir dans la vie, ils continueront en général à se multiplier en nombre [*sic*. Ndt.] aussi bien qu'à diverger dans leur caractère : c'est ce que représentent sur le diagramme les diverses branches divergentes qui partent de A. Dans les lignes de générations, les descendants modifiés des branches tardives et améliorées à un plus haut degré prendront souvent, c'est probable, la place des branches plus anciennes et moins améliorées, et les détruiront donc : c'est ce que représente sur le diagramme le fait que certaines des branches

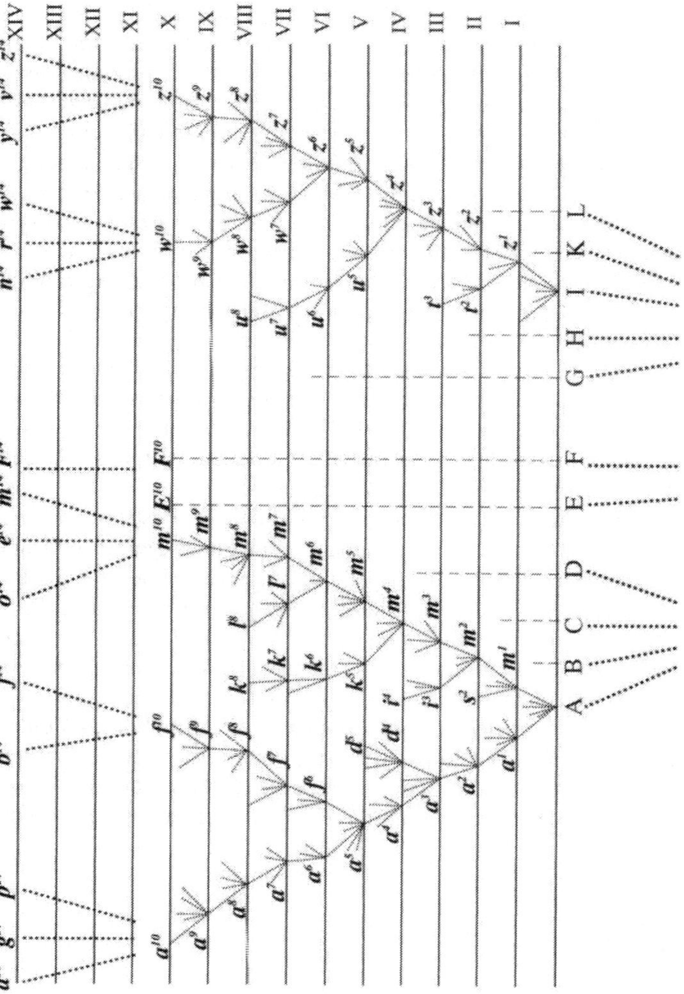
A B C D E F G H I K L
I II III IV V VI VII VIII IX X XI XII XIII XIV

du bas n'atteignent pas les lignes horizontales du haut. Dans certains cas, sans aucun doute, le processus de modification sera limité à une unique ligne de générations, et le nombre de descendants modifiés ne sera pas accru ; et ce, même si la quantité de modifications divergentes a été augmentée. Ce cas serait représenté sur le diagramme si l'on supprimait toutes les lignes qui partent de A, à l'exception de celles qui vont de a^1 à a^{10}. De la même façon, le cheval de course anglais et le limier anglais ont apparemment tous deux continué de diverger lentement dans leur caractère à partir de leurs souches originelles, sans qu'aucun des deux n'ait produit de branches ou de races neuves.

Après dix mille générations, on suppose que l'espèce A a produit trois formes, a^{10}, f^{10} et m^{10}, qui, pour avoir divergé du point de vue du caractère durant les générations successives, en seront venues à différer grandement, mais peut-être inégalement, les unes des autres et par rapport à leur parent commun. Si nous supposons que la quantité de changement entre chaque ligne horizontale de notre diagramme et la suivante est extrêmement faible, ces trois formes peuvent n'être encore que des variétés bien marquées ; mais nous n'avons qu'à supposer plus nombreuses ou d'une plus grande amplitude les étapes du processus de modification, pour convertir ces trois formes en espèces douteuses et finalement en espèces bien définies. Ainsi, le diagramme illustre les étapes par lesquelles les petites différences qui distinguent les variétés s'accroissent jusqu'à rejoindre les différences plus grandes qui distinguent les espèces. En poursuivant le même processus pendant un nombre plus grand de générations (comme le montre le diagramme d'une manière condensée et simplifiée), nous obtenons huit espèces, signalées par les lettres comprises entre a^{14} et m^{14}, toutes issues de A. C'est ainsi, à mon avis, que les espèces se multiplient et que les genres se forment.

Dans un grand genre, il est probable que plus d'une espèce doive varier. Sur le diagramme, j'ai fait l'hypothèse qu'une seconde espèce, I, a produit par des étapes analogues, après dix mille générations, deux variétés bien marquées (w^{10} et z^{10}), à moins que ce ne soient deux espèces, selon la quantité de changement que l'on suppose représentée entre les lignes horizontales. Après quatorze mille générations, on suppose que six nouvelles espèces, signalées par les lettres comprises entre n^{14} et z^{14}, ont été produites. Dans un genre quelconque, les espèces qui sont déjà très différentes les unes des autres du point de vue du caractère tendront généralement à produire le nombre de descendants modifiés le plus élevé ; car ce sont celles qui auront les meilleures chances de s'emparer de places nouvelles et largement différentes dans la régie de la nature : de là vient que, dans le diagramme, j'ai choisi l'espèce extrême A, et l'espèce quasi extrême I, comme espèces qui ont largement varié, et ont donné naissance à de nouvelles variétés et de nouvelles espèces. Les neuf autres espèces (signalées par des majuscules) de notre genre originel peuvent continuer pendant des durées considérables, mais inégales, à donner des descendants inchangés ; et c'est ce que montrent sur le diagramme les lignes pointillées qui se prolongent inégalement vers le haut.

Mais durant le processus de modification représenté sur le diagramme, un autre de nos principes, à savoir le principe d'extinction, aura joué un rôle important. Puisque, dans tout pays entièrement peuplé, la sélection naturelle agit nécessairement en dotant la forme qu'elle sélectionne de quelque avantage sur les autres formes dans la lutte pour la vie, il y aura chez les descendants améliorés de n'importe quelle espèce une tendance constante à supplanter et à exterminer, à chaque étape de la génération, leurs prédécesseurs et leur ancêtre originel. Car il convient de se souvenir que la concurrence sera généralement la plus rigoureuse entre les formes qui sont le plus étroitement apparentées les unes aux autres sous le rapport des habitudes, de la constitution et de la structure. Aussi toutes les formes intermédiaires entre les états antérieurs et postérieurs, c'est-à-dire entre les états moins améliorés et plus améliorés de la même espèce, ainsi que l'espèce parente originelle elle-même, tendront-elles en général à s'éteindre. Il en sera probablement de même pour de nombreuses lignes de générations collatérales tout entières, qui seront vaincues par des lignes postérieures et améliorées. Si, cependant, la descendance modifiée d'une espèce arrive dans quelque pays distinct, ou s'adapte vite à quelque station réellement nouvelle, dans lesquels la descendance et l'ancêtre n'entrent pas en concurrence, alors tous deux continueront peut-être d'exister.

Alors, si l'on admet que notre diagramme représente une quantité de modification considérable, l'espèce A et toutes les variétés anciennes se seront éteintes, et seront remplacées par huit nouvelles espèces (de a^{14} à m^{14}) ; et l'espèce I sera remplacée par six nouvelles espèces (de n^{14} à z^{14}).

Mais nous pouvons aller plus loin. On supposait que les espèces originelles de notre genre se ressemblaient à des degrés inégaux, comme c'est le cas d'une façon si générale dans la nature ; l'espèce A était plus étroitement apparentée à B, C et D qu'aux autres espèces ; et l'espèce I plus étroitement à G, H, K, L qu'aux autres. On supposait également que ces deux espèces, A et I, étaient des espèces très communes et largement répandues, de sorte qu'elles avaient dû avoir quelque avantage à l'origine sur la plupart des autres espèces du genre. Leurs descendants modifiés, au nombre de quatorze à la quatorze millième génération, auront probablement hérité d'une partie des mêmes avantages : ils ont également été modifiés et améliorés d'une manière diversifiée à chaque étape de la descendance, de façon à s'adapter à de nombreuses places voisines dans l'économie naturelle de leur pays. Il semble, par conséquent, extrêmement probable qu'ils auront remplacé, et par là même exterminé, non seulement leurs parents, A et I, mais en outre certaines des espèces originelles qui étaient le plus étroitement apparentées à leurs parents. Aussi les espèces originelles seront-elles très peu nombreuses à avoir donné des descendants à la quatorze millième génération. Nous pouvons supposer que des deux espèces E et F, qui étaient les moins étroitement apparentées aux neuf autres espèces originelles, une seule, F, a donné des descendants à cette dernière étape de la descendance.

Sur notre diagramme, les nouvelles espèces issues des onze espèces originelles seront maintenant au nombre de quinze. Du fait de la tendance divergente de la sélection naturelle, l'extrême amplitude des différences de caractère qui existent entre les espèces a^{14} et z^{14} sera bien supérieure à celle qui existe entre les plus distinctes des onze espèces originelles. Les nouvelles espèces, en outre, seront apparentées les unes aux autres d'une manière largement différente. Sur les huit descendants issus de A, les trois signalés par a^{14}, q^{14} et p^{14} seront étroitement apparentés, parce qu'ils se sont récemment écartés de a^{10} pour former une branche nouvelle ; b^{14} et f^{14}, parce qu'ils ont divergé de a^5 à une époque plus ancienne, seront à un certain degré distincts des trois premières espèces évoquées ; et, enfin, o^{14}, e^{14} et m^{14} seront étroitement apparentés les uns aux autres, mais, parce qu'ils ont divergé au tout début du processus de modification, seront largement différents des cinq autres espèces, et sont susceptibles de constituer un sous-genre ou un genre distinct.

Les six descendants issus de I forment deux sous-genres ou deux genres. Mais comme l'espèce originelle I différait grandement de A, puisque située presque à l'extrémité du genre originel, les six descendants issus de I différeront considérablement, du seul fait de l'hérédité, des huit descendants de A ; on suppose, en outre, que les deux groupes ont continué à diverger dans des directions différentes. À quoi il faut ajouter (et c'est là une considération très importante) que les espèces intermédiaires qui reliaient les espèces originelles A et I se sont toutes éteintes, à l'exception de F, et n'ont laissé aucun descendant. C'est pourquoi les six nouvelles espèces issues de I, et les huit issues de A, devront être classées comme des genres très distincts, voire comme des sous-familles distinctes.

Voilà, je crois, comment il se fait que deux genres ou plus sont produits par la descendance avec modification, à partir de deux espèces ou plus du même genre. Et l'on suppose que les deux espèces parentes ou plus sont issues d'une espèce appartenant à un genre plus ancien. Sur notre diagramme, cela est indiqué par les lignes brisées, en dessous des lettres majuscules, qui convergent en un seul point vers le bas, en formant des sous-branches ; ce point représente une espèce, l'ancêtre supposé de nos divers genres et sous-genres nouveaux.

Il vaut la peine de réfléchir un moment sur le caractère de l'espèce nouvelle F^{14}, dont on suppose qu'elle a peu divergé du

Sélection naturelle, ou survie des plus aptes [chap. IV]

point de vue du caractère, mais a conservé la forme de F, soit inchangée soit changée à un faible degré seulement. En ce cas, ses affinités avec les quatorze autres espèces nouvelles seront d'une nature curieuse et compliquée. Issue d'une forme qui était située entre les espèces parentes A et I, que l'on suppose à présent éteintes et inconnues, elle aura un caractère intermédiaire à quelque degré entre les deux groupes issus de ces deux espèces. Mais comme ces deux groupes ont continué de diverger, du point de vue du caractère, par rapport au type de leurs parents, l'espèce nouvelle F^{14} ne sera pas directement intermédiaire entre elles, mais plutôt entre les types des deux groupes – et tout naturaliste pourra se remémorer des cas de ce genre.

On a supposé jusqu'ici que, sur le diagramme, chaque ligne horizontale représentait mille générations, mais elle peut en représenter un million ou plus ; elle peut aussi représenter une section des strates successives de la croûte terrestre qui renferment des restes d'organismes éteints. Nous aurons, lorsque nous en viendrons à notre chapitre sur la Géologie, à faire référence de nouveau à ce sujet, et je crois que nous verrons alors que le diagramme jette une certaine lumière sur les affinités des êtres éteints, qui, bien qu'ils appartiennent en général aux mêmes ordres, aux mêmes familles ou aux mêmes genres que ceux qui vivent actuellement, sont pourtant souvent, à quelque degré, d'un caractère intermédiaire entre les groupes actuels ; et nous pouvons comprendre ce fait, car les espèces éteintes vivaient à diverses époques éloignées, alors que les lignes de descendance qui forment de nouvelles branches avaient moins divergé.

Je ne vois aucune raison de limiter le processus de modification, tel qu'on vient de l'expliquer, à la formation des seuls genres. Si, sur le diagramme, nous supposons que la quantité de changement représentée par chacun des groupes successifs de lignes pointillées divergentes est considérable, les formes signalées par les lettres comprises entre a^{14} et p^{14}, celles qui sont signalées par les lettres b^{14} et f^{14}, et celles qui sont signalées par les lettres comprises entre o^{14} et m^{14}, formeront trois genres très distincts. Nous aurons également deux genres très distincts issus de I, qui différeront largement des descendants de (A). Ces deux groupes de genres formeront donc deux familles distinctes, ou deux ordres, selon la quantité de modification divergente que l'on suppose représentée sur le diagramme. Et les deux nouvelles familles, ou ordres, sont issues de deux espèces du genre originel, et l'on suppose que ces dernières sont issues de quelque forme encore plus ancienne et inconnue.

Nous avons vu que, dans chaque pays, ce sont les espèces appartenant aux genres les plus grands qui présentent le plus souvent des variétés, ou espèces naissantes. On aurait pu, de fait, s'y attendre ; car, comme la sélection naturelle agit en donnant à une forme quelque avantage sur d'autres formes dans la lutte pour l'existence, elle agira principalement sur celles qui ont déjà quelque avantage ; et la grandeur d'un groupe quelconque montre que ses espèces ont hérité d'un ancêtre commun quelque avantage qu'elles ont en commun. Par conséquent, la lutte pour la production de nouveaux descendants modifiés aura lieu surtout entre les groupes plus grands qui, tous, essaient d'accroître le nombre de leurs représentants. Un grand groupe l'emportera lentement sur un autre grand groupe, réduira sa population, et diminuera ainsi ses chances de variation et d'amélioration ultérieures. À l'intérieur d'un même grand groupe, les sous-groupes plus récents et plus hautement perfectionnés, parce qu'ils forment des branches nouvelles et s'emparent de nouvelles places dans la régie de la nature, tendront constamment à supplanter et à détruire les sous-groupes plus anciens et moins améliorés. Les groupes et les sous-groupes petits et fractionnés finiront par disparaître. Si nous portons notre regard vers le futur, nous pouvons prédire que les groupes d'êtres organiques qui sont aujourd'hui vastes et triomphants, et qui sont les moins fractionnés, c'est-à-dire qui ont jusqu'à ce jour été le moins atteints par l'extinction, continueront longtemps à s'accroître. Mais quels sont les groupes qui prévaudront finalement, nul ne peut le prédire ; car nous savons que de nombreux groupes qui ont eu jadis une très grande extension sont à présent éteints. Si nous portons notre regard plus loin encore dans le futur, nous pouvons prédire que, du fait de l'accroissement continu et constant des groupes plus grands, une multitude de groupes plus petits s'éteindra complètement, et ne laissera aucun descendant modifié ; et que, par voie de conséquence, des espèces vivant à telle ou telle époque, seul un très faible nombre donnera des descendants dans un futur lointain. J'aurai à revenir sur ce sujet dans le chapitre sur la Classification, mais j'ajouterai ici que, puisque selon cette hypothèse un nombre extrêmement faible des espèces plus anciennes a donné des descendants de nos jours, et puisque tous les descendants de la même espèce forment une classe, nous pouvons comprendre comment il se fait qu'il existe si peu de classes dans chaque grande division des règnes animal et végétal. Bien que quelques-unes seulement des espèces les plus anciennes aient laissé des descendants modifiés, cependant, à des époques géologiques lointaines, la terre a pu être presque aussi peuplée d'espèces appartenant à une multitude de genres, de familles, d'ordres et de classes, qu'elle l'est à présent.

Du degré d'avancement auquel tend l'organisation

La Sélection Naturelle agit exclusivement en préservant et en accumulant des variations qui sont bénéfiques dans les conditions organiques et inorganiques auxquelles chaque créature est exposée à toutes les époques de la vie. Le résultat final est que chaque créature tend à s'améliorer de plus en plus dans ses rapports avec ses conditions. Cette amélioration conduit inévitablement à l'avancement graduel de l'organisation de la plus grande partie des êtres vivants dans l'ensemble du monde. Mais nous abordons ici un sujet extrêmement compliqué, car les naturalistes n'ont pas défini d'une manière propre à les satisfaire mutuellement ce que l'on entend par un avancement dans l'organisation. Chez les vertébrés, il est clair que le degré d'intelligence et un rapprochement de structure avec l'homme entrent en jeu. On pourrait penser que la quantité de changement que les diverses parties et les divers organes connaissent durant leur développement de l'embryon à la maturité suffit comme critère de comparaison ; mais il y a des cas, comme chez certains crustacés parasites, dans lesquels les diverses parties de la structure deviennent moins parfaites, de sorte que l'animal adulte ne peut être dit supérieur à sa larve. Le critère le plus largement applicable et le meilleur semble être celui de Von Baer, à savoir la quantité de différenciation des parties du même être organique – à l'état adulte, serais-je enclin à ajouter – et leur spécialisation en vue de différentes fonctions ; ou, pour nous exprimer comme le ferait Milne Edwards, l'achèvement de la division du travail physiologique. Mais nous verrons à quel point le sujet peut être obscur si nous observons, par exemple, les poissons, chez lesquels certains naturalistes classent comme les plus élevés ceux qui, à l'instar des requins, se rapprochent le plus étroitement des amphibies ; tandis que d'autres naturalistes classent les poissons osseux communs, ou poissons téléostéens, comme les plus élevés, dans la mesure où ils ressemblent le plus strictement à des poissons, et diffèrent le plus des autres classes de vertébrés. Nous voyons plus nettement encore l'obscurité du sujet en nous tournant vers les plantes, chez lesquelles le critère de l'intelligence est évidemment tout à fait exclus ; et, en l'occurrence, certains botanistes classent comme les plus élevées les plantes qui ont chacun de leurs organes, comme les sépales, les pétales, les étamines et les pistils, complètement développés dans chaque fleur ; tandis que d'autres botanistes, d'une façon probablement plus juste, regardent les plantes qui ont leurs divers organes fort modifiés et en nombre réduit comme les plus élevées.

Si nous prenons pour critère d'un haut niveau d'organisation la quantité de différenciation et de spécialisation des divers organes en chaque être adulte (et cela comprendra l'avancement du cerveau à des fins intellectuelles), la sélection naturelle conduit clairement vers ce niveau : car tous les physiologistes admettent que la spécialisation des organes, dans la mesure où dans cet état ils remplissent mieux leurs fonctions, est un avantage pour chaque être ; et c'est pourquoi l'accumulation des variations qui tendent à la spécialisation fait partie des compétences de la sélection naturelle. Par ailleurs, nous pouvons voir, en nous souvenant que tous les êtres organiques s'efforcent de s'accroître à une vitesse élevée et de s'emparer de toute place inoccupée ou moins bien occupée dans

Sélection naturelle, ou survie des plus aptes [chap. IV]

l'économie de la nature, qu'il est tout à fait possible pour la sélection naturelle d'adapter graduellement un être à une situation dans laquelle plusieurs organes seraient superflus ou inutiles : en de tels cas, il doit y avoir une régression sur l'échelle de l'organisation. La question de savoir si, dans l'ensemble, l'organisation a réellement avancé, des époques géologiques les plus reculées jusqu'à nos jours, sera plus commodément discutée dans notre chapitre sur la Succession géologique.

Mais, pourra-t-on objecter, si tous les êtres organiques tendent ainsi à s'élever sur l'échelle, comment se fait-il que dans le monde entier une multitude de formes parmi les moins élevées existent encore ; et comment se fait-il que, dans chaque grande classe, certaines formes soient bien plus hautement développées que d'autres ? Pourquoi les formes les plus hautement développées n'ont-elles pas partout supplanté et exterminé celles qui étaient inférieures ? Lamarck, qui croyait en une tendance innée et inéluctable vers la perfection chez tous les êtres organiques, semble avoir senti cette difficulté si vivement qu'il fut conduit à supposer que des formes nouvelles et simples étaient produites continûment par une génération spontanée. La science n'a pas encore prouvé la vérité de cette idée, quoi que puisse révéler l'avenir. Si l'on se fonde sur notre théorie, l'existence prolongée d'organismes peu élevés ne présente aucune difficulté ; car la sélection naturelle, ou survie des plus aptes, ne comporte pas nécessairement un développement progressif – elle ne fait que tirer parti des variations qui apparaissent et sont bénéfiques à chaque créature dans les rapports vitaux complexes qu'elle entretient. Et l'on pourra demander quel avantage, pour autant que nous puissions le voir, cela représenterait pour un animalcule des infusions, pour un ver intestinal, ou même pour un ver de terre, d'avoir une organisation élevée. Si cela n'était d'aucun avantage, la sélection naturelle laisserait ces formes de côté, sans les améliorer ou en ne les améliorant que très peu, et elles pourraient rester pendant un laps de temps indéfini dans la condition peu élevée qui est à présent la leur. Et la géologie nous dit que certaines des formes les moins élevées, comme les infusoires et les rhizopodes, sont restées pendant une durée immense dans leur état actuel, ou peu s'en faut. Mais supposer que la plupart des nombreuses formes qui existent actuellement n'ont pas le moins du monde avancé depuis l'aurore de la vie, cela serait extrêmement téméraire ; car tout naturaliste qui a disséqué certains des êtres que l'on classe actuellement très bas sur l'échelle a dû être frappé de leur organisation véritablement admirable et pleine de beauté.

Les mêmes remarques à peu près sont valables si nous regardons les différents degrés d'organisation à l'intérieur d'un même grand groupe ; par exemple, chez les vertébrés, elles s'appliquent à la coexistence des mammifères et des poissons – chez les mammifères, à la coexistence de l'homme et de l'ornithorynque – chez les poissons, à la coexistence du requin et du lancelet (*Amphioxus*), ce dernier poisson possédant une structure d'une extrême simplicité qui le rapproche des classes invertébrées. Mais les mammifères et les poissons n'entrent guère en concurrence les uns avec les autres ; l'avancement de la classe entière des mammifères, ou de certains représentants de cette classe, jusqu'au degré le plus élevé ne les conduirait pas à prendre la place des poissons. Les physiologistes pensent que le cerveau doit baigner dans un sang chaud pour avoir une haute activité, et cela exige une respiration aérienne ; de sorte que les animaux à sang chaud, lorsqu'ils habitent l'eau, souffrent d'un désavantage, puisqu'ils doivent continuellement aller à la surface pour respirer. Chez les poissons, les membres de la famille des requins ne sauraient tendre à supplanter le lancelet ; en effet, comme Fritz Müller m'en informe, le lancelet a, sur les côtes sablonneuses et stériles du sud du Brésil, pour compagnon et concurrent unique un annélide anormal. Les trois ordres de mammifères les moins élevés, à savoir les marsupiaux, les édentés et les rongeurs, coexistent dans la même région d'Amérique du Sud avec de nombreux singes, et interfèrent probablement très peu entre eux. Bien que l'organisation, dans l'ensemble, ait pu avancer et puisse continuer de le faire dans le monde entier, cependant, l'échelle présentera toujours de nombreux degrés de perfection ; car le haut avancement de certaines classes tout entières, ou de certains représentants de chaque classe, ne conduit pas du tout nécessairement à l'extinction des groupes avec lesquels ils n'entrent pas dans une concurrence étroite. Dans certains cas, comme nous le verrons plus loin, des formes possédant une organisation peu élevée paraissent avoir été préservées jusqu'à nos jours parce qu'elles habitent des stations confinées ou particulières, dans lesquelles elles ont été soumises à une concurrence moins rigoureuse, et où leur nombre insuffisant a retardé les chances que se produisent des variations favorables.

En fin de compte, je crois que de nombreuses formes possédant une organisation peu élevée existent actuellement dans le monde entier, en vertu de diverses causes. Dans certains cas, il est possible qu'il ne se soit jamais produit de variations ou de différences individuelles d'une nature favorable, sur lesquelles la sélection naturelle ait pu agir et qu'elle ait pu accumuler. Dans aucun cas, probablement, le temps n'a été suffisant pour que soit atteint le niveau ultime de tout le développement possible. Dans quelques rares cas, il s'est produit ce qu'il nous faut nommer une régression de l'organisation. Mais la cause principale réside dans le fait que, dans des conditions de vie très simples, une organisation élevée ne rendrait aucun service – peut-être en réalité desservirait-elle, car étant d'une nature plus délicate, et plus susceptible d'être déréglée et endommagée.

En considérant l'aurore de la vie, ce moment où tous les êtres organiques, comme nous pouvons le croire, présentaient la structure la plus simple, on a demandé : comment les premières étapes de l'avancement ou de la différenciation des parties ont-elles pu se produire ? M. Herbert Spencer répondrait probablement que, dès le moment où un simple organisme unicellulaire en vint, par croissance ou division, à être composé de plusieurs cellules, ou s'attacha à une surface quelconque qui lui servit de support, sa loi qui veut « que les unités homologues de tout ordre se différencient à proportion que leurs rapports avec les forces incidentes deviennent différents » doit être entrée en action. Mais comme nous n'avons pas de faits pour nous guider, la spéculation sur ce sujet est presque inutile. C'est cependant une erreur que de supposer qu'il ne peut y avoir de Lutte pour l'Existence, et, conséquemment, de sélection naturelle, avant qu'aient été produites de nombreuses formes : les variations d'une seule espèce qui habite une station isolée pourraient être bénéfiques, et ainsi le groupe tout entier des individus pourrait être modifié, ou bien deux formes distinctes pourraient apparaître. Mais, comme je l'ai fait remarquer vers la fin de l'introduction, nul ne devrait être surpris de ce que bien des faits demeurent inexpliqués au sujet de l'Origine des Espèces, si l'on tient compte comme il se doit de notre profonde ignorance au sujet des relations mutuelles des habitants du monde à l'époque actuelle, et plus encore aux époques passées.

Convergence de caractère

M. H.C. Watson pense que j'ai surestimé l'importance de la divergence de caractère (à laquelle il croit néanmoins, semble-t-il), et que la convergence, comme on peut la nommer, a également joué un rôle. Si deux espèces qui appartiennent à deux genres distincts, quoique apparentés, avaient toutes deux produit un grand nombre de nouvelles formes divergentes, on peut concevoir que ces dernières soient si proches les unes des autres qu'il faudrait toutes les ranger sous le même genre ; et ainsi les descendants de deux genres distincts convergeraient en un seul. Mais il serait, dans la plupart des cas, extrêmement téméraire d'attribuer à la convergence une similarité de structure étroite et générale entre les descendants modifiés de formes largement distinctes. La forme d'un cristal n'est déterminée que par les forces moléculaires, et il n'est pas étonnant que des substances dissemblables revêtent parfois la même forme ; mais chez les êtres organiques nous ne devons pas oublier que la forme de chacun d'entre eux dépend d'une infinité de rapports complexes, à savoir des variations qui se sont produites, elles-mêmes dues à des causes bien trop compliquées pour que l'on puisse en suivre le cheminement – de la nature des variations qui ont été préservées, ou sélectionnées, ce qui dépend des conditions physiques environnantes, et, à un degré plus élevé encore, des organismes environnants avec lesquels chaque être est entré en concurrence – et, enfin, de l'héritage (élément lui-même fluctuant) laissé par d'innombrables ancêtres, qui ont tous revêtu des formes déterminées par des rapports tout aussi complexes. Il n'est pas possible de croire que les descendants de deux organismes qui différaient à l'origine d'une façon tranchée puissent jamais converger, par la suite, d'une façon si étroite qu'elle conduise à une quasi-identité dans l'ensemble de leur organisation. Si cela s'était produit, nous devrions rencontrer la même forme, indépendamment de tout lien génétique, dans des formations géologiques largement séparées ; or les témoignages s'opposent dans l'ensemble à ce que l'on admette rien de tel.

M. Watson a également objecté que l'action poursuivie de la sélection naturelle, jointe à la divergence de caractère, tendrait à produire un nombre indéfini de formes spécifiques. Pour ce qui concerne les seules conditions inorganiques, il semble probable qu'un nombre d'espèces suffisant s'adapterait vite à n'importe quelles différences considérables de température, d'humidité, &c. ; mais j'admets entièrement que les rapports mutuels des êtres organiques sont plus importants ; et comme dans tout pays le nombre d'espèces continue de s'accroître, les conditions organiques de la vie doivent devenir de plus en plus complexes. Par conséquent, il semble à première vue n'y avoir aucune limite à l'amplitude de la diversification de structure profitable, et donc aucune limite au nombre d'espèces qui pourraient être produites. Nous ne pouvons savoir, même de la région la plus prolifique, si elle est déjà entièrement peuplée de formes spécifiques : au Cap de Bonne-Espérance et en Australie, lieux où un nombre d'espèces stupéfiant parvient à subsister, de nombreuses plantes européennes se sont acclimatées. Mais la géologie nous montre que le nombre de coquillages, depuis les débuts de l'époque tertiaire, et le nombre de mammifères, depuis le milieu de cette même époque, ne se sont pas beaucoup ou aucunement accrus. Qu'est-ce qui fait donc obstacle à l'accroissement indéfini du nombre des espèces ? La quantité de vie (je ne veux pas dire le nombre de formes spécifiques) qui peut subsister dans une région doit avoir une limite, puisqu'elle dépend si largement des conditions physiques ; par conséquent, si une région est habitée par de très nombreuses espèces, chaque espèce ou presque sera représentée par un faible nombre d'individus ; et ces espèces seront susceptibles d'être exterminées du fait de fluctuations accidentelles dans la nature des saisons ou le nombre de leurs ennemis. Le processus d'extermination en de pareils cas a dû être rapide, alors que la production de nouvelles espèces doit être toujours lente. Imaginez, en Angleterre, le cas extrême d'un nombre d'espèces égal à celui des individus, et le premier hiver rigoureux ou le premier été très sec exterminerait des milliers et des milliers d'espèces. Les espèces rares – et chaque espèce le deviendra, si dans tout pays le nombre d'espèces s'accroît indéfiniment – présenteront dans une période donnée, en vertu du principe souvent expliqué, peu de variations favorables ; en conséquence de quoi, le processus donnant naissance à de nouvelles formes spécifiques a dû être retardé. Lorsqu'une espèce quelconque devient très rare, la reproduction entre proches apparentés aide à l'exterminer ; des auteurs ont pensé que ce facteur entre en jeu dans l'explication de l'exténuation de l'aurochs en Lituanie, du cerf élaphe en Écosse et des ours en Norvège, &c. Enfin, et je suis enclin à croire que c'est là l'élément le plus important, une espèce dominante, qui a déjà vaincu de nombreux concurrents dans son propre pays, tendra à accroître son extension et à en supplanter de nombreuses autres. Alph. de Candolle a montré que les espèces qui se répandent sur un vaste territoire tendront en général à se répandre sur un territoire *très* vaste ; par conséquent, elles tendront à supplanter et à exterminer plusieurs espèces dans plusieurs régions, et feront ainsi obstacle à l'accroissement désordonné des formes spécifiques dans le monde entier. Le Dr Hooker a récemment montré que dans le sud-est de l'Australie, où, apparemment, il y a de nombreux envahisseurs venus de différentes parties du globe, le nombre des représentants des espèces australiennes endémiques a été considérablement réduit. Quel poids il faut attribuer à ces diverses considérations, je ne prétends pas le dire ; mais, conjointement, elles doivent limiter dans chaque pays la tendance à une augmentation indéfinie des formes spécifiques.

Résumé du chapitre

Si, dans des conditions de vie changeantes, les êtres organiques présentent des différences individuelles dans presque chaque partie de leur structure, ce qui ne saurait être mis en doute ; s'il y a, du fait de la raison géométrique de leur accroissement, une rigoureuse lutte pour la vie à un certain âge, en une certaine saison ou une certaine année, ce qui certainement ne saurait être mis en doute ; alors, si l'on considère l'infinie complexité des relations qu'entretiennent tous les êtres organiques les uns avec les autres et avec leurs conditions de vie, dont la conséquence est qu'une infinie diversité de structures, de constitutions et d'habitudes leur est avantageuse, ce serait un fait des plus extraordinaires si aucune variation ne s'était jamais produite qui fût utile à la prospérité de chacun des êtres, de la même manière que se sont produites de nombreuses variations utiles à l'homme. Mais si des variations utiles à un être organique quelconque se produisent bien, assurément les individus ainsi caractérisés auront les meilleures chances d'être préservés dans la lutte pour la vie ; et, d'après le puissant principe de l'hérédité, ils tendront à produire des descendants semblablement caractérisés. Ce principe de la préservation ou de la survie des plus aptes, je l'ai nommé Sélection Naturelle. Il conduit à l'amélioration de chaque créature dans ses rapports avec les conditions organiques et inorganiques de sa vie ; et par conséquent, dans la plupart des cas, il conduit à ce qu'il faut regarder comme un avancement de l'organisation. Néanmoins, des formes simples et peu élevées persévéreront longtemps si elles sont bien adaptées aux conditions simples de leur vie.

La sélection naturelle, d'après le principe suivant lequel les qualités sont héritées à des âges correspondants, peut modifier l'œuf, la graine ou le juvénile aussi aisément que l'adulte. Chez de nombreux animaux, la sélection sexuelle aura apporté son aide à la sélection ordinaire, en assurant aux mâles les plus vigoureux et les mieux adaptés la descendance la plus nombreuse. La sélection sexuelle donne également des caractères utiles aux seuls mâles, dans leurs luttes ou leur rivalité avec d'autres mâles ; et ces caractères seront transmis à l'un des sexes ou aux deux, selon la forme d'hérédité qui prévaut.

Si la sélection naturelle a réellement agi de cette façon, en adaptant les diverses formes de vie à leurs différentes conditions et à leurs différentes stations, on en jugera par la teneur générale et par le bilan des témoignages fournis dans les chapitres qui suivent. Mais nous avons déjà vu de quelle manière cela implique l'extinction ; et quelle action considérable l'extinction a exercée dans l'histoire du monde, c'est ce que la géologie proclame nettement. La sélection naturelle, en outre, conduit à la divergence de caractère ; car plus les êtres organiques divergent du point de vue de la structure, des habitudes et de la constitution, plus ils sont nombreux à pouvoir subsister sur le même territoire – ce dont nous voyons la preuve en regardant les habitants de n'importe quelle petite zone, et les productions acclimatées dans des terres étrangères. C'est pour cette raison que, durant la modification des descendants de telle ou telle espèce, et pendant la lutte incessante de toutes les espèces pour accroître le nombre de leurs représentants, plus les descendants se diversifient, meilleures seront leurs chances de succès dans la bataille pour la vie. Ainsi, les petites différences qui distinguent les variétés de la même espèce tendent constamment à s'accroître, jusqu'à ce qu'elles égalent les différences plus grandes qui existent entre les espèces du même genre, voire de genres distincts.

Nous avons vu que ce sont les espèces communes, largement répandues, occupant un vaste territoire, et appartenant aux plus grands genres à l'intérieur de chaque classe, qui varient le plus ; et elles tendent à transmettre à leurs descendants modifiés cette supériorité qui les rend à présent dominantes dans leur propre pays. La sélection naturelle, comme on vient de le faire remarquer, conduit à la divergence de caractère et à une extinction considérable des formes de vie moins améliorées et intermédiaires. Si l'on se fonde sur ces principes, il est possible d'expliquer la nature des affinités, ainsi que les distinctions généralement bien définies qui existent entre les innombrables êtres organiques de chaque classe dans l'ensemble du monde. C'est un fait véritablement extraordinaire – dont le caractère extraordinaire risque de nous échapper par l'effet de la familiarité – que tous les animaux et toutes les plantes à travers la totalité du temps et de l'espace soient apparentés les uns aux autres, répartis en groupes subordonnés à d'autres groupes, de la manière que partout nous observons – à savoir les variétés de la même espèce le plus étroitement apparentées, les espèces du même genre moins étroitement et inégalement apparentées, formant des sections et des sous-genres, les espèces de genres distincts beaucoup moins étroitement apparentées, et les genres apparentés à différents degrés, formant des sous-familles, des familles, des ordres, des sous-classes et des classes. Les divers groupes subordonnés d'une classe quelconque ne peuvent être rangés sur une seule ligne, mais semblent concentrés autour de certains points, et ceux-ci autour d'autres points, et ainsi de suite en des cycles presque sans fin. Si les espèces avaient été créées indépendamment, il n'aurait été possible de donner aucune explication de cette sorte de classification ; mais elle s'explique par l'hérédité et l'action complexe de la sélection naturelle, qui implique l'extinction et la divergence de caractère, comme nous en avons vu l'illustration sur le diagramme.

Les affinités de tous les êtres de la même classe ont parfois été représentées par un grand arbre. Je crois que cette image exprime amplement la vérité. Les rameaux verts et bourgeonnants peuvent représenter les espèces actuelles ; et ceux qui ont été produits les années précédentes peuvent représenter la longue succession des espèces éteintes. À chaque époque de croissance, tous les rameaux qui poussaient ont essayé de faire des branches de tous côtés, et de dépasser et de tuer les rameaux et les branches qui les environnaient, de la même manière que les espèces et les groupes d'espèces ont, de tout temps, pris le dessus sur d'autres espèces dans la grande bataille de la vie. Les branches principales, divisées en grandes branches, à leur tour divisées en branches de plus en plus fines, étaient elles-mêmes jadis, lorsque l'arbre était jeune, des rameaux bourgeonnants ; et cette liaison des bourgeons anciens et des bourgeons présents, effectuée par des branches qui se ramifient, peut représenter de bonne façon la classification de toutes les espèces éteintes et vivantes en des groupes subordonnés à d'autres groupes. Des nombreux rameaux qui fleurissaient lorsque l'arbre n'était qu'un buisson, seuls deux ou trois, devenus maintenant de grandes branches, survivent encore et portent d'autres branches ; il en est de même des espèces qui vivaient dans des époques géologiques lointaines : très rares sont celles qui ont laissé des descendants modifiés actuellement vivants. Depuis que l'arbre a commencé de pousser, mainte branche, principale ou non, est morte, puis est tombée à terre ; et ces branches de tailles diverses qui jonchent le sol peuvent représenter les ordres, les familles et les genres tout entiers qui n'ont maintenant aucun représentant vivant, et ne nous sont connus qu'à l'état fossile. Tout comme nous voyons ici ou là une mince branche égarée qui surgit d'une bifurcation, assez bas sur le tronc, et qui, par quelque hasard, a été favorisée et est encore vivante à sa pointe, de même, nous voyons occasionnellement un animal comme l'Ornithorynque ou le Lépidosirène, qui, à un degré ténu, relie par ses affinités deux grandes branches de la vie, et qui a apparemment été sauvé d'une concurrence fatale parce qu'il habitait une station protégée. Tout comme les bourgeons donnent naissance en se développant à de nouveaux bourgeons, qui, s'ils sont vigoureux, font des branches et dépassent de tous côtés mainte branche plus frêle, il en a été de même, je crois, par la génération, pour le grand Arbre de la Vie, qui emplit de ses branches mortes et brisées l'écorce de la terre, et couvre sa surface de ses ramifications magnifiques et toujours renouvelées.

CHAPITRE V

LOIS DE LA VARIATION

Effets du changement des conditions – Usage et défaut d'usage, combinés avec la sélection naturelle ; organes du vol et de la vision – Acclimatation – Variation corrélative – Compensation et économie de croissance – Fausses corrélations – Variabilité des structures multiples, rudimentaires et faiblement organisées – Les parties développées d'une manière inhabituelle sont hautement variables ; caractères spécifiques, plus variables que les génériques ; caractères sexuels secondaires, variables – Les espèces du même genre varient d'une manière analogue – Retours à des caractères perdus depuis longtemps – Résumé.

Jusqu'ici, je me suis parfois exprimé comme si les variations – si communes et multiformes chez les êtres organiques à l'état domestique, et à un degré moindre chez ceux qui sont à l'état de nature – étaient dues au hasard. C'est là, bien sûr, une façon de parler tout à fait incorrecte, mais elle a le mérite de reconnaître franchement que nous ignorons la cause de chaque variation particulière. Certains auteurs croient que la fonction du système reproducteur est tout autant de produire des différences individuelles, ou de légères déviations de structure, que de faire ressembler l'enfant à ses parents. Mais le fait que les variations et les monstruosités apparaissent bien plus fréquemment à l'état domestique qu'à l'état naturel, ainsi que la plus grande variabilité des espèces qui occupent un vaste territoire par comparaison avec celles dont le territoire est limité, portent à conclure que la variabilité est généralement liée aux conditions de vie auxquelles a été exposée chaque espèce durant plusieurs générations successives. Dans le premier chapitre, j'ai tenté de montrer que le changement des conditions agit de deux façons, directement sur l'ensemble de l'organisation ou sur certaines parties seulement, et indirectement à travers le système reproducteur. Dans tous les cas, il existe deux facteurs, la nature de l'organisme, qui est de beaucoup le plus important des deux, et la nature des conditions. L'action directe du changement des conditions conduit à des résultats définis ou indéfinis. Dans le second cas, l'organisation semble devenir plastique, et nous constatons une forte variabilité fluctuante. Dans le premier cas, la nature de l'organisme est telle qu'il cède sans difficulté, lorsqu'il est soumis à certaines conditions, et tous les individus, ou presque, se modifient de la même façon.

Il est très difficile de décider jusqu'à quel point le changement de conditions telles que le climat, la nourriture, &c., a agi d'une manière définie. Il y a des raisons de croire qu'au fil du temps les effets ont été plus considérables que ne permettent de le prouver des témoignages clairs. Mais nous pouvons conclure avec certitude que les coadaptations de structure innombrables et complexes que nous constatons entre divers êtres organiques, dans la nature tout entière, ne peuvent être attribuées simplement à cette action. Dans les cas qui suivent, les conditions semblent avoir produit quelque légère action définie : E. Forbes affirme que les coquillages, à la limite méridionale de leur territoire, et lorsqu'ils vivent dans une eau peu profonde, ont des couleurs plus vives que ceux de la même espèce qui se trouvent plus au nord ou sont plus en profondeur ; mais assurément cela ne se vérifie pas toujours. M. Gould croit que les oiseaux de la même espèce ont des couleurs plus vives dans une atmosphère dégagée que lorsqu'ils vivent près de la côte ou sur des îles ; M. Wollaston est convaincu que le fait de résider près de la mer affecte la couleur des insectes. Moquin-Tandon donne une liste de plantes qui, lorsqu'elles poussent près du rivage, ont des feuilles quelque peu charnues, bien qu'elles ne soient pas charnues en d'autres lieux. Ces organismes qui varient légèrement sont intéressants dans la mesure où ils présentent des caractères analogues à ceux que possèdent les espèces inféodées à des conditions semblables.

Lorsqu'une variation est si peu que ce soit utile à un être quelconque, il nous est impossible de dire ce qui doit être attribué à l'action accumulatrice de la sélection naturelle, et ce qui doit l'être à l'action définie des conditions de vie. Ainsi, c'est un fait bien connu des fourreurs que plus les animaux de la même espèce vivent au nord, plus épaisse et plus précieuse est leur fourrure ; mais qui peut dire ce que cette différence doit au fait que les individus les plus chaudement vêtus ont été favorisés et préservés durant de nombreuses générations, et ce qu'elle doit à l'action du climat rigoureux ? Car selon toute apparence le climat exerce quelque action directe sur le poil de nos quadrupèdes domestiques.

On pourrait donner des exemples de variétés semblables produites par la même espèce dans des conditions de vie extérieures aussi différentes qu'il s'en peut clairement concevoir ; et, au contraire, de variétés dissemblables produites dans des conditions extérieures apparemment identiques. D'ailleurs, tout naturaliste connaît des exemples innombrables d'espèces qui demeurent fidèles à leur type, ou ne varient pas du tout, bien qu'elles vivent dans les climats les plus opposés. Ce genre de considérations me porte à accorder moins de poids à l'action directe des conditions environnantes qu'à une tendance à la variation due à des causes que nous ignorons tout à fait.

En un sens, on peut dire que les conditions de vie non seulement causent la variabilité, soit directement soit indirectement, mais également incluent la sélection naturelle ; car ce sont les conditions qui déterminent si telle variété ou telle autre survivra. Mais lorsque l'homme est l'agent de la sélection, nous voyons clairement que les deux éléments du changement sont distincts ; la variabilité est de quelque manière mise en branle, mais c'est la volonté de l'homme qui accumule les variations dans certaines directions ; et c'est cette dernière action qui fait écho à la survie des plus aptes à l'état de nature.

*Effets de l'usage augmenté et du défaut d'usage,
contrôlés par la sélection naturelle*

D'après les faits mentionnés dans le premier chapitre, je pense qu'il ne saurait faire de doute que l'usage, chez nos animaux domestiques, a renforcé et agrandi certaines parties, et que le défaut d'usage en a diminué certaines ; et que ces modifications sont héritées. Dans la liberté de l'état naturel, nous n'avons pas de point de comparaison pour juger des effets d'un long usage ou d'un long défaut d'usage, car nous ne connaissons pas les formes parentes ; mais de nombreux animaux possèdent des structures qui s'expliquent au mieux par les effets du défaut d'usage. Comme l'a remarqué le Professeur Owen, il n'existe pas de plus grande anomalie dans la nature qu'un oiseau incapable de voler ; pourtant il y en a plusieurs qui sont dans cet état. Le canard lourdaud [Microptère. *Ndt.*] de l'Amérique du Sud ne peut que voleter à la surface de l'eau, et ses ailes sont presque dans le même état que celles du canard domestique d'Aylesbury ; c'est un fait remarquable que les jeunes oiseaux, selon M. Cunningham, soient capables de voler, alors que les adultes en ont perdu la faculté. Puisque les grands oiseaux qui se nourrissent au sol ne s'envolent que rarement, sauf pour échapper au danger, il est probable que l'état de divers oiseaux à peu près dépourvus d'ailes et qui habitent actuellement ou habitaient naguère diverses îles océaniques dans lesquelles ne réside aucun oiseau de proie, a pour cause le défaut d'usage. L'autruche habite bien les continents, et elle est exposée à des dangers auxquels elle ne peut échapper en s'envolant, mais elle peut se défendre en donnant des coups de pied à ses ennemis, aussi efficacement que de nombreux quadrupèdes. Nous pouvons penser que l'ancêtre du genre autruche avait des habitudes semblables à celles de l'outarde, et que, à mesure que la taille et le poids de son corps augmentaient durant des générations successives, ses jambes furent utilisées davantage et ses ailes le furent moins, jusqu'à la perte par ces animaux de la capacité de voler.

Kirby a remarqué (et j'ai observé le même fait) que les tarses antérieurs, ou pieds, de nombreux mâles, parmi les scarabées coprophages, sont souvent brisés ; il a examiné dix-sept spécimens de sa propre collection, et sur aucun il n'en restait ne fût-ce que la trace. Chez l'*Onites apelles*, ils sont perdus d'une façon si habituelle que l'animal a été décrit comme dépourvu de tarses. Dans certains autres genres, ils sont présents, mais dans un état rudimentaire.

Chez l'*Ateuchus*, ou scarabée sacré des Égyptiens, ils font totalement défaut. Les témoignages d'après lesquels les mutilations accidentelles peuvent être héritées ne sont pour le moment pas décisifs ; mais les cas remarquables observés par Brown-Séquard chez le cochon d'Inde, qui concernent les effets héréditaires des opérations, devraient nous rendre moins prompts à nier cette tendance. Il sera peut-être plus sûr, par conséquent, de regarder la totale absence des tarses antérieurs chez *Ateuchus*, et leur état rudimentaire dans certains autres genres, non comme des cas de mutilations héritées, mais comme les effets d'un long défaut d'usage ; car, puisque l'on trouve en général de nombreux scarabées coprophages qui ont perdu leurs tarses, cela doit se produire tôt dans leur vie ; les tarses ne peuvent donc pas être d'une grande utilité ni être beaucoup utilisés par ces insectes.

Dans certains cas, nous pourrions facilement mettre sur le compte du défaut d'usage des modifications de structure qui sont entièrement, ou principalement, dues à la sélection naturelle. M. Wollaston a découvert ce fait remarquable que 200 scarabées, sur les 550 espèces qui habitent Madère (mais depuis on en connaît davantage), ont des ailes si largement déficientes qu'ils ne peuvent pas voler ; et que, sur les vingt-neuf genres endémiques, il n'y en a pas de moins de vingt-trois dont toutes les espèces se trouvent dans cet état ! Divers faits – à savoir : le fait que, dans de nombreuses parties du monde, le vent emporte les scarabées vers la mer, où ils périssent ; que les scarabées de Madère, selon les observations de M. Wollaston, se tiennent tout à fait dissimulés jusqu'à ce que le vent se calme et que le soleil brille ; que la proportion de scarabées sans ailes est plus grande dans les Desertas, fort exposées, qu'à Madère même ; et en particulier ce fait extraordinaire, souligné avec insistance par M. Wollaston, que certains grands groupes de scarabées, ailleurs excessivement nombreux, et pour lesquels l'usage de leurs ailes est un besoin absolu, sont ici presque entièrement absents – voilà les diverses considérations qui me font penser que l'absence d'ailes chez tant de scarabées à Madère est due principalement à l'action de la sélection naturelle, probablement combinée avec le défaut d'usage. Car, durant de nombreuses générations successives, tout individu qui volait le moins parmi les scarabées, pour la raison que ses ailes étaient un tant soit peu moins parfaitement développées ou par suite d'habitudes indolentes, aura eu les meilleures chances de survie, parce qu'il n'aura pas été rabattu vers la mer par le vent ; et, au contraire, les scarabées qui s'envolaient le plus volontiers étaient le plus souvent rabattus vers la mer, et ainsi détruits.

Les insectes de Madère qui ne se nourrissent pas au sol, et qui, comme certains coléoptères et lépidoptères se nourrissant de fleurs, doivent habituellement avoir recours à leurs ailes pour s'assurer leur subsistance, ont, suppute M. Wollaston, des ailes qui ne sont nullement réduites, mais sont même agrandies. Cela est tout à fait compatible avec l'action de la sélection naturelle. Car, lorsqu'un nouvel insecte arrivait dans l'île, la tendance de la sélection naturelle à agrandir ou à réduire les ailes dépendait du nombre plus ou moins grand d'individus épargnés parce qu'ils affrontaient les vents avec succès, ou parce qu'ils renonçaient à essayer et volaient rarement, ou ne volaient jamais. Tout comme, dans le cas de marins naufragés près de la côte, les bons nageurs auraient eu avantage à continuer de nager, tandis que les piètres nageurs auraient eu avantage à ne pas savoir nager du tout et à ne pas s'éloigner de l'épave.

Les yeux des taupes et de certains rongeurs qui creusent des terriers ont des dimensions rudimentaires, et dans certains cas sont tout à fait recouverts de peau et de fourrure. Cet état des yeux est probablement dû à une réduction graduelle dont la cause est le défaut d'usage, aidé peut-être, cependant, par la sélection naturelle. En Amérique du Sud, un rongeur fouisseur, le tuco-tuco, ou *Ctenomys*, a des habitudes plus souterraines encore que la taupe ; et un Espagnol, qui en avait attrapé souvent, m'a assuré qu'ils étaient fréquemment aveugles. J'ai eu un individu vivant qui se trouvait assurément dans cet état, dont la cause, comme cela est apparu à la dissection, avait été une inflammation de la membrane nictitante. Comme l'inflammation fréquente des yeux doit être nuisible à l'animal, et comme les yeux ne sont assurément pas nécessaires à des animaux dont les habitudes sont souterraines, une réduction de leur taille, en même temps que l'adhérence des paupières et le développement de la fourrure devant les yeux, pourrait dans un tel cas représenter un avantage ; et, s'il en est ainsi, la sélection naturelle renforce sans doute les effets du défaut d'usage.

Il est bien connu que plusieurs animaux, représentants des classes les plus différentes, qui habitent les cavernes de la Carniole et du Kentucky, sont aveugles. Chez certains des crabes, le pédoncule qui porte l'œil est intact, bien que l'œil ait disparu – le pied du télescope est encore là, bien que le télescope et ses lentilles aient été perdus. Comme il est difficile d'imaginer que des yeux, même inutiles, puissent être de quelque manière que ce soit nuisibles à des animaux qui vivent dans l'obscurité, on peut attribuer leur perte au défaut d'usage. Chez l'un des animaux aveugles, à savoir le rat des cavernes (*Neotoma*), dont deux individus furent capturés par le Professeur Silliman à une distance de plus d'un demi-mille [0,8045 km. *Ndt.*] de l'entrée de la caverne, et non par conséquent dans ses profondeurs les plus reculées, les yeux étaient brillants et d'une grande taille ; et ces animaux, m'informe le Professeur Silliman, après avoir été exposés pendant un mois environ à une lumière graduelle, ont acquis une perception vague des objets.

Il est difficile d'imaginer des conditions de vie plus semblables que celles de profondes cavernes calcaires situées sous des climats à peu près semblables ; de sorte que, en accord avec l'hypothèse ancienne selon laquelle les animaux aveugles ont été créés séparément pour les cavernes d'Amérique et d'Europe, on aurait pu s'attendre à une ressemblance très étroite de leur organisation et de leurs affinités. Ce n'est certainement pas le cas si nous regardons les deux faunes dans leur ensemble ; et, relativement aux seuls insectes, Schiödte a remarqué : « Nous ne sommes donc pas en mesure de considérer le phénomène dans son entier comme autre chose qu'un phénomène purement local, ni de regarder la ressemblance qui apparaît chez certaines formes entre la caverne du Mammouth (dans le Kentucky) et les cavernes de la Carniole autrement que comme la simple expression de l'analogie qui existe en général entre les faunes d'Europe et d'Amérique du Nord ». D'après mon hypothèse, nous devons supposer que les animaux américains, qui avaient dans la plupart des cas des facultés visuelles ordinaires, ont lentement migré, par générations successives, du monde extérieur vers les retraites sans cesse plus profondes des cavernes du Kentucky, tout comme les animaux européens l'ont fait dans les cavernes d'Europe. Nous avons quelques témoignages sur cette gradation des habitudes ; car, comme le remarque Schiödte : « Nous regardons donc les faunes souterraines comme de petites ramifications issues des faunes géographiquement restreintes des territoires adjacents, qui ont pénétré à l'intérieur de la terre et qui, à mesure qu'elles gagnaient des zones obscures, se sont accommodées aux circonstances environnantes. Les animaux qui s'écartent peu des formes ordinaires préparent la transition de la lumière à l'obscurité. Viennent ensuite ceux qui sont construits pour la pénombre ; et, enfin, ceux qui sont destinés à une obscurité totale, et dont la formation est tout à fait particulière. » Ces remarques que fait Schiödte, il importe de le saisir, ne s'appliquent pas à une même espèce, mais à des espèces distinctes. Quand un animal a atteint, après d'innombrables générations, les profondeurs les plus lointaines, le défaut d'usage a eu le temps, d'après cette hypothèse, d'oblitérer plus ou moins parfaitement ses yeux, et la sélection naturelle a souvent réalisé d'autres changements, tels qu'un accroissement de la longueur des antennes, ou palpes, en compensation de la cécité. Nonobstant ces modifications, nous pourrions nous attendre, cependant, à voir chez les animaux des cavernes d'Amérique des affinités avec les autres habitants de ce continent, et chez ceux d'Europe des affinités avec les habitants du continent européen. Et c'est le cas pour certains des animaux des cavernes américains, comme me l'apprend le Professeur Dana ; et certains des insectes des cavernes européens sont très étroitement apparentés à ceux du pays environnant. Il serait difficile de donner une quelconque explication rationnelle aux affinités que les animaux aveugles des cavernes présentent avec les autres habitants des deux continents d'après l'hypothèse ordinaire selon laquelle ils ont été créés indépendamment. Que plusieurs des habitants des cavernes de l'Ancien et du Nouveau Monde soient étroitement apparentés, nous pourrions nous y attendre en raison de la relation bien connue qui unit la plupart de leurs autres productions. Puisque l'on trouve en abondance une espèce aveugle de Bathyscia sur des rochers ombragés situés loin des cavernes, la perte de la vue chez les espèces des cavernes de ce genre-ci n'a probablement aucun rapport avec l'obscurité de leur habitat ; car il est naturel qu'un insecte déjà privé de la vue s'adapte aisément aux cavernes obscures. Un autre genre aveugle (Anophtalmus) présente cette particularité remarquable que ses espèces, comme le fait observer M. Murray, n'ont encore jamais été trouvées ailleurs que dans les cavernes ; pourtant, celles qui habitent les diverses cavernes d'Europe et d'Amérique sont distinctes ; mais il est possible que les ancêtres de ces diverses espèces aient jadis, lorsqu'ils étaient pourvus d'yeux, occupé un territoire qui s'étendait sur l'un et l'autre continents, et se soient ensuite éteints, sauf dans les demeures isolées qui sont à présent les leurs. Loin d'éprouver de la surprise en voyant que certains des animaux des cavernes sont très anormaux, comme Agassiz l'a remarqué relativement au poisson aveugle, l'*Amblyopsis*, et comme c'est le cas du *Proteus* aveugle par rapport aux reptiles d'Europe, je suis surpris seulement que l'on n'ait pas conservé plus d'épaves de la vie ancienne, en raison de la concurrence moins rigoureuse à laquelle les rares habitants de ces demeures obscures ont dû être exposés.

Acclimatation

Les habitudes sont héréditaires chez les plantes, par exemple en ce qui concerne la période de floraison, le temps de sommeil, la quantité de pluie nécessaire à la germination des graines, &c., et cela me conduit à dire quelques mots au sujet de l'acclimatation. Comme il est extrêmement commun que des espèces distinctes qui appartiennent au même genre habitent des pays froids et des pays chauds, s'il est vrai que toutes les espèces du même genre sont issues d'une unique forme parente, l'acclimatation doit se produire aisément au cours d'une longue filiation. Il est notoire que chaque espèce est adaptée au climat de son propre habitat : les espèces d'une région arctique ou même d'une région tempérée sont incapables de supporter un climat tropical, et inversement. De même, de nombreuses plantes grasses sont incapables de supporter un climat humide. Mais le degré d'adaptation des espèces au climat dans lequel elles vivent est souvent surestimé. Nous pouvons l'inférer de l'incapacité où nous nous trouvons fréquemment de prédire si une plante importée supportera notre climat ou non, ainsi que du nombre de plantes et d'animaux apportés de différents pays qui jouissent ici d'une santé parfaite. Nous avons des raisons de croire que les espèces à l'état de nature sont étroitement limitées dans l'extension de leur territoire par la concurrence d'autres êtres organiques au moins autant, voire plus, que par l'adaptation à un climat particulier. Mais sur la question de savoir si cette adaptation est très étroite dans la plupart des cas ou ne l'est pas, notre documentation sur un petit nombre de plantes témoigne de ce qu'elles s'habituent naturellement, jusqu'à un certain point, à des températures différentes : c'est-à-dire qu'elles s'acclimatent ; ainsi, il s'est avéré que les pins et les rhododendrons élevés à partir de graines récoltées par le Dr Hooker et issues des mêmes espèces qui poussent sur l'Himalaya à différentes altitudes, possédaient dans notre pays des capacités différentes de résistance au froid liées à leur constitution. M. Thwaites m'informe qu'il a observé des faits semblables à Ceylan ; des observations analogues ont été faites par M. H.C. Watson sur des espèces de plantes européennes importées des Açores en Angleterre ; et je pourrais fournir d'autres cas. Relativement aux animaux, il serait possible de produire plusieurs exemples authentiques d'espèces qui ont, à des époques historiques, largement étendu leur territoire de latitudes chaudes à des latitudes moins chaudes, et inversement ; mais nous ne pouvons pas dire en connaissance de cause que ces animaux étaient au sens strict adaptés à leur climat d'origine, bien que dans tous les cas ordinaires nous supposions que tel est le cas ; nous ne pouvons pas dire non plus qu'ils se sont par la suite spécialement acclimatés à leur nouvel habitat, de façon à être plus aptes à y vivre qu'ils ne l'étaient d'abord.

Puisque nous pouvons inférer que nos animaux domestiques étaient originellement choisis par l'homme non civilisé parce qu'ils étaient utiles et parce qu'ils se reproduisaient facilement en captivité, et non parce que l'on a constaté par la suite qu'il était possible de les transporter au loin, la capacité commune et extraordinaire qu'ont nos animaux domestiques non seulement de supporter les climats les plus différents, mais aussi d'y demeurer parfaitement féconds – épreuve bien plus rigoureuse –, peut être utilisée comme un argument pour montrer que l'on pourrait facilement obtenir d'une proportion considérable des autres animaux actuellement à l'état de nature qu'ils supportent des climats largement différents. Nous ne devons pas, cependant, pousser trop loin ce dernier argument, en raison de l'origine probable de certains de nos animaux domestiques, qui descendraient de diverses souches sauvages ; le sang d'un loup tropical et celui d'un loup arctique, par exemple, sont peut-être mêlés chez nos races domestiques. Le rat et la souris ne peuvent être considérés comme des espèces domestiques, mais ils ont été transportés par l'homme dans de nombreuses parties du monde, et occupent maintenant un territoire bien plus vaste que n'importe quel autre rongeur ; car ils vivent dans le climat froid des Féroé au nord et des Falkland au sud, et dans maintes îles des régions torrides. Par suite, on peut regarder l'adaptation à un climat particulier, quel qu'il soit, comme une qualité qui se greffe aisément sur une grande flexibilité de constitution, flexibilité innée et que la plupart des animaux ont en commun. D'après cette vue, la capacité d'endurer les climats les plus différents dont font preuve l'homme lui-même et ses animaux domestiques, et le fait que les éléphants et les rhinocéros éteints aient précédemment enduré un climat glaciaire, alors que les espèces vivantes sont actuellement toutes tropicales ou subtropicales du point de vue de leurs habitudes, ne doivent pas être considérés comme des anomalies, mais comme des exemples d'une flexibilité de constitution très commune, mise en œuvre dans des circonstances particulières.

Quelle part de l'acclimatation des espèces à un climat particulier, quel qu'il soit, est due à la simple habitude, quelle part à la sélection naturelle de variétés qui possèdent des constitutions innées différentes, et quelle part à la combinaison des deux moyens, voilà une question obscure. Que l'habitude ou la coutume ait quelque influence, il me faut bien le croire, tant en raison de l'analogie que des conseils incessants que l'on donne dans les ouvrages d'agriculture, même dans les anciennes encyclopédies chinoises, de ne transporter les animaux qu'avec la plus grande prudence d'une région à une autre. Et comme il n'est guère probable que l'homme ait réussi à sélectionner tant de races et de sous-races dont les constitutions fussent spécialement adaptées à leur propre région, ce résultat est sans aucun doute, à mon avis, dû à l'habitude. Par ailleurs, la sélection naturelle tendait inévitablement à préserver les individus dotés à la naissance de la constitution la mieux adaptée au pays, quel qu'il fût, qu'ils habitaient. Dans les traités portant sur de nombreuses sortes de plantes cultivées, on dit de certaines variétés qu'elles supportent certains climats mieux que d'autres ; on voit cela d'une façon frappante dans les ouvrages sur les arbres fruitiers publiés aux États-Unis, dans lesquels on recommande habituellement certaines variétés pour les États du Nord et d'autres pour les États du Sud ; et comme la plupart de ces variétés ont une origine récente, il n'est pas possible qu'elles doivent leurs différences de constitution à l'habitude. On est allé jusqu'à mettre en avant le cas de l'artichaut de Jérusalem, qui ne se propage jamais en Angleterre par sa semence et dont, par conséquent, il n'a pas été produit de nouvelles variétés, comme une preuve de ce que l'acclimatation ne peut se réaliser, puisqu'il est aussi tendre maintenant qu'il l'a toujours été ! On a également souvent cité le cas du haricot dans la même intention, et l'exemple a bien plus de poids ; mais tant que personne n'aura semé ses haricots, durant une vingtaine de générations, assez tôt pour qu'une très large proportion en soit détruite par le gel, puis récolté les graines des quelques survivants, en prenant soin d'éviter les croisements accidentels, puis obtenu de nouveau des graines à partir de ces plants, avec les mêmes précautions, on ne pourra pas dire que l'expérience ait été essayée. Que l'on ne suppose pas non plus qu'il n'apparaît jamais de différences de constitution chez les jeunes plants de haricots, car un exposé publié montre combien certains plants peuvent être plus robustes que d'autres ; et du fait en question j'ai moi-même observé des exemples frappants.

Au total, nous pouvons conclure que l'habitude ou l'usage et le défaut d'usage ont, dans certains cas, joué un rôle considérable dans la modification de la constitution et de la structure ; mais que leurs effets ont souvent été, dans une large mesure, combinés avec la sélection naturelle de variations innées, qui a parfois été dominante.

Variation corrélative

J'entends par cette expression que l'ensemble de l'organisation présente une telle intrication durant sa croissance et son développement que lorsque de légères variations surviennent dans une quelconque partie, et sont accumulées grâce à la sélection naturelle, d'autres parties se modifient. C'est là un sujet très important, dont notre compréhension est extrêmement imparfaite, et il ne fait guère de doute qu'en la matière des classes de faits complètement différentes peuvent aisément être confondues. Nous verrons tout à l'heure que la simple hérédité donne souvent une fausse apparence de corrélation. L'un des cas réels les plus évidents est que les variations de structure qui se produisent chez les jeunes ou chez les larves tendent naturellement à affecter la structure de l'animal adulte. Les diverses parties du corps qui sont homologues et qui, à un stade embryonnaire précoce, ont une structure identique, et qui sont nécessairement exposées aux mêmes conditions, semblent éminemment susceptibles de varier d'une manière semblable : nous le voyons dans le fait que les côtés droit et gauche du corps varient de la même manière ; dans le fait que les pattes de devant et celles de derrière, et même les mâchoires et les membres, varient ensemble, puisque certains anatomistes croient que la mâchoire inférieure est homologue des membres. Ces tendances, cela ne fait aucun doute pour moi, peuvent être dominées plus ou moins complètement par la sélection naturelle ; ainsi, il a existé une famille de cerfs qui ne possédait d'andouiller que d'un seul côté, et si cette particularité avait été en quoi que ce soit d'une grande utilité pour la race, la sélection l'aurait probablement rendue permanente.

Les parties homologues, comme l'ont remarqué certains auteurs, tendent à devenir adhérentes ; on voit cela souvent chez les plantes monstrueuses : et rien n'est plus commun que l'union de parties homologues dans des structures normales, comme dans le cas de l'union des pétales en un tube. Les parties dures semblent affecter la forme des parties molles adjacentes ; certains auteurs croient que chez les oiseaux la diversité des formes du bassin est la cause de la diversité remarquable des formes des reins. D'autres croient que la forme du bassin chez la mère humaine influence, par la pression qu'il exerce, la forme de la tête de l'enfant. Chez les serpents, selon Schlegel, la forme du corps et le mode de déglutition déterminent la position et la forme de plusieurs des viscères les plus importants.

La nature de ce lien est fréquemment tout à fait obscure. M. Is. Geoffroy St Hilaire a fait remarquer avec force que certaines malformations coexistent fréquemment et d'autres rarement, sans que nous puissions assigner à cela aucune raison. Qu'y a-t-il de plus singulier que la relation qui lie chez les chats la parfaite blancheur et les yeux bleus avec la surdité, ou celle qui lie la couleur écaille de tortue et le sexe féminin ; ou bien chez les pigeons celle qui lie les pattes emplumées et la peau entre les doigts extérieurs, ou la présence de plus ou moins de duvet sur le jeune pigeon sorti de l'œuf et la couleur future de son plumage ; ou encore la relation qui lie le poil et les dents du chien nu turc, bien que sans aucun doute, l'homologie soit ici à l'œuvre ? Pour ce qui est de ce dernier cas de corrélation, je pense que cela peut difficilement être un accident si les deux ordres de mammifères qui sont les plus anormaux du point de vue de l'enveloppe dermique, à savoir les Cétacés (baleines) et les Édentés (tatous, fourmiliers à écailles, &c.), sont également dans l'ensemble les plus anormaux du point de vue des dents ; mais il existe tant d'exceptions à cette règle, comme M. Mivart l'a remarqué, qu'elle n'a qu'une faible valeur.

Je ne connais aucun cas plus propre à montrer l'importance des lois de la corrélation et de la variation, indépendamment de l'utilité et donc de la sélection naturelle, que celui de la différence qui existe entre les fleurs intérieures et extérieures de certaines plantes composées et ombellifères. Tout le monde connaît bien la différence entre fleurons du rayon et fleurons centraux, chez la marguerite par exemple, et cette différence s'accompagne souvent d'un avortement partiel ou complet des organes reproducteurs. Mais chez certaines de ces plantes, les graines diffèrent également par leur forme et leur modelé. Ces différences ont parfois été attribuées à la pression des involucres sur les fleurons, ou à la pression qu'ils exercent mutuellement, et la forme des graines qui se trouvent dans les fleurons du rayon de certaines Composées donne quelque apparence à cette hypothèse ; mais chez les Ombellifères, ce ne sont aucunement, comme m'en informe le Dr Hooker, les espèces dont les capitules sont les plus denses qui diffèrent le plus fréquemment en ce qui concerne les fleurs intérieures et extérieures. On aurait pu penser que le développement des pétales du rayon, en tirant son aliment des organes reproducteurs, était la cause de leur avortement ; mais ce ne saurait être la seule cause, car chez certaines Composées les graines des fleurons intérieurs et extérieurs diffèrent, sans que la moindre différence affecte la corolle. Il est possible que toutes ces différences soient liées à la différence de l'afflux de nourriture dans les fleurs centrales et dans les fleurs extérieures : nous savons, du moins, que chez les fleurs irrégulières, celles qui sont les plus proches de l'axe sont les plus sujettes à la pélorie, c'est-à-dire les plus susceptibles de devenir anormalement symétriques. Je dois ajouter, à titre d'exemple de ce fait, et comme un cas frappant de corrélation, que chez de nombreux pélargoniums les deux pétales supérieurs de la fleur centrale de la touffe perdent souvent leurs taches de couleur sombre ; et, lorsque cela se produit, le nectaire adhérent est tout à fait avorté, la fleur centrale devenant ainsi pélorique, ou régulière. Lorsque la couleur n'est absente que de l'un des deux pétales supérieurs, le nectaire n'est pas tout à fait avorté, mais il est fort raccourci.

En ce qui concerne le développement de la corolle, l'hypothèse de Sprengel, selon laquelle les fleurons du rayon servent à attirer les insectes, dont l'action est hautement avantageuse, voire indispensable, au cours de la fécondation de ces plantes, est hautement probable ; et s'il en est ainsi, la sélection naturelle a pu entrer en jeu. Mais à l'égard des graines, il semble impossible que leurs différences de forme, qui ne sont pas toujours en corrélation avec une quelconque différence de la corolle, puissent être bénéfiques en quoi que ce soit ; cependant, chez les Ombellifères, ces différences sont apparemment d'une telle importance – en effet, les graines sont parfois orthospermes dans les fleurs extérieures et cœlospermes dans les fleurs centrales – que de Candolle père a fondé sur ces caractères les divisions principales qu'il a établies à l'intérieur de l'ordre. C'est ainsi que des modifications de structure que les systématiciens regardent comme ayant une grande valeur peuvent résulter entièrement des lois de la variation et de la corrélation, sans rendre, pour autant que nous puissions en juger, le plus léger service à l'espèce.

Nous pouvons souvent attribuer par erreur à la variation corrélative des structures qui sont communes à des groupes entiers d'espèces, et qui sont en réalité simplement dues à l'hérédité ; car un ancêtre reculé a pu acquérir grâce à la sélection naturelle une certaine modification de structure, et, après des milliers de générations, une autre modification indépendante ; et de ces deux modifications, transmises à tout un groupe de descendants aux habitudes diverses, on pensera naturellement qu'elles sont liées par quelque corrélation nécessaire. D'autres corrélations encore sont apparemment dues à la manière dont agit la seule sélection naturelle. Par exemple, Alph. de Candolle a remarqué que l'on ne trouve jamais de graines ailées dans des fruits qui ne s'ouvrent pas ; j'expliquerai cette règle par l'impossibilité pour les graines d'acquérir graduellement des ailes grâce à la sélection naturelle, à moins que les capsules ne soient ouvertes ; car c'est dans ce cas seulement que les graines un peu plus aptes à être emportées par un courant d'air pourraient acquérir un avantage sur les autres, moins propres à une vaste dispersion.

Lois de la variation [chap. V]

Compensation et économie de croissance

Geoffroy père et Goethe ont proposé, à peu près en même temps, leur loi de compensation de croissance, ou équilibre de croissance ; c'est-à-dire, selon l'expression de Goethe, que « pour pouvoir dépenser d'un côté, la nature est contrainte d'économiser de l'autre ». Je pense que cela se vérifie dans une certaine mesure chez nos productions domestiques : si le flux alimentaire va en excès à une certaine partie ou à un certain organe, il va rarement, du moins en excès, à une autre partie ; ainsi, il est difficile d'obtenir qu'une vache donne beaucoup de lait et engraisse aisément. Les mêmes variétés du chou ne produisent pas des feuilles abondantes et nutritives en même temps qu'une ample réserve de graines oléagineuses. Lorsque les graines de nos fruits s'atrophient, le fruit lui-même gagne considérablement en taille et en qualité. Chez notre volaille, une ample touffe de plumes sur la tête s'accompagne généralement d'une crête diminuée, et une grande barbe, de caroncules diminuées. Chez les espèces à l'état de nature, il n'est guère possible de soutenir que la loi s'applique universellement ; mais nombre d'observateurs compétents, plus particulièrement des botanistes, la croient vraie. Je ne donnerai pas d'exemples ici, cependant, car je ne vois guère le moyen de distinguer entre, d'un côté, les effets du grand développement d'une partie grâce à la sélection naturelle et de la réduction d'une autre partie adjacente, par le même processus ou par le défaut d'usage, et, de l'autre côté, le retrait de l'aliment qui ne parvient pas à une certaine partie en raison de l'excès de croissance d'une autre partie adjacente.

Je soupçonne, en outre, que certains des cas de compensation qui ont été mis en avant, ainsi que certains autres faits, pourraient être rassemblés sous un principe plus général, à savoir que la sélection naturelle essaie continûment d'économiser toutes les parties de l'organisation. Si, dans des conditions de vie modifiées, une structure auparavant utile devient moins utile, sa diminution sera favorisée, car il sera profitable pour l'individu de ne pas gâcher son aliment en l'utilisant à la construction d'une structure inutile. De cette façon seulement je suis à même de comprendre un fait dont je fus très frappé lorsque j'examinais les cirripèdes, et dont on pourrait donner de nombreux exemples analogues : lorsqu'un cirripède est le parasite d'un autre cirripède et se trouve ainsi protégé, il perd plus ou moins complètement sa propre coquille ou carapace. C'est le cas chez l'Ibla mâle, et d'une manière véritablement extraordinaire chez le *Proteolepas* : en effet, la carapace est constituée chez tous les autres cirripèdes des trois segments antérieurs de la tête, segments de la plus haute importance, qui sont énormément développés et dotés de puissants nerfs et muscles ; mais chez le *Proteolepas* parasite, qui est protégé, toute la partie antérieure de la tête est réduite à un rudiment infime, rattaché à la base des antennes préhensiles. Or, l'économie d'une ample structure complexe rendue superflue est un avantage assuré pour chacun des individus successifs de l'espèce ; car, dans la lutte pour la vie à laquelle tous les animaux sont exposés, chacun a une meilleure chance de subvenir à ses besoins s'il gâche une moindre part de son aliment.

Ainsi, à mon avis, la sélection naturelle tendra, à la longue, à réduire n'importe quelle partie de l'organisation du moment qu'elle devient, par suite d'un changement d'habitudes, superflue, sans faire aucunement en sorte que certaines autres parties se développent largement, à un degré correspondant. Et, inversement, la sélection naturelle peut parfaitement réussir à développer largement un organe sans avoir besoin, comme d'une compensation nécessaire, de la réduction de quelque partie adjacente.

Les structures multiples, rudimentaires et faiblement organisées sont variables

Cela semble être une règle, comme l'a remarqué Is. Geoffroy St Hilaire, tant pour les variétés que pour les espèces, que, lorsqu'une partie ou un organe quelconque se répète de nombreuses fois chez le même individu (comme les vertèbres chez les serpents, et les étamines chez les fleurs polyandres), le nombre en est variable ; tandis que la même partie ou le même organe, lorsqu'ils se

Lois de la variation [chap. v]

rencontrent en moindre nombre, sont en nombre constant. Le même auteur, ainsi que certains botanistes, ont en outre remarqué que les parties multiples sont extrêmement susceptibles de varier du point de vue de la structure. Puisque la « répétition végétative », pour utiliser l'expression du Professeur Owen, est le signe d'une faible organisation, les affirmations qui précèdent s'accordent avec l'opinion commune des naturalistes, selon laquelle les êtres qui sont situés bas sur l'échelle de la nature sont plus variables que ceux situés plus haut. Je présume que « bas » signifie ici que les différentes parties de l'organisation se sont peu spécialisées en vue de fonctions particulières ; et, tant que la même partie doit accomplir un travail diversifié, peut-être pouvons-nous comprendre pour quelle raison il lui faut rester variable, c'est-à-dire pour quelle raison la sélection naturelle n'a pas préservé ou rejeté chaque petite variation aussi soigneusement que lorsque la partie doit servir une certaine fin spéciale. De la même façon qu'un couteau qui doit couper toutes sortes de choses peut avoir à peu près n'importe quelle forme ; tandis qu'un outil qui sert à une fin particulière doit absolument avoir une forme particulière. La sélection naturelle, il ne faut jamais l'oublier, agit uniquement à travers l'avantage donné à chaque être, et en vue de cet avantage.

Les parties rudimentaires, on l'admet généralement, ont tendance à être hautement variables. Nous aurons à revenir sur ce sujet ; et ici j'ajouterai seulement que leur variabilité semble résulter de leur inutilité, et de ce que, par conséquent, il n'a pas été au pouvoir de la sélection naturelle d'empêcher que des déviations ne survinssent dans leur structure.

Dans toute espèce, une partie développée à un degré ou d'une manière extraordinaire, par comparaison avec la même partie dans des espèces apparentées, tend à être hautement variable

Il y a plusieurs années, je fus très frappé d'une remarque faite en ce sens par M. Waterhouse. Le Professeur Owen, lui aussi, semble être arrivé à une conclusion à peu près semblable. Je ne puis espérer convaincre quiconque de la vérité de la proposition énoncée ci-dessus sans donner la longue suite de faits que j'ai rassemblée, et qu'il ne saurait être question d'insérer ici. Je ne puis que faire état de ma conviction qu'il s'agir d'une règle d'une haute généralité. Je ne suis pas sans savoir qu'il existe plusieurs causes d'erreur, mais j'espère que j'ai su les prendre en compte. Il faut bien comprendre que la règle ne s'applique en aucune manière à une partie quelconque, si inhabituellement développée soit-elle, si elle n'est pas inhabituellement développée dans une espèce ou dans quelques espèces par comparaison avec la même partie dans de nombreuses espèces étroitement apparentées. Ainsi, l'aile de la chauve-souris est une structure on ne peut plus anormale dans la classe des mammifères ; mais la règle ne peut s'appliquer ici, parce que l'ensemble du groupe des chauves-souris possède des ailes ; elle ne s'appliquerait que si une certaine espèce avait les ailes développées d'une manière remarquable par comparaison avec les autres espèces du même genre. La règle s'applique très fortement dans le cas des caractères sexuels secondaires, lorsqu'ils se manifestent de quelque manière inhabituelle. Ce terme, caractères sexuels secondaires, utilisé par Hunter, se réfère à des caractères qui s'attachent à un seul sexe, mais ne sont pas directement liés à l'acte de la reproduction. La règle s'applique aux mâles et aux femelles, mais plus rarement aux femelles, car elles offrent peu fréquemment des caractères sexuels secondaires remarquables. Le fait que la règle puisse s'appliquer si nettement dans le cas des caractères sexuels secondaires est peut-être dû à la grande variabilité de ces caractères, qu'ils se manifestent ou non de quelque manière inhabituelle – variabilité dont on ne peut guère douter, je crois. Mais que notre règle ne se limite pas aux caractères sexuels secondaires, c'est ce que montre clairement l'exemple des cirripèdes hermaphrodites ; j'ai prêté une attention particulière à la remarque de M. Waterhouse en examinant cet Ordre, et je suis pleinement convaincu que cette règle se vérifie presque toujours. Je donnerai, dans un prochain ouvrage, la liste de tous les cas les plus remarquables ; ici, je n'en donnerai qu'un seul, parce qu'il illustre la règle prise dans son application la plus vaste. Les valves operculaires des cirripèdes sessiles (balanes communes) sont des structures très importantes, à tous les sens du mot, et elles diffèrent extrêmement peu, même dans des genres distincts ; mais dans les différentes espèces d'un genre, *Pyrgoma*, ces valves présentent une diversification d'une merveilleuse amplitude – les valves homologues étant parfois, dans les différentes espèces, d'une forme complètement différente –, et l'amplitude de variation chez les individus de la même espèce est si grande qu'il n'est pas exagéré de déclarer que les variétés de la même espèce diffèrent plus l'une de l'autre par les caractères tirés de ces organes importants, que ne le font les espèces qui appartiennent à d'autres genres distincts.

Puisque chez les oiseaux les individus de la même espèce, habitant le même pays, varient extrêmement peu, je les ai particulièrement étudiés ; et assurément la règle semble se vérifier à l'intérieur de cette classe. Je ne suis pas en mesure d'établir qu'elle s'applique aux plantes, et cela aurait sérieusement ébranlé ma conviction en faveur de sa vérité, si la grande variabilité des plantes n'avait pas rendu particulièrement difficile la comparaison de leurs degrés relatifs de variabilité.

Lorsque nous voyons une partie ou un organe quelconques qui se sont développés à un degré ou d'une manière remarquables dans une espèce, nous pouvons à bon droit présumer qu'ils ont une haute importance pour cette espèce ; néanmoins, ils sont dans ce cas éminemment susceptibles de varier. Pourquoi en est-il ainsi ? Si l'on se fonde sur l'idée que chaque espèce a été créée indépendamment, pourvue de toutes les parties que nous lui voyons maintenant, je ne vois pas quelle explication on peut en donner. Mais si l'on se fonde sur l'idée que les groupes d'espèces sont issus de certaines autres espèces, et ont été modifiés grâce à la sélection naturelle, je crois que nous pouvons acquérir quelque lumière. Je commencerai par faire quelques remarques préliminaires. Si, chez nos productions domestiques, on néglige une partie quelconque ou bien l'animal tout entier, et que l'on n'applique aucune sélection, cette partie (par exemple, la crête chez le poulet Dorking) ou bien la race tout entière cesseront de présenter un caractère uniforme ; et l'on pourra dire que la race dégénère. Les organes rudimentaires et ceux qui se sont peu spécialisés en vue d'une fin particulière, et peut-être aussi les groupes polymorphes, nous font voir un cas à peu près parallèle ; en effet, dans ces cas, la sélection naturelle n'est pas entrée ou bien n'a pas pu entrer pleinement en jeu, et ainsi l'organisation demeure dans un état fluctuant. Mais ce qui nous concerne ici plus particulièrement est que chez nos animaux domestiques ces points, auxquels la sélection continue fait actuellement subir un changement rapide, sont aussi éminemment susceptibles de varier. Regardez les individus d'une même espèce du pigeon, et voyez quelle prodigieuse quantité de différences il existe entre les becs des culbutants, entre les becs et entre les caroncules des messagers, entre les façons de se mouvoir et entre les queues des pigeons paons, &c., tous points qui sont actuellement ceux auxquels les éleveurs anglais accordent principalement leur attention. Même à l'intérieur d'une même sous-race, comme dans celle du culbutant courte-face, il est d'une difficulté notoire d'obtenir des oiseaux à peu près parfaits, car ils sont nombreux à s'éloigner largement du type de l'espèce. On peut dire véritablement qu'est à l'œuvre une lutte continuelle entre, d'une part, la tendance au retour à un état moins parfait, ainsi qu'une tendance innée à connaître de nouvelles variations, et, d'autre part, le pouvoir que possède une sélection constante de garder la race fidèle à son type. Sur le long terme, la sélection l'emporte, et nous n'imaginons pas échouer si complètement que nous obtenions un oiseau aussi grossier que le pigeon culbutant commun à partir d'une bonne lignée de courte-face. Mais tant que la sélection est à l'œuvre et agit rapidement, on peut s'attendre à constater toujours une grande variabilité dans les parties qui subissent la modification.

Tournons-nous à présent vers la nature. Lorsqu'une partie s'est développée d'une manière extraordinaire dans telle ou telle espèce, par comparaison avec les autres espèces du même genre, nous pouvons conclure que cette partie a subi une extraordinaire quantité de modifications depuis l'époque où les diverses espèces se sont écartées de l'ancêtre commun du genre. Il est exceptionnel que cette époque soit extrêmement éloignée, car les espèces persistent rarement plus que le temps d'une époque géologique. Une quantité

Lois de la variation [chap. V]

extraordinaire de modifications implique une amplitude de variabilité inhabituellement vaste et d'une durée inhabituellement longue, constamment accumulée par la sélection naturelle au bénéfice de l'espèce. Mais comme la variabilité de la partie ou de l'organe ayant eu un développement extraordinaire a été si grande et si longue à une époque qui n'est pas excessivement éloignée, nous pourrions encore, en règle générale, nous attendre à trouver plus de variabilité dans ces parties que dans d'autres parties de l'organisation qui sont demeurées à peu près constantes durant un temps bien plus long. Or, tel est le cas, j'en suis convaincu. Que la lutte entre la sélection naturelle, d'une part, et la tendance au retour et à la variabilité, d'autre part, doive cesser au fil du temps ; et que les organes les plus anormalement développés puissent être rendus constants, je ne vois aucune raison d'en douter. C'est pourquoi, lorsqu'un organe, si anormal soit-il, a été transmis dans un état qui est approximativement le même, à de nombreux descendants modifiés, comme dans le cas de l'aile de la chauve-souris, il a dû exister, en accord avec notre théorie, pendant une durée immense dans le même état ou peu s'en faut ; et ainsi il en est venu à n'être pas plus variable que n'importe quelle autre structure. Ce n'est que dans les cas où la modification a été comparativement récente et extraordinairement grande que nous devrions constater que la *variabilité générative*, comme on peut la nommer, est encore présente à un degré élevé. Car dans ce cas la variabilité a rarement dû, jusqu'ici, être fixée par la sélection continue des individus qui varient de la manière requise et au degré requis, et par le rejet continu de ceux qui tendent à revenir à un état antérieur, moins modifié.

Les caractères spécifiques,
plus variables que les caractères génériques

Le principe discuté sous la rubrique précédente peut s'appliquer au sujet que nous examinons à présent. Il est notoire que les caractères spécifiques sont plus variables que ceux qui sont génériques.

Expliquons par un exemple simple ce que cela veut dire : si dans un vaste genre de plantes certaines espèces avaient des fleurs bleues et certaines des fleurs rouges, la couleur ne serait qu'un caractère spécifique, et nul ne serait surpris que l'une des espèces bleues, en variant, devienne rouge, ou l'inverse ; mais si toutes les espèces avaient des fleurs bleues, la couleur deviendrait un caractère générique, et sa variation serait un phénomène plus inhabituel. J'ai choisi cet exemple parce que l'explication que seraient tentés d'avancer la plupart des naturalistes ne peut s'appliquer ici, à savoir que les caractères spécifiques sont plus variables que ceux qui sont génériques pour la raison que ces caractères sont pris sur des parties revêtant une importance physiologique moindre que ceux que l'on utilise communément pour classer les genres. Je crois que cette explication est en partie vraie, mais seulement indirectement ; cependant, j'aurai à revenir sur ce point dans le chapitre sur la Classification. Il serait presque superflu de produire des témoignages à l'appui de l'affirmation que les caractères spécifiques ordinaires sont plus variables que ceux qui sont génériques ; mais, en ce qui concerne les caractères importants, j'ai à maintes reprises observé dans les ouvrages d'histoire naturelle que, lorsqu'un auteur remarque avec surprise qu'un organe ou une partie importants, qui sont généralement très constants dans tout un vaste groupe d'espèces, *diffèrent* considérablement chez des espèces étroitement apparentées, ils sont souvent *variables* chez les individus de la même espèce. Et ce fait montre qu'un caractère qui possède généralement une valeur générique, lorsqu'il perd de sa valeur et n'a plus qu'une valeur spécifique, devient souvent variable, quand bien même son importance physiologique resterait identique. Quelque chose de semblable s'applique aux monstruosités ; du moins Is. Geoffroy St Hilaire ne nourrit-il apparemment pas le moindre doute à l'égard du fait que plus un organe diffère normalement chez les différentes espèces du même groupe, plus il est sujet à des anomalies chez les individus.

Si l'on se fonde sur l'idée ordinaire selon laquelle chaque espèce a été créée indépendamment, pourquoi cette partie de la structure, qui diffère de la même partie chez d'autres espèces du même genre créées indépendamment, serait-elle plus variable que les parties qui lui ressemblent étroitement dans les diverses espèces ? Je ne vois pas que l'on puisse en donner aucune explication. Mais si nous nous fondons sur l'idée que les espèces ne sont que des variétés fortement marquées et fixées, nous pourrions nous attendre à constater souvent qu'elles continuent de varier dans les parties de leur structure qui ont varié au cours d'une époque assez récente, et qui en sont ainsi venues à différer. Ou, pour formuler le problème d'une autre manière : les points sur lesquels toutes les espèces d'un genre se ressemblent, et sur lesquels elles diffèrent des genres apparentés, sont nommés caractères génériques ; et ces caractères peuvent être attribués à l'hérédité et rapportés à un ancêtre commun, car il n'a pu arriver que rarement que la sélection naturelle modifie plusieurs espèces distinctes, adaptées à des habitudes plus ou moins largement différentes, de la même manière exactement ; et comme ces caractères que l'on nomme génériques ont été hérités d'une époque antérieure à celle où les diverses espèces ont commencé de s'écarter de leur ancêtre commun, et qu'ils n'ont pas varié par la suite ni n'en sont venus à différer à quelque degré que ce soit, ou bien seulement à un degré léger, il n'est pas probable qu'ils varient à présent. Au contraire, les points sur lesquels les espèces diffèrent d'autres espèces du même genre sont nommés caractères spécifiques ; et comme ces caractères spécifiques ont varié et en sont venus à différer depuis l'époque où les espèces se sont écartées d'un ancêtre commun, il est probable qu'ils soient encore souvent variables à quelque degré – du moins, plus variables que les parties de l'organisation qui sont demeurées constantes depuis très longtemps.

Caractères sexuels secondaires, variables. – Je crois que les naturalistes admettront, sans que j'entre dans le détail, que les caractères sexuels secondaires sont hautement variables. Ils admettront également que les espèces du même groupe diffèrent les unes des autres plus largement par leurs caractères sexuels secondaires que dans d'autres parties de leur organisation : comparez, par exemple, la quantité de différences qui existe entre les mâles des oiseaux gallinacés, chez lesquels les caractères sexuels secondaires sont fortement affichés, avec la quantité de différences qui existe entre les femelles. La cause de la variabilité originelle de ces caractères n'est pas manifeste ; mais nous pouvons voir pour quelle raison ils n'ont pas été rendus aussi constants et aussi uniformes que d'autres, car ils sont accumulés par la sélection naturelle, qui est moins implacable dans son action que la sélection ordinaire, puisqu'elle n'entraîne pas la mort, mais donne seulement moins de descendance aux mâles moins favorisés. Quelle que soit la cause de la variabilité des caractères sexuels secondaires, puisqu'ils sont hautement variables, la sélection naturelle aura eu un large champ d'action, et aura pu réussir de la sorte à donner aux espèces du même groupe une plus grande quantité de différences en ce qui concerne ces caractères que sous d'autres rapports.

C'est un fait remarquable que les différences secondaires entre les deux sexes de la même espèce soient généralement affichées précisément dans ces mêmes parties de l'organisation par lesquelles les espèces du même genre diffèrent les unes des autres. De ce fait, je donnerai pour illustration les deux exemples qui se trouvent être les premiers de ma liste ; et, comme dans les cas en question les différences sont d'une nature très inhabituelle, le rapport ne saurait guère être accidentel. Posséder le même nombre d'articulations des tarses est un caractère commun à de très vastes groupes de scarabées, mais chez les *Engidæ*, comme Westwood l'a remarqué, le nombre varie grandement ; et le nombre diffère également chez les deux sexes de la même espèce. De même, chez les hyménoptères fouisseurs, la nervation des ailes est un caractère de la plus haute importance, car commun à de vastes groupes ; mais dans certains genres la nervation diffère chez les différentes espèces, ainsi que chez les deux sexes de la même espèce. *Sir* J. Lubbock a récemment remarqué que plusieurs crustacés minuscules offrent d'excellentes illustrations de cette loi. « Chez *Pontella*, par exemple, les caractères sexuels sont pour la plus grande part fournis par les antennes antérieures et par la cinquième paire de pattes ; les différences spécifiques aussi sont principalement données par

Lois de la variation [chap. V] 449

ces organes. » Ce rapport possède un sens clair si l'on se fonde sur mon hypothèse : je regarde toutes les espèces du même genre comme aussi certainement issues d'un ancêtre commun que le sont les deux sexes d'une même espèce. Par conséquent, quelle que soit la partie de la structure de l'ancêtre commun, ou de ses premiers descendants, qui est devenue variable, les variations de cette partie ont, c'est hautement probable, été mises à profit par la sélection naturelle et par la sélection sexuelle, afin d'adapter les diverses espèces à leurs diverses places dans l'économie de la nature, et afin d'adapter également les deux sexes de la même espèce l'un à l'autre, ou pour rendre les mâles aptes à lutter contre d'autres mâles pour la possession des femelles.

Enfin, je conclus donc que la plus grande variabilité des caractères spécifiques, c'est-à-dire de ceux qui distinguent une espèce d'une autre espèce, par rapport aux caractères génériques, c'est-à-dire par rapport à ceux que possède toute l'espèce, que l'extrême variabilité qui est fréquente dans toute partie développée d'une manière extraordinaire chez une espèce par comparaison avec la même partie chez ses congénères, et le faible degré de variabilité d'une partie, si extraordinairement développée soit-elle, pour peu qu'elle soit commune à un groupe d'espèces tout entier, que la grande variabilité des caractères sexuels secondaires, et leur grande différence chez des espèces étroitement apparentées, que les différences sexuelles secondaires et les différences ordinaires spécifiques se manifestent généralement dans les mêmes parties de l'organisation – tous ces principes sont étroitement liés. En effet, tous sont dus, pour l'essentiel, à ce que les espèces du même groupe sont les descendantes d'un ancêtre commun, dont elles ont hérité bien des traits en commun – à ce que les parties qui ont récemment et largement varié sont plus susceptibles de continuer de varier que les parties héritées à une date ancienne et qui n'ont pas varié – à ce que la sélection naturelle a plus ou moins complètement, selon le laps de temps écoulé, pris le dessus sur la tendance au retour et à une variabilité ultérieure – à ce que la sélection sexuelle est moins implacable que la sélection ordinaire – et à ce que les variations apparues dans les mêmes parties ont été accumulées par la sélection naturelle et par la sélection sexuelle, et ont de la sorte été adaptées à des destinations sexuelles secondaires et à des destinations ordinaires.

Des espèces distinctes présentent des variations analogues, de telle sorte qu'une variété d'une espèce revêt souvent un caractère propre à une espèce apparentée, ou fait retour à certains des caractères d'un ancêtre lointain.– Ces propositions se comprendront on ne peut plus aisément si l'on regarde nos races domestiques. Les races du pigeon les plus distinctes, dans des pays largement séparés, présentent des sous-variétés qui ont des plumes renversées sur la tête, et des plumes sur les pieds – caractères que ne possède pas le pigeon de roche originel : ce sont donc des variations analogues chez deux races distinctes ou plus. La présence fréquente de quatorze, voire seize rectrices chez le grossegorge peut être considérée comme une variation représentant la structure normale d'une autre race, le pigeon paon. Nul ne mettra en doute, je présume, que toutes ces variations analogues soient dues au fait que les diverses races du pigeon ont hérité d'un parent commun la même constitution et la même tendance à la variation, lorsqu'elles subissent l'action d'influences inconnues semblables. Dans le règne végétal, nous avons un cas de variation analogue, celui du renflement des tiges, ou, comme on les appelle communément, des racines du navet de Suède et du *Ruta baga*, plantes que plusieurs botanistes classent comme des variétés produites par la culture à partir d'un parent commun ; s'il n'en est pas ainsi, alors il s'agira d'un cas de variation analogue chez deux espèces prétendues distinctes ; et à ces deux cas on peut en ajouter un troisième, à savoir le navet commun. En vertu de l'idée ordinaire selon laquelle chaque espèce aurait été créée indépendamment, nous devrions attribuer la similitude de ces trois plantes sous le rapport du renflement de leurs tiges, non à la *vera causa* de la communauté de filiation, et de la tendance à varier d'une manière semblable qui en est la conséquence, mais à trois actes de création séparés et cependant étroitement liés. De nombreux cas semblables de variation analogue ont été observés par Naudin dans la grande famille des cucurbitacées, et par divers auteurs chez nos céréales. Des cas semblables qui se rencontrent chez les insectes dans les conditions naturelles ont récemment été discutés avec une grande habileté par M. Walsh, qui les a regroupés sous sa loi de la Variabilité Uniforme.

Chez les pigeons, cependant, nous avons un autre cas, à savoir l'apparition occasionnelle, chez toutes les espèces, d'oiseaux qui sont d'un bleu ardoisé et ont deux barres noires sur les ailes, les reins blancs, une barre au bout de la queue, ainsi que les plumes externes bordées de blanc vers l'extérieur de leur base. Comme toutes ces marques sont caractéristiques du pigeon de roche leur parent, nul ne mettra en doute, je présume, qu'il s'agisse d'un cas de retour, et non d'une variation nouvelle et pourtant analogue qui apparaîtrait chez ces diverses espèces. Nous pouvons, à mon avis, arriver à cette conclusion avec confiance, car, comme nous l'avons vu, ces marques de couleur sont éminemment susceptibles d'apparaître chez les descendants du croisement de deux races distinctes dont les couleurs sont différentes ; et, dans ce cas, il n'y a rien dans les conditions extérieures de la vie qui puisse causer la réapparition du bleu ardoisé, avec les diverses marques, hormis le simple fait qu'un croisement a eu lieu et influe sur les lois de l'hérédité.

Il est sans aucun doute très surprenant que des caractères réapparaissent après avoir été perdus pendant de nombreuses générations, probablement pendant des centaines de générations. Mais lorsqu'une race n'a été croisée qu'une seule fois avec une autre race, la descendance fait parfois preuve pendant de nombreuses générations d'une tendance à revenir, sous le rapport du caractère, à la race étrangère – aux dires de certains, pendant une douzaine, voire une vingtaine de générations. Après douze générations, la proportion du sang, pour employer une expression courante, qui vient d'un ancêtre n'est que de 1 sur 2 048 ; et cependant, comme nous le voyons, on croit en général qu'une tendance au retour est conservée dans ce reste de sang étranger. Dans une race qui n'a pas été croisée, mais dans laquelle *les deux* parents ont perdu un certain caractère que leur ancêtre possédait, la tendance, qu'elle soit forte ou faible, à reproduire le caractère perdu pourrait, comme on l'a remarqué précédemment, et malgré tout ce qui nous paraît aller en sens contraire, se transmettre pendant un nombre de générations presque indéfini. Lorsqu'un caractère qui a été perdu dans une espèce réapparaît après un grand nombre de générations, l'hypothèse la plus probable est, non pas qu'un individu ressemble soudainement à un ancêtre éloigné de quelques centaines de générations, mais que dans chaque génération successive le caractère en question est demeuré latent, et finit, dans des conditions favorables inconnues, par se développer. Chez le pigeon barbe, par exemple, qui ne produit que très rarement un oiseau bleu, il est probable qu'il y ait une tendance latente dans chaque génération à produire un plumage bleu. L'improbabilité théorique qu'une telle tendance se transmette à travers un grand nombre de générations n'est pas plus forte que celle d'une semblable transmission d'organes tout à fait inutiles ou rudimentaires. La simple tendance à produire un rudiment est, de fait, parfois héritée de cette façon.

Comme on suppose que toutes les espèces du même genre sont issues d'un ancêtre commun, on pourrait s'attendre au fait qu'elles varient de temps à autre d'une manière analogue ; de sorte que les variétés de deux espèces ou plus se ressembleraient, ou qu'une variété d'une espèce ressemblerait par certains caractères à une autre espèce distincte – cette autre espèce n'étant, suivant notre conception, qu'une variété bien marquée et permanente. Mais les caractères dus exclusivement à la variation analogue seraient probablement de peu d'importance, car la préservation de tous les caractères fonctionnellement importants aura été déterminée par le jeu de la sélection naturelle, suivant les différentes habitudes de l'espèce. On pourrait également s'attendre au fait que les espèces du même genre fassent voir parfois des cas de retour à des caractères perdus depuis longtemps. Comme, cependant, nous ne connaissons l'ancêtre commun d'aucun groupe, nous ne pouvons pas distinguer entre les caractères liés au retour et les caractères analogues. Si, par exemple, nous ne savions pas que le pigeon de roche parent n'avait pas de plumes aux pieds ni de plumes renversées sur la tête, nous n'aurions pas pu dire si ces caractères étaient chez nos races domestiques des retours ou seulement des variations analogues ; mais nous aurions peut-être inféré que la couleur bleue était un cas de retour d'après le nombre des marques, qui sont en corrélation avec cette teinte et qui probablement ne seraient pas toutes apparues à la fois par l'effet d'une simple variation. Plus particulièrement, c'est ce que nous aurions pu inférer du fait que la couleur bleue et les diverses marques apparaissent si souvent lorsque l'on croise des races de couleurs différentes. C'est pourquoi, bien qu'à l'état de nature le doute doive généralement subsister sur le point de savoir quels cas sont des retours à des caractères qui ont existé précédemment et quels cas sont des variations nouvelles mais analogues, nous devrions cependant, d'après notre théorie, constater parfois que les descendants d'une espèce qui varient revêtent des caractères déjà présents chez d'autres représentants du même groupe. Et tel est indubitablement le cas.

La difficulté que l'on rencontre à distinguer les espèces variables est largement due au fait que les variétés contrefont, pour ainsi dire, d'autres espèces du même genre. On pourrait, en outre, donner un catalogue considérable de formes intermédiaires entre deux autres formes, qui elles-mêmes ne peuvent être classées comme espèces que d'une façon douteuse ; et cela montre, sauf à considérer toutes ces formes étroitement apparentées comme des espèces créées indépendamment, qu'elles ont pris, en variant, certains des caractères qui appartenaient aux autres. Mais le meilleur témoignage de variations analogues est fourni par des parties ou des organes qui sont généralement d'un caractère constant, mais qui varient quelquefois de telle sorte qu'ils ressemblent, à un certain degré, à la même partie ou au même organe chez une espèce apparentée. J'ai rassemblé une longue liste de semblables cas ; mais ici, comme précédemment, je souffre du grand désavantage de ne pouvoir les fournir. Je ne puis que répéter que ces cas se produisent certainement, et me semblent très remarquables.

Je citerai cependant un cas curieux et complexe, non certes parce qu'il affecte un caractère important, mais pour la raison qu'il se produit dans plusieurs espèces du même genre, en partie à l'état domestique et en partie à l'état naturel. Il s'agit presque certainement d'un cas de retour. L'âne a parfois des barres transversales très distinctes sur les jambes, semblables à celles des jambes du zèbre ; on a affirmé qu'elles étaient plus nettes chez l'ânon, et, d'après les enquêtes que j'ai menées, je crois que c'est le cas. La raie qui se trouve sur l'épaule est parfois double, ainsi que d'une longueur et d'un tracé très variables. On a décrit un âne blanc, mais *non pas* albinos, dépourvu de toute raie dorsale ou scapulaire ; et ces raies sont parfois très indistinctes, voire tout à fait indiscernables, chez les ânes de couleur foncée. On a vu, dit-on, le koulan de Pallas pourvu d'une double raie sur l'épaule. M. Blyth a vu un spécimen d'hémione pourvu d'une raie distincte sur l'épaule, bien qu'il n'en ait pas normalement ; et j'ai été informé par le Colonel Poole que les petits de cette espèce portent généralement des raies sur les jambes, et d'autres moins nettes sur l'épaule. Le quagga, bien qu'il soit aussi franchement rayé qu'un zèbre sur l'ensemble de son corps, est dépourvu de barres sur les jambes ; mais le Dr Gray a représenté un spécimen pourvu sur les jarrets de barres très distinctes et semblables à celles du zèbre.

En ce qui concerne le cheval, j'ai rassemblé en Angleterre des cas de raie dorsale chez des chevaux des races les plus distinctes, et de *toutes* les couleurs : les barres transversales sur les jambes ne sont pas rares chez les chevaux isabelle et les chevaux souris, et on en a vu dans un cas chez un alezan ; on voit parfois une raie scapulaire peu distincte chez les isabelle, et j'en ai vu une trace chez un cheval bai. Mon fils a soigneusement examiné pour moi un cheval de trait belge de couleur isabelle, dont il m'a fait un croquis, qui était pourvu d'une double raie sur chaque épaule et de raies sur les jambes ; j'ai vu moi-même un poney isabelle du Devonshire et l'on m'a décrit soigneusement un petit poney isabelle gallois pourvus tous deux de *trois* raies parallèles sur chaque épaule.

Dans la partie nord-ouest de l'Inde, la race de chevaux du Kattywar est si généralement rayée que, comme me l'apprend le Colonel Poole, qui a examiné cette race pour le Gouvernement indien, on considère qu'un cheval dépourvu de raies n'est pas de race pure. L'échine est toujours rayée ; les jambes portent généralement des barres ; et la raie scapulaire, qui est parfois double et parfois triple, est commune ; le côté de la face, en outre, est parfois rayé. C'est sur le poulain que les raies sont souvent les plus franches ; et parfois elles disparaissent tout à fait chez les vieux chevaux. Le Colonel Poole a vu des chevaux du Kattywar gris aussi bien que des bais qui portaient des raies au moment de la naissance. J'ai également des raisons de soupçonner, en me fondant sur des informations que m'a données M. W.W. Edwards, que chez le cheval de course anglais la raie dorsale est bien plus commune chez le poulain que chez l'animal adulte. J'ai moi-même élevé récemment un poulain né d'une jument baie (elle-même issue d'un cheval turcoman et d'une jument flamande) et d'un cheval de course anglais bai ; ce poulain, à l'âge d'une semaine, était marqué sur les parties arrière et sur le front de nombreuses barres très étroites, foncées, semblables à celles du zèbre, et ses jambes étaient faiblement rayées : toutes les raies eurent tôt fait de disparaître complètement. Sans entrer ici dans de plus amples détails, je mentionnerai que j'ai rassemblé des cas de raies sur les jambes et sur les épaules chez des chevaux de races très différentes dans divers pays, de la Grande-Bretagne à la Chine orientale, et de la Norvège au nord à l'Archipel Malais au sud. Dans toutes les parties du monde, ces raies se produisent beaucoup plus souvent chez les chevaux isabelle et les chevaux souris ; sous le terme isabelle, on inclut une large gamme de couleurs, depuis une teinte intermédiaire entre le brun et le noir jusqu'à une teinte qui approche fort de la couleur crème.

Je n'ignore pas que le Colonel Hamilton Smith, qui a écrit sur ce sujet, croit que les diverses races du cheval sont issues de plusieurs espèces originelles – dont l'une, l'espèce isabelle, était rayée ; et que les robes décrites ci-dessus sont toutes dues à des croisements anciens avec la souche isabelle. Mais on peut rejeter sans risque cette hypothèse ; car il est hautement improbable que le lourd cheval de trait belge, les poneys gallois, les cobs norvégiens, la grêle race du Kattywar, &c., qui habitent les parties du monde les plus éloignées, aient toutes été croisées avec une race supposée originelle.

Maintenant, venons-en aux effets du croisement des diverses espèces du genre cheval. Rollin affirme que le mulet commun issu de l'âne et du cheval a particulièrement tendance à avoir des barres sur les jambes ; selon M. Gosse, neuf mules sur dix environ ont les jambes rayées dans certaines parties des États-Unis. J'ai vu un jour un mulet dont les jambes étaient si rayées que n'importe qui aurait pu croire qu'il s'agissait d'un zèbre hybride ; et M. W.C. Martin, dans son excellent traité sur le cheval, a fourni la représentation d'un semblable mulet. Sur quatre dessins colorés, que j'ai vus, figurant des hybrides de l'âne et du zèbre, les jambes étaient bien plus franchement marquées de barres que le reste du corps ; et sur l'un d'eux, il y avait une double raie sur l'épaule. Chez le fameux hybride de *Lord* Morton, issu d'une jument alezane et d'un mâle quagga, les descendants hybrides, et même les descendants purs, produits ensuite par la même jument accouplée avec un étalon arabe noir, étaient beaucoup plus franchement pourvus de barres sur les jambes que le quagga pur lui-même. Enfin, et c'est là un autre cas des plus remarquables, le Dr Gray a représenté un hybride issu de l'âne et de l'hémione (et il m'informe qu'il en connaît un second cas) ; et cet hybride, bien que l'âne n'ait de raies sur les jambes que d'une façon occasionnelle et bien que l'hémione n'en ait pas et n'ait pas même de raie scapulaire, avait pourtant des barres sur les quatre jambes, ainsi que trois courtes raies scapulaires, comme celles des poneys isabelle du Devonshire et du pays de Galles, et avait même quelques raies semblables à celles d'un zèbre sur les côtés de la face. Eu égard à ce dernier fait, j'étais si convaincu qu'il n'est pas une raie de couleur qui apparaisse sous l'effet de ce que l'on nomme communément le hasard, que la seule présence des raies faciales chez cet hybride de l'âne et de l'hémione me conduisit à demander au Colonel Poole si de telles raies faciales étaient parfois présentes chez les chevaux du Kattywar, race éminemment pourvue de raies, et je reçus, comme nous l'avons vu, une réponse positive.

Lois de la variation [chap. V]

Que dire maintenant de ces divers faits ? Nous voyons que plusieurs espèces distinctes du genre cheval acquièrent, par simple variation, des raies sur les jambes comme un zèbre, ou des raies sur les épaules comme un âne. Chez le cheval, nous constatons que cette tendance est forte chaque fois qu'une teinte isabelle apparaît – teinte qui approche de la couleur générale des autres espèces du genre. L'apparition des raies ne s'accompagne d'aucun autre changement de forme et d'aucun autre nouveau caractère. Nous voyons cette tendance à acquérir des raies se manifester on ne peut plus fortement chez les hybrides issus de l'union de certaines des espèces les plus distinctes. Observez maintenant le cas des diverses races de pigeons : elles sont issues d'un pigeon (comprenant deux ou trois sous-espèces ou races géographiques) d'une couleur bleuâtre, pourvu de certaines barres et d'autres marques ; et lorsqu'une race quelconque prend par simple variation une teinte bleuâtre, ces barres et ces autres marques réapparaissent invariablement, mais sans aucun autre changement de forme ou de caractère. Lorsque les races de diverses couleurs les plus anciennes et les plus fidèles à leur type sont croisées, nous constatons une forte tendance à la réapparition de la teinte bleue, des barres et des marques chez les métis. J'ai déclaré que l'hypothèse la plus probable qui vise à rendre compte de la réapparition de caractères très anciens est la suivante : qu'il existe une *tendance* chez les jeunes, dans chacune des générations successives, à produire le caractère perdu depuis longtemps, et que cette tendance, sous l'effet de causes inconnues, prévaut parfois. Et nous venons de voir que dans plusieurs espèces du genre cheval, les raies soit sont plus franches, soit apparaissent plus communément chez les jeunes que chez les vieux. Nommons espèces les races de pigeons, dont certaines se sont reproduites fidèlement des siècles durant – et comme le cas est alors exactement parallèle à celui des espèces du genre cheval ! Pour ma part, je ne crains pas de m'aventurer à porter mon regard des milliers et des milliers de générations en arrière, et je vois un animal rayé comme un zèbre, mais peut-être par ailleurs d'une construction très différente, le parent commun de notre cheval domestique (qu'il soit ou non issu d'une ou de plusieurs souches sauvages), de l'âne, de l'hémione, du quagga et du zèbre.

Quiconque croit que chaque espèce équine a été créée indépendamment affirmera, je présume, que chaque espèce a été créée avec une tendance à varier, tant à l'état naturel qu'à l'état domestique, de cette manière particulière, de sorte qu'elle acquière souvent des raies comme les autres espèces du genre ; et que chacune a été créée avec une forte tendance, lorsqu'on la croise avec des espèces qui habitent des régions lointaines du monde, à produire des hybrides qui ressemblent par leurs raies, non à leurs parents, mais à d'autres espèces du genre. Admettre cette idée, c'est, me semble-t-il, rejeter une cause réelle pour une cause irréelle, ou du moins inconnue. C'est faire des œuvres de Dieu tout simplement une dérision et une tromperie ; j'aimerais presque mieux croire, avec les cosmogonistes ignorants de jadis, que les coquilles fossiles n'ont jamais été vivantes, mais ont été créées en pierre pour contrefaire les coquillages qui vivent sur les rivages.

Résumé. – Notre ignorance des lois de la variation est profonde. Il n'est pas un cas sur cent où nous puissions prétendre assigner une raison au fait que telle ou telle partie a varié. Mais chaque fois que nous avons les moyens d'instituer une comparaison, il apparaît que les mêmes lois ont agi pour produire les différences plus petites qui existent entre les variétés de la même espèce et les différences plus grandes qui existent entre les espèces du même genre. Le changement des conditions occasionne une simple variabilité fluctuante, mais il est parfois la cause d'effets directs et définis ; et ceux-ci peuvent finir par être fortement marqués, au fil du temps, bien que nous ne possédions pas de témoignages suffisants sur ce point. L'habitude, par la production de particularités de constitution, ainsi que l'usage, par le renforcement d'organes, et le défaut d'usage, par leur affaiblissement et leur diminution, paraissent dans de nombreux cas avoir eu des effets d'une grande puissance. Les parties homologues tendent à varier de la même manière, et les parties homologues tendent à la cohésion. Les modifications des parties dures et des parties externes affectent parfois des parties plus molles et des parties internes. Lorsqu'une partie est largement développée, elle tend peut-être à tirer son aliment des parties adjacentes ; et toute partie de la structure pouvant être économisée sans inconvénient sera économisée. Des changements de structure à un âge précoce peuvent affecter des parties développées par la suite ; et de nombreux cas de variation corrélative, dont nous sommes incapables de comprendre la nature, se produisent indubitablement. Les parties multiples sont variables du point de vue du nombre et de la structure, ce qui provient peut-être du fait que ces parties n'ont pas été étroitement spécialisées en vue d'une fonction particulière, de sorte que la sélection naturelle n'a pas entravé strictement leurs modifications. De la même cause découle probablement le fait que les êtres organiques qui sont au bas de l'échelle sont plus variables que ceux occupant des degrés plus élevés, et dont l'organisation dans son ensemble est plus spécialisée. Les organes rudimentaires, du fait qu'ils sont inutiles, ne sont pas assujettis à la régulation de la sélection naturelle, et sont donc variables. Les caractères spécifiques – c'est-à-dire les caractères qui en sont venus à présenter des différences depuis que les diverses espèces du même genre ont divergé d'un parent commun – sont plus variables que les caractères génériques, à savoir ceux qui ont été hérités depuis longtemps et n'ont pas différé durant cette même période. Dans ces remarques, nous avons mentionné le fait que des parties spéciales ou des organes spéciaux sont encore variables, parce qu'ils ont varié récemment et sont ainsi venus à présenter des différences ; mais nous avons vu également dans le deuxième chapitre que le même principe s'applique à l'individu tout entier ; car dans une localité où l'on trouve de nombreuses espèces d'un genre donné – c'est-à-dire à un endroit où il y a eu par le passé une grande variation et une grande différenciation, ou encore à un endroit où la fabrique de nouvelles formes spécifiques a fait preuve d'une grande activité –, c'est dans cette localité et parmi ces espèces que nous trouvons à présent, en moyenne, le plus grand nombre de variétés. Les caractères sexuels secondaires sont hautement variables, et ces caractères diffèrent beaucoup chez les espèces du même groupe. La variabilité qui existe dans les mêmes parties de l'organisation a généralement été mise à profit pour doter de différences sexuelles secondaires les deux sexes de la même espèce, et de différences spécifiques les diverses espèces du même genre. Tout élément ou organe développé jusqu'à une taille extraordinaire ou d'une manière extraordinaire, par comparaison avec le même élément ou organe dans les espèces apparentées, a dû subir une extraordinaire quantité de modifications depuis l'apparition du genre ; et ainsi nous pouvons comprendre pourquoi souvent il doit être encore variable à un degré bien plus élevé que d'autres parties ; car la variation est un processus de longue durée et lent, et la sélection naturelle n'aura pas encore eu le temps, dans de tels cas, de vaincre la tendance à une variabilité ultérieure et au retour à un état moins modifié. Mais lorsqu'une espèce dotée d'un organe extraordinairement développé est devenue la souche de nombreux descendants modifiés – ce qui doit être, selon notre conception, un processus très lent, et qui demande un long laps de temps –, dans ce cas, la sélection naturelle a réussi à doter d'un caractère fixe l'organe, aussi extraordinaire que soit la manière dont il s'est développé. Les espèces qui héritent d'un parent commun une constitution qui est à peu près la même, et qui sont exposées à des influences semblables, tendent naturellement à présenter des variations analogues, ou bien ces mêmes espèces peuvent de temps à autre revenir à certains des caractères de leurs anciens aïeux. Bien que d'importantes modifications nouvelles ne puissent advenir par le fait du retour et de la variation analogue, ces modifications ajouteront à la belle et harmonieuse diversité de la nature.

Quelle que soit la cause de chaque petite différence entre les descendants et leurs parents – et pour chacune doit exister une cause –, nous avons des raisons de croire que c'est l'accumulation constante des différences bénéfiques qui a donné naissance à toutes les modifications de structure les plus importantes relativement aux habitudes de chaque espèce.

CHAPITRE VI

DIFFICULTÉS DE LA THÉORIE

Difficultés de la théorie de la descendance avec modification – Absence ou rareté des variétés de transition – Transition dans les habitudes de vie – Habitudes diversifiées à l'intérieur de la même espèce – Espèces aux habitudes largement différentes de celles de leurs apparentées – Organes d'une perfection extrême – Modes de transition – Cas difficiles – *Natura non facit saltum* – Organes d'une faible importance – Organes n'étant pas dans tous les cas absolument parfaits – La théorie de la sélection naturelle embrasse les lois de l'unité de type et des conditions d'existence.

Bien avant que le lecteur ne parvienne à cette partie de mon ouvrage, une foule de difficultés se seront présentées à son esprit. Certaines d'entre elles sont si sérieuses qu'aujourd'hui encore je ne puis guère les considérer sans en être ébranlé peu ou prou ; mais, autant que j'en puisse juger, pour la plus grande part elles ne sont qu'apparentes, et celles qui sont réelles ne sont pas, je pense, fatales à la théorie.

Ces difficultés et ces objections peuvent se ranger sous les rubriques suivantes : Premièrement, pourquoi, si les espèces sont issues d'autres espèces par de fines gradations, ne voyons-nous pas partout d'innombrables formes de transition ? Pourquoi la nature tout entière n'est-elle pas dans un état de confusion, au lieu que les espèces soient, comme nous les voyons, bien définies ?

Deuxièmement, est-il possible qu'un animal qui a, par exemple, la structure et les habitudes de la chauve-souris ait été formé par la modification de quelque autre animal qui possède des habitudes et une structure largement différentes ? Pouvons-nous croire que la sélection naturelle soit capable de produire, d'une part, un organe d'une importance minime, telle la queue de la girafe, qui sert de chasse-mouche, et, d'autre part, un organe aussi extraordinaire que l'œil ?

Troisièmement, les instincts peuvent-ils s'acquérir et se modifier grâce à la sélection naturelle ? Que dirons-nous de l'instinct qui conduit l'abeille à faire des alvéoles, et qui a anticipé pratiquement les découvertes de profonds mathématiciens ?

Quatrièmement, comment pouvons-nous expliquer que les espèces, après un croisement, soient stériles et produisent des descendants stériles, tandis que lorsque les variétés subissent un croisement leur fécondité n'est en rien affaiblie ?

Les deux premières rubriques seront traitées ici ; quelques objections diverses le seront dans le prochain chapitre ; l'instinct et l'hybridisme, dans les deux chapitres suivants.

Sur l'absence ou la rareté des variétés de transition. – Comme la sélection naturelle agit seulement par la préservation de modifications profitables, chaque nouvelle forme tendra, dans un pays entièrement peuplé, à prendre la place de sa propre forme parente moins améliorée, et d'autres formes moins favorisées avec lesquelles elle entre en concurrence, pour finir par les exterminer. Ainsi, extinction et sélection naturelle marchent main dans la main. C'est pourquoi, si nous regardons chaque espèce comme issue d'une certaine forme inconnue, tant le parent que toutes les formes de transition auront généralement été exterminés par le processus même de la formation et du perfectionnement de la nouvelle forme.

Mais, puisque selon cette théorie d'innombrables formes de transition ont dû exister, pourquoi n'en trouvons-nous pas des quantités illimitées enfouies dans les profondeurs de la croûte terrestre ? Il sera plus à propos de discuter cette question dans le chapitre sur l'Imperfection de l'archive géologique ; et je mentionnerai seulement ici que la réponse, à mon avis, réside principalement dans le fait que l'archive est incomparablement moins parfaite qu'on ne le suppose en général. La croûte terrestre est un vaste musée ; mais les collections naturelles ont été imparfaitement constituées, et seulement à de longs intervalles de temps.

Difficultés de la théorie [chap. VI]

Mais on objectera peut-être que, lorsque plusieurs espèces étroitement apparentées habitent le même territoire, nous devrions sûrement trouver actuellement de nombreuses formes de transition. Prenons un cas simple : en parcourant du nord au sud l'étendue d'un continent, nous rencontrons généralement, à des intervalles successifs, des espèces étroitement apparentées ou représentatives, qui occupent à peu près la même place dans l'économie naturelle du territoire. Ces espèces représentatives, souvent, se rencontrent et se côtoient ; et, à mesure que l'une devient de plus en plus rare, l'autre devient de plus en plus fréquente, jusqu'à ce que celle-ci remplace celle-là. Mais si nous comparons ces espèces là où elles s'entremêlent, elles sont généralement aussi absolument distinctes les unes des autres, dans chaque détail de leur structure, que le sont des spécimens pris dans la métropole que chacune habite. Au regard de ma théorie, ces espèces apparentées sont issues d'un parent commun ; et, durant le processus de modification, chacune s'est adaptée aux conditions de la vie dans sa propre région, et a supplanté et exterminé sa forme parente originelle et toutes les variétés de transition qui existaient entre ses états passé et actuel. Aussi ne devrions-nous pas nous attendre, à notre époque, à rencontrer de nombreuses variétés de transition dans chaque région, bien qu'elles aient dû y exister, et puissent s'y trouver enfouies à l'état fossile. Mais dans la région intermédiaire, qui offre des conditions de vie intermédiaires, pourquoi ne trouvons-nous pas aujourd'hui de variétés intermédiaires qui les relient étroitement ? Cette difficulté m'a pendant longtemps plongé dans une grande confusion, mais je crois que l'on peut en grande partie l'expliquer.

Tout d'abord, nous devrions faire preuve d'une extrême prudence lorsque nous inférons, du fait qu'une zone est maintenant continue, qu'elle l'a été durant une longue période. La géologie nous invite à croire que la plupart des continents ont été fractionnés en îles, et cela même au cours des dernières périodes du Tertiaire ; et sur ces îles des espèces distinctes ont pu se former sans possibilité d'existence pour des variétés intermédiaires dans les zones intermédiaires. En raison de changements dans la forme des terres et du climat, des zones marines aujourd'hui continues ont dû souvent se trouver, à des époques récentes, dans un état bien moins continu et bien moins uniforme qu'à présent. Mais je passe sur cette façon d'esquiver la difficulté ; car je crois qu'un grand nombre d'espèces parfaitement définies se sont formées sur des territoires strictement continus ; bien que je ne doute pas que l'état fractionné qui était jadis celui de territoires aujourd'hui continus ait joué un rôle important dans la formation de nouvelles espèces, plus particulièrement chez les animaux qui se déplacent et se croisent librement.

Lorsque nous regardons les espèces telles qu'elles se répartissent aujourd'hui sur une vaste zone, nous constatons en général qu'elles sont passablement nombreuses sur un grand territoire, puis se raréfient assez brusquement sur ses limites et finissent par disparaître. C'est pourquoi le territoire neutre entre deux espèces représentatives est généralement exigu en comparaison du territoire propre à chacune. Nous voyons le même fait en gravissant les montagnes, et c'est parfois d'une façon remarquablement brusque, comme l'a observé Alph. de Candolle, que disparaît une espèce alpine commune. Le même fait a été noté par E. Forbes alors qu'il sondait les profondeurs de la mer au moyen d'une drague. À ceux qui regardent le climat et les conditions physiques de la vie comme les éléments primordiaux de la répartition, ces faits devraient causer quelque surprise, puisque le climat et la hauteur ou la profondeur offrent des variations graduelles et insensibles. Mais lorsque nous gardons à l'esprit que chaque espèce ou presque, même dans sa métropole, accroîtrait démesurément le nombre de ses représentants, n'étaient les autres espèces concurrentes – qu'à peu près toutes sont soit les prédatrices soit les proies d'autres espèces ; bref, que chaque être organique est, soit directement soit indirectement, lié de la manière la plus importante à d'autres êtres organiques –, nous voyons que l'extension des habitants d'un pays ne dépend nullement d'une façon exclusive du changement insensible des conditions physiques, mais dans une large mesure de la présence d'autres espèces, dont la leur se nourrit, par lesquelles elle est détruite ou avec lesquelles elle entre en concurrence ; et comme ces espèces sont déjà des objets déjà définis, qui ne se fondent pas les uns dans les autres par des gradations insensibles, la répartition de chaque espèce, dépendant comme elle le fait de la répartition des autres espèces, tendra à être rigoureusement définie. En outre, chaque espèce, sur les limites de son territoire, où elle est représentée par des populations moins nombreuses, sera extrêmement susceptible, au moment où des fluctuations affecteront le nombre de ses ennemis ou de ses proies, ou bien la nature des saisons, d'être complètement exterminée ; et ainsi sa répartition géographique se trouvera définie plus rigoureusement encore.

Étant donné que des espèces apparentées ou représentatives, lorsqu'elles habitent une aire continue, sont généralement réparties d'une manière telle qu'elles possèdent chacune une vaste extension, avec entre elles un territoire neutre comparativement exigu, sur lequel elles se raréfient assez soudainement ; que donc, comme les variétés ne diffèrent pas essentiellement des espèces, la même règle s'appliquera probablement aux unes et aux autres ; si enfin nous prenons une espèce qui varie, habitante d'une aire très vaste, il nous faudra adapter deux variétés à deux grandes aires, et une troisième variété à une zone intermédiaire exiguë. La variété intermédiaire, par conséquent, aura une population plus réduite pour la raison qu'elle habite une aire exiguë et plus réduite ; et c'est pratiquement, pour autant que je puisse le discerner, la règle qui vaut pour les variétés à l'état de nature. J'ai rencontré des exemples frappants de cette loi dans le cas des variétés qui sont intermédiaires entre les variétés bien marquées du genre Balanus. Et il semblerait, d'après des informations que m'ont données M. Watson, le Dr Asa Gray et M. Wollaston, qu'en général, lorsque des variétés intermédiaires entre deux formes se présentent, elles soient numériquement beaucoup plus rares que les formes qu'elles relient. Or, si nous pouvons nous fier à ces faits et à ces inférences, et conclure que les variétés qui lient ensemble deux autres variétés ont généralement existé en populations moins nombreuses que les formes qu'elles relient, alors nous pouvons comprendre pourquoi les variétés intermédiaires ne doivent pas persister pendant de longues périodes ; pourquoi, en règle générale, elles doivent être exterminées et disparaître plus tôt que les formes qu'elles liaient originellement ensemble.

Car toute forme numériquement inférieure doit courir, comme on l'a déjà remarqué, un plus grand risque d'être exterminée qu'une forme qui possède une grande quantité de représentants ; et, dans ce cas particulier, la forme intermédiaire sera éminemment exposée aux empiètements des formes étroitement apparentées qui l'entourent de part et d'autre. Mais il faut considérer un point bien plus important, qui est que durant le processus ultérieur de modification, par lequel on suppose que deux variétés sont converties et perfectionnées en deux espèces distinctes, les deux variétés qui ont la plus grande quantité de représentants, parce qu'elles habitent des aires plus vastes, auront un grand avantage sur la variété intermédiaire, qui a une population plus réduite et n'existe que dans une zone intermédiaire exiguë. Car les formes qui ont une plus grande quantité de représentants auront de meilleures chances, à telle ou telle période donnée, de présenter des variations ultérieures favorables dont la sélection naturelle puisse se saisir, que ce ne sera le cas des formes plus rares qui ont des populations moins nombreuses. C'est pourquoi les formes les plus communes tendront, dans la course pour la vie, à vaincre et à supplanter les formes moins communes, car ces dernières seront modifiées et améliorées plus lentement. C'est le même principe qui explique, je crois, le fait que les espèces communes de chaque pays présentent en moyenne, comme on l'a montré dans le deuxième chapitre, un plus grand nombre de variétés bien marquées que ne le font les espèces plus rares. J'illustrerai ce que j'entends par là en supposant que l'on élève trois variétés de moutons : l'une adaptée à une région montagneuse très étendue ; la deuxième, à une surface comparativement exiguë de collines ; et la troisième, aux vastes plaines situées à la base ; et que les habitants essaient tous avec une égale constance et une égale habileté d'améliorer leurs populations par la sélection ; les chances dans ce cas seront fortement en faveur des grands propriétaires qui occupent les montagnes ou les plaines, qui amélioreront leurs races plus rapidement que les petits propriétaires qui occupent la surface de collines intermédiaire et exiguë ; et

Difficultés de la théorie [chap. VI]

par conséquent la race améliorée des montagnes ou des plaines prendra bientôt la place de la race moins améliorée des collines ; et ainsi les deux races qui avaient originellement un plus grand nombre de représentants entreront en contact étroit l'une avec l'autre, sans que s'interpose la variété intermédiaire des collines, supplantée.

En résumé, je crois que les espèces en viennent à être des objets aux contours passablement marqués, et ne présentent à aucune époque un chaos inextricable de chaînons intermédiaires en cours de variation : premièrement, parce que les nouvelles variétés se forment très lentement, car la variation est un processus lent, et la sélection naturelle ne peut rien faire avant que des différences ou des variations individuelles favorables ne se produisent, et qu'il n'y ait une place dans la régie naturelle du pays qui puisse être mieux occupée par une certaine modification de l'un quelconque, ou de plusieurs, de ses habitants. Et ces places dépendront de lents changements du climat, ou de l'immigration occasionnelle de nouveaux habitants, et, probablement, à un degré plus important encore, du fait que certains des anciens habitants se modifieront lentement, tandis que les nouvelles formes ainsi produites et les formes anciennes exerceront les unes sur les autres des actions et des réactions. De telle sorte que, dans n'importe quelle région et à n'importe quel moment, nous devrions ne voir que quelques espèces qui présentent de légères modifications de structure qui soient permanentes à quelque degré ; et c'est assurément ce que nous voyons.

Deuxièmement, les aires actuellement continues ont dû souvent exister dans la période récente à l'état de portions isolées, où de nombreuses formes, plus particulièrement parmi les classes qui s'unissent pour chaque naissance et sont fort vagabondes, ont pu devenir suffisamment distinctes pour mériter le rang d'espèces représentatives. Dans ce cas, les variétés intermédiaires entre les diverses espèces représentatives et leur parent commun ont dû exister auparavant au sein de chaque portion isolée du pays, mais ces chaînons, durant le processus de la sélection naturelle, auront été supplantés et exterminés, de sorte qu'on ne les trouvera plus à l'état vivant.

Troisièmement, lorsque deux variétés ou plus se sont formées dans des portions différentes d'une aire strictement continue, des variétés intermédiaires se seront d'abord formées, c'est probable, dans les zones intermédiaires, mais elles auront généralement été de peu de durée. Car ces variétés intermédiaires auront, pour les raisons déjà indiquées (c'est-à-dire d'après ce que nous savons de la répartition réelle des espèces étroitement apparentées ou espèces représentatives, ainsi que des variétés reconnues), des populations moins nombreuses, dans les zones intermédiaires, que les variétés qu'elles tendent à relier. Ce seul fait expose les variétés intermédiaires à une extermination accidentelle ; et, durant le processus ultérieur de modification par le jeu de la sélection naturelle, elles seront presque certainement vaincues et supplantées par les formes qu'elles relient ; car celles-ci, parce qu'elles ont un plus grand nombre de représentants, présenteront au total plus de variétés, et ainsi seront ultérieurement améliorées grâce à la sélection naturelle et acquerront des avantages ultérieurs.

Enfin, si l'on regarde, non telle ou telle époque, mais toute la suite des temps, et si ma théorie est juste, des variétés intermédiaires innombrables, qui reliaient étroitement toutes les espèces du même groupe, ont assurément dû exister ; mais le processus de la sélection naturelle lui-même tend, comme on l'a si souvent remarqué, à exterminer les formes parentes et les chaînons intermédiaires. Conséquemment, on ne pourra trouver de témoignages de leur existence passée que parmi les restes fossiles, qui sont conservés, comme nous tenterons de le montrer dans un prochain chapitre, sous la forme d'archives extrêmement imparfaites et intermittentes.

Sur l'origine et les transitions des êtres organiques qui ont des habitudes et une structure particulières. – Les adversaires des idées pour lesquelles je tiens ont demandé, par exemple, de quelle façon un animal terrestre carnivore aurait pu se convertir en un animal aux habitudes aquatiques : comment, en effet, cet animal dans son état de transition aurait-t-il pu subsister ? Il serait aisé de montrer qu'il existe de nos jours des animaux carnivores qui

Difficultés de la théorie [chap. VI]

présentent de fines gradations intermédiaires entre des habitudes strictement terrestres et des habitudes aquatiques ; et comme tout animal existe au prix d'une lutte pour la vie, il est clair que chacun doit être bien adapté à sa place dans la nature. Regardez le *Mustela vison* d'Amérique du Nord, qui a les pieds palmés et ressemble à une loutre par sa fourrure, ses jambes courtes et la forme de sa queue. Durant l'été, cet animal a pour proies les poissons qu'il pêche en plongeant, mais durant le long hiver il quitte les eaux gelées et prend pour proies, comme les autres putois, les mulots et les animaux des champs. Si l'on avait pris un cas différent, et demandé de quelle façon un quadrupède insectivore avait bien pu se convertir en une chauve-souris volante, il aurait été bien plus difficile de répondre. Pourtant, je pense que ces difficultés n'ont que peu de poids.

Ici, comme en d'autres occasions, je souffre d'un grave désavantage, car, des nombreux cas frappants que j'ai collectés, je ne puis donner qu'un ou deux exemples d'habitudes et de structures de transition chez des espèces apparentées, ainsi que d'habitudes diversifiées, qu'elles soient constantes ou occasionnelles, chez une même espèce. Et il me semble qu'il ne faut rien de moins qu'une longue liste de cas de ce genre pour amoindrir suffisamment la difficulté d'un cas particulier tel celui de la chauve-souris.

Regardez la famille des écureuils ; nous y voyons la plus fine gradation depuis les animaux dont la queue n'est que légèrement aplatie, et d'autres, comme *Sir* J. Richardson l'a remarqué, dont la partie postérieure du corps est plutôt large et dont la peau des flancs est plutôt lâche, jusqu'à ceux que l'on nomme les écureuils volants ; et les écureuils volants ont les membres et même la base de la queue unis par une large étendue de peau, qui sert de parachute et leur permet de planer dans les airs, sur une distance stupéfiante, d'arbre en arbre. Nous ne pouvons douter que chaque structure ne soit utile à chaque type d'écureuil dans sa propre contrée, en lui permettant d'échapper aux oiseaux ou aux bêtes de proie, de recueillir sa nourriture plus rapidement ou bien, comme il y a des raisons de le croire, d'amoindrir le danger causé par des chutes occasionnelles. Mais il ne suit pas de ce fait que la structure de chaque écureuil soit la meilleure qui puisse être conçue dans toutes les conditions possibles. Que le climat et la végétation changent, que d'autres rongeurs concurrents ou de nouvelles bêtes de proie immigrent, ou que d'anciennes se modifient, et l'analogie nous conduirait sans aucun doute à croire que certains au moins des écureuils verraient leur population décroître ou seraient exterminés, à moins qu'ils ne se modifient eux aussi et n'améliorent leur structure d'une manière correspondante. Je ne vois donc aucune difficulté, plus particulièrement dans des conditions de vie changeantes, à la préservation continue d'individus aux flancs pourvus de membranes de plus en plus amples, chaque modification étant utile, et chacune se propageant, jusqu'à ce que, par les effets accumulés de ce processus de sélection naturelle, ce que l'on nomme un écureuil volant soit produit sous sa forme parfaite.

Regardez maintenant le Galéopithèque, que l'on nomme aussi lémur volant, que l'on rangeait auparavant parmi les chauves-souris, mais dont on pense aujourd'hui qu'il appartient aux Insectivores. Une membrane latérale extrêmement large s'étend depuis les angles de la mâchoire jusqu'à la queue, et inclut les membres avec leurs doigts allongés. Cette membrane latérale est pourvue d'un muscle extenseur. Bien qu'il n'y ait plus de chaînons gradués de structure, adaptés au vol plané dans les airs, qui relient actuellement le Galéopithèque aux autres Insectivores, il n'y a pourtant aucune difficulté à supposer que de tels chaînons ont existé auparavant, et que chacun d'eux était développé de la même manière que chez les écureuils dont le vol plané est moins parfait, chaque gradation de structure ayant été utile à son possesseur. Je ne vois pas non plus de difficulté insurmontable à croire, en outre, que les doigts et l'avant-bras du Galéopithèque, reliés par une membrane, auraient pu être considérablement allongés par la sélection naturelle ; et cela, en ce qui concerne les organes du vol, aurait converti l'animal en une chauve-souris. Chez certaines chauves-souris dont la membrane alaire s'étend du sommet de l'épaule jusqu'à la queue et inclut les jambes postérieures, nous voyons peut-être les traces d'un appareil adapté originellement à planer dans les airs plutôt qu'à voler.

Si environ une douzaine de genres d'oiseaux avaient été frappés d'extinction, qui se serait aventuré à présumer qu'il ait pu exister des oiseaux utilisant leurs ailes uniquement comme palettes, tel le canard lourdaud (*Micropterus* d'Eyton) ; comme nageoires dans l'eau et comme pattes antérieures sur terre, tel le manchot ; comme voiles, telle l'autruche ; ou ne les destinant à aucune fin fonctionnelle, tel l'Aptéryx ? Pourtant, la structure de chacun de ces animaux est bonne pour lui, dans les conditions de vie auxquelles il est exposé, car il faut à chacun vivre au prix d'une lutte ; mais elle n'est pas nécessairement la meilleure possible dans toutes les conditions possibles. Il ne faut pas inférer de ces remarques que toute gradation de la structure de l'aile parmi celles mentionnées ici, qui peut-être sont toutes le résultat du défaut d'usage, indique l'une des étapes qu'ont en effet parcourues les oiseaux pour acquérir leur parfaite capacité de vol ; mais elles servent à montrer quels moyens de transition diversifiés sont au moins possibles.

Voyant que quelques représentants de classes qui respirent dans l'eau, comme les Crustacés et les Mollusques, sont adaptés à la vie terrestre ; voyant en outre qu'il y a des oiseaux et des mammifères volants, des insectes volants des types les plus diversifiés, et qu'il y avait auparavant des reptiles volants, on peut concevoir que les poissons volants, qui maintenant glissent dans les airs sur de longues distances, en s'élevant et en tournant légèrement à l'aide du battement de leurs nageoires, aient été modifiés pour produire des animaux pourvus d'ailes parfaites. Si cela avait été réalisé, qui aurait jamais imaginé que dans un état de transition antérieur ils aient été, les habitants du plein océan, et aient utilisé leurs organes de vol, dans leur état naissant, exclusivement, pour autant que nous le sachions, afin d'éviter d'être dévorés par d'autres poissons ?

Lorsque nous voyons une structure quelconque hautement perfectionnée en vue de quelque habitude particulière, comme les ailes d'un oiseau en vue du vol, nous devrions garder à l'esprit que les animaux qui présentent dans leur structure d'anciens degrés de transition auront rarement survécu jusqu'à nos jours, car ils ont dû être supplantés par leurs successeurs, rendus graduellement plus parfaits grâce à la sélection naturelle. Qui plus est, nous pouvons conclure que les états de transition entre des structures adaptées à des habitudes de vie très différentes ont rarement dû se développer, à une époque ancienne, en grand nombre et sous de nombreuses formes subordonnées. Ainsi, pour revenir à notre illustration imaginaire concernant le poisson volant, il ne semble pas probable que des poissons capables d'un vol véritable se soient développés sous de nombreuses formes subordonnées, afin de capturer maint type de proies de mainte manière, sur terre et dans l'eau, avant que leurs organes de vol soient parvenus à un haut point de perfection, de telle sorte qu'ils leur aient donné un avantage décisif sur d'autres animaux dans la bataille pour la vie. De là vient que les chances de découvrir des espèces à l'état fossile offrant des degrés de transition dans la structure seront toujours plus réduites, du fait qu'elles ont existé avec des populations plus réduites que dans le cas des espèces pourvues de structures complètement développées.

Je donnerai à présent deux ou trois exemples de diversification et de changement des habitudes chez les individus de la même espèce. Dans un cas comme dans l'autre, il serait facile pour la sélection naturelle d'adapter la structure de l'animal à ses habitudes modifiées, ou bien exclusivement à l'une de ses diverses habitudes. Il est cependant difficile – et sans importance pour nous – de décider si en général les habitudes changent d'abord et la structure ensuite, ou bien si de légères modifications de structure conduisent à un changement des habitudes ; il est probable que les deux se produisent souvent presque simultanément. Parmi les cas de changement des habitudes, il suffira d'évoquer simplement celui des nombreux insectes britanniques qui se nourrissent aujourd'hui de plantes exotiques, ou exclusivement de substances artificielles. De la diversification des habitudes, on pourrait donner des exemples innombrables ; en Amérique du Sud, j'ai souvent épié un gobe-mouche tyran (*Saurophagus sulphuratus*) qui planait au-dessus d'un point avant de passer à un autre, comme une crécerelle, et à d'autres moments se tenait immobile au bord de l'eau, puis s'y précipitait comme un martin-pêcheur sur un poisson. Dans notre propre pays, on voit la grande mésange charbonnière (*Parus major*) grimper sur les branches, presque comme un grimpereau ; parfois, comme une pie-grièche, elle tue de petits oiseaux en leur donnant des coups sur la tête ; et je l'ai maintes fois vue et entendue marteler des graines d'if sur une branche, et les briser ainsi comme le ferait une sittelle. En Amérique du Nord, Hearne a vu l'ours noir nager pendant des heures la gueule grande ouverte, attrapant ainsi, presque à la manière d'une baleine, des insectes dans l'eau.

Comme nous voyons parfois des individus suivre des habitudes différentes de celles qui sont propres à leur espèce et aux autres espèces du même genre, nous pourrions nous attendre au fait que ces individus donnent de temps en temps naissance à de nouvelles espèces, dotées d'habitudes anormales ainsi que d'une structure légèrement ou considérablement modifiée par rapport à celle de leur type. Et de tels exemples se rencontrent dans la nature. Peut-on donner un exemple plus frappant d'adaptation que celui d'un pic capable de grimper sur les arbres et de se saisir des insectes dans les fentes de l'écorce ? Pourtant, il y a en Amérique du Nord des pics qui se nourrissent surtout de fruits, et d'autres pourvus d'ailes allongées qui chassent les insectes au vol. Dans les plaines de La Plata, où presque aucun arbre ne pousse, il y a un pic (*Colaptes campestris*) qui est pourvu de deux doigts à l'avant et de deux autres à l'arrière, d'une longue langue pointue, de plumes caudales pointues, suffisamment rigides pour soutenir l'oiseau dans une position verticale lorsqu'il est au guet, mais non pas aussi rigides que chez les pics véritables, et d'un puissant bec droit. Le bec, cependant, n'est pas aussi droit ou aussi puissant que chez les pics véritables, mais il est assez puissant pour percer le bois. Ce *Colaptes* est donc, par toutes les parties essentielles de sa structure, un pic. Même par des caractères d'une importance aussi minime que la couleur, le ton criard de la voix et le vol ondulé, son étroite parenté de sang avec notre pic commun se déclare nettement ; pourtant, comme je puis l'affirmer, non seulement en me fondant sur mes propres observations, mais aussi sur celles du très exact Azara, dans certaines grandes régions, il ne grimpe pas sur les arbres et fait son nid dans des trous des talus ! Dans certaines autres régions, cependant, ce même pic, comme l'affirme M. Hudson, fréquente les arbres et perce des trous dans les troncs pour y faire son nid. Je mentionnerai, comme une autre illustration des habitudes variées qui sont celles de ce genre, que De Saussure a décrit un *Colaptes* mexicain qui perce des trous dans un bois dur afin d'y déposer une réserve de glands.

Les pétrels sont les plus aériens et les plus océaniques des oiseaux, mais dans les bras de mer aux eaux tranquilles de la Terre de Feu, le *Puffinuria berardi*, eu égard à ses habitudes générales, à sa stupéfiante capacité de plonger, à sa manière de nager et de voler lorsqu'il lui faut prendre son vol, pourrait passer aux yeux de n'importe qui pour un pingouin ou un grèbe ; néanmoins, c'est pour l'essentiel un pétrel, mais de nombreuses parties de son organisation sont profondément modifiées dans leur rapport avec ses nouvelles habitudes de vie – tandis que le pic de La Plata n'a subi que de légères modifications de sa structure. Dans le cas du merle d'eau [cincle plongeur. *Ndt.*], l'observateur le plus minutieux n'aurait jamais, en examinant son cadavre, soupçonné ses habitudes subaquatiques ; pourtant, cet oiseau, qui est apparenté à la famille des grives, pourvoit à sa subsistance en plongeant – il utilise ses ailes sous l'eau et agrippe les pierres avec ses pieds. Tous les représentants du grand ordre des insectes Hyménoptères sont terrestres, excepté le genre *Proctotrupes*, dont *Sir* John Lubbock a découvert qu'il avait des habitudes aquatiques ; il pénètre souvent dans l'eau et plonge çà et là au moyen non de ses pattes, mais de ses ailes, et reste jusqu'à quatre heures sous la surface ; il ne présente pourtant aucune modification de structure qui réponde à ses habitudes anormales.

Quiconque croit que chaque être a été créé tel que nous le voyons maintenant a dû éprouver quelquefois de la surprise en rencontrant un animal dont les habitudes et la structure ne s'accordaient pas. Qu'y a-t-il de plus clair que le fait que les pieds palmés des canards et des oies sont formés pour la nage ? Il y a pourtant des oies des hautes terres, pourvues de pieds palmés, qui s'approchent rarement des eaux ; et personne hormis Audubon n'a vu la frégate, dont les quatre doigts sont tous palmés, se poser à la surface de l'océan. En revanche, les grèbes et les foulques sont éminemment aquatiques, bien que leurs doigts ne soient pourvus d'une membrane que sur leur bord. Qu'est-ce qui semblera plus clair que le fait que les longs doigts dépourvus de membrane des *Grallatores* sont formés pour marcher dans les marécages et sur des plantes flottantes ? – la poule d'eau et le râle des genêts appartiennent à cet ordre, pourtant le premier est à peu près aussi aquatique que la foulque et le second à peu près aussi terrestre que la caille ou la perdrix. Dans de tels cas, et l'on pourrait en citer de nombreux autres, les habitudes ont changé sans changement correspondant de structure. On peut dire que les pieds palmés de l'oie des hautes terres sont devenus presque rudimentaires dans leur fonction, bien qu'ils ne le soient pas dans leur structure. Chez la frégate, la membrane profondément échancrée qui se trouve entre les doigts montre que la structure a commencé à changer.

Quiconque croit en des actes de création séparés et innombrables dira peut-être que, dans les cas en question, il a plu au Créateur de faire qu'un être d'un certain type prenne la place d'un être appartenant à un autre type ; mais c'est là se contenter, me semble-t-il, de reformuler le fait dans un langage ennobli. Quiconque croit à la Lutte pour l'Existence et au principe de la sélection naturelle reconnaîtra que tout être organique œuvre constamment à son propre accroissement numérique ; et que si un être quel qu'il soit varie un tant soit peu, par ses habitudes ou par sa structure, et acquiert ainsi un avantage sur quelque autre habitant de la même contrée, cet être se saisira de la place de cet habitant, si différente soit-elle de sa propre place. Aussi cela ne lui causera-t-il aucune surprise qu'il y ait des oies et des frégates pourvues de pieds palmés qui vivent en terrain sec et ne se posent que rarement sur l'eau ; qu'il y ait des râles des genêts pourvus de longs doigts qui vivent dans les prés au lieu de vivre dans les marais ; qu'il y ait des pics là où presque aucun arbre ne pousse ; qu'il y ait des grives plongeuses et des Hyménoptères plongeurs, ainsi que des pétrels ayant les habitudes des pingouins.

Organes d'une perfection et d'une complication extrêmes

Supposer que l'œil, avec tous les dispositifs inimitables qui lui permettent d'ajuster son foyer à différentes distances, d'admettre différentes quantités de lumière et de corriger les aberrations sphérique et chromatique, ait pu être formé par la sélection naturelle semble, je le confesse volontiers, absurde au plus haut degré. Lorsque l'on a dit pour la première fois que le soleil était immobile et que le monde tournait autour de lui, le sens commun de l'humanité déclara fausse cette doctrine ; mais au vieux dicton *Vox populi, vox Dei*, comme le sait tout philosophe, il n'est pas possible de se fier en matière de science. La raison me dit que, si l'on peut montrer l'existence de nombreuses gradations depuis un œil simple et imparfait jusqu'à un œil complexe et parfait, chaque gradation étant utile à son possesseur, comme c'est assurément le cas ; si, en outre, il arrive que l'œil varie et que les variations soient héritées, comme c'est aussi assurément le cas ; et si ces variations sont utiles à un animal quelconque dans des conditions de vie changeantes, alors la difficulté de croire qu'un œil complexe et parfait puisse être formé par la sélection naturelle, quoique insurmontable pour notre imagination, ne devrait pas être considérée comme de nature à renverser cette théorie. La façon dont un nerf en vient à être sensible à la lumière ne nous concerne guère plus que la façon dont est née la vie elle-même ; mais je ferai remarquer que, puisque certains des organismes les moins élevés, chez lesquels on ne détecte pas de nerfs, sont capables de percevoir la lumière, il ne semble pas impossible que certains éléments sensibles de leur sarcode s'agrègent et se développent pour former des nerfs qui soient doués de cette sensibilité spéciale.

Lorsque nous recherchons les gradations à travers lesquelles un organe s'est perfectionné au sein d'une espèce quelconque, nous devrions nous occuper exclusivement de ses ancêtres directs ; mais ce n'est presque jamais possible, et nous sommes contraints de prêter attention à d'autres espèces et à d'autres genres du même groupe, c'est-à-dire aux descendants collatéraux de la même forme parente, afin de voir quelles gradations sont possibles, et si

Difficultés de la théorie [chap. VI]   477

d'aventure certaines gradations ont été transmises sans aucune modification ou avec de faibles modifications. Mais l'état du même organe dans des classes distinctes peut incidemment jeter quelque lumière sur les étapes qu'il a suivies en se perfectionnant.

L'organe le plus simple que l'on puisse appeler un œil consiste en un nerf optique entouré de cellules pigmentaires et recouvert d'une peau translucide, mais dépourvu de lentille ou de tout autre corps réfringent. Nous pouvons cependant, selon M. Jourdain, descendre encore un degré plus bas et trouver des agrégats de cellules pigmentaires qui servent apparemment d'organes de la vision, sont dépourvus de nerfs et reposent simplement sur des tissus sarcodiques. Des yeux de cette nature simple qui vient d'être évoquée ne sont pas capables d'une vision distincte, et ne servent qu'à distinguer la lumière de l'obscurité. Chez certaines étoiles de mer, de petites dépressions dans la couche pigmentaire qui entoure le nerf sont remplies, d'après la description faite par l'auteur que l'on vient de citer, d'une matière gélatineuse transparente, dont la surface convexe fait saillie, comme la cornée chez les animaux supérieurs. Cet auteur suggère que cette matière ne sert pas à former une image, mais seulement à concentrer les rayons lumineux et en faciliter la perception. Avec cette concentration des rayons, nous parvenons à la première étape, de loin la plus importante, vers la formation d'un œil véritable, à même de former des images ; car il nous suffit de placer l'extrémité dénudée du nerf optique, qui chez certains des animaux les moins élevés se trouve profondément enfouie dans le corps et chez d'autres se trouve proche de la surface, à la bonne distance de l'appareil de concentration, et une image y sera formée.

Dans la grande classe des Articulés, nous pouvons partir d'un nerf optique simplement revêtu de pigment, ce dernier formant parfois une sorte de pupille, mais dépourvue de lentille ou de tout autre dispositif optique. Chez les insectes, on sait maintenant que les nombreuses facettes qui se trouvent sur la cornée de leurs grands yeux composés forment de véritables lentilles, et que les cônes renferment des filaments nerveux curieusement modifiés. Mais ces organes des Articulés sont tellement diversifiés que Müller a établi naguère trois classes principales incluant sept subdivisions, en plus d'une quatrième classe principale d'yeux simples agrégés.

Lorsque nous réfléchissons à ces faits, donnés ici bien trop brièvement, eu égard à la gamme étendue, diversifiée et graduée des structures que présentent les yeux des animaux inférieurs ; lorsque nous nous rappelons à quel point le nombre de toutes les formes vivantes doit être réduit en comparaison du nombre de celles qui se sont éteintes, nous voyons diminuer l'immense difficulté qu'il y avait à croire que la sélection naturelle ait pu convertir le simple appareil qu'est un nerf optique, revêtu de pigment et muni d'une membrane transparente, en un instrument optique aussi parfait que celui que possède n'importe quel représentant de la Classe des Articulés.

Qui consentira à s'avancer aussi loin ne devrait pas hésiter à s'avancer d'un pas encore, s'il constate en achevant ce volume que de vastes ensembles de faits, autrement inexplicables, peuvent être expliqués par la théorie de la modification par le jeu de la sélection naturelle ; il devrait admettre qu'une structure même aussi parfaite que l'œil d'un aigle puisse se former ainsi, bien que dans ce cas il ignore les états de transition. On a objecté que pour modifier l'œil tout en le préservant en tant qu'instrument parfait, de nombreux changements devraient s'effectuer simultanément, ce qui, présume-t-on, ne pourrait s'accomplir par l'opération de la sélection naturelle ; mais, comme j'ai tenté de le montrer dans mon ouvrage sur la variation des animaux domestiques, si les modifications ont été extrêmement légères et graduelles, il n'est pas nécessaire de supposer qu'elles aient été toutes simultanées. En outre, différents types de modifications, ont dû être au service du même but général ; comme M. Wallace l'a remarqué, « si une lentille a un foyer trop court ou trop long, elle peut être corrigée soit par une modification de sa courbure, soit par une modification de sa densité ; si la courbure est irrégulière, et si les rayons ne convergent pas en un point, alors tout accroissement de la régularité de la courbure sera une amélioration. Aussi bien, ni la contraction de l'iris, ni les mouvements musculaires de l'œil ne sont essentiels à la vision,

Difficultés de la théorie [chap. VI]

mais sont des améliorations qui ont pu être ajoutées et perfectionnées à n'importe quel stade de la construction de l'instrument ». Dans la division la plus élevée du règne animal, à savoir les Vertébrés, nous pouvons partir d'un œil si simple qu'il consiste, comme chez le lancelet, en un petit sac de peau transparente, pourvu d'un nerf et tapissé de pigment, mais dépourvu de tout autre appareil. Chez les poissons et les reptiles, comme Owen l'a remarqué, « la gamme des gradations des structures dioptriques est très grande ». C'est un fait significatif que chez l'homme, selon l'autorité éminente de Virchow, la magnifique lentille cristalline se forme chez l'embryon par une accumulation de cellules épidermiques, qui se trouvent dans un repli de la peau semblable à un sac ; et le corps vitré se forme à partir du tissu sous-cutané embryonnaire. Cependant, pour arriver à une juste conclusion à l'égard de la formation de l'œil, avec tous ses caractères merveilleux et non toutefois absolument parfaits, il est indispensable que la raison l'emporte sur l'imagination ; mais j'ai moi-même éprouvé cette difficulté bien trop vivement pour être surpris que d'autres hésitent à accorder au principe de la sélection naturelle une extension aussi déconcertante.

Il n'est guère possible d'éviter la comparaison de l'œil avec un télescope. Nous savons que cet instrument a été perfectionné par les longs efforts des plus hautes intelligences humaines ; et nous inférons naturellement que l'œil a été formé par un processus analogue en quelque manière. Mais cette inférence ne serait-elle pas présomptueuse ? Avons-nous le moindre droit de supposer que le Créateur mette en œuvre des capacités intellectuelles semblables à celles de l'homme ? Si vraiment nous devons comparer l'œil à un instrument optique, il faut en imagination que nous prenions une épaisse couche de tissu transparent, dont les espaces soient remplis d'un fluide et qui ait au-dessous d'elle un nerf sensible à la lumière, puis que nous supposions que chaque partie de cette couche change de densité continûment et lentement, de sorte qu'elle se sépare en couches de différentes densités et de différentes épaisseurs, placées à différentes distances les unes des autres, tandis que les surfaces de chaque couche changent lentement de forme.

En outre, nous devons supposer qu'il existe une puissance, représentée par la sélection naturelle ou survie des plus aptes, qui épie sans relâche toute légère modification de ces couches transparentes, et préserve soigneusement chacune de celles qui, dans des circonstances variées, de quelque façon ou à quelque degré que ce soit, tendent à produire une image plus distincte. Nous devons supposer que chaque nouvel état de l'instrument est multiplié à des millions d'exemplaires ; que chacun est préservé jusqu'à ce qu'un meilleur soit produit, et que les anciens soient alors tous détruits. Chez les corps vivants, la variation causera de légères modifications, la génération les multipliera d'une façon presque infinie, et la sélection naturelle choisira avec une habileté sans faille chaque amélioration. Que ce processus se poursuive pendant des millions d'années ; et qu'il s'exerce chaque année sur des millions d'individus de divers types – refuserons-nous de croire qu'un instrument optique vivant puisse être ainsi formé, aussi supérieur à un instrument de verre que les œuvres du Créateur le sont à celles de l'homme ?

Modes de transition

S'il pouvait être démontré qu'il existe un organe complexe qui n'ait pu en aucune façon être formé par de nombreuses modifications légères et successives, ma théorie s'effondrerait absolument. Mais je ne trouve aucun cas semblable. Il existe sans aucun doute de nombreux organes dont nous ignorons les degrés de transition, plus particulièrement si nous regardons les espèces très isolées, autour desquelles, selon la théorie, l'extinction a été très forte. Ou encore, si nous prenons un organe commun à tous les représentants d'une classe, car dans ce dernier cas l'organe a dû originellement se former à une époque reculée, depuis laquelle les nombreux représentants de la classe se sont tous développés ; et afin de découvrir les premiers degrés de transition par lesquels cet organe est passé, il nous faudrait nous tourner vers de très anciennes formes ancestrales, depuis longtemps éteintes.

Nous ne devrions conclure qu'avec une extrême prudence qu'un organe n'a pas pu être formé par un type quelconque d'échelons de transition. On pourrait citer parmi les animaux inférieurs de nombreux cas dans lesquels le même organe remplit en même temps des fonctions complètement distinctes ; ainsi, chez la larve de la libellule et chez le Cobite loche, le canal alimentaire respire, digère et excrète. Chez l'Hydre, l'animal peut se retourner entièrement et la surface extérieure digérera alors, tandis que l'estomac respirera. Dans de tels cas, la sélection naturelle pourrait spécialiser, si cela permettait d'acquérir quelque avantage, tout ou partie de l'organe, qui avait jusque-là rempli deux fonctions, en vue d'une unique fonction, et ainsi par des degrés insensibles changer considérablement sa nature. On connaît de nombreuses plantes qui avec régularité produisent en même temps des fleurs différemment construites ; et si ces plantes devaient en produire un seul type, cela aurait pour effet, avec une soudaineté comparable, un grand changement du caractère de l'espèce. Il est cependant probable que les deux sortes de fleurs que porte la même plante étaient originellement différenciées par des étapes finement graduées, que dans quelques rares cas on peut encore retracer.

Par ailleurs, deux organes distincts, ou le même organe sous deux formes très différentes, peuvent accomplir simultanément, chez le même individu, la même fonction, et c'est là un moyen de transition extrêmement important – pour donner seul un exemple, il existe des poissons pourvus d'ouïes, ou branchies, qui aspirent l'air dissous dans l'eau en même temps qu'ils aspirent l'air libre dans leur vessie natatoire, ce dernier organe étant divisé par des cloisons hautement vascularisées et possédant un canal pneumatique afin de s'approvisionner en air. Pour donner un autre exemple tiré du règne végétal : les plantes grimpent par trois moyens distincts, en se tordant en spirale, en s'accrochant à un support à l'aide de leurs vrilles sensibles et par l'émission de radicelles aériennes ; on trouve habituellement ces trois moyens dans des groupes distincts, mais un petit nombre d'espèces présentent deux d'entre eux, voire tous les trois, combinés chez le même individu. Dans tous les cas de ce genre, l'un des deux organes pourrait aisément être modifié et perfectionné de façon à accomplir l'ensemble du travail, en recevant durant le processus de modification l'aide de l'autre organe ; ensuite, cet autre organe pourrait être modifié en vue de quelque autre but tout à fait distinct, ou pourrait être complètement oblitéré.

L'illustration offerte par la vessie natatoire des poissons est très bonne, parce qu'elle nous montre clairement le fait, important au plus haut point, qu'un organe originellement construit en vue d'un certain but, à savoir la flottaison, peut être converti en un organe qui vise un but largement différent, à savoir la respiration. La vessie natatoire a également été intégrée en guise d'accessoire des organes auditifs chez certains poissons. Tous les physiologistes admettent que la vessie natatoire est homologue des poumons des animaux vertébrés supérieurs, ou leur est « idéalement similaire » par sa position et sa structure : il n'y a donc aucune raison de douter que la vessie natatoire ait effectivement été convertie en poumons, ou en un organe utilisé exclusivement en vue de la respiration.

Suivant cette conception, on peut inférer que tous les animaux vertébrés ayant de véritables poumons sont issus par génération ordinaire d'un ancien prototype inconnu, qui était pourvu d'un appareil de flottaison, c'est-à-dire d'une vessie natatoire. Nous pouvons ainsi comprendre, comme je l'infère de l'intéressante description que donne Owen de ces parties, ce fait étrange que toute particule de nourriture ou de boisson que nous avalons doit passer par-dessus l'orifice de la trachée, avec le risque qu'elle tombe dans les poumons, nonobstant le magnifique dispositif qui clôt la glotte. Chez les Vertébrés supérieurs, les branchies ont complètement disparu – mais chez l'embryon les fentes sur les côtés du cou et le trajet en boucle des artères continuent de marquer leur ancienne position. Mais on peut concevoir que les branchies aujourd'hui totalement perdues aient été graduellement intégrées par la sélection naturelle en vue de quelque but distinct ; par exemple, Landois a montré que les ailes des insectes se développent à partir de la trachée : il est donc hautement probable que dans cette grande classe les organes qui servaient autrefois à la respiration aient été effectivement convertis en organes pour le vol.

Lorsque l'on considère les transitions des organes, il est si important de conserver à l'esprit la probable conversion d'une fonction en une autre que j'en donnerai un autre exemple. Les cirripèdes pédonculés ont deux minuscules replis de peau que je nomme les freins ovigères et qui servent, par le moyen d'une sécrétion collante, à retenir les œufs jusqu'à ce qu'ils éclosent à l'intérieur du sac. Ces cirripèdes n'ont pas de branchies, toute la surface de leur corps et du sac, les courts freins compris, servant à la respiration. Les Balanidés, ou cirripèdes sessiles, n'ont en revanche pas de freins ovigères, et les œufs sont pêle-mêle au fond du sac, à l'intérieur de la coquille bien close ; mais ils ont, dans la même position relative que les freins, de larges membranes très repliées qui communiquent librement avec les lacunes circulatoires du sac et du corps, et dont tous les naturalistes ont considéré qu'elles remplissaient le rôle de branchies. Or, je pense que nul ne contestera que les freins ovigères de la première famille ne soient strictement homologues des branchies de la seconde famille ; de fait, on passe par degrés des uns aux autres. Il ne faut donc pas douter que les deux petits replis de peau, qui servaient originellement de freins ovigères, mais qui, en outre, contribuaient très légèrement à l'acte respiratoire, n'aient été graduellement convertis par la sélection naturelle en branchies, simplement à travers un accroissement de leur taille et l'oblitération de leurs glandes adhésives. Si tous les cirripèdes pédonculés s'étaient éteints, et ils ont été bien plus atteints par l'extinction que ne l'ont été les cirripèdes sessiles, qui aurait jamais imaginé que dans cette dernière famille les branchies aient existé originellement en tant qu'organes destinés à empêcher que l'eau n'emportât les œufs hors du sac ?

Il y a un autre mode de transition possible, à savoir celui qui passe par l'accélération ou le retardement de la période de reproduction. C'est ce sur quoi ont récemment insisté aux États-Unis le Professeur Cope et d'autres. On sait maintenant que certains animaux sont capables de se reproduire à un âge très précoce, avant d'avoir acquis leurs caractères parfaits ; et si cette capacité venait à se développer parfaitement chez une espèce, il semble probable que tôt ou tard le stade de développement adulte se perdrait ; et dans ce cas, surtout si la larve différait beaucoup de la forme adulte, le caractère de l'espèce changerait et se dégraderait considérablement. En outre, bien des animaux, après être arrivés à la maturité, continuent de changer de caractère durant presque toute leur vie. Chez les mammifères, par exemple, la forme du crâne est souvent fort modifiée avec l'âge, ce dont le Dr Murie a donné certains exemples frappants chez les phoques ; chacun sait que les bois des cerfs se ramifient de plus en plus et que les plumes de certains oiseaux se développent de plus en plus finement, à mesure qu'ils vieillissent. Le Professeur Cope fait état de ce que les dents de certains lézards changent beaucoup de forme avec les années ; chez les crustacés, ce sont non seulement de nombreuses parties d'intérêt négligeable, mais aussi certaines parties importantes qui revêtent un nouveau caractère une fois la maturité atteinte, comme le rapporte Fritz Müller. Dans tous ces cas – et l'on pourrait en citer un grand nombre –, si l'âge de reproduction était retardé, le caractère de l'espèce, du moins dans son état adulte, serait modifié ; et il n'est pas improbable que les stades de développement antérieurs et précoces seraient dans certains cas précipités et finiraient par être perdus. Quant à savoir si les espèces ont été souvent ou ont été jamais modifiées par ce mode de transition relativement soudain, je ne suis pas à même de former une opinion ; mais si cela s'est produit, il est probable que les différences entre les jeunes et les adultes, et entre les adultes et les âgés, ont été acquises primordialement par des étapes graduées.

Difficultés spéciales de la théorie de la sélection naturelle

Bien qu'il nous faille être extrêmement prudents lorsque nous concluons qu'un organe quelconque n'a pu être produit par de petits degrés de transition successifs, il est indubitable qu'il se présente pourtant des cas d'une sérieuse difficulté.

L'un des plus sérieux est celui des insectes neutres, qui sont souvent construits différemment des mâles aussi bien que des femelles fécondes ; mais on traitera de ce cas dans le prochain chapitre. Les organes électriques des poissons offrent un autre cas d'une particulière difficulté ; en effet, il est impossible de se représenter par quelles étapes ces organes extraordinaires ont été produits. Mais cela n'a rien de surprenant, car nous ignorons jusqu'à leur utilité. Chez le Gymnote et la Torpille, ils servent sans aucun doute de puissants moyens de défense, et peut-être à assurer la prise de la proie ; chez la Raie, pourtant, comme l'a observé Matteucci, un organe analogue situé dans la queue n'émet que peu d'électricité, même lorsque l'animal est considérablement irrité ; si peu, qu'elle ne peut guère avoir d'utilité au regard des buts mentionnés. En outre, chez la Raie, en plus de l'organe auquel on vient de faire référence, il y a, comme l'a montré le Dr R. M'Donnell [Robert Mac Donnell. *Ndt.*], un autre organe proche de la tête, qui n'est pas réputé électrique, mais qui paraît être l'homologue véritable de la batterie électrique de la Torpille. Il est généralement admis qu'il existe entre ces organes et les muscles ordinaires une étroite analogie, sous le rapport de la structure intime, de la distribution des nerfs, ainsi que de la manière dont agissent sur eux divers réactifs. Il faut surtout noter également que la contraction musculaire s'accompagne d'une décharge électrique ; et, comme le souligne le Dr Radcliffe, « dans l'appareil électrique de la torpille au repos, il semble qu'il y ait une charge pareille à tous égards à celle que l'on rencontre dans les muscles et dans les nerfs au repos, et la décharge de la torpille, au lieu d'être particulière, n'est peut-être qu'une autre forme de la décharge qui accompagne l'action des muscles et du nerf moteur ». Nous ne pouvons à présent pousser plus loin l'explication ; mais, comme nous savons si peu de chose sur les usages de ces organes, et comme nous ne savons rien des habitudes ni de la structure des ancêtres des poissons électriques actuels, il serait extrêmement hardi de soutenir qu'il ne peut y avoir de transitions utiles à travers lesquelles ces organes auraient pu se développer graduellement.

Ces organes paraissent, au premier abord, offrir une autre difficulté, bien plus grave ; car ils sont présents chez une douzaine de types de poissons environ, dont plusieurs sont très éloignés du point de vue de leurs affinités. Lorsque l'on trouve le même organe chez plusieurs représentants de la même classe, particulièrement s'ils ont des habitudes de vie très différentes, nous pouvons généralement attribuer sa présence à l'hérédité d'un ancêtre commun, et son absence chez certains des représentants à une perte due au défaut d'usage ou à la sélection naturelle. De telle sorte que, si les organes électriques avaient été hérités de quelque ancien aïeul, nous aurions pu nous attendre au fait que tous les poissons électriques aient été spécialement apparentés les uns aux autres ; mais c'est loin d'être le cas. Et la géologie ne nous conduit aucunement à penser que la plupart des poissons aient possédé autrefois des organes électriques, que leurs descendants modifiés auraient aujourd'hui perdus. Mais lorsque nous regardons le sujet de plus près, nous nous apercevons que, chez les divers poissons pourvus d'organes électriques, ces organes sont situés dans différentes parties du corps ; qu'ils diffèrent sous le rapport de la construction comme de l'arrangement des plaques, et, selon Pacini, du processus ou du moyen par lequel l'électricité est excitée ; et, enfin, en ce qu'ils sont dotés de nerfs qui proviennent de différentes sources, et c'est là peut-être la plus importante de toutes les différences. On ne peut donc pas, chez les divers poissons pourvus d'organes électriques, considérer qu'ils sont homologues, mais seulement qu'ils sont analogues du point de vue de leur fonction. Il n'y a par conséquent aucune raison de supposer qu'ils ont été hérités d'un aïeul commun ; car, si tel avait été le cas, ils se seraient ressemblé étroitement à tous égards. Ainsi, la difficulté que suscite l'apparition d'un organe apparemment identique dans plusieurs espèces lointainement apparentées disparaît, en ne laissant subsister qu'une difficulté, moindre mais encore grande, qui est de savoir par quelles étapes graduées ces organes se sont développés dans chaque groupe séparé de poissons.

Les organes lumineux qui sont présents chez quelques insectes appartenant à des familles largement différentes, et qui sont situés dans différentes parties du corps, offrent, dans notre état d'ignorance actuel, une difficulté presque exactement parallèle à celle des organes électriques. On pourrait citer d'autres cas semblables ; par exemple, chez les plantes, le très curieux dispositif dans lequel une masse de grains de pollen est portée sur une tige qui comporte une glande adhésive : c'est apparemment le même chez les *Orchis* et les *Asclepias* – genres presque aussi éloignés que possible parmi les plantes à fleurs ; mais là encore les parties ne sont pas homologues. Dans tous les cas où des êtres très éloignés les uns des autres sur l'échelle de l'organisation sont pourvus d'organes semblables et particuliers, on trouvera que, même si l'apparence générale et la fonction des organes sont les mêmes, il est toujours possible pourtant de détecter entre eux des différences fondamentales. Par exemple, les yeux des céphalopodes, ou seiches, et des animaux vertébrés paraissent extraordinairement semblables ; et dans des groupes si largement disjoints cette ressemblance ne peut pas, même partiellement, être due à l'hérédité d'un aïeul commun. M. Mivart a mis en avant ce cas comme étant d'une difficulté particulière, mais je ne parviens pas à voir la force de ses arguments. Un organe destiné à la vision doit être formé d'un tissu transparent et doit comprendre une manière de lentille afin de projeter une image au fond d'une chambre obscure. Au-delà de cette ressemblance superficielle, il n'y a guère de similarité réelle entre les yeux des seiches et ceux des vertébrés, comme on peut le voir en consultant l'admirable mémoire de Hensen sur ces organes chez les Céphalopodes. Il ne m'est pas possible ici d'entrer dans le détail, mais je mentionnerai quelques-uns des points précis sur lesquels ils diffèrent. La lentille cristalline chez les seiches supérieures consiste en deux parties, placées l'une derrière l'autre comme deux lentilles, ayant toutes deux une structure et une disposition très différentes de celles que l'on trouve chez les vertébrés. La rétine est complètement différente, puisque l'on y constate une véritable inversion des parties élémentaires, et la présence d'un gros ganglion nerveux inclus dans les membranes de l'œil. Les rapports entre les muscles sont aussi différents que l'on puisse les concevoir, et de même sur d'autres points. Aussi n'est-il pas sans difficulté de décider dans quelle mesure il faut employer les mêmes termes pour décrire les yeux des Céphalopodes et ceux des Vertébrés. Chacun est libre, bien sûr, de nier que l'œil ait pu, dans l'un et l'autre cas, se développer grâce à la sélection naturelle de légères variations successives ; mais si on l'admet dans l'un des cas, il est clair que cela devient possible dans l'autre ; et l'on aurait pu, d'après cette conception de la manière dont ils se sont formés, prévoir qu'il y aurait des différences fondamentales de structure dans les organes visuels des deux groupes. De même que deux hommes sont parfois parvenus indépendamment à la même invention, de même, dans les divers cas qui précèdent, il semble que la sélection naturelle, en œuvrant pour le bien de chaque être, et en tirant parti de toutes les variations favorables, a produit des organes semblables, en ce qui concerne la fonction, chez des êtres organiques distincts, qui ne doivent rien de la structure qu'ils ont en commun à l'hérédité d'un aïeul commun.

Fritz Müller, afin de mettre à l'épreuve les conclusions auxquelles on est arrivé dans ce volume, a suivi avec grand soin une ligne d'argumentation à peu près semblable. Plusieurs familles de crustacés comprennent quelques espèces qui possèdent un appareil de respiration aérienne et sont aptes à vivre hors de l'eau. Dans deux de ces familles, que Müller a examinées plus particulièrement, et qui sont de proches apparentées, les espèces s'accordent on ne peut plus étroitement pour ce qui est de tous les caractères importants, à savoir leurs organes sensoriels, leur système circulatoire, la position des touffes de poils à l'intérieur de leurs estomacs complexes, et enfin l'ensemble de la structure de leurs branchies propres à respirer dans l'eau, jusqu'aux crochets microscopiques qui les nettoient. On aurait donc pu s'attendre au fait que, chez les quelques rares espèces des deux familles qui vivent sur terre, l'appareil respiratoire, également important pour elles, ait été le même ; en effet, pourquoi ce seul appareil, qui leur a été donné en vue du même but, aurait-il été rendu différent, alors que tous les autres organes importants étaient étroitement semblables ou plutôt identiques ?

Fritz Müller fait valoir l'argument que cette étroite similarité sur tant de points de structure doit, d'après les conceptions que j'ai avancées, s'expliquer par l'hérédité d'un aïeul commun. Mais comme l'immense majorité des espèces des deux familles mentionnées, aussi bien que la plupart des autres crustacés, ont des habitudes aquatiques, il est improbable au plus haut degré que leur

Difficultés de la théorie [chap. VI]

aïeul commun ait été apte à respirer de l'air. Müller a ainsi été conduit à examiner soigneusement l'appareil des espèces à respiration aérienne ; et il a constaté qu'il différait dans chacune d'elles sur plusieurs points importants, comme la position des orifices, la manière dont ils s'ouvrent et se ferment, et certains détails accessoires. Or, on peut comprendre ces différences, et l'on aurait même pu s'attendre à les trouver, en faisant la supposition que des espèces qui appartiennent à des familles distinctes se sont lentement adaptées à vivre de plus en plus hors de l'eau et à respirer de l'air. Car ces espèces, du fait qu'elles appartiennent à des familles distinctes, ont dû différer dans une certaine mesure et, suivant le principe que la nature de chaque variation dépend de deux facteurs : la nature de l'organisme et celle des conditions environnantes, leur variabilité, assurément, n'a pas dû être exactement la même. Par conséquent, la sélection naturelle a dû avoir des matériaux différents, c'est-à-dire des variations différentes, sur lesquelles travailler, pour arriver au même résultat fonctionnel ; et les structures ainsi acquises ont dû presque nécessairement présenter des différences. Si l'on se fonde sur l'hypothèse d'actes de création séparés, ce cas demeure tout entier inintelligible. Cette argumentation semble avoir beaucoup pesé pour conduire Fritz Müller à accepter les vues que je soutiens dans ce volume.

Un autre zoologiste distingué, feu le Professeur Claparède, a fait valoir les mêmes arguments et est arrivé au même résultat. Il montre qu'il existe des parasites (Acaridés), qui appartiennent à des sous-familles et à des familles distinctes, et qui sont pourvus de chélicères leur permettant de s'accrocher aux poils. Ces organes ont dû se développer d'une manière indépendante, puisqu'ils n'ont pu être hérités d'un aïeul commun ; et, dans les divers groupes, ils sont formés par la modification des pattes antérieures, des pattes postérieures, des mandibules ou lèvres, et d'appendices situés sous la partie postérieure de leur corps.

Dans les cas qui précèdent, nous voyons le même but atteint et la même fonction accomplie, chez des êtres qui ne sont pas du tout apparentés ou ne le sont que d'une façon lointaine, au moyen d'organes étroitement semblables pour ce qui est de leur apparence, mais non de leur développement. C'est par ailleurs une règle commune à travers toute la nature qu'un même but soit atteint, parfois même dans le cas d'êtres étroitement apparentés, par les moyens les plus diversifiés. Quelle différence de construction entre l'aile pourvue de plumes d'un oiseau et l'aile recouverte d'une membrane d'une chauve-souris, et plus encore entre les quatre ailes d'un papillon, les deux ailes d'une mouche et les deux ailes dotées d'élytres d'un scarabée ! Les coquilles bivalves sont faites pour s'ouvrir et se fermer, mais que sont nombreux les types observables dans la construction de la charnière, depuis la longue série de dents qui s'engrènent avec ordre chez la Nucule jusqu'au simple ligament de la Moule ! Les graines sont disséminées par le moyen de leur taille minuscule ; parce que leur capsule s'est convertie en une légère enveloppe semblable à un ballon ; parce qu'elles sont enfouies dans de la pulpe ou de la chair, formées des parties les plus diverses, et qu'elles ont été rendues nourrissantes, aussi bien que pourvues des couleurs les plus visibles, afin d'attirer les oiseaux et d'être dévorées par eux ; parce qu'elles ont des crochets et des grappins de toute sorte, ainsi que des barbes dentelées, afin d'adhérer à la fourrure des quadrupèdes ; et parce qu'elles sont garnies d'ailes et de plumes, aussi différentes par leur forme qu'elles sont élégantes par leur structure, afin d'être emportées par la moindre brise. Je donnerai encore un exemple, car ce sujet des moyens les plus diversifiés atteignant le même but est digne de toute attention. Certains auteurs soutiennent que les êtres organiques ont été formés de nombreuses façons en vue de la seule variété, presque comme des jouets dans un magasin, mais on ne peut croire à une telle conception de la nature. Chez les plantes qui ont des sexes séparés, et chez celles dont, bien qu'elles soient hermaphrodites, le pollen ne tombe pas spontanément sur le stigmate, il est nécessaire qu'elles reçoivent quelque secours pour être fécondées. Chez plusieurs types de fleurs, cela se fait par l'intermédiaire des grains de pollen, légers et non adhérents, qui sont portés par le vent sur le stigmate, au seul gré du hasard ; et c'est le plan le plus simple qui se puisse concevoir distinctement. Un plan presque également simple, quoique très différent, est mis en œuvre chez de nombreuses plantes dont une fleur symétrique sécrète quelques gouttes de nectar, et se trouve par conséquent visitée par des insectes ; et ceux-ci transportent le pollen des anthères au stigmate.

À partir de ce stade simple, nous pouvons passer par un nombre inépuisable de dispositifs, tous ayant la même destination et mis en œuvre essentiellement de la même manière, mais qui entraînent des changements dans chacune des parties de la fleur. Le nectar peut être emmagasiné dans des réceptacles de formes variées, et les étamines et les pistils modifiés de bien des façons, constituant parfois des dispositifs semblables à des pièges, et capables parfois de mouvements parfaitement adaptés grâce à leur irritabilité et à leur élasticité. À partir de ces structures, nous pouvons avancer jusqu'à rencontrer un cas d'adaptation aussi extraordinaire que celui récemment décrit par le Dr Crüger chez le *Coryanthes*. Une partie du labelle ou lèvre inférieure de cette orchidée se creuse en un vaste seau, dans lequel tombent sans discontinuer des gouttes d'eau presque pure secrétée par deux cornes placées au-dessus de lui ; et, lorsque le seau est à moitié plein, l'eau déborde par un orifice situé d'un côté. La partie basale du labelle est située au-dessus du seau, et se creuse elle-même en une sorte de chambre pourvue de deux entrées latérales ; à l'intérieur de cette chambre se trouvent de curieuses crêtes charnues. L'homme le plus ingénieux, sans avoir observé ce qui a lieu, n'aurait jamais pu imaginer la fin à laquelle sont ordonnées toutes ces parties. Mais le Dr Crüger a vu des foules de gros bourdons visiter les fleurs gigantesques de cette orchidée, non pour sucer le nectar, mais afin de ronger les crêtes situées à l'intérieur de la chambre qui surplombe le seau ; ce faisant, ils se poussaient fréquemment l'un l'autre dans le seau et, les ailes mouillées, ne pouvaient plus s'envoler, mais étaient contraints de sortir en rampant à travers le passage que forme l'orifice ou déversoir. Le Dr Crüger a vu une « procession incessante » de bourdons qui sortaient ainsi en rampant de leur bain involontaire. Le passage est étroit et couvert par la colonne, de telle sorte qu'un bourdon, en se frayant une voie, se frotte d'abord le dos contre le stigmate visqueux, puis de nouveau contre les glandes visqueuses des masses de pollen. Les masses de pollen sont ainsi collées au dos du bourdon qui se trouve être le premier à traverser ce passage dans la fleur nouvellement dilatée, et sont ainsi transportées au loin. Le Dr Crüger m'a envoyé une fleur dans de l'esprit-de-vin, en même temps qu'un bourdon tué avant qu'il n'eût tout à fait réussi à sortir, une masse de pollen encore accrochée au dos. Lorsque le bourdon, équipé de la sorte, vole vers une autre fleur, ou vers la même fleur une seconde fois, et qu'il est poussé par ses compagnons dans le seau et s'en extrait en rampant par le passage, la masse de pollen entre nécessairement d'abord en contact avec le stigmate visqueux, y adhère, et la fleur est fécondée. Nous voyons enfin, à présent, le plein usage de chacune des parties de la fleur, des cornes qui sécrètent de l'eau, du seau à moitié plein d'eau, qui empêche les bourdons de s'envoler, et les force à se frayer une voie à travers l'orifice et à se frotter contre les masses de pollen visqueuses, adéquatement placées, et contre le stigmate visqueux.

La construction de la fleur chez une autre orchidée étroitement apparentée, à savoir le *Catasetum*, est largement différente, bien qu'elle soit ordonnée au même but ; et elle est tout aussi curieuse. Les bourdons visitent ces fleurs, comme celles du *Coryanthes*, pour en ronger le labelle ; ce faisant, ils touchent inévitablement une longue éminence effilée et sensible, c'est-à-dire ce que j'ai nommé l'antenne. Cette antenne, lorsqu'on la touche, transmet une sensation ou une vibration à une certaine membrane qui se rompt instantanément ; cela libère un ressort au moyen duquel la masse de pollen est projetée, comme une flèche, dans la bonne direction et adhère par son extrémité visqueuse au dos du bourdon. La masse de pollen de la plante mâle (car chez cette orchidée les sexes sont séparés) est ainsi transportée jusqu'à la fleur de la plante femelle, où elle est mise en contact avec le stigmate, qui est assez visqueux pour briser certains fils élastiques, et, comme celui-ci retient le pollen, la fécondation est réalisée.

On demandera peut-être comment, dans les exemples qui précèdent et dans d'innombrables autres, nous pouvons comprendre l'échelle graduée de complexité et les multiples moyens mis en œuvre pour atteindre le même but. La réponse est sans aucun doute, comme on l'a déjà remarqué, que lorsque deux formes varient, qui diffèrent déjà l'une de l'autre à quelque léger degré, la variabilité ne sera pas exactement de la même nature, et par conséquent les résultats obtenus grâce à la sélection naturelle en vue de la même fin générale ne seront pas les mêmes. Nous devrions également garder à l'esprit que tout organisme hautement développé a traversé de nombreux changements ; et que chaque structure modifiée tend à être héritée, de sorte que chaque modification ne sera pas aisément perdue dans sa totalité, mais pourra continuer d'être modifiée encore et encore. Aussi la structure de chaque partie de chaque espèce, quelle que soit la fin qu'elle sert, est-elle la somme de nombreux changements qui ont été hérités et que l'espèce a traversés durant ses adaptations successives au changement de ses habitudes et de ses conditions de vie.

Enfin donc, bien qu'il soit extrêmement difficile dans de nombreux cas ne serait-ce que de conjecturer les transitions par lesquelles les organes sont arrivés à leur état actuel ; pourtant, à considérer combien est faible la proportion des formes vivantes et connues si on les rapporte aux formes éteintes et inconnues, j'ai constaté avec un grand étonnement à quel point il est rare que l'on puisse nommer un organe auquel ne conduise aucun degré de transition connu. Il est très certain que de nouveaux organes qui semblent avoir été créés en vue de quelque fin spéciale apparaissent rarement, voire n'apparaissent jamais chez quelque être que ce soit ; ainsi que le montre bien ce canon ancien, mais quelque peu exagéré, de l'histoire naturelle selon lequel « *Natura non facit saltum* ». Nous trouvons cette idée admise dans les écrits de presque tous les naturalistes chevronnés ; ou, comme l'a bien exprimé Milne Edwards, la Nature est prodigue de variété, mais avare d'innovation. Pourquoi, si l'on se fonde sur la théorie de la Création, y aurait-il tant de variété et si peu de réelle nouveauté ? Pourquoi toutes les parties et tous les organes de nombreux êtres indépendants, dont on suppose que chacun a été créé séparément pour occuper sa place propre dans la nature, seraient-ils si communément reliés par des étapes graduées ? Pourquoi la nature ne ferait-elle pas un bond soudain d'une structure à une autre ? Si l'on se fonde sur la théorie de la sélection naturelle, nous sommes en mesure de comprendre clairement pour quelle raison elle ne le fait pas ; en effet, la sélection naturelle n'agit qu'en tirant parti de légères variations successives ; elle ne peut jamais faire un grand bond soudain, mais doit avancer par des étapes brèves et sûres, bien qu'à pas lents.

Organes de peu d'importance apparente, affectés par la sélection naturelle

Comme la sélection naturelle agit par la vie et par la mort – par la survie des plus aptes, et par la destruction des individus moins bien adaptés – j'ai parfois éprouvé une grande difficulté à comprendre l'origine ou la formation des parties de peu d'importance ; difficulté presque aussi grande, quoique d'un genre très différent, que dans le cas des organes les plus parfaits et les plus complexes.

En premier lieu, nous sommes beaucoup trop ignorants, relativement à l'économie d'ensemble de n'importe quel être organique, pour dire quelles modifications légères auront ou non une importance. Dans un chapitre précédent, j'ai donné des exemples de caractères d'une importance très minime, tels le duvet des fruits et la couleur de leur chair, la couleur de la peau et du pelage des quadrupèdes, qui, parce qu'ils sont corrélés avec des différences de constitution ou déterminent les attaques des insectes, sont susceptibles assurément de subir l'action de la sélection naturelle. La queue de la girafe ressemble à un chasse-mouche fabriqué par l'art ; et il paraît tout d'abord incroyable qu'elle ait pu être adaptée à sa fin actuelle par de légères modifications successives, chacune de mieux en mieux appropriée, en vue d'un objectif aussi minime que de chasser les mouches ; pourtant, nous devrions marquer un moment d'arrêt avant d'affirmer quoi que ce soit même dans ce cas, car nous savons que la répartition et l'existence du bétail et d'autres animaux d'Amérique du Sud dépendent absolument de leur capacité de résister aux attaques des insectes : de telle sorte que les individus capables par un moyen ou un autre de se défendre contre ces petits ennemis seront à même d'élargir leur domaine à de nouveaux pâturages et acquerront ainsi un grand avantage. Ce n'est pas que les plus grands quadrupèdes soient réellement détruits (sauf dans de rares cas) par les mouches, mais ils sont sans cesse harcelés et leur force est réduite, de telle sorte qu'ils sont davantage sujets à la maladie, ou moins en mesure, lorsque survient une disette, de chercher de la nourriture, ou d'échapper aux bêtes de proie.

Les organes qui sont aujourd'hui d'une importance minime ont probablement été dans certains cas d'une haute importance pour un ancien aïeul, et, après avoir été perfectionnés lentement à une époque antérieure, ont été transmis aux espèces actuelles à peu près dans le même état, bien qu'étant aujourd'hui d'une utilité très légère ; mais à toute déviation véritablement nuisible de leur structure, la sélection naturelle aurait évidemment fait obstacle. Étant donné l'importance de l'organe de locomotion qu'est la queue chez la plupart des animaux aquatiques, sa présence générale et son utilisation à de nombreuses fins chez tant d'animaux terrestres, dont les poumons ou les vessies natatoires modifiées trahissent l'origine aquatique, s'explique peut-être ainsi. Une queue bien développée, une fois formée chez un animal aquatique, a pu par la suite se trouver intégrée en vue de toutes sortes de fins – en guise de chasse-mouche, d'organe de préhension, ou pour aider à tourner, comme dans le cas du chien, encore que cette aide doive être légère en l'occurrence, puisque le lièvre, pour ainsi dire dépourvu de queue, peut faire demi-tour plus rapidement encore.

En second lieu, nous pouvons facilement faire erreur lorsque nous attribuons de l'importance à des caractères, et croyons qu'ils se sont développés grâce à la sélection naturelle. Nous ne devons en aucune façon négliger les effets de l'action manifeste qu'a le changement des conditions de vie ; de ce que l'on nomme les variations spontanées, qui semblent dépendre à un degré tout à fait subsidiaire de la nature des conditions ; de la tendance au retour à des caractères perdus depuis longtemps ; des lois complexes de la croissance, telles que celles de la corrélation, de la compensation, de la pression d'une partie sur une autre, &c. ; et enfin de la sélection sexuelle, laquelle procure souvent des caractères utiles à l'un des sexes, qui sont ensuite transmis plus ou moins parfaitement à l'autre sexe, bien qu'ils ne soient à celui-ci d'aucune utilité. Mais les structures ainsi reçues d'une façon indirecte, bien qu'elles n'aient d'abord représenté aucun avantage pour l'espèce, ont pu par la suite être mises à profit par ses descendants modifiés, sous l'action de nouvelles conditions de vie et d'habitudes nouvellement acquises.

Si les pics verts avaient été les seuls pics existants, et que nous ne sachions pas qu'il y en a de nombreuses sortes qui sont noires et pie, nous aurions sans doute pensé que la couleur verte était une magnifique adaptation destinée à dissimuler à ses ennemis cet oiseau arboricole ; et par conséquent que c'était un caractère important, et qu'il avait été acquis grâce à la sélection naturelle ; en réalité, cette couleur est probablement due en majeure partie à la sélection sexuelle. Un palmier grimpant de l'Archipel Malais monte aux arbres les plus élevés au moyen de crochets construits d'une façon extrêmement délicate, qui sont regroupés autour de l'extrémité des branches, et ce dispositif rend, sans aucun doute, les plus grands services à la plante ; mais comme nous voyons des crochets à peu près semblables sur de nombreux arbres qui ne sont pas grimpants, et qui, ainsi que la répartition des espèces épineuses en Afrique et en Amérique du Sud donne quelque raison de le croire, servent à les défendre contre les quadrupèdes qui les broutent, de même les aiguilles du palmier ont pu d'abord se développer en vue de cet objectif et être par la suite améliorées et mises à profit par la plante à mesure qu'elle subissait de nouvelles modifications et devenait une plante grimpante. La peau nue que l'on voit sur la tête du vautour est généralement considérée comme une adaptation directe lui permettant de fouiller dans les chairs en putréfaction ; et peut-être est-ce le cas, ou bien ce pourrait être dû à l'action directe des matières putrides ; mais nous ne devrions tirer une conclusion de ce genre qu'avec une très grande prudence, lorsque nous voyons que la peau de la tête du dindon, qui se nourrit d'une façon propre, est tout aussi nue. Les sutures du crâne des jeunes mammifères ont été mises en avant comme de magnifiques adaptations destinées à aider la parturition, et sans nul doute elles facilitent cet acte, auquel elles sont peut-être même indispensables ; mais comme nous rencontrons des sutures sur le crâne des jeunes oiseaux et des jeunes reptiles, qui ont seulement à s'échapper d'un œuf brisé, nous pouvons inférer que l'apparition de cette structure dérive des lois de croissance et a été mise à profit dans la parturition des animaux supérieurs.

Nous sommes profondément ignorants de la cause de chaque légère variation ou différence individuelle ; et nous en prenons une conscience immédiate lorsque nous réfléchissons aux différences qui existent entre les races de nos animaux domestiques dans différents pays – plus particulièrement dans les pays moins civilisés où il n'y a eu que peu de sélection méthodique. Les animaux qu'élèvent les sauvages dans différents pays doivent souvent lutter pour obtenir de quoi subsister et sont exposés dans une certaine mesure à la sélection naturelle, et des individus possédant des constitutions légèrement différentes devraient réussir le mieux sous des climats différents. Chez les bovins, la sensibilité aux attaques des mouches est en corrélation avec la couleur, tout comme l'est le risque d'être empoisonné par certaines plantes ; de sorte que la couleur même serait ainsi soumise à l'action de la sélection naturelle. Certains observateurs sont convaincus qu'un climat humide affecte la croissance du poil, et qu'avec le poil les cornes sont en corrélation. Les races de montagne diffèrent toujours des races de plaine ; et une contrée montagneuse affecterait probablement les membres postérieurs en leur donnant plus d'exercice, et éventuellement même la forme du bassin ; et alors, par la loi de variation homologue, les membres antérieurs et la tête seraient probablement affectés. La forme du bassin pourrait, en outre, affecter par sa pression la forme de certaines parties du jeune dans la matrice. La respiration laborieuse nécessaire en altitude tend, comme nous avons de bonnes raisons de le croire, à accroître la taille de la poitrine ; et de nouveau la corrélation entrerait en action. Les effets sur l'ensemble de l'organisation d'une diminution de l'exercice accompagnée d'une abondance de nourriture sont probablement plus importants encore ; et c'est là, comme H. von Nathusius l'a montré récemment dans son excellent traité, selon toute apparence l'une des causes principales de la grande modification que les races de porcs ont subie. Mais nous sommes bien trop ignorants pour spéculer sur l'importance relative des diverses causes de variation connues et inconnues ; et je n'ai fait ces remarques qu'afin de montrer qu'étant incapables d'expliquer les différences caractéristiques de nos diverses races domestiques, dont on admet néanmoins en général qu'elles sont nées par génération ordinaire à partir d'une ou de plusieurs souches parentes, nous ne devrions pas tant insister sur notre ignorance de la cause précise des légères variations analogues qui existent entre les espèces véritables.

*La doctrine utilitariste, jusqu'où elle est vraie ;
la beauté, comment elle s'acquiert*

Les remarques qui précèdent me conduisent à dire quelques mots de la protestation qu'ont récemment élevée certains naturalistes contre la doctrine utilitariste selon laquelle tout détail de structure a été produit pour le bien de son possesseur. Ils croient que de nombreuses structures ont été créées en vue de la beauté, pour les délices de l'homme ou du Créateur (mais ce dernier point est hors des limites de la discussion scientifique), ou en vue de la seule variété, conception que nous avons déjà discutée. Ces doctrines, si elles étaient avérées, seraient absolument fatales à ma théorie. J'admets entièrement que de nombreuses structures n'ont aujourd'hui aucune utilité directe pour leurs possesseurs, et peuvent n'avoir jamais eu la moindre utilité pour leurs ancêtres ; mais cela ne prouve pas qu'elles aient été formées uniquement à des fins de beauté ou de variété. Sans aucun doute, l'action définie du changement des conditions, ainsi que les diverses causes de modification qui viennent d'être mentionnées, ont chacune produit un effet, probablement un grand effet, indépendamment de tout avantage acquis de la sorte. Mais une considération plus importante encore est que la partie principale de l'organisation de toute créature vivante est due à l'hérédité ; et par conséquent, quoique chaque être soit assurément bien adapté à sa place dans la nature, de nombreuses structures sont aujourd'hui dépourvues de relation étroite et directe avec ses habitudes de vie actuelles. Ainsi, nous ne saurions croire que les pieds palmés de l'oie des hautes terres ou ceux de la frégate soient d'une utilité spéciale pour ces oiseaux ; nous ne pouvons croire que les os semblables qui se rencontrent dans le bras du singe, dans la jambe antérieure du cheval, dans l'aile de la chauve-souris et dans la palette du phoque soient d'une utilité spéciale pour ces animaux. Nous pouvons avec sûreté attribuer ces structures à l'hérédité. Mais les pieds palmés étaient sans aucun doute aussi utiles à l'ancêtre de l'oie des hautes terres et à celui de la frégate qu'ils le sont à présent aux plus aquatiques des oiseaux vivants. Aussi pouvons-nous penser que l'aïeul du phoque ne possédait pas de palette, mais un pied pourvu de cinq orteils et adapté à la marche et à la préhension ; et nous pouvons aller jusqu'à risquer l'idée que les divers os qui se rencontrent dans les membres du singe, du cheval et de la chauve-souris furent probablement développés à l'origine, d'après le principe d'utilité, à travers la réduction d'os plus nombreux existant dans la nageoire de quelque ancien aïeul de l'ensemble de la classe, qui avait l'apparence d'un poisson. Il n'est guère possible de décider du poids qu'il conviendrait d'accorder à des causes de changement telles que l'action définie des conditions extérieures, ce que l'on nomme les variations spontanées, et les lois complexes de la croissance ; mais à ces quelques importantes exceptions près, nous conclurons que la structure de tout être vivant est actuellement, ou bien a été par le passé, de quelque utilité directe ou indirecte à son possesseur.

À l'égard de l'opinion selon laquelle les êtres organiques ont été créés beaux pour le plaisir de l'homme – opinion dont on a déclaré qu'elle renverserait toute ma théorie –, je remarquerai tout d'abord que le sentiment de la beauté dépend évidemment de la nature de l'esprit, indépendamment de toute qualité réelle qui se trouverait dans l'objet admiré ; et que l'idée de ce qui est beau n'est pas innée ni immuable. C'est ce que nous constatons, par exemple, dans le fait que les hommes de races différentes admirent un modèle de beauté entièrement différent chez leurs femmes. Si les beaux objets avaient été créés à seule fin que l'homme en tirât satisfaction, il faudrait montrer qu'il y avait avant l'apparition de l'homme moins de beauté à la surface de la terre que depuis qu'il est entré en scène. Les magnifiques coquilles en volutes ou en cône de l'époque Éocène et les ammonites élégamment sculptées de l'ère Secondaire furent-elles créées pour que l'homme pût, des siècles plus tard, les admirer dans son cabinet ? Peu d'objets sont plus beaux que les minuscules enveloppes siliceuses des diatomées : ont-elles été créées pour que l'on puisse les examiner et les admirer par l'entremise du microscope et de ses capacités supérieures ? La beauté dans ce dernier cas, et dans de nombreux autres, est apparemment due tout entière à la symétrie de la croissance. Les fleurs sont au nombre des plus belles productions de la nature ; mais ce qui les a rendues si visibles, et en même temps si belles, c'est le contraste avec les feuilles vertes, qui fait que les insectes les repèrent aisément. Je suis arrivé à cette conclusion après avoir constaté qu'une règle invariable voulait que, lorsqu'une fleur est fécondée par le vent, sa corolle ne possède jamais de couleurs vives. Plusieurs plantes produisent habituellement deux types de fleurs : l'un est ouvert et coloré, de façon à attirer les insectes ; l'autre est fermé, n'a pas de couleurs, est dépourvu de nectar et n'est jamais visité par les insectes. Nous pouvons en conclure que, si les insectes ne s'étaient pas développés sur la surface de la terre, nos plantes n'auraient pas été parées de fleurs magnifiques, ne produisant au lieu de cela que des fleurs aussi médiocres que celles que nous voyons sur nos pins, nos chênes, nos noisetiers et nos frênes, sur nos graminées, nos épinards, nos patiences et nos orties, qui sont tous fécondés par l'action du vent. Une argumentation du même ordre vaut pour les fruits : le fait qu'une fraise ou une cerise bien mûre soit aussi plaisante à l'œil qu'au palais, ou que les fruits vivement colorés du fusain et les baies écarlates du houx soient de magnifiques objets, tout un chacun l'admettra. Mais cette beauté sert uniquement de guide aux oiseaux et aux bêtes, afin que les fruits soient dévorés et que les graines soient disséminées lors de l'excrétion ; je conclus qu'il en va ainsi pour n'avoir à ce jour découvert aucune exception à la

Difficultés de la théorie [chap. VI] 501

règle selon laquelle les graines sont toujours disséminées de cette façon lorsqu'elles sont enfouies à l'intérieur d'un quelconque type de fruit (c'est-à-dire à l'intérieur d'une enveloppe charnue ou pulpeuse), si la coloration de celui-ci est rehaussée de quelque teinte brillante, ou si sa visibilité est soulignée par le blanc ou le noir.

En revanche, j'admets volontiers qu'un grand nombre d'animaux mâles, comme tous nos oiseaux les plus splendides, certains poissons, certains reptiles et certains mammifères, ainsi qu'une foule de papillons magnifiquement colorés, ont été rendus beaux pour la beauté elle-même ; mais cela s'est accompli grâce à la sélection sexuelle, c'est-à-dire en vertu de la préférence continuellement accordée aux plus beaux mâles par les femelles, et nullement pour le plaisir de l'homme. Il en va de même pour la musique des oiseaux. Nous pouvons inférer de tout cela qu'un goût à peu près semblable pour les belles couleurs et les sons musicaux traverse une grande partie du règne animal. Lorsque la femelle a des couleurs aussi belles que le mâle, ce qui n'a rien de rare chez les oiseaux et les papillons, la cause en est apparemment que les couleurs acquises grâce à la sélection sexuelle ont été transmises aux deux sexes, au lieu de ne l'être qu'aux seuls mâles. La façon dont le sentiment de la beauté sous sa forme la plus simple – à savoir le fait de prendre un type de plaisir particulier à certaines couleurs, certaines formes et certains sons – s'est d'abord développé dans l'esprit de l'homme et des animaux inférieurs est un sujet très obscur. La même sorte de difficulté se présente, si nous enquêtons sur ce qui fait que certaines saveurs et certaines odeurs donnent du plaisir, et d'autres du déplaisir. L'habitude, dans chacun de ces cas, semble être dans une certaine mesure entrée en jeu; mais il doit y avoir une cause fondamentale dans la constitution du système nerveux de chaque espèce.

Il n'est pas possible que la sélection naturelle produise, chez une espèce, une quelconque modification qui vise exclusivement le bien d'une autre espèce ; et ce malgré le fait que dans l'ensemble de la nature une espèce donnée tire incessamment parti et profite des structures d'autres espèces. Mais la sélection naturelle peut produire, et elle le fait souvent, des structures visant à nuire d'une façon directe à d'autres animaux, comme nous le voyons dans le cas du crochet de la vipère et dans celui de l'ovipositeur de l'ichneumon, au moyen duquel ses œufs sont déposés dans les corps vivants d'autres insectes. Si l'on pouvait prouver qu'une partie quelconque de la structure d'une espèce ait été formée en vue du bien exclusif d'une autre, cela ruinerait ma théorie, car une telle partie n'aurait pas pu être produite grâce à la sélection naturelle. Bien que l'on puisse trouver dans des ouvrages sur l'histoire naturelle de nombreuses affirmations allant dans ce sens, je n'en trouve pas une seule qui me paraisse avoir le moindre poids. Il est admis que le serpent à sonnette possède un crochet à venin pour sa propre défense et pour détruire sa proie ; mais certains auteurs supposent que dans le même temps la sonnette dont il est pourvu vise à lui nuire à lui-même, en ce qu'elle sert à avertir sa proie. J'aimerais presque mieux croire que le chat replie le bout de sa queue, lorsqu'il se prépare à bondir, afin d'avertir la souris condamnée. Une idée beaucoup plus probable est que si le serpent à sonnette utilise sa sonnette, si le cobra déploie son capuchon et si la vipère heurtante s'enfle tout en sifflant si fort et d'une façon si stridente, c'est afin de jeter l'alarme chez les nombreux oiseaux et les nombreuses bêtes dont on sait qu'ils attaquent même les espèces les plus venimeuses. Les serpents agissent selon le même principe qui fait que la poule agite ses plumes et étend ses ailes lorsqu'un chien approche de ses poussins ; mais je ne dispose pas ici d'un espace suffisant pour un développement sur les nombreuses façons dont les animaux s'efforcent d'effrayer les ennemis qu'ils veulent éloigner.

La sélection naturelle ne produira jamais chez un être une quelconque structure qui soit plus nuisible que profitable à celui-ci, car la sélection naturelle agit uniquement par et pour le bien de chaque être. Aucun organe n'est formé, comme Paley l'a remarqué, en vue de causer de la douleur ou de nuire à son possesseur. Si l'on dresse un juste bilan du bien et du mal que cause chaque partie, on constatera pour chacune qu'elle est au total avantageuse. Lorsqu'un certain laps de temps se sera écoulé, dans des conditions de vie différentes, si une partie quelconque devient nuisible, elle sera

Difficultés de la théorie [chap. VI]

modifiée ; ou bien, si elle ne l'est pas, l'être s'éteindra comme des myriades d'autres se sont éteintes.

La sélection naturelle ne tend qu'à rendre chaque être organique aussi parfait, ou légèrement plus parfait, que les autres habitants de la même contrée avec lesquels il entre en concurrence. Et nous voyons que c'est là le niveau de perfection atteint à l'état de nature. Les productions endémiques de la Nouvelle-Zélande, par exemple, sont parfaites si on les compare les unes avec les autres ; mais à présent elles cèdent le pas rapidement devant l'avancée des légions de plantes et d'animaux introduites depuis l'Europe. La sélection naturelle ne saurait produire une perfection absolue, et nous ne rencontrons pas toujours, pour autant que nous puissions en juger, ce niveau élevé dans la nature. Il n'est pas jusqu'à la correction apportée à l'aberration de la lumière qui ne soit elle-même imparfaite, déclare Müller, dans cet organe pourtant éminemment parfait qu'est l'œil humain. Helmholtz, dont personne ne contestera le jugement, après avoir décrit dans les termes les plus forts les extraordinaires capacités de l'œil humain, ajoute ces mots remarquables : « Ce que nous avons découvert en fait d'inexactitude et d'imperfection dans la machine optique et dans l'image qui se forme sur la rétine n'est rien, pour ainsi dire, en comparaison des bizarreries que nous venons de croiser dans le domaine des sensations. On pourrait dire que la nature a pris plaisir à accumuler les contradictions afin d'ôter tout fondement à la théorie d'une harmonie préexistante entre les mondes extérieur et intérieur ». Si notre raison nous conduit à admirer avec enthousiasme dans la nature une multitude de combinaisons inimitables, cette même raison nous apprend, bien que nous puissions facilement nous tromper dans un sens ou dans l'autre, que certaines autres combinaisons sont moins parfaites. Pouvons-nous considérer l'aiguillon de l'abeille comme parfait, alors que, lorsqu'elle en fait usage contre de nombreux types d'ennemis, il ne peut être retiré, à cause des dentelures qu'il présente à l'arrière, et entraîne ainsi inévitablement la mort de l'insecte par éviscération ?

Si nous considérons l'aiguillon de l'abeille comme ayant existé chez un aïeul lointain sous la forme d'un instrument perforant et dentelé, semblable à celui que possèdent tant de représentants du même grand ordre, et qu'il a été depuis modifié, mais non jusqu'à la perfection, en vue de son actuelle destination, tandis que son venin, originellement adapté à quelque autre objet, comme produire des galles, a été rendu depuis plus puissant, peut-être pouvons-nous comprendre comment il se fait que l'usage de l'aiguillon entraîne si souvent la mort de l'insecte lui-même : en effet, si au total la capacité de piquer est utile à la communauté sociale, elle remplira toutes les conditions requises par la sélection naturelle, même si elle cause la mort d'un petit nombre de ses membres. Si nous admirons la capacité olfactive véritablement extraordinaire par laquelle les mâles de nombreux insectes trouvent leurs femelles, pouvons-nous admirer la production à cette seule fin de milliers de faux bourdons qui n'ont pas pour la communauté la plus minime utilité en vue de quoi que ce soit d'autre, et finissent par être massacrés par leurs sœurs industrieuses et stériles ? Ce peut être difficile, mais nous devrions admirer la sauvage haine instinctive de la reine des abeilles, qui lui fait éliminer les jeunes reines, ses sœurs, dès leur naissance, ou périr elle-même dans ce combat ; car c'est indubitablement pour le bien de la communauté ; et amour maternel ou haine maternelle, bien que cette dernière soit heureusement fort rare, reviennent au même devant le principe inexorable de la sélection naturelle. Si nous admirons les diverses combinaisons ingénieuses par lesquelles les orchidées et de nombreuses autres plantes sont fécondées par l'action des insectes, pouvons-nous considérer comme également parfaite l'élaboration par nos pins d'épais nuages de pollen, qui permettent que, par hasard, quelques granules soient portés par le vent jusqu'aux ovules ?

Résumé : la théorie de la sélection naturelle embrasse la loi de l'unité de type et des conditions d'existence

Dans ce chapitre, nous avons discuté certaines des difficultés et des objections que l'on peut faire valoir contre la théorie. Nombre d'entre elles sont sérieuses ; mais je crois que la discussion a jeté quelque lumière sur plusieurs faits qui, si l'on se fonde sur la croyance en des actes de création indépendants, sont parfaitement obscurs. Nous avons vu que les espèces, à toute époque, ne sont pas indéfiniment variables, et qu'elles ne sont pas reliées les unes aux autres par une multitude de gradations intermédiaires, en partie parce que le processus de la sélection naturelle est toujours très lent et n'agit à chaque moment que sur quelques formes ; et en partie parce que le processus de la sélection naturelle lui-même implique que les gradations intermédiaires antérieures soient supplantées et s'éteignent. Des espèces étroitement apparentées qui vivent aujourd'hui sur une aire continue ont souvent dû être formées lorsque l'aire n'était pas continue et que les conditions de vie ne changeaient pas graduellement et insensiblement d'une partie à l'autre. Lorsque deux variétés sont formées dans deux régions d'une aire continue, il se forme souvent une variété intermédiaire, adaptée à une zone intermédiaire ; mais, pour des raisons que nous avons indiquées, la variété intermédiaire possédera habituellement une population moins nombreuse que les deux formes qu'elle relie ; par conséquent, ces deux dernières, au cours des modifications ultérieures, puisqu'elles possèdent un plus grand nombre de représentants, auront un grand avantage sur la variété intermédiaire numériquement plus faible, et réussiront ainsi en général à la supplanter et à l'exterminer.

Nous avons vu dans ce chapitre de quelle prudence nous devrions faire preuve lorsque nous concluons que les habitudes de vie les plus différentes ne sauraient se fondre par degrés les unes dans les autres ; qu'une chauve-souris, par exemple, n'aurait pu être formée par la sélection naturelle à partir d'un animal qui tout d'abord ne faisait que planer dans les airs.

Nous avons vu qu'une espèce, dans de nouvelles conditions de vie, peut changer ses habitudes ; ou bien elle peut avoir des habitudes diversifiées, dont certaines très différentes de celles de ses congénères les plus proches. Aussi pouvons-nous comprendre, en nous souvenant que chaque être organique essaie de vivre partout où il le peut, comment il est advenu qu'il existe des oies des hautes terres pourvues de pieds palmés, des pics vivant au sol, des grives plongeuses et des pétrels possédant les habitudes des pingouins.

Même si la conviction qu'un organe aussi parfait que l'œil ait pu être formé par la sélection naturelle suffit à ébranler n'importe qui, pourtant, quel que soit l'organe envisagé, si nous avons connaissance d'une longue série de gradations de complexité croissante, chacune bénéfique pour son possesseur, alors, dans des conditions de vie changeantes, il n'y a nulle impossibilité logique à ce qu'il acquière n'importe quel degré concevable de perfection grâce à la sélection naturelle. Dans les cas où nous ne connaissons pas d'états intermédiaires ou de transition, nous devrions être extrêmement prudents lorsque nous concluons qu'il n'a pas pu en exister, car les métamorphoses de nombreux organes montrent quels extraordinaires changements de fonction sont au moins possibles. Par exemple, une vessie natatoire s'est convertie, selon toute apparence, en un poumon pour la respiration aérienne. Qu'un même organe ait accompli simultanément des fonctions très différentes, puis ait été en partie ou en totalité spécialisé en vue d'une unique fonction, et que deux organes distincts aient accompli en même temps la même fonction, l'un ayant été perfectionné tandis qu'il recevait l'aide de l'autre, voilà des faits qui souvent ont dû grandement faciliter les transitions.

Nous avons vu que chez deux êtres largement éloignés l'un de l'autre sur l'Échelle de la Nature, les organes qui ont la même destination et sont pour leur apparence extérieure étroitement semblables ont pu être formés séparément et indépendamment ; mais, lorsque l'on examine de près ces organes, on peut presque toujours détecter des différences essentielles dans leur structure ; ce qui découle naturellement du principe de la sélection naturelle. Par ailleurs, la règle commune à travers toute la nature est l'infinie diversité de structure pour atteindre la même fin ; ce qui, aussi bien, découle naturellement du même grand principe.

Dans de nombreux cas, nous sommes bien trop ignorants pour être en mesure d'affirmer qu'une partie ou un organe a si peu d'importance pour la prospérité d'une espèce que des modifications de sa structure n'auraient pu être accumulées lentement par le moyen de la sélection naturelle. Dans de nombreux autres cas, les modifications sont probablement le résultat direct des lois de la variation ou de la croissance, indépendamment de tout bienfait susceptible d'en avoir été retiré. Mais ces structures elles-mêmes, nous pouvons en être assurés, ont souvent été par la suite mises à profit, et modifiées encore ultérieurement, pour le bien des espèces dans de nouvelles conditions de vie. Nous pouvons également estimer qu'une partie anciennement dotée d'une grande importance a souvent été conservée (comme la queue d'un animal aquatique l'a été par ses descendants terrestres), bien que son importance soit devenue si faible qu'elle n'aurait pas pu, dans son état actuel, être acquise par le moyen de la sélection naturelle.

La sélection naturelle ne peut rien produire chez une espèce qui vise exclusivement à faire du bien ou du mal à une autre ; bien qu'elle puisse assurément produire des parties, des organes et des excrétions qui sont hautement utiles, voire indispensables, ou au contraire hautement nuisibles à une autre espèce, mais qui sont en même temps, dans tous les cas, utiles à leur possesseur. Dans chaque contrée bien peuplée, la sélection naturelle agit à travers la concurrence de ses habitants, et par conséquent ne conduit au succès dans la bataille pour la vie que relativement au caractère de cette contrée particulière. C'est pourquoi les habitants d'une contrée, en général ceux de la plus petite, cèdent souvent le pas aux habitants d'une autre, généralement la plus étendue. Car, dans la contrée la plus étendue, il aura existé plus d'individus et plus de formes diversifiées, et la concurrence aura été plus rigoureuse, produisant ainsi un type de perfection plus élevé. La sélection naturelle ne conduira pas nécessairement à la perfection absolue ; laquelle, pour autant que nous puissions en juger par l'entremise de nos facultés limitées, ne peut être décrétée nulle part.

En nous fondant sur la théorie de la sélection naturelle, nous pouvons comprendre clairement la pleine signification de ce vieux canon de l'histoire naturelle, « *Natura non facit saltum* ». Ce canon, si nous regardons les seuls habitants actuels du monde, n'est pas rigoureusement exact ; mais si nous incluons tous ceux des temps passés, qu'ils soient connus ou inconnus, il doit être, selon cette théorie, rigoureusement vrai.

On reconnaît en général que tous les êtres organiques ont été formés suivant deux grandes lois – l'Unité de Type et les Conditions d'Existence. Par unité de type, on entend cette concordance fondamentale dans la structure que nous constatons chez les êtres organiques de la même classe, et qui est tout à fait indépendante de leurs habitudes de vie. D'après ma théorie, l'unité de type s'explique par l'unité de filiation. L'expression de conditions d'existence, sur laquelle a si souvent insisté l'illustre Cuvier, est entièrement comprise par le principe de la sélection naturelle. En effet, la sélection naturelle agit soit en adaptant actuellement les parties variantes de chaque être à ses conditions de vie organiques et inorganiques, soit en les ayant adaptées au cours de périodes passées – les adaptations étant aidées dans bien des cas par l'usage augmenté ou le défaut d'usage des parties, étant affectées par l'action directe des conditions de vie extérieures et étant soumises, dans tous les cas, aux diverses lois de la croissance et de la variation. Aussi la loi des Conditions d'Existence est-elle, de fait, la loi supérieure, puisqu'elle inclut, à travers l'hérédité des variations et des adaptations antérieures, celle de l'Unité de Type.

CHAPITRE VII

OBJECTIONS VARIÉES A LA THÉORIE DE LA SÉLECTION NATURELLE

Longévité – Modifications non nécessairement simultanées – Modifications apparemment dépourvues d'utilité directe – Développement progressif – Caractères d'une faible importance fonctionnelle, les plus constants – Incompétence prétendue de la sélection naturelle pour expliquer les stades initiaux des structures utiles – Causes qui font obstacle à l'acquisition des structures utiles par sélection naturelle – Gradations de structure avec changement de fonctions – Organes largement différents chez des représentants de la même classe, développés à partir d'une seule et même source – Raisons de ne pas croire à de grandes modifications brusques.

Je consacrerai ce chapitre à l'examen de plusieurs objections de divers ordres que l'on a mises en avant pour s'opposer à mes conceptions, car cela rendra peut-être plus claires certaines des discussions qui précèdent ; mais il serait inutile de les discuter toutes, puisque nombre d'entre elles sont le fait d'auteurs qui n'ont pas pris la peine de comprendre le sujet. C'est ainsi qu'un naturaliste allemand distingué a affirmé que la partie la plus faible de ma théorie est que je considère tous les êtres organiques comme imparfaits : ce que j'ai dit en réalité, c'est que tous ne sont pas aussi parfaits qu'ils auraient pu l'être relativement à leurs conditions ; et ce qui montre qu'il en est ainsi, c'est que tant de formes indigènes dans de nombreuses régions du monde ont cédé leur place à des formes étrangères intruses. Les êtres organiques, d'ailleurs, même s'ils étaient à une certaine époque parfaitement adaptés à leurs conditions de vie, n'ont pu demeurer tels, lorsque leurs conditions changeaient, à moins de changer également eux-mêmes ; et nul ne contestera que les conditions physiques de tout pays, aussi bien que le nombre et le type de ses habitants, ont subi de nombreuses mutations.

Un critique a récemment souligné, non sans faire parade d'exactitude mathématique, que la longévité est un grand avantage pour toutes les espèces, de sorte que quiconque croit en la sélection naturelle « doit arranger son arbre généalogique » de telle manière que tous les descendants aient une vie plus longue que leurs aïeux ! Notre critique ne peut-il concevoir qu'une plante bisannuelle ou bien un animal inférieur puisse habiter un climat froid, y périr chaque hiver, et pourtant, en raison d'avantages acquis grâce à la sélection naturelle, survivre d'une année à l'autre au moyen de ses graines ou de ses œufs ? M. E. Ray Lankester a récemment traité de ce sujet, et il conclut, dans la mesure où sa complexité lui permet de former un jugement, que la longévité est généralement en rapport avec le niveau de chaque espèce sur l'échelle de l'organisation et avec la quantité d'énergie dépensée pour la reproduction et dans l'activité générale. Or ces conditions ont été, c'est probable, largement déterminées par la sélection naturelle.

On a fait valoir l'argument que, puisque aucun des animaux ni aucune des plantes d'Égypte sur lesquels nous ayons quelque connaissance n'ont changé au cours des trois ou quatre derniers millénaires, il est probable qu'il en est allé de même dans toute région du monde. Mais, comme M. G.H. Lewes en a fait la remarque, cette argumentation veut trop prouver, car les anciennes races domestiques représentées sur les monuments égyptiens, ou bien embaumées, sont étroitement semblables, voire identiques, à celles qui vivent actuellement ; cependant, tous les naturalistes admettent que ces races ont été produites à travers la modification de leurs types originels. Les nombreux animaux qui sont demeurés inchangés depuis le début de l'époque glaciaire auraient constitué un cas incomparablement plus solide, car ils ont été exposés à de grands changements de climat et ont migré sur de grandes distances ; tandis qu'en Égypte, au cours des derniers millénaires, les conditions de vie, pour autant que nous le sachions, sont demeurées absolument uniformes. On aurait pu se prévaloir de ce qu'il s'est produit peu, ou ne s'est pas produit, de modification depuis l'époque glaciaire pour s'opposer à ceux qui croient en une loi du développement innée et nécessaire, mais ce fait n'a aucune force pour s'opposer à la doctrine de la sélection naturelle ou de la survie des plus aptes, qui implique que lorsque surgissent des variations ou des différences individuelles d'une nature bénéfique, elles sont préservées ; mais cela ne se réalise que dans certaines circonstances favorables.

Le célèbre paléontologiste Bronn, en conclusion de sa traduction allemande du présent ouvrage, demande comment il est possible, d'après le principe de la sélection naturelle, qu'une variété vive aux côtés de l'espèce parente. Si l'une et l'autre se sont adaptées à des habitudes de vie ou des conditions légèrement différentes, il leur est possible de vivre ensemble ; et si nous mettons d'un côté les espèces polymorphes, chez lesquelles la variabilité semble être d'une nature particulière, et l'ensemble des simples variations seulement temporaires, telles que la taille, l'albinisme, &c., on trouve en général, pour autant que je puisse le constater, que les variétés plus permanentes habitent des stations distinctes – telles que de hautes ou de basses terres, des régions sèches ou humides. En outre, pour ce qui est des animaux très vagabonds et qui se croisent librement, leurs variétés semblent généralement confinées dans des régions distinctes.

Bronn insiste également sur le fait que les espèces distinctes ne diffèrent jamais les unes des autres par un caractère unique, mais par de nombreuses parties ; et demande comment il se fait toujours que de nombreuses parties de l'organisation aient été modifiées en même temps par la variation et la sélection naturelle. Mais il n'est nullement nécessaire de supposer que toutes les parties de chaque être ont été modifiées simultanément. Les modifications les plus frappantes, excellemment adaptées à une certaine destination, pourraient, comme on l'a remarqué précédemment, être acquises par des variations successives, pourvu qu'elles soient légères, dans une partie d'abord, puis dans une autre ; et comme elles seraient transmises toutes ensemble, nous aurions l'impression qu'elles ont été développées simultanément. La meilleure réponse, cependant, à l'objection formulée ci-dessus est celle que fournissent les races domestiques qui ont été modifiées, principalement par le pouvoir de sélection de l'homme, en vue de quelque destination spéciale.

Regardez le cheval de course et le cheval de trait, ou bien le lévrier et le mastiff. Leur charpente tout entière, et même leurs caractéristiques mentales ont été modifiées ; mais si nous pouvions retracer chacune des étapes qui ont marqué l'histoire de leur transformation – et il est possible d'en retracer les dernières étapes –, nous ne verrions pas de grands changements simultanés, mais nous verrions qu'une partie d'abord, puis une autre, ont été légèrement modifiées et améliorées. Même lorsque la sélection a été appliquée par l'homme à un certain caractère et à lui seul – ce dont nos plantes cultivées offrent les meilleurs exemples –, on constatera invariablement que, bien que cette seule partie, qu'il s'agisse de la fleur, du fruit ou des feuilles, ait subi de grands changements, presque toutes les autres parties ont été légèrement modifiées. On peut attribuer cela, pour une part, au principe de la croissance corrélative et, pour une autre part, à ce que l'on nomme la variation spontanée.

Une objection bien plus sérieuse a été avancée par Bronn et, récemment, par Broca : de nombreux caractères paraissent ne pas rendre le moindre service à leurs possesseurs, et ne peuvent donc pas avoir subi l'influence de la sélection naturelle. Bronn mentionne la longueur des oreilles et de la queue chez les diverses espèces de lièvres et de souris, les replis complexes de l'émail des dents chez nombre d'animaux, ainsi qu'une multitude de cas analogues. En ce qui concerne les plantes, ce sujet a été traité par Nägeli dans un essai admirable. Il admet que la sélection naturelle a eu un grand effet, mais il insiste sur le fait que les familles de plantes diffèrent principalement les unes des autres par des caractères morphologiques, qui paraissent n'avoir aucune importance pour la prospérité des espèces. Il croit par conséquent qu'il existe une tendance innée à un développement progressif et de plus en plus parfait. Il cite l'arrangement des cellules dans les tissus et celui des feuilles sur l'axe comme des cas dans lesquels la sélection naturelle n'a pas pu agir. On peut y ajouter les divisions numériques des parties de la fleur, la position des ovules, la forme de la graine lorsqu'elle n'est d'aucune utilité pour la dissémination, &c.

Il y a beaucoup de force dans cette dernière objection. Néanmoins, nous devrions, en premier lieu, faire preuve d'une extrême prudence lorsque nous prétendons décider des structures qui sont aujourd'hui, ou ont été par le passé, utiles à chaque espèce. En second lieu, il faut toujours se rappeler que, lorsqu'une partie est modifiée, d'autres le seront, sous l'action de causes qu'assurément nous ne discernons que d'une manière vague – telles qu'un afflux accru ou diminué de substance nutritive vers une partie, la pression mutuelle, le fait qu'une partie précocement développée en affecte une autre développée plus tard, et ainsi de suite –, aussi bien que sous l'action d'autres causes, qui conduisent aux nombreux cas mystérieux de corrélation, que nous ne comprenons pas le moins du monde. Ces actions peuvent toutes être regroupées, pour abréger, sous l'expression de *lois de la croissance*. En troisième lieu, il nous faut tenir compte de l'action directe et définie qu'exerce le changement des conditions de vie, ainsi que de ce que l'on nomme les variations spontanées, dans lesquelles la nature des conditions joue apparemment un rôle tout à fait subsidiaire. Les variations par bourgeon, telles que l'apparition d'une rose moussue sur un rosier commun ou d'un brugnon sur un pêcher, offrent de bons exemples de variations spontanées ; mais dans ces cas eux-mêmes, si nous nous rappelons le pouvoir que possède une minuscule goutte de venin de produire des galles complexes, nous ne devrions pas être trop sûrs que les variations indiquées ne sont pas l'effet de quelque changement local survenu dans la nature de la sève, en raison d'un changement des conditions. Il doit y avoir une cause efficiente à l'origine de toute légère différence individuelle, et à l'origine des variations plus fortement marquées qui apparaissent parfois ; et si cette cause inconnue devait agir d'une façon persistante, il est presque certain que tous les individus de l'espèce seraient modifiés d'une façon semblable.

Dans les éditions antérieures de cet ouvrage, je sous-estimai, cela semble à présent probable, la fréquence et l'importance des modifications dues à la variabilité spontanée. Mais il est impossible d'attribuer à cette cause les innombrables structures qui sont si bien adaptées aux habitudes de vie de chaque espèce. Je ne puis y croire plus que je ne puis croire que l'on ait la faculté d'expliquer de cette façon la forme bien adaptée d'un cheval de course ou d'un lévrier, laquelle, avant que le principe de la sélection par l'homme ne fût bien compris, suscitait naguère tant de surprise dans l'esprit des naturalistes.

Peut-être vaut-il la peine d'illustrer certaines des remarques qui précèdent. À l'égard de l'inutilité supposée de diverses parties et de divers organes, il est à peine nécessaire de faire observer que, même chez les animaux supérieurs les mieux connus, il existe de nombreuses structures qui sont si hautement développées que nul ne doute de leur importance, et pourtant leur utilité n'a pas été établie, ou ne l'a été que récemment. Puisque Bronn donne la longueur des oreilles et de la queue dans les diverses espèces de souris comme exemples, certes minimes, de différences de structure qui ne peuvent avoir une utilité spéciale, je mentionnerai que, selon le Dr Schöbl, les oreilles externes de la souris commune sont pourvues d'une extraordinaire profusion de nerfs, de telle sorte qu'elles servent sans aucun doute d'organes tactiles ; aussi la longueur des oreilles ne peut-elle guère être tout à fait dénuée d'importance. En outre, nous verrons tout à l'heure que la queue est un organe préhensile d'une haute utilité pour certaines des espèces ; et son usage doit être fort influencé par sa longueur.

Pour ce qui regarde les plantes, au sujet desquelles, en raison de l'essai de Nägeli, je me bornerai aux remarques qui suivent, on admettra que les fleurs des orchidées présentent une multitude de structures curieuses, qu'il y a quelques années on aurait considérées comme de simples différences morphologiques sans aucune fonction particulière ; mais on sait à présent qu'elles sont de la plus haute importance en vue de la fécondation des espèces avec l'aide des insectes, et ont probablement été acquises grâce à la sélection naturelle. Jusqu'à une époque récente, nul n'aurait imaginé que chez les plantes dimorphes et trimorphes les longueurs différentes des étamines et des pistils, ainsi que leur arrangement, aient pu rendre quelque service que ce fût, mais nous savons à présent que tel est le cas.

Dans certains groupes entiers de plantes, les ovules sont dressés et dans d'autres ils sont suspendus ; et à l'intérieur du même ovaire, chez un petit nombre de plantes, un ovule se trouve dans la première position et l'autre dans la seconde. Ces positions semblent d'abord purement morphologiques, c'est-à-dire dépourvues de toute signification physiologique ; mais le Dr Hooker m'informe qu'à l'intérieur du même ovaire, seuls sont fécondés, dans certains cas, les ovules situés en haut, et, dans d'autres cas, les ovules situés en bas ; et il suggère que cela dépend probablement de la direction suivant laquelle les tubes polliniques pénètrent dans l'ovaire. S'il en est ainsi, la position des ovules, même lorsque l'un est dressé et l'autre suspendu à l'intérieur du même ovaire, doit être alors la conséquence de la sélection de toutes les légères déviations de position ayant favorisé leur fécondation et la production de graines.

Plusieurs plantes appartenant à des ordres distincts produisent habituellement des fleurs de deux types – l'un ouvert, qui possède la structure ordinaire, l'autre fermé et imparfait. Ces deux types de fleurs diffèrent parfois prodigieusement par leur structure, mais on peut les voir se fondre par degrés l'un dans l'autre sur la même plante. Les fleurs ordinaires, ouvertes, peuvent s'entrecroiser ; et les bénéfices qui découlent certainement de ce processus sont ainsi assurés. Cependant, les fleurs fermées et imparfaites ont manifestement une haute importance, car elles donnent en toute sûreté une abondante réserve de graines, tout en ne dépensant qu'une quantité de pollen extraordinairement faible. Les deux types de fleurs diffèrent souvent beaucoup, comme je viens de le rappeler, par leur structure. Les pétales des fleurs imparfaites consistent presque toujours en de simples rudiments, et les grains de pollen sont d'un diamètre réduit. Chez *Ononis columnæ*, cinq des étamines alternes sont rudimentaires ; et dans certaines espèces de *Viola* trois étamines sont dans cet état, dont deux conservent leur fonction propre, tout en étant d'une très petite taille. Dans six des trente fleurs fermées d'une violette indienne (nom inconnu, car les plantes que j'avais n'ont jamais produit de fleurs parfaites), les sépales, de cinq qui est leur nombre normal, sont réduits à trois. Dans une section des Malpighiacées, les fleurs fermées, selon A. de Jussieu, sont modifiées encore davantage, puisque les cinq étamines qui font face aux sépales sont toutes avortées, tandis que seule une sixième qui fait face à un pétale est développée ; et cette étamine n'est pas présente dans les fleurs ordinaires de ces espèces ; le style est avorté ; et le nombre des ovaires est réduit de trois à deux. Or, bien que la sélection naturelle ait certes pu avoir la capacité d'empêcher certaines des fleurs de s'épanouir, ainsi que celle de réduire la quantité du pollen, lorsque la fermeture des fleurs le rendait superflu, presque aucune des modifications spéciales évoquées ici n'a pourtant pu être déterminée de la sorte, et chacune d'elles a dû apparaître plutôt par suite des lois de la croissance, y compris l'inactivité fonctionnelle des parties, à mesure que progressaient la réduction du pollen et la fermeture des fleurs.

Il est si nécessaire d'apprécier les effets importants des lois de la croissance que je fournirai quelques cas supplémentaires d'un autre type, à savoir des exemples de différences dans la même partie ou le même organe, dues à une différence de leur position relative sur la même plante. Chez le châtaignier d'Espagne et chez certains pins, l'angle de divergence des feuilles diffère, selon Schacht, sur les branches à peu près horizontales et sur les branches verticales. Chez la rue officinale et quelques autres plantes, une fleur, habituellement la fleur centrale ou terminale, s'ouvre la première et possède cinq sépales et autant de pétales, ainsi que cinq divisions dans l'ovaire ; alors que toutes les autres fleurs portées par la plante sont tétramères. Chez l'*Adoxa* britannique, la fleur la plus haute a généralement un calice bilobé et ses autres organes sont tétramères, alors que les fleurs périphériques ont généralement un calice trilobé et que leurs autres organes sont pentamères. Chez de nombreuses Composées et de nombreuses Ombellifères (et chez quelques autres plantes), les fleurs de la circonférence ont des corolles beaucoup plus développées que celles du centre ; et cela semble souvent lié à l'avortement des organes reproducteurs. Un fait plus curieux, auquel on s'est référé précédemment, est que les akènes, ou graines, de la circonférence et du centre diffèrent parfois grandement par leur forme, par leur couleur et par d'autres caractères. Chez *Carthamus* et quelques autres Composées, seuls les akènes centraux sont pourvus d'une aigrette ; et chez *Hyoseris*, la même tête florale donne des akènes de trois formes différentes. Chez certaines Ombellifères, les graines extérieures, selon Tausch, sont orthospermes et les graines centrales sont cœlospermes, et c'est un caractère que de Candolle a considéré dans d'autres espèces comme étant de la plus haute importance systématique. Le Professeur Braun mentionne un genre de Fumariacées dans lequel les fleurs de la partie inférieure de l'épi portent de petites noix ovales et striées qui contiennent une graine unique ; et dans la partie supérieure de l'épi, des siliques lancéolées à deux valves qui contiennent deux graines. Dans ces divers cas, à l'exception de celui des fleurons du rayon bien développés, utiles en ce qu'ils rendent les fleurs plus visibles pour les insectes, la sélection naturelle n'a pas pu, pour autant que nous puissions en juger, entrer en jeu, ou bien seulement d'une manière tout à fait subsidiaire. Toutes ces modifications apparaissent par suite de la position relative et de l'interaction des parties ; et l'on ne peut guère douter que, si toutes les fleurs et toutes les feuilles situées sur une même plante avaient été soumises aux mêmes conditions extérieures et intérieures que les fleurs et les feuilles occupant certaines positions, elles auraient toutes été modifiées de la même manière.

Dans de nombreux autres cas, nous trouvons des modifications de structure, dont les botanistes considèrent en général qu'elles sont d'une haute importance, qui n'affectent que certaines fleurs d'une même plante, ou qui apparaissent sur des plantes distinctes poussant proches les unes des autres et dans les mêmes conditions. Comme ces variations ne semblent d'aucune utilité spéciale pour les plantes, elles ne peuvent avoir subi l'influence de la sélection naturelle. Quant à leur cause, nous n'en avons aucune idée ; nous ne pouvons pas même les attribuer, comme dans la classe de cas précédente, à une quelconque action de proximité, telle que la position relative. Je ne citerai que quelques cas. Il est si courant d'observer, sur la même plante, des fleurs indifféremment tétramères, pentamères, &c., que je n'ai pas besoin de donner d'exemples ; mais comme les variations numériques sont relativement rares lorsque les parties sont peu nombreuses, je mentionnerai que, selon De Candolle, les fleurs de *Papaver bracteatum* présentent soit deux sépales pourvus de quatre pétales (ce qui est le type commun chez les pavots), soit trois sépales pourvus de six pétales. La manière dont les pétales sont pliés dans le bouton est dans la plupart des groupes un caractère morphologique très constant ; mais le Professeur Asa Gray fait état de ce que, chez certaines espèces de *Mimulus*, l'estivation est presque aussi fréquemment celle des Rhinanthidées que celle des Antirrhinidées, groupe auquel le genre appartient. Aug. St Hilaire [*sic*. Ndt.] cite les cas suivants : le genre *Zanthoxylon* appartient à une division des Rutacées à un seul ovaire, mais chez certaines espèces on peut trouver sur la même plante, voire sur la même panicule, des fleurs qui ont soit un soit deux ovaires. Chez *Helianthemum*, on a décrit la capsule comme uniloculaire ou triloculaire ; et chez *H. mutabile* « Une lame, *plus ou moins large*, s'étend entre le pericarpe [*sic*. Ndt.] et le placenta » [en français dans le texte. *Ndt.*]. Chez les fleurs de *Saponaria officinalis*, le Dr Masters a observé aussi bien des cas de placentation marginale que de placentation centrale libre. Enfin, St Hilaire [*sic*. Ndt.] a trouvé vers l'extrémité sud du territoire de *Gomphia oleæformis* deux formes dont il ne doutait pas tout d'abord qu'elles fussent des espèces distinctes, mais il les vit par la suite pousser sur le même buisson ; et d'ajouter : « Voilà donc dans un même individu des loges et un style qui se rattachent tantôt à un axe verticale [*sic*. Ndt.] et tantôt à un gynobase » [en français dans le texte. *Ndt.*].

Nous voyons ainsi que chez les plantes de nombreux changements morphologiques peuvent être attribués aux lois de la croissance et à l'interaction des parties, indépendamment de la sélection naturelle. Mais, si l'on prend en considération la doctrine de Nägeli qui postule une tendance innée vers la perfection ou le développement progressif, peut-on dire, dans le cas de ces variations fort prononcées, que les plantes ont été surprises en train de progresser vers un état de développement supérieur ? Au contraire, je suis enclin à inférer du simple fait que les parties en question diffèrent ou varient grandement sur la même plante, que ces modifications avaient extrêmement peu d'importance pour les plantes elles-mêmes, quelque importance qu'elles puissent avoir en général à nos yeux pour nos classifications. On ne saurait affirmer que l'acquisition d'une partie inutile fasse monter un organisme plus haut sur l'échelle de la nature ; et dans le cas des fleurs imparfaites et fermées décrites ci-dessus, s'il faut invoquer quelque principe nouveau, ce doit être un principe de régression plutôt que de progression ; et il doit en être de même chez de nombreux animaux parasites et dégradés. Nous ignorons la cause qui a suscité les modifications indiquées plus haut ; mais si cette cause inconnue devait agir presque uniformément pendant un certain temps, nous pouvons inférer qu'il en résulterait des effets presque uniformes ; et dans ce cas tous les individus de l'espèce seraient modifiés de la même manière.

Par suite du fait que les caractères mentionnés sont sans importance pour la prospérité de l'espèce, les légères variations, quelles qu'elles fussent, qui y sont apparues n'ont pas dû être accumulées et amplifiées par la sélection naturelle. Une structure développée au cours d'une longue sélection, lorsqu'elle cesse de rendre le moindre service à une espèce, devient généralement variable, comme nous le voyons pour les organes rudimentaires ; effet, elle ne sera plus réglée par ce même pouvoir de sélection. Mais lorsque, du fait de la nature de l'organisme et des conditions, des modifications ont été apportées qui sont sans importance pour la prospérité de l'espèce, elles peuvent être, et ont apparemment souvent été, transmises dans le même état, ou peu s'en faut, à de nombreux descendants autrement modifiés par ailleurs. Il se peut qu'il n'ait pas été d'une grande importance, pour la plupart des mammifères, des oiseaux et des reptiles, d'être recouverts de poils, de plumes ou bien d'écailles ; pourtant, les poils ont été transmis à presque tous les mammifères, les plumes à tous les oiseaux et les écailles à tous les reptiles véritables. Une structure, quelle qu'elle soit, qui est commune à de nombreuses formes apparentées reçoit dans nos classements une haute importance systématique et, par conséquent, on lui prête souvent une haute importance vitale pour l'espèce. Ainsi, je suis enclin à le croire, des différences morphologiques que nous considérons comme importantes – telles que l'arrangement des feuilles, les divisions de la fleur ou de l'ovaire, la position des ovules, &c. – sont apparues tout d'abord dans bien des cas comme des variations fluctuantes, qui sont tôt ou tard devenues constantes du fait de la nature de l'organisme et des conditions environnantes, ainsi que de l'entrecroisement d'individus distincts, mais non du fait de la sélection naturelle ; en effet, comme ces caractères morphologiques n'affectent en rien la prospérité de l'espèce, les légères déviations qui s'y sont produites n'ont pas pu être gouvernées ou accumulées par l'action de cette dernière. Étrange résultat que celui auquel nous parvenons ainsi : les caractères d'une faible importance vitale pour l'espèce sont les plus importants pour le systématicien ; mais, comme nous le verrons par la suite, lorsque nous traiterons du principe génétique de la classification, la chose n'est nullement aussi paradoxale qu'elle peut le paraître de prime abord.

Bien que nous n'ayons pas de témoignage formel de l'existence chez les êtres organiques d'une tendance innée à un développement progressif, cette tendance est cependant la suite nécessaire, comme j'ai tenté de le montrer dans le quatrième chapitre, de l'action poursuivie de la sélection naturelle. Car la meilleure définition qui ait jamais été donnée d'un haut niveau d'organisation, c'est le degré auquel a été portée la spécialisation ou la différenciation des parties ; et la sélection naturelle tend vers cette fin, dans la mesure où les parties acquièrent ainsi la capacité d'accomplir leurs fonctions plus efficacement.

Un zoologiste distingué, M. St George Mivart, a récemment recueilli toutes les objections qui ont pu être avancées par moi-même et par d'autres contre la théorie de la sélection naturelle, telle que M. Wallace et moi-même l'avons proposée, et en a donné des illustrations avec un art et une force admirables. Ainsi rangées en ordre de bataille, elles constituent une armée redoutable ; et comme il n'entre pas dans le dessein de M. Mivart de fournir les divers faits et considérations qui s'opposent à ses conclusions, ce n'est pas un mince effort de raisonnement et de mémoire qui revient au lecteur désireux de peser les témoignages en faveur de l'une et l'autre parties. Lorsqu'il discute des cas particuliers, M. Mivart passe sous silence les effets de l'usage et du défaut d'usage des parties, dont j'ai toujours soutenu qu'ils avaient une haute importance, et dont j'ai traité dans ma « Variation à l'état domestique » plus longuement, je crois, qu'aucun autre auteur. De même, il suppose souvent que je n'attribue rien à la variation indépendamment de la sélection naturelle, alors que, dans l'ouvrage auquel je viens de faire référence, j'ai collecté un nombre de cas bien établis supérieur à ce que l'on peut trouver dans tout autre ouvrage dont j'ai connaissance. Mon jugement peut n'être pas digne de confiance, mais après avoir lu avec soin le livre de M. Mivart, et en avoir comparé chaque section avec ce que j'ai dit sur le même chapitre, je me suis senti plus fortement convaincu que jamais auparavant de la vérité générale des conclusions qui sont ici les miennes, et qui, portant sur un sujet aussi compliqué, sont sujettes, bien entendu, à nombre d'erreurs partielles.

Toutes les objections de M. Mivart seront considérées, ou l'ont été, dans le présent volume. Le point nouveau qui paraît avoir frappé de nombreux lecteurs est « que la sélection naturelle est incompétente pour expliquer les stades initiaux des structures utiles ». Ce sujet est intimement lié à celui de la gradation des caractères, qui s'accompagne souvent d'un changement de fonction – par exemple, la conversion d'une vessie natatoire en poumons –, deux points qui ont fait l'objet d'une discussion dans le chapitre précédent sous deux rubriques. Néanmoins, je considérerai ici dans un certain détail plusieurs des cas mis en avant par M. Mivart, en choisissant ceux qui offrent l'illustration la meilleure, étant donné que le manque d'espace m'empêche de les considérer tous.

La girafe, du fait de sa haute stature, ainsi que de la longueur de son cou, de ses membres antérieurs, de sa tête et de sa langue, possède une conformation qui est tout entière magnifiquement adaptée pour brouter aux branches les plus élevées des arbres. Elle peut ainsi se procurer une nourriture située hors de la portée des autres Ongulés ou animaux à sabots qui habitent le même pays ; et ce doit être un grand avantage pour elle durant les disettes. Les bœufs Ñatos [bœufs « camards ». *Ndt.*] de l'Amérique du S. nous montrent à quel point une petite différence dans la structure peut faire, durant de telles périodes, une grande différence pour la préservation de la vie d'un animal. Ce bœuf peut aussi bien qu'un autre brouter l'herbe, mais en raison de la saillie de sa mâchoire inférieure il ne peut pas, durant les fréquentes sécheresses, brouter les rameaux sur les arbres, les roseaux, &c., qui sont la nourriture vers laquelle le bétail ordinaire et les chevaux sont alors réduits à se tourner ; de sorte que dans ces périodes les Ñatos périssent, si leurs propriétaires ne les nourrissent pas. Avant d'en venir aux objections de M. Mivart, il est peut-être bon d'expliquer encore une fois comment la sélection naturelle agit dans tous les cas ordinaires. L'homme a modifié certains de ses animaux, sans s'attacher nécessairement à des points de structure particuliers, simplement en préservant et en faisant reproduire les individus les plus véloces, comme dans le cas du cheval de course ou du lévrier, ou bien, comme dans celui du coq de combat, en faisant reproduire les oiseaux victorieux. De même au sein de la nature, dans le cas de la girafe à l'état naissant, les individus qui broutaient le plus haut, et étaient capables durant les disettes de se hisser ne serait-ce qu'un pouce ou deux au-delà des autres, auront souvent été préservés ; car il leur aura fallu parcourir le pays tout entier à la recherche de nourriture. Que les individus de la même espèce diffèrent souvent légèrement par la longueur relative de leurs parties, on peut le voir dans de nombreux ouvrages d'histoire naturelle, qui fournissent des mesures précises. Ces légères différences de proportions, dues aux lois de la croissance et de la variation, n'ont pas l'utilité ou l'importance la plus légère pour la plupart des espèces. Mais il en aura été différemment dans le cas de la girafe à l'état naissant, eu égard aux habitudes de vie qui étaient probablement les siennes ; en effet, les individus qui avaient une ou plusieurs parties de leur corps un peu plus allongées qu'à l'ordinaire ont dû généralement survivre. Ils se seront croisés et auront laissé des descendants qui soit héritaient des même particularités corporelles, soit étaient dotés d'une tendance à varier encore de la même manière ; tandis que les individus moins favorisés sous les mêmes rapports auront été les plus susceptibles de périr.

Nous voyons ici qu'il n'est pas besoin d'isoler des couples singuliers, comme le fait l'homme lorsqu'il améliore méthodiquement une race : la sélection naturelle préservera et par là même isolera tous les individus supérieurs, en leur permettant de se reproduire librement, et détruira tous les individus inférieurs. Grâce à une longue continuation de ce processus, qui correspond exactement à ce que j'ai nommé la sélection inconsciente pratiquée par l'homme, combinée sans aucun doute de la manière la plus importante avec les effets hérités de l'usage augmenté des parties, il me semble presque certain qu'un quadrupède à sabots ordinaire pourrait être converti en girafe.

À l'encontre de cette conclusion, M. Mivart met en avant deux objections. L'une est que l'augmentation de la taille du corps requerrait évidemment une augmentation de l'approvisionnement en nourriture, et il considère « comme très problématique le point de savoir si les désavantages qui en naissent ne feraient pas, en temps de pénurie, plus qu'en contrebalancer les avantages ». Mais comme il existe de fait un grand nombre de girafes en Afrique du S., et comme certaines des antilopes les plus grandes du monde, plus hautes qu'un bœuf, y sont en abondance, pourquoi nous faudrait-il douter, en ce qui concerne la taille, que des gradations intermédiaires aient pu y exister par le passé, soumises comme aujourd'hui à des disettes rigoureuses ? Assurément, le fait d'être capable d'atteindre, à chacun des stades de l'accroissement de taille, une réserve de nourriture laissée intacte par les autres quadrupèdes à sabots du pays, a dû être de quelque avantage pour la girafe à l'état naissant. Nous ne devons pas non plus négliger le fait que l'accroissement de la masse agit sans doute comme une protection contre presque toutes les bêtes de proie, à l'exception du lion ; et contre cet animal, son long cou – et plus il est long, plus il vaut – doit servir, comme M. Chauncey Wright l'a remarqué, de tour de guet. C'est pour cette raison, comme le remarque *Sir* S. Baker, qu'aucun animal n'est plus difficile à chasser à l'approche que la girafe. Cet animal utilise également son long cou comme moyen offensif ou défensif en balançant violemment sa tête, qui est armée de tronçons de cornes. La préservation de chaque espèce peut rarement être déterminée par quelque avantage unique, mais elle l'est par l'union de tous les avantages, grands et petits.

M. Mivart pose ensuite cette question (et c'est sa seconde objection) : si la sélection naturelle est si puissante, et si le fait de brouter en hauteur est un avantage si grand, pourquoi n'y a-t-il pas, à côté de la girafe et, à un moindre degré, du chameau, du guanaco et du *macrauchenia*, un seul autre quadrupède à sabots qui ait acquis un long cou et une haute stature ? Ou bien pourquoi n'y a-t-il pas un seul représentant du groupe qui ait acquis une longue trompe ? À l'égard de l'Afrique du S., qui était jadis habitée par de nombreux troupeaux de girafes, il n'est pas difficile de répondre, et je ne saurais mieux le faire qu'en proposant une illustration. Dans chaque prairie anglaise où poussent des arbres, nous voyons que les branches inférieures sont taillées ras et parfaitement à l'horizontale, car broutées par les chevaux ou les bœufs ; quel avantage y aurait-il, par exemple, pour les moutons, s'ils y étaient élevés, à acquérir un cou légèrement plus long ? Dans chaque région, un certain type d'animal est presque certainement capable de brouter plus haut que les autres ; et il est presque également certain que cette seule espèce pourrait avoir le cou allongé à cette fin, grâce à la sélection naturelle et aux effets d'un usage augmenté. En Afrique du S., la concurrence pour brouter les branches les plus hautes des acacias et d'autres arbres doit opposer les girafes entre elles, et non la girafe et les autres animaux ongulés.

La question de savoir pourquoi, dans d'autres régions du monde, divers animaux qui appartiennent au même ordre n'ont pas acquis un cou allongé ni une trompe, ne peut recevoir de réponse claire ; mais il est aussi déraisonnable d'attendre une réponse claire à une telle question que d'attendre de savoir pourquoi un certain événement de l'histoire de l'humanité ne s'est pas produit dans tel pays, alors qu'il s'est produit dans tel autre. Nous sommes ignorants au sujet des conditions qui déterminent le nombre de représentants et le territoire de chaque espèce ; et nous ne pouvons pas même conjecturer quels changements de structure seraient favorables à son accroissement dans un nouveau pays. Nous pouvons voir cependant, d'une manière générale, que diverses causes ont pu s'opposer au développement d'un long cou ou d'une trompe. Atteindre le feuillage situé à une hauteur considérable (sans grimper, ce pour quoi les animaux à sabots sont singulièrement mal construits) implique une masse corporelle considérablement accrue ; et nous savons que certaines zones entretiennent singulièrement peu de grands quadrupèdes, par exemple l'Amérique du S., bien qu'elle soit si luxuriante ; tandis que l'Afrique du S. en contient une abondance inégalée. Pourquoi il en est ainsi, nous n'en savons rien ; non plus que nous ne savons pourquoi les dernières époques du tertiaire ont dû être beaucoup plus favorables à leur existence que les temps actuels. Quelles qu'en aient été les causes, nous pouvons voir que certaines régions et certaines périodes ont dû être beaucoup plus favorables que d'autres au développement d'un quadrupède aussi grand que la girafe.

Pour qu'un animal acquière quelque structure spécialement et considérablement développée, il est presque indispensable que plusieurs autres parties soient modifiées et co-adaptées. Bien que chaque partie du corps ne varie que légèrement, il ne s'ensuit pas que les parties nécessaires varient toujours dans la direction qui convient et au degré qui convient. Chez les différentes espèces de nos animaux domestiques, nous savons que les parties varient de différentes manières et à des degrés différents ; et que certaines espèces sont beaucoup plus variables que d'autres. Même si les variations appropriées sont effectivement apparues, il ne s'ensuit pas que la sélection naturelle ait été capable d'agir sur elles et de produire une structure qui fût apparemment bénéfique pour l'espèce. Par exemple, si le nombre des individus qui habitent un pays est déterminé principalement par la destruction que causent les bêtes de proie, par les parasites externes ou internes, &c., comme cela semble être le cas souvent, alors la sélection naturelle n'aura qu'un faible effet, ou sera considérablement retardée, dans la modification de quelque structure particulière permettant de se procurer de la nourriture. Enfin, la sélection naturelle est un processus lent, et les mêmes conditions favorables doivent perdurer longtemps pour que quelque effet marqué puisse être ainsi produit. À moins donc d'assigner ces raisons générales et vagues, nous ne pouvons pas expliquer pourquoi, dans de nombreuses régions du monde, les quadrupèdes à sabots n'ont pas acquis de cous très allongés ou de moyens autres pour brouter les branches les plus hautes des arbres.

Des objections de même nature que celles qui précèdent ont été avancées par de nombreux auteurs. Dans chaque cas, diverses causes, outre les causes générales que l'on vient d'indiquer, se sont probablement opposées à l'acquisition par la sélection naturelle de structures dont on pense qu'elles seraient bénéfiques à certaines espèces. Un auteur demande pourquoi l'autruche n'a pas acquis la capacité de voler. Mais un instant de réflexion montrera quelle énorme réserve de nourriture serait nécessaire pour donner à cet oiseau du désert la force de mouvoir son gigantesque corps dans les airs. Les îles océaniques sont habitées par des chauves-souris et par des phoques, mais ne le sont pas par des mammifères terrestres ; pourtant, comme certaines de ces chauves-souris sont des espèces particulières, elles ont dû occuper longtemps leur habitat actuel. C'est pourquoi *Sir* C. Lyell pose cette question, à laquelle il propose certains éléments de réponse : pourquoi les phoques et les chauves-souris n'ont-ils pas donné naissance sur ces îles à des formes adaptées à la vie terrestre ? Mais les phoques seraient nécessairement convertis, dans un premier temps, en animaux carnivores terrestres d'une taille considérable, et les chauves-souris en animaux insectivores terrestres ; pour les premiers, il n'y aurait nulle proie ; pour les chauves-souris, les insectes vivant sur le sol serviraient de nourriture, mais ils seraient déjà largement la proie des reptiles ou des oiseaux, qui sont les premiers à coloniser la plupart des îles océaniques et y abondent. Les gradations de structure, à chaque stade bénéfique à une espèce en cours de changement, seront favorisées dans certaines conditions particulières seulement. Un animal strictement terrestre, en chassant parfois dans les eaux peu profondes pour se nourrir, puis dans les torrents ou les lacs, pourrait finir par être converti en un animal si parfaitement aquatique qu'il braverait l'océan. Mais les phoques ne trouveraient pas sur les îles océaniques les conditions favorables à leur reconversion graduelle en une forme terrestre. Les chauves-souris, comme on l'a montré précédemment, ont probablement acquis leurs ailes en commençant par planer dans les airs d'arbre en arbre, comme ce que l'on nomme les écureuils volants, afin d'échapper à leurs ennemis ou d'éviter les chutes ; mais la capacité de voler véritablement une fois acquise, elle ne saurait être reconvertie à rebours, du moins pour les fins mentionnées, en cette capacité moins efficace de planer dans les airs. Les chauves-souris auraient pu en effet, comme de nombreux oiseaux, avoir les ailes considérablement réduites, ou les avoir complètement perdues, en raison du défaut d'usage ; mais dans ce cas il aurait été nécessaire qu'elles aient acquis d'abord la capacité de courir rapidement sur le sol, avec l'aide de leurs seuls membres postérieurs, afin de concurrencer les oiseaux et d'autres animaux vivant au sol ; et pour un tel changement, une chauve-souris semble singulièrement mal adaptée. Ces remarques conjecturales n'ont été faites que pour montrer qu'une transition de structure, dont chaque étape est bénéfique, est une affaire hautement complexe ; et qu'il n'y a rien d'étrange à ce qu'une transition ne se soit pas produite dans quelque cas particulier.

Enfin, plus d'un auteur a demandé pourquoi certains animaux ont vu leurs capacités mentales atteindre un plus haut degré de développement que d'autres, puisque ce développement devait être avantageux pour tous. Pourquoi les singes n'ont-ils pas acquis les capacités intellectuelles de l'homme ? À cela, on pourrait assigner diverses causes ; mais comme toutes sont des conjectures et que leurs probabilités relatives ne peuvent être pesées, il serait inutile de les citer. Il ne faut pas attendre de réponse définie à cette dernière question, étant donné que nul ne peut résoudre le problème plus simple de savoir pourquoi, de deux races de sauvages, l'une s'est élevée plus haut que l'autre sur l'échelle de la civilisation; ce qui implique apparemment l'accroissement des capacités du cerveau.

Revenons aux autres objections de M. Mivart. Les insectes ressemblent souvent, pour des raisons de protection, à divers objets, tels que des feuilles vertes ou gâtées, des brindilles mortes, des bouts de lichen, des fleurs, des aiguilles, des excréments d'oiseaux et des insectes vivants ; mais sur ce dernier point j'aurai à revenir plus loin. La ressemblance est souvent extraordinairement exacte, et ne se limite pas à la couleur, mais s'étend à la forme, et même à la manière dont se tiennent les insectes. Les chenilles qui dépassent des buissons dont elles se nourrissent, aussi immobiles que leurs brindilles mortes, offrent un excellent exemple d'une ressemblance de ce genre. Les cas d'imitation d'objets tels que les excréments des oiseaux sont rares et exceptionnels. À ce sujet, M. Mivart remarque : « Puisque, selon la théorie de M. Darwin, il existe une tendance constante à une variation indéfinie, et puisque les minuscules variations naissantes auront lieu dans *toutes les directions*, elles doivent tendre à se neutraliser les unes les autres, et à former d'abord des modifications si instables qu'il est difficile, sinon impossible, de voir comment ces oscillations indéfinies de prémices infinitésimales peuvent jamais élaborer une ressemblance avec une feuille, un bambou ou un autre objet qui soit suffisamment appréciable pour que la Sélection Naturelle s'en saisisse et la perpétue ».

Mais dans tous les cas qui précèdent, les insectes dans leur état originel présentaient sans aucun doute quelque ressemblance grossière et accidentelle avec un objet dont la présence est courante dans les stations qu'ils fréquentent. Cela n'a d'ailleurs rien d'improbable si l'on considère le nombre presque infini d'objets qui les environnent, ainsi que la diversité de formes et de couleurs des foules d'insectes qui existent. Puisqu'une certaine ressemblance grossière est nécessaire comme point de départ, nous pouvons comprendre comment il se fait que les plus gros et les plus grands animaux (à l'exception, pour autant que je le sache, d'un poisson) ne ressemblent pas, pour leur protection, à des objets particuliers, mais seulement à la surface qui les environne couramment, et cela principalement sous le rapport de la couleur. En supposant qu'un insecte se soit trouvé originellement ressembler, à quelque degré, à une brindille morte ou à une feuille gâtée et qu'il ait varié légèrement de nombreuses façons, alors toutes les variations qui rendaient cet insecte d'un degré plus semblable à un tel objet, et favorisaient ainsi sa sauvegarde, auront été préservées, tandis que d'autres variations auront été négligées et finalement perdues ; ou bien, si elles rendaient l'insecte d'un degré moins semblable à l'objet imité, elles auront été éliminées. Il y aurait certes de la force dans l'objection de M. Mivart, si nous tentions d'expliquer les ressemblances évoquées indépendamment de la sélection naturelle, par la seule variabilité fluctuante ; mais en l'occurrence il n'y en a aucune.

Je ne vois pas non plus la moindre force dans la difficulté que soulève M. Mivart en ce qui concerne « les dernières touches de perfectionnement dans l'imitation » ; comme dans le cas, cité par M. Wallace, d'un insecte-canne [phasme. *Ndt.*] (*Ceroxylus laceratus*), qui ressemble à « un bâton recouvert d'une mousse rampante ou jungermannia ». Cette ressemblance était si exacte qu'un indigène

Dyak soutenait que les excroissances foliacées étaient en effet de la mousse. Les insectes sont la proie des oiseaux et d'autres ennemis dont la vue est probablement plus fine que la nôtre, et tout degré de ressemblance qui peut aider un insecte à échapper à l'attention ou à éviter d'être repéré doit tendre à sa préservation ; et plus la ressemblance est parfaite, mieux cela vaut pour l'insecte. Si l'on considère la nature des différences entre les espèces du groupe qui comprend le *Ceroxylus* évoqué plus haut, il n'y a rien d'improbable à ce que cet insecte ait varié sous le rapport des irrégularités de sa surface, et à ce que ces dernières soient devenues plus ou moins vertes ; car dans chaque groupe les caractères qui diffèrent chez les diverses espèces sont les plus susceptibles de varier, tandis que les caractères génériques, c'est-à-dire ceux qui sont communs à toutes les espèces, sont les plus constants.

La baleine du Groenland est l'un des animaux les plus extraordinaires au monde, et les fanons sont l'une de ses plus grandes particularités. Les fanons consistent, de chaque côté de la mâchoire supérieure, en une rangée d'environ 300 plaques, ou lames, serrées les unes contre les autres et disposées transversalement à l'axe le plus long de la bouche. À l'intérieur de la rangée principale se trouvent des rangées secondaires. Les extrémités et les rebords intérieurs de toutes les plaques sont éraflés et hérissés de pointes rigides, qui tapissent l'ensemble du gigantesque palais et servent à tamiser ou filtrer l'eau, permettant ainsi de procurer à ces grands animaux les proies minuscules qui sont leur moyen de subsistance. La lame médiane, la plus longue, a chez la baleine du Groenland une longueur de dix, douze, voire quinze pieds [3,05 m ; 3,65 m ; 4,57 m. *Ndt.*] ; mais il existe chez les différentes espèces de Cétacés des gradations de longueur ; en effet, la lame médiane a, selon Scoresby, quatre pieds [1,22 m. *Ndt.*] de longueur chez une certaine espèce, trois pieds [0,91 m. *Ndt.*] chez une autre, dix-huit pouces [0,46 m. *Ndt.*] chez une autre encore, et seulement neuf pouces environ [0,23 m. *Ndt.*] chez la *Balænoptera rostrata*. La qualité des fanons diffère également chez les différentes espèces.

En ce qui concerne les fanons, M. Mivart remarque que « une fois atteints une taille et un développement tels qu'ils puissent avoir quelque utilité, alors leur préservation et leur accroissement, dans la limite des services qu'ils peuvent rendre, seraient mis en œuvre par la seule sélection naturelle. Mais comment obtenir les prémices de cet utile développement ? » En réponse, on pourra demander : pourquoi les ancêtres lointains de la baleine pourvue de fanons n'auraient-ils pas possédé une bouche construite plus ou moins comme le bec lamellaire d'un canard ? Les canards, comme les baleines, trouvent leur subsistance en filtrant la boue et l'eau ; et la famille a parfois reçu le nom de *Criblatores*, c'est-à-dire tamiseurs. J'espère que l'on ne se méprendra pas au point de me faire dire que les ancêtres des baleines possédaient effectivement une bouche lamellaire comme le bec d'un canard. Je souhaite seulement montrer que cela n'a rien d'incroyable, et que les immenses plaques de fanons que l'on voit chez la baleine du Groenland auraient pu se développer à partir de lamelles de ce type par des étapes finement graduées, rendant chacune quelque service à son possesseur.

Le bec d'un souchet (*Spatula clypeata*) est une structure plus belle et plus complexe que la bouche d'une baleine. La mâchoire supérieure est pourvue de chaque côté (sur le spécimen que j'ai examiné) d'une rangée, ou d'un peigne, formée de 188 lamelles fines et élastiques, taillées obliquement en biseau de façon qu'elles soient pointues, et placées transversalement à l'axe le plus long de la bouche. Elles partent du palais et sont attachées par des membranes flexibles aux côtés de la mâchoire. Celles qui sont situées vers le milieu sont les plus longues, avec une longueur d'environ un tiers de pouce [0,84 cm. *Ndt.*], et elles font saillie de 0,14 pouce [0,35 cm] sous le rebord. À leur base se trouve une courte rangée secondaire de lamelles transversales placées obliquement. À ces différents égards, elles ressemblent aux plaques de fanons situées dans la bouche des baleines. Mais vers l'extrémité du bec, elles en diffèrent beaucoup, car elles font saillie vers l'intérieur, au lieu d'être dirigées tout droit vers le bas. La tête tout entière du souchet, quoique incomparablement moins massive, fait environ un dix-huitième de la longueur de la tête d'une *Balænoptera rostrata* de taille moyenne, espèce dans laquelle le fanon n'est long que de neuf pouces [23 cm. *Ndt.*] ; de sorte que si nous voulions donner au souchet une tête aussi longue que celle de la *Balænoptera*, les lamelles auraient une longueur de six pouces [15 cm] – soit les deux tiers de la longueur du fanon dans cette espèce de baleine. La mâchoire inférieure du souchet est pourvue de lamelles d'une longueur égale à celles du haut, mais plus fines ; et, par cet arrangement, elle diffère très visiblement de la mâchoire inférieure d'une baleine, qui est dépourvue de fanons. En revanche, les extrémités de ces lamelles inférieures sont éraflées et hérissés de fines pointes, de sorte qu'elles ressemblent ainsi curieusement aux plaques de fanons. Dans le genre Prion, un membre de la famille distincte des Pétrels, seule la mâchoire supérieure est pourvue de lamelles, qui sont bien développées et font saillie sous le rebord, de sorte que le bec de cet oiseau ressemble à cet égard à la bouche de la baleine.

À partir de la structure hautement développée du bec du souchet, nous pourrons (comme me l'ont appris les informations et les spécimens que m'a envoyés M. Salvin), sans grande rupture, pour ce qui concerne l'aptitude à filtrer, en passant par le bec de la *Merganetta armata*, et à certains égards par celui de l'*Aix sponsa*, arriver au bec du canard commun. Dans cette dernière espèce, les lamelles sont bien plus grossières que chez le souchet, et elles sont fermement attachées aux côtés de la mâchoire ; elles ne sont qu'environ cinquante de chaque côté, et ne font pas du tout saillie sous le rebord. Elles ont un sommet carré et sont couvertes d'un tissu transparent assez dur, comme pour broyer de la nourriture. Les bords de la mâchoire inférieure sont striés de nombreuses arêtes fines, qui font très peu saillie. Bien que le bec soit ainsi très inférieur en tant que filtre à celui du souchet, cet oiseau pourtant, comme chacun le sait, l'utilise constamment à cette fin. Il y a d'autres espèces, m'informe M. Salvin, chez lesquelles les lamelles sont considérablement moins développées que chez le canard commun ; mais j'ignore si elles utilisent leur bec pour filtrer l'eau.

Tournons-nous vers un autre groupe de la même famille. Chez l'oie d'Égypte (*Chenalopex*), le bec ressemble étroitement à celui du canard commun ; mais les lamelles ne sont pas aussi nombreuses, ne sont pas aussi distinctes les unes des autres, et ne font pas autant saillie vers l'intérieur ; pourtant cette oie, comme m'en informe M. E. Bartlett, « utilise son bec comme un canard en rejetant l'eau par les coins ». Sa nourriture principale est cependant l'herbe, qu'elle arrache comme l'oie commune. Chez ce dernier oiseau, les lamelles de la mâchoire supérieure sont beaucoup plus grossières que chez le canard commun, sont presque confluentes, sont environ vingt-sept de chaque côté et se terminent à leur sommet par de petites protubérances semblables à des dents. Le palais est également couvert de protubérances rondes et dures. Les bords de la mâchoire inférieure sont garnis de dents beaucoup plus proéminentes, plus grossières et plus aiguës que chez le canard. L'oie commune ne filtre pas l'eau, mais utilise son bec exclusivement pour arracher ou couper les herbes, ce pour quoi il est si bien adapté qu'elle est capable de tondre l'herbe plus ras que n'importe quel autre animal ou presque. Il y a d'autres espèces d'oie, comme je l'apprends de M. Bartlett, chez lesquelles les lamelles sont moins développées que chez l'oie commune.

Nous voyons ainsi qu'un membre de la famille des canards dont le bec est construit comme celui de l'oie commune et adapté seulement à brouter, voire un membre dont le bec serait doté de lamelles moins bien développées, pourrait être converti par de petits changements en une espèce comme l'oie d'Égypte ; celle-ci en une espèce comme le canard commun ; et enfin en une espèce comme le souchet, qui est pourvu d'un bec presque exclusivement adapté au filtrage de l'eau ; car cet oiseau ne pourrait guère utiliser une quelconque partie de son bec, si ce n'est son extrémité en crochet, pour attraper ou arracher une nourriture solide. Le bec d'une oie, ajouterai-je, pourrait aussi être converti par de petits changements en un bec pourvu de dents proéminentes et recourbées, comme celles du *Merganser* (membre de la même famille), dont la destination tout à fait différente est d'assurer la capture de poissons vivants.

Revenons aux baleines. L'*Hyperoodon bidens* est privé de dents véritables en état de servir avec efficacité, mais son palais est raboteux, d'après Lacépède, parce que garni de petites pointes de corne dures et inégales. Il n'y a donc rien d'improbable à supposer que quelque forme ancienne de Cétacé était pourvue de semblables pointes de corne qui tapissaient son palais, mais étaient placées d'une façon un peu plus régulière, et qui, comme les protubérances qui se trouvent sur le bec de l'oie, l'aidaient à saisir ou à déchirer sa nourriture. Si tel était le cas, on ne saurait nier que ces pointes aient pu être converties grâce à la variation et à la sélection naturelle en des lamelles aussi bien développées que celles de l'oie d'Égypte, auquel cas elles auraient été utilisées à la fois pour saisir des objets et pour filtrer l'eau ; puis en des lamelles semblables à celles du canard domestique ; et ainsi de suite, jusqu'à ce qu'elles fussent aussi bien construites que celles du souchet, auquel cas elles auraient servi exclusivement d'appareil à filtrer. À partir de ce stade, où les lamelles auraient fait les deux tiers de la longueur des plaques de fanons que possède la *Balænoptera rostrata*, des gradations, que l'on peut observer chez les Cétacés encore existants, nous conduisent aux énormes plaques de fanons que possède la baleine du Groenland. Il n'y a pas non plus la moindre raison de douter que chaque degré gravi sur cette échelle ait pu être aussi utile à certains Cétacés anciens, étant entendu que les fonctions des parties changeaient lentement durant ce développement progressif, que les gradations présentées par les becs des différents membres actuels de la famille des canards. Nous devrions conserver à l'esprit que chaque espèce de canard est soumise à une rigoureuse lutte pour l'existence, et que la structure de toute partie de sa constitution doit être bien adaptée à ses conditions de vie.

Les Pleuronectidés, ou Poissons plats, sont remarquables par leur corps asymétrique. Ils reposent sur un de leurs côtés – dans la plupart des espèces sur le côté gauche, mais dans certaines sur le droit ; et l'on rencontre quelquefois des spécimens adultes chez lesquels ces positions sont inversées. La surface inférieure, c'est-à-dire celle sur laquelle ils reposent, ressemble à première vue à la surface ventrale d'un poisson ordinaire : elle est d'une couleur blanche, moins développée que le côté supérieur de bien des façons, pourvue de nageoires latérales qui sont souvent plus petites. Mais les yeux offrent la particularité la plus remarquable ; en effet, ils sont tous deux placés sur le côté supérieur de la tête. Durant leur première jeunesse, cependant, ils se trouvent dans des positions opposées, et l'ensemble du corps est alors symétrique, tandis que les deux faces sont également colorées. Bientôt, l'œil qui appartient au côté inférieur commence à glisser lentement vers le contour de la tête pour rejoindre le côté supérieur ; mais il ne traverse pas directement le squelette, comme on croyait auparavant que c'était le cas. Il est évident que l'œil inférieur, à moins de faire le tour de cette façon, ne pourrait pas être utilisé par le poisson lorsqu'il se trouve dans sa position habituelle, sur le côté. L'œil inférieur aurait pu en outre être abrasé par le fond sablonneux. Que les Pleuronectidés soient admirablement adaptés, par le moyen de leur structure plate et asymétrique, à leurs habitudes de vie, la chose est manifeste, puisque de nombreuses espèces, telles que les soles, les plies, &c., sont extrêmement communes. Les principaux avantages acquis de la sorte semblent être une protection contre leurs ennemis et une plus grande facilité à se nourrir sur le fond. Cependant, les différents membres de la famille présentent, comme le remarque Schiödte, « une longue série de formes montrant une transition graduelle depuis *Hippoglossus pinguis*, qui ne modifie pas à un degré considérable la forme qu'il a lorsqu'il sort de l'œuf, jusqu'aux soles, qui sont entièrement passées d'un seul côté ».

M. Mivart s'est arrêté sur ce cas et remarque qu'une transformation soudaine et spontanée de la position des yeux n'est guère concevable, ce sur quoi je suis tout à fait d'accord avec lui. Plus loin, il ajoute : « Si le déplacement était graduel, alors comment ce déplacement d'un œil d'une infime fraction du parcours en direction de l'autre côté de la tête pourrait être bénéfique pour l'individu, voilà qui est, en vérité, loin d'être clair. Il semble même que dans ses stades initiaux une telle transformation ait dû être plutôt nuisible. » Mais il aurait pu trouver une réponse à cette objection dans les excellentes observations publiées par Malm en 1867. Les Pleuronectidés, lorsqu'ils sont très jeunes et encore symétriques, et que leurs yeux se trouvent des côtés opposés de la tête, ne peuvent garder longtemps une position verticale, en raison de la hauteur excessive de leur corps, de la petite taille de leurs nageoires latérales et du fait qu'ils sont dépourvus de vessie natatoire. C'est pourquoi ils se fatiguent vite et tombent au fond de l'eau, sur un côté. Pendant ce repos, ils tournent souvent, comme l'observe Malm, leur œil inférieur vers le haut, pour voir au-dessus d'eux ; et ils le font si vigoureusement que l'œil est fortement comprimé contre la partie supérieure de l'orbite. En conséquence, le front entre les yeux, comme on peut le voir clairement, se resserre temporairement en largeur. Malm eut un jour l'occasion de voir un jeune poisson lever et abaisser l'œil inférieur sur une distance angulaire d'environ soixante-dix degrés.

Nous devons nous rappeler que le crâne, à ce jeune âge, est cartilagineux et flexible, de sorte qu'il s'infléchit aisément sous l'action des muscles. On sait également que chez les animaux supérieurs, même après la première jeunesse, le crâne s'infléchit et change de forme, si la peau ou les muscles se trouvent contractés en permanence du fait d'une maladie ou de quelque accident. Chez les lapins qui possèdent de longues oreilles, si l'une des oreilles est pliée vers l'avant et vers le bas, son poids entraîne vers l'avant tous les muscles du crâne qui sont situés du même côté, ce dont j'ai donné ailleurs une figure. Malm fait état de ce que, juste après l'éclosion, les jeunes fraîchement éclos des perches, du saumon et de plusieurs autres poissons symétriques ont l'habitude de reposer de temps en temps sur le côté au fond de l'eau ; et il a observé qu'ils font alors souvent de grands efforts pour regarder vers le haut avec leur œil supérieur ; et leur crâne subit ainsi quelque effet de torsion. Ces poissons cependant sont capables d'emblée de se tenir dans une position verticale, et il n'en résulte donc aucun effet permanent. Chez les Pleuronectidés, au contraire, plus ils vieillissent, plus ils ont l'habitude de reposer sur l'un des côtés, pour la raison que leur corps est sans cesse plus plat, et il en résulte un effet permanent sur la forme de la tête et sur la position des yeux. À en juger par l'analogie, la tendance à la distorsion doit sans aucun doute être accrue par le principe de l'hérédité. Schiödte croit, contre certains autres naturalistes, que les Pleuronectidés ne sont pas tout à fait symétriques dans l'embryon lui-même ; et s'il en était ainsi, nous pourrions comprendre comment il se fait que certaines espèces, lorsqu'elles sont jeunes, tombent habituellement et reposent sur le côté gauche, et d'autres espèces, sur le côté droit. Malm ajoute, à titre de confirmation de l'opinion émise plus haut, que le *Trachypterus arcticus* adulte, qui n'est pas de la famille des Pleuronectidés, repose sur le côté gauche au fond de l'eau et nage en diagonale ; et l'on dit que, chez ce poisson, les deux côtés de la tête sont quelque peu dissemblables. Notre grande autorité sur les Poissons, le Dr Günther, conclut son résumé de l'article de Malm en remarquant que « l'auteur donne une explication très simple de l'état anormal des Pleuronectoïdes ».

Nous voyons ainsi que les premiers stades du déplacement d'un œil d'un côté de la tête à l'autre, dont M. Mivart considère qu'il serait nuisible, peut être attribué à l'habitude, sans aucun doute bénéfique pour l'individu et pour l'espèce, de s'efforcer de regarder vers le haut avec les deux yeux, pendant le repos sur le côté au fond de l'eau. Nous attribuerons également aux effets hérités de l'usage le fait que la bouche, chez plusieurs types de poissons plats, soit inclinée vers la surface inférieure, ce côté de la tête, celui qui est dépourvu d'œil, possédant des os maxillaires plus forts et plus efficaces que l'autre, afin, comme le suppose le Dr Traquair, de se nourrir sans difficulté sur le fond. Le défaut d'usage expliquera en revanche l'état moins développé de toute la moitié inférieure du corps, nageoires latérales comprises ; cela bien que Yarrell pense que la taille réduite de ces nageoires soit avantageuse pour ce poisson, puisqu'« elles ont tellement moins d'espace pour agir que n'en ont les grandes nageoires du dessus ». Peut-être le nombre de dents moindre sur la moitié supérieure des deux mâchoires du carrelet, dans la proportion de quatre à sept contre vingt-cinq à trente sur la moitié inférieure, s'explique-t-il de même par le défaut d'usage. L'état de la surface ventrale de la plupart des poissons et de nombreux autres animaux, qui est incolore, peut nous faire supposer raisonnablement que chez le poisson plat l'absence de couleur sur le côté situé en dessous, qu'il s'agisse du droit ou du gauche, est due à la privation de lumière. Mais on ne saurait supposer que l'apparence particulière du côté supérieur de la sole, qui est tacheté et ressemble tant au fond sableux de la mer, ou la capacité qu'ont certaines espèces, comme l'a récemment montré Pouchet, de modifier leur couleur en l'accommodant à la surface environnante, ou encore la présence de tubercules osseux sur le côté supérieur du turbot, sont dues à l'action de la lumière. Ici, la sélection naturelle est probablement entrée en jeu, comme elle l'a fait pour adapter la forme générale du corps de ces poissons, et bien d'autres particularités, à leurs habitudes de vie. Nous devrions nous rappeler, comme je l'ai souligné précédemment, que les effets héréditaires de l'usage augmenté des parties, et peut-être du défaut d'usage de ces mêmes parties, seront renforcés par la sélection naturelle. Car toutes les variations spontanées qui vont dans la bonne direction seront ainsi préservées ; tout comme le seront les individus qui héritent au plus haut degré les effets de l'usage augmenté et bénéfique d'une quelconque partie. Quelle part il faut attribuer dans chaque cas particulier aux effets de l'usage, et quelle part revient à la sélection naturelle, il semble impossible d'en décider.

Je donnerai un autre exemple d'une structure qui doit apparemment son origine exclusivement à l'usage ou à l'habitude. L'extrémité de la queue de certains singes américains a été convertie en un organe préhensile d'une perfection extraordinaire, et sert de cinquième main. Un critique qui s'accorde avec M. Mivart dans le moindre détail remarque au sujet de cette structure : « Il est impossible de croire que, à toutes époques que l'on voudra, la première légère tendance à l'accrochage, en son stade initial, puisse préserver la vie des individus qui la possèdent, ou favoriser leurs chances d'avoir et d'élever une descendance ». Mais une conviction de ce genre n'est nullement nécessaire. L'habitude – et cela implique presque qu'il en découle quelque bénéfice, grand ou petit – a dû en toute probabilité suffire à cette tâche. Brehm a vu les petits d'un singe africain (*Cercopithecus*) s'agripper à la face ventrale de leur mère avec leurs mains, et dans le même temps ils accrochaient leur petite queue autour de celle de leur mère. Le Professeur Henslow a élevé en captivité des rats des moissons (*Mus messorius*), dont la queue, dans sa structure, n'est pas préhensile ; mais il a fréquemment observé qu'ils enroulaient leur queue autour des branches d'un buisson placé dans la cage et s'aidaient ainsi à y grimper. Une description analogue m'a été faite par le Dr Günther, qui a vu un rat se suspendre de la sorte. Si le rat des moissons avait été plus strictement arboricole, sa queue serait peut-être devenue préhensile dans sa structure, comme c'est le cas de certains représentants du même ordre. Pourquoi *Cercopithecus*, si l'on considère ses habitudes lorsqu'il est jeune, n'a pas fini par être pourvu d'une telle queue, il serait difficile de le dire. Il est cependant possible que la longue queue de ce singe lui soit plus utile comme organe d'équilibre lors de ses bonds prodigieux que comme organe préhensile.

Les glandes mammaires sont communes à toute la classe des mammifères, et sont indispensables à leur existence ; elles ont dû par conséquent être développées à une époque extrêmement reculée, et nous ne pouvons rien savoir de catégorique sur la manière dont s'est accompli leur développement. M. Mivart demande : « Est-il concevable que le petit d'un quelconque animal ait jamais été sauvé de la destruction pour avoir sucé accidentellement une goutte d'un fluide à peine nourrissant tiré d'une glande cutanée accidentellement hypertrophiée chez sa mère ? Et même si cela est arrivé un jour, quelles chances y avait-il que se perpétuât une telle variation ? » Mais le cas n'est pas présenté ici d'une façon équitable. Il est admis par la plupart des évolutionnistes que les glandes mammaires sont issues d'une forme marsupiale ; et s'il en est ainsi, les glandes mammaires ont dû être développées d'abord à l'intérieur du sac marsupial. Dans le cas du poisson (*Hippocampus*) [parenthèses injustifiées dans le texte original. *Ndt.*], les œufs sont couvés et les petits élevés pour un temps à l'intérieur d'un sac de cette nature ; et un naturaliste américain, M. Lockwood, pense, d'après ce qu'il a vu du développement des petits, qu'ils sont nourris par une sécrétion des glandes cutanées du sac. En ce qui concerne maintenant les lointains aïeux des mammifères, avant, pour ainsi dire, qu'ils n'aient mérité d'être désignés ainsi, n'est-il pas au moins possible que les petits aient pu être semblablement nourris ? Et dans ce cas, les individus sécrétant un fluide qui était à quelque degré ou de quelque manière le plus nourrissant, au point de participer de la nature du lait, ont dû, sur le long terme, élever un plus grand nombre de descendants bien nourris que les individus qui sécrétaient un fluide plus pauvre ; et ainsi les glandes cutanées, qui sont les homologues des glandes mammaires, ont dû être améliorées ou rendues plus efficaces. Il est cohérent avec le principe très étendu de la spécialisation que les glandes, sur un certain espace du sac, aient fini par avoir un plus grand développement que le reste ; et elles ont dû former alors un sein, mais dans un premier temps sans mamelon, comme on le voit chez l'Ornithorynque, à la base de la série des mammifères. Sous l'effet de quelle action – qu'il s'agisse en partie de la compensation de croissance, de l'usage ou de la sélection naturelle – les glandes sont devenues, sur un certain espace, plus nettement spécialisées que les autres, je ne prétendrai pas en décider.

Le développement des glandes mammaires aurait été inutile et n'aurait pu se réaliser grâce à la sélection naturelle si les jeunes n'avaient pas été dans le même temps capables d'absorber la sécrétion. Il n'est pas plus difficile de comprendre de quelle façon les jeunes mammifères ont instinctivement appris à téter, que de comprendre de quelle façon les poussins non encore éclos ont appris à briser la coquille de l'œuf en la frappant de leur bec spécialement adapté ; ou de quelle façon ils ont appris, quelques heures après leur sortie, à picorer des grains de nourriture. Dans des cas de ce genre, la solution la plus probable semble être que l'habitude fut tout d'abord acquise par la pratique à un âge plus avancé, et transmise ensuite à la descendance à un âge plus précoce. Mais on dit que le jeune kangourou ne tête pas et se contente de rester agrippé au mamelon de sa mère, qui a la capacité d'injecter du lait dans la bouche de sa progéniture sans défense et à demi formée. À ce sujet, M. Mivart remarque : « S'il n'existait aucune prévoyance spéciale, le petit devrait être infailliblement étouffé par l'intrusion du lait dans la trachée. Mais il *existe* une prévoyance spéciale. Le larynx est allongé de telle façon qu'il remonte jusqu'à l'extrémité postérieure du conduit nasal, et il est ainsi à même de laisser entrer librement l'air destiné aux poumons, tandis que le lait passe sans causer le moindre mal de chaque côté de ce larynx allongé, pour atteindre de la sorte en toute sûreté l'œsophage qui le prolonge ». M. Mivart demande alors comment la sélection naturelle a supprimé chez le kangourou adulte (et chez la plupart des autres mammifères, si l'on admet l'hypothèse qu'ils sont issus d'une forme marsupiale) « cette structure pour le moins parfaitement anodine et inoffensive ». On peut suggérer en réponse que la voix, qui possède certainement une haute importance pour de nombreux animaux, n'aurait guère pu être utilisée avec sa pleine puissance tant que le larynx pénétrait dans le conduit nasal ; et le Professeur Flower m'a suggéré que cette structure aurait constitué un grand inconvénient dans le cas d'un animal qui avale une nourriture solide.

Nous nous tournerons maintenant brièvement vers les divisions inférieures du règne animal. Les Échinodermes (étoiles de mer, oursins, &c.) sont pourvus d'organes remarquables, que l'on nomme pédicellaires, qui consistent, lorsqu'ils sont bien développés, en une pince tridactyle – c'est-à-dire formée de trois bras dentelés, soigneusement ajustés ensemble et placés au sommet d'une tige flexible mue par des muscles. Ces pinces sont à même de se saisir fermement de n'importe quel objet ; et Alexandre Agassiz a vu un *Echinus*, ou oursin, faire passer rapidement des particules d'excrément d'une pince à une autre le long de certaines lignes de son corps, afin d'éviter que sa coquille ne fût souillée. Mais il ne fait aucun doute qu'en plus d'enlever toute sorte de salissures, elles ne soient assujetties à d'autres fonctions ; et l'une d'entre elles paraît être la défense.

En ce qui concerne ces organes, M. Mivart, comme il l'a déjà fait en de nombreuses autres occasions, demande : « Quelle serait l'utilité des *premiers commencements rudimentaires* de ces structures, et comment ces premiers bourgeonnements auraient-ils jamais pu préserver la vie d'un seul *Echinus* ? » Et d'ajouter : « même le développement *soudain* de l'action de happer n'aurait pu être bénéfique sans la tige mobile à volonté, pas plus que cette dernière n'aurait pu être efficace sans les mâchoires propres à happer, et pourtant il n'est pas possible que de minuscules variations indéfinies aient suffi pour développer ces complexes coordinations de structure ; si l'on nie cela, il semble tout bonnement que l'on soutienne un paradoxe ahurissant ». Aussi paradoxal que cela puisse sembler à M. Mivart, il existe assurément des pinces tridactyles, fixées à leur base d'une façon inamovible, mais capables d'une action consistant à happer, sur certaines étoiles de mer ; ce que l'on peut comprendre si elles servent, au moins en partie, de moyen de défense. M. Agassiz, à la grande amabilité duquel je suis redevable de bien des informations sur ce sujet, m'informe qu'il existe d'autres étoiles de mer, chez lesquelles l'un des trois bras de la pince est réduit à l'état de support des deux autres ; et d'autres genres encore, chez lesquels le troisième bras a été complètement perdu. Chez *Echinoneus*, la coquille est décrite par M. Perrier comme portant deux types de pédicellaires, dont l'un ressemble à ceux d'*Echinus*, et l'autre à ceux de *Spatangus* ; et de tels cas sont toujours intéressants en ce qu'ils fournissent le moyen de transitions apparemment soudaines, par le biais de l'avortement de l'un des deux états d'un organe.

En ce qui concerne les étapes par lesquelles ces curieux organes se sont développés, M. Agassiz conclut de ses propres recherches et de celles de Müller que, tant chez les étoiles de mer que chez les oursins, les pédicellaires doivent être regardés sans aucun doute comme des épines modifiées. On peut le conclure de la manière dont ils se développent chez l'individu, ainsi que d'une longue série parfaite de gradations chez différentes espèces et différents genres, depuis de simples granules jusqu'à des épines ordinaires, puis jusqu'à de parfaits pédicellaires tridactyles. La gradation s'étend même à la manière dont les épines ordinaires et les pédicellaires, avec les baguettes calcaires qui les portent, sont articulés à la coquille. Dans certains genres d'étoiles de mer, on trouve « même les combinaisons nécessaires pour montrer que les pédicellaires ne sont que des épines ramifiées qui ont été modifiées ». Nous avons ainsi des épines fixes dotées de trois branches équidistantes, dentelées et mobiles articulées à elles près de leur base ; et plus haut, sur la même épine, trois autres branches mobiles. Or, lorsque ces dernières se dressent au sommet d'une épine, elles forment en fait un pédicellaire tridactyle grossier, et c'est ce que l'on peut voir sur la même épine en même temps que les trois branches placées plus bas. Dans ce cas, l'identité de nature entre les bras des pédicellaires et les branches mobiles d'une épine est on ne peut plus nette. On admet en général que les épines ordinaires servent de protection ; et s'il en est ainsi, il ne saurait y avoir de raison de douter que celles qui sont pourvues de branches dentelées et mobiles obéissent elles aussi à la même destination ; et elles serviraient ainsi plus efficacement encore à partir du moment où, en se rejoignant, leur action serait celle d'un appareil préhensile ou propre à happer. Ainsi, chaque gradation, depuis une épine fixe ordinaire jusqu'à un pédicellaire fixe, offrirait quelque utilité.

Dans certains genres d'étoiles de mer, ces organes, au lieu d'être fixés ou posés sur un support immobile, sont placés au sommet d'une tige flexible et musculaire, quoique courte ; et dans ce cas ils sont probablement assujettis, en dehors de la défense, à quelque fonction supplémentaire. Chez les oursins, on peut suivre les étapes par lesquelles une épine fixe s'articule à la coquille, et devient ainsi mobile. J'aimerais avoir ici de l'espace pour donner un résumé plus complet des intéressantes observations de M. Agassiz sur le développement des pédicellaires. On trouve en outre, ajoute-t-il, toutes les gradations possibles entre les pédicellaires des étoiles de mer et les crochets des Ophiures, autre groupe des Échinodermes ; et de même entre les pédicellaires des oursins et les ancres des Holothuries, qui appartiennent aussi à la même grande classe.

Certains animaux composés, ou zoophytes, comme on les a désignés, à savoir les Polyzoaires, sont pourvus d'organes curieux que l'on nomme aviculaires. Leur structure diffère beaucoup chez les différentes espèces. Dans leur état le plus parfait, ils ressemblent curieusement à la tête et au bec d'un vautour en miniature, posés sur un cou et capables de mouvement, tout comme l'est la mâchoire inférieure ou mandibule. Chez une espèce que j'ai observée, tous les aviculaires situés sur la même branche bougeaient souvent simultanément en arrière et en avant, d'un angle d'environ 90 degrés, sur une durée de cinq secondes, la mâchoire inférieure se trouvant largement ouverte ; et leur mouvement faisait trembler l'ensemble du polyzoaire. Lorsque l'on touche les mâchoires avec une aiguille, ils s'en saisissent si fermement que l'on peut ainsi secouer toute la branche.

M. Mivart mentionne ce cas, en raison principalement de la difficulté qu'il y aurait à ce que des organes, en l'occurrence les aviculaires des Polyzoaires et les pédicellaires des Échinodermes, qu'il considère comme « essentiellement semblables », aient été développés par la sélection naturelle dans des divisions largement distinctes du règne animal. Mais, en ce qui concerne la structure, je ne vois aucune ressemblance entre des pédicellaires tridactyles et des aviculaires. Ces derniers ressemblent un peu plus étroitement aux chélates, ou pinces, des Crustacés ; et M. Mivart aurait pu mentionner tout aussi pertinemment cette ressemblance, ou même leur ressemblance avec la tête et le bec d'un oiseau, comme une difficulté spéciale. M. Busk, le Dr Smitt et le Dr Nitsche – naturalistes qui ont attentivement étudié ce groupe – tiennent les aviculaires pour les homologues des zooïdes et de leurs cellules, qui composent le zoophyte ; la lèvre ou couvercle mobile de la cellule correspondant à la mandibule inférieure et mobile de l'aviculaire. M. Busk, cependant, n'a pas connaissance de gradations qui existeraient actuellement entre un zooïde et un aviculaire. Il est par conséquent impossible de deviner par quelles gradations utiles l'un aurait pu être converti en l'autre ; mais il ne s'ensuit nullement que ces gradations n'aient pas existé.

Comme les chélates des Crustacés ressemblent à quelque degré aux aviculaires des Polyzoaires, puisque tous deux servent de tenailles, il vaut peut-être la peine de montrer qu'il existe encore chez les premiers une longue série de gradations utiles. Au premier stade, le plus simple, le segment terminal d'un membre vient s'apposer soit sur le sommet carré du large avant-dernier segment, soit contre un côté tout entier ; et il a ainsi la capacité de se saisir d'un objet ; mais le membre sert encore d'organe de locomotion. Nous trouvons ensuite un coin du large avant-dernier segment légèrement proéminent, parfois pourvu de dents irrégulières ; et contre celles-ci vient s'apposer le segment terminal. Par un accroissement de la taille de cette saillie, et par une modification et une amélioration légères de sa forme, ainsi que de celle du segment terminal, les tenailles deviennent de plus en plus parfaites, jusqu'à ce que nous arrivions à un instrument aussi efficace que les chélates d'un homard ; et l'on peut effectivement retracer toutes ces gradations.

Outre les aviculaires, les Polyzoaires possèdent de curieux organes nommés vibracules. Ils consistent généralement en de longues soies capables de mouvement et facilement excitables. Dans une espèce que j'ai observée, les vibracules étaient légèrement recourbés et dentelés le long du bord extérieur ; et tous, sur le même polyzoaire, bougeaient souvent simultanément ; de sorte qu'agissant comme de longues rames, ils faisaient passer rapidement une brindille d'une extrémité à l'autre de la lame porte-objet de mon microscope. Lorsqu'une brindille était déposée sur la surface de la colonie, les vibracules s'enchevêtraient et faisaient de violents efforts pour se libérer. On suppose qu'ils servent de défense, et on peut les voir, comme le remarque M. Busk, « balayer lentement et soigneusement la surface du polyzoaire, ôtant ce qui pourrait être nuisible aux délicats habitants des cellules lorsque leurs tentacules sont sorties ». Les aviculaires, comme les vibracules, servent probablement à la défense, mais ils attrapent et tuent également de petits animaux vivants, dont on pense qu'ils sont par la suite balayés par le courant qui les met à la portée des tentacules des zooïdes. Certaines espèces sont pourvues d'aviculaires et de vibracules ; certaines le sont d'aviculaires seulement, et quelques-unes de vibracules seulement.

Il n'est pas facile d'imaginer deux objets plus largement différents par l'apparence qu'une soie, ou vibracule, et un aviculaire, qui ressemble à la tête d'un oiseau ; pourtant, ils sont presque certainement homologues et ont été développés à partir de la même source commune, à savoir un zooïde et sa cellule. Nous pouvons donc comprendre comment il se fait que dans certains cas ces organes, comme m'en informe M. Busk, se fondent par degrés les uns dans les autres. Il en est ainsi des aviculaires de plusieurs espèces de *Lepralia*, dont la mandibule mobile est tellement en saillie et ressemble tant à une soie, que seule la présence du bec supérieur, ou fixe, permet de déterminer sa nature aviculaire. Les vibracules ont pu se développer directement à partir des lèvres des cellules, sans passer par le stade aviculaire ; mais il semble plus probable qu'ils soient passés par ce stade, car, durant les premiers stades de la transformation, les autres parties de la cellule, avec le zooïde qui s'y trouvait inclus, n'auraient guère pu disparaître d'un coup. Dans de nombreux cas, les vibracules ont à leur base un support cannelé, qui semble représenter le bec fixe – bien que ce support soit dans certaines espèces tout à fait absent. Cette conception du développement des vibracules, si l'on peut s'y fier, est intéressante ; en effet, à supposer que toutes les espèces pourvues d'aviculaires se soient éteintes, nul n'aurait jamais pensé, même avec l'imagination la plus vive, que les vibracules aient originellement existé comme une partie d'un organe qui ressemble à la tête d'un oiseau, ou à une boîte, ou un capuchon d'une forme irrégulière. Il est intéressant de voir que ces deux organes si largement différents se sont développés à partir d'une origine commune ; et comme la lèvre mobile de la cellule sert de protection au zooïde, il n'y a aucune difficulté à croire que toutes les gradations par lesquelles la lèvre a été convertie tout d'abord en la mandibule inférieure d'un aviculaire, puis en une soie allongée, servaient également de protection, de différentes façons et dans des circonstances différentes.

Dans le règne végétal, M. Mivart ne fait allusion qu'à deux cas, qui sont la structure des fleurs des orchidées et les mouvements des plantes grimpantes. En ce qui concerne le premier, il dit ceci : « on considère que l'explication de leur *origine* laisse en tout point à désirer – elle est parfaitement insuffisante pour expliquer les premiers commencements infinitésimaux de structures qui ne sont utiles que lorsqu'elles sont considérablement développées ». Comme j'ai traité de ce sujet d'une façon complète dans un autre ouvrage, je ne donnerai ici que quelques détails sur l'une seulement des particularités les plus frappantes des fleurs des orchidées, à savoir leurs pollinies. Une pollinie, lorsqu'elle est hautement développée, consiste en une masse de grains de pollen fixée à une tige élastique, ou caudicule, elle-même fixée à une petite masse d'une matière extrêmement visqueuse. Les pollinies sont par ce moyen transportés par les insectes depuis une fleur jusqu'au stigmate d'une autre. Chez certaines orchidées, les masses de pollen n'ont pas de caudicule et les grains sont simplement attachés les uns aux autres par des fils ténus ; mais comme ces derniers ne concernent pas les seules orchidées, il n'est pas besoin de les prendre ici en considération ; je signalerai pourtant qu'à la base de la série des orchidacées, chez *Cypripedium*, nous pouvons voir de quelle façon les fils ont probablement commencé de se développer. Chez d'autres orchidées, les fils adhèrent les uns aux autres à une extrémité des masses de pollen ; et cela forme la trace première ou naissante d'une caudicule. Que ce soit là l'origine de la caudicule, même lorsqu'elle est d'une longueur considérable et qu'elle est fortement développée, nous en avons un témoignage convaincant dans les grains de pollen avortés que l'on détecte parfois, enfouis dans les parties centrales solides.

En ce qui concerne la seconde particularité principale, c'est-à-dire la petite masse de matière visqueuse attachée à l'extrémité de la caudicule, il est possible d'indiquer une longue série de gradations, dont chacune est clairement utile à la plante. Chez la plupart des fleurs qui appartiennent à d'autres ordres, le stigmate sécrète une petite quantité de matière visqueuse. Or, chez certaines orchidées, une semblable matière visqueuse est sécrétée, mais en des quantités bien plus grandes, par un seul des trois stigmates ; et ce stigmate, peut-être en conséquence de cette copieuse sécrétion, devient stérile. Lorsqu'un insecte visite une fleur de ce type, il prend en s'y frottant un peu de la matière visqueuse et emporte ainsi en même temps quelques-uns des grains de pollen. À partir de cet état simple, qui diffère assez peu de celui d'une multitude de fleurs communes, il existe d'infinies gradations, jusqu'à des espèces chez lesquelles la masse de pollen se termine en une caudicule très courte et libre, et jusqu'à d'autres espèces chez lesquelles la caudicule se trouve fermement attachée à la matière visqueuse, tandis que le stigmate stérile est lui-même très modifié. Dans ce dernier cas, nous trouvons une pollinie dans son état le plus développé et le plus parfait. Qui examine directement et avec soin les fleurs des orchidées ne saurait nier l'existence de la série de gradations que l'on vient d'indiquer : depuis une masse de grains de pollen simplement attachés les uns aux autres par des fils, avec un stigmate qui diffère assez peu de celui d'une fleur ordinaire, jusqu'à une pollinie d'une haute complexité, admirablement adaptée au transport par les insectes ; il ne saurait nier non plus que toutes les gradations, chez les différentes espèces, ne soient admirablement adaptées, eu égard à la structure générale de chaque fleur, à leur fécondation par différents insectes. Dans ce cas, et dans presque tous les autres, il est possible de pousser encore l'enquête en amont, et l'on peut s'interroger sur la façon dont le stigmate d'une fleur ordinaire est devenu visqueux, mais comme il n'est pas un seul groupe d'êtres dont nous connaissions l'histoire complète, il est aussi inutile de poser de telles questions qu'il est vain de tenter d'y répondre.

Nous nous tournerons à présent vers les plantes grimpantes. On peut les ranger en une longue série, depuis celles qui s'enroulent simplement autour d'un support jusqu'à celles que j'ai nommées à feuilles grimpantes, et à celles qui sont pourvues de vrilles. Dans ces deux dernières classes, les tiges ont généralement, mais non toujours, perdu la capacité de s'enrouler, bien qu'elles conservent la capacité de rotation, que les vrilles possèdent également. Les gradations entre les plantes à feuilles grimpantes et celles qui portent des vrilles sont extraordinairement fines, et l'on peut placer certaines plantes dans l'une et l'autre classe indifféremment. Mais lorsque l'on gravit la série qui va des simples plantes volubiles à celles qui ont des feuilles grimpantes, il s'ajoute une qualité importante, à savoir la sensibilité au toucher, par le moyen de laquelle les tiges des feuilles ou des fleurs, ou bien ces même tiges modifiées et converties en vrilles, ressentent l'excitation qui les fait se courber et s'enrouler autour de l'objet qui les touche. Qui voudra bien lire le mémoire que j'ai consacré à ces plantes ne manquera pas, je crois, d'admettre que, sans exception, les nombreuses gradations de fonction et de structure qui existent entre les simples plantes volubiles et celles qui ont des vrilles sont dans chaque cas éminemment bénéfiques à l'espèce. Par exemple, il est clair que c'est un grand avantage pour une plante volubile d'acquérir des feuilles grimpantes ; et il est probable que toute plante volubile qui possédait des feuilles dotées de longues tiges aurait acquis en se développant des feuilles grimpantes, si les tiges avaient possédé au plus faible degré la sensibilité tactile requise.

Puisque l'enroulement est le moyen le plus simple de monter le long d'un support, et se trouve à la base de notre série, on peut naturellement se demander comment les plantes acquièrent à son degré initial cette capacité, qui sera par la suite améliorée et accrue grâce à la sélection naturelle. La capacité d'enroulement dépend, en premier lieu, du fait que les jeunes tiges sont extrêmement flexibles (mais c'est là un caractère commun à de nombreuses plantes qui ne sont pas grimpantes) ; et, en second lieu, du fait qu'elles se courbent continuellement dans toutes les directions possibles, l'une après l'autre et dans le même ordre. Ce mouvement entraîne les tiges à s'incliner de tous côtés et à tourner sans cesse. Dès que la partie inférieure d'une tige entre en contact avec un objet quelconque et se trouve arrêtée, la partie supérieure continue de se courber et de tourner sur elle-même, et ainsi s'enroule nécessairement en montant le long du support. Le mouvement de rotation cesse après les premiers temps de la croissance de chaque pousse. Comme, dans de nombreuses familles de plantes largement séparées, ce sont des espèces ou des genres isolés qui possèdent la capacité de tourner sur eux-mêmes et sont ainsi devenus des plantes volubiles, ils ont dû l'acquérir indépendamment et n'ont pas pu l'hériter d'un ancêtre commun. Voilà pourquoi j'ai été conduit à prédire que l'on constaterait qu'une légère tendance à un mouvement de ce genre est loin d'être rare chez les plantes qui ne grimpent pas ; et que cela a fourni à la sélection naturelle la base sur laquelle elle a pu travailler à une amélioration. Lorsque j'ai fait cette prédiction, je n'avais connaissance que d'un cas imparfait, celui des jeunes pédoncules floraux d'un *Maurandia* qui tournaient légèrement et irrégulièrement sur eux-mêmes, comme les tiges des plantes volubiles, mais sans tirer aucun parti de cette habitude. Peu de temps après, Fritz Müller a découvert que les jeunes tiges d'un *Alisma* et d'un *Linum* – plantes qui ne grimpent pas et sont largement séparées dans le système naturel – tournaient nettement sur elles-mêmes, quoique irrégulièrement ; et il déclare qu'il a des raisons de soupçonner que cela se produit chez certaines autres plantes. Ces légers mouvements paraissent n'être d'aucune utilité pour les plantes en question ; de toute façon, ils ne servent absolument à rien s'il s'agit de grimper, ce qui est le point qui nous intéresse ici. Nous voyons néanmoins que si les tiges de ces plantes avaient été flexibles, et si, dans les conditions auxquelles elles sont exposées, il leur avait été profitable de monter jusqu'à une certaine hauteur, alors l'habitude de tourner légèrement et irrégulièrement sur elles-mêmes aurait pu être accrue et utilisée par la sélection naturelle, jusqu'à ce qu'elles aient été converties en des espèces volubiles bien développées.

En ce qui concerne la sensibilité des tiges des feuilles et des fleurs, ainsi que des vrilles, on peut appliquer à peu près les mêmes remarques que dans le cas des mouvements de rotation des plantes volubiles. Comme un grand nombre d'espèces qui appartiennent à des groupes largement distincts sont douées de ce type de sensibilité, on devrait la trouver à l'état naissant chez bien des espèces qui ne sont pas devenues grimpantes. Tel est le cas : j'ai observé que les jeunes pédoncules floraux du *Maurandia* évoqué plus haut se recourbaient un peu vers le côté qui était touché. Morren a constaté chez plusieurs espèces d'*Oxalis* que les feuilles et leurs tiges bougeaient, particulièrement après avoir été exposées à un soleil ardent, lorsqu'elles étaient touchées délicatement et d'une façon répétée, ou lorsque la plante était agitée. J'ai répété ces observations sur d'autres espèces d'*Oxalis* avec le même résultat ; chez certaines d'entre elles, le mouvement était distinct, mais était plus visible chez les feuilles jeunes ; chez d'autres, il était extrêmement léger. Un fait plus important est que, d'après la haute autorité de Hofmeister, les jeunes pousses et les jeunes feuilles de toutes les plantes bougent après avoir été agitées ; or, chez les plantes grimpantes, comme on le sait, ce n'est que durant les premiers stades de la croissance que les tiges et les vrilles sont sensibles.

Il n'est guère possible que les légers mouvements indiqués ci-dessus, causés par un attouchement ou par une secousse, chez les jeunes organes des plantes lorsqu'ils sont en cours de croissance, aient une quelconque importance fonctionnelle pour celles-ci. Mais les plantes possèdent, en réponse à divers stimuli, des facultés de mouvement qui sont pour elles d'une importance manifeste ; par exemple, pour s'approcher de la lumière ou plus rarement pour s'en écarter, pour s'opposer à l'attraction de la gravité ou plus rarement pour suivre sa direction. Lorsque les nerfs et les muscles d'un animal sont excités par la galvanisation ou par l'absorption de strychnine, les mouvements qui en sont la conséquence peuvent être appelés des résultats incidents, car les nerfs et les muscles n'ont pas été rendus spécialement sensibles à ces stimuli. De même, pour les plantes, il apparaît que, du fait qu'elles possèdent la capacité de répondre par un mouvement à certains stimuli, elles sont excitées d'une manière incidente quand on les touche ou quand on les agite. Il n'est donc pas très difficile d'admettre que, dans le cas des plantes à feuilles grimpantes et des plantes pourvues de vrilles, c'est cette tendance que la sélection naturelle a mise à profit et accrue. Il est cependant probable, pour des raisons que j'ai indiquées dans mon mémoire, que cela se soit rencontré seulement chez des plantes qui avaient déjà acquis la capacité de tourner sur elles-mêmes et étaient ainsi devenues des plantes volubiles.

Je me suis déjà efforcé d'expliquer de quelle façon les plantes sont devenues volubiles, à savoir par l'accroissement d'une tendance à des mouvements de rotation légers et irréguliers, qui ne leur étaient d'abord d'aucune utilité – ce mouvement, tout comme celui causé par un attouchement ou par une secousse, étant le résultat incident de la capacité de se mouvoir, promise lors de son acquisition à des usages quant à eux bénéfiques. Si, durant le développement graduel des plantes grimpantes, la sélection naturelle a pu recevoir l'aide des effets héréditaires de l'usage, je ne prétendrai pas en décider ; mais nous savons que certains mouvements périodiques, par exemple ce que l'on nomme le sommeil des plantes, sont gouvernés par l'habitude.

J'ai désormais considéré un nombre de cas suffisant, et peut-être plus que suffisant, parmi ceux qu'a sélectionnés avec soin un habile naturaliste afin de prouver que la sélection naturelle est incapable d'expliquer les stades initiaux des structures utiles ; et j'ai montré, je l'espère, qu'il n'y a pas, sur ce chapitre, de grande difficulté. Une bonne occasion m'a ainsi été fournie de développer un peu le sujet des gradations de structure, souvent associées à un changement de fonction – sujet important, qui n'était pas traité assez longuement dans les éditions antérieures de cet ouvrage. Je vais à présent récapituler brièvement les cas qui précèdent.

Chez la girafe, la préservation ininterrompue des représentants de quelque ruminant éteint de haute taille, qui avaient le cou le plus long, les jambes les plus longues, &c., et pouvaient brouter un peu au-dessus de la hauteur moyenne, ainsi que la destruction ininterrompue de ceux qui ne pouvaient brouter aussi haut, auront suffi à produire ce quadrupède remarquable ; mais l'usage prolongé de toutes les parties, en même temps que l'hérédité, auront aidé d'une manière importante à leur coordination. Chez les nombreux insectes qui imitent divers objets, il n'y a rien d'improbable à croire qu'une ressemblance accidentelle avec quelque objet commun ait été dans chaque cas le socle du travail de la sélection naturelle, perfectionné depuis grâce à la préservation occasionnelle de légères variations qui rendaient si peu que ce fût la ressemblance plus étroite ; et cela a dû se poursuivre aussi longtemps que l'insecte continuait de varier, et qu'une ressemblance de plus en plus parfaite lui permettait d'échapper à des ennemis doués d'une vue perçante. Chez certaines espèces de baleines, il existe une tendance à la formation de petites pointes de corne irrégulières sur le palais ; et il semble tout à fait à la portée de la sélection naturelle de préserver toutes les variations favorables, jusqu'à ce que les pointes soient converties tout d'abord en bosses ou en dents lamellaires, comme celles qui se trouvent sur le bec d'une oie ; puis en courtes lamelles, comme celles des canards domestiques ; puis en des lamelles aussi parfaites que celles du souchet ; et pour finir en de gigantesques plaques de fanons, comme on en voit dans la bouche de la baleine du Groenland. Dans la famille des canards, les lamelles sont tout d'abord utilisées comme dents, puis en partie comme dents et en partie comme appareil de filtrage, et enfin presque exclusivement avec cette dernière destination.

Dans le cas de structures telles que les lamelles de corne, ou fanons, évoquées plus haut, l'habitude ou l'usage n'ont pu avoir que peu d'effet, voire aucun, pour autant que nous en puissions juger, en faveur de leur développement. Au contraire, le déplacement de l'œil inférieur d'un poisson plat vers le côté supérieur de sa tête et la formation d'une queue préhensile peuvent être attribués presque entièrement à l'usage prolongé, joint à l'hérédité. En ce qui concerne les mamelles des animaux supérieurs, la conjecture la plus probable est que, primordialement, les glandes cutanées qui couvraient toute la surface d'un sac marsupial sécrétaient un fluide nourrissant, et que ces glandes ont été améliorées sous le rapport de la fonction grâce à la sélection naturelle, et concentrées dans une zone restreinte, auquel cas elles ont dû former une mamelle. Il n'est pas plus difficile de comprendre comment les épines ramifiées d'un Échinoderme ancien, qui servaient de défense, se sont développées grâce à la sélection naturelle en pédicellaires tridactyles, qu'il ne l'est de comprendre le développement des pinces des crustacés par le biais de modifications légères et utiles du dernier et de l'avant-dernier segments d'un membre qui était dans un premier temps utilisé seulement pour la locomotion. Dans le cas des aviculaires et des vibracules du Polyzoaire, nous avons affaire à des organes d'aspect largement différent qui se sont développés à partir de la même source ; et pour les vibracules, nous pouvons comprendre comment les gradations successives ont pu être utiles. Quant aux pollinies des orchidées, on peut retracer le développement des fils qui servaient originellement à tenir ensemble les grains de pollen, jusqu'à l'état où, adhérant les uns aux autres, ils forment des caudicules ; et de même on peut suivre les étapes par lesquelles une matière visqueuse, telle que celle que sécrètent les stigmates des fleurs ordinaires, et assujettie toujours au même rôle ou presque, s'est attachée aux extrémités libres des caudicules – toutes gradations qui sont un bénéfice manifeste pour les plantes en question. En ce qui concerne les plantes grimpantes, il n'est pas besoin que je répète ce qui a été dit il n'y a qu'un instant.

Si la sélection naturelle est aussi puissante, pourquoi, a-t-on souvent demandé, telle ou telle structure n'a-t-elle pas été acquise par certaines espèces pour lesquelles il semble qu'elle aurait été avantageuse ? Mais il n'est pas raisonnable d'attendre une réponse précise à de telles questions, si l'on considère l'ignorance où nous sommes de l'histoire passée de chaque espèce, ainsi que des conditions qui déterminent aujourd'hui le nombre de ses représentants et son territoire. Dans la plupart des cas, on ne peut indiquer que des raisons générales, mais, dans quelques rares cas, des raisons spéciales pourront être assignées. Ainsi, pour adapter une espèce à de nouvelles habitudes de vie, de nombreuses modifications coordonnées sont presque indispensables, et il a dû arriver souvent que les parties requises ne varient pas de la bonne manière ni au bon degré. De nombreuses espèces ont dû être empêchées d'accroître le nombre de leurs représentants par l'intervention de facteurs de destruction n'ayant aucun rapport avec certaines structures dont nous imaginons qu'elles ont dû être acquises grâce à la sélection naturelle, parce qu'elles nous paraissent avantageuses à l'espèce. En l'occurrence, comme la lutte pour la vie ne dépendait pas de ces structures, elles n'ont pas pu être acquises grâce à la sélection naturelle. Dans de nombreux cas, des conditions complexes et durables, qui sont souvent d'une nature particulière, sont nécessaires au développement d'une structure ; et les conditions requises ont pu n'apparaître ensemble que rarement. L'idée que toute structure donnée – dont nous pensons, d'une façon souvent erronée, qu'elle a dû être bénéfique à une espèce – a dû être acquise en toute circonstance grâce à la sélection naturelle, est à l'opposé de ce que nous pouvons comprendre de son mode d'action. M. Mivart ne nie pas que la sélection naturelle n'ait eu un effet ; mais il considère qu'elle est « manifestement insuffisante » pour rendre compte des phénomènes que j'explique par son action. Ses arguments principaux, désormais, ont été examinés, et les autres le seront par la suite. Il me semble qu'ils n'ont guère le caractère d'une démonstration, et n'ont que peu de poids en comparaison de ceux qui sont en faveur de la puissance de la sélection naturelle, aidée par les autres facteurs que l'on a souvent indiqués. Il me faut ajouter que certains des faits et des arguments que j'ai utilisés ici ont été avancés à l'appui du même propos dans un très bon article publié récemment par la *Medico-Chirurgical Review*.

À ce jour, presque tous les naturalistes admettent l'évolution sous une forme ou sous une autre. M. Mivart croit que les espèces changent par le fait d'« une force ou tendance interne », dont il ne prétend pas que l'on sache quoi que ce soit. Que les espèces aient une capacité de changement, tous les évolutionnistes l'admettront ; mais il n'est pas besoin, me semble-t-il, d'invoquer une quelconque force interne en plus de la tendance à la variabilité ordinaire, qui, grâce à l'aide de la sélection accomplie par l'homme, a donné naissance à de nombreuses races domestiques bien adaptées, et qui, grâce à l'aide de la sélection naturelle, a pu tout aussi bien donner naissance par des étapes graduées à des races naturelles ou espèces. Comme on l'a déjà expliqué, le résultat final a généralement dû être un avancement de l'organisation, mais dans un petit nombre de cas une régression.

En outre, M. Mivart est enclin à penser, et certains naturalistes s'accordent à penser avec lui, que les nouvelles espèces se manifestent « avec soudaineté et par des modifications qui apparaissent d'un coup ». Il suppose par exemple que les différences entre l'*Hipparion* tridactyle, espèce éteinte, et le cheval sont apparues soudainement. Il pense qu'il est difficile de croire que l'aile d'un oiseau « se soit développée de quelque autre manière que par une modification relativement soudaine d'un type défini et important » ; et il étendrait apparemment volontiers cette même conception aux ailes des chauves-souris et des ptérodactyles. Cette conclusion, qui implique de grandes ruptures, ou une discontinuité, dans les séries, me paraît improbable au plus haut degré.

Quiconque croit en une évolution lente et graduelle ne manquera pas d'admettre que des changements spécifiques ont pu être aussi brusques et aussi grands que chacune des variations que nous rencontrons à l'état naturel, voire à l'état domestique. Mais comme les espèces sont plus variables lorsqu'elles sont domestiquées ou cultivées que dans leurs conditions naturelles, il n'est pas probable que se soient souvent produites à l'état naturel de grandes variations brusques telles que celles qui surgissent parfois, on le sait, à l'état domestique. Parmi ces dernières variations, plusieurs peuvent être attribuées au retour ; et les caractères qui réapparaissent de la sorte ont probablement d'abord été acquis, dans de nombreux cas, d'une manière graduelle. Plus nombreuses encore sont celles que l'on doit nommer des monstruosités, telles que les hommes à six doigts, les hommes porcs-épics, les moutons *Ancon*, les bœufs *Ñatos* [camards. *Ndt.*], &c. ; et comme elles sont par leur caractère fort différentes des espèces naturelles, elles n'éclairent que très peu notre sujet. Si l'on exclut ces cas de variation brusque, les rares cas restants constitueraient au mieux, s'ils étaient trouvés à l'état de nature, des espèces douteuses, étroitement apparentées à leurs types ancestraux.

Les raisons pour lesquelles je doute que les espèces naturelles aient changé aussi brusquement que l'ont fait quelquefois les races domestiques, et me refuse entièrement à croire qu'elles aient changé de la manière extraordinaire indiquée par M. Mivart, sont les suivantes. D'après notre expérience, des variations brusques et fortement marquées ont lieu chez nos productions domestiques, d'une façon isolée et à d'assez longs intervalles de temps. Si de telles variations avaient lieu à l'état de nature, elles seraient susceptibles, comme on l'a expliqué précédemment, d'être perdues sous l'action des causes accidentelles de destruction et des entrecroisements ultérieurs ; et l'on sait qu'il en est ainsi à l'état domestique, sauf si des variations brusques de ce type sont spécialement préservées et isolées par les soins de l'homme. Par conséquent, afin qu'une nouvelle espèce apparaisse soudainement de la manière que suppose M. Mivart, il est presque nécessaire de croire, contrairement à toute analogie, que plusieurs individus extraordinairement modifiés sont apparus simultanément dans la même zone. Cette difficulté, comme c'est le cas dans la sélection inconsciente pratiquée par l'homme, est évitée si l'on se fonde sur la théorie de l'évolution graduelle, grâce à la préservation d'un grand nombre d'individus qui ont varié plus ou moins dans quelque direction favorable, et à la destruction d'un grand nombre d'autres qui ont varié d'une manière opposée.

Que de nombreuses espèces se soient développées d'une manière extrêmement graduelle, on ne peut guère en douter. Les espèces et même les genres de maintes vastes familles naturelles sont si étroitement apparentés les uns aux autres qu'il est difficile de les distinguer dans une quantité non négligeable de cas. Sur chaque continent, lorsque l'on se déplace du nord au sud, des plaines aux hautes terres, &c., nous rencontrons une foule d'espèces étroitement apparentées, ou représentatives ; comme nous en rencontrons aussi sur certains continents distincts, dont nous avons des raisons de croire qu'ils étaient auparavant réunis. Mais pour proposer ces remarques et celles qui suivent, je suis contraint de faire allusion à des sujets qui seront discutés plus loin. Regardez les nombreuses îles situées au large d'un continent, et voyez le nombre de leurs habitants qui ne peuvent être élevés qu'au rang d'espèces douteuses. Il en va de même si nous portons notre regard vers les temps passés et si nous comparons les espèces tout juste disparues avec celles qui vivent encore sur les mêmes territoires ; ou si nous comparons les espèces fossiles enfouies dans les étages inférieurs de la même formation géologique. Il est manifeste en effet que des multitudes d'espèces sont apparentées de la manière la plus étroite avec d'autres espèces qui existent encore, ou ont existé jusqu'à une époque récente ; et l'on ne saurait guère soutenir que ces espèces se sont développées d'une manière brusque ou soudaine. Il ne faut pas oublier non plus, lorsque nous portons notre regard sur les parties spéciales des espèces apparentées, et non sur les espèces distinctes, que l'on peut retracer de nombreuses gradations extraordinairement fines, qui relient entre elles des structures largement différentes.

Nombre de vastes groupes de faits sont intelligibles seulement si l'on se fonde sur le principe que les espèces se sont développées par de très petites étapes. Par exemple, le fait que les espèces comprises dans les grands genres soient plus étroitement apparentées les unes aux autres et présentent un plus grand nombre de variétés que les espèces des genres plus petits. Les premières forment également de petits regroupements, comme les variétés qui entourent une espèce ; et elles présentent d'autres analogies avec les variétés, comme l'a montré notre deuxième chapitre. En nous fondant sur ce même principe, nous pouvons comprendre comment il se fait que les caractères spécifiques soient plus variables que les caractères génériques ; et que les parties qui sont développées à un degré ou d'une manière extraordinaire soient plus variables que les autres parties de la même espèce. On pourrait ajouter de nombreux faits analogues qui pointent tous dans la même direction.

Bien que de très nombreuses espèces aient presque certainement été produites par des étapes qui n'excèdent pas l'étendue de celles qui séparent de menues variétés, on peut soutenir pourtant que certaines se sont développées d'une manière différente, et brusque. C'est toutefois une chose qu'il ne convient pas d'admettre sans l'appui de solides témoignages. Les analogies vagues et à certains égards fausses, ainsi que l'a montré M. Chauncey Wright, qui ont été avancées en faveur de cette conception, telles que la cristallisation soudaine de substances inorganiques, ou le basculement, d'une facette sur l'autre, d'un sphéroïde à facettes, ne méritent guère d'être prises en considération. Une classe de faits, cependant, à savoir l'apparition soudaine de nouvelles formes de vie distinctes dans nos formations géologiques, soutient à première vue la croyance en un développement brusque. Mais la valeur de ce témoignage dépend entièrement de la perfection de l'archive géologique relativement à des périodes reculées de l'histoire du monde. Si l'archive est aussi fragmentaire que de nombreux géologues l'affirment avec force, il n'y a rien d'étrange à ce que de nouvelles formes y apparaissent comme si elles s'étaient développées soudainement.

À moins d'admettre des transformations aussi prodigieuses que celles que défend M. Mivart, telles que le développement soudain des ailes des oiseaux ou des chauves-souris, ou la conversion soudaine d'un Hipparion en cheval, la croyance en des modifications brusques ne projette guère de lumière sur le manque de chaînons de liaison au sein de nos formations géologiques. Mais, contre la croyance qui s'attache à ces changements brusques, l'embryologie engage une vigoureuse protestation. Il est notoire que les ailes des oiseaux et des chauves-souris, ainsi que les jambes des chevaux ou des autres quadrupèdes, ne peuvent être distinguées dans une phase embryonnaire précoce, et qu'elles se différencient peu à peu par des étapes insensibles. Les ressemblances embryonnaires de tous les types peuvent s'expliquer, comme nous le verrons plus loin, par le fait que les aïeux de nos espèces actuellement existantes ont varié après leur première jeunesse, et ont transmis leurs caractères nouvellement acquis à leurs descendants à un âge correspondant. L'embryon n'est ainsi presque pas affecté, et sert d'archive de l'état passé de l'espèce. C'est la raison pour laquelle les espèces qui existent actuellement ressemblent si souvent, durant les premières étapes de leur développement, à des formes anciennes éteintes qui appartiennent à la même classe. Si l'on se fonde sur cette interprétation des ressemblances embryonnaires, ou sur quelque conception que l'on voudra, il n'est pas possible de croire qu'un animal ait subi des transformations aussi énormes et aussi brusques que celles indiquées plus haut, et qu'il ne porte cependant aucune trace dans son état embryonnaire d'une modification soudaine, chaque détail de sa structure s'étant développé peu à peu par des étapes insensibles.

Quiconque croit qu'une forme ancienne a été transformée soudainement, grâce à une force ou une tendance interne, en une forme pourvue d'ailes, par exemple, sera presque contraint d'accepter, contrairement à toute analogie, l'idée que de nombreux individus ont varié simultanément. On ne peut nier que ces grands et brusques changements de structure ne soient largement différents de ceux que la plupart des espèces ont apparemment subis. Il sera contraint de croire, en outre, que de nombreuses structures admirablement adaptées à toutes les autres parties de la même créature ainsi qu'aux conditions environnantes ont été produites soudainement ; et à ces co-adaptations complexes et merveilleuses, il ne sera pas capable d'assigner l'ombre d'une explication. Il sera forcé d'admettre que ces grandes transformations soudaines n'ont laissé aucune trace de leur action sur l'embryon. Admettre tout cela revient, me semble-t-il, à pénétrer dans le domaine du miracle, et à abandonner celui de la science.

CHAPITRE VIII

L'INSTINCT

Instincts comparables aux habitudes, mais différents dans leur origine – Gradation entre les instincts – Pucerons et fourmis – Instincts variables – Instincts domestiques, leur origine – Instincts naturels du coucou, du *molothrus*, de l'autruche et des abeilles parasites – Fourmis esclavagistes – Abeille domestique, instinct qui la pousse à construire des alvéoles – Changements de l'instinct et de la structure non nécessairement simultanés – Difficultés de la théorie de la sélection naturelle des instincts – Insectes neutres ou stériles – Résumé.

Beaucoup d'instincts sont si extraordinaires que leur développement paraîtra probablement au lecteur une difficulté suffisante pour renverser toute ma théorie. Je ferai observer au préalable que mon propos n'est pas l'origine des capacités mentales, non plus que celle de la vie elle-même. Nous ne sommes concernés que par la diversité de l'instinct et des autres facultés mentales chez les animaux de la même classe.

Je ne tenterai aucune définition de l'instinct. Il serait facile de montrer que plusieurs actions mentales distinctes sont communément comprises sous ce terme ; mais chacun comprend ce que l'on veut dire lorsque l'on dit que l'instinct pousse le coucou à migrer et à pondre ses œufs dans les nids d'autres oiseaux. Une action qui requiert de nous-mêmes une expérience sans laquelle nous ne saurions l'accomplir est habituellement dite instinctive lorsqu'elle est accomplie par un animal, plus spécialement par un animal très jeune, sans expérience, et lorsqu'elle est accomplie par un grand nombre d'individus de la même manière, sans qu'ils en connaissent la destination. Mais je pourrais montrer qu'aucun de ces caractères n'est universel. Une petite dose de jugement ou de raison, selon l'expression de Pierre Huber, entre souvent en jeu, même chez les animaux situés au bas de l'échelle de la nature.

Frederick [*sic*. Ndt.] Cuvier et plusieurs des théoriciens d'autrefois ont comparé l'instinct avec l'habitude. Cette comparaison donne, je pense, une idée exacte de la disposition mentale dans laquelle une action instinctive est accomplie, mais non nécessairement de son origine. Avec quelle inconscience de nombreuses actions habituelles ne sont-elles pas accomplies, souvent même en opposition directe avec notre volonté consciente ! Elles peuvent être pourtant modifiées par la volonté ou la raison. Les habitudes s'associent facilement à d'autres habitudes, à certains moments, ainsi qu'à certains états du corps. Une fois acquises, elles restent souvent constantes tout au long de la vie. On pourrait signaler plusieurs autres points de ressemblance entre les instincts et les habitudes. Tout comme lorsque l'on répète une chanson bien connue, dans les instincts une action en suit une autre en vertu d'une sorte de rythme ; si l'on interrompt une personne qui est en train de chanter ou de répéter quelque chose qu'elle a appris par cœur, elle est généralement obligée de revenir en arrière pour retrouver le fil habituel de sa pensée. P. Huber a constaté qu'il en est ainsi pour une chenille qui fabrique un hamac très compliqué ; s'il prenait en effet une chenille qui avait réalisé son hamac, disons, jusqu'à la sixième étape de construction, pour la mettre sur un hamac réalisé seulement jusqu'à la troisième étape, la chenille exécutait tout simplement de nouveau les quatrième, cinquième et sixième étapes de construction. En revanche, si une chenille était prélevée d'un hamac fabriqué, par exemple, jusqu'à la troisième étape, et était mise sur un autre qui était achevé jusqu'à la sixième étape, de telle sorte qu'une grande partie de son travail avait été déjà fait pour elle, loin d'en tirer un quelconque profit, elle était très embarrassée, et, afin de terminer son hamac, elle semblait obligée de recommencer à partir de la troisième étape, celle où elle s'était arrêtée, et essayait ainsi de terminer le travail déjà achevé.

Si nous supposons que toute action habituelle peut devenir héréditaire – et l'on peut montrer que cela arrive parfois –, alors la ressemblance entre un instinct et ce qui, à l'origine, était une habitude devient si étroite qu'on ne peut plus les distinguer. Si Mozart, au lieu de jouer du pianoforte à l'âge de trois ans avec une pratique extraordinairement réduite, avait joué un air sans pratique du tout, on pourrait dire en vérité qu'il l'a fait d'une façon instinctive. Mais ce serait une grave erreur de supposer que la plupart des instincts ont été acquis par habitude en une génération, puis transmis par hérédité aux générations suivantes. On peut montrer clairement que les instincts les plus extraordinaires dont nous ayons connaissance, à savoir ceux de l'abeille domestique et ceux de nombreuses fourmis, n'auraient certainement pas pu être acquis par l'habitude.

Il est universellement admis que les instincts sont aussi importants que les structures corporelles pour la prospérité de chaque espèce, dans ses conditions de vie actuelles. Dans des conditions de vie qui ont changé, il est au moins possible que de légères modifications de l'instinct soient profitables à une espèce ; et si l'on peut montrer que les instincts varient en effet tant soit peu, alors je ne vois aucune difficulté à ce que la sélection naturelle préserve et accumule continuellement des variations d'instinct pour autant qu'il y ait un profit à le faire. Voilà quelle est, je crois, l'origine des instincts les plus complexes et les plus extraordinaires. Je ne doute pas qu'il n'en soit des instincts comme des modifications des structures corporelles, que l'usage ou l'habitude fait naître et se développer, et que le défaut d'usage fait diminuer ou disparaître. Mais je crois que les effets de l'habitude sont, dans de nombreux cas, d'une importance secondaire par rapport aux effets de la sélection naturelle de ce que l'on peut appeler les variations spontanées des instincts, c'est-à-dire des variations produites par les mêmes causes inconnues qui produisent de légères déviations de la structure corporelle.

La sélection naturelle ne saurait produire aucun instinct complexe, si ce n'est par l'accumulation lente et graduelle de nombreuses variations légères, et pourtant profitables. Ce que, par conséquent, comme dans le cas des structures corporelles, nous devrions trouver dans la nature, ce ne sont pas, en elles-mêmes, les gradations de transition par lesquelles chaque instinct complexe a été acquis – on ne pourrait en effet les trouver que chez les ancêtres directs de chaque espèce – ; en revanche, nous devrions trouver quelque trace attestant ces gradations au sein des lignes collatérales de descendance ; ou bien nous devrions au moins pouvoir montrer que des gradations d'un type quelconque sont possibles ; et cela, il est certain que nous le pouvons. J'ai été surpris de constater – compte tenu du fait que les instincts des animaux n'ont été que peu observés, si ce n'est en Europe et en Amérique du Nord, et que nous ne connaissons aucun instinct chez les espèces éteintes –, à quel point il est courant que l'on puisse découvrir des gradations conduisant aux instincts les plus complexes. Des changements d'instinct sont peut-être parfois facilités par le fait qu'une même espèce possède différents instincts à différentes périodes de sa vie, ou en différentes saisons de l'année, ou lorsqu'elle est placée dans différentes circonstances, &c. ; auquel cas l'un ou l'autre des instincts peut être conservé par la sélection naturelle. Et l'on peut montrer que de tels exemples de diversité d'instinct au sein de la même espèce surviennent dans la nature.

En outre, comme dans le cas de la structure corporelle, et suivant ma théorie, l'instinct de chaque espèce est bon pour elle-même, mais n'a jamais, pour autant que nous puissions en juger, été produit exclusivement pour le bien d'autres espèces. L'un des plus forts exemples qui soient parvenus à ma connaissance d'un animal qui accomplit apparemment une action pour le seul bien d'un autre est celui des pucerons qui fournissent volontairement, comme l'a le premier observé Huber, leur excrétion sucrée aux fourmis : qu'ils le fassent volontairement, les faits suivants le montrent. J'enlevai un jour toutes les fourmis d'un groupe d'une douzaine de pucerons qui se trouvaient sur un plant de patience, et j'empêchai leur présence plusieurs heures durant. Passé ce laps de temps, j'étais sûr que les pucerons éprouveraient le besoin d'excréter. Je les observai à travers une loupe pendant un certain temps, mais aucun n'émit d'excrétion ; je les chatouillai alors et les caressai avec un cheveu, de la même manière, autant que je le pus, que le font les fourmis avec leurs antennes ; mais aucun n'émit d'excrétion. Après quoi je laissai une fourmi leur rendre visite et celle-ci, à en juger par son empressement à courir çà et là, sembla immédiatement bien consciente d'avoir découvert un riche troupeau ; elle commença alors à jouer des antennes sur l'abdomen d'un premier puceron, puis d'un autre ; et chacun d'entre eux, aussitôt qu'il sentait les antennes, soulevait immédiatement son abdomen et excrétait une goutte limpide de liqueur sucrée, qui était avidement engloutie par la fourmi. Même les tout jeunes pucerons se comportaient de cette manière, montrant par là que cette action était instinctive, et non le résultat de l'expérience. Il est certain, d'après les observations de Huber, que les pucerons ne font paraître aucune répulsion à l'égard des fourmis : si ces dernières ne sont pas là, ils sont contraints à la fin d'émettre leur excrétion. Mais comme l'excrétion est extrêmement visqueuse, il est sans nul doute commode pour les pucerons d'en être débarrassés ; il est par conséquent probable qu'ils n'excrètent pas seulement pour le bien des fourmis. Quoique rien n'atteste qu'un quelconque animal accomplisse une action pour le bien exclusif d'une autre espèce, tous essaient cependant de tirer avantage des instincts des autres, de même que tous tirent avantage de la structure corporelle plus faible d'autres espèces. Qui plus est, certains instincts ne sauraient être considérés comme absolument parfaits ; mais comme des détails sur ce point et sur d'autres du même genre ne sont pas indispensables, on peut ici les laisser de côté.

Comme un certain degré de variation dans les instincts à l'état de nature et l'hérédité de ces variations sont indispensables à l'action de la sélection naturelle, il faudrait en donner ici autant d'exemples que possible ; mais le manque d'espace m'en empêche. Je puis seulement affirmer que les instincts varient bien d'une façon certaine – par exemple l'instinct migratoire, à la fois pour la distance et la direction, et jusque dans le fait de sa perte totale. Il en est de même en ce qui concerne les nids des oiseaux, qui varient en partie suivant les emplacements choisis, et suivant la nature et la température du pays habité, mais souvent du fait de causes qui nous sont totalement inconnues : Audubon a cité plusieurs cas remarquables de différences dans les nids de la même espèce au nord et au sud des États-Unis. Pourquoi, a-t-on demandé, si l'instinct est variable, n'a-t-il pas doté l'abeille de « la capacité d'utiliser quelque autre matériau lorsque la cire venait à manquer » ? Mais quel autre matériau naturel les abeilles pourraient-elles utiliser ? Elles sont capables de travailler, comme je l'ai vu, avec de la cire durcie avec du vermillon ou ramollie avec de l'axonge. Andrew Knight a observé que ses abeilles, au lieu de collecter laborieusement de la propolis, utilisaient un ciment de cire et de térébenthine dont il avait enduit des arbres écorcés. On a montré récemment que les abeilles, au lieu de rechercher du pollen, utilisent volontiers une substance très différente, la farine d'avoine. La crainte de quelque ennemi particulier est certainement une qualité instinctive, comme on peut le voir chez les oisillons au nid, bien qu'elle soit renforcée par l'expérience, et par le spectacle de la crainte du même ennemi chez d'autres animaux. La crainte de l'homme est acquise lentement, comme je l'ai montré ailleurs, par les divers animaux qui habitent les îles désertes ; ce dont nous voyons un exemple en Angleterre même, dans le caractère plus sauvage de tous nos grands oiseaux, si on les compare à nos petits oiseaux ; car ce sont les grands oiseaux que l'homme a le plus pourchassés. Nous pouvons sans nous tromper attribuer à cette cause le caractère plus sauvage de nos grands oiseaux ; car dans les îles inhabitées les grands oiseaux ne sont pas plus craintifs que les petits ; et la pie, si méfiante en Angleterre, est peu farouche en Norvège, comme l'est la corneille mantelée en Égypte.

Que les qualités mentales d'animaux d'un même type, nés à l'état de nature, varient beaucoup, de nombreux faits pourraient le montrer. On pourrait mentionner en outre plusieurs cas d'habitudes occasionnelles étranges chez des animaux sauvages, qui, si elles avaient été avantageuses pour l'espèce, auraient pu donner naissance, grâce à la sélection naturelle, à de nouveaux instincts. Mais je sais bien que ces affirmations générales, sans le détail des faits, ne produiront qu'un faible effet sur l'esprit du lecteur. Je puis seulement renouveler ici l'assurance que je ne parle pas sans de solides témoignages.

L'instinct [chap. VIII] 565

*Changements héréditaires d'habitude ou d'instinct
chez les animaux domestiques*

La possibilité, ou même la probabilité, de variations héréditaires de l'instinct dans l'état de nature sera corroborée par le bref examen de quelques cas observés à l'état domestique. Nous serons ainsi en mesure d'apercevoir le rôle que l'habitude et la sélection de ce que l'on nomme les variations spontanées ont joué dans la modification des qualités mentales de nos animaux domestiques. Il est notoire qu'il existe une grande variabilité chez les animaux domestiques sous le rapport de leurs qualités mentales. Chez les chats, par exemple, l'un va se mettre naturellement à attraper les rats, un autre les souris, et l'on reconnaît que ces tendances sont héréditaires. Un certain chat, selon M. St John, rapportait toujours à la maison du gibier à plumes, un autre des lièvres ou des lapins, et un autre chassait sur les sols marécageux et attrapait presque chaque nuit des bécasses ou des bécassines. On pourrait donner nombre d'exemples curieux et authentiques montrant le caractère héréditaire de diverses nuances de tempérament et de goût, ainsi que des comportements les plus étranges, associés à certaines dispositions mentales ou à certaines périodes. Mais observons le cas familier des races du chien : on ne saurait douter que les jeunes chiens d'arrêt (j'en ai moi-même vu un exemple frappant) ne prennent quelquefois l'arrêt, et même appuient d'autres chiens dès leur toute première sortie ; rapporter le gibier est sans doute héréditaire à un certain degré chez les *retrievers* ; ainsi que la tendance des chiens de berger à courir autour des troupeaux de moutons, au lieu d'aller droit sur eux. Je ne vois pas que ces actions, accomplies sans expérience par le jeune, et presque de la même manière par chaque individu, accomplies avec un plaisir ardent par toutes les races, et sans que le but en soit connu – car le jeune chien d'arrêt ne peut pas plus savoir qu'il prend l'arrêt pour aider son maître, que le papillon blanc ne sait pourquoi il dépose ses œufs sur la feuille du chou – je ne vois pas, dis-je, que ces actions diffèrent essentiellement des instincts véritables. S'il nous arrivait d'apercevoir une variété de loup où le jeune, sans dressage, dès qu'il flaire sa proie, s'immobilise comme une statue, puis s'avance lentement en rampant avec une allure particulière ; et une autre variété de loup qui court autour d'une troupe de daims au lieu de se précipiter droit sur elle, et la dirige vers un lieu éloigné, nous pourrions assurément qualifier ces actions d'instinctives. Les instincts domestiques, comme on peut les nommer, sont certainement beaucoup moins fixes que les instincts naturels ; mais ils ont subi les effets d'une sélection beaucoup moins rigoureuse, et ont été transmis pendant une période incomparablement plus courte, dans des conditions de vie moins fixes.

Le croisement de différentes races de chiens montre bien la force d'hérédité de ces instincts, habitudes et dispositions domestiques, et la nature très curieuse de leur mélange. Ainsi, c'est un fait connu qu'un croisement avec un bouledogue a eu des effets sur le courage et l'opiniâtreté de lévriers pendant de nombreuses générations ; et un croisement avec un lévrier a donné à toute une famille de chiens de berger une tendance à chasser les lièvres. Ces instincts domestiques, lorsqu'ils sont ainsi soumis à l'épreuve du croisement, ressemblent aux instincts naturels, qui de semblable manière se fondent curieusement les uns dans les autres, et pendant une longue période font voir des traces des instincts des deux parents : par exemple, Le Roy décrit un chien dont l'arrière grand-père était un loup, et ce chien ne montrait la trace de son ascendance sauvage que d'une seule façon : il ne venait pas en ligne droite vers son maître, lorsque celui-ci l'appelait.

On parle quelquefois des instincts domestiques comme d'actions qui sont devenues héréditaires à partir seulement d'une habitude prolongée et contrainte ; mais cela n'est pas vrai. Nul n'aurait jamais pensé, ou probablement n'aurait réussi, à apprendre au pigeon culbutant à culbuter – laquelle action, j'en ai été le témoin, est accomplie par de jeunes oiseaux, qui n'ont jamais vu un pigeon culbuter. Nous pouvons croire qu'un certain pigeon montra un jour une légère tendance à cette étrange habitude, et que la sélection, sur une longue durée, des meilleurs individus dans les générations successives fit des culbutants ce qu'ils sont aujourd'hui ; et il y a près de Glasgow, ainsi que me l'apprend M. Brent, des culbutants d'intérieur qui ne peuvent s'élever de dix-huit pouces [45 cm. *Ndt.*]

sans faire la culbute. On peut douter que quelqu'un eût jamais pensé à dresser un chien à prendre l'arrêt si quelque chien n'avait montré naturellement une tendance de ce genre ; et l'on sait que cela arrive de temps à autre, comme je l'ai vu un jour chez un terrier de pure race : l'acte de prendre l'arrêt n'est probablement, comme beaucoup l'ont pensé, que l'exagération de la pause que marque un animal s'apprêtant à bondir sur sa proie. Lorsque la première tendance à prendre l'arrêt se fut une fois manifestée, la sélection méthodique et les effets héréditaires d'un dressage imposé à chaque génération successive ont dû rapidement compléter le travail ; et la sélection inconsciente progresse encore, car chaque homme tente d'obtenir, sans avoir l'intention d'améliorer la race, des chiens qui prennent l'arrêt et qui chassent de la meilleure façon. Par ailleurs, dans certains cas, la seule habitude a suffi ; il n'est guère d'animal plus difficile à apprivoiser que le jeune du lapin sauvage ; alors qu'il n'est guère d'animal plus apprivoisé que le jeune du lapin apprivoisé ; mais j'ai peine à supposer que les lapins domestiques aient souvent été sélectionnés pour la seule docilité de leur caractère ; de sorte qu'il nous faut attribuer le changement héréditaire qui conduit d'un caractère sauvage extrême à une extrême docilité, au moins pour sa plus grande part, à l'habitude et à un enfermement strict et de longue durée.

Les instincts naturels se perdent à l'état domestique : on peut en voir un exemple remarquable dans ces races de poules qui ne deviennent jamais ou que très rarement « nicheuses », c'est-à-dire n'éprouvent pas le besoin de s'installer sur leurs œufs. C'est la familiarité seule qui nous empêche de voir à quel point et avec quelle permanence les facultés mentales de nos animaux domestiques ont été modifiées. Il n'est guère possible de douter que l'attachement à l'homme ne soit devenu instinctif chez le chien. Tous les loups, les renards, les chacals, et les félins, lorsqu'ils sont apprivoisés, restent on ne peut plus prompts à attaquer les volailles, les moutons et les porcs ; et l'on a constaté que cette tendance était irrémédiable chez des chiens qui avaient été rapportés chez nous, alors qu'ils n'étaient que des chiots, de pays tels que la Terre de Feu ou l'Australie, où les sauvages ne les gardent pas auprès d'eux comme animaux domestiques. Comme il est rare, à l'opposé, qu'il faille apprendre à nos jeunes chiens civilisés, même tout jeunes, à ne pas attaquer les volailles, les moutons et les porcs ! Certes, ils lancent de temps en temps une attaque, qui leur vaut d'être corrigés ; et s'ils ne sont pas guéris, on les élimine ; de telle sorte que l'habitude et un certain degré de sélection ont probablement concouru à civiliser nos chiens par hérédité. Par ailleurs, les jeunes poussins ont perdu, entièrement par l'habitude, cette crainte du chien et du chat qui était sans aucun doute instinctive chez eux à l'origine ; car le Capitaine Hutton m'informe que de jeunes poussins de la souche mère, le *Gallus bankiva*, lorsqu'ils sont élevés sous une poule en Inde, sont au début excessivement sauvages. Il en est de même des jeunes faisans élevés sous une poule en Angleterre. Ce n'est pas que les poussins aient perdu toute crainte, mais seulement la crainte des chiens et des chats, car si la mère émet son gloussement d'alerte, ils ne resteront pas sous elle (plus spécialement les jeunes dindons), mais courront se cacher dans les herbes ou les fourrés alentour ; acte dont la destination instinctive est évidemment de permettre à leur mère de s'envoler, comme nous pouvons le voir chez les oiseaux sauvages vivant au sol. Mais cet instinct, que conservent nos poussins, est devenu inutile à l'état domestique, car la mère poule a presque perdu, par le défaut d'usage, la capacité de voler.

Nous pouvons donc conclure qu'à l'état domestique des instincts ont été acquis, et des instincts naturels ont été perdus, en partie par l'habitude, et en partie parce que l'homme sélectionne et accumule, au cours des générations successives, des habitudes mentales et des actions particulières, qui sont apparues la première fois à la suite de ce que, dans notre ignorance, nous devons appeler un accident. Dans certains cas, l'habitude imposée a suffi, seule, à produire des changements mentaux héréditaires ; dans d'autres cas, l'habitude imposée n'a rien fait, et tout a été le résultat de la sélection, poursuivie à la fois méthodiquement et inconsciemment ; mais dans la plupart des cas l'habitude et la sélection ont probablement agi de pair.

L'instinct [chap. VIII]

Instincts spéciaux

L'examen de quelques cas est peut-être ce qui nous fera le mieux comprendre comment des instincts à l'état de nature ont été modifiés par la sélection. Je n'en choisirai que trois – à savoir : l'instinct qui conduit le coucou à pondre ses œufs dans les nids d'autres oiseaux ; l'instinct esclavagiste de certaines fourmis ; et la capacité qu'a l'abeille domestique de construire des alvéoles. Ces deux derniers instincts ont été généralement et à juste titre identifiés par les naturalistes comme les plus extraordinaires de tous les instincts connus.

Instincts du coucou. – Certains naturalistes supposent que la cause la plus immédiate de l'instinct du coucou est qu'il pond ses œufs, non pas tous les jours, mais à des intervalles de deux ou trois jours ; de telle sorte que s'il devait faire son propre nid et couver ses propres œufs, les premiers pondus devraient être laissés un certain temps sans incubation, ou bien il y aurait dans le même nid des œufs et des oisillons d'âges différents. Si c'était le cas, le processus de ponte et d'éclosion pourrait être d'une longueur incommode, plus spécialement en raison de la migration très précoce de l'oiseau ; et le premier jeune sorti de l'œuf devrait probablement être nourri par le mâle seul. Mais le coucou américain est dans cet embarras ; car il fait son propre nid, et il a, tout ensemble, des œufs et des jeunes issus d'éclosions successives. On a tantôt affirmé, tantôt nié que le coucou américain pond occasionnellement ses œufs dans les nids d'autres oiseaux ; mais le Dr Merrell, de l'Iowa, m'a récemment appris qu'il avait un jour trouvé dans l'Illinois un jeune coucou en même temps qu'un jeune geai dans le nid d'un geai bleu (*Garrulus cristatus*) ; et comme l'un et l'autre étaient presque entièrement emplumés, on ne pouvait commettre d'erreur dans leur identification. Je pourrais également donner plusieurs exemples d'oiseaux divers dont on a reconnu qu'ils pondent quelquefois leurs œufs dans les nids d'autres oiseaux. Or, supposons que le lointain aïeul de notre coucou européen ait eu les habitudes du coucou américain, et que quelquefois il ait déposé un œuf dans le nid d'un autre oiseau.

Si l'oiseau adulte a tiré profit de cette habitude occasionnelle parce qu'il y trouvait la possibilité de migrer plus tôt ou pour n'importe quelle autre raison ; ou si les jeunes, tirant avantage de l'instinct mystifié d'une autre espèce, sont devenus plus vigoureux que s'ils étaient élevés par leur propre mère, embarrassée comme elle ne pouvait manquer de l'être par le fait d'avoir en même temps des œufs et des jeunes de différents âges ; alors les oiseaux adultes ou les jeunes adoptés ont dû en retirer un avantage. Et l'analogie nous conduira à croire que les jeunes ainsi élevés ont dû avoir tendance à suivre par hérédité l'habitude occasionnelle et aberrante de leur mère, et à pondre à leur tour leurs œufs dans les nids d'autres oiseaux, réussissant mieux, de la sorte, à élever leurs jeunes. C'est par un long processus de cette nature, je pense, que l'étrange instinct de notre coucou a été engendré. En outre, Adolf Müller a récemment établi, en s'appuyant sur des données suffisantes, que le coucou pond quelquefois ses œufs à même le sol, les couve, et nourrit ses jeunes. Cet événement rare est probablement un cas de retour à l'instinct nidificateur originel, perdu depuis longtemps.

On a objecté que je n'avais pas aperçu chez le coucou d'autres instincts et adaptations de structure apparentés, dont on dit qu'ils sont nécessairement coordonnés. Mais dans tous les cas, la spéculation sur un instinct que nous ne connaissons que chez une seule espèce est inutile, car nous n'avons disposé jusqu'ici d'aucun fait pour nous guider. Jusque récemment, seuls les instincts du coucou européen et ceux du coucou américain non parasite étaient connus ; aujourd'hui, grâce aux observations de M. Ramsay, nous avons appris quelque chose à propos de trois espèces australiennes, qui pondent leurs œufs dans les nids d'autres oiseaux. Les principaux points à signaler sont au nombre de trois : premièrement, le coucou commun, à de rares exceptions près, ne pond qu'un seul œuf par nid, si bien que le jeune oiseau, gros et vorace, reçoit une nourriture abondante. Deuxièmement, les œufs sont remarquablement petits, ne dépassant pas ceux de l'alouette – oiseau environ quatre fois moins gros que le coucou. Que cette petite taille de l'œuf soit un cas réel d'adaptation, nous pouvons l'inférer du fait que le coucou américain non parasite pond des œufs d'une taille normale. Troisièmement, le jeune coucou, peu après la naissance, a l'instinct, la force, et une forme de dos appropriée pour expulser ses frères adoptifs, qui périssent alors de froid et de faim. On a eu l'audace d'appeler cela un arrangement bénéfique, visant à ce que le jeune coucou puisse obtenir une nourriture suffisante, et à ce que ses frères adoptifs puissent périr avant d'avoir acquis trop de sensibilité !

Tournons-nous à présent vers les espèces australiennes : bien que ces oiseaux ne pondent généralement qu'un seul œuf par nid, il n'est pas rare de trouver deux, voire trois œufs dans le même nid. Chez le coucou de Horsfield [*bronze cuckoo*. Ndt.], la taille des œufs varie considérablement, de huit à dix lignes [16,92 à 21,16 mm. *Ndt.*] de longueur. Or si cela avait été un avantage pour cette espèce que de pondre des œufs encore plus petits que ceux qu'elle pond à présent, soit pour tromper certains parents nourriciers, soit, plus probablement, pour parvenir à l'éclosion dans une période plus courte (car on affirme qu'il y a une relation entre la taille des œufs et la durée de leur incubation), alors on peut croire sans difficulté qu'il se serait formé une race ou une espèce qui aurait pondu des œufs de plus en plus petits ; car ceux-ci auraient été plus assurés d'éclore et d'être élevés. M. Ramsay remarque que deux des coucous australiens, lorsqu'ils déposent leurs œufs dans un nid ouvert, manifestent une nette préférence pour les nids contenant des œufs semblables aux leurs par la teinte. L'espèce européenne manifeste apparemment un certain penchant vers un instinct similaire, mais s'en écarte souvent, comme le montre le fait qu'elle pond des œufs ternes et pâles dans le nid de la fauvette, dont les œufs sont brillants et d'une teinte bleu verdâtre. Si notre coucou avait invariablement manifesté l'instinct décrit plus haut, on l'aurait assurément ajouté à la liste de ceux dont on suppose qu'ils ont dû être acquis tous ensemble. Selon M. Ramsay, les œufs du coucou de Horsfield australien varient à un degré extraordinaire par la couleur ; de sorte qu'à cet égard, aussi bien que pour la taille, la sélection naturelle aurait pu préserver et fixer toute variation avantageuse.

Dans le cas du coucou européen, les rejetons des parents nourriciers sont communément éjectés du nid dans les trois jours qui suivent l'éclosion du coucou ; et comme ce dernier se trouve à cet âge dans un état de très grande faiblesse, M. Gould inclinait à croire autrefois que l'acte d'éjection était accompli par les parents nourriciers eux-mêmes. Mais il a reçu depuis un compte rendu digne de foi sur un jeune coucou que l'on a vu effectivement en train d'éjecter ses frères adoptifs, alors qu'il était encore aveugle et incapable même de soutenir sa propre tête. L'un d'entre eux fut replacé dans le nid par l'observateur, et fut de nouveau jeté par-dessus bord. Quant aux moyens par lesquels cet étrange et odieux instinct a été acquis, s'il a été d'une grande importance pour le jeune coucou, comme c'est probablement le cas, de recevoir autant de nourriture que possible dès après sa naissance, je ne vois aucune difficulté spéciale dans le fait qu'il ait graduellement acquis, au cours de générations successives, le désir aveugle, la force et la structure nécessaires au travail d'éjection ; car les jeunes coucous qui avaient le mieux développé ces habitudes et cette structure devaient avoir les meilleures chances d'être élevés. Le premier pas vers l'acquisition de l'instinct approprié aura pu être une agitation non intentionnelle de la part du jeune oiseau un peu plus avancé en âge et en force ; cette habitude ayant par la suite été améliorée, et transmise à un plus jeune âge. Je ne vois pas là plus de difficulté que dans le fait que, chez les autres oiseaux, les petits non encore sortis de l'œuf acquièrent l'instinct de briser leur propre coquille ; ou que dans le fait que les jeunes serpents acquièrent, au niveau de la mâchoire supérieure, comme l'a remarqué Owen, une dent acérée transitoire destinée à couper l'enveloppe résistante de l'œuf. Car si chaque partie est sujette à des variations individuelles à tous les âges, et si les variations tendent à être héritées à un âge correspondant ou antérieur – propositions qui ne peuvent être contestées –, alors les instincts et la structure du jeune pourraient être lentement modifiés aussi sûrement que ceux de l'adulte ; et ce sont là deux faits qui doivent tenir ou tomber avec la théorie de la sélection naturelle tout entière.

Certaines espèces de *Molothrus*, genre fort distinct d'oiseaux américains, proches de nos étourneaux, ont des habitudes parasites semblables à celles du coucou ; et les espèces présentent une gradation intéressante dans la perfection de leurs instincts. Un excellent observateur, M. Hudson, déclare que les sexes de *Molothrus badius* tantôt s'unissent dans la promiscuité des bandes, tantôt s'apparient. Soit ils bâtissent leur propre nid, soit ils s'emparent de celui de quelque autre oiseau, jetant par-dessus bord, à l'occasion, les oisillons de l'étranger. Soit ils pondent leurs œufs dans le nid qu'ils se sont ainsi approprié, soit, chose étonnante, ils s'en construisent un par-dessus. Ils couvent habituellement leurs propres œufs et élèvent leurs propres jeunes ; mais M. Hudson dit qu'il est probable qu'ils soient occasionnellement parasites, car il a vu les jeunes de cette espèce suivre des oiseaux adultes d'un type distinct et réclamer à grands cris qu'ils les nourrissent. Les habitudes parasites d'une autre espèce de *Molothrus*, le *M. bonariensis*, sont beaucoup plus largement développées que celles du précédent, mais sont encore loin d'être parfaites. Cet oiseau, autant qu'on peut le savoir, pond invariablement ses œufs dans des nids étrangers ; mais il est remarquable que parfois plusieurs se mettent ensemble à bâtir leur propre nid, confus et irrégulier, dans des situations singulièrement mal adaptées, comme sur les feuilles d'un grand chardon. Jamais cependant ils n'achèvent un nid pour eux-mêmes, pour autant que M. Hudson ait pu le déterminer. Ils pondent souvent tant d'œufs – de quinze à vingt – dans le même nid d'adoption, qu'il n'en peut éclore qu'un petit nombre, ou qu'aucun n'éclot. Ils ont, en outre, l'habitude extraordinaire de perforer de leur bec les œufs – ceux de leur propre espèce comme ceux de leurs parents nourriciers – qu'ils trouvent dans les nids qu'ils se sont appropriés. Ils abandonnent également, à même le sol, bon nombre d'œufs qui sont ainsi perdus. Une troisième espèce, le *M. pecoris* d'Amérique du Nord, a acquis des instincts aussi parfaits que ceux du coucou, car il ne pond jamais plus d'un œuf dans un nid d'adoption, de telle sorte que l'élevage du jeune oiseau est assuré. M. Hudson est fort éloigné de croire à l'évolution, mais les instincts imparfaits du *Molothrus bonariensis* semblent l'avoir tellement frappé que, citant mes propres paroles, il demande : « Devons-nous considérer ces habitudes, non comme des instincts spécialement infus ou créés, mais comme les petites conséquences d'une loi générale unique, à savoir la transition ? »

Divers oiseaux, comme on l'a déjà noté, pondent parfois leurs œufs dans les nids d'autres oiseaux. Cette habitude n'est pas très rare chez les Gallinacés, et éclaire quelque peu l'instinct singulier de l'autruche. Dans cette famille, plusieurs femelles s'unissent pour pondre, d'abord dans un nid, puis dans un autre, quelques œufs qui sont alors couvés par les mâles. Cet instinct peut probablement s'expliquer par le fait que les femelles pondent un grand nombre d'œufs, mais, comme chez le coucou, à des intervalles de deux ou trois jours. Cependant, l'instinct de l'autruche américaine, comme dans le cas du *Molothrus bonariensis*, n'a pas encore été perfectionné ; car un nombre surprenant d'œufs gisent çà et là sur les plaines, au point qu'en une seule journée de chasse j'ai ramassé non moins de vingt œufs perdus et gaspillés.

De nombreuses abeilles sont parasites, et déposent régulièrement leurs œufs dans les nids d'autres sortes d'abeilles. Ce cas est plus remarquable que celui du coucou ; car ces abeilles ont eu non seulement leurs instincts mais également leur structure modifiés en rapport avec leurs habitudes parasites ; en effet, elles ne possèdent pas l'appareil collecteur de pollen qui aurait été indispensable si elles avaient constitué des réserves de nourriture pour leur propre descendance. Certaines espèces de Sphégidés (insectes qui ressemblent aux guêpes) sont également parasites ; et M. Fabre a récemment montré qu'il y a de bonnes raisons de croire que, bien que le *Tachytes nigra* fasse généralement son propre terrier et y mette en réserve des proies paralysées pour ses propres larves, pourtant lorsque cet insecte trouve un terrier déjà fait et garni de réserves par un autre sphex, il profite de cette prise, et devient pour l'occasion parasite. Dans ce cas, comme dans celui du *Molothrus* ou du coucou, je ne vois aucune difficulté à ce que la sélection naturelle rende permanente une habitude occasionnelle, si celle-ci est un avantage pour l'espèce, et si l'insecte traîtreusement spolié de son nid et de sa réserve de nourriture n'est pas exterminé du même coup.

Instinct esclavagiste. — Cet instinct remarquable fut d'abord découvert chez la *Formica* (*Polyerges*) *rufescens* par Pierre Huber, meilleur observateur encore que son illustre père. Cette fourmi est absolument dépendante de ses esclaves ; sans leur aide, l'espèce disparaîtrait certainement en l'espace d'une seule année. Les mâles et les femelles fécondes ne font de travail d'aucune sorte, et les ouvrières ou femelles stériles, bien qu'elles soient on ne peut plus énergiques et courageuses lors de la capture d'esclaves, ne font aucun autre travail. Elles sont incapables de construire leurs propres nids, ou de nourrir leurs propres larves. Lorsque le vieux nid ne convient plus, et qu'elles doivent migrer, ce sont les esclaves qui déterminent la migration, et qui transportent bel et bien leurs maîtres entre leurs mandibules. Les maîtres sont si totalement dépourvus de ressources que, lorsque Huber en enferma une trentaine sans un esclave, mais avec une pleine réserve de leur nourriture préférée, et avec leurs propres larves et nymphes pour les stimuler au travail, ils restèrent inactifs ; ils ne pouvaient même pas se nourrir eux-mêmes, et beaucoup périrent de faim. Huber introduisit alors un seul esclave (*F. fusca*), lequel se mit instantanément au travail, nourrit et sauva les survivants, construisit quelques alvéoles, prit soin des larves, et mit tout en ordre. Quoi de plus extraordinaire que ces faits parfaitement établis ? Si nous n'avions connu aucune autre fourmi esclavagiste, c'est en vain que nous nous serions livrés à des spéculations sur la façon dont un instinct aussi extraordinaire a pu être perfectionné.

C'est encore P. Huber qui, le premier, a découvert qu'une autre espèce, *Formica sanguinea*, est une fourmi esclavagiste. On trouve cette espèce dans les parties méridionales de l'Angleterre, et ses habitudes ont été étudiées par M. F. Smith, du *British Museum*, à qui je suis fort redevable d'informations sur ce sujet et sur d'autres. Bien que j'eusse une pleine confiance dans les affirmations de Huber et de M. Smith, j'ai essayé d'aborder le sujet dans un état d'esprit sceptique, car on pardonnera volontiers à tout un chacun de douter de l'existence d'un instinct aussi extraordinaire que celui de faire des esclaves. Aussi rapporterai-je avec quelques menus détails les observations que j'ai faites. J'ai ouvert quatorze nids de *F. sanguinea*, et dans tous j'ai trouvé quelques esclaves. Les mâles et les femelles fécondes de l'espèce esclave (*F. fusca*) ne se trouvent que dans leurs propres communautés, et n'ont jamais été observés dans les nids de *F. sanguinea*. Les esclaves sont noirs et ont au plus la moitié de la taille de leurs maîtres rouges, de sorte que leur aspect présente un fort contraste. Lorsque l'on dérange légèrement le nid, il arrive que les esclaves sortent et, comme leurs maîtres, montrent une grande agitation et défendent leur nid ; lorsque l'on dérange fortement le nid, et que les larves et les nymphes sont exposées, les esclaves travaillent énergiquement, de concert avec leurs maîtres, à les transporter dans un endroit sûr. Il est donc clair que les esclaves se sentent tout à fait chez eux. Durant les mois de juin et de juillet, trois années de suite, j'ai observé pendant des heures plusieurs nids dans le Surrey et le Sussex, et je n'ai jamais vu un esclave quitter un nid ou y entrer. Comme, durant ces mois, les esclaves sont présents en très petit nombre, j'ai pensé qu'ils pourraient se comporter différemment s'ils étaient plus nombreux ; mais M. Smith m'informe qu'il a observé les nids à diverses heures en mai, juin, et août, dans le Surrey et le Hampshire, et qu'il n'a jamais vu les esclaves, pourtant présents en grand nombre en août, quitter un nid ou y entrer. Aussi les considère-t-il comme des esclaves strictement domestiques. Les maîtres, au contraire, peuvent être vus constamment en train d'apporter à l'intérieur des matériaux pour le nid, et toutes sortes de nourriture. Toutefois, au cours du mois de juillet de 1860, j'ai rencontré une communauté comportant une quantité inhabituelle d'esclaves, et remarqué quelques esclaves qui quittaient le nid, mêlés à leurs maîtres, et s'acheminaient le long de la même route jusqu'à un grand pin écossais, à une distance de vingt-cinq *yards*, dont ils firent ensemble l'ascension, probablement à la recherche de pucerons ou de coccus. D'après Huber, qui a eu amplement l'occasion de les observer, les esclaves en Suisse travaillent habituellement avec leurs maîtres à la fabrication du nid, et ils sont les seuls à ouvrir et à fermer les portes le matin et le soir ; et, comme Huber l'affirme expressément, leur tâche principale est de chercher des pucerons. Cette différence des habitudes courantes chez les maîtres et chez les esclaves des deux pays dépend simplement, en toute probabilité, du fait que plus d'esclaves sont capturés en Suisse qu'en Angleterre.

Un jour, je fus par chance témoin d'une migration de *F. sanguinea* d'un nid à un autre, et ce fut un spectacle des plus intéressants que de voir les maîtres porter avec soin leurs esclaves entre leurs

L'instinct [chap. VIII]

mandibules au lieu d'être portés par eux, comme dans le cas de *F. rufescens*. Un autre jour, mon attention fut captée par une vingtaine de ces esclavagistes qui fréquentaient le même site et qui, à l'évidence, n'étaient pas en quête de nourriture ; ils s'approchèrent d'une communauté indépendante de l'espèce esclave (*F. fusca*), qui les repoussa vigoureusement ; jusqu'à trois de ces fourmis s'accrochaient parfois aux pattes des *F. sanguinea* esclavagistes. Ces derniers tuèrent sans pitié leurs petits adversaires, et emportèrent comme nourriture leurs cadavres jusqu'à leur nid, à une distance de vingt-neuf *yards* ; mais ils furent empêchés de capturer des nymphes pour les élever comme esclaves. Je déterrai alors une petite portion des nymphes de *F. fusca* venant d'un autre nid, et les déposai à découvert près du lieu du combat ; elles furent saisies avidement et enlevées par les tyrans qui s'imaginèrent peut-être qu'après tout ils avaient été victorieux dans leur dernier combat.

En même temps, je posai au même endroit une petite portion des nymphes d'une autre espèce, *F. flava*, avec quelques-unes de ces petites fourmis jaunes encore agrippées aux fragments de leur nid. Cette espèce est quelquefois, quoique rarement, réduite en esclavage, comme cela a été décrit par M. Smith. Pour une si petite espèce, elle est très courageuse, et je l'ai vue attaquer férocement d'autres fourmis. J'eus une fois la surprise de trouver une communauté indépendante de *F. flava* sous une pierre placée en contrebas d'un nid de l'espèce esclavagiste *F. sanguinea* ; et lorsque j'eus accidentellement dérangé les deux nids, les petites fourmis attaquèrent leurs grosses voisines avec un courage surprenant. Or, j'étais curieux de déterminer si les fourmis *F. sanguinea* étaient en mesure de distinguer les nymphes de *F. fusca*, dont elles font habituellement leurs esclaves, de celles de la petite et furieuse *F. flava*, qu'elles capturent rarement, et il fut évident qu'elles les distinguèrent aussitôt ; car nous avons vu qu'elles saisissaient avidement et instantanément les nymphes de *F. fusca*, tandis qu'elles se montrèrent fort terrifiées lorsqu'elles rencontrèrent des nymphes de *F. flava*, ou même de la terre provenant de son nid, et s'enfuirent rapidement ; mais, au bout d'environ un quart d'heure, un bref instant après que toutes les petites fourmis jaunes eurent filé, elles reprirent courage et emportèrent les nymphes.

Un soir, je visitai une autre communauté de *F. sanguinea*, et trouvai un certain nombre de ces fourmis qui regagnaient leur demeure et pénétraient dans leurs nids, chargées de cadavres de *F. fusca* (ce qui montre qu'il ne s'agissait pas d'une migration) et de nombreuses nymphes. Je suivis la trace d'une longue file de fourmis croulant sous le butin, sur environ quarante *yards* en arrière, jusqu'à une touffe de bruyère très dense, d'où je vis émerger la dernière *F. sanguinea*, qui portait une nymphe ; mais je ne pus trouver le nid dévasté au sein de l'épaisse bruyère. Le nid, cependant, devait être à portée de main, car deux ou trois *F. fusca* s'affairaient tout autour dans la plus grande agitation, et une autre se tenait perchée, immobile, au sommet d'un brin de bruyère, avec une nymphe de son espèce dans la bouche, image du désespoir se lamentant sur sa demeure ravagée.

Tels sont les faits, qui du reste n'avaient besoin d'aucune confirmation de ma part, relatifs à l'instinct extraordinaire de faire des esclaves. Qu'on observe le contraste que les habitudes instinctives de *F. sanguinea* présentent avec celles de la fourmi continentale *F. rufescens*. Cette dernière ne construit pas son propre nid, ne détermine pas ses propres migrations, ne collecte pas de nourriture pour elle-même ou pour ses jeunes, et ne peut même pas se nourrir elle-même : elle est absolument dépendante de ses nombreux esclaves. *Formica sanguinea*, en revanche, possède beaucoup moins d'esclaves, et même extrêmement peu au début de l'été : les maîtres déterminent quand et où un nouveau nid sera formé et, lorsque ces fourmis migrent, les maîtres portent les esclaves. En Suisse comme en Angleterre les esclaves semblent avoir le soin exclusif des larves, et seuls les maîtres partent à la conquête des esclaves. En Suisse les esclaves et les maîtres travaillent ensemble pour fabriquer le nid et pour en apporter les matériaux ; les uns et les autres, mais surtout les esclaves, prennent soin de leurs pucerons et s'occupent, pourrait-on dire, de les traire ; et de la sorte les uns et les autres participent à la collecte de nourriture pour la communauté. En Angleterre, seuls les maîtres quittent ordinairement le nid pour col-

L'instinct [chap. VIII] 579

lecter les matériaux de construction et la nourriture pour eux-mêmes, leurs esclaves et leurs larves. De telle sorte que les maîtres, dans notre pays, reçoivent de la part de leurs esclaves des services bien moindres qu'en Suisse.

Par quelles étapes s'est effectuée la naissance de l'instinct de *F. sanguinea*, je ne prétendrai pas le deviner. Mais comme des fourmis qui ne sont pas esclavagistes sont prêtes, comme je l'ai vu, à emporter les nymphes d'autres espèces si on les dissémine près de leurs nids, il est possible que ces nymphes, à l'origine mises en réserve pour servir de nourriture, se soient développées ; et les fourmis étrangères ainsi élevées sans la moindre intention auraient alors suivi leurs propres instincts, et accompli le travail qu'elles pouvaient. Si leur présence s'est avérée utile à l'espèce qui s'était emparée d'elles – s'il a été plus avantageux pour cette espèce de capturer des travailleurs plutôt que de les engendrer –, l'habitude de collecter des nymphes, à l'origine pour s'en nourrir, a pu être renforcée et rendue permanente par la sélection naturelle avec la destination, très différente, d'élever des esclaves. Une fois cet instinct acquis, en admettant même qu'il n'ait atteint qu'un développement bien inférieur à celui de notre fourmi britannique *F. sanguinea*, qui, comme nous l'avons vu, est moins aidée par ses esclaves que ne l'est la même espèce en Suisse, la sélection naturelle a pu accroître et modifier l'instinct – en supposant toujours que chaque modification soit utile pour l'espèce – jusqu'à ce que fût formée une fourmi aussi misérablement dépendante de ses esclaves que la *Formica rufescens*.

Instinct constructeur d'alvéoles chez l'abeille domestique. – Je n'entrerai pas ici dans de menus détails sur ce sujet, mais me contenterai de donner un aperçu des conclusions auxquelles je suis arrivé. Seul un niais pourrait examiner la délicate structure d'un rayon de ruche, si magnifiquement adapté à sa fin, sans éprouver une admiration enthousiaste. Les mathématiciens nous apprennent que les abeilles, résolvant en pratique un problème abstrus, ont donné à leurs alvéoles la forme propre à contenir la plus grande quantité possible de miel, avec, lors de leur construction la plus faible consommation possible de leur précieuse cire. On a fait remarquer qu'un artisan habile disposant des outils et des mesures adéquats rencontrerait de grandes difficultés à confectionner des alvéoles de cire ayant la forme juste, ce qu'accomplit pourtant une foule d'abeilles travaillant dans une ruche obscure. En admettant tous les instincts que l'on voudra, il semble d'abord tout à fait inconcevable qu'elles puissent réaliser tous les angles et toutes les surfaces planes nécessaires, ou même discerner s'ils sont correctement réalisés. Mais la difficulté n'est pas à beaucoup près aussi grande qu'elle le paraît de prime abord : on peut montrer, je pense, que tout ce magnifique travail résulte d'un petit nombre d'instincts simples.

Je fus incité à étudier ce sujet par M. Waterhouse, qui a montré que la forme de l'alvéole entretient un rapport étroit avec la présence des alvéoles adjacents ; et la conception que j'exposerai ici pourra n'être considérée peut-être que comme une modification de sa théorie. Portons notre regard sur le grand principe de la gradation, et voyons si la nature ne nous révèle pas sa méthode de travail. À l'une des extrémités d'une courte série, nous avons les bourdons, qui utilisent leurs vieux cocons pour emmagasiner du miel, leur ajoutant parfois de courts tubes de cire, et fabriquant également des alvéoles de cire arrondis, séparés et très irréguliers. À l'autre extrémité de la série nous avons les alvéoles de l'abeille domestique, disposés sur une double couche : chaque alvéole, la chose est bien connue, est un prisme hexagonal, dont les bords à la base des six faces sont taillés en biseau de manière à s'ajuster à une pyramide inversée, formée de trois rhombes. Ces rhombes présentent certains angles, et les trois qui forment la base pyramidale d'un alvéole simple sur un côté du rayon entrent dans la composition des bases de trois alvéoles adjacents sur le côté opposé. Dans la série comprise entre la perfection extrême des alvéoles de l'abeille domestique et la simplicité de ceux du bourdon, nous avons les alvéoles de l'espèce mexicaine *Melipona domestica*, soigneusement décrits et figurés par Pierre Huber. La Mélipone est elle-même, du point de vue de sa structure, intermédiaire entre l'abeille domestique et le bourdon, mais plus étroitement apparentée à ce dernier ; elle forme un rayon de cire à peu près régulier composé d'alvéoles cylindriques, dans lesquels se développent les jeunes, et, de surcroît, quelques grands alvéoles de cire pour emmagasiner du miel. Ces derniers alvéoles sont à peu près sphériques et de dimensions à peu près identiques, et sont agrégés en une masse irrégulière. Mais le point important à noter est que ces alvéoles sont toujours construits si proches les uns des autres qu'il y aurait eu des intersections ou des effractions mutuelles si les sphères avaient été complètes ; mais cela n'est jamais permis, car les abeilles bâtissent des cloisons de cire parfaitement plates entre les sphères qui tendent à s'entrecouper ainsi. Chaque alvéole consiste donc en une portion extérieure sphérique, et en des surfaces planes au nombre de deux, trois ou davantage, selon que l'alvéole est adjacent à deux, trois autres alvéoles ou davantage. Quand un alvéole repose sur trois autres alvéoles, ce qui, du fait que les sphères sont à peu près de la même taille, est très fréquemment et nécessairement le cas, les trois surfaces planes sont réunies en une pyramide ; et cette pyramide, comme Huber l'a remarqué, est manifestement une imitation grossière de la base pyramidale à trois côtés de l'alvéole de l'abeille domestique. Tout comme dans les alvéoles de l'abeille domestique, les trois surfaces planes de n'importe quel alvéole entrent nécessairement dans la construction de trois alvéoles adjacents. Il est évident que grâce à ce mode de construction la Mélipone économise de la cire, et, ce qui est plus important, s'épargne du labeur ; car les cloisons planes entre les alvéoles contigus ne sont pas doubles, mais sont de la même épaisseur que les portions sphériques extérieures, bien que chaque portion plane fasse partie de deux alvéoles.

En réfléchissant sur ce cas, il me vint à l'esprit que si la Mélipone avait construit ses sphères à une distance donnée les unes des autres, les avait construites d'égales dimensions et les avait disposées symétriquement sur une couche double, la structure résultante aurait été aussi parfaite que le rayon de l'abeille domestique. J'ai donc écrit au Professeur Miller, de Cambridge, et ce géomètre a eu l'amabilité de relire l'énoncé suivant, rédigé à partir des renseignements qu'il m'a fournis, et m'informe qu'il est rigoureusement exact :

Si l'on décrit un certain nombre de sphères égales dont les centres sont disposés sur deux couches parallèles, le centre de chaque sphère se trouvant à une distance égale au rayon × √2, ou au rayon × 1,41421 (ou à une distance un peu moindre), des centres des six sphères voisines situées sur la même couche, et à la même distance des centres des sphères adjacentes situées sur l'autre couche parallèle ; si l'on construit alors les plans d'intersection entre les différentes sphères situées sur les deux couches, on obtiendra une double couche de prismes hexagonaux réunis par des bases pyramidales formées de trois rhombes ; et les rhombes et les faces des prismes hexagonaux auront chacun de leurs angles exactement identique aux meilleures mesures qui ont été effectuées des alvéoles de l'abeille domestique. Mais le Professeur Wyman, qui a effectué avec soin de nombreuses mesures, m'apprend que la précision de l'ouvrage de l'abeille a été considérablement exagérée ; à tel point que, quelle que soit la forme typique de l'alvéole, elle est rarement réalisée, si elle l'est jamais.

Nous pouvons donc conclure sans risque que, si nous pouvions modifier légèrement les instincts que la Mélipone possède déjà, et qui en eux-mêmes n'ont rien de très extraordinaire, cette abeille construirait une structure aussi extraordinairement parfaite que celle de l'abeille domestique. Il nous faut supposer que la Mélipone a la faculté de donner à ses alvéoles une forme véritablement sphérique, et des dimensions égales ; et cela ne serait pas très surprenant, étant donné qu'elle le fait déjà jusqu'à un certain point, et compte tenu des galeries parfaitement cylindriques que de nombreux insectes creusent dans le bois, apparemment en tournant autour d'un point fixe. Il nous faut supposer que la Mélipone dispose ses alvéoles en couches qui soient de niveau, comme elle le fait déjà avec ses alvéoles cylindriques ; et supposer en outre, et c'est ici la plus grande difficulté, qu'elle peut de quelque façon juger avec précision de la distance à laquelle elle doit se tenir de ses compagnes de labeur lorsqu'elles sont plusieurs en train de confectionner leurs sphères ; mais elle est déjà assez capable de juger d'une distance pour tracer toujours ses sphères de manière qu'elles s'entrecoupent dans une certaine mesure, réunissant ensuite les points d'intersection par des surfaces parfaitement plates. C'est par ces modifications d'instincts qui en eux-mêmes ne sont pas très extraordinaires – à peine plus que ne le sont ceux qui guident un oiseau dans la construction de son nid –, que l'abeille domestique a acquis, je crois, grâce à la sélection naturelle, ses inimitables capacités architecturales.

Mais cette théorie peut être soumise à l'expérience. Suivant l'exemple de M. Tegetmeier, je séparai deux rayons, et plaçai entre eux une bande de cire rectangulaire, longue et épaisse : les abeilles commencèrent instantanément à y creuser de minuscules cavités circulaires ; et tout en approfondissant ces petites cavités, elles les élargirent de plus en plus jusqu'à les transformer en des cuvettes peu profondes, offrant à l'œil l'apparence d'une sphère parfaite ou de segments de sphère, ayant environ le diamètre d'un alvéole. Il était éminemment intéressant d'observer que, partout où plusieurs abeilles avaient commencé à creuser ensemble ces cuvettes non loin les unes des autres, elles avaient commencé leur travail à une distance telle que, une fois que les cuvettes eurent acquis la largeur précédemment indiquée (*i. e.* environ la largeur d'un alvéole ordinaire), et une profondeur d'environ un sixième du diamètre de la sphère dont elles formaient un segment, les bords des cuvettes donnaient lieu à des intersections ou à des effractions mutuelles. Dès que cela se produisait, les abeilles cessaient de creuser, et commençaient à élever des cloisons de cire plates sur les lignes d'intersection entre les cuvettes, de sorte que chaque prisme hexagonal s'élevait sur les bords festonnés d'une cuvette aplanie, au lieu d'être monté sur les bords droits d'une pyramide trièdre, comme dans le cas des alvéoles ordinaires.

Je plaçai alors à l'intérieur de la ruche, au lieu du morceau de cire rectangulaire et épais, un autre mince et étroit, en forme de lame de couteau, coloré au vermillon. Les abeilles commencèrent instantanément à creuser sur les deux faces de petites cuvettes proches les unes des autres, de la même manière qu'auparavant ; mais la lamelle de cire était si mince, que les fonds des cuvettes, s'ils avaient été creusés à la même profondeur que dans la première expérience, auraient été transpercés et se seraient rejoints à partir des faces opposées. Les abeilles, cependant, ne le permirent pas, et elles interrompirent au bon moment leurs excavations ; de telle sorte que les cuvettes, dès qu'elles furent un tant soit peu creusées, en vinrent à avoir des bases plates ; et ces bases plates, formées de petites plaques minces de cire vermillon laissée intacte, étaient situées, autant que l'œil pût en juger, exactement dans les plans d'intersection imaginaires qui séparaient les cuvettes placées de part et d'autre de la lamelle de cire. Dans certains endroits, seules de petites parties de plaque rhomboïde avaient ainsi été laissées entre les cuvettes opposées, et dans d'autres de grandes parties, mais le travail, en raison du caractère artificiel des conditions, n'avait pas été réalisé d'une manière impeccable. Les abeilles avaient dû travailler, à très peu près, à la même vitesse en rongeant circulairement et en creusant les cuvettes des deux côtés de la lamelle de cire vermillon, pour avoir réussi de la sorte à laisser des plaques plates entre les cuvettes, en arrêtant leur travail aux plans d'intersection.

Considérant combien la cire mince est flexible, je ne vois pas qu'il y ait la moindre difficulté à ce que les abeilles, tandis qu'elles travaillent des deux côtés d'une bande de cire, s'aperçoivent du moment où elles ont rongé la cire jusqu'à l'épaisseur appropriée, et arrêtent alors leur travail. Dans les rayons ordinaires, il m'est apparu que les abeilles ne réussissent pas toujours à travailler exactement à la même vitesse en partant des faces opposées ; car j'ai remarqué des rhombes à demi achevés à la base d'un alvéole tout juste commencé, qui étaient légèrement concaves sur une face, où les abeilles avaient, je suppose, creusé trop rapidement, et convexes sur la face opposée, où les abeilles avaient travaillé moins rapidement. Dans un cas bien marqué, je replaçai le rayon dans la ruche, et permis aux abeilles de poursuivre le travail pendant un petit moment ; examinant de nouveau l'alvéole, je constatai que la plaque rhomboïde avait été achevée, et était devenue *parfaitement plate* : il était absolument impossible, étant donné la minceur extrême de la petite plaque, qu'elles aient pu obtenir ce résultat en rongeant la face convexe ; et je soupçonne que les abeilles dans de tels cas se tiennent de part et d'autre, poussant et enfonçant la cire chaude et ductile (ce qui se fait aisément, comme je l'ai expérimenté) jusqu'à lui faire occuper le plan intermédiaire qui convient, et l'aplatissent de cette façon.

À partir de l'expérience de la lamelle de cire vermillon nous voyons que, si les abeilles devaient construire pour elles-mêmes une fine cloison de cire, elles pourraient donner à leurs alvéoles la forme appropriée, en se tenant à la distance appropriée les unes des autres, en creusant à la même vitesse, et en s'efforçant de réaliser des cavités sphériques égales, mais sans jamais permettre que les sphères s'entrechoquent. Or les abeilles, comme on peut le voir clairement en examinant le bord d'un rayon en cours d'élaboration, réalisent bel et bien une cloison ou bordure d'enceinte grossière tout autour du rayon ; et elles la rongent des deux côtés opposés, travaillant toujours circulairement à mesure qu'elles creusent chaque alvéole. Elles n'élaborent pas l'ensemble de la base pyramidale trièdre d'un alvéole dans un même temps, mais seulement la plaque rhomboïde, située sur la lisière de la partie en construction, ou selon le cas les deux plaques ; et elles n'achèvent jamais les bords supérieurs des plaques rhomboïdes, tant que les cloisons hexagonales ne sont pas commencées. Certaines de ces affirmations diffèrent de celles du justement célèbre Huber père, mais je suis convaincu de leur exactitude ; et si j'en avais la place, je pourrais montrer qu'elles sont conformes à ma théorie.

L'affirmation de Huber selon laquelle le tout premier alvéole est creusé dans une petite paroi de cire aux faces parallèles n'est pas, pour autant que j'aie pu le voir, rigoureusement exacte, la première amorce ayant toujours été un petit capuchon de cire ; mais je n'entrerai pas ici dans les détails. Nous voyons quel rôle important joue l'excavation dans la construction des alvéoles ; mais ce serait une grande erreur de supposer que les abeilles ne peuvent pas élever une paroi grossière de cire en la disposant de la manière appropriée – c'est-à-dire le long du plan d'intersection entre deux sphères adjacentes. J'ai plusieurs spécimens montrant clairement qu'elles en sont capables. Même dans la bordure ou paroi d'enceinte qui entoure de sa cire grossière un rayon en cours d'élaboration, on peut quelquefois observer des courbures dont la position correspond aux plans des plaques rhomboïdes qui formeront la base des futurs alvéoles. Mais la grossière paroi de cire doit dans tous les cas faire l'objet d'une finition, en étant largement rongée sur ses deux côtés. Les abeilles ont une curieuse manière de bâtir ; elles font toujours la première paroi brute dix à vingt fois plus épaisse que la paroi achevée, excessivement mince, de l'alvéole, qui subsistera à la fin. Nous comprendrons comment elles travaillent en imaginant des maçons entassant tout d'abord un large monticule de ciment, et se mettant après cela à en retrancher près du sol une égale épaisseur des deux côtés, jusqu'à ce qu'un mur lisse, très fin, subsiste en son milieu – les maçons ne cessant d'entasser le ciment retranché, et d'ajouter du ciment frais au sommet du monticule. Nous obtiendrons ainsi une cloison mince s'élevant d'une façon régulière, mais toujours coiffée d'un gigantesque couronnement. Étant donné que tous les alvéoles – ceux qui sont tout juste commencés comme ceux qui sont achevés – sont ainsi coiffés d'un solide couronnement de cire, les abeilles peuvent s'attrouper et grouiller sur le rayon sans endommager les délicates cloisons hexagonales. Ces cloisons, comme le Professeur Miller l'a aimablement vérifié pour moi, varient considérablement en épaisseur, étant, sur une moyenne de douze mesures prises à proximité du bord du rayon, de $\frac{1}{353}$ de pouce [0,07 mm. *Ndt.*] en épaisseur ; alors que les plaques rhomboïdes de la base sont plus épaisses, à peu près dans un rapport de trois à deux, ayant une épaisseur moyenne, d'après vingt et une mesures, de $\frac{1}{229}$ de pouce [0,11 mm. *Ndt.*]. Grâce à la manière singulière de bâtir évoquée plus haut, le rayon est continuellement consolidé, avec en définitive la plus extrême économie de cire.

Qu'une multitude d'abeilles travaillent toutes ensemble, voilà qui paraît d'abord ajouter à la difficulté de comprendre comment les alvéoles sont construits ; une abeille, après avoir travaillé un court instant sur un alvéole, passe ensuite à un autre, si bien que, comme Huber l'a constaté, une vingtaine d'individus travaillent dès le commencement du premier alvéole. Je fus en mesure de mettre concrètement ce fait en évidence, en couvrant les bords des cloisons hexagonales d'un seul alvéole, ou la lisière extrême de la bordure d'enceinte d'un rayon en cours d'élaboration, avec une couche extrêmement fine de cire vermillon fondue ; et invariablement j'ai trouvé que la couleur était on ne peut plus délicatement diffusée par les abeilles – aussi délicatement qu'un peintre l'aurait pu faire avec son pinceau – par le prélèvement des particules de cire colorée à l'endroit où celle-ci avait été placée, et leur incorporation dans les bords en cours d'élaboration des alvéoles environnants. Le travail de construction semble être une sorte d'équilibre établi entre de nombreuses abeilles, qui toutes se tiennent instinctivement à la même distance les unes des autres, essayant toutes de couvrir des sphères égales, et érigeant ensuite, ou laissant intacts, les plans d'intersection entre ces sphères. Il était véritablement curieux de noter, dans les cas présentant une difficulté, comme lorsque deux morceaux de rayon se rencontraient à un angle, combien de fois les abeilles pouvaient démolir et reconstruire de différentes manières le même alvéole, en revenant parfois à une forme qu'elles avaient d'abord rejetée.

Quand les abeilles ont trouvé un emplacement où elles peuvent se tenir dans les positions qui leur conviennent pour travailler – par exemple, sur un bout de bois placé directement sous le milieu d'un rayon croissant vers le bas, de telle sorte que le rayon doit être bâti sur une face du bout de bois – dans ce cas les abeilles peuvent poser les fondations de l'une des cloisons d'un nouvel hexagone, à la place qui convient exactement, au-delà des autres alvéoles achevés. Il suffit que les abeilles soient capables de maintenir les distances relatives nécessaires, entre elles et avec les cloisons des derniers alvéoles achevés, et alors, en traçant des sphères imaginaires, elles peuvent élever une cloison intermédiaire entre deux sphères adjacentes ; mais, pour autant que j'aie pu le voir, jamais elles ne rongent ni ne terminent les angles d'un alvéole tant qu'une grande partie à la fois de cet alvéole et des alvéoles adjacents n'a pas été construite. Cette capacité qu'ont les abeilles de construire dans certaines circonstances une paroi grossière à la place qui convient entre deux alvéoles tout juste commencés est importante, puisqu'elle se rapporte à un fait qui semble d'abord être de nature à renverser la théorie qui précède ; à savoir, que les alvéoles qui se trouvent sur le bord extrême des rayons construits par les guêpes sont quelquefois rigoureusement hexagonaux ; mais je ne dispose pas ici d'une place suffisante pour aborder ce sujet. Il ne me semble pas non plus qu'il y ait une grande difficulté à ce qu'un insecte seul (comme dans le cas d'une reine de guêpes) construise des alvéoles hexagonaux, s'il est au travail alternativement à l'intérieur et à l'extérieur de deux ou trois alvéoles commencés en même temps, se tenant toujours à la distance relative qui convient entre les parties des alvéoles tout juste commencés, décrivant des sphères ou des cylindres, et érigeant des plans intermédiaires.

Comme la sélection naturelle n'agit que par l'accumulation de légères modifications de structure ou d'instinct, chacune profitable à l'individu dans ses conditions de vie, on peut raisonnablement demander comment une succession longue et graduelle d'instincts architecturaux modifiés, tendant tous vers l'actuel plan de construction parfait, a pu profiter aux ancêtres de l'abeille domestique. Je pense que la réponse n'est pas difficile : les alvéoles construits comme ceux de l'abeille ou de la guêpe gagnent en solidité, et épargnent considérablement le labeur et l'espace, ainsi que les matériaux dont ils sont formés. Pour ce qui regarde la formation de la cire, il est connu que les abeilles sont souvent en peine d'obtenir suffisamment de nectar, et M. Tegetmeier m'informe qu'il a été expérimentalement prouvé que douze à quinze livres de sucre sec sont consommées par une ruche d'abeilles pour la sécrétion d'une livre de cire ; de sorte qu'une quantité prodigieuse de nectar liquide doit être collectée et consommée par les abeilles dans une ruche pour la sécrétion de la cire nécessaire à la construction de leurs rayons. En outre, nombre d'abeilles doivent demeurer inactives pendant les nombreux jours que dure le processus de sécrétion. Une grande réserve de miel est indispensable pour subvenir aux besoins d'une grande colonie d'abeilles durant l'hiver ; et l'on sait que la sécurité de la ruche dépend principalement du grand nombre d'abeilles qu'elle entretient. L'économie de cire, en ce qu'elle permet d'épargner largement le miel et le temps consacré à la collecte du miel, doit donc être un élément important dans la réussite d'une famille d'abeilles. Bien sûr, le succès de l'espèce peut dépendre du nombre de ses ennemis, ou de ses parasites, ou de causes tout à fait distinctes, et être ainsi entièrement indépendant de la quantité de miel que les abeilles peuvent collecter. Mais supposons que cette dernière circonstance détermine, comme elle l'a probablement souvent fait, s'il est possible à une abeille proche de nos bourdons d'exister en grand nombre dans un pays ; et supposons encore que la communauté passe l'hiver, et par conséquent ait besoin d'une réserve de miel : il ne peut y avoir dans ce cas aucun doute sur le fait que ce serait un avantage, pour notre bourdon imaginaire, si une légère modification de ses instincts le conduisait à construire ses alvéoles de cire proches les uns des autres, assez pour s'entrecouper un peu ; car une cloison commune, même à deux alvéoles adjacents, ne manquerait pas d'épargner un peu de labeur et de cire. Ce serait donc un avantage sans cesse croissant pour nos bourdons s'ils devaient se construire des alvéoles de plus en plus réguliers, plus proches encore les uns des autres, et agrégés en une masse, comme les alvéoles de la Mélipone ; car dans ce cas une grande partie de la surface délimitant chaque alvéole servirait à délimiter les alvéoles adjacents, et beaucoup de labeur et de cire serait épargné. Pareillement, et pour la même raison, il serait avantageux à la Mélipone de construire ses alvéoles plus rapprochés et d'une façon générale plus réguliers qu'ils ne le sont à présent ; car alors, comme nous l'avons vu, les surfaces sphériques disparaîtraient totalement et seraient remplacées par des surfaces planes ; et la Mélipone construirait un rayon aussi parfait que celui de l'abeille domestique. La sélection naturelle ne pourrait conduire au-delà de ce stade de perfection architecturale ; car le rayon d'une abeille domestique, pour autant que nous puissions en juger, est absolument parfait sous le rapport de l'économie de labeur et de cire.

Ainsi, d'après moi, le plus extraordinaire de tous les instincts connus, celui de l'abeille domestique, peut s'expliquer par le fait que la sélection naturelle a mis à profit de nombreuses modifications légères et successives d'instincts plus simples ; la sélection naturelle a, lentement et par degrés, conduit avec une perfection croissante les abeilles à former des sphères égales, à une distance donnée les unes des autres et sur deux couches, et à ériger et creuser la cire le long des plans d'intersection – les abeilles ne sachant pas, bien sûr, qu'elles forment leurs sphères à une distance particulière les unes des autres, pas plus qu'elles ne connaissent les divers angles des prismes hexagonaux et des plaques basales rhomboïdes ; la force motrice du processus de la sélection naturelle a été la construction d'alvéoles possédant la solidité requise, ainsi que la taille et la forme convenables pour les larves, cela étant réalisé avec la plus grande économie possible de labeur et de cire ; l'essaim particulier qui a construit de la sorte les meilleurs alvéoles, avec le moins de labeur et la moindre perte de miel durant la sécrétion de la cire, a le mieux réussi, et a transmis ses instincts d'économie nouvellement acquis aux essaims nouveaux, qui à leur tour auront eu la meilleure chance de succès dans la lutte pour l'existence.

Objections à l'application de la théorie de la sélection naturelle aux instincts : insectes neutres et stériles

On a objecté au point de vue qui vient d'être exposé sur l'origine des instincts que « les variations de structure et d'instinct ont dû être simultanées et ajustées précisément les unes aux autres, puisqu'une modification d'un côté sans un changement correspondant immédiat de l'autre aurait été fatale ». La force de cette objection repose entièrement sur la supposition que les changements dans les instincts et la structure sont brusques. Prenons à titre d'illustration le cas de la grande mésange (*Parus major*) évoquée dans un précédent chapitre : cet oiseau tient souvent les graines de l'if entre ses pattes, sur une branche, et martèle avec son bec jusqu'à ce qu'il parvienne à l'amande. Or, quelle difficulté spéciale y aurait-il à ce que la sélection naturelle préservât toutes les légères variations individuelles de la forme du bec, qui étaient de mieux en mieux adaptées à l'ouverture des graines, jusqu'à ce qu'il se formât un bec aussi bien construit pour cet usage que celui de la sittelle, tandis que l'habitude, ou la contrainte, ou les variations spontanées du goût conduisaient l'oiseau à devenir de plus en plus un mangeur de graines ? Dans ce cas, on suppose que le bec est lentement modifié par la sélection naturelle consécutivement à – mais en accord avec – un lent changement des habitudes ou du goût ; mais

L'instinct [chap. VIII]

que les pieds de la mésange varient et s'agrandissent par corrélation avec le bec, ou par suite de quelque autre cause inconnue, et il n'est pas improbable que ces pieds plus grands conduisent l'oiseau à grimper de plus en plus jusqu'à ce qu'il acquière l'instinct et la capacité de grimper si remarquables chez la sittelle. Dans ce cas la modification graduelle de structure est censée conduire à un changement des habitudes instinctives. Prenons encore un exemple : peu d'instincts sont plus remarquables que celui qui conduit la salangane des Îles de la Sonde à faire son nid entièrement de salive épaissie. Certains oiseaux bâtissent leurs nids au moyen d'une boue que l'on croit humectée de salive ; et l'un des martinets d'Amérique du Nord fait son nid (comme je l'ai vu) de tiges agglutinées avec de la salive, et même avec des flocons de cette substance. Est-il alors très improbable que la sélection naturelle de certains martinets, qui sécrétaient de plus en plus de salive, ait fini par produire une espèce dont les instincts la conduisaient à négliger les autres matériaux, et à faire son nid exclusivement de salive épaissie ? Et il en est de même dans d'autres cas. Il faut cependant admettre que dans bien des situations rien ne nous permet de décider si c'est l'instinct ou la structure qui a varié en premier.

On pourrait sans nul doute opposer à la théorie de la sélection naturelle de nombreux instincts très difficiles à expliquer – des cas dans lesquels nous ne pouvons comprendre comment un instinct a pu naître ; des cas dans lesquels il n'existe aucune gradation intermédiaire connue ; des cas d'instincts d'une importance si minime que la sélection naturelle n'aurait guère pu exercer une action sur eux ; des cas d'instincts presque identiques chez des animaux si éloignés sur l'échelle de la nature, que nous ne pouvons rendre compte de leur similitude par l'hérédité d'un ancêtre commun, et dont par conséquent nous devons croire qu'ils ont été acquis d'une façon indépendante grâce à la sélection naturelle. Je n'aborderai pas ici ces différents cas, mais me bornerai à une seule difficulté particulière, qui me parut d'abord insurmontable, et réellement fatale à toute la théorie. Je fais allusion aux neutres ou femelles stériles dans les communautés d'insectes, car ces neutres diffèrent souvent largement, pour l'instinct et la structure, à la fois des mâles et des femelles fécondes, et pourtant, en raison de leur stérilité, n'ont pas la capacité de propager leur type.

Ce sujet mériterait bien d'être discuté tout au long, mais je ne prendrai ici qu'un seul cas, celui des fourmis ouvrières ou stériles. La façon dont les ouvrières ont été rendues stériles constitue une difficulté ; mais celle-ci n'est pas beaucoup plus grande que celle que constitue toute autre modification frappante de la structure ; car on peut montrer que certains insectes et d'autres animaux articulés deviennent parfois stériles à l'état de nature ; et si de tels insectes avaient été sociaux, et qu'il ait été profitable pour la communauté que soient nés chaque année un certain nombre d'individus capables de travailler mais incapables de procréer, je ne vois aucune difficulté spéciale à ce que cela se soit réalisé grâce à la sélection naturelle. Mais je dois passer sur cette difficulté préliminaire. La grande difficulté réside dans le fait que les fourmis ouvrières diffèrent largement à la fois des mâles et des femelles fécondes sous le rapport de la structure – comme sous celui de la forme du thorax –, et qu'elles sont dépourvues d'ailes et quelquefois d'yeux, ainsi que sous le rapport de l'instinct. En ce qui concerne le seul instinct, l'abeille domestique offre un meilleur exemple de l'extraordinaire différence à cet égard entre les ouvrières et les femelles parfaites. Si une fourmi ouvrière ou un autre insecte neutre avait été un animal ordinaire, je n'aurais pas hésité à tenir pour établi que tous ses caractères avaient été lentement acquis grâce à la sélection naturelle ; c'est-à-dire par le fait que des individus soient nés avec de légères modifications profitables, qui auraient été héritées par les descendants ; et que ces caractères avaient varié de nouveau et avaient été de nouveau sélectionnés, et ainsi de suite. Mais avec la fourmi ouvrière nous avons un insecte qui diffère grandement de ses parents, et qui est de surcroît absolument stérile ; si bien que jamais il n'a pu transmettre à sa progéniture de modifications de structure ou d'instinct successivement acquises. Il est bien légitime de se demander comment il est possible de réconcilier ce cas avec la théorie de la sélection naturelle.

Tout d'abord, rappelons que nous avons d'innombrables exemples, tant dans nos productions domestiques que dans celles qui sont à l'état de nature, de toutes sortes de différences de structure héréditaire liées à certains âges, et à l'un ou l'autre des sexes. Nous avons des différences liées non seulement à l'un des sexes, mais à la courte période durant laquelle le système reproducteur est en activité, comme dans le cas du plumage nuptial de nombreux oiseaux, ou dans celui des mâchoires crochues du saumon mâle. Nous avons même de légères différences entre les cornes de différentes races de bétail, en rapport avec un état artificiellement imparfait du sexe mâle ; car les bœufs de certaines races ont des cornes plus grandes que les bœufs d'autres races, relativement à la longueur des cornes que portent, dans ces mêmes races, les taureaux aussi bien que les vaches. Je ne vois donc aucune grande difficulté à ce qu'un caractère quelconque entre en corrélation avec l'état de stérilité de certains membres des communautés d'insectes : la difficulté consiste à comprendre de quelle façon ces modifications corrélatives de structure ont pu être lentement accumulées par la sélection naturelle.

Cette difficulté, bien qu'elle paraisse insurmontable, est amoindrie, voire, comme je le crois, disparaît lorsque l'on se souvient que la sélection peut s'appliquer à la famille, aussi bien qu'à l'individu, et peut ainsi parvenir à la fin désirée. Les éleveurs de bovins souhaitent une viande bien marbrée de graisse : un animal qui présentait ce caractère a été abattu, mais l'éleveur a continué de faire confiance à la même souche et il a réussi. On peut accorder une telle foi au pouvoir de la sélection que l'on pourrait probablement former une race de bétail qui produise toujours des bœufs avec des cornes extraordinairement longues, en repérant soigneusement quels taureaux et quelles vaches, lorsqu'ils sont appariés, produisent les bœufs dotés des cornes les plus longues ; et pourtant jamais aucun bœuf n'aurait propagé son type. Voici une illustration meilleure et tirée de la réalité : selon M. Verlot, certaines variétés de la Giroflée annuelle double, pour avoir fait l'objet d'une sélection suffisamment longue et soigneuse, produisent toujours une grande proportion de plants qui portent des fleurs doubles et tout à fait stériles ; mais elles produisent également quelques plantes simples et fécondes. Ces dernières, seules à pouvoir propager la variété, peuvent être comparées aux fourmis fécondes mâles et femelles, et les plantes doubles stériles aux neutres de la même communauté. Il en est des insectes sociaux comme des variétés de la giroflée : la sélection s'est appliquée à la famille, et non pas à l'individu, en vue de parvenir à une fin utile. Nous pouvons donc conclure que de légères modifications de structure ou d'instinct, corrélatives de l'état de stérilité de certains membres de la communauté, se sont révélées avantageuses : par conséquent, les mâles et femelles féconds ont été florissants, et ont transmis à leur descendance féconde une tendance à produire des membres stériles présentant les mêmes modifications. Ce processus a dû se répéter de nombreuses fois, jusqu'à produire entre les femelles fécondes et stériles de la même espèce cette somme de différences prodigieuse que nous voyons chez de nombreux insectes sociaux.

Mais nous n'avons pas encore évoqué le point où culmine la difficulté ; à savoir, le fait que les neutres de plusieurs fourmis diffèrent, non seulement des mâles et des femelles féconds, mais les uns des autres, parfois à un degré presque incroyable, et sont ainsi divisés en deux ou même trois castes. Ces castes, en outre, ne se fondent pas communément les unes dans les autres, mais sont parfaitement bien définies, et aussi distinctes les unes des autres que le sont deux espèces quelconques du même genre, ou plutôt deux genres quelconques de la même famille. Ainsi chez *Eciton*, il y a des neutres ouvrières et soldats, avec des mâchoires et des instincts extraordinairement différents : chez *Cryptocerus*, les ouvrières d'une caste sont les seules à porter sur leur tête une forme étonnante de bouclier, dont l'utilité est tout à fait inconnue : chez le *Myrmecocystus* mexicain, les ouvrières d'une caste ne quittent jamais le nid ; elles sont nourries par les ouvrières d'une autre caste, et elles ont un abdomen énormément développé qui sécrète une sorte de miel, lequel prend la place de celui qu'excrètent les pucerons, ce bétail domestique, pourrait-on dire, que nos fourmis européennes tiennent en captivité.

On pourra certes penser que j'ai une confiance outrecuidante dans le principe de la sélection naturelle, lorsque que je n'admets pas que des faits aussi extraordinaires et bien établis anéantissent sur-le-champ cette théorie. Dans le cas plus simple d'insectes neutres appartenant tous à une seule caste, lesquels, comme je le crois, sont devenus différents des mâles et femelles féconds grâce à la sélection naturelle, nous pouvons conclure, d'après l'analogie des variations ordinaires, que les modifications successives, légères et profitables n'apparurent pas d'abord chez tous les neutres du même nid, mais chez un petit nombre seulement ; et que par la survie des communautés comprenant les femelles qui produisaient le plus de neutres dotés de la modification avantageuse, tous les neutres finirent par présenter ces caractéristiques. Selon ce point de vue nous devrions parfois trouver dans le même nid des insectes neutres présentant des gradations de structure ; or nous les trouvons en effet, et la chose n'est même pas rare, eu égard au faible nombre d'insectes neutres qui ont été soigneusement examinés en dehors de l'Europe. M. F. Smith a montré que les neutres de plusieurs fourmis britanniques diffèrent d'une manière surprenante les uns des autres par la taille et quelquefois par la couleur ; et que les formes extrêmes peuvent être reliées entre elles par des individus prélevés dans le même nid : j'ai moi-même comparé des gradations parfaites de ce type. Il arrive parfois que les ouvrières de grande ou de petite taille soient les plus nombreuses ; ou que grandes et petites soient nombreuses, tandis que celles de taille intermédiaire sont rares. *Formica flava* a de grandes et de petites ouvrières, et un faible nombre de taille intermédiaire ; et, chez cette espèce, comme M. F. Smith l'a observé, les grandes ouvrières ont des yeux simples (ocelles), qui quoique petits se distinguent clairement, alors que les ocelles des ouvrières plus petites sont rudimentaires. Ayant disséqué soigneusement plusieurs spécimens de ces ouvrières, je puis affirmer que les yeux sont bien plus rudimentaires chez les ouvrières plus petites que ne pourrait l'expliquer la seule infériorité relative de leur taille ; et je suis convaincu, bien que je n'ose le soutenir catégoriquement, que les ouvrières d'une taille intermédiaire ont des ocelles qui sont dans un état exactement intermédiaire. De sorte que nous avons ici deux groupes d'ouvrières stériles dans le même nid, qui diffèrent non seulement par la taille, mais par les organes de la vision, et qui pourtant sont reliés par quelques rares membres dont l'état est intermédiaire. Je me permettrai une digression pour ajouter que si les ouvrières plus petites avaient été les plus utiles à la communauté, et si les mâles et les femelles les produisant en quantité de plus en plus grande avaient été continuellement sélectionnés, jusqu'à ce que toutes les ouvrières fussent de ce type – nous aurions alors obtenu une espèce de fourmi dans laquelle les neutres auraient été à peu près dans l'état de ceux de *Myrmica*. En effet, les ouvrières de *Myrmica* n'ont pas même de rudiments d'ocelles, bien que les fourmis mâles et les femelles de ce genre aient des ocelles bien développés.

Je citerai un autre cas : je m'attendais avec tant de confiance à trouver parfois, entre les différentes castes de neutres d'une même espèce, des gradations dans les structures importantes que je saisis avec joie l'offre que me fit M. F. Smith de me donner de nombreux spécimens de la fourmi magnan d'Afrique occidentale (*Anomma*) provenant d'un même nid. Le lecteur appréciera peut-être mieux la somme de différences qui existait chez ces ouvrières, si je donne, au lieu des mesures réelles, une illustration rigoureusement exacte : la différence était la même que si nous devions voir, en train de construire une maison, une équipe d'ouvriers dont beaucoup mesureraient cinq pieds quatre pouces [1,62 m. *Ndt.*], et beaucoup d'autres seize pieds [5,56 m. *Ndt.*] ; mais nous devons supposer, également, les plus grands ouvriers dotés d'une tête quatre fois plus grosse, et non trois fois, que celle des hommes plus petits, et de mâchoires à peu près cinq fois plus grosses. En outre, les mâchoires des fourmis ouvrières de ces diverses tailles différaient extraordinairement par la forme, ainsi que par l'aspect et le nombre des dents. Mais le fait qui nous importe est que, bien que les ouvrières puissent être groupées en castes de différentes tailles, elles présentent toutefois des gradations insensibles entre elles, comme le montre la structure fort variable de leurs mâchoires. Je m'exprime avec confiance sur ce dernier point, car *Sir* J. Lubbock a fait à mon intention des dessins, au moyen de la chambre claire, des mâchoires que j'avais obtenues par la dissection d'ouvrières des diverses tailles.

M. Bates, dans son intéressant ouvrage *Naturaliste en Amazonie*, a décrit des cas analogues.

En présence de ces faits, je crois que la sélection naturelle, en agissant sur les fourmis fécondes, ou parentes, pourrait former une espèce qui devrait produire régulièrement des neutres, tous de grande taille avec une forme de mâchoire unique, ou bien tous de petite taille avec des mâchoires largement différentes ; ou enfin, et c'est la plus grande difficulté, un ensemble d'ouvrières ayant une certaine taille et une certaine structure, et simultanément un autre ensemble d'ouvrières ayant une taille et une structure différentes ; une série graduée ayant d'abord été formée, comme dans le cas de la fourmi magnan, et les formes extrêmes ayant ensuite été produites en nombres de plus en plus grands, grâce à la survie des parents qui les engendraient, jusqu'à ce qu'aucun individu de structure intermédiaire ne fût plus produit.

Une explication analogue a été donnée par M. Wallace dans le cas tout aussi complexe de certains papillons malais qui apparaissent régulièrement sous deux, voire trois formes femelles distinctes ; et par Fritz Müller dans celui de certains crustacés brésiliens qui apparaissent également sous deux formes mâles largement distinctes. Mais ce sujet n'a pas à être discuté ici.

J'ai à présent expliqué de quelle façon est apparu, à ce que je crois, ce fait extraordinaire que deux castes d'ouvrières stériles, distinctement définies, existent dans le même nid, largement différentes aussi bien les unes des autres que de leurs parents. Nous pouvons comprendre combien leur production a pu être utile à une communauté sociale de fourmis, en nous fondant sur le même principe en vertu duquel la division du travail est utile à l'homme civilisé. Les fourmis, cependant, travaillent en suivant des instincts héréditaires et au moyen d'organes ou d'outils héréditaires, tandis que l'homme travaille en suivant un savoir acquis et au moyen d'instruments fabriqués. Mais je dois avouer que, si grande soit ma foi en la sélection naturelle, jamais je n'aurais imaginé que ce principe ait pu posséder une efficacité si haute s'il n'y avait eu le cas de ces insectes neutres pour me conduire à cette conclusion. Aussi ai-je discuté de ce cas assez longuement, quoique d'une façon totalement insuffisante, afin de montrer le pouvoir de la sélection naturelle, et également parce que, des difficultés spéciales qu'a rencontrées ma théorie, celle-ci est de loin la plus grave. Ce cas est en outre très intéressant en ce qu'il prouve que chez les animaux, comme chez les plantes, n'importe quelle amplitude de modification peut se réaliser par l'accumulation de nombreuses variations légères et spontanées qui sont de quelque façon profitables, sans que l'exercice ou l'habitude soient entrés en jeu. Car des habitudes particulières limitées aux ouvrières ou aux femelles stériles, aussi longtemps qu'elles soient suivies, ne pourraient en aucun cas affecter les mâles et les femelles fécondes, qui seuls laissent une descendance. Je suis surpris que personne jusqu'ici n'ait opposé ce cas probant des insectes neutres à la célèbre doctrine des habitudes héréditaires avancée par Lamarck.

Résumé

Je me suis efforcé dans ce chapitre de montrer brièvement que les qualités mentales de nos animaux domestiques varient, et que les variations sont héréditaires. Plus brièvement encore, j'ai tenté de montrer que les instincts varient légèrement à l'état de nature. Nul ne contestera que les instincts ne soient de la plus haute importance pour chaque animal. Il n'y a par conséquent aucune difficulté réelle, dans des conditions de vie changeantes, à ce que la sélection naturelle accumule, dans une mesure quelconque, de légères modifications d'instinct qui sont, de quelque façon, utiles. Dans de nombreux cas, l'habitude ou l'usage et le défaut d'usage sont probablement entrés en jeu. Je ne prétends pas que les faits exposés dans ce chapitre renforcent considérablement ma théorie ; mais aucun des cas difficiles, autant que j'en puisse juger, ne l'anéantit. Au contraire, le fait que les instincts ne soient pas toujours absolument parfaits et soient susceptibles de commettre des erreurs ; que l'on ne puisse montrer d'aucun instinct qu'il ait été produit pour le bien d'autres animaux, même si les animaux mettent à profit les instincts des autres animaux ; que le canon de l'histoire naturelle selon lequel « *Natura non facit saltum* » s'applique aux instincts aussi bien qu'à la structure corporelle, et qu'il soit clairement explicable si l'on se fonde sur les vues qui précèdent, mais demeure sinon inexplicable – tous ces faits tendent à corroborer la théorie de la sélection naturelle.

Cette théorie est encore renforcée, relativement aux instincts, par un petit nombre d'autres faits ; comme par le cas ordinaire d'espèces étroitement apparentées, mais distinctes, qui conservent souvent à peu près les mêmes instincts, alors même qu'elles habitent des parties du monde éloignées les unes des autres et ont des conditions de vie considérablement différentes. Par exemple, nous pouvons comprendre, en vertu du principe d'hérédité, comment il se fait que la grive d'Amérique du Sud tropicale tapisse son nid de boue, de la même manière particulière que notre grive britannique ; comment il se fait que les calaos d'Afrique et d'Inde aient le même instinct extraordinaire d'emprisonner les femelles dans la cavité d'un tronc et de l'obturer au moyen d'un emplâtre où ne subsiste qu'une petite ouverture, par laquelle les mâles les nourrissent, ainsi que les jeunes après l'éclosion ; comment il se fait que les roitelets mâles (*Troglodytes*) d'Amérique du Nord bâtissent des « nids de coqs » pour s'y installer, comme les mâles de nos roitelets – habitude qui ne ressemble en rien à celle d'aucun autre oiseau connu. Finalement, ce n'est peut-être pas le fruit d'une déduction logique, mais il m'apparaît comme bien plus satisfaisant de regarder des instincts tels que celui du jeune coucou qui éjecte ses frères adoptifs – celui des fourmis qui sont esclavagistes – celui des larves d'ichneumonidés qui trouvent leur nourriture à l'intérieur du corps des chenilles vivantes – non comme des instincts spécialement infus ou créés, mais comme de petites conséquences d'une loi générale unique qui conduit à l'avancement de tous les êtres organiques, et qui ordonne qu'ils se multiplient, qu'ils varient, que les plus forts vivent et que les plus faibles meurent.

CHAPITRE IX

L'HYBRIDISME

Distinction entre la stérilité des premiers croisements et celle des hybrides – Stérilité présentant divers degrés, non universelle, affectée par une reproduction entre proches apparentés, supprimée par la domestication – Lois gouvernant la stérilité des hybrides – Stérilité : non pas propriété spéciale, mais attenante à d'autres différences, et non accumulée par la sélection naturelle – Causes de la stérilité des premiers croisements et des hybrides – Parallélisme entre les effets du changement des conditions de vie et ceux du croisement – Dimorphisme et trimorphisme – Fécondité des variétés croisées et de leurs descendants métis, non universelle – Comparaison des hybrides et des métis indépendamment de leur fécondité – Résumé.

L'opinion la plus courante chez les naturalistes est que les espèces, lorsqu'elles subissent un croisement, ont été dotées spécialement de stérilité, afin d'empêcher qu'elles ne se confondent. Cette opinion, assurément, semble d'abord hautement probable, car des espèces qui vivent ensemble auraient difficilement pu être tenues distinctes si elles avaient eu la capacité de se croiser librement. Ce sujet nous importe de bien des façons, plus spécialement parce que la stérilité des espèces lors de leur premier croisement, et celle de leur descendance hybride, n'a pas pu être acquise, comme je le montrerai, par la préservation de degrés de stérilité profitables et successifs. Elle est le résultat incident de différences entre les systèmes reproducteurs des espèces parentes.

Dans le traitement de ce sujet, deux classes de faits, qui sont dans une large mesure fondamentalement différentes, ont généralement été confondues : la stérilité des espèces lors de leur premier croisement et la stérilité des hybrides produits à partir d'elles.

Les espèces pures ont bien sûr leurs organes de reproduction dans un état parfait, et pourtant, lorsqu'elles sont croisées, elles produisent peu de descendants ou n'en produisent aucun. Les hybrides, pour leur part, ont des organes reproducteurs impuissants d'un point de vue fonctionnel, comme on peut le voir clairement d'après l'état de l'élément mâle tant chez les plantes que chez les animaux, bien que les organes de la formation aient eux-mêmes une structure parfaite, pour autant que puisse le révéler le microscope. Dans le premier cas, les deux éléments sexuels qui contribuent à former l'embryon sont parfaits ; dans le second cas, soit ils ne sont pas développés du tout, soit ils sont développés imparfaitement. Cette distinction est importante, lorsque l'on en vient à considérer la cause de la stérilité qui est commune aux deux cas. La distinction en question est probablement demeurée inaperçue pour la raison que l'on regardait la stérilité, dans l'un et l'autre cas, comme une propriété spécialement infuse, située hors des limites de notre pouvoir de raisonnement.

La fécondité des variétés – c'est-à-dire des formes dont on sait ou dont on croit qu'elles sont issues de parents communs –, lors de leur croisement, de même que la fécondité de leurs descendants métis, est, si l'on se réfère à ma théorie, d'une importance égale à celle de la stérilité des espèces ; en effet, elle semble tracer une distinction simple et claire entre les variétés et les espèces.

Degrés de stérilité. – Tout d'abord, intéressons-nous à la stérilité des espèces lors de leur croisement, et à celle de leurs descendants hybrides. Il est impossible d'étudier les divers mémoires et ouvrages de ces deux observateurs consciencieux et admirables que sont Kölreuter et Gärtner, qui ont presque consacré leur vie à ce sujet, sans être profondément impressionné par la haute généralité avec laquelle apparaît un certain degré de stérilité. Kölreuter en fait une règle universelle ; mais il tranche ensuite le nœud, car dans dix cas où il a trouvé que deux formes que la plupart des auteurs considèrent comme des espèces distinctes sont tout à fait fécondes mises ensemble, il leur attribue sans hésiter le rang de variétés. Gärtner en fait de son côté une règle tout aussi universelle ; et

L'hybridisme [chap. IX] 603

cependant il conteste la complète fécondité des dix cas de Kölreuter. Mais, dans ces cas comme dans de nombreux autres, Gärtner est obligé de compter soigneusement les graines, afin de montrer qu'il existe bien un degré de stérilité quelconque. Il compare toujours le nombre maximum de graines produit par deux espèces lors de leur premier croisement, et le nombre maximum produit par leurs descendants hybrides, avec le nombre moyen produit par les deux espèces parentes pures à l'état de nature. Mais interviennent ici des causes d'erreur grave : une plante, pour être hybridée, doit être castrée, et, ce qui est souvent plus important, doit être isolée afin d'empêcher qu'elle ne reçoive du pollen importé d'autres plantes par les insectes. Toutes les plantes, ou presque, sur lesquelles Gärtner a fait ses expériences étaient en pot, et conservées dans une pièce de sa maison. Que ces processus soient nuisibles à la fécondité d'une plante, on ne saurait en douter ; en effet, Gärtner fait figurer dans son tableau une vingtaine de cas de plantes qu'il a castrées et a fécondées artificiellement avec leur propre pollen, et (si l'on exclut tous les cas tels que les Légumineuses, où il est reconnu que la manipulation comporte une difficulté) chez la moitié de ces vingt plantes la fécondité était à quelque degré affaiblie. En outre, puisque Gärtner a croisé à plusieurs reprises certaines formes, telles que le mouron rouge et le mouron bleu communs (*Anagallis arvensis* et *cœrulea*), que les meilleurs botanistes classent comme des variétés, et a constaté qu'elles étaient absolument stériles, nous pouvons douter que de nombreuses espèces soient en réalité aussi stériles, lorsqu'elles sont croisées, qu'il le croyait.

Il est certain, d'une part, que la stérilité de diverses espèces, lorsqu'elles sont croisées, présente de telles différences de degré et varie par des gradations si insensibles, et, d'autre part, que la fécondité des espèces pures est si aisément affectée par diverses circonstances, que d'un point de vue strictement pratique il est extrêmement difficile de dire où finit la fécondité parfaite et où commence la stérilité. Je pense que l'on ne saurait en exiger de meilleur témoignage que le fait que les deux observateurs les plus expérimentés qui aient jamais vécu, à savoir Kölreuter et Gärtner, sont arrivés à des conclusions diamétralement opposées à l'égard, quelquefois, des mêmes formes exactement. Il est également instructif au plus haut point de comparer – mais je ne dispose pas ici d'un espace suffisant pour entrer dans les détails – les arguments avancés par nos meilleurs botanistes sur la question de savoir si certaines formes douteuses doivent être classées comme espèces ou comme variétés, avec les témoignages de fécondité que mentionnent différents hybrideurs, ou bien un même observateur se fondant sur des expériences réalisées au cours de différentes années. On peut ainsi montrer que ni la stérilité ni la fécondité ne fournit de distinction certaine entre les espèces et les variétés. Les témoignages que procurent ces sources présentent des gradations, et sont douteux au même degré que les témoignages que l'on tire d'autres différences de constitution et de structure.

Pour ce qui concerne la stérilité des hybrides dans les générations successives, Gärtner, bien qu'il ait pu élever certains hybrides, en les protégeant soigneusement d'un croisement avec l'un ou l'autre des parents purs, pendant six ou sept générations, et dans un cas pendant dix, affirme pourtant d'une façon catégorique que leur fécondité ne s'accroît jamais, mais en général décroît d'une manière considérable et soudaine. Au sujet de cette décroissance, on peut d'abord observer que, lorsqu'une déviation quelconque de structure ou de constitution est commune aux deux parents, elle est souvent transmise aux descendants à un degré accru ; et les deux éléments sexuels, chez les plantes hybrides, sont déjà affectés à quelque degré. Mais je crois que leur fécondité a été diminuée dans tous ces cas ou presque par une cause indépendante, à savoir par une reproduction entre trop proches apparentés. J'ai réalisé tant d'expériences et rassemblé tant de faits qui montrent, d'une part, qu'un croisement occasionnel avec un individu distinct ou une variété distincte accroît la vigueur et la fécondité de la descendance, et, d'autre part, qu'une reproduction entre proches apparentés réduit leur vigueur et leur fécondité, que je ne puis douter de la justesse de cette conclusion. Les hybrides sont rarement élevés en grand nombre par les expérimentateurs ; et comme les espèces parentes, ou d'autres hybrides apparentés, poussent en général dans le même jardin, les visites des insectes doivent être soigneusement empêchées durant la saison de floraison : c'est pourquoi les hybrides, si l'on ne s'occupe pas d'eux, seront en général fécondés à chaque génération par un pollen qui vient de la même fleur ; et cela doit probablement être nuisible à leur fécondité, déjà réduite par leur origine hybride. Je suis confirmé dans cette conviction par une constatation remarquable dont Gärtner a fait état à plusieurs reprises, à savoir que, si l'on féconde artificiellement des hybrides, même les moins féconds, avec du pollen hybride de la même variété, leur fécondité, nonobstant les fréquents effets néfastes dus à la manipulation, est parfois nettement accrue, et continue de s'accroître. Or, au cours du processus de fécondation artificielle, le pollen provient aussi souvent par hasard (comme je le sais par ma propre expérience) des anthères d'une autre fleur que des anthères de la fleur même qui est à féconder ; de sorte que doit s'effectuer ainsi un croisement entre deux fleurs, bien qu'elles soient probablement souvent sur la même plante. En outre, chaque fois qu'il s'agit de poursuivre des expériences compliquées, un observateur aussi attentif que Gärtner a dû castrer ses hybrides, et cela a dû assurer, à chaque génération, un croisement avec du pollen issu d'une fleur distincte, soit de la même plante, soit d'une autre plante partageant la même nature hybride. Et ainsi, ce fait étrange qu'est l'accroissement de la fécondité dans les générations successives d'hybrides *fécondés artificiellement*, qui contraste avec le cas de ceux qui se sont autofécondés spontanément, peut à mon avis s'expliquer par le fait que l'on a évité une reproduction entre trop proches apparentés.

Tournons-nous à présent vers les résultats auxquels est arrivé un troisième hybrideur de très grande expérience, à savoir l'honorable Député et Rév. W. Herbert. Il avance sa conclusion que certains hybrides sont parfaitement féconds – aussi féconds que les espèces parentes pures – avec autant d'insistance que Kölreuter et Gärtner lorsqu'ils concluent qu'un certain degré de stérilité entre espèces distinctes est une loi universelle de la nature. Il a expérimenté sur des espèces dont certaines sont exactement les mêmes qui ont servi à Gärtner. La différence de leurs résultats peut, je crois, s'expliquer en partie par la grande habileté de Herbert en matière d'horticulture, et par le fait qu'il avait des serres chaudes à sa disposition. Parmi le grand nombre de ses importantes constatations, je n'en donnerai qu'une seule ici, à titre d'exemple : il fait état de ce que « chaque ovule d'une cosse de *Crinum capense* fécondé par *C. revolutum* a produit une plante, ce dont je n'ai jamais vu d'exemple dans un cas de fécondation naturelle ». De sorte que nous avons ici une fécondité parfaite, voire une fécondité qui passe la perfection courante, lors d'un premier croisement entre deux espèces distinctes.

Ce cas du *Crinum* me conduit à faire référence à un fait singulier : les plantes de certaines espèces de *Lobelia*, de *Verbascum* et de *Passiflora* peuvent chacune être aisément fécondées par du pollen issu d'une espèce distincte, mais non par du pollen issu de la même plante, bien que l'on puisse prouver que ce pollen est parfaitement sain en lui faisant féconder d'autres plantes ou d'autres espèces. Dans le genre *Hippeastrum*, chez *Corydalis* comme l'a montré le Professeur Hildebrand, chez diverses orchidées comme l'ont montré M. Scott et Fritz Müller, tous les individus se trouvent dans cet état particulier. De sorte que certains individus anormaux chez quelques espèces, et tous les individus dans d'autres espèces, peuvent en réalité être hybridés bien plus facilement qu'ils ne peuvent être fécondés par du pollen provenant du même spécimen ! Pour en donner un exemple, un bulbe d'*Hippeastrum aulicum* produisit quatre fleurs ; trois furent fécondées par Herbert avec leur propre pollen, et la quatrième fut fécondée par la suite au moyen du pollen d'une hybride composée issue de trois espèces distinctes : le résultat fut que « les ovaires des trois premières fleurs cessèrent bientôt de croître, et après quelques jours périrent entièrement, tandis que la cosse imprégnée par le pollen de l'hybride eut une croissance vigoureuse et parvint rapidement à la maturité, et porta de bonnes graines, qui germèrent sans difficulté ». M. Herbert a tenté des expériences semblables durant de nombreuses années et toujours avec le même résultat. Ces cas ont le mérite de montrer comme sont parfois ténues et mystérieuses les causes dont dépend la réduction ou l'augmentation de la fécondité d'une espèce.

Les expériences pratiques des horticulteurs, bien qu'elles ne soient pas réalisées avec une précision scientifique, méritent d'être signalées. Il est notoire que les espèces de Pélargonium, de Fuchsia, de Calcéolaire, de Pétunia, de Rhododendron, &c., ont été croisées d'une manière extrêmement compliquée, et pourtant nombre de ces hybrides donnent sans difficulté des graines. Par exemple, Herbert affirme qu'un hybride des espèces *Calceolaria integrifolia* et *plantaginea*, on ne peut plus largement dissemblables par leurs habitudes générales, « se reproduit aussi parfaitement que s'il s'agissait d'une espèce naturelle issue des montagnes du Chili ». Je me suis efforcé de déterminer le degré de fécondité de certains des croisements complexes des Rhododendrons, et je tiens pour assuré qu'ils sont nombreux à être parfaitement féconds. M. C. Noble, par exemple, m'informe qu'il élève pour la greffe des plantes issues d'un hybride de *Rhod. ponticum* et *catawbiense*, et que cet hybride « donne des graines avec la plus grande facilité que l'on puisse imaginer ». Si des hybrides, convenablement traités, avaient eu une fécondité sans cesse décroissante à chaque génération successive, comme Gärtner pensait que c'était le cas, le fait aurait été célèbre chez les pépiniéristes. Les horticulteurs élèvent de vastes plates-bandes du même hybride, et ce sont les seuls convenablement traités, car, grâce à l'action des insectes, les différents individus peuvent se croiser librement les uns avec les autres, et l'influence nuisible d'une reproduction entre proches apparentés est ainsi empêchée. Tout un chacun peut aisément se convaincre de l'efficacité de l'action des insectes en examinant les fleurs des types les plus stériles parmi les Rhododendrons hybrides, qui ne produisent pas de pollen, car on trouvera sur leurs stigmates une grande quantité de pollen importé d'autres fleurs.

En ce qui concerne les animaux, on a tenté bien moins d'expériences qu'on ne l'a fait pour les plantes. Si l'on peut se fier à nos arrangements systématiques, c'est-à-dire si les genres d'animaux sont aussi distincts les uns des autres que le sont les genres de plantes, alors nous pouvons conclure que des animaux plus largement distincts sur l'échelle de la nature peuvent être croisés plus facilement que ce n'est le cas des plantes ; mais les hybrides eux-mêmes sont, je crois, plus stériles. Il ne faut cependant pas oublier que, pour la raison que peu d'animaux se reproduisent librement en captivité, peu d'expériences ont été tentées d'une façon convenable ; par exemple, le canari a été croisé avec neuf espèces distinctes de pinsons, mais, comme il n'en est pas une qui se reproduise librement en captivité, il n'est pas légitime de s'attendre au fait que les premiers croisements entre elles et le canari, ou leurs hybrides, soient parfaitement féconds. D'ailleurs, à l'égard de la fécondité, dans la suite des générations, des animaux hybrides les plus féconds, je ne connais guère de cas où deux familles du même hybride aient été élevées en même temps de parents différents, afin d'éviter les effets néfastes d'une reproduction entre proches apparentés. Au contraire, les frères et les sœurs ont généralement été croisés à chacune des générations successives, contre les recommandations constamment réitérées de tous les éleveurs. Et dans ce cas, il n'est pas du tout surprenant que la stérilité inhérente aux hybrides ait continué de s'accroître.

Bien que je ne connaisse guère de cas d'animaux hybrides parfaitement féconds qui offrent véritablement de bonnes garanties d'authenticité, j'ai quelque raison de croire que les hybrides de *Cervulus vaginalis* et *Reevesii*, et de *Phasianus colchicus* avec *P. torquatus*, sont parfaitement féconds. M. Quatrefages déclare que l'on a constaté à Paris que les hybrides issus de deux papillons de nuit (*Bombyx cynthia* et *arrindia*) étaient féconds entre eux pendant huit générations. On a récemment affirmé que deux espèces aussi distinctes que le lièvre et le lapin, lorsque l'on parvient à les faire se reproduire l'une avec l'autre, donnent naissance à des descendants qui sont hautement féconds lorsqu'ils sont croisés avec l'une des espèces parentes. Les hybrides de l'oie commune et de l'oie chinoise (*A. cygnoides*), espèces si différentes qu'elles sont en général classées dans des genres distincts, se sont souvent reproduits dans notre pays avec l'un ou l'autre des parents purs, et il est arrivé une fois qu'ils se reproduisent entre eux. Ce résultat fut obtenu par M. Eyton, qui éleva deux hybrides issus des mêmes parents, mais de couvées différentes ; et à partir de ces deux oiseaux, il n'éleva pas moins de huit hybrides différents (les petits-fils des oies pures) dans un même nid. En Inde, cependant, ces oies issues d'un croisement doivent être bien plus fécondes ; car deux juges éminemment capables, M. Blyth et le Cap. Hutton, m'assurent que l'on élève, dans diverses parties du pays, des troupeaux entiers de ces oies issues d'un croisement ; et comme on les élève à des fins lucratives, en des lieux où il n'existe aucune des espèces parentes pures, elles doivent certainement être hautement ou parfaitement fécondes.

Dans nos espèces domestiques, les diverses races, croisées les unes avec les autres, sont complètement fécondes ; pourtant, dans de nombreux cas, elles sont issues de deux espèces sauvages ou plus. De ce fait, nous devons conclure soit que les espèces parentes originelles ont d'emblée produit des hybrides complètement féconds, soit que les hybrides élevés par la suite à l'état domestique sont devenus complètement féconds. Cette dernière possibilité, que Pallas fut le premier à proposer, semble de loin la plus probable, et il est, en vérité, difficile de la mettre en doute. Il est, par exemple, presque certain que nos chiens sont issus de plusieurs souches sauvages ; pourtant, à l'exception peut-être de certains chiens domestiques indigènes d'Amérique du Sud, ils sont tous complètement féconds les uns avec les autres ; mais l'analogie me fait grandement douter que les diverses espèces originelles se soient d'emblée reproduites les unes avec les autres et aient produit des hybrides complètement féconds. Qui plus est, j'ai eu connaissance récemment de témoignages décisifs qui montrent que les descendants issus du croisement de bœufs à bosse indiens et de bœufs ordinaires sont *inter se* parfaitement féconds ; et si l'on se fonde sur les observations de Rütimeyer relatives à leurs importantes différences ostéologiques, ainsi que sur celles de M. Blyth relatives aux différences de leurs habitudes, de leur voix, de leur constitution, &c., ces deux formes doivent être considérées comme des espèces franches et distinctes. On peut étendre ces mêmes remarques aux deux races principales du porc. Par conséquent il nous faut soit renoncer à croire en la stérilité universelle des espèces lorsqu'elles sont croisées, soit envisager cette stérilité chez les animaux non comme une caractéristique indélébile, mais comme une caractéristique qu'il est possible de faire disparaître par la domestication.

Finalement, si l'on considère l'ensemble des faits établis au sujet de l'entrecroisement des plantes et des animaux, on peut conclure qu'un certain degré de stérilité, tant dans les premiers croisements que chez les hybrides, est un résultat extrêmement général ; mais que l'on ne peut pas, dans l'état actuel de nos connaissances, le considérer comme absolument universel.

Lois gouvernant la stérilité des premiers croisements et des hybrides

Nous considérerons à présent un peu plus en détail les lois qui gouvernent la stérilité des premiers croisements et des hybrides. Notre objectif principal sera de voir si oui ou non ces lois indiquent que les espèces ont été spécialement dotées de cette qualité, afin d'empêcher que leur croisement et leur mélange ne produisent une totale confusion. Les conclusions qui suivent sont tirées en majeure partie de l'admirable travail de Gärtner sur l'hybridation des plantes. Je me suis efforcé à grand peine de déterminer dans quelle mesure elles s'appliquent aux animaux, et, à considérer la minceur de nos connaissances à l'égard des animaux hybrides, j'ai été surpris de constater combien il était général de voir les mêmes lois s'appliquer à l'un et l'autre règnes.

On a déjà remarqué que la fécondité, tant des premiers croisements que des hybrides, varie par degrés de zéro jusqu'à la fécondité parfaite. On est surpris par le nombre de façons curieuses dont cette gradation peut être montrée ; mais on ne peut donner ici des faits que l'ébauche la plus succincte. Lorsque l'on place du pollen issu d'une plante d'une famille sur le stigmate d'une plante d'une famille distincte, il n'exerce pas plus d'influence qu'une égale quantité de poussière inorganique. Depuis ce zéro absolu de la fécondité, le pollen de différentes espèces, appliqué au stigmate d'une certaine espèce du même genre, produit une gradation parfaite dans le nombre de graines produites, jusqu'à une fécondité à peu près complète, voire tout à fait complète ; et même, comme nous l'avons vu, dans certains cas anormaux, jusqu'à un excès de fécondité, qui surpasse celle que produit le pollen de la plante elle-même. Pareillement, parmi les hybrides eux-mêmes, il en est certains qui n'ont jamais produit, et probablement ne sauraient jamais produire, même avec le pollen des parents purs, une seule graine féconde ; mais, dans certains de ces cas, on peut détecter une première trace de fécondité, dans le fait que le pollen de l'une des espèces parentes pures est cause de ce que la fleur de l'hybride se flétrit plus tôt qu'elle ne l'aurait fait autrement ; et l'on sait bien que la flétrissure précoce de la fleur est un signe de la fécondation à ses débuts. En partant de ce degré extrême de stérilité, nous trouvons des hybrides qui se fécondent eux-mêmes et produisent un nombre de plus en plus grand de graines jusqu'à atteindre une fécondité parfaite.

Les hybrides élevés à partir de deux espèces qui sont très difficiles à croiser et produisent rarement une descendance sont en général très stériles ; mais le parallélisme entre la difficulté de réaliser un premier croisement et la stérilité des hybrides ainsi produits – deux classes de faits qui sont généralement confondues – n'est nullement strict. Il y a de nombreux cas dans lesquels deux espèces pures, comme dans le genre *Verbascum*, peuvent être unies avec une facilité inhabituelle, et produire une nombreuse descendance hybride, et où pourtant ces hybrides sont remarquablement stériles. Au contraire, il y a des espèces que l'on ne peut croiser que très rarement ou avec une difficulté extrême, mais dont les hybrides, quand à la fin ils sont produits, sont très féconds. Ces deux cas opposés se rencontrent même à l'intérieur des limites d'un seul genre, par exemple chez *Dianthus*.

La fécondité des premiers croisements aussi bien que celle des hybrides est plus aisément affectée par des conditions défavorables que ne l'est celle des espèces pures. Mais la fécondité des premiers croisements procède également d'une variabilité innée ; en effet, elle n'existe pas toujours au même degré lorsque les deux mêmes espèces sont croisées dans les mêmes circonstances ; elle dépend en partie de la constitution des individus qui se trouvent avoir été choisis pour l'expérience. Il en est de même pour les hybrides, car on constate souvent que leur degré de fécondité diffère grandement chez les divers individus élevés à partir de graines issues de la même capsule et exposées aux mêmes conditions.

Par le terme *affinité systématique*, on entend la ressemblance générale entre les espèces sous le rapport de la structure et de la constitution. Or, la fécondité des premiers croisements, et des hybrides produits à partir d'eux, est largement gouvernée par leur affinité systématique. C'est ce que montre clairement le fait que l'on n'a jamais élevé d'hybrides d'espèces classées par les systématiciens dans des familles distinctes ; et, au contraire, le fait que des espèces très étroitement apparentées s'unissent en général avec facilité. Mais la correspondance entre l'affinité systématique et la facilité du croisement n'est nullement stricte. On pourrait citer une multitude de cas d'espèces très étroitement apparentées que l'on ne réussira pas à unir, ou seulement avec une extrême difficulté ; et, au contraire, d'espèces très distinctes qui s'unissent avec la plus grande facilité. Dans une même famille, il peut y avoir un genre, comme *Dianthus*, dans lequel de très nombreuses espèces peuvent être croisées très aisément ; et un autre genre, comme *Silene*, dans lequel on n'a pas pu, même au prix des efforts les plus persévérants, produire ne serait-ce qu'un seul hybride entre des espèces extrêmement proches. Jusqu'au sein du même genre, nous rencontrons cette même différence : par exemple, les nombreuses espèces de *Nicotiana* ont été plus largement croisées que les espèces de n'importe quel autre genre ou presque ; mais Gärtner a constaté que *N. acuminata*, qui n'est pas une espèce particulièrement distincte, échouait obstinément à féconder non moins de huit autres espèces de *Nicotiana*, ou à être fécondée par elles. On pourrait citer de nombreux faits analogues.

Nul n'a été capable d'indiquer quelle sorte ou quelle étendue de différence, dans un caractère identifiable, est suffisante pour empêcher le croisement de deux espèces. On peut montrer que des plantes considérablement différentes par leurs habitudes et leur aspect général, et qui ont des différences fortement marquées dans toutes les parties de la fleur, même dans le pollen, dans les fruits et dans les cotylédons, peuvent être croisées. Les plantes annuelles et les plantes pérennes, les arbres à feuilles caduques et les arbres à feuilles persistantes, les plantes qui habitent des stations différentes et sont adaptées à des climats extrêmement différents, peuvent souvent être croisés avec facilité.

Par *croisement réciproque* entre deux espèces, j'entends le cas, par exemple, d'une ânesse croisée d'abord avec un étalon, puis d'une jument croisée avec un âne : on peut dire alors que ces deux espèces ont été croisées réciproquement. Il y a souvent l'écart le plus grand possible dans la facilité avec laquelle se font des croisements réciproques. Ces cas ont une haute importance, car ils prouvent que la capacité qu'ont deux espèces quelconques de se croiser est souvent complètement indépendante de leur affinité systématique, c'est-à-dire de quelque différence dans leur structure ou leur constitution, si l'on excepte les différences qui concernent leur système reproducteur. La diversité des résultats obtenus dans les croisements réciproques entre deux mêmes espèces a été observée il y a longtemps par Kölreuter. Donnons un exemple : *Mirabilis jalapa* peut aisément être fécondé par le pollen de *M. longiflora*, et les hybrides ainsi produits sont suffisamment féconds ; mais Kölreuter a essayé plus de deux cents fois, et ce huit années de suite, de féconder réciproquement *M. longiflora* avec le pollen de *M. jalapa*, et a connu un échec complet. On pourrait citer plusieurs autres cas tout aussi frappants. Thuret a observé le même fait chez certaines algues ou Fucus. Gärtner a constaté, en outre, que cette différence dans la facilité avec laquelle se font les croisements réciproques est, à un degré moins prononcé, extrêmement commune. Il l'a observée même entre des formes étroitement apparentées (telles *Matthiola annua* et *glabra*) que de nombreux botanistes classent seulement comme des variétés. C'est également un fait remarquable que les hybrides élevés à partir de croisements réciproques, quoique composés, bien sûr, exactement des deux mêmes espèces – l'une ayant d'abord été utilisée comme père et ensuite comme mère –, même s'ils diffèrent rarement par leurs caractères externes, présentent cependant d'une manière générale une fécondité qui diffère à un faible degré, et quelquefois à un degré élevé.

On pourrait tirer de Gärtner plusieurs autres règles singulières : par exemple, certaines espèces ont une remarquable capacité de croisement avec d'autres espèces ; d'autres espèces du même genre ont une remarquable capacité d'imprimer leur ressemblance à leur descendance hybride ; mais ces deux capacités ne vont pas du tout nécessairement de pair. Il existe des hybrides qui, au lieu d'avoir, comme dans le cas habituel, un caractère intermédiaire entre leurs deux parents, ressemblent toujours étroitement à l'un d'eux ; et ces hybrides, bien qu'ils soient extérieurement si semblables à l'une de leurs espèces parentes pures, sont à de rares exceptions extrêmement stériles. De même, parmi les hybrides qui sont habituellement intermédiaires entre leurs parents sous le rapport de la structure, il naît parfois des individus exceptionnels et anormaux, qui ressemblent étroitement à l'un de leurs parents purs ; et ces hybrides sont presque toujours entièrement stériles, même lorsque les autres hybrides élevés à partir d'une graine issue de la même capsule ont un degré de fécondité considérable. Ces faits montrent à quel point la fécondité d'un hybride peut être complètement indépendante de sa ressemblance externe à l'un ou l'autre de ses parents purs.

Si l'on considère les diverses règles que l'on vient de donner, qui gouvernent la fécondité des premiers croisements et celle des hybrides, nous voyons que, lorsque sont unies des formes qui doivent être considérées comme des espèces franches et distinctes, leur fécondité varie par degrés de zéro jusqu'à la fécondité parfaite, voire jusqu'à une fécondité excessive dans certaines conditions ; que leur fécondité, outre qu'elle est éminemment sensible aux conditions favorables ou défavorables, présente une variabilité innée ; qu'en aucun cas elle n'est toujours de même degré dans le premier croisement et chez les hybrides produits à partir de ce croisement ; que la fécondité des hybrides n'est pas en relation avec leur degré de ressemblance extérieure avec l'un ou l'autre des parents ; et, enfin, que la facilité avec laquelle on fait un premier croisement entre deux espèces quelconques n'est pas toujours gouvernée par leur affinité systématique ou leur degré de ressemblance mutuelle. Cette dernière affirmation est clairement prouvée par la différence des résultats lors de croisements réciproques entre deux mêmes espèces, car, selon que l'une ou l'autre des espèces est utilisée comme père ou comme mère, il y a généralement une certaine différence, et quelquefois la plus large des différences possibles, dans la facilité avec laquelle on réalise une union. En outre, les hybrides produits à partir de croisements réciproques diffèrent souvent par la fécondité.

Ces règles complexes et singulières indiquent-elles donc que les espèces ont été douées de stérilité simplement pour empêcher qu'elles ne se confondent dans la nature ? Je ne le crois pas. Car pourquoi la stérilité serait-elle d'un degré si extrêmement différent, lorsque sont croisées diverses espèces dont nous devons supposer qu'il serait également important, pour toutes, d'éviter qu'elles ne se mêlent les unes aux autres ? Pourquoi le degré de stérilité présenterait-il une variabilité innée chez les individus de la même espèce ? Pourquoi certaines espèces se croiseraient-elles avec facilité, tout en produisant des hybrides très stériles, tandis que d'autres espèces se croiseraient avec une extrême difficulté, tout en produisant des hybrides passablement féconds ? Pourquoi devrait-il souvent y avoir une si grande différence de résultats lors d'un croisement réciproque entre les deux mêmes espèces ? Pourquoi, peut-on même demander, la production d'hybrides a-t-elle été permise ? Accorder aux espèces le pouvoir spécial de produire des hybrides, pour ensuite mettre un terme à leur propagation par divers degrés de stérilité qui ne sont pas en relation stricte avec la facilité de la première union entre leurs parents, semble un étrange arrangement.

Les règles et les faits qui précèdent, par ailleurs, me paraissent indiquer clairement que la stérilité tant des premiers croisements que des hybrides résulte ou dépend simplement de différences inconnues dans leurs systèmes reproducteurs – différences d'une nature si particulière et si limitée que, lors de croisements réciproques entre les deux mêmes espèces, l'élément sexuel mâle de l'une agira souvent librement sur l'élément sexuel femelle de l'autre, mais non dans la direction inverse. Il convient ici d'expliquer d'une façon un peu plus complète, par un exemple, mon idée que la stérilité est incidemment liée à d'autres différences, et n'est pas une qualité spécialement infuse. Comme la capacité qu'a une plante d'être greffée ou écussonnée sur une autre n'est pas importante pour leur prospérité à l'état de nature, je présume que nul ne supposera que cette capacité soit une qualité *spécialement* infuse, mais que l'on admettra qu'elle tient incidemment à des différences entre les lois de croissance des deux plantes. Nous pouvons parfois retrouver la raison pour laquelle un arbre ne prend pas sur un autre dans des différences liées à leur vitesse de croissance, à la dureté de leur bois, au moment où coule leur sève ou à sa nature, &c. ; mais dans une multitude de cas, nous ne pouvons assigner absolument aucune sorte de raison. Une grande diversité de taille entre deux plantes, le fait que l'une soit ligneuse et l'autre herbacée, que l'une soit persistante et l'autre caduque, ainsi que l'adaptation à des climats largement différents, n'empêchent pas toujours les greffes mutuelles. Il en est de la greffe comme de l'hybridation : la capacité est limitée par l'affinité systématique, car nul n'a pu réaliser une greffe mutuelle entre des arbres qui appartiennent à des familles tout à fait distinctes ; et, par ailleurs, les espèces étroitement apparentées et les variétés de la même espèce peuvent habituellement, mais non invariablement, être greffées sans difficulté. Mais cette capacité, comme dans le cas de l'hybridation, n'est en aucun cas gouvernée d'une façon absolue par l'affinité systématique. Bien que de nombreux genres distincts à l'intérieur de la même famille aient été greffés ensemble, dans d'autres cas les espèces du même genre ne prennent pas les unes sur les autres. Le poirier peut être greffé bien plus facilement sur le cognassier, qui est classé comme un genre distinct, que sur le pommier, qui est un représentant du même genre. Différentes variétés du poirier prennent même plus ou moins facilement sur le cognassier ; tout comme différentes variétés de l'abricotier et du pêcher sur certaines variétés du prunier.

De même que Gärtner a constaté qu'il existait parfois une différence innée chez différents *individus* de deux mêmes espèces

L'hybridisme [chap. IX] 617

dans le croisement, de même Sageret croit que tel est le cas entre différents individus de la même espèce lorsqu'ils sont greffés ensemble. De même que, dans les croisements réciproques, la facilité de réaliser une union est souvent bien loin d'être égale, de même parfois dans les greffes ; le groseillier à maquereau commun, par exemple, ne peut être greffé sur le groseillier, tandis que le groseillier prendra, quoique difficilement, sur le groseillier à maquereau.

Nous avons vu que la stérilité des hybrides, dont les organes reproducteurs sont dans un état imparfait, est un cas qui diffère de l'union difficile de deux espèces pures, dont les organes reproducteurs sont parfaits ; pourtant, ces deux classes de cas distinctes sont dans une large mesure parallèles. Quelque chose d'analogue se passe lors de la greffe ; en effet, Thouin a constaté que trois espèces de *Robinia* qui produisaient libéralement des graines sur leurs propres racines et pouvaient être greffées sans grande difficulté sur une quatrième espèce, devenaient infécondes lorsqu'elles étaient ainsi greffées. Au contraire, certaines espèces de *Sorbus*, lorsqu'elles étaient greffées sur d'autres espèces, donnaient deux fois plus de fruits que lorsqu'elles poussaient sur leurs propres racines. Ce dernier fait nous rappelle les cas extraordinaires d'*Hippeastrum*, de *Passiflora*, &c., qui produisent des graines bien plus libéralement lorsqu'elles sont fécondées par le pollen d'espèces distinctes que lorsqu'elles sont fécondées par le pollen issu de la même plante.

Nous voyons ainsi que, bien qu'il y ait une différence claire et considérable entre la simple adhérence des souches greffées et l'union des éléments mâle et femelle dans l'acte de la reproduction, il existe pourtant un degré grossier de parallélisme entre les résultats de la greffe et ceux du croisement d'espèces distinctes. Et de même que nous devons regarder les lois curieuses et complexes qui gouvernent la facilité avec laquelle les arbres peuvent être greffés les uns sur les autres comme liées incidemment à des différences inconnues entre leurs systèmes végétatifs, de même je crois que les lois encore plus complexes qui gouvernent la fécondité des premiers croisements tiennent incidemment à des différences inconnues entre leurs systèmes reproducteurs. Dans les deux cas, ces différences suivent dans une certaine mesure, comme on aurait pu s'y attendre, l'affinité systématique, terme par lequel on tente d'exprimer tout type de ressemblance et de dissemblance entre des êtres organiques. Les faits ne semblent d'aucune façon indiquer que la difficulté plus ou moins grande de la greffe ou bien du croisement de diverses espèces ait été infusée comme une propriété spéciale ; bien que, dans le cas du croisement, la difficulté soit aussi importante pour la durée et la stabilité des formes spécifiques qu'elle est, dans le cas de la greffe, dépourvue d'importance pour leur prospérité.

Origine et causes de la stérilité des premiers croisements et des hybrides

À une certaine époque, il me semblait probable, comme il le semble à d'autres, que la stérilité des premiers croisements et des hybrides avait pu être lentement acquise grâce à la sélection naturelle de degrés de fécondité légèrement amoindris, lesquels, comme toute autre variation, seraient apparus spontanément chez certains individus d'une variété lorsqu'elle était croisée avec ceux d'une autre variété. Car il serait clairement avantageux pour deux variétés ou espèces naissantes que l'on puisse éviter qu'elles ne se mêlent, d'après le même principe suivant lequel, lorsque l'homme sélectionne en même temps deux variétés, il est nécessaire qu'il les tienne séparées. En premier lieu, on remarquera que les espèces qui habitent des régions distinctes sont souvent stériles lorsqu'elles sont croisées ; or, il n'y aurait eu clairement aucun avantage pour ces espèces séparées à devenir mutuellement stériles, et par conséquent cela n'aurait pas pu se réaliser grâce à la sélection naturelle ; mais sans doute peut-on faire valoir que, si une espèce était rendue stérile avec l'une de ses compatriotes, la stérilité avec d'autres espèces s'ensuivrait comme une conséquence nécessaire. En second lieu, il est presque aussi contraire à la théorie de la sélection naturelle qu'à celle de la création spéciale que lors des croisements réciproques l'élément mâle de l'une des formes ait été rendu entièrement impuissant sur une seconde forme, tandis que dans le même temps l'élément mâle de cette seconde forme avait la capacité de féconder librement la première ; en effet, cet état particulier du système reproducteur n'aurait guère pu être avantageux pour l'une ou l'autre espèce.

Si l'on examine la probabilité que la sélection naturelle soit entrée en action pour rendre les espèces mutuellement stériles, on constatera que la plus grande difficulté réside dans l'existence de nombreuses étapes graduées depuis le léger amoindrissement de la fécondité jusqu'à la stérilité absolue. On peut admettre qu'il profiterait à une espèce naissante d'être rendue stérile à quelque léger degré en cas de croisement avec sa forme parente ou avec quelque autre variété ; car seraient ainsi produits moins de descendants abâtardis et détériorés susceptibles de mélanger leur sang à la nouvelle espèce en cours de formation. Mais qui prendra la peine de réfléchir aux étapes par lesquelles ce premier degré de stérilité a pu être élevé par la sélection naturelle à ce haut degré, commun à tant d'espèces et universel chez les espèces qui se sont différenciées jusqu'à atteindre le rang de genre ou de famille, constatera que le sujet est extraordinairement complexe. Après mûre réflexion, il me semble que cela n'a pas pu se réaliser grâce à la sélection naturelle. Prenez le cas de deux espèces quelconques qui, lorsqu'elles sont croisées, produisent des descendants peu nombreux et stériles ; qu'est-ce qui pourrait bien alors favoriser la survie des individus qui se trouveraient dotés à un degré légèrement supérieur d'une infécondité mutuelle, et qui se rapprocheraient ainsi, d'un petit pas, de la stérilité absolue ? Pourtant, un progrès de ce type, s'il faut le rapporter à la théorie de la sélection naturelle, a dû avoir lieu incessamment chez de nombreuses espèces, car elles sont une multitude à être mutuellement tout à fait infécondes. En ce qui concerne les insectes neutres stériles, nous avons des raisons de croire que des modifications de leur structure et de leur fécondité ont été lentement accumulées par la sélection naturelle, parce qu'un avantage a ainsi été donné indirectement à la communauté à laquelle ils appartenaient sur d'autres communautés de la même espèce ; mais, parmi les animaux, un individu qui n'appartient pas à une communauté sociale, s'il est rendu légèrement stérile en cas de croisement avec une autre variété, n'en retirerait pour lui-même aucun avantage, ni ne donnerait indirectement aux autres individus de la même variété aucun avantage qui puisse conduire à leur préservation.

Mais il serait superflu de discuter cette question dans le détail ; en effet, chez les plantes, nous avons des témoignages décisifs de ce que la stérilité des espèces croisées doit résulter de quelque principe tout à fait indépendant de la sélection naturelle. Gärtner et Kölreuter ont tous deux prouvé que dans les genres qui comprennent de nombreuses espèces, on peut former une série qui s'étend depuis des espèces qui, croisées, donnent de moins en moins de graines, jusqu'à des espèces qui ne produisent jamais une seule graine, mais qui sont pourtant affectées par le pollen de certaines autres espèces, car le germe gonfle. Il est ici manifestement impossible de sélectionner les individus les plus stériles, qui ont déjà cessé de donner des graines ; de sorte que cet apogée de la stérilité, où seul le germe est affecté, ne peut avoir été acquis grâce à la sélection ; et, puisque les lois qui gouvernent les divers degrés de stérilité sont si uniformes à travers l'ensemble des règnes animal et végétal, nous pouvons conclure que la cause, quelle qu'elle soit, est la même ou presque la même dans tous les cas.

Nous examinerons maintenant d'un peu plus près la nature probable des différences entre espèces qui entraînent la stérilité des premiers croisements et des hybrides. Dans le cas des premiers croisements, la plus ou moins grande difficulté que l'on rencontre à effectuer une union et à obtenir une descendance dépend apparemment de plusieurs causes distinctes. Il doit y avoir parfois une impossibilité physique à ce que l'élément mâle atteigne l'ovule, comme ce doit être le cas pour une plante ayant un pistil trop long pour que les tubes polliniques atteignent l'ovaire. On a également observé que lorsque le pollen d'une espèce est placé sur le stigmate d'une espèce lointainement apparentée, les tubes polliniques, bien que saillants, ne pénètrent pas la surface du stigmate. En outre, l'élément mâle peut atteindre l'élément femelle, tout en étant incapable de provoquer le développement d'un embryon, comme il semble que cela a été le cas dans certaines des expériences de Thuret sur les Fucus. On ne peut donner aucune explication de ces faits, pas plus que l'on ne peut dire la raison pour laquelle certains arbres ne peuvent être greffés sur d'autres. Enfin, un embryon peut se développer et périr ensuite à une période précoce. Cette dernière possibilité n'a pas été considérée assez attentivement ; mais je crois, d'après des observations que m'a communiquées M. Hewitt, qui a acquis une grande expérience de l'hybridation des faisans et des poulets, que la mort précoce de l'embryon est une cause très fréquente de stérilité dans les premiers croisements. M. Salter a récemment donné les résultats de l'examen de près de 500 œufs produits par divers croisements entre trois espèces de Gallus et leurs hybrides ; la majeure partie de ces œufs avait été fécondée ; et dans la majeure partie des œufs fécondés, soit les embryons ne s'étaient développés que partiellement et avaient péri ensuite, soit ils avaient presque atteint la maturité, mais les jeunes poussins avaient été incapables de briser la coquille pour sortir. Parmi les poussins qui étaient nés, plus des quatre cinquièmes moururent au cours des tout premiers jours, ou au plus tard des toutes premières semaines, « sans aucune cause évidente, apparemment par suite de leur simple inaptitude à vivre » ; de sorte que, sur les 500 œufs, douze poussins seulement furent élevés. Chez les plantes, il est probable que les embryons hybrides périssent souvent de semblable manière ; du moins sait-on que les hybrides issus d'espèces très distinctes sont parfois faibles et rabougris, et périssent à un âge précoce, fait dont Max Wichura a récemment donné quelques cas frappants chez des saules hybrides. Il vaut peut-être la peine de remarquer ici que, dans certains cas de parthénogenèse, les embryons contenus dans des œufs de vers à soie non fécondés passent par leurs premiers stades de développement et périssent ensuite comme les embryons produits par un croisement entre espèces distinctes. Avant d'avoir pris connaissance de ces faits, j'étais peu disposé à croire en la fréquente mort précoce des embryons hybrides ; car les hybrides, une fois nés, jouissent généralement d'une bonne santé et d'une longue vie, comme nous le voyons dans le cas du mulet commun. Les hybrides, cependant, connaissent des circonstances différentes avant et après leur naissance : s'ils sont nés et vivent dans un pays où vivent leurs deux parents, ils sont généralement placés dans des conditions de vie adéquates. Mais un hybride n'a en partage que la moitié de la nature et de la constitution de sa mère ; il est donc possible qu'avant sa naissance, tant qu'il est nourri dans le ventre de sa mère, ou bien dans l'œuf ou la graine produits par la mère, il soit exposé à des conditions inadéquates à quelque degré, et soit par conséquent sujet à une mort précoce ; et ce d'autant plus que tous les êtres, lorsqu'ils sont très jeunes, sont éminemment sensibles à des conditions de vie nuisibles ou peu naturelles. Mais, tout bien considéré, la cause réside plus probablement dans quelque imperfection de l'acte originel d'imprégnation, qui fait que l'embryon se développe imparfaitement, plutôt que dans les conditions auxquelles il est exposé par la suite.

Pour ce qui concerne la stérilité des hybrides chez lesquels les éléments sexuels sont imparfaitement développés, le cas est un peu différent. J'ai plus d'une fois fait allusion à un vaste ensemble de faits montrant que, lorsque les animaux et les plantes sont soustraits à leurs conditions naturelles, ils sont extrêmement susceptibles d'être gravement affectés dans leur système reproducteur. C'est là, de fait, le grand obstacle à la domestication des animaux. Entre la stérilité qui est ainsi surajoutée et celle des hybrides, il existe de nombreux points de similarité. Dans l'un et l'autre cas, la stérilité est indépendante de la santé générale, et s'accompagne souvent d'une taille excessive ou d'une grande luxuriance. Dans l'un et l'autre cas, la stérilité se rencontre à divers degrés ; dans tous les deux, l'élément mâle est le plus susceptible d'être affecté – mais quelquefois la femelle l'est plus que le mâle. Dans les deux cas, la tendance va dans une certaine mesure de pair avec l'affinité systématique, car des groupes entiers d'animaux et de plantes sont rendus impuissants par les mêmes conditions non naturelles ; et des groupes entiers d'espèces tendent à produire des hybrides stériles. À l'inverse, une espèce d'un groupe résiste parfois à de grands changements de conditions sans que sa fécondité soit atteinte, et certaines espèces d'un groupe produisent des hybrides exceptionnellement féconds. Nul ne peut dire, avant d'en avoir fait l'essai, si un animal particulier se reproduira en captivité, ou si une plante exotique donnera libéralement des graines une fois mise en culture ; on ne peut pas dire davantage, avant d'en avoir fait l'essai, si deux espèces quelconques d'un genre produiront plus ou moins d'hybrides stériles. Enfin, lorsque des êtres organiques sont placés durant plusieurs générations dans des conditions qui ne leur sont pas naturelles, ils sont extrêmement susceptibles de varier, ce qui semble dû en partie à ce que leur système reproducteur est spécialement affecté, même s'il l'est à un degré moindre que lorsque la stérilité s'ensuit. Il en est de même pour les hybrides, car leurs descendants au fil des générations successives sont éminemment susceptibles de varier, comme tout expérimentateur l'a observé.

Ainsi, nous voyons que lorsque les êtres organiques sont placés dans des conditions nouvelles et non naturelles, et lorsque les hybrides sont produits par le croisement non naturel de deux espèces, le système reproducteur, indépendamment de l'état de santé général, est affecté d'une manière très semblable. Dans le premier cas, les conditions de la vie ont été dérangées, bien que ce soit souvent à un degré si léger qu'il ne nous est pas possible de l'apprécier ; dans le second cas, c'est-à-dire dans celui des hybrides, les conditions extérieures sont demeurées les mêmes, mais l'organisation a été dérangée par le fait que deux structures et constitutions distinctes, qui comprennent bien sûr le système reproducteur, se sont mêlées en une seule. Car il n'est guère possible que deux organisations en composent une seule sans que se produise un certain dérangement dans le développement, dans l'action périodique ou dans les relations mutuelles qu'entretiennent les différentes parties et les différents organes les uns avec les autres, ou bien avec les conditions de la vie. Lorsque les hybrides sont capables de se reproduire *inter se*, ils transmettent à leur descendance de génération en génération la même organisation composée, et nous ne devons donc pas être surpris que leur stérilité, quoique variable à un certain degré, ne diminue pas ; elle a même tendance à s'accroître, ce qui est en général, comme on l'a déjà expliqué, le résultat d'une reproduction entre trop proches apparentés. La conception que je viens d'exposer, selon laquelle la stérilité des hybrides est causée par le fait que deux constitutions viennent à en composer une seule, a été soutenue fortement par Max Wichura.

Il faut cependant convenir que nous ne sommes pas en mesure, ni d'après la conception exposée ni d'après aucune autre, de comprendre plusieurs faits relatifs à la stérilité des hybrides ; par exemple, l'inégale fécondité des hybrides produits par des croisements réciproques, ou bien l'accroissement de la stérilité chez les hybrides qui ressemblent étroitement, de temps à autre et exceptionnellement, à l'un de leurs parents purs. Je ne prétends pas davantage que les remarques qui précèdent aillent à la racine du sujet ; elles n'offrent aucune explication au fait qu'un organisme, placé dans des conditions non naturelles, devient stérile. Tout ce que j'ai entrepris de montrer, c'est que dans les deux cas, proches à certains égards, la stérilité est le résultat commun – dans le premier cas, parce que les conditions de vie ont été dérangées, et, dans le second cas, parce que l'organisation a été dérangée par le fait que deux organisations en ont composé une seule.

Un semblable parallélisme se vérifie dans une classe de faits apparentée, et pourtant très différente. Selon une idée ancienne et presque universelle fondée sur un considérable ensemble de témoignages que j'ai fourni ailleurs, de légers changements dans les conditions de vie sont bénéfiques à tous les êtres vivants. Nous voyons fermiers et jardiniers s'y conformer en faisant passer fréquemment les graines, les tubercules, &c., d'un sol ou d'un climat à un autre, puis de nouveau au premier. Durant la convalescence des animaux, tout changement ou presque dans leurs habitudes de vie est d'un grand bénéfice. En outre, tant chez les plantes que chez les animaux, des témoignages on ne peut plus clairs montrent qu'un croisement entre individus de la même espèce, mais qui diffèrent dans une certaine mesure, donne de la vigueur et de la fécondité aux descendants, et que la reproduction entre apparentés, poursuivie durant plusieurs générations entre les individus les plus proches, s'ils sont élevés dans les mêmes conditions de vie, conduit presque toujours à une diminution de la taille, à la faiblesse ou à la stérilité.

Il semble donc que, d'une part, de légers changements dans les conditions de vie soient bénéfiques pour tous les êtres organiques et que, d'autre part, de légers croisements, c'est-à-dire des croisements entre mâles et femelles d'une même espèce qui ont été soumis à des conditions légèrement différentes, ou qui ont légèrement varié, donnent de la vigueur et de la fécondité aux descendants. Mais, comme nous l'avons vu, des êtres organiques depuis longtemps habitués à certaines conditions uniformes dans l'état de nature, lorsqu'ils sont soumis, comme c'est le cas en captivité, à un changement considérable de leurs conditions, deviennent très fréquemment plus ou moins stériles ; et nous savons qu'un croisement entre deux formes qui sont devenues largement ou spécifiquement différentes, produit des hybrides qui sont presque toujours stériles à quelque degré. Je suis entièrement persuadé que ce double parallélisme n'est nullement un accident ou une illusion. Qui est capable d'expliquer pourquoi l'éléphant et une multitude d'autres animaux sont incapables de se reproduire lorsqu'on leur impose une captivité seulement partielle dans leur pays natal, sera capable d'expliquer la cause première de la stérilité si générale des hybrides. Il sera en même temps capable d'expliquer comment il se fait que les races de certains de nos animaux domestiques, qui ont souvent été soumises à de nouvelles conditions, non uniformes, sont parfaitement fécondes ensemble, bien qu'elles soient issues d'espèces distinctes qui auraient probablement été stériles si on les avait croisées entre elles à l'origine. Les deux séries de faits parallèles évoquées plus haut semblent reliées ensemble par quelque lien commun mais inconnu, qui se rattache d'une façon essentielle au principe de la vie ; ce principe, selon M. Herbert Spencer, est que la vie dépend, ou est constituée, de l'action et de la réaction incessantes de diverses forces, qui, comme c'est le cas dans l'ensemble de la nature, tendent toujours à un équilibre ; et lorsque cette tendance est légèrement perturbée par un changement quelconque, les forces vitales gagnent en puissance.

Dimorphisme et trimorphisme réciproques

On peut ici discuter brièvement ce sujet, et l'on constatera qu'il jette quelque lumière sur l'hybridisme. Plusieurs plantes appartenant à des ordres distincts présentent deux formes, qui existent en proportions numériques à peu près égales et qui ne diffèrent en rien si ce n'est à l'égard de leur système reproducteur : l'une des formes a un long pistil avec de courtes étamines, l'autre un court pistil avec de longues étamines ; elles ont chacune des grains de pollen d'une taille différente. Chez les plantes trimorphes, il y a trois formes qui diffèrent également par la longueur de leurs pistils et de leurs étamines, par la taille et la couleur des grains de pollen, et à quelques autres égards ; et comme il y a, dans chacune des trois formes, deux groupes d'étamines, les trois formes possèdent en tout six groupes d'étamines et trois types de pistils. Ces organes sont si proportionnés les uns aux autres en longueur que la moitié des étamines, dans deux des formes, sont au même niveau que le stigmate de la troisième forme. Or, j'ai montré – et ce résultat a été confirmé par d'autres observateurs – que, afin d'obtenir chez ces plantes une complète fécondité, il est nécessaire que le stigmate de l'une des formes soit fécondé par le pollen tiré, sur une autre forme, des étamines de hauteur correspondante. De sorte que, chez les espèces dimorphes, deux unions, que l'on peut appeler légitimes, sont complètement fécondes ; et deux, que l'on peut appeler illégitimes, sont plus ou moins infécondes. Chez les espèces trimorphes, six unions sont légitimes, c'est-à-dire complètement fécondes, et douze sont illégitimes, c'est-à-dire plus ou moins infécondes.

Cette infécondité que l'on observe chez diverses plantes dimorphes et trimorphes, lorsqu'elles sont fécondées illégitimement, c'est-à-dire par le pollen tiré d'étamines dont la hauteur ne correspond pas à celle du pistil, diffère beaucoup en degré, jusqu'à une stérilité absolue et totale, exactement de la même manière que cela se produit dans le croisement d'espèces distinctes. De même que le degré de stérilité dans ce dernier cas dépend à un degré [*sic*. Ndt.] éminent de ce que les conditions de vie sont plus ou moins favorables, j'ai constaté que tel était le cas pour les unions illégitimes. Il est bien connu que si l'on place le pollen d'une espèce distincte sur le stigmate d'une fleur, et que l'on place son propre pollen ensuite, même après un intervalle de temps considérable, sur le même stigmate, son action est si fortement prédominante qu'elle annihile en général l'effet du pollen étranger ; il en est ainsi pour le pollen des diverses formes de la même espèce, car le pollen légitime a une forte prédominance sur le pollen illégitime, lorsque tous deux sont placés sur le même stigmate. Je m'en suis assuré en fécondant plusieurs fleurs, tout d'abord illégitimement, puis, vingt-quatre heures plus tard, légitimement, avec le pollen tiré d'une variété dont la couleur est particulière, et tous les jeunes plants furent de la même couleur ; cela montre que le pollen légitime, bien qu'il ait été appliqué après un délai de vingt-quatre heures, avait entièrement détruit le pollen illégitime précédemment appliqué ou en avait empêché l'action. En outre, de même que, lorsque l'on procède à des croisements réciproques entre les deux mêmes espèces, il y a quelquefois une grande différence de résultat, il se produit la même chose aussi pour les plantes trimorphes ; par exemple, la forme de *Lythrum salicaria* à style moyen a été fécondée illégitimement avec la plus grande facilité par le pollen des étamines plus longues de la forme à style long, et a donné de nombreuses graines ; mais cette dernière forme n'a pas donné une seule graine lorsqu'elle a été fécondée par les étamines plus longues de la forme à style moyen.

À tous ces égards, et sur d'autres points que l'on pourrait ajouter, les formes des mêmes espèces indiscutables, lorsqu'elles sont unies illégitimement, se comportent exactement de la même manière que deux espèces distinctes que l'on croise. Cela m'a conduit à observer attentivement pendant quatre ans nombre de jeunes plants élevés à partir de plusieurs unions illégitimes. Le résultat principal est que ces plantes illégitimes, comme on peut les nommer, ne sont pas entièrement fécondes. Il est possible, à partir d'espèces dimorphes, d'élever des plantes illégitimes à style long aussi bien qu'à style court, et, à partir de plantes trimorphes, chacune des trois formes illégitimes. Celles-ci peuvent ensuite être unies convenablement d'une manière légitime. Après quoi, il n'y a pas de raison apparente pour qu'elles ne donnent pas autant de graines qu'en donnaient leurs parents lorsqu'ils étaient fécondés légitimement. Mais tel n'est pas le cas. Elles sont toutes infécondes, à divers degrés ; certaines sont si totalement et incurablement stériles qu'elles n'ont, en l'espace de quatre saisons, pas donné une seule graine ni même une seule capsule de graines. La stérilité de ces plantes illégitimes lorsqu'elles sont unies les unes avec les autres d'une manière légitime peut se comparer strictement avec celle des hybrides lorsqu'ils sont croisés *inter se*. Par ailleurs, si l'on croise un hybride avec l'une ou l'autre de ses espèces parentes pures, la stérilité est habituellement fort amoindrie : il en est de même lorsqu'une plante illégitime est fécondée par une plante légitime. De la même manière que la stérilité des hybrides n'est pas toujours à la même hauteur que la difficulté avec laquelle se fait le premier croisement entre les deux espèces parentes, de même, la stérilité de certaines plantes illégitimes était inhabituellement forte, tandis que la stérilité de l'union dont elles étaient issues ne l'était nullement. Chez les hybrides élevés à partir de la même capsule de graines, le degré de stérilité présente une variabilité innée, et il en est de même, d'une manière marquée, chez les plantes illégitimes. Enfin, de nombreux hybrides sont des porte-fleurs généreux et persistants, tandis que d'autres hybrides, plus stériles, produisent peu de fleurs, et sont des nains faibles et chétifs ; on rencontre des cas exactement semblables chez les descendants illégitimes de diverses plantes dimorphes et trimorphes.

Dans l'ensemble, il existe une identité de caractère et de comportement très étroite entre les plantes illégitimes et les hybrides. Il n'est guère exagéré de soutenir que les plantes illégitimes sont des hybrides produits à l'intérieur des limites d'une même espèce par l'union inadéquate de certaines formes, tandis que les hybrides ordinaires sont le produit d'une union inadéquate entre des espèces désignées comme distinctes. En outre, nous avons déjà vu qu'il existe une ressemblance extrêmement étroite sous tous rapports entre les premières unions illégitimes et les premiers croisements entre espèces distinctes. Ce fait apparaîtra peut-être d'une façon plus complète au moyen d'une illustration : nous supposerons qu'un botaniste trouve deux variétés bien marquées – la chose arrive – de la forme à style long du *Lythrum salicaria* trimorphe, et qu'il prenne le parti de déterminer en les croisant si elles sont spécifiquement distinctes. Il constatera qu'elles donnent environ un cinquième seulement du nombre normal de graines, et qu'elles se comportent, sur tous les autres points mentionnés plus haut, comme si elles étaient deux espèces distinctes. Mais, par acquit de conscience, il élèvera des plantes à partir de ses graines supposément hybridées et constatera que les jeunes plants sont piteusement rabougris et totalement stériles, et qu'ils se comportent sous tous les autres rapports comme des hybrides ordinaires. Il pourrait alors soutenir qu'il a bel et bien prouvé que, en accord avec l'opinion commune, ses deux variétés sont des espèces aussi franches et aussi distinctes que toute autre au monde – mais il se tromperait complètement.

Les faits ici exposés relativement aux plantes dimorphes et trimorphes sont importants, premièrement, parce qu'ils nous montrent que l'indicateur physiologique qu'est la baisse de fécondité, tant chez les premiers croisements que chez les hybrides, n'est pas un critère sûr de distinction spécifique ; deuxièmement, parce que nous pouvons conclure qu'il existe un lien inconnu reliant l'infécondité des unions illégitimes à celle de leurs descendants illégitimes, et que nous sommes conduits à étendre la même conception aux premiers croisements et aux hybrides ; troisièmement, parce que nous constatons, et cela me semble d'une importance spéciale, qu'il peut exister deux ou trois formes de la même espèce qui ne diffèrent sous aucun rapport que ce soit, ni par la structure ni par la constitution, relativement aux conditions extérieures, et sont pourtant stériles lorsqu'elles sont unies de certaines façons. Car nous devons nous rappeler que c'est l'union des éléments sexuels des individus de la même forme, par exemple de deux formes à style long, qui provoque la stérilité ; tandis que c'est l'union des éléments sexuels propres à deux formes distinctes qui est féconde. Aussi le cas paraît-il à première vue exactement inverse de ce qui se produit dans l'union ordinaire des individus de la même espèce et lors des croisements entre espèces distinctes. Il est cependant douteux qu'il en soit réellement ainsi ; mais je ne développerai pas ce sujet obscur.

Nous pouvons cependant conclure de l'examen des plantes dimorphes et trimorphes qu'il est probable que la stérilité des espèces distinctes lorsqu'elles sont croisées et celle de leur progéniture hybride, dépendent exclusivement de la nature de leurs éléments sexuels, et non d'une différence de leur structure ou de leur constitution générale. Nous sommes aussi conduits à cette même conclusion si nous considérons les croisements réciproques, dans lesquels le mâle d'une espèce ne peut s'unir, ou ne s'unit qu'avec une grande difficulté, à la femelle d'une seconde espèce, tandis que le croisement inverse s'effectue avec une parfaite facilité. L'excellent observateur qu'était Gärtner concluait pareillement que les espèces sont stériles lorsqu'elles sont croisées en raison de différences limitées à leur système reproducteur.

Fécondité des variétés croisées, et de leurs descendants métis, non universelle

On pourra faire valoir, comme un argument irrésistible, qu'il doit y avoir quelque distinction essentielle entre les espèces et les variétés, dans la mesure où ces dernières, aussi différentes qu'elles soient les unes des autres par leur apparence extérieure, se croisent avec une parfaite facilité, et donnent des descendants parfaitement féconds. Hormis quelques exceptions, que l'on donnera tout à l'heure, j'admets pleinement que telle est la règle. Mais le sujet est hérissé de difficultés, car, lorsque l'on regarde les variétés produites à l'état de nature, si l'on constate que deux formes jusque-là réputées être des variétés sont à quelque degré que ce soit stériles entre elles, elles sont aussitôt classées par la plupart des naturalistes comme des espèces. Par exemple, du mouron bleu et du mouron rouge, qui sont considérés par la plupart des botanistes comme des variétés, Gärtner dit qu'ils sont tout à fait stériles lorsqu'ils sont croisés, et par conséquent il les classe comme des

L'hybridisme [chap. IX]

espèces indiscutables. Si nous versons ainsi dans une argumentation circulaire, la fécondité de toutes les variétés produites à l'état de nature devra assurément être tenue pour garantie.

Si nous nous tournons vers les variétés produites, ou dont on suppose qu'elles ont été produites, à l'état domestique, nous sommes encore en proie à quelque doute. Car lorsque l'on fait état, par exemple, de ce que certains chiens domestiques indigènes d'Amérique du Sud ne s'unissent pas aisément avec des chiens européens, l'explication qui viendra à l'esprit de chacun, et qui est probablement la bonne, est qu'ils sont issus d'espèces originellement distinctes. Néanmoins, la parfaite fécondité de tant de races domestiques, qui diffèrent largement les unes des autres par leur apparence, par exemple celles du pigeon ou du chou, est un fait remarquable ; plus particulièrement lorsque l'on réfléchit au nombre d'espèces qui, bien qu'elles se ressemblent très étroitement, sont totalement stériles lorsqu'elles sont croisées. Cependant, un certain nombre de considérations rend la fécondité des variétés domestiques moins remarquable. Tout d'abord, on peut observer que l'ampleur des différences extérieures entre deux espèces n'est pas un guide sûr pour déterminer leur degré de stérilité mutuelle, de sorte que de semblables différences ne seraient pas un guide sûr dans le cas des variétés. Il est certain que, en ce qui concerne les espèces, la cause réside exclusivement dans les différences de leur constitution sexuelle. Or, les conditions variables auxquelles ont été soumis les animaux domestiques et les plantes cultivées ont eu si peu tendance à modifier le système reproducteur d'une manière qui conduise à la stérilité mutuelle que nous sommes fondés à admettre la doctrine diamétralement opposée de Pallas, à savoir que ces conditions éliminent en général la tendance en question ; de telle sorte que les descendants domestiques d'espèces qui dans leur état naturel auraient probablement été à quelque degré stériles si on les avait croisées, deviennent parfaitement féconds entre eux. En ce qui concerne les plantes, la culture est si loin de produire une tendance à la stérilité entre espèces distinctes que, dans plusieurs cas comportant de bonnes garanties d'authenticité et auxquels on a déjà fait allusion, certaines plantes ont été affectées d'une manière opposée, car elles sont devenues impuissantes à se féconder elles-mêmes, alors qu'elles conservaient encore la capacité de féconder d'autres espèces et d'être fécondées par elles. Si l'on admet la doctrine pallasienne de l'élimination de la stérilité par le fait d'une longue domestication, et il n'est guère possible de la rejeter, il devient improbable au plus haut degré que des conditions semblables, maintenues sur une longue durée, induisent en même temps cette tendance ; bien que dans certains cas, chez des espèces dotées d'une constitution particulière, la stérilité puisse quelquefois être causée de cette façon. Ainsi, à ce que je crois, nous pouvons comprendre pourquoi, chez les animaux domestiques, n'ont pas été produites de variétés qui soient mutuellement stériles ; et pourquoi, chez les plantes, on n'a observé qu'un petit nombre de cas de ce genre, que l'on exposera immédiatement.

La véritable difficulté de notre présent sujet n'est pas, me semble-t-il, de savoir pourquoi les variétés domestiques ne sont pas devenues mutuellement infécondes après leur croisement, mais pourquoi cela s'est produit d'une façon si générale dans le cas des variétés naturelles, dès qu'elles ont été modifiées d'une façon permanente à un degré suffisant pour recevoir le rang d'espèces. Nous sommes loin d'en savoir précisément la cause ; cela n'est d'ailleurs pas surprenant étant donné notre profonde ignorance au sujet des actions normale et anormale du système reproducteur. Mais nous voyons bien que les espèces, en raison de leur lutte pour l'existence contre de nombreux concurrents, ont dû être exposées durant de longues périodes à des conditions plus uniformes que ne l'ont été les variétés domestiques ; et il est possible que cela occasionne une large différence de résultat. Car nous savons comme il est courant que les animaux et les plantes sauvages, soustraits à leurs conditions naturelles et soumis à la captivité, deviennent stériles ; et les fonctions reproductrices des êtres organiques qui ont toujours vécu dans des conditions naturelles seraient probablement, d'une manière semblable, éminemment sensibles à l'influence d'un croisement non naturel. Des productions domestiques, qui à l'origine, comme le montre le simple fait de leur domestication, n'étaient pas hautement sensibles aux changements

L'hybridisme [chap. IX]

de leurs conditions de vie, et qui maintenant peuvent en général résister sans amoindrissement de leur fécondité à des changements de conditions répétés, on pourrait attendre au contraire qu'elles produisent des variétés dont les systèmes reproducteurs soient peu susceptibles d'être gravement affectés par leur croisement avec d'autres variétés venues au jour d'une manière semblable.

Je me suis jusqu'ici exprimé comme si les variétés de la même espèce étaient invariablement fécondes lors de leur croisement. Mais il est impossible d'aller contre les témoignages de l'existence d'un certain degré de stérilité dans un petit nombre de cas, que je vais à présent brièvement résumer. Ces témoignages sont au moins aussi bons que ceux qui nous font croire en la stérilité d'une multitude d'espèces. Ces témoignages proviennent également de témoins hostiles, qui considèrent, dans tous les autres cas, que la fécondité et la stérilité sont des critères sûrs de la distinction spécifique. Gärtner a élevé plusieurs années durant une forme de maïs nain à grains jaunes et une grande variété à grains rouges, qui poussaient à proximité l'une de l'autre dans son jardin ; et bien que ces plantes aient des sexes séparés, elles ne se croisèrent jamais naturellement. Il féconda ensuite treize fleurs de l'un des types avec du pollen de l'autre, mais un seul épi vint à graine, et cet épi unique produisit seulement cinq grains. Dans ce cas, la manipulation n'a pas pu être nuisible, puisque les plantes ont des sexes séparés. Nul, je crois, n'a jamais soupçonné ces variétés de maïs d'être des espèces distinctes ; et il est important de noter que les plantes hybrides ainsi élevées étaient elles-mêmes *parfaitement* fécondes, de sorte que Gärtner lui-même ne s'est pas aventuré à considérer ces deux variétés comme distinctes spécifiquement.

Girou de Buzareingues a croisé deux variétés de la courge, qui a, comme le maïs, des sexes séparés, et il affirme que leur fécondation mutuelle est d'autant moins facile que leurs différences sont grandes. Jusqu'à quel point on peut se fier à ces expériences, je l'ignore ; mais les formes soumises à l'expérimentation sont classées par Sageret, qui fonde principalement sa classification sur le critère de l'infécondité, comme des variétés, et Naudin est arrivé à la même conclusion.

Le cas suivant est bien plus remarquable, et semble de prime abord incroyable ; il est pourtant le résultat d'un nombre stupéfiant d'expériences faites de nombreuses années durant sur neuf espèces de *Verbascum*, par un observateur aussi excellent et un témoin aussi hostile que l'est Gärtner : croisées entre elles, les variétés jaune et blanche produisent moins de graines que les variétés semblablement colorées de la même espèce. En outre, il affirme que, lorsque les variétés jaune et blanche d'une espèce sont croisées avec les variétés jaune et blanche d'une espèce *distincte*, plus de graines sont produites par les croisements entre fleurs de même couleur que par les croisements entre celles qui ont des couleurs différentes. M. Scott a également expérimenté sur les espèces et les variétés de *Verbascum* ; et bien qu'il ne soit pas en mesure de confirmer les résultats de Gärtner sur le croisement des espèces distinctes, il constate que les variétés de la même espèce qui ne sont pas de même couleur donnent moins de graines, dans la proportion de 86 pour 100, que les variétés qui sont de la même couleur. Pourtant ces variétés ne diffèrent à aucun égard, si ce n'est la couleur de leurs fleurs, et une variété peut parfois être élevée à partir des graines d'une autre.

Kölreuter, dont l'exactitude a été confirmée par tous les observateurs qui l'ont suivi, a prouvé ce fait remarquable qu'une certaine variété du tabac commun était plus féconde que les autres variétés, lorsqu'elle est croisée avec une espèce largement distincte. Il a expérimenté sur cinq formes considérées couramment comme des variétés et qu'il a soumises à la plus rigoureuse des épreuves, à savoir aux croisements réciproques, et il a constaté que leur descendance métisse était parfaitement féconde. Mais l'une de ces cinq variétés, aussi bien lorsqu'elle était utilisée comme père que comme mère et était croisée avec la *Nicotiana glutinosa*, donnait toujours des hybrides qui n'étaient pas aussi stériles que ceux produits à partir des quatre autres variétés croisées avec *N. glutinosa*. Le système reproducteur de cette variété en particulier a donc dû être modifié de quelque manière et à quelque degré.

En raison de ces faits, on ne peut plus soutenir que les variétés, lorsqu'elles sont croisées, font invariablement preuve d'une fécondité parfaite. En raison de la grande difficulté que l'on rencontre pour établir l'infécondité de variétés à l'état de nature, car une variété supposée, si l'on prouve qu'elle est à quelque degré inféconde, serait presque universellement classée comme espèce ; en raison du fait que l'homme prête attention aux seuls caractères externes de ses variétés domestiques et parce que ces variétés n'ont pas été exposées pendant de très longues périodes à des conditions de vie uniformes − en raison de ces diverses considérations, nous pouvons conclure que la fécondité ne constitue pas une distinction fondamentale entre variétés et espèces, lorsqu'elles sont croisées. On peut avec sûreté considérer la stérilité générale des espèces croisées non comme une acquisition ou une propriété spéciales, mais comme l'effet incident de changements d'une nature inconnue survenus dans leurs éléments sexuels.

Comparaison des hybrides et des métis, indépendamment de leur fécondité

Indépendamment de la question de la fécondité, les produits d'espèces croisées et ceux de variétés croisées peuvent être comparés sous plusieurs autres rapports. Gärtner, dont le souhait le plus vif était de tracer une ligne distincte entre espèces et variétés, n'a pu trouver que très peu de différences, lesquelles sont, me semble-t-il, de très peu d'importance, entre ce que l'on nomme les produits hybrides d'espèces et ce que l'on nomme les produits métis de variétés. Alors qu'en revanche ils se rapprochent très étroitement sur bien des points importants.

Je discuterai ici de ce sujet avec une extrême brièveté. La distinction la plus importante est que les métis sont, à la première génération, plus variables que les hybrides ; mais Gärtner admet que les hybrides issus d'espèces depuis longtemps cultivées sont souvent variables à la première génération ; et j'ai vu moi-même de frappants exemples de ce fait. Gärtner admet encore que les hybrides entre espèces très étroitement apparentées sont plus variables que ceux entre espèces très distinctes ; et cela montre que la différence dans le degré de variabilité présente des gradations. Lorsque des métis et les plus féconds des hybrides se propagent pendant plusieurs générations, il est notoire que l'amplitude de la variabilité est extrême chez les descendants, dans les deux cas ; mais on pourrait donner un petit nombre d'exemples d'hybrides comme de métis qui conservent longtemps un caractère uniforme. Cependant, la variabilité est peut-être plus grande dans les générations successives de métis que chez les hybrides.

Cette variabilité plus grande chez les métis que chez les hybrides ne semble pas du tout surprenante. Car les parents des métis sont des variétés, et principalement des variétés domestiques (très peu d'expériences ont été tentées sur des variétés naturelles), et cela implique qu'il y a eu là une variabilité récente, qui a dû souvent relayer et accroître celle qui provient de l'acte même du croisement. La variabilité légère des hybrides à la première génération, par contraste avec celle des générations suivantes, est un fait curieux et mérite l'attention. En effet, il se relie à la conception que j'ai adoptée de l'une des causes de la variabilité ordinaire, à savoir que le système reproducteur, parce qu'il est éminemment sensible au changement des conditions de vie, ne parvient pas dans ces circonstances à accomplir sa fonction propre, qui est de produire une descendance étroitement semblable à tous égards à la forme parente. Or, les hybrides de la première génération sont issus d'espèces dont – si l'on exclut celles cultivées depuis longtemps – le système reproducteur n'a été en aucune façon affecté, et ils ne sont pas variables ; mais les hybrides eux-mêmes ont un système reproducteur gravement affecté, et leurs descendants sont hautement variables.

Mais revenons à notre comparaison des métis et des hybrides : Gärtner affirme que les métis sont plus susceptibles que les hybrides de faire retour à l'une des formes parentes ; mais, si le fait est avéré, il ne s'agit certainement que d'une différence de degré. En outre, Gärtner affirme expressément que les hybrides issus de plantes cultivées depuis longtemps sont plus sujets au retour que les hybrides issus d'espèces vivant à l'état naturel ; et cela explique probablement la différence singulière entre les résultats auxquels sont

L'hybridisme [chap. IX]

arrivés différents observateurs : ainsi, Max Wichura doute que les hybrides fassent jamais retour à leurs formes parentes, et il a mené ses expériences sur des espèces de saules non cultivées, tandis que Naudin insiste au contraire, en employant les termes les plus forts, sur la tendance presque universelle au retour chez les hybrides, et il a expérimenté principalement sur des plantes cultivées. Gärtner affirme encore que, lorsque deux espèces quelconques, quand bien même elles sont très étroitement apparentées entre elles, sont croisées avec une troisième espèce, les hybrides sont largement différents les uns des autres ; alors que, si deux variétés très distinctes d'une espèce sont croisées avec une autre espèce, les hybrides ne diffèrent pas beaucoup. Mais cette conclusion, d'après ce que je comprends, est fondée sur une expérience unique, et semble diamétralement opposée aux résultats de plusieurs expériences faites par Kölreuter.

Telles sont, en tout et pour tout, les différences peu importantes que Gärtner est en mesure d'indiquer entre les plantes hybrides et les plantes métisses. Par ailleurs, les degrés et les types de ressemblance des métis et des hybrides avec leurs parents respectifs, surtout chez les hybrides produits à partir d'espèces proches apparentées, suivent d'après Gärtner les mêmes lois. Lorsque deux espèces sont croisées, l'une des deux a parfois une faculté prédominante d'imprimer sa ressemblance à l'hybride. Il en est de même, à mon avis, pour les variétés des plantes ; et, chez les animaux, il est certain qu'une variété a souvent cette faculté prédominante par rapport à une autre variété. Les plantes hybrides produites à partir d'un croisement réciproque se ressemblent en général étroitement ; et il en est de même pour les plantes métisses issues d'un croisement réciproque. Tant les hybrides que les métis peuvent être reconduits à l'une ou l'autre des formes parentes par des croisements répétés, dans la suite des générations, avec l'un ou l'autre parent.

Ces diverses remarques peuvent apparemment s'appliquer aux animaux ; mais le sujet est ici fort compliqué, en partie à cause de l'existence des caractères sexuels secondaires, mais plus spécialement à cause de la prédominance de l'un des sexes par rapport à l'autre dans la transmission de la ressemblance, tant lorsqu'une espèce est croisée avec une autre que lorsqu'une variété est croisée avec une autre variété. Par exemple, je pense que les auteurs ont raison, qui soutiennent que l'âne prédomine sur le cheval, de sorte que le mulet ainsi que le bardot ressemblent plus étroitement à l'âne qu'au cheval ; mais que la prédominance est plus forte chez l'âne mâle que chez l'ânesse, de sorte que le mulet, qui est le descendant de l'âne mâle et de la jument, est plus semblable à un âne que ne l'est le bardot, qui est le descendant de l'ânesse et de l'étalon.

Certains auteurs ont beaucoup insisté sur le fait supposé que les métis sont les seuls dont les descendants n'aient pas un caractère intermédiaire, mais ressemblent étroitement à l'un de leurs parents ; mais cela se rencontre bien parfois chez les hybrides, même si, je le concède, la chose est beaucoup moins fréquente que chez les métis. Si l'on examine les cas que j'ai rassemblés d'animaux issus de croisements qui ressemblent étroitement à l'un des parents, les ressemblances paraissent se limiter principalement aux caractères presque monstrueux de leur nature et qui se sont manifestés soudainement – tels l'albinisme, le mélanisme, le défaut de queue ou de cornes, ou bien des doigts ou des orteils supplémentaires –, et elles ne sont pas liées à des caractères qui ont été acquis lentement grâce à la sélection. La tendance à des retours soudains au caractère parfait de l'un des deux parents doit également se produire d'une façon bien plus probable chez les métis, qui sont issus de variétés souvent produites d'une façon soudaine et dotées de caractères à demi monstrueux, que chez les hybrides, qui sont issus d'espèces produites d'une façon lente et naturelle. Au total, je suis entièrement d'accord avec le Dr Prosper Lucas, qui, après avoir ordonné un énorme ensemble de faits relatifs aux animaux, parvient à la conclusion que les lois de la ressemblance de l'enfant avec ses parents sont les mêmes quelle que soit l'amplitude de la différence entre les deux parents, c'est-à-dire dans l'union d'individus de la même variété, ou de variétés différentes, ou encore d'espèces distinctes.

Indépendamment de la question de la fécondité et de la stérilité, il semble y avoir sous tous les autres rapports une ressemblance générale et étroite entre les descendants des espèces croisées et des variétés croisées. Si nous regardons les espèces comme ayant été spécialement créées, et les variétés comme produites par des lois secondaires, cette ressemblance doit être un fait déconcertant. Mais elle s'harmonise parfaitement avec la conception selon laquelle il n'y a aucune distinction essentielle entre les espèces et les variétés.

Résumé

Les premiers croisements entre des formes suffisamment distinctes pour recevoir le rang d'espèces et leurs hybrides sont très généralement, mais non universellement, stériles. La stérilité offre tous les degrés, et elle est souvent si légère que les expérimentateurs les plus attentifs sont arrivés à des conclusions diamétralement opposées lorsqu'ils ont classé les formes en usant de ce critère. La stérilité présente une variabilité innée chez les individus de la même espèce et une très haute sensibilité à l'action des conditions favorables et défavorables. Le degré de stérilité ne suit pas strictement l'affinité systématique, mais est gouverné par diverses lois curieuses et complexes. Il est généralement différent, et parfois largement différent, dans les croisements réciproques entre les deux mêmes espèces. La stérilité n'est pas toujours de même degré dans un premier croisement et chez les hybrides produits à partir de ce croisement.

De la même manière que, lorsque l'on greffe des arbres, la capacité qu'a une espèce ou une variété de prendre sur une autre est incidemment liée à des différences, généralement d'une nature inconnue, dans leurs systèmes reproducteurs, de même, lors de croisements, la plus ou moins grande facilité avec laquelle une espèce s'unit à une autre tient incidemment à des différences inconnues dans leurs systèmes reproducteurs. Il n'y a pas plus de raison de penser que les espèces ont été spécialement dotées de degrés divers de stérilité pour empêcher qu'elles ne se croisent et ne se mélangent dans la nature, qu'il n'y en a de penser que les arbres ont été spécialement dotés de degrés divers et vaguement analogues de résistance à la greffe afin d'empêcher qu'ils n'en viennent à s'enter les uns sur les autres dans nos forêts.

La stérilité des premiers croisements et de leur progéniture hybride n'a pas été acquise par l'opération de la sélection naturelle. Dans le cas des premiers croisements, elle semble dépendre de plusieurs circonstances ; en certaines occasions, au premier chef, de la mort précoce de l'embryon. Dans le cas des hybrides, elle dépend apparemment du fait que l'ensemble de leur organisation est perturbée car composée de deux formes distinctes ; la stérilité est alors étroitement apparentée à celle qui affecte si fréquemment des espèces pures, lorsqu'elles sont exposées à des conditions de vie nouvelles et non naturelles. Qui expliquera ces derniers cas pourra expliquer la stérilité des hybrides. Cette conception est solidement étayée par un parallélisme d'un autre genre, à savoir que, premièrement, de légers changements dans les conditions de vie ajoutent à la vigueur et à la fécondité de tous les êtres organiques ; et, deuxièmement, que le croisement de formes qui ont été exposées à des conditions de vie légèrement différentes ou ont varié, favorise la taille, la vigueur et la fécondité de leur descendance. Les faits cités au sujet de la stérilité des unions illégitimes de plantes dimorphes et trimorphes et de leur progéniture illégitime rendent peut-être probable que quelque lien inconnu relie, dans tous les cas, le degré de fécondité des premières unions à celui de leur descendance. À considérer ces faits relatifs au dimorphisme, aussi bien que les résultats des croisements réciproques, on est clairement conduit à la conclusion que la cause première de la stérilité des espèces croisées se limite à des différences dans leurs éléments sexuels. Mais nous ignorons pourquoi, dans le cas des espèces distinctes, les éléments sexuels ont été, d'une façon si générale, plus ou moins modifiés, parvenant ainsi à une infécondité mutuelle ; mais cela semble entretenir quelque étroite relation avec le fait que les espèces ont été exposées pendant de longues périodes à des conditions de vie à peu près uniformes.

L'hybridisme [chap. IX]

Il n'est pas surprenant que la difficulté avec laquelle on croise deux espèces quelconques et la stérilité de leurs descendants hybrides se correspondent dans la plupart des cas, même si elles sont dues à des causes distinctes : car elles dépendent toutes les deux de l'ampleur de la différence entre les espèces qui sont croisées. Il n'est pas non plus surprenant que la facilité avec laquelle on réalise un premier croisement, la fécondité des hybrides ainsi produits et la capacité d'être greffés les uns sur les autres – bien que cette dernière capacité dépende évidemment de circonstances largement différentes – soient, dans une certaine mesure, parallèles à l'affinité systématique des formes soumises à ces expériences ; en effet, l'affinité systématique inclut des ressemblances de toutes sortes.

Les premiers croisements entre des formes que l'on sait être des variétés, ou qui sont suffisamment semblables pour être considérées comme des variétés, et leurs descendants métis sont très généralement féconds, mais non pas, comme cela est si souvent affirmé, invariablement. Cette fécondité presque universelle et parfaite n'est d'ailleurs pas surprenante, lorsque nous nous rappelons à quel point nous risquons de verser dans une argumentation circulaire pour ce qui regarde les variétés à l'état de nature ; et lorsque nous nous rappelons que, pour leur plus grande part, les espèces ont été produites à l'état domestique par la sélection de simples différences extérieures, et qu'elles n'ont pas été exposées longtemps à des conditions de vie uniformes. Il faut également conserver tout particulièrement à l'esprit qu'une domestication longtemps poursuivie tend à éliminer la stérilité, et a donc peu de chances d'induire cette même qualité. Indépendamment de la question de la fécondité, il existe sous tous les autres rapports une ressemblance générale extrêmement étroite entre les hybrides et les métis – en ce qui concerne leur variabilité, leur pouvoir de s'absorber mutuellement par des croisements répétés et le fait qu'ils héritent de caractères provenant de chacune des deux formes parentes. Donc, en fin de compte, bien que nous ignorions la cause précise de la stérilité des premiers croisements et des hybrides autant que nous ignorons la raison pour laquelle deviennent stériles

les animaux et les plantes soustraits à leurs conditions naturelles, pourtant, les faits cités dans ce chapitre ne me semblent pas s'opposer à l'idée que les espèces ont existé originellement à l'état de variétés.

CHAPITRE X

SUR L'IMPERFECTION DE L'ARCHIVE GÉOLOGIQUE

Sur l'absence de variétés intermédiaires aujourd'hui – Sur la nature des variétés intermédiaires éteintes ; sur leur nombre – Sur le temps écoulé, inféré des vitesses de dénudation et de dépôt – Sur ce laps de temps estimé en années – Sur la pauvreté de nos collections paléontologiques – Sur l'intermittence des formations géologiques – Sur la dénudation des surfaces granitiques – Sur l'absence de variétés intermédiaires dans toute formation – Sur l'apparition soudaine de groupes d'espèces – Sur leur apparition soudaine dans les plus profondes des couches fossilifères connues – Ancienneté de la terre habitable.

Dans le sixième chapitre, j'ai énuméré les principales objections que l'on pourrait élever à juste titre contre les conceptions soutenues dans ce volume. La plupart d'entre elles ont à présent été discutées. Il en est une – à savoir la distinction des formes spécifiques et le fait qu'elles ne se fondent pas les unes dans les autres par d'innombrables chaînons de transition –, qui constitue une difficulté très évidente. J'ai indiqué les raisons pour lesquelles ces chaînons ne se rencontrent pas couramment aujourd'hui dans les circonstances apparemment les plus favorables à leur présence, c'est-à-dire sur une aire étendue et continue présentant des conditions physiques graduées. Je me suis efforcé de montrer que la vie de chaque espèce dépend d'une manière plus cruciale de la présence d'autres formes organiques déjà définies qu'elle ne dépend du climat ; et, donc, que les conditions de vie qui ont une réelle influence ne s'atténuent pas par degrés d'une façon tout à fait insensible, à la manière de la chaleur ou de l'humidité. Je me suis également efforcé de montrer que les variétés intermédiaires, parce qu'elles ont moins de représentants que les formes qu'elles relient, sont généralement éliminées et exterminées durant le cours de la modification et de l'amélioration ultérieures. Cependant, la cause principale du fait que l'on ne rencontre pas à l'heure actuelle d'innombrables chaînons intermédiaires dans tous les lieux de la nature tient au processus même de la sélection naturelle, grâce auquel de nouvelles variétés prennent continuellement la place de leurs formes parentes et les supplantent. Mais dans la mesure même où ce processus d'extermination a agi sur une énorme échelle, le nombre des variétés intermédiaires qui ont existé par le passé doit être véritablement énorme. Pourquoi, dans ce cas, chaque formation géologique et chaque couche ne sont-elles pas remplies de ces chaînons intermédiaires ? Assurément, la géologie ne révèle pas une chaîne organique aussi finement graduée ; et c'est là, peut-être, la plus évidente et la plus grave des objections que l'on peut avancer contre la théorie. L'explication réside, à ce que je crois, dans l'extrême imperfection de l'archive géologique.

En premier lieu, il faut toujours conserver à l'esprit quelle sorte de formes intermédiaires a dû, d'après la théorie, exister par le passé. J'ai éprouvé de la difficulté, considérant deux espèces quelconques, à ne pas me représenter des formes *directement* intermédiaires entre elles. Mais c'est là une conception entièrement fausse ; nous devrions toujours chercher des formes intermédiaires entre chaque espèce et un ancêtre commun mais inconnu ; et l'ancêtre, en général, a dû différer à certains égards de l'ensemble de ses descendants modifiés. Donnons une illustration simple : le pigeon paon et le grosse-gorge sont issus tous deux du pigeon de roche ; si nous possédions toutes les variétés intermédiaires qui ont un jour existé, nous aurions sans doute une série extrêmement resserrée entre eux deux et le pigeon de roche ; mais nous n'aurions pas de variétés directement intermédiaires entre le pigeon paon et le grosse-gorge : aucune, par exemple, qui combine une queue relativement étalée avec un jabot relativement déployé, traits caractéristiques de ces deux races. En outre, ces deux races se sont tellement modifiées que, si nous n'avions aucun témoignage historique ou indirect relatif à leur origine, il n'aurait pas été possible de déterminer, d'après une simple comparaison de leur structure avec celle du pigeon de roche, *C. livia*, si elles étaient issues de cette espèce ou de quelque autre forme apparentée, telle *C. œnas.*

De même, pour les espèces naturelles, si nous considérons des formes très distinctes, par exemple le cheval et le tapir, nous n'avons aucune raison de supposer que des chaînons directement intermédiaires aient jamais existé entre eux, mais plutôt entre chacun d'eux et un parent commun inconnu. Ce parent commun a dû présenter dans l'ensemble de son organisation une grande ressemblance générale avec le tapir et le cheval ; mais sur certains points de structure, il a pu différer considérablement de l'un comme de l'autre, peut-être même plus qu'ils ne diffèrent l'un de l'autre. C'est pourquoi, dans tous les cas de ce genre, nous devrions être incapables de reconnaître la forme parente de deux ou plusieurs espèces quelconques, même si nous comparions de près la structure du parent avec celle de ses descendants modifiés, à moins de disposer dans le même temps de la série presque parfaite des chaînons intermédiaires.

Il est bien possible, d'après la théorie, que, de deux formes vivantes, l'une soit issue de l'autre – par exemple, un cheval d'un tapir –, et dans ce cas des chaînons intermédiaires *directs* ont dû exister entre eux. Mais un tel cas impliquerait que l'une des formes soit, pendant une très longue période, demeurée inchangée, tandis que ses descendants subissaient une grande quantité de changements ; et le principe de la concurrence entre organisme et organisme, et entre enfant et parent doit rendre très rare un tel événement ; car dans tous les cas les formes de vie nouvelles et améliorées tendent à supplanter les formes anciennes et non améliorées.

D'après la théorie de la sélection naturelle, toutes les espèces vivantes ont été reliées avec l'espèce parente de chaque genre par des différences qui ne sont pas plus grandes que celles que nous voyons de nos jours entre les variétés naturelles et les variétés domestiques d'une même espèce ; et ces espèces parentes, généralement éteintes aujourd'hui, ont à leur tour été reliées d'une façon semblable avec des formes plus anciennes ; et ainsi de suite en remontant, pour converger toujours vers l'ancêtre commun de chaque grande classe. De sorte que le nombre de chaînons intermédiaires et de transition, entre toutes les espèces vivantes et éteintes, a dû être d'une grandeur inconcevable. Mais assurément, si cette théorie est vraie, ils ont vécu sur la terre.

Sur le temps écoulé, inféré de la vitesse des dépôts et de l'étendue de la dénudation

Indépendamment du fait que nous ne trouvons pas de restes fossiles de ces chaînons de connexion infiniment nombreux, on peut objecter que le temps n'a pu suffire à une si grande quantité de changements organiques, puisque tous les changements ont été réalisés lentement. Il ne m'est guère possible de rappeler au lecteur ne disposant pas d'une connaissance pratique de la géologie quels faits conduisent l'esprit à se forger une faible idée de la marche du temps. Quiconque est en mesure de lire le magnifique ouvrage de *Sir* Charles Lyell sur les principes de la géologie, dont l'historien futur reconnaîtra qu'il a produit une révolution dans la science naturelle, sans admettre pour autant que les époques passées aient été extrêmement longues, peut sur-le-champ refermer ce volume. Ce n'est pas qu'il suffise d'étudier les *Principes de la géologie*, ou de lire les traités spéciaux de divers observateurs sur des formations séparées, et de prêter attention à la façon dont chaque auteur tente de donner une idée insuffisante de la durée de chaque formation, voire de chaque strate. Notre meilleure façon d'acquérir quelque idée du temps passé est de connaître les forces à l'œuvre, et d'apprendre jusqu'à quelle profondeur la surface des terres a été dénudée, et quelle quantité de sédiment a été déposé. Comme Lyell l'a bien remarqué, l'étendue et l'épaisseur de nos formations sédimentaires sont le résultat et la mesure de la dénudation que la croûte terrestre a subie ailleurs. Tout homme doit donc examiner pour son propre compte les grands empilements de strates superposées, et observer les ruisseaux qui charrient de la boue, et les vagues qui érodent les falaises, afin d'avoir quelque compréhension de la durée du temps passé, dont nous voyons les monuments tout autour de nous.

Il est bon de se promener le long des côtes, lorsqu'elles sont formées de roches modérément dures, et de prêter attention au processus de dégradation. Les marées, dans la plupart des cas, n'atteignent les falaises que pendant un court moment, deux fois par jour, et les vagues ne les rongent que lorsqu'elles sont chargées de sable ou de galets ; car d'excellents témoignages montrent que l'eau pure ne produit sur les rochers aucun effet d'érosion. Enfin, la base de la falaise est minée, de gigantesques fragments s'effondrent, qui, demeurant sur place, doivent être érodés atome par atome, jusqu'à ce que, parvenus à une taille réduite, ils puissent être roulés par les vagues, et alors, plus rapidement broyés, prendre la forme de galets, de sable ou de boue. Mais qu'il est fréquent de voir la base de plus en plus rétrécie des falaises environnée de blocs arrondis, toujours recouverts d'une épaisse couche de productions marines, ce qui nous montre bien qu'ils sont peu atteints par l'érosion et combien il est rare qu'ils soient roulés hors de leur place ! En outre, si nous suivons pendant quelques milles la ligne de n'importe quelle falaise rocheuse subissant la dégradation, nous constatons que les falaises n'en souffrent à présent que par endroits, sur une courte distance ou aux abords d'un promontoire. L'aspect de la surface et la végétation montrent que, partout ailleurs, des années se sont écoulées depuis l'époque où leur base était baignée par les eaux.

Cependant, nous avons appris récemment des observations de Ramsay, chef de file de nombre d'excellents observateurs – Jukes, Geikie, Croll et d'autres –, que la dégradation subaérienne est une force bien plus importante que ne l'est celle qui s'exerce sur les côtes, c'est-à-dire la puissance des vagues. Toute la surface des terres est exposée à l'action chimique de l'air et de l'eau de pluie, chargée d'acide carbonique dissous, et, dans les pays froids, au gel ; la matière désintégrée est charriée le long des pentes, même douces, au cours des fortes pluies, et elle l'est aussi par le vent, bien plus que l'on ne pourrait le supposer, surtout dans les régions arides ; elle est ensuite transportée par les ruisseaux et les rivières, qui, lorsqu'ils sont rapides, creusent leur lit et triturent les fragments. Les jours de pluie, même dans une contrée aux ondulations douces, nous voyons les effets de la dégradation subaérienne sous la forme des rigoles boueuses qui coulent le long de toutes les pentes. MM. Ramsay et Whittaker ont montré, et cette observation est tout à fait frappante, que les grandes lignes d'escarpement du district de Wealden ainsi que celles qui s'étendent d'un bout à l'autre de l'Angleterre, et que l'on regardait autrefois comme d'anciennes côtes maritimes, n'ont pas pu se former ainsi, car chaque ligne est composée d'une seule et unique formation, alors que nos falaises du littoral sont partout formées par l'intersection de formations diverses. Dans ces conditions, nous sommes contraints d'admettre que les escarpements ont pour origine principale le fait que les roches dont ils sont composés ont résisté à la dénudation subaérienne mieux que la surface environnante ; cette surface a par conséquent été abaissée graduellement, laissant ainsi saillir les lignes de roche plus dure. Rien n'imprime à l'esprit la notion de la longue durée temporelle, selon les idées que nous avons du temps, avec plus de force que la conviction ainsi acquise que les actions subaériennes, qui ont apparemment si peu de pouvoir et qui semblent si lentes dans leur ouvrage, ont produit de grands résultats.

Une fois que l'esprit a reçu quelque impression de la lenteur avec laquelle les terres sont érodées par les actions subaérienne et littorale, il est bon, afin d'apprécier la durée des temps écoulés, de considérer, d'une part, les masses de roche qui ont été déplacées sur nombre de zones d'une grande étendue, et d'autre part l'épaisseur de nos formations sédimentaires. Je me rappelle avoir été très frappé à la vue d'îles volcaniques qui avaient été érodées par les vagues et équarries au point que leur pourtour était constitué de falaises perpendiculaires de mille ou deux mille pieds [305 ou 610 m. *Ndt.*] de hauteur ; en effet, la pente douce des coulées de laves, en raison de leur état liquide passé, montrait au premier regard à quelle distance les durs lits de roche s'étendaient jadis en plein océan. C'est la même histoire que racontent plus clairement encore les failles – ces grandes fissures le long desquelles les couches se sont soulevées d'un côté, ou se sont affaissées de l'autre, jusqu'à une hauteur ou une profondeur de plusieurs milliers de pieds ; en effet, depuis que la croûte a craqué, et cela ne fait pas une grande différence que le soulèvement ait été soudain ou, comme la plupart des géologues le croient maintenant, qu'il ait été lent et se soit réalisé par de nombreuses saccades, la surface des terres a été si complètement aplanie qu'aucune trace de ces vastes dislocations n'est extérieurement visible. La faille de Craven, par exemple, s'étend sur plus de trente milles [48 km. *Ndt.*], et le long de cette ligne le déplacement vertical des couches varie de 600 à 3 000 pieds [183 à 914 m. *Ndt.*]. Le Professeur Ramsay a publié la description d'un affaissement de 2 300 pieds [701 m. *Ndt.*] à Anglesea ; et il m'informe qu'il est pleinement convaincu qu'il en existe un de 12 000 pieds [3 658 m. *Ndt.*] dans le Merionethshire ; dans ces cas, il n'y a pourtant rien à la surface des terres qui montre ces prodigieux mouvements ; car l'entassement des rochers de chaque côté de la fissure a été balayé pour ne laisser qu'un sol lisse.

D'autre part, dans toutes les parties du monde, les empilements de couches sédimentaires sont d'une épaisseur extraordinaire. Dans la Cordillère, j'ai estimé la hauteur d'une masse de conglomérat à 10 000 pieds [3 048 m. *Ndt.*] ; et bien que les conglomérats aient probablement été accumulés à une plus grande vitesse que les sédiments plus fins, pourtant, parce qu'ils sont formés de cailloux usés et arrondis, dont chacun porte l'empreinte du temps, ils sont utiles pour montrer avec quelle lenteur ces masses ont dû s'entasser. Le Professeur Ramsay m'a indiqué, dans la plupart des cas à partir de mesures réelles, l'épaisseur maximale des formations successives dans des régions *différentes* de Grande-Bretagne ; voici les résultats :

	Pieds
Couches paléozoïques (lits de roches ignées non compris)	57 154 [17 420 m]
Couches secondaires	13 190 [4 020 m]
Couches tertiaires	2 240 [683 m]

– ce qui fait au total 72 584 pieds [22 124 m. *Ndt.*], c'est-à-dire à peu de chose près treize milles britanniques trois quarts. Certaines des formations représentées en Angleterre par des couches peu profondes ont sur le Continent des milliers de pieds de profondeur. En outre, s'intercalant entre deux formations successives, il y a, selon la plupart des géologues, des périodes de non-sédimentation [hiatus sédimentaire. *Ndt.*] d'une durée considérable. De sorte que l'entassement très élevé des roches sédimentaires britanniques ne donne qu'une idée insuffisante du temps qui s'est écoulé durant leur accumulation. À considérer ces divers faits, on a l'esprit impressionné de la même manière ou presque que lorsque l'on s'évertue vainement à saisir l'idée d'éternité.

Néanmoins, cette impression est en partie fausse. Dans un article intéressant, M. Croll remarque que notre erreur n'est pas « de nous former une conception trop vaste de la durée des époques géologiques », mais d'en faire l'estimation en années. Lorsque les géologues considèrent des phénomènes amples et compliqués, et regardent ensuite les chiffres qui représentent plusieurs millions d'années, ces deux choses produisent sur l'esprit un effet totalement différent, et les chiffres sont sur-le-champ décrétés trop faibles. En ce qui concerne la dénudation subaérienne, M. Croll montre, en calculant le rapport de la quantité connue de sédiments annuellement charriée par certains cours d'eau à leurs aires de drainage, que 1 000 pieds [305 m. *Ndt.*] de roche dure, à mesure que celle-ci se désintégrait graduellement, ont dû ainsi être soustraits au niveau moyen de l'ensemble du territoire au cours d'une période de six millions d'années. Cela semble un résultat stupéfiant, et certaines considérations conduisent à le soupçonner d'être trop élevé, mais, même réduit de moitié ou des trois quarts, il est encore très surprenant. Peu d'entre nous, cependant, savent ce que signifie réellement un million d'années ; M. Croll propose l'illustration suivante : prenez une étroite bande de papier, longue de 83 pieds et 4 pouces [25,4 m. *Ndt.*], et déroulez-la contre le mur d'une vaste salle ; délimitez ensuite à l'une des extrémités un dixième de pouce [2,54 mm. *Ndt.*]. Ce dixième de pouce représentera cent ans, et la bande entière, un million d'années. Mais n'oublions pas, en rapport avec le sujet de ce livre, ce qu'implique une centaine d'années, même représentée comme elle l'est ici par une mesure tout à fait insignifiante dans une salle qui aurait les dimensions précédemment évoquées. Plusieurs éleveurs éminents, en l'espace d'une seule vie, ont si largement modifié certains animaux supérieurs, qui propagent leur type bien plus lentement que la plupart des animaux inférieurs, qu'ils ont formé ce qui mérite bien d'être nommé une sous-race nouvelle. Peu d'hommes ont prêté toute l'attention requise à une lignée particulière pendant plus d'un demi-siècle, de sorte que cent ans représentent le travail de deux éleveurs successifs. On ne saurait supposer que les espèces à l'état de nature changent aussi rapidement que les animaux domestiques sous la conduite de la sélection méthodique. Il serait en tout point plus juste de faire la comparaison avec les effets qui découlent de la sélection inconsciente, c'est-à-dire la préservation des animaux les plus utiles ou les plus beaux, sans aucune intention de modifier la race ; mais par ce processus de modification inconsciente, diverses races ont connu de sensibles changements en l'espace de deux ou trois siècles.

Cependant, les espèces changent probablement beaucoup plus lentement, et, à l'intérieur d'un même pays, elles ne sont que quelques-unes à changer en même temps. Cette lenteur vient de ce que tous les habitants du même pays sont déjà si bien adaptés les uns aux autres, qu'il faut attendre de longs intervalles de temps pour que de nouvelles places apparaissent dans la régie de la nature, à la suite d'un certain type de changements physiques ou à la suite de l'immigration de nouvelles formes. En outre, des variations ou des différences individuelles ayant la nature requise pour que certains des habitants puissent être mieux adaptés à leurs nouvelles places une fois les conditions changées, ne doivent pas se produire d'un seul coup. Malheureusement, nous n'avons aucun moyen de déterminer, en la rapportant à l'échelle des années, la longueur du temps qu'il faut pour modifier une espèce ; mais il nous faudra revenir sur ce sujet du temps.

Sur la pauvreté de nos collections paléontologiques

Tournons-nous à présent vers les plus riches de nos musées géologiques : quel piteux étalage nous y contemplons ! Que nos collections soient imparfaites, tout le monde l'admet. Il faudrait ne jamais oublier la remarque de cet admirable paléontologiste, Edward

Forbes, suivant laquelle on connaît et on nomme un très grand nombre d'espèces fossiles en se fondant sur des spécimens uniques et souvent endommagés, ou sur quelques spécimens collectés sur un seul site. Seule une petite partie de la surface de la terre a été explorée du point de vue géologique, et aucune ne l'a été avec un soin suffisant, comme le prouvent les découvertes importantes que l'on fait chaque année en Europe. Aucun organisme totalement mou ne peut être préservé. Les coquilles et les os pourrissent et disparaissent lorsqu'ils sont abandonnés au fond de la mer, où ne s'accumule pas de sédiment. Nous adoptons probablement une vue tout à fait erronée lorsque nous présumons que le sédiment se dépose sur l'ensemble ou presque du lit de la mer, à une vitesse suffisamment élevée pour ensevelir et préserver des restes fossiles. Sur toute une portion immensément étendue de l'océan, la teinte bleu clair de l'eau fait foi de sa pureté. Les nombreux cas recensés d'une formation recouverte d'une façon concordante, après un intervalle de temps immense, par une autre formation plus récente sans que le lit sous-jacent ait souffert dans l'intervalle la moindre érosion, semblent explicables seulement si l'on se fonde sur l'idée qu'il n'est pas rare que le fond de la mer demeure pendant des siècles dans un état inchangé. Les restes qui finissent par être enfouis, s'ils le sont dans du sable ou du gravier, seront en général dissous, après l'élévation des lits, par la percolation de l'eau de pluie chargée d'acide carbonique. Certains des nombreux types d'animaux vivant sur les plages entre les lignes de marée haute et de marée basse semblent être rarement préservés. Par exemple, les diverses espèces de Chthamalinés (sous-famille des cirripèdes sessiles) tapissent les roches dans le monde entier en nombres infinis : ils sont tous strictement littoraux, à l'exception d'une unique espèce méditerranéenne, qui habite l'eau profonde et que l'on a trouvée à l'état fossile en Sicile, alors que l'on n'en a pas trouvé jusqu'ici une seule autre espèce dans quelque formation tertiaire que ce soit ; pourtant, on sait que le genre *Chthamalus* existait durant la période de la Craie. Enfin, les grands dépôts dont l'accumulation a exigé une vaste durée sont nombreux à être entièrement dépourvus de restes organiques, sans que nous soyons capables d'attribuer à cela une raison ; l'un des exemples les plus frappants est celui de la formation du Flysch, composée de schiste et de grès, qui a une épaisseur de plusieurs milliers de pieds, jusqu'à six mille [1 829 m. *Ndt.*] quelquefois, et s'étend sur 300 milles [483 km. *Ndt.*] au moins, de Vienne à la Suisse : bien que cette grande masse ait fait l'objet de recherches infiniment soigneuses, aucun fossile n'a été trouvé, si ce n'est un petit nombre de restes végétaux.

En ce qui concerne les productions terrestres qui vivaient durant les époques secondaire et paléozoïque, il est superflu de signaler que nos témoignages sont extrêmement fragmentaires. Par exemple, jusque récemment on ne connaissait aucune coquille terrestre qui appartînt à l'une ou l'autre de ces vastes époques, à l'exception d'une unique espèce découverte par *Sir* C. Lyell et le Dr Dawson dans les couches carbonifères d'Amérique du Nord ; mais on a trouvé à présent des coquilles terrestres dans le lias. En ce qui concerne les restes de mammifères, un coup d'œil sur le tableau historique publié dans le Manuel de Lyell nous convaincra, bien mieux que des pages entières de détails, du fait que leur préservation est fort accidentelle et fort rare. Leur rareté n'est d'ailleurs pas surprenante, si nous nous rappelons que des os de mammifères tertiaires ont été découverts en très grande quantité soit dans des grottes soit dans des dépôts lacustres, et que l'on ne connaît pas une seule grotte ni un seul véritable lit lacustre qui appartiennent à l'époque de nos formations secondaire ou paléozoïque.

Mais l'imperfection de l'archive géologique résulte largement d'une autre cause, plus importante qu'aucune des précédentes : le fait que les diverses formations sont séparées les unes des autres par de vastes intervalles de temps. Cette doctrine a été admise d'une façon expresse par de nombreux géologues et paléontologistes, qui, à l'instar d'E. Forbes, sont tout à fait éloignés de croire au changement des espèces. Lorsque nous voyons les formations disposées dans les tableaux des ouvrages écrits, ou lorsque nous les suivons dans la nature, il est difficile d'éviter de penser qu'elles sont étroitement consécutives. Mais nous savons, par exemple, grâce au grand ouvrage de *Sir* R. Murchison sur la Russie, quels immenses intervalles de temps vide existent dans ce pays entre les formations superposées ; il en est de même en Amérique du Nord, et dans de nombreuses autres parties du monde. Le plus habile des géologues, à supposer que son attention se soit limitée à ces vastes territoires exclusivement, n'aurait jamais soupçonné que, durant les époques qui étaient vierges de tout dépôt dans son propre pays, de hauts empilements de sédiments, chargés de formes de vie nouvelles et particulières, se fussent accumulés ailleurs. Et si, dans chaque territoire pris à part, on n'a guère pu se faire une idée de la durée du temps écoulé entre les formations consécutives, nous pouvons conclure que la chose ne pourra être établie nulle part. Les changements fréquents et considérables dans la composition minéralogique des formations consécutives, qui impliquent en général des changements considérables dans la géographie des territoires environnants, d'où proviennent les sédiments, s'accordent avec la conviction que de vastes intervalles de temps se sont écoulés entre deux formations.

Nous sommes, je crois, en mesure de comprendre pourquoi les formations géologiques de chaque région sont presque invariablement intermittentes, c'est-à-dire ne se sont pas succédé les unes aux autres d'une manière très rapprochée. Il n'est guère de fait qui m'ait plus frappé, lorsque j'examinais sur plusieurs centaines de milles les côtes sud-américaines, qui se sont soulevées de plusieurs centaines de pieds au cours de la période récente, que l'absence de dépôts récents suffisamment étendus pour durer ne serait-ce qu'une brève époque géologique. Tout le long de la côte ouest, qui est habitée par une faune marine particulière, les lits tertiaires sont si médiocrement développés qu'aucune archive des diverses faunes marines particulières qui se sont succédé ne sera probablement préservée dans une époque lointaine. Un peu de réflexion expliquera pourquoi, le long de cette côte en cours de soulèvement, à l'ouest de l'Amérique du Sud, on ne trouve nulle part de formations étendues comportant des restes récents ou tertiaires, bien que l'apport de sédiments ait dû, pendant des siècles, être considérable, en raison de l'énorme dégradation des roches côtières et du fait que les cours d'eau boueux se jettent dans la mer. L'explication est sans aucun doute que les dépôts littoraux et sub-littoraux sont continuellement désagrégés, dès que, exhaussés par le soulèvement lent et graduel du territoire, ils sont exposés à l'érosion produite par les vagues de la côte.

Nous pouvons conclure, je crois, que les sédiments doivent s'accumuler en des masses extrêmement épaisses, solides ou étendues, afin de pouvoir résister à l'action incessante des vagues, à partir du moment où ils sont soulevés et pendant les oscillations successives du niveau, ainsi qu'à la dégradation subaérienne qui s'ensuit. De telles accumulations épaisses et étendues de sédiments peuvent se former de deux façons : soit dans les grandes profondeurs de la mer, auquel cas le fond ne sera pas habité par des formes de vie aussi nombreuses et aussi variées que dans les mers moins profondes ; et la masse, une fois soulevée, fournira une archive imparfaite des organismes qui existaient dans le voisinage durant l'époque de son accumulation. Soit les sédiments peuvent se déposer sans limite d'épaisseur ou d'étendue sur un lit peu profond, s'il continue lentement à s'affaisser. Dans ce dernier cas, tant que la vitesse de subsidence et l'apport de sédiments s'équilibrent à peu près, la mer demeurera peu profonde et favorable à des formes nombreuses et variées, et c'est ainsi que peut se constituer une riche formation fossilifère, assez épaisse pour résister, une fois soulevée, à une dénudation de grande amplitude.

Je suis convaincu que presque toutes nos formations anciennes, qui sont *riches en fossiles* dans toute la majeure partie de leur épaisseur, ont été formées de cette façon au cours de la subsidence. Depuis que j'ai publié mes conceptions sur ce sujet en 1845, j'ai observé les progrès de la géologie, et j'ai eu la surprise de remarquer que les auteurs, l'un après l'autre, lorsqu'ils traitaient de telle ou telle grande formation, parvenaient à la conclusion qu'elle s'était accumulée au cours de la subsidence. J'ajouterai que la seule formation tertiaire ancienne située sur la côte ouest de l'Amérique du Sud qui ait été assez robuste pour résister à une dégradation telle que celle qu'elle a déjà subie, mais qui ne pourra guère durer jusqu'à une époque géologique lointaine, s'est déposée durant un abaissement du niveau, et a ainsi gagné une épaisseur considérable.

Tous les faits géologiques nous indiquent clairement que chaque territoire a subi des oscillations de niveau nombreuses et lentes, et ces oscillations ont apparemment affecté de vastes espaces. Par conséquent, des formations riches en fossiles et suffisamment épaisses et étendues pour résister à la dégradation ultérieure ont dû se former sur de vastes espaces durant les époques de subsidence, mais seulement là où l'apport de sédiments était suffisant pour que la mer demeure peu profonde et pour que les restes soient ensevelis et préservés avant d'avoir eu le temps de se décomposer. À l'inverse, tant que le lit de la mer est demeuré stationnaire, il n'a pas pu s'accumuler de dépôts *épais* dans les parties peu profondes, qui sont les plus favorables à la vie. Il est encore moins possible que cela se soit produit durant les périodes de l'alternance où il y a élévation ; c'est-à-dire que, pour m'exprimer d'une façon plus exacte, les lits alors accumulés ont dû être détruits, une fois soulevés et exposés à l'action qui s'exerce sur les côtes.

Ces remarques s'appliquent principalement aux dépôts littoraux et sublittoraux. Dans le cas d'une mer étendue et peu profonde, telle que celle incluse dans une grande partie de l'Archipel Malais, où la profondeur varie de 30 ou 40 à 60 brasses, une formation de vaste étendue pourrait se former durant une époque d'élévation, sans souffrir à l'excès de la dénudation durant son lent soulèvement ; mais l'épaisseur de la formation ne pourrait être considérable, car, en raison du mouvement d'élévation, elle serait moindre que la profondeur au sein de laquelle elle se serait formée ; le dépôt ne serait pas non plus très solide, ni recouvert de formations sus-jacentes, de sorte qu'il courrait un grand risque de dégradation atmosphérique et d'érosion par l'action de la mer durant les oscillations ultérieures du niveau. Il a cependant été suggéré par M. Hopkins que si, après s'être soulevée et avant d'être dénudée, une partie de la zone s'affaissait, le dépôt formé durant le mouvement de soulèvement, quoique peu épais, pourrait ensuite se trouver protégé par de nouvelles accumulations, et être ainsi longtemps préservé.

M. Hopkins se déclare également convaincu que les lits sédimentaires dotés d'une considérable étendue horizontale ont rarement été complètement détruits. Mais tous les géologues, si l'on en excepte le petit nombre qui croit que nos schistes métamorphiques et nos roches plutoniques actuels formaient jadis le noyau primordial du globe, admettront que les roches en question ont été dépouillées de leur revêtement à un degré énorme. Car il n'est guère possible que ces roches aient pu se solidifier et cristalliser alors qu'elles étaient à découvert ; mais si l'action métamorphique s'est produite dans les grandes profondeurs de l'océan, l'ancien manteau de roche protecteur a pu ne pas être très épais. Si nous admettons que le gneiss, le micaschiste, le granite, la diorite, &c., étaient jadis nécessairement recouverts, comment pouvons-nous rendre compte des zones étendues où ces roches sont à découvert dans de nombreuses régions du monde, si ce n'est en considérant qu'elles ont par la suite été complètement dénudées et ont perdu toute couche susjacente ? L'existence de ces zones étendues est indubitable : la région granitique de la Parime est décrite par Humboldt comme dix-neuf fois plus grande, au moins, que la Suisse. Au sud de l'Amazone, Boué colorie une zone composée de roches de cette nature sur une superficie égale à celles, réunies, de l'Espagne, de la France, de l'Italie, d'une partie de l'Allemagne et de l'ensemble des Îles Britanniques. Cette région n'a pas été soigneusement explorée, mais d'après les témoignages concordants des voyageurs, la zone granitique y est très vaste ; ainsi, Von Eschwege fournit une section détaillée de ces roches, qui part de Rio de Janeiro et s'étend sur 260 milles géographiques [418 km. *Ndt.*] en ligne droite vers l'intérieur des terres ; et j'ai parcouru 150 milles [241 km. *Ndt.*] dans une autre direction sans rien voir d'autre que des roches granitiques. J'ai examiné de nombreux spécimens collectés tout le long de la côte, des environs de Rio de Janeiro jusqu'à l'embouchure de la Plata, c'est-à-dire sur une distance de 1 100 milles géographiques [1 770 km. *Ndt.*], et ils appartenaient tous à cette classe. À l'intérieur des terres, tout le long de la rive nord de la Plata, je n'ai vu, outre les lits tertiaires modernes, qu'un petit pan de roche légèrement métamorphosée, qui seul avait pu faire partie du revêtement originel de la série granitique. Tournons-nous vers une région bien connue, à savoir les États-Unis et le Canada, tels qu'ils apparaissent sur la magnifique carte du Professeur H.D. Rogers. J'ai fait une estimation des aires en découpant et en pesant le papier, et je trouve que les roches métamorphiques (si l'on exclut celles qui sont « semi-métamorphiques ») et granitiques surpassent dans un rapport de 19 à 12,5 l'ensemble des formations paléozoïques plus récentes. Dans de nombreuses régions, on trouverait les roches métamorphiques et granitiques sur de bien plus vastes étendues qu'il n'y paraît, si l'on ôtait tous les lits sédimentaires qui reposent d'une façon discordante sur elles, et qui n'ont pas pu faire partie du manteau originel sous lequel elles ont cristallisé. Aussi est-il probable que dans certaines parties du monde des formations entières ont été complètement dénudées, sans laisser même un débris.

Ici, une remarque mérite en passant l'attention. Durant les périodes d'élévation, l'aire des terres émergées et des hauts-fonds adjacents s'accroît, et de nouvelles stations sont souvent formées – toutes circonstances favorables, comme on l'a expliqué auparavant, à la formation de nouvelles variétés et de nouvelles espèces ; mais durant ces périodes il y a généralement une lacune dans l'archive géologique. Au contraire, au cours de la subsidence, l'aire habitée et le nombre des habitants décroissent (sauf sur les rivages d'un continent qui vient de se morceler en archipel), et par conséquent au cours de la subsidence, bien qu'il y ait une forte extinction, il se forme peu de nouvelles variétés ou de nouvelles espèces ; et c'est au cours de ces époques de subsidence précisément que se sont accumulés les dépôts les plus riches en fossiles.

Sur l'absence de variétés intermédiaires nombreuses dans chaque formation isolée

Ces diverses considérations rendent indubitable le fait que l'archive géologique, prise dans son ensemble, est extrêmement imparfaite ; mais si nous limitons notre attention à une seule formation en particulier, il devient beaucoup plus difficile de comprendre pourquoi nous n'y trouvons pas de variétés finement graduées entre les espèces apparentées qui vivaient à son commencement et à sa fin. On a enregistré plusieurs cas dans lesquels la même espèce présentait des variétés dans les parties supérieures et inférieures d'une même formation : c'est ainsi que Trautschold donne un certain nombre d'exemples chez les Ammonites ; et Hilgendorf a décrit le cas très curieux de dix formes graduées de *Planorbis multiformis* trouvées en Suisse dans les lits successifs d'une formation d'eau douce. Bien que le dépôt de chaque formation ait sans conteste requis un grand nombre d'années, on peut avancer plusieurs raisons pour expliquer qu'elles ne comprennent pas toutes ordinairement une série graduée de chaînons reliant les espèces qui vivaient à leur commencement et à leur fin ; mais je ne puis assigner le poids relatif qui revient aux considérations suivantes.

Même si chaque formation représente l'écoulement d'un très grand nombre d'années, chacune est probablement courte comparée à la période requise pour changer une espèce en une autre. Je sais que deux paléontologistes dont les opinions méritent tous les égards, à savoir Bronn et Woodward, ont conclu que la durée moyenne de chaque formation est deux ou trois fois plus longue que la durée moyenne des formes spécifiques. Mais des difficultés insurmontables nous empêchent, me semble-t-il, de parvenir à des conclusions exactes sur ce sujet. Lorsque nous voyons qu'une espèce apparaît pour la première fois au milieu d'une formation quelconque, il serait extrêmement téméraire d'en inférer qu'elle n'a pas existé ailleurs antérieurement. De même, lorsque nous constatons qu'une espèce disparaît avant que les dernières couches ne se soient déposées, il serait tout aussi téméraire de supposer qu'elle s'est éteinte à ce moment. Nous oublions combien la superficie de l'Europe est petite comparée au reste du monde ; la corrélation des différents étages d'une même formation présente dans l'Europe tout entière n'a pas en outre été établie avec une parfaite exactitude.

Nous pouvons conclure sans risque qu'il s'est produit chez les animaux marins de tous types une migration de grande ampleur due aux changements climatiques et à d'autres changements ; et lorsque nous voyons qu'une espèce apparaît pour la première fois dans une formation quelconque, il y a toute probabilité que ce soit alors seulement qu'elle a commencé d'immigrer dans ce territoire.

Il est bien connu, par exemple, que plusieurs espèces sont apparues un peu plus tôt dans les lits paléozoïques d'Amérique du Nord que dans ceux d'Europe ; c'est apparemment qu'il a fallu du temps pour que s'effectuât leur migration des mers américaines dans les mers européennes. En examinant les dépôts les plus récents dans divers coins du monde, on a partout noté qu'un petit nombre d'espèces encore existantes sont communes dans le dépôt, mais se sont éteintes dans la mer immédiatement environnante ; ou bien, à l'inverse, que certaines sont maintenant abondantes dans la mer avoisinante, mais sont rares ou absentes dans le dépôt considéré. C'est une leçon excellente que de réfléchir à l'ampleur avérée de la migration des habitants de l'Europe durant l'époque glaciaire, qui ne constitue qu'une partie d'une période géologique complète ; et, pareillement, de réfléchir aux changements de niveau, au changement extrême du climat et au temps considérable qui s'est écoulé, tous phénomènes compris dans les limites de cette même période glaciaire. Pourtant, on peut douter que, dans quelque coin du monde que ce soit, des dépôts sédimentaires *comprenant des restes fossiles* aient continué de s'accumuler à l'intérieur d'un même territoire durant toute cette époque. Il n'est pas probable, par exemple, que des sédiments se soient déposés durant l'ensemble de l'époque glaciaire près de l'embouchure du Mississippi, dans les limites des profondeurs auxquelles les animaux marins sont le plus florissants : car nous savons que de grands changements géographiques se sont produits dans d'autres parties de l'Amérique durant cet espace de temps. Lorsque les lits qui se sont déposés en eau peu profonde près de l'embouchure du Mississippi durant une partie de l'époque glaciaire se sont soulevés, les restes organiques ont probablement commencé par apparaître et disparaître à différents niveaux, en raison des migrations d'espèces et des changements géographiques. Et dans un avenir éloigné, un géologue, en examinant ces lits, sera tenté de conclure que la durée moyenne des fossiles incrustés a été inférieure à celle de l'époque glaciaire, alors qu'elle aura été, en réalité, bien plus grande, commençant avant l'époque glaciaire et se prolongeant jusqu'à nos jours.

Pour que l'on ait une parfaite gradation entre deux formes existant dans les parties supérieure et inférieure de la même formation, il faut que le dépôt ait poursuivi continûment son accumulation pendant une longue période, suffisante pour permettre le lent processus de modification ; il faut donc que le dépôt soit très épais ; et les espèces qui subissent un changement doivent avoir vécu dans la même région durant tout ce temps. Mais nous avons vu qu'une formation épaisse, et fossilifère dans toute son épaisseur, ne peut s'accumuler que durant une époque de subsidence ; et pour conserver une profondeur approximativement identique, ce qui est nécessaire pour que les mêmes espèces marines puissent vivre dans le même espace, l'apport de sédiments doit contrebalancer à peu près l'ampleur de la subsidence. Mais ce même mouvement de subsidence tend à submerger le territoire dont proviennent les sédiments, et ainsi à en diminuer l'apport, tant que continue le mouvement d'affaissement. Dans les faits, cet équilibre presque exact entre l'apport de sédiments et l'ampleur de la subsidence est probablement un événement rare ; en effet, il a été observé par plus d'un paléontologiste que les dépôts très épais sont habituellement dépourvus de restes organiques, si ce n'est à proximité de leurs limites supérieure et inférieure.

Il semblerait que chaque formation séparée, tout comme l'empilement entier des formations de n'importe quel pays, ait été généralement le fait d'une accumulation intermittente. Lorsque nous voyons, comme c'est si souvent le cas, une formation composée de lits dont la composition minéralogique est fort différente, nous pouvons raisonnablement soupçonner que le processus de dépôt a été plus ou moins interrompu. D'ailleurs, l'examen le plus minutieux d'une formation ne nous donnera aucune idée du laps de temps qu'a pu exiger son dépôt. On pourrait citer de nombreux exemples de lits épais seulement de quelques pieds représentant des formations ayant ailleurs des milliers de pieds d'épaisseur, et dont l'accumulation a dû demander une période énorme ; nul pourtant, pour peu qu'il eût ignoré ce fait, n'aurait même soupçonné qu'un laps de temps si étendu fût représenté par cette formation plus mince. On pourrait citer de nombreux cas dans lesquels les lits inférieurs d'une formation se sont soulevés, ont été dénudés, submergés puis de nouveau recouverts par les lits supérieurs de la même formation – faits qui montrent à quel point sont immenses, et pourtant aisément négligés, les intervalles qui se sont produits au cours de son accumulation. Dans d'autres cas, de grands arbres fossilisés, qui se dressent encore comme ils ont poussé, témoignent de la façon la plus claire des intervalles de temps, longs et nombreux, ainsi que des changements de niveau qui sont intervenus durant le processus de dépôt, et que l'on n'aurait pas soupçonnés si les arbres n'avaient pas été préservés ; c'est ainsi que *Sir* C. Lyell et le Dr Dawson ont trouvé des lits carbonifères d'une épaisseur de 1 400 pieds [427 m. *Ndt.*] en Nouvelle-Écosse, dont les couches anciennes contiennent des racines et qui sont disposés les uns au-dessus des autres sur non moins de soixante-huit niveaux différents. C'est pourquoi, lorsque la même espèce se rencontre au fond, au milieu et au sommet d'une formation, il y a toute probabilité pour qu'elle n'ait pas vécu au même emplacement durant toute la période de sédimentation, mais ait disparu et soit réapparue, peut-être à maintes reprises, durant la même époque géologique. Par conséquent, si d'aventure cette espèce avait subi une modification d'une ampleur considérable au cours du dépôt d'une quelconque formation géologique, une section ne comprendrait pas toutes les fines gradations intermédiaires qui ont dû exister d'après notre théorie, mais des changements de forme brusques, quoique peut-être légers.

Il est de la plus haute importance de se rappeler que les naturalistes n'ont pas de règle d'or qui leur permette de distinguer espèces et variétés ; ils accordent un petit peu de variabilité à chaque espèce, mais lorsqu'ils rencontrent une somme de différence un tant soit peu plus grande entre deux formes quelconques, ils leur donnent à toutes deux le rang d'espèces, à moins qu'ils ne soient en mesure de les relier par les gradations intermédiaires les plus subtiles ; ce que, pour les raisons énumérées ci-dessus, nous ne pouvons guère espérer réaliser dans une quelconque section géologique. Si l'on suppose que B et C sont deux espèces, et que l'on en trouve une troisième, A, dans un lit plus ancien sous-jacent, même si A était strictement intermédiaire entre B et C, on la classerait simplement comme une troisième espèce distincte, à moins que l'on ne puisse, dans le même temps, la relier étroitement par des variétés intermédiaires à l'une des deux formes ou aux deux. Il ne faut pas oublier par ailleurs, comme on l'a expliqué auparavant, que A pourrait être l'authentique aïeule de B et de C, sans être nécessairement pour cela en tous points strictement intermédiaire entre elles. De sorte que nous pourrions trouver l'espèce parente et ses divers descendants modifiés dans les lits inférieurs et supérieurs de la même formation, et, à moins de détenir de nombreuses gradations de transition, ne pas reconnaître leur relation de filiation et les classer par conséquent comme des espèces distinctes.

Il est notoire que bien des paléontologues ont fondé leurs espèces sur des différences qui sont excessivement légères ; et ils le font d'autant plus volontiers lorsque les spécimens proviennent de sous-étages différents de la même formation. Certains conchyliologistes expérimentés rabaissent à présent un grand nombre des espèces très ténues de d'Orbigny et d'autres au rang de variétés ; et si nous adoptons ce point de vue, nous trouvons bien le type de témoignages de changement que nous devrions trouver d'après la théorie. Regardez de nouveau les dépôts tertiaires tardifs, qui comprennent de nombreuses coquilles dont la majorité des naturalistes croient qu'elles sont identiques à des espèces actuelles ; mais quelques naturalistes d'excellence, comme Agassiz et Pictet, soutiennent que toutes ces espèces tertiaires sont spécifiquement distinctes, bien qu'ils admettent que la distinction soit très légère ; de telle sorte qu'ici, à moins de croire ces naturalistes éminents égarés par leur imagination, et que ces espèces tertiaires ne présentent réellement pas la moindre différence avec leurs représentants vivants, ou à moins d'admettre, contre le jugement de la plupart des naturalistes, que ces espèces tertiaires sont toutes véritablement distinctes des récentes, nous sommes bien en présence de documents qui attestent la fréquence de légères modifications telles que celles qui sont requises. Si nous nous tournons vers des intervalles de temps assez larges, c'est-à-dire vers des étages distincts mais consécutifs de la même grande formation, nous constatons que les fossiles incrustés, quoique universellement classés comme spécifiquement différents, sont pourtant bien plus étroitement apparentés les uns aux autres que ne le sont les espèces trouvées dans des formations plus largement séparées ; de sorte qu'ici encore nous sommes en présence de témoignages indubitables d'un changement qui va dans la direction requise par la théorie ; mais, sur ce dernier sujet, je reviendrai dans le chapitre suivant.

En ce qui concerne les animaux et les plantes qui se propagent rapidement et sont peu vagabonds, il y a des raisons de soupçonner, comme nous l'avons vu précédemment, que leurs variétés commencent en général par apparaître localement ; et que ces variétés locales ne se répandent pas largement ni ne supplantent leurs formes parentes avant d'avoir été considérablement modifiées et perfectionnées. Suivant cette conception, les chances de découvrir tous les stades primitifs de transition entre deux formes au sein d'une formation d'un pays quelconque, sont minimes, car on suppose que les changements successifs ont été locaux ou limités à un lieu unique. La plupart des animaux marins bénéficient d'une vaste répartition ; et nous avons vu que, chez les plantes, ce sont celles qui ont la répartition la plus vaste qui présentent le plus souvent des variétés ; de sorte que, dans le cas des coquillages et des autres animaux marins, il est probable que ce sont ceux qui avaient la répartition la plus vaste, bien au-delà des limites des formations géologiques connues de l'Europe, qui ont le plus souvent donné naissance d'abord à des variétés locales, et pour finir à de nouvelles espèces ; et cela, d'ailleurs, a dû amoindrir considérablement nos chances de parvenir à retracer les stades de transition dans n'importe quelle formation géologique.

Une considération plus importante, aboutissant au même résultat, comme l'a récemment souligné le Dr Falconer, est que la période durant laquelle chaque espèce a subi une modification, bien que longue si on la mesure en années, a probablement été courte en comparaison de celle durant laquelle elle est demeurée à l'abri de tout changement.

Il ne faut pas oublier qu'aujourd'hui, avec des spécimens parfaits à disposition pour l'examen, il est rare que deux formes puissent être reliées par des variétés intermédiaires, et que l'on puisse ainsi prouver qu'elles sont une même espèce, tant que l'on n'a pas collecté de nombreux spécimens à de nombreux endroits ; et cela est rarement faisable pour les espèces fossiles. Nous percevrons peut-être mieux combien il est improbable que nous soyons en mesure de relier les espèces par des chaînons fossiles intermédiaires nombreux et délicats, en nous demandant si, par exemple, les géologues d'une époque future seront capables de prouver que nos différentes espèces de bétail, de moutons, de chevaux et de chiens sont issues d'une seule souche ou de plusieurs souches originelles ; ou encore si certains coquillages marins qui habitent les côtes d'Amérique du Nord et sont classés par un certain nombre de conchyliologistes comme des espèces distinctes de leurs représentantes européennes, et par d'autres conchyliologistes comme n'étant que des variétés, sont réellement des variétés ou bien sont, comme on dit, spécifiquement distinctes. C'est ce que le géologue du futur ne pourrait faire qu'en découvrant à l'état fossile de nombreuses gradations intermédiaires ; et un tel succès est improbable au plus haut point.

Il a été affirmé à d'innombrables reprises, par des auteurs qui croient en l'immutabilité des espèces, que la géologie ne fournit pas de formes de liaison. Cette affirmation, comme nous le verrons dans le prochain chapitre, est certainement erronée. Comme l'a remarqué *Sir* J. Lubbock, « Chaque espèce est un chaînon entre d'autres formes apparentées ». Si nous prenions un genre qui possède une vingtaine d'espèces, récentes et éteintes, et que nous détruisions les quatre cinquièmes de celles-ci, nul ne doute que les espèces restantes n'apparaîtraient bien plus distinctes les unes des autres. À supposer que les formes extrêmes du genre aient ainsi été détruites, le genre lui-même apparaîtra plus distinct des autres genres apparentés. Ce que la recherche géologique n'a pas révélé, c'est l'existence dans le passé de gradations infiniment nombreuses, aussi fines que les variétés actuelles, qui relient entre elles presque toutes les espèces actuelles et éteintes. Mais c'est là une chose à laquelle nous ne devrions pas nous attendre ; et pourtant c'est ce fait que l'on n'a cessé d'invoquer comme une très grave objection contre mes vues.

Peut-être vaut-il la peine de résumer les remarques qui précèdent au sujet des causes de l'imperfection de l'archive géologique au moyen d'une illustration imaginaire. L'Archipel Malais possède à peu près la taille de l'Europe du Cap Nord à la Méditerranée, et de la Grande-Bretagne à la Russie ; il égale donc l'ensemble des formations qui ont été examinées avec quelque exactitude, si l'on excepte celles des États-Unis d'Amérique. Je suis entièrement d'accord avec M. Godwin-Austen sur le fait que l'état actuel de l'Archipel Malais, dont les îles nombreuses et vastes sont séparées par des mers étendues et peu profondes, représente probablement l'état passé de l'Europe, lorsque la plupart de nos formations étaient en train de s'accumuler. L'Archipel Malais est l'une des régions les plus riches en êtres organiques ; pourtant, si l'on collectait toutes les espèces qui y ont jamais vécu, avec quelle imperfection elles représenteraient l'histoire naturelle du monde !

Mais nous avons toutes les raisons de croire que les productions terrestres de l'archipel seraient préservées d'une manière extrêmement imparfaite dans les formations que nous supposons être en train de s'y accumuler. Bien peu d'animaux strictement littoraux, ou vivant sur des roches sous-marines dénudées, seraient enfouis ; et ceux qui seraient enfouis dans du gravier ou dans du sable ne subsisteraient pas jusqu'à une époque lointaine. Partout où des sédiments ne se sont pas accumulés sur le lit de la mer, ou ne se sont pas accumulés à une vitesse suffisante pour protéger les corps organiques de la décomposition, aucun reste ne pourra être préservé.

Les formations riches en fossiles de types variés, et d'une épaisseur suffisante pour durer jusqu'à un âge aussi éloigné dans le futur que le sont les formations secondaires dans le passé, ont dû généralement se former dans l'archipel durant les seules périodes de subsidence. Ces périodes de subsidence ont dû être séparées les unes des autres par des intervalles de temps immenses, durant lesquels la surface a dû être soit stationnaire soit en cours d'élévation ; tandis qu'elles s'élevaient, les formations fossilifères des rivages les plus escarpés ont dû être détruites, presque aussitôt qu'accumulées, par l'action incessante des vagues de la côte,

Sur l'imperfection de l'archive géologique [chap. X]

comme nous le voyons maintenant sur les rivages de l'Amérique du Sud. Même sur la considérable étendue des mers peu profondes de l'archipel, des lits sédimentaires n'auraient guère pu s'accumuler sur une grande épaisseur durant les époques d'élévation, ou bien être recouverts et protégés par les dépôts ultérieurs, de façon à avoir de bonnes chances de subsister jusque dans un avenir très éloigné. Durant les époques de subsidence, il a dû probablement y avoir une forte extinction de la vie ; durant les époques d'élévation, il a dû y avoir une forte variation, mais l'archive géologique a dû alors être moins parfaite.

On peut douter que la durée de quelque grande époque de subsidence sur tout ou partie de l'archipel, accompagnée d'une accumulation contemporaine de sédiments, doive *dépasser* la durée moyenne des mêmes formes spécifiques ; et ces circonstances sont indispensables à la préservation de toutes les gradations de transition entre deux ou plusieurs espèces. Si ces gradations n'étaient pas toutes entièrement préservées, les variétés de transition apparaîtraient seulement comme autant d'espèces nouvelles, quoique étroitement apparentées. Il est également probable que chaque grande époque de subsidence serait interrompue par des oscillations de niveau, et que de légers changements climatiques interviendraient au cours d'aussi longues périodes ; et, dans de tels cas, les habitants de l'archipel émigreraient, et aucune archive enregistrant les traces étroitement successives de leurs modifications ne pourrait être préservée dans quelque formation que ce soit.

Un très grand nombre des habitants marins de l'archipel ont aujourd'hui une répartition qui s'étend à des milliers de milles au-delà de ses limites ; et l'analogie conduit clairement à penser que ce doivent être principalement ces espèces à vaste répartition, ou du moins quelques-unes d'entre elles, qui produisent le plus souvent de nouvelles variétés ; et ces variétés doivent commencer par être locales, ou limitées à un lieu unique, mais si elles sont en possession d'un quelconque avantage décisif, ou bien lorsqu'elles sont ultérieurement modifiées et améliorées, elles se diffusent lentement et supplantent leurs formes parentes. Lorsque ces variétés reviennent à leur premier habitat, comme elles diffèrent de leur état antérieur à un degré à peu près uniforme, quoique peut-être extrêmement léger, et comme on les trouve enfouies dans des sous-étages légèrement différents de la même formation, elles doivent être, en accord avec les principes suivis par de nombreux paléontologistes, classées comme de nouvelles espèces distinctes.

S'il y a donc quelque degré de vérité dans ces remarques, rien ne nous autorise à espérer trouver, dans nos formations géologiques, un nombre infini de ces fines formes transitionnelles qui, d'après notre théorie, ont relié toutes les espèces passées et actuelles du même groupe en une seule chaîne de vie, longue et ramifiée. Nous devrions nous contenter de rechercher quelques chaînons, et assurément il nous est donné d'en trouver – certains plus lointainement, d'autres plus étroitement apparentés les uns aux autres ; et ces chaînons, si rapprochés soient-ils, pour peu qu'on les trouve à des étages différents de la même formation, seraient classés, par de nombreux paléontologistes, comme des espèces distinctes. Mais je ne prétends pas que j'aurais jamais soupçonné la pauvreté de l'archive dans les sections géologiques les mieux préservées, si l'absence d'innombrables chaînons de transition entre les espèces vivant au commencement et à la fin de chaque formation n'avait été si opiniâtrement objectée à ma théorie.

Sur l'apparition soudaine de groupes entiers d'espèces apparentées

La manière abrupte dont des groupes entiers d'espèces apparaissent soudainement dans certaines formations a été avancée par plusieurs paléontologistes – par exemple, par Agassiz, Pictet et Sedgwick – comme une objection fatale à la croyance en la transmutation des espèces. Si de nombreuses espèces qui appartiennent aux mêmes genres ou aux mêmes familles ont en réalité commencé de vivre tout d'un coup, ce fait serait fatal à la théorie de l'évolution par la sélection naturelle. En effet, le développement par ce moyen d'un groupe de formes, toutes issues de quelque ancêtre unique, a dû être un processus extrêmement lent ; et les ancêtres ont dû vivre longtemps avant leurs descendants modifiés. Mais nous surestimons continuellement la perfection de l'archive géologique, et, du fait que certains genres ou certaines familles n'ont pas été trouvés au-dessous d'un certain étage, nous concluons faussement qu'ils n'existaient pas avant cet étage. Dans tous les cas, on peut se fier d'une manière implicite aux témoignages paléontologiques positifs ; les témoignages négatifs n'ont aucune valeur, comme l'expérience l'a si souvent montré. Nous oublions continuellement combien le monde est vaste, comparé à la superficie sur laquelle nos formations géologiques ont été soigneusement examinées ; nous oublions que des groupes d'espèces ont pu exister ailleurs pendant longtemps, et s'être lentement multipliés, avant d'envahir les anciens archipels d'Europe et des États-Unis. Nous ne tenons pas compte comme nous le devrions des intervalles de temps qui se sont écoulés entre nos formations consécutives – peut-être plus longs, dans bien des cas, que le temps nécessaire à l'accumulation de chaque formation. Ces intervalles auront laissé du temps pour la multiplication des espèces à partir d'une forme parente unique ; et dans la formation suivante, ces groupes ou espèces apparaîtront comme ayant été créés d'une façon soudaine.

Je rappellerai ici une remarque faite précédemment, à savoir que l'adaptation d'un organisme à un nouveau type de vie particulier, par exemple voler dans les airs, peut requérir une longue suite d'époques ; et que, par conséquent, les formes de transition ont souvent dû rester longtemps limitées à une seule région ; mais que, une fois cette adaptation réalisée, lorsqu'un petit nombre d'espèces a ainsi acquis un grand avantage sur d'autres organismes, il aura fallu un temps relativement court pour produire de nombreuses formes divergentes, qui ont dû se répandre rapidement et sur un vaste territoire, à travers le monde entier. Le Professeur Pictet, dans son excellent compte rendu du présent ouvrage, commentant les premières formes de transition, et prenant les oiseaux en guise d'illustration, ne comprend pas comment les modifications successives des membres antérieurs d'un prototype supposé auraient jamais pu constituer un quelconque avantage. Mais regardez les manchots de l'Océan austral ; ces oiseaux n'ont-ils pas des membres de devant précisément dans l'état intermédiaire où ce ne sont « ni de véritables bras ni de véritables ailes » ? Et pourtant ces oiseaux maintiennent victorieusement leur position dans la bataille pour la vie ; car ils existent en nombres infinis et ont de nombreux types. Je ne suppose pas que nous ayons là sous les yeux les degrés de transition par lesquels les ailes des oiseaux sont réellement passées ; mais qu'y a-t-il de spécialement difficile à croire qu'il puisse profiter aux descendants modifiés du manchot d'acquérir tout d'abord la capacité de voleter à la surface de la mer comme le canard lourdaud, pour finalement quitter la surface et planer dans les airs ?

Je donnerai à présent quelques exemples pour illustrer les remarques qui précèdent, et pour montrer combien nous sommes susceptibles de faire erreur en supposant que des groupes entiers d'espèces ont été produits soudainement. Même dans un intervalle de temps aussi court que celui qui s'est écoulé entre la première et la seconde édition du grand ouvrage de Pictet sur la Paléontologie, publié en 1844-46 et 1853-57, les conclusions sur l'apparition et la disparition de plusieurs groupes d'animaux ont été modifiées considérablement ; et une troisième édition demanderait encore de nouveaux changements. Je rappellerai le fait bien connu que, dans les traités de géologie publiés il y a quelques années seulement, on parlait toujours des mammifères comme s'ils étaient survenus brusquement au commencement de la série tertiaire. Or, à présent, l'une des plus riches accumulations de mammifères fossiles connues se trouve au milieu de la série secondaire ; et des mammifères véritables ont été découverts dans le nouveau grès rouge au commencement ou presque de cette grande série. Cuvier avançait autrefois que l'on ne trouvait de singe dans aucune couche tertiaire ; or des espèces éteintes ont été découvertes depuis en Inde, en Amérique du Sud et en Europe, qui remontent jusqu'à l'époque miocène. Si l'accident rare qu'est la préservation d'empreintes dans le nouveau grès rouge des États-Unis ne s'était pas produit, qui se serait aventuré à supposer que non moins de trente animaux différents, sinon plus, ressemblant à des oiseaux, dont certains d'une taille gigantesque, existaient durant cette époque ? Pas un seul fragment d'os n'a été découvert dans ces lits. Il y a peu de temps, les paléontologistes soutenaient que la classe des oiseaux tout entière était apparue soudainement durant l'époque Éocène ; mais nous savons à présent, sur l'autorité du Professeur Owen, qu'un oiseau vivait certainement durant le dépôt du grès vert supérieur ; et, plus récemment encore, on a découvert dans les ardoises oolithiques de Solenhofen l'archéoptéryx, cet étrange oiseau dont la longue queue, semblable à celle d'un lézard, porte une paire de plumes à chaque articulation et dont les ailes sont pourvues de deux griffes libres. Il n'est guère de découverte récente qui montre avec plus de force que celle-ci la grande ignorance dans laquelle nous demeurons au sujet des anciens habitants du monde.

Je citerai un autre cas qui, parce qu'il s'est trouvé sous mes propres yeux, m'a beaucoup frappé. Dans un mémoire sur les cirripèdes sessiles fossiles, j'affirmais que, au vu du grand nombre des espèces tertiaires actuelles et éteintes ; de l'extraordinaire abondance des individus de nombreuses espèces dans le monde entier, depuis les régions arctiques jusqu'à l'équateur, vivant dans des zones de profondeur diverses, depuis les limites des hautes eaux jusqu'à cinquante brasses ; de la manière dont les spécimens sont parfaitement préservés dans les lits tertiaires les plus anciens ; de la facilité avec laquelle on reconnaît ne serait-ce qu'un fragment de valve ; au vu de toutes ces circonstances, j'inférais que, si les cirripèdes sessiles avaient existé durant les époques secondaires, ils auraient certainement été préservés et découverts ; et, comme on n'avait pas alors découvert une seule espèce dans des lits de cette période, je concluais que ce grand groupe s'était développé d'une façon soudaine au commencement de la série tertiaire. Il m'en coûtait beaucoup d'ajouter, comme je le croyais alors, un cas supplémentaire d'apparition brusque d'un grand groupe d'espèces. Mais mon ouvrage était à peine paru, qu'un habile paléontologiste, M. Bosquet, m'a envoyé le dessin d'un parfait spécimen d'un cirripède sessile indiscutable, qu'il avait lui-même extrait de la craie en Belgique. Et, comme pour rendre le cas aussi frappant que possible, ce cirripède était un *Chthamalus*, genre très courant, vaste et ubiquiste, dont pas une seule espèce n'a encore été trouvée ne serait-ce que dans une couche tertiaire. Plus récemment encore, un *Pyrgoma*, membre d'une sous-famille distincte de cirripèdes sessiles, a été découvert par M. Woodward dans la craie supérieure ; de sorte que nous avons maintenant d'abondants témoignages de l'existence de ce groupe d'animaux durant l'époque secondaire.

Le cas d'apparition apparemment soudaine d'un groupe entier d'espèces sur lequel les paléontologistes insistent le plus fréquemment est celui des poissons téléostéens, dans les couches inférieures, selon Agassiz, de l'époque de la Craie. Ce groupe comprend la grande majorité des espèces existantes. Mais on admet couramment aujourd'hui que certaines formes jurassiques et triasiques sont téléostéennes ; et une haute autorité a même classé de cette façon quelques formes paléozoïques. Si les téléostéens étaient réellement apparus d'une façon soudaine dans l'hémisphère Nord au commencement de la formation de la craie, le fait aurait été hautement remarquable ; mais cela n'aurait pas constitué une difficulté insurmontable, à moins que l'on n'ait pu montrer aussi que, à la même époque, les espèces se soient développées d'une façon soudaine et simultanée dans d'autres régions du monde. Il est presque superflu de remarquer l'on ne connaît guère de poissons fossiles au sud de l'équateur ; et, si l'on parcourt la *Paléontologie* de Pictet, on verra que l'on connaît très peu d'espèces provenant des diverses formations d'Europe. Un petit nombre de familles de poissons ont à présent une répartition limitée ; les poissons téléostéens ont pu avoir autrefois une répartition pareillement limitée et, après s'être largement développés dans les limites d'une certaine mer, se répandre largement. Rien ne nous autorise d'ailleurs à supposer que les mers du monde aient toujours été aussi ouvertes et libres d'accès du sud au nord qu'elles le sont à présent. Aujourd'hui même, si l'Archipel Malais était converti en une terre continentale, les parties tropicales de l'océan Indien formeraient un vaste bassin parfaitement enclos, dans lequel n'importe quel grand groupe d'animaux marins pourrait se multiplier ; et ils y resteraient confinés, jusqu'à ce que certaines des espèces s'adaptent à un climat plus doux, acquièrent la capacité de doubler les caps méridionaux de l'Afrique ou de l'Australie et atteignent ainsi d'autres mers lointaines.

Du fait de ces considérations, de notre ignorance de la géologie des autres pays au-delà des limites de l'Europe et des États-Unis, et de la révolution qu'ont produite dans nos connaissances paléontologiques les découvertes effectuées depuis une douzaine d'années, il me semble à peu près aussi téméraire de dogmatiser sur la succession des formes organiques à travers le monde qu'il le serait pour un naturaliste de mettre le pied cinq minutes en un lieu désert d'Australie et de disserter ensuite sur le nombre et la répartition de ses productions.

Sur l'apparition soudaine de groupes d'espèces apparentées dans les plus profondes des couches fossilifères connues

Il existe une autre difficulté, apparentée, qui est beaucoup plus grave. Je fais allusion à la manière soudaine dont des espèces qui appartiennent à plusieurs des divisions principales du règne animal apparaissent dans les plus profondes des roches fossilifères connues. La plupart des arguments qui m'ont convaincu que toutes les espèces actuelles du même groupe sont issues d'un ancêtre unique s'appliquent avec une force égale aux plus anciennes espèces connues. Par exemple, on ne saurait douter que tous les trilobites cambriens et siluriens ne soient issus d'un seul crustacé, qui a dû vivre longtemps avant l'époque Cambrienne et qui, probablement, différait grandement de tout animal connu. Certains des animaux les plus anciens, comme le Nautile, la Lingule, &c., ne diffèrent pas beaucoup des espèces vivantes ; et l'on ne peut pas supposer, d'après notre théorie, que ces vieilles espèces aient été les ancêtres de toutes les espèces appartenant aux mêmes groupes qui sont apparues par la suite, car elles n'ont à aucun degré un caractère intermédiaire.

Par conséquent, si la théorie est juste, il est incontestable que, longtemps avant que ne se dépose la plus profonde des couches cambriennes, de longues périodes de temps se sont écoulées, aussi longues, et probablement bien plus longues, que l'intervalle tout entier qui s'étend entre l'époque Cambrienne et aujourd'hui ; et que, durant ces vastes périodes de temps, le monde pullulait de créatures vivantes. Nous rencontrons là une objection redoutable ; en effet, il semble douteux que la terre ait connu un état propre à servir d'habitat aux créatures vivantes pendant une durée suffisamment longue. *Sir* W. Thompson conclut que la consolidation de la croûte n'a guère pu se produire il y a moins de 20 millions ou plus de 400 millions d'années, mais n'a probablement pas eu lieu il y a moins de 98 millions ou plus de 200 millions d'années. Ces limites très amples montrent elles-mêmes combien les données sont incertaines ; et l'on devra peut-être ajouter ultérieurement d'autres éléments au problème. M. Croll estime que 60 millions d'années environ se sont écoulées depuis l'époque Cambrienne, mais cela paraît être, à en juger par le peu de changement organique intervenu depuis le commencement de l'époque glaciaire, un temps très court pour les mutations nombreuses et considérables de la vie qui se sont certainement produites depuis la formation Cambrienne ; et il n'est guère possible de considérer les 140 millions d'années qui précèdent comme suffisantes pour le développement des formes de vie variées qui existaient déjà durant la période Cambrienne. Il est cependant probable, comme le souligne *Sir* William Thompson, que le monde était, à une époque très ancienne, sujet à des changements de conditions physiques plus rapides et plus violents qu'il ne s'en produit à présent ; et ces changements ont dû tendre à provoquer des changements d'une vitesse correspondante chez les organismes qui existaient alors.

À la question de savoir pourquoi nous ne trouvons pas de riches dépôts fossilifères appartenant à ces époques extrêmement anciennes que l'on suppose antérieures au système Cambrien, je ne puis donner de réponse satisfaisante. Plusieurs géologues éminents, ayant à leur tête *Sir* R. Murchison, étaient jusque récemment convaincus que nous avions sous les yeux, avec les restes organiques de la couche silurienne la plus profonde, l'aurore de la vie. D'autres juges hautement compétents, comme Lyell et E. Forbes, ont contesté cette conclusion. Il ne faut pas oublier que seule une petite partie du monde est connue avec précision. Il y a assez peu de temps, M. Barrande a encore ajouté une couche plus profonde, abondante en espèces nouvelles et particulières, au-dessous du système Silurien connu jusqu'alors ; et à présent, toujours plus en profondeur dans la formation Cambrienne inférieure, M. Hicks a trouvé au sud du pays de Galles des lits riches en trilobites et contenant divers mollusques et annélides. La présence de nodules phosphatiques et de matières bitumineuses jusque dans certaines des roches azoïques les plus profondes est probablement l'indice de la vie à ces époques ; et l'existence de l'*Eozoon* dans la formation Laurentienne du Canada est généralement admise. Il y a trois grandes séries de couches sous le système Silurien au Canada, dans la plus profonde desquelles on trouve l'*Eozoon*. *Sir* W. Logan déclare que leur « épaisseur réunie est susceptible de dépasser de beaucoup celle de toutes les roches qui suivent, depuis la base de la série paléozoïque jusqu'à l'époque actuelle. Nous sommes ainsi repoussés vers une époque si lointaine que l'apparition de ce que l'on nomme la faune primordiale (de Barrande) peut être considérée par certains comme un événement comparativement moderne ». L'*Eozoon* appartient à la plus inférieure en organisation de toutes les classes d'animaux, mais il est, pour sa classe, hautement organisé ; il existait en quantités indénombrables et, comme le Dr Dawson l'a remarqué, était certainement le prédateur d'autres êtres organiques minuscules, qui ont dû vivre en grands nombres. Ainsi, les mots que j'écrivais en 1859 au sujet de l'existence d'êtres vivants longtemps avant la période Cambrienne, et qui sont presque identiques à ceux dont s'est servi depuis *Sir* W. Logan, se sont révélés exacts. Néanmoins, il demeure très difficile d'assigner quelque bonne raison à l'absence de vastes empilements de couches riches en fossiles au-dessous du système Cambrien. Il ne semble pas probable que les lits les plus anciens aient été tout à fait érodés par la dénudation, ou que leurs fossiles aient été entièrement oblitérés par l'action métamorphique, car, si tel avait été le cas, nous aurions dû ne retrouver que des restes minimes des formations qui les suivent immédiatement en âge, et ceux-ci auraient dû porter toujours des traces de l'atteinte métamorphique. Mais les descriptions que nous possédons des dépôts siluriens qui couvrent d'immenses territoires en Russie et en Amérique du

Nord n'appuient pas l'idée que plus une formation est ancienne, plus elle a invariablement souffert d'une dénudation extrême et du métamorphisme.

Le problème doit pour l'heure demeurer inexplicable, et l'on peut en vérité l'avancer comme un argument valable contre les vues que l'on défend ici. Afin de montrer qu'il pourra sans doute recevoir à l'avenir une explication, je proposerai l'hypothèse suivante. De la nature des restes organiques qui paraissent ne pas avoir occupé de grandes profondeurs dans les diverses formations d'Europe et des États-Unis, et de la quantité de sédiments, épais de plusieurs milles, dont ces formations sont composées, nous pouvons inférer qu'il s'est trouvé sans discontinuer de vastes îles ou de vastes territoires, dont étaient issus les sédiments, au voisinage des continents de l'Europe et des États-Unis tels qu'ils existent à présent. Cette même conception a été soutenue depuis par Agassiz et par d'autres. Mais nous ignorons quelle était la situation dans les intervalles entre les diverses formations successives ; nous ne savons pas si l'Europe et les États-Unis, durant ces intervalles, existaient sous la forme d'une terre émergée, ou bien sous celle d'une surface sous-marine proche des terres sur laquelle les sédiments ne se déposaient pas, ou encore comme le lit d'une mer ouverte et d'une profondeur insondable.

Lorsque nous regardons les océans actuels, qui sont trois fois plus étendus que les terres, nous voyons qu'ils sont constellés de nombreuses îles ; mais l'on ne sait guère encore si une seule île véritablement océanique (à l'exception de la Nouvelle-Zélande, si l'on peut la nommer une île véritablement océanique) offre ne serait-ce qu'un vestige d'une formation paléozoïque ou secondaire. De là, nous pouvons peut-être inférer que durant les périodes paléozoïque et secondaire, il n'existait ni continents ni îles continentales là où nos océans s'étendent à présent ; en effet, s'il en avait existé, des formations paléozoïques et secondaires se seraient selon toute probabilité accumulées à partir des sédiments issus de leur détérioration ; et elles auraient été au moins partiellement soulevées par les oscillations du niveau qui ont dû intervenir durant ces époques excessivement longues. Si donc nous pouvons déduire quelque chose de ces faits, nous en déduirons que, aux endroits où nos océans s'étendent à présent, des océans se sont étendus depuis l'époque la plus reculée dont nous ayons une trace ; et, par ailleurs, que là où il existe maintenant des continents, de vastes étendues de terre ont existé, sans aucun doute sujettes à de grandes oscillations de niveau, depuis l'époque Cambrienne. La carte en couleurs donnée en annexe de mon ouvrage sur les Récifs coralliens m'a conduit à conclure que les grands océans sont encore principalement des zones de subsidence, les grands archipels encore des zones d'oscillations de niveau et les continents des zones d'élévation. Mais nous n'avons aucune raison de supposer que cette situation soit demeurée la même depuis le commencement du monde. Nos continents semblent avoir été formés par la prépondérance, durant de nombreuses oscillations de niveau, de la force d'élévation ; mais les zones de mouvement prépondérant n'ont-elles pas pu changer au fil des âges ? À un moment fort antérieur à l'époque Cambrienne, des continents ont pu exister là où se déploient maintenant des océans ; et des océans libres et ouverts ont pu exister là où se tiennent maintenant nos continents. Nous ne sommes pas non plus fondés à présumer que si, par exemple, le lit de l'Océan Pacifique était à présent converti en un continent, nous y trouverions, dans un état reconnaissable, des formations sédimentaires plus anciennes que les couches cambriennes, à supposer que celles-ci se soient auparavant déposées ; en effet, il pourrait bien arriver que des couches qui s'étaient, en s'affaissant, rapprochées de quelques milles du centre de la terre et sur lesquelles s'était exercée la pression d'un énorme poids d'eau sus-jacent, aient subi beaucoup plus d'action métamorphique que les couches qui sont toujours demeurées plus proches de la surface. Les zones immenses qui dans certaines parties du monde, par exemple en Amérique du Sud, sont occupées par des roches métamorphiques dénudées, lesquelles ont dû être chauffées sous une grande pression, m'ont toujours semblé requérir quelque explication spéciale ; et peut-être pouvons-nous penser que nous avons sous les yeux, dans ces vastes zones, les nombreuses formations qui précédèrent de loin l'époque Cambrienne, dans un état complètement modifié par le métamorphisme et complètement dénudé.

Les diverses difficultés discutées ici, à savoir : que, bien que nous trouvions dans nos formations géologiques de nombreux chaînons entre les espèces qui existent actuellement et celles qui existaient auparavant, nous ne trouvons pas une infinité de fines formes de transition qui les relient étroitement toutes ensemble ; la manière soudaine dont plusieurs groupes d'espèces font leur première apparition dans nos formations européennes ; l'absence presque totale, dans l'état actuel de nos connaissances, de formations riches en fossiles au-dessous des strates cambriennes – toutes ces difficultés sont indubitablement de la nature la plus grave. C'est ce que nous voyons en constatant que les paléontologistes les plus éminents, à savoir Cuvier, Agassiz, Barrande, Pictet, Falconer, E. Forbes, &c., ainsi que nos plus grands géologues, comme Lyell, Murchison, Sedgwick, &c., ont unanimement, et souvent avec véhémence, soutenu l'immutabilité des espèces. Mais *Sir* Charles Lyell donne maintenant l'appui de sa haute autorité au parti opposé ; et la plupart des géologues et des paléontologistes ont vu leur conviction première fort ébranlée. Ceux qui croient l'archive géologique parfaite, à quelque degré que ce soit, rejetteront sans nul doute cette théorie sur-le-champ. Pour ma part, prolongeant la métaphore de Lyell, je regarde l'archive géologique comme une histoire du monde imparfaitement tenue, et rédigée dans un dialecte changeant ; de cette histoire, nous ne possédons que le dernier volume, qui a trait seulement à deux ou trois pays. De ce volume, seul un court chapitre a été préservé çà et là ; et de chaque page, seules çà et là quelques lignes. Chaque mot de cette langue qui change lentement, plus ou moins différente dans les chapitres qui se suivent, peut représenter les formes de la vie, qui sont ensevelies dans nos formations successives, et qui, d'une manière trompeuse, nous paraissent avoir été introduites brusquement. Si l'on se fonde sur cette conception, les difficultés discutées plus haut sont considérablement atténuées, ou même disparaissent.

CHAPITRE XI

SUR LA SUCCESSION GEOLOGIQUE DES ETRES ORGANIQUES

Sur l'apparition lente et successive des nouvelles espèces – Sur leurs vitesses de changement différentes – Les espèces, une fois disparues, ne réapparaissent pas – Les groupes d'espèces suivent les mêmes règles générales d'apparition et de disparition que les espèces considérées séparément – Sur l'extinction – Sur les changements simultanés des formes de vie dans l'ensemble du monde – Sur les affinités des espèces éteintes entre elles et avec les espèces vivantes – Sur l'état de développement des formes anciennes – Sur la succession des mêmes types à l'intérieur des mêmes aires – Résumé de ce chapitre et du précédent.

Voyons à présent si les divers faits et lois qui se rapportent à la succession géologique des êtres organiques s'accordent le mieux avec la conception commune de l'immutabilité des espèces, ou bien avec celle de leur modification lente et graduelle, par le fait de la variation et de la sélection naturelle.

Les nouvelles espèces sont apparues très lentement, l'une après l'autre, tant sur les terres que dans les eaux. Lyell a montré qu'il n'est guère possible de s'opposer aux témoignages fournis à ce sujet dans le cas des différents étages tertiaires ; et chaque année tend à remplir les lacunes entre les étages, et à rendre plus graduelle la proportion entre les formes perdues et les formes actuelles. Dans certains des dépôts les plus récents, quoique indubitablement d'une haute antiquité si on les mesure en années, une ou deux espèces seulement sont éteintes, et une ou deux seulement sont nouvelles, apparues là pour la première fois, soit à l'échelle locale, soit, pour autant que nous le sachions, sur toute la surface de la terre. Les formations secondaires sont plus chaotiques ; mais, comme Bronn l'a remarqué, ni l'apparition ni la disparition des nombreuses espèces enfouies dans chaque formation n'ont été simultanées.

Les espèces qui appartiennent à des genres différents et à des classes différentes n'ont pas changé à la même vitesse, ni au même degré. Dans les dépôts tertiaires anciens, on trouve encore un petit nombre de coquillages toujours vivants au milieu d'une multitude de formes éteintes. Falconer a donné un exemple frappant d'un fait semblable, car un crocodile actuel est associé dans les dépôts sub-himalayens à de nombreux mammifères et reptiles disparus. La Lingule silurienne ne diffère qu'à peine des espèces actuelles appartenant à ce genre ; tandis que la plupart des autres Mollusques siluriens et tous les Crustacés ont considérablement changé. Les productions des terres semblent avoir changé à une vitesse plus grande que celles des mers, ce dont on a observé une illustration frappante en Suisse. Il y a quelque raison de croire que les organismes situés haut sur l'échelle changent plus rapidement que ceux qui sont en bas, bien qu'il y ait des exceptions à cette règle. L'ampleur du changement organique, comme l'a remarqué Pictet, n'est pas la même dans chacune des formations – c'est le terme employé – qui se succèdent. Pourtant, si nous comparons des formations, hormis celles qui sont le plus étroitement proches, on trouvera que toutes les espèces ont subi quelque changement. Une fois qu'une espèce a disparu de la surface de la terre, nous n'avons aucune raison de croire que la même forme réapparaîtra jamais à l'identique. L'exception apparente la plus forte à cette dernière règle est celle de ce que l'on nomme les « colonies » de M. Barrande, qui font intrusion pendant une période au milieu d'une formation plus ancienne et laissent ensuite réapparaître la faune préexistante ; mais l'explication de Lyell, à savoir qu'il s'agit d'un cas de migration temporaire depuis une province géographique distincte, semble satisfaisante.

Ces divers faits s'accordent bien avec notre théorie, qui n'inclut aucune loi fixe de développement dont la conséquence soit de faire changer tous les habitants d'un territoire d'une façon brusque, ou simultanément, ou encore à un égal degré. Le processus de modification doit être lent, n'affectant en général que quelques espèces en même temps ; car la variabilité de chaque espèce est indépendante de celle de toutes les autres. Que les éventuelles variations ou différences individuelles soient accumulées grâce à la sélection naturelle à un degré plus ou moins grand, entraînant ainsi une quantité plus ou moins grande de modifications permanentes, cela dépend de nombreux éléments complexes – du fait que les variations soient d'une nature bénéfique, de la liberté des croisements, de la lenteur avec laquelle changent les conditions physiques du pays, de l'immigration de nouveaux colons et de la nature des autres habitants avec lesquels les espèces qui varient entrent en concurrence. Aussi n'est-il nullement surprenant qu'une espèce conserve la même forme à l'identique bien plus longtemps que d'autres ; ou, si elle change, qu'elle ne change qu'à un moindre degré. Nous constatons des relations semblables entre les habitants actuels de pays distincts ; par exemple, les coquillages terrestres et les insectes coléoptères de Madère en sont venus à différer considérablement des formes vivant sur le continent européen qui leur sont le plus apparentées, tandis que les coquillages et les oiseaux marins sont demeurés inchangés. Peut-être pouvons-nous comprendre la vitesse de changement apparemment supérieure des productions terrestres et plus hautement organisées, si on les compare aux productions marines et inférieures, par le fait des relations plus complexes qu'entretiennent les êtres supérieurs avec leurs conditions de vie organiques et inorganiques, comme on l'a expliqué dans un chapitre précédent. Lorsqu'un grand nombre des habitants d'un territoire quelconque se sont modifiés et améliorés, nous pouvons comprendre, en nous fondant sur le principe de concurrence et d'après l'importance primordiale dans la lutte pour la vie des rapports d'organisme à organisme, que toute forme qui n'a pas été à quelque degré modifiée et améliorée soit susceptible d'être exterminée. Nous voyons donc pour quelle raison toutes les espèces de la même région finissent effectivement, si nous considérons des intervalles de temps suffisamment longs, par se modifier, car autrement elles s'éteindraient.

Chez les représentants de la même classe, l'amplitude moyenne de changement, durant de longues périodes de temps égales, peut, le cas échéant, être à peu près la même ; mais comme l'accumulation de formations durables, riches en fossiles, dépend du dépôt de grandes masses de sédiments sur des territoires en subsidence, nos formations se sont presque nécessairement accumulées à des intervalles de temps espacés et irrégulièrement intermittents ; en conséquence de quoi la quantité de changement organique que présentent les fossiles enfouis dans les formations consécutives n'est pas égale. Chaque formation, suivant cette conception, ne marque pas un acte neuf et complet de création, mais seulement une scène fortuite, prise presque au hasard dans une action dramatique qui se développe toujours avec lenteur.

Nous pouvons comprendre clairement ce qui fait que jamais une espèce, une fois disparue, ne saurait réapparaître, quand bien même se reproduiraient exactement les mêmes conditions de vie, tant organiques qu'inorganiques. Car, même si les descendants d'une espèce donnée s'adaptaient (et sans nul doute cela s'est produit dans des cas innombrables) afin d'occuper la place d'une autre espèce dans l'économie de la nature, et ainsi de la supplanter, cependant, les deux formes – l'ancienne et la nouvelle – ne seraient pas totalement identiques ; car toutes deux recevraient presque certainement, de leurs aïeux distincts, des caractères différents ; et des organismes déjà différents varieraient d'une manière différente. Par exemple, il serait possible, si tous nos pigeons paons étaient supprimés, que les éleveurs fassent une nouvelle race que l'on serait en peine de distinguer de la race actuelle ; mais si le pigeon de roche parent était supprimé de même – et, à l'état de nature, nous avons toutes les raisons de croire que les formes parentes sont en général supplantées et exterminées par leurs descendants modifiés –, il est impensable que l'on puisse obtenir un pigeon paon identique à la race actuelle à partir d'une quelconque autre espèce de pigeon, ou même à partir d'une quelconque autre race bien établie du pigeon domestique, car les variations successives seraient presque certainement différentes à quelque degré, et la variété nouvelle que l'on formerait hériterait probablement de son ancêtre certaines différences caractéristiques.

Les groupes d'espèces, c'est-à-dire les genres et les familles, suivent les mêmes règles générales en ce qui concerne leur apparition et leur disparition que les espèces considérées séparément, et changent plus ou moins rapidement et à un degré plus ou moins grand. Un groupe, une fois qu'il a disparu, ne réapparaît jamais ; c'est-à-dire que son existence, tant qu'elle dure, est continue. Je n'ignore pas qu'il y a quelques exceptions apparentes à cette règle, mais ces exceptions sont étonnamment rares, si rares que E. Forbes, Pictet et Woodward (bien qu'ils soient tous trois farouchement opposés aux vues que je soutiens) admettent sa vérité ; et cette règle s'accorde strictement avec la théorie. Car toutes les espèces du même groupe, si longue qu'ait été sa durée, sont les descendantes modifiées les unes des autres et toutes du même aïeul. Dans le genre *Lingula*, par exemple, les espèces qui sont apparues successivement à toutes les époques ont dû être reliées par une série ininterrompue de générations, depuis la strate silurienne la plus basse jusqu'à ce jour.

Nous avons vu dans le dernier chapitre qu'il arrive que des groupes entiers d'espèces paraissent à tort s'être développés d'une façon brusque ; et j'ai tenté de donner une explication de ce fait, qui, s'il était avéré, serait fatal à mes conceptions. Mais de tels cas sont certainement exceptionnels ; la règle générale est un accroissement numérique graduel, jusqu'à ce que le groupe atteigne son maximum, puis, tôt ou tard, entame une décroissance graduelle. Si l'on représente le nombre des espèces comprises dans un genre, ou le nombre des genres compris dans une famille, par une ligne verticale, d'une épaisseur variable, qui s'élève à travers les formations géologiques successives dans lesquelles on trouve ces espèces, la ligne semblera parfois à tort commencer, à son extrémité inférieure, non pas en un point aigu, mais brusquement ; elle monte ensuite en s'épaississant graduellement et demeure souvent d'une épaisseur égale sur une certaine longueur, puis à la fin se rétrécit dans les dépôts supérieurs, marquant la décroissance et, finalement, l'extinction des espèces. Cet accroissement numérique graduel des espèces d'un groupe est strictement conforme à la théorie, car les espèces d'un même genre, et les genres d'une même famille, ne peuvent s'accroître que lentement et progressivement ; le processus de modification et de production d'un certain nombre de formes apparentées est en effet nécessairement un processus lent et graduel – une espèce donne naissance d'abord à deux ou trois variétés, elles-mêmes lentement converties en espèces, qui à leur tour produisent par des étapes tout aussi lentes d'autres variétés et d'autres espèces, et ainsi de suite, comme l'arborescence d'un grand arbre à partir d'un seul tronc, jusqu'à ce que l'on ait un vaste groupe.

Sur l'extinction

Nous n'avons pour l'instant évoqué que d'une façon incidente la disparition des espèces et des groupes d'espèces. Si l'on se fonde sur la théorie de la sélection naturelle, l'extinction de formes anciennes et la production de formes nouvelles améliorées sont intimement liées entre elles. L'idée ancienne que tous les habitants de la terre auraient été balayés par des catastrophes à des époques successives est très généralement abandonnée, même par les géologues comme Élie de Beaumont, Murchison, Barrande, &c., que leurs conceptions générales conduiraient naturellement à cette conclusion. Au contraire, nous avons toutes les raisons de croire, d'après l'étude des formations tertiaires, que les espèces et les groupes d'espèces disparaissent graduellement, l'un après l'autre, d'abord d'un endroit, puis d'un autre, et enfin du monde. Dans un petit nombre de cas, cependant, comme lors du percement d'un isthme et de l'irruption ultérieure d'une multitude d'habitants nouveaux dans une mer avoisinante, ou bien lors de la subsidence finale d'une île, le processus d'extinction a pu être rapide. Tant les espèces considérées séparément que les groupes entiers d'espèces ont des durées très inégales ; certains groupes, comme nous l'avons vu, ont subsisté depuis les premières lueurs connues de l'aurore de la vie jusqu'à ce jour ; certains ont disparu avant la fin de l'époque paléozoïque. Aucune loi fixe ne semble déterminer le temps pendant lequel subsiste une quelconque espèce ou un quelconque groupe d'espèces. Il y a des raisons de croire que l'extinction d'un groupe entier d'espèces est généralement un processus plus lent que leur production ; si l'on représente, comme précédemment, leur apparition et leur disparition par une ligne verticale d'une épaisseur variable, on constate que la ligne s'effile plus graduellement à son extrémité supérieure, qui marque le progrès de l'extermination, qu'à son extrémité inférieure, qui marque l'apparition initiale et le début de l'accroissement numérique des espèces. Dans certains cas, cependant, l'extermination de groupes entiers, comme celle des ammonites, vers la fin de la période secondaire, a été extraordinairement soudaine.

On a enveloppé l'extinction des espèces du plus gratuit des mystères. Certains auteurs sont allés jusqu'à supposer que, puisque l'individu a une longévité définie, de même l'espèce a une durée définie. Nul n'a pu être étonné plus que je ne l'ai été en considérant l'extinction des espèces. Lorsque j'ai trouvé à La Plata une dent de cheval enfouie avec les restes de *Mastodon*, de *Megatherium*, de *Toxodon* et d'autres monstres éteints, qui coexistaient tous avec des coquillages encore vivants à une époque géologique très tardive, j'ai été frappé de stupéfaction ; car, étant donné que le cheval, depuis son introduction par les Espagnols en Amérique du Sud, est devenu sauvage sur toute l'étendue du pays et a accru sa population à une vitesse sans précédent, je me suis demandé ce qui avait pu exterminer si récemment le premier cheval dans des conditions de vie apparemment si favorables. Mais ma stupéfaction était infondée. Le Professeur Owen a eu tôt fait de reconnaître que cette dent, quoique si semblable à celle du cheval actuel, appartenait à une espèce éteinte. Si ce cheval avait encore été vivant, mais relativement rare, aucun naturaliste n'aurait éprouvé la moindre surprise en constatant sa rareté ; la rareté est en effet l'attribut d'un grand nombre d'espèces de toutes les classes, dans tous les pays. Si nous nous demandons pourquoi telle ou telle espèce est rare, nous répondons qu'il y a dans ses conditions de vie quelque chose de défavorable ; mais ce dont il s'agit, nous sommes presque toujours incapables de le dire. En supposant que le cheval fossile ait encore existé à l'état d'espèce rare, nous aurions pu nous assurer, d'après l'analogie de tous les autres mammifères, même de l'éléphant si lent à se reproduire, et d'après l'histoire de l'acclimatation du cheval domestique en Amérique du Sud, que, dans des circonstances plus favorables, il aurait, en un très petit nombre d'années, peuplé l'ensemble du continent. Mais nous n'aurions pas pu dire quelles étaient les conditions défavorables qui faisaient obstacle à son accroissement, s'il s'agissait de quelque circonstance unique ou de plusieurs, et à quelle période de la vie du cheval elles exerçaient leurs actions respectives, et à quel degré. Si les conditions avaient continué, si lentement que ce fût, à devenir de moins en moins favorables, assurément nous ne nous en serions pas aperçus, et pourtant le cheval fossile serait certainement devenu de plus en plus rare, pour finalement s'éteindre ; et quelque concurrent plus heureux se serait emparé de sa place.

Il est extrêmement difficile de toujours se rappeler que l'accroissement de chaque créature est constamment freiné par des actions hostiles qui restent inaperçues ; et que ces mêmes actions inaperçues sont amplement suffisantes pour entraîner la rareté et finalement l'extinction. Ce sujet est si peu compris que j'ai entendu plusieurs fois exprimer de la surprise à l'idée que de grands monstres tels le Mastodonte et plus anciennement les Dinosaures se sont éteints ; comme si la simple force physique donnait la victoire dans la bataille pour la vie. La simple taille, au contraire, peut en certains cas entraîner, comme l'a remarqué Owen, une extermination plus rapide du fait de la plus grande quantité de nourriture requise. Avant que l'homme n'habitât l'Inde ou l'Afrique, quelque chose a dû freiner l'accroissement continu de l'éléphant actuel. Un juge hautement compétent, le Dr Falconer, croit que ce sont principalement les insectes qui, à force de harceler et d'affaiblir sans cesse l'éléphant en Inde, freinent son accroissement ; c'était aussi la conclusion de Bruce à l'égard de l'éléphant africain en Abyssinie. Il est certain que les insectes et les vampires déterminent l'existence des grands quadrupèdes acclimatés dans diverses parties de l'Amérique du S.

Dans de nombreux cas, nous voyons dans les formations tertiaires les plus récentes que la rareté précède l'extinction ; et nous savons que tel a été le cours des événements pour les animaux qui ont été exterminés, soit localement soit entièrement, du fait de l'action de l'homme. Je répéterai ici ce que j'ai publié en 1845 : admettre que les espèces, généralement, deviennent rares avant de s'éteindre, n'éprouver aucune surprise en constatant la rareté d'une espèce et cependant s'ébahir fort lorsque cette espèce cesse d'exister, voilà qui revient tout à fait au même que d'admettre que la maladie est chez l'individu l'avant-coureur de la mrt, de n'éprouver aucune surprise en constatant la maladie, mais d'être stupéfait lorsque le malade meurt et de soupçonner qu'il est mort de quelque mort violente.

La théorie de la sélection naturelle est fondée sur l'idée que chaque nouvelle variété, et en fin de compte chaque nouvelle espèce, est produite et conservée parce qu'elle a un certain avantage sur celles avec lesquelles elle entre en concurrence ; et l'extinction ultérieure des formes les moins favorisées en résulte presque inévitablement. Il en est de même pour nos productions domestiques : lorsque l'on a obtenu une nouvelle variété légèrement améliorée, elle commence par supplanter les variétés les moins améliorées du voisinage ; lorsqu'elle est très améliorée, elle est transportée en tous lieux, comme nos bovins à cornes courtes, et prend la place d'autres races dans d'autres pays. Ainsi, l'apparition de nouvelles formes et la disparition de formes anciennes, tant naturellement qu'artificiellement produites, sont liées l'une à l'autre. Dans des groupes florissants, le nombre de nouvelles formes spécifiques qui ont été produites en un temps donné a probablement été, à certaines époques, plus grand que le nombre de formes spécifiques anciennes qui ont été exterminées ; mais nous savons que les espèces n'ont pas continué indéfiniment de s'accroître, du moins durant les époques géologiques récentes, de telle sorte que, si nous regardons les périodes récentes, nous pouvons croire que la production de nouvelles formes a causé l'extinction d'environ le même nombre de formes anciennes.

La concurrence est généralement la plus sévère, comme on l'a précédemment expliqué et illustré par des exemples, entre les formes qui se ressemblent le plus à tous égards. De là vient que les descendants modifiés et améliorés d'une espèce causent en général l'extermination de l'espèce parente ; et si de nombreuses formes nouvelles se sont développées à partir d'une espèce unique quelconque, les espèces apparentées qui lui sont le plus proches, c'est-à-dire les espèces du même genre, sont les plus exposées à l'extermination. C'est ainsi, à mon avis, qu'un certain nombre d'espèces nouvelles issues d'une seule espèce, c'est-à-dire un nouveau genre, vient supplanter un genre ancien qui appartient à la même famille. Mais il a dû arriver souvent qu'une espèce nouvelle appartenant à un certain groupe s'emparât de la place qu'occupait une espèce appartenant à un groupe distinct, et provoquât ainsi son extermination. Si de nombreuses formes apparentées se développent à partir de l'intrus qui a réussi, nombreuses sont celles qui devront céder leur place ; et ce seront en général les formes apparentées qui souffriront en commun d'une certaine infériorité héritée. Mais, que ce soient des espèces appartenant à la même classe ou à une classe distincte qui aient cédé leur place à d'autres espèces modifiées et améliorées, quelques-unes de celles qui en souffrent peuvent souvent être préservées pendant longtemps, du fait qu'elles sont adaptées à un type de vie particulier, ou du fait qu'elles habitent quelque station lointaine et isolée, où elles auront échappé à une concurrence rigoureuse. Par exemple, certaines espèces de *Trigonia*, grand genre de coquillages des formations secondaires, survivent dans les mers australiennes ; et quelques représentants du grand groupe presque éteint des poissons Ganoïdes habitent encore nos eaux douces. L'extinction complète d'un groupe est donc en général, comme nous l'avons vu, un processus plus lent que sa production.

En ce qui concerne l'extermination apparemment soudaine de familles entières ou d'ordres entiers, comme celle des Trilobites à la fin de l'époque paléozoïque et celle des Ammonites à la fin de l'époque secondaire, nous devons nous rappeler ce que l'on a dit déjà au sujet des intervalles de temps probablement vastes qui séparent nos formations consécutives ; et dans ces intervalles il a pu se produire une extermination forte, quoique lente. En outre, lorsque, par une immigration soudaine ou par un développement inhabituellement rapide, de nombreuses espèces d'un nouveau groupe ont pris possession d'un territoire, nombre d'espèces anciennes ont été exterminées d'une manière tout aussi rapide ; et les formes qui cèdent ainsi leur place sont ordinairement des formes apparentées, car elles ont en partage la même infériorité commune.

Ainsi, à ce qu'il me semble, la manière dont s'éteignent les espèces considérées séparément et les groupes entiers d'espèces s'accorde bien avec la théorie de la sélection naturelle. Nul besoin de nous ébahir en constatant l'extinction ; s'il faut vraiment que nous nous ébahissions, ce doit être en constatant notre propre présomption lorsque nous imaginons un moment que nous comprenons les circonstances nombreuses et complexes dont dépend l'existence de chaque espèce. Si nous oublions un instant que chaque espèce tend à s'accroître hors de toute proportion et qu'est toujours actif quelque frein qui y fait obstacle, mais que nous percevons rarement, l'économie de la nature tout entière en sera complètement obscurcie. Au moment où nous pourrons dire précisément pour quelle raison cette espèce-ci abonde en individus plus que celle-là, pour quelle raison cette espèce-ci et non une autre peut s'acclimater dans un pays donné – alors, et seulement alors, nous pourrons à bon droit éprouver de la surprise à l'idée de ne pouvoir expliquer l'extinction d'une espèce particulière ou d'un groupe particulier d'espèces.

Sur le fait que les formes de vie changent presque simultanément dans l'ensemble du monde

Il n'est guère de découverte paléontologique plus frappante que le fait que les formes de vie changent presque simultanément dans l'ensemble du monde. Ainsi, on peut reconnaître notre formation de la Craie européenne dans bien des régions lointaines, sous les climats les plus différents, où l'on ne trouve en revanche pas un seul fragment de craie minérale, à savoir en Amérique du Nord, dans l'Amérique du Sud équatoriale, à la Terre de Feu, au Cap de Bonne-Espérance et dans la péninsule indienne. En effet, en ces points éloignés, les restes organiques présentent dans certains dépôts une ressemblance extrêmement nette avec ceux de la Craie. Ce n'est pas que l'on y rencontre les mêmes espèces – car dans certains cas il n'y a pas une seule espèce qui soit exactement identique –, mais elles appartiennent aux mêmes familles, aux mêmes genres et aux mêmes subdivisions de genres, et possèdent parfois des caractéristiques semblables sur des points aussi minimes que leur simple modelé extérieur. En outre, d'autres formes, que l'on ne trouve pas dans la craie européenne mais que l'on rencontre dans les formations situées au-dessus et au-dessous, se présentent dans le même ordre en ces points éloignés du monde. Dans les diverses formations paléozoïques successives de Russie, d'Europe de l'Ouest et d'Amérique du Nord, plusieurs auteurs ont observé un semblable parallélisme des formes de vie ; il en est ainsi, selon Lyell, dans les dépôts tertiaires d'Europe et d'Amérique du Nord. Même si l'on ne prenait pas du tout en considération les rares espèces fossiles qui sont communes à l'Ancien Monde et au Nouveau Monde, le parallélisme général entre les formes de vie successives, dans les périodes paléozoïque et tertiaire, serait encore manifeste, et la corrélation des diverses formations pourrait être aisément établie.

Ces observations se rapportent cependant aux habitants marins du monde ; nous n'avons pas de données suffisantes pour juger si les productions terrestres et d'eau douce changent en des points éloignés de la même manière parallèle. Nous pouvons douter qu'elles aient changé de la sorte : si le *Megatherium*, le *Mylodon*, le *Macrauchenia* et le *Toxodon* avaient été transportés en Europe depuis La Plata, sans la moindre information relative à leur position géologique, nul n'aurait soupçonné qu'ils avaient coexisté avec des coquillages marins qui sont tous encore vivants ; mais, comme ces monstres anormaux coexistaient avec le *Mastodon* et le Cheval, on aurait au moins pu inférer qu'ils avaient vécu durant l'une des dernières périodes tertiaires.

Lorsque l'on dit des formes de vie marines qu'elles ont changé simultanément dans l'ensemble du monde, il ne faut pas supposer que cette expression se rapporte à la même année ou au même siècle, ou même qu'elle possède un sens géologique tout à fait strict ; en effet, si l'on comparait tous les animaux marins qui vivent actuellement en Europe, ainsi que tous ceux qui vivaient en Europe durant la période pléistocène – période très lointaine si on la mesure en années, qui inclut l'ensemble de l'époque glaciaire –, avec ceux qui existent actuellement en Amérique du Sud ou en Australie, le plus habile des naturalistes ne serait guère capable de dire si ce sont les habitants actuels de l'Europe ou ceux du pléistocène qui ressemblent le plus étroitement à ceux de l'hémisphère Sud. De même aussi, plusieurs observateurs hautement compétents soutiennent que les productions actuelles des États-Unis sont plus étroitement apparentées à celles qui vivaient en Europe durant certaines périodes de la fin du tertiaire, qu'aux habitants actuels de l'Europe ; et, s'il en est ainsi, il est évident que les couches fossilifères qui sont à présent déposées sur les rivages de l'Amérique du Nord sont dorénavant susceptibles d'être classées avec des dépôts européens un peu plus anciens. Néanmoins, si nous portons notre regard vers une lointaine époque du futur, il ne fait guère de doute que toutes les formations *marines* les plus modernes, à savoir le pliocène supérieur, le pléistocène et les couches modernes au sens strict, que ce soient celles de l'Europe, de l'Amérique du Nord et du Sud ou de l'Australie, parce qu'elles contiennent des restes fossiles apparentés à quelque degré, et qu'elles ne contiennent pas les formes qui ne se trouvent que dans les dépôts sous-jacents plus anciens, seront à juste titre classées comme simultanées au sens géologique.

Le fait que les formes de vie changent simultanément, au sens large défini plus haut, dans des parties éloignées du monde, a fortement frappé les admirables observateurs que sont MM. de Verneuil et d'Archiac. Après avoir fait référence au parallélisme des formes de vie paléozoïques dans diverses parties de l'Europe, ils ajoutent : « Si, frappés par cette étrange séquence, nous dirigeons notre attention vers l'Amérique du Nord, et y découvrons une série de phénomènes analogues, il paraîtra certain que toutes ces modifications d'espèces, leur extinction et l'introduction de nouvelles espèces, ne sauraient être dues à de simples changements des courants marins ou à d'autres causes plus ou moins locales et temporaires, mais dépendent de lois générales qui gouvernent l'ensemble du règne animal ».

M. Barrande a émis de fortes remarques qui vont exactement dans le même sens. Il est, de fait, passablement futile de regarder des changements de courants, de climat ou d'autres conditions physiques comme la cause de ces grandes mutations des formes de vie dans l'ensemble du monde et sous les climats les plus différents. Il nous faut, comme l'a remarqué Barrande, envisager quelque loi spéciale. C'est ce que nous verrons plus clairement lorsque nous traiterons de la répartition actuelle des êtres organiques, et que nous constaterons combien ténue est la relation entre les conditions physiques des divers pays et la nature de leurs habitants.

Ce grand fait de la succession parallèle des formes de vie dans l'ensemble du monde est explicable si l'on se fonde sur la théorie de la sélection naturelle. Les espèces nouvelles se forment parce qu'elles possèdent quelque avantage sur les formes plus anciennes ; et les formes qui sont déjà dominantes, ou possèdent quelque avantage sur les autres formes de leur propre pays, sont celles qui donnent le jour au plus grand nombre de nouvelles variétés, ou d'espèces naissantes. Nous avons un témoignage distinct à ce sujet dans le fait que les plantes qui sont dominantes, c'est-à-dire qui sont les plus communes et ont la plus large diffusion, sont celles qui produisent le plus grand nombre de variétés nouvelles. Il est naturel également que les espèces qui sont dominantes, varient et sont répandues sur une vaste étendue, et qui ont déjà envahi jusqu'à un certain point le territoire d'autres espèces, aient les meilleures chances de se répandre sur une étendue plus vaste encore et de donner naissance dans de nouveaux pays à d'autres nouvelles variétés et à d'autres nouvelles espèces. Le processus de diffusion doit souvent être très lent, au gré des changements climatiques et géographiques, d'accidents imprévus et de l'acclimatation graduelle des nouvelles espèces aux divers climats par lesquels il peut leur falloir passer, mais au fil du temps les formes dominantes doivent généralement réussir à se répandre et doivent finir par prévaloir. La diffusion doit être, selon toute probabilité, plus lente pour les habitants terrestres de continents distincts que pour les habitants de la mer continue. Nous pourrions donc nous attendre à constater, comme nous le constatons en effet, un degré de parallélisme moins strict dans la succession des productions terrestres que dans celle des productions marines.

Ainsi, me semble-t-il, la succession parallèle et, en un sens large, simultanée des mêmes formes de vie dans l'ensemble du monde s'accorde bien avec le principe que de nouvelles espèces se sont formées par la large extension et la variation d'espèces dominantes : les nouvelles espèces ainsi produites sont elles-mêmes dominantes, parce qu'elles possèdent quelque avantage sur leurs parentes qui étaient déjà dominantes, aussi bien que sur d'autres espèces, et à leur tour se répandent sur une vaste étendue, varient et produisent de nouvelles formes. Les formes anciennes qui sont vaincues et qui cèdent leur place aux formes nouvelles victorieuses font généralement partie de groupes apparentés, du fait qu'elles ont hérité en commun quelque infériorité ; et, par conséquent, à mesure que de nouveaux groupes améliorés se répandent à travers le monde entier, des groupes anciens disparaissent du monde ; et la succession des formes, dans leur apparition première comme dans leur disparition finale, tend partout à correspondre.

Une autre remarque, liée à ce sujet, vaut d'être faite. J'ai indiqué les raisons que j'ai de croire que la plupart de nos grandes formations riches en fossiles se sont déposées durant des périodes de subsidence, et que des intervalles vides d'une vaste durée, en ce qui concerne les fossiles, sont survenus au cours des périodes où le lit de la mer était stationnaire ou bien s'élevait, et également au cours de celles où les sédiments n'étaient pas déversés assez rapidement pour ensevelir et préserver les restes organiques. Durant ces longs intervalles vides, je suppose que les habitants de chaque région ont subi une modification et une extinction considérables, et qu'il y a eu une forte migration depuis d'autres parties du monde. Comme nous avons des raisons de penser que de vastes zones sont affectées par le même mouvement, il est probable que des formations strictement contemporaines se sont souvent accumulées sur de très larges espaces dans un même coin du monde ; mais nous sommes bien loin d'avoir le droit de conclure que tel a été le cas invariablement, et que de vastes zones ont invariablement été affectées par les mêmes mouvements. Lorsque deux formations se sont déposées dans deux régions durant une période à peu près, mais non exactement, identique, nous devrions trouver dans l'une et l'autre, pour les raisons expliquées dans les paragraphes qui précèdent, la même succession générale des formes de vie ; mais les espèces ne devraient pas se correspondre exactement, car il a dû y avoir un petit peu plus de temps dans une région que dans l'autre pour qu'aient lieu modification, extinction et immigration.

Je soupçonne que des cas de cette nature se rencontrent en Europe. M. Prestwich, dans ses admirables *Mémoires* sur les dépôts éocènes d'Angleterre et de France, est à même de tracer un étroit parallélisme général entre les étages successifs des deux pays ; mais lorsqu'il compare certains étages de l'Angleterre avec ceux de la France, bien qu'il trouve entre les deux un curieux accord à l'égard des nombres d'espèces qui appartiennent aux mêmes genres, les espèces elles-mêmes diffèrent pourtant d'une manière très difficile à expliquer si l'on considère la proximité des deux zones – à moins, certes, que l'on n'admette qu'un isthme séparait deux mers habitées par des faunes distinctes, mais contemporaines. Lyell a fait des observations semblables sur certaines des formations tertiaires tardives. De plus, Barrande montre qu'il existe un parallélisme général frappant entre les dépôts siluriens successifs de Bohême et de Scandinavie ; il trouve néanmoins une quantité surprenante de différences entre les espèces. Si les diverses formations de ces régions ne se sont pas déposées durant les mêmes époques exactement – une formation dans une région correspond en effet souvent à un intervalle vide dans une autre –, et si dans les deux régions les espèces ont continué lentement de changer durant l'accumulation des diverses formations et durant les longs intervalles de temps qui les ont séparées, en ce cas les diverses formations des deux régions doivent pouvoir être rangées dans le même ordre, en accord avec la succession générale des formes de vie, et l'ordre peut paraître à tort strictement parallèle ; les espèces ne doivent néanmoins pas être toutes les mêmes dans les étages apparemment correspondants des deux régions.

Sur les affinités des espèces éteintes entre elles et avec les formes vivantes

Tournons-nous à présent vers les affinités mutuelles des espèces éteintes et des espèces vivantes. Elles entrent toutes dans un nombre restreint de grandes classes ; et ce fait trouve immédiatement son explication si l'on se fonde sur le principe de filiation. Plus une forme est ancienne, plus elle diffère, en règle générale, des formes vivantes. Mais, comme Buckland l'a fait observer il y a longtemps, les espèces éteintes peuvent toutes être classées soit dans des groupes encore existants soit entre ces groupes. Que les formes de vie éteintes aident à combler les intervalles qui séparent les genres, les familles et les ordres actuels, cela est certainement vrai ; mais comme on n'a souvent tenu aucun compte de cette affirmation et qu'on l'a même niée, il est peut-être bon de faire quelques remarques sur ce sujet et de donner quelques exemples. Si nous limitons notre attention soit aux formes vivantes soit aux formes éteintes d'une même classe, la série est bien moins parfaite que si nous combinons les deux en un seul système général. Dans les écrits du Professeur Owen, nous rencontrons continuellement l'expression de *formes généralisées*, appliquée aux animaux éteints, et dans les écrits d'Agassiz, celle de *types prophétiques* ou *synthétiques* ; et ces termes impliquent que ces formes sont en réalité des chaînons intermédiaires ou chaînons de liaison. Un autre paléontologiste distingué, M. Gaudry, a montré de la manière la plus frappante que nombre des mammifères fossiles qu'il a découverts en Attique permettent de supprimer les intervalles entre les genres actuels. Cuvier classait les Ruminants et les Pachydermes comme deux des ordres de mammifères les plus distincts ; mais un si grand nombre de chaînons fossiles ont été exhumés qu'Owen a dû modifier l'ensemble de la classification et a placé certains pachydermes dans le même sous-ordre que des ruminants ; par exemple, il fait disparaître au moyen de gradations l'intervalle apparemment vaste qui sépare le cochon et le chameau. Les Ongulés ou quadrupèdes à sabots sont actuellement divisés entre le groupe de ceux dont les doigts sont en nombre pair et le groupe de ceux dont les doigts sont en nombre impair ; mais le *Macrauchenia* d'Amérique du S. relie dans une certaine mesure ces deux grands groupes. Nul ne niera que l'Hipparion soit intermédiaire entre le cheval actuel et certaines formes ongulées plus anciennes. Quel extraordinaire chaînon de liaison constitue, dans la chaîne des mammifères, le *Typotherium* d'Amérique du S., ainsi que l'exprime le nom que lui a donné le Professeur Gervais, et que l'on ne peut placer dans aucun ordre actuel ! Les Siréniens forment un groupe de mammifères très distinct, et l'une des particularités les plus remarquables chez le dugong et le lamantin actuels est la complète absence de membres postérieurs, sans qu'il en reste ne serait-ce qu'un rudiment ; mais l'*Halitherium*, qui est éteint, avait selon le Professeur Flower un fémur ossifié « articulé dans le bassin à un acétabule bien défini », et il s'approche ainsi quelque peu des quadrupèdes à sabots ordinaires, auxquels les Siréniens sont à d'autres égards apparentés. Les cétacés, ou baleines, sont largement différents de tous les autres mammifères, mais le Professeur Huxley considère comme indubitable que le *Zeuglodon* et le *Squalodon*, animaux tertiaires que certains naturalistes ont placés dans un ordre à part, sont des cétacés « et constituent des chaînons de liaison avec les carnivores aquatiques ».

Le naturaliste que l'on vient de citer a montré que même le vaste intervalle qui sépare les oiseaux et les reptiles est partiellement comblé de la manière la plus inattendue, d'un côté, par l'autruche et par l'Archéoptéryx, qui est éteint, et, de l'autre, par le *Compsognathus*, l'un des Dinosaures – groupe qui inclut les plus gigantesques de tous les reptiles terrestres. Si l'on se tourne vers les Invertébrés, Barrande affirme, et l'on ne pourrait nommer de plus haute autorité, que chaque jour lui enseigne que, même si les animaux paléozoïques peuvent certainement être classés dans des groupes actuels, à cette époque ancienne les groupes n'étaient cependant pas séparés d'une façon aussi distincte les uns des autres qu'ils le sont à présent.

Certains auteurs ont objecté à ce que l'on considère une quelconque espèce éteinte, ou un quelconque groupe d'espèces éteintes, comme intermédiaire entre deux quelconques espèces vivantes ou groupes d'espèces vivantes. Si l'on entend par ces mots qu'une forme éteinte est directement intermédiaire par tous ses caractères entre deux formes ou groupes vivants, l'objection est probablement valable. Mais, dans une classification naturelle, de nombreuses espèces fossiles sont assurément situées entre des espèces vivantes, et certains genres éteints entre des genres vivants, voire entre des genres qui appartiennent à des familles distinctes. Le cas le plus commun, spécialement à l'égard de groupes très distincts, tels les poissons et les reptiles, semble être que, si l'on suppose qu'ils se distinguent aujourd'hui par une vingtaine de caractères, les anciens représentants sont séparés par un nombre de caractères un peu moindre ; de sorte que les deux groupes s'approchaient autrefois l'un de l'autre d'un peu plus près qu'ils ne le font aujourd'hui.

On croit communément que plus une forme est ancienne, plus elle tend à relier, par certains de ses caractères, des groupes à présent largement séparés l'un de l'autre. Il faut sans aucun doute restreindre cette remarque aux groupes qui ont subi un fort changement au cours des âges géologiques ; et il serait difficile de prouver la vérité de cette proposition, car on découvre de temps en temps que même un animal vivant, comme le Lépidosirène, possède des affinités orientées vers des groupes très distincts. Pourtant, si nous comparons les Reptiles et les Batraciens anciens, les Poissons anciens, les Céphalopodes anciens et les Mammifères de l'Éocène avec les représentants plus récents de ces mêmes classes, il nous faut admettre qu'il y a de la vérité dans cette remarque.

Voyons dans quelle mesure ces divers faits et conclusions s'accordent avec la théorie de la descendance avec modification. Comme le sujet est assez complexe, je dois prier le lecteur de se rapporter au diagramme du quatrième chapitre [p. 304. *Ndt*.]. Nous supposerons que les lettres numérotées composées en italiques représentent des genres et les lignes pointillées divergentes qui en partent, les espèces à l'intérieur de chaque genre. Le diagramme est beaucoup trop simple, pour la raison qu'il montre trop peu de genres et trop peu d'espèces, mais cela n'a pour nous aucune importance. Les lignes horizontales représenteront les formations géologiques successives et toutes les formes situées sous la ligne supérieure seront considérées comme éteintes. Les trois genres actuels a^{14}, q^{14}, p^{14} formeront une petite famille ; b^{14} et f^{14}, une famille ou une sous-famille étroitement apparentée ; et o^{14}, e^{14}, m^{14}, une troisième famille. Ces trois familles formeront un ordre avec les nombreux genres éteints situés sur les diverses lignes de filiation divergentes qui partent de la forme parente A ; en effet, ils ont tous hérité quelque chose en commun de leur lointain aïeul. Si l'on se fonde sur le principe de la tendance continue à la divergence de caractère, que l'on a illustrée plus haut par ce diagramme, plus une forme quelconque est récente, plus elle différera en général de son lointain aïeul. Nous pouvons par là comprendre la loi selon laquelle les fossiles les plus anciens diffèrent le plus des formes actuelles. Nous ne devons pas considérer cependant que la divergence de caractère soit un événement nécessaire ; elle dépend seulement du fait que les descendants d'une espèce acquièrent ainsi la capacité de s'emparer de nombreuses places différentes dans l'économie de la nature. Aussi est-il tout à fait possible, comme nous l'avons vu dans le cas de certaines formes siluriennes, qu'une espèce continue d'être légèrement modifiée, en rapport avec les conditions légèrement modifiées de sa vie, et conserve pourtant sur toute la durée d'une vaste période les mêmes caractéristiques générales. C'est ce que représente sur le diagramme la lettre F^{14}.

L'ensemble des nombreuses formes, éteintes et récentes, issues de A constitue un ordre unique, comme on l'a remarqué précédemment ; et cet ordre, par les effets continus de l'extinction et de la divergence de caractère, s'est divisé en plusieurs sous-familles et familles, dont on suppose que certaines ont péri à différentes époques et que d'autres ont subsisté jusqu'aujourd'hui.

En regardant le diagramme, nous voyons que si un grand nombre des formes éteintes que l'on suppose enfouies dans les formations successives étaient découvertes à divers points situés en bas de la série, les trois familles actuelles de la ligne supérieure deviendraient moins distinctes les unes des autres. Si, par exemple, on exhumait les genres a^1, a^5, a^{10}, f^8, m^3, m^6 et m^9, ces trois familles seraient si étroitement liées entre elles qu'il faudrait probablement les unir en une seule grande famille, à peu près de la même manière que cela a été le cas pour les ruminants et certains pachydermes. Pourtant, qui objecterait à ce que l'on considère comme intermédiaires les genres éteints, qui relient donc les genres vivants des trois familles, serait en partie fondé à le faire, car ils sont intermédiaires non pas directement, mais seulement au terme d'un détour long et compliqué qui passe par de nombreuses formes largement différentes. Si l'on venait à découvrir de nombreuses formes éteintes au-dessus de l'une des lignes horizontales, c'est-à-dire des formations géologiques, du milieu – par exemple, au-dessus de la ligne n° VI –, mais que l'on n'en trouvât aucune en dessous de cette ligne, alors seulement deux des familles (celles situées à gauche, a^{14}, &c., ainsi que b^{14}, &c.) devraient être réunies en une seule ; et il resterait deux familles, qui seraient moins distinctes l'une de l'autre qu'elles ne l'étaient avant la découverte des fossiles. De même, si l'on suppose que les trois familles constituées de huit genres (de a^{14} à m^{14}), situées sur la ligne supérieure, diffèrent les unes des autres par une demi-douzaine de caractères importants, alors les familles qui existaient à l'époque notée VI devaient certainement différer les unes des autres par un nombre moindre de caractères ; car, à ce stade précoce de la descendance, elles avaient dû diverger à un moindre degré de leur aïeul commun. C'est ainsi que les anciens genres éteints en sont venus à avoir souvent, à un degré plus ou moins élevé, un caractère intermédiaire entre ceux de leurs descendants modifiés ou entre ceux de leurs parents collatéraux.

À l'état de nature, le processus doit être bien plus compliqué que le diagramme ne le représente ; car les groupes ont dû être plus nombreux ; ils ont dû perdurer sur des périodes extrêmement inégales et ont dû être modifiés à des degrés divers. Comme nous ne possédons que le dernier volume de l'archive géologique, et encore dans état très endommagé, il n'est pas légitime que nous nous attendions, sinon dans de rares cas, à combler les vastes intervalles du système naturel, et à réunir ainsi des familles ou des ordres distincts. Tout ce à quoi nous pouvons légitimement nous attendre, c'est à ce que les groupes qui ont subi, en des périodes géologiques connues, une forte modification se rapprochent légèrement les uns des autres dans les formations plus anciennes ; de telle sorte que les représentants anciens devraient différer moins les uns des autres par certains de leurs caractères que ne le font les représentants actuels des mêmes groupes ; et, d'après les témoignages concordants de nos meilleurs paléontologistes, tel est fréquemment le cas.

Ainsi, si l'on se fonde sur la théorie de la descendance avec modification, les principaux faits relatifs aux affinités mutuelles des formes de vie éteintes, les unes par rapport aux autres et par rapport aux formes vivantes, sont expliqués d'une manière satisfaisante. Et ils sont complètement inexplicables si l'on se fonde sur quelque autre conception que ce soit.

D'après la même théorie, il est évident que la faune, durant n'importe quelle grande époque de l'histoire de la terre, doit être intermédiaire par son caractère général entre celle qui l'a précédée et celle qui lui a succédé. Ainsi, les espèces qui vivaient au sixième grand stade de descendance du diagramme sont les descendantes modifiées de celles qui vivaient au cinquième stade et sont les parents de celles, plus modifiées encore, du septième stade ; elles ne pouvaient donc guère manquer d'être à peu près intermédiaires, par leur caractère, entre les formes de vie situées au-dessus et au-dessous. Nous devons cependant tenir compte de l'extinction totale de certaines formes qui ont précédé, de l'immigration, dans telle ou telle région, de nouvelles formes depuis d'autres régions, et d'une somme considérable de modifications survenue durant les longs intervalles vides qui ont séparé les formations successives. Pourvu que l'on fasse droit à ces éventualités, la faune de chaque époque géologique est indubitablement intermédiaire dans son caractère entre la faune qui l'a précédée et celle qui l'a suivie. Il me suffira de donner un seul exemple, à savoir la manière dont les fossiles du système Dévonien, lorsque l'on a découvert ce système, ont aussitôt été reconnus par les paléontologistes comme intermédiaires du point de vue du caractère entre ceux du système carbonifère sus-jacent et ceux du système Silurien sous-jacent. Mais toute faune n'est pas nécessairement exactement intermédiaire, puisque des intervalles de temps inégaux se sont écoulés entre les formations consécutives.

Le fait que certains genres se présentent comme des exceptions à la règle n'est pas une réelle objection à la vérité de l'affirmation selon laquelle la faune de chaque période, dans son ensemble, est à peu près intermédiaire par son caractère entre la faune qui l'a précédée et celle qui l'a suivie. Par exemple, les espèces de mastodontes et d'éléphants, une fois rangées en deux séries par le Dr Falconer – en premier lieu d'après leurs affinités mutuelles, et en second lieu d'après leurs périodes d'existence –, ne concordent pas dans leur arrangement. Les espèces d'un caractère extrême ne sont ni les plus anciennes ni les plus récentes ; non plus que celles qui ont un caractère intermédiaire ne sont intermédiaires par l'âge. Mais si l'on suppose un instant, dans ce cas comme dans d'autres semblables, que l'archive qui enregistre la première apparition et la disparition des espèces est complète – ce qui est loin d'être le cas –, nous n'avons aucune raison de croire que les formes produites successivement subsistent pendant des périodes de temps correspondantes. Une forme très ancienne a pu durer quelquefois bien plus longtemps qu'une forme produite plus tard en un autre lieu, surtout dans le cas des productions terrestres qui habitaient des régions séparées. Pour comparer les petites choses avec les grandes, si l'on faisait une série des races principales, vivantes et éteintes, du pigeon domestique en les rangeant suivant leur degré d'affinité, cet arrangement ne concorderait pas étroitement avec l'ordre chronologique de leur production, et moins encore avec l'ordre de leur disparition ; en effet, le pigeon de roche parent vit encore, de nombreuses variétés qui séparaient le pigeon de roche du messager se sont éteintes, et les messagers, qui sont extrêmes par le caractère important qu'est la longueur du bec, ont une origine plus ancienne que les culbutants à bec court, qui sont à cet égard à l'autre bout de la série.

Un fait étroitement lié à l'affirmation que les restes organiques d'une formation intermédiaire sont à quelque degré intermédiaires par le caractère, est que, comme le soulignent tous les paléontologistes, les fossiles issus de deux formations consécutives sont bien plus étroitement liés les uns aux autres que ne le sont les fossiles issus de deux formations éloignées. Pictet mentionne comme un exemple bien connu la ressemblance générale des restes organiques issus des divers étages de la formation de la craie, bien que les espèces soient distinctes dans chaque étage. Ce seul fait, en raison de sa généralité, semble avoir ébranlé la croyance du Professeur Pictet en l'immutabilité des espèces. Celui qui connaît un peu la répartition des espèces actuelles sur le globe ne tentera pas d'expliquer l'étroite ressemblance des espèces distinctes, dans les formations étroitement consécutives, par le fait que les conditions physiques des zones anciennes seraient demeurées à peu près les mêmes. N'oubliez pas que les formes de vie, du moins celles qui habitent la mer, ont changé presque simultanément dans l'ensemble du monde, et par conséquent sous des climats et dans des conditions extrêmement différents. Considérez les vicissitudes prodigieuses du climat durant l'époque pléistocène, qui comprend l'ensemble de l'époque glaciaire, et remarquez à quel point les formes spécifiques des habitants de la mer ont été peu affectées.

Si l'on se fonde sur la théorie de la descendance, la signification profonde du fait que les restes fossiles issus de formations étroitement consécutives sont étroitement liés, quoique classés comme des espèces distinctes, est évidente. Comme l'accumulation de chaque formation a été souvent interrompue, et comme de longs intervalles vides sont intervenus entre les formations successives, nous ne devrions pas nous attendre, comme j'ai tenté de le montrer dans le chapitre précédent, à trouver, dans une ou deux formations quelconques, toutes les variétés intermédiaires entre les espèces qui sont apparues au commencement et à la fin de ces périodes ; mais nous devrions, après des intervalles très longs si on les mesure en années, mais seulement d'une longueur modérée si on les mesure d'une façon géologique, trouver des formes étroitement apparentées, ou, comme certains auteurs les ont nommées, des espèces représentatives ; et assurément nous en trouvons. Bref, nous trouvons, au sujet des mutations lentes et à peine sensibles des formes spécifiques, les témoignages que nous sommes en droit d'attendre.

Sur l'état de développement des formes anciennes comparées aux vivantes

Nous avons vu dans le quatrième chapitre que le degré de différenciation et de spécialisation des parties chez les êtres organiques, lorsqu'ils sont parvenus à leur maturité, est le meilleur critère, comme nous l'avons déjà suggéré, de leur degré de perfection ou d'élévation. Nous avons vu également que, comme la spécialisation des parties est un avantage pour chaque être, la sélection naturelle tend à rendre l'organisation de chaque être plus spécialisée et plus parfaite, et en ce sens plus élevée ; non qu'elle ne puisse laisser à de nombreuses créatures des structures simples et non améliorées, adaptées à des conditions de vie simples, voire dans certains cas dégrader ou simplifier l'organisation, laissant malgré tout ces êtres dégradés mieux adaptés à leur nouveau milieu. Autrement, et d'une manière plus générale, les espèces nouvelles deviennent supérieures à celles qui les ont précédées ; en effet, il leur faut l'emporter, dans la lutte pour la vie, sur toutes les formes anciennes, avec lesquelles elles entrent en étroite concurrence. Nous conclurons donc que si, dans un climat à peu près semblable, les habitants éocènes du monde pouvaient être mis en concurrence avec ses habitants actuels, les premiers seraient vaincus et exterminés par les seconds, comme ont dû l'être les formes secondaires par les formes éocènes, et les formes paléozoïques par les formes secondaires. De sorte que, à en juger par cette épreuve fondamentale de la victoire dans la bataille pour la vie, ainsi que par le niveau de la spécialisation des organes, les formes modernes devraient, si l'on se fonde sur la théorie de la sélection naturelle, se situer plus haut que les formes anciennes. Est-ce le cas ? Dans leur vaste majorité, les paléontologistes répondraient par l'affirmative ; et il faut apparemment admettre que cette réponse est juste, bien que sa vérité soit difficile à prouver.

Il ne faut pas voir une objection valable à cette conclusion dans le fait que certains Brachiopodes n'ont été que légèrement modifiés depuis une époque géologique extrêmement reculée ; et que certains coquillages terrestres et d'eau douce sont demeurés presque les mêmes depuis le moment où, pour autant que nous le sachions, elles sont apparues pour la première fois. Il ne faut pas voir une difficulté insurmontable dans le fait que les Foraminifères, comme l'a souligné le Dr Carpenter, n'ont pas progressé du point de vue de l'organisation, même si l'on remonte à l'époque Laurentienne ; en effet, certains organismes ont dû demeurer adaptés à des conditions de vie simples, et y en a-t-il qui soient mieux adaptés à cette fin que ces Protozoaires à l'organisation peu élevée ? De telles objections seraient fatales à ma conception, si l'avancement de l'organisation y entrait comme une condition nécessaire. Elles seraient tout aussi fatales, si l'on pouvait prouver, par exemple, que les Foraminifères en question soient initialement venus à l'existence durant l'époque Laurentienne, ou bien que les Brachiopodes en question soient nés au cours de la formation Cambrienne ; car, en ce cas, il n'y aurait pas eu un temps suffisant pour que le développement de ces organismes s'élevât jusqu'au niveau qu'ils avaient alors atteint. Une fois qu'ils se sont avancés jusqu'à un point donné, il n'y a aucune nécessité, si l'on se fonde sur la théorie de la sélection naturelle, à ce qu'ils continuent encore de progresser, bien qu'ils doivent, durant chacune des époques successives, être légèrement modifiés, de façon à tenir leur place eu égard à de légers changements de leurs conditions. Les objections qui précèdent s'articulent autour de la question de savoir si nous connaissons réellement l'âge du monde, et à quelle époque les diverses formes de la vie sont initialement apparues ; et ce sont là des sujets qui prêtent bien à controverse.

Le problème de savoir si l'organisation dans son ensemble a avancé est, de bien des façons, excessivement difficile à démêler. L'archive géologique, imparfaite à toutes les époques, ne remonte pas assez loin pour montrer avec une clarté indubitable que, dans les limites de l'histoire du monde qui nous est connue, l'organisation a largement avancé. Encore aujourd'hui, en regardant des représentants de la même classe, les naturalistes ne sont pas unanimes à dire quelles formes doivent être classées comme étant les plus élevées : ainsi, certains regardent les sélaciens, ou requins, parce qu'ils se rapprochent des reptiles sur certains points de structure importants, comme les poissons les plus élevés ; d'autres regardent les téléostéens comme les plus élevés. Les ganoïdes occupent une place intermédiaire entre les sélaciens et les téléostéens : ces derniers sont aujourd'hui largement prépondérant du point de vue numérique ; mais auparavant seuls les sélaciens et les ganoïdes existaient ; et, dans ce cas, selon le critère d'élévation choisi, on dira que les poissons ont avancé ou bien ont rétrogradé du point de vue de l'organisation. Il semble vain de tenter de comparer des représentants de types distincts sur l'échelle de l'organisation ; qui décidera si une seiche est située plus haut qu'une abeille – insecte que le grand Von Baer croyait « en fait plus hautement organisé qu'un poisson, quoique selon un autre type » ? Dans la complexe lutte pour la vie, il n'y a rien d'incroyable à ce que les crustacés, qui ne sont pas situés très haut dans leur propre classe, puissent vaincre les céphalopodes, qui sont les mollusques les plus élevés ; et ces crustacés, bien qu'ils ne soient pas hautement développés, occuperaient une place très élevée sur l'échelle des animaux invertébrés, si l'on en juge par la plus décisive de toutes les épreuves – la loi du combat. Outre ces difficultés inhérentes à la détermination des formes qui sont les plus avancées du point de vue de l'organisation, nous ne devons pas seulement comparer les représentants les plus élevés d'une classe à deux époques données – bien que ce soit indubitablement l'un des éléments les plus importants, peut-être le plus important, lorsque l'on veut faire un bilan –, mais nous devons comparer tous les représentants, situés en haut ou en bas, aux deux époques. À une époque ancienne, les animaux molluscoïdes supérieurs et inférieurs, c'est-à-dire les céphalopodes et les brachiopodes, pullulaient ; à présent, les deux groupes sont considérablement réduits, tandis que d'autres, intermédiaires du point de vue de l'organisation, se sont largement accrus ; certains naturalistes soutiennent par conséquent que les mollusques étaient auparavant plus hautement développés qu'ils ne le sont aujourd'hui ; mais on trouve de l'autre côté des arguments plus forts, si l'on considère la forte réduction des brachiopodes, et le fait que nos céphalopodes actuels, quoique peu nombreux, sont plus hautement organisés que leurs représentants anciens. Nous devons également comparer les proportions relatives, à deux époques données, des classes hautes et basses, dans l'ensemble du monde ; si, par exemple, cinquante mille types d'animaux vertébrés existent aujourd'hui, et si l'on sait qu'à une époque passée il n'en existait que dix mille types, nous devons regarder cet accroissement numérique de la classe la plus élevée, qui implique un grand déplacement de formes inférieures, comme une nette avancée dans l'organisation du monde. Nous voyons ainsi les difficultés insolubles qui se présentent lorsque l'on veut comparer avec une parfaite équité, dans ces relations extrêmement complexes, le niveau d'organisation des faunes imparfaitement connues de périodes successives.

Nous apprécierons ces difficultés plus clairement si nous examinons certaines faunes et certaines flores actuelles. D'après la manière extraordinaire dont les productions européennes se sont récemment répandues sur toute l'étendue de la Nouvelle-Zélande, et se sont emparées de places qui ont dû être antérieurement occupées par les productions indigènes, il nous faut croire que, si l'on laissait tous les animaux et toutes les plantes de Grande-Bretagne s'installer librement en Nouvelle-Zélande, une multitude de formes britanniques s'y acclimateraient entièrement au fil du temps, et extermineraient un grand nombre de formes indigènes. Au contraire, d'après le fait qu'il n'est presque pas un seul habitant de l'hémisphère Sud qui soit devenu sauvage en quelque partie de l'Europe que ce soit, nous pouvons assurément douter que, si l'on laissait toutes les productions de Nouvelle-Zélande s'installer en Grande-Bretagne, un nombre un tant soit peu considérable d'entre elles se trouvent en mesure de s'emparer de places occupées à présent par nos plantes et nos animaux autochtones. De ce point de vue, les productions de Grande-Bretagne sont situées bien plus haut sur l'échelle que celles de Nouvelle-Zélande. Et pourtant, le plus habile des naturalistes, en se fondant sur l'examen des espèces des deux pays, n'aurait pu prévoir ce résultat.

Agassiz et plusieurs autres juges hautement compétents insistent sur le fait que les animaux anciens ressemblent dans une certaine mesure aux embryons d'animaux récents qui appartiennent aux mêmes classes ; et que la succession géologique des formes éteintes est à peu près parallèle au développement embryologique des formes actuelles. Cette façon de voir s'accorde admirablement bien avec notre théorie. Dans un prochain chapitre, je tenterai de montrer que l'adulte diffère de son embryon en raison de variations survenues à un âge non précoce et héritées à l'âge correspondant. Ce processus, alors qu'il ne modifie presque pas l'embryon, ajoute, au fil des générations qui se succèdent, de plus en plus de différences à l'adulte. Ainsi, l'embryon demeure finalement comme une sorte de portrait, conservé par la nature, de l'état antérieur et moins modifié de l'espèce. Cette conception peut être vraie, et pourtant n'être jamais passible de preuve. Voyant, par exemple, que les mammifères, les reptiles et les poissons les plus anciens que l'on connaisse appartiennent strictement à leurs classes propres, bien que certaines de ces formes anciennes soient à un léger degré moins distinctes les unes des autres que ne le sont à présent les représentants typiques des mêmes groupes, il sera vain de chercher des animaux qui possèdent le caractère embryologique commun des Vertébrés, tant que l'on n'aura pas découvert de dépôts riches en fossiles bien au-dessous des strates cambriennes les plus basses – découverte dont la probabilité est faible.

Sur la succession des mêmes types à l'intérieur des mêmes aires, durant les dernières périodes tertiaires

M. Clift a montré, il y a des années, que les mammifères fossiles des cavernes australiennes sont étroitement apparentés aux marsupiaux vivants de ce continent. En Amérique du Sud, une semblable relation est manifeste, même pour un œil non exercé, dans le cas des gigantesques pièces d'armure, telles celles du tatou, que l'on trouve dans diverses zones de La Plata ; et le Professeur Owen a montré de la manière la plus frappante que la plupart des mammifères fossiles enterrés là en un si grand nombre sont liés à des types sud-américains. Cette relation se voit encore plus clairement à travers l'extraordinaire collection d'os fossiles qu'ont constituée MM. Lund et Clausen dans les cavernes du Brésil. J'ai été si impressionné par ces faits que j'ai fortement insisté, en 1839 et en 1845, sur cette « loi de la succession des types », sur « cette extraordinaire relation dans un même continent entre les morts et les vivants ». Le Professeur Owen a par la suite étendu cette même généralisation aux mammifères de l'Ancien Monde. La même loi s'offre à nos yeux dans les restaurations que cet auteur a conduites des gigantesques oiseaux éteints de Nouvelle-Zélande. Elle s'offre également à nos yeux chez les oiseaux des cavernes du Brésil. M. Woodward a montré que la même loi est valable dans le cas des coquillages marins, mais, à en juger par la vaste répartition de la plupart des mollusques, ils ne la donnent pas à voir nettement. On pourrait ajouter d'autres cas, comme la relation qui existe entre les coquillages terrestres éteints et actuels de Madère, ou entre les coquillages d'eau saumâtre éteints et actuels de la mer Aralocaspienne.

Or, que signifie cette remarquable loi de la succession des mêmes types à l'intérieur des mêmes territoires ? Il faudrait être bien hardi, après avoir comparé, aux mêmes latitudes, le climat actuel de l'Australie et celui de certaines parties de l'Amérique du Sud, pour tenter d'expliquer, d'un côté, la dissemblance des habitants de ces deux continents par des conditions physiques dissemblables et, de l'autre côté, l'uniformité des mêmes types sur chaque continent durant les dernières époques tertiaires par la ressemblance des conditions. On ne peut pas non plus prétendre que ce soit une loi immuable que les marsupiaux aient été produits principalement ou seulement en Australie ; ou que les Édentés et d'autres types américains aient été produits seulement en Amérique du Sud. En effet, nous savons que l'Europe était, dans les temps anciens, peuplée de nombreux marsupiaux ; et j'ai montré, dans les publications auxquelles il a été fait allusion plus haut, qu'en Amérique la loi de répartition des mammifères terrestres était auparavant différente de ce qu'elle est aujourd'hui. L'Amérique du Nord partageait jadis, d'une manière fort nette, le caractère actuel de la moitié méridionale du continent ; et la moitié méridionale était jadis plus étroitement apparentée qu'aujourd'hui à la moitié septentrionale. D'une manière semblable, nous savons d'après les découvertes de Falconer et de Cautley que l'Inde du Nord était auparavant, à l'égard des mammifères qu'elle possède, plus étroitement liée à l'Afrique qu'elle ne l'est à l'époque actuelle. On pourrait fournir des faits analogues ayant trait à la répartition des animaux marins.

Si l'on se fonde sur la théorie de la descendance avec modification, la grande loi de la succession persistante, mais non immuable, des mêmes types à l'intérieur des mêmes territoires s'explique aussitôt ; en effet, les habitants de chaque région du monde tendront évidemment à laisser dans cette région, durant l'époque qui suit immédiatement, des descendants apparentés quoique modifiés à quelque degré. Si les habitants d'un continent différaient considérablement par le passé de ceux d'un autre continent, leurs descendants modifiés différeront encore à peu près de la même manière et au même degré. Mais après de très longs intervalles de temps, et après de grands changements géographiques qui auront permis une forte intermigration, les formes les plus faibles céderont devant les formes les plus dominantes, et rien ne sera immuable dans la répartition des êtres organiques.

On me demandera peut-être, pour tourner la théorie en ridicule, si je suppose que le *Megatherium* et autres énormes monstres apparentés, qui vivaient jadis en Amérique du Sud, ont laissé derrière eux le paresseux, le tatou et le fourmilier, comme leurs descendants dégénérés. On ne peut l'admettre ne serait-ce qu'un instant. Ces animaux énormes se sont complètement éteints, et n'ont laissé aucune progéniture. Mais il y a dans les cavernes du Brésil de nombreuses espèces éteintes qui sont étroitement apparentées par la taille et par tous leurs autres caractères aux espèces qui vivent encore en Amérique du Sud ; et certains de ces fossiles ont pu, de fait, être les aïeux des espèces vivantes. Il ne faut pas oublier que, d'après notre théorie, toutes les espèces du même genre sont les descendantes d'une espèce unique ; de sorte que, à supposer que l'on trouve dans une formation géologique six genres possédant chacun huit espèces, et qu'il y ait dans la formation suivante six autres genres apparentés ou représentatifs pourvus du même nombre d'espèces, alors nous pourrons conclure que, d'une façon générale, une seule espèce de chacun des genres anciens a laissé des descendants modifiés, qui constituent les genres nouveaux contenant les diverses espèces ; les sept autres espèces de chaque genre ancien se sont éteintes ou n'ont laissé aucune progéniture. Ou bien, et cela doit être un cas nettement plus courant, deux ou trois espèces de deux ou trois genres seulement parmi les six genres plus anciens doivent être les parents des nouveaux genres – les autres espèces et les autres genres tout entiers s'étant complètement éteints. Dans des ordres déclinants, où le nombre des genres et des espèces décroît, comme c'est le cas des Édentés d'Amérique du Sud, un plus petit nombre encore de genres et d'espèces doivent laisser des descendants modifiés de leur sang.

Résumé de ce chapitre et du chapitre précédent

J'ai tenté de montrer que l'archive géologique est extrêmement imparfaite ; que seule une petite partie du globe a été explorée avec soin du point de vue géologique ; que seules certaines classes d'êtres organiques ont été largement préservées à l'état fossile ; que le nombre tant des spécimens que des espèces qui sont conservés dans nos musées n'est absolument rien en comparaison du nombre des générations qui ont dû s'écouler durant ne serait-ce qu'une seule formation ; que, du fait que la subsidence est presque indispensable à l'accumulation de dépôts riches en espèces fossiles de nombreux types et assez épais pour subsister malgré la dégradation future, de grands intervalles de temps ont dû s'écouler le plus souvent entre nos formations successives ; qu'il y a probablement eu une extinction plus forte durant les périodes de subsidence, et une variation plus forte durant les périodes d'élévation, et que durant ces dernières l'archive a dû être tenue moins parfaitement que jamais ; que chacune des formations s'est déposée d'une façon qui n'a pas été continue ; que la durée de chaque formation est brève, selon toute probabilité, si on la compare avec la durée moyenne des formes spécifiques ; que la migration a joué un rôle important dans l'apparition initiale de nouvelles formes dans tout territoire et dans toute formation ; que les espèces qui occupent un vaste territoire sont celles qui ont varié le plus fréquemment et ont le plus souvent donné naissance à de nouvelles espèces ; que les variétés ont commencé par être locales ; et, pour finir, bien chaque espèce ait dû passer à travers de nombreux stades de transition, qu'il est probable que les périodes durant lesquelles chacune a subi des modifications, quoiqu'elles soient nombreuses et longues si on les mesure en années, ont été brèves en comparaison des périodes durant lesquelles chacune demeurait dans un état inchangé. Ces causes, prises conjointement, expliqueront dans une large mesure pourquoi – bien que nous trouvions certes de nombreux chaînons – nous ne trouvons pas une série interminable de variétés qui relieraient les unes aux autres toutes les formes éteintes et actuelles par des étapes très finement graduées. Il faut également garder constamment à l'esprit que toute variété que l'on a pu trouver reliant deux formes a dû se voir attribuer, à moins que l'on n'ait pu restaurer parfaitement l'ensemble de la chaîne, le rang d'espèce nouvelle et distincte ; car je ne prétends pas que nous ayons un critère sûr au moyen duquel discriminer espèces et variétés.

Quiconque rejette cette conception de l'imperfection de l'archive géologique aura raison de rejeter l'ensemble de la théorie. En effet, il demandera en vain où se trouvent les innombrables chaînons de transition qui ont dû relier par le passé les espèces étroitement apparentées ou représentatives que l'on trouve dans les étages successifs d'une même grande formation. Il se refusera à croire aux immenses intervalles de temps qui ont dû s'écouler entre nos formations successives ; il négligera l'importance du rôle qu'a joué la migration, si l'on considère les formations d'une grande région, quelle qu'elle soit, comme celles de l'Europe ; il mettra en avant l'apparente irruption, mais qui est souvent une fausse apparence, de groupes d'espèces entiers. Il demandera où se trouvent les restes de ces organismes infiniment nombreux qui ont dû exister longtemps avant que le système Cambrien ne se déposât. Nous savons à présent qu'un animal au moins existait alors ; mais je ne puis répondre à cette dernière question qu'en supposant que là où nos océans s'étendent aujourd'hui, ils s'étendent depuis une époque formidablement lointaine, et que nos continents, soumis aux oscillations, se trouvent là où ils se trouvent aujourd'hui depuis le commencement du système Cambrien ; mais que, bien avant cette époque, le monde présentait un aspect largement différent, et que les continents anciens, formés de formations plus anciennes qu'aucune qui nous soit connue, n'existent aujourd'hui qu'à l'état de reliques du métamorphisme, ou bien sont encore enfouis sous l'océan.

Si on laisse de côté ces difficultés, les autres faits majeurs de la paléontologie concordent admirablement avec la théorie de la descendance avec modification par l'effet de la variation et de la sélection naturelle. Nous pouvons ainsi comprendre comment il se fait que de nouvelles espèces surviennent lentement et successivement ; que les espèces de classes différentes ne changent pas nécessairement ensemble, ou à la même vitesse, ou au même degré, et que pourtant, sur le long terme, toutes subissent des modifications jusqu'à un certain point. L'extinction des formes anciennes est la conséquence presque inévitable de la production de nouvelles formes. Nous pouvons comprendre pourquoi, une fois qu'une espèce a disparu, elle ne réapparaît jamais. Les groupes d'espèces accroissent lentement le nombre de leurs représentants, et subsistent pendant des durées inégales, car le processus de modification est nécessairement lent et dépend de circonstances nombreuses et complexes. Les espèces dominantes qui appartiennent à des groupes vastes et dominants tendent à laisser de nombreux descendants modifiés, qui forment de nouveaux sous-groupes et de nouveaux groupes. Tandis que ceux-ci se forment, les espèces des groupes les moins vigoureux, du fait de l'infériorité qu'ils ont héritée d'un aïeul commun, tendent à s'éteindre ensemble, et à ne pas laisser de descendance modifiée à la surface de la terre. Mais l'extinction totale d'un groupe entier d'espèces a parfois été un processus lent, en raison de la survie d'un petit nombre de descendants, qui s'attardaient dans des situations protégées et isolées. Une fois qu'un groupe a complètement disparu, il ne réapparaît pas, le lien de la génération ayant été rompu.

Nous pouvons comprendre comment il se fait que les formes dominantes qui se répandent sur une vaste étendue et produisent le plus grand nombre d'espèces tendent à peupler le monde de descendants apparentés, mais modifiés ; et ceux-ci réussiront en général à déplacer les groupes qui leur sont inférieurs dans la Lutte pour l'Existence. C'est pourquoi, après de longs intervalles de temps, les productions du monde paraissent avoir changé simultanément.

Nous pouvons comprendre comment il se fait que toutes les formes de vie, anciennes ou récentes, constituent ensemble un nombre restreint de grandes classes. Nous pouvons comprendre, d'après la tendance continue à la divergence de caractère, pourquoi plus une forme est ancienne, plus elle diffère en général de celles qui existent à présent ; pourquoi les formes anciennes et éteintes tendent souvent à combler les lacunes qui séparent les formes actuelles, en mêlant parfois en un seul groupe deux groupes antérieurement classés comme distincts, mais plus couramment en ne faisant que les rapprocher un peu l'un de l'autre. Plus une forme est ancienne, plus il est fréquent qu'elle soit à quelque degré intermédiaire entre deux groupes aujourd'hui distincts ; en effet, plus une forme est ancienne, plus elle doit être liée de près à l'aïeul commun des groupes qui sont ensuite devenus largement divergents, et plus elle doit par conséquent lui ressembler. Il est rare que les formes éteintes soient directement intermédiaires entre deux formes actuelles ; mais elles ne sont intermédiaires qu'au terme d'un détour long et compliqué qui passe par d'autres formes éteintes et différentes. Nous voyons clairement pourquoi les restes organiques de formations étroitement consécutives sont étroitement apparentés, puisqu'ils sont étroitement reliés les uns aux autres par la génération. Nous voyons clairement pourquoi les restes d'une formation intermédiaire ont un caractère intermédiaire.

Les habitants du monde à chacune des époques successives de son histoire ont vaincu leurs prédécesseurs dans la course pour la vie, et sont, dans cette mesure, plus élevés dans l'échelle, et leur structure est en général devenue plus spécialisée ; et cela peut expliquer la croyance courante de tant de paléontologistes, selon laquelle l'organisation a dans l'ensemble progressé. Les animaux éteints anciens ressemblent jusqu'à un certain point aux embryons des animaux plus récents qui appartiennent aux mêmes classes, et ce fait extraordinaire reçoit une explication simple si l'on suit nos conceptions. La succession des mêmes types de structure à l'intérieur des mêmes aires au cours des dernières périodes géologiques cesse d'être mystérieuse, et peut être comprise si l'on se fonde sur le principe de l'hérédité.

Si donc l'archive géologique est aussi imparfaite que bien des gens le croient – et l'on peut au moins affirmer qu'il est impossible de prouver que l'archive soit beaucoup plus parfaite –, les principales objections à la théorie de la sélection naturelle sont considérablement affaiblies ou disparaissent. Par ailleurs, toutes les lois majeures de la paléontologie proclament nettement, me semble-t-il, que les espèces ont été produites par la génération ordinaire : d'anciennes formes ont été supplantées par des formes de vie nouvelles et améliorées, produits de la Variation et de la Survie des Plus Aptes.

CHAPITRE XII

RÉPARTITION GÉOGRAPHIQUE

La répartition actuelle ne peut être expliquée par les différences dans les conditions physiques – Importance des barrières – Affinité des productions d'un même continent – Centres de création – Moyens de dispersion : par les changements du climat et du niveau des terres, et par des moyens occasionnels – Dispersion durant la période glaciaire – Alternance des périodes glaciaires dans le nord et dans le sud.

Lorsque l'on considère la répartition des êtres organiques sur toute la surface du globe, le premier fait majeur qui nous frappe est que ni la ressemblance ni la dissemblance des habitants des diverses régions ne peut entièrement s'expliquer par des changements climatiques ou d'autres conditions physiques. Depuis peu, presque tous les auteurs qui ont étudié la question sont parvenus à cette conclusion. Le cas de l'Amérique suffirait presque, à lui seul, à en prouver la justesse ; en effet, si nous excluons les zones arctiques et les zones septentrionales tempérées, tous les auteurs s'accordent à dire que l'une des divisions les plus fondamentales de la répartition géographique est celle du Nouveau Monde et de l'Ancien ; pourtant, si nous parcourons le vaste continent américain, depuis les parties centrales des États-Unis jusqu'à son extrémité méridionale, nous rencontrons les conditions les plus diversifiées : des régions humides, des déserts arides, des montagnes élevées, des plaines herbeuses, des forêts, des marais, des lacs et de grands fleuves, soumis à presque toutes les températures. Il n'est guère de climat ou de condition de l'Ancien Monde dont on ne puisse trouver un équivalent dans le Nouveau Monde – aussi précis au moins que l'exige généralement l'entretien des mêmes espèces. Sans aucun doute, on peut signaler de petits territoires de l'Ancien

Monde qui sont plus chauds qu'aucun du Nouveau Monde, mais ils ne sont pas habités par une faune différente de celle des régions environnantes ; en effet, il est rare de trouver un groupe d'organismes limité à un petit territoire dont les conditions n'offrent qu'un faible degré de particularité. Nonobstant ce parallélisme général des conditions de l'Ancien et du Nouveau Mondes, quelle différence entre leurs productions vivantes !

Dans l'hémisphère Sud, si nous comparons de larges étendues de terre en Australie, en Afrique du Sud et dans la partie occidentale de l'Amérique du Sud, entre 25° et 35° de latitude, nous trouverons des zones extrêmement semblables dans l'ensemble de leurs conditions, et pourtant il ne serait pas possible d'envisager trois faunes ou trois flores plus complètement dissemblables. Nous pourrions aussi bien comparer les productions d'Amérique du Sud situées au sud d'une lat. de 35° avec celles situées au nord des 25°, donc séparées par dix degrés de latitude et exposées à des conditions considérablement différentes, et qui sont pourtant liées les unes aux autres d'une manière incomparablement plus étroite qu'elles ne le sont aux productions d'Australie ou d'Afrique placées à peu près sous le même climat. On pourrait citer des faits analogues en ce qui concerne les habitants de la mer.

Un deuxième grand fait qui nous frappe dans notre revue générale est que les barrières de toute nature, ou obstacles qui s'opposent à la libre migration, sont liées d'une manière étroite et importante aux différences qui existent entre les productions de diverses régions. Nous le voyons lorsque nous observons la grande différence de presque toutes les productions terrestres du Nouveau et de l'Ancien Mondes, excepté dans les zones septentrionales, où les terres se rejoignent presque et où, sous un climat légèrement différent, il aurait pu y avoir une libre migration des formes septentrionales tempérées, comme c'est le cas actuellement des productions strictement arctiques. Nous constatons le même fait lorsque nous observons la grande différence qui existe entre les habitants d'Australie, d'Afrique et d'Amérique du Sud sous la même latitude ; en effet, ces contrées sont presque aussi isolées les uns des autres qu'il est possible. Sur chaque continent, nous constatons

Répartition géographique [chap. XII]

également le même fait, car de chaque côté des chaînes de montagnes hautes et continues, des grands déserts et même des grands fleuves, nous trouvons des productions différentes ; comme toutefois les chaînes de montagnes, les déserts, &c., ne sont pas aussi infranchissables, ni susceptibles d'avoir subsisté aussi longtemps que les océans qui séparent les continents, les différences sont d'un degré très inférieur à celles qui caractérisent chaque continent.

Si nous nous tournons vers la mer, nous trouvons la même loi. Les habitants marins des rivages de l'est et de l'ouest de l'Amérique du Sud sont très distincts, et ont extrêmement peu de coquillages, de crustacés ou d'échinodermes en commun ; mais le Dr Günther a récemment montré que trente pour cent environ des poissons sont les mêmes des deux côtés opposés de Panama ; et ce fait a conduit les naturalistes à la conviction que l'isthme était auparavant ouvert. À l'ouest des rivages de l'Amérique s'étend le vaste espace d'un océan ouvert, sans une île où les émigrants puissent faire une halte ; nous avons là une barrière d'un autre type et, dès qu'elle est franchie, nous rencontrons, dans les îles orientales du Pacifique, une autre faune totalement distincte. De sorte que trois faunes marines occupent un territoire qui s'étend loin au nord et au sud sur des lignes parallèles, peu éloignées les unes des autres, sous des climats qui se correspondent ; mais, parce qu'elles sont séparées les unes des autres par des barrières infranchissable, qu'il s'agisse d'une terre ou d'un vaste océan, elles sont presque complètement distinctes. À l'inverse, si nous nous avançons plus à l'ouest des îles orientales des zones tropicales du Pacifique, aucune barrière infranchissable ne s'offre à nous et nous trouvons d'innombrables îles qui peuvent servir de point de halte, ou des côtes continues, jusqu'à ce que nous parvenions, après avoir traversé tout un hémisphère, aux rivages de l'Afrique ; et dans ce vaste espace nous ne rencontrons pas de faunes marines bien définies et distinctes. Bien que si peu d'animaux marins soient communs aux trois faunes approchantes que l'on a identifiées à l'est et à l'ouest de l'Amérique et dans les îles orientales du Pacifique, de nombreux poissons ont pourtant une répartition qui s'étend du Pacifique jusqu'à l'océan Indien, et de nombreux coquillages sont communs aux îles orientales du Pacifique et aux rivages orientaux de l'Afrique situés sur des méridiens de longitude presque exactement opposés.

Un troisième fait majeur, partiellement compris dans l'affirmation qui précède, est l'affinité des productions d'un même continent ou d'un même océan, bien que les espèces elles-mêmes soient distinctes en des points et des stations différents. C'est là une loi à portée très générale, et tout continent en offre d'innombrables exemples. Néanmoins, le naturaliste, lorsqu'il voyage du nord au sud, par exemple, ne manque jamais d'être frappé de la manière dont se remplacent des groupes successifs d'êtres spécifiquement distincts, quoique proches apparentés. Il entend des types d'oiseaux étroitement proches, et pourtant distincts, émettre des chants à peu près semblables, et voit leurs nids construits d'une manière semblable, mais non tout à fait identiques, qui contiennent des œufs d'une teinte à peu près similaire. Les plaines qui sont proches du détroit de Magellan sont habitées par une espèce de *Rhea* (autruche américaine) et, au nord, les plaines de La Plata abritent une autre espèce du même genre – et non une véritable autruche ou un véritable émeu, comme ceux qui habitent l'Afrique ou l'Australie sous la même latitude. Dans ces mêmes plaines de La Plata, nous voyons l'agouti et la viscache, animaux qui ont à peu près les mêmes habitudes que nos lièvres et nos lapins et qui appartiennent au même ordre des Rongeurs, mais présentent clairement un type de structure américain. Nous gravissons les pics élevés de la Cordillère, et nous trouvons une espèce de viscache des montagnes ; nous tournons notre regard vers les eaux, et nous ne trouvons pas le castor ou le rat musqué, mais le coypu [ragondin. *Ndt*.] et le capybara, rongeurs du type sud-américain. On pourrait donner d'innombrables autres exemples. Si nous portons notre regard vers les îles situées au large des côtes américaines, si différentes soient-elles du point de vue de la structure géologique, les habitants en sont essentiellement américains, même si ce sont tous des espèces particulières. Nous reportons notre regard vers les siècles passés, comme on l'a montré dans le chapitre précédent, et nous trouvons des types américains qui prévalaient alors sur le continent américain et dans les îles américaines. Ces faits nous font voir un lien organique profond, à travers l'espace et le temps, d'un bout à l'autre des mêmes étendues de terre ou d'eau, indépendamment des conditions physiques. Le naturaliste serait assurément obtus, qui ne se sentirait enclin à enquêter sur la nature de ce lien.

Ce lien est tout simplement l'hérédité, cause qui à elle seule, autant que nous le sachions d'une façon certaine, produit des organismes tout à fait semblables les uns aux autres ou bien, comme nous le voyons dans le cas des variétés, à peu près semblables. On peut attribuer la dissemblance des habitants de régions différentes à la modification qui survient par le fait de la variation et de la sélection naturelle, et probablement, à un degré subsidiaire, à l'influence définie de conditions physiques différentes. Les degrés de dissemblance dépendront de ce que la migration, d'une région dans une autre, des formes de vie les plus dominantes a été plus ou moins efficacement empêchée, à des époques plus ou moins lointaines ; de la nature et du nombre des premiers immigrants ; et de l'action des habitants les uns sur les autres en tant qu'elle conduit à la préservation de différentes modifications ; la relation d'organisme à organisme dans la lutte pour la vie est en effet, comme je l'ai déjà souvent fait remarquer, la plus importante de toutes les relations. Ainsi, la haute importance des barrières entre en jeu en faisant obstacle à la migration, tout comme le fait le temps dans le lent processus de modification par l'action de la sélection naturelle. Les espèces qui ont une vaste répartition, abondantes en individus et qui ont déjà triomphé de nombreux concurrents sur la vaste étendue de leur propre habitat, auront les meilleures chances de s'emparer de nouvelles places lorsqu'elles se répandront dans de nouveaux pays. Dans leur nouvel habitat, elles seront exposées à de nouvelles conditions et subiront fréquemment des modifications et des améliorations ultérieures ; et ainsi elles continueront à être victorieuses, et produiront des groupes de descendants modifiés. En nous fondant sur ce principe de l'hérédité avec modification, nous pouvons comprendre comment il se fait que des sections de genres, des genres entiers et même des familles soient limités aux mêmes aires, comme c'est si couramment et si notoirement le cas.

Nous n'avons aucun témoignage, comme on l'a remarqué dans le chapitre précédent, de l'existence d'une quelconque loi de développement nécessaire. Comme la variabilité de chaque espèce est une propriété indépendante, et que la sélection naturelle n'en tirera parti que dans la mesure où cela est profitable à chaque individu dans sa complexe lutte pour la vie, l'ampleur de la modification chez différentes espèces ne sera donc pas uniforme. Si un certain nombre d'espèces, après avoir été longtemps en concurrence les unes avec les autres dans leur ancien habitat, devaient migrer toutes ensemble dans un nouveau pays par la suite isolé, elles seraient peu susceptibles de se modifier, car ni la migration ni l'isolement n'ont en eux-mêmes le moindre effet. Ces principes entrent en jeu seulement en faisant entretenir aux organismes de nouvelles relations les uns avec les autres et, à un moindre degré, avec les conditions physiques environnantes. Comme nous avons vu dans le dernier chapitre que certaines formes ont conservé à peu près le même caractère depuis une période géologique extraordinairement lointaine, certaines espèces ont migré sur de vastes espaces et n'ont pas été grandement modifiées, voire ne l'ont pas été du tout.

De ce point de vue, il est évident que les diverses espèces d'un même genre, même si elles habitent les régions du monde les plus éloignées, doivent venir à l'origine de la même source, puisqu'elles sont issues du même aïeul. Dans le cas des espèces qui ont subi peu de modifications durant des périodes géologiques entières, il n'est guère difficile de croire qu'elles ont migré à partir de la même région ; en effet, durant les vastes changements géographiques et climatiques qui sont intervenus depuis les temps anciens, presque n'importe quelle ampleur de migration est possible. Mais, dans de nombreux autres cas, où nous avons des raisons de supposer que les espèces d'un genre ont été produites en des temps relativement récents, ce sujet comporte de grandes difficultés. Il est également évident que les individus de la même espèce, bien qu'ils habitent à présent des régions éloignées et isolées, ont dû venir d'un endroit unique, où leurs parents ont été initialement produits ;

en effet, comme on l'a expliqué, il n'est pas croyable que des individus exactement identiques aient été produits par des parents spécifiquement distincts.

Centres uniques de création supposée. – Nous sommes ainsi conduits à poser la question, largement discutée par les naturalistes, de savoir si les espèces ont été créées en un seul point de la surface de la terre ou en plusieurs. Sans aucun doute il existe de nombreux cas d'une extrême difficulté lorsqu'il s'agit de comprendre comment une même espèce a pu migrer d'un certain point vers les divers points éloignés et isolés où on la trouve à présent. Néanmoins, la simplicité de la conception selon laquelle chaque espèce a été produite d'abord à l'intérieur d'une seule région captive l'esprit. Qui la rejette, rejette la *vera causa* de la génération ordinaire avec migration ultérieure, et fait appel à une opération miraculeuse. Il est universellement admis que dans la plupart des cas le territoire habité par une espèce est continu ; et que, lorsqu'une plante ou un animal habite deux points si éloignés l'un de l'autre, ou qui présentent un intervalle de nature telle que cet espace n'aurait pu être aisément franchi par migration, le fait est donné comme quelque chose de remarquable et d'exceptionnel. L'incapacité de migrer à travers une vaste mer est plus claire dans le cas des mammifères terrestres, peut-être, que pour quelque autre être organique que ce soit ; et de ce fait nous ne trouvons aucun exemple de mammifères identiques qui habiteraient des points éloignés du monde. Aucun géologue ne ressent de difficulté à admettre que la Grande-Bretagne possède les mêmes quadrupèdes que le reste de l'Europe, puisqu'elles étaient sans doute unies jadis. Mais si les mêmes espèces peuvent être produites en deux points séparés, pourquoi ne trouvons-nous pas un seul mammifère commun à l'Europe et à l'Australie ou à l'Amérique du Sud ? Les conditions de vie sont à peu près les mêmes, de sorte qu'une multitude d'animaux et de plantes d'Europe se sont acclimatés en Amérique et en Australie ; et certaines des plantes indigènes sont exactement identiques en ces points éloignés de l'hémisphère Nord et de l'hémisphère Sud. La réponse, je crois, est que les mammifères n'ont pas été en mesure de migrer, tandis que certaines plantes, en raison de leurs moyens de dispersion variés, ont migré en traversant les vastes espaces intermédiaires et discontinus. La grande influence, frappante, des barrières de toute sorte n'est intelligible que si l'on se fonde sur la conception selon laquelle la grande majorité des espèces ont été produites d'un seul côté, et n'ont pas été en mesure de migrer de l'autre côté. Un petit nombre de familles, de nombreuses sous-familles, de très nombreux genres et un nombre encore plus grand de sections de genres sont limités à une seule région ; et plusieurs naturalistes ont observé que les genres les plus naturels, c'est-à-dire les genres dans lesquels les espèces sont le plus étroitement apparentées entre elles, sont généralement limités au même pays, ou bien, s'ils occupent un vaste territoire, que leur territoire est continu. Quelle étrange anomalie ce serait, si prévalait une règle contraire lorsque nous descendons d'un degré dans la série, c'est-à-dire lorsque nous arrivons aux individus de la même espèce, et s'ils n'avaient pas été, initialement au moins, limités à quelque unique région !

Il me semble donc, comme à de nombreux autres naturalistes, que la conception selon laquelle chaque espèce a été produite dans un seul territoire et a migré par la suite de ce territoire autant que le permettaient ses capacités de migration et de subsistance dans les conditions passées et actuelles, est la plus probable. Sans doute de nombreux cas se rencontrent-ils, dans lesquels nous ne pouvons pas expliquer comment la même espèce a pu passer d'un point à l'autre. Mais les changements géographiques et climatiques qui se sont certainement produits au cours des temps géologiques récents ont dû rendre discontinue la répartition autrefois continue de nombreuses espèces. De sorte que nous en sommes réduits à nous demander si les exceptions à la continuité de la répartition sont si nombreuses et d'une nature si sérieuse qu'il faille abandonner l'idée, rendue probable par des considérations générales, que chaque espèce a été produite à l'intérieur d'une aire unique, d'où elle a migré ensuite aussi loin qu'elle pouvait. Il serait inutilement fastidieux de discuter tous les cas exceptionnels où une même espèce vit à présent en des points séparés et distants, et je ne prétends d'ailleurs pas un instant que l'on pourrait proposer quelque explication que ce soit dans nombre de cas. Mais, après quelques remarques préliminaires, je discuterai quelques-unes des classes de faits les plus frappantes : à savoir l'existence de la même espèce sur les sommets de chaînes de montagnes distantes et en des points distants des régions arctiques et antarctiques ; en deuxième lieu (dans le chapitre suivant), la vaste répartition des productions d'eau douce ; en troisième lieu, la présence des mêmes espèces terrestres sur les îles et sur les continents les plus proches, bien qu'ils soient séparés par des centaines de milles d'une vaste mer. Si l'existence de la même espèce en des points éloignés et isolés de la surface terrestre peut s'expliquer, dans bien des cas, si l'on se fonde sur l'idée selon laquelle chaque espèce a migré à partir d'un lieu de naissance unique, alors, compte tenu de notre ignorance à l'égard des changements climatiques et géographiques passés et des divers moyens de transport occasionnels, la conviction qu'un lieu de naissance unique est la règle me paraît incomparablement plus sûre que toute autre.

En discutant ce sujet, nous aurons en même temps la possibilité de prendre en considération un point tout aussi important pour nous : la question de savoir si les diverses espèces d'un genre, qui doivent d'après notre théorie être toutes issues d'un ancêtre commun, ont pu migrer, en subissant des modifications durant leur migration, depuis un seul et même territoire. Si, lorsque la plupart des espèces qui habitent une région sont différentes de celles d'une autre région, quoique étroitement apparentées à elles, on peut montrer qu'une migration a probablement eu lieu d'une région vers l'autre à une certaine époque du passé, notre conception générale sera grandement renforcée ; en effet, l'explication est évidente si l'on se fonde sur le principe de la descendance avec modification. Une île volcanique, par exemple, qui a émergé et s'est formée à quelques centaines de milles d'un continent, a probablement dû en recevoir au fil du temps quelques colons, et leurs descendants, quoique modifiés, doivent encore être apparentés par leur hérédité aux habitants de ce continent. Les cas de cette nature sont communs et, comme nous le verrons plus loin, sont inexplicables si l'on se fonde sur la théorie de la création indépendante. Cette conception de la relation des espèces d'une région avec celles d'une autre ne diffère pas beaucoup de celle qu'a avancée M. Wallace, qui conclut que « chaque espèce est apparue en coïncidence dans l'espace et dans le temps avec une espèce préexistante étroitement apparentée ». Et l'on sait bien à présent qu'il attribue cette coïncidence à la descendance avec modification.

La question des centres de création uniques ou multiples diffère d'une autre question, apparentée il est vrai – celle de savoir si tous les individus de la même espèce sont issus d'un unique couple, ou d'un unique hermaphrodite, ou bien, comme certains auteurs le supposent, de nombreux individus créés simultanément. Chez les êtres organiques qui ne se croisent jamais, s'il en existe, chaque espèce doit être issue d'une succession de variétés modifiées, qui se sont supplantées les unes les autres, mais ne se sont jamais mêlées à d'autres individus ou à d'autres variétés de la même espèce ; de sorte que, à chacune des étapes successives de la modification, tous les individus de la même forme doivent être issus d'un unique parent. Mais dans la grande majorité des cas, c'est-à-dire chez tous les organismes qui s'unissent habituellement pour chaque naissance, ou qui se croisent de temps en temps, les individus de la même espèce qui habitent le même territoire demeurent à peu près uniformes en se croisant ; de sorte que de nombreux individus continuent simultanément de changer, et la somme totale de modifications à chaque étape n'est pas due à ce qu'ils sont issus du même parent. Pour donner illustration de ce que je veux dire, nos chevaux de course anglais diffèrent des chevaux de toutes les autres races ; mais ils ne doivent pas leur différence et leur supériorité au fait qu'ils seraient issus d'un unique couple, mais au soin continu apporté à la sélection et au dressage de nombreux individus au cours de chaque génération.

Avant de discuter les trois classes de faits que j'ai choisies parce qu'elles présentent le plus de difficulté si l'on se fonde sur la théorie des « centres de création uniques », je dois dire quelques mots sur les moyens de dispersion.

Moyens de dispersion

Sir C. Lyell et d'autres auteurs ont traité ce sujet avec habileté. Je ne puis donner ici qu'un résumé fort bref des faits les plus importants. Le changement de climat a dû avoir une puissante influence sur la migration. Une région aujourd'hui infranchissable pour certains organismes en raison de la nature de son climat a pu être une grande voie de migration, lorsque le climat était différent. Je devrai cependant discuter tout à l'heure cet aspect du sujet quelque peu en détail. Les changements de niveau des terres ont également dû avoir une haute influence ; un isthme étroit sépare à présent deux faunes marines : qu'il soit submergé, ou qu'il ait été submergé jadis, et voici que les deux faunes pourront se mêler, ou qu'elles ont pu se mêler jadis. Là où s'étend à présent la mer, les terres ont pu, à une époque antérieure, relier entre elles des îles, voire des continents, et permettre ainsi à des productions terrestres de passer des uns aux autres. Aucun géologue ne conteste que de grandes mutations de niveau aient eu lieu dans la période des organismes actuels. Edward Forbes insistait sur le fait que toutes les îles de l'Atlantique ont dû être reliées récemment à l'Europe ou à l'Afrique, et l'Europe de même à l'Amérique. D'autres auteurs ont ainsi jeté des ponts, à titre d'hypothèse, par-dessus tous les océans et réuni presque toutes les îles à quelque grande terre. S'il faut effectivement se fier aux arguments avancés par Forbes, force est d'admettre qu'il n'est guère une seule île qui n'ait été unie récemment à quelque continent. Cette conception tranche le nœud gordien de la dispersion d'une même espèce aux points les plus éloignés, et lève bien des difficultés ; mais, autant que j'en puisse juger, rien ne nous autorise à admettre un changement géographique aussi énorme au cours de la période des espèces actuelles. Il me semble que nous avons d'abondants témoignages de grandes oscillations du niveau des terres ou de la mer, mais non de changements si vastes de la position et de l'extension de nos continents qu'ils les auraient unis, au cours de la période récente, l'un à l'autre ou bien aux diverses îles océaniques situées entre eux. J'admets volontiers l'existence dans le passé de nombreuses îles aujourd'hui enfouies sous la mer, qui ont pu servir de points de halte pour les plantes et de nombreux animaux durant leur migration. Dans les océans qui produisent des coraux, ces îles immergées sont à présent marquées par des anneaux de coraux ou atolls placés au-dessus d'elles. Lorsque l'on admettra entièrement, et ce jour viendra, que chaque espèce est venue d'un lieu de naissance unique, et lorsque, au fil du temps, nous aurons une connaissance précise des moyens de répartition, nous aurons la possibilité de spéculer sans risque sur l'extension qu'a eue jadis le territoire. Mais je ne crois pas que l'on prouvera jamais que la plupart de nos continents aujourd'hui tout à fait séparés aient été, dans l'époque récente, continûment ou presque continûment unis les uns aux autres et aux nombreuses îles océaniques actuelles. Divers faits de répartition, tels que la grande différence qui existe entre les faunes marines situées sur les côtes opposées de presque tous les continents, l'étroite relation des habitants tertiaires de plusieurs pays et même de plusieurs mers avec leurs habitants actuels, le degré d'affinité qui existe entre les mammifères qui habitent des îles et ceux du continent le plus proche, en partie déterminé (comme nous le verrons plus loin) par la profondeur de l'océan situé entre eux –, ces faits et d'autres semblables s'opposent à ce que nous admettions ces révolutions géographiques si prodigieuses dans la période récente qui sont nécessaires si l'on se fonde sur la conception avancée par Forbes et admise par ceux qui le suivent. La nature et les proportions relatives des habitants des îles océaniques s'opposent également à la croyance en une continuité, dans le passé, entre elles et les continents. La composition presque universellement volcanique de ces îles ne soutient pas non plus l'idée qu'elles sont les épaves de continents immergés – si elles avaient existé à l'origine sous la forme de chaînes de montagnes continentales, certaines des îles au moins auraient été formées, comme d'autres sommets montagneux, de granite, de schistes métamorphiques, de roches fossilifères anciennes et autres, au lieu de consister en de simples empilements de matière volcanique.

Je dois à présent dire quelques mots de ce que l'on nomme les moyens accidentels, mais que l'on devrait plus proprement nommer

Répartition géographique [chap. XII]

les moyens occasionnels, de répartition. Je me bornerai ici à parler des plantes. Dans les ouvrages botaniques, on affirme souvent que telle ou telle plante est mal adaptée à une vaste dissémination ; mais on peut dire que la facilité plus ou moins grande du transport à travers la mer est presque entièrement inconnue. Avant que je ne tente, avec l'aide de M. Berkeley, quelques expériences, on ne savait pas même dans quelle mesure les graines pouvaient résister à l'action nuisible de l'eau de mer. À ma grande surprise, j'ai constaté que, sur 87 types de graines, 64 germaient après une immersion de 28 jours et que quelques-unes survivaient à une immersion de 137 jours. Certains ordres, cela mérite d'être relevé, ont été bien plus endommagés que d'autres : neuf Légumineuses ont été soumises à l'expérience et, à une exception près, elles ont mal résisté à l'eau salée ; sept espèces des ordres apparentés des Hydrophyllacées et des Polémoniacées n'ont pas survécu à une immersion d'un mois. Par commodité, j'ai principalement soumis à cette épreuve de petites graines, débarrassées de la capsule ou du fruit ; et comme toutes ont coulé en quelques jours, elles n'auraient pas pu, en flottant, être portées à travers les vastes espaces de la mer, qu'elles aient ou non été endommagées par l'eau salée. J'ai ensuite soumis à cette épreuve certains fruits, certaines capsules, &c., de plus grande dimension, et certains d'entre eux ont flotté longtemps. Il est bien connu qu'il existe une grande différence de flottaison entre le bois vert et le bois sec ; et il m'est venu à l'esprit que les inondations doivent souvent remporter dans la mer des plantes ou des branches sèches auxquelles sont attachées des capsules de graines ou des fruits. Cela me conduisit donc à sécher les tiges et les branches de 94 plantes avec leurs fruits mûrs, et à les placer sur de l'eau de mer. La plupart coulèrent rapidement, mais certaines qui, vertes, flottaient un très court instant, flottaient beaucoup plus longtemps lorsqu'elles étaient sèches ; par exemple, des noisettes mûres coulèrent immédiatement, mais, lorsqu'elles eurent séché, elles flottèrent pendant 90 jours, et germèrent ensuite lorsqu'on les planta ; un plant d'asperge avec des baies mûres flotta pendant 23 jours, et lorsqu'il eut séché flotta 85 jours, et ses graines germèrent ensuite ; les graines mûres d'*Helosciadium* coulèrent en deux jours, et, lorsqu'elles eurent séché, flottèrent pendant plus de 90 jours, et germèrent ensuite. Au total, sur les 94 plantes sèches, 18 flottèrent plus de 28 jours ; et certaines de ces 18 flottèrent pendant une durée nettement plus longue. De sorte que, puisque $^{64}/_{87}$ types de graines germèrent après une immersion de 28 jours, et puisque $^{18}/_{94}$ espèces distinctes avec des fruits mûrs (mais ce n'étaient pas toutes les mêmes espèces que dans l'expérience précédente) flottèrent, après séchage, pendant plus de 28 jours, nous pouvons conclure, autant que l'on puisse inférer quoi que ce soit de ces faits fort minces, que les graines de $^{14}/_{100}$ types de plantes de tout pays pourraient être portées par les courants marins pendant 28 jours et conserveraient leur capacité de germination. Dans l'*Atlas physique* de Johnston, la vitesse moyenne des divers courants atlantiques est de 33 milles [53 km. *Ndt.*] par jour (certains courants vont à la vitesse de 60 milles [96,5 km. *Ndt.*] par jour) ; à cette moyenne, les graines de $^{14}/_{100}$ plantes appartenant à un pays pourraient parcourir en flottant 924 milles [1 487 km. *Ndt.*] de mer en direction d'un autre pays, et, une fois échouées sur le rivage, pour peu que sur le continent un coup de vent les porte en un lieu favorable, pourraient germer.

À la suite de mes expériences, M. Martens en a tenté de semblables, mais d'une bien meilleure manière, car il plaça effectivement les graines sur la mer, dans une boîte, de sorte qu'elles étaient alternativement mouillées et exposées à l'air comme des plantes qui flottent réellement. Il a soumis à l'épreuve 98 graines, pour la plupart différentes des miennes ; mais il a choisi bon nombre de gros fruits, et aussi les graines de plantes qui vivent près de la mer ; et cela a dû favoriser leur durée moyenne de flottaison autant que leur résistance à l'action nuisible de l'eau salée. En revanche, il n'a pas séché préalablement les plantes ou les branches pourvues de fruits ; et cela, comme nous l'avons vu, aurait fait flotter certaines d'entre elles bien plus longtemps. Le résultat fut que $^{18}/_{98}$ de ses graines de différents types flottèrent pendant 42 jours, et furent alors capables de germer. Mais je ne doute pas que des plantes exposées aux vagues flotteraient moins de temps que celles qui sont protégées des mouvements violents comme dans nos expériences. Ainsi, il serait peut-être plus sûr de présumer que les graines d'environ $^{10}/_{100}$ d'une flore, après séchage, pourraient être portées sur un espace marin de 900 milles [1 448 km. *Ndt.*] et germer ensuite. Le fait que les fruits de plus grande dimension flottent souvent plus longtemps que ceux de petite dimension est intéressant, car les plantes pourvues de graines ou de fruits de grande dimension, qui, comme l'a montré Alph. de Candolle, occupent généralement un territoire réduit, ne pourraient guère être transportées par quelque autre moyen.

Les graines peuvent être de temps en temps transportées d'une autre manière. Du bois flottant est rejeté sur la plupart des îles, même sur celles qui sont situées au milieu des océans les plus vastes ; et les indigènes des îles coralliennes du Pacifique se procurent les pierres qui servent à leurs instruments uniquement dans les racines des arbres qui ont dérivé ; ces pierres sont d'ailleurs une précieuse taxe royale. Je constate que lorsque des pierres d'une forme irrégulière sont incrustées dans les racines des arbres, celles-ci retiennent fréquemment de petits morceaux de terre dans leurs interstices et derrière elles – si parfaitement enclos que l'eau ne pourrait pas en détacher la moindre particule durant le plus long des transports : à partir d'une seule petite quantité de terre ainsi *complètement* enveloppée par les racines d'un chêne vieux d'une cinquantaine d'années, trois plantes dicotylédones germèrent ; je suis certain de l'exactitude de cette observation. Par ailleurs, je peux montrer que les carcasses des oiseaux, lorsqu'elles flottent sur la mer, échappent parfois à la dévoration immédiate ; et de nombreux types de graines contenues dans le jabot des oiseaux qui flottent conservent longtemps leur vitalité : les pois et les vesces, par exemple, sont détruits par quelques jours seulement d'immersion dans l'eau de mer ; mais certaines, extraites du jabot d'un pigeon qui avait flotté sur une eau de mer artificielle pendant 30 jours, germèrent presque toutes, à ma grande surprise.

Les oiseaux vivants sont assurément des agents d'une grande efficacité dans le transport des graines. Je pourrais citer de nombreux faits qui montrent à quel point il est fréquent que de nombreuses sortes d'oiseaux soient emportées par les tempêtes qui leur font traverser l'océan sur de grandes distances. Nous pouvons estimer sans risque qu'en de telles circonstances leur vitesse de vol doit souvent atteindre 35 milles [56 km. *Ndt.*] à l'heure ; et certains auteurs en ont donné une estimation beaucoup plus élevée. Je n'ai jamais vu d'exemple de graines alimentaires traversant l'intestin d'un oiseau ; mais des graines de fruit dures vont jusqu'à traverser sans dommage les organes digestifs d'un dindon. Sur une durée de deux mois, j'ai ramassé dans mon jardin 12 sortes de graines, extraites des excréments de petits oiseaux : elles semblaient parfaites, et certaines d'entre elles, à l'essai, germèrent. Mais le fait suivant est plus important : le jabot des oiseaux ne produit pas de sécrétion gastrique et ne nuit pas le moins du monde, comme je le sais pour l'avoir expérimenté, à la germination des graines ; or, une fois qu'un oiseau a trouvé et dévoré une grande quantité de nourriture, on peut affirmer catégoriquement que toutes les graines ne passent pas dans le gésier avant douze, voire dix-huit heures. Pendant cet intervalle, un oiseau peut facilement se trouver emporté à la distance de 500 milles [805 km. *Ndt.*], et l'on sait que les faucons sont à l'affût d'oiseaux fatigués, et le contenu de leurs jabots déchirés pourrait aisément être ainsi disséminé. Certains faucons et certains hiboux gobent leurs proies tout entières et, après un intervalle de douze à vingt heures, régurgitent des boulettes, qui contiennent, comme je le sais pour avoir fait des expériences au Jardin Zoologique, des graines capables de germer. Certaines graines d'avoine, de froment, de millet, d'alpiste, de chanvre, de trèfle et de betterave germèrent après avoir séjourné pendant douze à vingt et une heures dans l'estomac de divers oiseaux de proie ; et deux graines de betterave poussèrent après avoir été ainsi retenues pendant deux jours et quatorze heures. Les poissons d'eau douce, je le constate, mangent les graines de nombreux plantes terrestres et aquatiques ; les poissons sont fréquemment dévorés par les oiseaux, et ainsi les graines peuvent être transportées d'un endroit à l'autre. J'ai introduit de force de nombreuses sortes de graines dans l'estomac de poissons morts, et j'ai ensuite donné leurs corps à des aigles pêcheurs, à des cigognes et à des pélicans ; ces oiseaux, après un intervalle qui a duré des heures, ont rejeté les graines dans des boulettes ou bien les ont fait passer dans leurs excréments ; et plusieurs de ces graines conservaient la capacité de germer. Certaines graines, en revanche, étaient toujours détruites par ce processus.

Les criquets sont parfois emportés par le vent à de grandes distances des terres ; j'en ai moi-même pris un à 370 milles [595 km. *Ndt.*] de la côte africaine, et j'ai entendu parler d'autres prises à des distances plus grandes. Le Rév. R.T. Lowe a informé *Sir* C. Lyell qu'en novembre 1844 des nuées de criquets se sont abattues sur l'île de Madère. Ils étaient innombrables, aussi denses que les flocons de neige dans la tempête la plus violente, et s'étendaient dans les airs aussi loin que l'on pouvait voir avec un télescope. Durant deux ou trois jours, ils ont tourné lentement dans tous les sens à l'intérieur d'une immense ellipse d'au moins cinq ou six milles de diamètre [8 ou 10 km. *Ndt.*], et se posaient la nuit sur les arbres les plus hauts, qu'ils recouvraient complètement. Puis ils disparurent en direction de la mer, aussi soudainement qu'ils étaient apparus, et ne sont plus jamais revenus dans l'île. Or, dans des régions du Natal, certains fermiers croient, en se fondant toutefois sur des témoignages insuffisants, que des graines nuisibles sont introduites dans leurs prairies par les déjections qu'y laissent les grands vols de criquets qui s'abattent souvent sur ce pays. En conséquence de cette croyance, M. Weale m'a envoyé dans une lettre un petit paquet de boulettes desséchées, dont j'ai extrait sous le microscope plusieurs graines, à partir desquelles j'ai fait pousser sept graminées, qui appartiennent à deux espèces, et à deux genres. Ainsi, un nuage de criquets, tel que celui qui s'est abattu sur Madère, pourrait facilement être le moyen par lequel s'introduisent plusieurs sortes de plantes dans une île située loin du continent.

Bien que les becs et les pieds des oiseaux soient généralement propres, il arrive que de la terre y adhère ; dans un cas, j'ai ôté du pied d'une perdrix soixante et un grains [près de 4 grammes. *Ndt.*], et dans un autre cas vingt-deux grains [1,42 g. *Ndt.*], de terre sèche argileuse, et dans cette terre se trouvait un caillou aussi gros qu'une graine de vesce. Voici un meilleur exemple : un ami m'a envoyé la patte d'une bécasse, à la partie inférieure de laquelle était attaché un petit amas de terre sèche, qui ne pesait que neuf grains [58 centigrammes. *Ndt.*] ; et elle contenait une graine de jonc des crapauds (*Juncus bufonius*) qui germa et fleurit. M. Swaysland, de Brighton, qui a prêté une attention minutieuse durant ces quarante dernières années à nos oiseaux migrateurs, m'informe qu'il a souvent abattu des hoche-queues (*Motacillæ*), des traquets motteux et des tariers des prés (*Saxicolæ*) dès leur arrivée sur nos rivages, avant qu'ils ne se fussent posés ; et il a remarqué plusieurs fois de petits amas de terre attachés à leurs pieds. On pourrait citer de nombreux faits qui montrent que la terre est en général chargée de graines. Par exemple, le Professeur Newton m'a envoyé la patte d'une perdrix rouge (*Caccabis rufa*) qui avait été blessée et ne pouvait plus voler, à laquelle adhérait une boule de terre dure qui pesait six onces et demie [202 g. *Ndt.*]. La terre avait été conservée pendant trois ans, mais, lorsqu'on l'eut brisée, mouillée et placée sous une cloche de verre, il n'en surgit pas moins de 82 plantes : elles comprenaient 12 monocotylédones, dont l'avoine commune et au moins un type de graminée, et de 70 dicotylédones, qui comprenaient, à en juger d'après les feuilles nouvelles, au moins trois espèces distinctes. Avec de tels faits devant les yeux, nous est-il possible de douter que les nombreux oiseaux qui sont poussés chaque année par les tempêtes à travers de grands espaces au-dessus de l'océan, et qui migrent chaque année – par exemple, les millions de cailles qui traversent la Méditerranée – doivent de temps à autre transporter un petit nombre de graines enfouies dans la boue qui adhère à leurs pieds et à leurs becs ? Mais j'aurai à revenir sur ce sujet.

Comme on sait que les icebergs sont parfois chargés de terre et de pierres, et qu'il est même arrivé qu'ils portent du petit bois, des os ou un nid d'oiseau terrestre, on ne saurait guère douter qu'ils aient dû de temps à autre, comme cela a été suggéré par Lyell, transporter des graines d'une partie à une autre des régions arctiques et antarctiques ; et, durant la période glaciaire, d'une partie à une autre des régions aujourd'hui tempérées. Aux Açores, le grand nombre de plantes communes avec l'Europe, si on les compare avec celles des autres îles de l'Atlantique qui sont situées plus près du continent, et (comme l'a remarqué M. H.C. Watson) leur caractère quelque peu septentrional eu égard à la latitude, m'ont fait soupçonner que ces îles avaient été peuplées en partie par des graines transportées par les glaces, durant l'époque glaciaire. À ma demande, *Sir* C. Lyell s'est informé par écrit auprès de M. Hartung pour savoir s'il avait observé des blocs erratiques sur ces îles, et ce dernier a répondu qu'il avait trouvé de gros fragments de granite et d'autres roches, qui ne se rencontrent pas dans l'archipel. Nous pouvons donc conclure sans risque que les icebergs déchargeaient jadis leurs fardeaux rocheux sur les rivages de ces îles au milieu de l'océan, et il est au moins possible qu'ils y aient apporté un petit nombre de graines de plantes septentrionales.

Si l'on considère que ces divers moyens de transport, et que d'autres moyens qui restent sans aucun doute à découvrir, ont été à l'œuvre année après année pendant des dizaines de milliers d'années, ce serait, à mon avis, un fait extraordinaire si de nombreuses plantes n'avaient pas été transportées de la sorte sur de vastes étendues. Ces moyens de transport sont parfois nommés accidentels, mais le terme n'est pas strictement exact : les courants marins ne sont pas accidentels, pas plus que ne l'est la direction dominante des tempêtes. Il faut observer qu'il n'est guère de moyen de transport susceptible de porter des graines sur de très grandes distances ; en effet, les graines ne conservent pas leur vitalité lorsqu'elles sont exposées longtemps à l'action de l'eau de mer, et elles ne pourraient pas non plus être portées longtemps dans le jabot ou les intestins des oiseaux. Ces moyens suffiraient cependant à les transporter de temps à autre sur des distances marines de plusieurs centaines de milles, ou d'île en île, ou encore d'un continent à une île avoisinante, mais non d'un continent éloigné jusqu'à un autre. Les flores de continents éloignés ne devaient pas se mêler par ces moyens, mais devaient rester aussi distinctes qu'elles le sont à présent. Les courants, du fait de leur trajet, n'apportaient jamais de graines d'Amérique du Nord en Grande-Bretagne, bien qu'ils aient pu apporter, et apportent de fait, des graines des Antilles jusqu'à nos rivages occidentaux, où, à supposer qu'elles ne fussent pas détruites par leur très longue immersion dans l'eau salée, elles ne pouvaient supporter notre climat. Presque chaque année, un ou deux oiseaux terrestres sont déportés sur toute l'étendue de l'océan Atlantique, depuis l'Amérique du Nord jusqu'aux rivages occidentaux de l'Irlande et de l'Angleterre ; mais des graines ne pourraient être transportées par ces rares vagabonds que par un seul moyen, à savoir que de la boue adhère à leurs pieds ou à leur bec, accident lui-même rare. Même dans ce cas, comme les chances seraient minces qu'une graine tombât sur une terre favorable et qu'elle parvînt à la maturité ! Mais ce serait une grande erreur que de tirer argument du fait qu'une île bien peuplée, comme la Grande-Bretagne, n'a pas reçu au cours des tout derniers siècles, pour autant qu'on le sache (et il serait très difficile de le prouver), d'immigrants venus d'Europe ou de tout autre continent par des moyens de transport occasionnels, pour soutenir qu'une île pauvrement peuplée, bien qu'elle soit plus éloignée du continent, ne doive pas recevoir des colons par de semblables moyens. Sur une centaine de types de graines ou d'animaux transportés dans une île, même si elle est nettement moins bien peuplée que la Grande-Bretagne, il n'en est peut-être pas plus d'un qui serait assez bien adapté à son nouvel habitat pour s'y acclimater. Mais ce n'est pas là un argument valable contre les effets qu'ont pu avoir les moyens de transport occasionnels, sur la longue durée des temps géologiques, tandis que l'île se soulevait et avant qu'elle ne se fût entièrement peuplée d'habitants. Sur un sol presque vierge, en l'absence totale ou quasi générale d'insectes ou d'oiseaux destructeurs, à peu près toute graine qui arrivait par hasard, pour peu qu'elle fût adaptée au climat, a dû germer et survivre.

Dispersion durant la période glaciaire

Le caractère identique de nombreuses plantes et de nombreux animaux sur les sommets des montagnes, séparés les uns des autres par des centaines de milles de terres basses, où les espèces alpines ne pourraient absolument pas exister, est l'un des cas les plus frappants que l'on connaisse dans lesquels les mêmes espèces vivent en des points éloignés, sans possibilité apparente qu'elles aient migré d'un point à l'autre. C'est en vérité un fait remarquable de voir tant de plantes de la même espèce vivre dans les régions enneigées des Alpes ou des Pyrénées et dans les régions de l'extrême nord de l'Europe ; mais il est bien plus remarquable que les plantes des Montagnes blanches, dans les États-Unis d'Amérique, soient toutes les mêmes que celles du Labrador, et à peu près toutes les mêmes, comme nous l'apprenons d'Asa Gray, que celles qui se trouvent sur les montagnes les plus élevées d'Europe. Même à une date aussi lointaine que 1747, ces faits ont conduit Gmelin à conclure que les mêmes espèces ont dû être créées indépendamment en de nombreux points distincts ; et nous aurions pu en rester à cette croyance, si Agassiz et d'autres n'avaient attiré vivement l'attention sur la période glaciaire, qui, comme nous allons le voir immédiatement, permet de donner une explication simple de ces faits. Nous avons presque toutes les formes concevables de témoignages, organiques et inorganiques, qui montrent que, à une époque géologique très récente, l'Europe centrale et l'Amérique du Nord étaient soumises à un climat arctique. Les ruines d'une maison détruite par l'incendie ne racontent pas leur histoire plus clairement que les montagnes d'Écosse et du pays de Galles, avec leurs flancs striés, leurs surfaces polies et leurs blocs de pierre haut perchés, ne racontent les fleuves de glace qui comblaient jadis leurs vallées. Le climat de l'Europe a si considérablement changé que dans le nord de l'Italie de gigantesques moraines, laissées par d'anciens glaciers, sont à présent tapissées de vignes et de maïs. Sur toute l'étendue d'une vaste région des États-Unis, les blocs erratiques et les roches striées révèlent clairement qu'une période froide a précédé.

L'influence passée du climat glaciaire sur la répartition des habitants de l'Europe, telle que l'a expliquée Edward Forbes, est expliquée en substance dans ce qui suit. Mais nous suivrons les changements plus aisément en supposant que survienne lentement, puis s'écoule, une nouvelle période glaciaire, comme cela s'est produit par le passé. À mesure que le froid venait, et que chacune des zones plus méridionales se trouvait adaptée pour les habitants du Nord, ces derniers ont dû prendre la place des habitants précédents des régions tempérées. Ceux-là, dans le même temps, ont dû se déplacer de plus en plus loin au sud, à moins d'être arrêtés par des barrières, auquel cas ils périssaient. Les montagnes ont dû se couvrir de neige et de glace, et leurs habitants alpins antérieurs ont dû descendre dans les plaines. Au moment où le froid avait atteint son maximum, c'étaient sans doute une faune et une flore arctiques qui couvraient les régions centrales de l'Europe, et descendaient vers le sud jusqu'aux Alpes et aux Pyrénées, s'étendant même jusqu'en Espagne. Les régions aujourd'hui tempérées des États-Unis devaient également être couvertes de plantes et d'animaux arctiques, et ce devaient être à peu près les mêmes que ceux de l'Europe ; en effet, les habitants actuels des zones circumpolaires, dont nous supposons qu'ils ont partout émigré vers le sud, sont remarquablement uniformes dans le monde entier.

À mesure que la chaleur revenait, les formes arctiques ont dû se retirer vers le nord, suivies de près dans leur retraite par les productions des régions plus tempérées. Et à mesure que la neige fondait au pied des montagnes, les formes arctiques devaient s'emparer du sol laissé libre par le dégel, grimpant sans cesse plus haut, alors que la chaleur augmentait et que la neige continuait de disparaître, de plus en plus haut, tandis que leurs sœurs poursuivaient leur chemin vers le nord. C'est pourquoi, quand la chaleur fut entièrement revenue, on dut trouver les mêmes espèces, qui avaient auparavant vécu les unes avec les autres dans les terres basses de l'Europe et de l'Amérique du Nord, habitant de nouveau dans les régions arctiques de l'Ancien et du Nouveau Mondes, et sur de nombreux sommets de montagne isolés fort éloignés les uns des autres.

Nous pouvons ainsi comprendre le caractère identique de nombreuses plantes en des points aussi considérablement éloignés que les montagnes des États-Unis et celles de l'Europe. Nous pouvons ainsi comprendre également le fait que les plantes alpines de toute chaîne de montagnes soient plus spécialement apparentées aux formes arctiques qui vivent exactement ou presque exactement à leur septentrion ; en effet, la première migration à la venue du froid et la migration inverse au retour de la chaleur ont dû se faire en général exactement vers le sud et vers le nord. Les plantes alpines, par exemple celles d'Écosse, comme l'a remarqué M. H.C. Watson, et celles des Pyrénées, comme l'a remarqué Ramond, sont plus spécialement liées aux plantes du nord de la Scandinavie ; celles des États-Unis, au Labrador ; celles des montagnes de Sibérie, aux régions arctiques de ce pays. Ces vues, qui sont fondées sur l'existence parfaitement attestée d'une ancienne période glaciaire, me semblent expliquer d'une manière si satisfaisante la répartition actuelle des productions alpines et arctiques de l'Europe et de l'Amérique, que, lorsque dans d'autres régions nous trouvons les mêmes espèces sur des sommets éloignés les uns des autres, nous pouvons presque conclure, sans autre témoignage, qu'un climat plus froid a permis par le passé leur migration à travers les basses terres situées entre eux, devenues à présent trop chaudes pour qu'elles y existent.

Lorsque les formes arctiques se déplacèrent d'abord vers le sud, puis lorsqu'elles rebroussèrent chemin vers le nord, en s'accordant avec les changements du climat, elles n'ont pas dû être exposées durant leurs longues migrations à une grande diversité de températures ; et comme elles migraient en groupe toutes ensemble, leurs relations mutuelles n'ont pas dû être beaucoup dérangées. C'est pourquoi, suivant les principes que l'on professe dans ce volume, ces formes n'ont pas dû être susceptibles d'une forte modification. Mais en ce qui concerne les productions alpines, demeurées isolées depuis le moment du retour de la chaleur, d'abord au pied, puis à la fin sur les sommets des montagnes, le cas a dû être quelque peu différent ; en effet, il n'est guère probable que les mêmes espèces arctiques aient toutes été laissées sur des chaînes de montagnes fort éloignées les unes des autres et y aient survécu depuis ; elles ont dû aussi, en toute probabilité, se mêler aux anciennes espèces alpines qui existaient sur les montagnes avant le commencement de l'époque glaciaire, et qui ont dû être, durant la période la plus froide, temporairement chassées vers les plaines ; elles ont dû, en outre, se trouver exposées par la suite à des influences climatiques quelque peu différentes. Leurs relations mutuelles ont dû ainsi se trouver dans une certaine mesure perturbées ; en conséquence, elles ont dû être susceptibles de se modifier ; et elles ont été modifiées ; en effet, si nous comparons les uns avec les autres les plantes et les animaux alpins actuels des diverses grandes chaînes de montagnes européennes, bien que nombre d'espèces demeurent entièrement identiques, certaines prennent la forme de variétés, certaines la forme d'espèces douteuses ou de sous-espèces, et certaines la forme d'espèces distinctes et pourtant étroitement apparentées qui sont les représentantes les unes des autres sur les différentes chaînes.

Dans l'illustration qui précède, j'ai supposé qu'au commencement de notre période glaciaire imaginaire les productions arctiques étaient aussi uniformes autour des régions polaires qu'elles le sont aujourd'hui. Mais il est également nécessaire de supposer que de nombreuses formes subarctiques et un petit nombre de formes tempérées étaient les mêmes dans le monde entier, car certaines des espèces qui existent même au bas des pentes montagneuses et dans les plaines de l'Amérique du Nord et de l'Europe sont les mêmes ; et l'on pourra demander comment j'explique ce degré d'uniformité des formes subarctiques et tempérées dans le monde entier, au commencement de la véritable période glaciaire. Aujourd'hui, les productions subarctiques et septentrionales tempérées de l'Ancien et du Nouveau Mondes sont séparées les unes des autres par toute l'étendue de l'océan Atlantique et la partie septentrionale du Pacifique. Durant la période glaciaire, lorsque les habitants de l'Ancien et du Nouveau Mondes vivaient plus au sud qu'aujourd'hui, ils ont dû être encore plus complètement séparés les uns des autres par des espaces océaniques plus vastes ; de sorte que l'on pourra demander à juste titre comment les mêmes espèces ont pu, à ce moment-là ou auparavant, pénétrer sur ces deux continents. L'explication, je crois, réside dans la nature du climat avant le commencement de la période glaciaire. En cette période, le Pliocène récent, la majorité des habitants du monde étaient spécifiquement les mêmes que maintenant, et nous avons de bonnes raisons de croire que le climat était plus chaud qu'il ne l'est aujourd'hui. Nous pouvons donc supposer que les organismes qui vivent maintenant sous la latitude de 60° vivaient durant le Pliocène plus au nord sous le Cercle polaire, à la latitude de 66°-67° ; et que les productions arctiques actuelles vivaient alors sur le territoire fragmenté qui est plus proche encore du pôle. Or, si nous regardons un globe terrestre, nous voyons sous le cercle polaire qu'il y a un territoire presque continu qui part de l'Europe occidentale, passe par la Sibérie et va jusqu'à l'Est de l'Amérique. Et cette continuité du territoire circumpolaire, dont la conséquence est, dans un climat plus favorable, une plus grande liberté d'intermigration, expliquera l'uniformité supposée des productions subarctiques et tempérées des Ancien et Nouveau Mondes, à une époque antérieure à époque glaciaire.

Puisque je crois, pour des raisons auxquelles il a déjà été fait allusion, que nos continents demeurent depuis longtemps à peu près dans les mêmes positions relatives, bien qu'ils aient été soumis à de grandes oscillations de niveau, je suis fortement enclin à étendre la conception qui vient d'être exposée, et à en inférer que durant quelque époque encore plus reculée et encore plus chaude, telle que la période du Pliocène ancien, les mêmes plantes et les mêmes animaux peuplaient en grand nombre le territoire circumpolaire presque continu ; et que ces plantes et ces animaux, tant dans l'Ancien Monde que dans le Nouveau, ont commencé à migrer lentement vers le sud lorsque le climat devenait moins chaud, longtemps avant le commencement de la période glaciaire. Nous avons maintenant sous les yeux, à mon avis, leurs descendants, pour la plupart dans un état modifié, dans les parties centrales de l'Europe et des États-Unis. En nous fondant sur cette conception, nous pouvons comprendre la parenté qui existe, bien qu'elle comporte très peu d'identité, entre les productions de l'Amérique du Nord et celles de l'Europe – parenté qui est hautement remarquable, si l'on considère la distance qui sépare les deux zones et le fait qu'il y a entre elles toute l'étendue de l'océan Atlantique. Nous pouvons en outre comprendre un fait singulier que plusieurs observateurs ont fait remarquer, qui est que les productions de l'Europe et de l'Amérique au cours des derniers étages tertiaires étaient plus étroitement apparentées les unes aux autres qu'elles ne le sont à l'époque actuelle ; en effet, durant ces époques plus chaudes, les régions septentrionales de l'Ancien et du Nouveau Mondes ont dû être réunies d'une façon presque continue par les terres, comme par un pont permettant l'intermigration de leurs habitants, et que le froid a, depuis, rendu infranchissable.

Durant le lent refroidissement de la période du Pliocène, les espèces communes au Nouveau Monde et à l'Ancien, aussitôt qu'elles migrèrent au sud du Cercle polaire, durent se trouver complètement coupées les unes des autres. Cette séparation, en ce qui concerne les productions plus tempérées, a dû avoir lieu il y a bien des siècles. Tandis que les plantes et les animaux migraient vers le sud, ils durent se mêler, dans l'une des grandes régions, aux productions américaines indigènes, avec lesquelles ils ne purent manquer d'entrer en concurrence ; et, dans l'autre grande région, ce fut avec les productions de l'Ancien Monde. Par conséquent, nous voyons que tout est ici favorable à une forte modification – bien plus forte que dans le cas des productions alpines, qui sont restées isolées, à une époque beaucoup plus récente, sur les diverses chaînes de montagnes et sur les terres arctiques de l'Europe et de l'Amérique du N. De là vient que, lorsque nous comparons les productions actuellement vivantes des régions tempérées du Nouveau Monde et de l'Ancien, nous trouvons très peu d'espèces identiques (bien qu'Asa Gray ait récemment montré qu'il y a plus de plantes identiques qu'on ne le supposait auparavant), mais nous trouvons pourtant dans chaque grande classe de nombreuses formes auxquelles certains naturalistes attribuent le rang de races géographiques et d'autres celui d'espèces distinctes, ainsi qu'une multitude de formes étroitement apparentées, ou représentatives, auxquelles tous les naturalistes attribuent le rang de formes spécifiquement distinctes.

Il s'est passé dans les eaux de la mer la même chose que sur les terres : la lente migration méridionale d'une faune marine qui, durant le Pliocène, voire à une époque quelque peu antérieure, était à peu près uniforme le long des rivages continus du Cercle polaire, permet d'expliquer, d'après la théorie de la modification, que de nombreuses formes étroitement apparentées vivent maintenant dans des zones marines complètement à l'écart les unes des autres. C'est ainsi, je crois, que nous pouvons comprendre la présence de certaines formes tertiaires étroitement apparentées, survivantes aussi bien qu'éteintes, sur les rivages orientaux et occidentaux de l'Amérique du Nord tempérée ; et le fait plus frappant encore que de nombreux crustacés étroitement apparentés (ainsi qu'ils sont décrits dans l'admirable ouvrage de Dana), certains poissons et d'autres animaux marins habitent la Méditerranée et les mers du Japon – alors que ces deux zones sont aujourd'hui complètement séparées par l'étendue de tout un continent et par de vastes espaces océaniques.

Ces cas de relations étroites entre des espèces qui habitent actuellement ou ont habité par le passé les mers qui baignent les rivages orientaux et occidentaux de l'Amérique du Nord, la Méditerranée et le Japon, ainsi que les territoires tempérés de l'Amérique du Nord et de l'Europe, sont inexplicables si l'on se fonde sur la théorie de la création. Nous ne pouvons pas soutenir que ces espèces ont été créées à l'identique, en correspondance avec les conditions physiques à peu près semblables de ces zones, car si nous comparons, par exemple, certaines régions de l'Amérique du Sud avec des régions de l'Afrique du Sud ou de l'Australie, nous voyons des contrées étroitement semblables dans toutes leurs conditions physiques, dont les habitants sont totalement dissemblables.

Alternance des périodes glaciaires dans le nord et dans le sud

Mais il nous faut revenir à notre sujet plus immédiat. Je suis convaincu que les conceptions de Forbes peuvent être largement étendues. En Europe, nous rencontrons les témoignages les plus clairs de la période glaciaire, depuis les rivages occidentaux de la Grande-Bretagne jusqu'à la chaîne de l'Oural, et au sud jusqu'aux Pyrénées. Nous pouvons déduire de la présence de mammifères gelés et de la nature de la végétation des montagnes que la Sibérie a subi également ce phénomène. Au Liban, selon le Dr Hooker, des neiges éternelles couvraient jadis l'axe central, et alimentaient des glaciers qui descendaient sur 4 000 pieds [1 219 m. *Ndt.*] jusqu'aux vallées. Le même observateur a récemment trouvé de vastes moraines à basse altitude dans la chaîne de l'Atlas, en Afrique du N. Le long de l'Himalaya, en des points distants de 900 milles [1 448 km. *Ndt.*] les uns des autres, les glaciers ont laissé les marques de leur lente descente passée ; et dans le Sikkim, le Dr Hooker a vu du maïs qui poussait sur d'anciennes moraines d'une taille gigantesque. Au sud du continent asiatique, de l'autre côté de l'équateur, nous savons, grâce aux excellentes recherches du Dr J. Haast et du Dr Hector, qu'en Nouvelle-Zélande d'immenses glaciers descendaient jadis à une basse altitude ; et les plantes identiques trouvées par le Dr Hooker sur des montagnes de cette île que séparait un vaste espace racontent la même histoire d'une époque froide passée. Des faits qui m'ont été communiqués par le Rév. W.B. Clarke font également apparaître qu'il existe sur les montagnes de l'angle sud-est de l'Australie des traces d'une action glaciaire passée.

Portons notre regard vers l'Amérique. Dans sa moitié nord, on a observé des fragments de roche portés par les glaces sur le côté est du continent, jusqu'à 36°-37° de lat. sud, et sur les rivages du Pacifique, où le climat est aujourd'hui si différent, jusqu'à 46° de lat. sud. Des blocs erratiques ont aussi été signalés dans les Montagnes Rocheuses. Dans la Cordillère d'Amérique du Sud, à peu près à l'équateur, les glaciers s'étendaient autrefois bien plus bas que leur niveau actuel. Dans le Centre du Chili, j'ai examiné un vaste monticule de débris qui traversait la vallée de Portillo et contenait de grands blocs, dont il ne fait guère de doute qu'ils formaient autrefois une énorme moraine ; et M. D. Forbes m'informe qu'il a trouvé en diverses régions de la Cordillère, depuis 13° jusqu'à 30° de lat. S., à une hauteur d'environ 12 000 pieds, des roches profondément striées, qui ressemblent à celles qu'il a bien connues en Norvège, ainsi que de grandes masses de débris, qui comprennent des cailloux rainurés. Tout le long de cette section de la Cordillère, il n'existe pas de véritables glaciers, même à des altitudes beaucoup plus considérables. Plus au sud,

Répartition géographique [chap. XII]

des deux côtés du continent, depuis 41° de lat. jusqu'à l'extrémité la plus méridionale, nous avons les témoignages les plus clairs d'une action glaciaire passée, avec les nombreux blocs immenses qui ont été transportés loin de l'endroit où ils se sont formés.

Par suite de ces divers faits, à savoir que l'action glaciaire s'est étendue tout autour des hémisphères Nord et Sud ; que cette période est récente, au sens géologique, dans les deux hémisphères ; qu'elle a duré longtemps dans l'un comme dans l'autre, comme on peut l'induire de l'ampleur de ses effets ; et enfin que les glaciers sont récemment descendus à une basse altitude tout le long de la Cordillère, il m'est apparu naguère que nous ne pouvions éviter de conclure que la température s'était abaissée simultanément dans l'ensemble du monde durant la période glaciaire. M. Croll a tenté par ailleurs de montrer, dans une série de mémoires admirables, que des conditions climatiques glaciaires sont le résultat de diverses causes physiques, que met en branle un accroissement de l'excentricité de l'orbite de la terre. Toutes ces causes tendent à la même fin ; mais la plus puissante paraît être l'influence directe de l'excentricité de l'orbite sur les courants océaniques. Selon M. Croll, des périodes froides reviennent régulièrement tous les dix ou quinze mille ans ; et, à de longs intervalles, elles sont extrêmement rigoureuses, au gré de certaines circonstances dont la plus importante, comme l'a montré *Sir* C. Lyell, est la position relative des terres et des mers. M. Croll est d'avis que la dernière grande période glaciaire a eu lieu il y a 240 000 ans environ, et a duré, avec de légères modifications du climat, environ 160 000 ans. En ce qui concerne de plus anciennes Périodes glaciaires, plusieurs géologues sont convaincus, sur la foi de témoignages directs, qu'il s'en est produit au cours des formations du Miocène et de l'Éocène, pour ne rien dire de formations plus anciennes encore. Mais le plus important, pour nous, des résultats auxquels est parvenu M. Croll, est que chaque fois que l'hémisphère Nord passe par une période froide, la température de l'hémisphère Sud s'élève de fait, et les hivers y deviennent plus doux, principalement en raison de changements de direction des courants océaniques. Il doit en être ainsi, dans l'autre sens, pour l'hémisphère Nord, lorsque l'hémisphère

Sud passe par une période glaciaire. Cette conclusion jette tant de lumière sur la répartition géographique que je suis fort enclin à m'y fier ; mais je fournirai d'abord les faits, qui exigent une explication.

Le Dr Hooker a montré qu'en Amérique du Sud il y a, outre de nombreuses espèces étroitement apparentées, entre quarante et cinquante plantes à fleurs de la Terre de Feu, ce qui forme une part non négligeable de sa maigre flore, qui sont communes à l'Amérique du Nord et a l'Europe, aussi formidablement éloignées l'une de l'autre que soient ces régions situées dans des hémisphères opposés. Dans les montagnes élevées de l'Amérique équatoriale, on rencontre une multitude d'espèces particulières qui appartiennent à des genres européens. Dans les monts Organ du Brésil, Gardner a trouvé un petit nombre de genres européens tempérés, quelques genres antarctiques et quelques genres andins qui n'existent pas dans les régions chaudes de basse altitude qui les séparent. Sur la Silla de Caracas, l'illustre Humboldt a trouvé il y longtemps des espèces appartenant à des genres caractéristiques de la Cordillère.

En Afrique, plusieurs formes caractéristiques d'Europe et un petit nombre de représentants de la flore du Cap de Bonne-Espérance se rencontrent dans les montagnes d'Abyssinie. On trouve au Cap de Bonne-Espérance un très petit nombre d'espèces européennes, dont on pense qu'elles n'ont pas été introduites par l'homme, et dans les montagnes plusieurs formes européennes représentatives, que l'on n'a pas découvertes dans les régions intertropicales d'Afrique. En outre, le Dr Hooker a récemment montré que plusieurs des plantes qui vivent dans les régions supérieures de l'île montagneuse de Fernando Pô et sur les monts du Cameroun voisins, dans le golfe de Guinée, sont étroitement liées à celles que l'on trouve sur les montagnes d'Abyssinie, et également à celles de l'Europe tempérée. Il semble aussi à présent, comme me l'apprend le Dr Hooker, que certaines de ces mêmes plantes tempérées aient été découvertes par le Rév. R.T. Lowe dans les montagnes des Îles du Cap-Vert. Que ces mêmes formes tempérées s'étendent, presque sous l'équateur, sur tout le continent africain et jusqu'aux montagnes de l'Archipel du Cap-Vert, est l'un des faits les plus étonnants que l'on ait jamais rapportés sur la répartition des plantes.

Dans l'Himalaya, et dans les chaînes de montagnes isolées de la péninsule indienne, sur les hauteurs de Ceylan, et sur les cônes volcaniques de Java, on rencontre de nombreuses plantes soit entièrement identiques soit représentatives les unes des autres, et en même temps représentatives de plantes européennes que l'on ne trouve pas dans les terres basses et chaudes qui sont situées entre elles. La liste des genres de plantes que l'on collecte sur les pics les plus élevés de Java évoque l'image d'une collection constituée sur une colline d'Europe ! Plus frappant encore est le fait que des formes australiennes particulières sont représentées par certaines plantes qui poussent au sommet des montagnes de Bornéo. Certaines de ces formes australiennes, comme me l'apprend le Dr Hooker, s'étendent le long des hauteurs de la péninsule de Malacca, et sont répandues, quoique en petit nombre, sur le territoire de l'Inde, d'une part, et plus loin au nord, jusqu'au Japon, d'autre part.

Dans les montagnes du sud de l'Australie, le Dr F. Müller a découvert plusieurs espèces européennes ; d'autres espèces, qui n'ont pas été introduites par l'homme, se rencontrent dans les basses terres ; et l'on peut donner une longue liste, ainsi que m'en informe le Dr Hooker, de genres d'Europe que l'on trouve en Australie, mais non dans les régions torrides intermédiaires. Dans l'admirable *Introduction à la flore de la Nouvelle-Zélande* du Dr Hooker, des faits analogues et tout aussi frappants sont fournis relativement aux plantes de cette grande île. Nous voyons donc que certaines plantes qui poussent sur les montagnes les plus élevées des tropiques dans toutes les régions du monde, et sur les plaines tempérées du nord et du sud, sont soit les mêmes espèces soit des variétés des mêmes espèces. Cependant, il faut observer que ces plantes ne sont pas strictement des formes arctiques ; en effet, comme M. H.C. Watson l'a remarqué, « lorsque l'on s'éloigne des latitudes polaires pour se diriger vers les latitudes équatoriales, les flores alpines ou de montagne deviennent véritablement de moins en moins arctiques ». Outre ces formes identiques et étroitement apparentées, de nombreuses espèces qui habitent les mêmes zones largement séparées les unes des autres appartiennent à des genres que l'on ne trouve plus dans les basses terres tropicales intermédiaires.

Ces brèves remarques s'appliquent aux seules plantes ; mais on pourrait fournir un petit nombre de faits analogues relatifs aux animaux terrestres. Parmi les productions marines, des cas semblables se rencontrent également ; à titre d'exemple, je citerai une affirmation prononcée par la plus haute autorité, le Professeur Dana, selon lequel « c'est certainement un fait extraordinaire que la Nouvelle-Zélande ait une ressemblance plus étroite, en ce qui concerne ses crustacés, avec la Grande-Bretagne, son antipode, qu'avec aucune autre région du monde ». *Sir* J. Richardson parle également de la réapparition sur les rivages de la Nouvelle-Zélande, de la Tasmanie, &c., de formes de poissons septentrionales. Le Dr Hooker m'informe que vingt-cinq espèces d'Algues sont communes à la Nouvelle-Zélande et à l'Europe, mais qu'on ne les a pas trouvées dans les mers tropicales intermédiaires.

Par suite des faits qui précèdent, à savoir la présence de formes tempérées sur les hautes terres de toute l'Afrique équatoriale, et le long de la péninsule indienne, jusqu'à Ceylan et à l'Archipel Malais, et, d'une manière moins bien marquée, sur toute la vaste étendue de l'Amérique du Sud tropicale, il paraît presque certain qu'à une époque passée, sans nul doute durant la partie la plus rigoureuse de la période glaciaire, les basses terres de ces grands continents abritaient partout, à l'équateur, un nombre considérable de formes tempérées. À cette époque, le climat équatorial au niveau de la mer était probablement à peu près le même que celui que l'on connaît actuellement à une hauteur de cinq à six mille pieds [1 524 à 1 829 m. *Ndt.*] sous la même latitude, voire peut-être un peu plus doux. Durant cette époque, la plus froide, les basses terres au-dessous de l'équateur ont dû être tapissées d'une végétation mêlée, tropicale et tempérée, comme celle dont Hooker a dit dans sa description qu'elle poussait avec luxuriance à une altitude de quatre à cinq mille pieds [1 219 à 1 524 m. *Ndt.*] sur les pentes inférieures de l'Himalaya, mais peut-être avec une prépondérance plus grande encore des formes tempérées. De même, dans l'île montagneuse de Fernando Pô, sur le Golfe de Guinée, M. Mann a trouvé des formes européennes tempérées qui commençaient à apparaître à une altitude d'environ cinq mille pieds [1 524 m. *Ndt*.]. Dans les montagnes de Panama, à une hauteur de seulement deux mille pieds [610 m. *Ndt*.], le Dr Seemann a constaté que la végétation était pareille à celle du Mexique, « avec des formes de la zone torride harmonieusement mêlées à celles de la zone tempérée ».

Voyons à présent si la conclusion de M. Croll, selon laquelle, lorsque l'hémisphère Nord souffrait du froid extrême de la grande période glaciaire, l'hémisphère Sud était de fait plus chaud, jette quelque lumière nette sur la répartition actuelle, apparemment inexplicable, de divers organismes situés dans les zones tempérées de chacun des hémisphères et dans les montagnes des tropiques. La période glaciaire, si on la mesure en années, a dû être très longue ; et lorsque nous nous rappelons les vastes espaces sur lesquels certaines plantes et certains animaux acclimatés se sont répandus en quelques siècles, cette époque a dû suffire amplement à n'importe quelle intensité de migration. Nous savons que, le froid augmentant, les formes arctiques ont envahi les régions tempérées ; et, par suite des faits que l'on vient de citer, il ne fait guère de doute que certaines des formes tempérées les plus vigoureuses, les plus dominantes et les plus largement répandues ont envahi les basses terres équatoriales. Les habitants de ces basses terres chaudes ont dû dans le même temps migrer vers les régions tropicales et subtropicales du sud, car l'hémisphère Sud était plus chaud à cette époque. Au moment du déclin de la période glaciaire, tandis que les deux hémisphères retrouvaient peu à peu leur température antérieure, les formes tempérées du nord qui vivaient sur les basses terres à l'équateur ont dû revenir à leur habitat premier ou bien être détruites, étant alors remplacées par les formes équatoriales qui remontaient du sud. Cependant, certaines des formes tempérées du nord ont dû, presque assurément, gravir toute haute terre se trouvant à proximité, où, à condition que celle-ci fût suffisamment élevée, elles ont dû survivre longtemps, comme les formes arctiques des montagnes de l'Europe. Elles ont pu survivre, même si le climat ne leur était pas parfaitement adapté, car le changement de temps a dû être très lent, et les plantes possèdent à n'en pas douter une certaine capacité d'acclimatation, comme le montre le fait qu'elles transmettent à leurs descendants des aptitudes constitutionnelles diverses pour résister à la chaleur et au froid.

Suivant le cours normal des choses, l'hémisphère Sud a dû être, à son tour, soumis à une rigoureuse période glaciaire, tandis que l'hémisphère Nord se réchauffait ; et à ce moment les formes tempérées du sud ont dû envahir les basses terres équatoriales. Les formes du nord qui avaient été précédemment laissées sur les montagnes ont dû descendre alors et se mêler aux formes du sud. Ces dernières, lorsque la chaleur revint, ont dû retourner à leur habitat premier, en laissant un petit nombre d'espèces sur les montagnes, et en emportant avec elles vers le sud certaines des formes tempérées du nord descendues des montagnes où elles avaient trouvé refuge. Ainsi, nous devrions trouver un petit nombre d'espèces identiques dans les zones tempérées du nord et du sud et dans les montagnes des régions tropicales intermédiaires. Mais les espèces qui ont longtemps séjourné dans ces montagnes, ou dans des hémisphères opposés, ont dû entrer en concurrence avec de nombreuses formes nouvelles et être exposées à des conditions physiques quelque peu différentes ; elles ont donc probablement été éminemment susceptibles de se modifier et devraient exister à présent à l'état de variétés ou d'espèces représentatives ; et tel est bien le cas. Nous devons également garder à l'esprit que se sont produites dans les deux hémisphères des Périodes glaciaires antérieures ; en effet, ce sont elles qui expliquent, conformément aux mêmes principes, que de nombreuses espèces tout à fait distinctes habitent les mêmes territoires séparés par de vastes espaces et appartiennent à des genres que l'on ne trouve plus dans les zones torrides intermédiaires.

C'est un fait remarquable, sur lequel Hooker a fortement insisté à l'égard de l'Amérique, et Alph. de Candolle à l'égard de l'Australie, qu'il y a bien plus d'espèces identiques ou légèrement modifiées qui ont migré du nord vers le sud, que dans la direction inverse. Nous rencontrons cependant quelques formes du sud dans les montagnes de Bornéo et d'Abyssinie. Je soupçonne que cette migration prépondérante du nord vers le sud est due à ce que les terres sont plus étendues au nord, et au fait que les formes du nord existaient dans leur propre habitat en plus grand nombre, et qu'elles ont en conséquence été portées par la sélection naturelle et la concurrence à un stade de perfection, ou à un pouvoir de domination, supérieur à celui des formes du sud. Et ainsi, lorsque les deux groupes se sont mêlés dans les régions équatoriales, durant les Périodes glaciaires alternées, les formes du nord étaient les plus puissantes et étaient capables de conserver leurs places dans les montagnes, et ensuite de migrer vers le sud avec les formes du sud ; mais il n'en allait pas de même pour les formes du sud par rapport aux formes du nord. De la même manière, nous voyons aujourd'hui que de très nombreuses productions européennes couvrent le sol de La Plata, de la Nouvelle-Zélande et, à un moindre degré, de l'Australie, et l'ont emporté sur les plantes indigènes ; tandis que les formes du sud sont extrêmement peu nombreuses à s'être acclimatées dans quelque région que ce soit de l'hémisphère Nord, bien que des peaux, de la laine et d'autres objets susceptibles de transporter des graines aient été largement importés en Europe de La Plata depuis deux ou trois siècles et d'Australie durant les quarante ou cinquante dernières années. En Inde, les monts Nilgiri offrent cependant une exception partielle ; en effet, ainsi que me l'apprend le Dr Hooker, les formes australiennes sont en train de s'y semer et de s'y acclimater rapidement. Avant la dernière grande période glaciaire, les montagnes intertropicales étaient sans aucun doute peuplées de formes alpines endémiques ; mais elles ont presque partout cédé la place aux formes plus dominantes engendrées dans les territoires plus vastes et dans les ateliers plus efficaces du nord. Dans de nombreuses îles, les productions indigènes voient leur nombre presque égalé, ou même dépassé, par celui des productions qui se sont acclimatées ; et c'est la première étape vers leur extinction. Les montagnes sont des îles sur la terre ferme, et leurs habitants ont cédé le pas à ceux qui ont été produits dans les territoires plus vastes du nord, exactement de la même manière que les habitants des vraies îles ont partout cédé le pas, et continuent de le faire, aux formes continentales acclimatées par le biais de l'action humaine.

Les mêmes principes s'appliquent à la répartition des animaux terrestres et des productions marines, dans les zones tempérées du nord et du sud, et sur les montagnes intertropicales. Lorsque, à l'apogée de la période glaciaire, les courants océaniques étaient largement différents de ce qu'ils sont actuellement, certains des habitants des mers tempérées ont pu atteindre l'équateur ; parmi eux, quelques-uns peut-être ont dû être capables aussitôt de migrer vers le sud, en se tenant dans les courants plus frais, tandis que d'autres ont pu demeurer et survivre dans les profondeurs froides jusqu'à ce que l'hémisphère Sud fût à son tour soumis à un climat glaciaire et leur permît d'aller plus avant ; c'est à peu près de la même manière que, selon Forbes, il existe aujourd'hui encore des espaces isolés habités par des productions arctiques dans les zones les plus profondes des mers tempérées du nord.

Je suis loin de supposer que toutes les difficultés relatives à la répartition et aux affinités des espèces identiques et apparentées qui vivent à présent si largement séparées au nord et au sud, et quelquefois dans les chaînes de montagnes intermédiaires, soient levées si l'on se fonde sur les conceptions dont on a fait état ci-dessus. Nous ne sommes pas en mesure d'indiquer les lignes de migration exactes. Nous ne pouvons pas dire pour quelle raison certains espèces ont migré et non pas d'autres ; pour quelle raison certaines espèces ont été modifiées et ont donné naissance à de nouvelles formes, tandis que d'autres sont demeurées inchangées. Nous ne pouvons espérer expliquer ces faits, tant que nous ne pouvons pas dire pour quelle raison une espèce et non pas une autre s'acclimate dans une terre étrangère par le biais de l'action humaine ; pour quelle raison une espèce occupe un territoire deux ou trois fois plus étendu et est deux ou trois fois plus courante qu'une autre espèce, chacune à l'intérieur de son habitat propre.

Il reste encore à résoudre diverses difficultés particulières ; par exemple, le fait que l'on rencontre les mêmes plantes, comme l'a montré le Dr Hooker, en des lieux aussi extraordinairement éloignés que la Terre de Kerguelen, la Nouvelle-Zélande et la Terre de Feu ; mais les icebergs, comme l'a suggéré Lyell, ont pu jouer un rôle dans leur dispersion. L'existence, en ces points et en d'autres points éloignés de l'hémisphère Sud, d'espèces qui, quoique distinctes, appartiennent à des genres exclusivement limités au sud, est un cas plus remarquable. Certaines de ces espèces sont si distinctes que nous ne pouvons pas supposer qu'il y ait eu assez de temps, depuis le commencement de la dernière période glaciaire, pour qu'elles migrent et atteignent ensuite le degré de modification nécessaire. Les faits semblent indiquer que des espèces distinctes appartenant aux mêmes genres ont migré en lignes radiantes à partir d'un centre commun ; et je suis enclin à diriger mes regards, dans l'hémisphère Sud comme dans l'hémisphère Nord, vers une époque antérieure plus chaude, avant le commencement de la dernière période glaciaire, lorsque les terres antarctiques, à présent couvertes de glace, portaient une flore isolée et extrêmement particulière. On peut soupçonner qu'avant l'extermination de cette flore durant la dernière période glaciaire, quelques formes s'étaient déjà dispersées au loin jusqu'à atteindre divers points de l'hémisphère Sud par le biais de moyens de transport occasionnels, et en s'aidant d'îles aujourd'hui immergées qui leur servaient de lieux de halte. Ainsi, les rivages méridionaux de l'Amérique, de l'Australie et de la Nouvelle-Zélande ont pu se trouver légèrement teintés des mêmes formes de vie particulières.

Dans un passage frappant, *Sir* C. Lyell a réfléchi, en des termes presque identiques aux miens, sur les effets que les grandes alternances climatiques ont, dans l'ensemble du monde, sur la répartition géographique. Et nous avons vu à présent que la conclusion de M. Croll, selon laquelle les Périodes glaciaires successives de l'un des hémisphères coïncidaient avec des périodes plus chaudes dans l'hémisphère opposé – si l'on admet aussi la lente modification des espèces – explique une multitude de faits relatifs à la répartition des mêmes formes de vie et des formes de vie apparentées dans toutes les régions du globe. Les flots vivants ont coulé durant une période depuis le nord et durant une autre depuis le sud, et dans les deux cas elles ont atteint l'équateur ; mais le fleuve de la vie a coulé avec plus de force depuis le nord que dans la direction opposée, et a par conséquent plus généreusement inondé le sud. De même que la marée dépose en lignes horizontales les débris qu'ils ont transportés, et qui s flots vivants ont déposé sur les sommets de nos montagnes les vivants débris qu'ils transportaient, suivant une ligne qui s'élève doucement depuis les basses terres de l'Arctique jusqu'à une haute altitude sous l'équateur. Les divers êtres ainsi échoués sur le rivage peuvent se comparer aux races sauvages de l'homme qui, repoussées dans presque tous les pays vers les refuges qu'offrent les montagnes où elles survivent, sont comme les archives qui renferment les traces, pour nous pleines d'intérêt, des anciens habitants des basses terres environnantes.

CHAPITRE XIII

RÉPARTITION GÉOGRAPHIQUE – *suite*

Répartition des productions d'eau douce – Sur les habitants des îles océaniques – Absence de Batraciens et de Mammifères terrestres – Sur la relation entre les habitants des îles et ceux du continent le plus proche – Sur la colonisation à partir de la source la plus proche avec modification ultérieure – Résumé du présent chapitre et de celui qui précède.

Productions d'eau douce

Comme les systèmes de lacs et de rivières sont séparés l'un de l'autre par des barrières terrestres, on aurait pu penser que les productions d'eau douce n'occuperaient pas un territoire étendu à l'intérieur d'un même pays, et, comme la mer est apparemment une barrière plus formidable encore, qu'elles ne se seraient jamais diffusées jusqu'à des pays éloignés. Mais la réalité est exactement inverse. Non seulement de nombreuses espèces d'eau douce, qui appartiennent à des classes différentes, ont un territoire immense, mais des espèces apparentées prévalent d'une manière remarquable dans le monde entier. Lorsque j'ai commencé à faire des collectes dans les eaux douces du Brésil, je me rappelle bien avoir ressenti une grande surprise en constatant la ressemblance des insectes, coquillages, &c. d'eau douce et la dissemblance des êtres terrestres environnants, lorsqu'on les comparait avec ceux de la Grande-Bretagne.

Mais la faculté qu'ont les productions d'eau douce d'occuper un vaste territoire peut, je crois, s'expliquer dans plupart des cas par le fait qu'elles se sont adaptées, d'une manière qui leur a été très utile, à de brèves et fréquentes migrations d'un étang à un autre, ou d'un cours d'eau à un autre, à l'intérieur de leur propre pays ; et la propension à une vaste dispersion a dû résulter de cette capacité comme une conséquence presque nécessaire. Nous ne pouvons considérer ici qu'un petit nombre de cas ; parmi eux, certains des plus difficiles à expliquer s'observent chez les poissons. On croyait auparavant que les mêmes espèces d'eau douce n'existaient jamais sur deux continents éloignés l'un de l'autre. Or le Dr Günther a récemment montré que le *Galaxias attenuatus* habite la Tasmanie, la Nouvelle-Zélande, les Îles Falkland et le continent sud-américain. C'est là un cas extraordinaire, qui indique probablement une dispersion à partir d'un centre antarctique durant une période ancienne de chaleur. Ce qui, cependant, rend ce cas moins surprenant dans une certaine mesure, c'est que les espèces de ce genre ont la capacité de traverser par quelque moyen inconnu de considérables étendues en plein océan ; ainsi, il existe une espèce commune à la Nouvelle-Zélande et aux Îles Auckland, bien que ces terres soient séparées par une distance d'environ 230 milles [370 km. *Ndt.*]. Sur le même continent, les poissons d'eau douce occupent souvent un vaste territoire, mais d'une façon, si l'on peut dire, capricieuse ; en effet, dans deux systèmes de rivières adjacents, certaines des espèces peuvent être les mêmes et certaines être complètement différentes. Il est probable qu'elles sont transportées de temps à autre par ce que l'on peut nommer des moyens accidentels. Ainsi, il n'est pas si rare que les poissons encore vivants soient jetés en des points éloignés par des tourbillons ; et l'on sait que les œufs conservent leur vitalité pendant un temps considérable après avoir été retirés de l'eau. Cependant, leur dispersion peut être attribuée principalement à des changements du niveau des terres dans la période récente, qui auraient fait se rejoindre le cours des rivières. On pourrait également donner pour exemple des cas où cela s'est produit durant des inondations, sans aucun changement de niveau. La forte différence entre les poissons présents d'un côté et de l'autre de la plupart des chaînes de montagnes continues – lesquelles ont dû, par conséquent, empêcher complètement depuis une époque ancienne l'interpénétration des systèmes de rivières situés de part et d'autre – conduit à la même conclusion. Certains poissons d'eau douce appartiennent à des formes très anciennes, et en ce cas il a dû s'écouler un temps amplement suffisant pour de grands changements géographiques, et par conséquent ils ont dû avoir le temps et les moyens d'une forte migration. En outre, le Dr Günther a récemment été conduit par suite de diverses considérations à conclure que chez les poissons les mêmes formes subsistent très longtemps. En agissant avec précaution, on peut habituer lentement les poissons de mer à vivre en eau douce ; et, selon Valenciennes, il n'est guère de groupe dont tous les représentants soient limités à l'eau douce, de sorte qu'une espèce marine qui appartient à un groupe d'eau douce pourrait aller loin le long des rivages de la mer, et serait capable, en toute probabilité, de s'adapter sans grande difficulté aux eaux douces d'un pays éloigné.

Certaines espèces de coquillages d'eau douce occupent un très vaste territoire, et des espèces apparentées qui, d'après notre théorie, sont issues d'un parent commun, et ont dû provenir d'une source unique, prédominent dans le monde entier. Leur répartition m'a d'abord rendu fort perplexe, puisque leurs œufs n'ont guère de chances d'être transportés par les oiseaux, et que les œufs, tout comme les adultes, sont immédiatement tués par l'eau de mer. Je ne pouvais pas même comprendre comment il se fait que certaines espèces acclimatées s'étaient répandues rapidement à travers toute l'étendue d'un même pays. Mais deux faits que j'ai observés – et l'on en découvrira sans aucun doute de nombreux autres – éclairent quelque peu le sujet. Lorsque des canards émergent soudainement d'un étang couverts de lentilles d'eau, j'ai vu deux fois que ces petites plantes adhéraient à leur dos ; et il m'est arrivé, en déplaçant quelques lentilles aquatiques d'un aquarium dans un autre, de mettre dans le second, sans le vouloir, des coquillages d'eau douce du premier. Mais un autre facteur est sans doute plus efficace : j'ai suspendu les pieds d'un canard dans un aquarium où de nombreux œufs de coquillages d'eau douce étaient en train d'éclore ; et j'ai constaté que nombre de coquillages absolument minuscules et à peine éclos se mouvaient sur eux et y étaient si fermement agrippés qu'une fois hors de l'eau il était impossible de les en décrocher, même par des secousses, bien qu'ils tombassent d'eux-mêmes à un âge un peu plus avancé. Ces mollusques à peine éclos, quoique de nature aquatique, survivaient sur les pieds du canard, dans un air humide, entre douze et vingt heures ; et pendant cette durée un canard ou un héron serait en mesure de parcourir au moins six ou sept cents milles [966 ou 1 227 km. *Ndt.*], et, si le vent l'emportait au-dessus de la mer jusqu'à une île océanique, ou jusqu'à tout autre point éloigné, il ne manquerait pas de se poser sur un étang ou un ruisseau. *Sir* Charles Lyell m'informe que l'on a pris un Dytique auquel adhérait fermement un *Ancylus* (coquille d'eau douce semblable à une patelle) ; et un scarabée aquatique de la même famille, un *Colymbetes*, est un jour arrivé à bord du *Beagle*, alors à une distance de quarante-cinq milles [72 km. *Ndt.*] de la terre la plus proche ; à quelle distance plus lointaine encore aurait pu l'emporter une tempête favorable, nul ne peut le dire.

En ce qui concerne les plantes, on sait depuis longtemps que de nombreuses espèces d'eau douce, et même des espèces des marais, occupent des territoires immenses, sur les continents aussi bien que jusqu'aux îles océaniques les plus lointaines. On en voit une illustration frappante, selon Alph. de Candolle, chez les vastes groupes de plantes terrestres qui ont très peu de représentants aquatiques ; car ces derniers semblent acquérir immédiatement, comme par une sorte de conséquence, une vaste extension. Je pense que des moyens de dispersion favorables expliquent ce fait. J'ai mentionné précédemment qu'une certaine quantité de terre adhère parfois aux pieds et au bec des oiseaux. Les échassiers qui fréquentent les bords fangeux des mares, si on fait s'envoler soudainement, ont les plus grandes chances d'avoir les pieds boueux. Les oiseaux de cet ordre sont plus vagabonds que ceux de n'importe quel autre ; et on les trouve quelquefois sur les îles les plus lointaines et les plus désolées du plein océan ; il n'est guère probable qu'ils se posent à la surface de la mer, de sorte que quelque boue qu'il y ait sur leurs pieds, elle ne serait pas lavée par l'eau ; et en regagnant la terre, ils ne manqueraient pas de se rendre aux points d'eau douce qu'ils fréquentent habituellement. Je ne crois pas que les botanistes sachent bien à quel point la boue des étangs est pleine de graines ; j'ai tenté plusieurs petites expériences, mais je ne vais exposer ici que le cas le plus frappant : j'ai pris, au mois de février, trois cuillérées de boue à trois points différents, en dessous de l'eau, au bord d'une petite mare ; cette boue, une fois sèche, ne pesait que 6 onces ¾ [191 g. *Ndt.*] ; je l'ai conservée, couverte, dans mon bureau pendant six mois, en arrachant et en comptant chaque plante qui poussait ; les plantes étaient de nombreux genres, et étaient au total 537 ; et pourtant cette boue visqueuse tenait entièrement dans une tasse à thé ! Compte tenu de ces faits, je pense que ce serait un phénomène inexplicable que des oiseaux de mer n'aient pas transporté les graines de plantes d'eau douce vers des mares et des cours d'eau qui n'en étaient pas peuplés, en des points très éloignés. La même action a pu entrer en jeu en ce qui concerne les œufs de certains petits animaux d'eau douce.

D'autres actions inconnues ont probablement aussi joué un rôle. J'ai fait état de ce que les poissons d'eau douce mangent certaines sortes de graines, mais qu'ils en rejettent de nombreuses autres sortes après les avoir avalées ; même les petits poissons avalent des graines d'une grosseur moyenne, comme celles du nénuphar jaune et du *Potamogeton*. Les hérons et d'autres oiseaux n'ont pas cessé, siècle après siècle, de dévorer chaque jour des poissons ; ensuite ils s'envolent et vont vers d'autres eaux, ou bien le vent les emporte au-dessus de la mer ; et nous avons vu que les graines conservent le pouvoir de germer lorsqu'elles sont rejetées de nombreuses heures plus tard dans des boulettes ou dans les excréments. Lorsque j'ai vu la grosseur des graines de ce délicat nénuphar, le *Nelumbium*, et que je me suis rappelé les remarques d'Alph. de Candolle sur la répartition de cette plante, j'ai pensé que les moyens de sa répartition devaient demeurer inexplicables ; mais Audubon déclare qu'il a trouvé les graines du grand nénuphar du sud (probablement, selon le Dr Hooker, le *Nelumbium luteum*) dans l'estomac d'un héron. Or, cet oiseau a dû souvent voler avec l'estomac aussi bien garni jusqu'à des étangs éloignés, pour faire ensuite un copieux repas de poissons : l'analogie me conduit donc à croire qu'il a dû rejeter dans une boulette les graines toutes prêtes à germer.

Lorsque l'on considère ces divers moyens de répartition, il faut se rappeler qu'au moment où se forment un étang ou un cours d'eau, par exemple sur un îlot qui émerge, ils sont inoccupés ; et une seule graine ou un seul œuf aura de bonnes chances de succès. Certes il y aura toujours une lutte pour la vie entre les habitants du même étang, si peu nombreux soient les genres qui s'y trouvent, pourtant, comme leur nombre, même dans un étang bien peuplé, est faible en comparaison du nombre d'espèces qui habitent une égale portion de terre, la concurrence entre eux sera probablement moins rigoureuse qu'entre des espèces terrestres ; par conséquent, un intrus venu des eaux d'une contrée étrangère doit avoir de meilleures chances de s'emparer d'une place nouvelle que ce n'est le cas pour les colons terrestres. Nous devons aussi nous rappeler que de nombreuses productions d'eau douce occupent une position basse sur l'échelle de la nature, et nous avons des raisons de croire que ces êtres se modifient plus lentement que ceux qui occupent une position élevée ; et cela donne du temps pour la migration d'espèces aquatiques. N'oublions pas qu'il est probable que de nombreuses formes d'eau douce aient auparavant occupé d'une façon continue d'immenses territoires, et se soient ensuite éteintes aux points intermédiaires. Mais la vaste répartition des plantes d'eau douce et des animaux inférieurs, qu'ils conservent une forme identique ou soient modifiés à quelque degré, dépend apparemment en majeure partie de la vaste dispersion de leurs graines et de leurs œufs par les animaux, plus spécialement par les oiseaux fréquentant les eaux douces, qui ont de grandes capacités de vol, et voyagent naturellement d'une pièce d'eau à une autre.

Sur les habitants des îles océaniques

Nous en venons maintenant à la dernière des trois classes de faits que j'ai choisies parce qu'elles présentaient la plus grande quantité de difficultés à l'égard de la répartition, si l'on se fonde sur l'idée que non seulement tous les individus de la même espèce ont migré depuis une aire déterminée, mais que les espèces apparentées, bien qu'elles habitent maintenant les points les plus éloignés, viennent d'une aire unique – lieu de naissance de leurs premiers aïeux. J'ai déjà indiqué pour quelles raisons je me refuse à croire à des extensions continentales, durant la période des espèces actuelles, sur une échelle si énorme que les nombreuses îles des divers océans aient toutes été peuplées de la sorte par leurs habitants terrestres actuels. Cette conception lève bien des difficultés, mais elle ne s'accorde pas avec tous les faits relatifs aux productions des îles. Dans les remarques qui suivent, je ne me bornerai pas à la seule question de la dispersion, mais considérerai certains autres cas qui intéressent la vérité des deux théories de la création indépendante et de la descendance avec modification.

Les espèces de tout genre qui habitent les îles océaniques sont en petit nombre si on les compare avec celles d'aires continentales d'égale étendue : Alph. de Candolle l'admet pour les plantes, et Wollaston pour les insectes. La Nouvelle-Zélande, par exemple, avec ses montagnes élevées et ses stations diversifiées, sur une étendue de plus de 780 milles [1 255 km. *Ndt.*] en latitude, si l'on inclut les îles situées au large, Auckland, Campbell et Chatham, ne contient au total que 960 sortes de plantes à fleurs ; si nous comparons ce nombre modéré avec les espèces qui pullulent sur des territoires équivalents dans le sud-ouest de l'Australie ou au Cap de Bonne-Espérance, il nous faut admettre qu'une cause déterminée, indépendamment des conditions physiques différentes, a donné naissance à une si grande différence numérique. Même le comté uniforme de Cambridge possède 847 plantes et la petite île d'Anglesea en possède 764 – mais quelques fougères et quelques plantes introduites sont comprises dans ces nombres, et la comparaison n'est pas tout à fait juste à certains autres égards. Nous avons des témoignages qui montrent que l'île désolée de l'Ascension possédait originellement moins d'une demi-douzaine de plantes à fleurs ; pourtant, de nombreuses espèces y sont maintenant acclimatées, tout comme en Nouvelle-Zélande et sur toutes les autres îles océaniques que l'on connaît. À Sainte-Hélène, il y a lieu de croire que les plantes et les animaux acclimatés ont presque ou entièrement exterminé de nombreuses productions indigènes. Quiconque admet la doctrine de la création séparée de chaque espèce devra admettre que les plantes et les animaux les mieux adaptés n'ont pas été créés en nombre suffisant pour les îles océaniques ; en effet, l'homme les a peuplées sans en avoir l'intention bien plus abondamment et parfaitement que ne l'a fait la nature.

Bien que dans les îles océaniques les espèces soient peu nombreuses, la proportion de types endémiques (*i. e.* ceux que l'on ne trouve nulle part ailleurs dans le monde) y est souvent extrêmement forte. Si nous comparons, par exemple, le nombre de coquillages terrestres endémiques de Madère, ou d'oiseaux endémiques dans l'Archipel des Galápagos, avec le nombre que l'on en trouve sur n'importe quel continent, et que nous comparions ensuite la surface de l'île avec celle du continent, nous verrons que cette affirmation est juste. On aurait pu théoriquement s'attendre à ce fait, car, comme on l'a déjà expliqué, les espèces qui arrivaient occasionnellement après de longs intervalles de temps dans une nouvelle région isolée, et qui devaient entrer en concurrence avec de nouveaux partenaires, devaient être éminemment susceptibles de se modifier, et ont souvent dû produire des groupes de descendants modifiés. Mais il ne s'ensuit nullement que, parce que dans une île à peu près toutes les espèces d'une classe sont particulières, celles d'une autre classe ou d'une autre section de la même classe soient particulières ; et cette différence semble dépendre en partie de ce que les espèces qui ne sont pas modifiées ont immigré toutes ensemble, de sorte que leurs relations mutuelles n'ont guère été dérangées ; et en partie de l'arrivée fréquente d'immigrants non modifiés venus de la mère-patrie, avec lesquels les formes insulaires se sont croisées. Il faut se rappeler que la descendance de ces croisements doit certainement gagner en vigueur ; de sorte que même un croisement occasionnel doit produire plus d'effet que l'on n'aurait pu le prévoir. Je donnerai quelques illustrations des remarques qui précèdent : dans les Îles Galápagos, il existe 26 oiseaux de terre ; sur ce nombre, 21 (ou peut-être 23) sont particuliers, tandis que sur les 11 oiseaux marins seulement 2 sont particuliers ; et il est évident que les oiseaux marins ont pu arriver sur ces îles beaucoup plus facilement et fréquemment que les oiseaux de terre. Les Bermudes, en revanche, qui sont situées à la même distance environ de l'Amérique du Nord que les Îles Galápagos de l'Amérique du Sud, et qui ont un sol très particulier, ne possèdent pas un seul oiseau de terre endémique ; et nous avons appris de l'admirable description des Bermudes due à M. J.M. Jones que de très nombreux oiseaux d'Amérique du Nord visitent cette île de temps à autre, voire fréquemment. Presque chaque année, comme m'en informe M. E.V. Harcourt, le vent porte de nombreux oiseaux européens et africains jusqu'à Madère ; cette île est habitée par quatre-vingt-dix-neuf sortes, dont une seule est particulière, quoique étroitement liée à une forme européenne ; et trois ou quatre autres espèces sont limitées à cette île et aux Canaries. De sorte que les Îles des Bermudes et de Madère ont été peuplées d'oiseaux venus des continents voisins, qui y luttent les uns contre les autres depuis fort longtemps et se sont co-adaptés les uns aux autres. C'est pourquoi chaque espèce, une fois installée dans son nouvel habitat, a dû être maintenue par les autres dans sa place et ses habitudes propres, et n'a dû être, par conséquent, que peu susceptible de se modifier. Toute tendance à la modification a dû être freinée également par le croisement avec les immigrants non modifiés, qui arrivaient souvent de la mère-patrie. Madère, de son côté, est habitée par un nombre extraordinaire de coquillages terrestres particuliers, alors que pas une espèce de coquillage de mer n'est particulière à ses rivages ; or, bien que nous ne sachions pas de quelle façon les coquillages marins se dispersent, nous voyons pourtant que leurs œufs ou leurs larves, peut-être attachés aux algues ou à du bois flottant, ou bien aux pattes des échassiers, peuvent être transportés sur trois ou quatre milles [4,83 ou 6,44 km. *Ndt.*] en pleine mer bien plus facilement que les coquillages terrestres. Les différents ordres d'insectes qui habitent Madère présentent des cas à peu près parallèles.

Les îles océaniques sont quelquefois dépourvues de certaines classes entières d'animaux, et leur place est occupée par d'autres classes : ainsi, les reptiles sur les Îles Galápagos et de gigantesques oiseaux aptères en Nouvelle-Zélande prennent, ou ont pris récemment, la place des mammifères. Bien que l'on parle ici de la Nouvelle-Zélande comme d'une île océanique, il est quelque peu douteux qu'il faille la classer de la sorte ; elle est grande, et n'est pas séparée de l'Australie par une mer très profonde ; d'après son caractère géologique et l'orientation de ses chaînes de montagne, le Rév. W.B. Clarke a soutenu il y a peu que cette île, ainsi que la Nouvelle-Calédonie, devaient être considérées comme des dépendances de l'Australie. Si l'on se tourne vers les plantes, le Dr Hooker a montré que sur les Îles Galápagos les nombres proportionnels des différents ordres sont très différents de ce qu'ils sont ailleurs. Toutes ces différences numériques, ainsi que l'absence de certains groupes entiers d'animaux et de plantes, sont généralement expliquées par les différences supposées des conditions physiques de ces îles ; mais cette explication est pour le moins douteuse. La facilité de l'immigration semble avoir été largement aussi importante que la nature des conditions.

On pourrait citer, en ce qui concerne les habitants des îles océaniques, de nombreux petits faits remarquables. Par exemple, dans certaines îles où pas un mammifère ne réside, certaines des plantes endémiques ont des graines dotées de magnifiques crochets ; pourtant, peu de relations sont plus manifestes que l'usage qui est fait de ces crochets pour le transport des graines dans la laine ou la fourrure des quadrupèdes. Mais une graine à crochets a pu être transportée sur une île par d'autres moyens ; et la plante, en se modifiant alors, a dû former une espèce endémique, qui a conservé ses crochets, lesquels ont dû constituer un appendice inutile, comme les ailes rabougries que nombre de scarabées insulaires ont sous leurs élytres soudés. En outre, les îles possèdent souvent des arbres et des arbustes appartenant à des ordres qui ne comprennent ailleurs que des espèces herbacées ; or les arbres, comme Alph. de Candolle l'a montré, occupent généralement, quelle qu'en soit la cause, des territoires limités. Aussi est-il peu probable que les arbres atteignent des îles océaniques éloignées ; et une plante herbacée, qui n'a aucune chance de concurrencer avec succès les nombreux arbres entièrement développés qui poussent sur un continent, pourrait, une fois établie sur une île, acquérir quelque avantage sur d'autres plantes herbacées en poussant de plus en plus haut jusqu'à les dépasser. En ce cas, la sélection naturelle a dû tendre à augmenter la stature de la plante, quel que soit l'ordre auquel elle appartenait, et à la convertir d'abord en un arbuste, puis en un arbre.

Absence de Batraciens et de Mammifères terrestres sur les îles océaniques

En ce qui concerne l'absence d'ordres entiers d'animaux sur les îles océaniques, Bory St Vincent [*sic* pour Bory de Saint-Vincent. *Ndt.*] a remarqué il y a longtemps que l'on ne trouve jamais de Batraciens (grenouilles, crapauds, tritons) sur aucune des nombreuses îles dont sont constellés les grands océans. J'ai pris la peine de vérifier cette affirmation et j'en ai constaté la justesse, si j'excepte la Nouvelle-Zélande, la Nouvelle-Calédonie, les Îles Andaman, et peut-être les Îles Salomon et les Seychelles. Mais j'ai déjà remarqué qu'il est douteux qu'il faille classer la Nouvelle-Zélande et la Nouvelle-Calédonie comme des îles océaniques ; et la chose est plus douteuse encore en ce qui concerne les groupes des Andaman et des Salomon et les Seychelles. Cette absence générale de grenouilles, de crapauds et de tritons sur de si nombreuses îles océaniques véritables ne peut s'expliquer par leurs conditions physiques : il semble au contraire que ces îles soient particulièrement adaptées à ces animaux ; en effet, les grenouilles ont été introduites à Madère, aux Açores et à l'Île Maurice, et se sont multipliées au point de devenir un fléau. Mais comme ces animaux et leur frai (à l'exception, à ce que l'on sait, d'une espèce indienne) sont immédiatement détruits par l'eau de mer, il y aurait eu de grands obstacles à leur transport par-dessus les mers, et nous voyons donc pour quelle raison elles n'existent pas sur les îles strictement océaniques. Mais pour quelle raison, si l'on se fonde sur la théorie de la création, elles n'y auraient pas été créées, voilà ce qu'il serait très difficile d'expliquer.

Les mammifères offrent un autre cas semblable. J'ai mené de soigneuses recherches dans les plus anciens récits de voyages maritimes, et je n'ai pas trouvé un seul exemple indubitable de mammifère terrestre (à l'exception des animaux domestiques qu'élevaient les indigènes) qui habitât une île située à plus de 300 milles [483 km. *Ndt.*] d'un continent ou d'une grande île continentale ; et de nombreuses îles situées à une distance bien moindre sont également désertes. Les Îles Falkland, qu'habite un renard qui a l'apparence d'un loup, sont ce qui ressemble le plus à une exception ; mais on ne peut considérer ce groupe comme océanique, car il se trouve sur un banc relié au continent qui en est éloigné d'environ 280 milles [451 km. *Ndt.*] ; en outre, les icebergs apportaient jadis des blocs jusqu'à ses rivages occidentaux, et ils ont pu jadis transporter des renards, comme cela arrive fréquemment aujourd'hui dans les régions arctiques. On ne peut pas dire pourtant que de petites îles sont incapables d'entretenir l'existence, au moins, de petits mammifères, car il s'en trouve dans de nombreuses régions du monde sur de très petites îles, lorsqu'elles sont situées près d'un continent ; et l'on ne saurait guère nommer d'île sur laquelle nos quadrupèdes les plus petits ne se soient pas acclimatés et considérablement multipliés. On ne peut pas dire, si l'on se fonde sur la conception ordinaire de la création, qu'il n'y ait pas eu assez de temps pour la création des mammifères ; de nombreuses îles volcaniques sont suffisamment anciennes, comme le montrent la stupéfiante dégradation qu'elles ont subie, ainsi que leurs strates tertiaires ; il y a eu assez de temps aussi pour la production d'espèces endémiques qui appartiennent à d'autres classes ; et sur les continents, on sait que de nouvelles espèces de mammifères apparaissent et disparaissent à une plus grande vitesse que d'autres animaux d'une organisation moins élevée. Bien que l'on ne rencontre pas de mammifères terrestres sur les îles océaniques, on rencontre bien des mammifères aériens presque sur toutes les îles. La Nouvelle-Zélande possède deux chauves-souris que l'on ne trouve nulle part ailleurs dans le monde ; l'Île Norfolk, l'Archipel Viti [les îles Fidji. *Ndt.*], les Îles Bonin, l'Archipel des Carolines et celui des Mariannes, ainsi que l'Île Maurice possèdent tous des chauves-souris qui leur sont particulières. Pourquoi, demandera-t-on, la supposée force créatrice a-t-elle produit des chauves-souris et aucun autre mammifère sur les îles éloignées ? Si l'on se fonde sur ma conception, il est aisé de répondre à cette question ; en effet, aucun mammifère terrestre ne peut être transporté par-dessus une vaste étendue de mer, alors que les chauves-souris peuvent la traverser en volant. On a vu des chauves-souris s'aventurer de jour jusqu'à une grande distance au-dessus de l'océan Atlantique ; et, régulièrement ou occasionnellement, deux espèces d'Amérique du Nord visitent les Bermudes, à 600 milles [966 km. *Ndt.*] du continent. M. Tomes, qui a spécialement étudié cette famille, m'apprend que de nombreuses espèces occupent un territoire immense, et peuvent être trouvées tant sur les continents que sur des îles lointaines. Partant, nous n'avons qu'à supposer que ces espèces vagabondes se sont modifiées dans leur nouvel habitat relativement à leur nouvelle situation, et nous comprenons alors la présence de chauves-souris endémiques sur les îles océaniques, en l'absence de tout autre mammifère terrestre.

Il existe un autre rapport intéressant, qui est celui qu'entretient la profondeur de la mer qui sépare les îles à la fois les unes des autres et du continent le plus proche, avec le degré d'affinité des mammifères qui les habitent. M. Windsor Earl a fait certaines observations frappantes à ce sujet, qui ont été depuis considérablement étendues par les admirables recherches de M. Wallace concernant le grand Archipel Malais, qui est traversé, près des Célèbes, par une profonde étendue océanique, laquelle sépare deux faunes de mammifères largement distinctes. De chaque côté, les îles sont situées sur un banc de terre sous-marin relativement peu profond, et ces îles sont habitées par des quadrupèdes identiques ou étroitement apparentés. Je n'ai pas encore eu le temps de poursuivre cette enquête dans toutes les parties du monde ; mais, aussi loin que je l'aie menée, le rapport se confirme. Par exemple, la Grande-Bretagne est séparée de l'Europe par un canal peu profond, or les mammifères sont identiques des deux côtés ; et il en est de même pour toutes les îles proches des rivages de l'Australie. En revanche, les Îles Caraïbes sont situées sur un banc de terre profondément immergé, d'une profondeur de près de 1 000 brasses, et nous y trouvons des formes américaines, mais les espèces et même les genres sont tout à fait distincts. Comme la quantité de modifications que subissent les animaux de toutes sortes dépend en partie du temps écoulé, et que les îles qui sont séparées les unes des autres ou bien du continent par des canaux peu profonds sont plus susceptibles d'avoir été unies par un territoire continu jusqu'à une époque récente que ne le sont les îles séparées par des canaux plus profonds, nous comprenons comment il se fait qu'il existe un rapport entre la profondeur de la mer qui sépare deux faunes de mammifères et le degré de leur affinité – rapport qui est tout à fait inexplicable si l'on se fonde sur la théorie des actes de création indépendants.

Les affirmations qui précèdent concernant les habitants des îles océaniques – à savoir le petit nombre des espèces, dont une large proportion consiste en formes endémiques ; le fait que les représentants de certains groupes, mais non ceux d'autres groupes de la même classe, ont été modifiés ; l'absence de certains ordres tout entiers, comme des ordres de batraciens et de mammifères terrestres, nonobstant la présence des chauves-souris, qui sont aériennes ; la proportion singulière de certains ordres de plantes ; le fait que les formes herbacées se soient développées jusqu'à devenir des arbres, &c. – me semblent s'accorder mieux avec la croyance en l'efficacité de moyens de transport occasionnels, mis en œuvre sur une longue durée, qu'avec la croyance en la connexion ancienne de toutes les îles océaniques avec le continent le plus proche ; en effet, si l'on se fonde sur cette dernière conception, il est probable que les diverses classes aient dû immigrer plus uniformément et, puisque les espèces sont entrées toutes ensemble, les relations mutuelles n'ont guère dû être dérangées, et par conséquent elles ont dû soit ne pas être modifiées, soit l'être toutes d'une manière plus égale.

Je ne nie pas que l'on ne rencontre nombre de graves difficultés lorsque l'on veut comprendre de quelle façon un grand nombre des habitants des îles les plus éloignées, qu'ils conservent encore la même forme spécifique ou aient été modifiés par la suite, ont atteint leur habitat actuel. Mais la probabilité que d'autres îles aient existé jadis, qui aient pu servir de lieu de halte et dont pas un débris ne demeure aujourd'hui, ne doit pas être négligée. Je mentionnerai ici un cas difficile. Presque toutes les îles océaniques, même les plus isolées et les plus petites, sont habitées par des coquillages terrestres, généralement des espèces endémiques, mais parfois des espèces que l'on trouve ailleurs – ce dont le Dr A.A. Gould a donné des exemples frappants relativement au Pacifique. Or, il est notoire que les coquillages terrestres sont facilement tués par l'eau de mer ; leurs œufs, du moins ceux sur lesquels j'en ai fait l'essai, y coulent et sont détruits. Pourtant, il doit y avoir quelque moyen inconnu, mais efficace de temps à autre, qui assure leur transport. Serait-ce que les jeunes à peine éclos adhèrent parfois aux pieds des oiseaux qui se reposent au sol, et sont ainsi transportés ? Il m'est venu à l'esprit que les coquillages terrestres, lorsqu'ils hibernent et qu'un diaphragme membraneux recouvre l'ouverture de leur coquille, pourraient, logés dans les fentes de morceaux de bois à la dérive, traverser d'assez larges bras de mer. Et je constate que dans cet état plusieurs espèces supportent sans dommage une immersion dans l'eau de mer d'une durée de sept jours ; un coquillage, l'*Helix pomatia*, qui avait subi ce traitement et était de nouveau en hibernation, fut plongé dans l'eau de mer pendant vingt jours, et s'en remit parfaitement. Durant ce laps de temps, le coquillage aurait pu être porté par un courant marin d'une rapidité moyenne jusqu'à une distance de 660 milles géographiques [1 062 km. *Ndt.*]. Comme cette *Helix* a un épais opercule calcaire, je l'ai ôté, et lorsqu'elle eut formé un nouvel opercule membraneux, je l'ai immergée derechef pendant quatorze jours dans l'eau de mer, et de nouveau elle s'en remit, puis s'éloigna. Le baron Aucapitaine a, depuis, tenté des expériences semblables : il a placé 100 coquillages terrestres, qui appartenaient à dix espèces, dans une boîte percée de trous, et a immergé cette boîte pendant quinze jours dans la mer. Sur les cent coquillages, vingt-sept se sont rétablis. La présence d'un opercule semble avoir eu une importance, puisque sur les douze spécimens de *Cyclostoma elegans*, qui en est pourvue, onze ont survécu. Il est remarquable, lorsque l'on voit à quel point l'*Helix pomatia* a bien résisté chez moi à l'eau salée, que pas un des cinquante-quatre spécimens de quatre autres espèces d'*Helix* soumis à l'expérience par Aucapitaine ne se soit rétabli. Il est cependant bien improbable que les coquillages terrestres aient souvent été transportés de la sorte : les pieds des oiseaux offrent une méthode plus probable.

Sur les relations entre les habitants des îles et ceux du continent le plus proche

Le fait le plus frappant et le plus important pour nous est l'affinité des espèces qui habitent les îles avec celles du continent le plus proche, bien qu'elles ne soient pas véritablement les mêmes. On pourrait citer de nombreux cas. L'Archipel des Galápagos, qui est situé sous l'équateur, se trouve à une distance de 500 à 600 milles [805 à 966 km. *Ndt.*] des rivages de l'Amérique du Sud. Presque tous les produits du sol et des eaux y portent la marque la plus nette du continent américain. Il existe vingt-six oiseaux terrestres ; parmi eux, vingt et un ou peut-être vingt-trois sont classés comme des espèces distinctes, et l'on a dû admettre couramment qu'ils ont été créés à cet endroit ; pourtant, l'étroite affinité de la plupart de ces oiseaux avec des espèces américaines est manifeste dans chacun de leurs caractères, dans leurs habitudes, leurs gestes et les tons de leur voix. Il en est de même pour d'autres animaux, et pour une large proportion des plantes, comme l'a montré le Dr Hooker dans son admirable Flore de cet archipel. Le naturaliste, lorsqu'il regarde les habitants de ces îles volcaniques du Pacifique, éloignées du continent de plusieurs centaines de milles, a l'impression de se trouver sur le continent américain. Pourquoi en est-il ainsi ? Pourquoi les espèces que l'on suppose créées dans l'Archipel des Galápagos, et nulle part ailleurs, devraient-elles porter si clairement la marque de leur affinité avec celles qui ont été créées en Amérique ? Rien dans les conditions de vie, dans la nature géologique de ces îles, dans leur altitude ou leur climat, ou bien dans les proportions selon lesquelles les diverses classes sont associées les unes aux autres, ne ressemble étroitement aux conditions des côtes d'Amérique du Sud ; de fait, il existe une considérable dissemblance à tous ces égards. Au contraire, il existe un degré de ressemblance considérable, en ce qui concerne la nature volcanique du sol, le climat, l'altitude et la taille des îles, entre l'Archipel des Galápagos et celui du Cap-Vert ; mais quelle complète, quelle absolue différence entre leurs habitants ! Les habitants des Îles du Cap-Vert sont apparentés à ceux de l'Afrique, comme ceux des Galápagos le sont à l'Amérique. Des faits tels que ceux-ci n'admettent aucune sorte d'explication si l'on se fonde sur la conception ordinaire d'une création indépendante ; tandis que, si l'on se fonde sur la conception que l'on soutient ici, il est évident que les Îles Galápagos ont dû être susceptibles de recevoir des colons venus d'Amérique, que ce soit par des moyens de transport occasionnels ou (quoique je ne croie guère à cette doctrine) grâce à un territoire autrefois continu, et les Îles du Cap-Vert, de recevoir des colons venus d'Afrique ; ces colons ont dû être susceptibles de se modifier – le principe d'hérédité trahissant encore le lieu de leur première naissance.

On pourrait citer de nombreux faits analogues : en vérité, c'est une règle presque universelle que les productions endémiques des îles sont apparentées à celles du continent le plus proche, ou de la grande île la plus proche. Les exceptions sont peu nombreuses et peuvent, pour la plupart, être expliquées. Ainsi, bien que la Terre de Kerguelen se trouve plus près de l'Afrique que de l'Amérique, les plantes y sont apparentées, et même très étroitement, comme nous l'apprend la description faite par le Dr Hooker, à celles de l'Amérique ; mais si l'on se fonde sur l'idée que cette île a été peuplée principalement au moyen de graines transportées, en même temps que de la terre et des pierres, à la surface d'icebergs que les courants dominants faisaient dériver, cette anomalie disparaît. La Nouvelle-Zélande, pour ce qui est de ses plantes endémiques, est bien plus étroitement apparentée à l'Australie, continent le plus proche, qu'à n'importe quelle autre région ; et c'est là ce que l'on aurait pu prévoir ; mais elle est aussi clairement apparentée à l'Amérique du Sud, qui, bien qu'elle soit pour elle le deuxième continent dans l'ordre de la proximité, est si formidablement éloignée que ce fait devient une anomalie. Mais cette difficulté disparaît en partie si l'on se fonde sur l'idée que la Nouvelle-Zélande, l'Amérique du Sud et les autres terres méridionales ont été peuplées pour une part depuis un point à peu près intermédiaire quoique éloigné, à savoir les îles antarctiques, lorsqu'elles étaient tapissées de végétation, au cours d'une période tertiaire plus chaude, avant le commencement de la dernière période glaciaire. L'affinité, dont le Dr Hooker m'assure qu'elle est réelle, quoique faible, entre la flore du quart sud-ouest de l'Australie et celle du Cap de Bonne-Espérance, est un cas bien plus remarquable ; mais cette affinité se limite aux plantes et sera sans aucun doute expliquée un jour.

La même loi qui a déterminé la relation qui existe entre les habitants des îles et ceux du continent le plus proche est parfois manifeste à une petite échelle, mais d'une manière extrêmement intéressante, à l'intérieur des limites d'un même archipel. Ainsi, sur chacune des îles de l'Archipel des Galápagos résident, et c'est là un fait extraordinaire, de nombreuses espèces distinctes ; mais ces espèces sont apparentées les unes aux autres d'une manière nettement plus étroite qu'elles ne le sont aux habitants du continent américain, ou à ceux de toute autre région du monde. C'est ce que l'on aurait pu prévoir, car des îles situées aussi près l'une de l'autre ont dû presque nécessairement recevoir des immigrants venus de la même source originelle, et en recevoir l'une de l'autre. Mais comment se fait-il que nombre de ces immigrants aient été modifiés d'une façon différente, quoique seulement à un faible degré, sur des îles situées à portée de vue l'une de l'autre, et qui ont la même nature géologique, la même altitude, le même climat, &c. ? Cela m'est apparu longtemps comme une grande difficulté ; mais elle naît en grande partie de l'erreur profondément ancrée qui nous fait considérer les conditions physiques d'un pays comme ce qu'il y a de plus important ; alors qu'il est incontestable que la nature des autres espèces avec lesquels chacune doit entrer en concurrence est un élément au moins aussi important, et généralement bien plus important, de la réussite. Or, si nous regardons les

Répartition géographique – suite [chap. XIII]

espèces qui habitent l'Archipel des Galápagos et se rencontrent également dans d'autres parties du monde, nous constatons qu'elles diffèrent considérablement sur les diverses îles. On aurait pu, de fait, s'attendre à cette différence s'il est vrai que les îles ont été peuplées par des moyens de transport occasionnels – si par exemple la graine d'une plante a été apportée dans une île et celle d'une autre plante dans une autre île, bien qu'elles proviennent toutes de la même source générale. C'est pourquoi, lorsque, en des temps anciens, un immigrant s'est installé pour la première fois sur l'une des îles, ou bien lorsque, par la suite, il s'est répandu de l'une à l'autre, il a dû, à n'en pas douter, être exposé à des conditions différentes dans les différentes îles, car il a dû lui falloir entrer en concurrence avec un ensemble d'organismes différent ; une plante, par exemple, a dû trouver le sol qui lui était le mieux adapté occupé par des espèces quelque peu différentes dans les différentes îles, et a dû être exposée aux attaques d'ennemis quelque peu différents. Si alors elle a varié, la sélection naturelle a probablement dû favoriser différentes variétés dans les différentes îles. Certaines espèces, cependant, ont pu se répandre et conserver pourtant le même caractère dans l'ensemble du groupe, tout comme nous voyons certaines espèces se répandre sur de vastes étendues à travers l'ensemble d'un continent et demeurer les mêmes.

Le fait réellement surprenant dans le cas de l'Archipel des Galápagos, et à un moindre degré dans certains cas analogues, est que chaque nouvelle espèce, après avoir été formée sur l'une ou l'autre des îles, ne se soit pas rapidement répandue dans les autres îles. Mais les îles, bien qu'elles se trouvent à portée de vue l'une de l'autre, sont séparées par de profonds bras de mer, dans la plupart des cas plus larges que la Manche, et il n'y a aucune raison de supposer qu'elles aient été unies d'une façon continue à quelque époque antérieure. Les courants de la mer sont rapides et balayent l'espace qui s'étend entre les îles, et les tempêtes sont extraordinairement rares ; de sorte que les îles sont bien plus efficacement séparées les unes des autres qu'elles ne paraissent l'être sur une carte. Néanmoins, certaines espèces, tant parmi celles que l'on trouve dans d'autres parties du monde que parmi celles qui sont limitées à cet archipel, sont communes aux diverses îles ; et nous pouvons inférer de la manière dont elles sont à présent distribuées qu'elles se sont répandues d'une île dans les autres. Mais nous exagérons souvent, à mon avis, la probabilité que des espèces étroitement apparentées envahissent leurs territoires respectifs dès lors qu'elles se trouvent dans une situation de libre intercommunication. Il est hors de doute que, si une espèce possède un quelconque avantage sur une autre, en un temps très court elle la supplantera complètement ou partiellement ; mais si toutes deux sont également bien adaptées à la station qui leur est propre, elles occuperont probablement leurs stations séparées pendant une durée presque indéfinie. C'est pour nous un fait familier que de nombreuses espèces acclimatées par l'action de l'homme se sont répandues avec une rapidité stupéfiante sur de vastes zones, et nous avons donc tendance à en inférer que la plupart des espèces ont dû se répandre de la sorte ; mais il ne faut pas oublier que les espèces qui s'acclimatent dans de nouveaux pays ne sont généralement pas étroitement apparentées aux habitants indigènes, mais sont des formes très distinctes, qui appartiennent dans une grande partie des cas, comme l'a montré Alph. de Candolle, à des genres distincts. Dans l'Archipel des Galápagos, les oiseaux même, quoique si parfaitement aptes à voler d'île en île, sont nombreux à différer sur les différentes îles ; ainsi, il existe trois espèces étroitement apparentées de merle moqueur, chacune limitée à son île. Or, supposons que le vent emporte le merle moqueur de l'Île Chatham jusqu'à l'Île Charles, qui possède son propre merle moqueur ; pourquoi réussirait-il à s'y établir ? Nous pouvons conclure sans risque que l'Île Charles est bien peuplée de ses propres espèces, car chaque année il y a plus d'œufs qui sont pondus et de jeunes oiseaux qui en sortent qu'il n'est possible d'en élever ; et nous pouvons conclure que le merle moqueur particulier à l'Île Charles est au moins aussi bien adapté à son habitat que l'est l'espèce particulière à l'Île Chatham. *Sir* C. Lyell et M. Wollaston m'ont communiqué un fait remarquable qui se rapporte à ce sujet : c'est que Madère et l'îlot adjacent de Porto Santo possèdent de nombreuses espèces de coquillages terrestres distinctes mais représentatives, dont certaines vivent dans les crevasses des pierres ; et bien que de grandes quantités de pierres soient transportées chaque année de Porto Santo à Madère, cette dernière île n'a pourtant pas été colonisée par les espèces de Porto Santo ; néanmoins, ces îles ont toutes deux été colonisées par les coquillages terrestres d'Europe, qui avaient sans aucun doute un avantage sur les espèces indigènes. Par suite de ces considérations, je crois que nous ne devons pas nous étonner beaucoup de ce que les espèces endémiques qui habitent les diverses îles de l'Archipel des Galápagos ne se sont pas toutes répandues d'une île à l'autre. Sur le même continent encore, l'occupation antérieure a probablement joué un rôle important en faisant obstacle au mélange des espèces qui habitent différentes régions dotées à peu près des mêmes conditions physiques. Ainsi, les quarts sud-est et sud-ouest de l'Australie ont à peu près les mêmes conditions physiques et sont unis par des terres continues, mais sont pourtant habités par un grand nombre de mammifères, d'oiseaux et de plantes distincts ; il en est de même, selon M. Bates, en ce qui concerne les papillons et d'autres animaux qui habitent la grande vallée ouverte et continue de l'Amazone.

Le même principe qui gouverne le caractère général des habitants des îles océaniques, à savoir le rapport avec la source d'où les colons ont pu venir le plus aisément, associé à leurs modifications ultérieures, a la plus vaste application dans l'ensemble de la nature. C'est ce que nous voyons au sommet de chaque montagne, dans chaque lac et dans chaque marais. En effet, les espèces alpines, si l'on excepte les cas où elles se sont largement répandues durant l'époque glaciaire, sont apparentées à celles des basses terres environnantes ; ainsi, nous trouvons en Amérique du Sud des oiseaux-mouches alpins, des rongeurs alpins, des plantes alpines, &c., qui tous appartiennent strictement à des formes américaines ; et il est évident qu'une montagne, en se soulevant lentement, a dû être colonisée depuis les basses terres environnantes. Il en est de même en ce qui concerne les habitants des lacs et des marais, hormis les cas où une grande facilité de transport a permis aux mêmes formes de prévaloir à travers de vastes portions du monde. C'est ce même principe que nous fait voir le caractère de la plupart des animaux aveugles qui habitent les cavernes d'Amérique et d'Europe. On pourrait citer d'autres faits analogues. On constatera, je crois, qu'il est universellement vrai que partout où l'on rencontre de nombreuses espèces étroitement apparentées ou représentatives dans deux régions, si éloignées soient-elles, on trouvera également des espèces identiques ; et partout où l'on rencontre de nombreuses espèces étroitement apparentées, on trouvera de nombreuses formes que certains naturalistes classent comme des espèces distinctes et d'autres comme de simples variétés ; et ces formes douteuses nous montrent les étapes du mouvement progressif de la modification.

Le rapport entre la capacité et l'expansion migratoires de certaines espèces, que ce soit à l'époque actuelle ou à quelque époque passée, et l'existence en des points éloignés du monde d'espèces étroitement apparentées, apparaît d'une autre manière plus générale. M. Gould m'a fait remarquer il y a longtemps que dans les genres d'oiseaux dont la répartition s'étend au monde entier, de nombreuses espèces ont une répartition très large. Je ne puis guère douter de la vérité générale de cette règle, bien qu'il soit difficile d'en faire la preuve. Parmi les mammifères, nous en voyons la manifestation frappante chez les chauves-souris, et à un moindre degré chez les Félidés et les Canidés. Nous avons l'illustration de la même règle dans la répartition des papillons et des scarabées. Il en va de même pour la plupart des habitants des eaux douces, car nombre de leurs genres, dans les classes les plus distinctes, sont diffusés dans le monde entier, et nombre de leurs espèces bénéficient d'une répartition immense. On ne veut pas dire ici que, dans les genres qui ont une répartition très vaste, toutes les espèces ont une répartition très vaste, mais que certaines sont dans ce cas. On ne veut pas dire non plus que les espèces de ces genres ont en moyenne une très vaste répartition ; en effet, cela dépend largement du point atteint par le processus de modification. Par exemple, deux variétés de la même espèce habitent l'Amérique et l'Europe, et ainsi l'espèce occupe un territoire immense ; mais, si la variation devait être poussée un peu plus avant, les deux variétés seraient classées comme des espèces distinctes, et leur territoire serait considérablement réduit. On veut encore moins dire que les espèces qui ont la capacité de traverser les barrières et de se diffuser largement, comme c'est le cas de certains oiseaux aux ailes puissantes, ont nécessairement une répartition vaste ; en effet, nous ne devons jamais oublier que le fait d'avoir une répartition vaste implique non seulement la faculté de traverser les barrières, mais la faculté plus importante de remporter la victoire, en des pays lointains, dans la lutte pour la vie avec des partenaires étrangers. Mais, en suivant l'idée que toutes les espèces d'un genre, bien qu'elles soient distribuées jusqu'aux points du monde les plus éloignés, sont issues d'un aïeul unique, nous devrions constater, et je crois que nous le constatons en règle générale, que certaines des espèces au moins ont une répartition très vaste.

Nous devons conserver à l'esprit que de nombreux genres, dans toutes les classes, ont une origine ancienne, et en ce cas les espèces ont dû avoir amplement le temps de se disperser et de se modifier ensuite. Il y a également des raisons de penser, sur la foi de témoignages géologiques, qu'à l'intérieur de chaque grande classe les organismes inférieurs changent à une vitesse moindre que les organismes supérieurs ; par conséquent, ils ont dû avoir de meilleures chances d'occuper un vaste territoire et de conserver encore le même caractère spécifique. Cela, associé au fait que les graines et les œufs de la plupart des organismes faiblement organisés sont minuscules et plus aptes à être transportés au loin, explique probablement une loi que l'on observe depuis longtemps et qu'Alph. de Candolle a récemment discutée à l'égard des plantes, à savoir que plus un groupe d'organismes est situé bas sur l'échelle, plus sa répartition est vaste.

Les rapports que l'on vient de discuter – à savoir le fait que les organismes inférieurs sont plus largement distribués que les organismes supérieurs ; que certaines des espèces de genres à vaste répartition ont elles-mêmes une répartition vaste ; le fait que par exemple des productions des zones alpines, lacustres et marécageuses soient généralement apparentées à celles qui vivent sur les terres basses ou sèches environnantes ; la relation frappante qui existe entre les habitants des îles et ceux du continent le plus proche ; la relation plus étroite encore qui unit les habitants distincts des îles d'un même archipel – ne peuvent s'expliquer si l'on se fonde sur la conception ordinaire de la création indépendante de chaque espèce, mais ils s'expliquent si nous admettons la colonisation depuis la source la plus proche ou la plus commode, accompagnée de l'adaptation ultérieure des colons à leur nouvel habitat.

Résumé du présent chapitre et de celui qui précède

Dans ces chapitres, j'ai tenté de montrer que si nous tenons compte comme il se doit de l'ignorance où nous sommes de tous les effets qu'ont les changements du climat et du niveau des terres qui se sont certainement produits à une époque récente, et d'autres changements qui se sont probablement produits ; si nous nous rappelons combien nous sommes ignorants en ce qui concerne les nombreux et curieux moyens de transport occasionnel ; si nous conservons à l'esprit, et c'est là une considération très importante, qu'il a pu arriver fréquemment qu'une espèce occupe une vaste zone d'une façon continue et s'éteigne ensuite dans les portions intermédiaires – alors, il n'y a pas de difficulté insurmontable à croire que tous les individus de la même espèce, en quelque endroit qu'ils se trouvent, sont issus de parents communs. Et nous sommes conduits à cette conclusion, à laquelle sont arrivés de nombreux naturalistes qui l'ont désignée sous l'expression de *centres uniques de création*, au moyen de diverses considérations générales, plus particulièrement en nous fondant sur l'importance des barrières de toute sorte et sur la répartition analogue des sous-genres, des genres et des familles.

À l'égard des espèces distinctes appartenant au même genre, lesquelles d'après notre théorie se sont répandues à partir d'une seule source parente, si l'on tient compte comme précédemment de notre ignorance, et si l'on se rappelle que certaines formes de vie ont changé très lentement et ont ainsi disposé de durées énormes pour leur migration, les difficultés sont loin d'être insurmontables ;

même si dans ce cas, comme dans celui des individus d'une même espèce, elles sont souvent grandes.

Parce qu'il donne un exemple des effets que les changements climatiques ont sur la répartition, j'ai tenté de montrer l'importance du rôle joué par la dernière période glaciaire, qui a affecté jusqu'aux régions équatoriales, et qui, durant les alternances du froid dans le nord et dans le sud, a permis aux productions des hémisphères opposés de se mêler, et en a laissé certaines échouées au sommet des montagnes dans toutes les régions du monde. Parce qu'ils montrent à quel point sont diversifiés les moyens de transport occasionnel, j'ai discuté un peu longuement les moyens de dispersion des productions d'eau douce.

S'il n'y a rien d'insurmontable à admettre que sur le long cours tous les individus d'une même espèce, ainsi que tous ceux des diverses espèces qui appartiennent à un même genre, proviennent de quelque source unique – alors, les faits majeurs de la répartition géographique sont tous explicables d'après la théorie de la migration, associée à la modification ultérieure et à la multiplication de formes nouvelles. Nous pouvons ainsi comprendre la haute importance que revêtent les barrières, que ce soient celles des terres ou celles des eaux, non seulement en ce qu'elles séparent les diverses provinces zoologiques et botaniques, mais en ce que, de toute apparence, elles les forment. Nous pouvons ainsi comprendre la concentration des espèces apparentées à l'intérieur des mêmes aires, et comment il se fait que sous des latitudes différentes, par exemple en Amérique du Sud, les habitants des plaines et des montagnes, ceux des forêts, des marais et des déserts sont liés les uns aux autres d'une manière aussi mystérieuse, et sont liés également aux êtres éteints qui habitaient autrefois le même continent. Si nous gardons à l'esprit le fait que la relation mutuelle d'organisme à organisme est de la plus haute importance, nous pouvons voir pour quelle raison deux aires qui ont à peu près les mêmes conditions physiques sont souvent habitées par des formes de vie très différentes – en effet, selon la durée qui s'est écoulée depuis que les colons sont entrés dans l'une des régions ou dans les deux ; selon la nature de la communication qui a permis à certaines formes, et non à d'autres, d'entrer en un nombre plus ou moins grand ; selon que celles qui sont entrées se sont trouvées ou non en concurrence plus ou moins directe entre elles et avec les indigènes ; et selon la capacité des immigrants de varier plus ou moins rapidement, il a dû s'ensuivre dans ces deux régions ou plus, indépendamment de leurs conditions physiques, des conditions de vie infiniment diversifiées – il a dû y avoir une quantité presque sans fin d'action et de réaction organiques – et nous devrions constater que certains groupes d'êtres sont amplement, et d'autres seulement légèrement modifiés ; que certains se sont développés très fortement, tandis que d'autres sont en faible nombre – or c'est bien là ce que nous constatons dans les diverses grandes provinces géographiques du monde.

En nous fondant sur les mêmes principes, nous pouvons comprendre, comme je me suis efforcé de le montrer, pour quelle raison les îles océaniques doivent avoir peu d'habitants, mais qu'une grande proportion d'entre eux est endémique ou particulière ; et pour quelle raison, en rapport avec les moyens de migration, un groupe d'êtres n'a que des espèces particulières, et un autre groupe, quand bien même il serait situé dans la même classe, n'avoir que des espèces identiques à celles d'une région du monde adjacente. Nous pouvons voir pourquoi des groupes entiers d'organismes, tels que les batraciens et les mammifères terrestres, sont être absents des îles océaniques, tandis que les îles les plus isolées possèdent leurs espèces particulières de ces mammifères volants que sont les chauves-souris. Nous pouvons voir pour quelle raison, sur les îles, il existe un certain rapport entre la présence de mammifères, dans un état plus ou moins modifié, et la profondeur de la mer qui sépare ces îles du continent. Nous pouvons voir clairement pour quelle raison tous les habitants d'un archipel, quoique spécifiquement distincts sur les divers îlots, sont étroitement liés les uns aux autres, et sont également liés, mais moins étroitement, à ceux du continent le plus proche, ou à ceux d'une autre source dont les immigrants sont susceptibles d'être issus. Nous pouvons voir pour quelle raison, s'il existe des espèces très étroitement apparentées, ou représentatives, dans deux zones, si éloignées soient-elles l'une de l'autre, on y trouvera presque toujours un certain nombre d'espèces identiques.

Comme feu Edward Forbes l'a souvent souligné, il existe un parallélisme frappant des lois de la vie à travers le temps et l'espace : les lois qui gouvernent la succession des formes du passé sont à peu près les mêmes que celles qui gouvernent à présent les différences dans les différentes zones. De nombreux faits nous rendent la chose manifeste. La durée de chaque espèce et de chaque groupe d'espèces est continue dans le temps ; en effet, les exceptions apparentes à la règle sont si peu nombreuses qu'il est juste de les attribuer au fait que nous n'avons pas encore découvert dans un dépôt intermédiaire certains formes qui en sont absentes mais se rencontrent tant au-dessus qu'au-dessous ; de même, dans l'espace, la règle générale est certainement que la zone habitée par une seule espèce, ou par un seul groupe d'espèces, est continue, et les exceptions, qui ne sont pas rares, peuvent s'expliquer, comme j'ai tenté de le montrer, par des migrations antérieures, qui ont eu lieu dans des circonstances différentes ou grâce à des moyens de transport occasionnels, ou bien par le fait que les espèces se sont éteintes dans les territoires intermédiaires. Dans le temps comme dans l'espace, les espèces et les groupes d'espèces ont leur point de développement maximum. Les groupes d'espèces qui vivent durant le même laps de temps ou vivent dans la même zone sont souvent caractérisés par des traits d'importance minime qu'ils ont en commun, comme le modelé de leur surface ou leur couleur. Si nous portons notre regard vers la longue succession des époques passées, ou si nous le portons vers des provinces éloignées dans le monde entier, nous constatons que dans certaines classes les espèces diffèrent peu les unes des autres, tandis que celles d'une autre classe, ou seulement d'une section différente du même ordre, diffèrent grandement les unes des autres. Dans le temps aussi bien que dans l'espace, les représentants faiblement organisés de chaque classe changent généralement moins que ceux qui ont une haute organisation ; mais il existe dans les deux cas des exceptions notables à la règle. Selon notre théorie, ces divers rapports qui traversent le temps et l'espace sont intelligibles ; en effet, que nous regardions les formes de vie apparentées qui ont changé durant les époques successives, ou bien celles qui ont changé après avoir migré dans des régions lointaines, elles sont liées, dans l'un et l'autre cas, par le même lien de la génération ordinaire ; dans l'un et l'autre cas, les lois de la variation ont été les mêmes, et les variations ont été accumulées par le même moyen, celui de la sélection naturelle.

CHAPITRE XIV

AFFINITÉS MUTUELLES DES ÊTRES ORGANIQUES : MORPHOLOGIE, EMBRYOLOGIE, ORGANES RUDIMENTAIRES

Classification : groupes subordonnés à d'autres groupes – Système naturel – Règles et difficultés de la classification, expliquées d'après la théorie de la descendance avec modification – Classification des variétés – La filiation toujours utilisée dans la classification – Caractères analogiques ou adaptatifs – Affinités : générales, complexes et par radiation – L'extinction sépare et définit les groupes – Morphologie : entre représentants de la même classe, entre parties du même individu – Embryologie, ses lois, expliquées par des variations qui ne surviennent pas à un âge précoce et sont héritées à un âge correspondant – Organes rudimentaires : explication de leur origine – Résumé.

Classification

Depuis la plus lointaine époque de l'histoire du monde, on constate que les êtres organiques se ressemblent entre eux suivant une gradation descendante, de sorte que l'on peut les classer en groupes placés sous d'autres groupes. Cette classification n'est pas arbitraire comme le regroupement des étoiles en constellations. L'existence de groupes aurait eu une signification simple, si un groupe avait été exclusivement adapté à habiter les terres, et un autre les mers ; l'un à se nourrir de chair, un autre de matière végétale, et ainsi de suite ; mais le cas est largement différent, puisqu'il est notoire que même les représentants d'un sous-groupe donné ont couramment des habitudes différentes. Dans les deuxième et quatrième chapitres, consacrés à la Variation et à la Sélection Naturelle, j'ai tenté de montrer que, dans chaque pays, les espèces qui occupent un vaste territoire, qui ont une grande diffusion et sont fort courantes, c'est-à-dire les espèces dominantes, qui appartiennent aux grands genres de chaque classe, sont celles qui varient le plus. Les variétés, ou espèces naissantes, qui sont ainsi produites, finissent par se convertir en de nouvelles espèces distinctes ; et celles-ci, d'après le principe de l'hérédité, tendent à produire d'autres espèces dominantes nouvelles. Par conséquent, les groupes qui sont actuellement vastes, et qui comprennent en général de nombreuses espèces dominantes, tendent à continuer de s'accroître. En outre, j'ai tenté de montrer que, du fait que les descendants variants de chaque espèce essaient d'occuper des places aussi nombreuses et aussi différentes que possible dans l'économie de la nature, ils tendent constamment à diverger du point de vue de leur caractère. L'observation de la grande diversité des formes qui, dans n'importe quelle petite zone, entrent dans la concurrence la plus étroite, ainsi que certains faits relatifs à l'acclimatation, viennent à l'appui de cette dernière conclusion.

J'ai également tenté de montrer qu'il existe une tendance constante, chez les formes qui accroissent le nombre de leurs représentants et divergent par leur caractère, à supplanter et à exterminer les formes précédentes, moins divergentes et moins améliorées. Je prie le lecteur de se reporter au diagramme qui illustre, comme on l'a expliqué plus haut, l'action de ces divers principes ; et il verra que le résultat inévitable est que les descendants modifiés qui proviennent d'un unique aïeul se fractionnent en des groupes subordonnés à d'autres groupes. Dans le diagramme, chaque lettre située sur la ligne supérieure peut représenter un genre qui comprend plusieurs espèces ; et les genres situés le long de cette ligne du haut forment tous ensemble une seule classe, puisqu'ils sont tous issus d'un seul ancêtre et, par conséquent, ont hérité quelque chose qu'ils ont en commun. Mais les trois genres de gauche ont, d'après ce même principe, beaucoup en commun, et forment une sous-famille, distincte de celle qui contient les deux genres suivants sur la droite, lesquels ont divergé à partir d'un ancêtre commun à la cinquième étape de la descendance. Ces cinq genres ont également beaucoup en commun, quoique ce ne soit pas autant que lorsqu'ils sont groupés en sous-familles ; et ils forment une famille distincte de celle qui comprend les trois genres situés plus à droite encore, lesquels ont divergé à une époque antérieure. Et tous ces genres issus de A forment un ordre distinct des genres issus de I. De sorte que nous avons ici de nombreuses espèces issues d'un unique aïeul et groupées en genres ; et les genres sont groupés en sous-familles, en familles et en ordres, tous situés dans une seule grande classe. Le fait majeur qu'est la subordination naturelle des êtres organiques répartis en groupes placés sous d'autres groupes, fait qui, en raison de sa familiarité, ne nous frappe pas toujours suffisamment, s'explique d'après moi ainsi. Il ne fait pas de doute que les êtres organiques, comme tous les autres objets, peuvent être classés de bien des façons, soit artificiellement par des caractères isolés, soit plus naturellement par un certain nombre de caractères. Nous savons par exemple que les minéraux et les substances élémentaires peuvent être rangés de la sorte. En ce cas, il n'existe bien sûr aucun rapport de succession généalogique, et l'on ne peut à présent assigner aucune cause au fait qu'ils se répartissent en groupes. Mais le cas des êtres organiques est différent, et la conception exposée ci-dessus s'accorde avec leur arrangement naturel en groupes placés sous d'autres groupes ; et l'on n'a jamais tenté d'en donner une autre explication.

Les naturalistes, comme nous l'avons vu, essaient de ranger les espèces, les genres et les familles, dans chaque classe, suivant ce que l'on nomme le Système Naturel. Mais qu'entend-on par ce système ? Certains auteurs ne le regardent que comme un procédé qui permet de ranger les uns avec les autres les objets vivants qui sont le plus semblables, et de séparer ceux qui sont le plus dissemblables ; ou bien comme une méthode artificielle pour énoncer, d'une façon aussi brève que possible, des propositions générales – c'est-à-dire pour indiquer d'une seule phrase les caractères communs, par exemple, à tous les mammifères, d'une autre ceux qui sont communs à tous les carnivores, d'une autre ceux qui sont communs au genre chien, et, par l'ajout d'une unique phrase, voilà fournie la description complète de chaque type de chien. L'ingéniosité et l'utilité du système sont incontestables. Mais de nombreux naturalistes pensent que le Système Naturel signifie quelque chose de plus ; ils croient que celui-ci révèle le plan du Créateur ; mais, à moins que l'on ne précise ce que l'on entend par *plan du Créateur*, à savoir s'il s'agit d'un ordre dans le temps ou dans l'espace, ou dans l'un et l'autre, ou autre chose encore, il me semble que cela n'ajoute rien à nos connaissances. Des expressions comme celle, fameuse, de Linné, que l'on rencontre souvent sous une forme plus ou moins dissimulée, selon laquelle ce ne sont pas les caractères qui font le genre, mais le genre qui donne les caractères, semblent impliquer qu'il se trouve dans nos classifications quelque lien plus profond que la simple ressemblance. Je crois que tel est bien le cas, et que la communauté de descendance – l'unique cause connue d'étroite similarité chez les êtres organiques – est le lien qui, bien que nous l'observions à travers divers degrés de modification, nous est partiellement révélé par nos classifications.

Examinons à présent les règles que l'on suit pour la classification, et les difficultés que l'on rencontre si l'on se fonde sur l'idée que la classification ou bien indique quelque plan de création inconnu, ou bien est un simple procédé qui permet d'énoncer des propositions générales et de mettre ensemble les formes qui se ressemblent le plus. On aurait pu penser (comme on le pensait anciennement) que les parties de la structure qui déterminent les habitudes de vie, et la place générale de chaque être dans l'économie de la nature, seraient d'une très haute importance pour la classification. Il n'est rien de plus faux. Nul ne considère que la similitude extérieure qui existe entre une souris et une musaraigne, entre un dugong et une baleine, ou bien entre une baleine et un poisson, revête une quelconque importance. Ces ressemblances, quoique si intimement liées avec la vie de l'être tout entière, ne sont classées que comme des « caractères adaptatifs, ou analogiques » ; mais nous reviendrons sur l'examen de ces ressemblances. On peut aller jusqu'à donner pour règle générale que moins une partie de l'organisation est concernée par des habitudes spéciales, plus elle prend d'importance pour la classification. À titre d'exemple, Owen, à propos du dugong, s'exprime ainsi : « J'ai toujours considéré les organes génératifs, dont les liens avec les habitudes et la nourriture d'un animal sont des plus distants, comme de très claires indications de ses affinités véritables. C'est en observant les modifications de ces organes que nous avons le moins de chances de prendre un simple caractère adaptatif pour un caractère essentiel ». Chez les plantes, comme il est remarquable que les organes de la végétation, dont dépendent leur nutrition et leur vie, aient une faible signification, tandis que les organes de la reproduction, avec leur produit : la graine et l'embryon, revêtent une importance capitale ! C'est ainsi que lorsque nous avons autrefois discuté certains caractères morphologiques qui n'ont pas d'importance fonctionnelle, nous avons vu qu'ils sont souvent de la plus haute utilité en vue de la classification. Cela dépend de leur constance à travers de nombreux groupes apparentés ; et leur constance dépend au premier chef de ce que d'éventuelles déviations légères n'ont pas été préservées et accumulées par la sélection naturelle, qui n'agit que sur des caractères utiles.

Que la simple importance physiologique d'un organe ne détermine pas sa valeur classificatoire, c'est ce que prouve presque le fait que, dans des groupes apparentés, au sein desquels nous avons toutes les raisons de supposer qu'un même organe possède à peu près la même valeur physiologique, la valeur classificatoire de cet organe diffère grandement. Aucun naturaliste n'a pu travailler longtemps à l'étude d'un groupe quelconque sans être frappé par ce fait ; et presque tous les auteurs l'ont pleinement reconnu dans leurs écrits. Il suffira de citer la plus haute autorité, Robert Brown, qui, à propos de certains organes des Protéacées, dit que leur importance générique « comme celle de toutes leurs parties, et non seulement dans cette famille, mais, je crois le comprendre, dans toutes les familles naturelles, est très inégale, et dans certains cas semble entièrement perdue ». Et dans un autre ouvrage il dit que les genres des Connaracées « diffèrent par le fait qu'ils ont un ovaire ou davantage, par la présence ou l'absence d'albumen, par une préfloraison imbriquée ou valvaire. Chacun de ces caractères considéré isolément a souvent une importance plus que générique, bien que dans ce cas, même si on les prend tous ensemble, ils paraissent insuffisants pour séparer *Cnestis* de *Connarus* ». Prenons un exemple parmi les insectes : dans l'une des grandes divisions des Hyménoptères, les antennes, comme Westwood l'a remarqué, ont une structure extrêmement constante ; dans une autre division, elles diffèrent beaucoup, et ces différences ont une valeur tout à fait secondaire pour la classification ; pourtant, nul ne dira que les antennes, dans ces deux divisions d'un même ordre, soient d'une importance physiologique inégale. On pourrait fournir autant d'illustrations qu'on le veut de l'importance variable pour la classification, au sein d'un même groupe d'êtres, d'un même organe important.

De même, nul ne dira que les organes rudimentaires ou atrophiés soient d'une haute importance physiologique ou vitale ; pourtant, à n'en pas douter, les organes qui sont dans cet état ont souvent une grande valeur pour la classification. Nul ne contestera que les dents rudimentaires présentes dans la mâchoire supérieure des jeunes ruminants, ainsi que certains os rudimentaires de leur jambe, ne soient d'une haute utilité en ce qu'elles font voir l'étroite affinité qui existe entre les ruminants et les pachydermes. Robert Brown a fortement insisté sur le fait que la position des fleurons rudimentaires est de la plus haute importance pour la classification des graminées.

On pourrait citer de nombreux exemples de caractères qui proviennent de parties qu'il faut nécessairement considérer comme d'une importance physiologique tout à fait minime, mais dont on admet universellement qu'ils sont hautement utiles pour la définition de groupes tout entiers. Par exemple, la présence ou l'absence d'un passage ouvert entre les narines et la bouche, seul caractère, selon Owen, qui distingue absolument les poissons des reptiles ; l'inflexion de l'angle de la mâchoire inférieure chez les marsupiaux ; la manière dont les ailes des insectes se replient ; la simple couleur de certaines Algues ; la simple pubescence sur certaines parties de la fleur chez les graminées ; la nature de l'enveloppe dermique, tels les poils et les plumes, chez les Vertébrés. Si l'Ornithorynque avait été couvert de plumes, et non de poils, ce caractère externe et d'importance minime aurait été considéré par les naturalistes comme une aide décisive pour déterminer le degré d'affinité de cette étrange créature avec les oiseaux.

L'importance, pour la classification, des caractères d'importance minime dépend principalement de ce qu'ils sont corrélés avec de nombreux autres caractères de plus ou moins grande importance. De fait, la valeur d'un agrégat de caractères est très évidente en histoire naturelle. C'est pourquoi, comme on l'a souvent remarqué, une espèce peut s'écarter des espèces qui lui sont apparentées par plusieurs caractères dotés d'une haute importance physiologique autant que d'une prévalence presque universelle, et ne nous laisser pourtant aucun doute sur le classement qui lui convient. C'est aussi pour cette raison que l'on a toujours constaté l'échec d'une classification fondée sur un unique caractère, si important soit-il ; en effet, aucune partie de l'organisation n'est invariablement constante. L'importance d'un agrégat de caractères, même lorsque aucun d'eux n'est important, explique à elle seule l'aphorisme qu'a énoncé Linné, à savoir que ce ne sont pas les caractères qui donnent le genre, mais le genre qui donne les caractères ; cette remarque semble fondée, en effet, sur l'appréciation d'un grand nombre de points de ressemblance minimes, trop ténus pour être définis. Certaines plantes qui appartiennent aux Malpighiacées portent des fleurs parfaites et des fleurs dégénérées ; chez les dernières, comme A. de Jussieu l'a remarqué, « la majorité des caractères propres à l'espèce, au genre, à la famille et à la classe disparaissent, et se jouent ainsi de notre classification ». Lorsque *Aspicarpa* n'a produit en France, plusieurs années durant, que ces fleurs dégénérées, qui s'écartent d'une façon si extraordinaire, sur nombre des points de structure les plus importants, du type propre de l'ordre, M. Richard a fait preuve néanmoins d'assez de sagacité pour comprendre, comme l'observe Jussieu, que ce genre devait être pourtant maintenu parmi les Malpighiacées. Ce cas illustre bien l'esprit de nos classifications.

En pratique, les naturalistes ne s'embarrassent pas dans leur travail de la valeur physiologique des caractères qu'ils utilisent pour définir un groupe ou allouer sa place à une espèce donnée. S'ils trouvent un caractère à peu près uniforme qui soit commun à un grand nombre de formes et ne soit pas commun à d'autres, ils l'utilisent comme un caractère de grande valeur ; s'il est commun à un moindre nombre de formes, ils l'utilisent comme un caractère d'une valeur secondaire. Certains naturalistes ont expressément reconnu que ce principe est le bon ; et aucun ne l'a dit plus clairement que l'excellent botaniste qu'est Aug. St Hilaire. Si plusieurs caractères d'importance minime se rencontrent toujours combinés, quand bien même on ne pourrait découvrir de lien apparent qui les relie, on leur attribue une valeur particulière. Puisque l'on constate que, dans la plupart des groupes animaux, les organes importants, tels que ceux qui servent à propulser le sang ou à l'aérer, ou bien ceux qui servent à propager la race, sont à peu près uniformes, on les considère comme hautement utiles pour la classification ; mais dans certains groupes on constate que tous ces organes, les organes vitaux les plus importants, présentent des caractères d'une valeur tout à fait secondaire. Ainsi, comme Fritz Müller l'a récemment remarqué, dans le même groupe des crustacés, *Cypridina* est pourvue d'un cœur, alors que dans deux genres apparentés, *Cypris* et *Cytherea*, cet organe n'existe pas ; une espèce de *Cypridina* a des branchies bien développées, alors qu'une autre espèce en est dépourvue.

Nous pouvons comprendre pour quelle raison les caractères tirés de l'embryon doivent être d'égale importance que ceux qui sont tirés de l'adulte, puisqu'une classification naturelle comprend évidemment tous les âges. Mais pour quelle raison la structure de l'embryon serait plus importante à cette fin que celle de l'adulte, qui seul joue tout son rôle dans l'économie de la nature, cela n'a rien d'évident, si l'on se fonde sur la conception ordinaire. Les grands naturalistes que sont Milne Edwards et Agassiz ont pourtant soutenu avec force que les caractères embryologiques sont les plus importants de tous ; et l'on a très généralement admis la vérité de cette doctrine. Néanmoins, leur importance a parfois été exagérée, du fait que les caractères adaptatifs des larves n'avaient pas été exclus ; afin de le monter, Fritz Müller a ordonné à l'aide de ces seuls caractères la grande classe des crustacés, et cet arrangement ne s'est pas révélé naturel. Mais il ne saurait y avoir de doute sur le fait que les caractères embryonnaires, si l'on exclut les caractères larvaires, sont de la valeur la plus haute pour la classification, non seulement chez les animaux, mais aussi chez les plantes. Ainsi, les principales divisions des plantes à fleurs sont fondées sur des différences de l'embryon – le nombre et la position des cotylédons, et le mode de développement de la plumule et de la radicule. Nous allons voir tout de suite pourquoi ces caractères possèdent une si haute valeur classificatoire : cela vient de ce que l'arrangement du système naturel est généalogique.

Nos classifications sont souvent clairement influencées par des chaînes d'affinités. Rien n'est plus simple que de définir un certain nombre de caractères communs à tous les oiseaux ; mais chez les crustacés, on a constaté jusqu'ici qu'une telle définition était impossible. Il existe des crustacés aux extrémités opposées de la série qui ont à peine un caractère en commun ; il est pourtant possible de reconnaître que les espèces des deux extrémités, parce qu'elles sont clairement apparentées à d'autres, et celles-ci à d'autres encore, et ainsi de suite, appartiennent sans équivoque à cette classe des Articulés, et n'appartiennent à aucune autre.

On a souvent utilisé la répartition géographique, bien que ce fût d'une façon qui n'était peut-être pas tout à fait logique, dans la classification, plus spécialement pour des groupes très vastes de formes étroitement apparentées. Temminck insiste sur l'utilité, voire la nécessité, de cette pratique dans le cas de certains groupes d'oiseaux ; et elle a été adoptée par plusieurs entomologistes ou botanistes.

Enfin, pour ce qui regarde la valeur relative des divers groupes d'espèces, tels que les ordres, les sous-ordres, les familles, les sous-familles et les genres, ils semblent, du moins à présent, presque arbitraires. Plusieurs des meilleurs botanistes, tels que M. Bentham et d'autres, ont insisté avec force sur leur valeur arbitraire. On pourrait citer des exemples, parmi les plantes et les insectes, d'un groupe tout d'abord classé par des naturalistes expérimentés comme genre seulement, puis élevé au rang de sous-famille ou de famille ; non parce que des recherches ultérieures auraient détecté des différences de structure importantes, que l'on aurait tout d'abord négligées, mais parce que l'on a découvert par la suite de nombreuses espèces apparentées qui présentaient des degrés de différence légèrement différents.

Toutes les règles, toutes les ressources, toutes les difficultés de la classification qui précèdent s'expliquent, à moins que je ne m'abuse grandement, si l'on part de l'idée que le Système Naturel est fondé sur la descendance avec modification ; – que les caractères dont les naturalistes considèrent qu'ils montrent une véritable affinité entre deux espèces quelconques ou plus sont ceux qui ont été hérités d'un parent commun, toute classification véritable étant généalogique ; – que la communauté de descendance est le lien caché que les naturalistes cherchaient sans en avoir conscience, et non quelque plan de création inconnu, ou bien l'énonciation de propositions générales, et le simple acte d'assembler ou de séparer des objets qui se ressemblent plus ou moins.

Mais je dois expliquer ce que je veux dire d'une façon plus complète. Je crois que l'*arrangement* des groupes à l'intérieur de chaque classe, dûment subordonnés et liés les uns aux autres, doit être strictement généalogique afin d'être naturel ; mais que la *somme* des différences dans les diverses branches ou dans les divers groupes, bien que par le sang ils soient apparentés au même degré à leur aïeul commun, peut différer grandement, en raison des degrés de modification différents qu'ils ont subis ; et c'est ce qu'exprime le fait que les formes soient classées en différents genres, familles, sections ou ordres. Le lecteur comprendra au mieux ce que je veux dire, s'il prend la peine de se reporter au diagramme du quatrième chapitre. Nous supposerons que les lettres A à L représentent des genres apparentés qui existaient à l'époque Silurienne, et qui sont issus d'une forme plus ancienne encore. Dans trois de ces genres (A, F et I), une espèce a transmis jusqu'aujourd'hui des descendants modifiés, qui sont représentés par les quinze genres (a^{14} à z^{14}) de la ligne horizontale située tout en haut. Or tous ces descendants modifiés d'une seule espèce sont liés par le sang ou par la descendance, au même degré ; on peut métaphoriquement les nommer cousins au même millionième degré ; pourtant, ils diffèrent largement les uns des autres et à des degrés différents. Les formes issues de A, maintenant fractionnées en deux ou trois familles, constituent un ordre distinct de celles issues de I, également fractionnées en deux familles. On ne peut pas non plus classer les espèces actuelles issues de A dans le même genre que leur parent A ; ni celles issues de I, dans le même que leur parent I. Mais on peut supposer que le genre actuel F^{14} n'a été que légèrement modifié ; et on le classera alors avec le genre parent F ; exactement comme un petit nombre d'organismes encore vivants appartiennent à des genres siluriens. De sorte que la valeur comparative des différences qui existent entre ces êtres organiques, qui sont tous liés par le sang les uns aux autres au même degré, est devenue largement différente. Néanmoins, leur *arrangement* généalogique demeure strictement exact, non seulement à l'époque actuelle, mais à chacune des époques successives de la descendance. Tous les descendants modifiés issus de A ont dû hériter de leur parent commun quelque chose qu'ils ont en commun, de même que les tous les descendants de I ; il doit en être de même pour chaque branche subordonnée de descendants, à chacune des étapes successives. Si cependant nous supposons qu'un quelconque descendant de A, ou de I, s'est tellement modifié qu'il a perdu toute trace de sa parenté, en ce cas, sa place dans le système naturel sera effacée, comme cela semble s'être produit pour quelques-uns des organismes actuels. On suppose que tous les descendants du genre F, tout le long de sa ligne de descendance, n'ont été que peu modifiés, et ils forment un genre unique. Mais ce genre, quoique fort isolé, occupera encore la position intermédiaire qui lui revient. La représentation des groupes, telle qu'on la fournit ici dans le diagramme, sur une surface plane, est beaucoup trop simple. Les branches auraient dû diverger dans toutes les directions. Si l'on avait simplement écrit le nom des groupes en une série linéaire, la représentation aurait été moins naturelle encore ; et il est notoire qu'il n'est pas possible de représenter en série, sur une surface plane, les affinités que nous découvrons dans la nature parmi les êtres d'un même groupe. Ainsi, le système naturel a un arrangement généalogique, tel un pedigree ; mais la quantité de modification que les différents groupes ont subie doit être exprimée en les classant dans différents genres, sous-familles, familles, sections, ordres et classes, ainsi qu'on les nomme.

Peut-être vaut-il la peine d'illustrer cette conception de la classification en prenant l'exemple des langues. Si nous possédions un parfait pedigree de l'humanité, un arrangement généalogique des races de l'homme fournirait la meilleure classification des diverses langues actuellement parlées à travers le monde ; et si l'on devait y inclure toutes les langues éteintes, et tous les dialectes intermédiaires en train de changer lentement, cet arrangement serait le seul possible. Il se pourrait pourtant que quelques langues anciennes ne se soient que très peu modifiées et aient donné naissance à peu de nouvelles langues, tandis que d'autres auraient pu se modifier beaucoup en raison de la diffusion, de l'isolement et de l'état de civilisation des diverses races co-descendantes, et ainsi donner naissance à de nombreux nouveaux dialectes et à de nombreuses nouvelles langues. Les divers degrés de différence qui existent entre les langues de même souche devraient être exprimés par des groupes subordonnés à d'autres groupes ; mais l'arrangement approprié, voire le seul possible, serait encore généalogique ; et il serait strictement naturel, puisqu'il relierait les unes aux autres toutes les langues, éteintes et récentes, par les affinités les plus étroites, et indiquerait la filiation et l'origine de chaque idiome.

À titre de confirmation, jetons un regard sur la classification des variétés que l'on sait ou que l'on croit être issues d'une unique espèce. Elles sont groupées sous l'espèce, avec les sous-variétés sous les variétés ; et dans certains cas, comme chez le pigeon domestique, il y a plusieurs autres degrés de différence. On suit à peu près les mêmes règles que pour la classification des espèces. Des auteurs ont insisté sur la nécessité d'arranger les variétés selon un système naturel et non artificiel ; on nous demande de prendre garde, par exemple, de ne pas classer ensemble deux variétés d'ananas, au simple prétexte que leur fruit, certes la partie la plus importante, se trouve être à peu près identique ; nul ne place ensemble le navet de Suède et le navet commun, bien que leurs tiges comestibles et épaisses soient si semblables. On utilise pour classer les variétés la partie qui se révèle la plus constante, quelle qu'elle soit ; ainsi, le grand éleveur Marshall dit que les cornes des bovins sont très utiles à cette fin, parce qu'elles sont moins variables que la forme ou la couleur du corps, &c. ; alors que chez les ovins les cornes servent beaucoup moins, car moins constantes. Dans le classement des variétés, je crois comprendre que si nous avions un véritable pedigree, une classification généalogique serait universellement préférée ; et on a tenté de la pratiquer dans certains cas. En effet, que la modification ait été plus ou moins forte, nous pourrions tenir pour assuré que le principe de l'hérédité maintiendrait ensemble les formes apparentées sur le plus grand nombre de points. Chez les pigeons culbutants, bien que certaines des sous-variétés diffèrent par le caractère important qu'est la longueur du bec, on les laisse pourtant toutes ensemble parce qu'elles ont en commun l'habitude de faire des culbutes ; mais la race courte-face a perdu peu ou prou cette habitude ; on laisse néanmoins ces culbutants, sans y réfléchir le moindre instant, dans le même groupe, parce qu'ils sont apparentés par le sang et sont semblables à d'autres égards.

Pour ce qui concerne les espèces à l'état de nature, tous les naturalistes ont, de fait, introduit la filiation dans leur classification ; en effet, ils intègrent à son étage le plus bas, celui de l'espèce, les deux sexes ; et à quel point parfois ceux-ci diffèrent formidablement par leurs caractères les plus importants, tous les naturalistes le savent ; c'est à peine si l'on trouve un seul fait que l'on puisse dire commun aux mâles adultes et aux hermaphrodites de certains cirripèdes, et pourtant personne ne songe à les séparer. Dès lors que l'on sut que les trois formes d'orchidées *Monachanthus*, *Myanthus* et *Catasetum*, auparavant classées comme trois genres distincts, étaient parfois produites sur la même plante, on les considéra immédiatement comme des variétés ; et à présent, j'ai pu montrer qu'elles sont les formes mâle, femelle et hermaphrodite de la même espèce. Le naturaliste inclut au sein d'une unique espèce les divers états larvaires d'un même individu, aussi différents qu'ils soient les uns des autres et par rapport à l'adulte, ainsi que ce que l'on nomme les générations alternantes de Steenstrup, que l'on ne peut considérer comme un même individu qu'en un sens technique. Il inclut les monstres et les variétés, non pas en raison de leur ressemblance partielle à leur forme parente, mais parce qu'ils sont issus d'elle.

Comme la filiation a été universellement utilisée pour classer ensemble les individus de la même espèce, bien que les mâles, les femelles et les larves soient parfois extrêmement différents, et comme on l'a utilisée pour classer des variétés qui ont subi une certaine somme de modifications, et parfois une somme considérable, ne se peut-il pas que l'on ait inconsciemment utilisé ce même élément, la filiation, pour regrouper les espèces sous des genres, et les genres sous des groupes plus élevés, tous placés eux-mêmes sous ce que l'on nomme le système naturel ? Je crois qu'elle a en effet été inconsciemment utilisée ; et c'est de cette façon seulement que je peux comprendre les diverses règles et les divers principes que nos meilleurs systématiciens ont pris pour guides. Comme nous ne disposons pas de pedigrees écrits, nous sommes contraints de retrouver la communauté de filiation par des ressemblances de toute sorte. C'est pourquoi nous choisissons les caractères qui sont les moins susceptibles d'avoir été modifiés, relativement aux conditions de vie auxquelles chaque espèce a récemment été exposée. D'après cette façon de voir, les structures rudimentaires sont aussi bonnes, et parfois même meilleures, que les autres parties de l'organisation. Nous ne nous soucions pas de ce qu'un caractère soit d'une importance minime – quand bien même il ne s'agit que de l'inflexion de l'angle de la mâchoire, de la manière dont se replie l'aile d'un insecte ou du fait que la peau soit recouverte de poils ou de plumes – ; s'il prévaut dans de nombreuses espèces différentes, surtout dans celles qui ont des habitudes de vie très différentes, il revêt une haute valeur. En effet, nous ne pouvons rendre compte de sa présence chez de si nombreuses formes pourvues d'habitudes aussi différentes que par l'hérédité d'un parent commun. Nous pouvons faire erreur à cet égard en ce qui concerne des points de structure considérés séparément, mais lorsque plusieurs caractères, si minime que soit leur importance, apparaissent ensemble dans un vaste groupe d'êtres qui ont des habitudes différentes, nous pouvons presque tenir pour assuré, d'après la théorie de la filiation, que ces caractères ont été hérités d'un ancêtre commun ; et nous savons que ces caractères agrégés ont une valeur toute particulière pour la classification.

Nous sommes en mesure de comprendre pour quelle raison une espèce ou un groupe d'espèces peuvent s'éloigner des formes qui leur sont apparentées, par plusieurs de leurs caractéristiques les plus importantes, et pourtant être classés sans risque à leur côté. On peut le faire sans risque, et on le fait souvent, tant qu'un nombre suffisant de caractères, si peu importants soient-ils, trahit le lien caché de la communauté de filiation. À supposer que deux formes n'aient pas un seul caractère en commun, pourtant, si ces formes extrêmes sont reliées l'une à l'autre par une chaîne de groupes intermédiaires, nous sommes en droit d'en inférer aussitôt leur communauté de filiation, et nous les mettons toutes dans la même classe. Comme nous constatons que les organes d'une haute importance physiologique – ceux qui servent à préserver la vie dans les conditions d'existence les plus variées – sont généralement les plus constants, nous leur assignons une valeur toute particulière ; mais si nous constatons que ces mêmes organes, dans un autre groupe ou dans une section de groupe, diffèrent grandement, nous leur donnons aussitôt moins de valeur dans notre classification. Nous allons voir tout à l'heure pour quelle raison les caractères embryologiques ont une si haute importance classificatoire. On peut parfois recourir utilement à la répartition géographique pour classer des genres vastes, parce que toutes les espèces du même genre, qui habitent une région distincte et isolée, quelle qu'elle soit, sont selon toute probabilité issues des mêmes parents.

Ressemblances analogiques. – Nous sommes en mesure de comprendre, d'après les vues exposées ci-dessus, la distinction très importante entre les affinités réelles et les ressemblances analogiques ou adaptatives. Lamarck a le premier attiré l'attention sur ce sujet, et Macleay et d'autres l'ont suivi avec compétence. La ressemblance qui existe, pour ce qui concerne la forme du corps et les membres antérieurs pareils à des nageoires, entre le dugong et les baleines, et entre ces deux ordres de mammifères et de poissons, est une ressemblance analogique. Il en est de même de la ressemblance qui existe entre une souris et une musaraigne (*Sorex*), qui appartiennent à des ordres différents, et aussi de la ressemblance plus étroite encore qui existe entre la souris et un petit animal marsupial d'Australie (*Antechinus*), sur laquelle M. Mivart a insisté. Ces dernières ressemblances peuvent s'expliquer, à ce qu'il me semble, par l'adaptation à des mouvements actifs similaires à travers les fourrés et les herbes, en même temps que par la volonté de se dissimuler aux regards des ennemis.

Parmi les insectes, il existe d'innombrables cas similaires ; ainsi, Linné, trompé par les apparences extérieures, a bel et bien classé un insecte homoptère comme phalène. Nous voyons quelque chose du même genre jusque chez nos variétés domestiques, comme en ce qui concerne la frappante similarité de forme entre le corps des races améliorées du cochon chinois et du cochon commun, qui sont issus d'espèces distinctes, et en ce qui concerne l'épaississement similaire des tiges du navet commun et du navet de Suède, qui est spécifiquement distinct. La ressemblance entre le lévrier et le cheval de course est à peine plus fantaisiste que les analogies par lesquelles certains auteurs ont rapproché des animaux largement différents.

D'après l'idée suivant laquelle les caractères n'ont une réelle importance pour la classification que dans la mesure où ils révèlent la filiation, nous pouvons comprendre clairement pour quelle raison les caractères analogiques ou adaptatifs, quoique d'une importance extrême pour la prospérité de l'être, sont presque dépourvus de toute valeur pour le systématicien. Car des animaux qui appartiennent à deux lignes de filiation distinctes au plus haut point ont pu s'adapter à des conditions similaires et ont ainsi adopté une étroite ressemblance extérieure ; mais ces ressemblances ne révèlent pas leur consanguinité – et tendent bien plutôt à la dissimuler. Ainsi, nous pouvons également comprendre le paradoxe apparent selon lequel les mêmes caractères exactement sont analogiques lorsque l'on compare un groupe à un autre, mais indiquent de véritables affinités lorsque les représentants d'un même groupe sont comparés les uns aux autres ; ainsi, la forme du corps et les membres pareils à des nageoires sont seulement analogiques lorsque l'on compare des baleines avec des poissons, puisqu'il s'agit dans les deux classes d'adaptations en vue de nager dans l'eau ; mais entre les divers représentants de la famille des baleines, la forme du corps et les membres pareils à des nageoires offrent des caractères qui montrent une affinité véritable ; en effet, comme ces parties sont semblables à si peu de chose près dans l'ensemble de la famille, nous ne pouvons pas douter de ce qu'elles ont été héritées d'un ancêtre commun. Il en est de même des poissons.

On pourrait donner de nombreux cas de ressemblances frappantes, chez des êtres tout à fait distincts, entre des parties ou des organes considérés séparément et qui se sont adaptés aux mêmes fonctions. Un bon exemple est fourni par la ressemblance étroite qui existe entre les mâchoires du chien et celles du loup de Tasmanie ou *Thylacinus* – animaux fort éloignés l'un de l'autre dans le système naturel. Mais cette ressemblance est limitée à l'apparence générale, comme en ce qui concerne la proéminence des canines et la forme incisive des molaires. Car les dents diffèrent en réalité considérablement ; ainsi, le chien possède, de chaque côté de la mâchoire supérieure quatre prémolaires et seulement deux molaires, alors que le *Thylacinus* possède trois prémolaires et quatre molaires. Les molaires diffèrent également beaucoup chez les deux animaux par leur taille et leur structure relatives. Les dents de l'adulte sont précédées par des dents de lait fort différentes. Bien sûr, n'importe qui peut nier que les dents, dans l'un ou l'autre cas, aient été adaptées en vue de déchirer de la chair, par la sélection naturelle de variations successives ; mais si on l'admet dans l'un des cas, je ne saurais comprendre que l'on puisse le nier dans l'autre. Je constate avec joie qu'une aussi haute autorité que le Professeur Flower est parvenue à la même conclusion.

Les cas extraordinaires cités dans un chapitre précédent de poissons fort différents qui possèdent des organes électriques, d'insectes fort différents qui possèdent des organes lumineux, ainsi que d'orchidées et d'asclépiades qui ont des masses de pollen pourvues de disques visqueux, sont à ranger sous la même rubrique des ressemblances analogiques. Mais ces cas sont si extraordinaires qu'ils ont été présentés comme des difficultés ou des objections à notre théorie. Dans tous ces cas, on peut détecter quelque différence fondamentale dans la croissance ou le développement des parties, et en général dans la structure au stade adulte. La fin à laquelle on parvient est la même, mais les moyens, quoiqu'ils paraissent être les mêmes superficiellement, sont essentiellement différents. Dans ces cas, le principe auquel nous avons précédemment fait allusion sous l'expression de *variation analogique* est probablement souvent entré en jeu, c'est-à-dire que les représentants de la même classe, bien que n'étant apparentés que d'une façon lointaine, ont hérité en commun une si grande partie de leur constitution qu'ils ont tendance à varier d'une manière similaire sous l'influence de causes similaires ; et cela doit évidemment aider à l'acquisition, grâce à la sélection naturelle, de parties ou d'organes qui se ressemblent d'une façon frappante, indépendamment de l'héritage qui leur vient directement d'un ancêtre commun.

Comme les espèces qui appartiennent à des classes distinctes se sont souvent adaptées par de légères modifications successives pour vivre dans des circonstances à peu près similaires – par exemple pour habiter les trois éléments que sont la terre, l'air et l'eau –, nous pouvons peut-être comprendre comment il se fait que l'on ait parfois observé un parallélisme numérique entre les sous-groupes de classes distinctes. Un naturaliste, frappé d'un parallélisme de cette nature, en augmentant ou en abaissant arbitrairement la valeur des groupes de différentes classes (et toute notre expérience montre que leur évaluation est encore arbitraire), pourrait aisément donner au parallélisme une vaste portée ; et c'est ainsi que les classifications septénaires, quinaires, quaternaires et ternaires ont probablement vu le jour.

Il existe une autre curieuse catégorie de cas dans laquelle une étroite ressemblance extérieure ne dépend pas de l'adaptation à des habitudes de vie similaires, mais a été acquise à des fins de protection. Je fais allusion à la manière extraordinaire dont certains papillons imitent, comme l'a décrit le premier M. Bates, d'autres espèces tout à fait distinctes. Cet excellent observateur a montré que dans certaines régions d'Amérique du S., par exemple là où se rencontrent en abondance les essaims éclatants d'un *Ithomia*, on trouve souvent un autre papillon, plus précisément un *Leptalis*, mêlé dans la même troupe ; et le second ressemble si étroitement à l'*Ithomia* par chacune de ses nuances et de ses bandes de couleur, et même par la forme de ses ailes, que M. Bates, dont le regard avait été affûté par onze années de collection, fut sans cesse trompé, bien qu'il se fût continuellement tenu sur ses gardes. Lorsque l'on capture et que l'on compare les individus imitateurs et les individus imités, on constate qu'ils sont très différents pour l'essentiel de leur structure, et qu'ils appartiennent non seulement à des genres distincts, mais souvent à des familles distinctes. Si ce mimétisme s'était produit seulement dans un ou deux cas, on aurait pu ne pas s'y arrêter et le considérer comme une étrange coïncidence. Mais, si l'on part d'une région où un *Leptalis* imite un *Ithomia*, on trouvera sans doute une autre espèce imitatrice et une autre espèce imitée appartenant à ces deux mêmes genres et se ressemblant tout aussi étroitement. Au total, on ne dénombre pas moins de dix genres qui comprennent des espèces imitant d'autres papillons. Les individus imitateurs et les individus imités habitent toujours la même région ; jamais nous ne trouvons un imitateur qui habite bien loin de la forme qu'il imite. Les individus imitateurs sont presque invariablement des insectes rares ; les individus imités se rencontrent, dans presque tous les cas, en essaims abondants. Dans la région où une espèce de *Leptalis* imite étroitement un *Ithomia*, il y a parfois d'autres Lépidoptères qui contrefont le même *Ithomia* ; de sorte que l'on trouve, au même endroit, des espèces de trois genres de papillons et même une phalène qui ressemblent toutes étroitement à un papillon appartenant à un quatrième genre. Un fait mérite une attention toute particulière : on peut montrer par une série de formes graduées que de nombreuses formes du *Leptalis* qui sont imitatrices, de même que de nombreuses formes imitées, ne sont que des variétés d'une même espèce, tandis que d'autres sont indubitablement des espèces distinctes. Mais pourquoi, demandera-t-on peut-être, certaines formes sont-elles traitées comme celles qui sont imitées et d'autres comme les imitatrices ? M. Bates répond d'une façon satisfaisante à cette question en montrant que la forme qui est imitée conserve la livrée du groupe auquel elle appartient, tandis que celles qui la contrefont ont changé de costume et ne ressemblent pas aux formes qui leur sont le plus étroitement apparentées.

Nous sommes ensuite portés à nous demander quelle raison on peut assigner au fait que certains papillons diurnes et nocturnes revêtent si souvent la livrée d'une autre forme tout à fait distincte ; pourquoi la nature, pour la plus grande perplexité des naturalistes, a-t-elle consenti à recourir aux trucages de la scène ? À n'en pas douter, M. Bates a découvert l'explication véritable. Les formes imitées, qui se rencontrent toujours en abondance, doivent habituellement échapper dans une large mesure à la destruction, autrement elles ne pourraient pas exister en de tels essaims ; et l'on a collecté à présent une grande quantité de témoignages montrant qu'elles ne sont pas du goût des oiseaux et des autres animaux qui dévorent des insectes. Au contraire, les formes imitatrices qui habitent la même région sont comparativement rares et appartiennent à des groupes rares ; aussi doivent-elles habituellement souffrir de quelque danger, car autrement, si l'on se fonde sur le nombre d'œufs pondus par tous les papillons, elles pulluleraient en deux ou trois générations dans la totalité de la contrée. Or, si un représentant de l'un de ces groupes rares et persécutés devait revêtir un costume si semblable à celui d'une espèce bien protégée qu'il trompe continuellement le regard exercé d'un entomologiste, il tromperait souvent des oiseaux prédateurs et des insectes, et échapperait ainsi souvent à la destruction. On peut presque dire que M. Bates a été bel et bien témoin du processus par lequel les imitateurs en sont venus à ressembler si étroitement aux individus imités, car il a constaté que certaines formes de *Leptalis* qui imitent tant d'autres papillons variaient à un degré extrême. Dans une région, plusieurs variétés se rencontraient, et parmi elles une seulement ressemblait dans une certaine mesure à l'*Ithomia* commun de la même région. Dans une autre région, il y avait deux ou trois variétés, dont une était bien plus commune que les autres et imitait étroitement une autre forme d'*Ithomia*. En se fondant sur des faits de cette nature, M. Bates conclut que le *Leptalis* varie en premier lieu ; et lorsqu'une variété se trouve ressembler, à un certain degré, à quelque papillon commun qui habite la même région, cette variété, en raison de sa ressemblance à un type florissant et peu persécuté, a de meilleures chances de ne pas être détruite par des oiseaux et des insectes prédateurs, et par conséquent est plus souvent préservée : « les degrés de ressemblance les moins parfaits étant éliminés génération après génération, il ne reste que les autres pour propager la race ». De telle sorte que nous avons là une excellente illustration de la sélection naturelle.

MM. Wallace et Trimen ont de même décrit plusieurs cas d'imitation tout aussi frappants chez les Lépidoptères de l'Archipel Malais et chez ceux d'Afrique, et parmi certains autres insectes. M. Wallace a également détecté un cas de ce genre chez des oiseaux, mais nous n'en disposons pas chez les grands quadrupèdes. Le fait que l'imitation soit bien plus fréquente chez les insectes que chez les autres animaux est probablement la conséquence de leur petite taille : les insectes ne peuvent pas se défendre, à l'exception bien sûr des types pourvus d'un aiguillon, et je n'ai jamais entendu parler d'un cas dans lequel un tel type imitait d'autres insectes, bien qu'ils soient eux-mêmes imités ; les insectes ne peuvent pas facilement échapper en volant aux animaux plus gros qui les prennent pour proie ; c'est pourquoi ils sont réduits, comme la plupart des créatures faibles, au trucage et à la dissimulation.

Il faut observer que le processus d'imitation n'a probablement jamais commencé entre des formes largement dissemblables par la couleur. Mais, en débutant par des espèces se ressemblant déjà quelque peu, la ressemblance la plus étroite, pour peu qu'elle soit avantageuse, a aisément pu être acquise par les moyens indiqués ci-dessus ; et si la forme imitée était par la suite graduellement modifiée sous l'effet de quelque action, la forme imitatrice pouvait être poussée sur le même chemin et se trouver ainsi changée presque indéfiniment, de telle sorte qu'il pouvait arriver qu'elle finît par revêtir une apparence ou une couleur entièrement autre que celles des autres membres de la famille à laquelle elle appartenait. Il y a cependant une certaine difficulté à ce sujet, car il est nécessaire de supposer dans certains cas que d'anciens membres appartenant à plusieurs groupes distincts, avant d'avoir divergé aussi largement qu'à présent, ressemblaient accidentellement à un membre d'un autre groupe protégé, à un degré qui suffisait pour lui fournir quelque légère protection, ce qui aurait établi la base de l'acquisition ultérieure de la ressemblance la plus parfaite.

Sur la nature des affinités qui relient les êtres organiques. – Comme les descendants modifiés des espèces dominantes, appartenant aux plus grands genres, tendent à hériter des avantages qui ont permis aux groupes auxquels ils appartiennent de devenir de grands groupes et à leur parents de devenir dominants, ils sont presque assurés de se répandre largement et de s'emparer de places de plus en plus nombreuses dans l'économie de la nature. Les groupes les plus grands et les plus dominants à l'intérieur de chaque classe tendent ainsi à continuer d'accroître leur taille ; et ils supplantent par conséquent de nombreux groupes plus petits et plus faibles. Nous pouvons ainsi rendre compte du fait que tous les organismes, récents et éteints, sont compris dans un petit nombre de grands ordres et dans un nombre plus petit encore de classes. En ce qu'il montre combien est restreint le nombre des groupes supérieurs, et combien ils sont largement répandus à travers le monde entier, c'est un fait frappant que la découverte de l'Australie n'a pas ajouté un insecte qui ait appartenu à une nouvelle classe, et que dans le règne végétal, comme me l'apprend le Dr Hooker, elle n'ait ajouté que deux ou trois familles de taille réduite.

Dans le chapitre sur la Succession géologique, j'ai tenté de montrer, d'après le principe suivant lequel chaque groupe a en général considérablement divergé du point de vue du caractère durant le long processus de modification, comment il se fait que les formes de vie plus anciennes présentent souvent des caractères qui sont dans une certaine mesure intermédiaires entre les groupes actuels. Comme un petit nombre des formes intermédiaires anciennes ont transmis jusqu'à ce jour des descendants à peine modifiés, ceux-ci constituent ce que nous nommons les espèces osculantes ou aberrantes. Plus une forme quelconque est aberrante, plus grand doit être le nombre des formes de liaison qui ont été exterminées et totalement perdues. Et ce qui témoigne que les groupes aberrants ont souffert d'une extinction rigoureuse, c'est qu'ils sont presque toujours représentés par un nombre d'espèces extrêmement réduit, et les espèces qui s'y rencontrent sont en général très distinctes les unes des autres, ce qui de même implique l'extinction. Les genres Ornithorynque et Lépidosirène, par exemple, n'auraient pas été moins aberrants si chacun avait été représenté par une douzaine d'espèces, au lieu de l'être, comme c'est à présent le cas, par une seule, ou bien par deux ou trois. Nous ne pouvons, à mon avis, expliquer ce fait qu'en regardant les groupes aberrants comme des formes qui ont été vaincues par des concurrents ayant connu un plus grand succès, mais dont quelques représentants sont encore préservés dans des conditions inhabituellement favorables.

M. Waterhouse a fait observer que, lorsqu'un représentant d'un groupe d'animaux présente une affinité avec un groupe tout à fait distinct, cette affinité est dans la plupart des cas générale et non spéciale ; ainsi, selon M. Waterhouse, de tous les Rongeurs, la viscache est le plus étroitement apparenté aux Marsupiaux ; mais, en ce qui concerne les points par lesquels elle se rapproche de cet ordre, les relations qu'elle entretient avec lui sont générales, c'est-à-dire qu'elles ne touchent pas une espèce marsupiale plus qu'une autre. Comme on croit que ces points d'affinité sont réels et non simplement adaptatifs, ils sont nécessairement dus, suivant notre théorie, à un héritage venant d'un aïeul commun. Nous devons donc supposer soit que tous les Rongeurs, y compris la viscache, ont formé une ramification à partir d'un ancien Marsupial, lequel a dû posséder naturellement un caractère plus ou moins intermédiaire par rapport à tous les Marsupiaux actuels, soit que et les Rongeurs et les Marsupiaux ont formé des ramifications à partir d'un aïeul commun, et que les deux groupes ont subi depuis de fortes modifications dans des directions divergentes. Que nous nous fondions sur l'une ou sur l'autre hypothèse, nous devons supposer que la viscache a conservé, par hérédité, un plus grand nombre de caractères de son lointain aïeul que n'en ont conservé les autres Rongeurs ; et il n'est donc pas spécialement apparenté à un quelconque Marsupial actuel, mais il l'est indirectement à tous ou presque tous les Marsupiaux, parce qu'il a partiellement conservé le caractère de leur aïeul commun, ou de quelque premier représentant du groupe. Par ailleurs, de tous les Marsupiaux, comme M. Waterhouse l'a fait observer, le *Phascolomys* est celui qui ressemble le plus étroitement, non pas à une quelconque espèce, mais à l'ordre général des Rongeurs. Dans ce cas, cependant, on peut soupçonner fortement que la ressemblance est seulement analogique, pour la raison que le *Phascolomys* s'est adapté à des habitudes pareilles à celles des Rongeurs. De Candolle père a fait des observations à peu près semblables sur la nature générale des affinités entre familles distinctes de plantes.

En nous fondant sur le principe de la multiplication et de la divergence graduelle du caractère des espèces issues d'un aïeul commun, en même temps que sur le fait qu'elles conservent par hérédité certains caractères en commun, nous pouvons comprendre les affinités excessivement complexes et procédant par radiation qui relient les uns aux autres tous les membres de la même famille ou du même groupe supérieur. En effet, l'aïeul commun de toute une famille à présent fractionnée par l'extinction en des groupes et des sous-groupes distincts a dû transmettre certains de ses caractères, modifiés de diverses façons et à des degrés divers, à toutes les espèces ; et, par conséquent, elles doivent être apparentées les unes aux autres par de sinueuses lignes d'affinité d'une longueur variée (comme on peut le voir sur le diagramme auquel on a si souvent fait référence), qui remontent en passant par bien des prédécesseurs. Comme il est difficile de montrer les relations de consanguinité qui existent entre les nombreux membres de toute famille noble ancienne, même à l'aide d'un arbre généalogique, et qu'il est presque impossible de le faire sans cette aide, nous sommes en mesure de comprendre l'extraordinaire difficulté qu'ont rencontrée les naturalistes pour décrire, sans l'aide d'un diagramme, les diverses affinités qu'ils perçoivent entre les nombreux représentants vivants et éteints de la même grande classe naturelle.

L'extinction, comme nous l'avons vu au quatrième chapitre, a joué un rôle important en définissant et en élargissant les intervalles qui existent entre les différents groupes de chaque classe. Nous pouvons expliquer ainsi le fait que des classes entières soient distinctes les unes des autres − par exemple que les oiseaux soient distincts de tous les autres vertébrés − grâce à notre conviction que de nombreuses formes de vie anciennes ont été entièrement perdues, à travers lesquelles les lointains ancêtres des oiseaux étaient auparavant reliés aux lointains ancêtres des autres classes de vertébrés, elles-mêmes à cette époque moins différenciées. Il y a eu une extinction beaucoup moins forte chez les formes de vie qui reliaient jadis les poissons aux batraciens. Il y en a eu une moins forte encore dans certaines classes entières, par exemple chez les Crustacés, car les formes les plus extraordinairement diverses y sont encore liées les unes aux autres par une longue chaîne d'affinités qui n'est que partiellement brisée. L'extinction a seulement défini les groupes, elle ne les a nullement faits ; en effet, si toutes les formes qui ont un jour vécu sur cette terre devaient soudain réapparaître, il serait certes tout à fait impossible de fournir des définitions permettant de distinguer chaque groupe, et néanmoins une classification naturelle, ou du moins un arrangement naturel, serait possible. Nous le verrons en nous tournant vers le diagramme. Les lettres, de A à L, représenteront onze genres siluriens dont certains ont produit de vastes groupes de descendants modifiés, tous les liens dans chaque branche et dans chaque sous-branche étant encore vivants, et les liens n'étant pas plus grands que ceux qui relient les variétés actuelles. Dans ce cas, il serait tout à fait impossible de fournir des définitions permettant de distinguer les différents représentants des différents groupes d'avec leurs parents et leurs descendants les plus immédiats. Pourtant, l'arrangement proposé dans le diagramme s'avérerait encore valable et serait naturel ; en effet, d'après le principe de l'hérédité, toutes les formes issues de A, par exemple, auraient quelque chose en commun. Dans un arbre, nous pouvons distinguer telle ou telle branche, bien que, de fait, à la fourche, elles s'unissent toutes deux ensemble et se fondent l'une dans l'autre. Comme je l'ai dit, nous ne pourrions pas définir les différents groupes ; mais nous pourrions choisir des types, ou des formes, représentant la plupart des caractères de chaque groupe, qu'il soit grand ou petit, et donner ainsi une idée générale de la valeur des différences qui existent entre eux. C'est ce que nous serions portés à faire, si nous réussissions un jour à recueillir toutes les formes d'une classe quelconque qui ont vécu dans la totalité du temps et de l'espace. Certes, nous ne réussirons jamais à faire une collection si parfaite ; néanmoins, dans certaines classes, nous tendons vers cette fin, et Milne Edwards a récemment souligné, dans un excellent article, qu'il est d'une importance majeure de considérer les types, que nous puissions ou non séparer et définir les groupes auxquels ces types appartiennent.

Enfin, nous avons vu que la sélection naturelle, qui procède de la lutte pour l'existence et conduit presque inévitablement à l'extinction et à la divergence des caractères chez les descendants d'une quelconque espèce parente, explique cette grande et universelle propriété des affinités de tous les êtres organiques : leur subordination en groupes rangés sous d'autres groupes. Nous utilisons la filiation comme un élément permettant de classer les individus des deux sexes et de tous les âges dans une espèce, quand bien même ils n'auraient qu'un petit nombre de caractères en commun ; nous utilisons la filiation pour classer les variétés reconnues, si différentes soient-elles de leurs parents ; et je suis convaincu que cet élément qu'est la filiation est le lien de connexion caché que les naturalistes ont cherché sous le nom de Système Naturel. En nous fondant sur cette idée que le système naturel, dans la mesure où il a été perfectionné, est généalogique dans son arrangement, les degrés de différence étant exprimés par les termes genres, familles, ordres, &c., nous pouvons comprendre les règles que nous sommes contraints de suivre dans notre classification. Nous pouvons comprendre pour quelle raison nous attachons de la valeur à certaines ressemblances bien plus qu'à d'autres ; pour quelle raison nous utilisons des organes rudimentaires et inutiles, ou d'autres qui n'ont qu'une importance physiologique minime ; pour quelle raison, afin de trouver les relations qui existent entre un groupe et un autre, nous rejetons sommairement les caractères analogiques ou adaptatifs, tout en utilisant ces mêmes caractères à l'intérieur des limites d'un même groupe. Nous voyons clairement comment il se fait que toutes les formes vivantes et éteintes peuvent être regroupées à l'intérieur de quelques classes, et comment les différents représentants de chaque classe sont reliés les uns aux autres par des lignes d'affinité qui, au plus haut point, sont complexes et procèdent par radiation. Probablement ne démêlerons-nous jamais la trame inextricable des affinités qui existent entre les représentants d'une classe quelconque ; mais lorsque nous avons en vue un objet distinct, et cessons de porter notre regard vers quelque plan de création inconnu, nous pouvons espérer faire des progrès sûrs, quoique lents.

Le Professeur Häckel, dans sa *Generelle Morphologie* et dans d'autres ouvrages, a récemment appliqué ses vastes connaissances et capacités à ce qu'il appelle la phylogénie, c'est-à-dire aux lignes de filiation de tous les êtres organiques. Afin de tracer les diverses séries, il se fie principalement aux caractères embryologiques, mais reçoit de l'aide des organes homologues et des organes rudimentaires, ainsi que des époques successives auxquelles on croit que les diverses formes de vie sont apparues pour la première fois dans nos formations géologiques. Il a réalisé ainsi avec hardiesse un grand commencement, et nous montre de quelle manière la classification sera traitée dans l'avenir.

Morphologie

Nous avons vu que les représentants d'une même classe, indépendamment de leurs habitudes de vie, se ressemblent par le plan général de leur organisation. Cette ressemblance est souvent exprimée par le terme « unité de type », ou bien par l'affirmation que les diverses parties et les divers organes des différentes espèces de la classe sont homologues. Le sujet dans son ensemble est compris sous le terme général de Morphologie. C'est là l'un des secteurs les plus intéressants de l'histoire naturelle, et l'on peut presque dire qu'il en est l'âme même. Qu'y a-t-il de plus curieux que le fait que la main de l'homme, formée en vue de la préhension, celle de la taupe, faite pour creuser, la jambe du cheval, la nageoire du marsouin et l'aile de la chauve-souris soient toutes construites sur le même modèle et renferment des os semblables, placés dans les mêmes positions relatives ? Qu'il est curieux, pour citer un exemple secondaire quoique frappant, que les pieds postérieurs du kangourou, qui sont si bien adaptés pour faire des bonds dans les vastes plaines, ceux du koala grimpeur et mangeur de feuilles, également bien adaptés pour agripper les branches des arbres, ceux des péramèles qui vivent au sol et mangent des insectes ou des racines, ainsi que ceux de certains autres marsupiaux australiens, soient tous construits sur le même type extraordinaire, à savoir avec les os du deuxième et du troisième doigt extrêmement minces et enveloppés dans la même peau, de telle sorte qu'ils ont l'apparence d'un unique orteil pourvu de deux griffes. Nonobstant cette similarité de conformation, il est évident que les pieds postérieurs de ces divers animaux sont utilisés à des fins aussi largement différentes qu'il est possible d'en concevoir. Ce cas est d'autant plus frappant que les opossums américains, qui observent à peu près les mêmes habitudes de vie que certains de leurs parents australiens, ont des pieds construits selon le plan ordinaire. Le Professeur Flower, à qui sont empruntées ces affirmations, fait remarquer en conclusion : « Nous pouvons nommer cela la conformité au type, sans beaucoup nous approcher d'une explication du phénomène » ; et d'ajouter ensuite : « mais cela ne suggère-t-il pas puissamment une véritable parenté, un héritage venant d'un ancêtre commun ? »

Geoffroy St Hilaire a insisté avec force sur la haute importance de la position relative ou de la liaison des parties homologues : elles peuvent différer presque indéfiniment par la forme et par la taille, et rester pourtant liées les unes aux autres dans le même ordre invariable. Nous ne trouvons jamais transposés, par exemple, les os du bras et de l'avant-bras, ou ceux de la cuisse et de la jambe. C'est pourquoi le même nom peut être donné aux os homologues chez des animaux largement différents. Nous voyons la même grande loi dans la construction de la bouche des insectes :

qu'y a-t-il de plus différent que l'immense trompe en spirale du papillon sphinx, la trompe curieusement repliée d'une abeille ou d'une punaise et les puissantes mâchoires d'un scarabée ? Pourtant, tous ces organes, qui servent des destinations si largement différentes, sont formés par les modifications infiniment nombreuses d'une lèvre supérieure, de mandibules et de deux paires de maxillaires. La même loi gouverne la construction de la bouche et des membres des crustacés. Il en est de même en ce qui concerne les fleurs des plantes.

Rien n'est plus vain que de tenter d'expliquer cette similarité de conformation chez des représentants de la même classe par l'utilité ou par la doctrine des causes finales. La vanité de cette tentative a été admise expressément par Owen dans son très intéressant ouvrage sur la *Nature des membres*. En nous fondant sur la conception ordinaire d'une création indépendante de chaque être, nous pouvons seulement dire qu'il en est ainsi, qu'il a plu au Créateur de construire tous les animaux et toutes les plantes dans chaque grande classe selon un plan uniforme ; mais ce n'est pas une explication scientifique.

L'explication est simple, dans une large mesure, si l'on se fonde sur la théorie de la sélection de légères modifications successives – chaque modification étant profitable en quelque manière à la forme modifiée, mais affectant souvent par corrélation d'autres parties de l'organisation. Lors de changements de cette nature, il doit y avoir une tendance faible ou nulle à modifier le modèle d'origine ou à transposer les parties. Les os d'un membre pourraient être raccourcis et aplatis indéfiniment, et se trouver dans le même temps enveloppés d'une épaisse membrane, afin de servir de nageoire ; ou bien une main palmée pourrait voir tous ses os, ou certains de ses os, allongés indéfiniment, tandis que croîtrait la membrane qui les relie, afin de servir d'aile ; pourtant, toutes ces modifications ne tendraient pas à modifier la charpente des os ou la liaison relative des parties. Si nous supposons qu'un premier ancêtre – on peut le nommer l'archétype – de tous les mammifères, de tous les oiseaux et de tous les reptiles avait les membres construits sur le modèle général existant, quelque fin qu'ils aient servie, nous percevons aussitôt la claire signification de la construction homologue des membres dans la classe tout entière. Ainsi en ce qui concerne la bouche des insectes, nous avons seulement à supposer que leur ancêtre commun avait une lèvre supérieure, des mandibules et deux paires de maxillaires, ces parties ayant peut-être une forme très simple ; ensuite, la sélection naturelle rend compte de l'infinie diversité de la structure et des fonctions de la bouche des insectes. Néanmoins, il est concevable que le modèle général d'un organe puisse s'obscurcir au point d'être finalement perdu, par la réduction et, en dernier lieu, par l'avortement complet de certaines parties, par la fusion d'autres parties et par le redoublement ou la multiplication d'autres encore – variations dont nous savons qu'elles demeurent dans les bornes du possible. Dans le cas des nageoires des lézards de mer géants, qui sont éteints, et dans le cas de la bouche de certains crustacés suceurs, le modèle général semble avoir été ainsi partiellement obscurci.

Il est une autre branche de notre sujet qui est tout aussi curieuse, les homologies sérielles, ou comparaison des différentes parties ou des différents organes d'un même individu, et non des mêmes parties ou des mêmes organes de différents représentants d'une même classe. La plupart des physiologistes croient que les os du crâne sont homologues – c'est-à-dire correspondent pour le nombre et la liaison relative – aux parties élémentaires d'un certain nombre de vertèbres. Les membres antérieurs et postérieurs de toutes les classes supérieures de vertébrés sont clairement homologues. Il en est de même en ce qui concerne les mâchoires et les pattes extraordinairement complexes des crustacés. C'est un fait familier à tout un chacun, ou presque, que dans une fleur la position relative des sépales, des pétales, des étamines et des pistils, aussi bien que leur structure intime, sont intelligibles si l'on se fonde sur l'idée qu'ils consistent en des feuilles métamorphosées et disposées autour d'un axe sagittal. Chez les plantes monstrueuses, nous trouvons souvent un témoignage direct du fait qu'il est possible qu'un organe se transforme en un autre ; et nous voyons bel et bien, durant les étapes initiales ou embryonnaires du développement des fleurs, aussi bien que chez les crustacés et chez de

Affinités mutuelles des êtres organiques [chap. XIV] 811

nombreux autres animaux, que les organes qui deviennent extrêmement différents une fois parvenus à leur stade adulte sont tout d'abord exactement semblables.

Comme les cas d'homologies sérielles sont inexplicables si l'on se fonde sur l'idée ordinaire de la création ! Pourquoi le cerveau serait-il enclos dans une boîte composée de pièces d'os si nombreuses et pourvues de formes si extraordinaires, qui représentent apparemment des vertèbres ? Comme Owen l'a fait observer, le bénéfice que retirent les mammifères, au moment de la parturition, du fait que les pièces séparées fléchissent ne saurait nullement expliquer la même construction dans les crânes des oiseaux et des reptiles. Pourquoi des os similaires auraient-ils été créés pour former l'aile et la patte de la chauve-souris, alors qu'elles sont utilisées à des fins si totalement différentes, à savoir pour voler et pour marcher ? Pourquoi un crustacé qui a une bouche extrêmement complexe, formée de nombreuses parties, devrait-il en conséquence avoir toujours moins de pattes, ou, au contraire, les crustacés pourvus de nombreuses pattes, avoir une bouche plus simple ? Pourquoi les sépales, les pétales, les étamines et les pistils, dans chaque fleur, bien qu'étant adaptés à des fins aussi distinctes, devraient-ils tous être construits sur le même modèle ?

En nous fondant sur la théorie de la sélection naturelle, nous pouvons dans une certaine mesure répondre à ces questions. Il n'est pas besoin ici de considérer de quelle façon les corps de certains animaux se sont tout d'abord divisés en une série de segments, ou de quelle façon ils se sont divisés en une partie droite et une partie gauche, dotées des organes correspondants, car ces questions échappent presque à toute investigation. Il est cependant probable que certaines structures sérielles sont le résultat de la multiplication des cellules par division, qui entraîne la multiplication des parties qui se développent à partir de ces cellules. Qu'il suffise pour notre propos de garder à l'esprit que la répétition indéfinie d'une même partie ou d'un même organe est la caractéristique commune, comme Owen l'a fait observer, de toutes les formes d'un rang peu élevé ou peu spécialisées ; c'est pourquoi l'ancêtre inconnu des Vertébrés possédait probablement un grand nombre de vertèbres ; l'ancêtre inconnu des Articulés, un grand nombre de segments ; et l'ancêtre inconnu des plantes à fleurs, un grand nombre de feuilles disposées sur un ou plusieurs axes. Nous avons également vu précédemment que les parties répétées de nombreuses fois sont éminemment susceptibles de varier, non seulement en nombre, mais aussi du point de vue de la forme. Par conséquent, ces parties, déjà présentes en nombre considérable et hautement variables, ont dû naturellement fournir les matériaux permettant l'adaptation aux fins les plus différentes ; elles ont dû pourtant conserver en général, par la force de l'hérédité, des traces claires de leur ressemblance originelle ou fondamentale. Elles ont dû d'autant plus conserver cette ressemblance que les variations, qui ont fourni la base de leur modification ultérieure par la sélection naturelle, ont dû avoir tendance, dès la première d'entre elles, à être similaires, étant donné que ces parties étaient, à une étape précoce de la croissance, semblables entre elles et se trouvaient soumises à peu près aux mêmes conditions. Ces parties, modifiées peu ou prou, à moins que leur origine commune n'ait été totalement obscurcie, ont dû former une série homologue.

Dans la grande classe des mollusques, bien que l'on puisse montrer que les parties sont homologues dans des espèces distinctes, on ne peut indiquer qu'un petit nombre d'homologies sérielles, telles que les valves des Chitons ; c'est-à-dire que nous sommes rarement en mesure de dire qu'une partie est homologue d'une autre chez le même individu. Et c'est un fait que nous pouvons comprendre : en effet, chez les mollusques, mêmes chez les représentants les moins élevés de la classe, nous ne trouvons pas, tant s'en faut, une aussi forte répétition indéfinie d'une quelconque partie que dans les autres grandes classes des règnes animal et végétal.

Mais la morphologie est un sujet beaucoup plus complexe qu'il ne semble au premier abord, comme l'a bien montré récemment, dans un article remarquable, M. E. Ray Lankester, qui a établi une distinction importante entre certaines classes de cas qui ont tous été classés par les naturalistes comme présentant le même degré d'homologie. Il propose de nommer *homogènes* les structures qui se ressemblent chez des animaux distincts, parce qu'elles proviennent d'un aïeul commun avec modification ultérieure, et *homoplastiques* les ressemblances que l'on ne peut expliquer ainsi. Par exemple, il croit que les cœurs des oiseaux et des mammifères sont dans l'ensemble homogènes – c'est-à-dire qu'ils sont issus d'un aïeul commun –, mais que, dans ces deux classes, les quatre cavités du cœur sont homoplastiques – c'est-à-dire qu'elles se sont développées indépendamment. M. Lankester mentionne également l'étroite ressemblance des parties droite et gauche du corps et des segments successifs d'un même individu du règne animal ; or, il s'agit là de parties que l'on nomme couramment homologues, qui n'ont aucune relation avec le fait que des espèces distinctes proviennent d'un aïeul commun. Les structures homoplastiques sont identiques à celles que j'ai classées, d'une manière certes fort imparfaite, comme des modifications ou des ressemblances analogues. On peut attribuer leur formation pour une part au fait que des organismes distincts, ou des parties distinctes d'un même organisme, ont varié d'une manière analogue, et pour une part au fait que des modifications similaires ont été conservées en vue de la même fin générale ou de la même fonction générale – fait dont nous avons cité de nombreux exemples.

Les naturalistes parlent fréquemment du crâne comme formé de vertèbres métamorphosées ; des mâchoires des crabes comme de pattes métamorphosées ; des étamines et des pistils des fleurs comme de feuilles métamorphosées ; mais, dans de nombreux cas, il serait plus exact, comme le Professeur Huxley l'a fait observer, de parler du crâne et des vertèbres, des mâchoires et des pattes, &c., comme ayant été métamorphosés non pas l'un à partir de l'autre, dans l'état où ils existent à présent, mais à partir de quelque élément commun plus simple. La plupart des naturalistes, cependant, n'utilisent un tel langage qu'en un sens métaphorique ; ils sont loin de vouloir dire que, au cours d'une longue descendance, des organes primitifs d'un type quelconque – des vertèbres dans un cas et des pattes dans l'autre – se sont effectivement convertis en crâne ou en mâchoires. Pourtant, les apparences donnent si fortement l'impression que cela s'est produit ainsi que les naturalistes ne peuvent guère éviter d'employer un langage qui possède clairement cette signification. Suivant les idées que nous soutenons ici, il est possible d'user d'un tel langage littéralement ; s'explique alors en partie le fait extraordinaire que les mâchoires du crabe, par exemple, conservent de nombreux caractères qu'elles auraient probablement conservés par l'hérédité, si elles étaient bien l'effet de la métamorphose de pattes véritables, quoique extrêmement simples.

Développement et embryologie

Il s'agit de l'un des sujets les plus importants de toute la sphère de l'histoire naturelle. Les métamorphoses des insectes, qui sont familières à chacun, s'effectuent en général d'une façon brusque, en quelques étapes ; mais les transformations sont en réalité nombreuses et graduelles, quoique cachées. Un certain insecte éphémère (*Chlöeon*) mue durant son développement plus de vingt fois, comme l'a montré *Sir* J. Lubbock, et subit chaque fois une certaine quantité de modifications ; dans ce cas, nous voyons le phénomène de la métamorphose s'accomplir d'une façon primaire et graduelle. De nombreux insectes, et tout spécialement certains crustacés, nous montrent les extraordinaires changements de structure qui peuvent s'effectuer durant le développement. Cependant, ces changements atteignent leur point culminant avec ce que l'on nomme les générations alternantes de quelques-uns des animaux inférieurs. C'est par exemple un fait stupéfiant qu'une délicate coralline ramifiée, constellée de polypes et attachée à un rocher sous-marin, produise, d'abord par bourgeonnement puis par division transversale, une foule d'énormes méduses flottantes, et que celles-ci produisent des œufs dont l'éclosion libère des animalcules capables de nager, qui s'attachent aux rochers et se développent en corallines ramifiées – et ainsi de suite en un cycle sans fin. La croyance en l'identité essentielle du processus des générations alternantes et de la métamorphose ordinaire a été considérablement renforcée lorsque Wagner a découvert que la larve, ou l'asticot, d'une mouche, à savoir la Cécidomyie, produit d'une façon non sexuelle d'autres larves, et que celles-ci en produisent de même, qui finissent par se développer en mâles et en femelles adultes propageant leur type, de la manière ordinaire, par des œufs.

Il vaut peut-être la peine de relever que, au moment où fut annoncée la remarquable découverte de Wagner, on me demanda comment il était possible d'expliquer que les larves de cette mouche aient acquis la capacité de se reproduire d'une façon non sexuelle. Tant que le cas demeurait unique, on ne pouvait pas donner de réponse. Mais Grimm a déjà montré qu'une autre mouche, un *Chironomus*, se reproduit à peu près de la même manière, et il pense que cela se rencontre fréquemment dans l'ordre en question. C'est la nymphe, et non la larve, du *Chironomus* qui a cette capacité ; et Grimm montre en outre que ce cas, dans une certaine mesure, « unit à la parthénogenèse des Coccidés celle de la Cécidomyie », le terme parthénogenèse impliquant que les femelles adultes des Coccidés sont capables de produire des œufs féconds sans le concours des mâles. On sait maintenant que certains animaux appartenant à plusieurs classes ont la capacité de se reproduire d'une façon ordinaire à un âge inhabituellement précoce ; et nous avons seulement à accélérer la reproduction parthénogénétique par des étapes graduelles jusqu'à des stades de plus en plus précoces — le *Chironomus* nous fait voir un stade presque exactement intermédiaire, à savoir celui de la nymphe — et nous pouvons peut-être expliquer le cas extraordinaire de la Cécidomyie.

Nous avons déjà fait état de ce que les diverses parties d'un même individu qui sont exactement identiques durant une période embryonnaire précoce deviennent largement différentes et servent à des fins largement différentes à l'état adulte. De même, il a été montré que, d'une façon générale, les embryons des espèces les plus distinctes appartenant à la même classe sont étroitement semblables, mais deviennent largement dissemblables une fois qu'ils sont entièrement développés. On ne peut donner de ce dernier fait une meilleure preuve que l'affirmation de Von Baer selon laquelle « les embryons des mammifères, des oiseaux, des lézards et des serpents, et probablement aussi des chéloniens, se ressemblent extrêmement dans leurs états les plus précoces, à la fois dans leur aspect global et par le mode de développement de leurs parties ; tant et si bien qu'en fait on ne peut souvent distinguer les embryons que par leur taille. J'ai en ma possession deux petits embryons conservés dans l'alcool dont j'ai omis de reporter les noms et dont je suis à présent tout à fait incapable de dire à quelle classe ils appartiennent. Il peut s'agir de lézards ou de petits oiseaux, ou encore de très jeunes mammifères, si complète est la ressemblance des modes de formation de la tête et du tronc chez ces animaux. Les extrémités sont cependant encore absentes chez ces embryons. Mais, même si elles avaient existé dans le stade le plus précoce de leur développement, cela ne nous apprendrait rien, car les pieds des lézards et des mammifères, les ailes et les pieds des oiseaux et, tout autant, les mains et les pieds de l'homme naissent tous de la même forme fondamentale ». Les larves de la plupart des crustacés, à des stades de développement correspondants, se ressemblent étroitement, si différents que puissent devenir les adultes, et il en est de même chez de très nombreux autres animaux. Il arrive qu'une trace de la loi de ressemblance embryonnaire subsiste jusqu'à un âge assez tardif : ainsi, des oiseaux du même genre, ou de genres apparentés, se ressemblent souvent par le plumage qu'ils possèdent avant le stade adulte, comme nous le voyons dans le cas des plumes tachetées des petits du groupe des grives. Dans la tribu des chats, la plupart des espèces, une fois adultes, ont des rayures et des taches disposées en ligne ; or, on peut clairement distinguer des rayures et des taches chez le lionceau et le petit du puma. Il arrive, bien que ce soit rare, que nous constatons un fait du même genre chez les plantes : ainsi, les premières feuilles de l'*ulex*, ou ajonc, et les premières feuilles des acacias phyllodinés sont pinnées ou divisées comme les feuilles ordinaires des légumineuses.

Les points de structure par lesquels se ressemblent les embryons d'animaux largement différents, à l'intérieur de la même classe, n'ont souvent aucune relation directe avec leurs conditions d'existence. Par exemple, nous ne pouvons pas supposer que le singulier trajet en boucle des artères près des fentes branchiales chez les embryons des vertébrés soit lié à des conditions similaires chez le jeune mammifère qui est nourri dans le ventre de sa mère, l'œuf de l'oiseau qui est couvé dans un nid, et le frai subaquatique d'une grenouille. Nous n'avons pas plus de raisons de croire en une telle relation que nous n'en avons de croire que les os similaires de la main de l'homme, de l'aile de la chauve-souris et de la nageoire du marsouin sont liés à des conditions de vie similaires. Nul ne suppose que les rayures du lionceau ou les taches du jeune merle aient pour ces animaux une quelconque utilité.

Le cas est différent, cependant, lorsqu'un animal est actif durant une partie de sa carrière embryonnaire, et doit lui-même pourvoir à ses besoins. La période active peut advenir plus ou moins tôt au cours de la vie ; mais, quel que soit le moment où elle advient, l'adaptation de la larve à ses conditions de vie est tout aussi parfaite et tout aussi belle que chez l'animal adulte. Quelle a été l'importance de ce facteur, c'est ce qu'a bien montré récemment *Sir* J. Lubbock dans ses remarques sur l'étroite ressemblance des larves de certains insectes appartenant à des ordres très différents, et sur la dissemblance des larves d'autres insectes à l'intérieur du même ordre, selon leurs habitudes de vie. En raison de ces adaptations, la ressemblance des larves d'animaux apparentés est parfois considérablement obscurcie, surtout lorsqu'une division du travail s'effectue au cours des différents stades de développement, comme dans le cas où la même larve doit, à un stade, chercher de la nourriture et, à un autre stade, chercher un endroit où s'attacher. On peut même citer des cas dans lesquels les larves d'espèces apparentées, ou de groupes d'espèces, diffèrent plus les unes des autres que les adultes entre eux. Toutefois, dans la plupart des cas, les larves, quoique actives, obéissent encore, plus ou moins étroitement, à la loi de la ressemblance embryonnaire commune. Les cirripèdes en fournissent un bon exemple : même l'illustre Cuvier ne s'est pas aperçu que la bernacle était un crustacé ; mais il suffit de jeter un coup d'œil sur la larve pour le voir d'une manière on ne peut plus nette. De plus, les deux divisions principales, les cirripèdes pédonculés et les cirripèdes sessiles, bien qu'elles diffèrent largement par leur apparence extérieure, ont des larves qui sont, à chacun de leurs stades, à peu près impossibles à distinguer.

Au cours du développement, l'embryon s'élève généralement du point de vue de l'organisation ; j'utilise cette expression, bien que je sois conscient qu'il n'est guère possible de définir clairement ce que l'on entend lorsque l'on dit que l'organisation est plus haute ou plus basse. Mais, probablement, nul ne contestera que le papillon est situé plus haut que la chenille. Dans quelques cas, cependant, l'animal adulte doit être considéré comme étant plus bas sur l'échelle que la larve, comme chez certains crustacés parasites. Référons-nous une fois encore aux cirripèdes : les larves ont au premier stade trois paires d'organes locomoteurs, un œil unique et simple et une bouche en forme de trompe, avec laquelle ils se nourrissent en abondance, car leur taille s'accroît fortement. Au second stade, qui répond au stade de la chrysalide chez les papillons, ils ont six paires de pattes natatoires superbement construites, une paire d'yeux composés magnifiques et des antennes extrêmement complexes ; mais ils ont une bouche close et imparfaite, et ne peuvent se nourrir : leur fonction à ce stade est de rechercher, au moyen de leurs organes sensitifs bien développés, et d'atteindre, au moyen de leurs capacités actives pour la nage, un endroit où ils soient susceptibles de s'attacher et de subir leur métamorphose finale. Lorsque cela s'est réalisé, ils sont fixés pour la vie : leurs pattes sont maintenant converties en des organes préhensiles ; ils possèdent de nouveau une bouche bien construite ; mais ils n'ont plus d'antennes, et leurs deux yeux sont maintenant reconvertis en une tache oculaire minuscule, unique et simple. Dans ce dernier état, leur état achevé, on peut considérer que les cirripèdes sont dotés d'une organisation soit plus élevée soit moins élevée que sous leur forme larvaire. Mais, dans certains genres, les larves en se développant se transforment en des hermaphrodites possédant la structure ordinaire, et en ce que j'ai nommé des mâles complémentaires ; et, dans ce dernier cas, le développement a assurément été rétrograde, car le mâle est un simple sac, qui a une vie brève et est dépourvu de bouche, d'estomac et de tout autre organe de quelque importance, à l'exception de ceux qui servent à la reproduction.

Nous sommes tellement habitués à voir une différence de structure entre l'embryon et l'adulte que nous sommes tentés de regarder cette différence comme relevant d'une sorte de nécessité de la croissance. Mais il n'y a aucune raison, par exemple, que l'aile de la chauve-souris ou la nageoire du marsouin n'aient pas été esquissées avec toutes leurs parties dans leurs proportions exactes dès que l'une d'entre elles est devenue visible. Dans certains groupes entiers d'animaux et chez certains représentants d'autres groupes, tel est le cas, et à aucune période l'embryon ne diffère grandement de l'adulte ; ainsi, Owen a fait cette remarque, à propos de la seiche : « il n'y a pas de métamorphose ; le caractère céphalopodique se manifeste longtemps avant que les parties de l'embryon ne soient achevées ». Les coquillages terrestres et les crustacés d'eau douce naissent pourvus de leur forme propre, alors que les représentants marins des mêmes deux grandes classes traversent des changements considérables et souvent extraordinaires durant leur développement. Les araignées, pour leur part, ne subissent presque aucune métamorphose. Les larves de la plupart des insectes traversent un stade où elles sont semblables à des vers, qu'elles soient actives et adaptées à des habitudes diversifiées ou bien inactives parce qu'elles sont placées au milieu d'une substance nutritive appropriée ou parce qu'elles sont nourries par leurs parents ; mais, dans quelques rares cas, comme dans celui du Puceron, si nous regardons les admirables dessins du développement de cet insecte dus au Professeur Huxley, nous ne voyons à peu près aucune trace du stade vermiforme.

Parfois, ce sont seulement les stades les plus précoces du développement qui font défaut. Ainsi, Fritz Müller a fait la découverte remarquable que certains crustacés ressemblant à des crevettes (apparentés à *Penæus*) apparaissent d'abord sous la forme simple *nauplius* et, après être passés par deux stades ou plus sous la forme *zoé*, puis par le stade *mysis*, acquièrent enfin leur structure adulte ; or, dans l'ensemble du grand ordre des malacostracés, auquel ces crustacés appartiennent, on ne connaît à ce jour aucun autre représentant qui se développe d'abord sous la forme *nauplius*, bien qu'ils soient nombreux à apparaître sous la forme *zoé* ;

néanmoins, Müller indique les raisons qu'il a de croire que, s'il n'y avait pas eu de suppression de développement, tous ces crustacés seraient apparus sous la forme *nauplius*.

Comment, alors, pouvons-nous expliquer ces divers faits reconnus en embryologie : la différence de structure très générale, quoique non universelle, entre l'embryon et l'adulte ; le fait que les diverses parties du même embryon, qui pour finir deviennent très dissemblables et servent à des fins variées, soient semblables à une période précoce de la croissance ; la ressemblance courante, mais non invariable, entre les embryons ou les larves des espèces les plus distinctes au sein de la même classe ; le fait que l'embryon conserve souvent, alors qu'il est à l'intérieur de l'œuf ou de la matrice, des structures qui ne lui sont d'aucune utilité, que ce soit dans cette période de sa vie ou dans une période ultérieure ; que les larves qui doivent pourvoir à leurs propres besoins soient, au contraire, parfaitement adaptées aux conditions environnantes ; et, en dernier lieu, le fait que certaines larves soient situées plus haut sur l'échelle de l'organisation que l'animal adulte qui résulte de leur développement ? Je crois que tous ces faits peuvent être expliqués de la manière suivante.

On admet couramment, peut-être du fait que des monstruosités affectent l'embryon au cours d'une période très précoce, que de légères variations ou différences individuelles apparaissent nécessairement au cours d'une période tout aussi précoce. Nous avons sur ce sujet peu de témoignages, mais ceux que nous avons pointent assurément dans l'autre sens : en effet, il est notoire que les éleveurs de bovins, de chevaux et de divers animaux d'agrément ne sont capables de dire avec certitude quels seront les mérites et les démérites de leurs jeunes animaux que quelque temps après la naissance. Nous le constatons clairement avec nos propres enfants : nous ne pouvons dire si un enfant sera petit ou grand, ni quels seront précisément ses traits. La question n'est pas de savoir à quelle époque de la vie chaque variation a pu être causée, mais de savoir à quelle époque ses effets se manifestent. La cause a pu agir, et à mon avis a souvent agi, sur un parent ou sur les deux avant l'acte de la génération. Il vaut la peine de signaler qu'il n'est d'aucune importance pour un très jeune animal, tant qu'il demeure dans le ventre de sa mère ou dans l'œuf, ou bien tant qu'il est nourri et protégé par son parent, qu'il acquière la plupart de ses caractères un peu plus tôt ou un peu plus tard dans sa vie. Il ne serait pas déterminant, par exemple, pour un oiseau qui obtiendrait sa nourriture au moyen d'un bec fortement recourbé, de posséder ou non un bec de cette forme tant qu'il est jeune et tant qu'il est nourri par ses parents.

J'ai affirmé dans le premier chapitre que, quel que soit l'âge auquel une variation apparaît pour la première fois chez le parent, elle tend à réapparaître à un âge correspondant chez les descendants. Certaines variations ne peuvent apparaître qu'à un âge correspondant ; par exemple, les particularités de la chenille, du cocon ou des états imaginaux du papillon du ver à soie, ou encore les cornes pleinement développées des bovins. Mais les variations qui, pour autant que nous puissions le discerner, auraient pu apparaître pour la première fois plus tôt ou plus tard dans la vie ont également tendance à réapparaître à un âge correspondant chez les descendants et chez le parent. Je suis bien loin de vouloir dire que tel est invariablement le cas, et je pourrais citer plusieurs cas exceptionnels de variations (en prenant le mot dans le sens le plus large) qui sont survenues chez l'enfant à un âge plus précoce que chez le parent.

Ces deux principes, à savoir que de légères variations apparaissent en général au cours d'une période assez peu précoce de la vie, et qu'elles sont héritées au cours d'une période peu précoce correspondante, expliquent à mon avis tous les faits embryologiques majeurs qui ont été mentionnés plus haut. Mais examinons tout d'abord quelques cas analogues chez nos variétés domestiques. Certains auteurs qui ont écrit sur les Chiens soutiennent que le lévrier et le bouledogue, quoique si différents, sont en vérité des variétés étroitement apparentées, issues de la même souche sauvage ; c'est pourquoi j'ai eu la curiosité d'observer dans quelle mesure leurs chiots différaient les uns des autres : les éleveurs m'ont dit qu'ils différaient tout autant que leurs parents, et cela, à en juger par ce qui est visible à l'œil, semblait presque être le cas ;

mais en fait, en mesurant les chiens plus âgés et leurs chiots de six jours, j'ai constaté que les chiots n'avaient pas acquis, loin s'en fallait, la totalité de leurs différences proportionnelles. De même, on m'a dit que les poulains des chevaux de trait et des chevaux de course – races qui ont été formées presque entièrement par sélection à l'état domestique – différaient autant que les animaux adultes ; mais, ayant obtenu de soigneuses mesures réalisées sur les mères et sur des poulains âgés de trois jours, à la fois de chevaux de course et de lourds chevaux de trait, je constate que ce n'est nullement le cas.

Comme nous avons des témoignages probants qui montrent que les races du Pigeon sont issues d'une unique espèce sauvage, j'ai comparé les petits dans les douze heures qui suivaient l'éclosion ; j'ai soigneusement mesuré (mais je n'en donnerai pas ici les détails) les proportions du bec, la largeur de la bouche, la longueur de la narine et de la paupière, la taille des pieds et la longueur de la patte chez l'espèce parente sauvage et chez les grosses-gorges, les pigeons paons, les *runts*, les barbes, les dragons, les messagers et les culbutants. Or, certains de ces oiseaux, une fois adultes, diffèrent d'une manière si extraordinaire par la longueur et la forme du bec, et par d'autres caractères, qu'ils auraient certainement été classés comme des genres distincts si on les avait trouvés à l'état de nature. Mais, lorsque l'on plaçait sur une rangée les oisillons des ces diverses races, quoiqu'il fût tout juste possible de différencier la plupart d'entre eux, les différences proportionnelles sur les points que l'on a mentionnés ci-dessus étaient incomparablement moindres que chez les oiseaux adultes. Certains points de différence caractéristiques – par exemple, la largeur de la bouche – n'étaient guère détectables chez le petit. Mais il y avait une exception remarquable à cette règle, car le petit du culbutant courte-face différait des petits du pigeon de roche sauvage et des autres espèces presque exactement dans les mêmes proportions qu'à l'état adulte.

Ces faits s'expliquent par les deux principes énoncés ci-dessus. Les amateurs sélectionnent leurs chiens, leurs chevaux, leurs pigeons, &c., en vue de la reproduction, lorsqu'ils sont à peu près adultes ; il leur est indifférent que les qualités désirées soient acquises plus tôt ou plus tard dans la vie, du moment que l'animal adulte les possède. Et les cas que l'on vient de citer, plus spécialement celui des pigeons, montrent que les différences caractéristiques qui ont été accumulées par l'intermédiaire de la sélection opérée par l'homme, et qui donnent de la valeur à ses races, n'apparaissent généralement pas à une époque très précoce de la vie, et sont héritées à une époque peu précoce correspondante. Mais le cas du culbutant courte-face, qui possédait ses caractéristiques propres lorsqu'il n'avait que douze heures, prouve que ce n'est pas la règle universelle ; en effet, soit les différences caractéristiques ont dû apparaître ici à une époque plus précoce que d'habitude, soit, s'il n'en est pas ainsi, les différences ont dû être héritées non pas à un âge correspondant, mais à un âge plus précoce.

Appliquons à présent ces deux principes aux espèces vivant à l'état de nature. Prenons un groupe d'oiseaux issus de quelque forme ancienne, modifiée par la sélection naturelle au profit d'habitudes différentes. Du fait des nombreuses légères variations successives survenues dans les diverses espèces à un âge non précoce, et héritées à un âge correspondant, les petits n'auront donc été que peu modifiés, et ils se ressembleront encore les uns aux autres bien plus étroitement que les adultes – comme nous venons de le voir en ce qui concerne les races du pigeon. Nous pouvons étendre cette assertion à des structures largement distinctes et à des classes entières. Les membres antérieurs, par exemple, qui servaient auparavant de pattes à un lointain aïeul, ont pu, au cours d'une longue modification, s'adapter pour remplir les fonctions des mains chez un descendant, des nageoires chez un autre, des ailes chez un troisième ; mais, d'après les deux principes mentionnés ci-dessus, les membres antérieurs n'auront pas été modifiés beaucoup chez les embryons de ces différentes formes, bien que dans chacune des formes le membre antérieur soit appelé à différer grandement à l'état adulte. Quelque influence qu'aient eue l'usage ou le défaut d'usage prolongés sur la modification des membres ou d'autres parties d'une espèce quelconque, ils ont dû l'affecter principalement ou uniquement à un âge proche de l'âge adulte, lorsqu'elle était contrainte d'utiliser la totalité de ses capacités pour subvenir à ses besoins vitaux ; et les effets ainsi produits ont dû se transmettre aux descendants à un âge correspondant proche de l'état adulte. Ainsi, le petit ne sera pas modifié, ou ne le sera qu'à un léger degré, par les effets de l'usage accru ou du défaut d'usage des parties.

Chez certains animaux, les variations successives ont pu survenir à une époque très précoce de la vie, ou les étapes ont pu être héritées à un âge plus précoce que celui auquel elles se sont produites pour la première fois. Dans l'un et l'autre cas, le petit ou l'embryon ressemblera étroitement à la forme parente adulte, comme nous l'avons vu chez le culbutant courte-face. Et telle est la règle du développement dans certains groupes entiers, ou seulement dans certains sous-groupes, comme chez la seiche, les coquillages terrestres, les crustacés d'eau douce, les araignées et certains représentants de la grande classe des insectes. Quant à la cause finale de ce que les petits, dans ces groupes, ne passent pas par une métamorphose, nous observons que ce fait a dû découler des conditions suivantes : que les petits aient à subvenir à un âge très précoce à leurs propres besoins, et qu'ils aient les mêmes habitudes de vie que leurs parents ; en effet, dans ce cas, il serait indispensable à leur existence qu'ils soient modifiés de la même manière que leurs parents. Quant au fait singulier que de nombreux animaux terrestres et d'eau douce ne subissent pas de métamorphose, tandis que les représentants marins des mêmes groupes passent par diverses transformations, Fritz Müller a suggéré que le processus par lequel un animal, lentement, se modifie et s'adapte à vivre sur terre ou dans l'eau douce au lieu de vivre dans la mer, sera sans doute considérablement simplifié s'il ne passe pas par un stade larvaire ; en effet, il n'est pas probable que des places bien adaptées tant aux stades larvaire qu'adulte, dans ces habitudes de vie nouvelles et considérablement changées, se trouvent couramment inoccupées ou mal occupées par d'autres organismes. Dans ce cas, l'acquisition graduelle de la structure adulte à un âge sans cesse plus précoce devrait être favorisée par la sélection naturelle ;

et toutes les traces des métamorphoses antérieures devraient finir par se perdre.

Si, d'autre part, il était profitable pour le petit d'un animal de prendre des habitudes de vie légèrement différentes de celles de la forme parente, et par conséquent d'être construit sur un plan légèrement différent, ou s'il était profitable pour une larve déjà différente de son parent de changer encore, alors, d'après le principe de l'hérédité à un âge correspondant, la sélection naturelle pourrait étendre autant qu'il est concevable la différence entre les petits ou les larves et leurs parents. Les différences présentées par la larve pourraient, en outre, se corréler aux stades successifs de son développement ; de telle sorte que la larve, au premier stade, pourrait en venir à différer grandement de la larve au second stade, comme c'est le cas chez de nombreux animaux. L'adulte pourrait également s'adapter à des sites ou à des habitudes dans lesquels les organes de la locomotion ou des sens, &c., seraient inutiles ; et, dans ce cas, la métamorphose serait rétrograde.

À partir des remarques que nous venons de faire, nous pouvons voir de quelle façon, par des changements de structure chez le petit, conformes au changement des habitudes de vie, en même temps que par l'hérédité à un âge correspondant, les animaux pourraient en venir à passer par des stades de développement parfaitement distincts de la condition première de leurs ancêtres adultes. Pour la plupart, nos meilleures autorités sont à présent convaincues que les divers stades de la larve et de la nymphe des insectes ont ainsi été acquis par une adaptation, et non par l'hérédité de quelque forme ancienne. Le cas curieux de *Sitaris* – un scarabée qui passe par certains stades de développement inhabituels – illustrera la façon dont la chose peut se produire. La première forme larvaire est décrite par M. Fabre comme un minuscule insecte très actif, pourvu de six pattes, de deux longues antennes et de quatre yeux. Ces larves éclosent dans les nids des abeilles ; et lorsque les abeilles mâles sortent de leurs trous, au printemps, ce qu'ils font avant les femelles, les larves bondissent sur eux, et par la suite grimpent sur les femelles tandis qu'elles s'accouplent avec les mâles. Dès que l'abeille femelle dépose ses œufs à la surface du miel tenu en réserve dans les alvéoles, les larves du *Sitaris* sautent sur les œufs et les dévorent. Ensuite, elles subissent un changement complet : leurs yeux disparaissent, leurs pattes et leurs antennes deviennent rudimentaires, et elles se nourrissent de miel, de telle sorte qu'elles ressemblent à présent plus étroitement aux larves ordinaires des insectes ; en dernier lieu, elles subissent encore une transformation, et sortent enfin sous la forme du scarabée parfait. Or, si un insecte subissant des transformations semblables à celles du *Sitaris* devait devenir l'ancêtre de toute une nouvelle classe d'insectes, le développement de cette nouvelle classe aurait un cours largement différent de celui de nos insectes actuels, et le premier stade larvaire ne représenterait certainement la condition antérieure d'aucune forme adulte ancienne.

D'autre part, il est hautement probable que, chez de nombreux animaux, les stades embryonnaires ou larvaires nous montrent, plus ou moins complètement, la condition de l'ancêtre du groupe tout entier à son état adulte. Dans la grande classe des Crustacés, des formes extraordinairement distinctes les unes des autres, à savoir les parasites suceurs, les cirripèdes, les entomostracés et même les malacostracés, apparaissent tout d'abord comme des larves sous la forme *nauplius* ; et comme ces larves vivent et se nourrissent en pleine mer et ne sont pas adaptées à des habitudes de vie particulières, et pour d'autres raisons indiquées par Fritz Müller, il est probable qu'à quelque époque très éloignée un animal adulte indépendant a existé, qui ressemblait au *Nauplius*, et qu'il a ultérieurement produit, suivant plusieurs lignes de descendance divergentes, les grands groupes de Crustacés nommés ci-dessus. Il est de même probable, d'après ce que nous savons des embryons des mammifères, des oiseaux, des poissons et des reptiles, que ces animaux sont les descendants modifiés de quelque ancien ancêtre, qui était pourvu dans son état adulte de branchies, d'une vessie natatoire, de quatre membres semblables à des nageoires et d'une longue queue, tous adaptés à une vie aquatique.

Comme tous les êtres organiques, éteints et récents, qui ont un jour vécu peuvent être rangés à l'intérieur de quelques grande classes, et comme tous, à l'intérieur de chaque classe, ont été reliés ensemble, selon notre théorie, par de fines gradations, le meilleur arrangement possible, et le seul si nos collections étaient presque parfaites, serait généalogique ; la filiation est en effet le lien de connexion caché que les naturalistes cherchaient sous le terme de Système Naturel. D'après cette hypothèse, nous pouvons comprendre comment il se fait qu'aux yeux de la plupart des naturalistes la structure de l'embryon est encore plus importante pour la classification que celle de l'adulte. Considérant deux groupes d'animaux ou plus, quelque différents qu'ils soient l'un de l'autre par la structure et par les habitudes dans leur état adulte, s'ils passent par des stades embryonnaires étroitement semblables, nous pouvons tenir pour assuré qu'ils sont tous issus d'une seule forme parente, et sont donc étroitement apparentés. Ainsi, la communauté de structure embryonnaire révèle la communauté de filiation ; mais la dissemblance du développement embryonnaire ne prouve pas l'absence de communauté de filiation, car dans un ou deux groupes les stades du développement ont pu être supprimés, ou bien ont pu être modifiés si considérablement par l'adaptation à de nouvelles habitudes de vie qu'ils ne sont plus reconnaissables. Même dans des groupes où les adultes ont été modifiés à un degré extrême, la communauté d'origine est souvent révélée par la structure des larves ; nous avons vu, par exemple, que d'après leurs larves on sait sur-le-champ que les cirripèdes, bien qu'ils soient extérieurement si semblables à des coquillages, appartiennent à la grande classe des crustacés. Comme l'embryon nous montre souvent, plus ou moins clairement, la structure de l'ancien ancêtre moins modifié du groupe, nous voyons pourquoi les anciennes formes éteintes ressemblent si souvent dans leur état adulte aux embryons des espèces actuelles de la même classe. Agassiz croit qu'il s'agit d'une loi universelle de la nature ; et nous pouvons espérer que nous verrons la vérité de cette loi prouvée dans l'avenir. Elle ne peut cependant être prouvée que dans les cas où l'état ancien de l'ancêtre du groupe n'a pas été entièrement oblitéré, soit parce que des variations successives sont survenues à une époque très précoce de la croissance, soit parce que ces variations ont été héritées à un âge plus précoce que celui auquel elles sont apparues pour la première fois. Il faut également se rappeler que la loi peut être vraie et pourtant, du fait que l'archive géologique ne remonte pas assez loin dans le temps, demeurer longtemps, voire toujours, impossible à démontrer. La loi ne se vérifiera pas strictement dans les cas où une forme ancienne s'est adaptée, au stade larvaire, à quelque type de vie spécial, et a transmis le même stade larvaire à un groupe entier de descendants ; en effet, ces larves ne ressembleront à aucune forme encore plus ancienne à son état adulte.

Ainsi, à ce qu'il me semble, les faits majeurs de l'embryologie, qui ne le cèdent à aucun autre en importance, s'expliquent si l'on se fonde sur le principe que des variations sont apparues, chez les nombreux descendants de quelque lointain ancêtre unique, à une époque de leur vie qui n'était pas très précoce, et qu'elles ont été héritées à une époque correspondante. L'intérêt de l'embryologie s'accroît considérablement, lorsque nous regardons l'embryon comme un portrait plus ou moins voilé de l'ancêtre, représenté dans son état soit adulte soit larvaire, de tous les représentants de la même grande classe.

Organes rudimentaires, atrophiés et avortés

Les organes ou les parties qui se trouvent dans cet étrange état, portant d'une façon claire le sceau de l'inutilité, sont extrêmement communs, et sont même un phénomène général au sein de la nature. Il serait impossible de nommer un seul des animaux supérieurs chez lequel une partie ou une autre n'est pas dans un état rudimentaire. Chez les mammifères, par exemple, les mâles possèdent des mamelles rudimentaires ; chez les serpents, l'un des lobes des poumons est rudimentaire ; chez les oiseaux, on peut considérer sans risque l'« aile bâtarde » comme un doigt rudimentaire, et chez certaines espèces l'aile entière est à tel point rudimentaire qu'elle ne peut être utilisée pour voler. Qu'y a-t-il de plus curieux que la présence, au stade fœtal, de dents chez les baleines, dont le crâne, une fois qu'elles sont adultes, n'en comporte pas une seule, ou que ces dents qui se trouvent dans la mâchoire supérieure des veaux avant leur naissance et ne percent jamais la gencive ?

Les organes rudimentaires ont diverses façons d'éclairer leur origine et leur signification. Il existe des scarabées appartenant à des espèces étroitement apparentées, voire aux mêmes espèces exactement, qui ont soit des ailes complètement développées et parfaites, soit de simples rudiments de membrane, dont il n'est pas rare qu'ils se trouvent sous des élytres fermement soudés ensemble ; et dans ces cas il est impossible de douter que les rudiments ne représentent des ailes. Les organes rudimentaires conservent quelquefois leurs potentialités ; cela se produit parfois pour les mamelles des mammifères mâles, dont on a constaté qu'ils pouvaient atteindre un bon développement et sécréter du lait. De même, en ce qui concerne les pis dans le genre *Bos*, on trouve normalement quatre trayons développés et deux rudimentaires ; mais chez nos vaches domestiques ces derniers atteignent parfois un bon développement et donnent du lait. En ce qui concerne les plantes, les pétales sont parfois rudimentaires et parfois bien développés chez les individus de la même espèce. Chez certaines plantes ayant des sexes séparés, Kölreuter a constaté, en croisant une espèce dans laquelle les fleurs mâles comprenaient un rudiment de pistil avec une espèce hermaphrodite qui, bien sûr, avait un pistil bien développé, que la taille du rudiment augmentait fortement chez les descendants hybrides ; et cela montre clairement que les pistils rudimentaires et les pistils parfaits ont pour l'essentiel une nature identique. Un animal peut posséder dans un état parfait diverses parties qui pourtant peuvent être en un sens rudimentaires, car inutiles ; ainsi, comme le fait observer M. G.H. Lewes, le têtard de la Salamandre commune, ou Triton aquatique, « a des branchies et passe son existence dans l'eau ; mais la *Salamandra atra*, qui vit très haut dans les montagnes, met au jour ses petits complètement formés. Cet animal ne vit jamais dans l'eau. Pourtant, si nous ouvrons une femelle enceinte, nous trouvons en elle des têtards ayant des branchies délicatement frangées ; et lorsque nous les plaçons dans l'eau, ils nagent en tous sens comme les têtards du triton aquatique. À l'évidence, cette organisation aquatique ne présente aucun rapport avec la vie future de l'animal, et ne présente pas non plus d'adaptation à sa condition embryonnaire : elle présente seulement un rapport avec des adaptations ancestrales, elle répète une phase du développement de ses ancêtres ».

Un organe qui sert à deux fins peut devenir rudimentaire ou avorter tout à fait à l'égard de l'une des fins, et même de la plus importante des deux, et demeurer parfaitement efficace à l'égard de l'autre. Ainsi, chez les plantes, l'office que remplit le pistil est de permettre aux tubes polliniques d'atteindre les ovules à l'intérieur de l'ovaire. Le pistil consiste en un stigmate porté sur un style ; mais chez certaines Composées, les fleurons mâles, qui bien sûr ne peuvent être fécondés, ont un pistil rudimentaire, car il n'est pas couronné d'un stigmate ; mais le style demeure bien développé et se trouve, de la manière habituelle, tapissé de poils qui servent à épousseter, comme le ferait un pinceau, le pollen des anthères conjointes environnantes. Par ailleurs, un organe peut devenir rudimentaire à l'égard de sa fin propre et être utilisé à une autre fin distincte : chez certains poissons, la vessie natatoire semble être rudimentaire à l'égard de sa fonction propre, assurer la flottaison, mais a été convertie en un organe de respiration, ou un poumon, à l'état naissant. On pourrait citer de nombreux exemples semblables.

Les organes utiles, si peu développés soient-ils, à moins que nous n'ayons des raisons de supposer qu'ils étaient auparavant plus hautement développés, ne devraient pas être considérés comme rudimentaires. Ils peuvent se trouver à l'état naissant et en cours de développement ultérieur. Les organes rudimentaires, au contraire, sont soit tout à fait inutiles, telles les dents qui ne percent jamais la gencive, ou presque inutiles, telles les ailes de l'autruche, qui ne servent que de voiles. Comme les organes qui se trouvent dans cet état ont dû auparavant, lorsqu'ils étaient encore moins développés, avoir moins encore d'utilité qu'à présent, ils n'ont pas pu être produits dans le passé par la variation et la sélection naturelle, qui n'agit qu'en préservant des modifications utiles. Ils ont été partiellement conservés par le pouvoir de l'hérédité, et sont liés à un état antérieur. Cependant, il est souvent difficile de distinguer entre les organes rudimentaires et les organes à l'état naissant ; en effet, nous ne pouvons juger que par analogie si une partie est capable d'un développement ultérieur, seul cas dans lequel elle mérite d'être désignée comme étant à l'état naissant. Les organes qui se trouvent dans cet état doivent toujours être assez rares ; en effet, les êtres qui en sont pourvus ont dû être couramment supplantés par leurs successeurs dotés du même organe dans un état plus parfait, et ont dû par conséquent s'éteindre il y a longtemps. L'aile du manchot est d'une haute utilité, en ce qu'elle agit comme une nageoire : elle peut donc représenter l'état naissant de l'aile ; non pas que je croie que tel soit le cas : elle est plus probablement un organe réduit, modifié en vue d'une nouvelle fonction ; l'aile de l'Aptéryx, au contraire, est tout à fait inutile, et véritablement rudimentaire. Owen considère les membres simples et filiformes du Lépidosirène comme les « commencements d'organes qui atteignent un développement fonctionnel complet chez les vertébrés supérieurs » ; mais, selon les vues récemment défendues par le Dr Günther, ce sont probablement des vestiges, qui consistent en l'axe persistant d'une nageoire dont les rayons latéraux, ou branches latérales, sont avortés. On peut considérer, par comparaison avec des pis de vache, que les glandes mammaires de l'Ornithorynque sont dans un état naissant. Les freins ovigères de certains cirripèdes, qui ont cessé de permettre que les œufs soient attachés et qui sont faiblement développés, sont des branchies à l'état naissant.

Les organes rudimentaires sont, chez les individus de la même espèce, fort susceptibles de varier par le degré de leur développement et à d'autres égards. Dans des espèces étroitement apparentées également, la mesure dans laquelle le même organe a été réduit diffère parfois beaucoup. De ce dernier fait, on trouve un bon exemple dans l'état des ailes des papillons de nuit femelles qui appartiennent à la même famille. Les organes rudimentaires peuvent être totalement avortés ; et cela implique que, chez certains animaux ou certaines plantes, des parties soient entièrement absentes, que l'analogie nous conduirait à attendre chez eux, et que l'on trouve quelquefois chez les individus monstrueux. Ainsi, chez la plupart des Scrophulariacées, la cinquième étamine est totalement avortée ; pourtant, nous pouvons conclure qu'une cinquième étamine a un jour existé, car on en trouve un rudiment chez de nombreuses espèces de la famille, et ce rudiment atteint quelquefois un parfait développement, comme on peut le voir parfois chez la gueule-de-lion commune. Lorsque l'on retrace les homologies d'une partie quelconque chez des représentants différents de la même classe, rien n'est plus commun, ou plus utile à la pleine compréhension des relations des parties, que la découverte de rudiments. C'est ce que montrent bien les dessins qu'a fournis Owen des os de la jambe du cheval, du bœuf et du rhinocéros.

C'est un fait important que les organes rudimentaires, tels que les dents des mâchoires supérieures des baleines et des ruminants, peuvent souvent se détecter chez l'embryon, mais disparaissent ensuite complètement. C'est également à mon avis une règle universelle qu'une partie rudimentaire est plus grande chez l'embryon, relativement aux parties adjacentes, que chez l'adulte ; de sorte que l'organe est à cet âge précoce moins rudimentaire, ou même ne peut être dit rudimentaire à quelque degré que ce soit. Aussi dit-on souvent des organes rudimentaires de l'adulte qu'ils ont conservé leur état embryonnaire.

J'ai à présent fourni les faits principaux concernant les organes rudimentaires. En réfléchissant à leur sujet, tout un chacun doit être frappé de stupéfaction ; en effet, la même capacité de raisonnement qui nous dit que la plupart des parties et des organes sont, d'une façon très subtile, adaptés à certaines fins, nous dit avec une égale clarté que ces organes rudimentaires ou atrophiés sont imparfaits et inutiles. Dans les ouvrages consacrés à l'histoire naturelle, on dit en général des organes rudimentaires qu'ils ont été créés « en vue de la symétrie », ou « afin de compléter le plan de la nature ». Mais cela n'est pas une explication, tout au plus une réaffirmation du fait. Il ne s'agit pas non plus d'une déclaration cohérente ; ainsi, le boa constricteur a des rudiments de membres postérieurs et de bassin, et si l'on dit que ces os ont été conservés « afin de compléter le plan de la nature », pourquoi donc, comme le demande le Professeur Weismann, n'ont-ils pas été conservés

Affinités mutuelles des êtres organiques [chap. XIV]

par d'autres serpents, qui ne possèdent pas même un vestige de ces même os ? Que penserait-on d'un astronome qui soutiendrait que les satellites tournent autour de leurs planètes selon une course elliptique « en vue de la symétrie », parce que les planètes tournent ainsi autour du soleil ? Un physiologiste éminent explique la présence des organes rudimentaires en supposant qu'ils servent à excréter un excès de matière, ou bien une matière nuisible au système ; mais pouvons-nous supposer que la minuscule papille qui constitue souvent le pistil des fleurs mâles, et qui est formée simplement de tissu cellulaire, puisse agir de la sorte ? Pouvons-nous supposer que les dents rudimentaires qui se résorbent par la suite sont bénéfiques à l'embryon du veau dans sa rapide croissance, en ce qu'elles ôtent une matière aussi précieuse que le phosphate de chaux ? Lorsqu'un homme a été amputé des doigts, on a constaté que des ongles imparfaits sont parfois apparus sur les moignons, et je pourrais croire tout aussi volontiers que ces vestiges d'ongles se développent afin d'excréter de la matière cornée, que je croirais que les ongles rudimentaires qui se trouvent sur les nageoires du lamantin se sont développés en vue de la même fin.

Si l'on se fonde sur l'idée de la descendance avec modification, l'origine des organes rudimentaires est, par comparaison, très simple ; et nous pouvons comprendre dans une large mesure les lois qui gouvernent leur développement imparfait. Nous avons une abondance de cas d'organes rudimentaires chez nos productions domestiques – comme le tronçon de queue qui se rencontre chez des espèces anoures, le reste d'oreille qui se rencontre chez des races de mouton dépourvues d'oreilles, la réapparition de minuscules cornes pendantes chez des races de bovins dépourvues de cornes, plus spécialement, selon Youatt, chez les jeunes animaux, et l'état dans lequel se trouve l'ensemble de la fleur dans le chou-fleur. Nous voyons souvent des rudiments de diverses parties chez les monstres ; mais je doute qu'aucun de ces cas jette quelque lumière sur l'origine des organes rudimentaires à l'état de nature, autrement qu'en montrant que des rudiments peuvent être produits ; en effet, l'examen des témoignages indique clairement que les espèces ne subissent pas à l'état naturel de grands changements brusques. Mais l'étude de nos productions domestiques nous apprend que le défaut d'usage des parties conduit à la réduction de leur taille, et que ce résultat est héréditaire.

Il paraît probable que le défaut d'usage a été le principal agent de la transformation d'organes en organes rudimentaires. Il a dû, en premier lieu, conduire par de lentes étapes à une réduction de plus en plus complète d'une partie, jusqu'à ce qu'elle devînt à la fin rudimentaire – comme dans le cas des yeux des animaux qu'hébergent des cavernes obscures, et des ailes des oiseaux qui, habitants des îles océaniques, ont rarement été forcés par des bêtes de proie à s'envoler, et ont fini par perdre la capacité de vol. De même, un organe utile dans certaines conditions a pu devenir nuisible dans d'autres, comme c'est le cas pour les ailes des scarabées qui vivent sur de petites îles battues par les vents ; et dans ce cas la sélection naturelle a dû aider à réduire l'organe, jusqu'à ce qu'il devînt inoffensif et rudimentaire.

Tout changement de structure et de fonction qui peut s'effectuer par de petites étapes tombe sous le pouvoir de la sélection naturelle ; de sorte qu'un organe qui, par le changement des habitudes de vie, a été rendu inutile ou nuisible en vue d'une certaine destination a pu être modifié et utilisé en vue d'une autre destination. Un organe a pu, également, être conservé en vue de l'une seulement de ses fonctions antérieures. Les organes, originellement formés avec l'aide de la sélection naturelle, peuvent bien être variables une fois devenus inutiles, car la sélection naturelle ne peut plus faire obstacle à leurs variations. Tout cela s'accorde bien avec ce que nous constatons à l'état naturel. En outre, à quelque époque de la vie que le défaut d'usage ou la sélection réduise un organe – et cela se produira généralement lorsque l'être sera parvenu au stade adulte et devra exercer pleinement ses capacités d'action –, le principe de l'hérédité à des âges correspondants tendra à reproduire cet organe dans son état réduit au même âge adulte, mais l'affectera rarement dès l'embryon. Ainsi, nous pouvons comprendre que la taille des organes rudimentaires soit plus grande chez l'embryon relativement aux parties adjacentes et que leur taille relative soit moindre chez l'adulte. Si, par exemple, le doigt d'un animal adulte était de moins en moins utilisé durant de nombreuses générations, en raison de quelque changement d'habitudes, ou si un organe ou une glande était de moins en moins employé d'un point de vue fonctionnel, nous pouvons conclure que chez les descendants adultes de cet animal leur taille serait réduite, mais qu'ils conserveraient à peu près leur niveau de développement originel chez l'embryon.

Il demeure cependant une difficulté, qui est la suivante. Après qu'un organe a cessé d'être utilisé et qu'il a été par conséquent fort réduit, comment sa taille peut-elle être réduite encore davantage, jusqu'à ce qu'il ne reste de lui que le plus simple vestige, et comment peut-il finir par être tout à fait oblitéré ? Il n'est guère possible que le défaut d'usage puisse continuer à produire quelque effet ultérieur que ce soit une fois que l'organe a été privé de fonction. Une explication supplémentaire est ici requise, que je ne puis donner. Si, par exemple, on pouvait prouver que toutes les parties de l'organisation tendent à varier à un plus grand degré dans le sens de la diminution de la taille que dans le sens de son augmentation, alors nous serions probablement capables de comprendre comment un organe devenu inutile peut, indépendamment des effets du défaut d'usage, devenir rudimentaire et finir par être complètement supprimé ; en effet, la sélection naturelle ne ferait plus obstacle aux variations dans le sens d'une diminution de la taille. Le principe de l'économie de croissance, que nous avons expliqué dans un chapitre précédent, selon lequel les matériaux qui forment une partie, s'ils ne sont pas utiles à son possesseur, sont sauvegardés autant qu'il est possible, entre peut-être en jeu pour rendre rudimentaire une partie inutile. Mais ce principe restera presque nécessairement limité aux premiers stades du processus de réduction ; en effet, nous ne pouvons pas supposer que, par exemple, une minuscule papille qui constitue chez une fleur mâle le pistil de la fleur femelle et n'est formée que de tissu cellulaire puisse être davantage réduite ou résorbée à la seule fin d'économiser de la substance nutritive.

Enfin, comme les organes rudimentaires, quelles que soient les étapes par lesquelles leur dégradation les a conduits à l'inutilité qui est leur condition actuelle, sont les témoins d'un état de choses antérieur et ont été conservés seulement grâce au pouvoir de l'hérédité – nous pouvons comprendre, d'après la conception généalogique de la classification, comment il se fait que les systématiciens, occupés à placer les organismes aux emplacements appropriés dans le système naturel, ont souvent constaté que les parties rudimentaires étaient aussi utiles, voire parfois plus utiles, que les parties dotées d'une haute importance physiologique. On peut comparer les organes rudimentaires aux lettres d'un mot qui sont conservées dans l'orthographe mais deviennent inutiles dans la prononciation, et servent cependant d'indice en ce qui concerne sa dérivation.

En nous fondant sur l'idée de la descendance avec modification, nous pouvons conclure que l'existence d'organes dans un état rudimentaire, imparfait et inutile, ou tout à fait avorté, loin de présenter une difficulté bizarre, comme ils le font assurément si l'on se fonde sur la vieille doctrine de la création, aurait même pu être prévue en suivant les idées qui sont ici expliquées.

Résumé

Dans ce chapitre, j'ai tenté de montrer que l'ordonnance de tous les êtres organiques, à travers la totalité des temps, en des groupes placés sous d'autres groupes ; que la nature des relations qui, par des lignes d'affinité complexes, sinueuses et procédant par radiation, unissent tous les organismes vivants et éteints en quelques grandes classes ; que les règles suivies par les naturalistes et les difficultés qu'ils rencontrent dans leurs classifications ; que la valeur que l'on attribue aux caractères s'ils sont constants et prévalents, qu'ils aient une haute importance, l'importance la plus minime ou bien, comme pour les organes rudimentaires, une importance nulle ; que la grande opposition de valeur qui sépare les caractères analogiques, ou adaptatifs, et les caractères dotés d'une véritable affinité, et d'autres règles de ce genre, s'ensuivent toutes naturellement si nous admettons la parenté commune des formes proches, ainsi que leur modification par la variation et la sélection naturelle, dont les conséquences sont l'extinction et la divergence de caractère. En considérant cette conception de la classification, il faut garder à l'esprit que la filiation est un élément qui a été universellement utilisé pour ranger les uns à côté des autres les sexes, les âges, les formes dimorphes et les variétés reconnues des mêmes espèces, si grande soit leur différence de structure. Si nous étendons l'usage de la filiation – cet élément étant l'unique cause de ressemblance des êtres organiques que nous connaissions avec certitude –, nous comprendrons ce que signifie le Système Naturel : il est généalogique dans sa tentative d'établir un arrangement où les degrés de différence acquise sont marqués par les termes *variétés*, *espèces*, *genres*, *familles*, *ordres* et *classes*.

Si l'on se fonde sur cette même idée de la descendance avec modification, la plupart des grands faits de la Morphologie deviennent intelligibles – que l'on considère le modèle identique que font voir les différentes espèces d'une même classe en ce qui concerne leurs organes homologues, quelle que soit la destination à laquelle ils sont appliqués, ou bien les homologies sérielles et latérales qui existent en chaque individu chez les animaux et chez les plantes.

En nous fondant sur le principe des légères variations successives, qui ne surviennent pas nécessairement ni généralement à une époque très précoce de la vie, et sont héréditaires à une époque correspondante, nous pouvons comprendre les faits majeurs de l'Embryologie, à savoir l'étroite ressemblance chez chaque embryon des parties qui sont homologues et qui, parvenues au stade adulte, deviennent largement différentes par leur structure et leur fonction, ainsi que la ressemblance des parties et des organes homologues chez des espèces apparentées quoique distinctes, bien qu'à l'état adulte ils soient adaptés à des habitudes aussi différentes que possible. Les larves sont des embryons actifs qui ont été spécialement modifiés, à un degré plus ou moins grand, relativement à leurs habitudes de vie, les modifications étant héritées à un âge précoce correspondant. En se fondant sur ces mêmes principes – et en gardant à l'esprit que le moment où la taille des organes est réduite, soit du fait du défaut d'usage, soit par l'action de la sélection naturelle, est en général l'époque de la vie où l'être doit subvenir à ses propres besoins, et en gardant à l'esprit la puissance que possède la force de l'hérédité –, on aurait même pu prévoir qu'il se rencontrerait des organes rudimentaires. L'importance des caractères embryologiques et des organes rudimentaires pour la classification est intelligible si l'on se fonde sur l'idée qu'un arrangement naturel doit être généalogique.

Enfin, les diverses classes de faits que l'on a considérées dans ce chapitre me semblent proclamer si clairement que les innombrables espèces, genres et familles dont ce monde est peuplé sont tous issus, chacun à l'intérieur de sa propre classe ou de son propre groupe, de parents communs, et ont tous été modifiés au cours de la descendance, que j'adopterais sans hésiter cette conception, lors même qu'elle ne serait pas appuyée par d'autres faits ou arguments.

CHAPITRE XV

RECAPITULATION ET CONCLUSION

Récapitulation des objections à la théorie de la sélection naturelle – Récapitulation des circonstances générales et spéciales en sa faveur – Causes de la croyance générale en l'immutabilité des espèces – Jusqu'où il est possible d'étendre la théorie de la sélection naturelle – Effets de son adoption sur l'étude de l'histoire naturelle – Remarques pour conclure.

Comme l'ensemble de ce volume est une seule longue argumentation, il peut être commode pour le lecteur que l'on offre une brève récapitulation des faits et conclusions majeurs.

Que l'on puisse avancer un grand nombre de graves objections contre la théorie de la descendance avec modification par le moyen de la variation et de la sélection naturelle, je ne le nie pas. Je me suis efforcé de leur donner leur force pleine et entière. Rien ne paraît d'abord plus difficile que de croire que les organes et les instincts les plus complexes ont été perfectionnés non par des moyens supérieurs à la raison humaine, quoique analogues à celle-ci, mais par l'accumulation d'innombrables variations légères, dont chacune est bonne pour l'individu qui la possède. Néanmoins, cette difficulté, bien qu'elle paraisse insurmontable à notre imagination, ne peut être considérée comme réelle si nous admettons les propositions suivantes : que toutes les parties de l'organisation et tous les instincts offrent au moins des différences individuelles ; qu'il existe une lutte pour l'existence qui conduit à la préservation de déviations profitables de structure ou d'instinct ; et, enfin, que dans l'état de perfection de chaque organe des gradations ont pu exister, dont chacune est bonne en son genre. La vérité de ces propositions ne saurait, à mon avis, être contestée.

Il est, sans aucun doute, extrêmement difficile ne serait-ce que d'imaginer par quelles gradations de nombreuses structures ont été perfectionnées, plus spécialement parmi les groupes fractionnés ou lacunaires d'êtres organiques, qui ont subi une forte extinction ; mais nous voyons tant de gradations étranges dans la nature qu'il faudrait faire preuve d'une extrême prudence avant de dire qu'un organe ou un instinct quelconque, ou qu'une structure complète quelconque, n'aurait pas pu arriver à son état actuel par un grand nombre d'étapes graduées. Il y a, il faut l'admettre, des cas particulièrement difficiles qui s'opposent à la théorie de la sélection naturelle ; et l'un des plus curieux d'entre ceux-là est l'existence, dans une même communauté, de deux ou trois castes bien définies de fourmis ouvrières, ou de femelles stériles ; mais j'ai tenté de montrer comment ces difficultés peuvent être surmontées.

En ce qui concerne la stérilité presque universelle des espèces lorsqu'on les croise pour la première fois, qui forme un contraste si remarquable avec la fécondité presque universelle des variétés lorsqu'on les croise, je dois prier le lecteur de se rapporter, à la fin du neuvième chapitre, à la récapitulation des faits qui me semblent montrer d'une manière concluante que cette stérilité n'est pas plus une propriété spéciale que ne l'est l'inaptitude de deux types d'arbres distincts à être greffés l'un sur l'autre ; mais que cela tient à des différences limitées aux systèmes reproducteurs des espèces que l'on croise. Nous apprécions la vérité de cette conclusion à la grande différence des résultats du croisement réciproque des deux mêmes espèces – c'est-à-dire lorsqu'une espèce est d'abord utilisée comme père et ensuite comme mère. L'analogie tirée de l'examen des plantes dimorphes et trimorphes conduit clairement à la même conclusion, car, lorsque les formes sont unies d'une façon illégitime, elles donnent peu de graines ou n'en donnent pas du tout, et leurs descendants sont plus ou moins stériles ; et ces formes appartiennent aux mêmes espèces incontestables, et ne diffèrent l'une de l'autre à aucun égard sinon par leurs organes et leurs fonctions de reproduction.

Bien que tant d'auteurs aient affirmé que la fécondité des variétés que l'on croise et de leurs descendants métis est universelle, on ne peut considérer que cela soit tout à fait exact après les faits que l'on a cités sous la haute autorité de Gärtner et de Kölreuter. La plupart des variétés qui ont été soumises à l'expérience ont été produites à l'état domestique ; et comme la domestication (je ne veux pas dire la simple captivité) tend presque certainement à éliminer la stérilité qui, à en juger par analogie, aurait affecté les espèces parentes si elles avaient été croisées, nous ne devrions pas nous attendre au fait que la domestication entraîne également la stérilité de leurs descendants modifiés lorsqu'on les croise. Cette élimination de la stérilité procède apparemment de la même cause qui permet à nos animaux domestiques de se reproduire librement dans des circonstances diversifiées ; et ce fait, à son tour, procède apparemment de ce qu'ils ont été graduellement accoutumés à de fréquents changements de leurs conditions de vie.

Une double série de faits parallèles semble éclairer considérablement la stérilité des espèces lorsqu'on les croise pour la première fois, et celle de leurs descendants hybrides. D'un côté, il y a de bonnes raisons de croire que de légers changements des conditions de vie donnent de la vigueur et de la fécondité à tous les êtres organiques. Nous savons également qu'un croisement entre des individus distincts d'une même variété, et entre des variétés distinctes, accroît le nombre de leurs descendants, et leur donne certainement une taille et une vigueur accrues. Cela est dû principalement à ce que les formes qui sont croisées ont été exposées à des conditions de vie quelque peu différentes ; en effet, j'ai établi par une laborieuse série d'expériences que, si tous les individus de la même variété sont soumis durant plusieurs générations aux mêmes conditions, le bénéfice qu'ils tirent du croisement est souvent considérablement diminué ou disparaît complètement. C'est là un côté de la question. De l'autre côté, nous savons que les espèces qui ont été exposées longtemps à des conditions à peu près uniformes, lorsqu'elles sont soumises en captivité à de nouvelles conditions considérablement modifiées, soit périssent, soit, si elles survivent, deviennent stériles, tout en conservant une santé parfaite. Cela ne se produit pas, ou seulement à un très faible degré, chez nos productions domestiques, qui sont depuis longtemps exposées à des conditions fluctuantes. C'est pourquoi, lorsque nous constatons que les hybrides produits par un croisement entre deux espèces distinctes sont peu nombreux, pour la raison qu'ils périssent peu après la conception ou à un âge très précoce, ou bien, s'ils survivent, qu'ils deviennent plus ou moins stériles, il semble hautement probable que ce résultat est dû à ce qu'ils ont en fait été soumis à un grand changement de leurs conditions de vie, puisqu'ils étaient composés de deux organisations distinctes. Qui expliquera d'une manière définitive pourquoi, par exemple, un éléphant ou un renard ne se reproduit pas en captivité dans son pays natal, tandis que le porc domestique ou le chien se reproduit librement dans les circonstances les plus diversifiées, pourra dans le même temps donner une réponse définitive à la question de savoir pourquoi deux espèces distinctes que l'on croise, ainsi que leurs descendants hybrides, deviennent généralement plus ou moins stériles, tandis que deux variétés domestiques que l'on croise et leurs descendants métis sont parfaitement féconds.

Si l'on se tourne vers la répartition géographique, les difficultés que l'on rencontre si l'on se fonde sur la théorie de la descendance avec modification sont assez graves. Tous les individus d'une même espèce, et toutes les espèces d'un même genre, voire d'un groupe plus élevé, sont issus de parents communs ; et donc, si éloignées et si isolées que soient les parties du monde dans lesquelles on les trouve à présent, ils ont dû se déplacer au fil des générations successives d'un point précis vers tous les autres. Nous sommes souvent complètement incapables simplement d'imaginer de quelle façon cela a pu se réaliser. Pourtant, comme nous avons des raisons de croire que certaines espèces ont conservé la même forme spécifique pendant de très longues durées, des durées immensément longues si on les mesure en années, nous ne devrions pas trop insister sur la large diffusion éventuelle des mêmes espèces ; en effet, durant de très longues périodes, il y a toujours eu de bonnes chances que se produise une large migration, par de nombreux moyens. Le fait qu'une répartition soit fractionnée ou interrompue peut souvent s'expliquer par l'extinction des espèces dans les régions intermédiaires. On ne peut nier que nous sommes pour l'heure très ignorants en ce qui concerne l'ampleur exacte des divers changements climatiques et géographiques qui ont affecté la terre au cours des périodes modernes ; et ces changements ont dû souvent faciliter la migration. Pour donner un exemple, j'ai tenté de montrer à quel point l'influence de la période glaciaire a puissamment contribué à la répartition à travers le monde entier des mêmes espèces et d'espèces apparentées. Nous sommes pour l'heure profondément ignorants au sujet des nombreux moyens de transport occasionnels. Quant au fait que des espèces distinctes d'un même genre habitent des régions éloignées et isolées, comme le processus de modification a nécessairement été lent, tous les moyens de migration ont dû être possibles durant une très longue période ; et par conséquent la difficulté présentée par la large diffusion des espèces d'un même genre est quelque peu réduite.

Comme, selon la théorie de la sélection naturelle, un nombre interminable de formes intermédiaires ont dû exister, qui relient les unes aux autres toutes les espèces de chaque groupe par des gradations aussi fines que le sont nos variétés actuelles, on demandera peut-être : Pourquoi ne voyons-nous pas ces formes intermédiaires partout autour de nous ? Pourquoi tous les êtres organiques ne sont-ils pas mêlés les uns aux autres en un chaos inextricable ? En ce qui concerne les formes actuelles, il faut nous rappeler que nous ne sommes pas en droit de nous attendre (excepté dans de très rares cas) à découvrir des chaînons qui les relient *directement* les unes aux autres, mais seulement des liens qui relient chacune d'elles à quelque forme éteinte supplantée. Même sur une vaste zone demeurée continue durant une longue période, et dont les conditions climatiques et autres conditions de vie changent d'une façon insensible lorsque l'on se déplace d'une région occupée par une espèce vers une autre région occupée par une espèce étroitement apparentée, nous ne sommes nullement en droit de nous attendre à trouver souvent des variétés intermédiaires dans les zones intermédiaires. En effet, nous avons des raisons de croire que c'est toujours quelques espèces seulement d'un même genre qui subissent des changements, les autres espèces s'éteignant totalement et ne laissant pas de progéniture modifiée. Parmi les espèces qui changent vraiment, seul quelques-unes à l'intérieur d'un même pays changent en même temps ; et toutes les modifications s'effectuent lentement. J'ai également montré que les variétés intermédiaires qui ont d'abord probablement existé dans les zones intermédiaires s'exposaient à être supplantées par les formes apparentées de part et d'autre ; en effet, ces dernières, parce qu'elles existaient en plus grand nombre, ont dû généralement être modifiées et améliorées à une plus grande vitesse que les variétés intermédiaires, qui étaient en moins grand nombre ; de sorte que les variétés intermédiaires ont dû être, sur le long terme, supplantées et exterminées.

Si l'on se fonde sur cette doctrine de l'extermination d'une infinité de chaînons de liaison, reliant les habitants vivants et éteints du monde et, à chaque époque successive, les espèces éteintes et les espèces plus anciennes encore, pourquoi toutes les formations géologiques ne sont-elles pas chargées de ces liens ? Pourquoi toutes les collections de restes fossiles n'offrent-elles pas d'évidents témoignages de la gradation et de la mutation des formes de vie ? Quoique la recherche géologique ait indubitablement révélé qu'ont existé par le passé bien des liens, qui unissaient beaucoup plus étroitement de nombreuses formes de vie, elle ne fournit pas entre les espèces passées et les espèces actuelles les fines gradations en nombre infini qui sont requises par la théorie ; et c'est la plus évidente des nombreuses objections que l'on peut faire valoir contre elle. Pourquoi, en outre, des groupes entiers d'espèces apparentées donnent-ils l'impression, même si cette apparence est souvent fausse, de survenir soudainement dans les étages géologiques successifs ? Bien que nous sachions maintenant que les êtres organiques sont apparus sur ce globe à une époque incalculablement lointaine, longtemps avant que ne se déposât la couche la plus profonde du système Cambrien, pourquoi ne trouvons-nous pas, au-dessous de ce système, de grands empilements de strates conservent les restes des ancêtres des fossiles cambriens ? En effet, d'après la théorie, de telles strates ont dû se déposer quelque part à ces époques anciennes et totalement inconnues de l'histoire du monde.

Je ne puis répondre à ces questions et à ces objections qu'en supposant que l'archive géologique est bien plus imparfaite que la plupart des géologues ne le croient. Le nombre de spécimens contenus dans l'ensemble de nos musées n'est absolument rien comparé aux générations innombrables d'espèces innombrables qui ont certainement existé. La forme parente de deux ou plusieurs espèces quelconques ne devait pas être directement intermédiaire par tous ses caractères entre ses descendants modifiés, pas plus que le pigeon de roche n'est directement intermédiaire par son jabot et sa queue entre ses descendants, le grosse-gorge et le pigeon paon. Nous ne serions pas capables de reconnaître dans une espèce la souche d'une autre espèce modifiée si nous devions les examiner toutes deux, si minutieusement que ce fût, à moins de posséder la plupart des chaînons intermédiaires ; et, en raison de l'imperfection de l'archive géologique, nous ne pouvons nullement nous attendre à trouver un si grand nombre de chaînons. Si l'on découvrait deux ou trois chaînons de liaison, ou davantage encore, ils seraient simplement classés par nombre de naturalistes comme autant d'espèces nouvelles, surtout si on les trouvait dans des sous-étages géologiques différents, si ténues que fussent leurs différences. On pourrait nommer de nombreuses formes douteuses actuelles qui sont probablement des variétés ; mais qui prétendra que dans les temps futurs on découvrira tant de chaînons fossiles que les naturalistes seront capables de décider si ces formes douteuses doivent être appelées ou non des variétés ? Seule une petite portion du monde a été explorée d'un point de vue géologique. Seuls les êtres organiques de certaines classes peuvent être conservés à l'état fossile, du moins en grande quantité. Bien des espèces, une fois formées, ne subissent jamais de changements ultérieurs, mais s'éteignent sans laisser de descendants modifiés ; et les époques durant lesquelles les espèces ont subi une modification, quoique longues si on les mesure en années, ont probablement été courtes si on les compare aux époques durant lesquelles elles ont conservé la même forme. Ce sont les espèces dominantes et à large répartition qui varient le plus fréquemment et qui varient le plus, et les variétés sont souvent d'abord des variétés locales – ces deux causes rendant moins probable la découverte de chaînons intermédiaires dans quelque formation que ce soit. Les variétés locales ne se répandent pas dans d'autres régions éloignées avant d'être considérablement modifiées et améliorées ; et lorsqu'elles se sont répandues, et qu'on les découvre dans une formation géologique, elles paraissent y avoir été créées soudainement, et sont simplement classées comme des espèces nouvelles. La plupart des formations ont connu une accumulation intermittente ; et leur durée a probablement été plus courte que la durée moyenne de formes spécifiques. Les formations successives sont dans la plupart des cas séparées les unes des autres par de très longs intervalles de temps vides ; en effet, les formations fossilifères assez épaisses pour résister à la dégradation ultérieure peuvent en règle générale s'accumuler là seulement où une grande quantité de sédiment s'est déposée sur le lit de la mer lors de sa subsidence. Durant les périodes alternées d'élévation et de niveau stationnaire, l'archive est généralement vide. Durant ces dernières périodes, il y a probablement plus de variabilité dans les formes de vie ; durant les périodes de subsidence, plus d'extinction.

En ce qui concerne l'absence de strates riches en fossiles au-dessous de la formation Cambrienne, je ne puis que recourir à l'hypothèse exposée dans le dixième chapitre, à savoir que, bien que nos continents et nos océans soient demeurés pendant un temps extraordinairement long dans des positions relatives proches de ce qu'elles sont aujourd'hui, nous n'avons pas de raison d'affirmer que cela a toujours été le cas ; par conséquent, des formations bien plus anciennes qu'aucune de celles que l'on connaît à présent peuvent reposer, enfouies, sous les grands océans. En ce qui concerne l'idée que le temps écoulé depuis la consolidation de notre planète n'a pas été suffisant pour permettre la quantité de changements organiques supposée – et cette objection, telle que l'a fait valoir *Sir* William Thompson, est probablement l'une des plus graves que l'on ait à ce jour avancées –, tout ce que je puis dire est, premièrement, que nous ne savons pas à quelle vitesse, mesurée en années, changent les espèces et, deuxièmement, que de nombreux philosophes ne sont, à ce jour, pas disposés à admettre que nous en savons assez sur la constitution de l'univers et sur l'intérieur de notre globe pour spéculer sans risque d'erreur sur sa durée passée.

Que l'archive géologique soit imparfaite, tout le monde en conviendra ; mais qu'elle soit imparfaite au degré requis par notre théorie, peu seront enclins à en convenir. Si nous examinons des intervalles de temps assez longs, la géologie déclare clairement que toutes les espèces ont changé ; et elles ont changé de la manière requise par la théorie, car elles ont changé lentement et d'une manière graduée. Nous le constatons distinctement en voyant que les restes fossiles issus de formations consécutives sont invariablement bien plus étroitement apparentés les uns aux autres que ne le sont les fossiles issus de formations largement séparées.

Tel est l'ensemble des diverses objections et difficultés principales que l'on peut à juste titre faire valoir contre cette théorie ; et je viens de récapituler brièvement les réponses et les explications que l'on peut donner, autant que je puisse en juger. J'ai, durant de nombreuses années, trop lourdement éprouvé ces difficultés pour douter de leur poids. Mais il mérite d'être tout spécialement signalé que les objections les plus importantes se rapportent à des questions au sujet desquelles nous devons avouer notre ignorance ; et nous ne savons pas même quelle est l'étendue de cette ignorance. Nous ne connaissons pas toutes les gradations de transition qui sont possibles entre les organes les plus simples et les plus parfaits ; on ne peut prétendre que nous connaissions tous les moyens de Répartition variés employés dans la longue suite des ans, ou que nous sachions à quel point est imparfaite l'Archive Géologique. Si graves que soient ces diverses objections, à mon sens elles ne sont nullement suffisantes pour renverser la théorie de la descendance avec modification ultérieure.

Tournons-nous à présent vers l'autre côté de l'argumentation. À l'état domestique, nous constatons une forte variabilité, causée, ou du moins stimulée, par le changement des conditions de vie ; mais c'est souvent d'une manière si obscure que nous sommes tentés de considérer que les variations sont spontanées. La variabilité est gouvernée par de nombreuses lois complexes – par la croissance corrélative, la compensation, l'usage accru ou le défaut d'usage des parties et l'action définie des conditions environnantes. Il est bien difficile de déterminer l'ampleur des modifications qui ont affecté nos productions domestiques ; mais nous pouvons conclure sans risque qu'elles ont été d'une grande ampleur, et qu'elles peuvent être héréditaires pendant de longues périodes de temps. Tant que les conditions de vie demeurent les mêmes, nous avons des raisons de croire qu'une modification qui a déjà été transmise pendant de nombreuses générations peut continuer à être héréditaire pendant un nombre de générations presque infini. Par ailleurs, nous avons des témoignages de ce que la variabilité, une fois qu'elle est entrée en jeu, ne cesse pas à l'état domestique, pendant une très longue période de temps ; et nous ignorons si elle cesse jamais, car de nouvelles variétés sont encore engendrées de temps en temps par nos productions domestiques les plus anciennes.

La variabilité n'est pas véritablement causée par l'homme : il expose simplement des êtres organiques à de nouvelles conditions de vie, sans intention particulière, et la nature agit ensuite sur l'organisation et la fait varier. Mais l'homme peut sélectionner, et sélectionne en effet, les variations que lui fournit la nature et les accumule ainsi de toutes les manières qu'il désire. Il adapte ainsi les animaux et les plantes pour son propre bénéfice ou son propre plaisir. Il peut le faire méthodiquement, ou bien le faire inconsciemment en préservant les individus les plus utiles pour lui ou ceux qui lui plaisent le plus, sans aucune intention de modifier la race. Il est certain qu'il peut influencer fortement le caractère d'une race en sélectionnant, à chacune des générations successives, des différences individuelles si ténues que seul un œil exercé est à même de les apprécier. Ce processus inconscient de sélection a été le grand agent de la formation des races domestiques les plus distinctes et les plus utiles. Que de nombreuses races produites par

Récapitulation et conclusion [chap. XV]

l'homme ont dans une large mesure le caractère d'espèces naturelles, on le voit quand on pense aux doutes inextricables que l'on nourrit sur le point de savoir si nombre d'entre elles sont des variétés ou des espèces originellement distinctes.

Il n'y a aucune raison que les principes qui ont agi avec une telle efficacité à l'état domestique n'aient pas agi à l'état naturel. La survie des individus et des races favorisés durant la Lutte pour l'Existence qui réapparaît constamment nous fait voir une forme de Sélection puissante et dont l'action est perpétuelle. La lutte pour l'existence résulte inévitablement de la forte raison géométrique de l'accroissement qui est commun à tous les êtres organiques. Ce fort taux d'accroissement est prouvée par les calculs – par l'accroissement rapide de nombreux animaux et de nombreuses plantes durant une suite de saisons particulières et lorsqu'ils sont acclimatés à de nouveaux pays. Il naît plus d'individus qu'il n'en peut survivre. Il se peut qu'un grain dans la balance détermine quels individus vivront et lesquels mourront, quelle variété ou quelle espèce accroîtra le nombre de ses représentants et laquelle le verra décroître, ou finira par s'éteindre. Comme les individus d'une même espèce entrent sous tous les rapports dans la concurrence la plus étroite les uns avec les autres, c'est entre eux généralement que la lutte sera la plus rigoureuse ; elle sera presque aussi rigoureuse entre les variétés d'une même espèce, et sera suivie de près, pour la rigueur, par celle qui a lieu entre les espèces d'un même genre. Par ailleurs, la lutte doit souvent être rigoureuse entre des êtres très éloignés sur l'échelle de la nature. Le plus léger avantage que peuvent détenir certains individus, à n'importe quel âge ou durant n'importe quelle saison, sur ceux avec lesquels ils entrent en concurrence, ou bien leur meilleure adaptation, si légère soit-elle, aux conditions physiques environnantes, fera, à long terme, pencher la balance.

Chez les animaux qui ont des sexes séparés, il y a dans la plupart des cas une lutte entre les mâles pour la possession des femelles. Les mâles les plus vigoureux, ou ceux qui ont eu le plus grand succès dans la lutte contre leurs conditions de vie, laissent en général la progéniture la plus nombreuse. Mais le succès dépend souvent du fait que les mâles ont des armes, des moyens de défense, ou des charmes spéciaux ; et un léger avantage conduit à la victoire.

Comme la géologie proclame clairement que chaque contrée a subi de grands changements physiques, nous aurions pu nous attendre au fait que les êtres organiques aient varié à l'état de nature, de la même façon qu'ils ont varié à l'état domestique. Et s'il y a eu la moindre variabilité à l'état naturel, il serait inexplicable que la sélection naturelle ne soit pas entrée en jeu. On a souvent affirmé, mais cette affirmation ne peut être prouvée, que la somme des variations à l'état naturel est une quantité strictement limitée. L'homme, bien qu'il agisse sur les seuls caractères externes, et souvent d'une façon capricieuse, peut parvenir à un grand résultat en une courte période de temps, en additionnant chez ses productions domestiques de simples différences individuelles ; et tout le monde admet que les espèces présentent des différences individuelles. Mais, outre ces différences, tous les naturalistes admettent qu'il existe des variétés naturelles, que l'on considère comme suffisamment distinctes pour mériter d'être répertoriées dans des ouvrages systématiques. Nul n'a tracé de démarcation nette entre différences individuelles et petites variétés ; ou bien entre variétés et sous-espèces plus clairement marquées, et espèces. Sur des continents séparés, sur les différentes parties d'un même continent lorsqu'il est divisé par des barrières de toute sorte, et sur les îles écartées, combien nombreuses sont les formes que certains naturalistes expérimentés ont classées comme des variétés, d'autres comme des races ou sous-espèces géographiques, et d'autres encore comme des espèces distinctes, quoique étroitement apparentées !

Si donc les animaux et les plantes varient en effet, si légèrement et si lentement que ce soit, pourquoi les variétés ou les différences individuelles qui sont de quelque façon bénéfiques ne seraient-elles pas préservées et accumulées grâce à la sélection naturelle, ou survie des plus aptes ? Si, par la patience, l'homme peut sélectionner des variations qui lui sont utiles, pourquoi, dans des conditions de vie changeantes et complexes, des variations utiles aux produits vivants de la nature ne verraient-elles pas le

Récapitulation et conclusion [chap. XV]

jour, et ne seraient-elles pas préservées et sélectionnées ? Quelle limite peut-on fixer à cette capacité, qui agit durant de longs siècles et scrute implacablement l'ensemble de la constitution, de la structure et des habitudes de chaque créature, favorisant le bon et rejetant le mauvais ? Je ne puis voir aucune limite à cette capacité d'adapter chaque forme, d'une façon lente et magnifique, aux rapports vitaux les plus complexes. Même si nous ne regardons pas au-delà, la théorie de la sélection naturelle semble probable au plus haut degré. Voilà récapitulées, aussi honnêtement que je l'ai pu, les difficultés et les objections qui lui ont été opposées ; tournons-nous à présent vers les faits et les arguments qui plaident spécialement en faveur de cette théorie.

En nous fondant sur l'idée que les espèces ne sont que des variétés fortement marquées et permanentes, et que chaque espèce a tout d'abord existé à l'état de variété, nous voyons pour quelle raison on ne peut tracer aucune ligne de démarcation entre les espèces, dont on suppose communément qu'elles ont été produites par des actes de création spéciaux, et les variétés, dont on reconnaît qu'elles ont été produites par des lois secondaires. D'après cette même idée, nous comprenons comment il se fait que dans une région où de nombreuses espèces d'un genre ont été produites, et où elles sont à présent florissantes, ces mêmes espèces présentent de nombreuses variétés ; en effet, c'est là où la fabrique des espèces a été active que nous pourrions nous attendre, en règle générale, à constater qu'elle est encore à l'œuvre ; et tel sera le cas si les variétés sont des espèces naissantes. En outre, les espèces des grands genres, qui fournissent le plus grand nombre de variétés, ou espèces naissantes, conservent à un certain degré le caractère de variétés ; en effet, elles diffèrent les unes des autres par une moindre amplitude de différence que ne le font les espèces de genres plus petits. Les espèces étroitement apparentées des grands genres occupent apparemment elles aussi un territoire restreint, et suivant leurs affinités forment de petits groupes entourant d'autres espèces – ressemblant ainsi, à ces deux points de vue, à des variétés. Ce sont là des rapports étranges si l'on pense que chaque espèce a été créée indépendamment, mais ils sont intelligibles si chacune a d'abord existé à l'état de variété.

Comme chaque espèce tend, par son taux géométrique de reproduction, à accroître hors de toute proportion le nombre de ses représentants ; et comme les descendants modifiés de chaque espèce sont d'autant plus en mesure de s'accroître qu'ils se diversifient sous le rapport des habitudes et de la structure, se rendant ainsi capables de s'emparer de places nombreuses et largement différentes dans l'économie de la nature, il y a dans la sélection naturelle une tendance constante à conserver les descendants les plus divergents d'une même espèce. C'est pourquoi, au cours d'une longue modification, les légères différences caractéristiques des variétés d'une même espèce tendent à s'accroître jusqu'à atteindre les différences plus grandes qui sont caractéristiques des espèces d'un même genre. Les variétés nouvelles et améliorées vont inévitablement supplanter et exterminer les variétés anciennes, moins améliorées et intermédiaires ; et ainsi les espèces deviennent dans une large mesure des objets définis et distincts. Les espèces dominantes qui appartiennent aux plus grands groupes de chaque classe tendent à donner naissance à de nouvelles formes dominantes ; de sorte que chaque grand groupe tend à s'agrandir encore et, dans le même temps, à devenir plus divergent du point de vue du caractère. Mais, comme tous les groupes ne peuvent pas continuer à croître ainsi, car le monde ne pourrait pas les contenir, les groupes les plus dominants l'emportent sur ceux qui sont moins dominants. Cette tendance des grands groupes à continuer de croître et de diverger du point de vue du caractère, si l'on y ajoute la forte extinction qui est sa conséquence inévitable, explique l'arrangement de toutes les formes de vie en des groupes subordonnés à d'autres groupes, tous contenus dans quelques grandes classes, arrangement qui a de tout temps prévalu. Ce grand fait du regroupement de tous les êtres organiques sous ce que l'on nomme le Système Naturel est totalement inexplicable si l'on se fonde sur la théorie de la création.

Comme la sélection naturelle agit uniquement en accumulant de légères variations successives favorables, elle ne peut pas produire de modifications de grande ampleur, ou soudaines ; elle peut agir seulement par étapes courtes et lentes. C'est pourquoi le canon « *Natura non facit saltum* », que chaque nouvel ajout à nos connaissances tend à confirmer, est intelligible si l'on se fonde sur cette théorie. Nous voyons pour quelle raison dans l'ensemble de la nature on parvient à la même fin générale par une diversité de moyens presque infinie, puisque chaque particularité, une fois acquise, est héréditaire pour longtemps, et que les structures déjà modifiées de bien des manières différentes doivent être adaptées à la même destination générale. Bref, nous voyons pour quelle raison la nature est prodigue de variété, quoique avare d'innovation. Mais pour quelle raison ce devrait être une loi de la nature si chaque espèce a été créée indépendamment, nul ne peut l'expliquer.

De nombreux autres faits s'expliquent, me semble-t-il, si l'on se fonde sur cette théorie. Comme il est étrange qu'un oiseau, qui a la forme d'un pic, prenne pour proies des insectes vivant sur le sol ; que les oies des hautes terres, qui nagent rarement ou ne nagent jamais, possèdent des pieds palmés ; qu'un oiseau semblable à la grive plonge pour se nourrir d'insectes subaquatiques ; et qu'un pétrel ait les habitudes et la structure qui le rendent apte à mener la vie d'un pingouin ! et ainsi de suite dans une infinité d'autres cas. Mais si l'on se fonde sur l'idée que chaque espèce essaie constamment d'accroître le nombre de ses représentants, tandis que la sélection naturelle est toujours prête à adapter ses descendants, qui varient lentement, à chacune des places encore inoccupées ou mal occupées dans la nature, ces faits cessent d'être étranges, et même auraient pu être prévus.

Nous pouvons comprendre dans une certaine mesure comment il se fait qu'il y ait tant de beauté dans toute la nature ; en effet, cela peut être largement attribué à l'action de la sélection. Que la beauté, d'après le sentiment que nous en avons, n'est pas universelle, c'est un fait que doit admettre toute personne qui observe certains serpents venimeux, certains poissons ou certaines chauves-souris hideuses qui présentent l'image déformée de la face humaine. La sélection sexuelle a donné les couleurs les plus brillantes, les motifs les plus élégants et d'autres ornements aux mâles, et parfois aux deux sexes de nombreux oiseaux, papillons et autres animaux. Chez les oiseaux, elle a souvent fait de la voix du mâle une musique agréable à la femelle, aussi bien qu'à nos oreilles. Les fleurs et les fruits sont devenus très visibles grâce à des couleurs brillantes qui les font ressortir sur un feuillage vert, de sorte que les fleurs soient aisément aperçues, visitées et fécondées par les insectes, et que les graines soient disséminées par les oiseaux. Comment il se fait que certaines couleurs, certains sons et certaines formes donnent du plaisir à l'homme et aux animaux inférieurs – c'est-à-dire, comment le sentiment de la beauté dans sa forme la plus simple a été acquis d'abord –, nous ne le savons pas plus que nous ne savons comment certaines odeurs et certains goûts sont d'abord devenus agréables.

Comme la sélection naturelle agit par la concurrence, elle adapte et améliore les habitants de chaque pays dans leurs seuls rapports avec leurs co-résidents ; de sorte que nous ne devons éprouver aucune surprise en voyant que les espèces d'un quelconque pays, bien que la conception ordinaire suppose qu'elles ont été créées pour ce pays et spécialement adaptées à lui, sont vaincues et supplantées par les productions acclimatées venues d'un autre pays. Nous ne devrions pas davantage nous étonner de ce que tous les procédés inventés par la nature ne soient pas, pour autant que nous en puissions juger, absolument parfaits, et ce même dans le cas de l'œil humain ; ou encore que certains d'entre eux choquent notre conception de l'adéquation à un but. Nous ne devons pas nous étonner de ce que l'aiguillon de l'abeille, lorsqu'il est utilisé contre un ennemi, cause la mort de l'abeille elle-même ; de ce que les faux bourdons sont produits en si grand nombre en vue d'un acte unique, et sont ensuite massacrés par leurs sœurs stériles ; du stupéfiant gâchis de pollen que font nos pins ; de la haine instinctive de la reine des abeilles envers ses propres filles fécondes ; de ce que les ichneumonidés se nourrissent à l'intérieur du corps vivant des chenilles ; ou d'autres cas de ce genre. Ce qui est étonnant, en réalité, si l'on se fonde sur la théorie de la sélection naturelle, c'est que l'on n'ait pas détecté un plus grand nombre de cas où la perfection absolue fait défaut.

Les lois complexes et peu connues qui gouvernent la production des variétés sont identiques, pour autant que nous puissions en juger, aux lois qui ont gouverné la production d'espèces distinctes. Dans l'un et l'autre cas, les conditions physiques semblent avoir produit un certain effet direct et défini, mais d'une ampleur que nous ne pouvons préciser. Ainsi, lorsque les variétés pénètrent dans une nouvelle station, elles prennent quelquefois certains des caractères propres aux espèces de cette station. Tant chez les variétés que chez les espèces, l'usage et le défaut d'usage semblent avoir produit un effet considérable, car il est impossible d'aller contre cette conclusion lorsque l'on observe, par exemple, le canard lourdaud, dont les ailes, incapables de voler, sont à peu près dans le même état que celles du canard domestique ; ou bien lorsque l'on observe le tuco-tuco, animal fouisseur quelquefois aveugle, puis certaines taupes, qui sont habituellement aveugles et ont les yeux recouverts de peau ; ou encore lorsque l'on observe les animaux aveugles qui habitent les cavernes obscures de l'Amérique et de l'Europe. Chez les variétés et chez les espèces, la variation corrélative semble avoir joué un rôle important, de sorte que, lorsqu'une partie a été modifiée, d'autres parties ont été nécessairement modifiées. Tant chez les variétés que chez les espèces, on rencontre quelquefois des cas de retour à des caractères perdus depuis longtemps. Qu'il est inexplicable, si l'on se fonde sur la théorie de la création, qu'apparaissent parfois des rayures sur les épaules et sur les jambes de plusieurs espèces du genre cheval et de leurs hybrides ! Qu'il est simple d'expliquer ce fait si nous croyons que ces espèces sont toutes issues d'un ancêtre rayé, de la même manière que les diverses races domestiques du pigeon sont issues du pigeon de roche au corps bleu et rayé de barres !

Si l'on se fonde sur la conception ordinaire selon laquelle chaque espèce a été créée indépendamment, pourquoi les caractères spécifiques, c'est-à-dire ceux par lesquels les espèces d'un même genre diffèrent les unes des autres, devraient-ils être plus variables que les caractères génériques, qui chez toutes concordent ? Pourquoi, par exemple, la couleur d'une fleur devrait-elle être plus susceptible de varier, chez une espèce donnée d'un genre, si les autres espèces possèdent des fleurs de couleurs différentes que si elles possédaient toutes des fleurs de la même couleur ? Si les espèces ne sont que des variétés bien marquées dont les caractères sont parvenus à un haut degré de permanence, nous pouvons comprendre ce fait, car elles ont déjà varié depuis le moment où elles se sont écartées d'un aïeul commun eu égard à certains caractères, par lesquels elles en sont venues à être spécifiquement distinctes les unes des autres ; par conséquent, ces mêmes caractères devaient être plus susceptibles de varier à nouveau que les caractères génériques qui ont été hérités sans changement tout au long d'une immense période. Il est inexplicable, si l'on se fonde sur la théorie de la création, qu'une partie développée d'une manière très inhabituelle dans une seule espèce d'un genre, et qui est donc, comme nous pouvons naturellement l'induire, d'une grande importance pour cette espèce, soit éminemment susceptible de varier ; mais, si l'on se fonde sur notre conception, cette partie a subi, depuis que les diverses espèces se sont écartées d'un aïeul commun, une variabilité et des modifications d'une ampleur inhabituelle, et nous pourrions donc nous attendre au fait que la partie concernée soit en général encore variable. Mais une partie peut être développée d'une manière extrêmement inhabituelle, comme l'aile de la chauve-souris, et pourtant ne pas être plus variable que n'importe quelle autre structure, si cette partie est commune à de nombreuses formes subordonnées, c'est-à-dire si elle a été héritée depuis très longtemps ; en effet, dans ce cas, elle sera devenue constante par l'action de longue durée de la sélection naturelle.

Jetons un regard sur les instincts : si étonnants que soient certains d'entre eux, ils n'offrent pas de difficultés plus grandes que les structures corporelles, si l'on se fonde sur la théorie de la sélection naturelle de modifications successives, légères mais profitables. Nous pouvons ainsi comprendre pour quelle raison la nature avance par des étapes graduées lorsqu'elle dote de leurs divers instincts différents animaux de la même classe. J'ai tenté de montrer à quel point le principe de gradation éclaire les admirables capacités architecturales de l'abeille domestique. Il ne fait pas de doute que l'habitude entre souvent en jeu dans la modification des instincts ; mais elle n'est certainement pas indispensable, comme nous le voyons dans le cas des insectes neutres, qui ne laissent aucune progéniture appelée à hériter des effets d'une longue habitude. Si l'on se fonde sur l'idée que toutes les espèces d'un même genre sont issues d'un parent commun, et ont en commun un grand héritage, nous pouvons comprendre comment il se fait que les espèces apparentées, lorsqu'elles se trouvent placées dans des conditions de vie extrêmement différentes, suivent pourtant à peu près les mêmes instincts ; pour quelle raison les grives de l'Amérique du Sud, par exemple, dans les zones tropicale et tempérée, tapissent leurs nids de boue comme le font nos espèces britanniques. Si l'on se fonde sur l'idée que les instincts ont été lentement acquis grâce à la sélection naturelle, nous ne devons pas nous étonner que certains instincts ne soient pas parfaits et soient exposés à l'erreur, ni que de nombreux instincts causent de la souffrance à d'autres animaux.

Si les espèces ne sont que des variétés bien marquées et permanentes, nous voyons immédiatement pour quelle raison leurs descendants issus d'un croisement doivent suivre – en ce qui concerne le degré et le type de leur ressemblance avec leurs parents, le fait qu'ils se fondent les uns dans les autres par des croisements successifs, et d'autres points de ce genre – les mêmes lois complexes que suivent les descendants issus d'un croisement de variétés reconnues. Cette similitude serait un fait étrange, si les espèces avaient été créées indépendamment et si les variétés avaient été produites suivant des lois secondaires.

Si nous admettons que l'archive géologique est imparfaite à un degré extrême, alors ce qu'elle fournit comme faits appuie fortement la théorie de la descendance avec modification. De nouvelles espèces sont entrées en scène lentement et à des intervalles successifs ; et l'ampleur du changement, après des intervalles de temps égaux, est très différente dans des groupes différents. L'extinction d'espèces et de groupes entiers d'espèces, qui a joué un rôle si évident dans l'histoire du monde organique, est la suite presque inévitable du principe de la sélection naturelle ; en effet, des formes anciennes sont supplantées par des nouvelles formes améliorées. Ni les espèces isolées ni les groupes d'espèces ne réapparaissent une fois brisée la chaîne de la génération ordinaire. La diffusion graduelle des formes dominantes, accompagnée de la lente modification de leurs descendants, fait que les formes de vie, après de longs intervalles de temps, paraissent avoir changé simultanément dans l'ensemble du monde. Le fait que les restes fossiles de chaque formation ont un caractère intermédiaire à quelque degré entre les fossiles des formations situées au-dessus et au-dessous d'elle s'explique simplement par leur position intermédiaire dans la chaîne de la descendance. Le fait majeur qui consiste en ce que l'on peut classer tous les êtres éteints avec tous les êtres récents est la suite naturelle de ce que les êtres éteints et les êtres vivants sont les descendants de parents communs. Comme les espèces ont en général divergé du point de vue de leur caractère durant le long cours de leur descendance et de leur modification, nous pouvons comprendre la raison pour laquelle les formes plus anciennes, c'est-à-dire les premiers ancêtres de chaque groupe, occupent si souvent une position à quelque degré intermédiaire entre les groupes actuels. Les formes récentes sont généralement considérées comme étant dans l'ensemble plus élevées sur l'échelle de l'organisation que les formes anciennes ; et elles doivent être plus élevées, dans la mesure où les formes plus tardives et plus améliorées l'ont emporté sur les formes plus anciennes et moins améliorées dans la lutte pour la vie ; elles ont aussi développé, en général, des organes plus spécialisés en vue de différentes fonctions. Ce fait est parfaitement compatible avec la persistance, chez de nombreux êtres, de structures simples et qui n'ont guère été améliorées, adaptées comme elles le sont à des conditions de vie simples ; il est également compatible avec le fait que certaines formes ont rétrogradé du point de vue de l'organisation, en devenant à chaque stade de la descendance mieux adaptées à de nouvelles habitudes de vie dégradées. Enfin, la loi extraordinaire de la longue persistance de formes apparentées sur un même continent – les marsupiaux en Australie, les édentés en Amérique et autres cas de ce genre – est intelligible, puisque à l'intérieur d'un même pays les êtres actuels et les êtres éteints sont étroitement reliés par la descendance. Lorsque nous portons notre regard sur la répartition géographique, si nous admettons qu'il y a eu dans la longue suite des temps une forte migration d'une partie du monde vers une autre, en raison des changements climatiques et géographiques passés et des nombreux moyens de dispersion occasionnels inconnus, alors nous pouvons comprendre, en nous fondant sur la théorie de la descendance avec modification, la plupart des faits majeurs de la Répartition. Nous voyons pourquoi il doit y avoir un parallélisme si frappant entre la répartition des êtres organiques à travers l'espace et leur succession géologique à travers le temps ; en effet, dans l'un et l'autre cas, les êtres ont été reliés par le lien de la génération ordinaire, et les moyens de la modification ont été les mêmes. Nous percevons toute la signification de ce fait extraordinaire, qui a frappé tous les voyageurs, à savoir que, sur un même continent, dans les conditions les plus diverses, dans la chaleur ou dans le froid, sur les montagnes ou dans les plaines, dans les déserts ou dans les marais, la plupart des habitants, à l'intérieur de chaque grande classe, sont clairement apparentés ; en effet, ce sont les descendants des mêmes aïeux, les premiers colons. En nous fondant sur ce même principe qu'il y a eu dans le passé une migration, s'accompagnant dans la plupart des cas de modifications, nous pouvons comprendre, avec l'aide de la période glaciaire, l'identité d'un petit nombre de plantes, ainsi que l'apparentement étroit d'un grand nombre d'autres, sur les montagnes les plus éloignées les unes des autres et dans les zones tempérées du nord et du sud ; et de même l'apparentement étroit de certains habitants de la mer sous les latitudes tempérées du nord et du sud, bien qu'elles soient séparées par toute l'étendue de l'océan intertropical. Même si deux pays présentent des conditions physiques aussi étroitement semblables que des espèces identiques puissent jamais l'exiger, nous ne devons pas éprouver de surprise en voyant que leurs habitants sont très différents, s'ils ont longtemps été tenus complètement à l'écart les uns des autres ; en effet, comme la relation d'organisme à organisme est la plus importante de toutes les relations, et comme les deux pays auront reçu des colons, à diverses époques et dans des proportions différentes, de quelque autre pays ou bien l'un de l'autre, le cours de la modification aura inévitablement été différent sur les deux territoires.

En nous fondant sur cette conception de la migration accompagnée d'une modification ultérieure, nous voyons pourquoi les îles océaniques ne sont habitées que par un petit nombre d'espèces, mais aussi pourquoi ces espèces comportent un grand nombre de formes particulières ou endémiques. Nous voyons clairement pourquoi les espèces qui appartiennent aux groupes d'animaux incapables de traverser de vastes étendues océaniques, comme les grenouilles et les mammifères terrestres, n'habitent pas les îles océaniques ; et pourquoi, au contraire, on trouve souvent, sur des îles fort éloignées de tout continent, de nouvelles espèces particulières de chauves-souris, animaux capables de traverser l'océan. Des cas tels que la présence d'espèces particulières de chauves-souris sur des îles océaniques et l'absence de tout autre mammifère terrestre sont des faits totalement inexplicables d'après la théorie des actes de création indépendants.

L'existence d'espèces étroitement apparentées, ou représentatives, dans deux territoires donnés implique, selon la théorie de la descendance avec modification, que les mêmes formes parentes habitaient par le passé les deux territoires ; et nous constatons presque invariablement que partout où de nombreuses espèces étroitement apparentées habitent deux territoires, certaines espèces identiques leur sont encore communes. Partout où se rencontrent de nombreuses espèces étroitement apparentées et pourtant distinctes, des formes et des variétés douteuses appartenant aux mêmes groupes se rencontrent également. C'est une règle d'une grande généralité que les habitants de chaque territoire sont apparentés aux habitants de la source la plus proche d'où ont pu venir des immigrants. Nous le constatons dans le cas de la relation frappante qui relie presque toutes les plantes et presque tous les animaux de l'Archipel des Galápagos, de Juan-Fernández et des autres îles américaines, aux plantes et aux animaux du continent américain voisin ; et ceux de l'Archipel du Cap-Vert et des autres îles africaines au continent africain. Il faut admettre que ces faits ne reçoivent aucune explication si l'on se fonde sur la théorie de la création.

Comme nous l'avons vu, le fait que tous les êtres organiques passés et actuels puissent être rangés à l'intérieur de quelques grandes classes, dans des groupes subordonnés à d'autres groupes, les groupes éteints s'insérant souvent au milieu des groupes récents, est intelligible si l'on se fonde sur la théorie de la sélection naturelle, assortie de ses conséquences, l'extinction et la divergence de caractère. D'après ces mêmes principes, nous voyons comment il se fait que les affinités mutuelles des formes à l'intérieur de chaque classe soient si complexes et tortueuses. Nous voyons pourquoi certains caractères sont bien plus utiles que d'autres en vue de la classification ; pourquoi les caractères adaptatifs, quoique d'une importance capitale pour les êtres, n'ont guère d'importance pour la classification ; pourquoi les caractères tirés des parties rudimentaires, quoique sans utilité pour les êtres, ont souvent une grande valeur classificatoire ; et pourquoi les caractères embryologiques ont souvent plus de valeur que tous les autres. Les affinités réelles de tous les êtres organiques, par opposition à leurs ressemblances adaptatives, sont dues à l'hérédité, ou communauté de filiation. Le Système Naturel est un arrangement généalogique, où les degrés de différence acquis sont marqués par les termes variétés, espèces, genres, familles, &c. ; et nous devons découvrir les lignes de filiation au moyen des caractères les plus permanents, quels qu'ils soient et si ténue que soit leur importance vitale.

La disposition semblable des os de la main de l'homme, de l'aile de la chauve-souris, de la nageoire du marsouin et de la jambe du cheval, le fait que le même nombre de vertèbres forme le cou de la girafe et celui de l'éléphant, et d'innombrables autres faits de ce genre, s'expliquent immédiatement si l'on se fonde sur la théorie de la descendance accompagnée de lentes et légères modifications successives. La ressemblance, à l'égard du type de structure, entre l'aile et la patte de la chauve-souris, bien qu'elles soient utilisées à des fins si différentes, entre les mâchoires et les pattes du crabe, ainsi qu'entre les pétales, les étamines et les pistils de la fleur, est également intelligible dans une large mesure, si l'on se fonde sur l'idée qu'il y a eu une modification graduelle de parties ou d'organes qui étaient à l'origine identiques chez un premier ancêtre dans chacune de ces classes. Si nous adoptons le principe de variations successives qui ne surviennent pas toujours à un âge précoce, et sont héritées à une époque correspondante et non précoce de la vie, nous voyons clairement pourquoi les embryons des mammifères, des oiseaux, des reptiles et des poissons offrent de si étroites ressemblances, et sont si différents des formes adultes. Nous pouvons cesser de nous étonner de ce que l'embryon d'un mammifère à respiration aérienne ou d'un oiseau possède des fentes branchiales et des artères décrivant un trajet en boucle, comme celles d'un poisson qui doit respirer l'air dissous dans l'eau à l'aide de branchies bien développées.

Le défaut d'usage, aidé parfois par la sélection naturelle, a souvent dû réduire les organes devenus inutiles en raison du changement des habitudes ou des conditions de vie ; et nous pouvons comprendre, en nous fondant sur cette conception, la signification des organes rudimentaires. Mais le défaut d'usage et la sélection agissent généralement sur chaque créature une fois qu'elle est parvenue au stade adulte et qu'il lui faut jouer tout son rôle dans la lutte pour l'existence, et ont donc peu de pouvoir sur un organe durant les premiers temps de la vie ; par conséquent l'organe ne sera pas réduit ni ne deviendra rudimentaire à cet âge précoce. Le veau, par exemple, a des dents qui ne percent jamais la gencive de la mâchoire supérieure, héritées d'un lointain ancêtre qui possédait des dents bien développées ; et nous pouvons croire que, chez l'animal adulte, les dents avaient été réduites dans le passé par le défaut d'usage, pour la raison que la langue et le palais, ou les lèvres, avaient été excellemment adaptés par la sélection naturelle à brouter sans leur concours ; tandis que, chez le veau, les dents n'ont pas été affectées et, d'après le principe de l'hérédité aux âges correspondants, ont été transmises d'une époque reculée jusqu'à ce jour. Si l'on se fonde sur l'idée que chaque organisme, avec toutes ses parties séparées, a été créé spécialement, il est totalement inexplicable que des organes portant d'une façon claire le sceau de l'inutilité, tels que les dents du veau à l'état d'embryon ou les ailes rabougries que de nombreux scarabées abritent sous leurs élytres soudés, se rencontrent si fréquemment. On peut dire que la nature s'est efforcée de révéler son plan de modification, par le moyen des organes rudimentaires, des structures embryonnaires et homologues, mais nous sommes trop aveugles pour comprendre le sens de son message.

J'ai à présent récapitulé les faits et les considérations qui m'ont totalement convaincu que les espèces ont été modifiées, durant le cours d'une longue descendance. Cela s'est réalisé principalement grâce à la sélection naturelle de nombreuses variations successives, légères et favorables, aidée d'une façon importante par les effets héréditaires de l'usage et du défaut d'usage des parties, et d'une façon peu importante, je veux dire relativement aux structures adaptatives, passées ou actuelles, par l'action directe des conditions externes, et des variations qui nous semblent, dans notre ignorance, survenir spontanément. Il paraît que j'ai sous-estimé par le passé la fréquence et la valeur de ces dernières formes de variation, qui conduiraient à des modifications permanentes de structure indépendamment de la sélection naturelle. Mais, comme mes conclusions ont récemment fait l'objet de bien des présentations déformées, et que l'on a prétendu que j'attribuais la modification des espèces exclusivement à la sélection naturelle, on me permettra de faire observer que dans la première édition de cet ouvrage, et par la suite, j'ai placé dans la situation la plus visible – à la fin de l'Introduction – les mots suivants : « Je suis convaincu que la sélection naturelle a été le moyen principal, mais non le moyen unique, de la modification ». Mais ce fut peine perdue. Grande est la force des présentations déformées ; mais l'histoire de la science montre que, fort heureusement, cette force ne persiste pas longtemps.

Il n'est guère possible de supposer qu'une théorie fausse expliquerait, d'une manière aussi satisfaisante que le fait la théorie de la sélection naturelle, les diverses grandes classes de faits mentionnées ci-dessus. On a récemment objecté que c'est là une méthode d'argumentation peu sûre ; mais c'est une méthode dont on use pour juger des événements courants de l'existence, et les plus grands auteurs de la philosophie naturelle en ont souvent usé. On est parvenu ainsi à la théorie ondulatoire de la lumière ; et la croyance en la révolution de la terre sur son axe propre n'était jusque récemment guère soutenue par des preuves directes. Ce n'est pas une objection valable que de dire que la science ne jette encore aucune lumière sur le problème bien plus élevé de l'essence ou de l'origine de la vie. Qui peut expliquer quelle est l'essence de l'attraction gravitationnelle ? Nul à présent n'a pourtant d'objection lorsqu'il s'agit de suivre les résultats qui découlent de cet élément inconnu qu'est l'attraction – nonobstant le fait que Leibnitz [*sic*. Ndt.] ait jadis accusé Newton d'introduire « des qualités occultes et des miracles dans la philosophie ».

Je ne vois aucune bonne raison de penser que les idées exposées dans ce volume doivent choquer les sentiments religieux de quiconque. Il est satisfaisant, en ce que cela montre à quel point de telles impressions sont passagères, de se rappeler que la plus grande découverte que l'homme ait jamais faite, à savoir la loi de l'attraction gravitationnelle, fut également attaquée par Leibnitz « comme une subversion de la religion naturelle et, conséquemment, de la religion révélée ». Un auteur et théologien célèbre m'a écrit qu'« il a progressivement appris à considérer que c'est une conception de la Divinité tout aussi noble de croire qu'Elle a créé quelques formes originelles, capables de se développer par elles-mêmes en d'autres formes nécessaires, que de croire qu'Elle a eu besoin d'un nouvel acte de création pour suppléer aux lacunes causées par l'action de Ses lois ».

Pour quelle raison, demandera-t-on, les naturalistes et les géologues vivants les plus éminents refusaient-ils tous ou presque, jusque récemment, de croire à la mutabilité des espèces ? On ne peut affirmer que les êtres organiques à l'état de nature ne soient sujets à aucune variation ; on ne peut prouver que la somme des variations dans la longue suite des siècles soit une quantité limitée ; aucune démarcation nette n'a été tracée, ni ne peut l'être, entre les espèces et les variétés bien marquées. On ne peut soutenir que les espèces, lorsqu'elles sont croisées, sont invariablement stériles, et les variétés invariablement fécondes ; ou que la stérilité soit la propriété et le signe distinctifs d'une création. Il était presque inévitable de croire que les espèces étaient des productions immuables tant que l'on pensait que l'histoire du monde avait été courte ; et maintenant que nous avons acquis quelque idée du temps écoulé, nous avons une tendance excessive à estimer, sans preuve, que l'archive géologique est si parfaite qu'elle nous aurait fourni des témoignages évidents de la mutation des espèces, si celles-ci avaient subi une mutation.

Mais la cause principale de notre réticence naturelle à admettre qu'une espèce ait donné naissance à d'autres espèces distinctes, c'est que nous sommes toujours lents à admettre de grands changements dont nous ne voyons pas les étapes. La difficulté est la même que celle qu'ont éprouvée tant de géologues, lorsque Lyell a souligné pour la première fois que de longues lignes de falaises avaient été formées à l'intérieur des terres et que de grandes vallées avaient été creusées par les actions que nous voyons encore à l'œuvre. Il n'est même pas possible à l'esprit de saisir toute la signification de l'expression *un million d'années* ; non plus qu'il ne lui est possible d'additionner et de percevoir tous les effets de multiples variations légères accumulées durant un nombre de générations presque infini.

Bien que je sois pleinement convaincu de la vérité des conceptions exposées dans ce volume sous la forme d'un résumé, je ne m'attends nullement à convaincre des naturalistes expérimentés dont l'esprit est empli d'une multitude de faits qu'ils ont tous considérés, durant de longues années, d'un point de vue directement opposé au mien. Il est si facile de cacher notre ignorance derrière des expressions comme le « plan de la création », l'« unité du dessein », &c., et de penser que nous donnons une explication alors que nous ne faisons que réaffirmer un fait. Toute personne que sa disposition conduit à attacher plus de poids à des difficultés qui ne sont pas expliquées qu'à l'explication d'un certain nombre de faits ne manquera pas de rejeter cette théorie. Quelques naturalistes, doués d'une grande souplesse d'esprit et qui ont déjà commencé à douter de l'immutabilité des espèces, pourront être influencés par ce volume ; mais je me tourne avec confiance vers l'avenir − vers les jeunes naturalistes encore à leur orient et qui seront capables de considérer les deux côtés de la question avec impartialité. Quiconque est porté à croire que les espèces sont susceptibles d'une mutation rendra un fier service en exprimant en conscience sa conviction ; car c'est ainsi seulement que l'on peut débarrasser ce sujet du poids des préjugés dont il est accablé.

Plusieurs spécialistes éminents ont récemment fait savoir publiquement qu'ils croyaient qu'une multitude d'espèces réputées de chaque genre ne sont pas des espèces réelles ; mais que d'autres espèces sont réelles, c'est-à-dire ont été créées indépendamment. C'est parvenir, me semble-t-il, à une étrange conclusion. Ils admettent qu'une multitude de formes, dont jusque récemment ils pensaient eux-mêmes qu'elles étaient des créations spéciales, qui sont encore considérées comme telles par la majorité des naturalistes, et qui ont par conséquent toutes les propriétés externes caractéristiques des vraies espèces − ils admettent que ces espèces ont été produites par la variation, mais ils refusent d'étendre cette même conception à d'autres formes légèrement différentes. Néanmoins, ils ne prétendent pas pouvoir définir, ni même conjecturer, quelles sont les formes de vie qui ont été créées et quelles sont celles qui ont été produites par des lois secondaires. Ils admettent la variation comme *vera causa* dans un cas, ils la rejettent arbitrairement dans l'autre, sans indiquer la moindre distinction dans aucun des deux cas. Un jour viendra où l'on verra là une illustration curieuse de l'aveuglement d'une opinion préconçue. Ces auteurs ne semblent pas plus déconcertés par l'idée d'un acte de création miraculeux que par celle d'une naissance ordinaire. Mais croient-ils réellement qu'en d'innombrables périodes de l'histoire de la terre certains atomes élémentaires aient reçu l'ordre soudain de former, en un éclair, des tissus vivants ? Croient-ils que chaque acte supposé de création a produit un individu ou plusieurs ? Tous les types d'animaux et de plantes, infiniment nombreux, ont-ils été créés à l'état d'œufs et de graines ou bien d'organismes pleinement développés ? et, dans le cas des mammifères, ont-ils été créés avec les marques mensongères d'une alimentation tirée de l'utérus maternel ? À n'en pas douter, certaines de ces mêmes questions ne peuvent pas recevoir de réponse de la part de ceux qui croient à l'apparition ou à la création de quelques formes de vie seulement, ou bien d'une forme unique. Plusieurs auteurs ont soutenu qu'il était aussi facile de croire à la création d'un million d'êtres qu'à celle d'un seul ; mais l'axiome philosophique de Maupertuis dit « de moindre action » conduit l'esprit à admettre plus volontiers le nombre le plus petit ; et certainement nous ne devrions pas croire que d'innombrables êtres ont été créés à l'intérieur de chaque grande classe avec sur eux les marques claires, mais trompeuses, d'une filiation à partir d'un seul parent.

À titre de rappel d'une situation passée, j'ai conservé dans les paragraphes qui précèdent, et ailleurs aussi, plusieurs phrases impliquant que les naturalistes croient à la création séparée de chaque espèce ; et j'ai été fort critiqué pour m'être exprimé de la sorte. Mais c'était, à n'en pas douter, ce que l'on croyait en général lorsque la première édition du présent ouvrage a paru. J'ai parlé autrefois à de très nombreux naturalistes de la question de l'évolution, et pas une seule fois je n'ai rencontré l'accord et la sympathie. Il est probable qu'à l'époque quelques-uns croyaient bel et bien à l'évolution, mais soit ils se taisaient, soit ils s'exprimaient d'une façon si ambiguë qu'il n'était pas facile de comprendre ce qu'ils voulaient dire. À présent, la situation a complètement changé, et presque tous les naturalistes admettent le grand principe de l'évolution. Il en reste cependant quelques-uns qui pensent encore que les espèces ont soudain donné naissance, par des moyens qui demeurent tout à fait inexpliqués, à de nouvelles formes totalement différentes ; mais, comme j'ai tenté de le montrer, on peut opposer des témoignages de poids aux tenants de grandes et brusques modifications. D'un point de vue scientifique, et dans la perspective d'enquêtes ultérieures, il n'y a guère d'avantage à croire que de nouvelles formes se développent soudain d'une manière inexplicable à partir de formes anciennes extrêmement différentes, par rapport à l'ancienne croyance en la création des espèces à partir de la poussière de la terre.

On demandera peut-être quelle portée je donne à la doctrine de la modification des espèces. C'est une question à laquelle il est difficile de répondre, car plus les formes que nous prenons en considération sont distinctes, plus les arguments en faveur de la communauté de filiation voient leur nombre diminuer et leur force décliner. Mais certains arguments de très grand poids ont une très grande portée. Tous les représentants de classes entières sont reliés les uns aux autres par une chaîne d'affinités, et tous peuvent être classés, selon le même principe, en groupes subordonnés à des groupes. Les restes fossiles tendent parfois à combler de très grands intervalles entre les ordres actuels.

Les organes qui sont dans un état rudimentaire montrent clairement qu'un ancêtre lointain possédait l'organe dans un état pleinement développé ; et cela implique dans certains cas une somme énorme de modifications chez les descendants. À travers des classes entières, diverses structures sont formées sur le même modèle, et à un âge très précoce les embryons se ressemblent étroitement. Aussi ne puis-je pas douter que la théorie de la descendance avec modification n'embrasse tous les représentants d'une même grande classe ou d'un même règne. Je crois que les animaux sont issus, au plus, de quatre ou cinq ancêtres seulement, et les plantes d'un nombre d'ancêtres égal ou moindre.

L'analogie me conduirait à faire un pas de plus, c'est-à-dire à croire que tous les animaux et toutes les plantes sont issus d'un prototype unique. Mais l'analogie peut être un guide trompeur. Néanmoins, tous les êtres vivants ont beaucoup en commun, en ce qui concerne leur composition chimique, leur structure cellulaire, leurs lois de croissance et leur sensibilité à des influences nuisibles. Nous le voyons déjà à quelque chose d'aussi minime que le fait qu'un même venin affecte souvent les plantes et les animaux d'une façon semblable ; ou bien que le venin sécrété par la mouche à galles produit des excroissances monstrueuses sur l'églantier ou sur le chêne. Chez tous les êtres organiques, sauf peut-être chez certains de ceux qui sont au plus bas de l'échelle, la reproduction sexuelle paraît pour l'essentiel semblable. Chez tous ces êtres, pour autant que nous le sachions aujourd'hui, la vésicule germinale est la même ; de sorte que tous les organismes partent d'une origine commune. Si nous regardons ne seraient-ce que les deux divisions principales – à savoir le règne animal et le règne végétal –, certaines formes inférieures ont un caractère à tel point intermédiaire que la décision de les rapporter à l'un ou à l'autre règne a suscité des contestations chez les naturalistes. Comme le Professeur Asa Gray l'a fait observer, « les spores et autres corps reproducteurs de nombreuses algues inférieures peuvent se prévaloir d'abord d'une existence animale caractéristique, et ensuite d'une existence végétale sans équivoque ». C'est pourquoi, si l'on se fonde sur le principe de la sélection naturelle avec divergence de caractère, il ne semble pas incroyable que, à partir d'une de ces formes peu élevées et intermédiaires, à la fois les animaux et les plantes aient pu se développer ; et, si nous l'admettons, nous devons également admettre que tous les êtres organiques qui ont un jour vécu sur cette terre peuvent être issus de quelque unique forme primordiale. Mais cette conclusion repose principalement sur l'analogie, et il est sans importance qu'elle soit acceptée ou non. Il est sans aucun doute possible, comme l'a fait valoir M. G.H. Lewes, qu'aux premiers commencements de la vie, de nombreuses formes différentes se soient développées ; mais, s'il en est ainsi, nous pouvons conclure qu'elles sont très peu nombreuses à avoir laissé des descendants modifiés. En effet, comme je l'ai récemment observé à propos des représentants de chacun des grands règnes, tels que les Vertébrés, les Articulés, &c., nous trouvons dans leurs structures embryologiques, homologues et rudimentaires des témoignages distincts de ce que, à l'intérieur de chaque règne, tous les représentants sont issus d'un unique ancêtre.

Lorsque les idées avancées par moi-même dans ce volume et par M. Wallace, ou bien des idées analogues sur l'origine des espèces, seront généralement admises, nous pouvons entrevoir qu'une révolution considérable aura lieu dans l'histoire naturelle. Les systématiciens pourront poursuivre leurs travaux comme ils le font à présent ; mais ils ne seront pas hantés sans cesse par le vague doute qui leur fait se demander si telle ou telle forme est une espèce véritable. Ce ne sera pas là, je le dis avec assurance et en parle d'expérience, un mince soulagement. On verra cesser les controverses infinies qui visent à déterminer si une cinquantaine de ronces britanniques sont de bonnes espèces ou non. Les systématiciens n'auront qu'à décider (je ne dis pas que ce sera facile) si telle forme est suffisamment constante et distincte d'autres formes pour être passible d'une définition ; et, dans le cas où elle peut être définie, si les différences sont suffisamment importantes pour mériter un nom spécifique. Ce dernier point méritera d'être étudié d'une façon beaucoup plus approfondie qu'il ne l'est à présent ; si légères soient-elles, les différences entre deux formes qui ne se mêlent pas l'une à l'autre par des gradations intermédiaires sont en effet considérées par la plupart des naturalistes comme suffisantes pour élever les deux formes au rang d'espèces.

À l'avenir, nous serons contraints de reconnaître que la seule distinction qui existe entre les espèces et les variétés bien marquées est que l'on sait, ou croit, que ces dernières sont actuellement reliées par des gradations intermédiaires, alors que par le passé c'étaient les espèces qui étaient reliées de la sorte. C'est pourquoi, sans refuser de prendre en considération l'existence actuelle de gradations intermédiaires entre deux formes, nous serons conduits à estimer plus soigneusement la somme de différences réelle qui existe entre elles, et à lui attribuer une valeur plus grande. Il est tout à fait possible que des formes que l'on reconnaît généralement aujourd'hui comme de simples variétés puissent à l'avenir être jugées dignes d'un nom spécifique ; et dans ce cas la langue commune et la langue de la science viendront à s'accorder. Bref, il nous faudra traiter les espèces de la même manière que traitent les genres ceux des naturalistes qui admettent que les genres sont de simples combinaisons artificielles élaborées par commodité. Peut-être n'est-ce pas une perspective réjouissante ; mais nous serons au moins libérés de la vaine recherche de l'essence, non découverte et non découvrable, du terme *espèce*.

Les autres secteurs plus généraux de l'histoire naturelle y gagneront grandement en intérêt. Les termes qu'utilisent les naturalistes, affinité, parenté, communauté de type, paternité, morphologie, caractères adaptatifs, organes rudimentaires et avortés, &c., cesseront d'être métaphoriques et auront une signification claire. Lorsque nous cessons de regarder un être organique comme un sauvage regarde un navire, c'est-à-dire comme une chose située tout entière au-delà de sa compréhension ; lorsque nous considérons toute production de la nature comme le produit d'une longue histoire ; lorsque nous contemplons toute structure et tout instinct complexes comme le résumé de nombreux procédés dont chacun est utile à son possesseur, de la même façon que toute grande invention mécanique est le résumé du travail, de l'expérience, de la raison et même des bévues de nombreux ouvriers ; lorsque nous considérons ainsi chaque être organique, comme l'étude de l'histoire naturelle – je parle d'expérience – devient plus intéressante !

Un vaste champ d'enquête s'ouvrira, presque inexploré, concernant les causes et les lois de la variation, la corrélation, les effets de l'usage et du défaut d'usage, l'action directe des conditions externes, et ainsi de suite. L'étude des productions domestiques y gagnera énormément en valeur. Une nouvelle variété produite par l'homme sera un sujet d'étude plus important et plus intéressant qu'une espèce ajoutée au nombre infini des espèces déjà répertoriées. Nos classifications se transformeront, autant que faire se peut, en généalogies ; et elles donneront alors véritablement ce que l'on peut nommer le plan de la création. Les règles pour classer se simplifieront sans nul doute lorsque nous aurons en vue un objet défini. Nous ne possédons ni pedigrees ni armoiries ; et il nous faut découvrir et retracer les nombreuses lignes de descendance divergentes de nos généalogies naturelles, au moyen de caractères de toute sorte qui ont été hérités depuis longtemps. Les organes rudimentaires se prononceront infailliblement sur la nature des structures perdues depuis longtemps. Les espèces et les groupes d'espèces que l'on nomme aberrants, et que l'on peut avec quelque imagination nommer fossiles vivants, nous aideront à former un tableau des formes de vie anciennes. L'embryologie nous révélera souvent la structure, quelque peu voilée, du prototype de chaque grande classe.

Lorsque nous tiendrons pour assuré que tous les individus d'une même espèce, et toutes les espèces étroitement apparentées de la plupart des genres, sont issus d'un unique parent à une époque qui n'est pas très lointaine, et ont migré à partir de quelque lieu de naissance unique ; et lorsque nous connaîtrons mieux les nombreux moyens de migration, alors, grâce à l'éclairage que la géologie fournit actuellement, et qu'elle continuera de fournir, sur les changements passés du climat et du niveau des terres, nous serons sûrement en mesure de retracer d'une manière admirable les migrations passées des habitants du monde entier. Dès à présent, en comparant les différences qui existent entre les habitants de la mer sur les côtés opposés d'un continent et la nature des divers habitants de ce continent relativement à leurs moyens apparents d'immigration, on peut éclairer un peu la géographie ancienne.

La noble science de la Géologie perd de sa gloire à cause de l'extrême imperfection de l'archive. Il ne faut pas regarder la croûte terrestre, avec ses restes enfouis, comme un musée bien rempli, mais comme une pauvre collection constituée au hasard et à des intervalles clairsemés. On reconnaîtra que l'accumulation de chacune des grandes formations fossilifères a dépendu du concours inhabituel de circonstances favorables et que les intervalles vides entre les étages successifs ont eu une très longue durée. Mais nous serons capables de jauger d'une façon assez sûre la durée de ces intervalles en comparant les formes organiques qui précèdent et celles qui suivent. Nous devons nous montrer prudents lorsque nous tentons de corréler comme étant strictement contemporaines deux formations qui n'incluent pas un grand nombre d'espèces identiques, en nous fondant sur la succession générale des formes de vie. Comme les espèces sont produites et sont exterminées par des causes qui agissent lentement et qui existent encore, et non par des actes de création miraculeux ; et comme la plus importante de toutes les causes du changement organique est presque indépendante de la modification des conditions physiques, voire de leur modification soudaine, puisqu'il s'agit de la relation mutuelle d'organisme à organisme – l'amélioration d'un organisme entraînant l'amélioration ou l'extermination d'autres organismes ; il s'ensuit que la somme de changement organique chez les fossiles des formations consécutives sert probablement à mesurer d'une façon juste l'écoulement relatif du temps, à défaut de son écoulement absolu. Un certain nombre d'espèces, toutefois, pourraient en demeurant groupées rester inchangées pendant longtemps, alors que, durant la même période, plusieurs de ces espèces, en migrant vers de nouvelles contrées et en entrant en concurrence avec des partenaires étrangers, pourraient se modifier ; de sorte que nous ne devons pas surestimer la précision du changement organique lorsqu'il est utilisé pour mesurer le temps.

Dans l'avenir, je vois des champs ouverts pour de bien plus importantes recherches. La psychologie sera solidement installée sur les fondations que M. Herbert Spencer a déjà bien établies, c'est-à-dire sur l'acquisition nécessaire de chaque faculté et de chaque capacité de l'esprit par une gradation. Une grande lumière sera faite sur l'origine de l'homme et sur son histoire.

Des auteurs extrêmement éminents semblent se satisfaire pleinement de l'opinion selon laquelle chaque espèce a été créée d'une façon indépendante. À mon avis, ce que nous savons des lois imprimées à la matière par le Créateur s'accorde mieux avec l'idée que la production et l'extinction des habitants passés et actuels du monde ont dû être l'effet de causes secondaires, comme celles qui déterminent la naissance et la mort d'un individu. Lorsque je considère tous les êtres, non comme des créations spéciales, mais comme les descendants en droite ligne d'un petit nombre d'êtres qui ont vécu longtemps avant que la première couche du système Cambrien ne fût déposée, il me semble qu'ils en sont ennoblis. À en juger par le passé, nous pouvons conclure sans risque d'erreur que pas une seule espèce vivante ne transmettra sa ressemblance intacte à un lointain avenir. Et, parmi les espèces qui vivent actuellement, très peu nombreuses sont celles qui transmettront une progéniture d'une quelconque sorte à un très lointain avenir ; en effet, la manière dont tous les êtres organiques sont groupés montre que la plus grande partie des espèces de chaque genre, et toutes les espèces dans de nombreux genres, n'ont pas laissé de descendants, mais se sont totalement éteintes. Nous pouvons jeter un regard prophétique sur l'avenir jusqu'à prédire que ce sont les espèces communes et largement répandues, appartenant aux groupes les plus vastes et dominants à l'intérieur de chaque classe, qui finiront par prévaloir et par procréer de nouvelles espèces dominantes. Comme toutes les formes de vie actuellement vivantes sont les descendantes en droite ligne de celles qui vivaient longtemps avant l'époque Cambrienne, nous pouvons nous sentir assurés que la succession ordinaire par la génération n'a pas une seule fois été rompue, et qu'aucun cataclysme n'a dévasté le monde dans son entier. Aussi pouvons-nous regarder avec quelque confiance en direction d'un avenir sûr et d'une très longue durée. Et comme la sélection naturelle œuvre uniquement par et pour le bien de chaque être, toutes les qualités corporelles et mentales tendront à progresser vers la perfection.

Il est intéressant d'observer un talus enchevêtré, tapissé de nombreuses plantes de toutes sortes, tandis que des oiseaux chantent dans les fourrés, que divers insectes volètent çà et là et que des vers se glissent en rampant à travers la terre humide, et de penser que ces formes à la construction recherchée, si différentes les unes des autres, et qui dépendent les unes des autres d'une manière si complexe, ont toutes été produites par des lois qui agissent autour de nous. Ces lois, prises dans leur sens le plus général, sont la Croissance accompagnée de la Reproduction ; l'Hérédité, qui est presque impliquée par la reproduction ; la Variabilité issue de l'action indirecte et directe des conditions de vie, ainsi que de l'usage et du défaut d'usage ; un Taux d'Accroissement si élevé qu'il conduit à une Lutte pour la Vie, et par conséquent à la Sélection Naturelle, qui entraîne la Divergence de Caractère et l'Extinction des formes les moins améliorées. Ainsi, c'est de la guerre de la nature, de la famine et de la mort que procède directement l'objet le plus sublime que nous soyons capables de concevoir, c'est-à-dire la production des animaux supérieurs. Il y a de la grandeur dans cette idée que la vie, avec ses diverses capacités, a été originellement insufflée par le Créateur à un petit nombre de formes ou bien à une seule ; et que, tandis que cette planète a continué de tourner suivant la loi fixe de la gravitation, à partir d'un commencement si simple, des formes infinies, on ne peut plus belles et extraordinaires, ont évolué, et évoluent.

Glossaire

GLOSSAIRE DES PRINCIPAUX TERMES SCIENTIFIQUES EMPLOYÉS DANS LE PRÉSENT VOLUME*

* C'est à l'amabilité de M. W.S. Dallas que je suis redevable de ce glossaire, que l'on donne ici parce que plusieurs lecteurs se sont plaints à moi de ce que certains des termes employés étaient pour eux inintelligibles. M. Dallas a entrepris de donner les explications de ces termes sous la forme la plus populaire possible.

[Nous n'avons pas systématiquement respecté ici l'édition anglaise pour ce qui concerne l'allocation des capitales et des italiques. *Ndt.*]

ABERRANT. — Sont dits aberrants des formes ou des groupes d'animaux ou de plantes qui s'écartent par des caractères importants de leurs plus proches alliés, de sorte que l'on ne les inclut pas aisément avec eux dans le même groupe.

ABERRATION (en optique). — Dans la réfraction de la lumière par une lentille convexe, les rayons passant à travers différentes parties de la lentille sont dirigés vers des foyers légèrement distants : c'est ce que l'on nomme *aberration sphérique* ; en même temps, les rayons colorés sont séparés par l'action prismatique de la lentille et, de même, sont dirigés vers des foyers distants – c'est l'*aberration chromatique*.

ALBINISME. — Les albinos sont des animaux chez lesquels les matières colorantes habituellement caractéristiques de l'espèce n'ont pas été produites dans la peau et ses annexes. L'albinisme est l'état d'albinos.

ALGUES. — Classe de plantes comprenant les herbes marines ordinaires et les herbes filamenteuses d'eau douce.

ALTERNANCE DE GÉNÉRATIONS. — On applique ce terme à un mode particulier de reproduction qui prévaut parmi un grand nombre d'animaux inférieurs, chez lesquels l'œuf produit une forme vivante tout à fait différente de la forme mère, mais à partir de laquelle la forme mère est reproduite par un processus de bourgeonnement, ou par la division de la substance du premier produit de l'œuf.

AMMONITES. — Groupe de coquilles fossiles à spirale et compartiments, proches du nautile perlier actuel, mais dont les cloisons entre les compartiments forment des ondulations complexes à leur jonction avec la paroi externe de la coquille.

ANALOGIE. — Ressemblance de structures qui repose sur la similarité de fonction, comme entre les ailes des insectes et celles des oiseaux. On dit que de telles structures sont *analogues* et que les unes sont les *analogues* des autres.

ANIMALCULE. — Animal minuscule : généralement appliqué à ceux qui ne sont visibles qu'au microscope.

ANNÉLIDES. — Classe de vers chez lesquels la surface du corps présente une division plus ou moins distincte en anneaux ou segments, généralement pourvus d'annexes pour la locomotion et de branchies. Elle inclut les vers marins ordinaires, les vers de terre et les sangsues.

ANORMAL. — Contraire à la règle générale.

ANTENNES. — Organes articulés attachés à la tête chez les insectes, les crustacés et les centipèdes, et n'appartenant pas à la bouche.

ANTHÈRES. — Sommets des étamines des fleurs, produisant le pollen ou poussière fécondante.

APLACENTALIA, APLACENTATA ou MAMMIFÈRES APLACENTAIRES. — Voir *Mammifères*.

APOPHYSES. — Portions des os en saillie, servant ordinairement de point d'attache aux muscles, aux ligaments, &c.

ARCHÉTYPAL. — Qui est propre ou appartient à l'archétype, ou forme idéale primitive d'après laquelle tous les êtres d'un groupe semblent organisés.

ARTICULÉS. — Grande division du règne animal caractérisée généralement par le fait d'avoir la surface du corps divisée en anneaux, appelés segments, dont un nombre plus ou moins grand est pourvu de pattes articulées (comme les insectes, les crustacés et les centipèdes).

ASYMÉTRIQUE. — Qui a les deux côtés dissemblables.
ATROPHIÉ. — Dont le développement s'est arrêté à un stade très précoce.
AVORTÉ. — On dit qu'un organe est avorté lorsque son développement s'est arrêté à un stade très précoce.

BALANUS. — Ce genre renferme les glands de mer communs qui vivent en abondance sur les rochers du littoral.
BASSIN [ou PELVIS. *Ndt.*]. — Arc osseux auquel sont articulés les membres postérieurs des animaux vertébrés.
BATRACIENS. — Classe d'animaux parents des reptiles, mais subissant une métamorphose particulière, dans laquelle le jeune animal est généralement aquatique et respire au moyen de branchies. (*Exemples* : grenouilles, crapauds et salamandres.)
BLOCS ERRATIQUES. — Grands blocs de pierre transportés, généralement englobés dans des argiles ou des graviers.
BRACHIOPODA. — Classe de Mollusques marins, ou animaux à corps mou, pourvus d'une coquille bivalve, attachée à des objets sous-marins par une tige qui passe par une ouverture existant dans l'une des valves, et pourvus de bras à franges par l'action desquels la nourriture est portée à la bouche.
BRANCHIAL. — Qui appartient aux ouïes ou branchies.
BRANCHIES. — Ouïes ou organes servant à respirer dans l'eau.

CAMBRIEN (SYSTÈME). — Série de très anciennes roches paléozoïques, entre le Laurentien et le Silurien. Jusqu'à une époque récente, on les considérait comme les roches fossilifères les plus anciennes.
CANIDÉS. — Famille des chiens, comprenant le chien, le loup, le renard, le chacal, &c.
CARAPACE. — Coquille enveloppant la partie antérieure du corps chez les crustacés en général ; également appliqué aux parties dures des cirripèdes, évoquant une coquille.
CARBONIFÈRE. — Ce terme s'applique à la grande formation qui comprend, parmi d'autres roches, les couches de houille. Elle

appartient au plus ancien système de formations, ou système Paléozoïque.

CAUDAL. — Propre ou appartenant à la queue.

CÉPHALOPODES. — Classe la plus élevée des Mollusques, ou animaux à corps mou, caractérisés par une bouche entourée d'un nombre plus ou moins grand de bras charnus ou tentacules qui, chez la plupart des espèces vivantes, sont pourvus de ventouses. (*Exemples* : seiche, nautile.)

CÉTACÉS. — Ordre de Mammifères comprenant les baleines, les dauphins, &c., ayant un corps pisciforme, la peau nue et les membres antérieurs seuls développés.

CHÉLONIENS. — Ordre de reptiles comprenant les tortues de mer, les tortues de terre, &c.

CIRRIPÈDES. — Ordre de crustacés comprenant les bernacles et les glands de mer. Leurs jeunes ressemblent par la forme à ceux de beaucoup d'autres crustacés ; mais, parvenus à l'âge adulte, ils sont toujours attachés à d'autres objets, soit directement, soit au moyen d'une tige, et leur corps est enfermé dans une coquille calcaire composée de plusieurs pièces, dont deux peuvent s'ouvrir pour laisser sortir un faisceau de tentacules entortillés et articulés qui représentent les membres.

COCCUS. — Genre d'insectes comprenant la cochenille. Le mâle est chez eux une toute petite mouche ailée, et la femelle généralement une masse privée de mouvement, ressemblant à une baie.

COCON. — Étui fait d'une matière ordinairement soyeuse dans lequel les insectes sont fréquemment enveloppés pendant la seconde période ou période de repos (nymphe) de leur existence. Le terme de « stade du cocon » est employé comme équivalent de « stade nymphal ».

CŒLOSPERME. — Terme appliqué aux fruits des Ombellifères qui ont la graine creusée sur sa face interne.

COLÉOPTÈRES. — Scarabées, ordre d'insectes ayant des organes buccaux masticateurs et la première paire d'ailes plus ou moins cornée, formant un fourreau pour la seconde paire, et se réunissant ordinairement au bas du dos suivant une ligne droite médiane.

COLONNE. — Organe particulier chez les fleurs des orchidées, dans lequel s'unissent les étamines, le style et le stigmate (les parties de la reproduction).

COMPOSITÆ ou PLANTES COMPOSÉES. — Plantes chez lesquelles l'inflorescence consiste en petites fleurs nombreuses (fleurons) rassemblées en une tête compacte, dont la base est enclose dans une enveloppe commune. (*Exemples* : la marguerite, le pissenlit, &c.)

CONFERVES. — Herbes filamenteuses d'eau douce.

CONGLOMÉRAT. — Bloc fait de fragments de roche ou de cailloux, amalgamés par quelque autre matériau.

COROLLE. — Seconde enveloppe d'une fleur, ordinairement composée d'organes colorés semblables à des feuilles (pétales), qui peuvent être unis par leurs bords soit dans leur partie basale, soit entièrement.

CORRÉLATION. — Coïncidence normale d'un phénomène, d'un caractère, &c., avec un autre.

CORYMBE. — Faisceau de fleurs dans lequel celles qui naissent de la partie inférieure de la tige florale sont portées sur des tiges longues, de telle manière qu'elles sont à peu près de niveau avec les fleurs supérieures.

COTYLÉDONS. — Premières feuilles, ou feuilles de graine, des plantes.

CRUSTACÉS. — Classe d'animaux articulés, ayant la peau du corps généralement plus ou moins durcie par le dépôt de matière calcaire, et respirant au moyen de branchies. (*Exemples* : crabe, homard, crevette, &c.)

CURCULIO. — Ancien terme générique pour les coléoptères connus sous le nom de charançons, caractérisés par leurs tarses à quatre articles, et par une tête qui se prolonge en une sorte de bec, sur les côtés duquel s'insèrent les antennes.

CUTANÉ. — Propre ou appartenant à la peau.

DÉGRADATION. — Érosion du sol par l'action de la mer ou par des agents atmosphériques.

DENTELURES. — Dents évoquant celles d'une scie.

DÉNUDATION. — Érosion de la surface de la terre par l'eau.

DÉVONIEN (SYSTÈME ou formation) — Série de roches paléozoïques, comprenant le Vieux Grès Rouge.

DICOTYLÉDONES ou PLANTES DICOTYLÉDONÉES. — Classe de plantes caractérisées par le fait d'avoir deux feuilles de graine [cotylédons. *Ndt.*], par la formation de bois nouveau entre l'écorce et le bois ancien (croissance exogène), ainsi que par l'aspect réticulé des nervures des feuilles. Les parties des fleurs se comptent généralement en multiples de cinq.

DIFFÉRENCIATION. — Séparation ou discrimination de parties ou d'organes qui sont plus ou moins unis dans des formes de vie plus simples.

DIMORPHE. — Qui a deux formes distinctes. Le dimorphisme est la condition d'une même espèce apparaissant sous deux formes dissemblables.

DIOÏQUE. — Qui a les organes des sexes sur des individus distincts.

DIORITE. — Forme particulière de roche verte.

DORSAL. — Propre ou appartenant au dos.

ÉDENTÉS. — Ordre particulier de quadrupèdes caractérisés par l'absence, au moins, des incisives médianes (de devant) dans les deux mâchoires. (*Exemples* : les paresseux et les tatous.)

ÉLYTRES. — Ailes antérieures durcies des coléoptères, servant de fourreaux pour les ailes postérieures membraneuses qui constituent les organes véritables du vol.

EMBRYOLOGIE. — Étude du développement de l'embryon.

EMBRYON. — Jeune animal en cours de développement dans l'œuf ou l'utérus.

ENDÉMIQUE. — Particulier à une localité donnée.

ENTOMOSTRACÉS. — Division de la classe des Crustacés, ayant tous les segments du corps ordinairement distincts, des branchies attachées aux pattes ou aux organes de la bouche, et les pattes garnies de poils fins. Ils sont généralement de petite taille.

ÉOCÈNE. — La plus ancienne des trois divisions de l'époque Tertiaire des géologues. Les roches de cette période contiennent

Glossaire

une petite proportion de coquilles identiques à des espèces qui vivent actuellement.
ÉPHÉMÈRES (INSECTES). — Insectes apparentés à la mouche de mai.
ÉTAMINES. — Organes mâles des plantes à fleurs, se dressant sur un cercle dans l'espace intérieur des pétales. Ils consistent ordinairement en un filament et une anthère, l'anthère étant la partie essentielle dans laquelle est formé le pollen, ou poussière fécondante.

FAUNE. — Totalité des animaux qui habitent naturellement un certain pays ou une certaine région, ou qui y ont vécu durant une période géologique donnée.
FÉLIDÉS. — Famille du chat.
FLEURONS. — Fleurs imparfaitement développées sous quelques rapports et rassemblées en un épi ou une tête compacte, comme dans les graminées, le pissenlit, &c.
FLORE. — Totalité des plantes croissant naturellement dans un pays, ou durant une période géologique donnée.
FŒTAL. — Propre ou appartenant au fœtus, ou embryon en cours de développement.
FORAMINIFÈRES. — Classe d'animaux très faiblement organisés, et généralement de petite taille, ayant un corps gélatineux, depuis la surface duquel des filaments délicats peuvent être déployés et rétractés pour la préhension d'objets extérieurs, et ayant une coquille calcaire ou siliceuse ordinairement divisée en compartiments et percée de petites ouvertures.
FOSSILIFÈRE. — Qui contient des fossiles.
FOSSOYEUR. — Qui a la faculté de creuser. Les Hyménoptères fossoyeurs sont un groupe d'insectes ressemblant aux guêpes, qui creusent le sol sablonneux pour y faire les nids destinés à leurs petits.
FRENUM (pl. *FRENA*). — Petite bande ou repli de peau.
FUNGI (sing. *FUNGUS*). — Classe de plantes cellulaires, dont les champignons ordinaires, les champignons vénéneux et les moisissures sont des exemples familiers.

FURCULA. — Os fourchu [fourchette. *Ndt.*] formé par l'union des clavicules chez de nombreux oiseaux, comme la poule commune.

GALLINACÉS. — Ordre d'oiseaux dont le poulet commun, le dindon et le faisan sont des représentants bien connus.
GALLUS. — Genre d'oiseaux qui comprend la poule commune.
GANGLION. — Renflement ou nœud d'où partent les nerfs comme d'un centre.
GANOÏDES (POISSONS). — Poissons couverts d'écailles osseuses émaillées d'une manière particulière. Ils sont pour la plupart éteints.
GLACIAIRE (PÉRIODE). — Période de grand froid et d'énorme extension de la glace à la surface de la terre. On croit que des périodes Glaciaires sont survenues à plusieurs reprises au cours de l'histoire géologique de la terre, mais ce terme est généralement appliqué à la fin de l'époque Tertiaire, lorsque presque toute l'Europe était soumise à un climat arctique.
GLANDE. — Organe qui sécrète ou filtre quelque produit particulier à partir du sang des animaux ou de la sève des plantes.
GLOTTE. — Entrée de la trachée dans l'œsophage ou gosier.
GNEISS. — Roche qui se rapproche du granite par sa composition, mais plus ou moins feuilletée, et produite en réalité par la déformation d'un dépôt sédimentaire après sa consolidation.
GRALLATORES. — Oiseaux que l'on nomme échassiers (cigognes, grues, bécasses, &c.), qui sont généralement pourvus de longues pattes, sans plumes au-dessus du tarse, et qui n'ont pas de membranes entre les doigts.
GRANITE. — Roche consistant essentiellement en cristaux de feldspath et de mica dans une masse de quartz.

HABITAT. — Localité dans laquelle un animal ou une plante vit naturellement.
HÉMIPTÈRES. — Ordre ou sous-ordre d'insectes, caractérisés par la possession d'un bec articulé ou rostre, et d'ailes antérieures cornées dans la portion basale et membraneuses à l'extrémité, là

Glossaire

où elles se croisent l'une avec l'autre. Ce groupe comprend les différentes espèces de punaises.
HERMAPHRODITE. — Qui possède les organes des deux sexes.
HOMOLOGIE. — Relation entre parties qui résulte de leur développement à partir de parties embryonnaires correspondantes, soit chez des animaux différents, comme dans le cas du bras de l'homme, de la patte antérieure d'un quadrupède et de l'aile d'un oiseau ; soit dans le même individu, comme dans le cas des pattes antérieures et postérieures chez les quadrupèdes, et des segments ou anneaux, assortis de leurs annexes, dont se compose le corps d'un ver, d'un centipède, &c. On parle dans ce dernier cas d'*homologie sérielle*. Les parties qui se trouvent dans cette relation l'une avec l'autre sont dites *homologues*, et l'on nomme une telle partie ou un tel organe l'*homologue* de l'autre. Chez différentes plantes, les parties de la fleur sont homologues, et en général ces parties sont regardées comme homologues avec les feuilles.
HOMOPTÈRES. — Ordre ou sous-ordre d'insectes ayant (comme les Hémiptères) un bec articulé, mais chez lesquels les ailes antérieures sont ou entièrement membraneuses ou entièrement coriaces. Les cigales, les cercopes et les pucerons en sont des exemples bien connus.
HYBRIDE. — Produit issu de l'union de deux espèces distinctes.
HYMÉNOPTÈRES. — Ordre d'insectes possédant des mandibules aptes à la morsure et ordinairement quatre ailes membraneuses portant quelques nervures. Abeilles et guêpes sont des exemples familiers de ce groupe.
HYPERTROPHIÉ. — Développé à l'excès.

ICHNEUMONIDÉS. — Famille d'insectes hyménoptères dont les membres déposent leurs œufs dans le corps ou les œufs d'autres insectes.
IMAGO. — État reproductif parfait (généralement ailé) d'un insecte.
INDIGÈNES. — Habitants animaux ou végétaux aborigènes d'un pays ou d'une région.

INFLORESCENCE. — Mode d'arrangement des fleurs des plantes.

INFUSOIRES. — Classe d'animalcules microscopiques, ainsi nommés parce qu'ils ont été observés à l'origine dans des infusions de matières végétales. Ils consistent en une matière gélatineuse enclose dans une membrane délicate, dont la totalité ou une partie est pourvue de poils courts et vibratiles (appelés cils), au moyen desquels ces animalcules nagent dans l'eau ou transportent les particules infimes dont ils se nourrissent jusqu'à l'orifice de la bouche.

INSECTIVORE. — Qui se nourrit d'insectes.

INVERTÉBRÉS ou ANIMAUX INVERTÉBRÉS. — Animaux qui ne possèdent pas d'os dorsal ou de colonne spinale.

LACUNES. — Espaces laissés parmi les tissus chez quelques-uns des animaux inférieurs, et faisant office de vaisseaux pour la circulation des fluides du corps.

LAMELLÉ. — Pourvu de lamelles ou petites plaques.

LARVA (pl. *LARVÆ*). — Condition première d'un insecte à sa sortie de l'œuf, quand il a ordinairement la forme d'un ver, d'une chenille ou d'un asticot.

LARYNX. — Partie supérieure de la trachée qui s'ouvre dans le gosier.

LAURENTIEN. — Groupe de roches fort altérées et très anciennes, qui est fort développé le long du cours du Saint-Laurent, d'où son nom. C'est dans ces roches que l'on a trouvé les traces de corps organiques les plus anciennes que l'on connaisse.

LÉGUMINEUSES. — Ordre de plantes représenté par les fèves et les pois communs, ayant une fleur irrégulière dans laquelle un pétale se dresse comme une aile, et où les étamines et le pistil sont enfermés dans un fourreau formé par deux autres pétales. Le fruit est une gousse (ou légume).

LÉMURIDÉS. — Groupe d'animaux à quatre mains, distinct des singes et se rapprochant des quadrupèdes insectivores par certains de leurs caractères et habitudes. Ses représentants ont les narines recourbées ou sinueuses, et une griffe au lieu d'un ongle sur l'index des mains postérieures.

LÉPIDOPTÈRES. — Ordre d'insectes caractérisés par la possession d'une trompe spiralée et de quatre grandes ailes plus ou moins écailleuses. Il comprend les papillons diurnes et nocturnes que tout le monde connaît.
LITTORAL. — Qui habite le rivage maritime.
LOESS. — Dépôt marneux de date récente (Post-Tertiaire), qui occupe une grande partie de la vallée du Rhin.

MALACOSTRACÉS. — La division la plus élevée des Crustacés, comprenant les crabes ordinaires, les homards, les crevettes, &c., ainsi que les cloportes et les puces de mer.
MAMMALIA [MAMMIFÈRES. *Ndt.*]. — La classe la plus élevée des animaux, comprenant les quadrupèdes velus ordinaires, les baleines et l'homme, et caractérisée par la production de jeunes vivants, nourris après leur naissance par le lait des mamelles (*mammæ, glandes mammaires*) de la mère. Une différence frappante dans le développement embryonnaire a conduit à diviser cette classe en deux grands groupes ; dans l'un, quand l'embryon a atteint un certain stade, une connexion vasculaire, nommée le *placenta*, se forme entre l'embryon et la mère ; dans l'autre cette connexion manque, et les jeunes naissent dans un état très incomplet. Les premiers, qui forment la plus grande partie de la classe, sont appelés *mammifères placentaires* ; les seconds, ou *mammifères aplacentaires*, comprennent les marsupiaux et les monotrèmes (*Ornithorhynchus*).
MAMMIFÈRE. — Qui possède des mamelles ou mamelons (voir *MAMMALIA*).
MANDIBULES, chez les insectes. — Première paire ou paire supérieure de mâchoires, qui sont généralement des organes durs, cornés, servant à mordre. Chez les oiseaux ce terme s'applique aux deux mâchoires munies de leur revêtement corné. Chez les quadrupèdes la mandibule est, proprement, la mâchoire inférieure.
MARRON. — Qui est devenu sauvage au sortir d'un état de culture ou de domestication.
MARSUPIAUX. — Ordre de mammifères chez lesquels les petits naissent dans un état de développement très incomplet, et sont

portés par la mère, pendant la période d'allaitement, dans une poche ventrale (*marsupium*), tels les kangourous, les opossums, &c. (voir MAMMIFÈRES).

MAXILLAIRES, chez les insectes. — La second paire, ou paire inférieure de mâchoires, qui sont composées de plusieurs articles, et pourvues d'appendices articulés particuliers nommés palpes, ou antennes.

MÉLANISME. — Contraire de l'albinisme ; développement anormal de matière colorante dans la peau et ses annexes.

MÉTAMORPHIQUES (ROCHES). — Roches sédimentaires qui ont subi une altération, généralement due à l'action de la chaleur, consécutive à leur dépôt et à leur consolidation.

MOELLE ÉPINIÈRE. — Portion centrale du système nerveux chez les Vertébrés, qui descend du cerveau à travers les arcs vertébraux et distribue presque tous les nerfs aux divers organes du corps.

MOLLUSQUES. — L'une des grandes divisions du règne animal, comprenant les animaux à corps mou, ordinairement pourvus d'une coquille, et chez lesquels les ganglions ou centres nerveux ne présentent pas d'arrangement général défini. Ils sont généralement connus sous la dénomination de « coquillages » ; la seiche, les escargots communs, les buccins, les huîtres, les moules et les coques peuvent servir d'exemples.

MONOCOTYLÉDONES, ou PLANTES MONOCOTYLÉDONÉES. — Plantes chez lesquelles la graine ne produit qu'une seule feuille de graine (ou cotylédon) ; caractérisées par l'absence des couches consécutives de bois dans la tige (croissance endogène), par les nervures des feuilles, qui sont généralement droites, et par les parties des fleurs, qui se comptent généralement en multiples de trois. (*Exemples* : graminées, lis, orchidées, palmiers, &c.)

MORAINES. — Accumulations de fragments de roche charriés vers le bas par les glaciers.

MORPHOLOGIE. — Loi de la forme ou de la structure indépendante de la fonction.

MYSIS (STADE). — Stade dans le développement de certains crustacés (langoustes) durant lequel ils ressemblent étroitement

Glossaire 889

aux adultes d'un genre (*Mysis*) appartenant à un groupe légèrement inférieur.

NAISSANT. — Qui commence à se développer.
NATATOIRES. — Adaptés en vue de la nage.
NAUPLIUS (FORME). — Premier stade dans le développement de nombreux Crustacés, appartenant surtout aux groupes inférieurs. À ce stade l'animal a un corps court, avec des indications indistinctes d'une division en segments, et trois paires de membres à franges. Cette forme du cyclope commun d'eau douce a été décrite comme un genre distinct sous le nom de *Nauplius*.
NERVATION. — Arrangement des veines ou nervures sur les ailes des insectes.
NEUTRES. — Femelles imparfaitement développées de certains insectes sociaux (tels que les fourmis et les abeilles), qui accomplissent tous les travaux de la communauté. D'où leur autre nom d'*ouvrières*.
NICTITANTE (MEMBRANE). — Membrane à demi transparente, qui peut recouvrir l'œil chez les oiseaux et les reptiles, soit pour modérer les effets d'une forte lumière, soit pour évacuer des particules de poussière, &c., de la surface de l'œil.

OCELLES. — Yeux simples ou stemmates des insectes, ordinairement situés sur le sommet de la tête entre les grands yeux composés.
ŒSOPHAGE. — Gosier.
OMBELLIFÈRES. — Ordre de plantes chez lesquelles les fleurs, qui contiennent cinq étamines et un pistil avec deux styles, sont soutenues par des supports qui sortent du sommet de la tige florale et s'étendent comme les baleines d'une ombrelle, de manière à amener toutes les fleurs à former une même tête (*ombelle*), presque au même niveau. (*Exemples* : persil et carotte.)
ONGULÉS. — Quadrupèdes à sabots.
OOLITHIQUES. — Grande série de roches secondaires, ainsi nommées à cause de la texture de certaines de ses représentantes, qui semblent constituées d'une masse de petits corps calcaires *ressemblant à des œufs*.

OPERCULE. — Plaque calcaire employée par de nombreux Mollusques pour fermer l'ouverture de leur coquille. Les *valves operculaires* des cirripèdes sont celles qui ferment l'ouverture de la coquille.
ORBITE. — Cavité osseuse dans laquelle se loge l'œil.
ORGANISME. — Être organisé, plante ou animal.
ORTHOSPERME. — Terme appliqué aux fruits des Ombellifères qui ont la graine droite.
OSCULANT. — Sont dits osculants des formes ou des groupes apparemment intermédiaires entre d'autres groupes et les reliant.
OVA. — Œufs.
OVARIUM ou OVAIRE (chez les plantes). — Partie inférieure du pistil ou organe femelle de la fleur, contenant les ovules ou jeunes graines ; du fait de la croissance, après la chute des autres organes de la fleur, l'ovaire se transforme habituellement en fruit.
OVIGÈRE. — Qui porte l'œuf.
OVULES (des plantes). — Graines dans leur première condition.

PACHYDERMES. — Groupe de Mammifères, ainsi nommés à cause de leur peau épaisse, et comprenant l'éléphant, le rhinocéros, l'hippopotame, &c.
PALÉOZOÏQUE. — Système le plus ancien de roches fossilifères.
PALPES. — Appendices articulés à certains des organes de la bouche chez les insectes et les Crustacés.
PAPILIONACÉES. — Ordre de plantes (voir LÉGUMINEUSES). Les fleurs de ces plantes sont nommées *papilionacées*, c'est-à-dire semblables à des papillons, à cause de la ressemblance imaginée des pétales supérieurs développés avec les ailes d'un papillon.
PARASITE. — Animal ou plante vivant sur ou dans un autre organisme, et à ses dépens.
PARTHENOGÉNÈSE. — Production d'organismes vivants par des œufs ou par des graines non fécondés.
PÉDONCULÉ. — Porté sur une tige ou support. Le chêne pédonculé a ses glands portés sur une tige.

PÉLORIE, ou PÉLORISME. — Apparition d'une régularité de structure chez des fleurs de plantes qui portent normalement des fleurs irrégulières.

PÉTALES. — Feuilles de la corolle, ou second cercle d'organes dans une fleur. Elles sont habituellement d'une texture délicate et brillamment colorées.

PHYLLODINEUX. — Qui a des rameaux ou des tiges foliaires aplatis, ressemblant à des feuilles, au lieu de feuilles véritables.

PIGMENT. — Matière colorante produite généralement dans les parties superficielles des animaux. Les cellules qui la sécrètent sont appelées *cellules pigmentaires*.

PINNÉ [ou PENNÉ. *Ndt.*]. — Qui porte des folioles de chaque côté d'une tige centrale.

PISTILS. — Organes femelles d'une fleur, qui occupent le centre des autres organes floraux. Le pistil peut généralement être divisé en ovaire ou germe, en style et en stigmate.

PLACENTALIA, *PLACENTATA*, ou MAMMIFÈRES PLACENTAIRES. Voir MAMMIFÈRES.

PLANTIGRADES. — Quadrupèdes qui marchent sur toute la plante du pied, comme les ours.

PLASTIQUE. — Facilement capable de changement.

PLÉISTOCENE (PÉRIODE). — Portion la plus récente de l'époque Tertiaire.

PLUMULE (chez les plantes). — Bourgeon minuscule entre les feuilles de graine des plantes nouvellement germées.

PLUTONIENNES (ROCHES). — Roches que l'on suppose avoir été produites par l'action du feu dans les profondeurs de la terre.

POLLEN. — Élément mâle chez les plantes à fleurs ; habituellement une poussière fine, produite par les anthères, qui effectue, par contact avec le stigmate, la fécondation des graines. Cette imprégnation a lieu par le moyen de tubes (*tubes polliniques*) qui sortent des grains de pollen adhérant au stigmate, et pénètrent à travers les tissus jusqu'à atteindre l'ovaire.

POLYANDRIQUES (FLEURS). — Fleurs ayant de nombreuses étamines.

POLYGAMES (PLANTES). — Plantes chez lesquelles certaines fleurs sont unisexuelles et d'autres sont hermaphrodites. Les fleurs unisexuelles (mâles et femelles) peuvent se trouver sur la même plante ou sur des plantes différentes.
POLYMORPHIQUE. — Qui présente de nombreuses formes.
POLYZOARIUM. — Structure commune formée par les cellules des Polyzoaires, tels que les fameux tapis de mer.
PRÉHENSILE. — Capable de saisir.
PRÉPOTENT. — Qui a une supériorité de puissance.
PRIMAIRES. — Plumes qui forment la pointe de l'aile d'un oiseau, et qui sont insérées sur la partie qui représente la main de l'homme.
PROPOLIS. — Matière résineuse recueillie pur les abeilles sur les bourgeons de différents arbres, lorsqu'ils s'ouvrent.
PROTÉEN. — Excessivement variable.
PROTOZOAIRES. — Grande division inférieure du règne animal. Ces animaux sont composés d'une matière gélatineuse, et présentent à peine la trace d'organes distincts. Les Infusoires, les Foraminifères et les éponges, avec quelques autres formes, appartiennent à cette division.
PUPA (pl. *PUPÆ*) [PUPE. *Ndt.*] — Second stade dans le développement d'un insecte, d'où il émerge sous la forme reproductive parfaite (ailée). Chez la plupart des insectes, le *stade pupal* se passe dans un repos parfait. La *chrysalide* est l'état pupal des papillons.

RADICULE. — Minuscule racine d'une plante à l'état d'embryon.
RAMUS. — Moitié de la mâchoire inférieure chez les Mammifères. La portion qui monte pour s'articuler avec le crâne est nommée le *ramus ascendant*.
RÉPARTITION. — Étendue de territoire sur laquelle une plante ou un animal est naturellement répandu. *Répartition dans le temps* signifie la répartition d'une espèce ou d'un groupe à travers les couches fossilifères de la croûte terrestre.
RÉTINE. — Membrane interne délicate de l'œil, formée de filaments nerveux provenant du nerf optique, et servant à la perception des impressions produites par la lumière.

Glossaire 893

RÉTROGRESSION. — Développement rétrograde. Quand un animal, en approchant de la maturité, devient moins parfaitement organisé que l'on n'aurait pu s'y attendre d'après les premiers stades de son existence et ses liens de parenté connus, on dit qu'il subit un *développement* ou une *métamorphose rétrograde*.

RHIZOPODES. — Classe d'animaux d'un niveau d'organisation inférieur (Protozoaires), ayant un corps gélatineux, dont la surface peut présenter des saillies en forme de processus ou de filaments semblables à des racines, qui servent à la locomotion et à la préhension de la nourriture. L'ordre le plus important est celui des Foraminifères.

RONGEURS. — Mammifères qui rongent, tels que les rats, les lapins et les écureuils. Ils sont caractérisés en particulier par la possession d'une seule paire de dents incisives en forme de ciseau à chaque mâchoire, un grand espace vide les séparant des dents molaires.

RUBUS. — Genre des Ronces.

RUDIMENTAIRE. — Très imparfaitement développé.

RUMINANTS. — Groupe de quadrupèdes qui ruminent ou remâchent leurs aliments, tels que les bœufs, les moutons et les cerfs. Ils ont les sabots fendus, et sont privés des dents de devant à la mâchoire supérieure.

SACRÉ. — Qui appartient au sacrum, os composé habituellement de deux ou plusieurs vertèbres réunies auxquelles, chez les animaux vertébrés, sont attachés les côtés du bassin.

SARCODE. — Matière gélatineuse dont est composé le corps des animaux inférieurs (Protozoaires).

SCUTELLES. — Plaques cornées dont les pieds des oiseaux sont généralement plus ou moins couverts, en particulier sur l'avant.

SÉDIMENTAIRES (FORMATIONS). — Roches déposées par l'eau, formant des sédiments.

SEGMENTS. — Anneaux transversaux dont se compose le corps d'un animal articulé ou annélide.

SÉPALES. — Feuilles ou segments du calice, ou enveloppe externe d'une fleur ordinaire. Ces feuilles sont habituellement vertes, mais sont quelquefois brillamment colorées.
SESSILE. — Qui n'est pas porté par une tige ou un support.
SILURIEN (SYSTÈME). — Très ancien système de roches fossilifères appartenant à la première partie de la série Paléozoïque.
SOUS-CUTANÉ. — Situé sous la peau.
SPÉCIALISATION. — Discrimination d'un organe particulier pour l'accomplissement d'une fonction particulière.
STERNUM. — Os de la poitrine.
STIGMATE. — Portion apicale du pistil chez les plantes à fleurs.
STIPULES. — Petits organes foliacés placés à la base des pédoncules des feuilles chez de nombreuses plantes.
STYLE. — Portion moyenne du pistil parfait, qui s'élève de l'ovaire comme une colonne et porte le stigmate à son sommet.
SUCEUR. — Adapté à la succion.
SUTURES (dans le crâne). — Lignes de jonction des os dont le crâne est composé.

TARSUS (pl. *TARSI*) [TARSE. *Ndt.*]. — Assemblage d'éléments formant les pieds des animaux articulés, tels que les insectes.
TELEOSTÉENS (POISSONS). — Poissons du type qui nous est familier aujourd'hui, ayant d'ordinaire le squelette complètement ossifié et les écailles cornées.
TENTACULES. — Organes charnus délicats de la préhension ou du toucher, possédés par un grand nombre d'animaux inférieurs.
TERTIAIRE. — Dernière époque géologique, précédant immédiatement l'établissement de l'ordre de choses actuel.
TRACHÉE. — Trachée-artère, ou passage pour l'arrivée de l'air dans les poumons.
TRIDACTYLE. — À trois doigts, ou composé de trois parties mobiles attachées à une base commune.
TRILOBITES. — Groupe particulier de crustacés éteints, ressemblant quelque peu au cloporte par la forme extérieure, et, comme quelques-uns d'entre eux, capables de se rouler en boule. Leurs

Glossaire 895

restes ne se trouvent que dans les roches Paléozoïques, et sont les plus abondants dans celles de la période Silurienne.
TRIMORPHE. — Qui présente trois formes distinctes.

UNICELLULAIRE. — Qui consiste en une seule cellule.

VASCULAIRE. — Qui contient des vaisseaux sanguins.
VERMIFORME. — Qui ressemble à un ver.
VERTÉBRÉS ou ANIMAUX VERTÉBRÉS. — Division la plus élevée du règne animal, ainsi nommée à cause de la présence, dans la plupart des cas, d'une ossature dorsale composée de nombreuses articulations ou *vertèbres*, qui constitue le centre du squelette, et en même temps soutient et protège les parties centrales du système nerveux.
VERTICILLES. — Cercles ou lignes spirales suivant lesquels les parties des plantes sont disposées sur l'axe de croissance.
VÉSICULE GERMINALE. — Petite vésicule de l'œuf des animaux, dont procède le développement de l'embryon.

ZOÉ (STADE). — Premier stade du développement d'un grand nombre de Crustacés supérieurs, ainsi nommé du nom de *Zoëa*, appliqué à ces jeunes animaux lorsqu'ils étaient censés constituer un genre particulier.
ZOOÏDES [aujourd'hui, plus couramment, ZOÏDES. *Ndt.*]. — Chez de nombreux animaux inférieurs (tels les coraux, les méduses, &c.) la reproduction se fait de deux manières, à savoir au moyen d'œufs et par un processus de bourgeonnement avec ou sans séparation du parent de son produit, qui est très souvent différent de celui de l'œuf. L'individualité de l'espèce est représentée par l'ensemble des formes produites entre deux reproductions sexuelles, et ces formes, qui sont apparemment des animaux individuels, ont été nommées *Zooïdes*.

Index

INDEX

Abeille, aiguillon de l', 503.
——, reine, tuant ses rivales, 504.
——, australienne, extermination de l', 357.
Abeilles, fécondant les fleurs, 354.
——, domestiques, ne butinant pas le trèfle rouge, 379.
——, liguriennes, 379.
——, domestiques, instinct de construire des alvéoles, 579.
——, variation dans leurs habitudes, 563.
——, parasites, 574.
Aberrants, groupes, 803.
Abyssinie, plantes d', 744.
Acclimatation, 431.
Acclimatation de formes distinctes des espèces indigènes, 399.
Acclimatation en Nouvelle-Zélande, 503.
Accroissement, taux d', 344.
Açores, flore des, 732.
Adoxa, 516.
Affinités des espèces éteintes, 695.
——, des êtres organiques, 803.
Agassiz, sur l'*Amblyopsis*, 431.
——, sur l'apparition soudaine de groupes d'espèces, 671.
——, sur les formes prophétiques, 695.
——, sur la série embryologique, 706.
——, sur la période glaciaire, 735.
——, sur les caractères embryologiques, 788.
——, sur les formes tertiaires les plus récentes, 663.
——, sur le parallélisme du développement embryologique et de la série géologique, 827.
——, Alex., sur les pédicellaires, 540.
Aiguillon de l'abeille, 503.

Ailes, réduction de taille, 426.
—— des insectes homologues des branchies, 481.
——, rudimentaires, chez les insectes, 828.
Ajonc, 816.
Algues de Nouvelle-Zélande, 746.
Alligators, combat des mâles, 371.
Amblyopsis, poisson aveugle, 431.
Amérique, du Nord, productions voisines de celles de l'Europe, 738.
——, ——, blocs erratiques et glaciers d', 742.
——, du Sud, absence de formations modernes sur la côte occidentale, 654.
Ammonites, extinction soudaine des, 685.
Anagallis, stérilité de l', 603.
Analogie de variations, 450.
Ancylus, 756.
Andaman, Îles, habitées par un crapaud, 763.
Ânes, rayés, 454.
——, améliorés par sélection, 316.
Animaux, n'ont pas été domestiqués en raison de leur variabilité, 292.
——, domestiques, issus de plusieurs souches, 293.
—— ——, acclimatation des, 433.
—— d'Australie, 400.
—— ayant une fourrure plus épaisse sous les climats froids, 425.
——, aveugles dans les cavernes, 429.
—— éteints, d'Australie, 707.
Anomma, 596.
Antarctiques, îles, flore ancienne des, 751.
Antechinus, 796.
Aptéryx, 471.
Araignées, développement des, 824.
Aralo-caspienne, mer, 708.

Arbres fruitiers, amélioration graduelle des, 311.
——, aux États-Unis, 367.
——, variétés d', acclimatées aux États-Unis, 434.
Arbres sur les îles, appartenant à des ordres particuliers, 762.
—— à sexes séparés, 377.
Archéoptéryx, 671.
Archiac, M. d', sur la succession des espèces, 691.
Archives, géologiques, imparfaites, 643.
Artichaut de Jérusalem, 434.
Ascension, plantes de l', 759.
Asclepias, pollen de l', 487.
Asperge, 727.
Aspicarpa, 787.
Astéries, yeux des, 477
Ateuchus, 427.
Aucapitaine, sur les coquillages terrestres, 767.
Audubon, sur les habitudes de la frégate, 474.
——, sur la variation dans les nids d'oiseaux, 563.
——, sur un héron mangeant des graines, 757.
Australie, animaux d', 400.
——, chiens d', 567.
——, animaux éteints d', 707.
——, plantes européennes en, 745.
——, glaciers d', 742.
Autruche incapable de voler, 525.
Autruche, habitude de déposer ensemble les œufs lors de la ponte, 574.
——, américaine [Nandou. *Ndt*.], deux espèces, 718.
Azara, sur des mouches détruisant le bétail, 353.

Babington, M., sur les plantes britanniques, 325.
Baer, Von, critère de l'organisation la plus élevée, 412.

——, comparaison entre abeille et poisson, 705.
——, ressemblance embryonnaire des Vertébrés, 815.
Baker, *Sir* S., sur la girafe, 523.
Baleines, 529.
Barrande, M., sur les colonies siluriennes, 680.
——, sur la succession des espèces, 692.
——, sur le parallélisme des formations paléozoïques, 694.
——, sur les affinités des anciennes espèces, 696.
Barrières, importance des, 716.
Bassin des femmes, 436.
Bates, M., sur les papillons mimes, 799, 800.
Batraciens sur les îles, 763.
Beauté, comment elle a été acquise, 498, 853.
Bécasse ayant de la terre adhérant à la patte, 732.
Bentham, M., sur les plantes britanniques, 325.
——, sur la classification, 789.
Berkeley, M., sur les graines dans l'eau salée, 727.
Bermudes, oiseaux des, 761.
Blatte, 357.
Blocs, erratiques, sur les Açores, 732.
Blyth, M., sur le caractère distinct du bétail indien, 293.
——, sur un hémione rayé, 454.
——, sur les oies croisées, 609.
Bois flottant, 729.
Borrow, M., sur le chien d'arrêt espagnol, 309.
Bory St. Vincent [*sic*. Ndt.], sur les Batraciens, 763.
Bosquet, M., sur un *Chthamalus* fossile, 671.
Boue, graines dans de la, 757.
Bourdons, alvéoles des, 580.
Bousiers, avec des tarses manquants, 427.

Index

Bovins détruisant les sapins, 353.
—— détruits par les mouches au Paraguay, 353.
——, races de, localement éteintes, 394.
——, fécondité des races indiennes et européennes, 609.
——, indiens, 293, 609.
Branchies, 481, 483.
—— des crustacés, 488.
Braun, le Prof., sur les graines des Fumariacées, 517.
Brent, M., sur les culbutants d'intérieur, 566.
Broca, le Prof., sur la sélection naturelle, 512.
Bronn, le Prof., sur la durée des formes spécifiques, 659,
——, diverses objections de, 511.
Brown, Robert, sur la classification, 786.
Brown-Séquard, sur les mutilations héréditaires, 427.
Bruyère, changements dans la végétation, 353.
Busk, M., sur les Polyzoaires, 543.
Buzareingues, sur la stérilité des variétés, 633.

Calao, instinct remarquable du, 599.
Calceolaria, 607.
Canard, domestique, ailes du, réduites, 286.
——, bec du, 530.
——, lourdaud, 471.
Canaris, stérilité des hybrides, 608.
Cap de Bonne-Espérance, plantes du, 417, 744.
Cap-Vert, Îles du, productions des, 769.
——, plantes des, sur les montagnes, 745.
Caprices chez les plantes, 285.
Caractères, divergence des, 395.
——, sexuels, variables, 442, 447.
——, adaptatifs ou analogiques, 784.

Carpenter, le D^r, sur les foraminifères, 704.
Carthamus, 516.
Catasetum, 492, 793.
Cavernes, habitants des, aveugles, 429.
Cécidomyie, 815.
Cécité des animaux cavernicoles, 429.
Celtes, prouvant l'ancienneté de l'homme, 292.
Centres de création, 721.
Céphalopodes, structure des yeux, 487.
——, développement des, 819.
Cercopithecus, queue du, 537.
Cerfs-volants [Lucanes], combats, 371.
Ceroxylus laceratus, 528.
Cervulus, 608.
Cétacé, dents et poils, 436.
——, développement du fanon, 529.
Cétacés, 533.
Ceylan, plantes de, 745.
Chats, aux yeux bleus, sourds, 286.
——, variation dans les habitudes des, 565.
—— ondulant de la queue lorsqu'ils s'apprêtent à bondir, 502.
Chauves-souris, comment elles ont acquis leur structure, 470.
——, répartition des, 764.
Chélates [pinces. *Ndt.*] des Crustacés, 543.
Chênes, variabilité des, 328.
Cheval, fossile, à La Plata, 685.
——, proportions du, quand il est jeune, 820.
Chevaux, détruits par les mouches au Paraguay, 353.
——, rayés, 454.
Chevaux de course, arabes, 309.
——, anglais, 724.
Chien, ressemblance de sa mâchoire avec celle du *Thylacinus*, 797.
Chien d'arrêt, origine du, 308.
——, habitudes du, 565.

Chiens, nus, ayant des dents imparfaites, 287.
—— descendent de plusieurs souches sauvages, 294.
——, instincts domestiques des, 565.
——, civilisation héréditaire des, 566.
——, interfécondité des races, 609.
——, —— des croisements, 821.
——, proportions du corps dans les différentes races, lorsqu'ils sont jeunes, 821.
Chironomus, sa reproduction asexuelle, 815.
Chou, variétés de, croisées, 384.
Chthamalinæ, 652.
Chthamalus, espèce du Crétacé, 652.
Circonstances favorables à la sélection de produits domestiques, 314.
—— —— à la sélection naturelle, 386.
Cirripèdes capables de se croiser, 385.
——, carapace avortée, 440.
——, leurs freins ovigères, 483.
——, fossiles, 671.
——, larves de, 817.
Claparède, le Prof., sur les chélicères des Acaridés leur permettant de s'accrocher aux poils, 489.
Clarke, le Rév. W.B., sur les anciens glaciers en Australie, 742.
Classification, 781.
Clift, M., sur la succession des types, 707.
Climat, ses effets, frein à l'accroissement des êtres, 349.
——, son adaptation aux organismes, 431.
Cobite, intestin du, 481.
Cognassiers, greffes de, 616.
Coléoptères, aptères, à Madère, 427.
—— avec des tarses manquants, 427.
Collections, paléontologiques, pauvres, 651.
Columba livia, souche des pigeons domestiques, 297.
Colymbetes, 756.

Compensation de croissance, 439.
Composées, fleurs et graines des, 437.
——, fleurons extérieurs et intérieurs des, 516.
——, fleurs mâles des, 830.
Conclusion, générale, 863.
Conditions, léger changement dans les, favorable à la fécondité, 614.
Convergence des genres, 416.
Cope, le Prof., sur l'accélération ou le retardement de la période de reproduction, 483.
Coqs de bruyère, couleurs des, 367.
——, rouge [Lagopède], espèce douteuse, 326.
Coquillages, couleurs des, 424.
——, charnières des, 490.
——, littoraux, rarement ensevelis, 652.
——, d'eau douce, conservent longtemps les mêmes formes, 703.
——, d'eau douce, dispersion des, 753.
——, de Madère, acclimatés, 760.
——, terrestres, répartition des, 755.
——, résistant à l'eau salée, 760.
Corail, îles de, graines transportées sur les, 726.
—— récifs, indiquant des mouvements de la terre, 726.
Cornes, rudimentaires, 833.
Coryanthes, 491.
Coucou, instinct du, 559, 569.
Couleur, influencée par le climat, 424.
——, en rapport avec les attaques des mouches, 494.
Courants marins, vitesse des, 728.
Courges, croisées, 633.
Craie, formation de la, 672.
Crainte, instinctive, chez les oiseaux, 564.
Crânes des jeunes mammifères, 496, 811.
Crapauds sur des îles, 763.
Création, centres uniques de, 721.
Crinum, 606.

Index

Criquets transportant des graines, 731.
Crochets sur les palmiers, 496.
—— sur les graines des îles, 762.
Croll, M., sur la dénudation subaérienne, 647, 650.
——, sur l'âge de nos formations les plus anciennes, 674.
——, sur l'alternance des Périodes glaciaires dans le nord et le sud, 743.
Croisement des animaux domestiques, importance dans la modification des races, 294.
——, avantages du, 376.
——, défavorable à la sélection, 386.
Croisements, réciproques, 613.
Croissance, compensation de, 439.
Crüger, le D^r, sur *Coryanthes*, 491.
Crustacé, aveugle, 429.
—— à respiration aérienne, 488.
Crustacés de Nouvelle-Zélande, 746.
Crustacés, leurs chélates, 543.
Cryptocerus, 594.
Ctenomys, aveugle, 428.
Cunningham, M., sur le vol du canard lourdaud, 426.
Cuvier, sur les conditions d'existence, 508.
——, sur les singes fossiles, 670.
——, Fréd., sur l'instinct, 508.
Cyclostoma, résistant à l'eau salée, 767.

Dana, le Prof., sur les animaux aveugles des cavernes, 430.
——, sur les relations des crustacés du Japon, 741.
——, sur les crustacés de Nouvelle-Zélande, 746.
Dawson, le D^r, sur *eozoon* [*sic*, sans majuscule. *Ndt*.], 675.
De Candolle, Aug. Pyr., sur la lutte pour l'existence, 343.
——, sur les ombellifères, 438.
——, sur les affinités générales, 804.
De Candolle, Alph., sur la variabilité des chênes, 329.

——, sur les plantes inférieures, largement dispersées, 756.
——, sur la variabilité des plantes à vaste répartition, 333.
——, sur l'acclimatation, 399.
——, sur les graines ailées, 438.
——, sur des espèces alpines devenant soudainement rares, 464.
——, sur la répartition des plantes à grosses graines, 729.
——, sur la végétation de l'Australie, 748.
——, sur les plantes d'eau douce, 756.
——, sur les plantes insulaires, 759.
Défaut d'usage, effets du, à l'état de nature, 425.
Dégradation des roches, 647.
Dents et poils en corrélation, 436.
——, rudimentaires, chez l'embryon du veau, 833, 862.
Dénudation, vitesse de la, 650.
—— des roches les plus anciennes, 675.
—— des aires granitiques, 658.
Développement des formes anciennes, 703.
Dévonien, système, 700.
Dianthus, fécondité des croisements, 611.
Dimorphisme chez les plantes, 323, 626.
Dindon mâle, touffe de poils sur le poitrail, 373.
——, peau nue sur la tête, 496.
——, jeune du, instinctivement sauvage, 568.
Dispersion, moyens de, 725.
—— durant la période glaciaire, 734.
Divergence de caractère, 395.
Diversification des moyens en vue d'un même but général, 488.
Division, physiologique, du travail, 400.
Domestication, variation à l'état de, 281.

Downing, M., sur les arbres fruitiers en Amérique, 367.
Draine, 357.
Dugong, affinités du, 784.
Dytique, 756.

Earl, M. W., sur l'Archipel Malais, 765.
Eau douce, dispersion de ses productions, 753.
Eau de mer, son degré de nocivité pour les graines, 727.
——, ne détruit pas les coquillages terrestres, 767.
Eau salée, son degré de nocivité pour les graines, 727.
——, ne détruit pas les coquillages terrestres, 767.

Échassiers, oiseaux, 756.
Échinodermes, leurs pédicellaires, 540.
Eciton, 594.
Économie de l'organisation, 439.
Écureuils, gradations dans la structure, 469.
Édentés, dents et poils, 436.
——, espèces fossiles d', 858.
Edwards, Milne, sur la division physiologique du travail, 400.
——, sur les gradations de structure, 493.
——, sur les caractères embryologiques, 788.
Égypte, ses productions, non modifiées, 510.
Éléphant, taux d'accroissement, 345.
——, de la période glaciaire, 433.
Embryologie, 814.
Entrecroisement, avantages de l', 376, 625.
Eozoon Canadense [*sic*, majuscule à l'initiale du nom d'espèce. *Ndt.*], 675.
Épagneul, race King Charles, 309.
Épilepsie héréditaire, 427.

Épine-vinette, fleurs de l', 382.
Équilibre de croissance, 439.
Espèces, polymorphes, 322.
——, dominantes, 332.
——, communes, variables, 332.
—— variables dans les grands genres, 334.
——, groupes d', apparaissant soudainement 668, 671.
—— sous les formations Siluriennes, 674.
—— apparaissant successivement, 679.
—— changeant simultanément dans le monde entier, 689.
Étoiles de mer, yeux des, 477.
——, leurs pédicellaires, 540.
Existence, lutte pour l', 341.
——, conditions d', 423.
Extinction, en rapport avec la sélection naturelle, 410.
——, des variétés domestiques, 406.
——, 684.

Fabre, M., sur les combats d'hyménoptères, 371.
——, sur le sphex parasite, 574.
——, sur le *Sitaris*, 825.
Failles, 648.
Faisan, jeune, caractère sauvage, 568.
Falconer, le D^r, sur la naturalisation des plantes en Inde, 346.
——, sur les éléphants et les mastodontes, 686.
—— et Cautley, sur les mammifères des couches sub-himalayennes, 709.
Falkland, Îles, loup des, 764.
Fanon, 529.
Faunes, marines, 694.
Faux bourdons tués par d'autres abeilles, 504.
Fécondation diversement effectuée, 490, 500.

Index

Fécondité des hybrides, 605.
——, résultant de légers changements dans les conditions, 625.
Fécondité des variétés croisées, 630.
Fleurs, structure des, en rapport avec le croisement, 376.
——, des composées et des ombellifères, 437, 516.
——, beauté des, 500.
——, doubles, 593.
Flower, le Prof., sur le Larynx, 540.
——, sur *Halitherium*, 696.
——, sur la ressemblance entre les mâchoires du chien et de *Thylacinus*, 797.
——, sur l'homologie des pieds de certains marsupiaux, 808.
Flysch, formation du, dépourvue de restes organiques, 653.
Forbes, M. D., sur l'action glaciaire dans les Andes, 742.
——, E., sur les couleurs des coquillages, 424.
——, sur la succession brusque des coquillages dans les profondeurs, 464.
——, sur la pauvreté des collections paléontologiques, 652.
——, sur la succession continue des genres, 683.
——, sur les extensions continentales, 725.
——, sur la répartition durant la période glaciaire, 735.
——, sur le parallélisme dans le temps et dans l'espace, 779.
Forêts, changements dans les, en Amérique, 355.
Formation Dévonienne, 700.
——, Cambrienne, 674.
Formations, épaisseur des, en Grande-Bretagne, 649.
——, intermittentes, 653.
Formes, faiblement organisées, subsistant longtemps, 415.

Formica rufescens, 579.
——, *sanguinea*, 575.
——, *flava*, neutre de, 595.
Foulque, 475.
Fourmi légionnaire, 594.
Fourmis prenant soin des pucerons, 562.
——, instinct esclavagiste, 569.
——, neutres, structure des, 594.
Fourrure, plus épaisse dans les climats froids, 425.
Frégate, 474.
Freins, ovigères, des cirripèdes, 483.
Freins à l'accroissement, 351.
——, mutuels, 353.
Fries, sur les espèces dans les grands genres, étroitement alliées à d'autres espèces, 337.
Froment, variétés de, 398.
Fucus, croisés, 613, 621.

Galápagos, Archipel des, oiseaux de l', 760.
——, productions de l', 768, 771.
Galaxias, sa vaste répartition, 754.
Galéopithèque, 470.
Gärtner, sur la stérilité des hybrides, 602, 607.
——, sur les croisements réciproques, 613.
——, sur le maïs et le *verbascum* croisés, 633.
——, sur la comparaison des hybrides et des métis, 635.
Gaudry, le Prof., sur des genres intermédiaires de mammifères fossiles en Attique, 695.
Geikie, M., sur la dénudation subaérienne, 647.
Généalogie, importante dans la classification, 790.
Générations, alternantes, 814.
Geoffroy St. Hilaire, sur l'équilibre, 439.
——, sur les organes homologues, 808.

——, Isidore, sur la variabilité des parties répétées, 440.
——, sur la corrélation, dans les monstruosités, 286.
——, sur la corrélation, 435.
——, sur les parties variables, souvent monstrueuses, 440.
Géographie, ancienne, 873.
Géographique, répartition, 715.
Géologie, progrès à venir de la, 873.
——, imperfection des archives, 873.
Gervais, le Prof., sur le *Typotherium*, 696.
Gibier, accroissement du, freiné par la vermine, 349.
Girafe, queue de la, 494.
——, structure de la, 521.
Glaciaire, période, 734.
——, affectant le nord et le sud, 741.
Glandes, mammaires, 538.
Gmelin, sur la répartition, 735.
Godwin-Austen, M., sur l'Archipel Malais, 666.
Goethe, sur la compensation de croissance, 439.
Gomphia, 518.
Gould, le Dr Aug. A., sur les coquillages terrestres, 767.
——, M., sur les couleurs des oiseaux, 424.
——, sur les instincts du coucou, 571.
——, sur la répartition des genres d'oiseaux, 774.
Graba, sur l'*Uria lacrymans*, 376.
Graines, substance nutritive dans les, 358.
——, ailées, 438.
——, moyens de dissémination, 490, 500, 731, 732.
——, capacité de résister à l'eau salée, 727.
——, dans le jabot et l'intestin des oiseaux, 730.
——, avalées par les poissons, 730, 757.

—— dans la boue, 757.
——, crochues, sur les îles, 762.
Grande-Bretagne, mammifères de, 765.
Granite, surfaces dénudées de, 657.
Gray, le Dr Asa, sur la variabilité des chênes, 330.
——, sur l'homme ne causant pas la variabilité, 361.
——, sur les sexes du houx, 377.
——, sur les arbres des États-Unis, 385.
——, sur des plantes acclimatées aux États-Unis, 399.
——, sur l'estivation, 518.
——, sur les plantes alpines, 734.
——, sur la rareté des variétés intermédiaires, 465.
——, le Dr J.E., sur un mulet rayé, 454.
Grèbe, 474.
Greffe, aptitude à la, 616.
Grenouilles sur les îles, 763.
Grimm, sur la reproduction asexuelle, 815.
Grimpantes, plantes, 481.
——, développement des, 547.
Grive, espèce aquatique de, 474.
——, moqueuse, des Galápagos, 772.
——, jeunes de la, tachetés, 816.
——, nid de la, 599.
Groseilliers à maquereau, greffes de, 617.
Groseilliers, greffes de, 617.
Groupes, aberrants, 803.
Gui, relations complexes du, 277.
Günther, le D^r, sur les poissons plats, 536.
——, sur les queues préhensiles, 537.
——, sur les poissons de Panama, 717.
——, sur la répartition des poissons d'eau douce, 754.
——, sur les membres du Lépidosirène, 831.

Haast, le D^r, sur les glaciers de Nouvelle-Zélande, 742.
Habitude, effet de l', à l'état domestique, 285.
——, effet de l', à l'état naturel, 425.
——, diversifiée, dans une même espèce, 472.
Häckel, le Prof., sur la classification et les lignes de filiation, 807.
Halitherium, 696.
Harcourt, M. E.V., sur les oiseaux de Madère, 761.
Haricot, acclimatation du, 434.
Hartung, M., sur des blocs erratiques aux Açores, 733.
Hearne, sur les habitudes des ours, 473.
Hector, le D^r, sur les glaciers de Nouvelle-Zélande, 742.
Heer, Oswald, sur d'anciennes plantes cultivées, 293.
——, sur les plantes de Madère, 391.
Helianthemum, 518.
Helix, résistant à l'eau salée, 767.
Helix pomatia, 767.
Helmholtz, M., sur l'imperfection de l'œil humain, 503.
Helosciadium, 728.
Hémione, rayé, 454.
Hensen, le D^r, sur les yeux des Céphalopodes, 487.
Herbert, W., sur la lutte pour l'existence, 343.
——, sur la stérilité des hybrides, 605.
Herbes, variétés d', 398.
Hérédité, lois de l', 288.
——, aux âges correspondants, 288, 372.
Hermaphrodites se croisant, 381.
Héron avalant des graines, 757.
Heron, *Sir* R., sur les paons, 372.
Heusinger, sur les animaux blancs empoisonnés par certaines plantes, 286.
Hewitt, M., sur la stérilité des premiers croisements, 621.

Hildebrand, le Prof., sur l'autostérilité de *Corydalis*, 606.
Hilgendorf, sur les variétés intermédiaires, 659.
Himalaya, glaciers de l', 742.
——, plantes de l', 745.
Hippeastrum, 606.
Hippocampus, 538.
Hirondelle, une espèce en supplante une autre, 357.
Histoire naturelle, progrès à venir de l', 873.
Hofmeister, le Prof., sur les mouvements des plantes, 549.
Homme, origine de l', 873.
Hooker, le D^r, sur les arbres de Nouvelle-Zélande, 385.
——, sur l'acclimatation d'arbres de l'Himalaya, 432.
——, sur les fleurs des ombellifères, 437.
——, sur la position des ovules, 515.
——, sur les glaciers de l'Himalaya, 742.
——, sur des algues de Nouvelle-Zélande, 745.
——, sur la végétation au pied de l'Himalaya, 746.
——, sur des plantes de la Terre de Feu, 744.
——, sur les plantes australiennes, 745, 769.
——, sur les relations de la flore d'Amérique, 748.
——, sur la flore des terres antarctiques. 751, 768.
——, sur les plantes des Galápagos, 762, 768.
——, sur les glaciers du Liban, 742.
——, sur l'homme ne causant pas la variabilité, 361.
——, sur les plantes des montagnes de Fernando-Pô, 744.
Hopkins, M., sur la dénudation, 656.
Horticulteurs, sélection appliquée par les, 306.

Houx, sexes des, 377.
Huber, sur les alvéoles des abeilles, 585.
——, P., sur la raison mêlée à l'instinct, 560.
——, sur la nature habituelle des instincts, 560.
——, sur les fourmis esclavagistes, 574.
——, sur *Melipona domestica*, 580.
Hudson, M., sur le Pic terrestre de La Plata, 474.
——, sur le *Molothrus*, 572.
Hunter, J., sur les caractères sexuels secondaires, 442.
Hutton, le Capitaine, sur des oies croisées, 609.
Huxley, le Prof., sur la structure des hermaphrodites, 385.
——, sur les affinités des Siréniens, 696.
——, sur des formes reliant oiseaux et reptiles, 696.
——, sur les organes homologues, 813.
——, sur le développement des pucerons, 819.
Hybrides et métis comparés, 635.
Hybridisme, 601.
Hydre, structure de l', 481.
Hyménoptère, insecte, plongeur, 475.
Hyménoptères, combattants, 371.
Hyoseris, 516.

Ibla, 440.
Icebergs transportant des graines, 733.
Îles, océaniques, 759.
——, Caraïbes, mammifères des, 765.
——, volcaniques, dénudation des, 650.
Individus, leur grand nombre favorable à la sélection, 386.
Individus, nombreux, s'ils ont été ou non créés simultanément, 724.
Infériorité de structure liée à la variabilité, 439.

——, en rapport avec une vaste répartition, 775.
Insectes, couleur des, adaptée à leurs stations, 367.
——, littoraux, couleurs des, 424.
——, aveugles, dans les cavernes, 429.
——, lumineux, 486.
——, leur ressemblance avec divers objets, 527.
——, neutres, 594.
Instinct, 559.
——, ne variant pas simultanément avec la structure, 592.
——, esclavagiste, 574.
Instincts, domestiques, 565.
Isolement favorable à la sélection, 388.

Japon, productions du, 741.
Java, plantes de, 745.
Jones, M. J.M., sur les oiseaux des Bermudes, 761.
Jourdain, M., sur les taches oculaires des étoiles de mer, 477.
Jukes, le Prof., sur la dénudation subaérienne, 647.
Jussieu, sur la classification, 787.

Kentucky, cavernes du, 430.
Kerguelen, flore des, 751, 769.
Kirby, sur le manque des tarses chez des coléoptères, 426.
Knight, Andrew, sur la cause de la variation, 281.
Kölreuter, sur l'Entrecroisement, 381.
——, sur l'épine-vinette, 382.
——, sur la stérilité des hybrides, 602.
——, sur les croisements réciproques, 613.
——, sur les variétés croisées de *nicotiana* [*sic*, sans majuscule à l'initiale. *Ndt.*], 634.
——, sur le croisement de fleurs mâles et hermaphrodites, 829.

Index

Lamantin, ongles rudimentaires du, 833.
Lamarck, sur les caractères adaptatifs, 795.
Lancelet, 414.
——, yeux du, 479.
Landois, sur le développement des ailes des insectes, 482.
Langues, classification des, 792.
Lankester, M. E. Ray, sur la Longévité, 510.
——, sur les homologies, 812.
Lapin, dispositions du jeune, 567.
Larves, 816.
Laurentienne, formation, 675.
Laurier, nectar sécrété par les feuilles, 376.
Légumineuses, nectar sécrété par les glandes, 376.
Leibnitz [*sic*. Ndt.], attaque contre Newton, 864.
Lentille d'eau, 755.
Lépidosirène, 391, 697.
——, membres à l'état naissant, 831.
Lewes, M. G.H., sur des espèces non modifiées en Égypte, 510.
——, sur la *Salamandra atra*, 829.
——, sur les nombreuses formes de vie évoluées dès le commencement, 869.
Libellules, intestins des, 481.
Lingule, silurienne, 680.
Linné, aphorisme de, 784.
Lion, crinière du, 372.
——, jeune du, rayé, 817.
Lobelia fulgens, 354, 383.
——, stérilité des croisements, 606.
Lockwood, M., sur les œufs de l'Hippocampe, 538.
Logan, *Sir* W., sur la formation Laurentienne, 675.
Lois de la variation, 423.
Loup croisé avec un chien, 566.
—— des Îles Falkland, 764.
Loups, variétés de, 374.
Loutre, habitudes de la, mode d'acquisition, 469.
Lowe, le Rév. R.T., sur des criquets envahissant Madère, 731.
Lubbock, *Sir* J., sur les nerfs du *coccus*, 321.
——, sur les caractères sexuels secondaires, 448.
—— sur un insecte hyménoptère plongeur, 475.
——, sur les affinités, 665.
——, sur les métamorphoses, 814, 817.
Lucas, le Dr P., sur l'hérédité, 287.
——, sur la ressemblance de l'enfant au parent, 638.
Lund et Clausen, sur les fossiles du Brésil, 708.
Lutte pour l'existence, 341.
Lyell, *Sir* C., sur la lutte pour l'existence, 343.
——, sur les changements modernes de la Terre, 380.
——, sur les animaux terrestres qui ne se sont pas développés sur les îles, 405.
——, sur un coquillage terrestre du Carbonifère, 653.
——, sur des strates inférieures au système Silurien, 674.
——, sur l'imperfection de l'archive géologique, 678.
——, sur l'apparition des espèces, 679.
——, sur les colonies de Barrande, 680.
——, sur les formations tertiaires d'Europe et d'Amérique du Nord, 690.
——, sur le parallélisme des formations tertiaires, 694.
——, sur le transport de graines par les icebergs, 732.
——, sur de grandes alternances du climat, 751.
——, sur la répartition des coquillages d'eau douce, 755.

—, sur les coquillages terrestres de Madère, 772.
Lyell et Dawson, sur des arbres fossilisés en Nouvelle-Écosse, 662.
Lythrum salicaria, trimorphe, 627-629.

Macleay, sur les caractères analogiques, 795.
Macrauchenia, 690.
M'Donnell, le D^r, sur les organes électriques, 485.
Madère, plantes de, 391.
—, coléoptères de, aptères, 428.
—, coquillages terrestres fossiles de, 708.
—, oiseaux de, 761.
Maïs, croisé, 633.
Malais, Archipel, comparé avec l'Europe, 666.
—, mammifères de l', 765.
Mâles, combats de, 371.
Malm, sur les poissons plats, 534.
Malpighiacées, 787.
Malpighiacées, petites fleurs imparfaites des, 515.
Mamelles, leur développement, 538.
—, rudimentaires, 828.
Mammifères, fossiles, dans une formation secondaire, 670.
—, insulaires, 764.
Marsupiaux d'Australie, 400.
—, structure de leurs pieds, 808.
—, espèces fossiles de, 767.
Martens, M., expérience sur des graines, 727.
Martin, M. W.C., sur des mulets rayés, 456.
Martinets, nids de, 591.
Masters, le D^r, sur *Saponaria*, 518.
Matteucci, sur les organes électriques des raies, 485.
Matthiola, croisements réciproques de, 613.
Maurandia, 548.
Melipona domestica, 580.

Merle d'eau [cincle plongeur. *Ndt.*], 474.
Merrell, le D^r, sur le coucou américain, 569.
Mésange, 472.
Métamorphisme des roches les plus anciennes, 674.
Métis, fécondité et stérilité des, 626.
—, et hybrides comparés, 635.
Miller, le Prof., sur les alvéoles des abeilles, 581, 586.
Mirabilis, croisements de, 613.
Mivart, M., sur la relation du poil et des dents, 436.
—, sur les yeux des céphalopodes, 487.
—, objections variées à la sélection naturelle, 520.
—, sur des modifications brusques, 554.
—, sur la ressemblance de la souris et d'*Antechinus*, 796.
Modification des espèces, non brusque, 868.
Molothrus, habitudes du, 574.
Monachanthus, 793.
Monde, espèces changeant simultanément dans le, 689.
Mons, Van, sur l'origine des arbres fruitiers, 303.
Monstruosités, 319.
Montagnes blanches, flore des, 735.
Moquin-Tandon, sur les plantes du littoral, 424.
Morphologie, 807.
Morren, sur les feuilles d'*Oxalis*, 548.
Moutarde des champs, 357.
Moutons, Mérinos, leur sélection, 305.
—, deux sous-races, produites sans intention, 310.
—, variétés de montagne de, 356.
Moyens de dispersion, 725.
Mozart, capacités musicales de, 561.
Mulets, rayés, 456.
Müller, Adolf, sur les instincts du coucou, 570.

Index

Müller, le Dr Ferdinand, sur les plantes alpines d'Australie, 745.
Müller, Fritz, sur des crustacés dimorphes, 323, 597.
——, sur le lancelet, 414.
——, sur des crustacés à respiration aérienne, 488.
——, sur les plantes grimpantes, 548.
——, sur l'auto-stérilité des orchidées, 606.
——, sur l'embryologie en relation avec la classification, 788.
——, sur les métamorphoses des crustacés, 819.
——, sur des organismes terrestres et dulçaquicoles ne subissant aucune métamorphose, 824.
Multiplication des espèces non indéfinie, 417.
Murchison, *Sir* R., sur les formations de Russie, 653.
——, sur les formations azoïques, 674.
——, sur l'extinction, 684.
Murie, le D^r, sur la modification du crâne dans la vieillesse, 484.
Murray, M.A., sur les insectes cavernicoles, 431.
Musaraigne, 796.
Mustela vison, 469.
Myanthus, 793.
Myrmecocystus, 594.
Myrmica, yeux de, 596.

Nägeli, sur les caractères morphologiques, 512.
Nathusius, Von, sur les porcs, 498.
Naudin, sur les variations analogues chez les courges, 451.
——, sur des courges hybrides, 633.
——, sur le retour, 637.
Nautile, silurien, 673.
Navet et chou, leurs variations analogues, 450.
Nectar des plantes, 376.

Nectaires, leur mode de formation, 376.
Nelumbium luteum, 757.
Neutres, insectes, 594, 595.
Newman, le Col., sur les bourdons, 355.
Newton, *Sir* I., attaqué pour irréligion, 864.
——, le Prof., sur de la terre adhérant au pied d'une perdrix, 732.
Nicotiana, variétés croisées de, 634.
——, certaines espèces très stériles, 612.
Nids, variation dans les, 563, 591, 499.
Nitsche, le D^r, sur les Polyzoaires, 543.
Noble, M., sur la fécondité du Rhododendron, 607.
Nodules, phosphatiques, dans les roches azoïques, 675.
Noisettes, 747.
Nouvelle-Zélande, productions de la, non parfaites, 503.
——, produits acclimatés de la, 706.
——, oiseaux fossiles de la, 708.
——, glaciers de la, 742.
——, crustacés de, 745.
——, algues de la, 746.
——, nombre des plantes de la, 759.
——, flore de, 769.

Œil, structure de l', 476.
——, correction des aberrations, 502.
Œufs, jeunes oiseaux se libérant des, 369.
Oies, fécondité dans les croisements, 609.
——, des hautes terres, 475.
Oiseaux acquérant la peur, 563, 564.
——, beauté des, 501.
—— traversant chaque année l'Atlantique, 733.
——, leur couleur, sur les continents, 424.

——, empreintes de pieds et vestiges d', dans les roches secondaires, 671.
——, fossiles, dans les cavernes du Brésil, 708.
——, de Madère, des Bermudes, et des Galápagos, 761.
——, chant des mâles, 372.
—— transportant les graines, 732.
——, échassiers, 756.
——, aptères, 426, 471.
Ombellifères, fleurs et graines des, 437, 438.
——, fleurons extérieurs et intérieurs des, 438.
Ongles, rudimentaires, 833-834.
Onites appelles, 426.
Ononis, petites fleurs imparfaites d', 515.
Orchidées, fécondation des, 491.
——, le développement de leurs fleurs, 546.
——, formes des, 793.
Orchis, pollen des, 487.
Oreilles, tombantes, chez les animaux domestiques, 286.
——, rudimentaires, 833.
Organes d'une extrême perfection, 472.
——, électriques, des poissons, 485.
—— d'importance minime, 495.
——, homologues, 807.
——, rudimentaires, et naissants, 830.
Organes électriques, 485.
Organisation, tendance au progrès, 411.
Ornithorynque, 391, 786.
——, mamelles de l', 539.
Ours, chassant des insectes aquatiques, 473.
Outils de silex, prouvant l'ancienneté de l'homme, 293.
Owen, le Prof., sur les oiseaux non volants, 426.
——, sur la répétition végétative, 441.
——, sur la variabilité des parties exceptionnellement développées, 441.
——, sur les yeux des poissons, 479.
——, sur la vessie natatoire des poissons, 481.
——, sur le cheval fossile de La Plata, 685.
——, sur les formes généralisées, 695.
——, sur les relations des ruminants et des pachydermes, 695.
——, sur les oiseaux fossiles de Nouvelle-Zélande, 708.
——, sur la succession des types, 708.
——, sur les affinités du dugong, 784.
——, sur les organes homologues, 811.
——, sur la métamorphose des céphalopodes, 819.

Pacifique, Océan, faunes de l', 717.
Pacini, sur les organes électriques, 486.
Paley, sur le fait qu'aucun organe n'ait été formé pour apporter de la souffrance, 502.
Pallas, sur la fécondité des descendants domestiques de souches sauvages, 609.
Palmier à crochets, 496.
Palmure des pieds chez les oiseaux aquatiques, 474.
Papaver bracteatum, 517.
Papillons, mimétiques, 799, 800.
Papillons nocturnes, hybrides, 608.
Paraguay, bovins détruits par les mouches, 353.
Parasites, 574.
Perdrix, avec une boule de terre adhérant au pied, 731.
Parties considérablement développées, variables, 440.
Parus major, 473.
Passiflora, 606.
Pêches aux États-Unis, 368.
Pédicellaires, 540.
Pélargonium, fleurs du, 437.
——, stérilité du, 607.

Index

Pélorie, 437.
Période glaciaire, 734.
Pétrels, habitudes des, 474.
Phasianus, fécondité des hybrides, 608.
Pic, habitudes du, 473.
——, couleur verte du, 496.
Pictet, le Prof., sur l'apparition soudaine de groupes d'espèces, 669.
——, sur la vitesse du changement organique, 680.
——, sur la succession continue des genres, 683.
——, sur le changement dans les formes tertiaires les plus récentes, 663.
——, sur l'étroite parenté des fossiles dans les formations qui se suivent, 702.
——, sur d'anciens maillons de transition, 669.
Pie apprivoisée en Norvège, 564.
Pieds des oiseaux, jeunes mollusques adhérant aux, 755.
Pierce, M., sur les variétés de loups, 374.
Pigeons à pattes emplumées et peau entre les doigts, 287.
——, races décrites, et leur origine, 295.
——, races de, comment elles ont été produites, 313, 315.
——, culbutant, incapable de sortir de l'œuf, 369.
——, faisant retour à la couleur bleue, 451.
——, instinct de culbuter, 566.
——, jeune de, 821.
Pigeons culbutants, habitudes des, héréditaires, 566.
——, jeunes des, 821.
Piqûre de l'abeille, 503.
Pistil, rudimentaire, 829.
Plantes, vénéneuses, n'affectant pas certains animaux colorés, 287.
——, sélection appliquée aux, 311.
——, amélioration graduelle des, 311.
——, non améliorées chez les nations barbares, 311.
——, dimorphes, 323, 626.
——, détruites par les insectes, 348.
——, sur le terrain, ont à lutter avec d'autres plantes, 355.
——, nectar de, 376.
——, succulentes, sur les littoraux, 424.
——, grimpantes, 481 [attribution douteuse de Dallas. *Ndt.*], 547.
——, d'eau douce, répartition des, 756.
——, inférieures, largement distribuées, 775.
Pleuronectidés, leur structure, 533.
Plumage, lois du changement chez les sexes des oiseaux, 372.
Poils et dents, corrélés, 436.
Poiriers, greffes de, 616.
Poison, n'affectant pas certains animaux colorés, 283.
——, effet semblable du, sur des animaux et des plantes, 868.
Poissons, volants, 471.
——, téléostéens, apparition soudaine des, 672.
——, mangeant des graines, 730 [attribution discutable de Dallas. *Ndt.*], 757.
——, d'eau douce, répartition des, 753.
Poissons, ganoïdes, limités aujourd'hui à l'eau douce, 391.
——, organes électriques des, 485.
——, ganoïdes, vivant en eau douce, 688.
——, de l'hémisphère Sud, 746.
Poissons plats, leur structure, 533.
Pollen des sapins, 504.
—— transporté par divers moyens, 487, 490.
Pollinies, leur développement, 545.
Polyzoaires, leurs aviculaires, 542.
Poole, le Col., sur l'hémione rayé, 454.

Porcs, noirs, non affectés par la racine rouge [*Lachnantes tinctoria*. Ndt.], 286.
——, modifiés par le manque d'exercice, 498.
Potamogeton, 757.
Pouchet, sur les couleurs des poissons plats, 536.
Poule d'eau, 475.
Poussins, familiarité instinctive des, 568.
Prestwich, M., sur les formations éocènes anglaises et françaises, 694.
Proctotrupes, 474.
Proteolepas, 440.
Proteus, 431.
Prunes aux États-Unis, 367.
Psychologie, progrès à venir de la, 873.
Puceron, développement du, 819.
Pucerons, objets des soins des fourmis, 562.
Pyrgoma, trouvé dans la craie, 671.

Quagga, rayé, 456.
Quatrefages, M., sur des papillons nocturnes hybrides, 608.
Quercus, variabilité de, 329.
Queue de la girafe, 494.
—— des animaux aquatiques, 495.
——, préhensile, 538.
——, rudimentaire, 833.

Races, domestiques, caractères des, 290.
Radcliffe, le D^r, les organes électriques de la torpille, 485.
Raies sur des chevaux, 454.
Raison et instinct, 559.
Râle des genêts, 475.
Ramond, sur les plantes des Pyrénées, 737.
Ramsay, le Prof., sur la dénudation subaérienne, 648.
——, sur l'épaisseur des formations britanniques, 649.
——, sur les failles, 649.
Ramsay, M., sur les instincts du coucou, 570.
Rats se supplantant l'un l'autre, 357.
——, acclimatation des, 433.
——, aveugles, dans les cavernes, 428.
Récapitulation, générale, 839.
Réciprocité des croisements, 613.
Reins des oiseaux, 436.
Rengger, sur les mouches détruisant les bovins, 353.
Répartition, géographique, 715.
——, moyens de, 725.
Reproduction, taux de, 344.
Ressemblance, protectrice, des insectes, 527.
—— aux parents chez les métis et les hybrides, 635.
Retour, loi de l'hérédité, 289.
——, chez les pigeons, à la couleur bleue, 453.
Rhododendron, stérilité du, 607.
Richard, le Prof., sur *Aspicarpa*, 787.
Richardson, Sir J., sur la conformation des écureuils, 469.
——, sur les poissons de l'hémisphère Sud, 746.
Robinia, greffes du, 617.
Roitelets, nid des, 599.
Rongeurs, aveugles, 428.
Rogers, le Prof., Carte d'Amérique du N., 658.
Rudimentaires, organes, 828.
Rudiments, importants pour la classification, 786.
Rütimeyer, sur les bœufs indiens, 293, 609.

Sageret, sur les greffes, 617.
Salamandra atra, 829.
Salive utilisée dans les nids, 591.
Salvin, M., sur le bec des canards, 531.

Salter, M., sur la mort précoce des embryons hybrides, 621.
Sangsue, variétés de la, 357.
Sapins détruits par le bétail, 353.
——, pollen des, 504.
Saumons, combats de mâles et mâchoires recourbées des, 371.
Saurophagus sulphuratus, 472.
Schacht, le Prof., sur la Phyllotaxie, 516.
Schiödte, sur les insectes aveugles, 429.
——, sur les poissons plats, 534.
Schlegel, sur les serpents, 436.
Schöbl, le D^r, sur les oreilles des souris, 514.
Scott, J.M., sur l'auto-stérilité des orchidées, 606.
——, sur le croisement de variétés de *verbascum* [sic, sans majuscule initiale. *Ndt.*], 634.
Sebright, *Sir* J., sur les animaux croisés, 295.
Sedgwick, le Prof., sur l'apparition soudaine de groupes d'espèces, 668.
Semis détruits par les insectes, 348.
Sélection des productions domestiques, 332.
——, principe qui n'est pas d'origine récente, 308.
——, inconsciente, 308.
——, naturelle, 362.
——, sexuelle, 371.
——, objections au terme, 363.
—— naturelle, n'a pas induit la stérilité, 618.
Serpent à sonnette, 502.
Serpent avec une dent pour percer la coquille des œufs, 572.
Sexes, rapports des, 370.
Silene, infécondité des croisements, 612.
Silliman, le Prof., sur un rat aveugle, 429.
Singes, fossiles, 670.

Singes, n'ayant pas acquis de capacités intellectuelles, 527.
Siréniens, leurs affinités, 696.
Sitaris, métamorphose du, 825.
Smith, le Col. Hamilton, sur des chevaux rayés, 455.
——, M. Fred., sur les fourmis esclavagistes, 575.
——, sur les fourmis neutres, 595.
Smitt, le D^r, sur les Polyzoaires, 543.
Somerville, *Lord*, sur la sélection des moutons, 305.
Sorbus, greffes de, 617.
Sorex, 796.
Souris [mulots] détruisant les abeilles, 355.
——, acclimatation des, 433.
——, queues des, 537.
Spécialisation des organes, 412.
Spencer, *Lord*, sur l'augmentation de la taille des bovins, 309.
——, Herbert, sur les premières étapes dans la différenciation, 415.
——, sur la tendance vers un équilibre dans toutes les forces, 625.
Sphex, parasite, 574.
Sprengel, C. C., sur le croisement, 381.
——, sur les fleurons du rayon, 437.
Squalodon, 696.
Stérilité résultant des conditions de vie, 283.
—— des hybrides, 602.
—— ——, lois de, 610.
—— ——, causes de, 618.
—— résultant de conditions défavorables, 622.
—— non induite par la sélection naturelle, 618.
St.-Hélène, productions de, 759.
St.-Hilaire, Aug., sur la variabilité de certaines plantes, 518.
——, sur la classification, 788.
St. John, M., sur les habitudes des chats, 565.

Souches, originelles, des animaux domestiques, 293.
Strates, épaisseur des, en Grande-Bretagne, 649.
Structure, degrés d'utilité de la, 498.
Succession, géologique, 679.
—— des types sur les mêmes territoires, 707.
Suisse, habitations lacustres de, 292.
Swaysland, M., sur la terre adhérant aux pieds des oiseaux migrateurs, 732.
Système naturel, 783.

Tabac, variétés de, 634.
Tanais, dimorphe, 323.
Tarses, manquants, 426.
Taupes, aveugles, 428.
Tausch, le D^r, sur les ombellifères, 516.
Taux d'accroissement, 344.
Tegetmeier, M., sur les alvéoles des abeilles, 583, 588.
Temminck, sur la répartition venant en aide à la classification, 789.
Temps écoulé, long, 646.
Temps, écoulement du, 646.
—— ne causant par lui-même aucune modification, 389.
Terre, graines dans les racines des arbres, 728.
—— chargée de graines, 732.
Thompson, *Sir* W., sur l'âge du monde habitable, 674.
——, sur la consolidation de la croûte de la Terre, 846.
Thouin, sur les greffes, 616.
Thuret, M., sur des fucus croisés, 613.
Thwaites, M., sur l'acclimatation, 432.
Thylacinus, 797.
Terre de Feu, chiens de la, 567.
——, plantes de la, 744.
Tomes, M., sur la répartition des chauves-souris, 765.
Transitions dans les variétés, rares, 463.

Traquair, le D^r, sur les poissons plats, 536.
Trautschold, sur les variétés intermédiaires, 659.
Trèfle visité par les abeilles, 379.
Trifolium pratense, 354, 379.
—— *incarnatum*, 379.
Trigonia, 688.
Trilobites, 673.
——, extinction soudaine des, 689.
Trimen, M., sur les insectes mimétiques, 801.
Trimorphisme chez les plantes, 323, 626.
Troglodytes, 599.
Tuco-tuco, aveugle, 428.
Type, unité de, 508.
Types, succession des, sur les mêmes territoires, 708.
Typotherium, 696.

Ulex, jeunes feuilles d', 816.
Unité de type, 508.
Uria lacrymans, 376.
Usage, effets de l', à l'état domestique, 425.
——, effets de l', à l'état de nature, 426.
Utilité, son importance dans la construction de chaque partie, 498.

Valenciennes, sur les poissons d'eau douce, 755.
Variabilité des métis et des hybrides, 635.
Variation à l'état domestique, 281.
—— causée par le système reproducteur affecté par les conditions de vie, 283.
—— à l'état de nature, 319.
——, lois de la, 423.
——, corrélative, 287, 423, 498.
Variation corrélative chez les productions domestiques, 286.
Variations apparaissant aux âges correspondants, 287, 368.

Index

—— analogues dans des espèces distinctes, 447.
Variétés, naturelles, 319.
——, lutte entre, 352.
——, domestiques, extinction des, 394.
——, de transition, leur rareté, 464.
——, fécondes dans les croisements, 630.
——, stériles dans les croisements, 632.
——, classification des, 793.
Vautour, peau nue sur la tête, 497.
Verbascum, stérilité du, 605.
——, variétés du, croisées, 634.
Verlot, M., sur des pensées doubles, 593.
Verneuil, M. de, sur la succession des espèces, 692.
Vessie natatoire, chez le poisson, 482.
Vibracule des Polyzoaires, 543.
Vie, lutte pour la, 341.
Viola, petites fleurs imparfaites de, 516.
——, *tricolor*, 354.
Virchow, sur la structure de la lentille du cristallin, 479.
Virginie, porcs de, 367.
Viscache, 718.
——, affinités de la, 803.
Vol, facultés de, comment elles ont été acquises, 472.
Vrilles, leur développement, 547.

Wagner, le D^r, sur la Cécidomyie, 814.
Wagner, Moritz, sur l'importance de l'isolement, 389.
Wallace, M., sur l'origine des espèces, 275.
——, sur la limite de la variation à l'état domestique, 316.
——, sur des lépidoptères dimorphes, 323, 597.
——, sur les races de l'Archipel Malais, 325.
——, sur le perfectionnement de l'œil, 478.
——, sur l'insecte-canne, 528.
——, sur les lois de la répartition géographique, 723.
——, sur l'Archipel Malais, 765.
——, sur les animaux mimétiques, 800.
Walsh, M. B.D., sur des formes phytophages, 327.
——, sur la variabilité uniforme, 451.
Waterhouse, M., sur les marsupiaux australiens, 400.
——, sur la variabilité des parties considérablement développées, 441.
——, sur les alvéoles des abeilles, 579.
——, sur les affinités générales, 803.
Watson, M. H.C., sur la répartition des variétés des plantes britanniques, 325, 338.
——, sur l'acclimatation, 432.
——, sur la flore des Açores, 733.
——, sur les plantes alpines, 737.
——, sur la rareté des variétés intermédiaires, 465.
——, sur la convergence, 416.
——, sur la multiplication indéfinie des espèces, 417.
Weale, M., sur des criquets transportant des graines, 731.
Weismann, le Prof., sur les causes de variabilité, 282.
——, sur les organes rudimentaires, 832.
Westwood, sur les espèces, étroitement proches des autres dans les grands genres, 337.
——, sur les tarses des *Engidæ*, 448.
——, sur les antennes des insectes hyménoptères, 786.
Whittaker, M., sur les lignes d'escarpement, 647.
Wichura, Max, sur les hybrides, 621, 622, 637.

Wollaston, M., sur les variétés d'insectes, 325.
——, sur des variétés fossiles de coquillages à Madère, 332.
——, sur les couleurs des insectes sur le littoral, 424.
——, sur des coléoptères aptères, 427.
——, sur la rareté des variétés intermédiaires, 465.
——, sur les insectes insulaires, 759.
——, sur des coquillages terrestres acclimatés à Madère, 772.
Woodward, M., sur la durée des formes spécifiques, 659.
——, sur *Pyrgoma*, 671-672.
——, sur la succession continue des genres, 683.
——, sur la succession des types, 708.

Wright, M. Chauncey, sur la girafe, 522.
——, sur les modifications brusques, 557.
Wyman, le Prof., sur la corrélation entre la couleur et les effets du poison, 286.
——, sur les alvéoles des abeilles, 482.

Yeux réduits chez les taupes, 428.
Youatt, M., sur la sélection, 305.
——, sur les sous-races de moutons, 310.
——, sur des cornes rudimentaires chez de jeunes bovins, 833.

Zanthoxylon, 518.
Zèbre, rayures sur le, 454.
Zeuglodon, 696.

Dans la collection *Champion Classiques*

Série « Moyen Âge »
Éditions bilingues

1. THOMAS, *Le Roman de Tristan* suivi de *La Folie Tristan* de Berne et de *La Folie Tristan* d'Oxford. Traduction, présentation et notes d'Emmanuèle Baumgartner et Ian Short, avec les textes édités par Félix Lecoy.
2. ROBERT D'ORBIGNY, *Le Conte de Floire et Blanchefleur*, publié, traduit, présenté et annoté par Jean-Luc Leclanche.
3. *Chevalerie et grivoiserie-Fabliaux de chevalerie*, publiés, traduits, présentés et annotés par Jean-Luc Leclanche.
4. RENAUD DE BEAUJEU, *Le Bel Inconnu*, publié, présenté et annoté par Michèle Perret. Traduction de Michèle Perret et Isabelle Weill.
5. THOMAS DE KENT, *Le Roman d'Alexandre* ou *Le Roman de toute chevalerie*. Traduction, présentation et notes de Catherine Gaullier-Bougassas et Laurence Harf-Lancner, avec le texte édité par Brian Foster et Ian Short.
6. GUILLAUME DE BERNEVILLE, *La Vie de saint Gilles*, publiée, traduite, présentée et annotée par Françoise Laurent.
7. *Huon de Bordeaux*, Chanson de geste du XIIIe siècle, publiée, traduite, présentée et annotée par William W. Kibler et François Suard.
8. ALAIN CHARTIER, Le Cycle de *La Belle Dame sans Mercy*, une anthologie poétique du XVe siècle, publiée, traduite, présentée et annotée par David F. Hult et Joan E. McRae.
9. *Floriant et Florete*, publié, traduit, présenté et annoté par Annie Combes et Richard Trachsler.
10. FRANÇOIS VILLON, *Lais, Testament, Poésies diverses*, publiés, traduits, présentés et annotés par Jean-Claude Mühlethaler, avec *Ballades en jargon*, publiées, traduites, présentées et annotées par Eric Hicks.
11. *Le Conte du Papegau*, publié, traduit, présenté et annoté par Hélène Charpentier et Patricia Victorin.
12. RAOUL DE HOUDENC, *Meraugis de Portlesguez. Roman arthurien du XIIIe siècle*, publié d'après le manuscrit de la Bibliothèque du Vatican, traduit, présenté et annoté par Michelle Szkilnik.
13. MANESSIER, *La Troisième continuation de Perceval*, publiée, traduite, présentée et annotée par Marie-Noëlle Toury, avec le texte édité par William Roach.

14. ROBERT DE CLARI, *La Conquête de Constantinople*, publiée, traduite, présentée et annotée par Jean Dufournet.
15. *Le Garçon et l'aveugle. Jeu du XIIIe siècle*, publié, traduit, présenté et commenté par Jean Dufournet.
16. CHRÉTIEN DE TROYES, *Cligès*, publié, traduit, présenté et annoté par Laurence Harf-Lancrer.
17. *Robert le Diable*, publié, traduit, présenté et annoté par Élisabeth Gaucher.
18. CHRÉTIEN DE TROYES, *Le Chevalier de la Charrette*, publié, traduit, présenté et annoté par Catherine Croizy-Naquet.
19. BENEDEIT, *Le Voyage de saint Brendan*, publié, traduit, présenté et annoté par Ian Short et Brian Merrilees.
20. *La Mort du roi Arthur*, Roman publié d'après le manuscrit de Lyon, Palais des Arts 77, complété par le manuscrit BnF n.a.fr. 1119. Édition bilingue. Publication, traduction, présentation et notes par Emmanuèle Baumgartner et Marie-Thérèse de Medeiros.
21. *Aliscans*, texte établi par Claude Régnier, présenté et annoté par Jean Subrenat. Traduction revue par Andrée et Jean Subrenat.
22. CHRÉTIEN DE TROYES (?), *Guillaume d'Angleterre*, publié, traduit, présenté et annoté par Christine Ferlampin-Acher.
23. *Aspremont*, chanson de geste du XIIe siècle. Présentation, édition et traduction par François Suard d'après le manuscrit 25529 de la BNF.
24. JEAN RENART, *Le Roman de la Rose ou De Guillaume de Dole*. Traduction, présentation et notes de Jean Dufournet, avec le texte édité par Félix Lecoy.
25. *Le Roman de Thèbes*. Édition bilingue. Publication, traduction, présentation et notes par Aimé Petit.
26. JAKEMÉS, *Le Roman du châtelain de Coucy et de la Dame de Fayel*. Édition bilingue. Publication, traduction, présentation et notes par Catherine Gaullier-Bougassas.
27. RICHARD DE FOURNIVAL, *Le* Bestiaire d'Amour *et la* Response du Bestiaire. Édition bilingue. Publication, traduction, présentation et notes par Gabriel Bianciotto.
29. RENAUT, *Galeran de Bretagne*. Édition bilingue. Publication, traduction, présentation et notes par Jean Dufournet.

Dans la collection *Champion Classiques*

Série « Références et Dictionnaires »

1. FRÉDÉRIC GODEFROY, *Lexique de l'ancien français*, publié par les soins de J. Bonnard et A. Salmon.
2. BERTRAND JOLY, *Dictionnaire biographique et géographique du nationalisme français (1880-1900)*.
3. *Dictionnaire des termes littéraires*, par Hendrik van Gorp, Dirk Delabastita, Lieven D'hulst, Rita Ghesquiere, Rainier Grutman et Georges Legros.
4. *Dictionnaire de Jean-Jacques Rousseau*, publié sous la direction de Raymond Trousson et Frédéric S. Eigeldinger

Dans la collection *Champion Classiques*

Série « Littératures »

1. CYRANO DE BERGERAC, *Les États et Empires de la Lune et du Soleil (avec le Fragment de physique)*. Édition critique. Textes établis et commentés par Madeleine Alcover.
2. LA ROCHEFOUCAULD, *Réflexions ou Sentences et Maximes morales et Réflexions diverses*. Édition établie et présentée par Laurence Plazenet.
3. CHARLES DUCLOS, *Considérations sur les mœurs de ce siècle*. Édition critique avec introduction et notes par Carole Dornier.
4. AGRIPPA D'AUBIGNÉ, *Les Tragiques*. Édition critique établie et annotée par Jean-Raymond Fanlo.
5. JACQUES CAZOTTE, *Le Diable amoureux*. Édition critique par Yves Giraud.
6. MADAME D'AULNOY, *Contes des Fées*. Édition critique par Nadine Jasmin.
7. MADAME D'AULNOY, *Contes nouveaux ou Les Fées à la mode*. Édition critique par Nadine Jasmin.
8. PRINCE CHARLES-JOSEPH DE LIGNE, *Fragments de l'histoire de ma vie*. Établissement du texte, introduction et notes par Jeroom Vercruysse.
9. *Le Kalevala*. Établissement du texte par Elias Lönnrot, traduction métrique et préface par Jean-Louis Perret.

*Achevé d'imprimer en 2010
sur les presses des Éditions Slatkine
Novoprint-Espagne*